FÍSICA

um curso universitário

Volume I – mecânica

Blucher

FÍSICA

um curso universitário

Volume I – mecânica

2ª edição brasileira

AUTORES

MARCELO ALONSO
do Departamento de Assuntos Científicos da
Organização de Estados Americanos

EDWARD J. FINN
Professor do Departamento de Física da
Universidade de Georgetown

COORDENADOR

GIORGIO MOSCATI
Professor do Instituto de Física da
Universidade de São Paulo

TRADUTORES

MÁRIO A. GUIMARÃES, DARWIN BASSI,
MITUO UEHARA e ALVIMAR A. BERNARDES
Professores do Instituto Tecnológico de Aeronáutica

FUNDAMENTAL UNIVERSITY PHYSICS

Física: um curso universitário - vol. 1: Mecânica

2014 - 2ª edição brasileira
2ª reimpressão - 2019

Blucher

Rua Pedroso Alvarenga, 1245, 4° andar
04531-934 - São Paulo - SP - Brasil
Tel.: 55 11 3078-5366
contato@blucher.com.br
www.blucher.com.br

Segundo o Novo Acordo Ortográfico, conforme 5. ed. do *Vocabulário Ortográfico da Língua Portuguesa*, Academia Brasileira de Letras, março de 2009.

FICHA CATALOGRÁFICA

Alonso, Marcelo
Física: um curso universitário, v. 1 mecânica / Marcelo Alonso, Edward J. Finn; Giorgio Moscati (coord.); tradução de Mário A. Guimarães...[et al]. - 2. ed. brasileira - São Paulo: Blucher, 2014.

Bibliografia
ISBN 978-85-212-0831-0
Título original: Fundamental University Physics

1. Física 2. Mecânica I. Título. II. Finn, Edward J. III. Moscati, Giorgio. IV. Guimarães, Mário A.

14-0570 CDD 531

Índice para catálogo sistemático:
1. Física - mecânica

Prefácio à edição brasileira

A versão brasileira deste livro de física para a universidade, em nível introdutório, vem ampliar de forma feliz a pequena escolha de que dispõem os professores de física nessa área.

O livro é dirigido aos alunos de ciências exatas e engenharia que, ao entrarem para a universidade, já trazem uma base sólida do curso secundário. Para os estudantes nessas condições, um curso baseado neste livro será muito estimulante, por ter uma apresentação diferente e nitidamente mais madura e profunda do que aquela à qual são expostos durante seu preparo para a universidade. Para os estudantes que não satisfazem esse pré-requisito, é aconselhável uma dedicação particularmente intensiva por parte do professor, na fase inicial do curso, até que sejam preenchidas as lacunas existentes em sua formação.

Os vários tópicos são abordados em nível de complexidade crescente e, em geral, os tópicos mais avançados exigirão do professor uma atenção especial. Entretanto muitos desses tópicos poderão ser omitidos sem perda de continuidade.

O ponto de vista físico e os desenvolvimentos matemáticos são abordados de forma concomitante, devendo o professor tomar as devidas precauções para que o estudante não se deixe assustar pelo aspecto formal das expressões matemáticas, nem perca seu conteúdo físico.

Este livro pressupõe que o professor vá acompanhar o progresso do estudante e, caso seja utilizado na forma de autoinstrução, deverá ser acompanhado de roteiros detalhados.

Os Volumes I e II cobrem os currículos típicos desenvolvidos nos primeiros dois anos dos cursos introdutórios de física, na área de ciências exatas e engenharia. A parte de termodinâmica é deixada para o Volume III, sendo abordada do ponto de vista da mecânica estatística. Nesta tradução, alguns conceitos básicos de termodinâmica são dados numa nota suplementar do Volume I, a fim de permitir um desenvolvimento desse tópico na parte inicial do curso, como é costume em nosso meio. A parte de física moderna é abordada sempre que possível nos Volume I e II e é desenvolvida no Volume III do original em inglês. A extensão daquele volume revela a ênfase que é dada ao tópico. Em nosso meio, costuma-se dar pouca ênfase à parte de "física moderna" num curso introdutório, sendo deixada para cursos de caráter avançado para os que vão se especializar em física. Assim, os demais deixam de ter contato com uma parte importante da física, o que não apenas compromete a visão unificada que deveriam ter como também resulta em falta de base para interpretar a tecnologia moderna, que, cada vez mais, baseia-se nos desenvolvimentos recentes da ciência pura. Portanto torna-se cada vez mais importante que tópicos de física moderna sejam desenvolvidos em cursos introdutórios para estudantes de ciências exatas e engenharia.

O original em inglês prevê o desenvolvimento dos três volumes em apenas três semestres, o que nos parece muito difícil em nosso meio. Entretanto, se os dois primeiros volumes puderem ser desenvolvidos em três semestres, será muito interessante poder dedicar *integralmente* o último semestre, de um curso de quatro, a alguns dos tópicos de física moderna do Volume III.

Aqueles que estudarem este curso com afinco, acreditamos, serão profundamente influenciados, adquirindo, dessa forma, poderosas ferramentas para a futura vida profissional.

São Paulo, outubro de 1971.
Giorgio Moscati
Coordenador da Tradução

Prefácio

A física é uma ciência fundamental que exerce profunda influência em todas as outras ciências. Portanto não é somente o estudante do curso de física e engenharia que precisa ter uma compreensão completa das suas ideias fundamentais, mas todos aqueles que planejam uma carreira científica (incluindo estudantes de biologia, química, e matemática) devem ter essa mesma compreensão.

O objetivo principal do curso de física geral (e talvez a única razão por que esteja no currículo) é dar ao aluno uma visão unificada da física. Isso deve ser feito sem entrar em muitos detalhes, analisando os princípios básicos, suas implicações e suas limitações. O aluno aprenderá aplicações específicas em outros cursos mais especializados. Assim, este livro apresenta o que nós acreditamos ser as ideias fundamentais que constituem o cerne da física de hoje. Demos especial consideração às recomendações da Comission on College Physics na seleção dos assuntos e no seu método de apresentação.

Até agora, a física tem sido ensinada como se fosse uma aglomeração de várias ciências mais ou menos relacionadas, mas sem um ponto de vista unificante. A divisão tradicional em (a "ciência" da) mecânica, calor, som, óptica, eletromagnetismo, e física moderna não tem mais qualquer justificativa. Afastamo-nos dessa abordagem tradicional, seguindo uma apresentação lógica e unificada, enfatizando as leis de conservação, os conceitos de campos e ondas e o ponto de vista atômico da matéria. A teoria da relatividade especial é usada extensivamente por meio do texto como um dos princípios que precisam ser satisfeitos por qualquer teoria física.

Os assuntos foram divididos em cinco partes: (1) Mecânica, (2) Interações e Campos, (3) Ondas, (4) Física quântica, e (5) Física estatística. Começamos com mecânica, a fim de estabelecer os princípios fundamentais necessários para descrever os movimentos que observamos ao nosso redor. Assim, desde que todos os fenômenos na natureza são o resultado de interações e essas interações são analisadas em termos de campos, consideramos, na Parte 2, os tipos de interações que compreendemos melhor: interações gravitacional e eletromagnética, que são as interações responsáveis pela maioria dos fenômenos macroscópicos que observamos. Discutimos o eletromagnetismo detalhadamente, concluindo com a formulação das equações de Maxwell. Na Parte 3, discutimos fenômenos ondulatórios como uma consequência do conceito de campo. É nessa parte que incluímos muitos dos assuntos usualmente estudados sob os títulos de acústica e óptica. A ênfase, entretanto, é colocada nas ondas eletromagnéticas como uma extensão natural das equações de Maxwell. Na Parte 4, analisamos a estrutura da matéria, isto é, átomos, moléculas, núcleos, e partículas fundamentais – uma análise precedida pela base necessária de mecânica quântica. Finalmente, na Parte 5, falamos sobre as propriedades da matéria. Primeiramente, apresentamos os princípios da mecânica estatística e os aplicamos em alguns casos simples, mas fundamentais. Discutimos a termodinâmica do ponto de vista da mecânica estatística e concluímos com um capítulo sobre as propriedades térmicas da matéria, mostrando como são aplicados os princípios da mecânica estatística e da termodinâmica.

Este texto é diferente não só na forma de abordagem, mas também no seu conteúdo, pois incluímos tópicos fundamentais não encontrados na maioria dos textos sobre física geral e ignoramos outros que são tradicionais. A matemática usada pode ser encontrada em qualquer livro-texto de cálculo. Supomos que o aluno tenha tido uma rápida introdução ao cálculo e que esteja assistindo, simultaneamente, a um curso do assunto. Muitas aplicações dos princípios fundamentais, bem como alguns dos tópicos mais avançados, aparecem na forma de exemplos desenvolvidos. Estes podem ser discutidos, segundo a conveniência do professor, ou alguns selecionados podem ser propostos, permitindo assim maior flexibilidade na organização do curso.

Os currículos para todas as ciências estão sob grande pressão para incorporar novos assuntos que estão se tornando mais relevantes. Esperamos que este livro alivie essa pressão, melhorando a compreensão dos conceitos físicos por parte do aluno e a sua habilidade em manipular as relações matemáticas correspondentes. Isso permitirá a elevação do nível de muitos cursos intermediários atualmente oferecidos no currículo pré-graduado. Os cursos tradicionais de mecânica, eletromagnetismo e física moderna serão beneficiados por essa melhoria. Assim, o aluno terminará o curso básico com um nível mais elevado que o anterior – uma vantagem importante para aqueles que terminam a sua formação nesse ponto. Haverá, então, mais lugar para cursos novos e mais interessantes em nível pós-graduado. Essa mesma tendência é revelada nos livros-texto mais recentes para os cursos básicos de outras ciências.

O texto é projetado para um curso de três semestres. Pode também ser usado nas escolas em que um curso geral de física de dois semestres é seguido por um curso de um semestre de física moderna, oferecendo, assim, uma apresentação mais unificada nos três semestres. Por conveniência, o texto foi dividido em três volumes, cada um correspondendo a, aproximadamente, um semestre. O Volume I trata da mecânica e da interação gravitacional. O Volume II trata de interações eletromagnéticas e ondas, abrangendo essencialmente o eletromagnetismo e a óptica. A física quântica e a estatística, incluindo a termodinâmica, são desenvolvidas no Volume III. Embora os três volumes estejam intimamente relacionados, formando um único texto, cada um deles pode ser considerado como um texto introdutório independente. Os Volumes I e II, juntos, são equivalentes a um curso de física geral de dois semestres, desenvolvendo a física não quântica.

Esperamos que este texto ajude professores de física interessados, que estão constantemente lutando para melhorar os cursos em que lecionam. Esperamos também que estimule os numerosos alunos que merecem uma apresentação da física mais madura que as do curso tradicional.

Queremos expressar a nossa gratidão a todos aqueles que, em virtude de sua assistência e encorajamento, tornaram possível a realização, deste trabalho, em particular, aos nossos ilustres colegas, os professores D. Lazarus e H. S. Robertson, que leram os manuscritos originais. Suas críticas e comentários ajudaram a corrigir e melhorar muitos aspectos do texto. Somos gratos, também, à dedicação e à habilidade dos funcionários da Addison-Wesley.

Finalmente, agradecemos a nossas esposas, que tão pacientemente nos apoiaram.

Washington D. C. M. A.
Junho, 1966 E.J. F.

Nota ao professor

Para ajudar o professor na organização do curso, apresentamos uma visão geral deste volume e algumas sugestões relacionadas aos conceitos importantes em cada capítulo. Como foi indicado no Prefácio, este curso de física foi desenvolvido em uma forma integrada de modo tal que o aluno reconheça rapidamente as poucas ideias básicas nas quais a física está baseada (por exemplo, as leis de conservação, e o fato de fenômenos físicos poderem ser reduzidos a interações entre partículas fundamentais).

O aluno deve reconhecer que, para se tornar um físico, ou um engenheiro, ele precisa alcançar uma compreensão clara dessas ideias e desenvolver a habilidade de trabalhar com elas.

A matéria forma o corpo do texto. Muitos exemplos desenvolvidos foram incluídos em cada capítulo, sendo alguns simples aplicações numéricas da teoria discutida, enquanto outros são extensões da teoria ou deduções matemáticas. Recomenda-se que, na primeira leitura, o aluno seja aconselhado a omitir *todos* os exemplos. Então, na segunda leitura, ele deve abordar os exemplos escolhidos pelo professor. Dessa forma, o estudante assimilará as ideias básicas separadamente das suas aplicações ou extensões.

Há uma seção de problemas no final de cada capítulo. Alguns são mais difíceis do que os problemas típicos de física geral e outros são extremamente simples. Estão dispostos em uma ordem que, aproximadamente, corresponde às secções do capítulo, com alguns problemas mais difíceis no fim. O grande número de problemas variados dá ao instrutor maior liberdade de escolha no sentido de selecioná-los de acordo com as habilidades dos seus alunos.

Sugerimos que o professor mantenha uma prateleira especial, na biblioteca, com o material de referência citado no final de cada capítulo e que encoraje o aluno a usá-lo, de forma a desenvolver o hábito de consulta na fonte, para que obtenha, assim, mais de uma interpretação sobre um tópico, adquirindo material histórico sobre física.

O presente volume é projetado para cobrir o primeiro semestre (entretanto o Capítulo 13 pode ser deixado para o segundo semestre). Sugerimos, como um guia, com base em nossa própria experiência, o número de aulas expositivas necessárias para cobrir a matéria. O tempo assinalado (43 horas de aula) não inclui arguição ou provas. Segue-se um breve comentário sobre cada capítulo.

Capítulo 1. Introdução (1 hora)

Esse capítulo é projetado para dar ao aluno uma visão preliminar da ciência que ele vai estudar, devendo, portanto, ser lido cuidadosamente. Uma breve discussão em classe deve ser organizada pelo professor.

Capítulo 2. Medidas e unidades (1 hora)

Seguindo as recomendações da Comissão de Símbolos, Unidades e Nomenclatura da IUPAP, aderimos ao sistema de unidades MKSC. Sempre que introduzimos uma nova unidade MKSC, nos capítulos seguintes damos os seus equivalentes no cgs e no sistema britânico. Os problemas nesse capítulo têm a finalidade de dar ao estudante uma ideia do “grande” e do “pequeno”.

Capítulo 3. Vetores (3 horas)

As ideias básicas da álgebra vetorial são introduzidas e ilustradas por problemas de cinemática. As Seçs. 3.8, 3.9 e 3.10 podem ser deixadas até que esses conceitos sejam necessários pela primeira vez no texto. Em virtude de sua limitada motivação física, o capítulo pode ser difícil para o aluno. O professor deve, entretanto, demonstrar ao aluno a necessidade da notação vetorial e procurar dar mais vida às aulas teóricas por meio de exemplos físicos.

Capítulo 4. Forças (2 ½ horas)

Colocamos esse capítulo no início do livro por várias razões. Primeiro, porque ele permite uma aplicação de vetores. Segundo, porque concede ao aluno algum tempo para aprender um pouco de cálculo básico, antes de começar o estudo de cinemática. Terceiro, porque permite um desenvolvimento ininterrupto da mecânica, do Cap. 5 ao Cap. 12. Para os cursos nos quais essa matéria não é requerida, o capítulo pode ser omitido, com exceção das Seçs. 4.3 (conjugado) e 4.8 (centro de massa). Pode, ainda, ser dado depois da Seç. 7.6, porém não recomendamos tal procedimento.

PARTE 1 – MECÂNICA

Do Cap. 5 ao Cap. 12, o texto desenvolve os conceitos mais importantes da mecânica clássica e relativística. Discutimos, primeiro, uma simplificação, a mecânica de uma só partícula, mas discutimos também, em grande detalhe, sistemas de muitas partículas. Colocamos ênfase na distinção entre o sistema ideal de uma só partícula e o sistema real de muitas partículas.

Capítulo 5. Cinemática (3 ½ horas)

Esse capítulo deve ser estudado em profundidade, e inteiramente. O estudante deve compreender a natureza dos vetores velocidade e aceleração e as suas relações com a trajetória. O professor deve frisar que, quando a razão temporal de mudança de um vetor é calculada, é preciso considerar tanto as mudanças em magnitude como em direção. O cálculo requerido para tal trabalho é relativamente simples. Querendo, o professor pode pospor a Seç. 5.11 e discuti-la imediatamente, antes da Seç. 7.14.

Capítulo 6. Movimento relativo (4 horas)

Consideramos o movimento relativo de um ponto de vista cinemático. Esse capítulo precede o de dinâmica e assim o aluno perceberá a importância dos sistemas de referência. As Seçs. 6.4 e 6.5 (sobre referências em rotação) podem ser omitidas e as Seçs. 6.6 e 6.7 (sobre referenciais relativísticos) podem ser pospostas (se desejado) até o Cap. 11.

Capítulo 7. Dinâmica de uma partícula (4 horas)

Esse é um dos capítulos mais importantes e o aluno deve assimilá-lo completamente. Ao princípio de conservação do momento é dada mais relevância do que à relação $F = ma$. As limitações das leis do movimento e os conceitos de interações e forças devem ser analisados muito cuidadosamente.

Capítulo 8. Trabalho e energia (3 horas)

Esse capítulo é, em um sentido, uma extensão do Cap. 7, precisando também ser compreendido completamente. A Seç. 8.10 (forças centrais) pode ser omitida ou posposta até o

Cap.13. As ideias mais importantes são os conceitos de energia e a conservação da energia para uma só partícula. Introduzimos o teorema do virial para uma partícula, pois esse teorema está sendo usado cada vez mais, tanto na física como na química.

Capítulo 9. Dinâmica de um sistema de partículas (5 horas)

Para simplicidade, os resultados são, na maioria, deduzidos para duas partículas e, então, por analogia, esses resultados são estendidos a um número arbitrário de partículas. Introduzimos os conceitos de temperatura, calor e pressão como conceitos estatísticos convenientes para descrever o comportamento de sistemas compostos por um grande número de partículas, o que nos permite usar esses conceitos no restante do livro. A equação de estado de um gás é deduzida do teorema do virial, pois isso revela mais claramente o papel das forças internas; uma abordagem mais tradicional é também apresentada no Ex. 9.17. O capítulo é encerrado com uma seção sobre movimento dos fluidos que, caso convenha, pode ser omitida.

Capítulo 10. Dinâmica de um corpo rígido (3 ½ horas)

Deve-se colocar muita ênfase na precessão do momento angular quando se aplica um conjugado. A seção sobre movimento giroscópico é também importante, uma vez que as ideias desenvolvidas são muito usadas.

Capítulo 11. Dinâmica de alta energia (3 ½ horas)

Esse é um capítulo essencialmente sobre dinâmica relativística que enfatiza o conceito de velocidade do sistema (ou referencial *C*) e a transformação de Lorentz de energia e momento. Naturalmente, é um capítulo importante sobre a física de hoje.

Capítulo 12. Movimento oscilatório (5 horas)

O movimento harmônico simples é primeiro apresentado cinematicamente, e depois dinamicamente. Esse capítulo pode ser discutido integralmente na ocasião (fim do primeiro semestre) ou limitado somente às primeiras seções, deixando as seções remanescentes até que sejam necessárias em capítulos posteriores. Recomendamos a primeira alternativa. O primeiro semestre pode ser concluído com esse capítulo.

PARTE 2 – INTERAÇÕES E CAMPOS

É dedicada ao estudo das interações gravitacional e eletromagnética que são discutidas do Cap. 13 até o Cap. 17. Damos ênfase ao conceito de campo como um instrumento útil para física. Como compreendemos que muitos professores gostam de discutir gravitação durante o primeiro semestre e, imediatamente após, completar a mecânica, incluímos o Cap. 13 neste volume, reservando o estudo da interação eletromagnética (Caps. 14 até 17) para o segundo semestre, Vol. II.

Capítulo 13. Interação gravitacional (4 horas)

Essa é uma discussão rápida da gravitação, que ilustra a aplicação da mecânica a uma interação particular. Também é útil para introduzir o estudante ao conceito de campo. O capítulo é escrito de tal forma que se liga, de um modo natural, à discussão de interação eletromagnética no Vol. II. As Seçs. 13.5 e 13.7 podem ser omitidas sem perda de continuidade. A Seç. 13.8 fornece uma breve discussão das ideias da teoria da relatividade geral.

Nota ao estudante

Este é um livro sobre fundamentos de física escrito para estudantes que estão se especializando em ciências ou engenharia. Os conceitos e ideias que dele você aprender, com toda certeza, vão tornar-se parte de sua vida profissional e maneira de pensar. Quanto melhor você os entender tanto mais fácil será o restante de seu curso de graduação e pós-graduação.

O curso de física que vai ser iniciado é, naturalmente, mais avançado que o seu curso de física no colégio. Você deve estar preparado para enfrentar numerosos quebra-cabeças difíceis. Assimilar as leis e as técnicas da física pode ser, às vezes, um processo lento e doloroso. Antes de entrar nas partes da física que apelam para sua imaginação, você deve dominar outras menos atraentes, porém muito fundamentais, sem as quais não poderá usar ou compreender a física.

Enquanto estiver neste curso, você deve ter dois objetivos em mente. Primeiro, tornar-se completamente familiarizado com um punhado de leis básicas e princípios que constituem o cerne da física. Segundo, desenvolver a habilidade de manipular essas ideias e aplicá-las a situações concretas; em outras palavras, pensar e agir como um físico. Você pode alcançar o primeiro objetivo lendo e relendo o texto. Para ajudá-lo a alcançar o segundo objetivo, existem muitos exemplos espalhados pelo texto, e há também problemas para casa, no final de cada capítulo. Recomendamos que você leia o texto principal e, desde que o tenha entendido, continue com os exemplos e problemas indicados pelo professor. Às vezes, os exemplos ilustram uma aplicação da teoria a uma situação concreta, ou estendem a teoria considerando novos aspectos do problema discutido. Algumas vezes, eles fornecem justificativa para a teoria.

Os problemas no final de cada capítulo variam em dificuldade, indo do muito simples ao complexo. Em geral, é uma boa ideia tentar resolver um problema primeiramente numa forma simbólica, ou algébrica, e inserir valores numéricos somente no fim. Se você não conseguir resolver um problema indicado em um tempo razoável, ponha o problema de lado e faça uma segunda tentativa depois. No caso de problemas que se recusam a fornecer uma solução, você deve procurar ajuda.

Uma boa fonte de autoajuda, que pode ensinar-lhe o "método" da resolução de problemas, é o livro *How to solve it* (segunda edição), por G. Polya (Garden City, N. Y. Doubleday, 1957).

A física é uma ciência quantitativa que requer matemática para expressão de suas ideias. Toda a matemática usada neste livro pode ser encontrada em qualquer livro-texto de cálculo, livro esse que você deve consultar todas as vezes que não entender uma dedução matemática. Mas de forma nenhuma você deve desanimar por causa de uma dificuldade matemática; em tal caso, consulte seu professor ou um aluno mais adiantado. Para o físico e o engenheiro, a matemática é um instrumento, e é menos importante do que a compreensão das ideias físicas. Para sua conveniência, algumas das relações matemáticas mais úteis estão em um apêndice, no final do livro.

Todos os cálculos em física devem ser feitos usando-se um conjunto consistente de unidades. Neste livro é usado o sistema MKSC. Esse é o sistema oficialmente aprovado para trabalhos científicos e usado pelo National Bureau of Standards dos Estados Unidos em suas publicações. Seja extremamente cuidadoso em verificar a consistência das unidades nos seus cálculos. Também é uma boa ideia o uso de uma régua de cálculo desde o começo, pois a precisão de três algarismos, obtida até mesmo com as réguas de cálculo mais simples, economizará para você muitas horas. Em alguns casos, entretanto, uma régua de cálculo pode não fornecer a precisão necessária.

Uma lista selecionada de referências é dada no fim de cada capítulo. Consulte-a com o máximo de frequência possível. Algumas citações vão ajudá-lo a formar a ideia de que a física é uma ciência em evolução e outras complementarão o texto. Você vai achar o livro de Holton e Roller, *Foundations of Modem Physics* (Reading, Mass.: Addison-Wesley, 1958) particularmente útil para informações sobre a evolução das ideias na física.

Conteúdo

As Partes de todos os Corpos homogêneos sólidos que se tocam por completo aderem fortemente. Para explicar como isso pode ser, alguns inventaram Átomos com ganchos... Eu prefiro concluir, a partir de sua Coesão, que suas partículas se atraem por alguma Força que, em Contato próximo, é extremamente forte, mas que não alcança, longe das partículas, qualquer Efeito perceptível ... Há, pois, Agentes na Natureza capazes de fazer que as partículas dos Corpos se liguem por atrações muito fortes. É problema da Filosofia experimental encontrá-las.

Optiks, Livro 3, Questão 31 (1703), NEWTON

1 Introdução

Estudar física é participar de uma aventura provocante e sensacional. Para os físicos profissionais esta aventura é mais sensacional ainda. Esta é uma das atividades prediletas do intelecto humano e, segundo a opinião dos autores, nada é mais agradável à mente do homem do que desvendar os segredos da natureza e, assim, melhor conhecer o mundo em que vive.

A esta altura, pode parecer desnecessário dizer-lhe o que é a física, quais os fatores que a tornam tão interessante e quais os seus métodos, pois você já deve estar bastante familiarizado com ela. Entretanto, precisamente por esse motivo, é recomendável analisar e rever os objetivos e métodos dessa ciência, antes de prosseguir no seu estudo em nível um pouco mais elevado. É isso o que faremos, de forma resumida, neste capítulo.

1.1 O que é física?

A palavra *física* tem origem no vocábulo grego que significa *natureza*, e por este motivo a física deveria ser uma ciência dedicada ao estudo de todos os fenômenos naturais. Efetivamente, até o começo do século XIX, ela foi entendida nesse sentido mais amplo, sendo chamada "filosofia natural". Contudo, durante o século XIX e até muito recentemente, a física ficou restrita ao estudo de um grupo limitado de fenômenos, designados pelo nome de *fenômenos físicos*, definidos vagamente como sendo processos nos quais a natureza das substâncias que neles tomam parte não sofre nenhuma alteração. Esta definição um tanto deformada da física tem sido, pouco a pouco, posta de lado, retornando-se assim ao conceito original, mais amplo e mais fundamental. Consequentemente, podemos dizer agora que *a física é a ciência cujo objetivo é estudar os componentes da matéria e suas interações mútuas. Por meio dessas interações, os cientistas explicam as propriedades da matéria no seu estado natural, assim como outros fenômenos naturais que podemos observar.*

No decorrer deste curso, você terá oportunidade de observar o modo como este programa é desenvolvido a partir dos princípios básicos e gerais, e aplicado à compreensão de uma grande variedade de fenômenos físicos aparentemente sem nenhuma correlação, mas que realmente obedecem às mesmas leis fundamentais. Uma vez que esses grandes princípios se tornem claramente compreendidos, você será capaz de resolver novos problemas com grande economia de pensamento e esforço.

1.2 Os ramos clássicos da física

O homem, dotado de mente investigadora, sempre tem demonstrado uma grande curiosidade a respeito do mecanismo da natureza. Inicialmente, suas únicas fontes de informação eram os seus sentidos, e, consequentemente, ele classificou os fenômenos por ele observados de acordo com o sentido empregado para percebê-los. A *luz* foi relacionada com o ato de ver e, como resultado, a *óptica* foi desenvolvida como ciência mais ou menos independente, relacionada com esse ato. O *som* foi associado com o sentido da audição e a *acústica* desenvolvida como ciência correlata. O *calor*, correlacionado com outro tipo de sensação física, deu origem à *termodinâmica,* que durante muito tempo constituiu um ramo autônomo da física. O *movimento* é, seguramente, o mais comum de todos os fenômenos observados diretamente, e a ciência do movimento, a *mecânica,* foi desenvolvida antes de qualquer outro ramo da física. O movimento dos planetas, causado pelas interações gravitacionais, assim como a queda livre dos corpos, foi muito bem explicado pelas leis da mecânica; por este motivo, a *gravitação* foi tradicionalmente incluída como um capítulo da mecânica. Até o século XIX, o *eletromagnetismo,* pelo fato de não estar relacionado com nenhuma experiência sensorial – apesar de ser responsável pela maioria delas –, não havia surgido como ramo organizado da física.

Assim, a física do século XIX surge dividida em algumas ciências ou ramos (chamados *clássicos*): mecânica, calor, som, óptica e eletromagnetismo, com pouca, e às vezes nenhuma, conexão entre eles. Entretanto, a mecânica era, na realidade, o princípio unificador de todos eles. A física, até muito recentemente, tem sido ensinada dessa maneira. Nos últimos anos, um novo ramo, chamado *física moderna,* que cobre os desenvolvimentos da física do século XX, foi adicionado aos já chamados ramos clássicos.

Os ramos "clássicos" da física são, e continuarão a ser, campos de especialização e de atividades profissionais de alta importância. É, porém, totalmente destituído de sentido o estudo dos conceitos básicos da física subdividindo-os em compartimentos estanques. O mesmo grupo de fenômenos incluídos no eletromagnetismo e na física moderna desencadearam uma nova corrente de pensamento que permite visualizar os fenômenos físicos de um ponto de vista mais lógico e unificado. Esse fato constitui, verdadeiramente, uma das grandes realizações do século XX. Esta apresentação unificada da física exige um reexame da física clássica de um ponto de vista *moderno,* em vez de uma divisão da física em *clássica* e *moderna.* Haverá sempre uma *física moderna,* no sentido de que essa ciência estará sempre progredindo. Essa física moderna, assim entendida, exigirá revisões periódicas que, certamente, incluirão reavaliações de princípios e ideias anteriores. *Física clássica* e *física moderna,* em cada estágio de desenvolvimento, devem ser continuamente integradas num só corpo de conhecimento. A física será sempre um todo a ser tratado de um modo consistente e lógico.

1.3 Nossa concepção do universo

Atualmente temos evidências que nos permitem considerar que a matéria é constituída de um aglomerado de partículas fundamentais (ou elementares) e que todos os corpos, tanto vivos como inertes, são diferentes arranjos ou agrupamentos de tais partículas. Três dessas partículas fundamentais são especialmente importantes pela sua presença na maioria dos fenômenos comumente observados: *elétrons, prótons* e *nêutrons.*

Existem muitas outras partículas elementares (para alguns físicos, o número delas parece exagerado) de curta duração, que estão sendo continuamente criadas e destruídas (por este motivo chamadas instáveis) e que aparentemente não participam de maneira direta na maioria dos fenômenos que observamos (Fig. 1.1). Entretanto, a existência dessas partículas pode ser demonstrada por meio de técnicas de observação muito elaboradas, sendo que o papel que elas desempenham no esquema geral da natureza não está ainda completamente esclarecido. Algumas delas, como os *mésons n,* destacam-se pelo papel que desempenham nas interações entre prótons e nêutrons. Hoje em dia, a pesquisa das propriedades das partículas fundamentais é considerada de grande importância na elucidação do enigma da estrutura do universo.

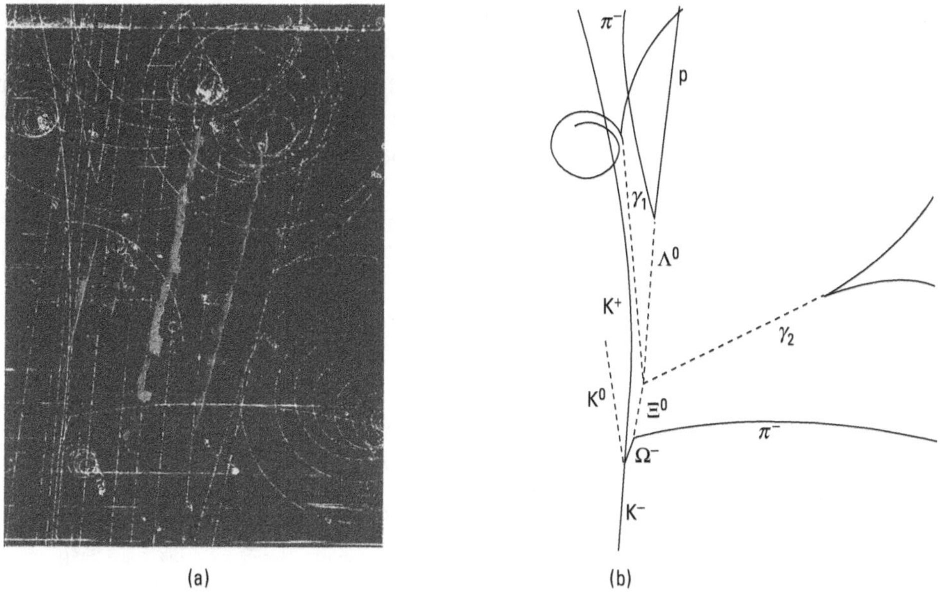

Figura 1.1 (a) Percursos de partículas fundamentais, numa câmara de bolhas, de hidrogênio líquido, de 2 m, sujeitas a um campo magnético muito intenso que as obriga a seguir trajetórias curvilíneas. Como resultado da análise dessas trajetórias, pode-se determinar as propriedades das partículas em estudo. Esta fotografia, tirada em 1964, é histórica, pois representa a primeira prova experimental da partícula ômega menos (Ω^-), que anteriormente havia sido prevista em bases teóricas. (b) As linhas do diagrama mostram os acontecimentos mais importantes registrados na fotografia. O trajeto da partícula Ω^- é o pequeno trecho de linha na parte inferior do diagrama. Partículas correspondentes a outros traços estão também identificadas.

Fonte: Fotografia cedida por cortesia do Laboratório Nacional de Brookhaven, Estados Unidos.

Usando uma linguagem bastante simplificada, podemos dizer que as três partículas, elétron, próton e nêutron, estão constantemente presentes em grupos bem definidos chamados *átomos,* nos quais os prótons e nêutrons se aglomeram numa pequena região central chamada *núcleo* (Fig. 1.2). Cerca de 104 diferentes "espécies" de átomos foram identificadas (ver Tab. A.I), mas existem aproximadamente 1.300 "variedades" distintas chamadas *isótopos.* Os átomos, por sua vez, formam outros agregados, as *moléculas,* das quais se conhecem milhares de tipos diferentes. O número de moléculas distintas

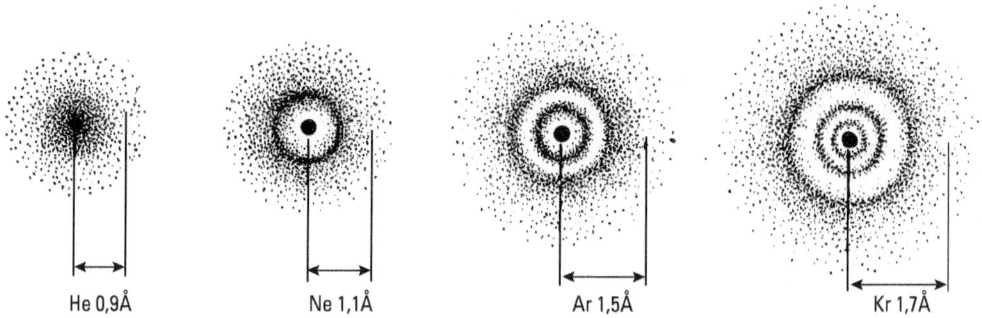

Figura 1.2 Arranjos dos elétrons em torno dos núcleos em alguns átomos simples (hélio, He; neon, Ne; argônio, A; criptônio, Kr). Como os elétrons não seguem trajetos bem definidos, as partes escuras representam as regiões mais frequentemente ocupadas por eles (1Å = 1 angstrom = 10^{-10} m).

parece ser extremamente grande, pois, em número cada vez maior, elas são sintetizadas diariamente nos laboratórios químicos. Algumas moléculas contêm poucos átomos, como, por exemplo, o ácido clorídrico, cuja molécula é formada por apenas um átomo de hidrogênio e outro de cloro (Fig. 1.3), enquanto outras podem conter algumas centenas de átomos, como, por exemplo, as proteínas, as enzimas e os ácidos nucleicos [ADN e ARN (Fig. 1.4)] ou alguns polímeros orgânicos, tais como o polietileno e o cloreto de polivinil (PVQ). Finalmente, as moléculas se agrupam formando os corpos que se nos apresentam normalmente como sólidos, líquidos ou gasosos* (Fig. 1.5) não devendo essa classificação, ou divisão, ser considerada muito rígida.

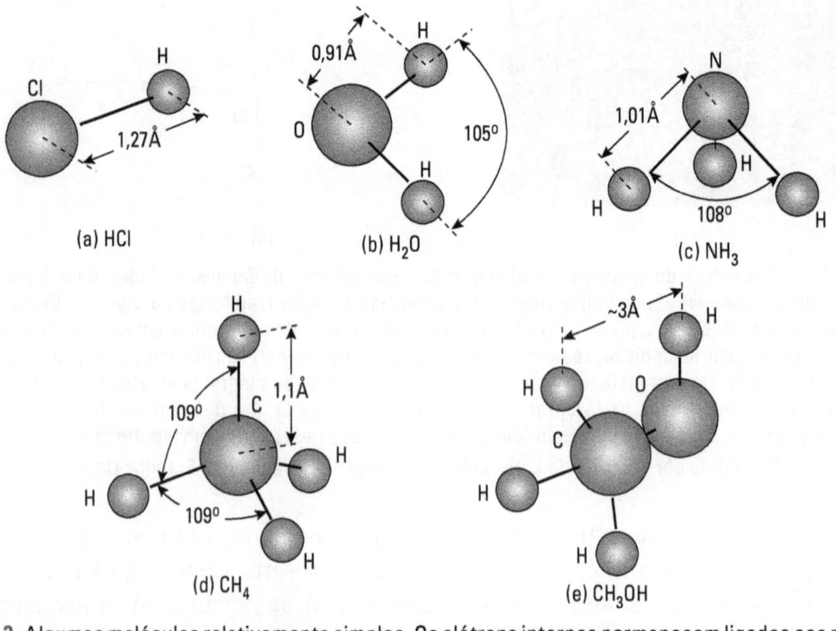

Figura 1.3 Algumas moléculas relativamente simples. Os elétrons internos permanecem ligados aos respectivos átomos, porém os mais externos podem se mover tanto no espaço compreendido entre dois átomos como, mais ou menos livremente, em toda a região ocupada pela molécula (1Å = 1 angstrom = 10^{-10} m).

Um tipo de corpo particularmente importante é a *matéria viva,* também chamada *protoplasma* – no qual as moléculas se dispõem numa forma altamente organizada, – que apresenta propriedades e funções aparentemente distintas da matéria inerte. O corpo humano, que é o mais desenvolvido de todos os seres vivos, é composto por cerca de 10^{28} átomos, sendo a maioria deles de carbono, hidrogênio, oxigênio e nitrogênio.

O sistema solar é um agregado de vários objetos imensos chamados planetas, que giram em torno de uma estrela chamada Sol. Um dos planetas é a Terra, que contém cerca de 10^{51} átomos. O Sol é composto por aproximadamente 10^{57} átomos. O sistema solar, por sua vez, é uma pequena parte de um grande agregado de estrelas que forma a galáxia chamada Via-Láctea, constituída por cerca de 10^{11} estrelas, ou 10^{70} átomos, tendo a forma de um disco com um diâmetro da ordem de 10^{21} m (ou 100.000 anos-luz) e uma

* Outro estado da matéria é o *plasma*, que consiste em uma mistura gasosa de íons positivos e negativos (partículas carregadas). A maior parte da matéria no universo se apresenta na forma de plasma.

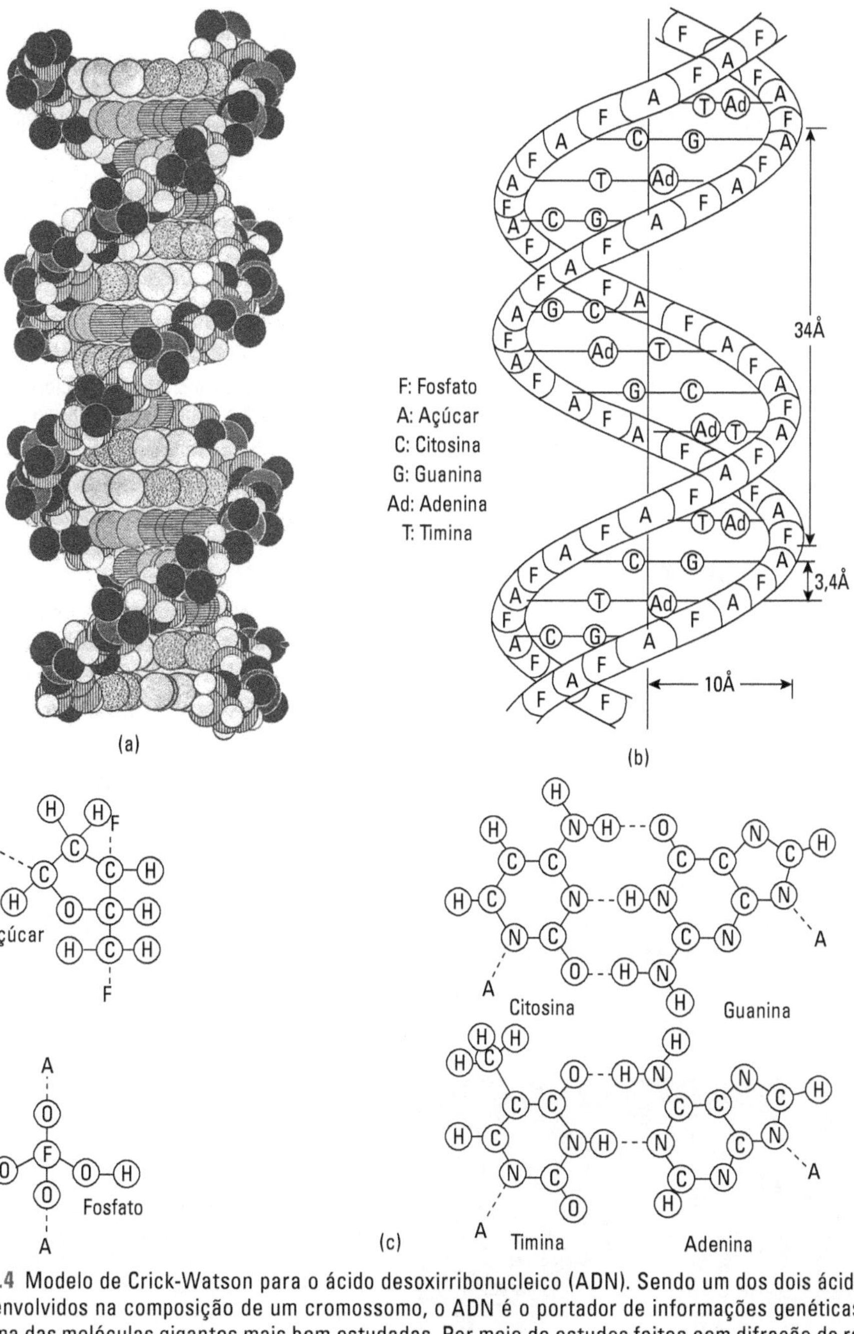

Figura 1.4 Modelo de Crick-Watson para o ácido desoxirribonucleico (ADN). Sendo um dos dois ácidos nucleicos envolvidos na composição de um cromossomo, o ADN é o portador de informações genéticas além de ser uma das moléculas gigantes mais bem estudadas. Por meio de estudos feitos com difração de raios X, pode se ver que esta molécula consta de duas hélices antiparalelas formadas por sequências de grupos de açúcar (A) e fosfato (F). O açúcar, chamado desoxirribose, contém cinco átomos de carbono. As duas hélices são interconectadas por pares de grupos de bases que são ligadas por hidrogênio. Um par é formado por duas substâncias chamadas adenina e timina (Ad-T) e o outro por citosina e guanina (C-G). O código genético da molécula de ADN depende da sequência ou ordem de cada par de bases. Esses pares são dispostos da mesma forma que os degraus de uma escada helicoidal, tendo cada degrau, aproximadamente, 11 angstroms de comprimento. O passo de cada hélice é cerca de 34 angstroms, e o seu diâmetro global é de 18 angstroms (1 angstrom = 10^{-10} m).

espessura máxima de 10^{20} m. Muitas galáxias semelhantes à nossa foram observadas (Fig. 1.6), sendo que a mais próxima delas está à distância aproximada de dois milhões de anos-luz, ou seja 2×10^{22} m. O universo deve conter cerca de 10^{20} estrelas agrupadas em 10^{10} galáxias, contendo um total aproximado de 10^{80} átomos numa região de raio de 10^{26} m ou 10^{10} anos-luz.

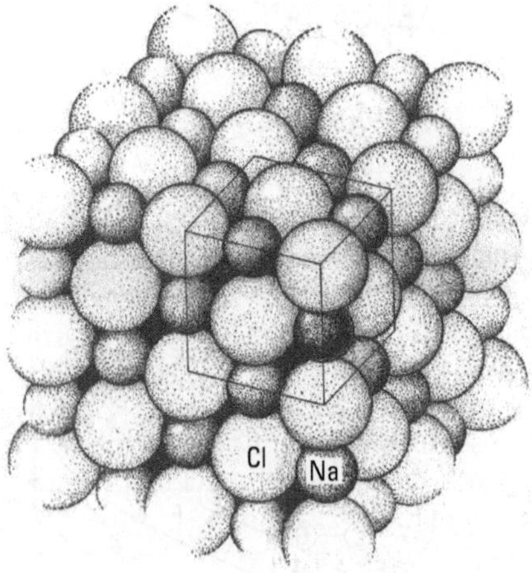

Figura 1.5 Estrutura cristalina do cloreto de sódio. Os átomos estão dispostos em forma geométrica regular que se estende sobre um volume relativamente grande. Essa estrutura é refletida na aparência externa dos cristais macroscópicos.

Algumas perguntas surgem agora em nossa mente. Como e por que os elétrons, prótons e nêutrons se unem para formar os átomos? Como e por que os átomos se agrupam para formar as moléculas? Como e por que as moléculas se juntam para formar os corpos? Por que a matéria forma agregados de tamanhos variáveis, desde o pequenino grão de poeira até o imenso planeta, desde a bactéria até esta criatura maravilhosa que é o homem? Em princípio, podemos responder a estas perguntas fundamentais introduzindo a noção de *interações*. Dizemos que, num átomo, as partículas interagem entre si de tal modo que acabam atingindo uma configuração estável. Os átomos, por sua vez, interagem para produzir as moléculas, e estas para formar os corpos. Os corpos de grandes dimensões também apresentam certas interações evidentes que chamamos de gravitação.

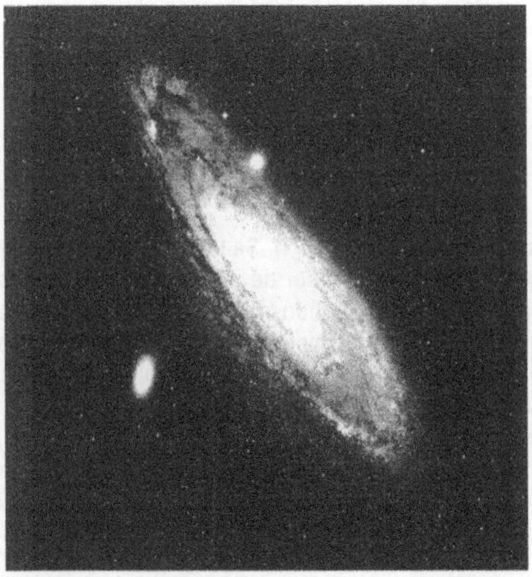

Figura 1.6 A Grande Galáxia (ou Nebulosa), na constelação de Andrômeda, também chamada M-31. Apesar de ser a mais próxima das galáxias regulares de grandes dimensões, ela se encontra à distância de 2.500.000 anos-luz ou seja $2,5 \times 10^{22}$ m do sistema solar. Seu diâmetro é cerca de 125.000 anos-luz ou 10^{21} m, e ela contém mais de 10^{11} estrelas.
Fonte: Fotografia cedida por cortesia dos observatórios do Monte Wilson e Palomar.

Este conceito de interação não é novo. Não estamos, agora, promulgando uma doutrina radicalmente nova ou destronando conceitos longamente estabelecidos. Estamos simplesmente mudando e adaptando a terminologia usada para descrever a constituição do universo como resultado de muitos anos de investigações, desde 300 anos a.C., quando Aristóteles, na sua obra *De Caelo* disse, "Eles (átomos) se movem no vácuo e ao se cruzarem empurram-se mutuamente, alguns deles sofrendo desvios ao acaso, enquanto outros, juntando-se em grau variável, de acordo com a simetria das suas formas, dimensões, posições e ordens, podem permanecer unidos; assim as coisas compostas são formadas".

Podemos comparar as palavras de Aristóteles com as de T. D. Lee, laureado com o prêmio Nobel, que em 1965 disse*, "A finalidade da ciência é a busca de um conjunto simples de princípios fundamentais por meio dos quais todos os fatos conhecidos são compreendidos e novos resultados são previstos. Sendo toda matéria constituída das mesmas unidades fundamentais, os princípios básicos de todas as ciências naturais devem ser as leis que governam o comportamento dessas partículas elementares".

O objetivo principal do físico é distinguir as várias interações da matéria; as conhecidas são as interações gravitacionais, eletromagnéticas e nucleares. Em seguida, o físico deve tentar exprimi-las quantitativamente, com o auxílio da matemática. Finalmente, deve formular regras gerais sobre o comportamento macroscópico da matéria – comportamento este resultante das interações fundamentais. A descrição do comportamento da matéria é, necessariamente, de natureza estatística pois envolve um número extremamente elevado de moléculas, sendo impossível seguir detalhadamente seus movimentos individuais. Para se ter uma ideia, basta dizer que numa gota de chuva podem existir 10^{20} moléculas de água.

Os fenômenos físicos envolvem dimensões e massas que variam num intervalo extremamente amplo, desde comprimentos e massas diminutas, da ordem de 10^{-15} m e 10^{-31} kg (correspondentes a uma única partícula tal como o elétron) até excederem os valores de 10^{9} m e 10^{30} kg (correspondentes aos corpos do nosso sistema solar). Apesar de as leis básicas serem as mesmas, as formas que elas apresentam, assim como as aproximações envolvidas, dependem do intervalo particular em que se encontram as dimensões e as massas com que estamos trabalhando.

1.4 As relações da física com as outras ciências

Indicamos, na Seç. 1.1, e vamos repetir novamente, que o objetivo da física é conhecer os componentes básicos da matéria e suas interações mútuas, explicando, dessa forma, os fenômenos naturais, incluindo as propriedades dos corpos. Partindo desta afirmação, podemos ver que a física é a mais fundamental de todas as ciências naturais. A química lida basicamente com um aspecto particular deste ambicioso programa: a aplicação das leis da física ao estudo da formação das moléculas e a análise dos diferentes métodos práticos de transformar umas moléculas em outras. A biologia também se apoia muito fortemente na física e na química para explicar os processos que ocorrem nos seres vivos. A aplicação dos princípios da física e da química aos problemas práticos, tanto na pesquisa e desenvolvimento como nas atividades profissionais, tem dado lugar ao apare-

* YAN, C. L. (Ed.). *Nature of matter* – purposes of high energy physics. New York: Brookhaven Laboratory, 1965.

cimento dos diferentes ramos da engenharia. As aplicações práticas e as pesquisas da engenharia moderna teriam sido impossíveis sem uma sólida compreensão das ideias fundamentais das ciências naturais.

Mas a física não é importante somente pelo fato de fornecer os conceitos básicos e o esquema teórico sobre os quais se fundamentam as outras ciências naturais. Do ponto de vista prático, ela também é importante porque cria técnicas que podem ser empregadas em quase todas as áreas das pesquisas pura ou aplicada. Os astrônomos necessitam de técnicas ópticas, espectroscópicas e de rádio. Os geólogos usam métodos gravimétricos, acústicos, nucleares e mecânicos nas suas pesquisas. O mesmo se pode dizer do oceanógrafo, do meteorologista, do sismólogo etc. Um hospital moderno é equipado com laboratórios nos quais se usam as mais refinadas técnicas da física. Tudo isso dá ao físico a grata sensação de que ele não somente impulsiona o avanço dos conhecimentos sobre a natureza, mas também contribui para o bem-estar social da espécie humana.

1.5 O método experimental

A fim de atingir seus objetivos, a física, bem como todas as outras ciências naturais puras ou aplicadas, depende da *observação* e da *experimentação*. A observação consiste num exame cuidadoso e crítico de um fenômeno durante o qual se registram e se analisam os diferentes fatores e circunstâncias que parecem influenciá-lo. Infelizmente, poucas vezes as condições nas quais os fenômenos físicos ocorrem na natureza oferecem as variações e a flexibilidade que seriam desejáveis. Em alguns casos, eles ocorrem com tão pouca frequência que a sua análise se torna um processo difícil e moroso. Por esse motivo, a experimentação se torna necessária. A experimentação consiste na observação de um fenômeno em condições previamente estabelecidas e cuidadosamente controladas. Podendo variar as condições à sua vontade, o cientista descobre mais facilmente como elas afetam o processo. Sem a experimentação, a ciência moderna jamais teria atingido o grau de desenvolvimento que apresenta atualmente. Esses são os motivos que tornam os laboratórios tão essenciais para os cientistas.

Para ressaltar esse aspecto, a Fig. 1.7 mostra o reator de pesquisas do Laboratório Nacional de Oak Ridge. Observe que o espaço em torno do reator está quase totalmente ocupado com equipamentos experimentais. Alguns desses equipamentos são utilizados pelos físicos para aprender mais a respeito das propriedades nucleares ou para fazer análise estrutural dos materiais. Outros aparelhos podem ser usados para preparar materiais radioativos, tendo em vista aplicações em química, medicina, biologia, agricultura ou engenharia. Um grupo de biofísicos pode usar alguns desses equipamentos para fazer experiências sobre os efeitos das radiações nos espécimes biológicos, enquanto outro grupo de cientistas pode usar o mesmo equipamento para estudar os efeitos das radiações sobre diferentes materiais. Sugerimos que você faça uma visita a um moderno laboratório de pesquisas a fim de que possa ter uma impressão mais pessoal sobre o papel da experimentação na ciência.

Naturalmente, a experimentação não é a única ferramenta do físico. A partir dos fatos conhecidos, um cientista pode inferir novos conhecimentos pelo método *teórico*. Com isso, queremos dizer que o físico propõe um *modelo* adequado à situação física em estudo. Utilizando relações previamente estabelecidas, ele aplica o raciocínio lógico e dedutivo a esse modelo. Ordinariamente, ele faz o tratamento do seu raciocínio com o auxílio das técnicas matemáticas. O resultado final poderá ser a previsão de algum fenômeno ainda não observado ou a verificação das relações entre vários processos. O conhecimento que um físico adquire por via teórica é, por sua vez, utilizado por outros cientistas para realizar novos experimentos, seja para provar o próprio modelo, seja para determinar suas limitações ou falhas. O físico teórico, então, revê e modifica o seu modelo de tal forma que se torne coerente com as novas informações. É por meio desse entrelaçamento da experimentação com a teoria que a ciência consegue progredir constantemente em bases sólidas.

Figura 1.7 O Laboratório Nacional de Oak Ridge possui um reator nuclear para pesquisas, que está sendo usado em uma grande variedade de pesquisas básicas.
Fonte: Fotografia cedida por cortesia do Oak Ridge National Laboratory (ORNL).

Antigamente, tal como ocorreu com Galileu, Newton, Huyghens e outros, um cientista podia trabalhar mais ou menos isoladamente. A ciência moderna, como consequência da sua complexidade, é principalmente o resultado de equipes de físicos teóricos e experimentais pensando e trabalhando lado a lado. Pela expressão lado a lado não entendemos necessariamente a presença física no mesmo local. Os métodos modernos de comunicação permitem a troca de ideias de modo extremamente rápido. Os físicos, mesmo separados por centenas de quilômetros de distância, e tendo diferentes nacionalidades, podem trabalhar em colaboração num mesmo projeto de pesquisa (Fig. 1.8). Tal situação não é só da física, mas também de quase todas as ciências, demonstrando assim o seu caráter universal, que consegue ultrapassar todas as barreiras humanas. Portanto, espera-se que a ciência, por meio desse tipo de cooperação, possa contribuir de modo decisivo para o fomento da compreensão entre os homens.

Figura 1.8 Vista geral do Conseil Européen pour la Recherche Nucléaire (Cern) – Organização Europeia para Pesquisa Nuclear –, fundado em 1954. Apesar de ser um empreendimento resultante da cooperação de governos europeus (Áustria, Bélgica, Dinamarca, Espanha, França, Grécia, Holanda, Itália, Noruega, Reino Unido, Suécia e Suíça) os Estados Unidos também participam ativamente. Localizado em Meyrin, na Suíça, na fronteira franco-suíça, o Cern possui as melhores condições de trabalho para a pesquisa nuclear em toda a Europa Ocidental, contando, além de outros, com um sincro-cíclotron para prótons de 28 GeV (cujo campo magnético está numa estrutura subterrânea de forma circular) e uma câmara de bolhas de hidrogênio líquido de 2 metros. O pessoal do Cern (cerca de 2.000) é constituído por cidadãos de todos os países membros, e seu orçamento anual é de aproximadamente US$ 30.000.000.

Fonte: Fotografia cedida por cortesia do Cern.

Referências

ASHMORE, J. Some reflections on science and the humanities. *Physics Today*, p. 46, Nov. 1963.

DADDARIO, E. Science and public policy. *Physics Today*, p. 23, Jan. 1965.

FEYNMAN, R.; LEIGHTON, R.; SANDS, M. *The Feynman lectures on Physics*. v. I. Reading, Mass.: Addison-Wesley, 1963.

HOLTON, G.; ROLLER, D. H. D. *Foundations of modern physical science*. Reading, Mass.: Addison-Wesley, 1958.

JONES, G.; ROTBLAT, J.; WHITROW, G. *Atoms and the Universe*. 2. ed. New York: Scribner's, 1963.

PLATT, J. R. *The excitement of science*. Boston: Houghton Mifflin, 1962.

ROSENBLITH, W. A. Physics and Biology. *Physics Today*, p. 23, Jan. 1966.

SCHMIDT, P. Truth in Physics. *Am. J. Phys.*, v. 28, n. 24, 1960.

THOMPSON, G. P. Nature of Physics and its relation to other sciences. *Am. J. Phys.*, v. 28, n. 187, 1960.

VAN DE HULST, H. Empty space. *Scientific American*, p. 72, Nov. 1955.

VAN VLECK, J. American physics comes of age. *Physics Today*, p. 21, June 1964.

YAN, C. L. (Ed.). *Nature of matter* – purposes of high energy physics. New York: Brookhaven Laboratory, 1965.

2 Medidas e unidades

2.1 Introdução

A observação de um fenômeno é incompleta quando dela não resultar uma informação *quantitativa*. Para se conseguir esse tipo de informação, é necessário *medir* uma propriedade física e, por isso, a medida constitui uma boa parte da rotina diária do físico experimental. Lord Kelvin dizia que nosso conhecimento só é satisfatório quando podemos expressá-lo por meio de números. Ainda que esta afirmação possa parecer exagerada, ela exprime uma filosofia que um físico deve seguir durante todo o tempo que estiver fazendo pesquisas. Mas, em conformidade com o que foi afirmado no Capítulo 1, a representação de uma propriedade física na forma numérica exige não somente o uso da matemática para estabelecer as relações entre as diferentes grandezas, mas também que sejamos capazes de manipular tais relações. Esta é a razão pela qual se diz que a matemática é a linguagem da física; sem a matemática, seria impossível compreender os fenômenos físicos, tanto do ponto de vista teórico como do experimental. A matemática é a ferramenta do físico; ela deve ser manipulada com destreza e de forma completa, de tal modo que o seu uso ajude-o a progredir no seu trabalho.

Neste capítulo, definiremos não somente as unidades necessárias para exprimir os resultados de uma medida, mas também discutiremos alguns tópicos (todos importantes) que irão aparecer frequentemente neste livro. Esses tópicos são: densidade, ângulo plano, ângulo sólido, algarismos significativos e os processos de análise dos resultados experimentais.

2.2 Medidas

Medir é um processo que nos permite atribuir um número a uma propriedade física como resultado de comparações entre quantidades semelhantes, sendo uma delas padronizada e adotada como *unidade*. As medidas efetuadas nos laboratórios, em sua maioria, se reduzem essencialmente a medidas de comprimentos. Utilizando essas medidas, juntamente com certas convenções expressas por meio de fórmulas, obtemos as quantidades desejadas. O físico, quando mede alguma coisa, deve ter o cuidado de não perturbar de forma apreciável o sistema que está sendo observado. Por exemplo, quando medimos a temperatura de um corpo, nós o colocamos em contato com um termômetro. Como resultado dessa aproximação, certa quantidade de energia, ou "calor", é trocada entre o corpo e o termômetro, resultando daí uma pequena mudança na temperatura do corpo, afetando, desta forma, a própria quantidade que desejamos medir. Além disso, todas as medidas são afetadas, em determinado grau, por certos *erros experimentais* resultantes de inevitáveis imperfeições nos dispositivos de medida ou de limitações impostas pelos nossos sentidos (visão e audição) que devem registrar a informação. Portanto um físico deve projetar sua técnica de medida de tal forma que a perturbação produzida sobre a quantidade a ser medida seja inferior ao seu erro experimental. Em geral, esse procedimento é sempre possível quando estamos medindo quantidades na região macroscópica (isto é, nos corpos constituídos de um grande número de moléculas), porque, nesse caso, tudo que devemos fazer é usar um instrumento que produza uma perturbação menor, em várias ordens de grandeza, do que a quantidade a ser medida. Assim, qualquer que seja a perturbação produzida, ela será desprezível quando comparada ao erro experimental. Em alguns casos, a quantidade de perturbação introduzida pode ser avaliada, e então o valor da medida poderá ser corrigido.

A situação, entretanto, é bastante diferente quando estamos medindo processos atômicos individuais, tais como o movimento de um elétron. Agora, não podemos optar por um instrumento de medida que produza uma interação menor que a quantidade a ser medida, simplesmente porque não temos um dispositivo tão pequeno. A perturbação introduzida é, nesse caso, da mesma ordem de grandeza que a quantidade a ser medida e pode mesmo não ser possível estimá-la ou levá-la em consideração. Portanto, deve ser feita uma distinção entre as medidas das quantidades macroscópicas e das quantidades atômicas. Na verdade, necessitaremos de uma estrutura teórica especial quando lidarmos com as grandezas atômicas. Essa técnica não será discutida agora; ela é chamada *mecânica quântica*.

Outra exigência importante é que as definições das quantidades físicas sejam *operacionais*, o que significa que elas devem indicar, explícita ou implicitamente, como se pode medir a quantidade definida. Por exemplo, dizer que a velocidade é a expressão da rapidez do movimento de um corpo não é uma definição operacional de velocidade, mas dizer que a *velocidade é a distância percorrida pelo corpo, dividida pelo tempo gasto em percorrê-la*, é uma definição operacional de velocidade.

2.3 Grandezas fundamentais e unidades

Antes de medir alguma coisa, devemos selecionar uma unidade para cada tipo de grandeza a ser medida. Para fins de medida, consideram-se as grandezas e as respectivas unidades divididas em duas categorias: fundamentais e derivadas. Os físicos reconhecem a existência de quatro tipos de grandezas fundamentais independentes: *comprimento, massa, tempo* e *carga elétrica**.

O comprimento é um conceito primitivo e é uma noção que adquirimos intuitivamente; é inútil tentar uma definição dessa grandeza. O mesmo podemos dizer com relação ao tempo. Entretanto a massa e a carga elétrica não são assim. O conceito de massa será analisado em detalhes nos Caps. 7 e 13. Por enquanto, vamos apenas dizer que massa é um coeficiente, característico de cada partícula, que determina seu comportamento quando em interação com outras partículas, assim como a intensidade da sua interação gravitacional.

Analogamente, carga elétrica, a ser discutida com mais detalhes no Cap. 14, é outro coeficiente, característico de cada partícula, que determina a intensidade da sua interação eletromagnética com outras partículas. Pode-se admitir a existência de outros coeficientes que poderiam estar relacionados com outros tipos de interações entre as partículas, mas, até agora, eles não foram identificados e nenhuma outra grandeza fundamental parece ser necessária.

---

* Com isso, não afirmamos que não existam outras grandezas "fundamentais" na física, mas apenas que as demais quantidades podem ser expressas como combinações dessas quatro, ou, em outras palavras, que essas últimas não necessitam de unidades especiais para serem expressas.

A massa também pode ser definida operacionalmente usando o princípio da balança de braços iguais (Fig. 2.1), isto é, uma balança simétrica com o eixo de sustentação passando por seu centro *O*. Dois corpos C e *C* possuem massas iguais quando, ao serem colocados cada um em um dos pratos da balança, esta permanece em equilíbrio. Experimentalmente, pode-se verificar que, quando a balança está em equilíbrio em um lugar da Terra, ela permanecerá em equilíbrio quando transportada para qualquer outro lugar. Portanto, a igualdade das massas é uma propriedade dos corpos que independe do local onde eles são comparados. Se o corpo *C* for constituído de unidades-padrão, a massa de C será um múltiplo da massa-padrão. Na realidade, a massa obtida por esse método é a massa gravitacional (Cap. 13). Entretanto, no Cap. 7, veremos um método dinâmico de comparar massas. As massas obtidas pelos métodos dinâmicos são chamadas *massas inerciais*. Não se encontrou nenhuma diferença entre as massas medidas pelos dois métodos, conforme se verá no Cap. 13.

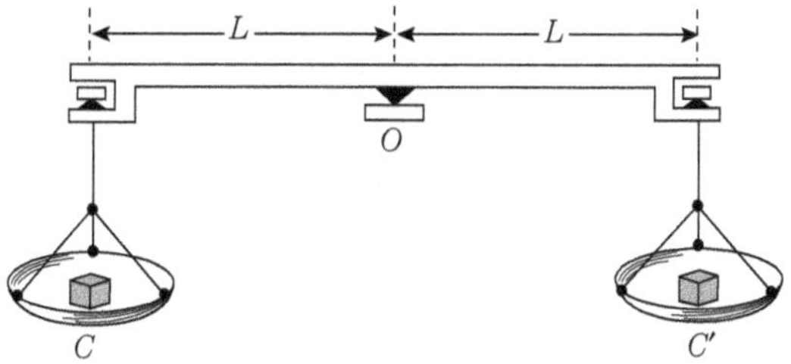

Figura 2.1 Balança de braços iguais para comparar as massas de dois corpos.

Com poucas exceções, todas as outras quantidades usadas em física até agora podem ser relacionadas com essas quatro grandezas, por meio de suas definições expressas por relações matemáticas que envolvem comprimento, massa, tempo e carga elétrica. As unidades de todas essas grandezas derivadas são, por sua vez, expressas em função das quatro unidades fundamentais por meio das relações que as definem. Portanto é necessário apenas entrar em acordo sobre a escolha das quatro unidades fundamentais para se estabelecer um sistema consistente de unidades. Os físicos concordaram (na 11ª Conferência Geral de Pesos e Medidas, realizada em Paris, em 1960) em usar o sistema MKSC e esse é o sistema que será adotado neste livro. As iniciais representam *metro, quilograma, segundo* e *coulomb,* cujas definições são as seguintes:

Metro, abreviado por m, é a unidade de comprimento igual a 1.650.763,73 comprimentos de onda da radiação eletromagnética emitida pelo isótopo ^{86}Kr na sua transição entre os estados $2p_{10}$ e $5d_5$. Estes dois símbolos se referem a estados físicos particulares do átomo de criptônio. A radiação emitida é facilmente identificada, porque ela aparece como uma linha vermelha no espectrograma.

Quilograma, abreviada por kg, é a unidade de massa igual à massa do *quilograma internacional,* que é um bloco de platina mantido na Repartição Internacional de Pesos e Medidas, em Sévres, nas proximidades de Paris. Para todos os fins práticos, ela é igual à massa de 10^{-3} m^3 (metro cúbico) de água destilada à temperatura de 4 °C. A massa de 1 m^3 de água, nestas condições de temperatura, é portanto 10^3 kg. Um volume de 10^{-3} m^3 é chamado *litro.* Por analogia com o metro, poderíamos associar o quilograma com uma propriedade atômica, dizendo que ele é igual à massa de $5{,}0188 \times 10^{25}$ átomos do isótopo ^{12}C. Efetivamente, este é o critério adotado na definição da escala internacional de massas atômicas.

Segundo, abreviado por s, é a unidade de tempo e, de acordo com a União Internacional Astronômica, igual a 1/31.556.925,975 da duração do ano trópico, de 1900. O ano trópico é definido como sendo o intervalo de tempo que decorre entre duas passagens sucessivas da Terra pelo equinócio vernal, que se verifica aproximadamente no dia 21 de março de cada ano (Fig. 2.2). O segundo pode ainda ser definido como sendo a fração 1/86.400 do dia solar médio que, por sua vez, é o valor médio, anual, do intervalo de tempo entre duas passagens sucessivas de um ponto da Terra em frente ao Sol. Esta definição apresenta, entretanto, uma dificuldade, pois, como consequência das ações das marés, o período de rotação da Terra está aumentando gradualmente e, como resultado, a unidade *segundo,* de acordo com a última definição, também aumentará gradualmente. Por este motivo, o ano particular de 1900 foi arbitrariamente escolhido.

A unidade de tempo poderia também estar relacionada com uma propriedade atômica, como no caso da unidade de comprimento, originando os chamados *relógios atômicos.* Por exemplo, a molécula de amônia (NH_3) apresenta uma estrutura piramidal, com os três átomos de hidrogênio na base e o átomo de nitrogênio no vértice da pirâmide (Fig. 2.3). Obviamente, existe uma posição simétrica N′ para o átomo de nitrogênio à mesma distância do plano H—H—H, porém do lado oposto. O átomo de nitrogênio pode oscilar entre essas duas posições N e N′ com um período bem determinado. Nessas condições, definiremos o segundo como sendo o intervalo de tempo necessário para o átomo de nitrogênio realizar $2{,}387 \times 10^{10}$ oscilações. O primeiro relógio atômico, baseado neste princípio foi construído no National Bureau of Standards em 1948, em Washington, D.C. Desde então, várias outras substâncias têm sido experimentadas para se construírem relógios atômicos. Contudo não se conseguiu ainda chegar a um acordo internacional para se estabelecer um padrão atômico de tempo, apesar de existir uma opinião geral favorável no sentido de adotar-se tal definição*.

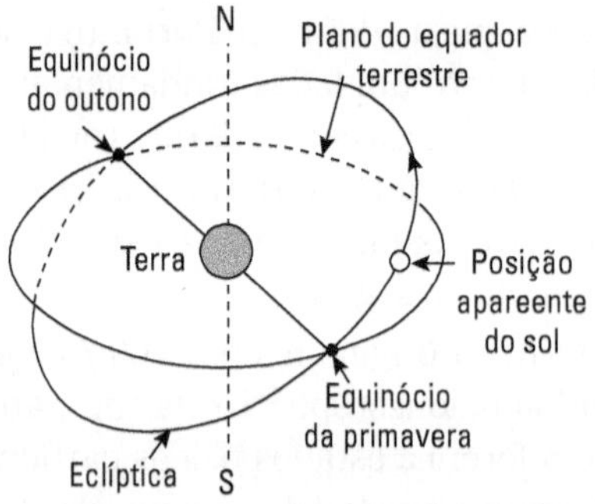

Figura 2.2 Definição de ano-trópico.

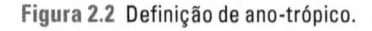

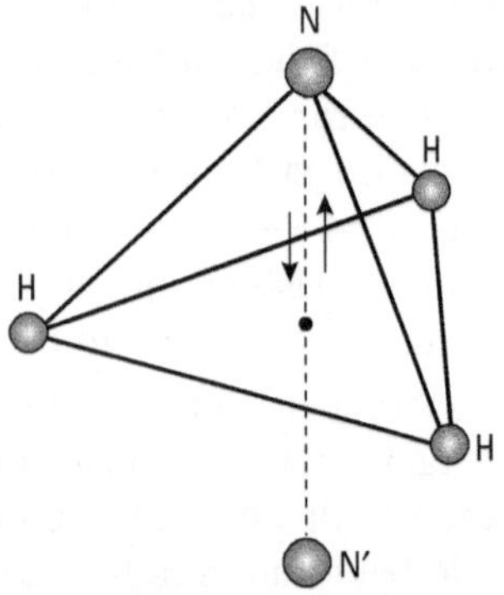

Figura 2.3 Oscilações do átomo de nitrogênio entre as duas posições simétricas da molécula de amônia.

* Em outubro de 1964, a Comissão Internacional de Pesos e Medidas baseou, temporariamente, a unidade de tempo internacional em uma determinada transição atômica entre dois estados bem definidos do átomo de ^{133}Cs. O segundo é, então, *temporariamente* definido como sendo o intervalo de tempo necessário para o oscilador, que força os átomos de césio a executarem as mencionadas transições, realizar 9.192.631.770 oscilações.

Obs.: Esta definição foi adotada em definitivo na 13ª conferência Geral de Pesos e Medidas, de 13 de outubro de 1967 (N.T.).

Coulomb, abreviado por C, é a unidade de carga elétrica. A sua definição precisa e oficial será dada no Cap. 14, mas, no momento, diremos apenas que ela é, em valor absoluto, igual ao conteúdo da carga negativa de $6{,}2418 \times 10^{18}$ elétrons, ou ao conteúdo da carga positiva em igual número de prótons.

Nota: Estritamente falando, além do metro, quilograma e segundo, a quarta unidade adotada na mencionada 11ª. Conferência foi o *ampère* (em vez do Coulomb) como unidade de corrente elétrica. O Coulomb foi então definido como sendo a quantidade de carga elétrica que atravessa uma seção de um condutor durante um segundo, quando a corrente que o percorre é de um ampère. A razão para escolher o ampère decorreu do fato de que uma corrente elétrica pode ser mais facilmente estabelecida como padrão de medida. Nossa decisão em usar o Coulomb é baseada principalmente no desejo de exprimir o caráter mais fundamental da carga elétrica, sem nos afastarmos essencialmente das recomendações da décima primeira Conferência. O sistema MKSA é o Sistema Internacional de unidades, designado pela sigla SI.

O metro e o quilograma são unidades originalmente introduzidas durante a revolução francesa, quando o governo francês decidiu estabelecer um sistema racional de unidades, conhecido desde então com o nome de *sistema métrico,* com a finalidade de suplantar as unidades caóticas e variadas em uso naquele tempo. O metro foi inicialmente definido como sendo "a décima milionésima (10^{-7}) parte de um quadrante do meridiano terrestre". Para aquela finalidade, um arco de meridiano foi cuidadosamente medido – uma operação que durou vários anos – e, em seguida, foi fabricada uma barra-padrão de platina, medindo um metro, que está guardada, em condições controladas e à temperatura de 0 °C na Repartição Internacional de Pesos e Medidas, em Sévres. Medidas posteriores indicaram que a barra-padrão apresenta $1{,}8 \text{ m} \times 10^{-4}$ m menos que a décima milionésima parte do quadrante de um meridiano. Apesar disso, ficou decidido que o comprimento da barra continuaria representando o metro-padrão, sem mais nenhuma referência ao meridiano da terra. Existem, em muitos países, reproduções do metro-padrão. Contudo ficou logo evidente a conveniência de ter-se um padrão de características permanentes e de fácil disponibilidade, em qualquer laboratório. Foi por esse motivo que se escolheu o comprimento de onda da linha vermelha do ^{86}Kr.

Para a massa, a unidade escolhida pelo governo francês foi o *grama,* abreviado por g, definido como sendo a massa de um centímetro cúbico (1 cm = 10^{-2} m = 0,3937 pol e 1 cm^3 = 10^{-6} m^3) de água destilada a 4 °C. Esta temperatura foi escolhida porque é nela que a água apresenta sua densidade máxima. Uma vez escolhida esta unidade, construiu-se um bloco de platina cuja massa era de um quilograma, isto é, 10^3 gramas. Posteriormente, ficou decidido que a massa desse bloco seria a massa do quilograma-padrão sem mais nenhuma referência à água.

Antes do sistema MKSC ser adotado, outro sistema foi muito popular nos trabalhos científicos: o *sistema cgs*, no qual a unidade de comprimento é o centímetro, a unidade de massa, o grama, e a unidade de tempo, o segundo. Nenhuma unidade definida de carga foi atribuída a esse sistema. Não obstante, duas delas foram muito usadas: o stat-coulomb e o ab-coulomb, iguais a $\frac{1}{3} \times 10^{-9}$ C e 10 C, respectivamente. O sistema CGS vem sendo, aos poucos, substituído nos trabalhos científicos e práticos pelo sistema MKSC.

Em muitos países de língua inglesa, outro sistema de unidades é largamente difundido, tanto nas aplicações práticas como na engenharia. Nesse sistema, a unidade de comprimento é o *pé*, abreviado por ft, a unidade de massa é a *libra*, abreviada por lb, e a unidade de tempo é novamente o *segundo*. As unidades métricas equivalentes são:

1 pé = 0,3048 m   1 m = 3,281 ft

1 libra = 0,4536 kg   1 kg = 2,205 lb

Espera-se que, finalmente, o sistema MKSC seja o único a ser usado não só no mundo científico, mas também na engenharia e nas medidas domésticas.

Por razões práticas, múltiplos e submúltiplos das unidades fundamentais e derivadas têm sido introduzidos na forma de potências inteiras de dez. Elas são designadas por um prefixo, de conformidade com o esquema dado na Tab. 2.1.

Tabela 2.1 Prefixos para potências de dez

Valor	Prefixo	Símbolo
10^{-18}	atto-	a
10^{-15}	femto-	f
10^{-12}	pico-	p
10^{-9}	nano-	n
10^{-6}	micro-	μ
10^{-3}	mili-	m
10^{-2}	centi-	c
10^{-1}	deci-	d
$10^{0} = 1$	Unidade fundamental	
10^{1}	deca-	da
10^{2}	hecto-	h
10^{3}	quilo-	k
10^{6}	mega-	M
10^{9}	giga-	G
10^{12}	tera-	T

2.4 Densidade

A *densidade* de um corpo é definida como sendo a massa desse corpo por unidade de volume. Dessa forma, um corpo de massa m e volume V tem a densidade

$$\rho = \frac{m}{V}. \tag{2.1}$$

A densidade é expressa em $kg \cdot m^{-3}$ e, obviamente, a densidade da água é

$$\rho = 10^3 \text{ kg} \cdot \text{m}^{-3} \text{ (ou 1 g} \cdot \text{cm}^{-3}\text{, ou ainda 62,4 lb} \cdot \text{ft}^{-3}\text{)}.$$

A definição de densidade, dada pela Eq. (2.1), somente pode ser aplicada aos corpos homogêneos, isto é, corpos que possuem a mesma composição em toda a sua extensão. Para os corpos não homogêneos, ela dá apenas a densidade *média*. No caso de um corpo heterogêneo, a densidade varia de ponto a ponto. Pode-se obter a densidade em uma posição particular, medindo-se a massa dm contida em um pequeno (ou infinitésimo) volume dV, localizado em torno daquela posição. Aplica-se, em seguida, a Eq. (2.1) que agora se apresenta na forma

$$\rho = \frac{dm}{dV}. \qquad (2.2)$$

Sendo a densidade um conceito de natureza estatística, para que o volume dV tenha algum significado físico, ele deve ser tal que possa conter um grande número de moléculas. Outro conceito útil é o de *densidade relativa*. Se ρ_1 e ρ_2 são as densidades de duas substâncias diferentes, a densidade relativa da segunda, em relação à primeira, será

$$\rho_{21} = \frac{\rho_2}{\rho_1}. \qquad (2.3)$$

Não necessitamos de nenhuma unidade para exprimi-la, pois ela é uma quantidade relativa já que é o quociente de duas grandezas da mesma espécie. Costumam-se exprimir as densidades relativas tomando-se a água como referência. Na Tab. 2.2 apresentamos as densidades de várias substâncias, relativas à água. Os valores numéricos referem-se às condições normais de pressão e temperatura, TPN, (isto é, a 0 °C de temperatura e 1 atmosfera de pressão), quando estas não forem, especificamente mencionadas.

Tabela 2.2 Densidades (relativas à água)

Sólidos		Líquidos		Gases	
Ferro	7,86	Água (4 °C)	1,000	Ar	$1{,}2922 \times 10^{-3}$
Gelo	0,917	Mercúrio	13,59	Hidrogênio	$8{,}988 \times 10^{-5}$
Magnésio	1,74	Álcool etílico	0,791	Oxigênio	$1{,}42904 \times 10^{-3}$
Alumínio	2,70	Gasolina	0,67	Nitrogênio	$1{,}25055 \times 10^{-3}$
Urânio	18,7	Ar (– 147 °C)	0,92	Hélio	$1{,}7847 \times 10^{-4}$

2.5 Ângulos planos

Existem dois sistemas para medir ângulos planos: *graus* e *radianos*. O segundo deles é o mais importante na física. Na convenção do grau, a circunferência foi arbitrariamente dividida em 360 graus (°). Um ângulo reto, por exemplo, corresponde a 90°. Cada grau, por sua vez, é dividido em 60 minutos (′) e cada minuto em 60 segundos (″). Dessa forma, um ângulo qualquer pode ser expresso em graus, minutos e segundos, como, por exemplo, 23° 42′ 34″.

Para se exprimir um ângulo plano em radianos, traça-se o arco AB (Fig. 2.4) com um raio arbitrário R, com centro no vértice O do referido ângulo. Então, a medida de θ, em radianos (abreviado por rad), é

$$\theta = \frac{l}{R}, \qquad (2.4)$$

onde l é o comprimento do arco AB. Este método é baseado na propriedade, válida para qualquer ângulo, de que esta relação l/R é constante, qualquer que seja

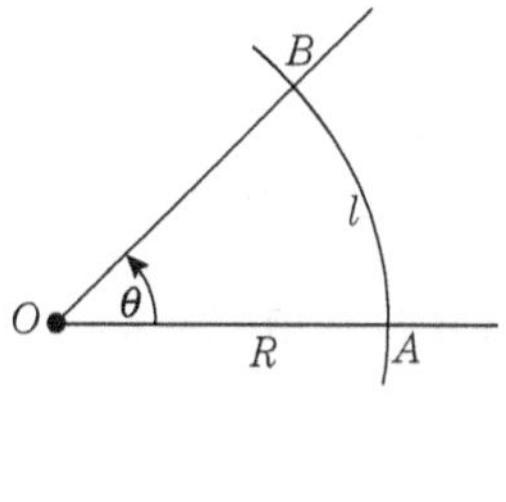

Figura 2.4

o valor do raio R. Observe que l e R devem ser expressos na mesma unidade de comprimento. Da Eq. (2.4), temos

$$l = R\theta. \tag{2.5}$$

Lembrando que o comprimento da circunferência é $2\pi R$, podemos concluir que um ângulo plano completo, em torno de um ponto, medido em radianos, é $2\pi R/R = 2\pi$ rad. Então 2π rad é equivalente a 360°, e

$$1^\circ = \frac{\pi}{180}\,\text{rad} = 0{,}017453\ \text{rad}, \qquad 1\ \text{rad} = \frac{180^\circ}{\pi} = 57^\circ 17' 44{,}9''.$$

2.6 Ângulos sólidos

Um *ângulo sólido* é o espaço incluído no interior de uma superfície cônica (ou piramidal), como mostra a Fig. 2.5. Seu valor, expresso em esterorradiano (abreviado por sr é obtido traçando-se, com raio arbitrário R e centro no vértice O, uma superfície esférica e aplicando a relação

$$\Omega = \frac{S}{R^2}, \tag{2.6}$$

onde S é a área da superfície da calota esférica contida no interior do ângulo sólido. Como a área de uma superfície esférica é igual a $4\pi R^2$, podemos concluir que o ângulo sólido completo em torno de um ponto é 4π esterorradianos. O ângulo sólido formado pelos três eixos coordenados OX, OY e OZ (Fig. 2.6), mutuamente perpendiculares, é $\frac{1}{8}(4\pi)$ ou $\pi/2$ esterorradianos.

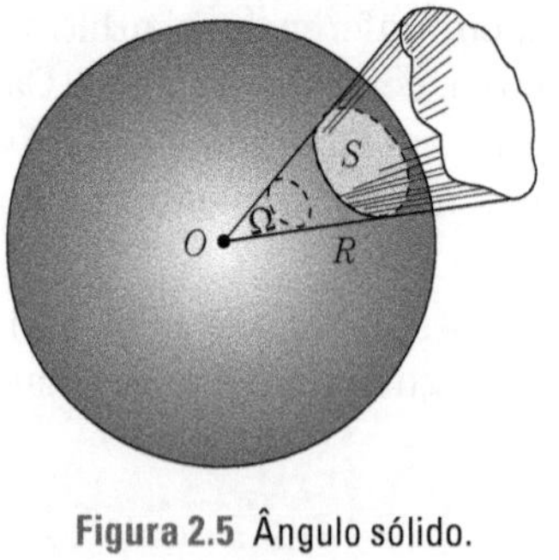

Figura 2.5 Ângulo sólido.

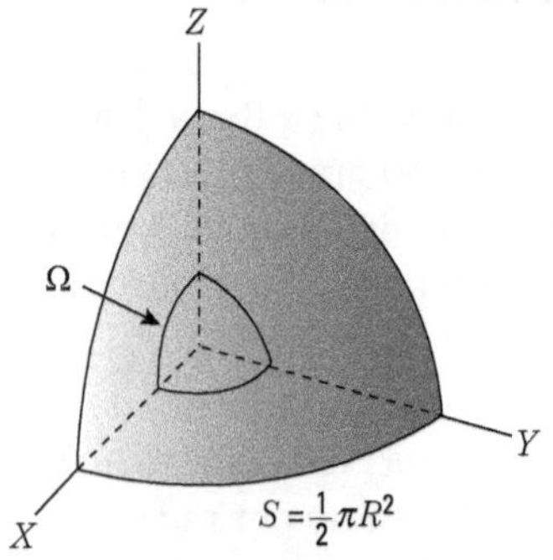

Figura 2.6

Quando o ângulo sólido é pequeno (Fig. 2.7), a área da superfície S torna-se dS, não sendo mais necessário o uso de uma calota esférica, que pode ser substituída, por exemplo, por uma pequena superfície plana perpendicular a OP, de tal forma que

$$d\Omega = \frac{dS}{R^2}. \tag{2.7}$$

Em alguns casos, a superfície dS não é perpendicular a OP, fazendo sua normal N um ângulo θ com OP (Fig. 2.8). Neste caso, será necessário projetar dS sobre uma perpendicular a OP, que nos dará a área $dS' = dS\cos\theta$. Então,

$$d\Omega = \frac{dS\cos\theta}{R^2}, \tag{2.8}$$

uma expressão que será muito útil nas futuras discussões.

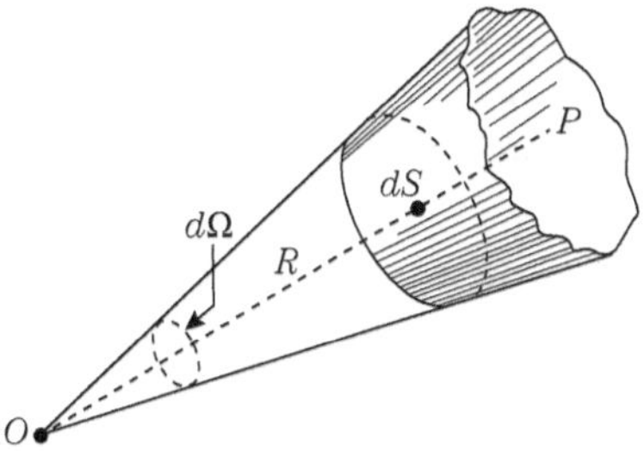

Figura 2.7

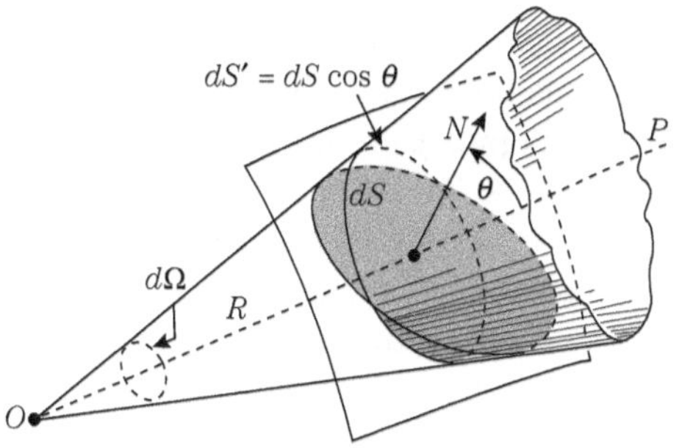

Figura 2.8

2.7 Precisão e exatidão

A palavra precisão usualmente implica exatidão. Entretanto, no campo das medidas, precisão está relacionada com a falta de exatidão. Queremos com isto dizer que, quando as propriedades físicas são descritas por quantidades numéricas acompanhadas de unidades, as quantidades numéricas dependem de certo número de diferentes fatores, incluindo o particular aparelho utilizado para fazer a medida, o tipo e o número de medidas feitas, assim como do método de medida empregado pelo experimentador. O número obtido será quase totalmente inútil, se não for acompanhado de uma quantidade numérica que descreva a precisão da medida efetuada. Um número pode ser extremamente acurado (isto é, correto) sem, entretanto, ser *preciso,* porque a pessoa que representou o resultado da medida deixou de declarar, pelo menos, alguma coisa a respeito do seu método de medir.

Vamos dar alguns exemplos a fim de esclarecer essas ideias. Assim, se uma pessoa vê uma cesta contendo sete maçãs, a afirmação "Eu contei sete maçãs na cesta" é uma citação direta de uma quantidade numérica. Ela é precisa e exata, pois o número de unidades a serem contadas é inteiro e pequeno. Se existirem duas pessoas, uma pondo *lentamente* maçãs na cesta e a outra retirando-as *lentamente,* ainda se podem fazer afirmações exatas e precisas sobre o número de maçãs existentes na cesta, em um determinado instante.

Vamos agora complicar a situação. Considere o número de pessoas existentes numa pequena aldeia. O número é maior, mas, ainda, bastante razoável e definitivamente inteiro. Um observador, permanecendo no centro de uma das ruas da aldeia e observando o movimento das pessoas que passam, após o resultado de uma contagem de recenseamento, poderia fazer afirmações exatas sobre o número de pessoas da aldeia. Porém sua quantidade numérica não seria necessariamente precisa, pois seria difícil, para essa pessoa, descobrir a hora certa do nascimento e da morte das pessoas da aldeia. Supondo agora que a aldeia seja uma cidade ou município, o trabalho se torna cada vez mais difícil.

Façamos agora a seguinte pergunta: por que necessitamos de uma contagem exata do número de habitantes de um município? Na verdade não é necessário saber, a cada momento, o número exato deles, para oferecer serviços úteis a todos os habitantes. Em vez disso, devemos ter uma contagem exata, cuja precisão vai depender do tipo particular de serviço a ser prestado à população. Por exemplo, para determinar-se o número de novas escolas a serem construídas em certa área, devemos ter uma precisão numérica diferente da que seria necessária se tivéssemos de determinar o número de corpos de bombeiros. Se o número de habitantes de um município é dado com a precisão de 1%, isso significa que o número dado pode ser 1% a mais ou a menos do valor exato da população, *embora não saibamos qual caso prevalece,* o que não tem importância, na maioria das vezes. Numa aldeia de 200 pessoas, uma precisão de 1% significa que conhecemos a população com uma indeterminação de 2 pessoas (a mais ou a menos). Num município de 100.000 pessoas, a precisão é de 1.000. Se conhecermos a população dos Estados Unidos com a precisão de 1%, o número que representa a população pode estar errado por um valor que pode atingir até um milhão e meio, *mas não sabemos exatamente quanto.* Obviamente, em certos casos, uma precisão maior que 1% é necessária, enquanto, em outros, menor precisão pode ser o bastante.

Até este ponto estivemos preocupados com a própria operação de contagem, em si mesma. A hipótese de partida é a de que podemos conhecer exatamente a população, desde que sejam conhecidas as informações necessárias e que seja possível processar essas informações rapidamente. O problema da necessidade de conhecer a população com maior ou menor precisão já foi discutido. Entretanto devemos perceber que existem certas operações de medidas que *não* nos conduzirão a um número determinado de unidades. Por exemplo, sabe-se que numa determinada posição de um quarto existe uma temperatura bem definida. Esse valor depende, contudo, de uma definição, pois a temperatura é um conceito baseado numa sensação humana. Não medimos temperatura por um método de contagem; em vez disso, medimos uma coluna de mercúrio, cujo comprimento *representa* a temperatura. Por vários motivos, o comprimento da coluna não apresentará valores idênticos cada vez que se fizer uma leitura, mesmo no caso de a temperatura permanecer constante. Uma das causas que produzem maiores variações nas leituras é a separação finita entre duas divisões sucessivas da escala. Ordinariamente, a distância entre duas divisões sucessivas de uma escala métrica é de 1 mm. Portanto, se uma escala métrica é lida até a divisão mais próxima, a leitura *em cada extremidade* pode estar errada de um valor que pode atingir até $\frac{1}{2}$ mm. Existem outros tipos de erros de leitura que são discutidos em livros especializados no assunto. (Veja as referências sobre alguns textos e artigos selecionados sobre medidas, no final deste capítulo).

A precisão, ou incerteza, de um número permite-nos definir o número de *algarismos significativos* associados à quantidade representada pelo número. Por exemplo, se uma medida for representada por 642,54389 ± 1%, isto significa que a incerteza nesta medida é de aproximadamente 6,4. Portanto estaremos plenamente justificados se mantivermos, no número, somente aqueles algarismos que realmente tiverem significado. Neste caso, o número considerado poderá ser perfeitamente expresso por 642 + 1% ou 642 + 6. Quando o estudante encontrar uma propriedade física (tal como a velocidade da luz ou o número de Avogadro) citada neste livro, o número será expresso com cinco algarismos significativos, mesmo quando a grandeza for conhecida com maior precisão; a precisão não será especificada. Se você quiser utilizar estes números nos cálculos de incertezas, deverá considerar que o último algarismo significativo pode estar afetado de um erro de ± 1.

Quando se efetua uma série de operações matemáticas com números que possuem precisões conhecidas, o procedimento mais simples consiste em realizar as operações, uma por vez, sem tomar conhecimento do problema dos algarismos significativos, até a conclusão da multiplicação ou qualquer outra operação de que se trate. O resultado deverá, então, ser reduzido a um número que tenha a mesma quantidade de algarismos significativos que o número de menor precisão dentre aqueles que participam do cálculo.

2.8 Medidas no laboratório

Com um exemplo relativamente simples, o da medida do período de um pêndulo, descreveremos os métodos usados na obtenção dos valores numéricos associados às propriedades físicas. O *período* de um pêndulo é o intervalo de tempo decorrido entre duas passagens sucessivas desse pêndulo por uma posição determinada, movendo-se no mesmo sentido. Um pêndulo foi posto em oscilação e seu período correspondente a uma única oscilação foi medido, repetidamente, 50 vezes. A Tab. 2.3 contém as 50 medidas expressas em segundos.

Podemos observar que, na tabela não existe nenhum valor especial para o período do pêndulo. Podemos, entretanto, considerar a totalidade dessas medidas, calculando o *valor médio* de todas elas e determinando, em seguida, a precisão desse valor médio. Somando-se todos os períodos e dividindo-se, em seguida, o resultado obtido pelo número total de medidas, encontraremos para o *valor médio* do período o número 3,248 s. (Observe que, por enquanto, mantivemos o número completo; ele será modificado oportunamente). Fazendo a diferença entre esse valor e o de cada medida, obteremos os *desvios* das medidas em relação ao valor médio. A soma dos valores absolutos dos desvios, dividida pelo número de medidas, é chamada *desvio absoluto médio,* e esse valor representa um índice da precisão da medida. No nosso exemplo, o desvio absoluto médio é de 0,12 segundos. Portanto deveremos representar o período, medido no laboratório, por 3,25 ± 0,12 segundos, ou 3,25 + 4% segundos (aproximadamente).

Tabela 2.3

3,12	3,18	3,25	3,32	3,32
3,62	3,33	3,30	3,42	3,27
3,33	3,28	3,15	3,12	3,20
3,17	3,18	3,20	3,18	2,98
3,17	3,52	3,35	3,33	3,38
3,58	3,02	3,00	3,32	3,08
3,27	3,35	3,63	3,15	3,38
3,00	3,15	3,27	2,90	3,27
2,97	3,18	3,28	3,28	3,37
3,18	3,45	3,18	3,27	3,20

Outro modo de representar a precisão das medidas consiste no uso do *desvio-padrão,* definido como sendo a raiz quadrada da quantidade obtida pela soma dos *quadrados* dos desvios e dividindo-se o resultado obtido pelo número de medidas menos um. No exemplo citado, o desvio-padrão é de 0,15 segundo. O esforço adicional para se obter o desvio-padrão da medida vale a pena, pois pode-se atribuir um significado relativamente simples a esse parâmetro. Admitindo-se que o resultado caótico, que se manifesta no conjunto de medidas, não seja atribuído a nenhuma tendência especial, mas que seja apenas reflexo das *flutuações normais,* pode-se garantir que aproximadamente dois terços de todas as medidas irão diferir do valor médio por uma quantidade cujo valor absoluto será inferior ao desvio-padrão. Ou, expresso de outra forma, podemos confiar que, na próxima vez que fizermos uma medida do período, haverá a probabilidade percentual de 67% do resultado ser maior que 3,10 segundos e menor que 3,40 segundos. Para mostrar esta situação de um modo um pouco diferente, a Fig. 2.9, que é um *histograma,* foi traçada a partir dos dados da Tab. 2.3, e nela se representa a distribuição de frequências dos vários resultados obtidos. Existe um aparente caos na maneira segundo a qual ocorrem os valores das várias leituras. À medida que mais e mais resultados são obtidos, uma forma bem definida começa a se esboçar no histograma, mostrando que a frequência do aparecimento de uma dada medida é tanto menor quanto maior for o seu afastamento do valor médio. O resultado é uma curva em forma de sino. Uma análise mostra que a curva sobre a qual o pico do histograma melhor se ajusta, quando o número de medidas aumenta, apresenta uma forma analítica chamada *distribuição normal* ou *distribuição gaussiana.*

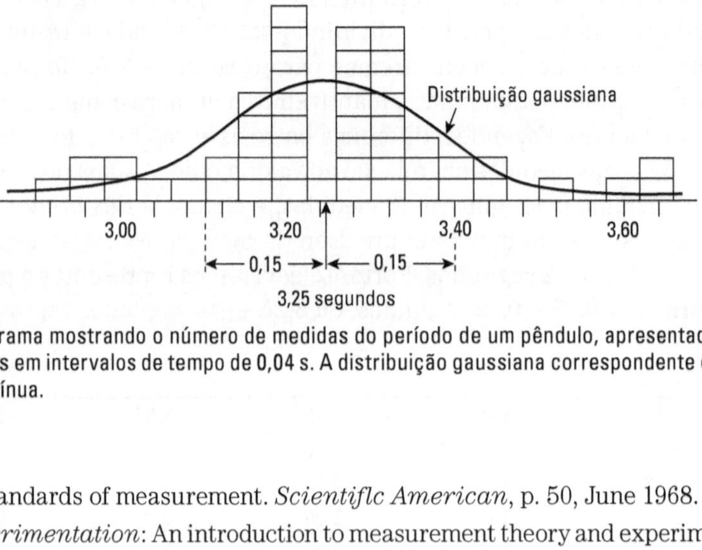

Figura 2.9 Histograma mostrando o número de medidas do período de um pêndulo, apresentadas na Tabela 2.3, compreendidas em intervalos de tempo de 0,04 s. A distribuição gaussiana correspondente está indicada por uma linha contínua.

Referências

ASTIA, A. V. Standards of measurement. *Scientiflc American*, p. 50, June 1968.

BAIRD, D. *Experimentation*: An introduction to measurement theory and experiment design. Englewood Cliffs, N. J.: Prentice-Hall, 1962.

COURANT, R. Mathematics in the modern world. *Scientiflc American*, p. 40, Sept. 1964.

DYSON, F. Mathematics in the physical sciences. *Scientiflc American*, p. 128, Sept. 1964.

FEYNMAN, R. R. LEIGHTON, e M. SANDS *The Feynman lectures on physics.* v. I. Reading, Mass: Addison-Wesley, 1963.

FURTH, R. The limits of measurement. *Scientiflc American*, p. 48, July 1950.

KAC, M. Probability. *Scientiflc American*, p. 92, Sept. 1964.

SYMBOLS, units, and nomenclature in physics. *Physics Today*, p. 20, June 1962.

TAYLOR, B. N.; LANGENBERG, D. H.; PARHER, W. H. The fundamental physical constants. *Scientiflc American*, p. 62, Oct. 1970.

USA. *A brief history of weights and measures standards of the United States.* Washington, D. C.: Government Printing Office, 1963.

YOUDEN, W. *Experimentation and measurement.* New York: Scholastic Book Services, Scholastic Magazines, Inc., 1962.

Problemas

2.1 As massas atômicas, representadas na Tab. A.1, são expressas em *unidades de massa atômica,* abreviadas por u. 1 u é igual a $1{,}6604 \times 10^{-27}$ kg. Calcule, em quilogramas e em gramas, as massas de (a) um átomo de hidrogênio e (b) um átomo de oxigênio.

2.2 Quantas moléculas, cada uma composta por um átomo de oxigênio e dois de hidrogênio, existem num grama de água? Quantas existem em 18 gramas? Quantas em um centímetro cúbico?

2.3 Na Seç. 2.3 foi mencionado que quilograma poderia ser definido como sendo igual à massa de $5{,}0188 \times 10^{25}$ átomos do isótopo ^{12}C, cuja massa é definida como sendo exatamente 12,0000 u. Verifique se essa definição é compatível com o valor da u dado no Prob. 2.1.

2.4 Considere as moléculas de hidrogênio, de oxigênio e de nitrogênio, cada uma delas composta por dois átomos idênticos. Calcule o número de moléculas de cada um desses gases, nas condições normais de pressão e temperatura (TPN) existentes em 1 m^3. Use os valores das densidades relativas dadas na Tab. 2.2. Faça uma extensão do seu cálculo que seja válida para outros gases. Qual é a conclusão geral que você pode tirar dos seus resultados?

2.5 Admitindo-se que o ar é composto por 20% de oxigênio e 80% de nitrogênio, e que esses gases formam moléculas diatômicas, calcule a massa molecular "efetiva" do ar. Avalie o número de moléculas em 1 cm^3 de ar nas condições TPN. Quantas moléculas são de oxigênio e quantas são de hidrogênio?

2.6 A densidade do gás interestelar na nossa galáxia é avaliada em cerca de 10^{-21} kg · m^{-3}. Admitindo-se que esse gás é constituído principalmente de hidrogênio, avalie o número de átomos de hidrogênio por cm^3. Compare esse resultado com o correspondente obtido para o ar nas condições TPN (Prob. 2.5).

2.7 Um copo de 2 cm de raio contém água. Em duas horas, o nível da água baixa 1 mm. Avalie, em gramas por hora, a velocidade de evaporação da água. Quantas moléculas de água estão se evaporando por segundo em cada centímetro quadrado da superfície da água? (Sugerimos que o estudante realize esta experiência e obtenha os seus próprios dados. Por que você obtém resultados diferentes cada dia?).

2.8 Um *mol* de uma substância é definido como sendo uma quantidade dessa substância, expressa em *gramas,* numericamente igual à massa molecular dessa substância em u. (Quando nos referirmos a um elemento químico, e não a um composto, usaremos massa atômica em vez da massa molecular.) Verifique que o número de moléculas (ou de átomos) em um mol de *qualquer* substância é sempre o mesmo e é igual a $6{,}0225 \times 10^{23}$. Este número, chamado *constante de Avogadro,* é uma constante física muito importante.

2.9 Usando os dados das Tabs. 2.2 e A.1, avalie a separação média entre as moléculas, nas condições TPN, no hidrogênio (gás), na água (líquido) e no ferro (sólido).

2.10 A massa de um átomo está praticamente concentrada no seu núcleo. O raio do núcleo de urânio é $8{,}68 \times 10^{-15}$ m. Usando a massa atômica do urânio, dada na Tab. A.1, calcule o valor da densidade da "matéria nuclear". Esse núcleo contém 238 partículas ou "núcleons". Avalie a separação média entre os núcleos do urânio. Poderá você concluir, a partir do resultado obtido, que se deve tratar a matéria nuclear do mesmo modo que se trata a matéria comum (isto é, os agregados de átomos e moléculas)?

2.11 Usando os dados da Tab. 13.1, calcule a densidade média da Terra e do Sol. Quando você compara esses valores com os dados na Tab. 2.2, qual é a sua conclusão sobre a estrutura desses dois corpos?

2.12 Avalie a densidade média do universo, usando a informação dada na Seç. 1.3. Admitindo-se que todos os átomos estivessem distribuídos uniformemente em todo o universo, quantos existiriam em cada centímetro cúbico? Admita a hipótese de que todos os átomos são de hidrogênio.

2.13 A velocidade da luz no vácuo é de $2{,}9979 \times 10^8\ \text{m} \cdot \text{s}^{-1}$. Transforme este resultado em km por hora. Quantas voltas em torno da Terra poderia dar, um raio luminoso durante um segundo? (Use a Tab. 13.1 para os dados relativos à Terra.) Que distância esse raio luminoso percorreria em um ano? Essa distância é chamada *ano-luz*.

2.14 O raio da órbita terrestre é de $1{,}49 \times 10^{11}$ m. Este comprimento é chamado *unidade astronômica*, A.u. Represente um ano-luz em unidades astronômicas (veja Prob. 2.13).

2.15 *Paralaxe* é a diferença na direção aparente de um objeto, resultante da mudança de posição do observador. (Segure um lápis na sua frente e feche inicialmente o olho direito e depois o esquerdo. Observe que, em cada caso, o lápis parece situado em posição diferente, em relação ao plano de fundo.) *Paralaxe estelar* é a mudança aparente, da posição de uma estrela, como resultado do movimento orbital da Terra em torno do Sol. Ela é dada, quantitativamente, pela metade do ângulo, subentendido pelo diâmetro da órbita terrestre $T_1 T_2$ perpendicular à linha que une a estrela ao Sol (veja Fig. 2.10). Ela é dada por $\theta = 1/2(180° - \alpha - \beta)$, sendo os ângulos α e β medidos nas duas posições T_1 e T_2 separadas por seis meses. A distância r, da estrela ao Sol, pode ser obtida pela relação $a = r\theta$, onde a é o raio da órbita terrestre e θ é expresso em radianos. A estreia que apresenta maior paralaxe, cujo valor é 0,76" (isto é, a estrela mais próxima) é a α-Centauro. Calcule a sua distância do Sol, expressa em metros, anos-luz e unidades astronômicas (A.u.).

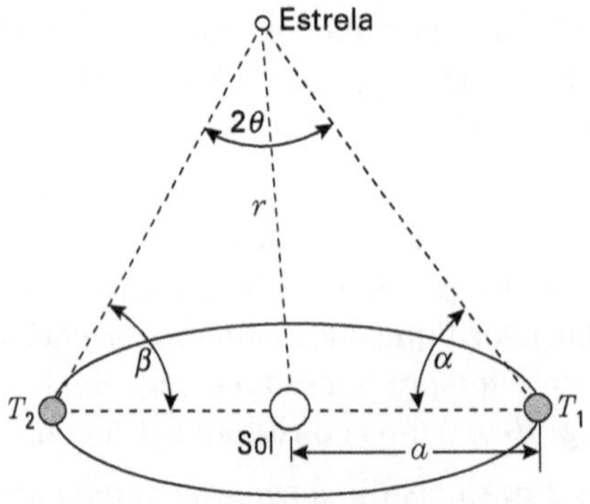

Figura 2.10

2.16 Um *parsec* é a distância, ao Sol, de uma estrela cuja paralaxe é de 1″. Represente o *parsec* em metros, anos-luz e unidades astronômicas. Represente a distância, dada em *parsec*, em termos de paralaxe, em segundos de arco.

2.17 A distância entre São Francisco e Nova York, medida ao longo de um circulo máximo que passa por essas duas cidades, é de 4.140 km. Calcule o ângulo entre as verticais das duas cidades.

2.18 Usando os dados da legenda da Fig. 1.6, determine o ângulo subentendido pelo diâmetro da Grande Galáxia M-31, quando observada da Terra. Dê o resultado em radianos e graus. Determine também o ângulo sólido subentendido pela nebulosa.

2.19 Usando a Tab. de funções trigonométricas existente no Apêndice, calcule o ângulo para o qual sen θ e tg θ diferem por (a) 10%, (b) 1% e (c) 0,1%. Faça o mesmo para sen θ e θ, e para tg θ e θ, quando θ é expresso em radianos. Qual é a conclusão que você pode tirar dos seus resultados?

2.20 Dados os três números, 49238,42; $6{,}382 \times 10^4$; e 86,545: (a) Some todos os números. (b) Multiplique os três. (c) Some os dois primeiros e multiplique pelo terceiro. (d) Multiplique os dois últimos e divida pelo primeiro. Dê todas as respostas com o número correto de algarismos significativos.

2.21 Use os dados relacionados na Tab. 2.3 a fim de verificar os valores dados no texto para o valor médio, o desvio médio e o desvio-padrão. Quantos algarismos significativos devem estar incluídos no resultado?

2.22 A tabela abaixo contém um conjunto de dez leituras de uma propriedade física (por exemplo, a espessura de uma folha de papel ou o peso de uma pedra).

116	125	108	111	113
113	124	111	136	111

(a) Determine o valor médio desses números. Determine também o desvio médio e o desvio-padrão. (b) Pense na possibilidade de manter ou de abandonar o resultado 136. (O valor médio e o desvio-padrão dos nove dados restantes tornar-se-ão 114,7 e 5,6, respectivamente, quando o valor 136 for eliminado.)

2.23 Tome uma pequena esfera ou um lápis e deixe rolar na superfície inclinada de um livro de grandes dimensões. Meça o tempo que o objeto gasta para, partindo do repouso, deslocar-se da posição mais alta até a posição mais baixa do livro, quando ele chega à mesa. Repita a experiência dez vezes (ou mais). Determine o valor médio da queda e a sua precisão, expressa pelo desvio-padrão. Se você não dispõe de um relógio com ponteiro para marcar os segundos, use a sua pulsação para medir o tempo.

2.24 Faça a contagem do número de alunos da sua classe. Determine a altura e o peso de cada um. Faça uma seleção, de tal forma que você considere apenas um sexo e um intervalo de idade que não exceda três anos. Calcule a altura média, o peso médio e o desvio-padrão. Observe que, agora, você não pode falar em precisão, no mesmo sentido usado anteriormente. Por quê?

3 Vetores

3.1 Introdução

Este capítulo servirá como uma introdução, ou revisão, das ideias essenciais relativas a um ramo da matemática de grande importância para os físicos: a álgebra vetorial. A álgebra vetorial é importante porque permite ao cientista escrever, em notação abreviada e conveniente, algumas expressões muito complexas. Por exemplo, na álgebra ordinária, a equação

$$3x + 2y = 6$$

representa uma notação compacta para todos os possíveis pares de valores de x e y que satisfazem essa equação. Podemos também descrever essa mesma relação de outro modo, como, por exemplo, pela notação compacta expressa pela representação gráfica dessa equação, na forma apresentada na Fig. 3.1. Esses exemplos são facilmente acessíveis para qualquer aluno que tenha estudado álgebra e geometria analítica porque ele sabe o significado dessas notações abreviadas. Do mesmo modo, a álgebra vetorial torna-se prontamente compreendida quando a sua notação compacta ficar bem esclarecida.

Até o fim deste capítulo será possível perceber que a notação vetorial não é diferente da notação da geometria analítica ou da algébrica. A grande diferença está na interpretação desta notação. Uma leitura cuidadosa deste capítulo, acompanhada da execução consciente de todos os exercícios, evitará ao estudante muitos momentos difíceis na leitura dos capítulos subsequentes.

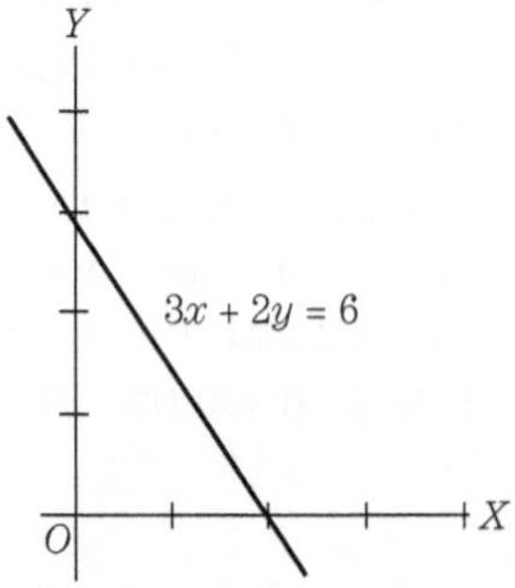

Figura 3.1

3.2 Conceito de direção orientada

Sobre uma linha reta, é sempre possível imaginar dois deslocamentos diferentes, em sentidos opostos; estes podem ser distinguidos atribuindo-se a cada um deles um sinal, positivo ou negativo. Uma vez escolhido o sentido positivo, podemos dizer que a linha foi orientada e vamos chamá-la de *eixo*. Os eixos X e Y de um sistema de coordenadas são linhas orientadas nas quais os sentidos positivos são indicados como na forma apresentada na Fig. 3.2. O sentido positivo é usualmente indicado por uma seta. Uma linha ou eixo orientado define uma *direção orientada*. Linhas paralelas orientadas num mesmo sentido [Fig. 3.3(a)] definem uma única direção orientada, naquele sentido, enquanto linhas paralelas, orientadas em sentidos opostos [Fig. 3.3(b)], definem duas direções orientadas em sentidos opostos.

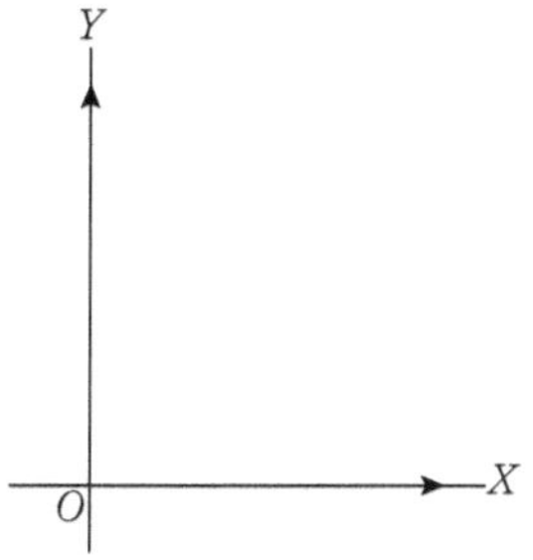

Figura 3.2 Eixos coordenados orientados.

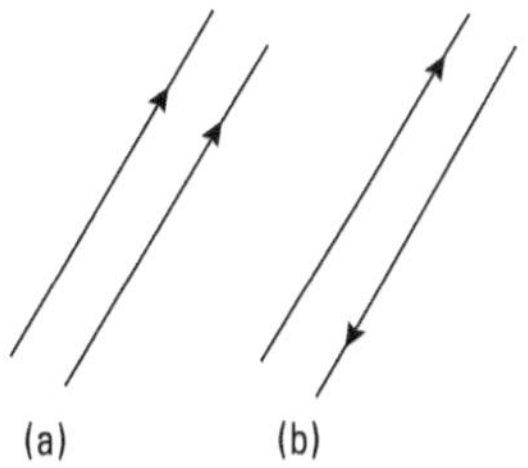

Figura 3.3 Direções orientadas no mesmo sentido e em sentidos opostos.

Uma direção orientada pertencente a um plano poderá ficar perfeitamente determinada por um único ângulo, formado, por exemplo, entre um eixo de *referência*, também pertencente ao referido plano, e a direção orientada em consideração, medido no sentido anti-horário. Na Fig. 3.4, as direções opostas representadas formam os ângulos θ e $\pi + \theta$ (ou $180° + \theta$).

No espaço tridimensional, são necessários dois ângulos para fixar uma direção orientada. A escolha mais frequentemente usada é a indicada na Fig. 3.5. A direção orientada OA é determinada:

(i) pelo ângulo θ (menor que 180°) formado com o eixo OZ,

(ii) pelo ângulo ϕ entre o plano AOZ e o plano XOZ, medido no sentido anti-horário.

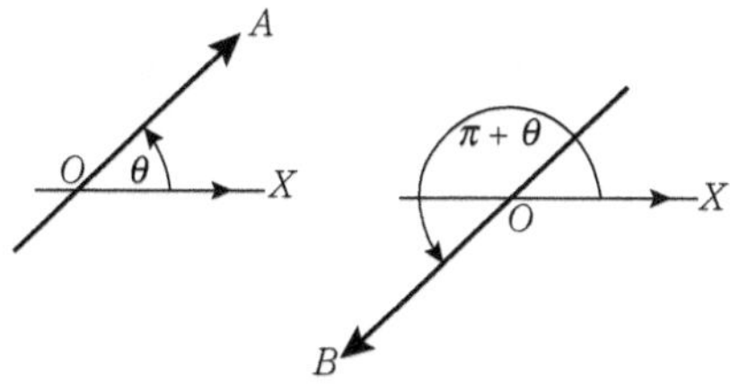

Figura 3.4 Num mesmo plano, sentidos opostos são definidos por ângulos θ e $\pi + \theta$.

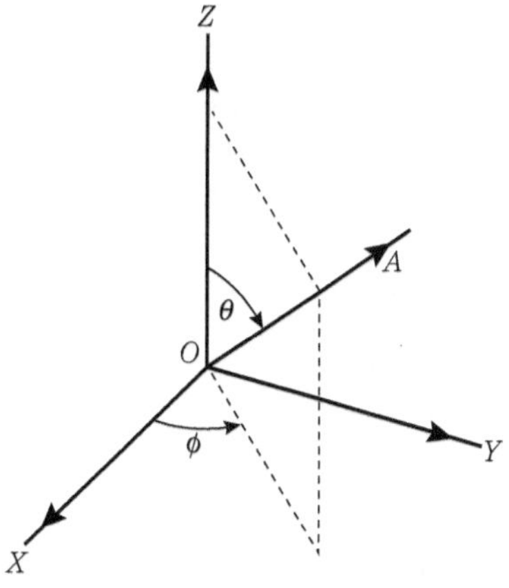

Figura 3.5 São necessários dois ângulos para definir uma direção no espaço.

Deixaremos ao estudante a tarefa de verificar que a direção oposta a OA é determinada pelos ângulos $\pi - \theta$ e $\pi + \phi$.

3.3 Escalares e vetores

Muitas grandezas físicas ficam completamente determinadas por um único valor numérico, referido a uma unidade conveniente. Essas grandezas são chamadas *escalares*. Por exemplo, para especificar o volume de um corpo, basta indicar quantos metros cúbicos (ou pés cúbicos) esse corpo ocupa no espaço. Para conhecer a temperatura, é suficiente fazer a leitura em um termômetro localizado convenientemente. Tempo, massa, carga elétrica e energia são também exemplos de quantidades escalares.

Existem, por outro lado, quantidades físicas que exigem, para a sua completa especificação, além do seu valor numérico, o conhecimento de uma direção orientada. Tais grandezas são chamada *vetores*. O caso mais óbvio é o do *deslocamento*. O deslocamento de um corpo é determinado pela *distância* efetiva em que ele se move, como também pela *direção orientada* associada ao seu movimento. Por exemplo, se uma partícula se move de O até A (Fig. 3.6), o seu deslocamento é determinado pela distância d = 5 e pelo ângulo $\theta \cong 37°$. A velocidade é também uma grandeza vetorial, pois o movimento de um corpo não é somente determinado pela sua rapidez, mas *também* pela direção orientada que o caracteriza. De modo análogo, força e aceleração são grandezas vetoriais. Outras grandezas físicas, que são também vetores, aparecerão nos capítulos seguintes.

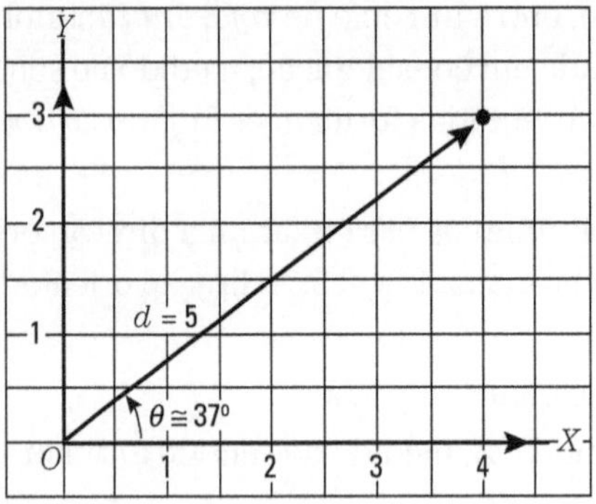

Figura 3.6 O deslocamento é uma grandeza vetorial.

Um vetor pode ser representado graficamente por um segmento de reta orientado, que tem a mesma direção e sentido (indicado por uma seta) que o vetor considerado e cujo comprimento é proporcional à sua magnitude. Quando representado na forma escrita, tanto podemos usar uma letra em negrito, $\boldsymbol{V}$, como uma letra sobre a qual pomos uma seta, $\vec{V}$. Convencionaremos, além disso, que V se refere apenas à magnitude ou módulo (entretanto, algumas vezes, o módulo será também indicado por $|\boldsymbol{V}|$). *Vetor unitário* é um vetor cujo módulo é a unidade. Qualquer vetor $\boldsymbol{V}$, paralelo ao vetor unitário $\boldsymbol{u}$, poderá ser escrito na forma

$$\boldsymbol{V} = \boldsymbol{u}V. \tag{3.1}$$

Um vetor precedido de sinal de menos, representa outro vetor que tem o mesmo módulo, a mesma direção e sentido oposto.

Quando dois vetores $\boldsymbol{V}$ e $\boldsymbol{V}'$ são paralelos, podemos escrever as relações $\boldsymbol{V} = \boldsymbol{u}\, V$ e $\boldsymbol{V}' = \boldsymbol{u}V'$ utilizando o mesmo vetor unitário $\boldsymbol{u}$. Então, sendo $\lambda = V/V'$ podemos, ainda, escrever

$$\boldsymbol{V} = \lambda \boldsymbol{V}'.$$

Reciprocamente, sempre que existir uma equação do tipo da anterior entre dois vetores, eles serão paralelos.

3.4 Soma de vetores

Para compreendermos a regra da soma de vetores, consideraremos, inicialmente, o caso particular dos deslocamentos. Quando uma partícula é deslocada, primeiramente de A para B (Fig. 3.7), deslocamento este representado por $\boldsymbol{d}_1$, e em seguida de B para C, ou seja, $\boldsymbol{d}_2$, o resultado global é equivalente a um único deslocamento de A para C, ou $\boldsymbol{d}$, e este fato será representado, simbolicamente, por $\boldsymbol{d} = \boldsymbol{d}_1 + \boldsymbol{d}_2$. Esta expressão não deve ser confundida com a igualdade $d = d_1 + d_2$, que se refere unicamente à soma dos módulos, e que não vale no caso considerado. Este procedimento pode ser generalizado para adaptar-se a qualquer tipo de vetor. Portanto diremos, em qualquer caso, que $\boldsymbol{V}$ é a soma de $\boldsymbol{V}_1$ e $\boldsymbol{V}_2$, quando ele representar o resultado obtido pela aplicação do processo indicado na Fig. 3.8. Na mesma figura, também podemos ver que a soma de vetores é comutativa, isto é, que o seu resultado é o mesmo, independentemente da ordem em que eles sejam somados. Essa propriedade é uma consequência direta das propriedades geométricas do método de soma de vetores. A relação geométrica da Fig. 3.8 é expressa, algebricamente, por

$$\boldsymbol{V} = \boldsymbol{V}_1 + \boldsymbol{V}_2. \tag{3.2}$$

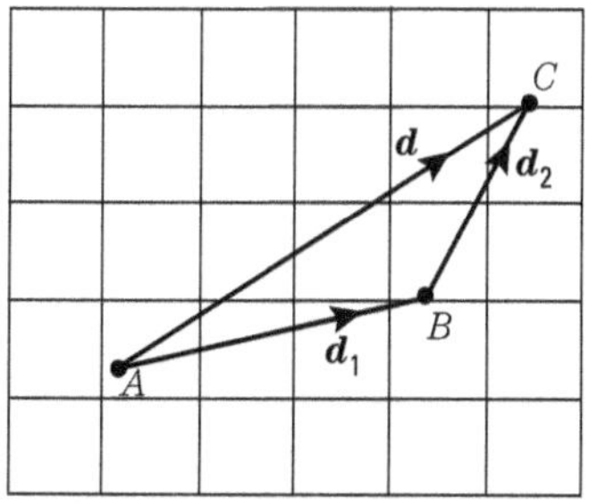

Figura 3.7 Soma vetorial de dois deslocamentos.

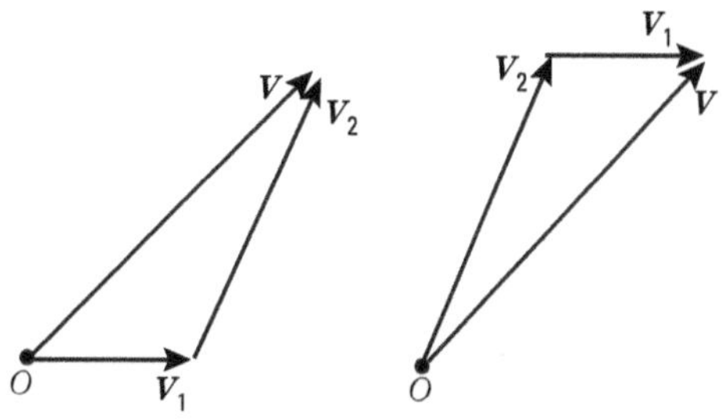

Figura 3.8 A soma vetorial é comutativa.

Para computar o módulo de $\boldsymbol{V}$ vemos, na Fig. 3.9, que vale a seguinte relação: $(AC)^2 = (AD)^2 + (DC)^2$. Mas $AD = AB + BD = V_1 + V_2 \cos\theta$ e $DC = V_2 \operatorname{sen}\theta$. Portanto $V^2 = (V_1 + V_2 \cos\theta)^2 + (V_2 \operatorname{sen}\theta)^2 = V_1^2 + V_2^2 + 2V_1 V_2 \cos\theta$, ou

$$V = \sqrt{V_1^2 + V_2^2 + 2V_1V_2 \cos\theta}. \tag{3.3}$$

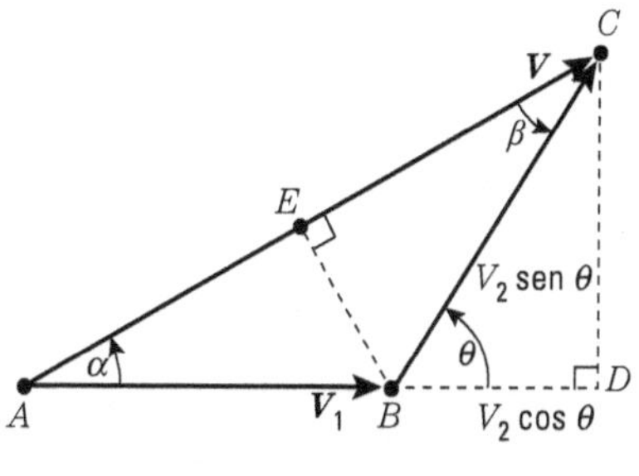

Figura 3.9

Para se determinar a direção de $\boldsymbol{V}$, basta encontrar o valor do ângulo α. Na mesma figura podemos ver que no triângulo ACD, $CD = AC$ sen α e, no triângulo BDC, $CD = BC$ sen θ. Portanto V sen $\alpha = V_2$ sen θ ou

$$\frac{V}{\operatorname{sen}\theta} = \frac{V_2}{\operatorname{sen}\alpha}.$$

Analogamente, $BE = V_1$ sen $\alpha = V_2$ sen β ou

$$\frac{V_2}{\operatorname{sen}\alpha} = \frac{V_1}{\operatorname{sen}\beta}.$$

Combinando os dois últimos resultados se obtém a relação simétrica

$$\frac{V}{\operatorname{sen}\theta} = \frac{V_1}{\operatorname{sen}\beta} = \frac{V_2}{\operatorname{sen}\alpha}. \tag{3.4}$$

Deduzimos, deste modo, duas relações trigonométricas fundamentais: a Lei dos Cossenos e a Lei dos Senos. No caso especial em que V_1 e V_2 são perpendiculares (Fig. 3.10), $\theta = \frac{1}{2}\pi$ e valem, então, as seguintes relações:

$$V = \sqrt{V_1^2 + V_2^2}; \quad \operatorname{tg}\alpha = \frac{V_2}{V_1}. \tag{3.5}$$

A *diferença* entre dois vetores é obtida somando-se o primeiro com o negativo (ou oposto) do segundo (Fig. 3.11), isto é,

$$\boldsymbol{D} = \boldsymbol{V}_1 - \boldsymbol{V}_2 = \boldsymbol{V}_1 + (-\boldsymbol{V}_2).$$

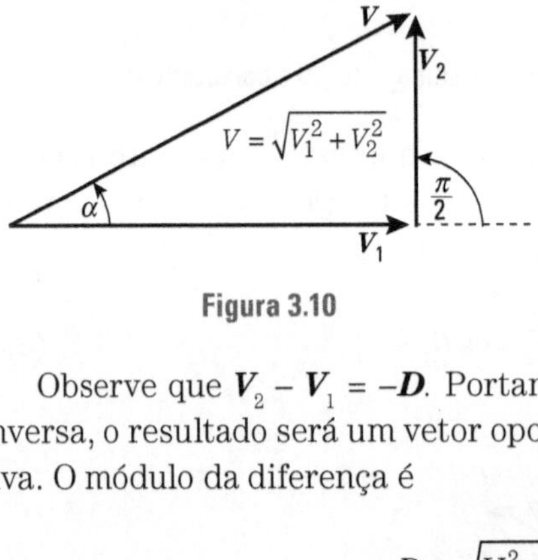

Figura 3.10

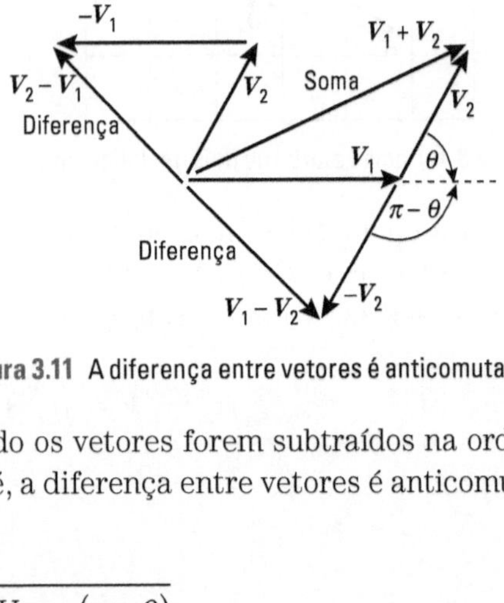

Figura 3.11 A diferença entre vetores é anticomutativa.

Observe que $\boldsymbol{V}_2 - \boldsymbol{V}_1 = -\boldsymbol{D}$. Portanto, quando os vetores forem subtraídos na ordem inversa, o resultado será um vetor oposto, isto é, a diferença entre vetores é anticomutativa. O módulo da diferença é

$$D = \sqrt{V_1^2 + V_2^2 + 2V_1V_2\cos(\pi - \theta)}$$

ou

$$D = \sqrt{V_1^2 + V_2^2 - 2V_1V_2\cos\theta}. \tag{3.6}$$

■ **Exemplo 3.1** Dados dois vetores: $\boldsymbol{A}$, com 6 unidades de comprimento e que faz um ângulo de +36° com o eixo X positivo; $\boldsymbol{B}$, com 7 unidades de comprimento e de mesma direção e sentido que o eixo X negativo. Determine: (a) a soma dos dois vetores; (b) a diferença entre eles.

Solução: Antes de aplicar as equações anteriores, *desenhe* dois segmentos de retas orientados que representem os vetores dados num sistema de coordenadas (Fig. 3.12). Nas Figs. 3.7, 3.8 e 3.9 podemos ver que, para somar dois vetores, um deles deve ter a sua extremidade sobre a origem do outro. Para obter este resultado, pode-se mover um ou outro vetor (ou ambos), desde que as direções e sentidos dos vetores não sofram nenhuma alteração (Fig. 3.13). Em qualquer caso, o resultado será dado pelo vetor $\boldsymbol{C} = \overrightarrow{OE}$.

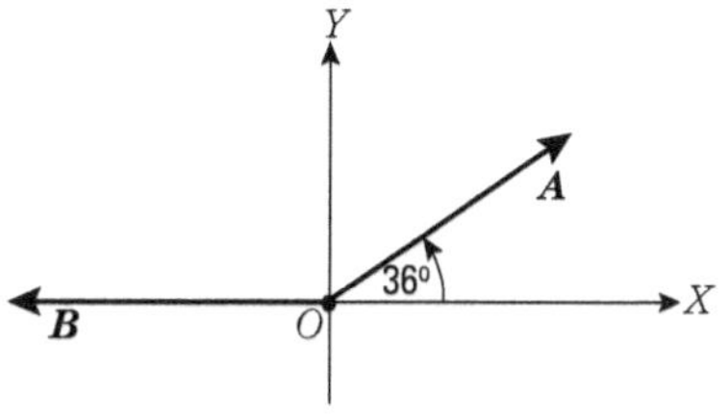

Figura 3.12

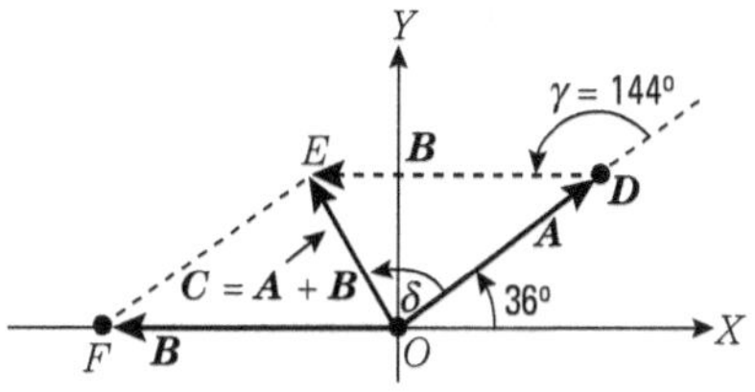

Figura 3.13

(a) Na Fig. 3.13, podemos ver que se pode escrever tanto $\boldsymbol{C} = \boldsymbol{A} + \boldsymbol{B}$ como $\boldsymbol{C} = \boldsymbol{B} + \boldsymbol{A}$.

Usando o triângulo ODE, pode-se considerar $\boldsymbol{C}$ como sendo o resultado de $\boldsymbol{A} + \boldsymbol{B}$. Para encontrar-se o valor do módulo de $\boldsymbol{C}$, pela aplicação da Eq. (3.3), devemos lembrar que $\boldsymbol{A}$ representa $\boldsymbol{V}_1$, $\boldsymbol{B}$ representa $\boldsymbol{V}_2$ e $\boldsymbol{C}$ representa $\boldsymbol{V}$, e que o ângulo $\gamma = 180° - 36° = 144°$ deve ser identificado com o ângulo $\boldsymbol{\theta}$. O resultado é:

$$C = \sqrt{36 + 49 + 2(6)(7)\cos 144^\circ} = 4{,}128 \text{ unidades.}$$

Para achar o ângulo entre $\boldsymbol{C}$ e $\boldsymbol{A}$ podemos aplicar a Eq. (3.4) que, neste caso, deve ser escrita

$$\frac{C}{\operatorname{sen}\gamma} = \frac{B}{\operatorname{sen}\delta},$$

de tal forma que

$$\operatorname{sen}\delta = \frac{B \operatorname{sen} 144^\circ}{C} = 0{,}996 \quad \text{e} \quad \delta \cong 85^\circ.$$

Portanto, $\boldsymbol{C}$ é igual a 4,128 unidades de comprimento, em módulo, e faz um ângulo de 36° + 85° = +121° com o eixo X positivo.

(b) Para encontrar a diferença entre os dois vetores, devemos saber, da mesma forma que na aritmética elementar, qual dos dois vetores é o subtraendo e qual é o minuendo. Isto é, se o vetor $\boldsymbol{D}$ é definido como sendo igual a $\boldsymbol{A} - \boldsymbol{B}$ (Fig. 3.14), então $\boldsymbol{B} - \boldsymbol{A}$ é igual a $-\boldsymbol{D}$.

Assim, usando as relações equivalentes mencionadas na parte (a), juntamente com a Eq. (3.6) encontramos para o valor do módulo de $\boldsymbol{D} = \boldsymbol{A} - \boldsymbol{B}$

$$D = \sqrt{36 + 49 + 2(6)(7)\cos 144^\circ} = 12{,}31 \text{ unidades.}$$

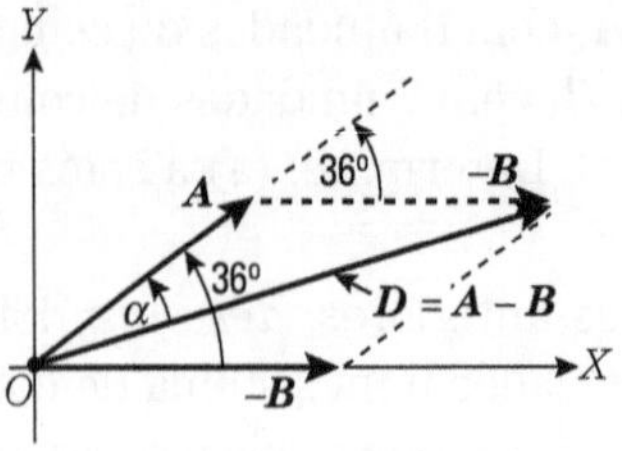

Figura 3.14

Para determinar a direção de $\boldsymbol{D}$, podemos fazer uso da Eq. (3.4):

$$\frac{D}{\text{sen } 36°} = \frac{|-\boldsymbol{B}|}{\text{sen } \alpha};$$

ou, como $|-\boldsymbol{B}| = B$,

$$\text{sen } \alpha = \frac{B \text{ sen } 36°}{D} = 0{,}334$$

ou

$$\alpha = 19{,}5°;$$

assim, o módulo de $\boldsymbol{D}$ é de 12,31 unidades de comprimento e este vetor faz um ângulo de 36° – 19,5° = 16,5° com o eixo X, positivo.

Deixamos para o estudante, como exercício, provar que $-\boldsymbol{D} = \boldsymbol{B} - \boldsymbol{A}$ tem módulo igual a 12,31 unidades de comprimento e faz um ângulo de +196,5° com o eixo X positivo.

3.5 Componentes de um vetor

Qualquer vetor $\boldsymbol{V}$ pode sempre ser considerado como resultado da soma de dois (ou mais) vetores, e o número dessas possibilidades é infinito. Os vetores que, somados, dão o vetor $\boldsymbol{V}$ são chamados de *componentes* de $\boldsymbol{V}$.

As mais comumente usadas são as *componentes ortogonais;* nesse caso, o vetor é expresso como resultado da soma de dois (ou três) vetores mutuamente perpendiculares (Fig. 3.15). Então, como podemos ver na figura, $\boldsymbol{V} = \boldsymbol{V}_x + \boldsymbol{V}_y$, e

$$V_x = V \cos \alpha \quad \text{e} \quad V_y = V \text{sen } \alpha. \tag{3.7}$$

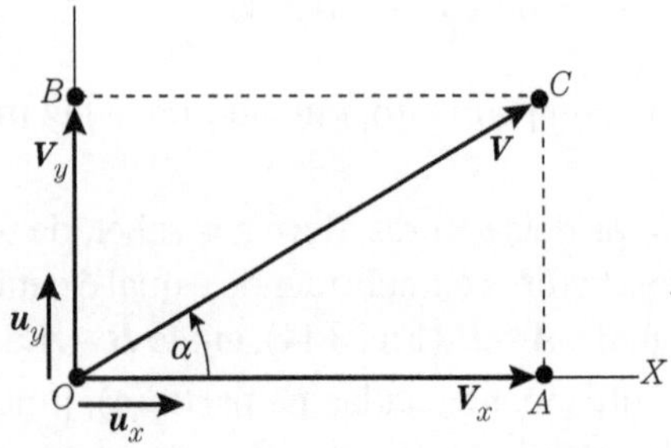

Figura 3.15 Componentes ortogonais de um vetor num plano.

Definindo os vetores unitários $\boldsymbol{u}_x$ e $\boldsymbol{u}_y$ nas direções e sentidos dos eixos X e Y, respectivamente, podemos escrever

$$V_x = \overrightarrow{OA} = u_x V_x, \quad V_y = \overrightarrow{OB} = u_x V_x.$$

Portanto temos

$$V = u_x V_x + u_y V_y. \tag{3.8}$$

Esta equação representa um vetor em função de suas componentes ortogonais, em duas dimensões. Usando a Eq. (3.7) podemos também escrever, em lugar da Eq. (3.8) $\boldsymbol{V} = \boldsymbol{u}_x V \cos\alpha + \boldsymbol{u}_y V \operatorname{sen}\alpha = V(\boldsymbol{u}_x \cos\alpha + \boldsymbol{u}_y \operatorname{sen}\alpha)$. Quando comparamos esse resultado com a Eq. (3.1), ou quando apenas fazemos $V = 1$, podemos concluir que um vetor unitário pode ser escrito na forma

$$\boldsymbol{u} = \boldsymbol{u}_x \cos\alpha + \boldsymbol{u}_y \operatorname{sen}\alpha. \tag{3.9}$$

Observe que a componente de um vetor, numa dada direção, é igual à projeção do vetor naquela direção (Fig. 3.16). Na figura, podemos ver que $V_{\parallel} = V\cos\alpha$. Também, na Fig. 3.16, podemos ver que BC é a componente de $\boldsymbol{V}$ perpendicular à direção escolhida AN, e podemos, então, escrever $\boldsymbol{V}_{\perp} = BC = V \operatorname{sen}\alpha$. Assim

$$\boldsymbol{V} = \boldsymbol{V}_{\parallel} + \boldsymbol{V}_{\perp}$$

Existem três componentes ortogonais no espaço: V_x, V_y, V_z (Fig. 3.17). O estudante poderá verificar, na figura, que elas podem ser calculadas pelas relações

$$\begin{aligned} V_x &= V \operatorname{sen}\theta \cos\phi, \\ V_y &= V \operatorname{sen}\theta \operatorname{sen}\phi, \\ V_z &= V\cos\theta, \end{aligned} \tag{3.10}$$

da qual segue-se, diretamente, que:

$$V^2 = V_x^2 + V_y^2 + V_z^2. \tag{3.11}$$

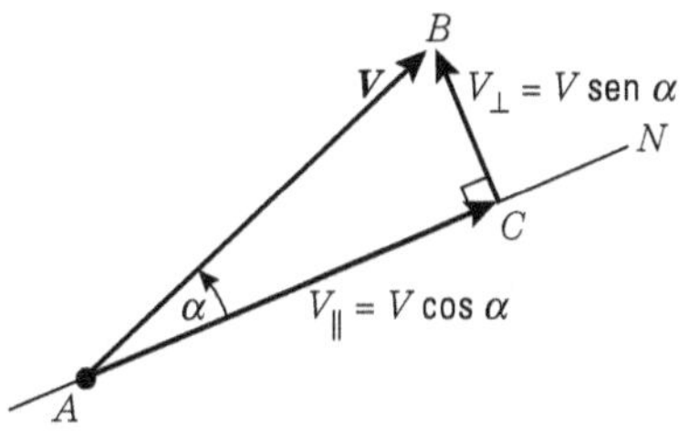

Figura 3.16 Componentes de um vetor em uma direção qualquer.

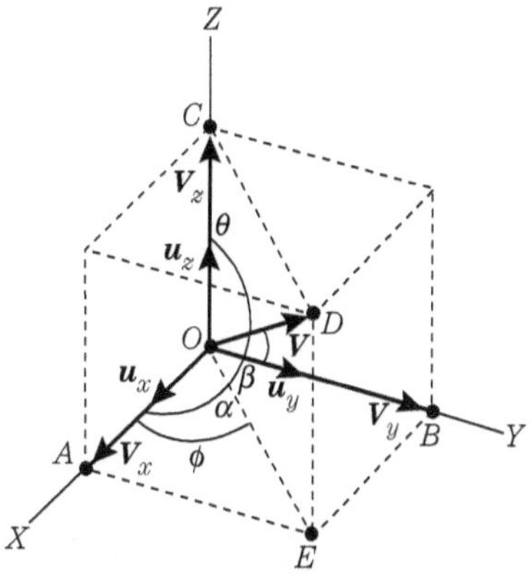

Figura 3.17 Componentes ortogonais de um vetor em três dimensões.

Definindo três vetores unitários $\boldsymbol{u}_x$, $\boldsymbol{u}_y$, $\boldsymbol{u}_z$ paralelos aos eixos X, Y, e Z, respectivamente, temos

$$\boldsymbol{V} = \boldsymbol{u}_x V_x + \boldsymbol{u}_y V_y + \boldsymbol{u}_z V_z. \tag{3.12}$$

Note que se chamarmos de α e β os ângulos que o vetor $\boldsymbol{V}$ faz com os eixos X e Y respectivamente, também teremos, analogamente à terceira das Eqs. (3.10).

$$V_x = V\cos\alpha,\ V_y = V\cos\beta$$

Usando estas duas últimas relações, juntamente com $V_z = V\cos\theta$ na Eq. (3.11), obteremos a relação

$$\cos^2\alpha + \cos^2\beta + \cos^2\theta = 1.$$

As quantidades cos α, cos β cos θ são chamadas *cossenos diretores* do vetor.

Um caso particularmente importante de um vetor tridimensional é o do *vetor posição* $\boldsymbol{r} = \overrightarrow{OP}$ de um ponto P de coordenadas (x, y, z). Na Fig. 3.18, podemos ver que

$$\boldsymbol{r} = \overrightarrow{OP} = \boldsymbol{u}_x x + \boldsymbol{u}_y y + \boldsymbol{u}_z z. \qquad (3.13)$$

O vetor posição relativo de dois pontos P_1 e P_2 é $\boldsymbol{r}_{21} = \overrightarrow{P_1P_2}$ (Fig. 3.19). Na figura, podemos ver que $\overrightarrow{OP_2} = \overrightarrow{OP_1} + \overrightarrow{P_1P_2}$, de tal forma que

$$\boldsymbol{r}_{21} = \overrightarrow{P_1P_2} = \overrightarrow{OP_2} - \overrightarrow{OP_1} = \boldsymbol{r}_2 - \boldsymbol{r}_1 = \boldsymbol{u}_x(x_2 - x_1) + \boldsymbol{u}_y(y_2 - y_1) + \boldsymbol{u}_z(z_2 - z_1). \qquad (3.14)$$

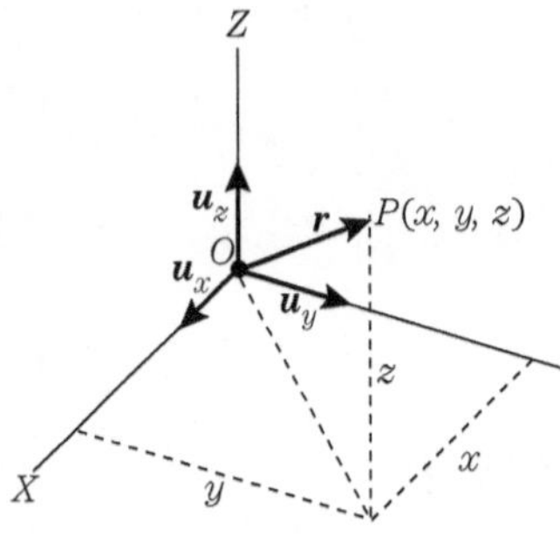

Figura 3.18 O vetor posição.

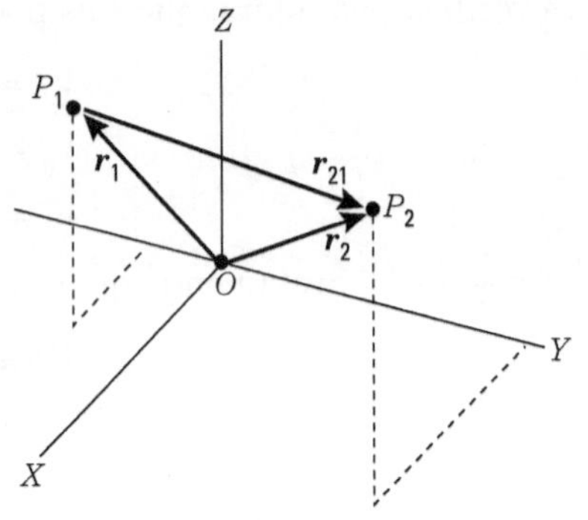

Figura 3.19

Observe que $\overrightarrow{P_2P_1} = -\overrightarrow{P_1P_2}$. Deve ser notado que, aplicando a Eq. (3.11) à Eq. (3.14) podemos obter a expressão, da geometria analítica, para a distância entre dois pontos:

$$r_{21} = \sqrt{(x_2 - x_1)^2 + (y_2 - y_1)^2 + (z_2 - z_1)^2}.$$

■ **Exemplo 3.2** Calcule a distância entre os dois pontos (6, 8, 10) e (–4, 4, 10).

Solução: Podemos construir um sistema de eixos ortogonais e identificar os dois pontos (Fig. 3.20). Podemos ver, então, que os dois pontos estão situados num plano paralelo ao plano XY, pois ambos estão à distância (altura) de 10 unidades na direção Z. A Eq. (3.14) mostra que o vetor $\boldsymbol{r}_{21}$ é

$$\begin{aligned}\boldsymbol{r}_{21} &= \boldsymbol{u}_x(-4-6) + \boldsymbol{u}_y(4-8) + \boldsymbol{u}_z(10-10)\\ &= \boldsymbol{u}_x(-10) + \boldsymbol{u}_y(-4) + \boldsymbol{u}_z(0) = -\boldsymbol{u}_x(10) - \boldsymbol{u}_y(4).\end{aligned}$$

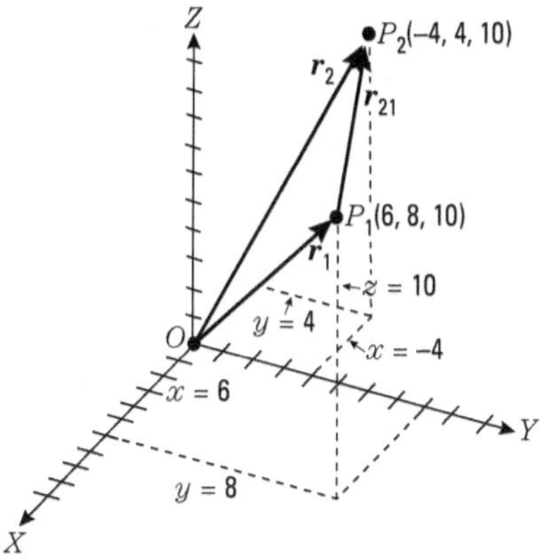

Figura 3.20

Usando a Eq. (3.11) encontramos o valor

$$r_{21}^2 = 100 + 16 = 116 \qquad \text{ou} \qquad r_{21} = 10{,}77 \text{ unidades.}$$

■ **Exemplo 3.3** Determinar as componentes de um vetor cujo módulo é 13 unidades de comprimento e cujo ângulo θ com o eixo Z é de 22,6°, sendo que a projeção desse vetor no plano XY faz um ângulo ϕ, com o eixo $+X$, de 37° (Fig. 3.17). Calcule também os ângulos com os eixos X e Y.

Solução: Usando a Fig. 3.17 para ilustrar o nosso problema, podemos dizer que

$$V = 13 \text{ unidades}, \quad \theta = 22{,}6°, \quad \cos\theta = 0{,}923,$$
$$\operatorname{sen}\theta = 0{,}384, \quad \phi = 37°, \quad \cos\phi = 0{,}800, \quad \operatorname{sen}\phi = 0{,}600.$$

Agora, uma simples aplicação da Eq. (3.10) nos dará:

$$V_x = 13(0{,}384)\,(0{,}800) = 4{,}0 \text{ unidades}$$
$$V_y = 13(0{,}384)\,(0{,}600) = 3{,}0 \text{ unidades}$$
$$V_z = 13(0{,}923) = 12{,}0 \text{ unidades.}$$

Na forma da Eq. (3.12) podemos escrever:

$$\boldsymbol{V} = \boldsymbol{u}_x(4) + \boldsymbol{u}_y(3) + \boldsymbol{u}_z(12).$$

Os ângulos α e β que $\boldsymbol{V}$ faz com os eixos X e Y, são tais que

$$\cos\alpha = \frac{V_x}{V} = 0{,}308 \quad \text{ou} \quad \alpha = 72{,}1°, \quad \cos\beta = \frac{V_y}{V} = 0{,}231 \quad \text{ou} \quad \beta = 77°.$$

■ **Exemplo 3.4** Represente a Eq. de uma reta que passa por um ponto P_0 e que seja paralela ao vetor $\boldsymbol{V} = \boldsymbol{u}_x A + \boldsymbol{u}_y B + \boldsymbol{u}_z C$.

Solução: Designando por $\boldsymbol{r}_0$ o vetor-posição do ponto P_0 (Fig. 3.21) e por $\boldsymbol{r}$ o vetor-posição de um ponto genérico P sobre a linha reta considerada, teremos, pela Eq. (3.14) que $\overrightarrow{P_0P} = \boldsymbol{r} - \boldsymbol{r}_0$. Entretanto o vetor $\overrightarrow{P_0P}$ deve ser paralelo a $\boldsymbol{V}$ e por isso podemos escrever $\overrightarrow{P_0P} = \lambda\boldsymbol{V}$, onde λ é um parâmetro ainda indeterminado. Então,

$$\boldsymbol{r} - \boldsymbol{r}_0 = \lambda\boldsymbol{V}$$

é a equação da reta e, variando λ, podemos obter os diferentes vetores-posição r. Separando a equação nas suas componentes ortogonais, teremos

$$x - x_0 = \lambda A, \qquad y - y_0 = \lambda B, \qquad z - z_0 = \lambda C,$$

ou

$$\frac{x - x_0}{A} = \frac{y - y_0}{B} = \frac{z - z_0}{C},$$

que é uma das formas usadas em geometria analítica para representar uma linha reta.

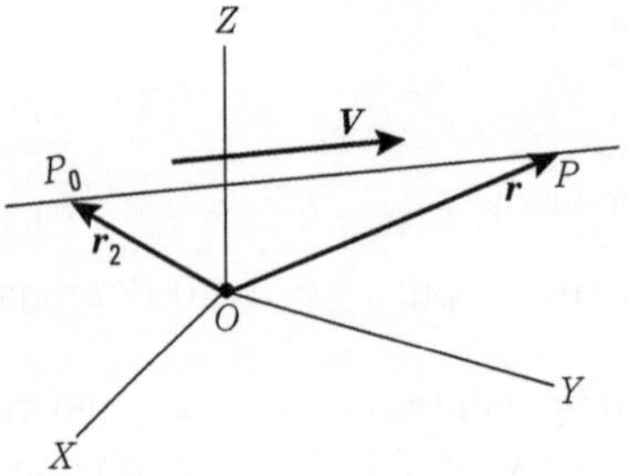

Figura 3.21

3.6 Soma de vários vetores

Para somar um número qualquer de vetores $\boldsymbol{V}_1$, $\boldsymbol{V}_2$, $\boldsymbol{V}_3$, ..., podemos estender o processo, válido para o caso de dois vetores, indicado na Fig. 3.8. O método, aplicado ao caso de três vetores, está ilustrado na Fig. 3.22. Pelo método indicado, os vetores devem ser construídos, um após outro, na ordem considerada sendo, então, o vetor soma representado pelo segmento de reta que une a origem do primeiro com a extremidade do último. Então

$$\boldsymbol{V} = \boldsymbol{V}_1 + \boldsymbol{V}_2 + \boldsymbol{V}_3 + \ldots \tag{3.15}$$

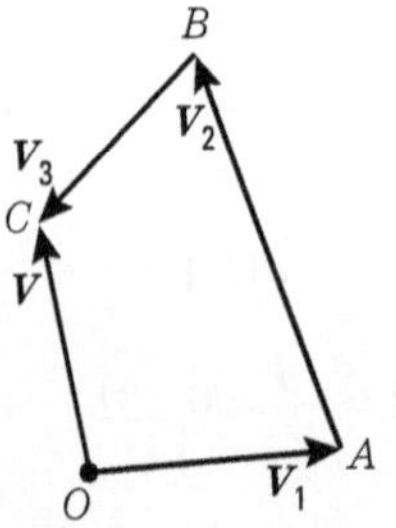

Figura 3.22 Soma de vários vetores.

Não existe uma fórmula simples para representar $\boldsymbol{V}$ em função de $\boldsymbol{V}_1$, $\boldsymbol{V}_2$, $\boldsymbol{V}_3$, ..., sendo preferível usar o método das componentes. Vamos considerar, por simplicidade, que todos os vetores são paralelos a um plano, de tal forma que podemos usar somente duas componentes. Então,

$$\begin{aligned}\boldsymbol{V} &= (\boldsymbol{u}_x V_{1x} + \boldsymbol{u}_y V_{1y}) + (\boldsymbol{u}_x V_{2x} + \boldsymbol{u}_y V_{2y}) + (\boldsymbol{u}_x V_{3x} + \boldsymbol{u}_y V_{3y}) + \ldots = \\ &= \boldsymbol{u}_x (V_{1x} + V_{2x} + V_{3x} + \ldots) + \boldsymbol{u}_y (V_{1y} + V_{2y} + V_{3y} + \ldots).\end{aligned}$$

Portanto,

$$V_x = V_{1x} + V_{2x} + V_{3x} + \dots = \Sigma_i V_{ix} = \Sigma_i V_i \cos \alpha_i,$$
$$V_y = V_{1y} + V_{2y} + V_{3y} + \dots = \Sigma_i V_{iy} = \Sigma_i V_{iy} = \Sigma_i V_i \operatorname{sen} \alpha_i, \tag{3.16}$$

onde α_i é o ângulo que $\boldsymbol{V}_i$ faz com o eixo X positivo, e $V_i \cos \alpha_i$ e $V_i \operatorname{sen} \alpha_i$ são as componentes de V_i segundo os eixos X e Y, respectivamente. Uma vez conhecidas V_x e V_y, podemos computar $\boldsymbol{V}$ utilizando a Eq. (3.5). Vamos ilustrar, em seguida, este procedimento com um exemplo numérico.

■ **Exemplo 3.5** Determine a resultante da soma dos cinco vetores seguintes:

$\boldsymbol{V}_1 = \boldsymbol{u}_x(4) + \boldsymbol{u}_y(-3)$ unidades, $\boldsymbol{V}_2 = \boldsymbol{u}_x(-3) + \boldsymbol{u}_y(2)$ unidades,
$\boldsymbol{V}_3 = \boldsymbol{u}_x(2) + u_y(-6)$ unidades, $\boldsymbol{V}_4 = \boldsymbol{u}_x(7) + \boldsymbol{u}_y(-8)$ unidades,

e

$$\boldsymbol{V}_5 = \boldsymbol{u}_x(9) + \boldsymbol{u}_y(1) \text{ unidades.}$$

Solução: Aplicando a Eq. (3.16), teremos

$$V_x = 4 - 3 + 2 + 7 + 9 = 19 \text{ unidades,}$$
$$V_y = -3 + 2 - 6 - 8 + 1 = -14 \text{ unidades,}$$

ou

$$\boldsymbol{V} = \boldsymbol{u}_x(19) - \boldsymbol{u}_y(14) \text{ unidades.}$$

O módulo de V é $V = \sqrt{(19)^2 + (-14)^2} = 23{,}55$ unidades. Sua direção pode ser determinada pela relação tg $\alpha = V_y/V_x = -0{,}738$ ou $\alpha = -36{,}4°$, que é o ângulo que $\boldsymbol{V}$ faz com o eixo X.

3.7 Aplicações aos problemas da cinemática

Consideraremos alguns exemplos da cinemática para ilustrar como se deve lidar com os vetores, em situações físicas simples. A única hipótese física exigida é a de aceitar que velocidade é uma grandeza física vetorial.

Suponhamos, por exemplo, que temos um barco que se move com velocidade $\boldsymbol{V}_B$ em relação à água. Tratando-se de água tranquila, $\boldsymbol{V}_B$ é também a velocidade do barco em relação às margens. Entretanto, se a água estiver se movendo com uma velocidade determinada, o resultado será a introdução de um fator de arraste que afeta a velocidade do barco em relação às margens. Como consequência, a velocidade resultante do barco, medida por um observador situado nas margens, é a soma vetorial da velocidade do barco $\boldsymbol{V}_B$ relativa à água com a velocidade de arraste da corrente líquida $\boldsymbol{V}_C$. Isto é, $\boldsymbol{V} = \boldsymbol{V}_B + \boldsymbol{V}_C$. Um raciocínio similar é aplicado aos objetos que se movem através do ar, tais como os aviões.

■ **Exemplo 3.6** Um barco a motor desloca-se a 15 km · h^{-1} com a proa apontando para o norte, num local onde a corrente é de 5 km · h^{-1} na direção S 70° E*. Calcule a velocidade do barco em relação às margens.

* Leste; abreviadamente, E ou L.

Solução: O problema está resolvido graficamente na Fig. 3.23, onde $\boldsymbol{V}_B$ é a velocidade do barco, $\boldsymbol{V}_C$ a velocidade da corrente e $\boldsymbol{V}$ a velocidade resultante obtida da relação

$$\boldsymbol{V} = \boldsymbol{V}_B + \boldsymbol{V}_C.$$

Esse resultado se apoia no fato físico de que a velocidade resultante é a soma vetorial da velocidade do barco relativa à água, com a velocidade de arraste V_C da corrente.

Como $\theta = 110°$, podemos obter, analiticamente

$$V = \sqrt{15^2 + 5^2 + 2(15)(5)\cos 110°} = 14{,}1\ \text{km} \cdot \text{h}^{-1},$$

que nos dá o módulo da velocidade resultante. Para obter a direção, devemos aplicar a Eq. (3.4),

$$\frac{V}{\text{sen}\,\theta} = \frac{V_C}{\text{sen}\,\beta} \quad \text{ou} \quad \text{sen}\,\beta = \frac{V_C\ \text{sen}\,\theta}{V} = 0{,}332,$$

dando $\beta = 19{,}4°$. O movimento resultante será, pois, na direção N 19,4° E.

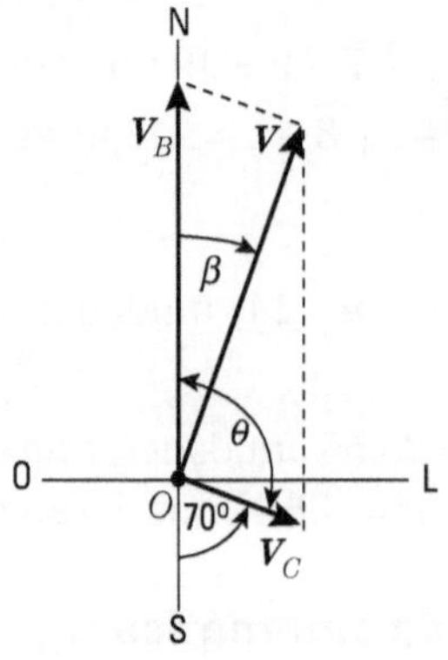

Figura 3.23

■ **Exemplo 3.7** Um barco de corrida está se movendo com a proa apontando na direção N 30° E, à razão de 25 km · h^{-1} num lugar onde a corrente é tal que a velocidade resultante é de 30 km · h^{-1} na direção N50° E. Determine a velocidade da corrente.

Solução: Novamente, chamando a velocidade do barco de V_B, a velocidade da corrente de $\boldsymbol{V}_C$, e a velocidade resultante de $\boldsymbol{V}$, teremos $\boldsymbol{V} = \boldsymbol{V}_B + \boldsymbol{V}_C$, de modo que $\boldsymbol{V}_C = \boldsymbol{V} - \boldsymbol{V}_B$. Os vetores $\boldsymbol{V}$ e $\boldsymbol{V}_B$ estão representados na Fig. 3.24, assim como a diferença entre eles, que é $\boldsymbol{V}_C$. Para calcular $\boldsymbol{V}_C$, notamos que o ângulo entre $\boldsymbol{V}$ e $-\boldsymbol{V}_B$ é de 160°. Então,

$$\boldsymbol{V}_C = \sqrt{30^2 + 25^2 + 2(30)(25)\cos 160°} = 10{,}8\ \text{km} \cdot \text{h}^{-1}.$$

Para obter a direção de $\boldsymbol{V}_c$, primeiramente obteremos o ângulo a entre $\boldsymbol{V}$ e $-\boldsymbol{V}_B$, usando a Eq. (3.4)

$$\frac{V}{\text{sen}\,\alpha} = \frac{V_C}{\text{sen}\,160°} \quad \text{ou} \quad \text{sen}\,\alpha = \frac{V\ \text{sen}\,160°}{\boldsymbol{V}_C} = 0{,}951,$$

dando $\alpha = 72°$. Portanto o ângulo com o eixo SN é 72° – 30° = 42°, e a direção de $\boldsymbol{V}_C$ é S 42° E.

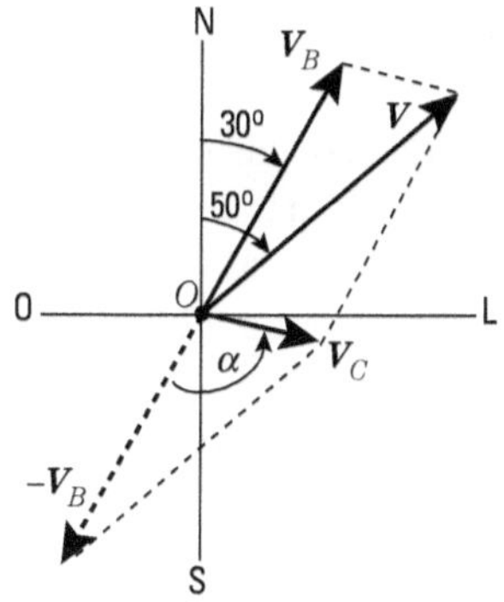

Figura 3.24

■ **Exemplo 3.8** A velocidade de um avião, em ar tranquilo, é de 200 km · h^{-1}. Deseja-se ir de O para O', sendo N 20° W* a direção de OO'. A velocidade do vento é de 30 km · h^{-1} na direção N 40° E. Determine a direção de voo do avião e a sua velocidade resultante.

Solução: Vamos designar a velocidade do avião por $\boldsymbol{V}_a$ e a velocidade do vento por $\boldsymbol{V}_\omega$. A velocidade resultante será, como antes,

$$\boldsymbol{V} = \boldsymbol{V}_a + \boldsymbol{V}_\omega.$$

Neste caso, sabemos que $\boldsymbol{V}$ deve ter a direção de OO'. Assim, o vetor $\boldsymbol{V}_a$ deve ser traçado de tal modo que, quando somado com $\boldsymbol{V}_\omega$, a resultante seja na direção OO'. Isto foi feito na Fig. 3.25, construindo um círculo de raio $\boldsymbol{V}_a$, com centro na extremidade de $\boldsymbol{V}_\omega$, e achando a intersecção do círculo com a reta OO'.

Para usar um procedimento analítico, observamos que o ângulo entre $\boldsymbol{V}$ e $\boldsymbol{V}_\omega$ é 20° + 40° = 60°. Então, pelo uso da Eq. (3.4), obtemos

$$\frac{V_a}{\text{sen } 60^\circ} = \frac{V_\omega}{\text{sen } \alpha} \quad \text{ou} \quad \text{sen } \alpha = \frac{V_\omega \text{ sen } 60^\circ}{V_a} = 0{,}130,$$

que dá α = 7,8°. Consequentemente, a direção de $\boldsymbol{V}_a$ deve ser N 27,8° W. O ângulo entre $\boldsymbol{V}_a$ e $\boldsymbol{V}_\omega$ é θ = 27,8° + 40° = 67,8°, e o módulo da velocidade resultante, usando a Eq.(3.3), é

$$V = \sqrt{200^2 + 30^2 + 2 \times 200 \times 30 \cos 67{,}8^\circ} = 204 \text{ km} \cdot \text{h}^{-1}.$$

Haveria a possibilidade de esse problema admitir duas soluções, ou nenhuma? Deixaremos as respostas a essas perguntas a cargo do estudante.

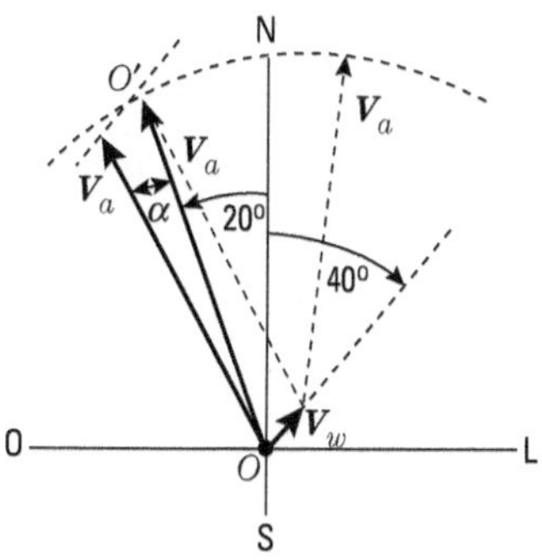

Figura 3.25

* Oeste; abreviadamente, W ou O.

■ **Exemplo 3.9** Calcule a aceleração de um corpo que desliza sobre um plano inclinado que forma um ângulo θ com o plano horizontal.

Solução: Seja P (Fig. 3.26) um corpo que desliza para baixo sem atrito sobre o plano AB. O plano AB é inclinado segundo o ângulo θ. Se não existisse, o corpo cairia livremente, segundo a vertical, com aceleração igual à da gravidade $g = 9{,}8\ \text{m} \cdot \text{s}^{-2}$ (veja Ex. 5.2). As componentes de g, paralela e perpendicular ao plano (chamadas, respectivamente, a e a') são dadas por $a = g \text{ sen } \theta$ e $a' = g \cos \theta$.

A componente a nos dá a aceleração do corpo que desliza sobre o plano.

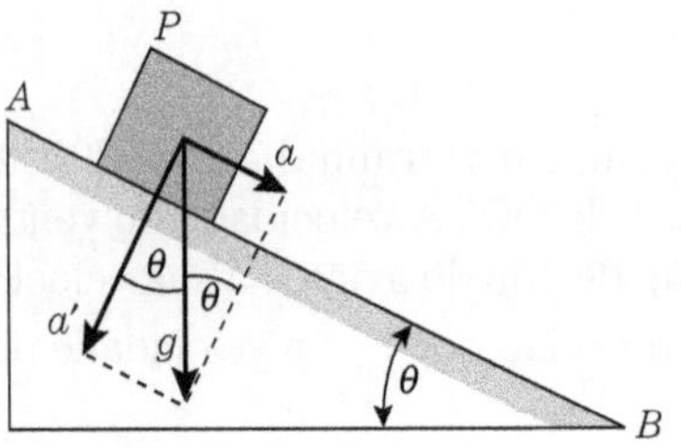

Figura 3.26 Aceleração segundo um plano inclinado.

3.8 Produto escalar

É possível definir outras operações com vetores, além da soma. Uma dessas operações é o produto escalar; outra, é o produto vetorial.

O *produto escalar* de dois vetores $\boldsymbol{A}$ e $\boldsymbol{B}$, representado por $\boldsymbol{A} \cdot \boldsymbol{B}$ (leia-se "A escalar B"), é definido como a grandeza escalar obtida efetuando o produto do módulo de $\boldsymbol{A}$ pelo módulo de $\boldsymbol{B}$ e pelo cosseno do ângulo entre os dois vetores,

$$\boldsymbol{A} \cdot \boldsymbol{B} = AB \cos \theta. \tag{3.17}$$

Obviamente, $\boldsymbol{A} \cdot \boldsymbol{A} = \boldsymbol{A}^2$, pois o ângulo, neste caso, é zero. Se os dois vetores são perpendiculares, ($\theta = \pi/2$), o produto escalar é zero. Portanto a condição de perpendicularidade é expressa por $\boldsymbol{A} \cdot \boldsymbol{B} = 0$. Como consequência da própria definição, o produto escalar é comutativo; então, $\boldsymbol{A} \cdot \boldsymbol{B} = \boldsymbol{B} \cdot \boldsymbol{A}$, pois $\cos \theta$ é o mesmo nos dois casos. O produto escalar é distributivo em relação à soma, isto é,

$$\boldsymbol{C} \cdot (\boldsymbol{A} + \boldsymbol{B}) = \boldsymbol{C} \cdot \boldsymbol{A} + \boldsymbol{C} \cdot \boldsymbol{B}. \tag{3.18}$$

Para demonstrar a propriedade distributiva mencionada, observamos na Fig. 3.27 que

$$\boldsymbol{C} \cdot (\boldsymbol{A} + \boldsymbol{B}) = |\boldsymbol{C}|\ |\boldsymbol{A} + \boldsymbol{B}| \cos \gamma = C(Ob),$$

porque $|\mathbf{A} + \mathbf{B}| \cos \gamma = Ob$. Analogamente, $\boldsymbol{C} \cdot \boldsymbol{A} = CA \cos \alpha = C\ (Oa)$ e $\boldsymbol{C} \cdot \boldsymbol{B} = CB \cos \beta = C\ (ab)$. Somando, obteremos

$$\boldsymbol{C} \cdot \boldsymbol{A} + \boldsymbol{C} \cdot \boldsymbol{B} = C(Oa + ab) = C(Ob).$$

Portanto fica demonstrada a Eq. (3.18). Os produtos escalares entre dois quaisquer dos vetores unitários $\boldsymbol{u}_x$, $\boldsymbol{u}_y$ e $\boldsymbol{u}_z$ são

$$\boldsymbol{u}_x \cdot \boldsymbol{u}_x = \boldsymbol{u}_y \cdot \boldsymbol{u}_y = \boldsymbol{u}_z \cdot \boldsymbol{u}_z = 1, \boldsymbol{u}_x \cdot \boldsymbol{u}_y = \boldsymbol{u}_y \cdot \boldsymbol{u}_z = \boldsymbol{u}_z \cdot \boldsymbol{u}_x = 0. \tag{3.19}$$

Exprimindo $\boldsymbol{A}$ e $\boldsymbol{B}$ em termos de suas componentes ortogonais, de acordo com a Eq. (3.12), e, aplicando a lei distributiva (3.18), obtemos

$$
\begin{aligned}
\boldsymbol{A}\cdot\boldsymbol{B} &= (\boldsymbol{u}_xA_x + \boldsymbol{u}_yAy + \boldsymbol{u}_zA_z)\cdot(\boldsymbol{u}_xB_x + \boldsymbol{u}_yB_y + \boldsymbol{u}_zB_z)\\
&= (\boldsymbol{u}_x\cdot\boldsymbol{u}_x)A_xBx + (\boldsymbol{u}_x\cdot\boldsymbol{u}_y)A_xB_y + (\boldsymbol{u}_x\cdot\boldsymbol{u}_z)A_xB_z\\
&+ (\boldsymbol{u}_y\cdot\boldsymbol{u}_x)A_yB_x + (\boldsymbol{u}_y\cdot\boldsymbol{u}_y)A_yB_y + (\boldsymbol{u}_y\cdot\boldsymbol{u}_z)A_yB_z\\
&+ (\boldsymbol{u}_z\cdot\boldsymbol{u}_x)A_zB_x + (\boldsymbol{u}_z\cdot\boldsymbol{u}_y)A_zB_y + (\boldsymbol{u}_z\cdot\boldsymbol{u}_z)A_zB_z.
\end{aligned}
$$

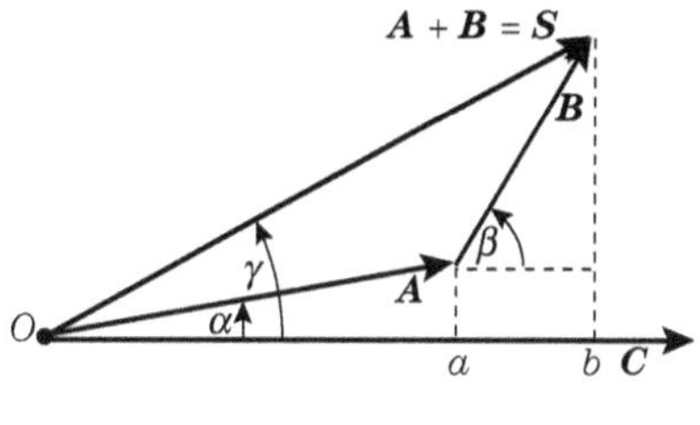

Figura 3.27 O produto escalar é distributivo.

Aplicando as relações (3.19), obtemos, finalmente

$$\boldsymbol{A}\cdot\boldsymbol{B} = A_xB_x + A_yB_y + A_zB_z, \tag{3.20}$$

um resultado que tem muitas aplicações. Observe que

$$A^2 = \boldsymbol{A}\cdot\boldsymbol{A} = A_x^2 + A_y^2 + A_z^2,$$

que concorda com a Eq. (3.11).

Podemos aplicar as propriedades do produto escalar para deduzir, muito facilmente, a fórmula (3.3) para a soma de dois vetores. De $\boldsymbol{V} = \boldsymbol{V}_1 + \boldsymbol{V}_2$, teremos

$$
\begin{aligned}
\boldsymbol{V}^2 &= (\boldsymbol{V}_1 + \boldsymbol{V}_2)\cdot(\boldsymbol{V}_1 + \boldsymbol{V}_2) = V_1^2 + V_2^2 + 2\boldsymbol{V}_1\cdot\boldsymbol{V}_2\\
&= V_1^2 + V_2^2 + 2V_1V_2\cos\boldsymbol{\theta}.
\end{aligned}
$$

Este resultado pode ser estendido, sem dificuldade, para um número qualquer de vetores. Suponha que $\boldsymbol{V} = \boldsymbol{V}_1 + \boldsymbol{V}_2 + \boldsymbol{V}_3 + ... = \sum_i \boldsymbol{V}_i$. Então

$$
\begin{aligned}
\boldsymbol{V}^2 &= (\boldsymbol{V}_1 + \boldsymbol{V}_2 + \boldsymbol{V}_3 + \ldots)^2\\
&= V_1^2 + V_2^2 + V_3^2 + \ldots + 2\boldsymbol{V}_1\cdot\boldsymbol{V}_2 + 2\boldsymbol{V}_1\cdot\boldsymbol{V}_3\\
&+ \ldots + 2\boldsymbol{V}_2\cdot\boldsymbol{V}_3 + \ldots,
\end{aligned}
$$

ou, em notação compacta,

$$V^2 = \sum_{\substack{\text{todos}\\\text{vetores}}} V_i^2 + 2\sum_{\substack{\text{todos}\\\text{pares}}} \boldsymbol{V}_i\cdot\boldsymbol{V}_j.$$

■ **Exemplo 3.10** Calcule o ângulo entre os vetores $\boldsymbol{A} = 2\boldsymbol{u}_x + 3\boldsymbol{u}_y - \boldsymbol{u}_z$ e $\boldsymbol{B} = -\boldsymbol{u}_x + \boldsymbol{u}_y + 2\boldsymbol{u}_z$.
Solução: Inicialmente, computamos o produto escalar desses vetores usando a Eq. (3.20):

$$\boldsymbol{A}\cdot\boldsymbol{B} = 2(-1) + 3(1) + (-1)2 = -1.$$

Também

$$A = \sqrt{4+9+1} = \sqrt{14} = 3{,}74 \text{ unidades}$$

e

$$B = \sqrt{1+1+4} = \sqrt{6} = 2{,}45 \text{ unidades}.$$

Então, da Eq. (3.17), teremos

$$\cos\theta = \frac{\boldsymbol{A}\cdot\boldsymbol{B}}{AB} = -\frac{1}{9{,}17} = -0{,}109,$$

que corresponde a $\theta = 96{,}3°$.

■ **Exemplo 3.11** Determine a equação de um plano que passa pelo ponto P_0 e é perpendicular ao vetor $\boldsymbol{V} = \boldsymbol{u}_x A + \boldsymbol{u}_y B + \boldsymbol{u}_z C$.

Solução: Chamando $\boldsymbol{r}_0$ o vetor posição de $\boldsymbol{P}_0$ (Fig. 3.28) e $\boldsymbol{r}$ o vetor posição de um ponto qualquer P do plano considerado, vemos facilmente que o vetor

$$\overrightarrow{P_0P} = \boldsymbol{r} - \boldsymbol{r}_0$$

deve ser perpendicular a $\boldsymbol{V}$. Então

$$\boldsymbol{V}\cdot(\boldsymbol{r}\cdot\boldsymbol{r}_0) = 0$$

é a equação que deve ser satisfeita pelos vetores posição $\boldsymbol{r}$ de todos os pontos do plano. Usando a Eq. (3.20), podemos escrever

$$\boldsymbol{V}\cdot(\boldsymbol{r}-\boldsymbol{r}_0) = 0$$

que é a forma analítica de representar a equação de um plano perpendicular a uma reta dada.

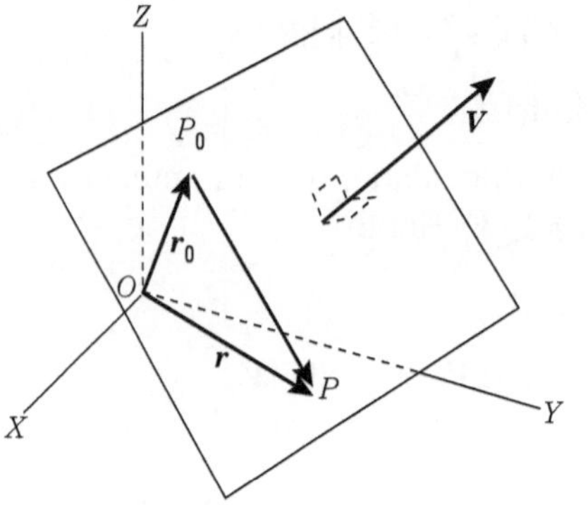

Figura 3.28 Equação vetorial de um plano.

3.9 Produto vetorial

O produto vetorial de dois vetores $\boldsymbol{A}$ e $\boldsymbol{B}$, representados pelo símbolo $\boldsymbol{A}\times\boldsymbol{B}$ (lê-se "*A* vetor *B*"), é definido como sendo um vetor perpendicular ao plano determinado por $\boldsymbol{A}$ e $\boldsymbol{B}$ e cujo sentido corresponde ao sentido de avanço de um parafuso de rosca direita girando de $\boldsymbol{A}$ para $\boldsymbol{B}$ (Fig. 3.29). Um parafuso de rosca direita é aquele que avança na direção do polegar quando colocamos a mão direita na forma indicada na Fig. 3.29, com os dedos apontando no sentido da rotação. A maioria dos parafusos são de rosca direita.

O módulo do produto vetorial $\boldsymbol{A}\times\boldsymbol{B}$ é dado por

$$|\boldsymbol{A}\times\boldsymbol{B}| = AB\,\text{sen}\,\theta. \tag{3.21}$$

Outra regra simples e útil para determinar o sentido de $\boldsymbol{A}\times\boldsymbol{B}$ é a seguinte: coloque o polegar, indicador e dedo médio da mão direita na posição indicada na Fig. 3.30. Se o indicador e dedo médio apontarem nos sentidos de $\boldsymbol{A}$ e $\boldsymbol{B}$ respectivamente, o polegar apontará no sentido de $\boldsymbol{A} \times \boldsymbol{B}$. Na verdade, a regra é mais geral, e uma sequência de dedos pode ser atribuída aos vetores $\boldsymbol{A}$, $\boldsymbol{B}$ e $\boldsymbol{A} \times \boldsymbol{B}$, iniciando por qualquer dedo, desde que a seguinte ordem *cíclica* seja mantida.

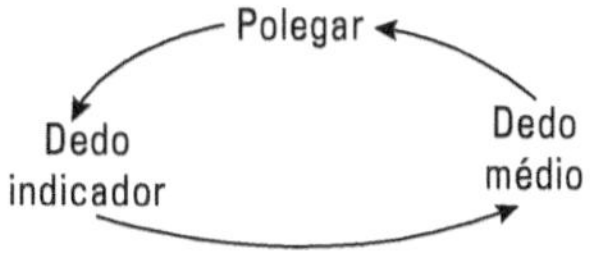

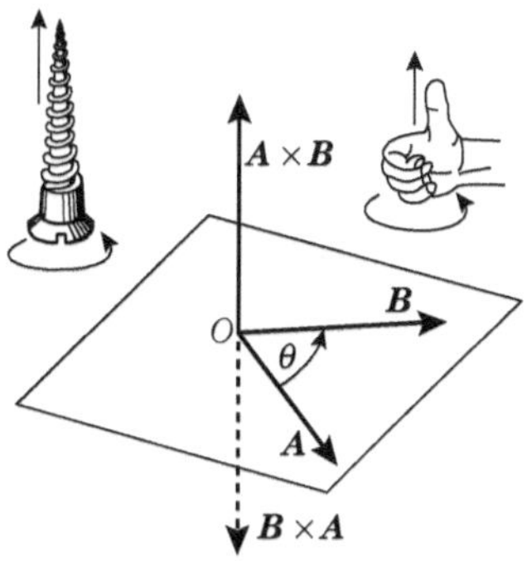

Figura 3.29 Posições relativas dos vetores no produto vetorial.

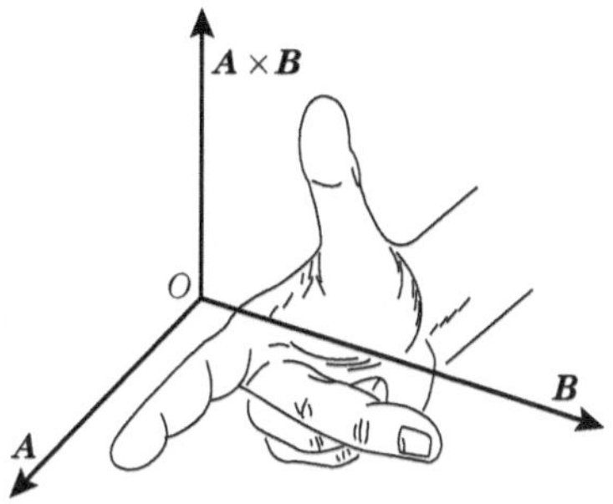

Figura 3.30 Regra da mão direita para o produto vetorial.

Da definição de produto vetorial, concluímos que

$$\mathbf{A} \times \mathbf{B} = -\mathbf{B} \times \mathbf{A}, \tag{3.22}$$

porque o sentido de rotação do parafuso é invertido quando a ordem dos dois vetores é mudada, de modo que o produto vetorial é anticomutativo. Se os dois vetores são paralelos, $\theta = 0^\circ$, sen $\theta = 0$ e o produto vetorial é nulo. Portanto a condição de paralelismo é expressa por $\boldsymbol{A} \times \boldsymbol{B} = 0$. Obviamente $\boldsymbol{A} \times \boldsymbol{A} = 0$.

Observe que o módulo do produto vetorial é igual à área do paralelogramo formado pelos dois vetores, ou igual ao dobro da área do triângulo formado pelos dois vetores e o vetor resultante. Esse resultado pode ser obtido do seguinte modo (Fig. 3.31): o módulo de $\boldsymbol{A} \times \boldsymbol{B}$ é AB sen θ, mas $\boldsymbol{B}$ sen $\theta = h$, onde h é a altura do paralelogramo que tem $\boldsymbol{A}$ e $\boldsymbol{B}$ como lados. Então

$$|\boldsymbol{A} \times \boldsymbol{B}| = Ah = \text{área do paralelogramo.}$$

O produto vetorial goza da propriedade distributiva em relação à soma, isto é,

$$\boldsymbol{C} \times (\boldsymbol{A} + \boldsymbol{B}) = \boldsymbol{C} \times \boldsymbol{A} + \boldsymbol{C} \times \boldsymbol{B}. \tag{3.23}$$

Quando os três vetores estão num mesmo plano, a prova é muito simples. Nesse caso (Fig. 3.32), os três produtos vetoriais que entram na Eq. (3.23) são perpendiculares à página do livro, e basta verificar, somente, se a relação (3.23) é válida para os módulos. Mas

$$|\boldsymbol{C} \times (\boldsymbol{A} + \boldsymbol{B})| = |\boldsymbol{C}|\,|\boldsymbol{A} + \boldsymbol{B}| \text{ sen } \gamma = C(Ob).$$

Analogamente,

$$|\boldsymbol{C} \times \boldsymbol{A}| = C\,A \text{ sen } \alpha = C(Oa);\ |\boldsymbol{C} \times \boldsymbol{B}| = CB \text{ sen } \beta = C(ab).$$

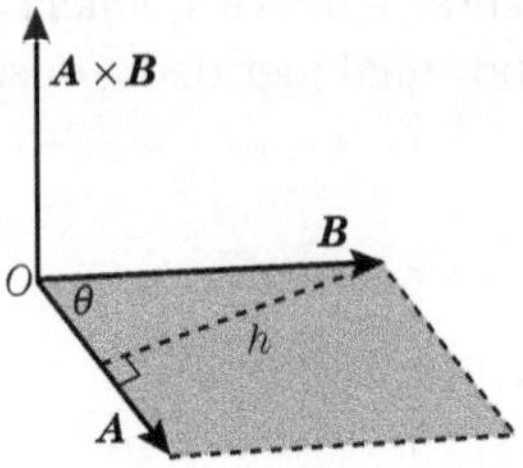

Figura 3.31 O produto vetorial é equivalente à área do paralelogramo definido pelos dois vetores.

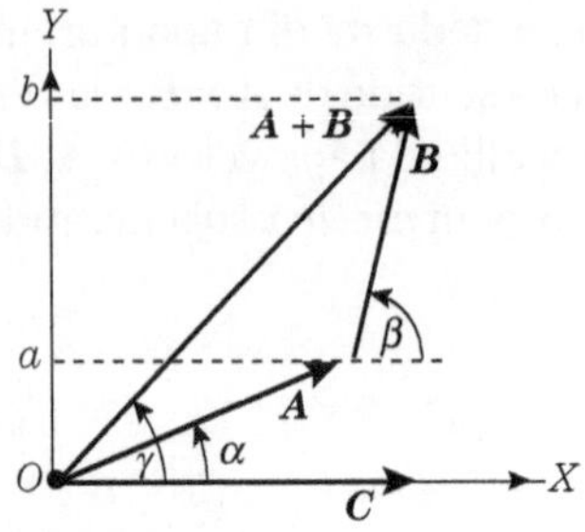

Figura 3.32 O produto vetorial é distributivo.

Quando somamos, obtemos

$$|\boldsymbol{C}\times\boldsymbol{A}| + |\boldsymbol{C}\times\boldsymbol{B}| = C(Oa + ab) = C(Ob).$$

Portanto a Eq. (3.23) fica provada tanto em direção, como em módulo. A prova, no caso geral de três vetores no espaço, é semelhante, porém um pouco mais complexa*.

Os produtos vetoriais entre os três vetores unitários $\boldsymbol{u}_x\boldsymbol{u}_y$ e $\boldsymbol{u}_z$, são

$$\begin{aligned}
\boldsymbol{u}_x\times\boldsymbol{u}_y &= -\boldsymbol{u}_y\times\boldsymbol{u}_x = \boldsymbol{u}_z,\\
\boldsymbol{u}_y\times\boldsymbol{u}_z &= -\boldsymbol{u}_z\times\boldsymbol{u}_y = \boldsymbol{u}_x,\\
\boldsymbol{u}_z\times\boldsymbol{u}_x &= -\boldsymbol{u}_x\times\boldsymbol{u}_z = \boldsymbol{u}_y,\\
\boldsymbol{u}_x\times\boldsymbol{u}_x &= \boldsymbol{u}_y\times\boldsymbol{u}_y = \boldsymbol{u}_z + \boldsymbol{u}_z = 0.
\end{aligned} \tag{3.24}$$

Escrevendo $\boldsymbol{A}$ e $\boldsymbol{B}$ por meio de suas componentes ortogonais, de conformidade com a Eq. (3.12), e aplicando a propriedade distributiva (3.23), temos

$$\begin{aligned}
\boldsymbol{A}\times\boldsymbol{B} &= (\boldsymbol{u}_xA_x + \boldsymbol{u}_yA_y + \boldsymbol{u}_zA_z)\cdot(\boldsymbol{u}_xB_x + \boldsymbol{u}_yB_y + \boldsymbol{u}_zB_z)\\
&= (\boldsymbol{u}_x\cdot\boldsymbol{u}_x)A_xB_x + (\boldsymbol{u}_x\cdot\boldsymbol{u}_y)A_xB_y + (\boldsymbol{u}_x\cdot\boldsymbol{u}_z)A_xB_z\\
&+ (\boldsymbol{u}_y\cdot\boldsymbol{u}_x)A_yB_x + (\boldsymbol{u}_y\cdot\boldsymbol{u}_y)A_yB_y + (\boldsymbol{u}_y\cdot\boldsymbol{u}_z)A_yB_z\\
&+ (\boldsymbol{u}_z\cdot\boldsymbol{u}_x)A_zB_x + (\boldsymbol{u}_z\cdot\boldsymbol{u}_y)A_zB_y + (\boldsymbol{u}_z\cdot\boldsymbol{u}_z)A_zB_z.
\end{aligned}$$

Aplicando-se as relações (3.24), obteremos, finalmente,

$$\begin{aligned}
\boldsymbol{A}\times\boldsymbol{B} = \boldsymbol{u}_x(A_yB_z - A_zB_y) + \boldsymbol{u}_y(A_zB_x - A_xB_z)\\
+ \boldsymbol{u}_z(A_xB_y - A_yB_x).
\end{aligned} \tag{3.25}$$

A Eq. (3.25) pode também ser representada, na forma mais compacta de determinante, por

$$\boldsymbol{A}\times\boldsymbol{B} = \begin{vmatrix} \boldsymbol{u}_x & \boldsymbol{u}_y & \boldsymbol{u}_z\\ A_x & A_y & A_z\\ B_x & B_y & B_z \end{vmatrix}. \tag{3.26}$$

Nota sobre determinantes. Um determinante é uma notação conveniente para se disporem grandezas que devem ser combinadas de certa forma simétrica. Um determinante de segunda ordem é um arranjo 2 × 2 de números, avaliado de acordo com a seguinte regra,

* Para uma prova geral, veja: THOMAS, G. B. *Cátculus and analytic geometry.* 3. ed. Reading, Mass.: Addison-Wesley, 1962. Seç. 13.4.

$$\begin{vmatrix} a_1 & a_2 \\ b_1 & b_2 \end{vmatrix} = a_1 b_2 - a_2 - b_1.$$

Observe que o que fazemos é multiplicar os números dispostos nas diagonais, e subtrair os resultados assim obtidos. Um determinante de terceira ordem é um arranjo 3×3 de números, avaliado de acordo com a regra:

$$\begin{vmatrix} a_1 & a_2 & a_3 \\ b_1 & b_2 & b_3 \\ c_1 & c_2 & c_3 \end{vmatrix} = a_1 \begin{vmatrix} b_2 & b_3 \\ c_2 & c_3 \end{vmatrix} + a_2 \begin{vmatrix} b_3 & b_1 \\ c_3 & c_1 \end{vmatrix} + a_3 \begin{vmatrix} b_1 & b_2 \\ c_1 & c_2 \end{vmatrix}$$
$$= a_1(b_2c_3 - b_3c_2) + a_2(b_3c_1 - b_1c_3) + a_3(b_1c_2 - b_2c_1).$$

Observe a ordem segundo a qual as colunas aparecem em cada termo. O estudante pode verificar que, pela aplicação desta regra à Eq. (3.26), pode-se obter a Eq. (3.25). Para mais informações sobre determinantes, consultar G. B. Thomas, *Calculus and analytic geometry*, 3ª edição; Reading, Mass.: Addison-Wesley, Seções 8.1 e 8.2.

■ **Exemplo 3.12** Calcule a área do paralelogramo determinado pelos vetores

$$\boldsymbol{A} = 2\boldsymbol{u}_x + 3\boldsymbol{u}_y - \boldsymbol{u}_z \quad \text{e} \quad \boldsymbol{B} = -\boldsymbol{u}_x + \boldsymbol{u}_y + 2\boldsymbol{u}_z.$$

Solução: Inicialmente, computamos o produto vetorial de $\boldsymbol{A}$ por $\boldsymbol{B}$, usando a Eq. (3.26):

$$\boldsymbol{A} \times \boldsymbol{B} = \begin{vmatrix} \boldsymbol{u}_x & \boldsymbol{u}_y & \boldsymbol{u}_z \\ 2 & 3 & -1 \\ -1 & 1 & 2 \end{vmatrix} = 7\boldsymbol{u}_x - 3\boldsymbol{u}_y + 5\boldsymbol{u}_z.$$

Então, a área do paralelogramo será apenas o módulo de $\boldsymbol{A} \times \boldsymbol{B}$, ou

$$\text{Área} = |\boldsymbol{A} \times \boldsymbol{B}| = \sqrt{49 + 9 + 25} = 9{,}110 \text{ unidades.}$$

■ **Exemplo 3.13** Determine a distância entre o ponto P (4, –1,5) e a reta que passa pelos pontos P_1(–1, 2, 0) e P_2 (1, 1, 4).

Solução: A representação geométrica do problema está ilustrada na Fig. 3.33. Podemos ver que $d = P_1P$ sen θ. Introduzindo os vetores

$$\boldsymbol{A} = \overrightarrow{P_1P} \quad \text{e} \quad \boldsymbol{B} = \overrightarrow{P_1P_2},$$

e usando a Eq. (3.14), obtemos

$$\boldsymbol{A} = \overrightarrow{P_1P} = 5\boldsymbol{u}_x - 3\boldsymbol{u}_y + 5\boldsymbol{u}_z,$$
$$\boldsymbol{B} = \overrightarrow{P_1P_2} = 2\boldsymbol{u}_x - \boldsymbol{u}_y + 4\boldsymbol{u}_z.$$

Vemos, então, que

$$d = A \text{ sen } \theta = \frac{AB \text{ sen } \theta}{B} = \frac{|\boldsymbol{A} \times \boldsymbol{B}|}{B}.$$

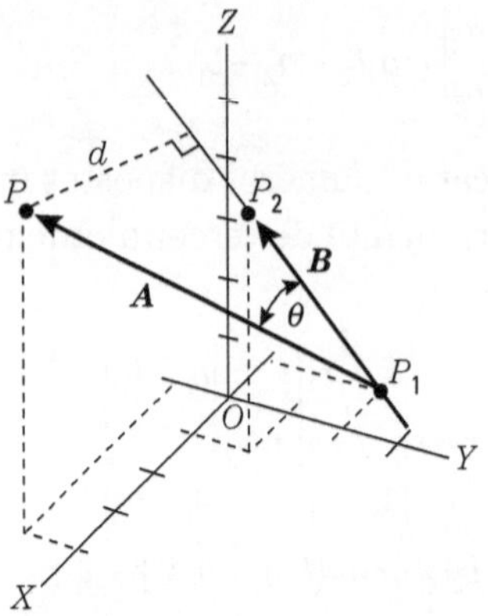

Figura 3.33

Agora, usando a Eq. (3.26) para calcular o produto vetorial de $\boldsymbol{A}$ por $\boldsymbol{B}$, obtemos

$$\boldsymbol{A} \times \boldsymbol{B} = \begin{vmatrix} \boldsymbol{u}_x & \boldsymbol{u}_y & \boldsymbol{u}_z \\ 5 & -3 & 5 \\ 2 & -1 & 4 \end{vmatrix} = -7\boldsymbol{u}_x - 10\boldsymbol{u}_y + 1\boldsymbol{u}_z.$$

Então, $|\boldsymbol{A} \times \boldsymbol{B}| = \sqrt{49+100+1} = \sqrt{150} = 12{,}25$, e, como $\boldsymbol{B} = \sqrt{4+1+16} = \sqrt{21} = 4{,}582$, obtemos

$$d = \frac{|\boldsymbol{A} \times \boldsymbol{B}|}{B} = 2{,}674.$$

3.10 Representação vetorial de uma área

Na discussão relativa à Fig. 3.31, indicamos que o produto vetorial $\boldsymbol{A} \times \boldsymbol{B}$ é igual, em módulo, à área do paralelogramo cujos lados são definidos pelos vetores $\boldsymbol{A}$ e $\boldsymbol{B}$. Isto sugere a possibilidade de considerar-se a associação de um vetor com uma superfície qualquer.

Vamos considerar uma superfície *plana* S (Fig. 3.34) cujo contorno L foi orientado no sentido indicado pela seta. Adotamos a convenção de representá-la por um vetor $\boldsymbol{S}$, cujo módulo é igual à área da superfície e cuja direção é perpendicular à superfície. O sentido do vetor é dado pelo avanço de um parafuso de rosca direita que gira no sentido indicado pela orientação do contorno.

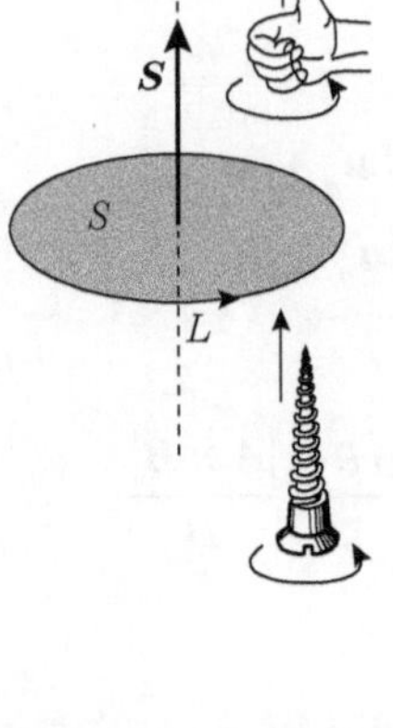

Figura 3.34 Representação vetorial de uma superfície.

As componentes de $\boldsymbol{S}$ têm um significado geométrico simples. Suponhamos que o plano da superfície S faz um ângulo θ com o plano XY (Fig. 3.35). A projeção de S sobre o plano XY é S cos θ, como é bem conhecido da geometria do espaço. Por outro lado, a normal ao plano da superfície faz também um ângulo θ com o eixo Z. Então, a componente Z do vetor $\boldsymbol{S}$ é $S_z = \boldsymbol{S} \cos \theta$. Portanto concluímos que as componentes de S, segundo as direções dos eixos coordenados, são iguais às projeções da superfície sobre os três planos coordenados.

Se a superfície *não* é plana, pode sempre ser imaginada dividida em um grande número de áreas muito pequenas, (Fig. 3.36) cada uma delas praticamente plana, podendo, portanto, ser representada por vetores $\boldsymbol{S}_i$. Então, o vetor representativo da superfície curva é

$$\boldsymbol{S} = \boldsymbol{S}_1 + \boldsymbol{S}_2 + \boldsymbol{S}_3 + ... = \sum_i \boldsymbol{S}_i.$$

Nesse caso, o módulo de $\boldsymbol{S}$ não é igual à área da superfície curva, que é $\sum_i S_i$; contudo, os módulos das suas três componentes são iguais às áreas das projeções da superfície sobre os três planos coordenados.

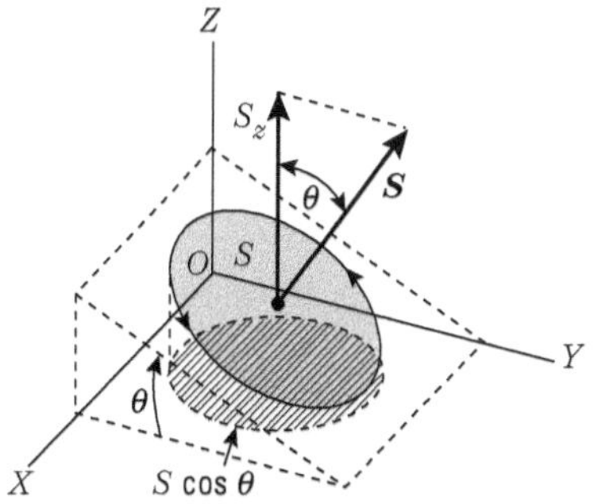

Figura 3.35 Projeção de uma superfície sobre um plano.

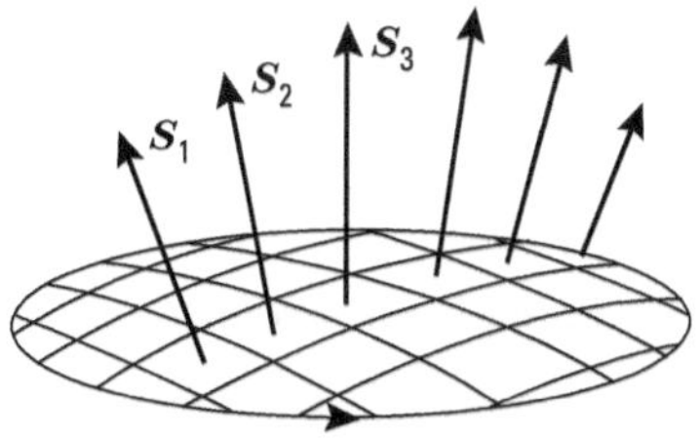

Figura 3.36 Soma vetorial de superfícies.

Por exemplo, vamos considerar a representação gráfica de um terreno, tendo uma parte horizontal e a outra parte sobre as fraldas de uma colina, como ilustrado na Fig. 3.37. Se S_1 e S_2 são as áreas de cada uma dessas partes, a área total do lote utilizável para lavoura é + S_2. Contudo, se o gráfico vai ser usado para o projeto de um edifício, a área realmente utilizável é dada pela projeção do gráfico sobre um plano horizontal, ou seja $S_1 + S_2 \cos \theta$. O vetor $\boldsymbol{S} = \boldsymbol{S}_1 + \boldsymbol{S}_2$, representando todo o gráfico, tem o módulo $S = \sqrt{S_1^2 + S_2^2 + 2S_1S_2 \cos \theta}$, que é menor que $S_1 + S_2$. Mas sua componente, na direção do eixo vertical Z, é $S_z = S_1 + S_2 \cos \theta$, que concorda com o valor da projeção do gráfico sobre o plano horizontal XY.

Finalmente, consideremos uma *superfície fechada*, como a da Fig. 3.38. Vamos dividi-la em pequenas superfícies planas, cada uma representada por um vetor S_1 no sentido *externo*. Podemos sempre agrupar as pequenas áreas em pares cujas projeções somadas resultam em zero. Por exemplo, na Fig. 3.38, as duas áreas S_1 e S_2 têm a mesma projeção sobre o plano XY, mas de sinais opostos. Assim $S_{1z} = a$ e $S_{2z} = -a$. Somado todo o conjunto desses pares obtemos $S_z = \sum_i S_{iz} = 0$.

Com o mesmo argumento, vemos que o mesmo resultado vale também para as componentes de $\boldsymbol{S} = \sum_i S_i$, segundo os outros dois eixos. Portanto, $\boldsymbol{S} = 0$, ou seja, o *vetor que representa uma superfície fechada é zero.*

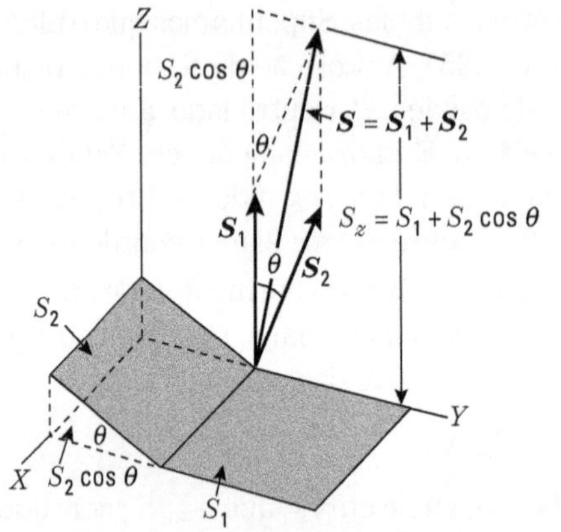

Figura 3.37

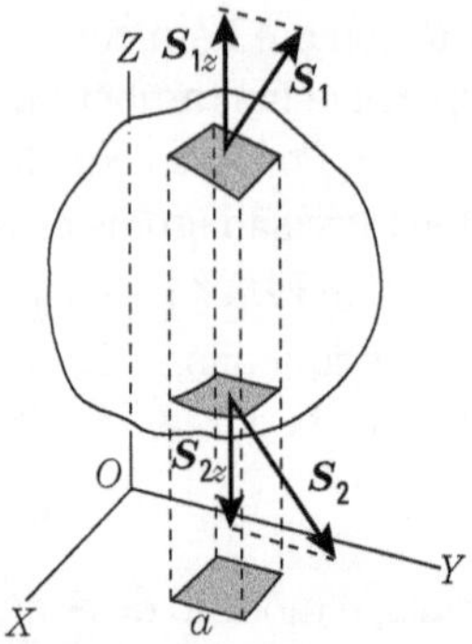

Figura 3.38 Uma superfície fechada é representada por um vetor nulo.

Referências

CHRISTIE, D. *Vector mechanics.* New York: McGraw-Hill, 1964.

FEYNMAN, R.; LEIGHTON, R.; SANDS, M. *The Feynman lectures on physics.* v. I. Reading, Mass.: Addison-Wesley, 1963.

HUDDLESTON, J. *Introduction to engineering mechanics.* Reading, Mass: Addison-Wesley, 1961.

LINDSAY, R. *Physical mechanics.* 3. ed. Princeton, N.J.: Yan Nostrand, 1963.

SYMON, K. *Mechanics.* 2. ed. Reading, Mass: Addison-Wesley, 1964.

VETORS, a programmed text for introductory physics. New York: Appleton-Century- Crofts, 1962.

WOLSTENHOLME, E. *Elementary Vectors.* New York: Pergamon Press, 1964.

Problemas

3.1 Dois vetores, cujos módulos são de 6 e 9 unidades de comprimento, formam um ângulo de (a) 0°, (b) 60°, (c) 90°, (d) 150°, e (e) 180°. Determine o módulo da soma desses vetores e a direção do vetor resultante com relação ao vetor menor.

3.2 Calcule o ângulo entre dois vetores, de módulos iguais a 10 e 15 unidades de comprimento, nos casos em que a soma desses vetores é (a) 20 unidades de comprimento e (b) 12 unidades de comprimento. Desenhe uma figura apropriada.

3.3 Dois vetores formam um ângulo de 110°. Um dos vetores é de 20 unidades de comprimento e faz um ângulo de 40° com o vetor resultante da soma dos dois. Determine o módulo do segundo vetor e do vetor soma.

3.4 O vetor resultante de dois outros é de 10 unidades de comprimento e forma um ângulo de 35° com um dos vetores componentes, que é de 12 unidades de comprimento. Determine o módulo do outro vetor e o ângulo entre os dois.

3.5 Determine o ângulo entre dois vetores, de 8 e 10 unidades de comprimento, quando o vetor resultante faz um ângulo de 50° com o vetor maior. Calcule, também, o módulo do vetor resultante.

3.6 A resultante de dois vetores é de 30 unidades de comprimento e forma, com eles, ângulos de 25° e 50°. Determine os módulos dos dois vetores.

3.7 Dois vetores, de 10 e 8 unidades de comprimento, formam um ângulo de (a) 60°, (b) 90° e (c) 120°. Determine o módulo da *diferença* e o ângulo que esta faz com o vetor maior.

3.8 Determine as componentes ortogonais de um vetor de 15 unidades de comprimento que forma um ângulo, com o eixo $\boldsymbol{X}$, positivo, de (a) 50°, (b) 130°, (c) 230° e (d) 310°.

3.9 Três vetores de um mesmo plano, têm, respectivamente 6, 5 e 4 unidades de comprimento. O primeiro e o segundo formam um ângulo de 50°, enquanto o segundo e o terceiro formam um ângulo de 75°. Determine o módulo e a direção da resultante relativamente ao maior vetor.

3.10 São dados quatro vetores coplanares, de 8, 12, 10 e 6 unidades de comprimento, respectivamente; os três últimos fazem, com o primeiro, os ângulos de 70°, 150° e 200°, respectivamente. Determine o módulo e a direção do vetor resultante.

3.11 Um avião deve voar rumo norte, de A para B, e então voltar para A. A distância entre A e B é L. A velocidade do avião em relação ao ar é v e a velocidade do vento é v'. (a) Prove que o tempo para uma viagem de ida e volta, quando não há vento, $v' = 0$, é $t_a = 2L/v$. (b) Mostre que o tempo para uma viagem de ida e volta, quando o vento sopra para leste (ou oeste), é $t_b = t_a / \sqrt{1-(v'^2/v^2)}$. (c) Mostre que o tempo para a viagem de ida e volta quando o vento sopra para o norte (ou sul) é $t_c = t_a/1 - (v'^2/v^2)$. (d) Qual é a possibilidade das viagens (b) ou (c) quando $v' = v$? Para um dado valor de v', qual tempo será o maior, t_b ou t_c?

3.12 A flâmula presa na frente do mastro de um veleiro estende-se para trás, segundo um ângulo de 45°, como ilustra a Fig. 3.39, mas a bandeira na sede do clube se estende segundo o ângulo de 30°, para o sul, a partir da direção oeste. (a) Se a velocidade do barco for de 10 km · h^{-1}, qual será a velocidade do vento? (b) Calcule a velocidade aparente do vento para um observador sobre o barco.

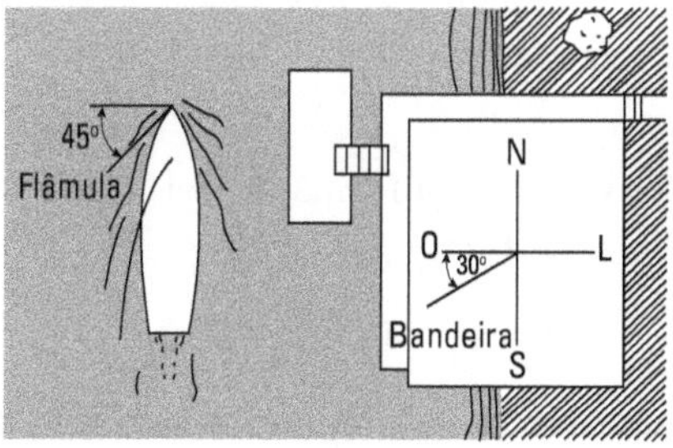

Figura 3.39

3.13 Prove que, quando o módulo da soma e da diferença de dois vetores são iguais, os vetores são perpendiculares.

3.14 Prove que se a soma e a diferença de dois vetores são perpendiculares, os dois vetores têm módulos iguais.

3.15 Verifique que os módulos da soma e da diferença de dois vetores $\boldsymbol{A}$ e $\boldsymbol{B}$, expressas em coordenadas ortogonais, são dados por

$$S = [(A_x + B_x)^2 + (A_y + B_y)^2 + (A_x + B_z)^2]^{1/2}$$

e

$$D = [(A_x - B_x)^2 + (A_y - B_y)^2 + (A_z - B_z)^2]^{1/2},$$

respectivamente.

3.16 Dados os vetores

$$\boldsymbol{A} = \boldsymbol{u}_x(3) + \boldsymbol{u}_y(4) + \boldsymbol{u}_z(-5)$$

e

$$\boldsymbol{B} = \boldsymbol{u}_x(-1) + \boldsymbol{u}_y(1) + \boldsymbol{u}_z(2),$$

calcular: (a) o módulo e a direção do vetor resultante; (b) o módulo e a direção da diferença $\boldsymbol{A} - \boldsymbol{B}$; (c) o ângulo entre $\boldsymbol{A}$ e $\boldsymbol{B}$.

3.17 Determine a resultante da soma dos seguintes vetores:

(a) $\boldsymbol{V}_1 = \boldsymbol{u}_x(5) + \boldsymbol{u}_y(-2) + \boldsymbol{u}_z,$
(b) $\boldsymbol{V}_2 = \boldsymbol{u}_x(-3) + \boldsymbol{u}_y(1) + \boldsymbol{u}_z(-7),$
(c) $\boldsymbol{V}_3 = \boldsymbol{u}_x(4) + \boldsymbol{u}_y(7) + \boldsymbol{u}_z(6).$

Obtenha o módulo da resultante e o ângulo que esta faz com os eixos X, Y e Z.

3.18 Dados os três vetores

(a) $\boldsymbol{V}_1 = u_x(-1) + \boldsymbol{u}_y(3) + \boldsymbol{u}_z(4),$

(b) $\boldsymbol{V}_2 = \boldsymbol{u}_x(3) + \boldsymbol{u}_y(-2) + \boldsymbol{u}_z(-8),$

(c) $\boldsymbol{V}_3 = \boldsymbol{u}_x(4) + \boldsymbol{u}_y(4) + \boldsymbol{u}_z(4).$

(a) determine, por manipulação direta, se há alguma diferença entre os produtos vetoriais $\boldsymbol{V}_1 \times (\boldsymbol{V}_2 \times \boldsymbol{V}_3)$ e $(\boldsymbol{V}_1 \times \boldsymbol{V}_2) \times \boldsymbol{V}_3$; (b) Calcule $\boldsymbol{V}_1 \cdot (\boldsymbol{V}_2 \times \boldsymbol{V}_3)$ e $(\boldsymbol{V}_1 \times \boldsymbol{V}_2) \cdot \boldsymbol{V}_3$ e verifique se existe alguma diferença entre os dois resultados. Calcule $(\boldsymbol{V}_3 \times \boldsymbol{V}_1) \cdot \boldsymbol{V}_2$ e compare com os dois resultados anteriores.

3.19 Obtenha a expressão de $\boldsymbol{V}_1 \cdot (\boldsymbol{V}_2 \times \boldsymbol{V}_3)$ na forma de determinante. Deduza, a partir dela, as seguintes propriedades de simetria:

$$\boldsymbol{V}_1 \cdot \boldsymbol{V}_2 \times \boldsymbol{V}_3 = \boldsymbol{V}_3 \cdot \boldsymbol{V}_1 \times \boldsymbol{V}_2 = \boldsymbol{V}_2 \cdot \boldsymbol{V}_3 \times \boldsymbol{V}_1.$$

Prove que o valor do triplo produto é igual ao volume do paralelepípedo formado pelos três vetores.

3.20 Prove que

$$\boldsymbol{V}_1 \times (\boldsymbol{V}_2 \times \boldsymbol{V}_3) = (\boldsymbol{V}_1 \cdot \boldsymbol{V}_3)\boldsymbol{V}_2 - (\boldsymbol{V}_1 \cdot \boldsymbol{V}_2)\boldsymbol{V}_3.$$

[*Sugestão*: tome o eixo X na direção de $\boldsymbol{V}_3$, e o eixo Y tal que $\boldsymbol{V}_2$ esteja no plano XY e verifique por expansão direta.]

3.21 Calcule a distância entre dois pontos, P_1 (4, 5, –7) e P_2(–3, 6, 12). Escreva também a Eq. da reta que passa por esses dois pontos.

3.22 Determine a distância do ponto $P(4, 5, -7)$ à reta que passa por $Q(-3, 6, 12)$ e paralela ao vetor $\boldsymbol{V} = \boldsymbol{u}_x(4) - \boldsymbol{u}_y\,(1) + \boldsymbol{u}_z\,(3)$. Calcule também a distância do ponto P ao plano perpendicular a V e que passa por Q.

3.23 Prove que a distância entre a linha que passa por P_1 e paralela a $\boldsymbol{V}_1$ e a linha que passa por P_2 e paralela a $\boldsymbol{V}_2$ é $\overline{P_1P_2} \cdot \boldsymbol{V}_1 \times \boldsymbol{V}_2 / |\boldsymbol{V}_1 \times \boldsymbol{V}_2|$. [*Nota*: a distância entre linhas retas reversas (isto é, retas que não estão no mesmo plano) é definida como sendo igual ao comprimento do menor segmento de reta, perpendicular a ambas.] Escreva o resultado anterior na forma expandida, usando as coordenadas de P_1 e P_2 e as componentes de $\boldsymbol{V}_1$ e $\boldsymbol{V}_2$. Aplique ao caso particular em que $P_1\,(4, 5, -7)$, $P_2(-3, 6{,}12)$, $\boldsymbol{V}_1 = \boldsymbol{u}_x + \boldsymbol{u}_y + \boldsymbol{u}_z$, e $\boldsymbol{V}_2 = \boldsymbol{u}_x(-2) + \boldsymbol{u}_y\,(1) + \boldsymbol{u}_z(3)$.

3.24 Dada a reta que passa por $P(4, 5, -7)$ paralela a $\boldsymbol{V}_1 = \boldsymbol{u}_x(-1) + \boldsymbol{u}_y(2) + \boldsymbol{u}_z(-4)$ e o plano que passa por $Q(-3, 6, 12)$ perpendicular a $\boldsymbol{V}_2 = \boldsymbol{u}_x + \boldsymbol{u}_y(-1) + \boldsymbol{u}_z(2)$, (a) escreva as equações respectivas em coordenadas cartesianas ortogonais; (b) determine o ponto de intersecção da linha com o plano; (c) determine o ângulo entre a linha e o plano.

3.25 Determine a equação da reta que passa por $P(4, 5, -7)$ e que é paralela à linha de intersecção dos planos $3x - 2y + 5z = 10$ e $x + y - 2 = 4$. Determine também a equação da intersecção.

3.26 Prove que, se a soma de $\boldsymbol{V}_1$, $\boldsymbol{V}_2$, e $\boldsymbol{V}_3$ é zero, então $\boldsymbol{V}_1 \times \boldsymbol{V}_3 = \boldsymbol{V}_3 \times \boldsymbol{V}_2 = \boldsymbol{V}_2 \times \boldsymbol{V}_1$. Destas relações, conclua que $V_1/\text{sen} \angle V_2V_3 = V_2/\text{sen} \angle V_3\,V_1 = V_3/\text{sen} \angle V_1\,V_2$ onde $\angle V_iV_j$ representa o ângulo entre os vetores $\boldsymbol{V}_i$ e $\boldsymbol{V}_j$.

3.27 Prove que, se dois vetores têm o mesmo módulo V e fazem entre si um ângulo θ, o módulo da soma é $S = 2V \cos\frac{1}{2}\theta$, e da diferença é $D = 2V\,\text{sen}\frac{1}{2}\theta$.

3.28 Usando as componentes de V_1 e V_2 expressas na forma esférica (Eq. 3.10), prove que o ângulo entre estes vetores pode ser encontrado a partir da relação

$$\cos\theta_{12} = \text{sen}\,\theta_1\,\text{sen}\,\theta_2 \cos(\phi_1 - \phi_2) + \cos\theta_1 \cos\theta_2,$$

onde θ_{12} é o ângulo entre os dois vetores. Esse resultado é muito usado nos cálculos astronômicos. Faça uma adaptação desse resultado para obter o ângulo entre as verticais em São Francisco (latitude: 37° 45′ N; longitude: 122° 27′ O) e Nova York (latitude: 40° 40′ N; longitude: 73° 50′ O). Compare sua resposta com a do Problema 2.17.

3.29 Dados três vetores não coplanares $\boldsymbol{a}_1$, $\boldsymbol{a}_2$ e $\boldsymbol{a}_3$, os vetores

$$\boldsymbol{a}^1 = \frac{\boldsymbol{a}_2 \times \boldsymbol{a}_3}{\boldsymbol{a}_1 \cdot \boldsymbol{a}_2 \times \boldsymbol{a}_3}, \quad \boldsymbol{a}^2 = \frac{\boldsymbol{a}_3 \times \boldsymbol{a}_1}{\boldsymbol{a}_1 \cdot \boldsymbol{a}_2 \times \boldsymbol{a}_3}, \quad \boldsymbol{a}^3 = \frac{\boldsymbol{a}_1 \times \boldsymbol{a}_2}{\boldsymbol{a}_1 \cdot \boldsymbol{a}_2 \times \boldsymbol{a}_3}$$

são chamados vetores *recíprocos*. Prove que $\boldsymbol{a}^i \cdot \boldsymbol{a}_i = 1$ e $\boldsymbol{a}^i \cdot \boldsymbol{a}_j = 0$ onde i e j assumem os valores 1, 2 e 3. Discuta a disposição geométrica dos vetores recíprocos $\boldsymbol{a}^1$, $\boldsymbol{a}^2$, $\boldsymbol{a}^3$ em relação a $\boldsymbol{a}_1$, $\boldsymbol{a}_2$, $\boldsymbol{a}_3$.

3.30 Prove que qualquer vetor $\boldsymbol{V}$ pode ser escrito em qualquer uma das formas alternativas seguintes

$$\boldsymbol{V} = (\boldsymbol{V} \cdot \boldsymbol{a}^1)\boldsymbol{a}_1 + (\boldsymbol{V} \cdot \boldsymbol{a}^2)\boldsymbol{a}_2 + (\boldsymbol{V} \cdot \boldsymbol{a}^3)\boldsymbol{a}_3 = \textstyle\sum_i (\boldsymbol{V} \cdot \boldsymbol{a}^i)\boldsymbol{a}_i$$

ou

$$\boldsymbol{V} = (\boldsymbol{V} \cdot \boldsymbol{a}_1)\boldsymbol{a}^1 + (\boldsymbol{V} \cdot \boldsymbol{a}_2)\boldsymbol{a}^2 + (\boldsymbol{V} \cdot \boldsymbol{a}_3)\boldsymbol{a}^3 = \sum_i (\boldsymbol{V} \cdot \boldsymbol{a}_i)\boldsymbol{a}^i$$

3.31 Chamando de $V \cdot a_i = V_i$ e $V \cdot a^i = V^i$ as componentes *covariante* e *contravariante*, respectivamente, de V, e

$$g_{ij} = \boldsymbol{a}_i \cdot \boldsymbol{a}_j, \qquad g^{ij} = \boldsymbol{a}^i \cdot \boldsymbol{a}^j,$$

prove que

$$V^j = \sum_i V_i g^{ij}, \qquad V_j = \sum_i V^i g_{ij},$$

e

$$V^2 = \sum_i V_i V^i = \sum_{ij} V_i V_j g^{ij} = \sum_{ij} V^i V^j g_{ij}.$$

Estas relações são muito importantes em cálculos vetoriais em que se usam coordenadas não ortogonais, e são especialmente úteis em física do estado sólido, quando se está tratando da estrutura cristalina dos sólidos.

3.32 Prove que

$$\boldsymbol{a}^1 \cdot \boldsymbol{a}^2 \times \boldsymbol{a}^3 = 1/\boldsymbol{a}_1 \cdot \boldsymbol{a}_2 \times \boldsymbol{a}_3.$$

3.33 Prove que $\boldsymbol{r} = \boldsymbol{a}s^2 + \boldsymbol{b}s + \boldsymbol{c}$ (onde $\boldsymbol{a}$, $\boldsymbol{b}$, e $\boldsymbol{c}$ são vetores constantes e s um escalar variável) representa uma parábola situada no plano determinado pelos vetores $\boldsymbol{a}$ e $\boldsymbol{b}$ e que passa pelo ponto cujo vetor de posição é c.

3.34 Mostre que o vetor unitário em três dimensões pode ser expresso por

$$\boldsymbol{u} = \boldsymbol{u}_x \cos\alpha + \boldsymbol{u}_y \cos\beta + \boldsymbol{u}_z \cos\theta,$$

onde os ângulos α, β, e θ são definidos na forma dada na Fig. 3.17.

3.35 Usando o fato de que o vetor que representa uma superfície fechada é zero, prove que duas superfícies que têm a mesma linha fechada como contorno são representadas pelo mesmo vetor.

3.36 Uma superfície aberta é limitada por um triângulo com vértices em (0, 0, 0), (2, 0, 0), e (0, 2, 0). Ela é composta de três superfícies triangulares cada uma tendo um de seus lados coincidentes com os lados do triângulo e um vértice comum no ponto (a, b, c). Mostre que o vetor que representa a superfície completa é independente de (a, b, c). Esse resultado era esperado, como consequência do Problema 3.35?

3.37 Um tetraedro é um corpo sólido limitado por quatro superfícies triangulares. Considere o tetraedro com os vértices nos pontos (0, 0, 0), (2, 0, 0), (0, 2, 0) e (1, 1, 2). Determine:

(a) o vetor que representa cada uma das faces; (b) o vetor que representa todo o tetraedro; (c) o valor da superfície do tetraedro. Você esperava o resultado obtido em (b)?

3.38 Usando métodos vetoriais, determine: (a) o comprimento das diagonais de um cubo; (b)o ângulo das diagonais com os lados adjacentes; (c) o ângulo das diagonais com as faces adjacentes; (d) o ângulo entre as diagonais.

3.39 As faces de um tetraedro regular são triângulos equiláteros de lado a. Determine, por métodos vetoriais, o ângulo que cada lado faz com a face oposta e a distância entre um vértice e a face oposta.

4 Forças

4.1 Introdução

Uma utilização importante da álgebra vetorial está na sua aplicação à composição de forças. A definição precisa de força será analisada no Cap. 7, quando discutiremos a dinâmica do movimento. Contudo, para ganhar prática na manipulação de vetores, consideraremos agora o problema da composição de forças, e, em particular, o equilíbrio de forças, problema este de vasta aplicação na engenharia.

Admitiremos, provisoriamente, uma noção intuitiva de força proveniente da experiência quotidiana como, por exemplo, da força necessária para empurrar ou puxar uma determinada carga, da força exercida por algumas ferramentas etc. Essa noção intuitiva sugere que força é uma grandeza vetorial, dotada, consequentemente, de intensidade, direção e sentido. A experiência confirma que as forças se combinam de acordo com as regras da álgebra vetorial. Neste capítulo, consideraremos somente forças aplicadas a pontos materiais (ou partículas) e a corpos rígidos.

No sistema MKSC, a unidade de força é o *newton* (abreviado por N), que será definido na Seç. 7.8. Neste capítulo, entretanto, usaremos outras unidades de força, tais como *quilograma-força* (kgf), *libra-força* (lbf), *poundal* (pdl), e *ton* (t). Estas unidades, frequentemente usadas em engenharia, apresentam as seguintes equivalências com o newton:

$$1 \text{ kgf} = 9{,}8 \text{ N}, \qquad 1 \text{ lbf} = 0{,}46 \text{ kgf} \approx 4{,}45 \text{ N},$$

$$1 \text{ pdl} = 0{,}031 \text{ lbf} \approx 0{,}138 \text{ N}, \qquad 1\text{t} = 2.000 \text{ lbf} \approx 8.900 \text{ N}.$$

É usual, na prática da engenharia, referir-se à libra-força e ao quilograma-força mencionando simplesmente "libra" ou "quilograma" embora as últimas sejam, na verdade, unidades de massa.

4.2 Composição de forças concorrentes

Se as forças são concorrentes (isto é, se elas estão aplicadas num mesmo ponto), a resultante é dada pela soma vetorial, obtida de acordo com o método explicado na Seç. 3.6. Portanto, a resultante $\boldsymbol{R}$ de várias forças concorrentes $\boldsymbol{F}_1, \boldsymbol{F}_2, \boldsymbol{F}_3,\ldots$ é

$$\boldsymbol{R} = \boldsymbol{F}_1 + \boldsymbol{F}_2 + \boldsymbol{F}_3 + \ldots = \Sigma \boldsymbol{F}_i. \tag{4.1}$$

Se as forças são coplanares, digamos no plano XY, teremos, em vista da Eq. (3.16), que $\boldsymbol{R} = \boldsymbol{u}_x \boldsymbol{R}_x + \boldsymbol{u}_y \boldsymbol{R}_y$, onde

$$R_x = \Sigma \boldsymbol{F}_{ix} = \Sigma \boldsymbol{F}_i \cos \alpha_i, \qquad R_y = \Sigma \boldsymbol{F}_{iy} = \Sigma \boldsymbol{F}_i \operatorname{sen} \alpha_i. \tag{4.2}$$

O módulo *de* $\boldsymbol{R}$ é $R = \sqrt{R_x^2 + R_y^2}$, e sua direção e sentido são dados pelo ângulo α tal que $\operatorname{tg} \alpha = R_y/R_x$. Devemos admitir que a resultante $\boldsymbol{R}$ é fisicamente equivalente às componentes $\boldsymbol{F}_1, \boldsymbol{F}_2, \boldsymbol{F}_3, \ldots$

■ **Exemplo 4.1** Determine a resultante das seguintes forças que atuam sobre um corpo localizado na posição O (Fig. 4.1): a força F_1 é igual a 1.200 lbf, a força $\boldsymbol{F}_2$ é igual a 900 lbf, a força $\boldsymbol{F}_3$ é igual a 300 lbf, e a força $\boldsymbol{F}_4$ é 800 lbf. As direções e os sentidos são indicados na figura.

Solução: Inicialmente representaremos cada força por suas componentes segundo os eixos X e Y, usando, em cada caso, o ângulo entre a direção da força e a direção do eixo X positivo. Então

$$\boldsymbol{F}_1 = \boldsymbol{u}_x(1.200) \text{ lbf},$$
$$\boldsymbol{F}_2 = \boldsymbol{u}_x(F_2 \cos 40°) + \boldsymbol{u}_y(F_2 \operatorname{sen} 40°) = \boldsymbol{u}_x(689{,}4) + \boldsymbol{u}_y(578{,}5) \text{ lbf},$$
$$\boldsymbol{F}_3 = \boldsymbol{u}_x(F_3 \cos 120°) + \boldsymbol{u}_y(F_3 \operatorname{sen} 20°) = \boldsymbol{u}_x(-150) + \boldsymbol{u}_y(259{,}8) \text{ lbf},$$
$$\boldsymbol{F}_4 = \boldsymbol{u}_x(F_4 \cos 230°) + \boldsymbol{u}_y(F_4 \operatorname{sen} 30°) = \boldsymbol{u}_x(-514{,}2) + \boldsymbol{u}_y(-612{,}8) \text{ lbf}.$$

Como $\boldsymbol{R} = \boldsymbol{F}_1 + \boldsymbol{F}_2 + \boldsymbol{F}_3 + \boldsymbol{F}_4$, temos

$$R_x = 1.200 + 689{,}4 - 150 - 514{,}2 = 1.225{,}2 \text{ lbf},$$
$$R_y = 0 + 578{,}5 + 259{,}8 - 612{,}8 = 225{,}5 \text{ lbf},$$

ou $\boldsymbol{R} = \boldsymbol{u}_x$ (1.225,2) + $\boldsymbol{u}_y$ (225,5) lbf, da qual podemos obter o módulo ou intensidade e a direção da força resultante, que será R = 1.245,4 lbf e α = 10,4°.

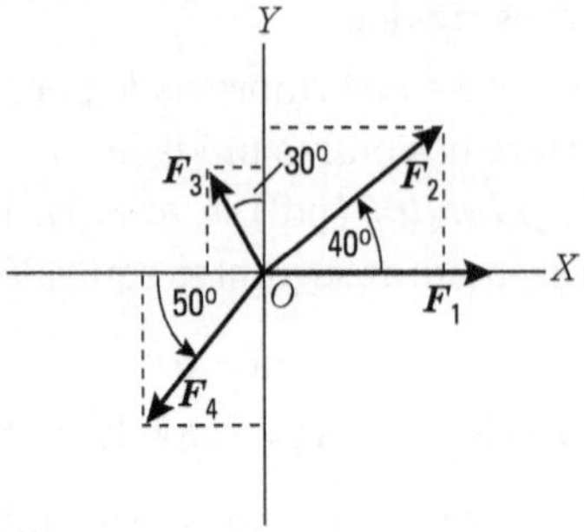

Figura 4.1

4.3 Momento

Seja uma força $\boldsymbol{F}$ atuando sobre um corpo C capaz de girá-lo em torno do ponto O (Fig. 4.2), quando sua linha de ação não passa por O. Nossa experiência quotidiana sugere que a efetividade da força $\boldsymbol{F}$, para produzir a rotação, aumenta com a distância (chamada *braço de alavanca)*, $b = OB$, do ponto O à linha de ação da força. Por exemplo, ao abrirmos uma porta, devemos empurrá-la ou puxá-la em pontos tão afastados quanto possível da dobradiça, assim como manter a direção do nosso esforço perpendicular ao plano da porta. Esta experiência sugere, pois, a conveniência de definir uma grandeza física, chamada *momento*, (também chamada *conjugado* ou *torque*) expressa por

$$\tau = Fb \tag{4.3}$$

ou momento = força × braço de alavanca. Por coerência, o momento de uma força deve ser expresso, dimensionalmente, pelo produto de uma unidade de força por uma unidade de comprimento. Então, no sistema MKSC, o momento de uma força é expresso em newtons × metro ou N · m. Entretanto, também são usadas outras unidades, tais como kgf · m ou lbf · pé. Observando na figura que $b = r \operatorname{sen} \theta$, poderemos ainda escrever

$$\tau = Fr \operatorname{sen} \theta \tag{4.4}$$

Comparando esta equação com a Eq. (3.21), podemos concluir que o momento de uma força pode ser considerado como uma grandeza vetorial dada pelo produto

$$\tau = \boldsymbol{r} \times \boldsymbol{F}, \tag{4.5}$$

onde $\boldsymbol{r}$ é o vetor posição, relativo ao ponto O, do ponto de aplicação A da força. De acordo com as propriedades do produto vetorial, o momento de uma força é representado por um vetor perpendicular tanto a $\boldsymbol{r}$ como a $\boldsymbol{F}$; isto é, o momento é um vetor perpendicular a um plano paralelo a $\boldsymbol{r}$ e a $\boldsymbol{F}$ e cujo sentido é dado pelo avanço de um parafuso de rosca direita que gira no mesmo sentido que a rotação produzida por $\boldsymbol{F}$ em torno de O. Esse sentido está indicado na Fig. 4.3.

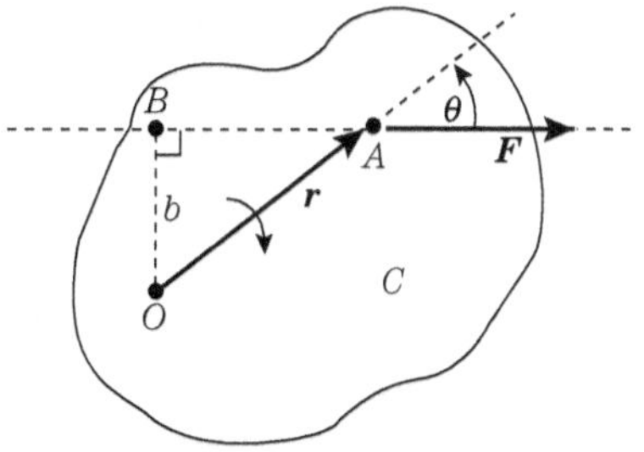

Figura 4.2 Momento de uma força.

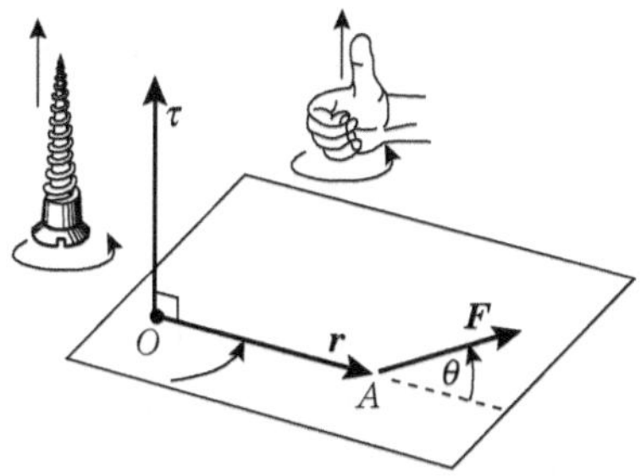

Figura 4.3 Relação vetorial entre momento de uma força, força e vetor posição.

Lembrando que $\boldsymbol{r} = \boldsymbol{u}_x x + \boldsymbol{u}_y y + \boldsymbol{u}_z z$ e $\boldsymbol{F} = \boldsymbol{u}_x F_x + \boldsymbol{u}_y F_y + \boldsymbol{u}_z F_z$, teremos, aplicando a Eq. (3.26),

$$\tau = \begin{vmatrix} \boldsymbol{u}_x & \boldsymbol{u}_y & \boldsymbol{u}_z \\ x & y & z \\ F_x & F_y & F_z \end{vmatrix} = \boldsymbol{u}_x \left(yF_z - zF_y\right) + \boldsymbol{u}_y \left(zF_x - xF_z\right) + \boldsymbol{u}_z \left(xF_y - yF_x\right); \tag{4.6}$$

ou $\tau_x = yF_z - zF_y$, $\tau_y = zF_x - xF_z$, e $\tau_z = xF_y - yF_x$. Em particular, se tanto $\boldsymbol{r}$ como $\boldsymbol{F}$ estão no plano XY, $z = 0$ e $F_z = 0$; então

$$\tau = \boldsymbol{u}_z (xF_y - yF_x), \tag{4.7}$$

será paralelo ao eixo Z, de conformidade com o que mostra a Fig. 4.4. Em módulo, teremos

$$\tau = xF_y - yF_x. \tag{4.8}$$

Observe que o momento da força não varia quando a deslocamos ao longo de sua linha de ação, porque, nesse caso, a distância b permanece constante. Portanto, quando x e y são arbitrários, a Eq. (4.8) representa a equação da linha de ação da força dada, cujo momento é τ.

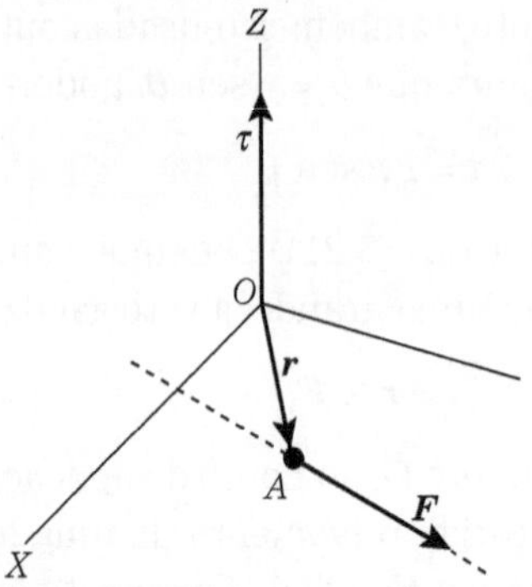

Figura 4.4

■ **Exemplo 4.2** Determine o momento de uma força F de 6 N aplicada ao corpo da Fig. 4.5, quando esta forma um ângulo de 30° com o eixo X, sendo que r tem 45 cm de comprimento e faz um ângulo de 50° com o eixo X. Determine também a equação da linha de ação da força dada.

Solução: Podemos seguir dois caminhos diferentes. Primeiro, vemos na figura que o braço de alavanca de F (sendo r = 45 cm = 0,45 m) é $b = r$ sen 20 = (0,45 m) (0,342) = 0,154 m. Então o momento relativo a O é

$$\tau = Fb = (6\ \text{N})\ (0{,}154\ \text{m}) = 0{,}924\ \text{N}\cdot\text{m}.$$

Rigorosamente falando, devemos escrever –0,924 N · m, porque a rotação em torno de O é no sentido dos ponteiros do relógio, e corresponde a um parafuso de rosca direita avançando no sentido de $-Z$, ou seja, de fora para dentro do plano do papel.

Como segundo método, podemos usar a Eq. (4.8), pois o problema é em duas dimensões. Agora

$$x = r\cos 50° = 0{,}289\ \text{m}, \qquad y = r\ \text{sen}\ 50° = 0{,}345\ \text{m},$$

$$F_x = F\cos 30° = 5{,}196\ \text{N}, \qquad F_y = F\ \text{sen}\ 30° = 3{,}0\ \text{N}.$$

Então

$$\tau = xF_y - yF_x = 0{,}867 - 1{,}792 = -0{,}925\ \text{N}\cdot\text{m},$$

em concordância com nosso resultado anterior. Este método possui a vantagem de fornecer também o sinal.

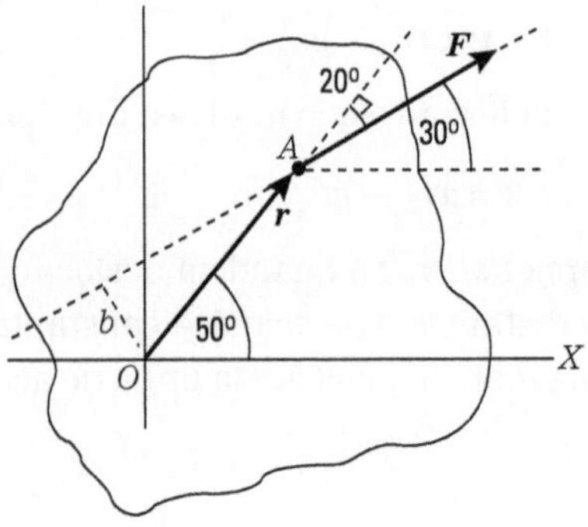

Figura 4.5

Para obtermos a equação da linha de ação de $\boldsymbol{F}$, devemos apenas deixar x e y arbitrários na Eq. (4.8), resultando

$$-0{,}925 = 3x - 5{,}196y.$$

4.4 Momento de várias forças concorrentes

Considere, agora, o caso de várias forças concorrentes $\boldsymbol{F}_1$, $\boldsymbol{F}_2$, $\boldsymbol{F}_3$, ... atuando sobre um ponto A (Fig. 4.6). O momento de cada F_i relativa a O é $\tau_i = \boldsymbol{r} \times \boldsymbol{F}_i$; observe que escrevemos $\boldsymbol{r}$ não $\boldsymbol{r}_i$ porque todas as forças são aplicadas no mesmo ponto. O momento da resultante $\boldsymbol{R}$ e $\tau = \boldsymbol{r} \times \boldsymbol{R}$, onde $\boldsymbol{R} = \boldsymbol{F}_1 + \boldsymbol{F}_2 + \boldsymbol{F}_3 + \ldots$ e $\boldsymbol{r}$ é novamente o vetor posição comum. Aplicando a propriedade distributiva do produto vetorial, teremos

$$\begin{aligned} \boldsymbol{r} \times \boldsymbol{R} &= \boldsymbol{r} \times (\boldsymbol{F}_1 + \boldsymbol{F}_2 + \boldsymbol{F}_3 + \ldots) \\ &= \boldsymbol{r} \times \boldsymbol{F}_1 + \boldsymbol{r} \times \boldsymbol{F}_2 + \boldsymbol{r} \times \boldsymbol{F}_3 + \ldots \end{aligned}$$

Portanto

$$\tau = \tau_1 + \tau_2 + \tau_3 + \cdots = \Sigma\tau_i. \tag{4.9}$$

Em palavras, o momento da resultante é igual à soma vetorial dos momentos das forças componentes, se elas forem concorrentes.

Se todas as forças forem coplanares, e se O está também no mesmo plano, todos os momentos que aparecem na Eq. (4.9) têm a mesma direção (perpendicular ao plano), e a relação (4.9) pode ser escrita na forma

$$\tau = \Sigma\tau_i \tag{4.10}$$

A Eq. (4.9) prova que *um sistema de forças concorrentes pode ser substituído por uma única força*, a sua resultante, que é equivalente ao sistema, no que concerne aos efeitos de rotação e translação.

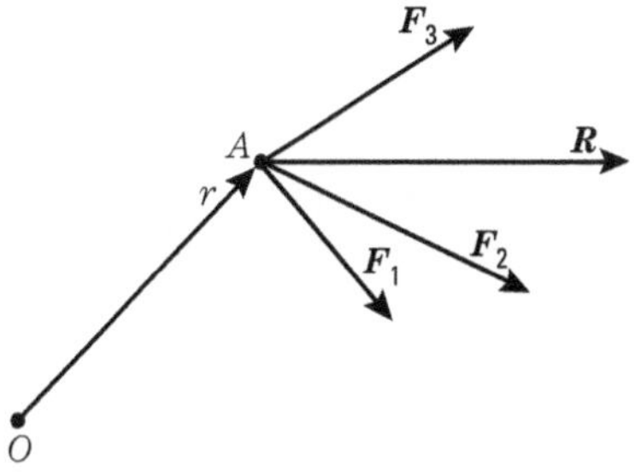

Figura 4.6 Quando as forças são concorrentes, o momento da resultante é igual à soma vetorial dos momentos das componentes.

■ **Exemplo 4.3** Considere três forças aplicadas ao ponto A da Fig. 4.7, com $r = 1{,}5$ m e

$$\begin{aligned} \boldsymbol{F}_1 &= [\boldsymbol{u}_x(6) + \boldsymbol{u}_y(0) + \boldsymbol{u}_z(0)]\ \text{N}, \\ \boldsymbol{F}_2 &= [\boldsymbol{u}_x(6) + \boldsymbol{u}_y(7) + \boldsymbol{u}_z(14)]\ \text{N}, \\ \boldsymbol{F}_3 &= [\boldsymbol{u}_x(5) + \boldsymbol{u}_y(0) + \boldsymbol{u}_z(3)]\ \text{N}, \end{aligned}$$

Usando O como ponto de referência, encontre o momento resultante dessas forças.

Solução: Inicialmente, usando o conceito $\boldsymbol{\tau} = \boldsymbol{r} \times \boldsymbol{R}$, onde $\boldsymbol{R} = \Sigma\boldsymbol{F}_i$, temos

$$\begin{aligned} \boldsymbol{R} &= \boldsymbol{u}_x(6 + 6 + 5) + \boldsymbol{u}_y(0 - 7 + 0) + \boldsymbol{u}_z(0 + 14 - 3)\ \text{N}, \\ &= \boldsymbol{u}_x(17) - \boldsymbol{u}_y(7) + \boldsymbol{u}_z(11)]\ \text{N}. \end{aligned}$$

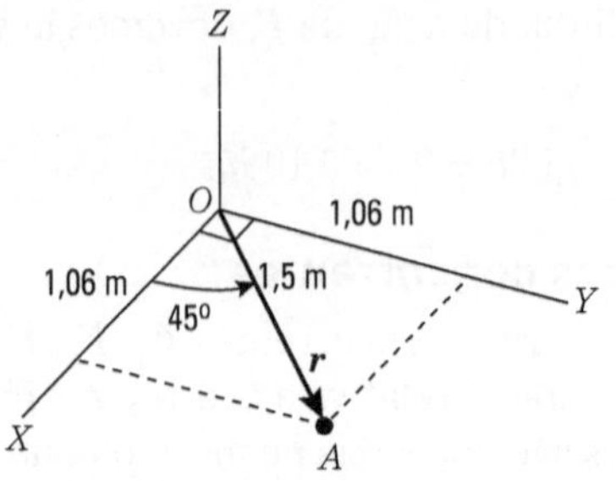

Figura 4.7

Usando este valor juntamente com $\boldsymbol{r} = [\boldsymbol{u}_x(1{,}06_y + \boldsymbol{u}_y(1{,}06)]$ m, podemos escrever a expressão do momento resultante, usando a Eq. (4.6), como sendo

$$\tau = \boldsymbol{r} \times \boldsymbol{R} = \boldsymbol{u}_x(11{,}66) - \boldsymbol{u}_y(11{,}66) - \boldsymbol{u}_z(25{,}44) \text{ N} \cdot \text{m}.$$

O momento resultante também pode ser achado aplicando-se a Eq. (4.9) ou seja $\tau = \tau_1 + \tau_2 + \tau_3$. Em seguida, aplicando-se novamente a Eq. (4.6) a cada força componente, teremos

$$\tau_1 = \boldsymbol{r} \times \boldsymbol{F}_1 = [\boldsymbol{u}_x(0) + \boldsymbol{u}_y(0) - \boldsymbol{u}_z(6{,}36)] \text{ N} \cdot \text{m},$$
$$\tau_2 = \boldsymbol{r} \times \boldsymbol{F}_2 = [\boldsymbol{u}_x(14{,}84) - \boldsymbol{u}_y(14{,}84) - \boldsymbol{u}_z(13{,}78)] \text{ N} \cdot \text{m},$$
$$\tau_3 = \boldsymbol{r} \times \boldsymbol{F}_3 = [-\boldsymbol{u}_x(3{,}18) + \boldsymbol{u}_y(3{,}18) - \boldsymbol{u}_z(5{,}30)] \text{ N} \cdot \text{m}.$$

Somando os três momentos, obteremos o mesmo resultado para τ. Desse modo, fizemos uma verificação da Eq. (4.9). O estudante deve verificar que $\tau \cdot \boldsymbol{R} = 0$, indicando que, no caso de forças concorrentes, τ e $\boldsymbol{R}$ são perpendiculares.

4.5 Composição de forças aplicadas a um corpo rígido

Quando as forças não estão aplicadas no mesmo ponto, atuando porém, sobre um mesmo corpo rígido, é necessário distinguir dois efeitos: translação e rotação. A translação do corpo é determinada pelo vetor-soma das forças, isto é,

$$\boldsymbol{R} = \boldsymbol{F}_1 + \boldsymbol{F}_2 + \boldsymbol{F}_3 + \boldsymbol{F}_4 + \cdots = \Sigma \boldsymbol{F}_i. \tag{4.11}$$

Nesse caso, o ponto de aplicação de R está ainda indeterminado. O efeito de rotação sobre o corpo é determinado pelo vetor soma dos momentos das forças, todos eles calculados em relação ao mesmo ponto:

$$\tau = \tau_1 + \tau_2 + \tau_3 + \cdots = \Sigma \tau_i. \tag{4.12}$$

À primeira vista, parece lógico pensar que a força $\boldsymbol{R}$ esteja aplicada num ponto tal que o seu momento seja igual a τ, uma situação que, como já sabemos, sempre existe no caso de forças concorrentes. Se isto for possível, a força $\boldsymbol{R}$ assim aplicada será equivalente ao sistema, tanto para os efeitos de translação como para os de rotação.

Geralmente, contudo, isto não é possível porque o momento de $\boldsymbol{R}$ é sempre um vetor perpendicular a $\boldsymbol{R}$ e, em muitos casos, $\boldsymbol{R}$ e τ, dados pelas Eqs. (4.11) e (4.12), não são perpendiculares. Portanto, em geral, um sistema de forças que atua sobre um corpo rígido não pode ser reduzido a uma força única (ou resultante) igual à soma vetorial das forças.

Um exemplo simples é o caso de um *binário*, que é definido como um sistema de duas forças de iguais intensidades, de sentidos opostos, atuando segundo retas paralelas (Fig. 4.8). Nesse caso, a soma vetorial (ou resultante) das duas forças é, obviamente, zero, $\boldsymbol{R} = \boldsymbol{F}_1 + \boldsymbol{F}_2 = 0$, indicando que o binário não produz efeito de translação. Por outro lado, a soma vetorial dos momentos, levando em consideração o fato de que $\boldsymbol{F}_2 = -\boldsymbol{F}_1$, é

$$\tau = \tau_1 + \tau_2 = \boldsymbol{r}_1 \times \boldsymbol{F}_1 + \boldsymbol{r}_2 \times \boldsymbol{F}_2 = \boldsymbol{r}_1 \times \boldsymbol{F}_1 - \boldsymbol{r}_2 \times \boldsymbol{F}_1 = (\boldsymbol{r}_1 - \boldsymbol{r}_2) \times \boldsymbol{F}_1 = \boldsymbol{b} \times \boldsymbol{F}_1, \quad (4.13)$$

onde $\boldsymbol{b} = \boldsymbol{r}_1 - \boldsymbol{r}_2$ é chamado o braço de alavanca do binário. Portanto $\tau \neq 0$, e o binário produz um efeito rotacional. Observe que $\boldsymbol{b}$ é independente da posição O e, portanto, que o momento do sistema é independente da origem em torno do qual é computado. Obviamente é impossível encontrar uma força única satisfazendo a todas essas condições.

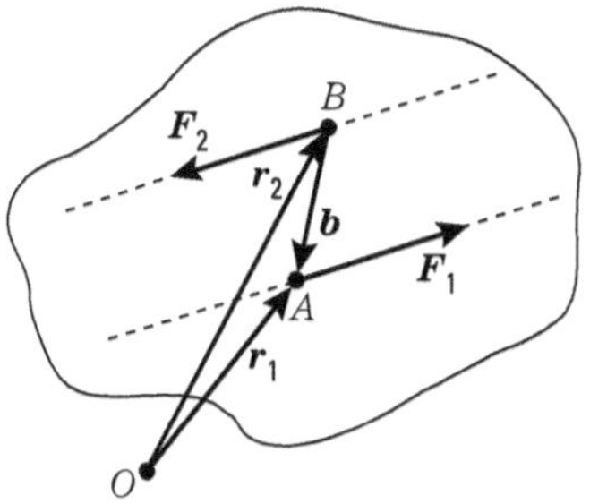

Figura 4.8 Binário.

Voltando ao caso geral, observamos que um sistema de forças pode sempre ser reduzido a uma força *e* a um binário. A força é tomada igual a $\boldsymbol{R}$ para equivalência translacional e deve ser aplicada no ponto em relação ao qual os momentos foram avaliados, de tal forma que o seu momento se reduz a zero. O binário, com um momento igual a τ, deve ser, então, escolhido para que se tenha equivalência rotacional.

■ **Exemplo 4.4** Achar a resultante e o momento resultante do sistema ilustrado na Fig. 4.9, onde

$$\boldsymbol{F}_1 = [\boldsymbol{u}_x(3) + \boldsymbol{u}_y(4) + \boldsymbol{u}_z(4)] \text{ N}$$

e

$$\boldsymbol{F}_2 = [\boldsymbol{u}_x(-2) + \boldsymbol{u}_y(5) + \boldsymbol{u}_z(1)] \text{ N}$$

e os pontos de aplicação são A (0,4 m, 0,5 m, 0) e B (0,4 m, –0,1 m, 0,8 m).

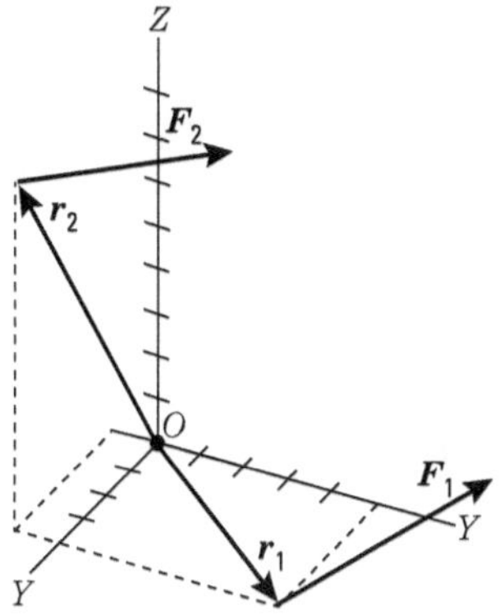

Figura 4.9

Solução: Em primeiro lugar, achamos a resultante,

$$\boldsymbol{R} = \boldsymbol{F}_1 + \boldsymbol{F}_2 = [\boldsymbol{u}_x(1) + \boldsymbol{u}_y(9) + \boldsymbol{u}_z(5)] \text{ N}.$$

Em seguida, calculamos o momento de cada força relativo ao ponto O:

$$\tau_1 = r_1 \times F_1 = [u_x(2) + u_y(-1{,}6) + u_z(0{,}1)]\ \mathrm{N \cdot m}.$$
$$\tau_2 = r_2 \times F_2 = [u_x(-4{,}1) + u_y(-2{,}0) - u_z(1{,}8)]\ \mathrm{N \cdot m}.$$

Portanto

$$\tau = \tau_1 + \tau_2 = [u_x(-2{,}1) + u_y(-3{,}6) + u_x(1{,}9)]\ \mathrm{N \cdot m}.$$

Para verificarmos se $\boldsymbol{R}$ pode ser localizado de tal forma que seu momento seja igual a τ, devemos antes observar se τ e $\boldsymbol{R}$ são perpendiculares. Aplicando a Eq. (3.20), encontramos

$$\tau \cdot \boldsymbol{R} = (-2{,}1)\ (1) + (-3{,}6)\ (9) + (1{,}8)\ (5) = -25{,}5\ \mathrm{N \cdot m^2}.$$

Portanto $\tau \cdot \boldsymbol{R}$ é diferente de zero. Consequentemente, o sistema da Fig. 4.9 não pode ser reduzido a uma única força.

4.6 Composição de forças coplanares

Quando as forças estão todas no mesmo plano, é sempre possível reduzir o sistema a uma força resultante $\boldsymbol{R}$, dada pela Eq. (4.1) (exceto quando ele se reduz a um binário, caso em que $\boldsymbol{R} = 0$ e $\tau \neq 0$), porque nessa hipótese τ é sempre perpendicular a $\boldsymbol{R}$. Colocando a origem do sistema de coordenadas O no plano das forças, e tomando essa origem como centro dos momentos, podemos observar que τ_1, τ_2, ... e também $\tau = \sum_i \tau_i$, são todos perpendiculares ao plano, como podemos ver pela aplicação das Eqs. (4.6) ou (4.7), e na Fig. 4.4. Portanto $\boldsymbol{R}$ e τ são perpendiculares e é possível colocar $\boldsymbol{R}$ a tal distância, r, de O que seu momento fique igual a τ, isto é, $\boldsymbol{r} \times \boldsymbol{R} = \tau$. Nesse caso, a relação vetorial $\tau = \sum_i \tau_i$ pode ser substituída pela equação escalar $\tau = \sum \tau_i$, onde cada τ_i é computado de acordo com a Eq.(4.8), porque todos os vetores têm a mesma direção. Portanto, se R_x e R_y são componentes ortogonais de $\boldsymbol{R}$, então $\boldsymbol{R}$ deve ser colocado em um ponto (x, y) tal que

$$xR_y - yR_x = \tau \tag{4.14}$$

Essa é a equação de uma linha reta que corresponde à linha de ação da força resultante, isto é, não existe um único ponto de aplicação, mas, em vez disso, uma linha de aplicação.

Um raciocínio mais elaborado mostra que esse resultado vale mesmo quando o centro dos momentos está fora do plano das forças.

■ **Exemplo 4.5** Determine a resultante do sistema de forças ilustrado na Fig. 4.10, todas atuando num mesmo plano. As intensidades das forças são $F_1 = 10$ kgf, $F_2 = 8$ kgf, $F_3 = 7$ kgf. O lado de cada quadrado é 0,1 m.

Solução: Vamos, primeiramente, escrever cada força na forma vetorial:

$$\boldsymbol{F}_1 = u_x(10)\ \mathrm{kgf},$$
$$\boldsymbol{F}_2 = u_x(\boldsymbol{F}_2 \cos 135° + u_y(\boldsymbol{F}_2 \operatorname{sen} 135°) = u_x(-5{,}66)] + u_y\ (5{,}66)]\ \mathrm{kgf},$$
$$\boldsymbol{F}_3 = -u_y(7)\ \mathrm{kgf}.$$

A força resultante $\boldsymbol{R} = \boldsymbol{F}_1 + \boldsymbol{F}_2 + \boldsymbol{F}_3$ é, então,

$$\boldsymbol{R} = [u_x(4{,}34) + u_y(-1{,}34)]\ \mathrm{kgf}$$

ou $R = 4{,}54$ kgf e que faz um ângulo $\alpha = -17{,}1°$ com o eixo X.

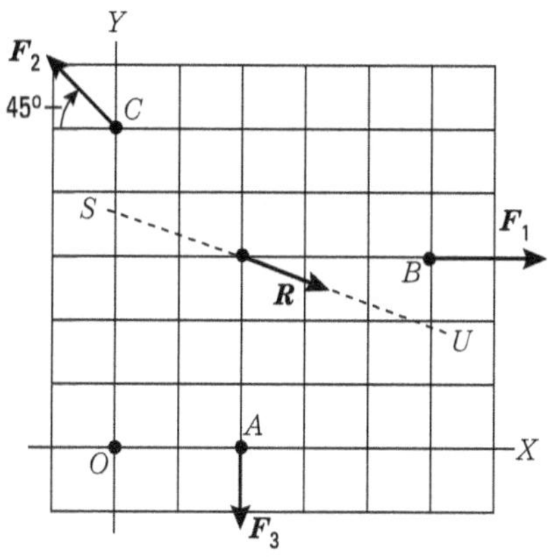

Figura 4.10

As coordenadas dos pontos de aplicação das forças são A (0,2 m; 0), B (0,5 m; 0,3 m) e C (0;0,5 m). Usando a Eq. (4.8) encontramos

$$\tau_1 = -\,(0{,}3\text{ m})\,(10\text{kgf}) = -\,3{,}00\text{ kgf}\cdot\text{m},$$
$$\tau_2 = -\,(0{,}5\text{ m})\,(-5{,}66\text{kgf}) = +\,2{,}83\text{kgf}\cdot\text{m},$$
$$\tau_3 = (0{,}2\text{ m})\,(-7\text{kgf}) = -\,1{,}40\text{ kgf}\cdot\text{m}.$$

Assim, $\tau = \tau_1 + \tau_2 + \tau_3 = -1{,}57$ kgf · m, é um vetor na direção do eixo Z. Para encontrar a linha de ação da resultante, aplicamos a Eq. (4.14) deixando x e y arbitrários. Então

$$x(-1{,}34) - y(4{,}34) = -1{,}57$$

ou

$$1{,}34x + 4{,}44y = 1{,}57,$$

correspondente à linha reta SU.

4.7 Composição de forças paralelas

Vamos considerar um sistema de forças paralelas ao vetor unitário $\boldsymbol{u}$. Então $\boldsymbol{F}_i = \boldsymbol{u}F_i$ onde F_i é positivo ou negativo dependendo do sentido de $\boldsymbol{F}_i$ ser o mesmo ou oposto ao de $\boldsymbol{u}$. A soma vetorial é

$$\boldsymbol{R} = \Sigma_i \boldsymbol{F}_i = \Sigma_i \boldsymbol{u}F_i = \boldsymbol{u}(\Sigma_i F_i), \tag{4.15}$$

e, portanto, é também paralela a $\boldsymbol{u}$. A intensidade da resultante é, então,

$$R = \Sigma_i F_i. \tag{4.16}$$

O vetor soma dos momentos é

$$\tau = \Sigma_i \boldsymbol{r}_i \times \boldsymbol{F}_i = \Sigma_i \boldsymbol{r}_i \times \boldsymbol{u}\,F_i = (\Sigma_i \boldsymbol{r}_i F_i) \times \boldsymbol{u},$$

que é perpendicular a $\boldsymbol{u}$ e, portanto, também perpendicular a $\boldsymbol{R}$. Coerentemente, colocando $\boldsymbol{R}$ na posição adequada $\boldsymbol{r}_c$, é possível tornar o seu momento igual a τ, isto é, $\boldsymbol{r}_c \times \boldsymbol{R} = \tau$. Introduzindo as expressões de $\boldsymbol{R}$ e τ dadas aqui, podemos escrever

$$\boldsymbol{r}_c \times \boldsymbol{u}(\Sigma_i F_i) = (\Sigma_i \boldsymbol{r}_i F_i) \times \boldsymbol{u}$$

ou

$$[\boldsymbol{r}_c(\Sigma_i F_i)] \times \boldsymbol{u} = (\Sigma_i \boldsymbol{r}_i F_i) \times \boldsymbol{u}.$$

Esta equação é satisfeita se $\boldsymbol{r}_c(\Sigma_i F_i) = \Sigma_i \boldsymbol{r}_i F_i$ ou

$$\boldsymbol{r}_c = \frac{\Sigma_i r_i F_i}{\Sigma_i F_i} = \frac{\boldsymbol{r}_1 F_1 + \boldsymbol{r}_2 F_2 + \ldots}{F_1 + F_2 + \ldots}. \tag{4.17}$$

O ponto definido por r_c dado aqui é chamado *centro de forças paralelas*. Concluímos que um sistema de forças paralelas, cuja resultante é diferente de zero, pode ser reduzido a uma força única, paralela às forças do sistema, dada pela Eq. (4.15) e cujo ponto de aplicação é determinado pela Eq. (4.17).

A equação vetorial (4.17) pode ser separada em três equações componentes:

$$x_c = \frac{\Sigma_i x_i F_i}{\Sigma_i F_i}, \quad y_c = \frac{\Sigma_i y_i F_i}{\Sigma_i F_i}, \quad z_c = \frac{\Sigma_i z_i F_i}{\Sigma_i F_i}, \tag{4.18}$$

onde designamos por x_c, y_c, e z_c as coordenadas dos pontos definidos por $\boldsymbol{r}_c$.

■ Exemplo 4.6 Achar a resultante das forças que atuam na barra da Fig. 4.11.

Solução: Tomando o sentido "para cima" como positivo e usando Eq. (4.16), encontramos a resultante

$$\boldsymbol{R} = \Sigma_i F_i = F_1 - F_2 + F_3 = 400 \text{ kgf}.$$

Para determinar o seu ponto de aplicação, usamos a Eq. (4.18). Somente a primeira delas é necessária pois os pontos de aplicação de todas as forças estão sobre uma mesma reta. Tomando o ponto A como origem, obtemos

$$x_c = \frac{\Sigma_i F_i x_i}{\Sigma F_i}$$

$$= \frac{(200 \text{ kgf})(8 \text{ cm}) + (-100 \text{ kgf})(20 \text{ cm}) + (300 \text{ kgf})(40 \text{ cm})}{400 \text{ kgf}} = 29 \text{ cm}.$$

O ponto tomado como origem pode ser qualquer. Para mostrar isto, vamos tomar o ponto D como origem. Então,

$$x_c = \frac{(200 \text{ kgf})(-12 \text{ cm}) + (-100 \text{ kgf})(0 \text{ cm}) + (300 \text{ kgf})(20 \text{ cm})}{400 \text{ kgf}} = 9 \text{ cm}.$$

Esse ponto é exatamente o mesmo que o anterior, pois AD = 20 cm.

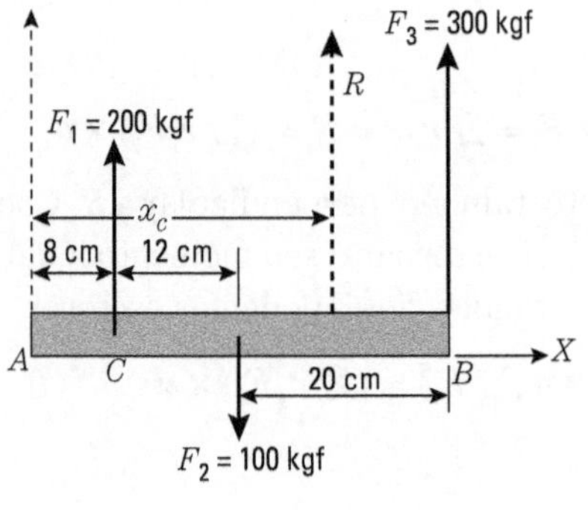

Figura 4.11

4.8 Centro de massa

Cada partícula sujeita ao campo gravitacional terrestre está submetida a uma força $\boldsymbol{W}$, chamada peso. A direção dessa força, uma vez prolongada, passa pelo centro da Terra. Na Seç. 7.6, será visto que, quando m é a massa da partícula e $\boldsymbol{g}$ a aceleração da gravidade, existe a seguinte relação:

$$\boldsymbol{W} = m\boldsymbol{g}. \tag{4.19}$$

Apesar de as direções das forças peso se encontrarem no centro da Terra, elas podem ser consideradas paralelas, quando atuam sobre as partículas que compõem um corpo de dimensões relativamente pequenas. Portanto o peso resultante de um corpo é dado por $W = \sum_i m_i g$, onde a soma se estende a todas as partículas que compõem o corpo, e seu ponto de aplicação é dado por

$$\boldsymbol{r}_c = \frac{\sum_i \boldsymbol{r}_i m_i g}{\sum_i m_i g} = \frac{\sum_i m_i \boldsymbol{r}_i}{\sum_i m_i}, \tag{4.20}$$

de conformidade com a Eq. (4.17). Usando a Eq. (4.18), podemos escrever, para as componentes da Eq. (4.20)

$$x_c = \frac{\sum_i m_i x_i}{\sum_i m_i}, \qquad y_c = \frac{\sum_i m_i y_i}{\sum_i m_i}, \qquad z_c = \frac{\sum_i m_i z_i}{\sum_i m_i}. \tag{4.21}$$

Um ponto definido pelas Eqs. (4.20) ou (4.21) é chamado *centro de massa* do sistema de partículas, abreviado por CM*. A importância do conceito de centro de massa não se restringe somente ao caso da composição de forças paralelas. Ele representa um papel importante na análise do movimento de um sistema de partículas, e, em particular, de um corpo rígido, como será visto nos Caps. 9 e 10.

Considerando um corpo composto por um grande número de partículas, todas muito compactas, podemos afirmar que ele possui uma estrutura contínua. Se ρ é a densidade em cada ponto desse corpo, podemos dividir o seu volume em elementos de volume dV, e a massa de cada um desses elementos será $dm = \rho dV$. Portanto, quando substituímos as somas na Eq. (4.21) por integrais, o centro de massa é dado por

$$x_c = \frac{\int \rho x dV}{\int \rho dV}, \qquad y_c = \frac{\int \rho y dV}{\int \rho dV}, \qquad z_c = \frac{\int \rho z dV}{\int \rho dV}. \tag{4.22}$$

Se o corpo é homogêneo, ρ é constante e cancela nas Eqs. (4.22), resultando em

$$x_c = \frac{\int x dV}{\int dV} = \frac{\int x dV}{V}, \tag{4.23}$$

com equações semelhantes para y_c e z_c. Nesse caso, o centro de massa é determinado, exclusivamente, pela geometria do corpo**.

Quando o corpo homogêneo possui alguma simetria, o cálculo é simplificado porque o centro de massa deve coincidir com o elemento de simetria. Se o corpo tem um *centro*

* Na realidade, o peso é aplicado num ponto levemente diferente, chamado centro de gravidade. Para finalidades práticas, não há diferença entre esses pontos, exceto no caso de corpos muito extensos.

** Para a técnica de computar o centro da massa, veja qualquer texto de cálculo; por exemplo, *Cálculo e Geometria Analítica*, terceira edição, por G. B. Thomas, Reading, Mass.: Addison-Wesley, 1962 Seções 5.9, 15.3 e 15.6.

de simetria, tal como uma esfera, um paralelepípedo etc., o centro de massa coincide com esse ponto. Se o corpo tem um *eixo* de simetria, tal como um cone, o centro de massa está sobre esse eixo. (Veja Tab. 4.1.)

Tabela 4.1 Centros de Massa

Figura	Posição do CM
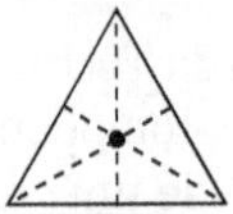	*Chapa triangular* No ponto de interseção das três medianas
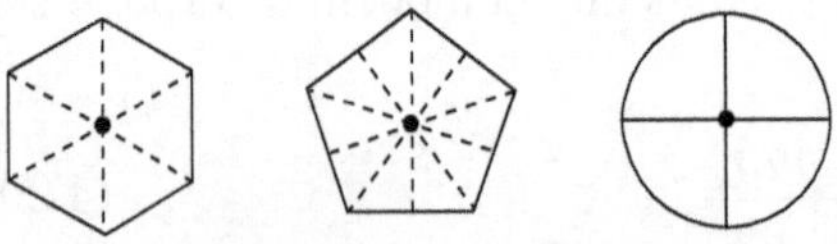	*Polígono regular e chapa circular* No centro geométrico da figura
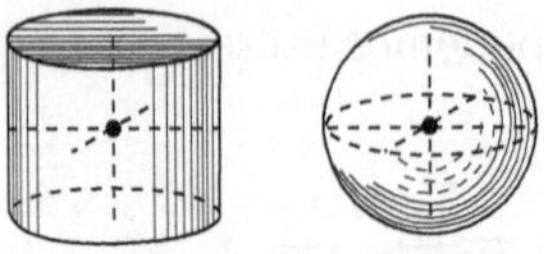	*Cilindro e esfera* No centro geométrico da figura
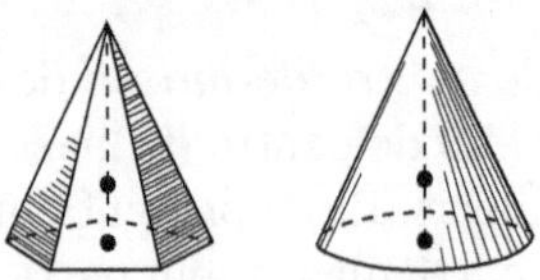	*Pirâmide e cone* Sobre a linha que une o vértice com o centro da base a $\frac{1}{4}$ do comprimento medido a partir da base
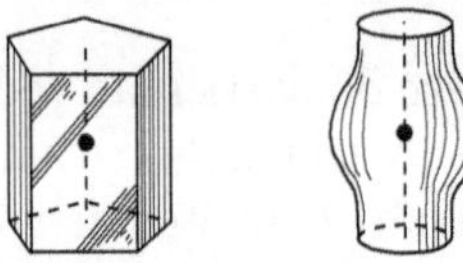	*Figura com simetria axial* Sobre algum ponto do eixo de simetria
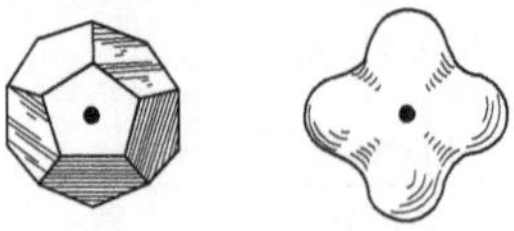	*Figura com centro de simetria* No centro de simetria

■ **Exemplo 4.7** Procure o centro de massa das partículas localizadas como mostra a Fig. 4.12. Os valores das massas são m_1 = 5 kg, m_2 = 30 kg, m_3 = 20 kg, m_4 = 15 kg. O lado de cada quadrado é 5 cm.

Solução: Devemos encontrar primeiramente a massa total m:

$$m = \Sigma_i m_i = 5 \text{ kg} + 30 \text{ kg} + 20 \text{ kg} + 15 \text{ kg} = 70 \text{ kg}.$$

Em seguida, aplicamos a primeira e a segunda das equações dadas por (4.21). Omitimos as unidade, por brevidade. O resultado é

$$x_c = \frac{(5)(0)+(30)(15)+(20)(30)+(15)(-15)}{70} = 11{,}8 \text{ cm},$$

$$y_c = \frac{(5)(0)+(30)(20)+(20)(0)+(15)(10)}{70} = 10{,}7 \text{ cm}.$$

O centro de massa está, pois, localizado no ponto indicado por CM na Fig. 4.12.

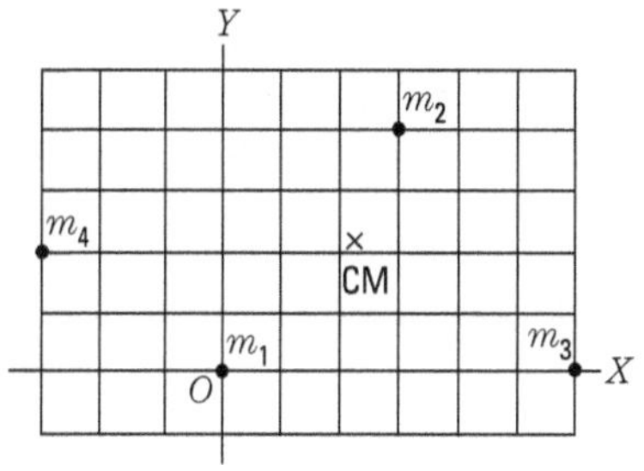

Figura 4.12

4.9 Estática – equilíbrio de uma partícula

A estática é o ramo da mecânica que trata do equilíbrio dos corpos: uma partícula está em equilíbrio se a soma de todas as forças que atuam sobre ela é zero; isto é,

$$\sum_i \boldsymbol{F}_i = 0. \tag{4.24}$$

A equação acima é equivalente a

$$\sum_i \boldsymbol{F}_{ix} = 0; \quad \sum_i \boldsymbol{F}_{iy} = 0; \quad \sum_i \boldsymbol{F}_{iz} = 0. \tag{4.25}$$

Agora, vamos ilustrar como se resolvem problemas simples que envolvem equilíbrio de uma partícula.

■ Exemplo 4.8 Discutir o equilíbrio de três forças que atuam sobre uma partícula.

Solução: Consideraremos as três forças ilustradas na Fig. 4.13. Se as forças estão em equilíbrio, então

$$\boldsymbol{F}_1 + \boldsymbol{F}_2 + \boldsymbol{F}_3 = 0,$$

de tal forma que, se desenharmos um polígono com as três forças, deveremos obter um triângulo, como mostra a Fig. 4.14. Esse resultado indica que as três forças concorrentes, em equilíbrio, devem estar num mesmo plano. Também, aplicando a Lei dos Senos (M.15) a esse triângulo, obtemos uma fórmula muito útil, que relaciona as intensidades das forças com os ângulos que elas formam:

$$\frac{F_1}{\operatorname{sen}\alpha} = \frac{F_2}{\operatorname{sen}\beta} = \frac{F_3}{\operatorname{sen}\gamma}. \tag{4.26}$$

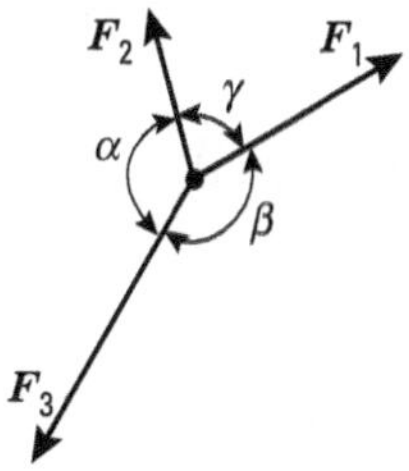

Figura 4.13

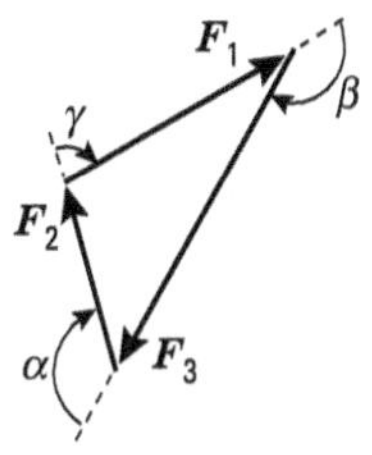

Figura 4.14

■ Exemplo 4.9 Discutir o equilíbrio de uma partícula sobre um plano inclinado sem atrito.

Solução: A partícula *O*, apoiando-se sobre o plano inclinado *AB* (Fig. 4.15), está sujeita às seguintes forças: seu peso $\boldsymbol{W}$, à força de tração F e à reação normal do plano $\boldsymbol{N}$. Desejamos exprimir $\boldsymbol{F}$ e $\boldsymbol{N}$ em termos de $\boldsymbol{W}$, α, e θ. Podemos proceder de dois modos distintos. Usando a Lei dos Senos, Eq. (4.26), e considerando a geometria da Fig. 4.15, temos

$$\frac{F}{\text{sen}\left(180^\circ - \alpha\right)} = \frac{N}{\text{sen}\left(90^\circ + \alpha + \theta\right)} = \frac{W}{\text{sen}\left(90^\circ - \theta\right)}$$

ou

$$\frac{F}{\text{sen}\,\alpha} = \frac{N}{\cos(\alpha + \theta)} = \frac{W}{\cos\theta},$$

dando, para *F* e *N*

$$F = \frac{W\,\text{sen}\,\alpha}{\cos\theta}, \qquad N = \frac{W\cos(\alpha+\theta)}{\cos\theta}.$$

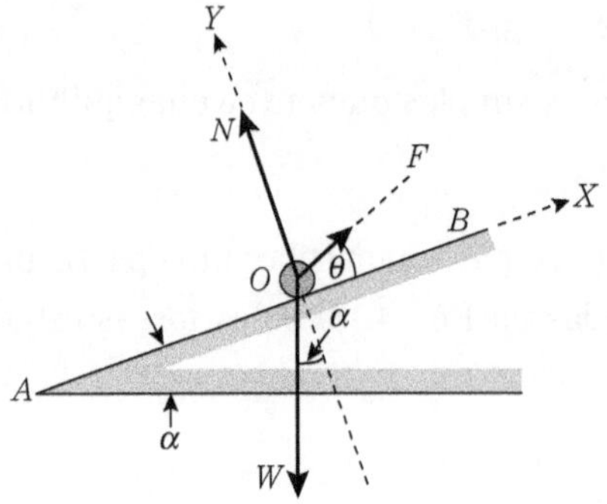

Figura 4.15 Equilíbrio sobre um plano inclinado.

Como procedimento alternativo, podemos introduzir os eixos *X* e *Y* como mostra a figura e aplicar as duas primeiras das Eqs. (4.25). O resultado é

$$\Sigma_i F_{ix} = F\cos\theta - W\,\text{sen}\,\alpha = 0,$$
$$\Sigma_i F_{ix} = F\,\text{sen}\,\theta - W\cos\alpha + N = 0.$$

Da primeira obtemos

$$F\cos\theta = W\,\text{sen}\,\alpha \qquad \text{ou} \qquad F = \frac{W\,\text{sen}\,\alpha}{\cos\theta},$$

em concordância com o resultado anterior. Da segunda, usando a expressão já encontrada para *F*, obtemos

$$N = W\cos\alpha - F\,\text{sen}\,\theta = W\cos\alpha - \frac{W\,\text{sen}\,\alpha\,\text{sen}\,\theta}{\cos\theta}$$
$$= W\frac{\cos\alpha\cos\theta - \text{sen}\,\alpha\,\text{sen}\,\theta}{\cos\theta} = W\frac{\cos(\alpha+\theta)}{\cos\theta},$$

que também concorda com o resultado obtido previamente. Em cada problema particular, o estudante deve decidir qual dos dois métodos é mais direto ou mais conveniente.

4.10 Estática – equilíbrio de um corpo rígido

Quando várias forças estão atuando sobre um corpo rígido, é necessário considerar o equilíbrio relativo tanto à translação como à rotação. Portanto são necessárias as duas condições seguintes:

I. A soma vetorial de todas as forças deve ser zero (equilíbrio de translação):

$$\sum_i \boldsymbol{F}_i = 0. \tag{4.27}$$

II. A soma de todos os momentos relativos a qualquer ponto deve ser zero (equilíbrio de rotação):

$$\sum_i \tau_i = 0. \tag{4.28}$$

Se todas as forças estão no mesmo plano, as condições acima se reduzem a três equações algébricas:

$$\sum_i \boldsymbol{F}_{ix} = 0, \qquad \sum_i \boldsymbol{F}_{iy} = 0, \qquad \sum_i \tau_i = 0. \tag{4.29}$$

Como estas são três equações simultâneas, os problemas de estática num plano só serão determinados se existirem três quantidades desconhecidas. A seguir, vamos ilustrar a técnica de resolver alguns problemas típicos de estática plana.

■ **Exemplo 4.10** A barra da Fig. 4.16 se apoia nos pontos A e B, *e* está em equilíbrio sob a ação das forças indicadas. Calcule as forças exercidas sobre a barra nos pontos A e B. A barra pesa 40 kgf e o seu comprimento é de 8 m.

Solução: Aplicando inicialmente a condição (4.27) de equilíbrio de translação, temos

$$\sum F_i = F + F' - 200 - 500 - 40 - 100 - 300 = 0$$

ou

$$F + F' = 1.140 \text{ kgf}. \tag{4.30}$$

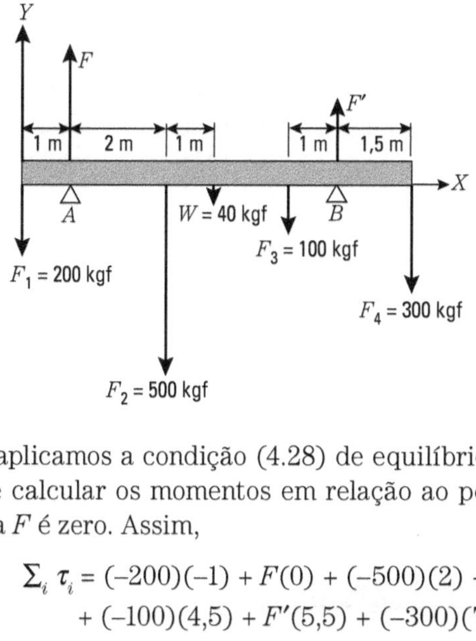

Figura 4.16

Em seguida, aplicamos a condição (4.28) de equilíbrio de rotação. Para esse fim, é mais conveniente calcular os momentos em relação ao ponto A, porque desta forma o momento da força F é zero. Assim,

$$\sum_i \tau_i = (-200)(-1) + F(0) + (-500)(2) + (-40)(3) + (-100)(4{,}5) + F'(5{,}5) + (-300)(7) = 0$$

ou $F' = 630{,}9$ kgf. Combinando esse resultado com o dado pela Eq. (4.30), obtemos $F = 509{,}1$ kgf, que resolve o problema.

■ **Exemplo 4.11** Uma escada *AB*, pesando 40 kgf, apoia-se numa parede vertical que faz um ângulo de 60° com o assoalho. Calcule as forças que atuam sobre a escada nos pontos *A* e *B*. A escada é provida de rodas em *A*, de forma tal que se pode desprezar o atrito na parede vertical.

Solução: As forças que atuam sobre a escada estão ilustradas na Fig. 4.17. O peso $\boldsymbol{W}$ está aplicado no centro $\boldsymbol{C}$ da escada. A força $\boldsymbol{F}_1$ é necessária para evitar que a escada escorregue e resulta do atrito com o assoalho. As forças $\boldsymbol{F}_2$ e $\boldsymbol{F}_3$ são as reações normais no assoalho e na parede vertical. Usando as três condições de equilíbrio, indicadas na Eq. (4.29), teremos

$$\begin{aligned} \textstyle\sum_i F_{ix} &= -F_1 + F_3 = 0, \\ \textstyle\sum_i F_{iy} &= -W + F_2 = 0. \end{aligned} \tag{4.31}$$

Chamando de *L* o comprimento da escada e tomando os momentos em relação a *B* de tal modo que os momentos das forças desconhecidas $\boldsymbol{F}_1$ e $\boldsymbol{F}_2$ sejam nulas, teremos, para a terceira equação de equilíbrio,

$$\sum \tau_i = W\left(\tfrac{1}{2} L \cos 60^\circ\right) - F_3\left(L \operatorname{sen} 60^\circ\right) = 0$$

ou

$$F_3 = \frac{W \cos 60^\circ}{2 \operatorname{sen} 60^\circ} = 11{,}52 \text{ kgf}.$$

Então as Eqs. (4.31) dão

$$F_1 = F_3 = 11{,}52 \text{ kgf}$$

e

$$F_2 = W = 40 \text{ kgf}.$$

Observe que se a escada não tiver rodas em *A*, uma força de atrito paralela à parede vertical estará também presente no ponto *A*. Então, teremos quatro forças desconhecidas e uma hipótese adicional será necessária para resolver o problema.

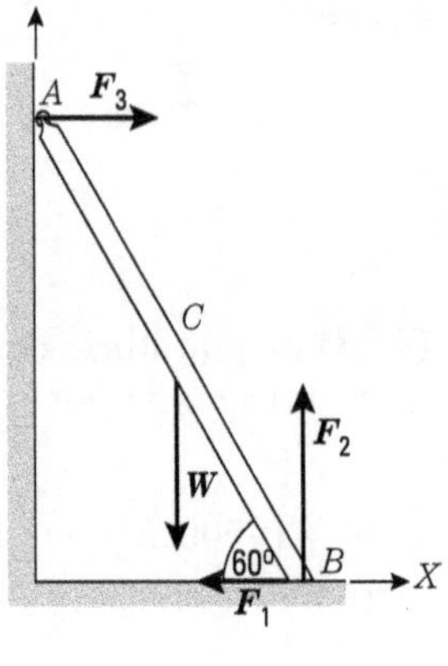

Figura 4.17

Referências

CHRISTIE, D. *Vector mechanics*. New York: McGraw-Hill, 1964.

FEYNMAN, R.; LEIGHTON, R.; SANDS, M. *The Feynman lectures on physics*. v. I. Reading, Mass.: Addison-Wesley, 1963.

HOLTON, G.; ROLLER, D. H. D. *Foundations of modem physical science*. Reading, Mass.: Addison-Wesley, 1958.

HUDDLESTON, J. *Introduction to engineering mechanics*. Reading, Mass.: Addison-Wesley, 1961.

LINDSAY, R. R. *Physical mechanics*. 3. ed. Princeton, N. J.: Van Nostrand, 1963.

SYMON, K. *Mechanics*. 2. ed. Reading, Mass.: Addison-Wesley, 1964.

Problemas

4.1 Um poste telefônico é mantido em posição vertical por um cabo, fixo a ele à altura de 10 m e também fixo ao solo à distância de 7 m da base do poste. Se a tensão no cabo é de 500 kgf, quais são as componentes horizontal e vertical da força exercida pelo cabo sobre o poste?

4.2 Um bloco, pesando 6 kgf, e sobre uma superfície horizontal lisa, é empurrado por uma vara (que forma um ângulo de 30° com o plano horizontal) que exerce uma força de 6 kgf. (a) Qual é a força total, perpendicular ao plano horizontal, exercida sobre a superfície? (b) Qual é a força paralela à superfície?

4.3 Um plano inclinado tem 2 m de altura e 5 m de comprimento. Um bloco de pedra pesando 10 kgf é mantido sobre o plano por um obstáculo fixo. Calcule a força exercida pelo bloco (a) sobre o plano e (b) sobre o obstáculo.

4.4 Calcule a intensidade e a direção da resultante do sistema de forças representado na Fig. 4.18.

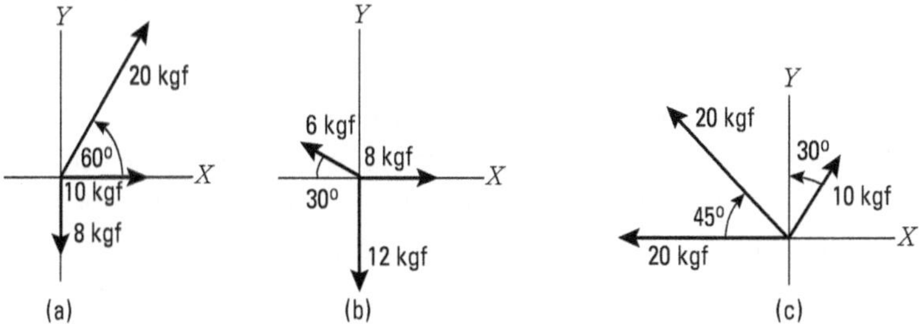

Figura 4.18

4.5 Quatro forças coplanares (30 N, 40 N, 20 N e 50 N) são concorrentes e atuam sobre um corpo. Os ângulos entre as forças são, ordenadamente, 50°, 30° e 60°. Calcule a intensidade da força resultante e o ângulo que ela faz com a força de 30 N.

4.6 Dadas as três forças, $\boldsymbol{F}_1 = \boldsymbol{u}_x(500)$ kgf; $\boldsymbol{F}_2 = [\boldsymbol{u}_x(0) + \boldsymbol{u}_y(-200) + \boldsymbol{u}_z(100)]$ kgf; $\boldsymbol{F}_3 =$ $= [\boldsymbol{u}_x(-100) + \boldsymbol{u}_y(50) + \boldsymbol{u}_z(-400)]$ kgf, determinar: (a) a intensidade e a direção da força resultante; (b) o momento resultante das forças dadas, se elas estiverem todas aplicadas no ponto (4, −3,15) m, com relação à origem *O*. Use a força resultante para calcular o momento resultante.

4.7 Calcule o momento, com relação à origem O, de cada força dada no Prob. 4.6, quando cada força está aplicada no ponto (4, –3, 15) m. Prove que o momento resultante é perpendicular à força resultante.

4.8 (a) Encontre o momento resultante, em relação ao ponto O das forças mencionadas no Prob. 4.6, quando elas são aplicadas em pontos diferentes: $\boldsymbol{F}_1$ em (3, 8, 10) m; $\boldsymbol{F}_2$ em (–2, 0,4) m; $\boldsymbol{F}_3$ em (4, –25,10) m. Calcule também $\boldsymbol{R} \cdot \tau$ e indique a redução mínima do sistema.

4.9 Calcule o momento da força da Fig. 4.19, com relação à origem. Determine a equação da linha de ação da força.

4.10 Determine (Fig. 4.20) a força resultante e o momento resultante em torno do ponto O das três forças, 50 N, 80 N e 100 N, perpendiculares entre si, (a) se elas forem concorrentes; (b) se a linha de ação da força de 100 N passar a 1,2 m de distância do ponto de encontro das outras duas.

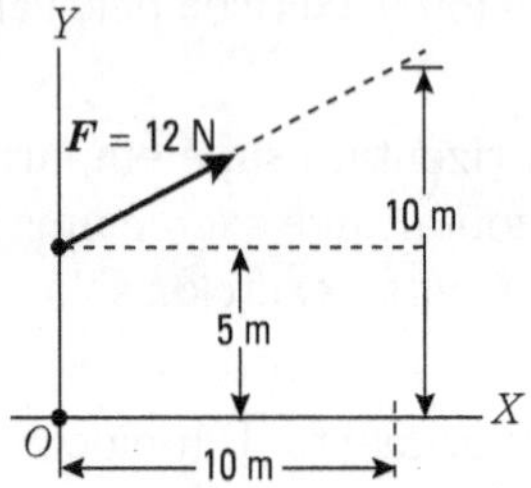

Figura 4.19

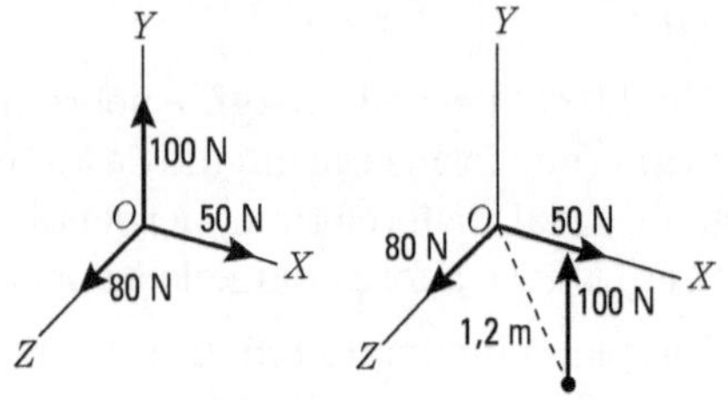

Figura 4.20

4.11 Um retângulo rígido $ABCD$, com $AB = CD = 0{,}4$ m e $BC = DA = 0{,}6$ m, está submetido a cinco forças: em A, uma força de 6 N na direção e sentido AB, uma força de 4N na direção e sentido AC, e uma força de 3 N segundo a direção e sentido de AD; em C, uma força de 5 N e outra de 4 N atuam nas direções e sentidos de CD e CB, respectivamente. Determine a força resultante e os momentos relativos aos pontos A, B e ao centro geométrico.

4.12 Duas forças paralelas, de mesmo sentido, estão a 0,2 m de distância. Se uma das forças é de 13 N e a resultante tem uma linha de ação a 0,08 m de distância da outra força, calcule (a) a intensidade da resultante e (b) a intensidade da outra força.

4.13 Duas forças paralelas de mesmo sentido, apresentam intensidades de 20 N e 30 N. A distância da linha de ação da resultante à força maior é de 0,8 m. Calcule a distância entre as forças.

4.14 Resolva os dois problemas anteriores, admitindo que as forças têm sentidos opostos.

4.15 Um cubo de densidade uniforme, com 2 m de lado, pesando 10 kgf, apoia-se num dos seus vértices (Fig. 4.21). Onde se deve prender um balão cheio de gás (que apresenta uma capacidade de ascensão expressa por uma força de 8 kgf) de tal modo que o cubo flutue na posição horizontal mostrada na figura? Qual é a força em O?

4.16 Calcule a intensidade e a posição da resultante de um sistema de forças representado na Fig. 4.22. As coordenadas dos pontos A, B, e C são dadas em m.

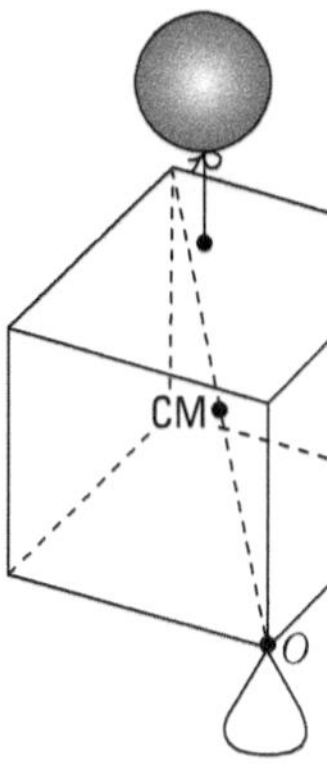

Figura 4.21

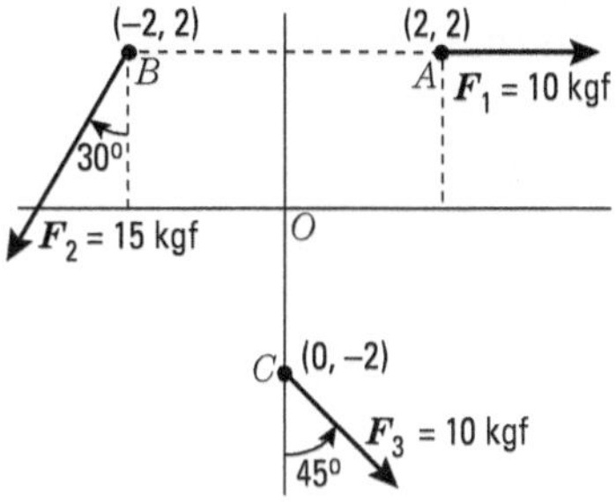

Figura 4.22

4.17 Calcule a intensidade e a posição da resultante das forças representadas na Fig. 4.23. O lado de cada quadrado é de 1 m.

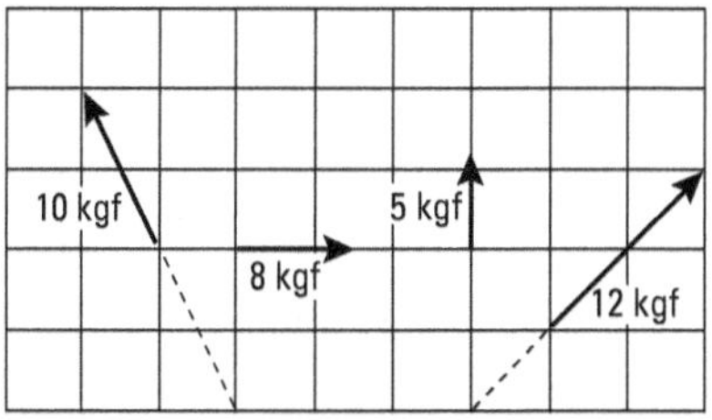

Figura 4.23

4.18 Reduza o sistema de forças da Fig. 4.24.

4.19 Reduza o sistema de forças da Fig. 4.25. As áreas dos quadrados são de 1 cm^2.

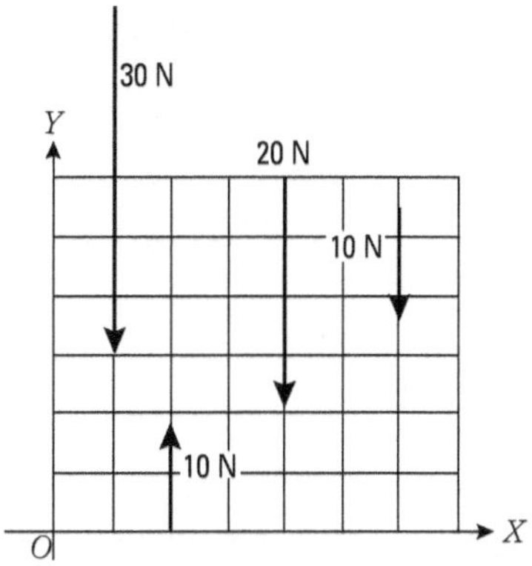

Figura 4.24

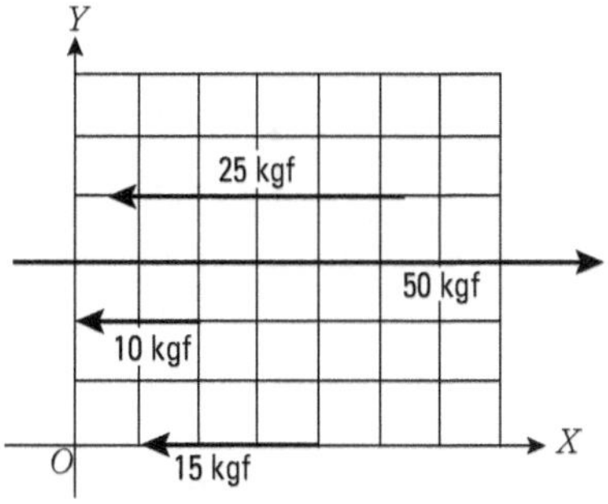

Figura 4.25

4.20 Prove que, se $\boldsymbol{R} = \sum_i \boldsymbol{F}_i$ é a resultante de um sistema de forças concorrentes, e $\boldsymbol{\tau}_0$ é o momento desse sistema em relação ao ponto 0, o momento, em relação ao ponto A, é

$$\boldsymbol{\tau}_A = \boldsymbol{\tau}_0 + \boldsymbol{r}_{AO} \times \boldsymbol{R}.$$

4.21 Uma vara de 2 m de comprimento pesa 5 gmf (4.900 dinas). Forças de 3.000, 2.000 e 1.500 dinas atuam para baixo em posições situadas a 0,50 e 200 cm de uma extremidade, e forças de 5.000 e 13.000 dinas atuam para cima a 20 e 100 cm da mesma extremidade. Determine a intensidade e a linha de ação da resultante.

4.22 Calcule a intensidade e a posição da resultante do sistema de forças representado na Fig. 4.26. Cada segmento da barra *AB* é de 1 decímetro. Ache também as forças necessárias em *A* e *B* para equilibrar as outras forças.

4.23 A barra *AB* é uniforme e tem a massa de 100 kg. Ela está apoiada nas suas extremidades e suporta as massas ilustradas na Fig. 4.27. Calcule as reações nos apoios.

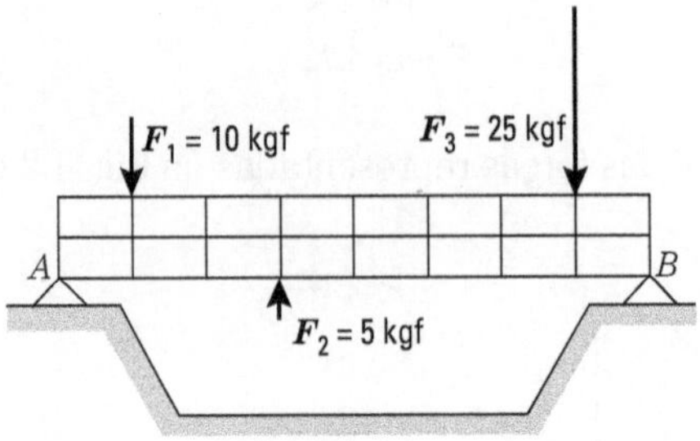

Figura 4.26

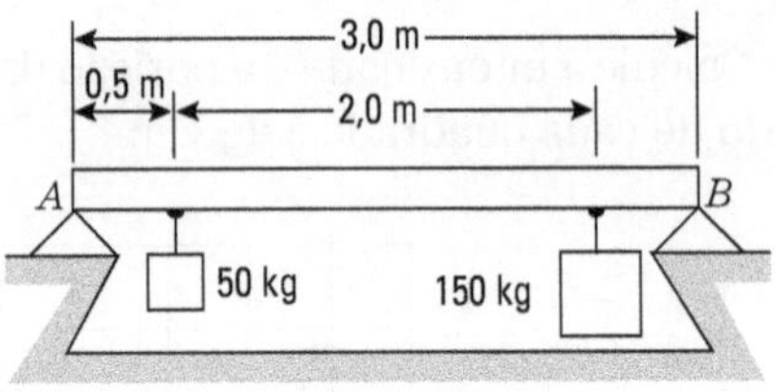

Figura 4.27

4.24 Determine as tensões nas cordas *AC* e *BC* (Fig. 4.28) se *M* pesa 40 kgf.

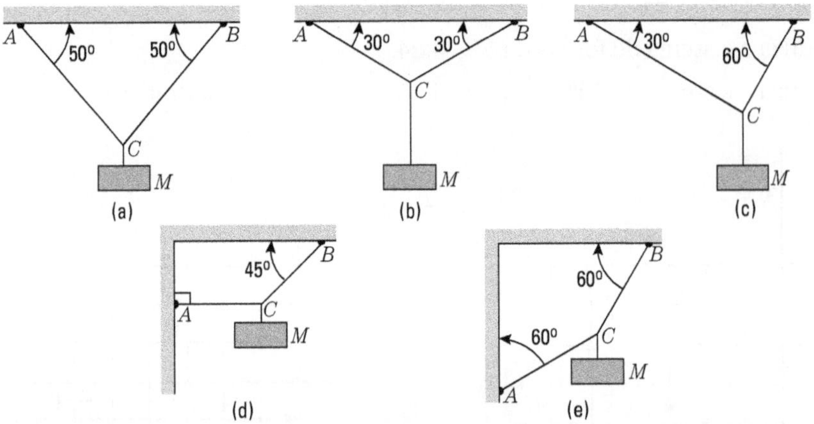

Figura 4.28

4.25 O corpo representado na Fig. 4.29 pesa 40 kgf. Ele é mantido em equilíbrio por meio da corda *AB* e pela ação da força horizontal *F*. Dado *AB* = 150 cm e sabendo-se que a distância entre a parede e o corpo é 90 cm, calcule o valor da força *F* e a tensão na corda.

4.26 Calcule o ângulo θ e a tensão na corda *AB* da Fig. 4.30, se M_1 = 300 kgf e M_2 = 400 kgf.

4.27 Um menino pesando 60 kgf está suspenso por seus braços em duas barras paralelas horizontais. Que força cada um dos seus braços exerce sobre a barra quando (a) seus braços são paralelos e (b) cada braço faz um ângulo de 30° com a vertical? Represente num gráfico a força em função do ângulo. O que você pode concluir do gráfico?

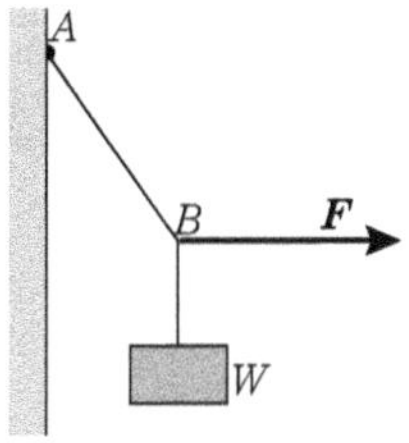

Figura 4.29

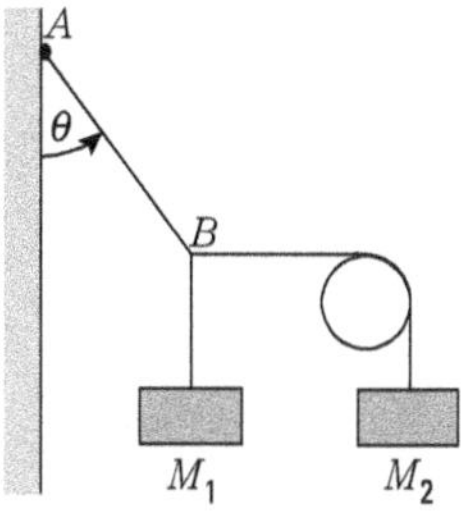

Figura 4.30

4.28 Uma corda *ABCD* está pendurada nos pontos fixos *A* e *D*. Em *B* há um peso de 12 kgf e em *C* um peso *W* desconhecido. Se o ângulo de *AB* com o plano horizontal é 60°, se *BC* é horizontal e se *CD* forma um ângulo de 30° com o plano horizontal, calcule que valor deve ter *W* para que o sistema esteja em equilíbrio.

4.29 Três cordas situadas num plano vertical estão presas em diferentes pontos de um teto horizontal. As outras extremidades são mantidas no ponto *A*, no qual um peso *W* está suspenso. Os ângulos formados pelas cordas com o plano horizontal são, respectivamente, 35°, 100° e 160°. As tensões nas duas primeiras cordas são 100 kgf e 75 kgf, respectivamente. Calcule a tensão na terceira corda assim como o peso *W*.

4.30 Prove que, se três forças estão em equilíbrio, elas devem ser concorrentes, isto é, suas linhas de ação, prolongadas, devem se encontrar num mesmo ponto.

4.31 Uma esfera cujo peso é de 50 kgf está apoiada em dois planos lisos inclinados a 30° e 45°, respectivamente, em relação ao plano horizontal. Calcule as reações dos dois planos sobre a esfera.

4.32 Uma esfera (Fig. 4.31) pesando 50 kgf está apoiada numa parede sem atrito e mantida nessa posição por um plano inclinado também sem atrito, que forma um ângulo de 60° com o plano horizontal. Calcule as reações da parede e do plano sobre a esfera.

4.33 Uma esfera de peso *W* está suspensa pela corda *AB* (Fig. 4.32) e se apoia na parede vertical sem atrito *AC*. Se α é ângulo entre a corda e a parede, determine a tensão na corda e a reação da parede sobre a esfera.

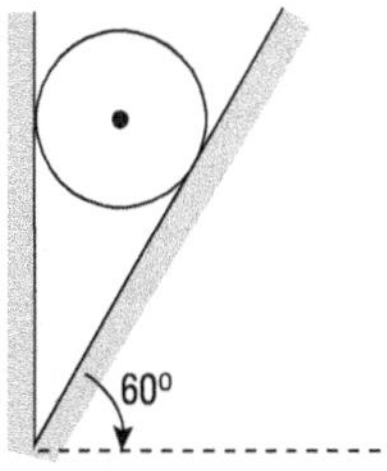

Figura 4.31

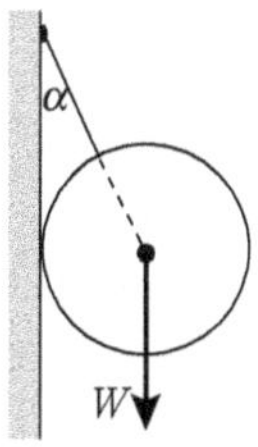

Figura 4.32

4.34 Determine as forças (Fig. 4.33) que a barra *AB* e o cabo *AC* exercem sobre *A*, admitindo-se que *M* pesa 40 kgf e que os pesos do cabo e da barra podem ser desprezados.

4.35 Determine as reações horizontal e vertical (Fig. 4.33) no ponto *B* e a tensão no cabo *AC*, admitindo-se que a barra tem a massa de 20 kg.

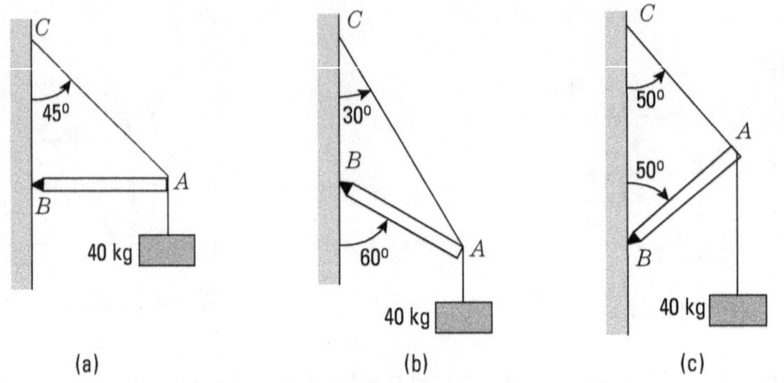

Figura 4.33

4.36 Calcule as forças $\boldsymbol{F}$, $\boldsymbol{F}'$, $\boldsymbol{N}$ e $\boldsymbol{H}$ da Fig. 4.34. *CE* e *DC* são cabos. Despreze o peso da haste *AC*.

4.37 Discuta o resultado do problema anterior quando a distância $b = AG$ tende para zero.

4.38 A barra uniforme *AB* da Fig. 4.35 é de 4,0 m de comprimento e pesa 100 kgf. Há um ponto fixo *C* em torno do qual a haste pode girar. A haste está repousando sobre o ponto *A*. Um homem pesando 75 kgf está andando sobre a barra, partindo de *A*. Calcule a distância máxima que o homem poderá afastar-se de *A* e ainda manter o equilíbrio. Represente num gráfico a reação no ponto *A* em função da distância x.

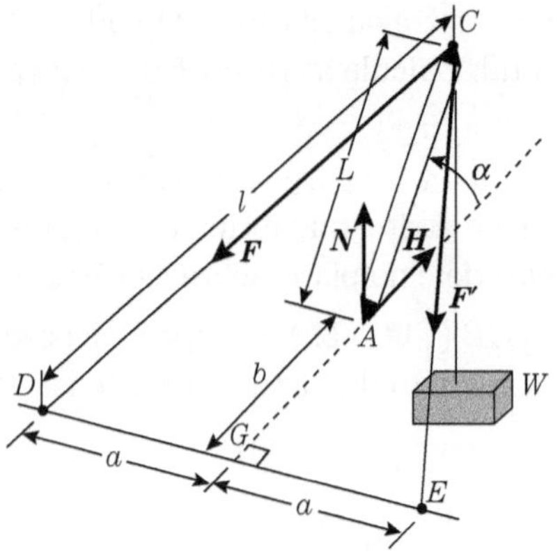

Figura 4.34

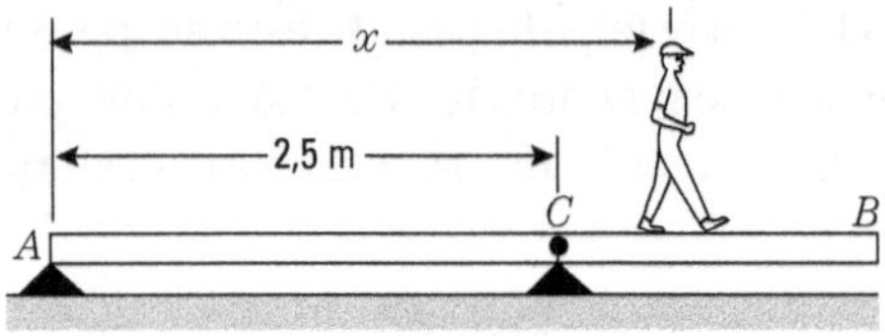

Figura 4.35

4.39 Várias forças atuam na barra *AB*, como mostra a Fig. 4.36. Determine a intensidade e a posição da resultante.

4.40 Na Fig. 4.37, a barra *AB* tem 1,2 m de comprimento e peso desprezível. As esferas *C* e *D* (40 kg e 20 kg respectivamente), ligadas pela haste *CD*, estão apoiadas sobre ela. A distância entre os centros das esferas é 0,3 m. Calcule a distância x tal que a reação em *B* seja metade da reação em *A*.

4.41 Uma ponte de 100 m de comprimento e 10.000 kgf de peso está apoiada por duas colunas nas suas extremidades. Quais são as reações nas colunas quando três carros estão na ponte a 30, 60 e 80 m de distância de uma extremidade, e cujos pesos são 1.500, 1.000 e 1.200 kgf, respectivamente?

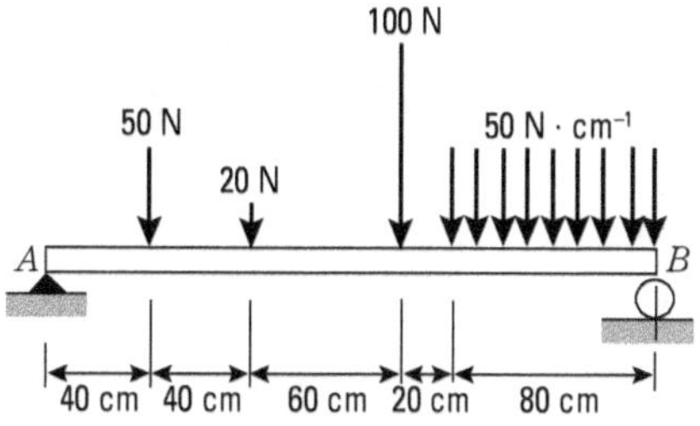

Figura 4.36

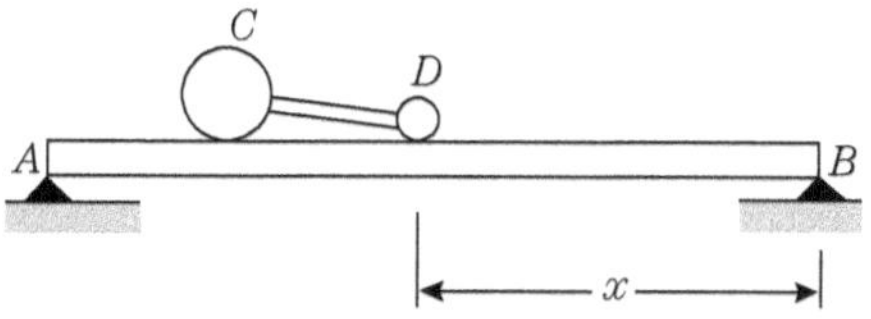

Figura 4.37

4.42 Considere os três carros do Prob. 4.41 movendo-se à mesma velocidade, 10 m · s^{-1}, e no mesmo sentido. Represente num gráfico as reações das colunas em função do tempo, tomando-se $t = 0$ na posição dada no Prob. 4.41. Estenda seu gráfico até que todos os carros estejam fora da ponte.

4.43 Uma prancha de 20 kg e de 8,0 m de comprimento apoia-se sobre as margens de um estreito riacho. Um homem de 100 kg caminha sobre a prancha. Faça um gráfico da reação em *cada* extremidade da prancha em função da distância entre o homem e uma das margens.

4.44 Encontre a força F necessária para manter em equilíbrio, em termos de Q, para cada caso mostrado na Fig. 4.38. As polias marcadas C são móveis.

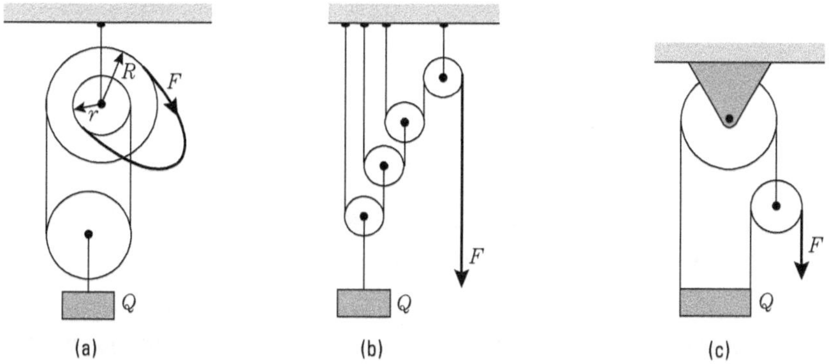

Figura 4.38

4.45 Calcule o peso P necessário para manter o equilíbrio no sistema da Fig. 4.39, na qual A é 100 kgf e Q é 10 kgf. Os planos e as polias são todos sem atrito. A corda AC é horizontal e a corda AB é paralela ao plano. Calcule também a reação do plano sobre o peso A.

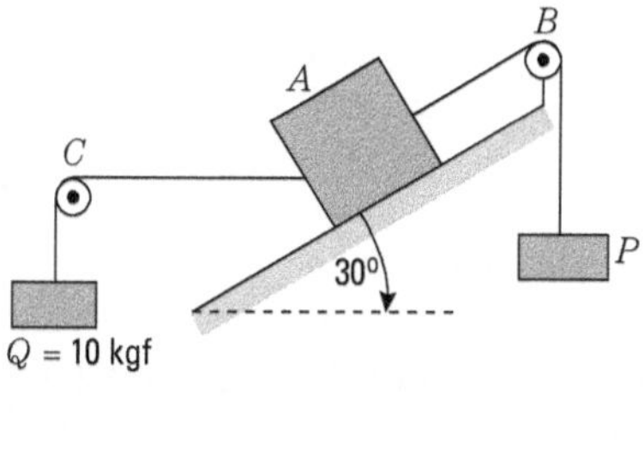

Figura 4.39

4.46 Uma vara de massa m e comprimento l (Fig. 4.40) é colocada num hemisfério de raio r completamente sem atrito. Determine a posição de equilíbrio da vara. Calcule as reações do hemisfério sobre a vara. Discuta as soluções correspondentes a $l > 2r$ e $l < 2r$.

4.47 Uma vara de massa de 6 kg e comprimento 0,8 m é colocada sobre as superfícies planas sem atrito, que formam ângulo reto, conforme mostra a Fig. 4.41. Determine a posição de equilíbrio e as forças de reações, em função do ângulo α.

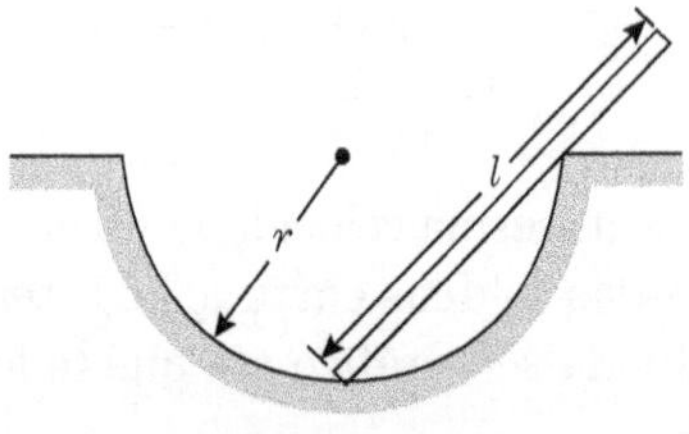

Figura 4.40

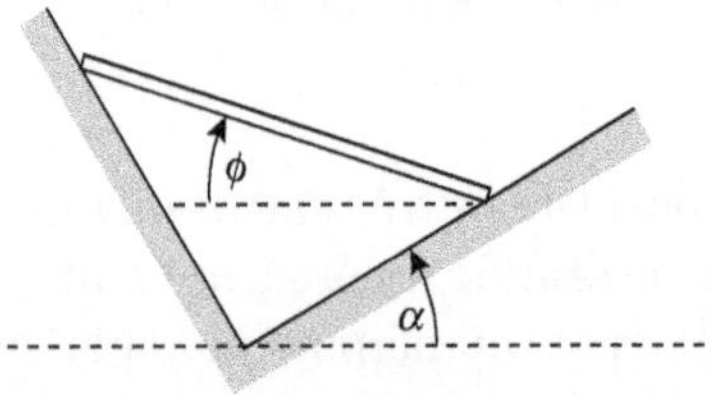

Figura 4.41

4.48 Duas esferas idênticas são colocadas no sistema mostrado na Fig. 4.42. Calcule as reações das superfícies sobre as esferas. Mostre que cada esfera está em equilíbrio separadamente.

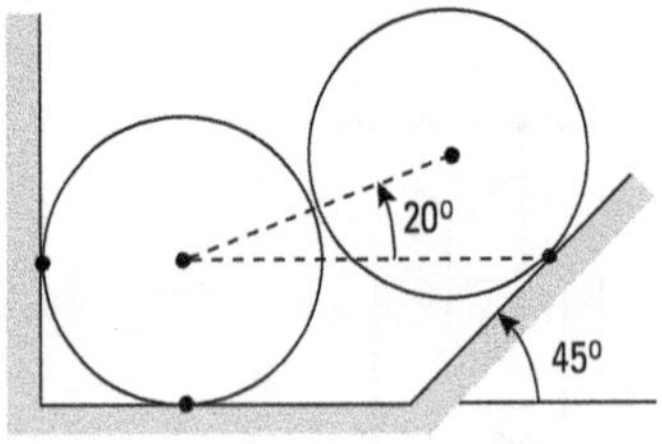

Figura 4.42

4.49 Repita o Ex. 4.11 do texto com uma força de atrito vertical que vale sempre exatamente 0,3 F_3. Os outros dados do exemplo devem ser os mesmos.

4.50 Prove que a resultante das forças F_1 e F_2 da Fig. 4.17 passa pelo ponto de interseção de F_3 e W, e é igual e oposta à resultante destas. Deveria esse resultado ser esperado?

4.51 Procure o centro de massa dos três corpos homogêneos mostrados na Fig. 4.43.

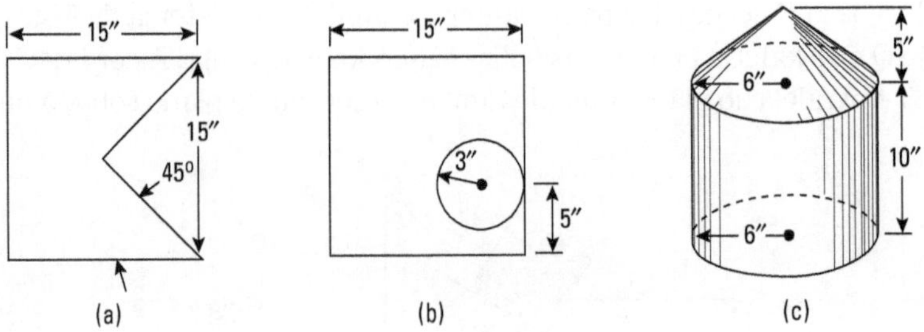

Figura 4.43

4.52 Determine o centro de massa (a) do sistema Terra–Lua e (b) do sistema Sol–Terra. Use os dados da Tab. 13.1.

4.53 Determine as coordenadas do centro de massa do corpo homogêneo representado na Fig. 4.44; AB = 3 cm, BC = 2 cm, CD = 1,5cm, DE = 6 cm, EF = 4 cm, FG = 2 cm

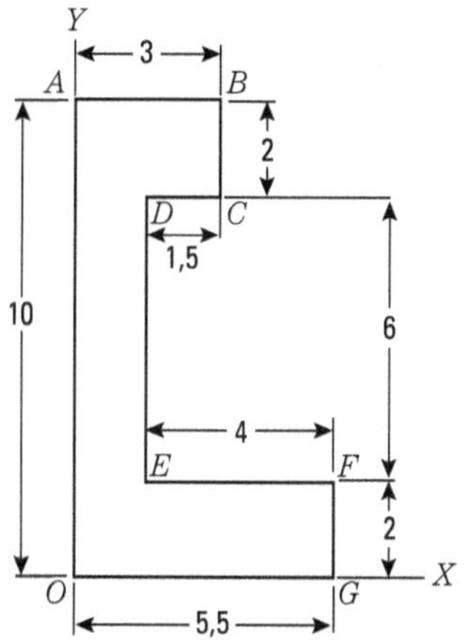

Figura 4.44

4.54 Determine a posição do CM das seguintes moléculas: (a) CO, sendo que a distância entre os centros dos átomos de carbono e oxigênio é de $1{,}13 \times 10^{-10}$ m. (b) CO_2; esta é uma molécula linear, com o átomo de carbono no centro, equidistante dos dois átomos de oxigênio, (c) H_2O; essa molécula forma um triângulo, sendo a distância O–H de $0{,}91 \times 10^{-10}$ m, e o ângulo entre as duas ligações O–H de 105°. (d) NH_3; essa é uma molécula piramidal com o átomo de N no vértice, sendo distância N–H de $1{,}01 \times 10^{-10}$ m, e o ângulo entre as duas ligações N–H de 108°.

4.55 Quatro massas iguais estão nos vértices de um tetraedro regular de lado a. Determine a posição do centro de massa desse sistema.

Parte 1

Mecânica

O fenômeno mais fundamental e óbvio que se observa é o *movimento*. As rajadas de vento, as ondas no oceano, o voo dos pássaros, a corrida dos animais, a queda das folhas – tudo isso são fenômenos de movimento. Praticamente todos os processos imagináveis têm como origem o movimento de certos objetos. A Terra e os planetas movem-se em torno do Sol; os elétrons, em movimento no interior do átomo, dão origem à absorção e emissão de luz; e, dentro de um metal, produzem corrente elétricas; moléculas de gás em movimento dão origem à pressão. A experiência nos mostra que o movimento de um corpo é influenciado pelos corpos que o cercam, isto é, por sua *interação* com eles. O que o físico e o engenheiro fazem, consiste essencialmente em dispor as coisas de tal modo que, sob a interação mútua das partículas, certo tipo de movimento seja produzido. Em um tubo de TV, o feixe de elétrons deve mover-se de modo a produzir uma imagem na tela. Numa máquina térmica, as moléculas do combustível queimado devem mover-se de modo a movimentar um pistão ou uma turbina, no sentido desejado. Uma reação química é a consequência de certos movimentos atômicos, dando como resultado novas combinações, para formar novas classes de moléculas. O papel do físico é descobrir as razões para todos esses movimentos, e o papel do engenheiro é dispor as coisas de modo a produzir movimentos úteis, movimentos estes que tornem nossa vida mais cômoda. Há diversas regras gerais ou princípios que se aplicam a todos os tipos de movimento, independentemente da natureza das interações. Esse conjunto de princípios forma a base da teoria denominada *mecânica*.

Para a análise e previsão da natureza de movimentos que resultam de diferentes espécies de interações, alguns conceitos importantes foram criados, como, por exemplo, *quantidade de movimento*, *força* e *energia*. Se a quantidade de movimento, a força e/ou energia são conhecidas de início, podemos expressá-las de modo quantitativo e estabelecer regras por meio das quais se torna possível a previsão dos movimentos resultantes. Quantidade de movimento, força e energia são tão importantes que raramente podemos analisar um processo sem expressá-lo em termos desses conceitos.

A mecânica, que é a ciência do movimento, é também a ciência da quantidade de movimento, da força e da energia. Sendo uma das áreas fundamentais da física, a mecânica deve ser amplamente compreendida antes de se passar a considerar as interações específicas. No tempo de Galileu, esse papel básico da mecânica já era reconhecido, sendo a ideia básica condensada na afirmação "*Ignorato motu, ignoratur natura*". A mecânica será estudada nos Caps. 5 a 12.

A ciência da mecânica como a compreendemos hoje é principalmente o resultado do gênio de Sir. Isaac Newton, que criou a grande síntese chamada princípios de Newton. Entretanto muitos outros contribuíram para o seu desenvolvimento. Alguns dos nomes mais ilustres são Arquimedes, Galileu, Descartes, Huygens, Lagrange, Hamilton, Mach e Einstein.

5 Cinemática

5.1 Introdução

Diz-se que um objeto está em movimento relativo a outro quando sua posição, medida com relação ao segundo corpo, varia com o tempo. Quando sua posição relativa não varia com o tempo, o objeto está em repouso relativo. Repouso e movimento são conceitos relativos, isto é, dependem da escolha do corpo que serve como referência. Uma árvore e uma casa estão em repouso relativo à Terra, e em movimento relativo ao Sol. Quando um trem passa por uma estação dizemos que o trem está em movimento relativo à estação. Todavia um passageiro no trem pode afirmar que a estação está em movimento relativo ao trem.

Assim, para descrever o movimento; o observador deve definir um *sistema de referência* ou *referencial* em relação ao qual o movimento é analisado. Na Fig. 5.1 estão indicados dois observadores O e O' e uma partícula P. Esses observadores utilizam os referenciais XYZ e $X'Y'Z'$, respectivamente. Quando O e O' estão em repouso, um relativo ao outro, eles observam o mesmo movimento para o ponto P. Porém quando O e O' estão em movimento relativo, suas observações do movimento de P são diferentes.

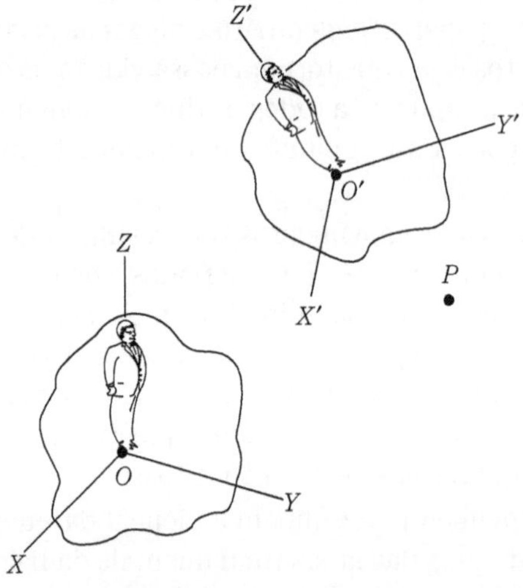

Figura 5.1 Dois observadores diferentes estudam o movimento de *P*.

Consideremos, por exemplo, dois observadores, um no Sol e outro na Terra (Fig. 5.2), a estudar o movimento da Lua. Para o observador terrestre, que usa o referencial X' Y' Z', a lua parece descrever uma trajetória quase circular ao redor da Terra. Contudo, para o observador solar, que usa o referencial X Y Z, a órbita da Lua aparece como uma linha ondulada. Entretanto, se os observadores conhecem o movimento de um com relação ao outro, eles podem facilmente reconciliar suas respectivas observações. No Cap. 6 discutiremos com maior detalhe este importante assunto, qual seja, a comparação de dados obtidos por observadores em movimento relativo.

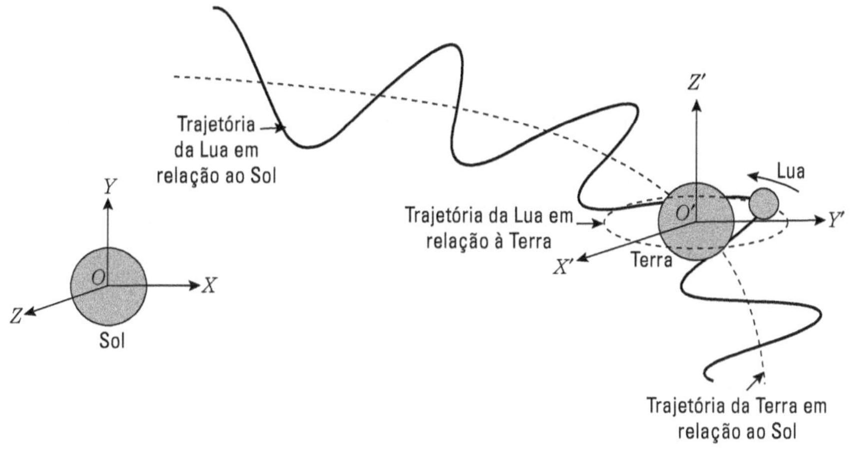

Figura 5.2 A órbita da Lua relativa à Terra e ao Sol. A distância Terra-Lua é somente 4×10^{-3} da distância Terra-Sol. As ondulações da órbita da Lua aparecem aqui muito exageradas.

5.2 Movimento retilíneo: velocidade

O movimento de um corpo é retilíneo quando sua trajetória é uma reta. Tomemos o eixo OX da Fig. 5.3, coincidente com a trajetória. A posição do objeto é definida por seu deslocamento x medido a partir de um ponto arbitrário O, ou origem.

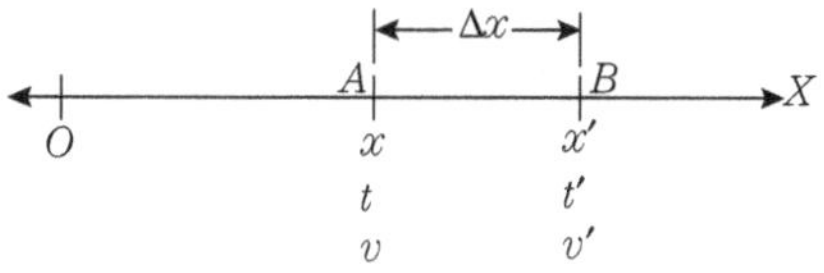

Figura 5.3

Em princípio, o deslocamento pode ser relacionado com o tempo por meio de uma relação funcional $x = f(t)$. Obviamente, x pode ser positivo ou negativo. Suponhamos que, no instante t, o objeto está na posição A, com $OA = x$. No instante posterior t', ele está em B, com $OB = x'$. A *velocidade média* entre A e B é definida por

$$v_{\text{med}} = \frac{x' - x}{t' - t} = \frac{\Delta x}{\Delta t} \tag{5.1}$$

onde $\Delta x = x' - x$ é o deslocamento da partícula e $\Delta t = t' - t$ é o tempo decorrido. Assim, *a velocidade média durante certo intervalo de tempo é igual ao deslocamento médio por unidade de tempo durante o intervalo de tempo.* Determina-se a velocidade instantânea em um ponto, tal como A, fazendo-se o intervalo de tempo At tão pequeno quanto possível, para que não ocorram variações essenciais no estado de movimento durante esse pequeno intervalo. Em linguagem matemática, isso equivale a calcular o valor limite da fração que aparece na Eq. (5.1) para o denominador Δt tendendo a zero. Escreve-se

$$v = \lim_{\Delta t \to 0} v_{\text{med}} = \lim_{\Delta t \to 0} \frac{\Delta x}{\Delta t},$$

o que, por definição, é a derivada de x em relação ao tempo; isto é,

$$v = \frac{dx}{dt}, \tag{5.2}$$

assim, a *velocidade instantânea é obtida pelo cálculo da derivada do deslocamento, em relação ao tempo.* Operacionalmente, a velocidade instantânea é determinada pela observação do movimento de um corpo entre duas posições muito vizinhas separadas pela distância dx e pela medida do pequeno intervalo de tempo dt que demora o corpo para ir de uma posição a outra. A seguir, o termo "velocidade" será sempre empregado no sentido de velocidade instantânea.

Conhecido $v = f(t)$, a posição x pode ser obtida por integração da Eq. (5.2). Da Eq. (5.2) temos $dx = vdt$; e integrando,

$$\int_{x_0}^{x} dx = \int_{t_0}^{t} v\,dt,$$

onde x_0 é o valor de x no instante t_0. Mas, como $\int_{x_0}^{x} dx = x - x_0$, temos

$$x = x_0 + \int_{t_0}^{t} v\,dt. \tag{5.3}$$

Para compreender o significado físico da Eq. (5.3), você deve observar que $v\,dt$ representa o deslocamento do corpo durante o pequeno intervalo de tempo dt. Assim, dividindo-se o intervalo de tempo $t - t_0$ em pequenos intervalos sucessivos dt_1, dt_2, dt_3, ..., verificamos que os deslocamentos correspondentes são $v_1\,dt_i$, $v_2\,dt_2$, $v_3 dt_3$, ..., e que o deslocamento total entre os instantes t_0 e t é a soma de todos estes. Note que v_1, v_2, v_3,... são os valores da velocidade em cada intervalo de tempo. Então, de acordo com o significado de uma integral definida,

$$\text{Deslocamento} = x - x_0 = v_1 dt_1 + v_2 dt_2 + v_3 dt_3 + \ldots =$$

$$= \sum_i v_i\,dt_i = \int_{t_0}^{t} v\,dt.$$

Devemos observar que o deslocamento Δx (ou dx) pode ser positivo ou negativo, dependendo do sentido do movimento da partícula; se o movimento for para a direita, a velocidade será positiva, e, se for para a esquerda, será negativa. Então, no movimento retilíneo, o sinal da velocidade indica o sentido do movimento. O sentido é o de + OX quando a velocidade é positiva, e o de – OX quando a velocidade é negativa.

Algumas vezes se usa o conceito de *rapidez* (*speed*, em inglês) definido como distância/tempo. Essa grandeza assim definida é sempre positiva, sendo numericamente igual ao módulo da velocidade, isto é, rapidez = $|v|$. Entretanto, nem sempre a rapidez média tem o valor da velocidade média. É, também, importante não confundir o "deslocamento" $x - x_0$ no intervalo de tempo $t - t_0$ com a distância "percorrida" no mesmo intervalo de tempo. O deslocamento é calculado pela Eq. (5.3), enquanto a distância é obtida por $\int_{t_0}^{t} |v|\,dt$. Por exemplo, ao ir da cidade A à cidade B, 100 quilômetros a leste de A, um motorista pode primeiramente ir à cidade C que está a 50 quilômetros a oeste de A, e, então, voltar a B. A distância percorrida foi 200 quilômetros, mas o deslocamento foi 100 quilômetros. Se o tempo de viagem foi 4 horas, tem-se para rapidez média 200 km/4h = = 50 km · h^{-1}, e, para velocidade média, 100 km/4h = 25 km · h^{-1}.

No sistema de unidades MKSC, a velocidade é expressa em metros por segundo ou m · s^{-1}, sendo essa a velocidade de um corpo que percorre um metro em um segundo com velocidade constante. Naturalmente, a velocidade pode também ser expressa por meio de outras combinações de unidades de espaço e de tempo, tais como milhas por hora, pés por minuto etc.

■ **Exemplo 5.1** Uma partícula move-se ao longo do eixo X de tal modo que sua posição em qualquer instante é dada por $x = 5t^2 + 1$, onde x é dado em metros e t em segundos. Calcular sua velocidade média no intervalo de tempo entre (a) 2 s e 3 s, (b) 2 s e 2,1 s, (c) 2 e 2,001 s, (d) 2 s e 2,00001 s. Calcular também (e) a velocidade instantânea no instante 2 s.

Solução: Seja $t_0 = 2$ s, o instante inicial comum a todo o problema. Da expressão $x = 5t^2 + 1$, obtemos $x_0 = 5(2)^2 + 1 = 21$ m. Portanto, para cada questão, $\Delta x = x - x_0 = x - 21$ e $\Delta t = t - t_0 = t - 2$.

a) Para $t = 3$ s, temos $\Delta t = 1$ s, $x = 5(3)^2 + 1 = 46$ m, e $\Delta x = 46$ m $- 21$ m $= 25$ m. Então,

$$v_{\text{med}} = \frac{\Delta x}{\Delta t} = \frac{25\text{ m}}{1\text{ s}} = 25\text{ m}\cdot\text{s}^{-1}.$$

b) Para $t = 2{,}1$ s, temos $\Delta t = 0{,}1$ s, $x = 5(2{,}1)^2 + 1 = 23{,}05$ m, e $\Delta x = 2{,}05$ m. Então,

$$v_{\text{med}} = \frac{\Delta x}{\Delta t} = \frac{2{,}05\text{ m}}{0{,}1\text{ s}} = 20{,}5\text{ m}\cdot\text{s}^{-1}.$$

c) Para $t = 2{,}001$ s, temos $\Delta t = 0{,}001$ s, $x = 5(2{,}001)^2 + 1 = 21{,}020005$ m, e $\Delta x = 0{,}020005$ m. Então,

$$v_{\text{med}} = \frac{\Delta x}{\Delta t} = \frac{0{,}020005\text{ m}}{0{,}001\text{ s}} = 20{,}005\text{ m}\cdot\text{s}^{-1}.$$

d) Note que para $t = 2{,}00001$ s, $v_{\text{med}} = 20{,}00005$ m $\cdot$ s^{-1}.

e) Notamos então que, quando Δt decresce, a velocidade tende para o valor 20 m $\cdot$ s^{-1}. Assim, podemos esperar que seja esse o valor da velocidade instantânea no instante $t = 2$ s. De fato,

$$v = \frac{dx}{dt} = \frac{d}{dt}\left(5t^2 + 1\right) = 10t.$$

Fazendo-se $t = 2$s, obtém-se $v = 20$m $\cdot$ s^{-1}, que é a resposta para (e).

5.3 Movimento retilíneo: aceleração

Em geral, a velocidade de um corpo é uma função do tempo. Se a velocidade permanece constante o movimento é dito *uniforme*. Suponhamos que, na Fig. 5.3, no instante t, o objeto está em A com velocidade v, e, no instante t', está em B com velocidade v'. A *aceleração média* entre A e B é definida por

$$a_{\text{med}} = \frac{v' - v}{t' - t} = \frac{\Delta v}{\Delta t}, \tag{5.4}$$

onde $\Delta v = v' - v$ é a variação de velocidade e, como antes, $\Delta t = t' - t$ é o tempo decorrido. Assim, *a aceleração média durante certo intervalo de tempo é a variação de velocidade por unidade de tempo, durante o intervalo de tempo.*

A *aceleração instantânea* é o valor limite da aceleração média, quando o intervalo de tempo Δt torna-se muito pequeno. Assim,

$$a = \lim_{\Delta t \to 0} a_{\text{med}} = \lim_{\Delta t \to 0} \frac{\Delta v}{\Delta t},$$

ou seja,

$$a = \frac{dv}{dt}, \tag{5.5}$$

de modo que a aceleração instantânea pode ser obtida pelo cálculo da derivada temporal da velocidade. Operacionalmente, determina-se a aceleração instantânea pela observação da pequena variação de velocidade dv que ocorre durante o pequeno intervalo de tempo dt. A seguir, o termo "aceleração" passará a significar aceleração instantânea.

Em geral, a aceleração varia durante o movimento. Um movimento retilíneo com aceleração constante é dito *uniformemente acelerado.*

Se a velocidade aumenta com o tempo em valor absoluto, o movimento é dito "acelerado" e, se a velocidade decresce com o tempo em valor absoluto, o movimento é dito "retardado".

Conhecida a aceleração, podemos calcular a velocidade por integração da Eq. (5.5). Da Eq. (5.5) temos $dv = a\,dt$, que, integrada, fica

$$\int_{v_0}^{v} dv = \int_{t_0}^{t} a\,dt,$$

onde v_0 é a velocidade no instante t_0. Mas, como

$$\int_{v_0}^{v} dv = v - v_0, \quad \text{logo}$$

$$v = v_0 + \int_{t_0}^{t} a\,dt, \tag{5.6}$$

Como no caso do deslocamento, o significado físico da Eq. (5.6) pode ser facilmente compreendido. Sabemos que adt é a variação de velocidade durante o pequeno intervalo de tempo dt. Assim, dividindo-se como antes o intervalo de tempo $t - t_0$ em pequenos intervalos de tempo sucessivos dt_1, dt_2, dt_3, ..., temos que as variações de velocidade correspondentes são a_1dt_1, a_2dt_2, a_3dt_3, ..., onde a_1, a_2, a_3,... são os valores da aceleração em cada intervalo de tempo e que a variação total de velocidade $v - v_0$ entre t_0 e t é a soma dessas variações. Isto é,

$$\text{Variação de velocidade} = v - v_0 = a_1\,dt_1 + a_2\,dt_2 + a_3\,dt_3 + \ldots$$

$$= \sum_i a_i\,dt_i = \int_{t_0}^{t} a\,dt.$$

A relação entre aceleração e posição pode ser obtida pela combinação das Eqs. (5.2) e (5.5). Isto é,

$$a = \frac{dv}{dt} = \frac{d}{dt}\left(\frac{dx}{dt}\right)$$

ou

$$a = \frac{d^2x}{dt^2}. \tag{5.7}$$

Outra importante relação entre posição e velocidade pode ser obtida do modo seguinte. A Eq. (5.5) pode ser escrita $dv = a\,dt$. Multiplicando membro a membro essa equação pela Eq. (5.2), obtemos

$$v\,dv = a\,dt\left(\frac{dx}{dt}\right) = a\,dx.$$

Integrando, obtemos

$$\int_{v_0}^{v} v\,dv = \int_{x_0}^{x} a\,dx$$

ou

$$\tfrac{1}{2}v^2 - \tfrac{1}{2}v_0^2 = \int_{x_0}^{x} a\,dx. \qquad (5.8)$$

Essa equação é particularmente útil para o cálculo da velocidade quando conhecemos a relação entre x e a, de modo que a integral no segundo membro da Eq. (5.8) pode ser calculada.

No sistema MKSC, a aceleração é expressa em metros por segundo por segundo, ou (m/s)/s = m · s^{-2}, sendo essa a aceleração de um corpo cuja velocidade aumenta de um metro por segundo em um segundo, com aceleração constante. Entretanto a aceleração pode ser expressa em outras unidades, como (mi/h)/s.

5.4 Representação vetorial da velocidade e da aceleração no movimento retilíneo

A velocidade no movimento retilíneo é representada por um vetor cujo módulo é fornecido pela Eq. (5.2) e cujo sentido coincide com o do movimento (Fig. 5.4). A aceleração é também representada por um vetor de módulo dado pela Eq. (5.5) e de sentido coincidente ou oposto a OX, conforme seja positiva ou negativa. Se u é um vetor unitário no sentido positivo do eixo X, podemos escrever, em forma vetorial,

$$\boldsymbol{v} = \boldsymbol{u}v = \boldsymbol{u}\frac{dx}{dt} \qquad \text{e} \qquad \boldsymbol{a} = \boldsymbol{u}\frac{dv}{dt}.$$

Os vetores $\boldsymbol{v}$ e $\boldsymbol{a}$ têm o sentido de $\boldsymbol{u}$ ou o sentido oposto, dependendo dos sinais de dx/dt e de dv/dt, respectivamente. O movimento é acelerado ou retardado, conforme $\boldsymbol{v}$ e $\boldsymbol{a}$ tenham o mesmo sentido ou sentidos opostos (Fig. 5.4). Uma regra simples é: se v e a têm mesmo sinal, o movimento é acelerado; se têm sinais contrários, o movimento é retardado.

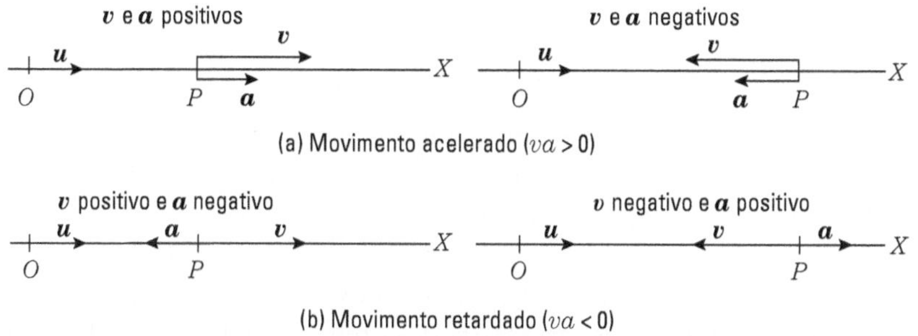

Figura 5.4 Relação vetorial entre a velocidade e a aceleração no movimento retilíneo.

■ Exemplo 5.2 Movimento retilíneo uniforme.

Solução: Nesse caso v é constante. Portanto $a = dv/dt = 0$; ou seja, não há aceleração. Da Eq. (5.3), para v constante, temos

$$x = x_0 + \int_{t_0}^{t} v\,dt = x_0 + v\int_{t_0}^{t} dt = x_0 + v(t - t_0). \tag{5.9}$$

Na Fig. 5.5(a), representamos v como função de t; e, na Fig. 5.5(b), x como função de t.

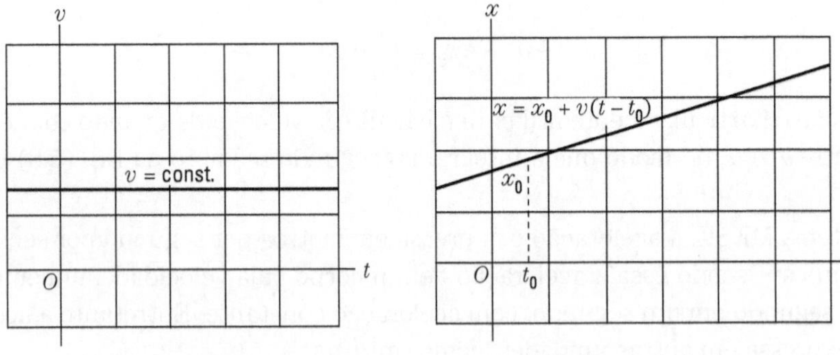

(a) Gráfico da velocidade (b) Gráfico do deslocamento

Figura 5.5 Gráficos da velocidade e do deslocamento no movimento uniforme.

■ Exemplo 5.3 Movimento retilíneo uniformemente acelerado.

Solução: Nesse caso, a é constante. Portanto, da Eq. (5.6), temos

$$v = v_0 + \int_{t_0}^{t} a\,dt = v_0 + a\int_{t_0}^{t} dt = v_0 + a(t - t_0), \tag{5.10}$$

e, da Eq. (5.3), temos

$$x = x_0 + \int_{t_0}^{t} \left[v_0 + a(t - t_0)\right]dt = x_0 + v_0\int_{t_0}^{t} dt + a\int_{t_0}^{t} (t - t_0)\,dt,$$

ou

$$x = x_0 + v_0(t - t_0) + \tfrac{1}{2}a(t - t_0)^2. \tag{5.11}$$

Também é útil obter uma relação deduzida a partir da Eq. (5.8),

$$\tfrac{1}{2}v^2 - \tfrac{1}{2}v_0^2 = a\int_{x_0}^{x} dx = a(x - x_0)$$

Então,

$$v^2 = v_0^2 + 2a(x - x_0). \tag{5.12}$$

O caso mais importante de movimento uniformemente acelerado é o movimento vertical sob a ação da gravidade. Nesse caso, tomando o sentido de baixo para cima como positivo, definimos $a = -g$, sendo o sinal menos devido ao fato de a aceleração da gravidade ter o sentido de cima para baixo. O valor de g varia de um local para outro sobre a superfície da Terra, mas seu valor é sempre muito próximo de $g = 9{,}8\ \text{m} \cdot \text{s}^{-2} = 32{,}2\ \text{pés} \cdot \text{s}^{-2}$. Esse valor é o mesmo para todos os corpos, e pode ser considerado independente da altitude, desde que o corpo não esteja muito afastado da superfície da Terra. Veremos, no Cap. 13, que a aceleração da gravidade decresce quando cresce a distância para cima ou para baixo da superfície da Terra.

Podemos representar em gráfico tanto v como x, em função do tempo. Quando, para simplificar, fazemos $t_0 = 0$ e $x_0 = 0$, as Eqs. (5.10) e (5.11) ficam, respectivamente, $v = v_0 + at$ e $x = v_0 t + \frac{1}{2}at^2$. Essas duas equações estão representadas na Fig. 5.6. Gráficos desse tipo são muito úteis para a análise de qualquer tipo de movimento.

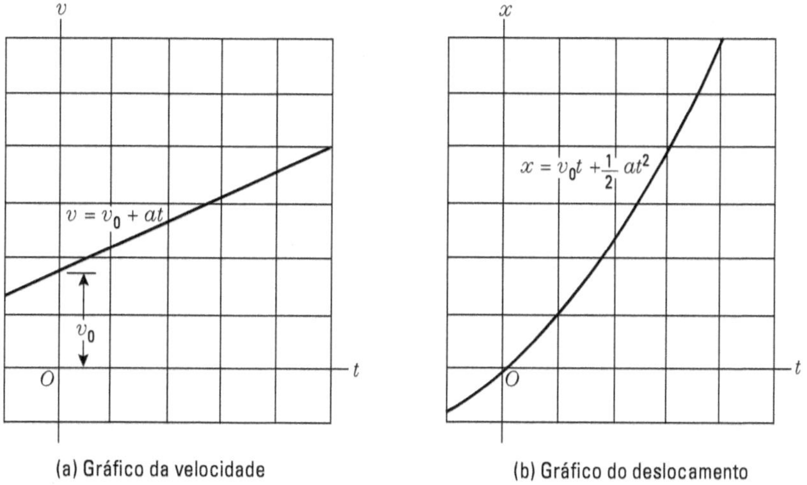

Figura 5.6 Gráficos da velocidade e do deslocamento no movimento uniformemente acelerado.

■ **Exemplo 5.4** Um corpo move-se ao longo do eixo X, segundo a lei

$$x = 2t^3 + 5t^2 + 5,$$

onde x é em metros e t em segundos. Achar (a) a velocidade e a aceleração num instante t qualquer, (b) a posição, a velocidade e a aceleração para t = 2 s e 3 s, e (c) a velocidade média e a aceleração média entre t = 2 s e t = 3 s.

Solução: (a) Usando as Eqs. (5.2) e (5.5), podemos escrever

$$v = \frac{dx}{dt} = \frac{d}{dt}\left(2t^3 + 5t^2 + 5\right) = 6t^2 + 10t \text{ m} \cdot \text{s}^{-1},$$

$$a = \frac{dv}{d} = \frac{d}{dt}\left(6t^2 + 10t\right) = 12t + 10 \text{ m} \cdot \text{s}^{-2}.$$

b) Para t = 2 s, usando as expressões correspondentes, temos

$$x = 41 \text{ m}, \qquad v = 44 \text{ m} \cdot \text{s}^{-1}, \qquad a = 34 \text{ m} \cdot \text{s}^{-2}.$$

De modo semelhante, para t = 3 s, você pode verificar que

$$x = 104 \text{ m}, \qquad v = 84 \text{ m} \cdot \text{s}^{-1}, \qquad a = 46 \text{ m} \cdot \text{s}^{-2}.$$

c) Para o cálculo da velocidade e aceleração médias entre t = 2 s e t = 3 s, temos Δt = 1 s, e de (b) temos Δx = 63 m, v = 40 m · s^{-1}. Assim

$$v_{med} = \frac{\Delta x}{\Delta t} = \frac{63\text{ m}}{1\text{ s}} = 63\text{ m}\cdot\text{s}^{-1},$$

$$a_{med} = \frac{\Delta v}{\Delta t} = \frac{40\text{ m}\cdot\text{s}^{-1}}{1\text{ s}} = 40\text{ m}\cdot\text{s}^{-2}.$$

■ **Exemplo 5.5** A aceleração de um corpo movendo-se ao longo do eixo X é $a = (4x - 2)$ m · s^{-2}, onde x é em metros. Sabe-se que $v_0 = 10$ m · s^{-1} e $x_0 = 0$ m. Determinar a velocidade em uma posição qualquer.

Solução: Como aqui a aceleração está expressa como função da posição e não como função do tempo, não podemos usar a definição $a = dv/dt$ para o cálculo da velocidade por integração. Em vez disso, devemos usar a Eq. (5.8), com $v_0 = 10$ m · s^{-1} e $x_0 = 0$. Assim,

$$\tfrac{1}{2}v^2 - \tfrac{1}{2}(10)^2 = \int_0^x (4x - 2)\,dx$$

ou

$$v^2 = 100 + 2\left(2x^2 - 2x\right)_0^x = 4x^2 - 4x + 100$$

e então

$$v = \sqrt{4x^2 - 4x + 100}.$$

Devemos colocar o sinal ± na frente do radical? Se colocarmos, qual o significado do duplo sinal? Sugerimos que seja representada em um gráfico a velocidade v em função da posição x.

Deixamos para você o cálculo de x como função do tempo, a partir da definição $v = dx/dt$, para obter, em seguida, v e a como funções do tempo. [Para obter $x(t)$, pode ser necessário consultar uma tabela de integrais.]

■ **Exemplo 5.6** Um projétil é lançado para cima, com velocidade de 98 m · s^{-1}, do topo de um edifício cuja altura é 100 m. Achar (a) a altura máxima do projétil acima da rua, (b) o tempo necessário para atingir essa altura, (c) a velocidade ao atingir a rua e (d) o tempo total decorrido do instante de lançamento até o momento em que ele atinge o solo.

Solução: Considerando a Fig. 5.7 e usando as Eqs. (5.10) e (5.11), com $t_0 = 0$, $v_0 = 98$ m · s^{-1}, $x_0 = x_A = 100$ m (a origem C das coordenadas foi tomada sobre a rua) e $a = -g = -9{,}8$ m · s^{-2}, temos para um instante qualquer t,

$$v = 98 - 9{,}8t,$$

$$x = 100 + 98t - 4{,}9t^2.$$

No ponto de altura máxima tem-se $v = 0$. Assim $98 - 9{,}8t = 0$ ou $t = 10$ s. Substituindo esse valor na expressão para x, temos

$$x_B = 100 + 98(10) - 4{,}9(10)^2 = 590\text{ m}.$$

Para o cálculo do tempo decorrido até o projétil atingir o solo (isto é, o ponto C), fazemos $x_C = 0$, visto que C é a nossa origem de coordenadas. Então,

$$0 = 100 + 98t - 4{,}9t^2.$$

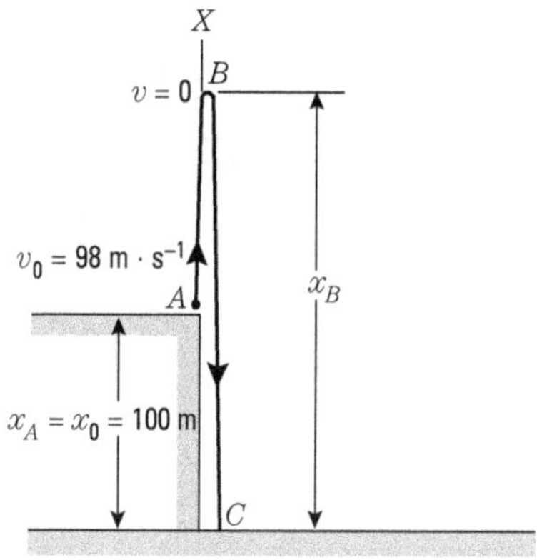

Figura 5.7

As raízes dessa equação do segundo grau em t, são

$$t = -0{,}96 \text{ s} \qquad \text{e} \qquad t = 20{,}96 \text{ s}.$$

A resposta negativa corresponde a um instante anterior ao lançamento ($t = 0$), devendo ser desprezada, uma vez que não tem significado físico neste problema (pode ter em outros). Para obter a velocidade em C, colocamos o valor $t = 20{,}96$ s na expressão para v_C, obtendo

$$v_C = 98{-}9{,}8(20{,}96) = -107{,}41 \text{ m} \cdot \text{s}^{-1}.$$

O sinal negativo significa que o projétil se move para baixo. Sugerimos que você verifique os resultados para x_B e v_C por meio da Eq. (5.12), a qual, para este problema, fica

$$v^2 = 9.604 - 19{,}6(x - 100).$$

Você deve, também, resolver o problema colocando a origem das coordenadas em A. Assim,

$$x_0 = x_A = 0 \qquad \text{e} \qquad x_C = -100 \text{ m}.$$

■ **Exemplo 5.7** Uma partícula se move ao longo do eixo, segundo a lei $x = t^3 - 3t^2 - 9t + 5$. Determinar os intervalos de tempo durante os quais a partícula se move no sentido positivo de X e aqueles durante os quais a partícula se move no sentido negativo. Determinar também os intervalos de tempo durante os quais o movimento é acelerado e aqueles durante os quais o movimento é retardado. Representar em gráficos x, v e a como funções do tempo.

Solução: Aplicando a Eq. (5.2), achamos que a velocidade da partícula em qualquer instante é $v = dx/dt = 3t^2 - 6t - 9$. Essa relação pode ser escrita na forma $v = 3(t + 1)(t - 3)$. Usando a Eq. (5.5), obtemos a aceleração $a = 6t - 6 = 6(t - 1)$. Os gráficos de x, v, e a como funções do tempo aparecem na Fig. 5.8. Notamos que, para $t < -1$, a velocidade é positiva e o movimento tem o sentido positivo do eixo X. No instante $t = -1$, tem-se $x = 10$, e a velocidade é zero. Para $-1 < t < 3$, a velocidade é negativa e a partícula, após ter dado "meia volta", move-se no sentido negativo do eixo X. No instante $t = 3$, quando $x = -22$, a velocidade é novamente zero. Para $t > 3$, a velocidade é outra vez positiva e a partícula, após ter dado outra vez "meia volta", move-se no sentido positivo de X. A Fig. 5.8(a) mostra por onde anda a partícula; as posições de retorno, onde a velocidade é zero, são os pontos A e B.

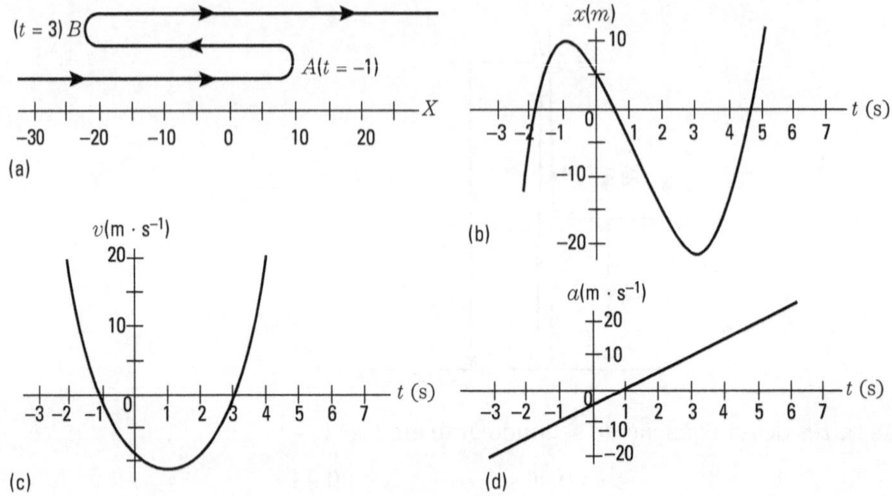

Figura 5.8

Observando os gráficos da velocidade e da aceleração, vemos que para $t < -1$, o movimento é retardado (o módulo de v decresce, ou seja v e a têm sinais opostos). Para $-1 < t < 1$, o movimento é acelerado; para $1 < t < 3$ o movimento é novamente retardado; finalmente, para $t > 3$, é acelerado.

Este exemplo ilustra a utilidade dos gráficos de x, v e a como funções do tempo para o conhecimento das características do movimento.

5.5 Movimento curvilíneo: velocidade

Vamos, agora, considerar uma partícula descrevendo uma trajetória curvilínea C, como mostra a Fig. 5.9. No instante t, a partícula está no ponto A, dado pelo vetor posição $\boldsymbol{r} = \overrightarrow{OA} = \boldsymbol{u}_x x + \boldsymbol{u}_y y + \boldsymbol{u}_z z$. Num instante posterior t', a partícula está em B com $\boldsymbol{r}' = \overrightarrow{OB} = \boldsymbol{u}_x x' + \boldsymbol{u}_y y' + \boldsymbol{u}_z z'$. Embora o movimento da partícula seja ao longo do arco $AB = \Delta s$, o deslocamento é o vetor $\overrightarrow{AB} = \Delta \boldsymbol{r}$. Note, na figura, que $\boldsymbol{r}' = \boldsymbol{r} + \Delta \boldsymbol{r}$, e, portanto

$$\begin{aligned} \overrightarrow{AB} = \Delta \boldsymbol{r} = \boldsymbol{r}' - \boldsymbol{r} &= \boldsymbol{u}_x (x' - x) + \boldsymbol{u}_y (y' - y) + \boldsymbol{u}_z (z' - z) \\ &= \boldsymbol{u}_x (\Delta x) + \boldsymbol{u}_y (\Delta y) + \boldsymbol{u}_z (\Delta z), \end{aligned} \tag{5.13}$$

onde $\Delta x = x' - x$, $\Delta y = y - y$, e $\Delta z = z' - z$. A velocidade média, também um vetor, é definida por

$$\boldsymbol{v}_{\text{med}} = \frac{\Delta \boldsymbol{r}}{\Delta t}, \tag{5.14}$$

ou, utilizando a Eq. (5.13),

$$\boldsymbol{v}_{\text{med}} = \boldsymbol{u}_x \frac{\Delta x}{\Delta t} + \boldsymbol{u}_y \frac{\Delta y}{\Delta t} + \boldsymbol{u}_z \frac{\Delta z}{\Delta t}. \tag{5.15}$$

A velocidade média é representada por um vetor paralelo ao deslocamento $\overrightarrow{AB} = \Delta \boldsymbol{r}$. Para o cálculo da velocidade instantânea, devemos, como nos casos anteriores, fazer Δt muito pequeno. Isto é,

$$\boldsymbol{v} = \lim_{\Delta t \to 0} \boldsymbol{v}_{\text{med}} = \lim_{\Delta t \to 0} \frac{\Delta \boldsymbol{r}}{\Delta t}. \tag{5.16}$$

Quando Δt tende a zero, o ponto B tende ao ponto A, como está indicado pelos pontos B', B'', ... na Fig. 5.10. Durante esse processo, o vetor $\overrightarrow{AB} = \Delta \boldsymbol{r}$ varia continuamente em módulo *e* em direção; o mesmo acontece com a velocidade média. No limite, quando B está bem próximo de A, *o* vetor $\overrightarrow{AB} = \Delta \boldsymbol{r}$ coincide em direção com a tangente AT. Assim, no movimento curvilíneo, a velocidade instantânea é um vetor tangente à trajetória, que é dado por

$$\boldsymbol{v} = \frac{d\boldsymbol{r}}{dt}. \tag{5.17}$$

Ou, considerando-se a Eq. (5.15), tem-se para a velocidade

$$\boldsymbol{v} = \boldsymbol{u}_x \frac{dx}{dt} + \boldsymbol{u}_y \frac{dy}{dt} + \boldsymbol{u}_z \frac{dz}{dt}, \tag{5.18}$$

o que indica que as componentes da velocidade ao longo dos eixos X, Y e Z são

$$v_x = \frac{dx}{dt}, \qquad v_y = \frac{dy}{dt}, \qquad v_z = \frac{dz}{dt}, \tag{5.19}$$

e que o módulo da velocidade, é

$$v = \sqrt{v_x^2 + v_y^2 + v_z^2}. \tag{5.20}$$

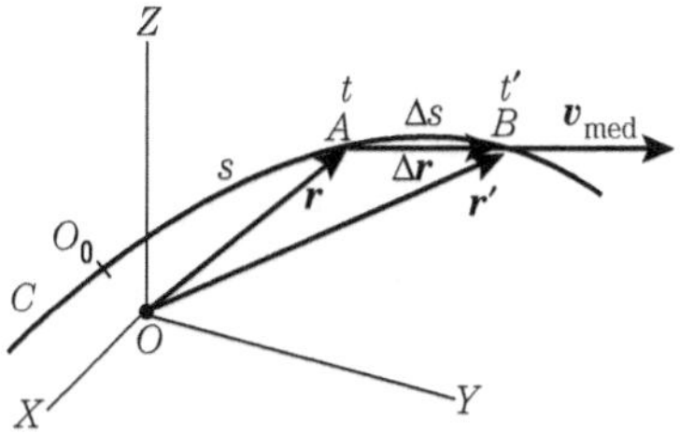

Figura 5.9 Deslocamento e velocidade média ao movimento curvilíneo.

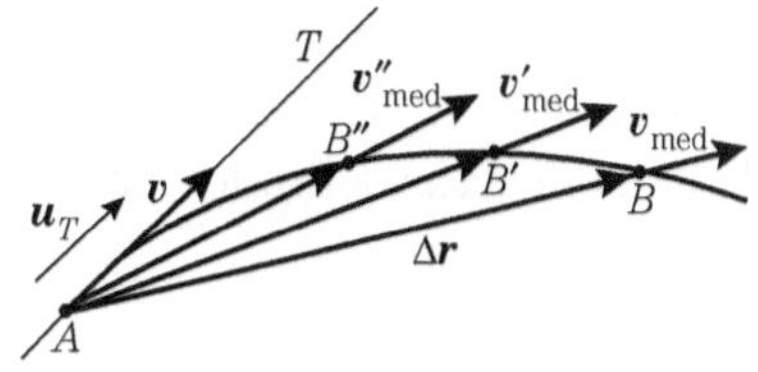

Figura 5.10 A velocidade á tangente à trajetória no movimento curvilíneo.

Podemos passar da Eq. (5.16) à Eq. (5.17), por um caminho um pouco diferente. Seja O_0 (Fig. 5.9) um ponto de referência arbitrário sobre a trajetória. Assim $s = O_0A$ dá a posição da partícula medida pelo deslocamento *ao longo* da curva. Como no caso retilíneo, s pode ser positivo ou negativo, dependendo do lado que a partícula está, com relação ao ponto O_0. Quando a partícula vai de A a B, o deslocamento Δs ao longo da curva é dado pelo comprimento do arco AB. Multiplicando e dividindo a Eq. (5.16) por Δs = arco AB, obtemos

$$\boldsymbol{v} = \lim_{\Delta t \to 0} \frac{\Delta \boldsymbol{r}}{\Delta s}\frac{\Delta s}{\Delta t} = \left(\lim_{\Delta s \to 0} \frac{\Delta \boldsymbol{r}}{\Delta s} \right)\left(\lim_{\Delta t \to 0} \frac{\Delta s}{\Delta t} \right),$$

onde indicamos, no primeiro fator, que $\Delta s \to 0$ quando $\Delta t \to 0$ (Fig. 5.10). Da Fig. 5.9, podemos ver que o módulo de Δr é aproximadamente igual a Δs, e quanto mais próximo de A estiver B, mais próximo do valor de Δs estará o módulo de $\Delta \boldsymbol{r}$. Portanto, $\lim_{\Delta s \to 0} \Delta \boldsymbol{r}/\Delta s$ representa um vetor de módulo unitário e direção tangente à trajetória. Isto é,

$$\frac{d\boldsymbol{r}}{ds} = \lim_{\Delta s \to 0} \frac{\Delta \boldsymbol{r}}{\Delta s} = \boldsymbol{u}_T. \tag{5.21}$$

Por outro lado,

$$\lim_{\Delta t \to 0} \frac{\Delta s}{\Delta t} = \frac{ds}{dt}. \tag{5.22}$$

Podemos, portanto, escrever $\boldsymbol{v}$ na forma

$$\boldsymbol{v} = \boldsymbol{u}_T \frac{ds}{dt} = \boldsymbol{u}_T v, \tag{5.23}$$

onde $ds/dt = v$ é o valor da velocidade, e o vetor unitário $\boldsymbol{u}_T$ dá a direção da velocidade. O fato de $v = ds/dt$ ser o valor da velocidade está de acordo com a nossa definição anterior de velocidade pela Eq. (5.2), visto que agora ds é o deslocamento ao longo da trajetória curvilínea no intervalo de tempo dt. Assim, ds desempenha no movimento curvilíneo o mesmo papel de dx no movimento retilíneo. A única diferença entre as Eqs. (5.23) e (5.2) é a inclusão do elemento direcional, dado pelo vetor tangente unitário $\boldsymbol{u}_T$, o qual foi introduzido anteriormente na Seç. 5.4.

5.6 Movimento curvilíneo: aceleração

No movimento curvilíneo, a velocidade, em geral, varia tanto em módulo como em direção. O módulo da velocidade varia porque a partícula pode aumentar ou diminuir sua velocidade. A direção da velocidade varia porque a velocidade é tangente à trajetória, a qual está continuamente se curvando. Na Fig. 5.11 estão indicadas as velocidades, nos instantes t e t', em que a partícula está em A e B, respectivamente. A variação do vetor velocidade entre os pontos A e B está indicada, no triângulo, por $\Delta\boldsymbol{v}$, isto é, desde que, no triângulo, $\boldsymbol{v} + \Delta\boldsymbol{v} = \boldsymbol{v}'$, então $\Delta\boldsymbol{v} = \boldsymbol{v}' = \boldsymbol{v}$. Logo, a aceleração média, no intervalo de tempo Δt, é um vetor definido por

$$\boldsymbol{a}_{\text{med}} = \frac{\Delta \boldsymbol{v}}{\Delta t}, \tag{5.24}$$

o qual é paralelo a $\Delta\boldsymbol{v}$. Visto que $\boldsymbol{v} = \boldsymbol{u}_x v_x + \boldsymbol{u}_y v_y + \boldsymbol{u}_z v_z$, temos $\Delta\boldsymbol{v} = \boldsymbol{u}_x \Delta v_x + \boldsymbol{u}_y \Delta v_y + \boldsymbol{u}_z \Delta v_z$ e

$$\boldsymbol{a}_{\text{med}} = \boldsymbol{u}_x \frac{\Delta v_x}{\Delta t} + \boldsymbol{u}_y \frac{\Delta v_y}{\Delta t} + \boldsymbol{u}_z \frac{\Delta v_z}{\Delta t}. \tag{5.25}$$

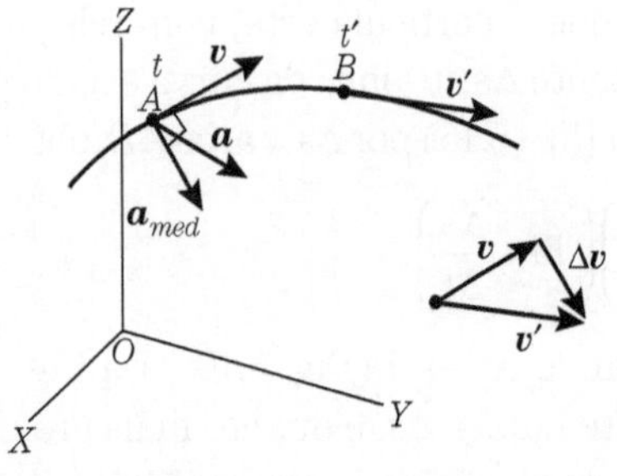

Figura 5.11 Aceleração no movimento curvilíneo.

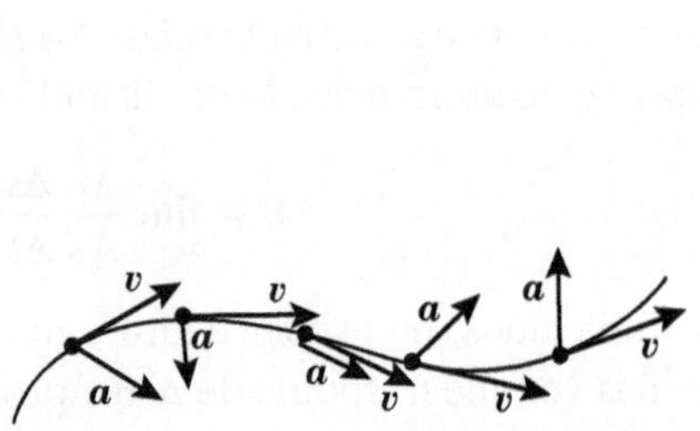

Figura 5.12 Relação vetorial entre a velocidade e a aceleração no movimento curvilíneo.

A aceleração instantânea, que daqui para diante será denominada simplesmente aceleração, é definida por

$$\boldsymbol{a} = \lim_{\Delta t \to 0} \boldsymbol{a}_{\text{med}} = \lim_{\Delta t \to 0} \frac{\Delta \boldsymbol{v}}{\Delta t}$$

ou

$$\boldsymbol{a} = \frac{d\boldsymbol{v}}{dt}. \tag{5.26}$$

A aceleração é um vetor que tem a direção da variação instantânea da velocidade. Visto que a velocidade varia na direção de curvatura da trajetória, a aceleração é sempre dirigida para a concavidade da curva, como mostra a Fig. 5.12. Tendo-se em mente a Eq. (5.17), pode-se escrever a Eq. (5.26) na forma

$$\boldsymbol{a} = \frac{d^2\boldsymbol{r}}{dt^2}. \tag{5.27}$$

Da Eq. (5.25), observamos que

$$\boldsymbol{a} = \boldsymbol{u}_x \frac{dv_x}{dt} + \boldsymbol{u}_y \frac{dv_y}{dt} + \boldsymbol{u}_z \frac{dv_z}{dt}. \tag{5.28}$$

De modo que as componentes da aceleração ao longo dos eixos X, Y e Z são

$$a_x = \frac{dv_x}{dt}, \qquad a_y = \frac{dv_y}{dt}, \qquad a_z = \frac{dv_z}{dt}, \tag{5.29}$$

ou, em virtude da Eq. (5.19), ou da Eq. (5.27),

$$a_x = \frac{d^2x}{dt^2}, \qquad a_y = \frac{d^2y}{dt^2}, \qquad a_z = \frac{d^2z}{dt^2}. \tag{5.30}$$

O módulo da aceleração é

$$a = \sqrt{a_x^2 + a_y^2 + a_z^2}. \tag{5.31}$$

No movimento curvilíneo a equação do movimento é usualmente conhecida; isto é, as coordenadas da partícula móvel são conhecidas como funções do tempo. Essas coordenadas são dadas pelas equações

$$x = x(t), \qquad y = y(t), \qquad z = z(t).$$

A velocidade e a aceleração podem ser calculadas por meio das Equações (5.19) e (5.29), isto é,

$$a_x = a_x(t), a_y = a_y(t), a_z = a_z(t).$$

Então, as componentes da velocidade podem ser obtidas por integração da Eq. (5.29), e as coordenadas como função do tempo são obtidas por integração da Eq. (5.19).

5.7 Movimento com aceleração constante

Tem especial importância o caso em que a aceleração é constante em módulo e direção. Se a = const., tem-se, por integração da Eq. (5.26),

$$\int_{v_0}^{v} d\boldsymbol{v} = \int_{t_0}^{t} \boldsymbol{a}\,dt = \boldsymbol{a}\int_{t_0}^{t} dt = \boldsymbol{a}(t - t_0), \tag{5.32}$$

onde v_0 é a velocidade no instante t_0. Assim, como $\int_{v_0}^{v} d\boldsymbol{v} = \boldsymbol{v} - \boldsymbol{v}_0$,

$$\boldsymbol{v} = \boldsymbol{v}_0 + \boldsymbol{a}(t - t_0) \tag{5.33}$$

dá a velocidade em qualquer outro instante. Substituindo esse resultado na Eq. (5.17) e integrando, obtemos

$$\int_{r_0}^{r} d\boldsymbol{r} = \int_{t_0}^{t} \left[v_0 + \boldsymbol{a}(t - t_0)\right]dt = v_0\int_{t_0}^{t} dt + \boldsymbol{a}\int_{t_0}^{t} (t - t_0)dt,$$

onde $\boldsymbol{r}_0$ dá a posição no instante t_0. Assim,

$$\boldsymbol{r} = \boldsymbol{r}_0 + \boldsymbol{v}_0(t - t_0) + \tfrac{1}{2}\boldsymbol{a}(t - t_0)^2, \tag{5.34}$$

o que dá a posição da partícula em qualquer instante. Esses resultados devem ser comparados com as Equações (5.10) e (5.11), obtidas para o movimento retilíneo com aceleração constante. No movimento retilíneo, a velocidade e a aceleração têm a mesma direção, podendo os sentidos ser iguais ou opostos. Entretanto, no caso mais geral que discutimos agora, v_0 e a podem ter direções diferentes. Assim, $\boldsymbol{v}$, dado pela Eq. (5.33), não é paralelo a $\boldsymbol{a}$, mas está sempre contido no plano definido por $\boldsymbol{v}_0$ e $\boldsymbol{a}$. Vemos, também, pela Eq. (5.34), que a extremidade do vetor $\boldsymbol{r}$ está sempre contida no plano, paralelo a $\boldsymbol{v}_0$ e $\boldsymbol{a}$, que passa pelo ponto definido por $\boldsymbol{r}_0$. Concluímos que um movimento com aceleração constante é sempre plano. A Eq. (5.34) indica que a trajetória do movimento é uma parábola (ver Prob. 3.33).

Uma das aplicações mais interessantes dessas equações é o estudo do movimento de um projétil. Nesse caso, $\boldsymbol{a} = g$ = aceleração da gravidade. Vamos escolher o plano XY coincidente com o plano definido por $\boldsymbol{v}_0$ e $\boldsymbol{a} = g$, o eixo Y dirigido para cima de modo que $g = -\boldsymbol{u}_y g$, e a origem O coincidente com $\boldsymbol{r}_0$ (Fig. 5.13). Então,

$$\boldsymbol{v}_0 = \boldsymbol{u}_x v_{0x} + \boldsymbol{u}_y v_{0y},$$

onde

$$\boldsymbol{v}_{0x} = v_0 \cos\alpha,\ v_{0y} = v_0 \operatorname{sen}\alpha, \tag{5.35}$$

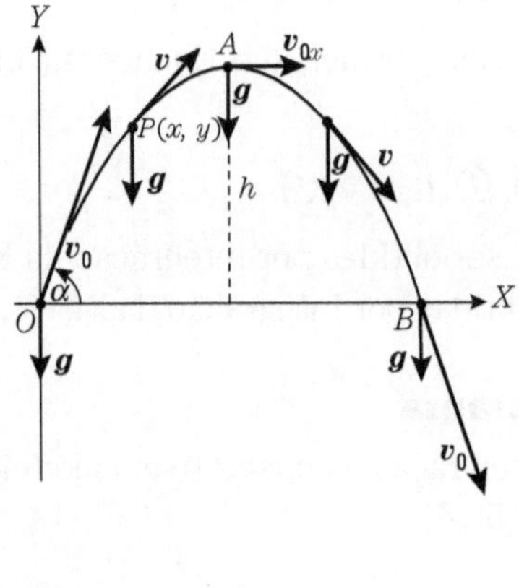

Figura 5.13 Quando a aceleração é constante, a trajetória é uma parábola.

A Eq. (5.33) pode ser separada em componentes (para $t_0 = 0$), como segue

$$\boldsymbol{v} = \boldsymbol{u}_x v_x + \boldsymbol{u}_y v_y = (\boldsymbol{u}_x v_{0x} + \boldsymbol{u}_y v_{0y}) - \boldsymbol{u}_y gt$$

ou

$$v_x = v_{0x}, \qquad v_y = v_{0y} - gt, \tag{5.36}$$

o que indica que a componente X de v permanece constante, como é de se esperar, porquanto não há aceleração nessa direção. De modo semelhante, a Eq. (5.34) com $r_0 = 0$ e $t_0 = 0$, quando separada em suas componentes, fica

$$\boldsymbol{r} = \boldsymbol{u}_x x + \boldsymbol{u}_y y = \left(\boldsymbol{u}_x v_{0x} + \boldsymbol{u}_y v_{0y}\right)t - \boldsymbol{u}_y \tfrac{1}{2} gt^2$$

ou

$$x = v_{0x}t, \qquad y = v_{0y}t - \tfrac{1}{2}gt^2, \tag{5.37}$$

o que dá as coordenadas da partícula em função do tempo. O tempo necessário para o projétil alcançar o ponto mais alto A é obtido fazendo-se $v_y = 0$ na Eq. (5.36), visto que, nesse ponto, a velocidade do projétil é horizontal. Então,

$$t = \frac{v_{0y}}{g} \qquad \text{ou} \qquad t = \frac{v_0 \operatorname{sen} \alpha}{g}. \tag{5.38}$$

A altura máxima h é obtida por substituição desse valor de t na segunda equação em (5.37), dando como resultado

$$h = \frac{v_0^2 \operatorname{sen}^2 \alpha}{2g}. \tag{5.39}$$

O tempo necessário para o projétil voltar ao nível do solo em B, denominado *tempo de trânsito*, pode ser obtido fazendo-se $y = 0$ na Eq. (5.37). Esse tempo, obviamente, é o dobro do valor dado pela Eq. (5.38), ou seja, $2v_0 \operatorname{sen} \alpha / g$. O *alcance* $R = OB$ é a distância horizontal total percorrida, e é obtida pela substituição do valor do tempo de trânsito na primeira equação em (5.37), o que dá como resultado,

$$R = v_{0x} \frac{2v_0 \operatorname{sen} \alpha}{g} = \frac{2v_0^2 \operatorname{sen} \alpha \cos \alpha}{g}$$

ou

$$R = \frac{v_0^2 \operatorname{sen} 2\alpha}{g}. \tag{5.40}$$

Note que o alcance é máximo para $\alpha = 45°$. A equação da trajetória é obtida por eliminação do tempo nas duas equações em (5.37), o que dá

$$y = -\frac{g}{2v_0^2 \cos^2 \alpha} x^2 + x \operatorname{tg} \alpha, \tag{5.41}$$

que é a equação de uma parábola, visto que tg α e o coeficiente de x^2 são constantes.

Os resultados que obtivemos são válidos quando: (1) O alcance é suficientemente pequeno para que se possa desprezar a curvatura da Terra. (2) A altitude é suficientemente pequena para que a variação da gravidade com a altura possa ser desprezada.

(3) A velocidade inicial é suficientemente pequena para que se possa desprezar a resistência do ar. O caso de um projétil de longo alcance, como o Míssil Balístico Intercontinental (MBI), está ilustrado na Fig. 5.14, onde todos os vetores g apontam para o centro da Terra, variando com a altitude. Como veremos no Cap. 13, a trajetória nesse caso é um arco de elipse. Se levarmos em consideração a resistência do ar, a trajetória se afastará de uma parábola, como mostra a Fig. 5.15, diminuindo o alcance.

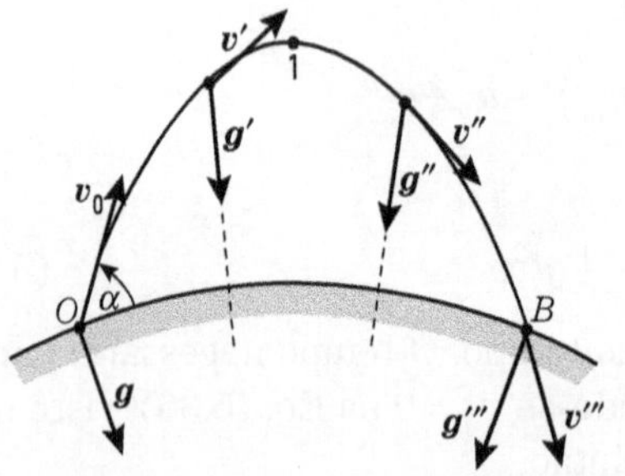

Figura 5.14 A trajetória de um projétil de no longo alcance não é uma parábola, mas sim um arco de elipse.

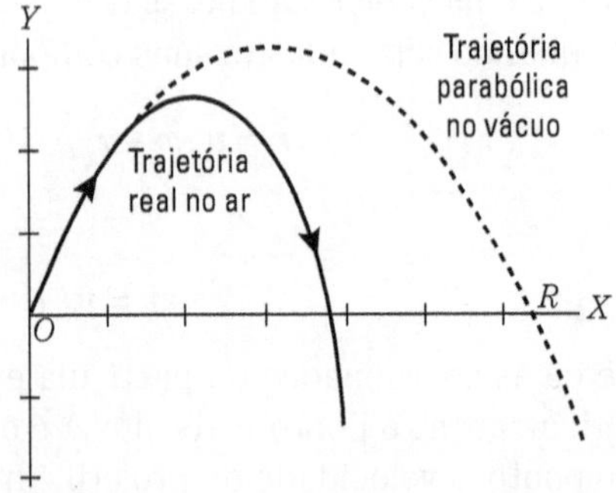

Figura 5.15 Efeito da resistência do ar no movimento de um projétil.

■ **Exemplo 5.8** Uma arma dispara um projétil com velocidade de 200 m · s^{-1}, formando um ângulo de 40° com o solo. Achar a velocidade e a posição do projétil depois de 20 s. Achar, também, o alcance e o tempo necessário para o projétil voltar ao solo.

Solução: Na Fig. 5.16, para $v_0 = 200\ \text{m} \cdot \text{s}^{-1}$ e $\alpha = 40°$, temos que $v_{0x} = v_0 \cos \alpha = 153{,}2\ \text{m} \cdot \text{s}^{-1}$ e $v_{0y} = v_0 \operatorname{sen} \alpha = 128{,}6\ \text{m} \cdot \text{s}^{-1}$. Então, as componentes da velocidade, em qualquer instante, são dadas por $v_x = 153{,}2\ \text{m} \cdot \text{s}^{-1}$ e $v_y = 128{,}6 - 9{,}8t\ \text{m} \cdot \text{s}^{-1}$ e as coordenadas do projétil em metros são,

$$x = 153{,}2t\ \text{m} \qquad y = 128{,}6t - 4{,}9t^2\ \text{m}.$$

Para $t = 20$ s, temos simplesmente $v_x = 153{,}2\ \text{m} \cdot \text{s}^{-1}$ e $v_y = -67{,}4\ \text{m} \cdot \text{s}^{-1}$. O fato de ser v_y negativo significa que o projétil está descendo. A velocidade é

$$v = \sqrt{v_x^2 + v_y^2} = 167{,}4\ \text{m} \cdot \text{s}^{-1}.$$

De modo semelhante, a posição de P é dada por $x = 3.064$m e $y = 612$ m. Observe que a altura do ponto A é 843,7 m, que o alcance $R = OB$ é 4.021 m, e que o tempo de trânsito entre O e B é 26,24 s.

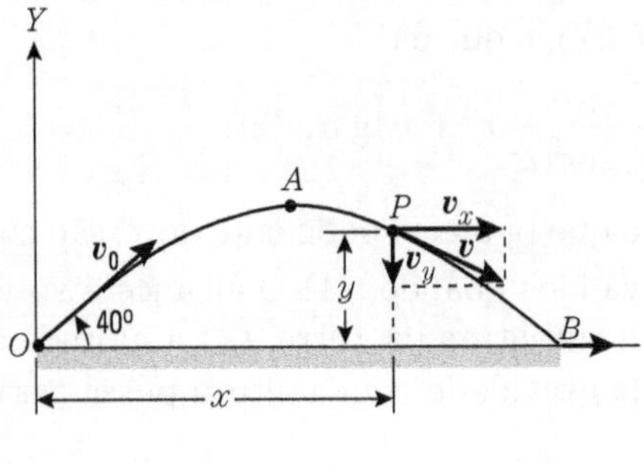

Figura 5.16 Velocidade no movimento de um projétil.

5.8 Componentes tangencial e normal da aceleração

Consideremos uma partícula descrevendo uma trajetória curva (Fig. 5.17). Para simplificar, admitiremos uma curva plana, embora os resultados que obteremos sejam válidos para movimentos ao longo de qualquer curva. No instante t, a partícula está em A, com velocidade $\boldsymbol{v}$ e aceleração $\boldsymbol{a}$. Visto que $\boldsymbol{a}$ está dirigida para a concavidade da trajetória, podemos decompô-la numa componente tangencial $\boldsymbol{a}_T$ – paralela à tangente AT e denominada aceleração tangencial – e numa componente normal $\boldsymbol{a}_N$ – paralela à normal AN e denominada aceleração normal. Cada uma dessas componentes tem um significado físico bem definido. Quando a partícula se move, o módulo da velocidade pode variar, e essa variação está relacionada com a aceleração tangencial. A direção da velocidade também varia, e essa variação está relacionada com a aceleração normal. Isto é:

Variação no módulo da velocidade: aceleração tangencial.

Variação na direção da velocidade: aceleração normal.

Representemos em A (Fig. 5.18) o vetor unitário $\boldsymbol{u}_T$ tangente à curva. A velocidade, de acordo com a Eq. (5.23), é expressa como $v = \boldsymbol{u}_T v$. Assim, a aceleração será

$$\boldsymbol{a} = \frac{dv}{dt} = \frac{d}{dt}(\boldsymbol{u}_T v) = \boldsymbol{u}_T \frac{dv}{dt} + \frac{d\boldsymbol{u}_T}{dt} v.$$

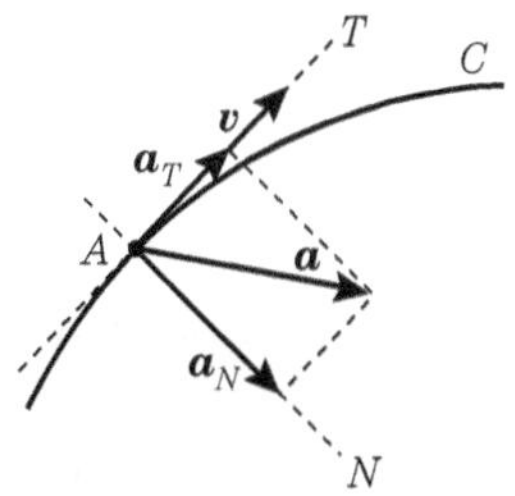

Figura 5.17 Acelerações tangencial e normal no movimento curvilíneo.

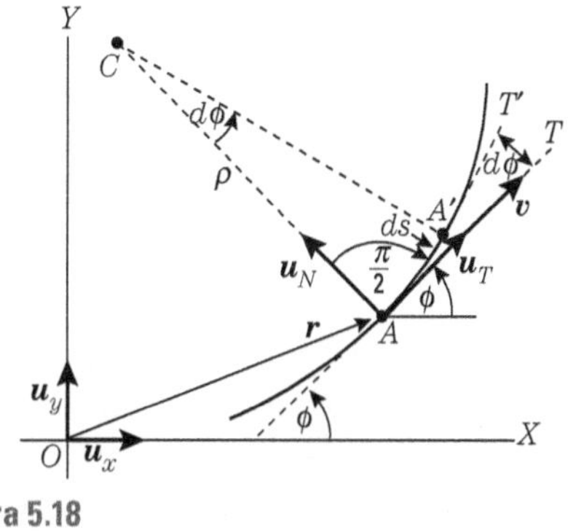

Figura 5.18

Se a trajetória fosse uma reta, o vetor $\boldsymbol{u}_T$ seria constante em módulo e direção, e $d\boldsymbol{u}_T/dt = 0$. Mas, quando a trajetória é curva, a direção de $\boldsymbol{u}_T$ varia ao longo da curva, dando um valor que não será nulo para $d\boldsymbol{u}_T/dt$. Continuando, devemos calcular $d\boldsymbol{u}_T/dt$. Vamos introduzir o vetor unitário $\boldsymbol{u}_N$, normal à curva e no sentido da concavidade. Sendo ϕ o ângulo que a tangente à curva em A faz com o eixo X usando a Eq. (3.9), podemos escrever

$$\boldsymbol{u}_T = \boldsymbol{u}_x \cos\phi + \boldsymbol{u}_y \operatorname{sen}\phi,$$

$$\boldsymbol{u}_N = \boldsymbol{u}_x \cos\left(\phi + \frac{\pi}{2}\right) + \boldsymbol{u}_y \operatorname{sen}\left(\phi + \frac{\pi}{2}\right)$$

$$= -\boldsymbol{u}_x \operatorname{sen}\phi + \boldsymbol{u}_y \cos\phi.$$

Então,

$$\frac{d\boldsymbol{u}_T}{dt} = -\boldsymbol{u}_x \operatorname{sen}\phi \frac{d\phi}{dt} + \boldsymbol{u}_y \cos\phi \frac{d\phi}{dt} = \boldsymbol{u}_N \frac{d\phi}{dt}.$$

Essa relação indica que du_T/dt é normal à curva. Agora,

$$\frac{d\phi}{dt}=\frac{d\phi}{ds}\frac{ds}{dt}=v\frac{d\phi}{ds},$$

onde $ds = AA'$ é o pequeno arco percorrido pela partícula no intervalo de tempo dt. As normais à curva em A e A' se interceptam no ponto C, denominado *centro de curvatura*. Introduzindo o raio de curvatura $\rho = CA$ e usando a Eq. (2.4), podemos escrever $ds = \rho\, d\phi$ ou $d\phi/ds = 1/\rho$. Então, $d\phi/dt = v/\rho$, e

$$\frac{d\boldsymbol{u}_T}{dt}=\boldsymbol{u}_N\frac{v}{\rho}. \tag{5.42}$$

Colocando esse resultado na expressão para dv/dt, obtemos, finalmente,

$$\boldsymbol{a}=\boldsymbol{u}_T\frac{dv}{dt}+\boldsymbol{u}_N\frac{v^2}{\rho}. \tag{5.43}$$

O primeiro termo $[\boldsymbol{u}_T\,(dv/dt)]$ é um vetor tangente à curva e é proporcional à variação no tempo do módulo da velocidade; esse termo corresponde à aceleração tangencial $\boldsymbol{a}_T$. O segundo termo $[\boldsymbol{u}_N(v^2/\rho)]$ é um vetor normal à curva e corresponde à aceleração normal $\boldsymbol{a}_N$. Esse termo está associado com a variação em direção, porquanto corresponde a $d\boldsymbol{u}_T/dt$. Para os módulos, podemos escrever

$$a_T=\frac{dv}{dt},\qquad a_N=\frac{v^2}{\rho}. \tag{5.44}$$

O módulo da aceleração no ponto A será então

$$a=\sqrt{a_T^2+a_N^2}=\sqrt{(dv/dt)^2+(v^4/\rho^2)}.$$

Se o movimento curvilíneo é uniforme (ou seja, se o módulo da velocidade permanece constante), v = constante, de modo que $a_T = 0$ não havendo, assim, aceleração tangencial. Por outro lado, se o movimento é retilíneo (ou seja, se a direção da velocidade não varia), o raio de curvatura é infinito ($\rho = \infty$), de modo que $a_N = 0$ não havendo, assim, aceleração normal. Devemos frisar que os resultados que obtivemos são válidos tanto para movimento plano como para movimento no espaço.

■ **Exemplo 5.9** Um disco D (Fig. 5.19) pode girar livremente em torno de um eixo horizontal que passa pelo seu centro. Uma corda é enrolada na periferia do disco e um corpo A, ligado à corda, é deixado cair sob a ação da gravidade. O movimento de A é uniformemente acelerado, mas, como veremos no Capítulo 10, sua aceleração é menor do que a da gravidade. No instante $t = 0$, a velocidade do corpo A é 0,04 m · s^{-1} e, após 2 segundos, A desce 0,2 m. Achar as acelerações tangencial e normal, em qualquer instante, de um ponto qualquer na periferia do disco.

Solução: Tomando-se a origem das coordenadas na posição ocupada pelo corpo no instante $t = 0$, a equação do movimento uniformemente acelerado de A é $x=v_0t+\frac{1}{2}at^2$. Mas, como sabemos que v_0 = 0,04 m · s^{-1}, temos

$$x=\left(0{,}04t+\tfrac{1}{2}at^2\right)\text{m}.$$

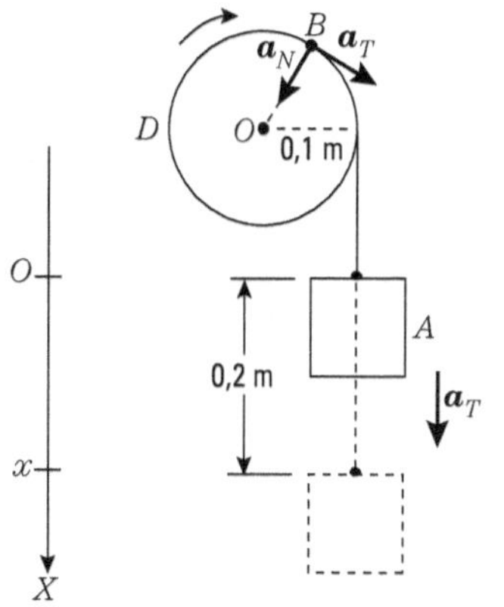

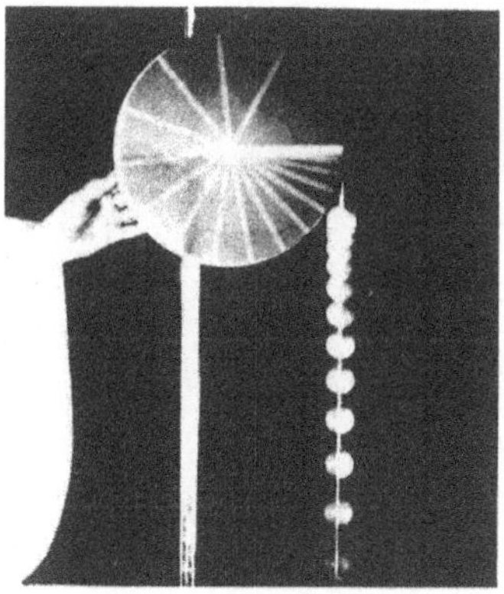
(b)

Figura 5.19 A fotografia de múltiplas exposições (b) mostra que a massa cai com movimento uniformemente acelerado (Verifique essa afirmação medindo diretamente na fotografia).

Para $t = 2s$, devemos ter $x = 0{,}2$ m. Assim, $a = 0{,}06 \text{ m} \cdot \text{s}^{-2}$. Isto é,

$$x = (0{,}04t + 0{,}03t^2)\text{m}.$$

Portanto a velocidade de A é

$$v = \frac{dx}{dt} = (0{,}04 + 0{,}06t)\,\text{m} \cdot \text{s}^{-1}.$$

Essa equação dá também a velocidade de qualquer ponto B na periferia do disco. A aceleração tangencial de B tem, então, o mesmo valor da aceleração de A,

$$a_T = \frac{dv}{dt} = 0{,}06 \text{ m} \cdot \text{s}^{-2},$$

enquanto, como $\rho = 0{,}1$ m, a aceleração normal de B é

$$a_N = \frac{v^2}{\rho} = \frac{(0{,}04 + 0{,}06t)^2}{0{,}1} = (0{,}016 + 0{,}048t + 0{,}036t^2)\,\text{m} \cdot \text{s}^{-2}.$$

A aceleração total do ponto B é, então, $a = \sqrt{a_T^2 + a_N^2}$.

5.9 Movimento circular: velocidade angular

Vamos considerar, agora, o caso especial em que a trajetória é uma circunferência, ou seja, o *movimento circular*. A velocidade v, sendo tangente à circunferência, será perpendicular ao raio $R = CA$. Quando medimos distâncias ao longo da circunferência a partir do ponto O, temos, pela Fig. 5.20, que $s = R\theta$, de acordo com a Eq. (2.5). Portanto, aplicando a Eq. (5.23), e considerando o fato de que R permanece constante, obtemos

$$v = \frac{ds}{dt} = R\frac{d\theta}{dt}. \qquad (5.45)$$

A grandeza

$$\omega = \frac{d\theta}{dt} \qquad (5.46)$$

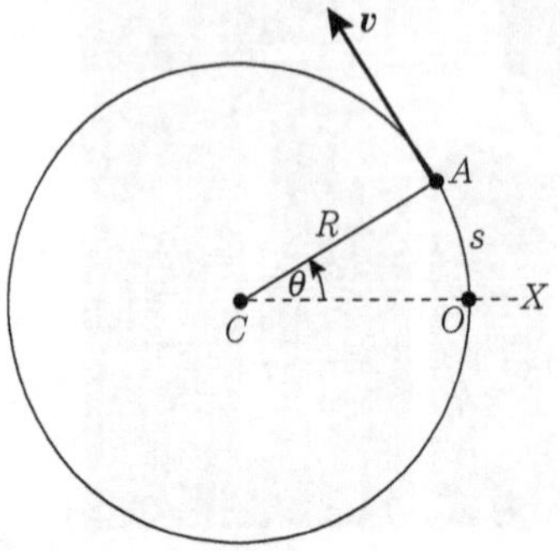

Figura 5.20 Movimento circular.

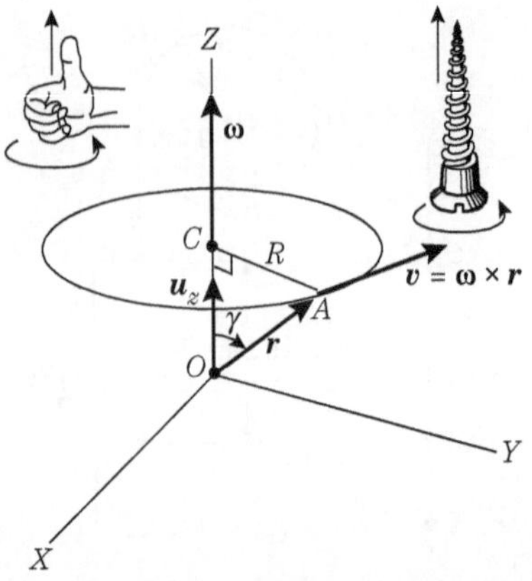

Figura 5.21 Relação vetorial entre velocidade angular, velocidade linear, e vetor posição no movimento circular.

é chamada *velocidade angular*, e é igual à variação do ângulo no tempo. Essa grandeza é expressa em radianos por segundo, rad · s^{-1}, ou simplesmente s^{-1}. Então,

$$v = \omega R. \tag{5.47}$$

A velocidade angular pode ser expressa como uma grandeza vetorial de direção perpendicular ao plano do movimento e de sentido coincidente com o do avanço de um saca-rolhas, com rosca à direita, que gira no mesmo sentido do movimento da partícula (Fig. 5.21). Nessa figura vemos que $R = r$ sen γ e que $\boldsymbol{\omega} = \boldsymbol{u}_z d\theta/dt$; portanto podemos escrever, em lugar da Eq. (5.47),

$$v = \omega r \text{ sen } \gamma,$$

o que indica que a relação que se segue vale em módulo, direção e sentido:

$$\boldsymbol{v} = \boldsymbol{\omega} \times \boldsymbol{r}. \tag{5.48}$$

Note que essa relação é válida somente para o movimento circular ou de rotação (movimento com r e γ constantes).

Um caso de interesse especial é o *movimento circular uniforme*; ou seja, movimento com ω = constante. Neste caso, o movimento é periódico e a partícula passa em cada ponto da circunferência a intervalos regulares de tempo. O *período P* é o tempo necessário para uma volta (ou revolução) completa e a *frequência* ν é o número de revoluções por unidade de tempo. Assim, se durante o intervalo de tempo t o número de revoluções da partícula é n, o período é $P = t/n$ e a frequência é $\nu = n/t$. Assim essas grandezas estão relacionadas pela seguinte expressão, de uso frequente,

$$\nu = \frac{1}{P}. \tag{5.49}$$

Quando o período é expresso em segundos, a frequência deve ser expressa em (segundos)$^{-1}$ ou s^{-1}, unidade esta chamada um *hertz*, e abreviada por Hz. O termo coloquial é revoluções por segundo (rps) em lugar de s^{-1} ou Hz. Essa unidade é chamada hertz em homenagem ao físico alemão H. R. Hertz (1857-1894), que foi o primeiro a provar, experimentalmente, a existência das ondas eletromagnéticas. Algumas vezes, a frequência de um movimento é expressa em revoluções por minuto (rpm), o que é o mesmo que dizer (minuto)$^{-1}$. Obviamente 1 min^{-1} = $\frac{1}{60}$Hz.

Os conceitos de período e frequência são aplicados a todos os processos periódicos que ocorrem em forma cíclica, isto é, àqueles processos que se repetem após cada ciclo ser completado. Por exemplo, o movimento da Terra ao redor do Sol não é circular nem uniforme, mas sim periódico. É um movimento que se repete cada vez que a Terra completa uma órbita. O *período* é o tempo necessário para completar um ciclo, e a *frequência* é o número de ciclos por segundo; um hertz corresponde a um ciclo por segundo.

Se ω é constante, a integração da Eq. (5.46) dá

$$\int_{\theta_0}^{\theta} d\theta = \int_{t_0}^{t} \omega\, dt = \omega \int_{t_0}^{t} dt \qquad \text{ou} \qquad \theta = \theta_0 + \omega(t - t_0).$$

Compare essa relação, que é válida para movimento circular uniforme, com a expressão, obtida no Ex. 5.2, para movimento retilíneo uniforme. Usualmente fazemos $\theta_0 = 0$ e $t_0 = 0$, o que dá

$$\theta = \omega t \qquad \text{ou} \qquad \omega = \frac{\theta}{t}. \tag{5.50}$$

Para uma revolução completa, $t = P$ e $\theta = 2\pi$, resultando

$$\omega = \frac{2\pi}{P} = 2\pi\nu. \tag{5.51}$$

■ **Exemplo 5.10** Calcular a velocidade angular da Terra em torno de seu eixo.

Solução: A primeira tendência de todo estudante seria, naturalmente, usar a Eq. (5.51) com $\omega = 2\pi/P$, e escrever, para o período P, o valor $8{,}640 \times 10^4$ s, correspondente a um dia solar médio. Entretanto, se procedêssemos dessa maneira, o resultado não seria correto. Consideremos o ponto P da Fig. 5.22 (fora de escala). Após a Terra completar uma revolução em torno de seu eixo polar, tempo correspondente a um dia sideral, ela estará em E' em razão do seu movimento de translação, e o ponto P estará em P'. Contudo, para completar um dia, a Terra terá ainda que girar de um ângulo γ até que o ponto esteja em P'', novamente de frente para o Sol. O período de revolução da Terra (dia sideral) é então pouco menor do que $8{,}640 \times 10^4$ s. Seu valor medido é

$$P = 8{,}616 \times 10^4 \text{ s},$$

ou seja, cerca de 240 s mais curto do que o dia solar médio. A velocidade angular da Terra é, então,

$$\omega = \frac{2\pi}{P} = 7{,}292 \times 10^{-5} \text{ rad} \cdot \text{s}^{-1}.$$

É relativamente simples estimar essa diferença de 240 s. A Terra descreve sua órbita completa em torno do Sol em 365 dias, significando que o ângulo γ correspondente a um dia é pouco menor do que 1° ou 0,01745 rad. O tempo decorrido para girar através desse ângulo com a velocidade angular dada aqui é, pela Eq. (5.50),

$$t = \frac{\theta}{\omega} = \frac{1{,}745 \times 10^{-2} \text{ rad}}{7{,}292 \times 10^{-5} \text{ rad} \cdot \text{s}^{-1}} = 239 \text{ s},$$

o qual está em excelente concordância com o resultado anterior.

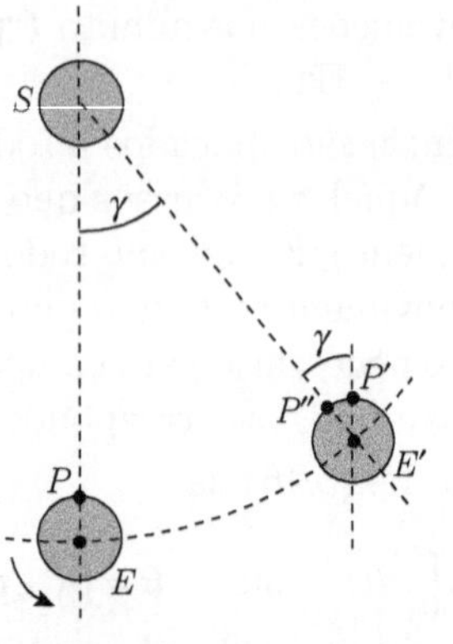

Figura 5.22 Dia sideral.

5.10 Movimento circular: aceleração angular

Quando a velocidade angular de uma partícula varia com o tempo, a aceleração angular é definida pelo vetor

$$\alpha = \frac{d\omega}{dt}. \tag{5.52}$$

Visto que o movimento circular é plano, a direção de ω permanece a mesma e a Eq. (5.52) também é válida para os módulos das grandezas. Isto é,

$$\alpha = \frac{d\omega}{dt} = \frac{d^2\theta}{dt^2}. \tag{5.53}$$

Quando a aceleração angular é constante (ou seja, quando o movimento circular é uniformemente acelerado), tem-se, por integração da Eq. (5.53),

$$\int_{\omega_0}^{\omega} d\omega = \int_{t_0}^{t} \alpha\, dt = \alpha \int_{t_0}^{t} dt$$

ou

$$\omega = \omega_0 + \alpha(t - t_0), \tag{5.54}$$

onde ω_0 é o valor de ω no instante t_0. Substituindo a Eq. (5.54) em (5.46), obtemos $d\theta/dt = \omega_0 + \alpha(t - t_0)$, e, integrando,

$$\int_{\theta_0}^{\theta} d\theta = \int_{t_0}^{t} \omega_0 dt + \alpha \int_{t_0}^{t} (t - t_0) dt,$$

de modo que

$$\theta = \theta_0 + \omega_0(t - t_0) + \tfrac{1}{2}\alpha(t - t_0)^2. \tag{5.55}$$

Essa relação fornece a posição angular em qualquer instante.

No caso particular do movimento circular, combinando as Eqs. (5.43) e (5.47) com a Eq. (5.53), obtemos, para a aceleração tangencial (ou transversal), a expressão

$$a_T = \frac{dv}{dt} = R\frac{d\omega}{dt} = R\frac{d^2\theta}{dt^2} = R\alpha, \tag{5.56}$$

e, para a aceleração normal (ou centrípeta), a expressão

$$a_N = \frac{v^2}{R} = \omega^2 R. \tag{5.57}$$

As componentes tangencial e normal da aceleração no movimento circular estão ilustradas na Fig. 5.23.

Note que, no movimento circular uniforme (sem aceleração angular, $\alpha = 0$), não há aceleração tangencial, mas sim aceleração normal ou centrípeta em virtude da mudança de direção da velocidade.

No caso de movimento circular uniforme, podemos obter a aceleração diretamente por meio da Eq. (5.48). Assim, como ω é constante e $d\boldsymbol{r}/dt = \boldsymbol{v}$, temos

$$\boldsymbol{a} = \frac{dv}{dt} = \omega \times \frac{d\boldsymbol{r}}{dt} = \omega \times v. \tag{5.58}$$

Usando novamente a Eq. (5.48), podemos escrever a aceleração na forma alternativa

$$\boldsymbol{a} = \omega \times (\omega \times \boldsymbol{r}). \tag{5.59}$$

Para o movimento circular e uniforme, a aceleração dada pela Eq. (5.58) ou (5.59) deve ser a aceleração centrípeta. Isso pode ser verificado muito facilmente. Na Fig. 5.24, vemos que o vetor $\omega \times \boldsymbol{v}$ está apontado para o centro da circunferência e que seu módulo é $|\omega \times v| = \omega v = \omega^2 R$, visto que ω e $\boldsymbol{v}$ são perpendiculares e que $v = \omega R$. Esse valor coincide com o resultado anterior.

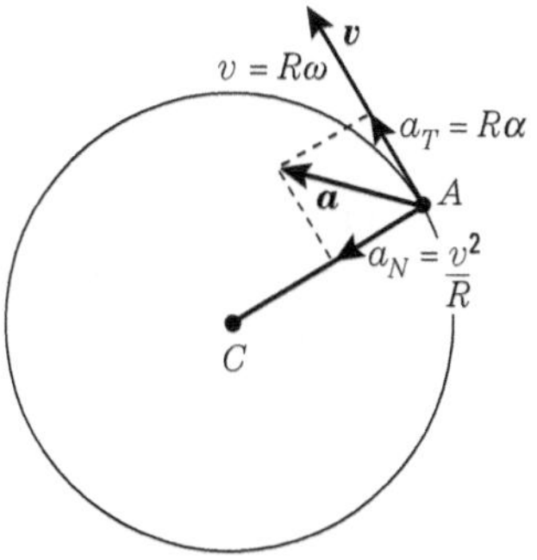

Figura 5.23 Acelerações tangencial e normal no movimento circular.

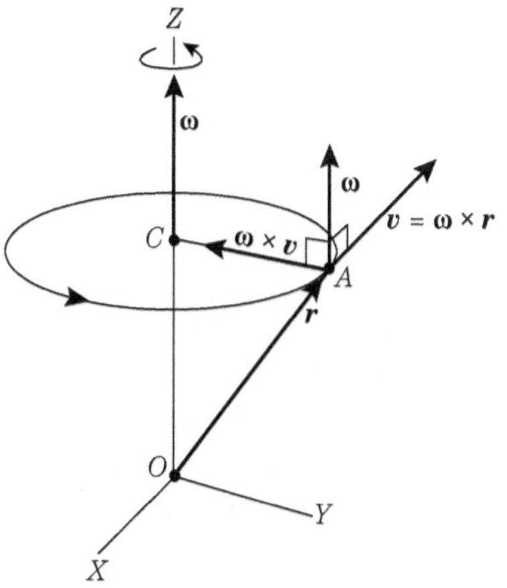

Figura 5.24

■ **Exemplo 5.11** A Terra gira uniformemente em torno de seu eixo, com velocidade angular $\omega = 7{,}292 \times 10^{-5}\ s^{-1}$. Achar, em termos da latitude, a velocidade e a aceleração de um ponto na superfície da Terra.

Solução: Em virtude do movimento de rotação da Terra, todos os pontos na sua superfície movem-se com movimento circular uniforme, A latitude do ponto A (Fig. 5.25) é definida como o ângulo λ, que o raio $r = CA$ faz com o raio CD no equador. Quando a Terra gira em torno de NS, um ponto como A descreve uma circunferência de centro B e raio $R = AB$, tal que

$$R = r \cos \lambda.$$

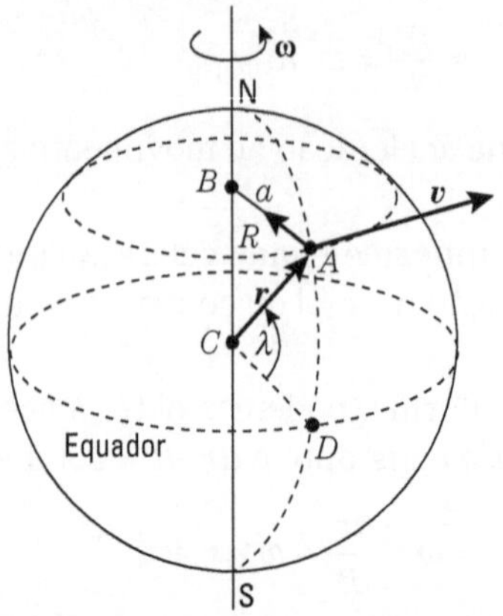

Figura 5.25 Velocidade e aceleração de um ponto sobre a Terra.

A velocidade de um ponto na superfície da Terra é tangente à circunferência, e, dessa forma, paralela ao equador. Seu módulo é dado pela Eq. 5.47, isto é,

$$v = \omega R = \omega r \cos \lambda.$$

A aceleração a é centrípeta porque o movimento é uniforme, e, assim, dirigida para B. Seu módulo, pela Eq. (5.57) é,

$$a = \omega^2 R = \omega^2 r \cos \lambda. \tag{5.60}$$

Substituindo os valores da velocidade angular ($\omega = 7{,}292 \times 10^{-5}\ \text{s}^{-1}$) e o raio da Terra ($r = 6{,}35 \times 10^6$ m), temos

$$v = 459 \cos \lambda\ (\text{m} \cdot \text{s}^{-2}),$$

e para a aceleração

$$a = 3{,}34 \times 10^{-2} \cos \lambda\ (\text{m} \cdot \text{s}^{-2}). \tag{5.61}$$

O valor máximo de v ocorre no equador, onde $v = 459\ \text{m} \cdot \text{s}^{-1}$ ou $1.652\ \text{km} \cdot \text{h}^{-1}$ ou cerca de $1.030\ \text{mi} \cdot \text{h}^{-1}$. Não sentimos os efeitos de tão alta velocidade porque estivemos sempre nos movendo com essa velocidade e nossos corpos e sentidos estão acostumados a ela. Entretanto notaríamos imediatamente uma variação nessa velocidade. De modo semelhante, o valor máximo da aceleração é $3{,}34 \times 10^{-2}\ \text{m} \cdot \text{s}^{-2}$, que é cerca de 0,3% do valor da aceleração devida à gravidade.

5.11 Movimento curvilíneo geral em um plano

Considere a Fig. 5.26, na qual uma partícula descreve uma trajetória curva e plana. Quando a partícula está em A, sua velocidade é dada por $\boldsymbol{v} = d\boldsymbol{r}/dt$. Usando os vetores unitários $\boldsymbol{u}_r$ (paralelo a $\boldsymbol{r}$) e $\boldsymbol{u}_\theta$ (perpendicular a $\boldsymbol{r}$), podemos escrever $\boldsymbol{r} = \boldsymbol{u}_r r$. Portanto

$$v = \frac{d\boldsymbol{r}}{dt} = \frac{d}{dt}(\boldsymbol{u}_r r) = \boldsymbol{u}_r \frac{dr}{dt} + \frac{d\boldsymbol{u}_r}{dt} r. \tag{5.62}$$

Utilizando as componentes retangulares dos dois vetores unitários,

$$\boldsymbol{u}_r = \boldsymbol{u}_x \cos \theta + \boldsymbol{u}_y \operatorname{sen} \theta \qquad \text{e} \qquad \boldsymbol{u}_\theta = -\boldsymbol{u}_x \operatorname{sen} \theta + \boldsymbol{u}_y \cos \theta,$$

vemos que

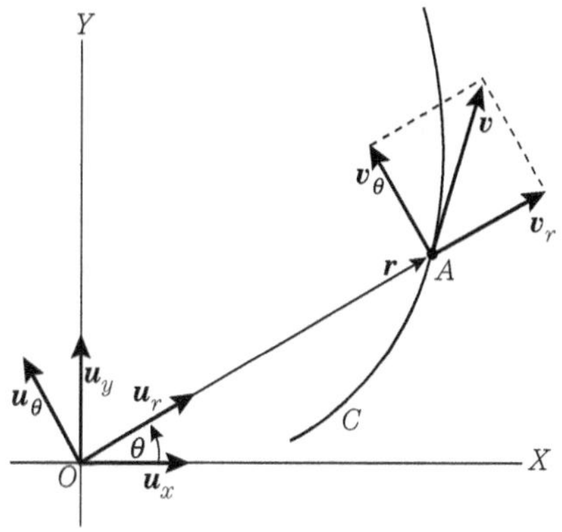

Figura 5.26

$$\frac{d\boldsymbol{u}_r}{dt} = -\boldsymbol{u}_x \operatorname{sen}\theta \frac{d\theta}{dt} + \boldsymbol{u}_y \cos\theta \frac{d\theta}{dt} = \boldsymbol{u}_\theta \frac{d\theta}{dt},$$

logo, podemos escrever a velocidade da partícula como

$$v = \boldsymbol{u}_r \frac{dr}{dt} + \boldsymbol{u}_\theta r \frac{d\theta}{dt}. \tag{5.63}$$

A primeira parte dessa equação $[\boldsymbol{u}_r(dr/dt)]$ é um vetor paralelo a $\boldsymbol{r}$, denominado *velocidade radial*; essa parte é devida à variação de r, distância da partícula à origem O. A segunda parte $[\boldsymbol{u}_\theta r(d\theta/dt)]$ é um vetor perpendicular a $\boldsymbol{r}$ e é devida à variação da direção de $\boldsymbol{r}$, ou à rotação da partícula em torno de O, essa parte é denominada *velocidade transversa. Escrevemos*

$$v_r = \frac{dr}{dt}, \qquad v_\theta = r\frac{d\theta}{dt} = \omega r, \tag{5.64}$$

porquanto $\omega = d\theta/dt$ é a velocidade angular neste caso. No movimento circular não há velocidade radial porque o raio é constante, isto é, $dr/dt = 0$, sendo então a velocidade inteiramente transversa, como podemos ver pela comparação da Eq. (5.45) com a segunda relação na Eq. (5.64).

Referências

CHRISTIE, D. E. *Vector mechanics*. New York: McGraw-Hill, 1964.

FEYNMAN, R. P.; LEIGHTON, R. B.; SANDS, M. L. *The Feynman lectures on physics*. v. I. Reading, Mass.: Addison-Wesley, 1963.

HOLTON, G.; ROLLER, D. H. D. *Foundations of modem physical science*. Reading, Mass.: Addison-Wesley, 1958.

HUDDLESTON, J. V. *Introduction to engineering mechanics*. Reading, Mass.: Addison--Wesley, 1961.

LINDSAY, R. B. *Physical mechanics*. New York: Van Nostrand, 1961.

MAGIE, W. F. *Source book in physics*. Cambridge, Mass.: Harvard University Press, 1963.

SEEGER, R. Aristotle's notion of speed. *Am. J. Phys.*, v. 31, n. 138, 1963.

SYMON, K. R. *Mechanics*. Reading, Mass.: Addison-Wesley, 1960.

WALLACH, H. The perception of motion. *Sci. Am.*, p. 56, July 1959.

Problemas

5.1 Um elétron atinge uma tela de TV com velocidade de $3 \times 10^6 \text{ m} \cdot \text{s}^{-1}$. Admitindo-se que o elétron percorreu a distância de 0,04 m, acelerado a partir do repouso, determine a sua aceleração média.

5.2 Um corpo, movendo-se com velocidade inicial de $3 \text{ m} \cdot \text{s}^{-1}$, é submetido a uma aceleração de $4 \text{ m} \cdot \text{s}^{-2}$, no mesmo sentido da velocidade. Qual a velocidade do corpo e a distância percorrida após 7 s? Resolva o mesmo problema para um corpo cuja aceleração tem sentido oposto ao da velocidade. Escreva a expressão do deslocamento em função do tempo.

5.3 Um avião, na decolagem, percorre 600 m em 15 s. Admitindo-se aceleração constante, calcule a velocidade de decolagem. Calcule também a aceleração em $\text{m} \cdot \text{s}^{-2}$.

5.4 Um automóvel, partindo do repouso, atinge a velocidade de $60 \text{ km} \cdot \text{h}^{-1}$ em 15 s. (a) Calcule a aceleração média em $\text{m} \cdot \text{min}^{-2}$ e a distância percorrida, (b) Admitindo-se que a aceleração é constante, determine quantos segundos a mais são necessários para o carro atingir a velocidade de $80 \text{ km} \cdot \text{h}^{-1}$. Qual a distância total percorrida?

5.5 Um carro, partindo do repouso, move-se com aceleração de $1 \text{ m} \cdot \text{s}^{-2}$ durante 15 s. Desliga-se então o motor, e o carro passa a ter um movimento retardado, devido ao atrito, durante 10 s, com aceleração de $5 \text{ cm} \cdot \text{s}^{-2}$. Em seguida, os freios são aplicados e o carro para após 5 s. Calcule a distância total percorrida pelo carro. Represente graficamente x, v, e a *versus* t.

5.6 Um corpo, em movimento retilíneo uniformemente acelerado, percorre 55 m em 2 s. Durante os 2 s seguintes, ele percorre 77 m. Calcule a velocidade inicial e a aceleração do corpo. Que distância ele percorre nos 4 s seguintes?

5.7 Um carro percorre a linha OX com movimento uniformemente acelerado. Nos instantes t_1 e t_2, suas posições são x_1 e x_2, respectivamente. Mostre que a aceleração do carro é $a = 2(x_2 t_1 - x_1 t_2)/t_1 t_2 (t_2 - t_1)$.

5.8 Um carro, partindo do repouso, mantém uma aceleração de $4 \text{ m} \cdot \text{s}^{-2}$ durante 4 s. Durante os 10 s seguintes ele tem um movimento uniforme. Quando os freios são aplicados, o carro passa a ter um movimento uniformemente retardado com aceleração de $8 \text{ m} \cdot \text{s}^{-2}$, até parar. Faça um gráfico da velocidade *versus* tempo e prove que a área limitada pela curva e pelo eixo dos tempos é igual à distância total percorrida.

5.9 Um motorista espera o sinal de trânsito abrir. Quando a luz verde acende, o carro é acelerado uniformemente durante 6 s, na razão de $2 \text{ m} \cdot \text{s}^{-2}$, após o que ele passa a ter velocidade constante. No instante em que o carro começou a se mover, ele foi ultrapassado por um caminhão, movendo-se no mesmo sentido, com velocidade uniforme de $10 \text{ m} \cdot \text{s}^{-1}$. Após quanto tempo e a que distância da posição de partida do carro os dois veículos se encontrarão novamente?

5.10 Um carro está se movendo a $45 \text{ km} \cdot \text{h}^{-1}$ quando o motorista nota que o sinal fechou. Se o tempo de reação do motorista é de 0,7 s, e o carro desacelera na razão de $7 \text{ m} \cdot \text{s}^{-2}$ tão logo se apliquem os freios, calcule a distância percorrida pelo carro desde o instante em que o motorista nota que o sinal fechou, até parar. "Tempo de reação" é o intervalo de tempo que vai do instante em que o motorista vê o sinal fechar, até o instante em que ele aplica os freios.

5.11 Dois carros, A e B, movem-se no mesmo sentido, com velocidades v_A e v_B, respectivamente. Quando o carro A está à distância d atrás de B, o motorista do carro A pisa no freio, o que causa uma desaceleração constante a. Demonstre que, para não haver colisão entre A e B, é necessário que $v_A - v_B > \sqrt{2ad}$.

5.12 Dois carros, A e B, movem-se no mesmo sentido. Quando $t = 0$, suas respectivas velocidades são $1\ m \cdot s^{-1}$ e $3\ m \cdot s^{-1}$, e suas respectivas acelerações são $2\ m \cdot s^{-2}$ e $1\ m \cdot s^{-2}$. Se no instante $t = 0$ o carro A está 1,5 m à frente do carro B, determine o instante em que eles estarão lado a lado.

5.13 Um corpo percorre uma trajetória retilínea de acordo com a lei $x = 16t - 6t^2$, onde x é medido em metros e t em segundos. (a) Determine a posição do corpo no instante $t = 1$ s. (b) Em quais instantes o corpo passa pela origem? (c) Calcule a velocidade média para o intervalo de tempo $0 < t < 2$ s. (d) Obtenha a expressão geral da velocidade média para o intervalo $t_0 < t < (t_0 + \Delta t)$. (e) Calcule a velocidade instantânea num instante qualquer. (f) Calcule a velocidade instantânea no instante $t = 0$. (g) Em quais instantes e posições a velocidade do corpo é nula? (h) Obtenha a expressão geral da aceleração média para o intervalo de tempo $t_0 < t < (t_0 + \Delta t)$. (i) Obtenha a expressão geral para a aceleração instantânea num instante qualquer. (j) Em quais instantes a aceleração instantânea é nula? (k) Represente, utilizando um só par de eixos, x *versus* t, v *versus* t, e a *versus* t. (1) Em quais instantes o movimento é acelerado e em quais ele é retardado?

5.14 Um corpo move-se ao longo de uma reta de acordo com a lei $v = t^3 + 4t^2 + 2$. Se $x = 4$ m quando $t = 2$ s, determine o valor de x quando $t = 3$ s. Determine também a aceleração.

5.15 A aceleração de um corpo com movimento retilíneo é dada por $a = 4 - t^2$, onde a é em $m \cdot s^{-2}$ e t em segundos. Obtenha as expressões para a velocidade e para o deslocamento como funções de tempo, sabendo-se que, quando $t = 3$ s, $v = 2\ m \cdot s^{-1}$ e $x = 9$ m.

5.16 Um corpo move-se ao longo de uma reta. Sua aceleração é dada por $a = -2x$, onde x é expresso em metros e a em $m \cdot s^{-2}$. Obtenha a relação entre a velocidade e a distância, sabendo-se que, quando $x = 0$, $v = 4 m \cdot s^{-1}$.

5.17 A aceleração de um corpo com movimento retilíneo é dada por $a = -Kv^2$, onde K é uma constante. Sabendo-se que, quando $t = 0$, $x = x_0$ e $v = v_0$, obtenha a velocidade e o deslocamento como funções do tempo. Obtenha também v como função de x.

5.18 Para um corpo em movimento retilíneo, cuja aceleração é dada por $a = 32 - 4v$ (as condições iniciais são $x = 0$ e $v = 4$ para $t = 0$), obtenha v como função de t, x como função de t e x como função de v.

5.19 A posição de um corpo em termos do tempo é dada na Fig. 5.27. Indicar: (a) onde o movimento tem o sentido positivo do eixo X e onde ele tem o sentido negativo; (b) quando o movimento é acelerado e quando ele é retardado; (c) quando o corpo passa pela origem; e (d) quando a velocidade é zero. Fazer um esboço da velocidade e da aceleração como funções do tempo. Estimar, a partir do gráfico, a velocidade média entre (a) $t = 1$ s e $t = 3$ s, (b) $t = 1$ s e $t = 2,2$ s, (c) $t = 1$ s e $t = 1,8$ s.

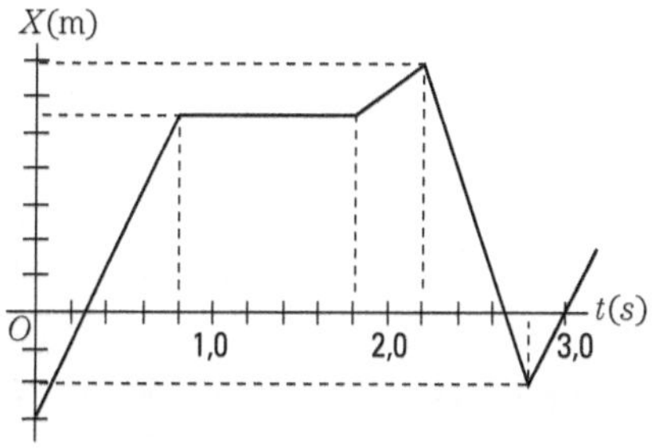

Figura 5.27

5.20 Uma pedra cai de um balão que desce em movimento uniforme com velocidade de 12 m · s^{-1}. Calcule a velocidade e a distância percorrida pela pedra em 10 s. Resolva o mesmo problema para o caso de um balão subindo com a mesma velocidade.

5.21 Uma pedra é lançada verticalmente para cima com uma velocidade de 20 m · s^{-1}. Em que instante sua velocidade será 6 m · s^{-1} e qual a sua altitude nessa situação?

5.22 Uma pedra é lançada verticalmente do fundo de um poço, cuja profundidade é 30 m. com uma velocidade inicial de 80 m · s^{-1}. Depois de quanto tempo a pedra atinge a saída do poço e qual a sua velocidade nessa posição? Discuta todas as respostas possíveis.

5.23 Um homem, de cima de um edifício, lança uma bola verticalmente para cima com velocidade de 10 m · s^{-1}. A bola atinge a rua 4,25 s depois. Qual a altura máxima atingida pela bola? Qual a altura do edifício? Com que velocidade a bola atinge a rua?

5.24 Um corpo, caindo, percorre 224 m durante o último segundo de seu movimento. Admitindo-se que o corpo tenha partido do repouso, determine a altura da qual o corpo caiu e o tempo de queda.

5.25 Uma pedra é lançada verticalmente para cima, do topo de um edifício, com velocidade de 29,4 m · s^{-1}. Decorridos 4 s, deixa-se cair outra pedra. Prove que a primeira pedra passará pela segunda 4 s após a segunda haver sido solta.

5.26 No mesmo instante em que se deixa cair um corpo, um segundo corpo é lançado para baixo com uma velocidade inicial de 100 cm · s^{-1}. Quando a distância entre os dois corpos será de 18 m?

5.27 Dois corpos são lançados verticalmente para cima com a mesma velocidade inicial de 100 m · s^{-1}, mas em instantes que diferem de 4 s. Após quanto tempo, desde o lançamento do primeiro, os dois corpos vão se encontrar?

5.28 Deixa-se cair um corpo livremente. Mostre que a distância percorrida por ele durante o n-ésimo segundo é $\left(n - \frac{1}{2}\right) g\ \mathrm{s}^2$.

5.29 Deixa-se cair uma pedra do topo de um edifício. O som da pedra ao atingir a rua é ouvido 6,5 s depois. Sendo a velocidade do som 350 m · s^{-1}, calcule a altura do edifício.

5.30 Calcule a velocidade angular de um disco que gira com movimento uniforme de 13,2 rad em cada 6 s. Calcule, também, o período e a frequência do movimento.

5.31 Quanto tempo leva o disco do problema anterior para (a) girar de um ângulo de 780°, e para (b) completar 12 revoluções?

5.32 Calcule a velocidade angular dos três ponteiros de um relógio.

5.33 Calcule a velocidade angular, a velocidade linear, e a aceleração centrípeta da Lua, considerando-se que a Lua leva 28 dias para fazer uma revolução completa, e que a distância da Terra à Lua é 38,4 × 10^4 km.

5.34 Calcule (a) o módulo da velocidade e (b) a aceleração centrípeta da Terra em movimento ao redor do Sol. O raio da órbita terrestre é 1,49 × 10^{11} m e o seu período de revolução é 3,16 × 10^7 s.

5.35 Calcule o módulo da velocidade e a aceleração centrípeta do Sol em movimento na Via-láctea. O raio da órbita do Sol é 2,4 × 10^{20} m e o seu período de revolução é 6,3 × 10^{15} s.

5.36 Um volante com diâmetro de 3 m gira a 120 rpm. Calcule: (a) a sua frequência, (b) o seu período, (c) a sua velocidade angular, e (d) a velocidade linear de um ponto na sua periferia.

5.37 A velocidade angular de um volante aumenta uniformemente de 20 rad · s^{-1} a 30 rad · s^{-1} em 5 s. Calcule a aceleração angular e o ângulo total através do qual o volante gira nesse intervalo de tempo.

5.38 Um volante de diâmetro igual 8 pés tem uma velocidade angular que decresce uniformemente de 100 rpm no instante $t = 0$, e de zero no instante $t = 4$ s. Calcule as acelerações normal e tangencial de um ponto na periferia do volante, no instante $t = 2$ s.

5.39 Um elétron, cuja velocidade é $4{,}0 \times 10^5$ m · s^{-1}, fica sob a ação de um campo magnético que o leva a descrever uma trajetória circular de raio igual a 3,0 m. Calcule a aceleração centrípeta do elétron.

5.40 Um corpo, inicialmente em repouso ($\theta = 0$ e $\omega = 0$, para $t = 0$), é acelerado numa trajetória circular de raio 1,3 m, segundo a equação $\alpha = 120t^2 - 48t + 16$. Determine a posição angular e a velocidade angular do corpo como funções do tempo, e as componentes tangencial e centrípeta de sua aceleração.

5.41 Um ponto descreve uma circunferência de acordo com a lei $s = t^3 + 2t^2$, onde s é medido em metros ao longo da circunferência e t em segundos. Se a aceleração total do ponto é $16\sqrt{2}\ \text{m}\cdot\text{s}^{-2}$ quando $t = 2$ s, calcule o raio da circunferência.

5.42 Uma partícula descreve uma circunferência de acordo com a lei $\theta = 3t^2 + 2t$, onde θ é medido em radianos e t em segundos. Calcule a velocidade angular e a aceleração angular da partícula para $t = 4$ s.

5.43 Uma roda, partindo do repouso, é acelerada de tal modo que sua velocidade angular, crescendo uniformemente, atinge 200 rpm em 6s. Após girar durante algum tempo com essa velocidade, os freios são aplicados e ela para após 5 s. Se o número total de revoluções da roda é 3.100, calcule o tempo total de rotação.

5.44 Na Fig. 5.28, a haste BC, oscila em virtude da ação da haste AD. O ponto A está ligado à periferia de um volante com diâmetro de 9 pol, que gira com velocidade angular de 60 rpm e com aceleração angular de 6 rad · s^{-2}. Calcule: (a) a velocidade linear no ponto D, (b) a velocidade angular de BC, (c) as acelerações tangencial e normal do ponto C, (d) a aceleração angular de BC, e (e) a aceleração tangencial em D.

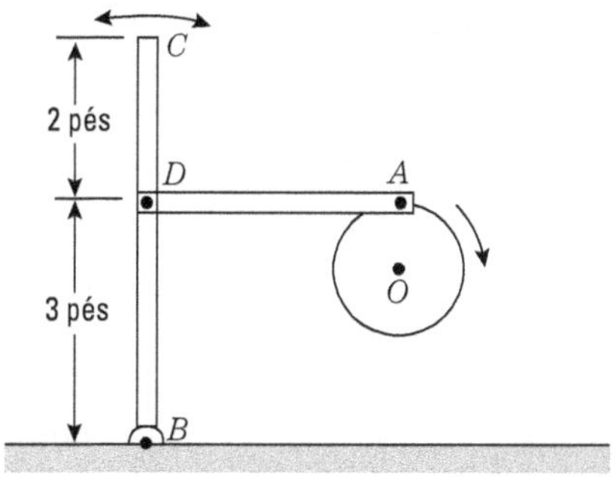

Figura 5.28

5.45 Um volante com um raio de 4 m gira em torno de um eixo horizontal por meio de uma corda, enrolada a sua periferia, que tem, em sua extremidade livre, um peso. Uma vez que a distância vertical percorrida pelo peso é dada pela equação $x = 40t^2$, onde x é medido em metros e t em segundos, calcule a velocidade e a aceleração do volante num instante qualquer.

5.46 A posição angular de uma partícula que se move ao longo de uma circunferência com raio de 5 pés é dada pela expressão $\theta = 3t^2$, onde θ é dado em radianos e t em segundos. Calcule as acelerações tangencial, normal e total da partícula no instante $t = 0{,}5$ s.

5.47 A roda A (Fig. 5.29), cujo raio é 30 cm, parte do repouso aumentando uniformemente sua velocidade angular na razão de $0{,}4\pi$ rad · s^{-1} por segundo. A roda A transmite seu movimento à roda B por meio da correia C. Obtenha a relação entre as velocidades angulares e os raios das duas rodas. Calcule o tempo necessário para a roda B atingir uma velocidade angular de 300 rpm.

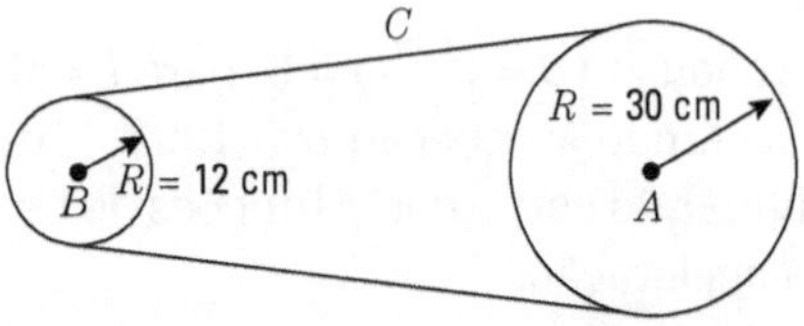

Figura 5.29

5.48 Uma bola, movendo-se inicialmente para o norte a 300 cm · s^{-1}, fica, durante 40 s, sob a ação de uma força que causa uma aceleração de 10 cm · s^{-2} para leste. Determine: (a) o módulo e a direção da velocidade final da bola; (b) a equação de sua trajetória; (c) a distância entre a posição inicial e a posição final da bola no intervalo de tempo 40 s; e (d) o deslocamento sofrido pela bola no intervalo de tempo de 40 s.

5.49 Um trem está com a velocidade de 72 km · h^{-1}, no instante que uma lanterna desprende-se de um ponto situado na sua traseira e a 4,9 m acima do solo. Calcule a distância percorrida pelo trem no intervalo de tempo que a lanterna leva para atingir o solo. Onde cai a lanterna, em relação ao trem e em relação aos trilhos? Quais as trajetórias da lanterna relativas ao trem e aos trilhos?

5.50 Um carro percorre uma curva plana de tal modo que suas coordenadas retangulares, como funções do tempo, são dadas por $x = 2t^3 - 3t^2$, $y = t^2 - 2t + 1$. Admitindo t como dado em segundos e x em metros, calcule (a) a posição do carro quando $t = 1$ s, (b) as componentes retangulares da velocidade num instante qualquer, (c) as componentes retangulares da velocidade para $t = 1$ s, (d) a velocidade num instante qualquer, (e) a velocidade para $t = 0$ s, (f) o instante em que a velocidade é zero, (g) as componentes retangulares da aceleração num instante qualquer, (h) as componentes retangulares da aceleração para $t = 1$ s, (i) a aceleração num instante qualquer, (j) a aceleração para $t = 0$ e (k) o instante em que a aceleração é paralela ao eixo Y.

5.51 Um jogador de *baseball* dá uma tacada, imprimindo à bola uma velocidade de 48 pés · s^{-1} que forma, com a horizontal, um ângulo de 30° para cima. Um segundo jogador, distanciado 100 pés do primeiro e no mesmo plano da trajetória da bola, começa a correr no instante da tacada. Sabendo-se que o segundo jogador é capaz de alcançar uma bola até a altura de 8 pés acima do solo, e que, no instante da tacada, a bola estava a 3 pés de altura, calcule a velocidade mínima que deve ter o jogador para pegar a bola. Qual a distância que o segundo jogador tem de correr?

5.52 As coordenadas de uma partícula móvel são dadas por $x = t^2$, $y = (t - 1)^2$. Calcule a velocidade média e a aceleração média da partícula no intervalo de tempo entre t e $t + \Delta t$. Aplique os resultados ao caso em que $t = 2$s e $\Delta t = 1$ s, e compare com os valores da velocidade e da aceleração no instante $t = 2$ s. Represente graficamente todos os vetores em questão.

5.53 A posição de uma partícula no instante t é dada por $x = A$ sen ωt. Obtenha a velocidade e a aceleração da partícula como funções de t e de x.

5.54 Um ponto move-se com velocidade constante de 3 pés · s^{-1}. A direção da velocidade faz um ângulo de $(\pi/2)t$ rad com sentido positivo do eixo OX. Se $x = y = 0$ quando $t = 0$, obtenha a equação da trajetória da partícula.

5.55 As coordenadas de um corpo são $x = t^2$, $y = (t - 1)^2$. (a) Obtenha a equação cartesiana da trajetória. (*Sugestão:* eliminar t nas duas equações acima.) (b) Faça um gráfico da trajetória. (c) Em que instante a velocidade é mínima? (d) Calcule as coordenadas quando a velocidade é 10 m · s^{-1}. (e) Calcule as acelerações tangencial e normal num instante qualquer. (f) Calcule as acelerações tangencial e normal quando $t = 1$ s.

5.56 Uma partícula se move ao longo da parábola $y = x^2$ de tal modo que, em qualquer instante, $v_x = 3$ pés · s^{-1}. Calcule, para a partícula no ponto $x = \frac{2}{3}$ pés, módulo e direção da velocidade, e também a aceleração.

5.57 As coordenadas de um corpo são $x = 2$ sen ωt, $y = 2$ cos ωt onde x e y são em centímetros. (a) Obtenha a equação cartesiana da trajetória. (b) Calcule o valor da velocidade num instante qualquer. (c) Calcule as componentes tangencial e normal da aceleração num instante qualquer. Identifique o tipo de movimento descrito pelas equações apresentadas aqui.

5.58 Se as coordenadas de um corpo são $x = at$, $y = b$ sen at, demonstre que o valor da aceleração é proporcional à distância do corpo ao eixo X. Represente a trajetória.

5.59 Um ponto move-se no plano XY de tal modo que $v_x = 4t^3 + 4t$, $v = 4t$. Se para $t = 0$, $x = 1$ e $y = 2$, obtenha a equação cartesiana da trajetória.

5.60 Um ponto move-se no plano XY segundo a lei $a_x = -4$ sen t, $a_x = 3$ cos t. Sabe-se que para $t = 0$, $x = 0$, $y = 3$, $v_x = 4$, $v_y = 0$. Determine (a) a equação da trajetória e (b) o valor da velocidade quando $t = \pi/4$ s.

5.61 Um projétil é disparado com velocidade de 600 m · s^{-1}, num ângulo de 60° com a horizontal. Calcule (a) o alcance horizontal, (b) a altura máxima, (c) a velocidade e a altura 30 s após o disparo, (d) a velocidade e o tempo decorrido quando o projétil está a 10 km de altura.

5.62 Um avião de bombardeio voa horizontalmente com velocidade de 180 km · h^{-1} na altitude de 1,2 km. (a) Quanto tempo antes de o avião sobrevoar o alvo ele deve lançar uma bomba? (b) Qual a velocidade da bomba quando ela atinge o solo? (c) Qual a velocidade da bomba quando ela está a 200 m de altura? (e) Qual o ângulo que a velocidade da bomba forma com o solo ao atingi-lo? (f) Qual a distância horizontal percorrida pela bomba?

5.63 Um projétil é disparado num ângulo de 35° com a horizontal. Ele atinge o solo a 4 km do ponto do disparo. Calcule (a) a velocidade inicial, (b) o tempo de trânsito do projétil, (c) a altura máxima, (d) a velocidade no ponto de altura máxima.

5.64 Uma metralhadora está situada no topo de um rochedo a uma altura de 120 m. Ela dispara um projétil com velocidade de 250 m · s^{-1}, a um ângulo de 30° acima da horizontal. Calcule o alcance (distância horizontal desde a base do rochedo) da metralhadora. Um carro avança diretamente para o rochedo a 40 km · h^{-1} seguindo uma estrada horizontal. Para que o carro seja atingido, a que distância ele deve estar do rochedo, no instante em que a metralhadora começa a disparar? Repeta o problema para um ângulo de tiro abaixo da horizontal. Repeta o problema para o carro afastando-se do rochedo.

5.65 Uma arma é colocada na base de uma colina, cuja inclinação com a horizontal é ϕ. Se a arma está inclinada em um ângulo α com a horizontal, e a velocidade de disparo é v_0, calcule a distância, medida *ao longo da colina*, da arma ao ponto de queda do projétil.

5.66 Um avião voa horizontalmente na altitude h com velocidade v. No instante em que está verticalmente acima de um canhão antiaéreo, ele é atingido. Calcule a velocidade mínima v_0 e o ângulo de disparo α do projétil, para que um avião seja atingido nessas circunstâncias.

5.67 Uma metralhadora dispara um projétil com uma velocidade de 220 m · s^{-1}. Determine o ângulo de disparo para que o projétil atinja um alvo da altura 6 m, à distância de 150 m.

5.68 Calcule o raio de curvatura no ponto mais alto da trajetória de um projétil cuja velocidade de disparo forma um ângulo a com a horizontal.

5.69 Um caçador mira um esquilo que está sobre um galho de árvore. No instante do disparo, o esquilo se solta do galho. Mostre que o esquilo não deveria ter se soltado, se pretendia continuar vivo.

5.70 Um avião voa horizontalmente na altitude de 1 km com a velocidade de 200 km · h^{-1}. Ele deixa cair uma bomba sobre um navio que se move no mesmo sentido e com a velocidade de 20 km · h^{-1}. Prove que a bomba deve ser lançada quando a distância entre o avião e o navio é de 730 m. Resolva o mesmo problema para o caso de o avião e o navio terem movimentos de sentidos contrários.

5.71 Prove que, para movimento plano com aceleração constante a, as seguintes relações são satisfatórias:

$$v^2 = v_0 + 2\boldsymbol{a} \cdot (\boldsymbol{r} - \boldsymbol{r}_0)$$

e

$$\boldsymbol{r} = \tfrac{1}{2}(\boldsymbol{v} + \boldsymbol{v}_0)t.$$

5.72 Uma roda de raio R rola com velocidade constante v_0 ao longo de um plano horizontal. Prove que a posição de qualquer ponto em sua periferia é dada pelas equações $x = R(\omega t - \text{sen}\ \omega t)$ e $y = R\ (1 - \cos \omega t)$, onde $\omega = v_0/R$ é a velocidade angular da roda e t é o tempo medido desde o instante em que o ponto está em contato com o plano. Obtenha as componentes da velocidade e da aceleração do ponto.

5.73 Uma roda de raio R rola ao longo de um plano horizontal. Prove que, em cada instante, a velocidade de cada ponto é perpendicular à reta que une o ponto com o ponto de contato da roda com o plano. Se ρ é a distância entre esses pontos, prove que o módulo da velocidade do ponto móvel é $\omega\rho$. O que se pode concluir desses resultados?

5.74 Use o método explicado na Seç. 5.11 para provar que

$$d\boldsymbol{u}_\theta/dt = -\boldsymbol{u}_r\, d\theta/dt.$$

5.75 Mostre que as componentes da aceleração, segundo os vetores unitários $\boldsymbol{u}_r$ e $\boldsymbol{u}_\theta$ (Fig. 5.26), são

$$a_r = \frac{d^2r}{dt^2} - r\left(\frac{d\theta}{dt}\right)^2, \quad a_\theta = 2\frac{dr}{dt}\frac{d\theta}{dt} + r\frac{d^2\theta}{dt^2}.$$

[*Sugestão:* usar a expressão (5.63) para a velocidade e levar em conta os valores de $d\boldsymbol{u}_r/dt$ e $d\boldsymbol{u}_\theta/dt$.]

6 Movimento relativo

6.1 Introdução

Mostramos no capítulo anterior que o movimento é um conceito relativo que deve ser sempre referido a um referencial específico, escolhido pelo observador. Desde que diferentes observadores podem usar diferentes referências, é importante saber como relacionar suas observações. Por exemplo, na maioria as observações realizadas na Terra são referidas a referenciais ligados à Terra e que se movem com ela. Os astrônomos preferem referir o movimento de um corpo celeste às chamadas *estrelas fixas*. Em física atômica, o movimento dos elétrons é determinado relativamente ao núcleo. Um experimentador normalmente escolhe um referencial em relação ao qual as tomadas de dados e a análise sejam feitas mais facilmente.

Durante séculos, físicos e filósofos discutiram a possibilidade de definir-se um *referencial absoluto* em repouso relativamente ao espaço *vazio*. Quando se admitiu o espaço vazio ocupado por uma substância imaginária chamada *éter*, possuindo propriedades um tanto contraditórias e impossíveis, o referencial absoluto foi definido como um referencial em repouso relativo ao éter. Entretanto, uma vez que se abandonou a ideia artificial e desnecessária de éter, tornou-se impossível definir tal referencial absoluto, visto que no espaço vazio não há elementos que possam servir de pontos de referência. Neste capítulo, mostraremos a irrelevância dessa discussão para definir-se um referencial absoluto.

6.2 Velocidade relativa

Consideremos dois objetos, A e B, e um observador O, que usa como referencial os eixos XYZ (Fig. 6.1). As velocidades de A e B relativas a O são:

$$\boldsymbol{V}_A = \frac{d\boldsymbol{r}_A}{dt}, \qquad \boldsymbol{V}_B = \frac{d\boldsymbol{r}_B}{dt}. \tag{6.1}$$

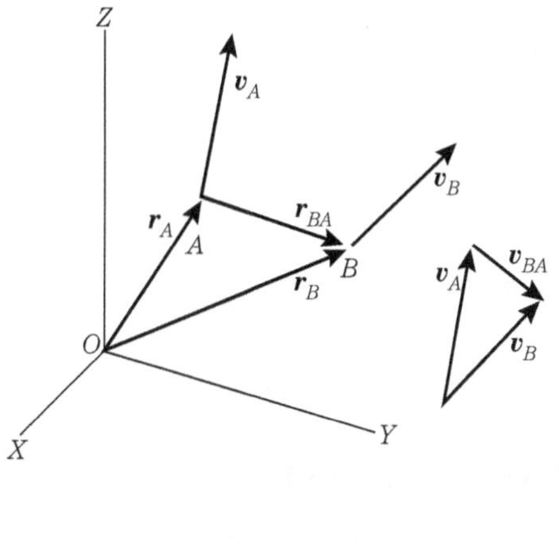

Figura 6.1 Definição de velocidade relativa.

A velocidade de B relativa a A, e a de A relativa a B são definidas por:

$$\boldsymbol{V}_{BA} = \frac{d\boldsymbol{r}_{BA}}{dt}, \qquad (6.2)$$
$$\boldsymbol{V}_{AB} = \frac{d\boldsymbol{r}_{AB}}{dt}.$$

onde

$$\boldsymbol{r}_{BA} = \overrightarrow{AB} = \boldsymbol{r}_B - \boldsymbol{r}_A, \qquad (6.3)$$
$$\boldsymbol{r}_{AB} = \overrightarrow{BA} = \boldsymbol{r}_A - \boldsymbol{r}_B.$$

Note-se que, sendo $\boldsymbol{r}_{AB} = -\boldsymbol{r}_{BA}$, temos

$$\boldsymbol{V}_{BA} = -\boldsymbol{V}_{AB}. \qquad (6.4)$$

Em outras palavras, a velocidade de B relativa a A tem o mesmo módulo da velocidade de A relativa a B, e sentido contrário. Tomando a derivada da Eq. (6.3) em relação ao tempo, obtemos:

$$\frac{d\boldsymbol{r}_{BA}}{dt} = \frac{d\boldsymbol{r}_B}{dt} - \frac{d\boldsymbol{r}_A}{dt}, \qquad \frac{d\boldsymbol{r}_{AB}}{dt} = \frac{d\boldsymbol{r}_A}{dt} - \frac{d\boldsymbol{r}_B}{dt}$$

ou, usando as Eqs. (6.1) e (6.2), temos

$$\boldsymbol{V}_{BA} = \boldsymbol{V}_B - \boldsymbol{V}_A, \qquad \boldsymbol{V}_{AB} = \boldsymbol{V}_A - \boldsymbol{V}_B. \qquad (6.5)$$

Assim, para se obter a velocidade relativa de dois corpos, deve-se subtrair suas velocidades relativas ao observador. Tomando, ainda, a derivada da Eq. (6.5), temos:

$$\frac{d\boldsymbol{V}_{BA}}{dt} = \frac{d\boldsymbol{V}_B}{dt} - \frac{d\boldsymbol{V}_A}{dt},$$

com uma expressão semelhante para dV_{AB}/dt. O primeiro termo é chamado aceleração de B relativa a A, sendo designado por $\boldsymbol{a}_{BA}$. Os outros dois termos são, respectivamente, as acelerações de B e de A relativas a $\boldsymbol{O}$. Portanto:

$$\boldsymbol{a}_{BA} = \boldsymbol{a}_B - \boldsymbol{a}_A \quad \text{e} \quad \boldsymbol{a}_{AB} = \boldsymbol{a}_A - \boldsymbol{a}_B. \qquad (6.6)$$

■ **Exemplo 6.1** Um avião A (Fig. 6.2) voa para N a 300 km · h^{-1} com relação ao solo. Durante isso, outro avião B voa na direção N 60° W a 200 km · h^{-1} com relação ao solo. Calcular a velocidade de A relativa a B e a de B relativa a A.

Solução: Na Fig. 6.2, as velocidades dos aviões A e B relativas ao solo estão representadas à esquerda. À direita, temos a velocidade de A relativa a B, isto é, $\boldsymbol{V}_{AB} = \boldsymbol{V}_A - \boldsymbol{V}_B$, e *a de B* relativa a A, isto é, $\boldsymbol{V}_{BA} = \boldsymbol{V}_B - \boldsymbol{V}_A$. Podemos notar que $\boldsymbol{V}_{AB} = -\boldsymbol{V}_{BA}$, como deve ser, de acordo com a Eq. (6.4).

Para achar $\boldsymbol{V}_{AB}$, usamos a Eq. (3.6), notando que o ângulo $\boldsymbol{\theta}$ entre $\boldsymbol{V}_A$ e $\boldsymbol{V}_B$ é de 60°. Assim,

$$V_{AB} = \sqrt{300^2 + 200^2 - 2 \times 300 \times 200 \times \cos 60^\circ} = 264{,}6 \text{ km} \cdot \text{h}^{-1}.$$

obtemos a direção de V_{AB}, utilizando a lei dos senos, Eq. (3.4),

$$\frac{V_B}{\text{sen}\,\alpha} = \frac{V_{AB}}{\text{sen}\,60^\circ} \quad \text{ou} \quad \text{sen}\,\alpha = \frac{V_B\,\text{sen}\,60^\circ}{V_{AB}} = 0{,}654,$$

o que dá $\alpha = 40{,}7°$. Assim, para um passageiro no plano B, o plano A aparece movendo-se com velocidade 264,6 km · h^{-1} no sentido N 40,7° E. A velocidade relativa $\boldsymbol{V}_{BA}$ tem o mesmo módulo, 264,6 km · h^{-1}, mas sentido contrário, S 40,7° W.

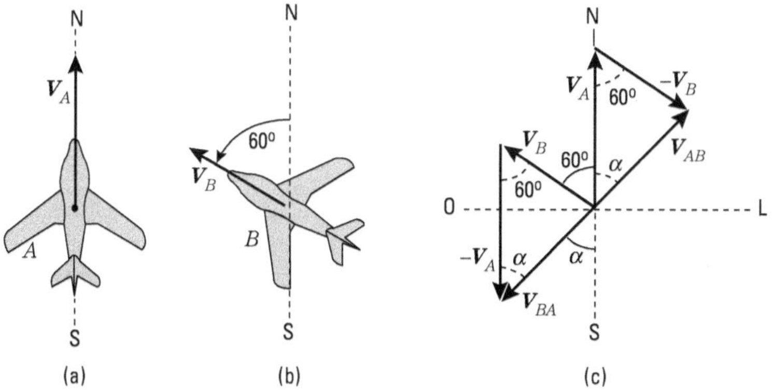

Figura 6.2

6.3 Movimento relativo de translação uniforme

Consideremos dois observadores, O e O', movendo-se, um em relação ao outro, com movimento uniforme de translação, isto é, os observadores não giram relativamente um ao outro. Assim, o observador O vê o observador O' mover-se com velocidade v, enquanto que O' vê O mover-se com velocidade $-v$. Pretendemos comparar as descrições que esses observadores fazem do movimento de um objeto, por exemplo, o caso de dois observadores, um na plataforma e outro dentro de um trem móvel com relação à plataforma, a observarem o voo de um avião.

Escolhemos, para simplificar, os eixos X e X' coincidentes e os eixos Y, Y', Z e Z', como mostra a figura. Em virtude da ausência de rotação, os eixos de um referencial permanecerão paralelos aos eixos correspondentes do outro referencial. Vamos admitir que para $t = 0$, $\boldsymbol{O}$ coincide com $\boldsymbol{O}'$, de modo que, sendo $\boldsymbol{v}$ a velocidade constante de $\boldsymbol{O}'$ com relação a $\boldsymbol{O}$, temos:

$$\overrightarrow{OO'} = \boldsymbol{v}t$$

e

$$\boldsymbol{v} = \boldsymbol{u}_x v.$$

Consideremos, agora, uma partícula em A. Na Fig. 6.3, vemos que $\overrightarrow{OA} = \overrightarrow{OO'} + \overrightarrow{O'A}$ e, desde que $\overrightarrow{OA} = \boldsymbol{r}$, $\overrightarrow{O'A} = \boldsymbol{r}'$, e $\boldsymbol{OO}' = \boldsymbol{v}t$, os vetores de posição de A medidos por O e O' estão relacionados por

$$\boldsymbol{r}' = \boldsymbol{r} - \boldsymbol{v}t \tag{6.7}$$

A equação vetorial apresentada aqui pode ser separada em três equações escalares. Assim,

$$x' = x - vt, \qquad y' = y, \qquad z' = z, \qquad t' = t. \tag{6.8}$$

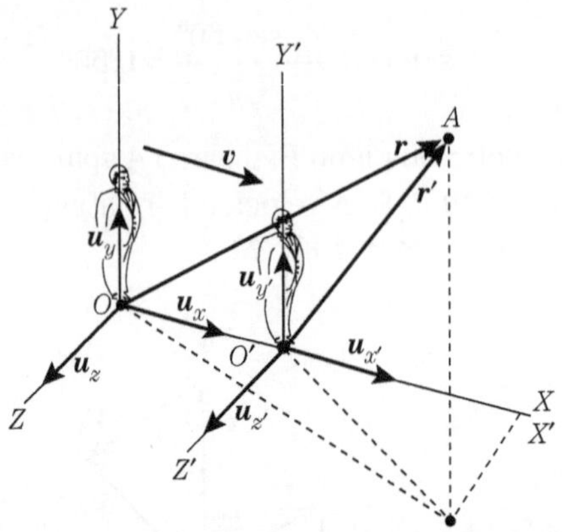

Figura 6.3 Referenciais em movimento relativo de translação uniforme.

Acrescentamos $t' = t$ às três equações espaciais para frisar que estamos admitindo os dois observadores usando o mesmo tempo isto é, admitimos as medidas de tempo independentes do movimento do observador. Isso parece muito razoável, embora seja uma hipótese passível de ser contrariada pela experiência. O conjunto de Eqs. (6.8), ou simplesmente a equação vetorial (6.7), juntamente com $t' = t$, é chamado transformação de Galileu.

A velocidade $\boldsymbol{V}$ de A relativa a $\boldsymbol{O}$ é definida por

$$\boldsymbol{V} = \frac{d\boldsymbol{r}}{dt} = \boldsymbol{u}_x \frac{dx}{dt} + \boldsymbol{u}_y \frac{dy}{dt} + \boldsymbol{u}_z \frac{dz}{dt}$$

e a velocidade $\boldsymbol{V}'$ de A relativa a $\boldsymbol{O}'$ é,

$$\boldsymbol{V}' = \frac{d\boldsymbol{r}'}{dt} = \boldsymbol{u}_{x'} \frac{dx'}{dt} + \boldsymbol{u}_{y'} \frac{dy'}{dt} + \boldsymbol{u}_{z'} \frac{dz'}{dt}.$$

Note que não escrevemos $d\boldsymbol{r}'/dt'$ porque admitimos $t = t'$, e, assim sendo, $d\boldsymbol{r}'/dt'$ é igual a $d\boldsymbol{r}'/dt$. Derivando a Eq. (6.7) com relação ao tempo e notando que v é constante, temos

$$\boldsymbol{V}' = \boldsymbol{V} - \boldsymbol{v}, \tag{6.9}$$

ou, notando que $V_x = dx/dt$, $V'_{x'} = dx'/dt$ etc., podemos separar a Eq. (6.9) em três componentes de velocidade:

$$V'_{x'} = V_x - v, \qquad V'_{y'} = V_y, \qquad V'_{z'} = V_z. \tag{6.10}$$

As Eqs. (6.10) também podem ser obtidas diretamente, tomando-se derivadas em relação ao tempo nas Eqs. (6.8). As Eqs. (6.9) e (6.10) dão a regra Galileana para a comparação das velocidades de um corpo medidas por dois observadores em movimento relativo de translação. Por exemplo, se o movimento de A é paralelo ao eixo OX, temos simplesmente

$$\boldsymbol{V} = \boldsymbol{V} - v, \tag{6.11}$$

sendo as outras componentes iguais a zero. Todavia, se o movimento de A é paralelo ao eixo OY, $V_x = V_z = 0$, $V_y = V$, então $V'_{x'} = -v$ e $V'_y = V$, $V'_{z'} = 0$, de modo que

$$V' = \sqrt{V^2 + v^2}. \tag{6.12}$$

As acelerações de A relativas a O e O' são $\boldsymbol{a} = d\boldsymbol{V}/dt$ e $\boldsymbol{a}' = d\boldsymbol{V}'/dt$, respectivamente. Note, novamente, que usamos o mesmo t em ambos os casos. Da Eq. (6.9), visto que v é constante, e observando-se que $dv/dt = 0$, obtém-se

$$\frac{d\boldsymbol{V}}{dt} = \frac{d\boldsymbol{V}'}{dt} \quad \text{ou} \quad \boldsymbol{a}' = \boldsymbol{a}, \tag{6.13}$$

a qual, expressa em coordenadas retangulares, fica

$$a'_{x'} = a_x, \qquad a'_{y'} = a_y, \qquad \text{e } a'_{z'} = a_z \tag{6.14}$$

Em outras palavras, ambos os observadores medem a mesma aceleração. Isto é, *a aceleração de uma partícula é a mesma para todos os observadores em movimento relativo de translação uniforme.* Esse resultado oferece-nos um exemplo de uma grandeza física – a aceleração de uma partícula – independendo do movimento do observador, ou seja, *a aceleração permanece invariável ao passarmos de um referencial a outro qualquer, animado de movimento relativo de translação uniforme.* Vemos, assim, pela primeira vez uma grandeza física permanecer invariável em uma transformação. Mais tarde, encontraremos outras grandezas físicas com esse mesmo comportamento. Esse resultado, como veremos, tem uma influência profunda na formulação das leis da física.

■ **Exemplo 6.2** No ar a 25 °C, a velocidade do som é 358 m · s^{-1}. Calcular a velocidade relativa a um observador que se move a 90 km · h^{-1} (a) afastando-se da fonte, (b) aproximando-se da fonte, (c) perpendicularmente à direção de propagação do som no ar, (d) seguindo uma direção tal que o som pareça propagar-se transversalmente com relação ao observador móvel. Admitir a fonte e o ar em repouso relativo ao solo.

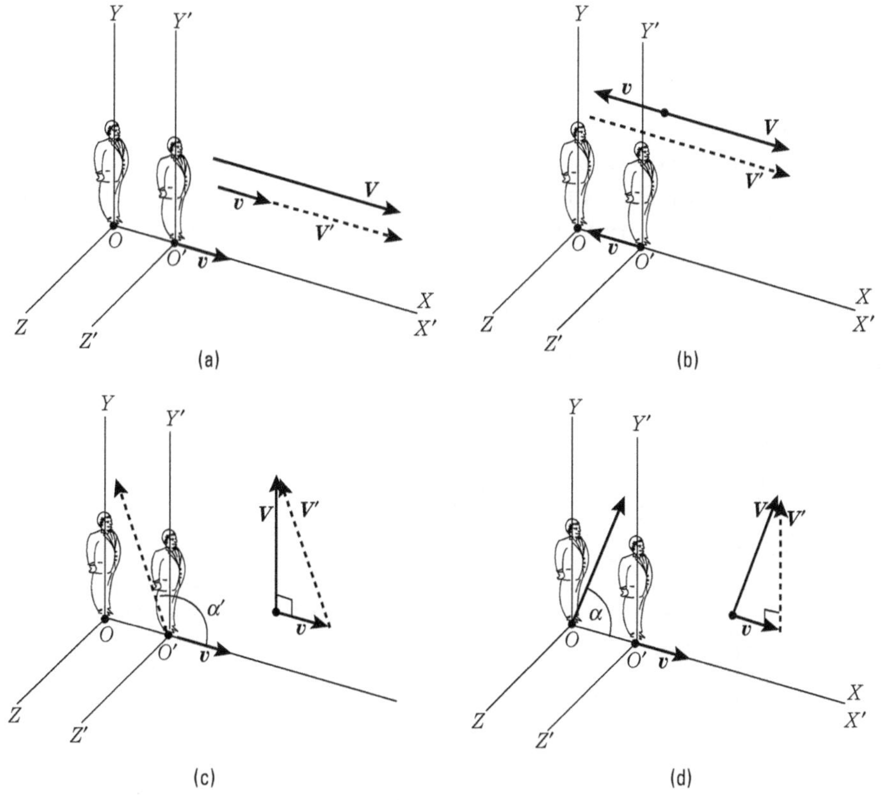

Figura 6.4

Solução: Vamos utilizar um referencial XYZ (Fig. 6.4) fixo no solo, e, por conseguinte, em repouso relativo ao ar, e um referencial $X'Y'Z'$ movendo-se com o observador, sendo os eixos X e X' paralelos à velocidade do observador, como mostra a Fig. 6.3. Relativamente a XYZ, a fonte sonora está em O, a velocidade do observador O' é $v = 90 \text{ km} \cdot \text{h}^{-1} = 25 \text{ m} \cdot \text{s}^{-1}$ e a velocidade do som é $V = 358 \text{ m} \cdot \text{s}^{-1}$. Seja V a velocidade do som relativa ao observador móvel O'. Aplicando as Eqs. (6.9) e (6.10), temos para o caso (a) $V' = V - v = 333 \text{ m} \cdot \text{s}^{-1}$. No caso (b) notamos que O' move-se segundo o sentido negativo do eixo X. Temos assim que $\boldsymbol{v} = -\boldsymbol{u}_x v$, e a Eq. (6.11) fica $V' = V + v = 383 \text{ m} \cdot \text{s}^{-1}$. Para a situação (c) usamos a Eq. (6.12), de modo que $V' = \sqrt{V^2 + v^2} = 358{,}9 \text{ m} \cdot \text{s}^{-1}$. Para o observador móvel, o som se propaga segundo uma direção que faz com o eixo X um ângulo α', tal que

$$\text{tg}\,\alpha' = \frac{V'_{y'}}{V'_{x'}} = \frac{V}{-v} = -15{,}32 \qquad \text{ou} \qquad \alpha' = 93{,}7°.$$

Finalmente, no caso (d), a direção de propagação do som no ar para o observador O', é Y'. Assim, $V'_{x'} = 0$, $V'_{y'} = V'$ e $V'_{z'} = 0$. Portanto, pela Eq. (6.10), temos $0 = V_x - v$ ou $V_x = v$ e $V' = V_y$. Logo $V^2 = V_x^2 + V_y^2 = v^2 + V'^2$ ou $V' = \sqrt{V^2 - v^2} = 357{,}1 \text{ m} \cdot \text{s}^{-1}$. Nesse caso, o som se propaga no ar em repouso, numa direção que faz com o eixo X um ângulo α, tal que

$$\text{tg}\,\alpha = \frac{V_y}{V_x} = \frac{V'}{v} = 14{,}385 \qquad \text{ou} \qquad \alpha = 86{,}0°.$$

6.4 Movimento relativo de rotação uniforme

Consideremos, agora, dois observadores O e O' animados de um movimento relativo de rotação, e sem movimento relativo de translação. Vamos admitir, para simplificar, que os referenciais ligados aos observadores O e O' têm origens coincidentes, como mostra a Fig. 6.5. Por exemplo, o observador O, utilizando o referencial XYZ, nota que o referencial $X'\,Y'\,Z'$, ligado a O', gira com velocidade angular $\boldsymbol{\omega}$. Para O', a situação é justamente contrária; O' observa o referencial XYZ girar com velocidade angular $-\boldsymbol{\omega}$. O vetor posição da partícula A, referido a XYZ, é $\boldsymbol{r}$, tal que

$$\boldsymbol{r} = \boldsymbol{u}_x x + \boldsymbol{u}_y y + \boldsymbol{u}_z z, \tag{6.15}$$

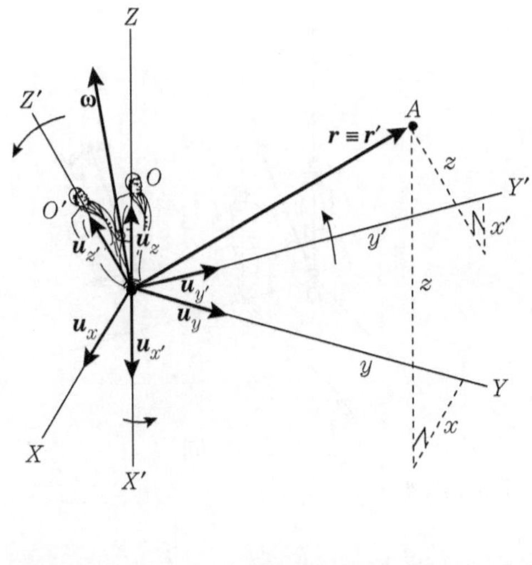

Figura 6.5 Referenciais em movimento relativo de rotação uniforme.

portanto a velocidade da partícula A, medida por 0, relativa ao referencial XYZ, é

$$\begin{aligned} \boldsymbol{V} &= \frac{dr}{dt} \\ &= \boldsymbol{u}_x \frac{dx}{dt} + \boldsymbol{u}_y \frac{dy}{dt} + \boldsymbol{u}_z \frac{dz}{dt}. \end{aligned} \tag{6.16}$$

De modo semelhante, o vetor posição de A referido a $X'\,Y'Z'$ é

$$\boldsymbol{r} = \boldsymbol{u}_{x'} x' + \boldsymbol{u}_{y'} y' + \boldsymbol{u}_{z'} z'. \tag{6.17}$$

Note que, nessa relação, o vetor r é igual ao vetor r da Eq. (6.15) porque as origens são coincidentes; por isso não escrevemos $\boldsymbol{r}'$. A velocidade de A, medida por O', relativa ao referencial $X'\,Y'\,Z'$, é

$$\boldsymbol{V}' = \boldsymbol{u}_{x'} \frac{dx'}{dt} + \boldsymbol{u}_{y'} \frac{dy'}{dt} + \boldsymbol{u}_{z'} \frac{dz'}{dt}. \tag{6.18}$$

Ao derivar a Eq. (6.17), o observador O' admite que seu referencial $X'\,Y'\,Z'$ não gira, e portanto considera os vetores unitários constantes em direção. Entretanto o observador O tem o direito de dizer que para ele, o referencial $X'\,Y'\,Z'$ gira, e, portanto, os vetores unitários $\boldsymbol{u}_{x'}$, $\boldsymbol{u}_{y'}$, e $\boldsymbol{u}_{z'}$, não são constantes em direção, e que a derivada temporal da Eq. (6.17) deve ser escrita

$$\frac{d\boldsymbol{r}}{dt} = \boldsymbol{u}_{x'} \frac{dx'}{dt} + \boldsymbol{u}_{y'} \frac{dy'}{dt} + \boldsymbol{u}_{z'} \frac{dz'}{dt} + \frac{d\boldsymbol{u}_{x'}}{dt} x' + \frac{d\boldsymbol{u}_{y'}}{dt} y' + \frac{d\boldsymbol{u}_{z'}}{dt} z'. \tag{6.19}$$

Por hipótese, as extremidades dos vetores $\boldsymbol{u}_{x'}$, $\boldsymbol{u}_{y'}$ e $\boldsymbol{u}_{z'}$ têm, em relação a O, um movimento circular uniforme, com velocidade angular $\boldsymbol{\omega}$. Em outras palavras, $du_{x'}/dt$ é a velocidade de um ponto a uma distância unitária de O, movendo-se em movimento circular uniforme, com velocidade angular $\boldsymbol{\omega}$. Portanto, utilizando a Eq. (5.48), temos

$$\frac{d\boldsymbol{u}_{x'}}{dt} = \omega \times \boldsymbol{u}_{x'}, \quad \frac{d\boldsymbol{u}_{y'}}{dt} = \omega \times \boldsymbol{u}_{y'}, \quad \frac{d\boldsymbol{u}_{z'}}{dt} = \omega \times \boldsymbol{u}_{z'}.$$

Podemos, então, escrever

$$\begin{aligned} \frac{d\boldsymbol{u}_{x'}}{dt} x' + \frac{d\boldsymbol{u}_{y'}}{dt} y' + \frac{d\boldsymbol{u}_{z'}}{dt} z' &= \omega \times \boldsymbol{u}_{x'} x' + \omega \times \boldsymbol{u}_{y'} y' + \omega \times \boldsymbol{u}_{z'} z' \\ &= \omega \times \left(\boldsymbol{u}_{x'} x' + \boldsymbol{u}_{y'} y' + \boldsymbol{u}_{z'} z'\right) \\ &= \omega \times \boldsymbol{r}. \end{aligned} \tag{6.20}$$

Colocando esse resultado na Eq. (6.19) e utilizando as Eqs. (6.16) e (6.18), obtemos, finalmente,

$$\boldsymbol{V} = \boldsymbol{V}' + \omega \times \boldsymbol{r}. \tag{6.21}$$

Essa expressão relaciona as velocidades $\boldsymbol{V}$ e $\boldsymbol{V}'$ de A, registradas pelos observadores $\boldsymbol{O}$ e $\boldsymbol{O}'$, em movimento relativo de rotação.

Podemos obter a relação entre as acelerações, por um processo semelhante. A aceleração de A, relativa a $X\,Y\,Z$, medida por O, é

$$\boldsymbol{a} = \frac{d\boldsymbol{V}}{dt} = \boldsymbol{u}_x \frac{dV_x}{dt} + \boldsymbol{u}_y \frac{dV_y}{dt} + \boldsymbol{u}_z \frac{dV_z}{dt}. \tag{6.22}$$

A aceleração de A relativa a $X'\ Y'\ Z'$, medida por O', ignorando a rotação de seu referencial, é

$$\boldsymbol{a}' = \boldsymbol{u}_{x'} \frac{dV'_{x'}}{dt} = \boldsymbol{u}_{y'} \frac{dV'_{y'}}{dt} + \boldsymbol{u}_{z'} \frac{dV'_{z'}}{dt}. \tag{6.23}$$

A derivada da Eq. (6.21) em relação ao tempo, com $\boldsymbol{\omega}$ suposto constante, é

$$\boldsymbol{a} = \frac{d\boldsymbol{V}}{dt} = \frac{d\boldsymbol{V}'}{dt} + \omega \times \frac{d\boldsymbol{r}}{dt}. \tag{6.24}$$

Ora, sendo $\boldsymbol{V}' = \boldsymbol{u}_{x'}\boldsymbol{V}'_{x'} + \boldsymbol{u}_{y'}\boldsymbol{V}'_{y'} + \boldsymbol{u}'_{z'}\boldsymbol{V}'_{z'}$, podemos escrever

$$\frac{d\boldsymbol{V}'}{dt} = \boldsymbol{u}_{x'} \frac{dV'_{x'}}{dt} + \boldsymbol{u}_{y'} \frac{dV'_{y'}}{dt} + \boldsymbol{u}_{z'} \frac{dV'_{z'}}{dt}$$

$$+ \frac{d\boldsymbol{u}_{x'}}{dt} V'_{x'} + \frac{d\boldsymbol{u}_{y'}}{dt} V'_{y'} + \frac{d\boldsymbol{u}_{z'}}{dt} V'_{z'}.$$

Note que a soma dos três primeiros termos é $\boldsymbol{a}'$, Eq. (6.23), e que a soma dos três últimos, por um processo idêntico ao usado na obtenção da Eq. (6.20), é $\boldsymbol{\omega} \times \boldsymbol{V}'$. Assim, por substituição das grandezas apropriadas na Eq. (6.20), temos

$$\omega \times \boldsymbol{u}_{x'} V'_{x'} + \omega \times \boldsymbol{u}_{y'} V'_{y'} + \omega \times \boldsymbol{u}_{z'} V'_{z'}$$

$$= \omega \times \left(\boldsymbol{u}_{x'} V'_{x'} + \boldsymbol{u}_{y'} V'_{y'} + \boldsymbol{u}_{z'} V'_{z'} \right) = \omega \times V'.$$

Portanto $d\boldsymbol{V}'/dt = \boldsymbol{a}' + \omega \times V'$. Vê-se, pelas Eqs. (6.16) e (6.21), que $d\boldsymbol{r}/dt = V = \boldsymbol{V}' + \omega \times \boldsymbol{r}$, de modo que

$$\omega \times \frac{d\boldsymbol{r}}{dt} = \omega \times (\boldsymbol{V}' + \omega \times \boldsymbol{r}) = \omega \times \boldsymbol{V}' + \omega(\omega \times \boldsymbol{r}).$$

Substituindo os resultados anteriores na Eq. (6.24), obtemos, finalmente,

$$\boldsymbol{a} = \boldsymbol{a}' + 2\omega \times \boldsymbol{V}' + \omega \times (\omega \times \boldsymbol{r}). \tag{6.25}$$

Essa equação relaciona as acelerações $\boldsymbol{a}$ e $\boldsymbol{a}'$ de A, relativas aos observadores O e O' em movimento relativo de rotação uniforme. O segundo termo $2\omega \times V'$, é chamado *aceleração de Coriolis.* O terceiro termo é semelhante à Eq. (5.59) e corresponde à *aceleração centrípeta.* A aceleração de Coriolis, assim como a aceleração centrípeta, resulta do movimento relativo de rotação dos observadores. Na seção seguinte, ilustraremos a utilização dessas relações.

6.5 Movimento relativo à Terra

Uma das aplicações mais interessantes da Eq. (6.25) é o estudo do movimento de um corpo em relação à Terra. Indicamos no Ex. 5.10, que a velocidade angular da Terra é $\omega = 7{,}292 \times 10^{-5}$ rad · s^{-1}. Sua direção coincide com o eixo de rotação da Terra. Consideremos um ponto A sobre a superfície da Terra (Fig. 6.6). Seja $\boldsymbol{g}_0$ a aceleração da gravidade medida por um observador em A, desprovido de rotação. Assim, $\boldsymbol{g}_0$ corresponde a $\boldsymbol{a}$ na Eq. (6.25). Na Eq. (6.25), $\boldsymbol{a}'$ é a aceleração medida por um observador que gira com a Terra:

$$\boldsymbol{a}' = \boldsymbol{g}_0 - 2\boldsymbol{\omega} \times \boldsymbol{V}' - \boldsymbol{\omega} \times (\boldsymbol{\omega} \times \boldsymbol{r}). \tag{6.26}$$

Consideremos, a princípio, o caso de um corpo inicialmente em repouso, ou movendo-se muito lentamente, de modo que o termo de Coriolis $-2\boldsymbol{\omega} \times \boldsymbol{V}'$ seja zero, ou desprezível quando comparado com o último termo $-\boldsymbol{\omega} \times (\boldsymbol{\omega} \times \boldsymbol{r})$. Nesse caso, a aceleração $\boldsymbol{a}'$ medida é chamada *aceleração efetiva* da gravidade, e é designada por $\boldsymbol{g}$. Assim,

$$\boldsymbol{g} = \boldsymbol{g}_0 - \boldsymbol{\omega} \times (\boldsymbol{\omega} \times \boldsymbol{r}). \tag{6.27}$$

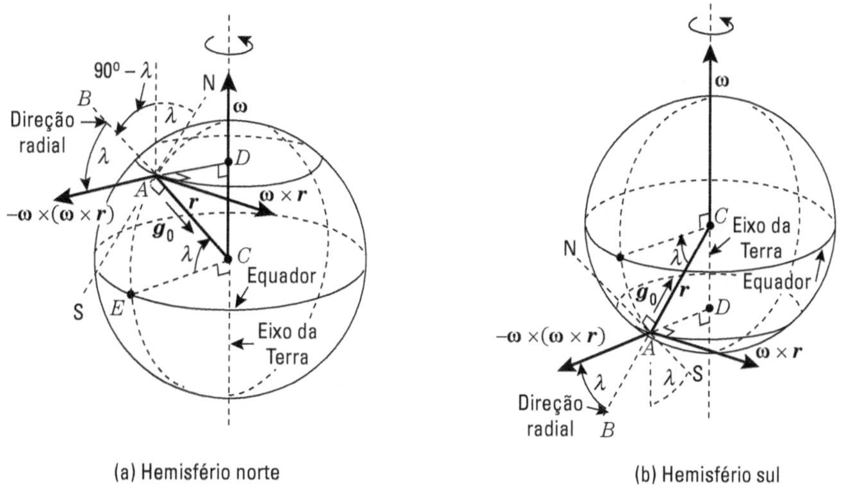

Figura 6.6 Aceleração centrífuga devida à rotação da Terra.

Essa é a aceleração medida com um pêndulo, como discutiremos no Cap. 12. Admitindo a forma da Terra como esférica (na realidade sua forma não é bem assim) e a ausência de anomalias locais, podemos considerar $\boldsymbol{g}_0$ apontado para o centro da Terra ao longo da direção radial. Em decorrência do segundo termo da Eq. (6.27), a 122 direções de $\boldsymbol{g}$, chamada *vertical*, é ligeiramente desviada da direção radial, e é determinada pelo fio de prumo. Um líquido permanece sempre em equilíbrio com sua superfície perpendicular a $\boldsymbol{g}$. Entretanto, para fins práticos, e na ausência de perturbações locais, a vertical pode ser considerada coincidente com a direção radial.

Analisemos, agora, mais detalhadamente o último termo da Eq. (6.27), ou seja, $-\omega \times (\omega \times r)$. Esse termo é chamado *aceleração centrífuga*, porque, em virtude de seu sinal negativo, ele aponta para fora no sentido DA, como pode ser visto na Fig. 6.6. O ângulo λ, que $r = CA$ faz com o equador, é a latitude. Assim, o vetor $\boldsymbol{\omega}$ faz um ângulo de $90° - \lambda$ com CA no hemisfério norte, e um ângulo de $90° + \lambda$ no hemisfério sul. O módulo de $\boldsymbol{\omega} \times \boldsymbol{r}$ é então

$$\omega r \text{ sen } (90° \pm \lambda) = \omega r \cos \lambda,$$

e a direção de $\boldsymbol{\omega} \times \boldsymbol{r}$, sendo perpendicular a $\boldsymbol{\omega}$, é paralela ao equador.

Considerando o Ex. 5.11, para o módulo da aceleração centrífuga $-\boldsymbol{\omega} \times (\boldsymbol{\omega} \times \boldsymbol{r})$, achamos o valor

$$|-\boldsymbol{\omega} \times (\boldsymbol{\omega} \times \boldsymbol{r})| = \omega^2 \boldsymbol{r} \cos \lambda = [3{,}34 \times 10^{-2} \cos \lambda] \text{ m} \cdot \text{s}^{-2}, \tag{6.28}$$

onde $r = 6{,}37 \times 10^6$ m, o que é o raio da Terra. Essa aceleração decresce do equador para os polos e é bem pequena quando comparada com a aceleração da gravidade $\boldsymbol{g}_0 = 9{,}80\ \text{m} \cdot \text{s}^{-2}$. Seu valor máximo, no equador, é cerca de 0,3% de g_0 (veja Ex.5.11).

Calculemos, agora, as componentes de $-\boldsymbol{\omega} \times (\boldsymbol{\omega} \times \boldsymbol{r})$ ao longo da direção radial AB e ao longo da linha norte–sul (NS) em A. Na Fig. 6.7, como na Fig. 6.6, a linha AB, que é a extensão de CA, é a direção radial. O vetor $\boldsymbol{\omega}$, é fácil ver, faz um ângulo λ com NS. Como foi indicado antes, a aceleração da gravidade g_0 é dirigida para baixo, ao longo de AB. A aceleração centrífuga $-\boldsymbol{\omega} \times (\boldsymbol{\omega} \times r)$ faz um ângulo λ com AB; a sua componente ao longo de AB é então obtida pela multiplicação de seu módulo, dado pela Eq. (6.28), por cos λ. Assim,

$$|-\boldsymbol{\omega} \times (\boldsymbol{\omega} \times \boldsymbol{r})| \cos \lambda = \omega^2 \boldsymbol{r} \cos^2 \lambda.$$

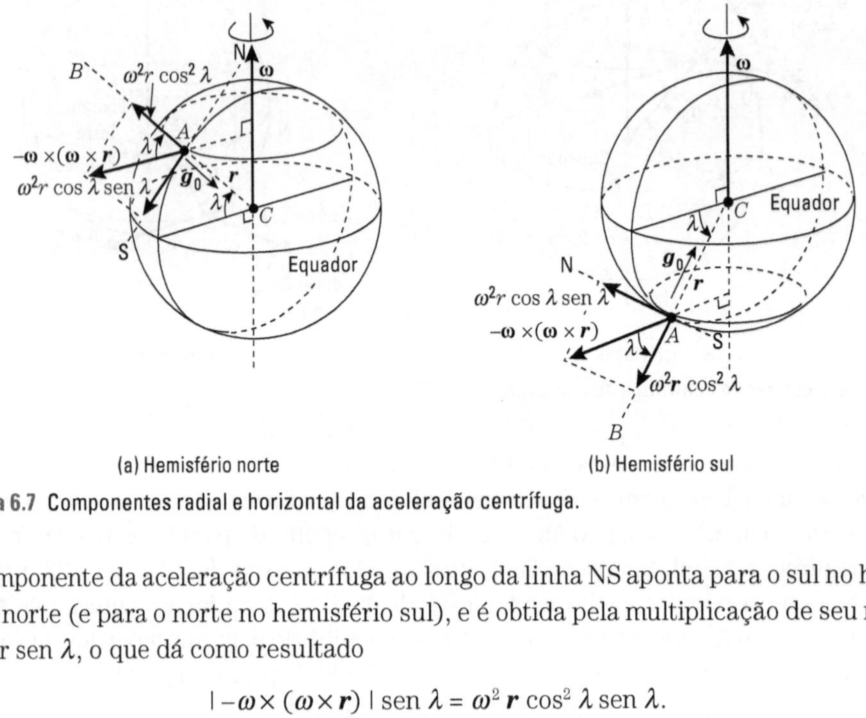

Figura 6.7 Componentes radial e horizontal da aceleração centrífuga.

A componente da aceleração centrífuga ao longo da linha NS aponta para o sul no hemisfério norte (e para o norte no hemisfério sul), e é obtida pela multiplicação de seu módulo por sen λ, o que dá como resultado

$$|-\boldsymbol{\omega} \times (\boldsymbol{\omega} \times \boldsymbol{r})| \operatorname{sen} \lambda = \omega^2 \boldsymbol{r} \cos^2 \lambda \operatorname{sen} \lambda.$$

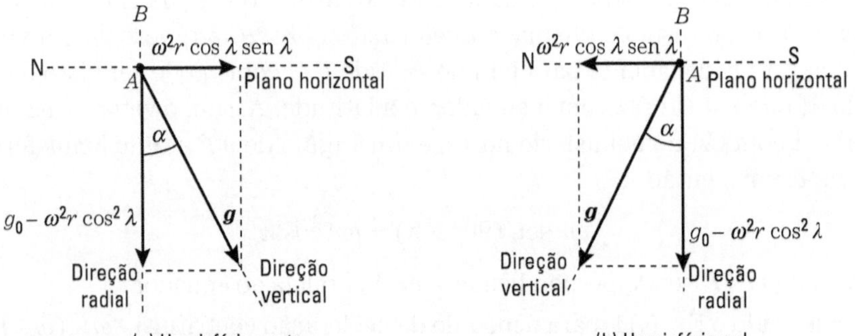

Figura 6.8 Definição de direção vertical e de aceleração efetiva na queda livre.

As duas componentes estão ilustradas na Fig. 6.7. De acordo com a definição de $\boldsymbol{g}$ dada pela Eq. (6.27), as componentes de $\boldsymbol{g}$ ao longo das direções radial e horizontal aparecem como mostra a Fig. 6.8. Sendo o termo centrífugo muito pequeno, o ângulo a é muito pequeno e o módulo de $\boldsymbol{g}$ não difere de modo apreciável da sua componente ao longo da direção radial AB. Podemos assim escrever, com boa aproximação, que

$$g = g_0 - \omega^2 r \cos^2 \omega. \qquad (6.29)$$

Embora o último termo seja muito pequeno, ele é responsável pelo aumento observado no valor da aceleração da gravidade com a latitude, como mostra a Tab. 6.1.

Tabela 6.1 Valores da aceleração da gravidade, expressos em m · s^{-2}

Local	Latitude	Gravidade
Polo Norte	90° 0′	9,8321
Anchorage	61°10′	9,8218
Greenwich	51°29′	9,8119
Paris	48°50′	9,8094
Washington	38°53′	9,8011
Key West	24°34′	9,7897
Panamá	8°55′	9,7822
Equador	0°0′	9,7799

A componente da aceleração centrífuga ao longo da direção NS tende, no hemisfério norte, a deslocar levemente os corpos da direção radial AB para o sul, e para o norte no hemisfério sul. Assim, a trajetória de um corpo que cai será desviada, como ilustra a Fig. 6.9. O corpo cairá em A', em vez de cair em A, como aconteceria se não houvesse rotação. Sendo a muito pequeno, esse desvio é desprezível.

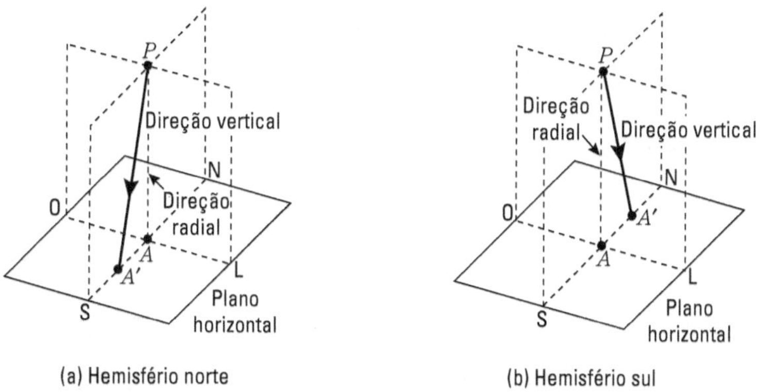

Figura 6.9 Desvio da direção de um corpo em queda livre em razão da aceleração centrífuga: para o sul (norte) no hemisfério norte (sul).

Vamos agora considerar o termo de Coriolis, $-2\omega \times \boldsymbol{V}'$. No caso de um corpo que cai, a velocidade V está dirigida essencialmente para baixo, ao longo da vertical AB (Fig. 6.10) e $\omega \times V'$ está dirigido para oeste. Assim, o termo de Coriolis $-2\omega \times \boldsymbol{V}'$ está dirigido para leste, e o corpo que cai será desviado nessa direção, atingindo o solo em A'', um pouco a leste de A. A combinação do efeito de Coriolis com o efeito centrífugo, faz com que o corpo caia a sudeste de A no hemisfério norte e a nordeste de A no hemisfério sul. Esse efeito, desprezível na maioria dos casos, deve ser levado cuidadosamente em consideração, tanto para o bombardeio de grandes altitudes como para os mísseis balísticos intercontinentais. A aceleração $-2\boldsymbol{\omega} \times \boldsymbol{V'}$ também afeta seriamente as trajetórias de foguetes e de satélites, em razão de suas altas velocidades.

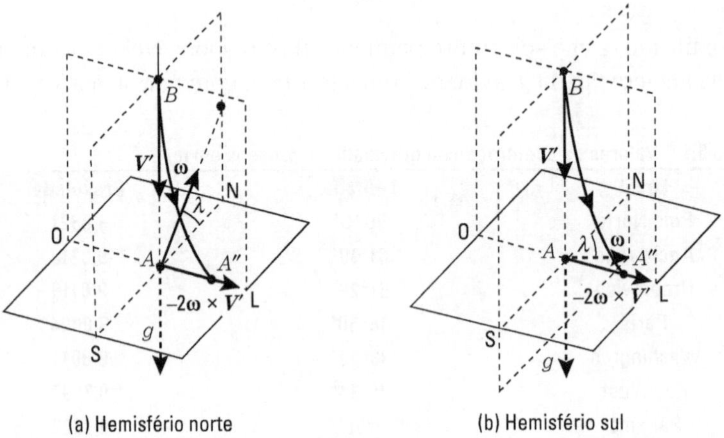

Figura 6.10 Desvio para o leste, no hemisfério norte (sul), de um corpo em queda livre, devido ao termo de Coriolis.

No caso de um corpo movendo-se no plano horizontal, o vetor $-2\,\boldsymbol{\omega} \times \boldsymbol{V}$ perpendicular a $\boldsymbol{\omega}$ e a $\boldsymbol{V'}$, faz um ângulo igual a φ com o plano horizontal. Esse vetor tem uma componente horizontal $\boldsymbol{a}_H$ e uma componente vertical a_V (Figura 6.11). No hemisfério norte, a componente horizontal $\boldsymbol{a}_H$ tende a desviar para a direita uma trajetória inicialmente reta, e, no hemisfério sul, para a esquerda. A componente $\boldsymbol{a}_H$ decresce do polo para o equador, onde ela se torna zero. Assim, no equador, a aceleração $-2\boldsymbol{\omega} \times \boldsymbol{V'}$ não produz efeito horizontal sobre um movimento horizontal. O efeito vertical é pequeno comparado à aceleração da gravidade, podendo ser desprezado na maioria dos casos.

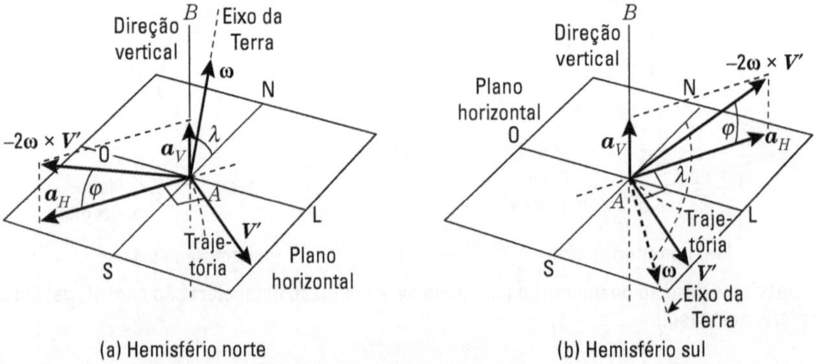

Figura 6.11 Termo de Coriolis. Quando um corpo move-se num plano horizontal, a componente horizontal do termo de Coriolis aponta para a direita (esquerda) da direção do movimento no hemisfério norte (sul). Aqui, V' está no plano horizontal, o no plano definido por AB e NS, e a_H é perpendicular a V'.

O efeito horizontal pode ser observado em dois fenômenos comuns. Um deles é o rodopio do vento em um furacão. Existindo um centro de baixa pressão na atmosfera, o vento escoará radialmente para esse centro (Fig. 6.12). Entretanto, no hemisfério norte, a aceleração $-2\omega \times V'$ desvia as moléculas de ar para a direita de suas trajetórias, o que resulta em um movimento de rodopio anti-horário*. No hemisfério sul, a rotação é no sentido horário.

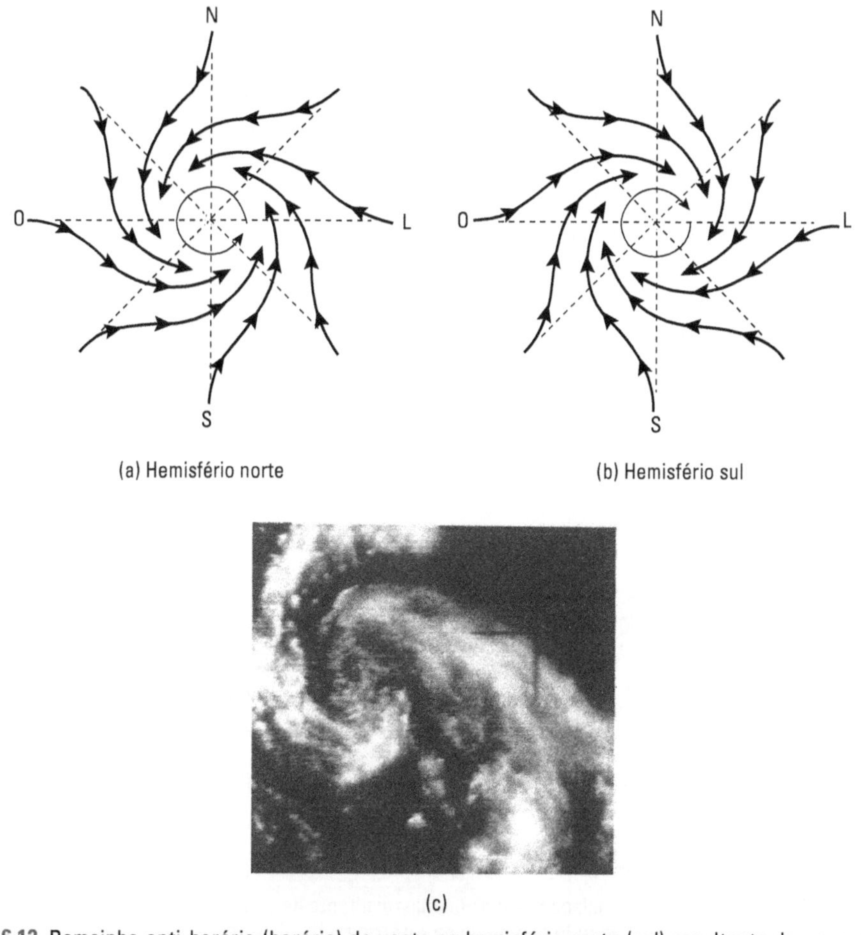

Figura 6.12 Remoinho anti-horário (horário) do vento no hemisfério norte (sul) resultante de um centro de baixa pressão, combinado com a aceleração devida ao termo de Coriolis. A parte (c) mostra uma perturbação de baixa pressão fotografada pelo satélite Tiros.

Fonte: Cortesia da Nasa/Goddard Space Center.

Consideremos, como segundo exemplo, as oscilações de um pêndulo. Para pequenas amplitudes de oscilação, podemos considerar o movimento da bola ao longo de uma trajetória horizontal. Se o pêndulo fosse solto inicialmente de A e colocado a oscilar na direção Leste–Oeste (ver Fig. 6.13), ele continuaria a oscilar entre A e B se a Terra não girasse. Contudo, a aceleração $-2\omega \times V'$, em razão da rotação da Terra, deflete a trajetória

* A pressão e a temperatura do ar também afetam, de modo significativo esse movimento. Esse efeito leva a um fenômeno muito complicado para ser descrito adequadamente aqui. O efeito final é o movimento ciclônico, ilustrado na Fig. 6.12 (c).

do pêndulo continuamente para a direita no hemisfério norte e para a esquerda no hemisfério sul. Assim, no fim da primeira oscilação, ele atinge B' e não B. Ao voltar, ele atinge A' e não A. Portanto, em oscilações completas sucessivas, ele alcança A'', A''' etc. Em outras palavras, o plano de oscilação do pêndulo gira no sentido horário no hemisfério norte e no sentido anti-horário no hemisfério sul. Deixamos ao estudante a verificação do fato de que o ângulo de giro do plano de oscilação em cada hora é 15° sen λ. O efeito, muito exagerado na Fig. 6.13, é máximo nos polos e zero no equador.

Esse efeito foi demonstrado espetacularmente pelo físico francês Jean Leon Foucault, quando, em 1851, ele dependurou na cúpula do Les Invalides, em Paris, um pêndulo de 67 m de comprimento. Durante cada oscilação, a bola do pêndulo deixava cair areia sobre um círculo, demonstrando experimentalmente a existência de uma rotação do plano de oscilação do pêndulo de 11° 15′ em cada hora. Existe um pêndulo de Foucault no saguão da Smithsonian Institution em Washington, D. C., e também no saguão do edifício das Nações Unidas em Nova York. A experiência de Foucault é uma prova efetiva da rotação da Terra. Mesmo que a Terra estivesse sempre coberta de nuvens, a realização desse experimento mostraria aos físicos que a Terra gira.

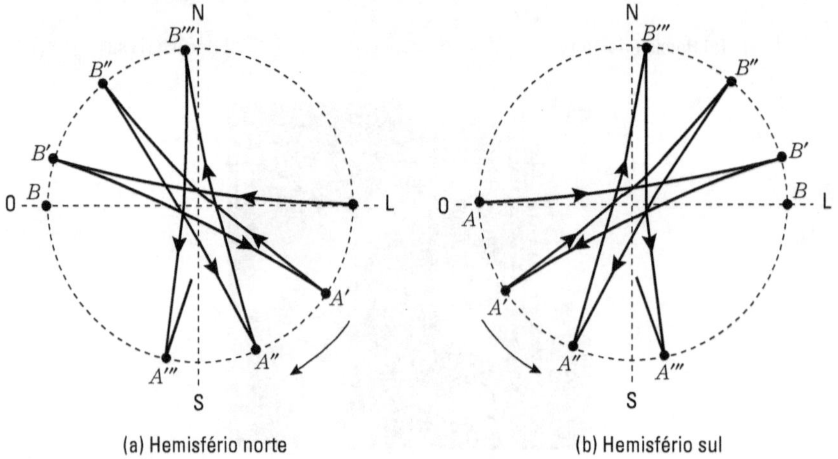

Figura 6.13 Rotação do plano de oscilação de um pêndulo resultante da aceleração devida ao termo de Coriolis (A rotação no hemisfério sul tem sentido oposto ao da rotação no hemisfério norte).

■ **Exemplo 6.3** Calcule, para um corpo que cai, o desvio devido à aceleração $-2\boldsymbol{\omega} \times \boldsymbol{V}'$. Compare esse resultado com o desvio devido ao termo centrífugo.

Solução: Vimos na Fig. 6.10 que a velocidade V de um corpo que cai faz um ângulo de $90° + \lambda$* com $\boldsymbol{\omega}$. Assim, o módulo da aceleração de Coriolis $-2\boldsymbol{\omega} \times \boldsymbol{V}'$ é

$$2\omega V' \text{ sen } (90° + \lambda) \text{ ou } 2\omega V' \cos \lambda.$$

Isso é a aceleração $d^2 x/dt^2$ de um corpo que cai, com o eixo X orientado para leste. Portanto

$$\frac{d^2x}{dt^2} = 2\omega V' \cos \lambda.$$

* No hemisfério norte (N.T.).

Com boa aproximação, usamos para V o valor em queda livre obtido no Cap. 5. Isto é, $V' = gt$, e

$$\frac{d^2x}{dt^2} = 2\omega gt \cos \lambda.$$

Integrando e admitindo-se que o corpo parte do repouso ($dx/dt = 0$ para $t = 0$), temos

$$\frac{dx}{dt} = \omega gt^2 \cos \lambda.$$

Novamente, integrando e considerando que para $t = 0$ o corpo está acima de A, sendo, portanto, $x = 0$, obtemos

$$x = \tfrac{1}{3}\omega gt^3 \cos \lambda,$$

o que dá o deslocamento para leste em termos do tempo de queda. Se o corpo cai de uma altura h, podemos escrever esse valor para queda livre como $h = \tfrac{1}{2}gt^2$, de modo que

$$x = \tfrac{1}{3}\omega \left(\frac{8h^3}{g}\right)^{\frac{1}{2}} \cos \lambda = 1{,}53 \times 10^{-5} h^{3/2} \cos \lambda.$$

Por exemplo, para um corpo que cai da altura de 100 m, temos $x = [1{,}53 \times 10^{-2} \cos \lambda]$ m, o que é muito pequeno quando comparado com a distância de queda.

Em virtude do termo centrífugo, a aceleração para o sul é $\omega^2 r \cos \lambda \operatorname{sen} \lambda = 3{,}34 \times 10^{-2} \cos \lambda \operatorname{sen} \lambda$, e, usando-se $h = \tfrac{1}{2}gt^2$, a deflexão é

$$y = \tfrac{1}{2}\left(\omega^2 r \cos \lambda \operatorname{sen} \lambda\right)t^2 = \omega^2 r (h/g) \cos \lambda \operatorname{sen} \lambda = \left[0{,}342h \cos \lambda \operatorname{sen} \lambda\right]\text{m}.$$

6.6 A transformação de Lorentz

No fim do século XIX, quando ainda se admitia o espaço vazio de matéria e cheio com "éter", houve muita discussão para saber-se como os corpos se moviam através desse éter e como esse movimento afetaria a velocidade da luz medida em relação à Terra. No início, os físicos admitiram que as vibrações desse éter hipotético estavam relacionadas com a luz, do mesmo modo como as vibrações do ar estavam relacionadas com o som. Supondo o éter estacionário, encontramos para a velocidade da luz relativa ao éter o valor $c = 2{,}9979 \times 10^8 \text{ m} \cdot \text{s}^{-1}$. Se a Terra se movesse através do éter sem perturbá-lo, então a velocidade da luz relativa à Terra deveria depender da direção de propagação da luz. Por exemplo, seria $c - v$ para um raio de luz propagando-se na mesma direção do movimento da Terra e $c + v$ para uma propagação em sentido oposto. Entretanto, se a trajetória da luz observada da terra fosse perpendicular ao movimento terrestre, sua velocidade relativa à terra seria $\sqrt{c^2 - v^2}$ (ver o Ex. 6.2d para um caso semelhante relativo ao som).

Em 1881, os físicos americanos Michelson e Morley iniciaram uma série memorável de experimentos para medir a velocidade da luz em diferentes direções relativas à Terra. Com grande surpresa eles verificaram que a velocidade da luz era a mesma em todas as direções*.

* Para um apanhado crítico dos experimentos realizados na determinação da velocidade da luz relativa à Terra, em diferentes direções, consultar R. S. Shankland. et al., *Reviews of Modem Physics*, v. 27, n. 167, 1955.

Contudo a transformação de Galileu indica que nenhum corpo pode ter a mesma velocidade relativa a dois observadores em movimento uniforme relativo, e que a velocidade relativa depende da direção do movimento do observador. As Eqs. (6.9) e (6.10) mostram isso especificamente. Outra explicação seria dizer que a Terra arrasta o éter com ela, assim como ela arrasta a atmosfera; desse modo, próximo à superfície, o éter estaria em repouso relativo à Terra. Essa explicação é um tanto improvável, visto que o arrasto do éter deveria se manifestar em outros fenômenos relacionados com a propagação da luz. Tais fenômenos jamais foram observados. Por essas razões, a ideia de um éter foi abandonada pelos físicos.

O enigma de Michelson e Morley foi resolvido em 1905, quando Einstein enunciou o seu princípio da relatividade, o qual será discutido mais detalhadamente na Seç. 11.3. Esse princípio afirma que:

> *todas as leis da natureza devem ser as mesmas (i. e., devem permanecer invariantes) para todos os observadores em movimento relativo de translação uniforme.*

Einstein admitiu a velocidade da luz como um invariante físico, tendo o mesmo valor para todos os observadores. Como veremos mais tarde, essa exigência decorre da aplicação do princípio da relatividade ao eletromagnetismo. Admitida essa hipótese, a transformação de Galileu não pode ser correta. Em particular, a quarta equação em (6.8), $t' = t$, não pode mais ser correta. Como a velocidade é a distância dividida pelo tempo, pode ser que tenhamos de ajustar o tempo bem como a distância para que o quociente dos dois permaneça com o mesmo valor para observadores em movimento relativo, como acontece no caso da velocidade da luz. Em outras palavras, o intervalo de tempo entre dois acontecimentos *não* é o mesmo para dois observadores em movimento relativo. Assim, devemos substituir a transformação de Galileu por outra, de modo que a velocidade da luz seja invariante. Como no caso da transformação de Galileu, vamos admitir que os observadores O e O' estejam em movimento com velocidade relativa v, que os eixos X e X' estejam dirigidos ao longo do movimento relativo dos dois observadores, e que os eixos YZ e $Y'Z'$ permanecem respectivamente paralelos (Fig. 6.14). Também podemos admitir que ambos os observadores acertam seus relógios de modo que, quando eles estiverem em coincidência, $t = t' = 0$.

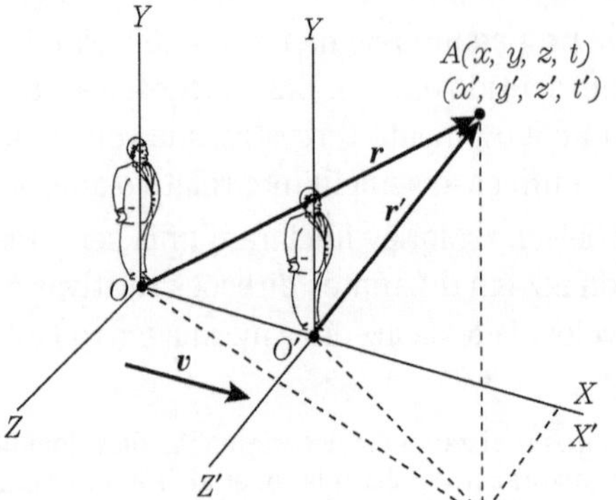

Figura 6.14 Referenciais em movimento relativo de translação uniforme.

Suponhamos que, no instante $t = 0$, um clarão luminoso seja emitido a partir da posição comum aos dois observadores. Decorrido o intervalo de tempo t, o observador O notará que a luz alcançou o ponto A e escreverá $r = ct$, onde c é a velocidade da luz. Como

$$r^2 = x^2 + y^2 + z^2,$$

também podemos escrever

$$x^2 + y^2 + z^2 = c^2t^2. \tag{6.30}$$

De modo semelhante, o observador O' notará que a luz atingiu o mesmo ponto A decorrido o intervalo de tempo t', mas também com velocidade c. Portanto ele escreve $r' = ct'$, ou

$$x'^2 + y'^2 + z'^2 = c^2t'^2. \tag{6.31}$$

Vamos, em seguida, obter uma transformação que relacione as Eqs. (6.30) e (6.31). A simetria do problema sugere que $y' = y$ e $z' = z$. Como para o observador O, $OO' = vt$, deve-se ter $x = vt$ para $x' = 0$ (ponto O'). Isso sugere a relação $x' = k(x - vt)$, sendo k uma constante a ser determinada. Podemos também admitir que $t' = a(t - bx)$, onde a e b são constantes a serem determinadas (para a transformação de Galileu $k = a = 1$ e $b = 0$). Fazendo todas essas substituições na Eq. (6.31), temos

$$k^2 (x^2 - 2vxt + v^2t^2) + y^2 + z^2 = c^2a^2 (t^2 - 2bxt + b^2x^2),$$

ou

$$(k^2 - b^2 a^2 c^2)\, x^2 - 2(k^2v - ba^2c^2)\, xt + y^2 + z^2 = (a^2 - k^2v^2/c^2)c^2t^2.$$

Esse resultado deve ser idêntico à Eq. (6.30). Portanto

$$k^2 - b^2 a^2 c^2 = 1, \qquad k^2v - ba^2 c^2 = 0, \qquad a^2 - k^2 v^2/c^2 = 1.$$

Resolvendo esse sistema de equações, temos

$$k = a = \frac{1}{\sqrt{1 - v^2/c^2}} \quad \text{e} \quad b = v/c^2. \tag{6.32}$$

A nova transformação, compatível com a invariância da velocidade da luz, é então

$$\begin{aligned} x' &= k(x - vt) = \frac{x - vt}{\sqrt{1 - v^2/c^2}}, \\ y' &= y, \\ z' &= z, \\ t' &= k(t - bx) = \frac{t - vx/c^2}{\sqrt{1 - v^2/c^2}}. \end{aligned} \tag{6.33}$$

Esse conjunto de relações é chamado *transformação de Lorentz* por ter sido o físico holandês Hendrik Lorentz o primeiro a obtê-las, por volta de 1890, em conexão com o problema do campo eletromagnético de uma carga em movimento.

Notando-se que c é uma velocidade muito grande comparada com a maioria das velocidades normalmente encontradas na Terra, tem-se que a razão v/c é muito pequena, os termos v^2/c^2 e vx/c^2 são, em geral, desprezíveis, e k é praticamente igual a 1 (ver Fig. 6.15).

Assim, do ponto de vista prático, não há diferença entre a transformação de Lorentz e a de Galileu, de modo que poderemos usar a transformação de Galileu na maioria dos próximos problemas. Entretanto, para o estudo de partículas em altas velocidades, tais como elétrons em átomos ou nos raios cósmicos, deveremos usar a transformação de Lorentz, também chamada transformação relativística.

Embora os resultados numéricos da transformação de Lorentz, na maioria dos casos, não difiram muito dos resultados da transformação de Galileu, sob o ponto de vista teórico, a transformação de Lorentz representa uma mudança conceitual muito profunda, especialmente com relação ao espaço e ao tempo.

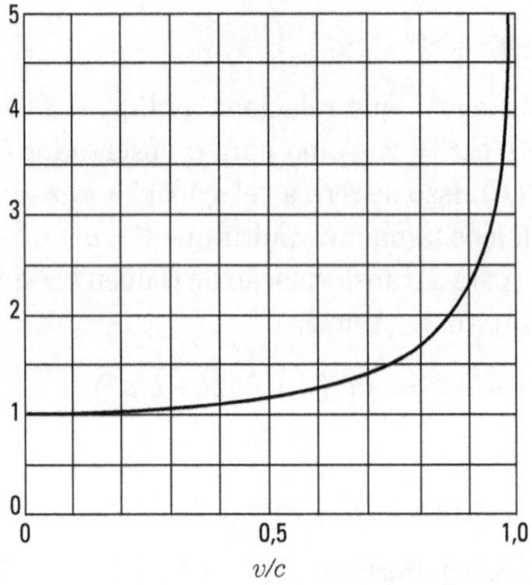

Figura 6.15 Variação de *k* com *v*/*c*.

■ Exemplo 6.4 Obter a transformação de Lorentz expressando as coordenadas x, y, z e o tempo t medidos por O em termos das coordenadas x', y', z' e do tempo t' medidos por O'.
Solução: Essa transformação de Lorentz é inversa daquela expressa pela Eq. (6.33). Naturalmente, a segunda e a terceira relações não oferecem qualquer dificuldade. Um método direto de se tratar as equações primeira e quarta é considerá-las como um sistema de duas equações simultâneas e, por processo algébrico direto, resolvê-los para se obter x e t em termos de x' e t'. Deixando esse método como exercício para o estudante, adotaremos uma linha de raciocínio mais física. Para o observador O', o observador O recua ao longo da direção X' no sentido negativo com velocidade $-v$. Assim O' tem o direito de usar a mesma transformação de Lorentz para obter os valores x e t, medidos por O em termos dos valores x' e t' medidos por O'. Para isso, basta ao observador O' substituir v por $-v$ na Eq. (6.33) e permutar as coordenadas x, t e x', t'. Então,

$$
\begin{aligned}
x &= \frac{x' + vt'}{\sqrt{1 - v^2/c^2}}, \\
y &= y', \\
z &= z', \\
t &= \frac{t' + vx'/c^2}{\sqrt{1 - v^2/c^2}},
\end{aligned}
\tag{6.34}
$$

o que é a transformação de Lorentz inversa.

6.7 Transformação de velocidades

Vamos, a seguir, obter a regra para comparação de velocidades. A velocidade de A medida por O tem componentes

$$V_x = \frac{dx}{dt}, \quad V_y = \frac{dy}{dt}, \quad V_z = \frac{dz}{dt}. \tag{6.35}$$

De modo semelhante, as componentes da velocidade de A, medidas por O', são

$$V'_{x'} = \frac{dx'}{dt'}, \quad V'_{y'} = \frac{dy'}{dt'}, \quad V'_{z'} = \frac{dz'}{dt'}.$$

Note que agora usamos dt', e não dt, porque t e t', neste caso, não são iguais. Derivando as Eqs. (6.33), temos

$$dx' = \frac{dx - v\,dt}{\sqrt{1 - v^2/c^2}} = \frac{V_x - v}{\sqrt{1 - v^2/c^2}}\,dt,$$

$$dy' = dy,$$

$$dz' = dz,$$

$$dt' = \frac{dt - v\,dx/c^2}{\sqrt{1 - v^2/c^2}} = \frac{1 - vV_x/c^2}{\sqrt{1 - v^2/c^2}}\,dt.$$

Na primeira e na última equação, dx foi substituído por $V_x dt$, de acordo com a Eqs. (6.35). Então, dividindo as três primeiras equações pela quarta, obtemos

$$V'_{x'} = \frac{dx'}{dt'} = \frac{V_x - v}{1 - vV_x/c^2},$$

$$V'_{y'} = \frac{dy'}{dt'} = \frac{V_y\sqrt{1 - v^2/c^2}}{1 - vV_x/c^2}, \tag{6.36}$$

$$V'_{z'} = \frac{dz'}{dt'} = \frac{V_z\sqrt{1 - v^2/c^2}}{1 - vV_x/c^2}.$$

Esse conjunto de equações constitui a lei de Lorentz para a transformação de velocidades, isto é, a regra para comparação da velocidade de um corpo, medida por dois observadores, em movimento relativo de translação uniforme. Para velocidades pequenas comparadas à velocidade da luz, essas equações ficam reduzidas às Eqs. (6.10). Para partículas movendo-se na direção X, temos $V_x = V$, $V_y = V_z = 0$. Portanto, para $V'_{x'} = V'$, visto que as duas outras componentes de V' são nulas, as Eqs. (6.36) ficam

$$V' = \frac{V - v}{1 - vV/c^2}. \tag{6.37}$$

Para verificar que a Eq. (6.37) é compatível com a afirmação de que a velocidade da luz é a mesma para os dois observadores O e O', vamos considerar o caso de um sinal luminoso propagando-se na direção X. Então, $V = c$ na (Eq. 6.37) e

$$V' = \frac{c - v}{1 - vc/c^2} = c.$$

Portanto o observador O' também mede uma velocidade c. Resolvendo a Eq. (6.37), obtemos, para V,

$$V = \frac{V' + v}{1 + vV'/c^2}, \tag{6.38}$$

que é a transformação inversa da Eq. (6.37). Note que, se V' e v são menores que c, V será também menor do que c. Além do mais, a velocidade v não pode ser maior do que c porque o fator de escala $\sqrt{1 - v^2/c^2}$ seria imaginário. Não podemos, no momento, atribuir qualquer significado físico a esse fator de escala. Concluímos, então, que a velocidade da luz é a velocidade máxima que pode ser observada.

Deve-se notar também que as Eqs. (6.37) ou (6.38), relacionam as velocidades de um mesmo corpo medidas por dois observadores em movimento relativo. Entretanto um dado observador combina *diferentes* velocidades no seu próprio referencial, de acordo com as regras estabelecidas no Cap. 3.

■ **Exemplo 6.5** Verifique o fato de ser a transformação de velocidades, Eq. (6.36), compatível com a afirmação de que a velocidade da luz é a mesma para ambos os observadores, considerando um raio de luz que se move ao longo (a) do eixo Y relativamente a XYZ, (b) do eixo Y' relativamente a $X'Y'Z'$.

Solução: (a) Neste caso, devemos fazer $V_x = 0$, $V_y = c$ e $V_z = 0$. Assim, a Eq. (6.36) fica

$$V'_{x'} = -v, \qquad V'_{y'} = c\sqrt{1 - v^2/c^2}, \qquad V'_{z'} = 0.$$

Então, a velocidade relativa a $X'Y'Z'$ é

$$V' = \sqrt{V'^2_{x'} + V'^2_{y'}} = \sqrt{v^2 + c^2\left(1 - v^2/c^2\right)} = c,$$

e o observador O' mede também uma velocidade c para a luz, como foi admitido ao deduzirmos a transformação de Lorentz. Para um observador móvel O', a luz parece se propagar relativamente ao referencial $X'Y'Z'$, numa direção que faz um ângulo com o eixo X' dado por

$$\operatorname{tg} \alpha' = \frac{V'_{y'}}{V'_{x'}} = \frac{-c}{v}\sqrt{1 - v^2/c^2}.$$

(b) Consideremos, agora, o caso em que o observador vê o raio luminoso propagando-se ao longo do eixo Y'. Então, $V'_{x'} = 0$, e as duas primeiras expressões na Eq. (6.36) dão

$$0 = \frac{V_x - v}{1 - vV_x/c^2}, \qquad V'_{y'} = \frac{V_y\sqrt{1 - v^2/c^2}}{1 - vV_x/c^2}.$$

Da primeira equação, obtemos $V_x = v$ o que, substituído na segunda equação, fornece

$$V'_{y'} = \frac{V_y}{\sqrt{1 - v^2/c^2}}.$$

Entretanto, para o observador O, que mede para a velocidade da luz o valor c, temos

$$c = \sqrt{V_x^2 + V_y^2} = \sqrt{v^2 + V_y^2} \qquad \text{ou} \qquad V_y = \sqrt{c^2 - v^2} = c\sqrt{1 - v^2/c^2}$$

a qual, quando substituída nas expressões anteriores de $V'_{y'}$ dá $V'_{y'} = c$. Mais uma vez verificamos que o observador O' também obtém para a velocidade da luz o valor c. O observador O vê o raio luminoso propagar-se numa direção que faz um ângulo α com o eixo X, dado por

$$\operatorname{tg}\alpha = \frac{V_y}{V_x} = \frac{c}{v}\sqrt{1 - v^2/c^2}.$$

Os resultados deste problema devem ser comparados aos do Ex. 6.2 para o som, no qual foi usada a transformação de Galileu.

■ **Exemplo 6.6** Obtenha a relação entre as acelerações de uma partícula, medidas por dois observadores em movimento relativo. Para simplificar, suponha que, no instante de comparação, a partícula esteja em repouso relativo ao observador O'.

Solução: Segundo X da aceleração da partícula, a componente medida por O' é

$$a'_{x'} = \frac{dV'_{x'}}{dt'} = \frac{dV'_{x'}}{dt}\frac{dt}{dt'}.$$

Usando o valor de $V'_{x'}$ da primeira relação da Eq. (6.36) temos

$$a'_{x'} = \left[\frac{a_x}{1 - vV_x/c^2} + \frac{(V_x - v)va_x/c^2}{\left(1 - vV_x/c^2\right)^2}\right]\frac{\sqrt{1 - v^2/c^2}}{1 - vV_x/c^2} = a_x\frac{\left(1 - v^2/c^2\right)^{3/2}}{\left(1 - vV_x/c^2\right)^3}.$$

No instante em que a partícula está em repouso relativo a O', $V_x = v$ e

$$a'_{x'} = \frac{a_x}{\left(1 - v^2/c^2\right)^{3/2}} = k^3 a_x.$$

Uma análise semelhante nos leva a

$$a'_{y'} = \frac{a_y}{1 - v^2/c^2} = k^2 a_y, \qquad a'_{z'} = \frac{a_z}{1 - v^2/c^2} = k^2 a_z.$$

Tal resultado difere da Eq. (6.14) para a transformação de Galileu, visto que, nesse caso, a aceleração não é a mesma para ambos os observadores em movimento relativo uniforme. Em outras palavras, a exigência da invariância da velocidade da luz em todos os referenciais em movimento relativo uniforme destrói a invariância da aceleração.

É importante conhecer a relação entre os módulos das acelerações observadas por O e O'. Tem-se

$$\begin{aligned}
a'^2 &= a'^2_{x'} + a'^2_{y'} + a'^2_{z'} \\
&= \frac{a_x^2}{\left(1 - v^2/c^2\right)^3} + \frac{a_y^2}{\left(1 - v^2/c^2\right)^2} + \frac{a_z^2}{\left(1 - v^2/c^2\right)^2} \\
&= \frac{a_x^2 + \left(a_y^2 + a_z^2\right)\left(1 - v^2/c^2\right)}{\left(1 - v^2/c^2\right)^3} \\
&= \frac{a^2 - v^2\left(a_y^2 + a_z^2\right)/c^2}{\left(1 - v^2/c^2\right)^3}.
\end{aligned}$$

Mas $\boldsymbol{v} = \boldsymbol{u}_x v$ e $\boldsymbol{v} \times \boldsymbol{a} = -\boldsymbol{u}_y v a_z + \boldsymbol{u}_z v a_y$, de modo que $(\boldsymbol{v} \times \boldsymbol{a})^2 = v^2(a_y^2 + a_z^2)$. Portanto

$$a'^2 = \frac{a^2 - (\boldsymbol{v} \times \boldsymbol{a})^2/c^2}{(1 - v^2/c^2)^3}, \tag{6.39}$$

que é a relação desejada. Quando a aceleração é paralela à velocidade, $v \times a = 0$ e $a' = a/(1 - v^2/c^2)^{3/2}$. Isso é coerente com o resultado para a_x e $a'_{x'}$. Quando a aceleração é perpendicular à velocidade, $(\boldsymbol{v} \times \boldsymbol{a})^2 = v^2 a^2$ e $a' = a/(1 - v^2/c^2)$, que é o resultado para a_y, a_z e $a'_{y'}$ e $a'_{z'}$.

6.8 Consequências da Transformação de Lorentz

O fator de escala $k = 1/\sqrt{1 - v^2/c^2}$ que aparece na Eq. (6.33) sugere que os comprimentos dos corpos nos intervalos de tempo entre dados eventos medidos por observadores em movimento relativo possam ser diferentes. Discutiremos agora esta importante questão.

(1) *Contração do comprimento.* O comprimento de um objeto pode ser definido como a distância entre seus pontos extremos. Entretanto, para o observador medir o comprimento de um objeto movendo-se relativamente a ele, as posições dos dois pontos extremos devem ser registradas *simultaneamente.* Consideremos uma barra em repouso relativo a O' e paralela ao eixo $O'X'$. Designando seus dois extremos por a e b, seu comprimento medido por O' é $L' = x'_b - x'_a$. A simultaneidade não é essencial para O' porque ele vê a barra em repouso. Entretanto o observador O, que vê a barra em movimento, deve medir as coordenadas x_a e x_b dos pontos extremos no mesmo instante t, obtendo $L = x_b - x_a$. Da primeira relação da Eq. (6.33), tem-se

$$x'_a = \frac{x_a - vt}{\sqrt{1 - v^2/c^2}}$$

e

$$x'_b = \frac{x_b - vt}{\sqrt{1 - v^2/c^2}}.$$

Observe que escrevemos o mesmo t em ambas as expressões. Subtraindo

$$x'_b - x'_a = \frac{x_b - x_a}{\sqrt{1 - v^2/c^2}} \quad \text{ou} \quad L = \sqrt{1 - v^2/c^2}\, L'. \tag{6.40}$$

Como o fator $\sqrt{1 - v^2/c^2}$ é menor do que um, temos uma situação na qual L é menor do que L', isto é, o observador O, que vê o objeto em movimento, mede um comprimento menor do que o observador O', que vê o objeto em repouso. Em outras palavras, objetos em movimento parecem mais curtos ou seja,

$$L_{\text{movimento}} < L_{\text{repouso}}.$$

(2) *Dilatação do tempo.* Um intervalo de tempo pode ser definido como o tempo decorrido entre dois eventos medido por um observador. Um evento é, uma ocorrência específica que acontece num dado ponto do espaço em certo instante. Assim, em termos dessas definições, quando a bola de um pêndulo alcança sua posição mais alta durante a oscilação, constitui um evento. Depois de certo período de tempo, a bola voltará à mesma

posição; isso é o segundo evento. O tempo decorrido entre esses dois eventos é, então, um intervalo de tempo. Assim, um intervalo de tempo é o tempo que se leva para fazer-se alguma coisa: para um pêndulo oscilar, para um elétron girar em torno de um núcleo, para uma partícula radiativa sofrer uma desintegração, para um coração bater etc.

Consideremos dois eventos ocorrendo no mesmo local x' relativo a um observador O'. O intervalo de tempo entre esses dois eventos é $T' = t'_b - t'_a$. Para o observador O, com relação ao qual O' se move com velocidade constante v no sentido positivo do eixo X, o intervalo de tempo é $T = t_b - t_a$. Para encontrar a relação entre os instantes de ocorrência dos dois eventos, registrados por ambos os observadores, utilizamos a última das Eq. (6.34). Assim,

$$t_a = \frac{t'_a + vx'/c^2}{\sqrt{1 - v^2/c^2}}, \qquad t_b = \frac{t'_b + vx'/c^2}{\sqrt{1 - v^2/c^2}}.$$

Note que escrevemos o mesmo x' em ambas as expressões. Portanto, subtraindo t_a de t_b, temos

$$t_b - t_a = \frac{t'_b - t'_a}{\sqrt{1 - v^2/c^2}} \quad \text{ou} \quad T = \frac{T'}{\sqrt{1 - v^2/c^2}} \tag{6.41}$$

onde T' é o intervalo de tempo medido por um observador O' em repouso relativo ao ponto onde os eventos ocorreram, e T é o intervalo de tempo medido por um observador O em relação ao qual o ponto está *em movimento* quando da ocorrência dos eventos. Isto é, para o observador O os dois eventos ocorrem em duas posições diferentes no espaço. Visto que o fator $1/\sqrt{1 - v^2/c^2}$ é maior do que um, a Eq. (6.41) indica ser T maior do que T'. Assim, *quando os processos ocorrem em um corpo em movimento relativo ao observador eles parecem ter uma duração maior do que quando eles ocorrem em um corpo em repouso relativo ao observador, isto é,*

$$T_{\text{movimento}} > \mathrm{T}_{\text{repouso}}.$$

É interessante analisar a dilatação do tempo e a contração de comprimento mais detalhadamente, visto que, *a priori*, esses resultados parecem estranhos. Mostraremos, de um modo mais direto, que a dilatação do tempo e a contração do comprimento são consequências diretas da invariância (constância) da velocidade da luz. Consideremos dois observadores O e O' em movimento relativo com velocidade v ao longo do eixo X. Na Fig. 6.16, M é um espelho em repouso relativo a O' e à distância L da origem ao longo do eixo Y'. Essa distância é a mesma medida por O, visto que o espelho está em uma posição perpendicular à direção do movimento. Suponhamos que, quando O e O' estão em coincidência, um sinal luminoso é emitido a partir de suas origens comuns, em direção ao espelho. Para o referencial que vê o espelho em movimento, o sinal luminoso deve ser emitido em um ângulo que depende da velocidade do espelho e da distância L. Sejam T e T' os tempos, registrados por O e O', que o sinal luminoso leva para voltar a O', depois de ter sido refletido no espelho. No sistema O', a luz voltará à origem, mas, no sistema O, a luz interceptará o eixo X a uma distância vT da origem. Relativo a O', o caminho do sinal luminoso é $O'M'O' = 2L$ e o tempo decorrido é $T = 2L/c$, porquanto para O' a velocidade da luz é c. Esse intervalo de tempo corresponde a dois eventos acontecendo no mesmo ponto (O') relativo a O'.

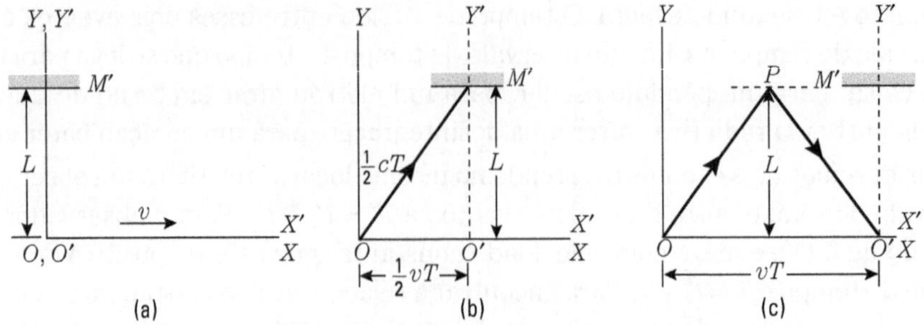

Figura 6.16

Relativo ao observador O, para o qual a velocidade da luz é também c, o caminho do sinal luminoso é OPO', e assim, para O, a relação de tempo (da Fig. 6.16b) é $\left(\frac{1}{2}cT\right)^2 = \left(\frac{1}{2}vT\right)^2 + L^2$ ou $T = (2L/c)\sqrt{1 - v^2/c^2}$. Portanto $T = T'/\sqrt{1 - v^2/c^2}$, que é a Eq. (6.41). Note que a dilatação do tempo foi obtida como consequência da invariância da velocidade da luz para todos os observadores inerciais.

Suponhamos, a seguir, o espelho M' colocado ao longo do eixo X' e orientado perpendicularmente a ele. Consideremos o espelho em repouso no sistema O' e colocado à distância L' de O'. A situação está mostrada na Fig. 6.17. Novamente, quando O e O' coincidem, um sinal luminoso é emitido em direção ao espelho. Os tempos T e T' para a luz voltar a O' são medidos. Para O', a velocidade da luz é c e o intervalo de tempo é $T' = 2L'/c$. A distância $O'M'$, que pode não ser a mesma para o observador O, será chamada L. O tempo t_1, para a luz ir de O ao espelho, é obtido na relação $ct_1 = L + vt_1$, ou seja, $t_1 = L/(c - v)$, visto que M' percorre a distância vt_1. Após a reflexão, O mede um tempo t_2 para a luz alcançar O', que, durante esse tempo, percorre a distância vt_2 (ver Fig. 6.17c). Assim, $ct_2 = L - vt_2$, ou seja, $t_2 = L/(c + v)$. Para O, o tempo total necessário para a luz alcançar O' é então

$$T = t_1 + t_2 = \frac{L}{c - v} + \frac{L}{c + v} = \frac{2L}{c}\frac{1}{1 - v^2/c^2}.$$

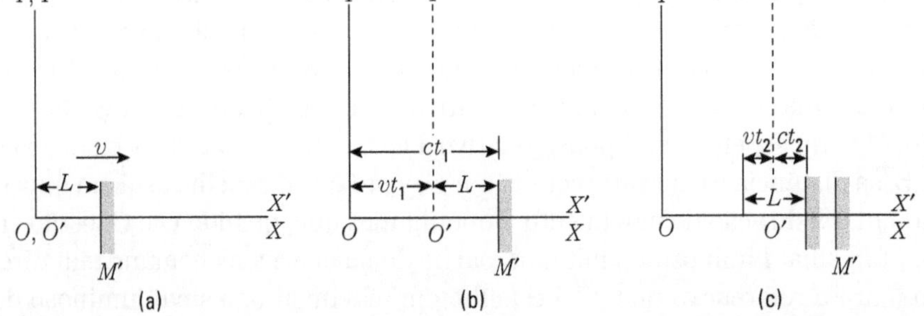

Figura 6.17

Mas, como T e T' correspondem a dois eventos que ocorrem no mesmo local relativo a O', eles são relacionados pela Eq. (6.41). Assim,

$$\frac{2L/c}{1 - v^2/c^2} = \frac{2L'/c}{\sqrt{1 - v^2/c^2}} \quad \text{ou} \quad L = \sqrt{1 - v^2/c^2}\,L'.$$

Essa equação é idêntica à Eq. (6.40), visto que L' é um comprimento em repouso relativo a O'. Desses dois exemplos especiais, vimos que a constância da velocidade da luz para todos os observadores inerciais afeta de modo muito específico os resultados obtidos por observadores em movimento relativo,

■ **Exemplo 6.7** *Análise da experiência de Michelson e Morley.* Mencionamos, no início da Seç. 6.6, a experiência de Michelson e Morley. Vamos, agora, descrevê-la brevemente juntamente com os resultados. O arranjo experimental aparece de modo esquemático na Fig. 6.18, onde S é uma fonte de luz monocromática e M_1 e M_2 são dois espelhos colocados à mesma distância L' de uma lâmina de vidro P (essa distância é medida por um observador terrestre). A luz proveniente de S, ao alcançar P, é parcialmente transmitida para M_1 e parcialmente refletida para M_2. Os raios refletidos em M_1 e M_2 alcançam o observador em O'.

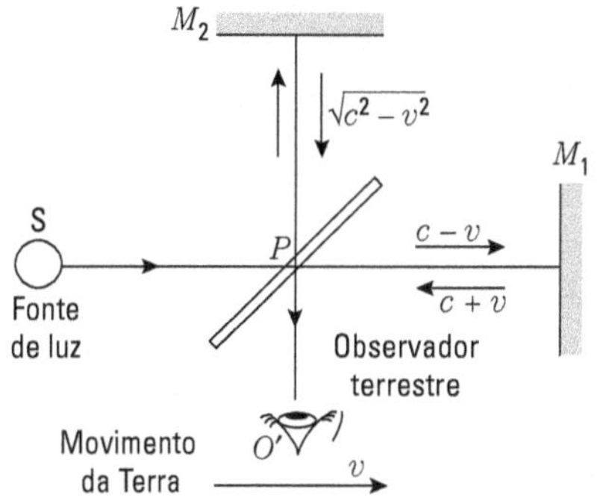

Figura 6.18 Componentes básicos do experimento de Michelson e Morley.

Note que o caminho luminoso representado na Fig. 6.18 é relativo a um referencial X' Y' Z' movendo-se com a Terra e, em relação ao qual, o instrumento chamado *interferômetro* está em repouso. (Como exercício, sugerimos que você represente o caminho luminoso visto por um observador relativamente ao qual a Terra se move com velocidade v.) O arranjo experimental usado por Michelson e Morley está ilustrado na Fig. 6.19.

Solução: Seja c a velocidade da luz medida por um observador estacionário em relação ao éter. Seja v a velocidade da Terra relativa ao éter, e orientemos o interferômetro de modo que a linha PM_1 seja paralela ao movimento da Terra.

Usando a transformação de Galileu e seguindo os resultados do Ex. 6.2, concluímos que, relativamente à Terra, a velocidade da luz que vai de P a M_1 é $c - v$, a que vai de M_1 a P é $c + v$, e a que vai de P a M_2 ou de M_2 a P é $\sqrt{c^2 - v^2}$. Assim, para o observador terrestre O', o tempo necessário para a luz ir de P a M_1 e voltar a P, é

$$t'_{\parallel} = \frac{L'}{c-v} + \frac{L'}{c+v} = \frac{2L'c}{c^2 - v^2} = \frac{2L'/c}{1 - v^2/c^2},$$

enquanto o tempo necessário para ir de P a M_2 e voltar a P, medido por O', é

$$t'_{\perp} = \frac{2L'}{\sqrt{c^2 - v^2}} = \frac{2L'/c}{\sqrt{1 - c^2/v^2}}.$$

Observe que $t'_{\parallel}$ e $t'_{\perp}$ são diferentes e, assim sendo, os raios que alcançam o observador O' têm uma certa diferença de caminho, o que (de acordo com a teoria apresentada no Cap. 22) deve resultar em certa figura de interferência. Surpreendentemente, tal interferência não é observada, como foi indicado anteriormente na Seç. 6.6*.

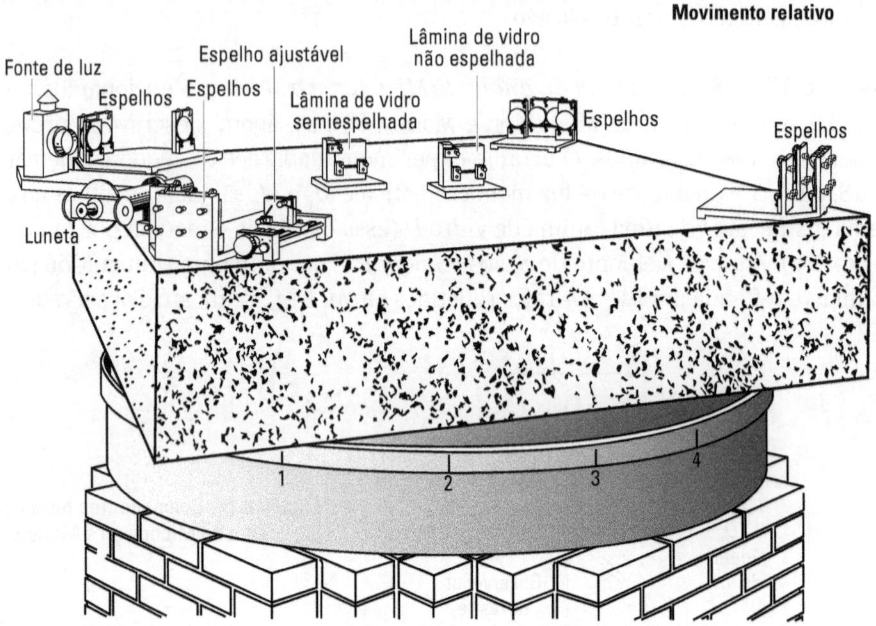

Figura 6.19 Interferômetro utilizado por Michelson e Morley para medições da velocidade da luz. Uma mesa de arenito é fixada a um anel de madeira que flutua sobre mercúrio. O conjunto de espelhos serve para aumentar o caminho total da luz. A lâmina não espelhada é colocada ao longo de um dos trajetos para compensar o fato de que o outro trajeto passa através do vidro da lâmina semiespelhada. A luneta permite a observação das figuras de interferências.

Fonte: Cortesia do *Scientific American*.

Isso sugere que $t'_{\parallel} = t'_{\perp}$. Para resolver este enigma, Lorentz e, independentemente, Fitzgerald propuseram que todos os objetos que se movem através do éter sofrem uma contração real na direção do movimento, e que essa contração é exatamente suficiente para fazer $t'_{\parallel} = t'_{\perp}$. Isso significa que o comprimento que aparece em $t'_{\parallel}$ não deve ser o mesmo comprimento em $t'_{\perp}$ porque o primeiro está na direção do movimento da Terra e o outro em direção perpendicular a esse movimento. Escrevendo L em lugar L' na expressão de $t'_{\parallel}$, devemos ter

$$t'_{\parallel} = \frac{2L/c}{1 - v^2/c^2}.$$

Igualando $t'_{\parallel}$ a $t'_{\perp}$, obtemos, após simplificação,

* Na experiência realizada por Michelson, os dois braços do interferômetro ou, mais precisamente, os comprimentos ópticos dos dois caminhos luminosos, eram um pouco diferentes, o que produziu uma figura de interferência. Então, para compensar essa diferença e realmente aumentar a precisão da sua medida, Michelson girou o instrumento (Fig. 6.19). Embora a teoria previsse, baseada na transformação de Galileu, um deslocamento na figura de interferência como resultado da rotação, nenhum deslocamento foi observado.

$$L = \sqrt{1 - v^2 / c^2} L'. \quad (6.42)$$

Essa expressão relaciona os comprimentos PM_1 e PM_2 medidos por um observador O em repouso relativo ao éter. O observador O' não deveria notar tal contração porque a régua que ele usa para medir a distância PM_1 também sofre o mesmo tipo de contração que PM_2 quando colocado na direção do movimento da Terra! Assim, para ele, os comprimentos PM_1 e PM_2 são iguais. Mas o observador O iria se divertir com as preocupações de O' se observasse que O' está em movimento, e que, de acordo com a hipótese de Lorentz e Fitzgerald, os objetos que ele carrega são encurtados na direção do movimento. Assim, O conclui que o comprimento "real" de PM_1 é L e o de PM_2 é L'; essa diferença "real" em comprimento é a causa do resultado negativo obtido quando examinamos a interferência dos dois feixes luminosos.

Naturalmente, outra explicação do resultado negativo da experiência de Michelson e Morley é admitir que a velocidade da luz é sempre a mesma em todas as direções, não importando qual o estado de movimento do observador. Então, o observador O' usa c para todos os caminhos na Fig. 6.18 e, assim, $t'_{\parallel} = t'_{\perp} = 2L'/c$. Essa foi a posição adotada por Albert Einstein, quando ele formulou o seu princípio da relatividade. Contudo você pode, neste momento, dizer que a contração "real" admitida por Lorentz para explicar o resultado negativo da experiência de Michelson e Morley é exatamente a mesma contração que encontramos na Eq. (6.40), usando a transformação de Lorentz e o princípio de invariância da velocidade da luz. Há, entretanto, uma diferença fundamental entre as duas hipóteses básicas usadas para obter esses dois resultados, aparentemente idênticos: (1) a contração (6.42) obtida por meio da transformação de Galileu é suposta uma contração real, à qual estão sujeitos todos os corpos que se movem através do éter, e o v que aparece na fórmula é a velocidade do objeto relativa ao éter; (2) a contração (6.40) refere-se somente ao valor medido do comprimento do objeto em movimento relativo ao observador, e é uma consequência da invariância da velocidade da luz. O v que aparece na fórmula é a velocidade do objeto relativa ao observador e, assim, a contração é diferente para diferentes observadores. Foi o gênio de Einstein que o levou a entender como artificial e desnecessária a ideia de um éter, e que a explicação lógica era a segunda. Esse é o postulado básico usado por Einstein ao formular o seu princípio da relatividade, como veremos no Cap. 11.

Referências

BOHM, D. *The special theory of relativity*. New York: W. A. Benjamim, 1964.

BRONOWSKI, J. The clock paradox. *Sci. Am.*, p. 134, Feb. 1963.

CHRISTIE, D. E. *Vector mechanics*. New York: McGraw-Hill, 1964.

FEYNMAN, R. P.; LEIGHTON, R. B.; SANDS, E. M. L. *The Feynman lectures on physics*. v. I. Reading, Mass.: Addison-Wesley, 1963.

FRISCH, D.; SMITH, J. Measurement of the relativistic time dilation using μ-Mesons. *Am. J. Phys.*, v. 31, n. 342, 1963.

HOLTON, G. Resource letter SRT-1 on special relativity theory *Am. J. Phys.*, v. 30, n. 462, 1962.

KATZ, R. *An introduction to the special theory of relativity*. Princeton, N. J.: Momentum Books, D. Van Nostrand Co., 1964.

LINDSAY, R.B. *Physical mechanics*. New York: Van Nostrand, 1961.

MAGIE, W. F. *Source book in physics*. Cambridge, Mass.: Harvard University Press, 1963.

McDONALD, J. The Coriolis effect. *Sei. Am.*, p. 72, May 1952.

ROSSEN, W. G. W. *An introduction to the special theory of relativity*. London: Butterworth & Co., 1964.

RUSH, J. The speed of light. *Sei. Am.*, p. 62, Aug. 1955.

SCOTT, G. D.; VINER, M. R. The geometrical appearance of large objects moving at relativistic speeds. *Am. J. Phys.*, v. 33, n. 534, 1965.

SHANKLAND, R. Conversations with Albert Einstein. *Am. J. Phys.*, v. 31, n. 47, 1963.

SHANKLAND, R. Michelson-Morley experiment. *Am. J. Phys.*, v. 32, p. 16, 1964; *Sei. Am.*, p. 107, Nov. 1964.

SPECIAL relativity theory. Artigos relacionados do *Am. J. Phys.*, AIP, New York, 1962.

SYMON, K. R. *Mechanics*. Reading, Mass.: Addison-Wesley, 1960.

WEISSKOPF, V. Visual appearance of rapidly moving objects. *Physics Today*, p. 24, Sept. 1960.

Problemas

6.1 Dois trens, A e B, percorrem vias paralelas a 70 km $\cdot$ h^{-1} e 90 km $\cdot$ h^{-1}, respectivamente. Calcule a velocidade de B relativa a A, quando: (a) eles se movem no mesmo sentido, e (b) eles se movem em sentidos contrários.

6.2 Resolva o problema anterior supondo as vias férreas inclinadas entre si em 60°.

6.3 Um trem parte da cidade A às 12h00 com destino à cidade B, distante 400 km, mantendo velocidade constante de 100 km $\cdot$ h^{-1}. Outro trem deixa a cidade B às 14h00 mantendo velocidade constante de 70 km $\cdot$ h^{-1}. Determine o instante em que os trens se encontram e, nesse momento, a distância da cidade A se (a) o segundo trem parte de B com destino a A, (b) o segundo trem parte de B afastando-se de A.

6.4 Um motorista dirigindo a 80 km $\cdot$ h^{-1}, sob uma tempestade, observa que a chuva deixa nas janelas laterais marcas inclinadas de 80° com a vertical. Ao parar o carro, ele nota que a chuva cai verticalmente. Calcule a velocidade da chuva relativa ao carro (a) quando este está parado, e (b) quando está se movendo a 80 km $\cdot$ h^{-1}.

6.5 Dois carros percorrendo rodovias perpendiculares seguem para o norte e para o leste, respectivamente. Sendo suas velocidades relativas ao solo 60 km $\cdot$ h^{-1} e 80 km $\cdot$ h^{-1}, calcule a velocidade de um carro relativa ao outro. A velocidade relativa depende da posição dos carros em suas respectivas rodovias? Repita o problema, na hipótese de o segundo carro estar se movendo para oeste.

6.6 Um barco move-se no sentido N 60° W com velocidade de 4,0 km $\cdot$ h^{-1} relativa à água. O sentido da corrente é tal que o movimento resultante relativo à terra é 5,0 km $\cdot$ h^{-1} para oeste. Calcule a velocidade e o sentido da corrente relativamente à terra.

6.7 A velocidade de um barco de corrida em água parada é 55 km $\cdot$ h^{-1}. O piloto quer ir a um ponto distante 80 km a S 20° E. A corrente, muito forte, é de 20 km $\cdot$ h^{-1} no sentido S 70° W. (a) Calcule em qual sentido o barco deve ser dirigido para seguir um caminho retilíneo. (b) Determine a duração do percurso.

6.8 Um rio corre para norte com velocidade de 3 km · h^{-1}. Um barco segue para leste com a velocidade de 4 km · h^{-1} relativa à água. (a) Calcule a velocidade do barco relativa à terra, (b) Sendo a largura do rio 1 km, calcule o tempo necessário para atravessá-lo. (c) Que desvio para norte terá sofrido o barco ao atingir a outra margem do rio?

6.9 Dois locais, A e B, distantes 1 km, estão situados na mesma margem de um rio perfeitamente retilíneo. Um homem vai de A a B e volta a A num barco a remo com velocidade de 4 km · h^{-1} relativa ao rio. Outro homem caminha ao longo da margem de A a B e volta a A com velocidade de 4 km · h^{-1}. Sendo que o rio corre a 2 km · h^{-1}, calcule o tempo que cada homem leva para fazer o trajeto completo.

6.10 Utilizando os dados do problema anterior, determine qual a velocidade do rio em que a diferença de tempo entre os dois trajetos é de 6 min.

6.11 Um rio tem 1 km de largura. A velocidade da corrente é 2 km · h^{-1}. Determine o tempo que um homem leva, num barco a remo, para ir e voltar diretamente de uma margem à outra. Compare esse tempo com o tempo que leva um homem para remar 1 km, rio acima, e voltar ao local de partida. O barco a remo tem velocidade constante de 4 km · h^{-1} relativamente à água.

6.12 Utilize os dados do problema anterior e determine em que velocidade da corrente a diferença de tempo entre os dois trajetos completos é de 10 min.

6.13 É dado um sistema de coordenadas fixo relativo à Terra (supor a Terra plana e sem movimento). Considere um projétil disparado, com a velocidade de 250 m · s^{-1} relativa à arma, da cauda de um avião que voa a 200 m · s^{-1} (aproximadamente 720 km · h^{-1}). Descreva o movimento do projétil (a) relativo ao sistema de coordenadas da Terra, (b) relativo ao sistema de coordenadas ligado ao avião, (c) calcule em que ângulo o atirador deve apontar a arma para que o projétil não tenha componente horizontal de velocidade no sistema de coordenadas fixo à Terra.

6.14 A posição de uma partícula Q relativa a um sistema de coordenadas O é dada, em metros, por $\boldsymbol{r} = \boldsymbol{u}_x(6t^2 - 4t) + \boldsymbol{u}_y(-3t^2) + \boldsymbol{u}_z 3$. (a) Determine a velocidade relativa constante dos sistemas O', dado que a posição de Q relativa a O' é $\boldsymbol{r}' = \boldsymbol{u}_x(6t^2 + 3t) + \boldsymbol{u}_y(-3t^3) + \boldsymbol{u}_z 3$ m. (b) Mostre que a aceleração da partícula é a mesma em ambos os sistemas.

6.15 Um trem passa por uma estação a 30 m · s^{-1}. Uma bola rola ao longo do piso do trem com velocidade de 15m · s^{-1} no sentido (a) do movimento do trem, (b) no sentido oposto ao movimento do trem, e (c) perpendicular ao movimento do trem. Determine, para cada caso, a velocidade da bola relativa a um observador, em pé, sobre a plataforma da estação.

6.16 Uma partícula com velocidade de 50 m · s^{-1} relativa à Terra move-se diretamente para o sul na latitude de 45° N. (a) Calcule a aceleração centrífuga da partícula. (b) Calcule a aceleração de Coriolis da partícula. (c) Repita o problema para a partícula situada na latitude de 45° S.

6.17 Um corpo na latitude de 41° N cai da altura de 200 m. Calcule o desvio para leste com relação ao ponto sobre a Terra diretamente (radialmente) abaixo do corpo. Repita o problema para um ponto na latitude de 41° S.

6.18 Um rio corre para o sul (para o norte) com velocidade de 9 km · h^{-1} na latitude 45° N (S). Calcule o termo de Coriolis. Mostre que no hemisfério norte (sul) esse termo é responsável pela força que a água exerce na margem direita (esquerda). Esse efeito produz maior erosão na margem direita (esquerda), o que tem sido observado em alguns casos.

6.19 Imagine que você está voando ao longo do equador para leste em um jato a 450 m · s^{-1} (ou seja, 1.620 km · h^{-1}). Qual a sua aceleração de Coriolis? Qual o termo de Coriolis?

6.20 O planeta Júpiter, que gira em torno de seu eixo uma vez em cada 9 h e 51 min, tem um raio aproximado de 7×10^4 km, e a aceleração da gravidade em sua superfície é de 26,5 m · s^{-2}. Qual é o máximo desvio de um fio de prumo com relação à direção radial sobre a superfície de Júpiter?

6.21 Compare os valores da aceleração da gravidade dados na Tab. 6.1 com os valores teóricos da Eq. (6.29).

6.22 Um corpo é lançado verticalmente para cima com velocidade v_0. Prove que, ao voltar ao chão, ele cai num ponto a oeste do ponto de lançamento e afastado deste por uma distância igual a $\left(\frac{4}{3}\right)\omega \cos \lambda\sqrt{8h^3/g}$ onde $h = v_0^2/2\,g$.

6.23 Obtenha as expressões para a velocidade e a aceleração de um ponto relativo a dois observadores O e O' movendo-se com velocidade angular relativa $\boldsymbol{\omega}$, suposta variável. Considere os casos (a) origens coincidentes, (b) origens não coincidentes.

6.24 Os observadores O e O' têm movimento relativo de translação com $v = 0{,}6\ c$. (a) O observador O nota que uma barra, medindo 2,0 m, alinhada paralelamente ao movimento, está em repouso relativo a ele. Qual o comprimento da barra observada por O'? (b) Se a mesma barra estiver em repouso relativo a O' e alinhada paralelamente ao movimento, qual será seu comprimento relativo a O e O'?

6.25 Determine a velocidade relativa de uma barra cujo comprimento medido é a metade de seu comprimento cm repouso.

6.26 Qual a contração da Terra ao longo de seu diâmetro para um observador em repouso relativo ao Sol? (A velocidade orbital da Terra relativa ao Sol é de 30 km · s^{-1}, e o raio da Terra é dado na Tab. 13.1.)

6.27 Uma nave espacial que se dirige à Lua passa pela Terra com velocidade relativa de 0,8 c. (a) Qual a duração da viagem da Terra à Lua para um observador na Terra? (b) Qual é a distância da Terra à Lua, para um passageiro na nave? (c) Qual a duração da viagem para o passageiro?

6.28 Como uma partícula livre em repouso, a vida média de um nêutron é de 15 min. Ele se desintegra espontaneamente em um elétron, um próton e um neutrino. Qual o valor mínimo da velocidade média com a qual um nêutron deve deixar o Sol, de modo que chegue à Terra antes de se desintegrar?

6.29 Um méson μ é uma partícula instável cuja vida média medida por um observador em repouso relativo ao méson é 2×10^{-6} s. Qual será a sua vida média para um observador que vê o méson mover-se com uma velocidade de 0,9 c? Num certo ponto da atmosfera, ocorre uma grande produção de mésons; supondo que somente 1% deles atinge a superfície da Terra, estime a altura do ponto onde houve a produção dos mésons.

6.30 Um núcleo radioativo movendo-se com velocidade de 0,1 c relativa ao laboratório emite um elétron com velocidade de 0,8 c relativa ao núcleo. Qual é a velocidade e a direção do elétron relativamente ao laboratório se, com relação ao referencial ligado ao núcleo que se desintegra, o elétron é emitido, (a) no sentido do movimento, (b) no sentido oposto ao movimento, e (c) numa direção perpendicular ao movimento?

6.31 Os observadores O e O' estão em movimento relativo de translação, com $v = 0{,}6\ c$. No instante $t = t' = 0$, O coincide com O'. Passados cinco anos, de acordo com O, quanto tempo leva um sinal luminoso para ir de O a O'? Supondo-se que O e O' são conhecedores dessa informação, pergunta-se quanto tempo decorreu, de acordo com O', desde o instante em que O e O' estavam em coincidência? Uma luz colocada em O é mantida acesa durante um ano. Durante quanto tempo a luz permaneceu acesa, de acordo com O'?

6.32 Responda ao problema anterior para o caso de movimento relativo de translação com velocidade $0{,}9\ c$.

6.33 Um foguete, cujo comprimento em repouso é de 60 m, afasta-se da Terra. Em cada extremidade do foguete está colocado um espelho. Um sinal luminoso enviado da Terra é refletido de volta pelos dois espelhos. O primeiro sinal é recebido após 200 s e o segundo 1,74 μ s mais tarde. Determine a distância e a velocidade do foguete relativas à Terra.

6.34 Um astronauta deseja ir a uma estreia afastada cinco anos-luz. Calcule a velocidade do foguete relativa à Terra para que o tempo, medido pelo relógio do astronauta, seja de um ano. Qual a duração da viagem, medida por um observador terrestre?

6.35 Um estudante realiza um exame cuja duração deve ser de uma hora, medida pelo relógio do professor. O professor, que se move com a velocidade de 0,97 c relativa ao estudante, emite um sinal quando seu relógio indica que decorreu uma hora desde o início do exame. O estudante para de escrever quando é alcançado pelo sinal. Quanto tempo teve para realizar o exame?

6.36 Um cientista pretende usar o método de Michelson e Morley para medir a velocidade do vento, emitindo sinais sonoros segundo dois caminhos perpendiculares. Ele admite, para a velocidade do som e para o comprimento do caminho, os valores 300 m $\cdot$ s^{-1} e 100 m. Qual a mínima velocidade do vento que ele pode detectar se lhe é possível medir uma diferença de tempo $\Delta t \geq 0{,}001$ s?

6.37 Prove que, quando os eixos utilizados por O e O' não são paralelos à velocidade relativa, a transformação geral de Lorentz é

$$\boldsymbol{r}' = \boldsymbol{r} + (k-1)\frac{(\boldsymbol{r}\cdot\boldsymbol{v})\boldsymbol{v}}{v^2} - k\boldsymbol{v}t,$$

$$t' = k\left(t - \boldsymbol{r}\cdot\boldsymbol{v}/c^2\right).$$

[*Sugestão*: decompor os vetores $\boldsymbol{r}$ e $\boldsymbol{r}'$ em componentes paralelas e perpendiculares a $\boldsymbol{v}$; note que $\boldsymbol{r} = \boldsymbol{r}'_{\parallel} + \boldsymbol{r}'_{\perp}$ e $\boldsymbol{r}_{\parallel} = (\boldsymbol{r}\cdot\boldsymbol{v})\boldsymbol{v}/v^2$.]

6.38 Prove que, se V e V' são os módulos das velocidades de uma partícula relativa aos observadores O e O', que se movem ao longo do eixo X com velocidade relativa v, então:

$$\sqrt{1 - V'^2/c^2} = \frac{\sqrt{\left(1 - v^2/c^2\right)\left(1 - V^2/c^2\right)}}{1 - vV_x/c^2}$$

e

$$\sqrt{1-V^2/c^2} = \frac{\sqrt{\left(1-v^2/c^2\right)\left(1-V'^2/c^2\right)}}{1+vV'_x/c^2}.$$

6.39 Prove que a transformação geral para as acelerações, relativas a O e O', de uma partícula que se move com velocidade V relativa a O, é

$$a'_x = \frac{a_x\left(1-v^2/c^2\right)^{3/2}}{\left(1-vV_x/c^2\right)},$$

$$a'_y = \frac{1-v^2/c^2}{\left(1-vV_x/c^2\right)^2}\left(a_y + a_x\frac{vV_y/c^2}{1-vV_x/c^2}\right),$$

$$a'_z = \frac{1-v^2/c^2}{\left(1-vV_x/c^2\right)^2}\left(a_z + a_x\frac{vV_z/c^2}{1-vV_x/c^2}\right).$$

6.40 Prove que, quando v é quase igual a c, $k \approx 1/\sqrt{2(1-v/c)}$, que, quando v é muito pequeno comparado a c, então, $k \approx v^2/2c^2$.

6.41 Uma caixa cúbica, de lado L_0, medido por um observador O' em repouso relativo à caixa, move-se com velocidade v, paralela a um lado, relativa a outro observador O. Prove que o volume medido por O é $L_0^3\sqrt{1-v^2/c^2}$.

6.42 Para um observador O, a posição de uma partícula no instante t é dada por $x = vt$, $y = \frac{1}{2}at^2$, sendo sua trajetória uma parábola. Descreva o movimento relativo a um observador O' que se move em relação a O com velocidade v. Determine também a trajetória e a aceleração da partícula relativamente a O'.

6.43 Um metro é mantido inclinado a 45° relativamente à direção do movimento em um referencial móvel. Qual o seu comprimento e a sua orientação, medidos no sistema laboratório, se a velocidade do referencial móvel é 0,8 c?

6.44 *Discussão da simultaneidade.* (a) Prove que, se dois eventos ocorrem relativamente ao observador O nos instantes t_1 e t_2 e nas posições x_1 e x_2, e se $T = t_2 - t_1$, $L = x_2 - x_1$, para o observador O' (movendo-se relativamente a O com velocidade v ao longo do eixo X), os eventos ocorrem nos instantes t'_1 e t'_2 tais que, se

$$T' = t'_2 - t'_1,$$

então

$$T' = k(T - vL/c^2)$$

(b) Eventos que parecem simultâneos relativamente a O, são, em geral, simultâneos relativamente a O'? Sob que condições os eventos simultâneos para O são também simultâneos para todos os outros observadores em movimento relativo uniforme? (c) Obtenha a relação entre L e T, tal que a ordem de ocorrência de dois eventos, observada por O', seja contrária à observada por O. (d) Suponha que, para os eventos (x_1, t_1) e (x_2, t_2), observados por O, existe uma relação de causalidade [isto é, (x_2, t_2) é o resultado de algum sinal transmitido de (x_1, t_1) com velocidade $V = L/T$ necessariamente igual ou menor do que c]. Pode a ordem dos eventos parecer contrária, para O'? (Note que, se a resposta é sim, então a teoria exige que $V > c$).

6.45 Prove que a lei de transformação de velocidades pode ser escrita na forma vetorial

$$\boldsymbol{V}' = \frac{1}{k\left(1 - \boldsymbol{V}\cdot\boldsymbol{v}/c^2\right)}\left[\boldsymbol{V} + (k-1)\frac{\boldsymbol{V}\cdot\boldsymbol{v}}{v^2}\boldsymbol{v} - k\boldsymbol{v}\right].$$

6.46 Prove que a lei de transformação de acelerações pode ser escrita na forma vetorial

$$\boldsymbol{a}' = \frac{1}{k^3\left(1 - \boldsymbol{V}\cdot\boldsymbol{v}/c^2\right)^3}\left[\boldsymbol{a} + \left(\frac{1}{k} - 1\right)\frac{\boldsymbol{a}\cdot\boldsymbol{v}}{v^2}\boldsymbol{v} - \frac{1}{c^2}\boldsymbol{v}\times\left(\boldsymbol{a}\times\boldsymbol{V}\right)\right].$$

7 Dinâmica de uma partícula

7.1 Introdução

No Cap. 5, quando estudamos a cinemática, discutimos os elementos que entram na "descrição" do movimento de uma partícula. Vamos agora, investigar as razões pelas quais as partículas se movem segundo determinadas maneiras. Por que os corpos próximos à superfície da Terra caem com aceleração constante? Por que a Terra se move ao redor do Sol descrevendo uma órbita elíptica? Por que os átomos se ligam para formar moléculas? Por que uma mola oscila quando esticada? Queremos entender esses e muitos outros movimentos observados. Essa compreensão é importante, tanto para o nosso conhecimento básico da natureza, como para aplicações práticas na engenharia. A compreensão de como os movimentos em geral são produzidos possibilita-nos projetar máquinas que se movem do modo como desejamos. O estudo da relação entre o movimento de um corpo e as causas desse movimento é chamado *dinâmica*.

Pela experiência diária sabemos que o movimento de um corpo é um resultado direto de sua *interação* com outros corpos que o cercam. Quando um jogador chuta uma bola ele está interagindo com ela e modificando o seu movimento. A trajetória de um projétil é o resultado de sua interação com a Terra. O movimento de um elétron, em torno de um núcleo, é o resultado de sua interação com o núcleo e, talvez, com outros elétrons. As interações são convenientemente descritas por um conceito matemático chamado *força*. O estudo da dinâmica é basicamente a análise da relação entre força e as variações do movimento de um corpo.

As leis do movimento que apresentaremos na discussão a seguir são generalizações decorrentes de uma análise cuidadosa dos movimentos observados por nós e da extrapolação de nossas observações para certos experimentos, ideais ou simplificados.

7.2 Lei da inércia

Uma partícula que não está sujeita à interação é dita uma *partícula livre*. Rigorosamente falando, não existe tal coisa, porque toda partícula está sujeita a interações com o resto das partículas do universo. Portanto uma partícula livre deveria estar completamente isolada ou, então, ser a única partícula no universo. Assim sendo, seria impossível observá-la porque, no processo de observação, há sempre uma interação entre o observador e a partícula. Na prática, entretanto, há algumas partículas que podem ser consideradas livres, quer porque, estando elas suficientemente afastadas de outras, suas interações são desprezíveis, quer porque as interações com outras partículas cancelam-se, dando uma interação resultante nula.

Vamos agora considerar a *lei da inércia*, cujo enunciado é

> *uma partícula livre sempre se move com velocidade constante, isto é, sem aceleração.*

Assim, uma partícula livre ou se move em linha reta com velocidade constante, ou está em repouso (velocidade nula). Esta afirmação é também chamada *primeira lei de Newton*, porque ela foi primeiramente enunciada por Sir Isaac Newton (1642-1727). Essa é a primeira das três "leis" por ele enunciadas no século XVII.

Devemos lembrar, dos Caps. 5 e 6, que o movimento é um conceito relativo. Portanto, quando enunciamos a lei da inércia, devemos indicar a quem ou do que o movimento da partícula livre é referido. Admitimos que o movimento de uma partícula livre é relativo a um observador que seja ele próprio uma partícula ou sistema livre, isto é, não sujeito a interações com o resto do mundo. Tal observador é chamado um *observador inercial* e o referencial que ele usa é chamado *referencial inercial*. Admitimos que sistemas inerciais de referência não giram, porque a existência de rotação implicaria acelerações (ou variações de velocidades devidas às variações de direção), e, portanto, em interações, o que seria contrário à nossa definição de observador inercial como sendo uma "partícula livre", ou uma partícula sem aceleração. De acordo com a lei da inércia, diferentes observadores inerciais podem estar em movimento, um relativamente a outro, com velocidade constante. Portanto suas observações estão relacionadas, quer por meio da transformação de Galileu quer da transformação de Lorentz, dependendo da grandeza de suas velocidades relativas.

Em razão de sua rotação diária e de sua interação com o Sol e outros planetas, a Terra *não* é um sistema inercial de referência. Entretanto, em muitos casos, o efeito da rotação da Terra e suas interações são desprezíveis e, assim, os referenciais ligados aos nossos observatórios terrestres podem, sem grande erro, ser considerados inerciais. O Sol também não é um referencial inercial. Em virtude de suas interações com os outros corpos na galáxia, ele descreve uma órbita curva em torno do centro da galáxia (Fig. 7.1). Entretanto, como o movimento do Sol é aproximadamente mais retilíneo e uniforme do que o movimento da Terra (a aceleração orbital da Terra é 150 milhões de vezes maior do que a do Sol), a semelhança do Sol com um referencial inercial é muito maior.

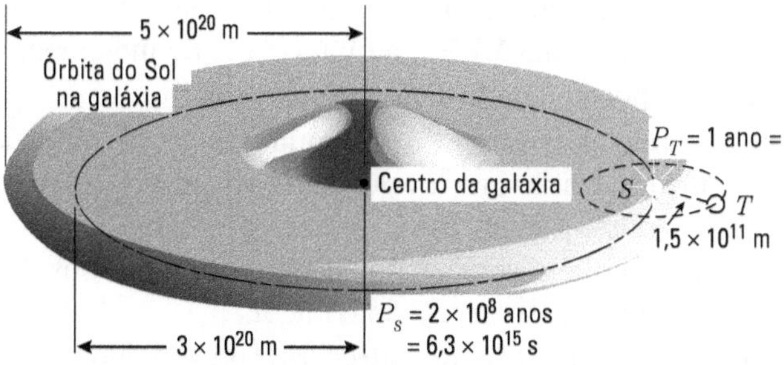

Figura 7.1 Um sistema de coordenadas ligado à Terra não é inercial em razão de sua rotação diária e de seu movimento acelerado ao redor do Sol. O Sol também não é um referencial inercial em razão de seu movimento ao redor do centro da galáxia. Entretanto, para fins práticos, qualquer um desses dois corpos pode ser utilizado, na maioria dos casos, como um referencial inercial.

Vamos mostrar alguns experimentos, realizados em nossos laboratórios terrestres, que ilustram a lei da inércia. Uma bola esférica colocada sobre uma superfície horizontal e lisa permanecerá em repouso, a menos que atuemos sobre ela. Isto é, sua velocidade permanece constante, com valor igual a zero. Admitimos que a superfície sobre a qual a bola repousa equilibra a interação entre a bola e a Terra, e, portanto, que a bola está essencialmente livre de interações. Quando impelimos a bola, como no jogo de bilhar, ela sofre momentaneamente uma interação e adquire velocidade. Mas, depois disso, ela fica novamente livre, movendo-se em linha reta com a velocidade que adquiriu quando foi atingida. Se a bola é rígida e perfeitamente esférica e a superfície perfeitamente horizontal e lisa, podemos admitir que a bola continuará se movendo indefinidamente em linha reta com velocidade constante. Na prática, isso não acontece, pois a bola perde velocidade e acaba parando. Dizemos que houve uma interação adicional entre a bola e a superfície. Essa interação, chamada *atrito*, será discutida mais tarde.

7.3 Quantidade de movimento

Demos, na Seç. 2.3, uma definição operacional de *massa* como sendo um número que atribuímos a cada partícula ou corpo, número esse obtido pela comparação do corpo com um corpo padrão, usando-se o princípio da balança de braços iguais. Massa, portanto, é um coeficiente que distingue uma partícula da outra. Nossa definição operacional de massa dá-nos seu valor para a partícula suposta em repouso. Entretanto não sabemos, por essa definição, se a massa será a mesma quando a partícula estiver em movimento; portanto, para sermos precisos, devemos usar o termo *massa de repouso*. Mas admitamos, por enquanto, que a massa seja independente do estado de movimento, e vamos chamá-la simplesmente massa; mais tarde, no Cap. 11, faremos uma análise mais cuidadosa desse importante aspecto, e verificaremos que nossa afirmação é uma boa aproximação, desde que a velocidade da partícula, comparada com a velocidade da luz, seja muito pequena.

A *quantidade de movimento*, também denominada momento cinético, ou momento, simplesmente, de uma partícula é definida como o produto de sua massa por sua velocidade. Designando-a por $\boldsymbol{p}$, escrevemos

$$\boldsymbol{p} = m\boldsymbol{v}. \tag{7.1}$$

A quantidade de movimento é uma grandeza vetorial e tem a mesma direção que a velocidade. A quantidade de movimento é um conceito físico muito importante porquanto ela combina os dois elementos que caracterizam o estado dinâmico de uma partícula: sua massa e sua velocidade. No sistema MKSC, a quantidade de movimento é expressa em $\text{mkg} \cdot \text{s}^{-1}$ (nenhum nome especial é dado a essa unidade).

Diversos experimentos simples mostram que a quantidade de movimento é uma grandeza dinâmica mais informativa do que a velocidade sozinha. Por exemplo, um caminhão carregado, em movimento, é mais difícil de ser parado ou de ser acelerado do que um caminhão vazio, mesmo que a velocidade seja a mesma para os dois, porque a quantidade de movimento do caminhão carregado é maior.

Pode-se agora dar outro enunciado à lei da inércia dizendo-se que

> *uma partícula livre move-se sempre com quantidade de movimento constante.*

7.4 O princípio da conservação da quantidade de movimento

Como consequência imediata da lei da inércia, podemos dizer que um observador inercial reconhece que uma partícula não é livre (ou seja, que ela interage com outras) quando ele observa que a velocidade ou a quantidade de movimento da partícula deixa de permanecer constante; ou, em outras palavras, quando a partícula sofre uma aceleração.

Consideremos agora uma situação ideal. Suponhamos que, em lugar de observarmos uma partícula isolada no universo, como se admitiu na lei da inércia, observamos duas partículas sujeitas somente às suas interações mútuas e isoladas do resto do universo. Como resultado das interações, suas velocidades individuais variam com o tempo e suas trajetórias são, de modo geral, curvas, como indica a Fig. 7.2 pelas curvas (1) e (2). Num certo instante t, a partícula 1 está em A com velocidade $\boldsymbol{v}_1$ e a partícula 2 está em B com velocidade $\boldsymbol{v}_2$. Num instante posterior t', as partículas estarão em A' e B' com velocidades $\boldsymbol{v}'_1$ e $\boldsymbol{v}'_2$, respectivamente. Chamando de m_1 e m_2 as massas das partículas, dizemos que a quantidade de movimento total do sistema, no instante t, é

$$\boldsymbol{P} = \boldsymbol{p}_1 + \boldsymbol{p}_2 = \boldsymbol{m}_1\boldsymbol{v}_1 + \boldsymbol{m}_2\boldsymbol{v}_2. \tag{7.2}$$

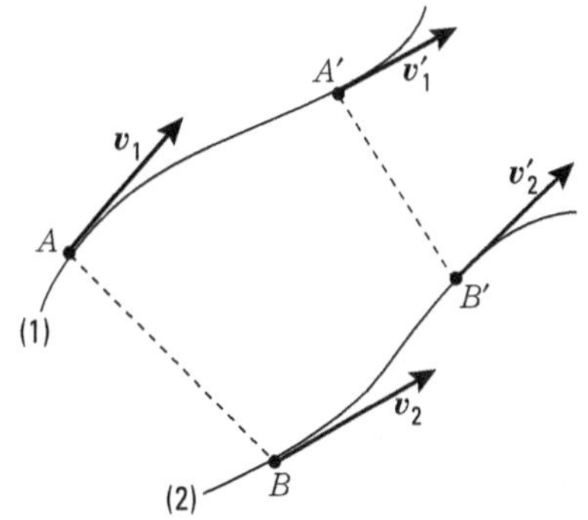

Figura 7.2 Interação entre duas partículas.

No instante posterior t', a quantidade de movimento total do sistema é

$$\boldsymbol{P}' = \boldsymbol{p}'_1 + \boldsymbol{p}'_2 = m_1\boldsymbol{v}'_1 + m_2\boldsymbol{v}'_2. \tag{7.3}$$

Ao escrevermos essa equação mantivemos a nossa afirmação de que as massas das partículas independem de seus estados de movimento, e assim utilizamos as mesmas massas que aparecem na Eq. (7.2). Caso contrário, deveríamos escrever $\boldsymbol{P}' = m'_1\boldsymbol{v}'_1 + m'_2\,\boldsymbol{v}'_2$. O resultado importante do nosso experimento é que não importa quais sejam os instantes t e t', encontramos sempre, como resultado de nossa observação, que $\boldsymbol{P} = \boldsymbol{P}'$. Em outras palavras,

a quantidade de movimento total de um sistema composto por duas partículas sujeitas somente às suas interações mútuas permanece constante.

Esse resultado constitui o *princípio da conservação da quantidade de movimento*, um dos princípios mais fundamentais e universais da física. Por exemplo, consideremos um átomo de hidrogênio, composto de um elétron que gira em torno de um próton, e vamos admitir que esse átomo esteja isolado, de modo que somente teremos de considerar a interação entre o elétron e o próton. Assim, a soma das quantidades de movimento do elétron e do próton, relativa a um referencial inercial, é constante. De modo semelhante, considere o sistema constituído pela Terra e pela Lua. Se fosse possível desprezar as interações devidas ao Sol e aos outros corpos do sistema planetário, então a soma das quantidades de movimento da Terra e da Lua, relativas a um referencial inercial, seria constante.

Embora o princípio de conservação da quantidade de movimento enunciado aqui considere somente duas partículas, ele vale também para um número qualquer de partículas constituindo um sistema isolado, ou seja, vale para partículas sujeitas somente a suas interações mútuas, sem interações com outras partes do universo. Portanto, em sua forma geral, o princípio de conservação da quantidade de movimento tem o seguinte enunciado:

a quantidade de movimento total de um sistema isolado de partículas é constante.

Considere, por exemplo, uma molécula de hidrogênio constituída por dois átomos de hidrogênio (portanto de dois elétrons e de dois prótons). Se a molécula é isolada, de modo que somente as interações entre essas quatro partículas devam ser consideradas, a soma de suas quantidades de movimento relativas a um referencial inercial será constante. De modo semelhante, considere nosso sistema planetário, constituído por Sol, planetas e satélites. Se pudéssemos desprezar as interações com todos os outros corpos celestes, a quantidade de movimento total do sistema planetário, relativa a um referencial inercial, seria constante.

Não se conhecem exceções a esse princípio geral da conservação da quantidade de movimento. De fato, sempre que um experimento parece violar esse princípio, o físico imediatamente procura alguma partícula que lhe tenha passado despercebida e que possa ser responsável pela aparente falta de conservação da quantidade de movimento. Essa procura levou os físicos a identificarem o nêutron, o neutrino, o fóton, e muitas outras partículas elementares. Mais tarde teremos de reformular levemente o princípio da conservação da quantidade de movimento; mas, para a grande maioria dos problemas que discutiremos, poderemos utilizá-lo na forma apresentada aqui.

A conservação da quantidade de movimento pode ser expressa matematicamente pela seguinte equação:

$$\boldsymbol{P} = \Sigma_i \boldsymbol{p}_i = \boldsymbol{p}_1 + \boldsymbol{p}_2 + \boldsymbol{p}_3 + \ldots = \text{const.}, \tag{7.4}$$

a qual implica que, para um sistema isolado, a variação da quantidade de movimento de uma partícula durante certo intervalo de tempo é igual em módulo e de sinal contrário à variação da quantidade de movimento do resto do sistema durante o mesmo intervalo de tempo. Assim, por exemplo, no caso de uma molécula isolada de hidrogênio, a variação da quantidade de movimento de um dos elétrons é igual em módulo, e de sinal contrário, à soma das variações das quantidades de movimento do outro elétron e dos dois prótons.

Para o caso particular de duas partículas,

$$\boldsymbol{p}_1 + \boldsymbol{p}_2 = \text{const.}, \tag{7.5}$$

ou

$$\boldsymbol{p}_1 + \boldsymbol{p}_2 = \boldsymbol{p}'_1 + \boldsymbol{p}'_2. \tag{7.6}$$

Note, pela Eq. (7.6), que

$$\boldsymbol{p}'_1 - \boldsymbol{p}_1 = \boldsymbol{p}_2 - \boldsymbol{p}'_2 = -(\boldsymbol{p}'_2 - \boldsymbol{p}_2). \tag{7.7}$$

Ou, chamando de $\boldsymbol{p}' - \boldsymbol{p} = \Delta\boldsymbol{p}$ a variação da quantidade de movimento entre os instantes t e t', podemos escrever:

$$\Delta\boldsymbol{p}_1 = -\Delta\boldsymbol{p}_2. \tag{7.8}$$

Esse resultado indica que, para duas partículas em interação, a variação da quantidade de movimento de uma partícula durante certo intervalo de tempo é igual em módulo, e de sinal contrário, à variação da quantidade de movimento da outra durante o mesmo intervalo de tempo (Fig. 7.3). Assim, o resultado apresentado aqui pode também ser expresso dizendo-se que

uma interação acarreta uma troca de quantidade de movimento,

de modo que a quantidade de movimento "perdida" por uma das partículas em interação é igual à quantidade de movimento "ganha" pela outra partícula.

A lei da inércia, enunciada na Seç. 7.2, é justamente um caso particular do princípio de conservação da quantidade de movimento. Isso porque, se tivermos somente uma partícula isolada, a Eq. (7.4) terá somente um termo, tornando-se assim $\boldsymbol{p}$ = const. ou, equivalentemente, $\boldsymbol{v}$ = const., o que é a lei da inércia.

Frequentemente encontramos exemplos do princípio da conservação da quantidade de movimento. Um desses exemplos é o recuo de uma arma de fogo. Inicialmente, o sistema arma mais projétil está em repouso, e a quantidade de movimento total é zero. Quando a arma é disparada, ela recua para compensar a quantidade de movimento adquirida pelo projétil em seu movimento para frente. Quando um núcleo se desintegra, emitindo (por exemplo) um elétron e um neutrino, a quantidade de movimento total do elétron, do neutrino, e do núcleo resultante deve ser nula, desde que, inicialmente, o sistema estivesse em repouso relativo a um referencial inercial ligado ao laboratório. De modo semelhante, se uma granada ou uma bomba explode em voo, a quantidade de movimento total de todos os fragmentos, imediatamente após a explosão, deve ser igual ao valor da quantidade de movimento da granada, ou bomba, imediatamente antes da explosão (Fig. 7.4).

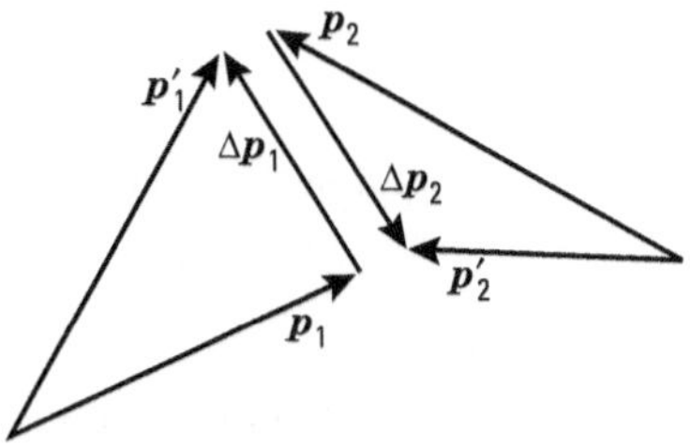

Figura 7.3 Troca de quantidade de movimento resultante da interação entre duas partículas.

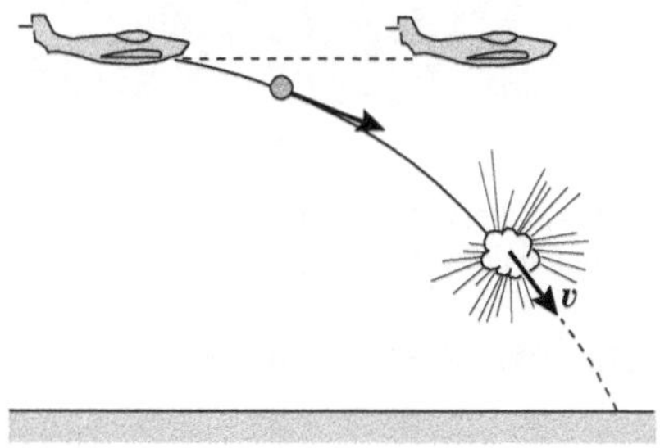

Figura 7.4 A quantidade de movimento é conservada na explosão de tuna bomba.

■ **Exemplo 7.1** Uma arma, cuja massa é 0,80 kg, dispara um projétil de massa, de 0,016 kg com a velocidade de 700 m · s^{-1}. Calcular a velocidade de recuo da arma.

Solução: Inicialmente, a arma e o projétil estão em repouso e a quantidade de movimento total é zero. Após a explosão, o projétil move-se para frente com a quantidade de movimento

$$p_1 = m_1 v_1 = (0{,}016 \text{ kg}) \times (700 \text{ m} \cdot \text{s}^{-1}) = 11{,}20 \text{ m} \cdot \text{kg} \cdot \text{s}^{-1}.$$

A arma deve, então, recuar com uma quantidade de movimento de mesmo módulo e de sentido contrário. Portanto devemos ter também

$$p_2 = 11{,}20 \text{ m} \cdot \text{kg s}^{-1} = m_2 v_2$$

ou, desde que $m_2 = 0{,}80$ kg,

$$v_2 = \frac{11{,}20 \text{ m} \cdot \text{kg} \cdot \text{s}^{-1}}{0{,}80 \text{ kg}} = 14{,}0 \text{ m} \cdot \text{s}^{-1}.$$

■ **Exemplo 7.2** Análise da conservação da quantidade de movimento em interações entre partículas atômicas.

Solução: Na Fig. 7.5(a), a fotografia tirada em uma câmara de Wilson mostra uma partícula alfa (ou núcleo de hélio) incidente interagindo com um átomo de hidrogênio que, inicialmente em repouso, fazia parte do gás na câmara. A partícula alfa é desviada de sua direção original e o átomo de hidrogênio é posto em movimento. Conhecidas as respectivas massas, que no caso estão na razão de 4 para 1, e medidas as suas velocidades (por meio de uma técnica especial utilizada na análise de fotografias tiradas em câmaras de Wilson), pode-se traçar o diagrama das quantidades de movimento como na Fig. 7.5 (b). Somando-se as quantidades de movimento, após a interação, encontra-se um resultado igual à quantidade de movimento da partícula alfa incidente, isto é, $\boldsymbol{p}_\alpha = \boldsymbol{p}'_\alpha + \boldsymbol{p}_\text{H}$. Até o presente tem-se observado a validez da conservação da quantidade de movimento para todas as interações atômicas e nucleares.

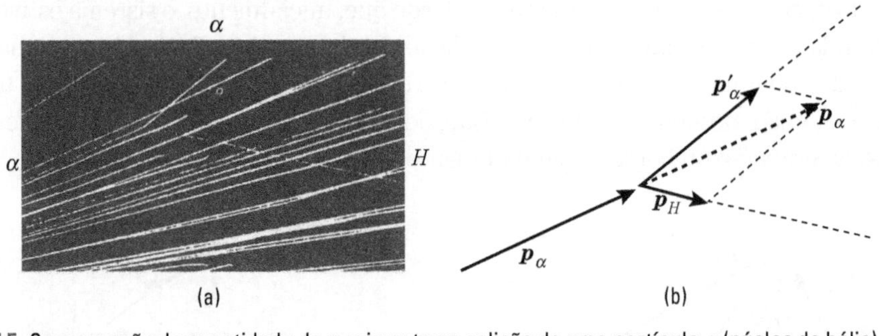

Figura 7.5 Conservação da quantidade de movimento na colisão de uma partícula α (núcleo do hélio) com um próton (núcleo do hidrogênio).

7.5 Redefinição de massa

Utilizando-se da definição (7.1) de quantidade de movimento e admitindo-se a constância da massa de uma partícula, pode-se exprimir a variação da quantidade de movimento da partícula durante o intervalo de tempo Δt. Como

$$\Delta \boldsymbol{p} = \Delta\,(m\boldsymbol{v}) = m\Delta\boldsymbol{v},$$

por conseguinte, a Eq. (7.8) fica $m_1\Delta\boldsymbol{v}_1 = -m_2\Delta\boldsymbol{v}_2$ ou, considerando-se somente os módulos,

$$\frac{m_2}{m_1} = \frac{|\Delta\boldsymbol{v}_1|}{|\Delta\boldsymbol{v}_2|}, \tag{7.9}$$

o que indica ser a razão das massas das partículas inversamente proporcional ao módulo das variações de velocidade. Esse resultado possibilita-nos dar uma definição dinâmica de massa. De fato, se a partícula 1 é nossa partícula "padrão", sua massa m_1 pode ser definida como unitária. Fazendo-se uma outra partícula qualquer – que chamaremos partícula 2 –

interagir com a partícula padrão e aplicando-se a Eq. (7.9), pode-se obter sua massa m_2. Esse resultado indica que nossa definição operacional de massa dada na Seç. 2.3 pode ser substituída por essa nova definição operacional, deduzida do princípio de conservação da quantidade de movimento e da hipótese de que a massa não varia com a velocidade.

7.6 A segunda e a terceira lei de Newton; conceito de força

Em muitos casos observamos o movimento de somente uma partícula, quer porque não temos possibilidade de observar as outras partículas com as quais ela interage, quer porque propositadamente ignoramos essas outras partículas. Nessa situação, torna-se um tanto difícil utilizar o princípio de conservação da quantidade de movimento. Contudo há uma maneira prática de contornar essa dificuldade, que é pela introdução do conceito de *força*. A teoria matemática correspondente é chamada *dinâmica de uma partícula*.

A Eq. (7.8) relaciona as variações das quantidades de movimento das partículas 1 e 2 durante o intervalo de tempo $\Delta t = t' - t$. Dividindo-se ambos os membros dessa equação por Δt, pode-se escrever

$$\frac{\Delta \boldsymbol{p}_1}{\Delta t} = -\frac{\Delta \boldsymbol{p}_2}{\Delta t}, \tag{7.10}$$

o que indica que as variações (vetoriais) médias de quantidade de movimento das partículas no intervalo de tempo Δt são iguais em módulo e de sentidos opostos. Fazendo-se Δt muito pequeno, ou seja, calculando o limite da Eq. (7.10) para $\Delta t \to 0$, tem-se

$$\frac{d\boldsymbol{p}_1}{dt} = -\frac{d\boldsymbol{p}_2}{dt}, \tag{7.11}$$

de modo que as variações (vetoriais) instantâneas da quantidade de movimento das partículas, em qualquer instante t, têm mesmo módulo e sentidos opostos. Assim, utilizando dos nossos exemplos anteriores, podemos ver que a variação da quantidade de movimento de um elétron em um átomo de hidrogênio isolado é igual em módulo, e de sentido oposto à variação da quantidade de movimento do próton. Ou, então, admitindo-se a Terra e a Lua como um sistema isolado, a variação da quantidade de movimento da Terra é igual em módulo, e de sentido oposto à variação da quantidade de movimento da Lua.

Daremos à variação temporal da quantidade de movimento de uma partícula o nome "força". Ou seja, a força "atuando" numa partícula é

$$\boldsymbol{F} = \frac{d\boldsymbol{p}}{dt}. \tag{7.12}$$

A palavra "atuando" é um tanto enganadora pelo fato de sugerir a ideia de algo aplicado à partícula. Força é um conceito matemático que, por definição, é igual à variação temporal da quantidade de movimento de uma dada partícula, e essa variação é devida à interação da partícula com outras partículas. Portanto, fisicamente, pode-se considerar a força como expressão de uma interação. Se a partícula é livre, $\boldsymbol{p}$ = const. e $\boldsymbol{F} = d\boldsymbol{p}/dt = 0$. Daí, pode-se dizer que numa partícula livre não atuam forças.

A Eq. (7.12) é a *segunda lei de Newton para o movimento;* mas, como podemos ver, ela é mais uma definição do que uma lei, e é uma consequência direta do princípio de conservação da quantidade de movimento.

Utilizando o conceito de força, podemos escrever a Eq. (7.11) na forma

$$\boldsymbol{F}_1 = -\boldsymbol{F}_2, \tag{7.13}$$

onde $\boldsymbol{F}_1 = d\boldsymbol{p}_1/dt$ é a força na partícula 1 devida à sua interação com a partícula 2, e $\boldsymbol{F}_2 = d\boldsymbol{p}_2/dt$ é a força na partícula 2, devida à sua interação com a partícula 1. Concluímos, então, que

> *quando duas partículas interagem, a força sobre uma partícula é igual em módulo, e de sentido contrário, à força sobre a outra.*

Esse é o enunciado da *terceira lei de Newton para o movimento*, sendo também uma consequência da definição de força e do princípio de conservação da quantidade de movimento. Essa lei é também chamada de *lei de ação e reação.*

Em numerosos problemas $\boldsymbol{F}_1$ (e naturalmente $\boldsymbol{F}_2$) podem ser expressos como função do vetor posição $\boldsymbol{r}_{12}$ de uma partícula em relação a outra, e talvez, também como função da velocidade de uma em relação à outra. De acordo com a Eq. (7.9), se a massa m_2 for muito maior do que a massa m_1, a variação na velocidade de m_2 será muito pequena comparada com a de m_1 e poderemos admitir que a partícula 2 permanece praticamente em repouso relativo a um referencial inercial. Então, podemos falar do movimento da partícula 1 sob a ação da força $\boldsymbol{F}_1$ (Fig. 7.6), e $\boldsymbol{F}_1$ pode ser considerado como função somente da posição ou da velocidade de m_1. A Eq. (7.12) é particularmente útil nesses casos. Por exemplo, no caso de corpos terrestres movendo-se sob a ação gravitacional da Terra, ou no caso de um elétron movendo-se relativamente ao núcleo de um átomo.

A determinação de $\boldsymbol{F}(\boldsymbol{r}_{12})$ para as diversas interações encontradas na natureza é um dos problemas mais importantes da física. Justamente pelo fato de o físico ter conseguido associar formas funcionais específicas de $\boldsymbol{F}(\boldsymbol{r}_{12})$ a diversas interações observadas na natureza pode-se compreender a utilidade do conceito de força.

Pela definição (7.1) de quantidade de movimento, podemos escrever a Eq. (7.12) na forma

$$\boldsymbol{F} = \frac{d(m\boldsymbol{v})}{dt}, \tag{7.14}$$

e, se m for constante, teremos

$$\boldsymbol{F} = m\frac{d\boldsymbol{v}}{dt} \quad \text{ou} \quad \boldsymbol{F} = m\boldsymbol{a}. \tag{7.15}$$

Expressa em palavras, a Eq. (7.15), fica:

> *Se a massa é constante, a força é igual ao produto da massa pela aceleração.*

Note que, nesse caso, a força tem a mesma direção da aceleração. Da Eq. (7.15) vemos que, se a força é constante, a aceleração, $\boldsymbol{a} = \boldsymbol{F}/m$, é também constante e o movimento é uniformemente acelerado. Isso é o que acontece a corpos em queda livre próximos à superfície da Terra. Todos os corpos caem sobre a Terra com a mesma aceleração $\boldsymbol{g}$, e assim a força de atração gravitacional da Terra, chamada *peso*, é

$$\boldsymbol{W} = m\boldsymbol{g}. \tag{7.16}$$

(Rigorosamente falando, deveríamos escrever $\boldsymbol{W} = m\boldsymbol{g}_0$, onde $\boldsymbol{g}$ e $\boldsymbol{g}_0$ estão relacionados pela Equação 6.27).

Ao escrevermos a Eq. (7.12), admitimos que a partícula interage somente com uma outra partícula, de acordo com a discussão que precedeu a Eq. (7.12), o que está ilustrado na Fig. 7.6. Entretanto, se a partícula m interagir com as partículas m_1, m_2, m_3,... (Fig. 7.7), cada uma produzirá uma variação na quantidade de movimento de m, caracterizada pelas respectivas forças $\boldsymbol{F}_1$, $\boldsymbol{F}_2$, $\boldsymbol{F}_3$,..., de acordo com a Eq. (7.12). Então, a variação *total* da quantidade de movimento da partícula m será

$$\frac{d\boldsymbol{p}}{dt} = \boldsymbol{F}_1 + \boldsymbol{F}_2 + \boldsymbol{F}_3 + \ldots \boldsymbol{F}.$$

A soma vetorial no segundo membro é chamada força *resultante* $\boldsymbol{F}$ que atua em m. Essa regra para o cálculo da força resultante foi anteriormente aplicada no Cap. 4. Na Fig. 7.7, não indicamos as possíveis interações entre m_1 e m_2 , m_1 e m_3, m_2 e m_3 etc., porque essas interações são irrelevantes para o nosso propósito. Além do mais, admitimos implicitamente que a interação entre m e m_1, por exemplo, não é alterada pela presença de m_3, m_4, ..., em outras palavras, admitimos que não há interferência de efeitos.

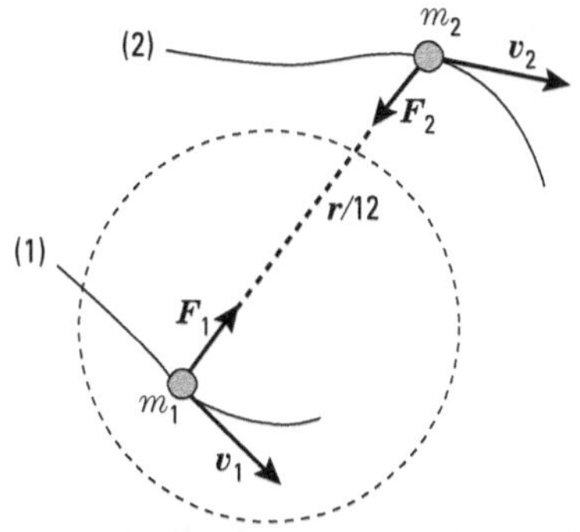

Figura 7.6 Como resultado da conservação da quantidade de movimento, ação e reação têm intensidades iguais e sentidos opostos.

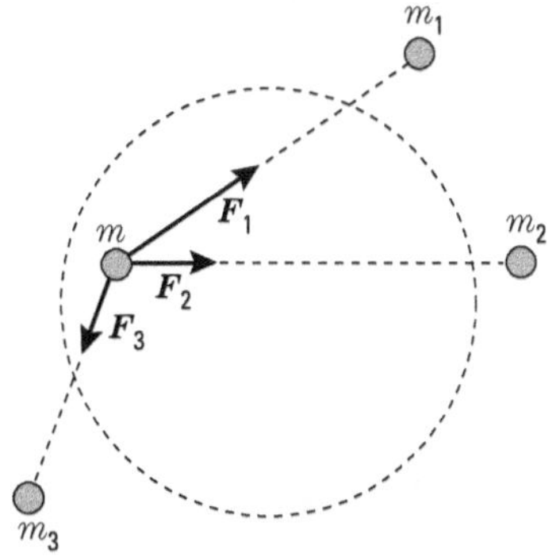

Figura 7.7 Força resultante sobre uma partícula.

Nas seções seguintes deste capítulo, nas quais discutiremos o movimento de uma partícula, admitiremos que a força resultante F é uma função somente das coordenadas da partícula, ignorando, assim, o movimento das outras partículas com as quais ela interage. Essa aproximação muito útil, como dissemos antes, constitui o que se chama *dinâmica de uma partícula*. Em capítulos posteriores consideraremos os movimentos de sistemas de partículas e as forças associadas às diferentes interações conhecidas pelos físicos.

7.7 Crítica do conceito de força

Apresentaremos agora uma apreciação crítica do conceito de força. Introduzimos esse conceito (isto é, $\boldsymbol{F} = d\boldsymbol{p}/dt$) na Eq. (7.12) como um conceito matemático conveniente para a descrição da variação temporal da quantidade de movimento de uma partícula, em virtude de suas interações com outras partículas. Entretanto, na vida diária, fazemos uma imagem um tanto diferente do conceito de força. “Sentimos” uma força (na realidade uma interação) quando um jogador chuta uma bola, quando um martelo bate um prego, quando um lutador acerta o rosto de seu adversário, ou quando um peso puxa uma corda. Obviamente é difícil reconciliar essa imagem sensorial de força com a força de interação entre o Sol e a Terra. Em ambos os casos, entretanto, tem-se uma interação entre dois corpos. Você poderá argumentar: "sim, mas a distância entre a Terra e o Sol é muito grande, enquanto o jogador 'toca' na bola". Mas é precisamente nesse ponto que as coisas não são tão diferentes como parecem ser. Não importa quão compacto um sólido pareça ser, seus átomos estão todos separados e mantidos em certas posições por interações, do mesmo modo que os planetas são mantidos em certas posições, como resultado de suas interações com o Sol. O jogador nunca está em contato com a bola no sentido microscópico, embora suas moléculas se aproximem bastante das moléculas da bola, produzindo uma perturbação temporária em suas distribuições como resultado de suas interações. Assim, na natureza, todas as forças correspondem a interações entre corpos separados por certa distância. Em alguns casos, a distância, comparada aos padrões humanos, é tão pequena que a tendência é extrapolar ao valor zero. Em outros casos, a distância é muito grande comparada aos padrões humanos. Entretanto, do ponto de vista físico, não há diferença essencial entre os dois tipos de forças. Assim, devemos aplicar os conceitos sensoriais ou macroscópicos, tais como, por exemplo, "contato", com muito cuidado quando tratamos com processos em escala atômica.

O fato de duas partículas interagirem quando separadas por certa distância significa que devemos considerar um mecanismo para a transmissão da interação. Esse mecanismo será considerado em outros capítulos. Aqui afirmaremos somente que nossa discussão exigirá uma revisão da Eq. (7.5). Na forma em que está escrita, a Eq. (7.5) supõe uma interação instantânea entre duas partículas. Entretanto, as interações propagam-se com velocidade finita presumivelmente igual a da luz, como discutiremos posteriormente. De modo a levar em conta o retardamento na interação devida à velocidade finita de propagação, um termo adicional terá de ser incorporado à Eq. (7.5). Quando isso for feito, o conceito de força passará a desempenhar um papel secundário, e a lei de ação e reação perderá seu significado. Entretanto, contanto que as partículas se movam muito lentamente em comparação com a velocidade da luz, ou interajam muito fracamente, a Eq. (7.5) e a teoria desenvolvida a partir dela constituem uma aproximação excelente para a descrição da situação física.

7.8 Unidades de força

Das Equações (7.12) ou (7.15), vemos que a unidade de força deve ser expressa em termos das unidades de massa e de aceleração. Assim, no sistema MKSC a força é medida em $m \cdot kg \cdot s^{-2}$, unidade essa chamada *newton* e representada por N, isto é, $N = m \cdot kg \cdot s^{-2}$. Define-se o newton como a força que, aplicada a um corpo cuja massa é de 1 kg, produz uma aceleração de $1\ m \cdot s^{-2}$.

Costuma-se, também, utilizar a unidade cgs de força, chamada *dina* (dyn), definida como a força que, aplicada a um corpo cuja massa é de 1 grama, produz uma aceleração de $1\ cm \cdot s^{-2}$, isto é, dina $= cm \cdot g \cdot s^{-2}$. Observando que $1\ kg = 10^3\ g$ e que $1\ m = 10^2\ cm$, vemos que $N = m \cdot kg \cdot s^{-2} = (10^2\ cm)(10^3\ g)\ s^{-2} = 10^5$ dinas.

A unidade inglesa de força, raramente usada, é o *poundal* (pdl), definida como a força que, atuando em um corpo cuja massa é de 1 libra, causa uma aceleração de $1\ pé \cdot s^{-2}$, isto é, poundal $= pé \cdot lb \cdot s^{-2}$. Como $1\ lb = 0{,}4536\ kg$ e $1\ pé = 0{,}3048\ m$, podemos escrever poundal $= (0{,}3048\ m)(0{,}4536\ kg)s^{-2} = 0{,}1383\ N$.

Duas outras unidades são frequentemente utilizadas pelos engenheiros. Elas são baseadas na Eq. (7.16), que define o peso de um corpo. Uma é o *quilograma-força*, abreviada por kgf, definida como a força igual ao peso de uma massa igual a um quilograma. Assim, fazendo-se $m = 1$ kg e $g \cong 9{,}807$ m · s^{-2} na Eq. (7.16), temos kgf $\simeq$ 9,807 N. De modo semelhante, a *libra-força*, abreviada por lbf, é definida como uma força igual ao peso de uma massa igual a uma libra. Assim, fazendo-se $m = 1$ lb e $g \cong 32{,}17$ pés · s^{-2} na Eq. (7.16), temos lbf $\simeq$ 32,17 pdl = 4,448 N.

Note que a massa medida em quilogramas ou libras e o peso medido em quilogramas-força ou libras-força são expressos pelo mesmo número. Assim, uma massa de 7,24 lb pesa 7,24 lbf ou 238,7 poundals. A introdução do kgf e da lbf para a medida de forças exige a definição de novas unidades de massa se quisermos utilizar essas unidades de força em conjunto com a equação $F = ma$. Por exemplo, no sistema inglês, tem-se

$$\text{lbf} = (\text{nova unidade de massa}) \times (\text{pé} \cdot \text{s}^{-2}).$$

Chamando-se a nova unidade de massa de *slug*, vê-se que

$$\text{slug} = \frac{\text{lbf}}{\text{pé} \cdot \text{s}^{-2}} = \frac{32{,}17\ \text{pdl}}{\text{pé} \cdot \text{s}^{-2}} = 32{,}17\ \text{lb},$$

ou 1 lb = 0,0311 slug. Um slug é, então, a massa de um corpo cuja aceleração é 1 pé · s^{-2} quando sobre ele atua uma força de 1 lbf.

■ **Exemplo 7.3** Um automóvel cuja massa é 1.000 kg sobe uma avenida com 20° de inclinação. Determine a força que o motor deve exercer para que o carro se mova (a) com movimento uniforme, (b) com aceleração de 0,2 m · s^{-2}. Determine também, para cada caso, a força que a pista exerce no automóvel.

Solução: Seja m a massa do automóvel; as forças que nele atuam estão representadas na Fig. 7.8, sendo elas: o seu peso $W = mg$, para baixo, a força F, devida ao motor, representada para cima, ao longo da pista, e a força N, devida à pista, atuando perpendicularmente a ela. Utilizando um sistema de eixos como está indicado na figura e aplicando a Eq. (7.15), concluímos que o movimento ao longo do eixo X satisfaz a equação

$$F - mg \text{ sen } \alpha = ma \qquad \text{ou} \qquad F = m(a + g \text{ sen } \alpha).$$

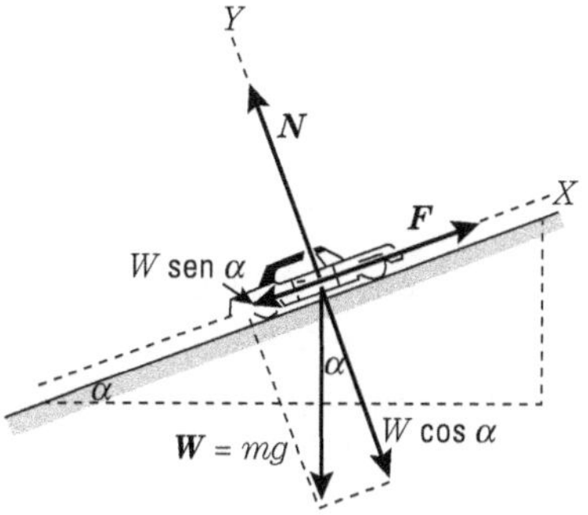

Figura 7.8

O carro não tem movimento ao longo do eixo Y, logo

$$N - mg \cos \alpha = 0 \qquad \text{ou} \qquad N = mg \cos \alpha.$$

Note que a força N devida à pista independe da aceleração do carro e, em valor numérico, é igual a 9.210 N. Contudo, a força F, devida ao motor, depende da aceleração do carro. Quando o carro se move com movimento uniforme, $a = 0$ e $F = mg$ sen α; essa força, para o nosso caso, é $F = 3.350$ N. Quando ele se move com aceleração de 0,2 m · s^{-2}, tem-se $F = 3\,550$ N.

Sugerimos que você resolva o problema novamente supondo o movimento do carro para baixo.

■ **Exemplo 7.4** Determinar a aceleração com as quais as massas m e m' da Fig. 7.9 se movem. Admitir que a polia possa girar livremente ao redor de O e desprezar possíveis efeitos devidos à massa da polia (esses efeitos serão considerados mais tarde, no Cap. 10).

Solução: Suponhamos o movimento no sentido indicado pela seta, com a massa m caindo e a massa m' subindo. Podemos admitir a corda inextensível, de modo que as massas se movam com a mesma aceleração a. A interação entre as massas se dá por meio da corda, e as forças de mesmo módulo que as massas exercem uma sobre a outra são representadas por F. Assim, o movimento de m é para baixo com aceleração a e sua equação de movimento é $mg - F = ma$; o movimento de m' é para cima com aceleração a e sua equação de movimento é $F - m'g = m'a$.

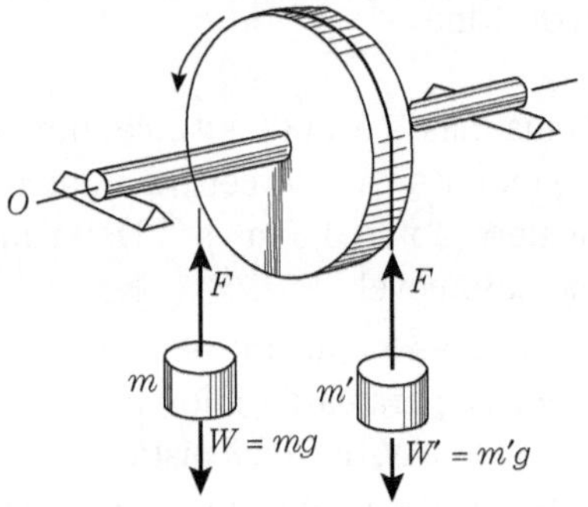

Figura 7.9

Adicionando as duas equações, eliminamos F e obtemos a expressão da aceleração comum às duas massas,

$$a = \frac{m - m'}{m + m'} g.$$

Então, a tensão na corda é

$$F = \frac{2mm'}{m + m'} g.$$

Às vezes, se utiliza uma montagem, semelhante à da Fig. 7.9, denominada *máquina de Atwood*, para o estudo das leis do movimento uniformemente acelerado. Uma vantagem de sua utilização é que, fazendo-se m muito próximo de m', pode-se tornar a aceleração a muito pequena, o que torna fácil a observação do movimento.

■ **Exemplo 7.5** Uma partícula de massa igual a 10 kg, sujeita a uma força $F = (120t + 40)$ N, move-se em linha reta. No instante $t = 0$ a partícula está em $x_0 = 5$ m, com velocidade $v_0 = 6$m · s^{-1}. Achar sua velocidade e posição em qualquer instante posterior.

Solução: Usando a Eq. (7.15), obtemos

$$120t + 40 = 10a \qquad \text{ou} \qquad a = (12t + 4)\ \text{m} \cdot \text{s}^{-2}.$$

Procederemos, a seguir, como no Ex. 5.2. Como para o movimento retilíneo $a = dv/dt$, temos

$$\frac{dv}{dt} = 12t + 4.$$

Integrando, temos:

$$\int_6^v dv = \int_0^t (12t + 4)dt \qquad \text{ou} \qquad v = \left(6t^2 + 4t + 6\right)\text{m} \cdot \text{s}^{-1}.$$

Em seguida, fazendo, $v = dx/dt$ e, integrando novamente, temos

$$\int_5^x dx = \int_0^t v\ dt = \int_0^t \left(6t^2 + 4t + 6\right)dt$$

ou

$$x = (2t^3 + 2t^2 + 6t + 5)\ \text{m},$$

o que nos permite determinar a posição em qualquer instante posterior.

7.9 Forças de atrito

Sempre que dois objetos estão em contato, como no caso de um livro em repouso sobre uma mesa, existe uma resistência opondo-se ao movimento relativo dos dois corpos. Suponha, por exemplo, que empurramos o livro ao longo da mesa, comunicando-lhe assim uma velocidade. Depois que o largamos, ele diminui de velocidade e acaba por parar. Essa perda de quantidade de movimento indica que uma força opõe-se ao movimento, força essa chamada *atrito de escorregamento.* Ela é devida à interação entre as moléculas dos dois corpos e, algumas vezes, é denominada *coesão* ou *adesão* dependendo de os corpos serem ou não do mesmo material. O fenômeno é um tanto complexo e depende de muitos fatores, tais como a condição e natureza das superfícies, a velocidade relativa etc. Podemos verificar experimentalmente que o módulo da força de atrito, $\boldsymbol{F}_f$ (*friction* em inglês), para a maioria dos casos práticos, pode ser considerado como proporcionai à força normal N que pressiona um corpo contra o outro (Fig. 7.10). A constante de proporcionalidade é chamada *coeficiente de atrito*, e é designada por f, isto é, em módulo

$$F_f = \text{atrito de escorregamento} = fN. \tag{7.17}$$

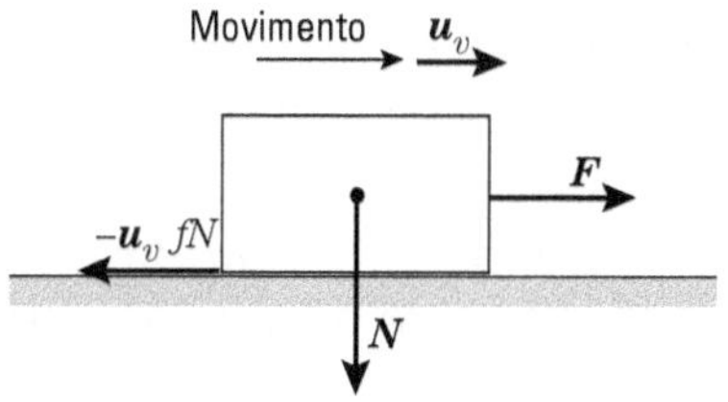

Figura 7.10 A força de atrito opõe-se ao movimento e depende da força normal.

A força de atrito de deslizamento opõe-se sempre ao movimento do corpo, tendo assim direção oposta à velocidade. Podemos escrever a Eq. (7.17) em forma vetorial observando que um vetor unitário no sentido do movimento é obtido pela divisão do vetor velocidade pelo módulo da velocidade, $\boldsymbol{u}_v = \boldsymbol{v}/v$. Isso nos permite escrever a Eq. (7.17) na forma vetorial $\boldsymbol{F}_f = -\boldsymbol{u}_v fN$. Por exemplo, no caso da Fig. 7.10, se $\boldsymbol{F}$ é a força aplicada movendo o corpo para a direita (como é o caso de puxar-se uma corda ligada ao corpo), a força horizontal resultante para a direita é $\boldsymbol{F} - \boldsymbol{u}_v fN$, e a equação do movimento do corpo, obtida por aplicação da Eq. (7.15),

$$m\boldsymbol{a} = \boldsymbol{F} - \boldsymbol{u}_v fN.$$

Há, em geral, duas espécies de coeficiente de atrito. O coeficiente de atrito *estático*, f_s, quando multiplicado pela força normal, dá a força mínima necessária para iniciar o movimento relativo dos dois corpos inicialmente em contato e em repouso relativo. O coeficiente de atrito *cinético*, f_k, quando multiplicado pela força normal, dá a força necessária para manter os dois corpos em movimento relativo uniforme. Para todos os materiais já testados experimentalmente, verifica-se que f_s é maior do que f_k. A Tab. 7.1 mostra valores representativos de f_s e f_k para diversos materiais.

O atrito é um conceito estatístico, porquanto a força F_f representa a soma de um grande número de interações entre as moléculas dos dois corpos em contato, sendo, naturalmente, impossível levar em conta as interações moleculares individuais; elas são determinadas de modo coletivo por métodos experimentais, e representadas aproximadamente pelo coeficiente de atrito.

Tabela 7.1 Coeficientes de atrito (todas as superfícies secas)*

Material	f_s	f_k
Aço sobre aço (duro)	0,78	0,42
Aço sobre aço (doce)	0,74	0,57
Chumbo sobre aço (doce)	0,95	0,95
Cobre sobre aço (doce)	0,53	0,36
Níquel sobre níquel	1,10	0,53
Aço fundido sobre aço fundido	1,10	0,15
Teflon sobre teflon (ou sobre aço)	0,04	0,04

Nos exemplos seguintes estudaremos alguns problemas dinâmicos envolvendo atrito entre sólidos.

■ **Exemplo 7.6** Um corpo de massa igual a 0,80 kg é colocado sobre um plano com 30° de inclinação. Que força deve ser aplicada ao corpo para que ele se movimente (a) para cima e (b) para baixo. Suponha em ambos os casos o corpo com movimento uniforme e com aceleração de 0,10 m · s^{-2}. O coeficiente de atrito de escorregamento com o plano é 0,30.

Solução: Consideremos inicialmente o corpo subindo o plano. As forças que atuam no corpo estão ilustradas na Fig. 7.11 (a); São elas: o peso $W = mg$, dirigido para baixo, a força aplicada F (suposta para cima, ao longo do plano) e a força de atrito F_f (sempre

* Esses valores devem ser considerados somente como médias, visto que os coeficientes de atrito são grandezas macroscópicas que dependem das propriedades microscópicas dos dois materiais, e flutuam muito.

contrária ao movimento), no caso dirigida para baixo ao longo do plano*. Decompondo o peso em suas componentes ao longo do plano e normal a ele, e utilizando a Eq. (7.15), temos a equação do movimento do corpo ao longo do plano,

$$F - mg \text{ sen } \alpha - F_f = ma.$$

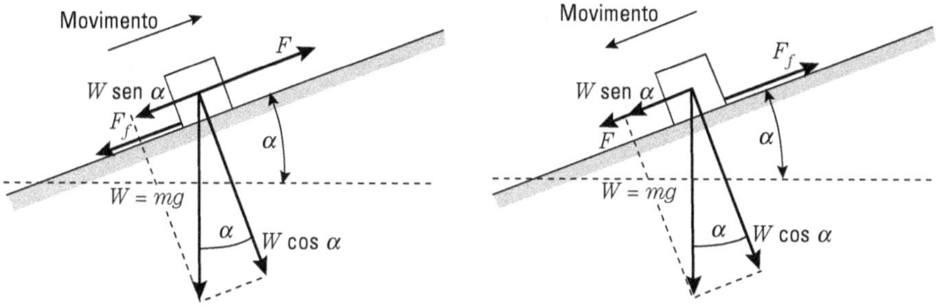

Figura 7.11

Agora, de acordo com a Eq. (7.17), devemos escrever $F_f = fN$. Mas na Fig. 7.11(a) vemos que a força normal que pressiona o corpo contra o plano é $mg \cos \alpha$. Assim, $F_f = fmg \cos \alpha$. A equação do movimento fica

$$F - mg (\text{sen } \alpha + f \cos \alpha) = ma.$$

Essa equação serve a dois propósitos. Conhecida a aceleração a, podemos achar a força aplicada F. Por outro lado, conhecida a força F podemos achar a aceleração. No primeiro caso temos

$$F = m [a + g (\text{sen } \alpha + f \cos \alpha)].$$

Por exemplo, se o movimento é uniforme, $a = 0$, e, substituídos os valores numéricos correspondentes, tem-se $F = 5{,}95$ N. Quando o corpo move-se com aceleração de $0{,}10 \text{ m} \cdot \text{s}^{-2}$, obtemos $F = 6{,}03 \text{ m} \cdot \text{s}^{-2}$.

Para o corpo movendo-se plano abaixo, as forças estão ilustrados na Fig. 7.11(b). Admitamos agora que F atua plano abaixo, embora seja possível fazer a hipótese oposta. Todavia a força de atrito F_f deve atuar no sentido plano acima para opor-se ao movimento. Tomando o sentido plano abaixo como positivo, verifique qual a equação do movimento que fica

$$F + mg (\text{sen } \alpha - f \cos \alpha) = ma$$

ou

$$F = m [a - g (\text{sen } \alpha - f \cos \alpha)].$$

Se o movimento é uniforme ($a = 0$), substituindo por valores numéricos, obtemos $F = -1{,}88$ N, ao passo que, se ele desce com aceleração de $0{,}10 \text{ m} \cdot \text{s}^{-2}$, obtemos $F = -1{,}80$ N. O sinal negativo em cada caso significa que a força F atua plano acima, como admitimos.

Sugerimos que você determine, o movimento do corpo na ausência de força F aplicada, e que, a partir do resultado obtido, justifique o sinal negativo para F obtido anteriormente.

* Outra força, não representada na figura, é a força exercida pelo plano no corpo. Nesse problema, essa força não precisa ser considerada.

7.10 Forças de atrito em fluidos

Quando um corpo se move através de um fluido, como em um gás ou em um líquido, com velocidade relativamente baixa, pode-se supor que a força de atrito seja aproximadamente proporcional à velocidade e atuando em sentido contrário ao da velocidade. Escrevemos, portanto,

$$\boldsymbol{F}_f = \text{atrito do fluido} = -K\eta\boldsymbol{v}. \tag{7.18}$$

O coeficiente K depende da forma do corpo. Por exemplo, no caso de uma esfera de raio R, cálculos trabalhosos indicam que

$$K = 6\pi R, \tag{7.19}$$

relação essa conhecida como *lei de Stokes*. O coeficiente η depende do atrito interno do fluido (ou seja, da força de atrito entre camadas diferentes do fluido que se movem com velocidades diferentes). Esse atrito interno é também chamado *viscosidade* e η é chamado *coeficiente de viscosidade**. O coeficiente de viscosidade no sistema MKSC é expresso em $\text{N} \cdot \text{s} \cdot \text{m}^{-2}$, como veremos. Da lei de Stokes, Eq. (7.19), vemos que K é expresso em metros (o mesmo se aplica a corpos de diferentes formas). Assim, de acordo com a Eq. (7.18), η deve ser expresso em $\text{N/m}(\text{m} \cdot \text{s}^{-1})$, o que equivale à unidade indicada aqui. Lembrando que $\text{N} = \text{m} \cdot \text{kg} \cdot \text{s}^{-2}$, podemos também expressar a viscosidade em $\text{cm}^{-1} \cdot \text{g} \cdot \text{s}^{-1}$, unidade essa chamada *poise*, e abreviada como *P*. O poise é igual a um décimo da unidade de viscosidade no sistema MKSC, porquanto

$$1\ \text{m}^{-1} \cdot \text{kg} \cdot \text{s}^{-1} = (10^2\ \text{cm})^{-1}\ (10^3\ \text{g})\ \text{s}^{-1} = 10\ \text{cm}^{-1} \cdot \text{g} \cdot \text{s}^{-1} = 10\ \text{P}.$$

O coeficiente de viscosidade para os líquidos decresce com o aumento da temperatura enquanto, no caso de gases, o coeficiente de viscosidade aumenta com o aumento de temperatura. A Tab. 7.2 mostra os coeficientes de viscosidade de vários fluidos.

Tabela 7.2 Coeficientes de viscosidade, em poises*

Líquidos	$\eta \times 10^2$	Gases	$\eta \times 10^4$
Água (0 °C)	1,792	Ar (0 °C)	1,71
Água	1,005	Ar	1,81
Água (40 °C)	0,656	Ar (40 °C)	1,90
Glicerina	833	Hidrogênio	0,93
Óleo de mamona	9,86	Amônia	0,97
Álcool	0,367	Dióxido de carbono	1,46

*Os valores acima são a 20 °C, exceto onde indicado.

Quando um corpo se move através de um fluido viscoso sob a ação de uma força $\boldsymbol{F}$, a força resultante é $\boldsymbol{F} - K\eta\boldsymbol{v}$ e a equação do movimento é

$$m\boldsymbol{a} = \boldsymbol{F} - K\eta\boldsymbol{v}. \tag{7.20}$$

Supondo a força $\boldsymbol{F}$ constante, a aceleração $\boldsymbol{a}$ produz um aumento contínuo em $\boldsymbol{v}$ e um aumento correspondente no atrito do fluido, de modo que, em uma determinada velocidade, o primeiro membro se anulará. Quando isso acontece, a aceleração também se

* No Cap. 24, daremos uma definição mais geral de coeficiente de viscosidade.

anula não havendo mais aumento na velocidade, e o atrito do fluido fica exatamente equilibrado pela força aplicada. A partícula continua movendo-se no sentido da força com velocidade constante, chamada *velocidade limite* ou final, dada por

$$\boldsymbol{v}_L = \frac{\boldsymbol{F}}{K\eta}. \tag{7.21}$$

Portanto a velocidade limite depende de η e de K; isto é, da viscosidade do fluido e da forma do corpo. Em queda livre sob a influência da gravidade, $F = mg$, e a Eq. (7.21) fica

$$\boldsymbol{v}_L = \frac{m\boldsymbol{g}}{K\eta}. \tag{7.22}$$

Na Eq. (7.22) deve-se fazer uma correção por causa da força de empuxo exercida pelo fluido, a qual, de acordo com o princípio de Arquimedes, é igual ao peso do fluido deslocado pelo corpo. Se m_f é a massa do fluido deslocado pelo corpo, o seu peso é $m_f\,\boldsymbol{g}$, de modo que a força de empuxo para cima é $\boldsymbol{E} = -m_f\,\boldsymbol{g}$, e a força resultante para baixo é $m\boldsymbol{g} - m_f\,\boldsymbol{g} = (m - m_f)\boldsymbol{g}$. Logo, em lugar da Eq. (7.22), temos

$$\boldsymbol{v}_L = \frac{(m - m_f)\boldsymbol{g}}{K\eta}. \tag{7.23}$$

As três forças que atuam no corpo, neste caso, estão ilustradas na Fig. 7.12. Para corpos de grandes dimensões e para altas velocidades, o atrito do fluido é proporcional a uma potência mais alta da velocidade, e a discussão dos parágrafos anteriores é insuficiente para descrever os acontecimentos físicos.

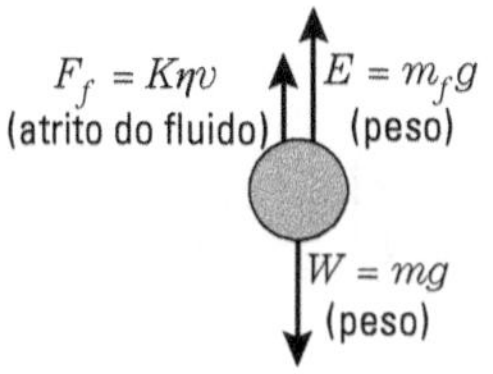

Figura 7.12 Forças atuando num corpo que cai através de um fluido.

■ **Exemplo 7.7** Achar a velocidade limite de uma gota de chuva. Admitir um diâmetro de 10^{-3} m. A densidade do ar relativa à água é $1{,}30 \times 10^{-3}$.

Solução: Supondo-se as gotas esféricas com raio r, e aplicando-se a Eq. (1.1), encontra-se para as suas massas o valor

$$m = \rho V = \tfrac{4}{3}\pi r^3 \rho,$$

onde ρ é a densidade da água. Se ρ_f é a densidade do fluido (no caso o ar), temos

$$m_f = \rho_f V = \tfrac{4}{3}\pi r^3 \rho_f,$$

de modo que

$$m - m_f = \tfrac{4}{3}\pi r^3 (\rho - \rho_f),$$

Como as gotas são esféricas, a Eq. (7.19) da $K = 6\pi r$. Aplicando a Eq. (7.23), achamos para a velocidade limite o valor

$$v_L = \frac{2(\rho - \rho_f)r^2 g}{9\eta}.$$

Substituindo por valores numéricos, no caso $\eta = 1{,}81 \times 10^{-5}$ N · s · m^{-2} e $\rho = 10^3$ kg · m^{-3}, encontramos que $v_L = 30$ m · s^{-1}, ou seja, cerca de 107 km · h^{-1}, ou 66 mi · h^{-1}. Uma gota maior *não* terá velocidade limite muito diferente, em virtude das considerações feitas no parágrafo anterior a esse exemplo.

■ **Exemplo 7.8** Obter a velocidade, como função do tempo, de uma partícula que se move através de um fluido viscoso, supondo que a Eq. (7.20) seja válida, que o movimento seja retilíneo e que a força aplicada seja constante.

Solução: Como o movimento é retilíneo, podemos escrever a Eq. (7.20) (lembrando que $a = dv/dt$) como

$$m\frac{dv}{dt} = F - K\eta v,$$

de modo que

$$\frac{dv}{dt} = -\frac{K\eta}{m}\left(v - \frac{F}{K\eta}\right).$$

Separando as variáveis e integrando, temos

$$\int_{v_0}^{v} \frac{dv}{v - F/K\eta} = -\frac{K\eta}{m}\int_0^t dt,$$

ou

$$\ln\left(v - \frac{F}{K\eta}\right) - \ln\left(v_0 - \frac{F}{K\eta}\right) = -\frac{K\eta}{m}t.$$

Usando a Eq. (M.18), na qual $\ln e^x = x$, obtemos

$$v = \frac{F}{K\eta} + \left(v_0 - \frac{F}{K\eta}\right)e^{-(K\eta/m)t}.$$

O segundo termo decresce muito rapidamente, tornando-se logo desprezível, de modo que a velocidade se torna constante e igual a $F/K\eta$, em concordância com a Eq. (7.21). Em outras palavras, a velocidade limite é independente da velocidade inicial. Se $v_0 = 0$,

$$v = \frac{F}{K\eta}\left(1 - e^{-(K\eta/m)t}\right).$$

A variação de v com t está ilustrada na Fig. 7.13. O tempo de relaxação é definido como $\tau = m/K\eta$. Esse é o tempo para o qual v é 63% de v_L, como você pode verificar diretamente. Sugerimos que seja dado um passo a mais: utilizando o resultado anterior para v, obtenha, por integração, a distância percorrida em função do tempo. Ache também a distância correspondente ao tempo τ.

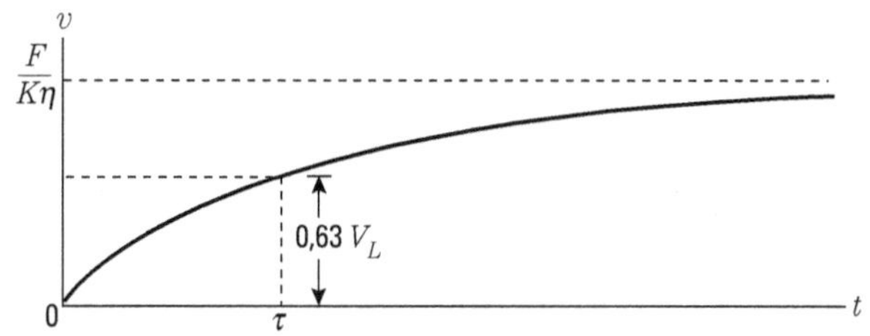

Figura 7.13 Velocidade como função do tempo para um corpo que cai através de um fluido viscoso.

7.11 Sistemas com massa variável

A maioria dos sistemas encontrados em física pode ser considerada como tendo massa constante. Em certos casos, entretanto, a massa é variável. O exemplo mais simples é o da gota de chuva. Durante a queda, pode haver condensação de umidade sobre a superfície da gota ou evaporação de água, o que acarreta variação de massa. Seja m a massa da gota quando esta se move com velocidade v, e suponhamos que a condensação de umidade, cuja velocidade é r_0, processe-se sobre a gota na razão dm/dt. A variação total da quantidade de movimento é a soma de mdv/dt, correspondente à aceleração da gota, e $(dm/dt)(v - v_0)$, correspondente à variação do ganho de quantidade de movimento da umidade. Assim, a equação de movimento da gota, dada pela Eq. (7.14), é

$$\boldsymbol{F} = m\frac{d\boldsymbol{v}}{dt} + \frac{dm}{dt}(\boldsymbol{v} - \boldsymbol{v}_0).$$

A solução dessa equação exige algumas hipóteses quanto à variação da massa com o tempo.

Uma esteira sobre a qual um material é despejado em uma extremidade e/ou descarregado em outra extremidade é também um exemplo de massa variável. Consideremos, por exemplo, o sistema da esteira da Fig. 7.14, onde um material é despejado continuamente sobre a mesma segundo a razão dm/dt kg · s^{-1}. A esteira se move com velocidade constante v e uma força F é aplicada para movê-la. Se M é a massa da esteira e m é a massa do material já despejado no instante t, a quantidade de movimento total do sistema, nesse instante, é $P = (m + M)v$. Portanto a força aplicada na esteira é

$$F = \frac{dP}{dt} = v\frac{dm}{dt}.$$

Note que a força, neste caso, é devida inteiramente à variação de massa e não à variação de velocidade.

Talvez o exemplo mais ilustrativo seja o de um foguete, cuja massa decresce pelo fato de ele consumir o combustível que carrega. No exemplo seguinte analisaremos a dinâmica de um foguete.

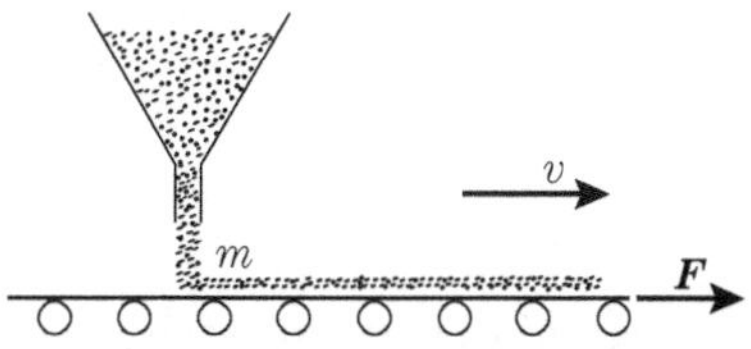

Figura 7.14

■ **Exemplo 7.9** Discussão do movimento de um foguete.

Solução: Um foguete é um projétil que, em vez de receber um impulso inicial da expansão de gases no cano de uma arma, sofre a ação de uma força contínua proveniente da descarga dos gases produzidos na câmara de combustão dentro dele mesmo. No lançamento, o foguete tem certa quantidade de combustível que é gradualmente consumida, causando um decréscimo da massa.

Seja $\boldsymbol{v}$ a velocidade do foguete relativa a um referencial inercial, o qual, com boa aproximação, podemos considerar como sendo a Terra, e $\boldsymbol{v}'$ a velocidade de emissão dos gases, também relativa à Terra. Assim, a velocidade de saída dos gases, com relação ao foguete, é

$$\boldsymbol{v}_e = \boldsymbol{v}' - \boldsymbol{v}.$$

Essa velocidade, sempre oposta a $\boldsymbol{v}$, é usualmente constante. Seja m a massa do foguete, incluída a do combustível, em qualquer instante. Durante um pequeno intervalo de tempo dt, a massa do foguete sofre uma pequena variação dm, negativa, visto que a massa decresce. No mesmo intervalo de tempo, a velocidade do foguete varia de $d\boldsymbol{v}$. A quantidade de movimento do sistema no instante t é $\boldsymbol{p} = m\boldsymbol{v}$. A quantidade de movimento no instante $t + dt$, porquanto $-dm$ é o valor positivo da massa dos gases expelidos, é

$$\boldsymbol{p}' = \underbrace{(m + dm)(\boldsymbol{v} + d\boldsymbol{v})}_{\text{Foguete}} + \underbrace{(-dm)\boldsymbol{v}'}_{\text{Gases}} = m\boldsymbol{v} + m\,d\boldsymbol{v} - (\boldsymbol{v}' - \boldsymbol{v})dm$$

ou

$$\boldsymbol{p}' = m\boldsymbol{v} + m\,d\boldsymbol{v} - \boldsymbol{v}_e\,dm,$$

onde desprezamos o termo de segunda ordem $dm\,dv$. A variação da quantidade de movimento no intervalo de tempo dt é

$$d\boldsymbol{p} = \boldsymbol{p}' - \boldsymbol{p} = m\,d\boldsymbol{v} - \boldsymbol{v}_e\,dm,$$

e a variação da quantidade de movimento do sistema por unidade de tempo é

$$\frac{d\boldsymbol{p}}{dt} = m\frac{d\boldsymbol{v}}{dt} - \boldsymbol{v}_e\frac{dm}{dt}.$$

Se $\boldsymbol{F}$ é a força externa que atua no foguete, a equação do movimento, de acordo com a Eq. (7.12), é

$$m\frac{d\boldsymbol{v}}{dt} - \boldsymbol{v}_e\frac{dm}{dt} = \boldsymbol{F}. \tag{7.24}$$

O segundo termo no primeiro membro da Eq. (7.24) é frequentemente denominado *tração* do foguete, por ser igual à "força" devida à descarga. Para resolver essa equação deve-se fazer considerações acerca de $\boldsymbol{v}_e$. Admite-se, em geral, $\boldsymbol{v}_e$ constante. Além disso, desprezadas a resistência do ar e a variação da gravidade com a altitude, pode-se escrever $F = mg$, de modo que a Eq. (7.24) fica

$$\frac{d\boldsymbol{v}}{dt} - \frac{\boldsymbol{v}_e}{m}\frac{dm}{dt} = \boldsymbol{g}. \tag{7.25}$$

Para simplificar, considere o movimento segundo a vertical. Assim, v é dirigido para cima, $\boldsymbol{v}_e$ e $\boldsymbol{g}$ são dirigidos para baixo, e a Eq. (7.25) fica

$$\frac{dv}{dt}+\frac{v_e}{m}\frac{dm}{dt}=-g.$$

Multiplicando por dt e integrando do início do movimento ($t = 0$), quando a velocidade é v_0 e a massa é m_0, até um instante arbitrário t, temos

$$\int_{v_0}^{v} dv+v_e\int_{m_0}^{m}\frac{dm}{m}=-g\int_0^t dt.$$

Então,

$$v-v_0+v_e\ln\frac{m}{m_0}=-gt,$$

ou

$$v=v_0+v_e\ln\left(\frac{m_0}{m}\right)-gt. \tag{7.26}$$

Se t é o tempo necessário para a queima de todo o combustível, então, na Eq. (7.26), m é a massa final e v é a velocidade máxima atingida pelo foguete. Em geral, $v_0 = 0$, e o último termo (em muitos casos) é desprezível. Por exemplo, se para um foguete a massa inicial é de $2{,}700 \times 10^6$ kg, a massa final é de $2{,}500 \times 10^6$ kg após a queima total do combustível, e os gases são expelidos a 1.290kg · s^{-1}, então t = 155 s. Se admitimos uma velocidade de descarga de 55.000 m · s^{-1} e $v_0 = 0$, a velocidade máxima desse estágio do foguete será

$$\begin{aligned} v &= 55.000\ln\frac{2{,}700}{2{,}500}\,\mathrm{m\cdot s^{-1}}-\left(9{,}8\,\mathrm{m\cdot s^{-2}}\right)(155\,\mathrm{s}) \\ &= \left(55.000\ln 1{,}08-1.520\right)\mathrm{m\cdot s^{-1}} = 2.710\,\mathrm{m\cdot s^{-1}}. \end{aligned}$$

Esses números se referem ao foguete Centauro, de cinco reatores, cada um dos quais capaz de desenvolver $1{,}5 \times 10^6$ lbf, ou seja, cerca de 7×10^6 N de tração no lançamento.

7.12 Movimento curvilíneo

Nos exemplos dados até então, discutimos o movimento retilíneo. Se a força tiver a direção da velocidade, o movimento será retilíneo. Para ter-se um movimento curvilíneo, a força resultante deve formar um ângulo com a velocidade, para que a aceleração tenha uma componente, perpendicular à velocidade, necessária para a variação de direção do movimento da partícula. Por outro lado, sabe-se que (se a massa é constante) a força é paralela à aceleração. A relação entre todos esses vetores no movimento curvilíneo está ilustrada na Fig. 7.15.

Da relação $\boldsymbol{F} = m\boldsymbol{a}$ juntamente com as Eqs. (5.44), concluímos que a componente tangente à trajetória, ou *força tangencial*, é

$$F_T = ma_T \qquad \text{ou} \qquad F_T = m\frac{dv}{dt}, \tag{7.27}$$

e que a componente perpendicular à trajetória, ou *força normal*, é

$$F_N = ma_N \qquad \text{ou} \qquad F_N = \frac{mv^2}{\rho}, \tag{7.28}$$

onde ρ é o raio de curvatura da trajetória. A força normal aponta sempre para o centro de curvatura da trajetória. A força tangencial é responsável pela variação do módulo da velocidade, e a força normal é responsável pela variação na direção da velocidade. Se a força tangencial for zero, não haverá aceleração tangencial e o movimento será uniforme. Se a força normal for zero, não haverá aceleração normal e o movimento será retilíneo.

No caso particular do movimento circular, ρ é o raio $\boldsymbol{R}$ da circunferência e $v = \omega\boldsymbol{R}$, de modo que a força normal, também denominada centrípeta, é

$$F_N = m\omega^2\boldsymbol{R}. \tag{7.29}$$

Para movimento circular uniforme só existe a aceleração a_N, a qual pode ser escrita, por meio da Eq. (5.58), na forma vetorial: $\boldsymbol{a} = \omega \times \boldsymbol{v}$. Logo, $\boldsymbol{F} = ma = m\omega \times v = \omega \times (m\boldsymbol{v})$, e como $\boldsymbol{p} = m\boldsymbol{v}$, tem-se

$$\boldsymbol{F} = \omega \times \boldsymbol{p}, \tag{7.30}$$

que é uma relação matemática útil entre a força, a velocidade angular, e a quantidade de movimento de uma partícula com movimento circular uniforme.

Algumas vezes, torna-se mais conveniente o uso das componentes retangulares de $\boldsymbol{F}$ (Fig. 7.16). No caso do movimento plano, por exemplo, a equação vetorial $\boldsymbol{F} = m\boldsymbol{a}$ pode ser decomposta nas duas equações seguintes:

$$\boldsymbol{F}_x = ma_x \quad \text{e} \quad \boldsymbol{F}_y = ma_y$$

ou

$$\boldsymbol{F}_x = m\frac{dv_x}{dt} \quad \text{e} \quad \boldsymbol{F}_y = m\frac{dv_y}{dt}. \tag{7.31}$$

A integração dessas equações fornece a velocidade e a posição da partícula em qualquer instante.

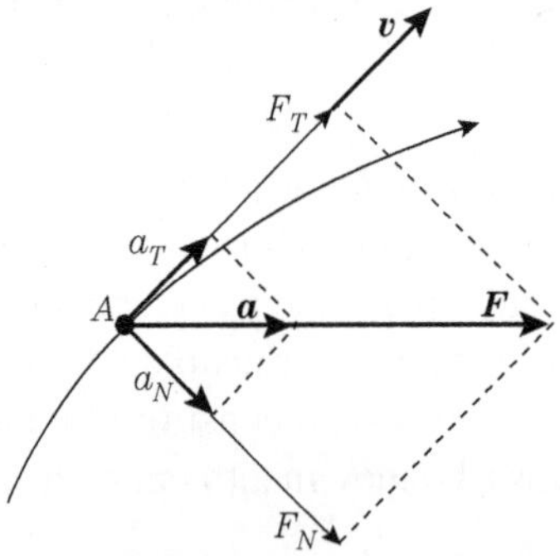

Figura 7.15 Relações entre a aceleração e as componentes tangencial e normal da força no movimento curvilíneo.

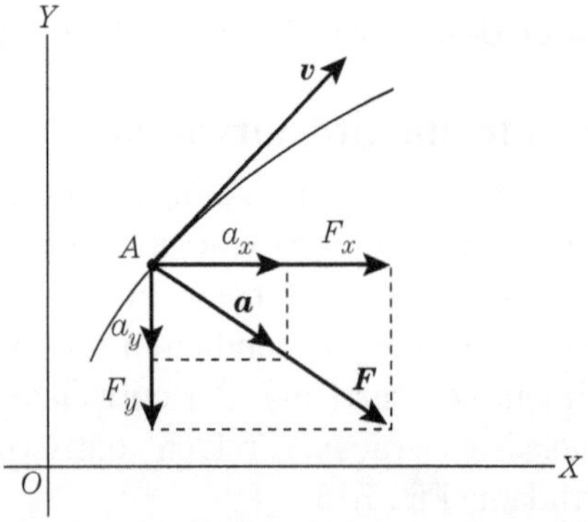

Figura 7.16 Relações entre a aceleração e as componentes retangulares da força no movimento curvilíneo.

Em geral, se a massa é variável, devemos usar $\boldsymbol{F} = d\boldsymbol{p}/dt$. Mas $\boldsymbol{p}$, sendo paralelo à velocidade, é tangente à trajetória. Podemos então escrever $\boldsymbol{p} = \boldsymbol{u}_T p$ e, utilizando a Eq. (5.42), temos

$$\boldsymbol{F} = \frac{d\boldsymbol{p}}{dt} = \boldsymbol{u}_T\frac{dp}{dt} + \frac{d\boldsymbol{u}_T}{dt}p = \boldsymbol{u}_T\frac{dp}{dt} + \boldsymbol{u}_N\frac{vp}{\rho}.$$

Portanto, em vez das Eqs. (7.27) e (7.28), temos

$$F_T = \frac{dp}{dt} \quad \text{e} \quad F_N = \frac{pv}{\rho}.$$

■ **Exemplo 7.10** As vias férreas e as rodovias são inclinadas nas curvas de modo a produzir a força centrípeta solicitada pelos veículos em movimento nas curvas. Obter o ângulo de inclinação em função da velocidade do veículo na curva.

Solução: A Fig. 7.17 ilustra a inclinação com o ângulo exagerado. As forças que atuam no carro são o seu peso $W = mg$ e a força centrípeta dada pela Eq. (7.28). Assim, $F_N = mv^2/\rho$, onde ρ é o raio da curva. Tem-se então, da figura, que

$$\operatorname{tg} \alpha = \frac{F_N}{W} = \frac{v^2}{\rho g}.$$

Vê-se que o resultado independe da massa do corpo. Como α é fixado pela colocação dos trilhos, essa fórmula dá a velocidade correta com a qual se deve percorrer a curva para evitar forças laterais no veículo. Para velocidades menores ou um pouco maiores, não haverá grande problema com a curva, pois os trilhos fornecem a necessária força equilibrante. Entretanto, para velocidades muito maiores, o carro tenderá a saltar da curva.

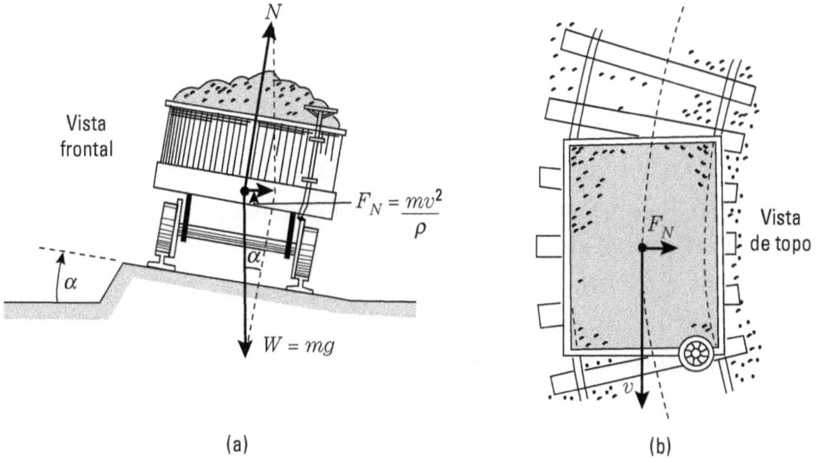

Figura 7.17 Inclinação nas curvas para produzir uma força centrípeta.

■ **Exemplo 7.11** Um fio de comprimento L, ligado a um ponto fixo, tem numa extremidade uma massa m que gira em torno da vertical com velocidade angular constante ω. Achar o ângulo que a corda faz com a vertical. Esse dispositivo é chamado *pêndulo cônico*.

Solução: O sistema está ilustrado na Fig. 7.18. A massa m move-se em torno da vertical OC, descrevendo uma circunferência de raio $R = CA = OA \operatorname{sen} \alpha = L \operatorname{sen} \alpha$. As forças que atuam em A são o seu peso $W = mg$ e a tensão F da corda. A resultante dessas forças, F_N, deve ser a força centrípeta necessária para a trajetória circular. Usando-se então a Eq. (7.29), tem-se

$$\boldsymbol{F}_N = m\omega^2 R = m\omega^2 L \operatorname{sen} \alpha.$$

Da figura, vê-se que

$$\text{tg}\,\alpha = \frac{F_N}{W} = \frac{\omega^2 L \,\text{sen}\,\alpha}{g}$$

ou, como tg α = sen α/cos α,

$$\cos\alpha = \frac{g}{\omega^2 L}.$$

Portanto quanto maior a velocidade angular ω maior será o ângulo α, como mostra a experiência. Por essa razão, há muito tempo que o pêndulo cônico é usado como regulador de velocidade; por exemplo, para fechar a válvula de entrada de vapor quando a velocidade ultrapassa certo limite pré-fixado, e para a abri-la quando a velocidade cai.

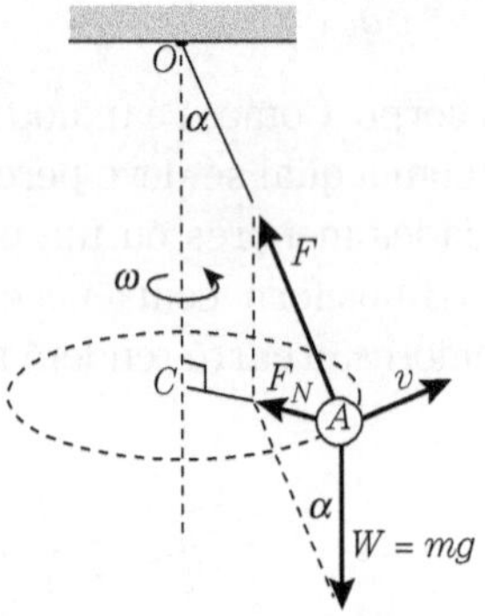

Figura 7.18 Pêndulo cônico.

■ Exemplo 7.12 Análise do efeito da rotação da Terra sobre o peso de um corpo.

Solução: Na Seç. 6.5 discutimos, do ponto de vista cinemático, o movimento de um corpo relativo a um referencial girando com a Terra. Neste exemplo, faremos o estudo dinâmico desse mesmo problema.

A Fig. 7.19 mostra uma partícula A sobre a superfície da Terra. A força gravitacional devida à atração da Terra é representada por $\boldsymbol{W}_0$. Se a Terra não girasse, a aceleração de um corpo próximo à superfície seria $\boldsymbol{g}_0 = \boldsymbol{W}_0/m$. Entretanto, em virtude da rotação da Terra, parte dessa força deve ser a força centrípeta F_N necessária para o movimento com velocidade angular ω na circunferência de raio $CA = r\cos\lambda$. Isto é, da Eq. (7.29), tem-se $F_N = m\omega^2 r\cos\lambda$. A diferença $\boldsymbol{W}_0 - \boldsymbol{F}_N$ dá a força $\boldsymbol{W}$ que atua na partícula para baixo. Assim, a aceleração efetiva da gravidade é $\boldsymbol{g} = \boldsymbol{W}/m$. Se a partícula A é suspensa por um fio (como num fio de prumo), a direção do fio coincide com a direção $\boldsymbol{W}$. A força, para cima, exercida pelo fio na partícula deve ser igual a $-\boldsymbol{W}$. Portanto, quando usamos uma mola para determinar o peso de um corpo, o que medimos é a força $\boldsymbol{W}$. É somente nos polos e no equador que W_0 e W têm a mesma direção e somente nesses locais um fio de prumo tem direção radial.

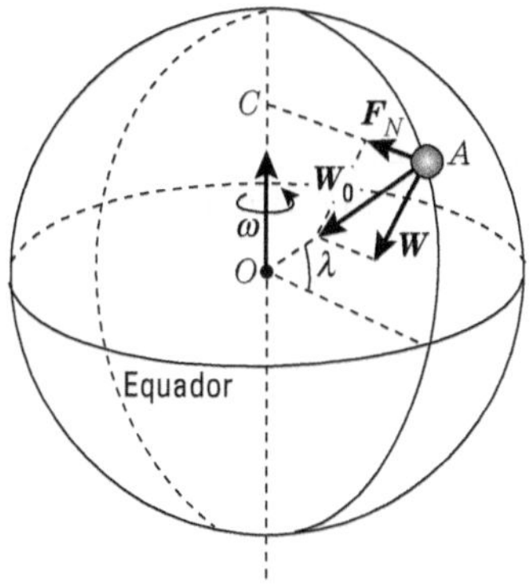

Figura 7.19 Efeito da rotação da Terra no peso de um corpo.

■ **Exemplo 7.13** Calcular as forças tangencial e normal que atuam em um projétil lançado horizontalmente de cima de um edifício.

Solução: Se o projétil é lançado com velocidade inicial v_0 (Fig. 7.20), então no ponto P sua velocidade horizontal continua sendo v_0, mas a sua velocidade vertical é gt, onde t é o tempo necessário para o projétil percorrer a distância vertical y, ou a distância horizontal $x = v_0 t$. Portanto a velocidade total do projétil é

$$v = \sqrt{v_0^2 + g^2t^2}$$

Então, pela Eq. (7.27), a força tangencial é

$$F_T = m\frac{dv}{dt} = \frac{mg^2t}{\sqrt{v_0^2 + g^2t^2}}.$$

A força centrípeta pode ser calculada pela Eq. (7.28), o que exige o cálculo prévio do raio de curvatura da trajetória, no caso uma parábola. Neste exemplo, esse cálculo pode ser evitado porquanto sabemos que a força resultante é

$$W = mg = \sqrt{F_T^2 + F_N^2}.$$

Logo,

$$F_N = \sqrt{W^2 - F_T^2} = \frac{mgv_0}{\sqrt{v_0^2 + g^2t^2}}.$$

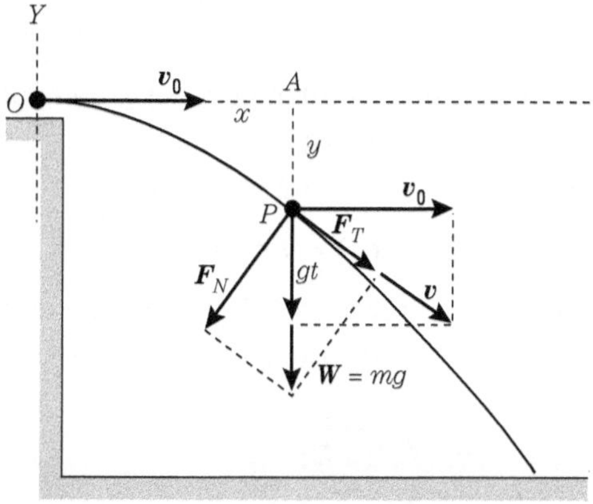

Figura 7.20

7.13 Momento angular

O momento angular (também denominado momento orbital ou, ainda, momento da quantidade de movimento), com relação ao ponto O (Fig. 7.21), de uma partícula de massa m movendo-se com velocidade v (e portanto com quantidade de movimento $\boldsymbol{p} = m\boldsymbol{v}$) é definido pelo produto vetorial

$$\boldsymbol{L} = \boldsymbol{r} \times \boldsymbol{p}$$

ou

$$\boldsymbol{L} = m\boldsymbol{r} \times \boldsymbol{v}. \tag{7.32}$$

O momento angular é, portanto, um vetor perpendicular ao plano determinado por $\boldsymbol{r}$ e $\boldsymbol{v}$. De um modo geral, o momento angular de uma partícula varia em módulo e direção durante o movimento da partícula. Entretanto, se o movimento da partícula ocorre num plano, e se o ponto O pertence ao plano, a direção do momento angular permanece constante e perpendicular ao plano, visto que $\boldsymbol{r}$ *e* $\boldsymbol{v}$ estão contidos no plano. No caso do movimento circular (Fig. 7.22), quando O é o centro da circunferência, os vetores $\boldsymbol{r}$ e $\boldsymbol{v}$ são perpendiculares, e $v = \omega r$, de modo que

$$L = mrv = mr^2\omega \tag{7.33}$$

O sentido de $\boldsymbol{L}$ coincide com o sentido de $\boldsymbol{\omega}$, de modo que a Eq. (7.33) pode ser escrita vetorialmente como

$$L = mr^2\omega. \tag{7.34}$$

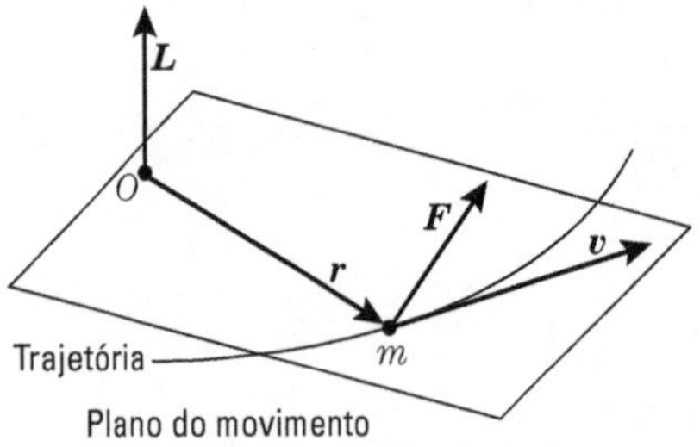

Figura 7.21 Momento angular de uma partícula.

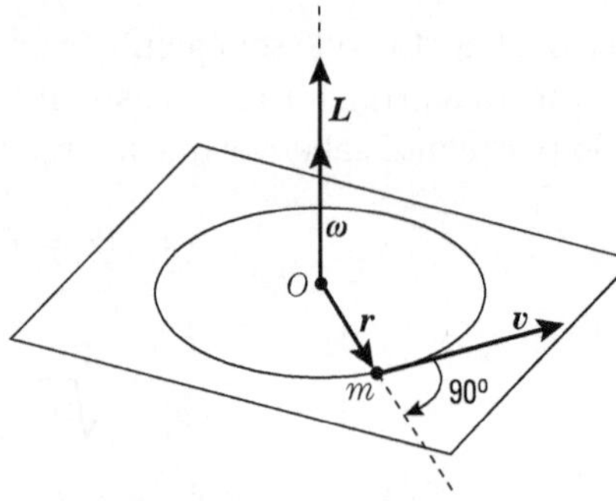

Figura 7.22 Relação vetorial entre a velocidade angular e o momento angular no movimento circular.

Se o movimento plano é curvilíneo, mas não circular, pode-se decompor a velocidade em componentes radial e transversal, como está explicado na Seç. 5.11, isto é, $\boldsymbol{v} = \boldsymbol{v}_r + \boldsymbol{v}_\theta$ (Fig. 7.23). Então, pode-se escrever o momento angular como

$$\boldsymbol{L} = m\boldsymbol{r} \times (\boldsymbol{v}_r + \boldsymbol{v}_\theta) = m\boldsymbol{r} \times \boldsymbol{v}_\theta,$$

visto que $\boldsymbol{r} \times \boldsymbol{v}_r = 0$ (esses dois vetores são paralelos). Então, para o módulo de $\boldsymbol{L}$, tem-se $\boldsymbol{L} = mrv_\theta$. Sendo $\boldsymbol{v}_\theta = r(d\theta/dt)$ de acordo com a Eq. (5.64), pode-se escrever

$$L = mr^2\frac{d\theta}{dt}. \tag{7.35}$$

Essa expressão é idêntica à Eq. (7.33) para o movimento circular, visto que $\omega = d\theta/dt$, todavia, no caso geral, r não é constante. Tendo-se em mente a Eq. (3.26) para o produto vetorial, pode-se escrever o momento angular da partícula como

$$\boldsymbol{L} = \boldsymbol{r} \times \boldsymbol{p} = \begin{vmatrix} \boldsymbol{u}_x & \boldsymbol{u}_y & \boldsymbol{u}_z \\ x & y & z \\ p_x & p_y & p_z \end{vmatrix}$$

ou, em termos das componentes,

$$\boldsymbol{L}_x = yp_z - zp_y, \qquad \boldsymbol{L}_y = yp_x - xp_z, \qquad \boldsymbol{L}_z = xp_y - yp_x. \tag{7.36}$$

Note que, para movimento plano, digamos no plano XY, temos $z = 0$ e $p_z = 0$, de modo que $L_x = L_y = 0$, restando somente a componente L_z. Isto é, o momento angular é perpendicular ao plano, como concluímos anteriormente, seguindo um caminho lógico diferente.

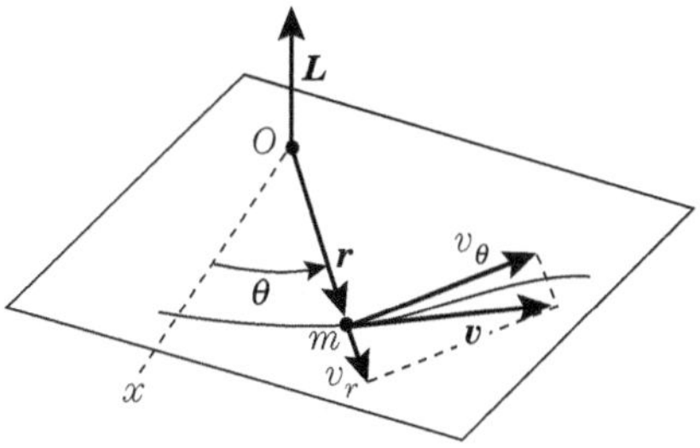

Figura 7.23 Relação entre o momento angular e a componente transversal da velocidade.

Tomemos agora a derivada da Eq. (7.32) em relação ao tempo, isto é,

$$\frac{d\boldsymbol{L}}{dt} = \frac{d\boldsymbol{r}}{dt} \times \boldsymbol{p} + \boldsymbol{r} \times \frac{d\boldsymbol{p}}{dt}. \tag{7.37}$$

Mas $d\boldsymbol{r}/dt = \boldsymbol{v}$, e $\boldsymbol{p} = m\boldsymbol{v}$ é sempre paralelo a $\boldsymbol{v}$, de modo que

$$\frac{d\boldsymbol{r}}{dt} \times \boldsymbol{p} = \boldsymbol{v} \times \boldsymbol{p} = m\boldsymbol{v} \times \boldsymbol{v} = 0.$$

Por outro lado, $d\boldsymbol{p}/dt = F$ de acordo com a Eq. (7.12). Portanto a Eq. (7.37) fica $d\boldsymbol{L}/dt = \boldsymbol{r} \times \boldsymbol{F}$. Mas, observando que, de acordo com a definição (4.5), o momento de $\boldsymbol{F}$ relativo ao ponto O é $\boldsymbol{\tau} = \boldsymbol{r} \times \boldsymbol{F}$, obtemos, finalmente,

$$\frac{d\boldsymbol{L}}{dt} = \boldsymbol{\tau}. \tag{7.38}$$

Observe que essa equação somente será correta se $\boldsymbol{L}$ e $\boldsymbol{\tau}$ forem medidos em relação ao mesmo ponto.

A Eq. (7.38), muito parecida com a Eq. (7.12), com o momento angular $\boldsymbol{L}$ em lugar da quantidade de movimento $\boldsymbol{p}$, e com o momento de força $\boldsymbol{\tau}$ em lugar da força F, é fundamental para a discussão do movimento de rotação. Ela significa simplesmente que

a variação temporal do momento angular de uma partícula é igual ao momento da força aplicada na partícula.

Isso implica que a variação $d\boldsymbol{L}$ no momento angular durante um pequeno intervalo de tempo dt é paralela ao momento de força $\boldsymbol{\tau}$ aplicado à partícula.

7.14 Forças centrais

Se o momento de força na partícula é zero ($\boldsymbol{\tau} = \boldsymbol{r} \times \boldsymbol{F} = 0$), então, de acordo com a Eq. (7.38), deve-se ter $d\boldsymbol{L}/dt = 0$ ou seja $\boldsymbol{L}$ = vetor constante. Assim, se o momento de força é zero, o momento angular da partícula é constante. Essa condição é satisfeita no caso de $\boldsymbol{F} = 0$, isto é, se a partícula for livre. Da Fig. 7.24, temos $L = mvr \text{ sen } \theta = mvd$, onde $d = r \text{ sen } \theta$. Essa grandeza permanece constante porque todos os fatores que nela aparecem são constantes, visto que a trajetória de uma partícula livre é retilínea e a velocidade não varia.

A condição $\boldsymbol{r} \times \boldsymbol{F} = 0$ é também satisfeita se $\boldsymbol{F}$ é paralelo a $\boldsymbol{r}$, em outras palavras, se a direção de $\boldsymbol{F}$ passa pelo ponto O. Uma força cuja direção passa sempre por um ponto fixo é denominada *força central* (Fig. 7.25). Portanto, quando um corpo se move sob a ação de uma força central o seu momento angular permanece constante, sendo a recíproca também verdadeira. Pode-se dizer, em outras palavras, que

> *quando a força é central, o momento angular relativo ao centro de força é uma constante do movimento, e reciprocamente.*

Esse resultado é muito importante porque muitas forças na natureza são centrais. Por exemplo, a Terra move-se em torno do Sol sob a influência de uma força central cuja direção passa sempre pelo centro do Sol. Assim, o momento angular da Terra relativo ao Sol é constante. O elétron num átomo de hidrogênio move-se, essencialmente, sob a ação de uma força central devida à interação eletrostática com o núcleo, com a direção da força sempre dirigida para o núcleo. Então, o momento angular do elétron relativo ao núcleo é constante.

Em átomos com muitos elétrons, a força em cada elétron não é rigorosamente central porque, além da interação central com o núcleo, há também interações com os outros elétrons. Entretanto, de modo geral, a força média no elétron pode ser considerada central. Em alguns núcleos, pode-se também admitir, como primeira aproximação, que seus componentes (prótons e nêutrons) movem-se sob a ação de forças centrais médias.

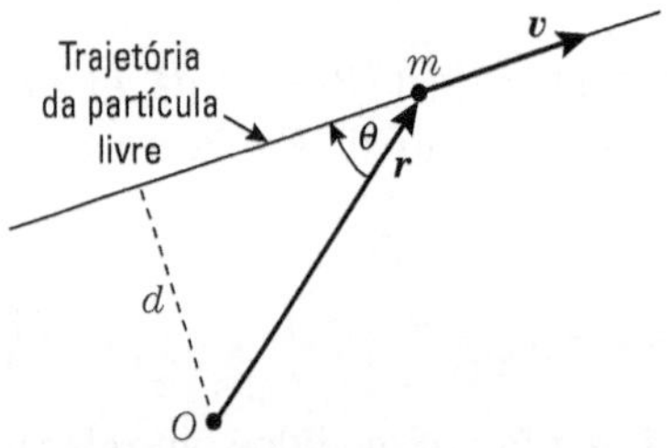

Figura 7.24 O momento angular é constante para uma partícula livre.

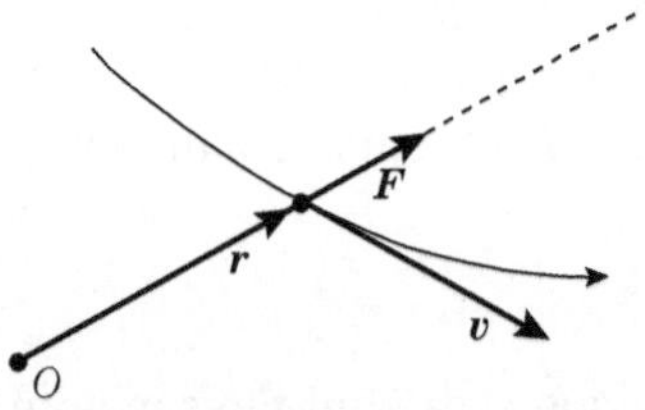

Figura 7.25 O momento angular é constante para um movimento sob a ação de uma força central.

Por outro lado, numa molécula, a força que atua num elétron não é central porque ela resulta da atração devida aos diversos núcleos e da repulsão dos outros elétrons. Então, o momento angular do elétron não é constante. Numa molécula diatômica, surge uma situação interessante (Fig. 7.26). Um elétron e gira em torno dos dois núcleos P_1 e P_2, sujeitos às forças $\boldsymbol{F}_1$ e $\boldsymbol{F}_2$ cuja resultante $\boldsymbol{F} = \boldsymbol{F}_1 + \boldsymbol{F}_2$ está sempre contida no plano determinado por $\overrightarrow{Oe} = \boldsymbol{r}$ e pela reta que passa pelos dois núcleos, ou seja, o eixo Z. O momento de força resultante no elétron, relativo ao centro de massa O da molécula (desprezadas todas as outras interações dos elétrons), é

$$\boldsymbol{\tau} = \boldsymbol{r} \times (\boldsymbol{F}_1 + \boldsymbol{F}_2) = \boldsymbol{r} \times \boldsymbol{F}.$$

Na Fig. 7.26, vê-se que esse momento de força é perpendicular ao plano determinado pelo vetor posição $\boldsymbol{r}$ e pelo eixo Z. Então, o momento de força está contido no plano XY, e portanto $\tau_Z = 0$. Consequentemente, a Eq. (7.38) dá $dL_z/dt = 0$ ou $\boldsymbol{L}_z$ = const. Assim, embora o momento angular do elétron não seja constante, sua componente ao longo do eixo molecular Z é constante. Esse resultado é válido não somente para uma molécula diatômica, mas também para qualquer molécula linear, ou, em termos mais gerais, para movimento sob a ação de uma força que passa sempre por um eixo fixo. Tal força é denominada *força axial*. Portanto,

> *quando uma força é axial, a componente do momento angular ao longo do eixo é constante.*

Esse resultado é muito útil para o estudo da estrutura de átomos e moléculas.

O movimento devido a uma força central é sempre plano porque L é constante. Portanto, usando a Eq. (7.35), temos

$$r^2 \frac{d\theta}{dt} = \text{const.} \tag{7.39}$$

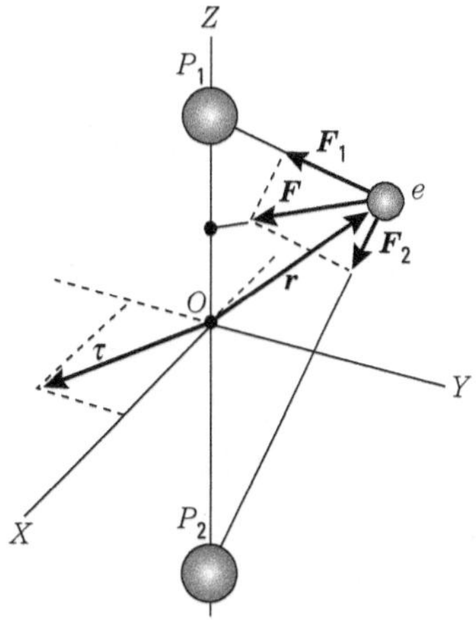

Figura 7.26 Para um movimento sob a ação de uma força axial, a componente do momento angular ao longo do eixo é constante.

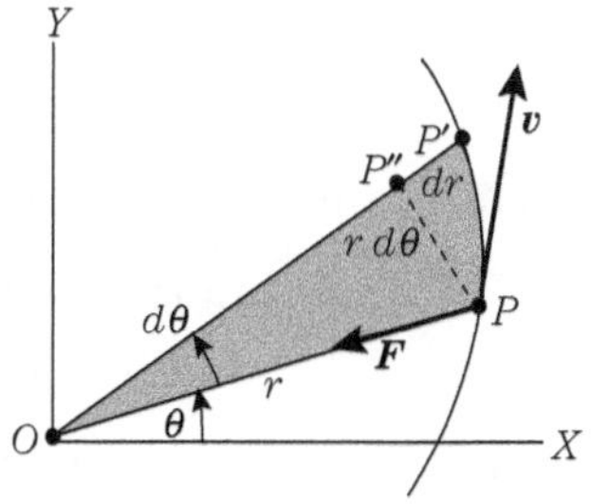

Figura 7.27 Para um movimento sob a ação de uma força central, o vetor posição varre áreas iguais em tempos iguais.

Quando a partícula vai de P a P' (Fig. 7.27), o raio vetor r varre a área sombreada, correspondente ao triângulo OPP'. Então,

$$dA = \text{área } \Delta OPP' = \tfrac{1}{2} r^2 d\theta,$$

e a área varrida na unidade de tempo é

$$\frac{dA}{dt} = \tfrac{1}{2} r^2 \frac{d\theta}{dt}.$$

Comparando esse resultado com a Eq. (7.39), vemos que dA/dt = const., indicando *que, no movimento sob a ação de forças centrais, o raio vetor da partícula varre áreas iguais em tempos iguais.* Esse resultado, de interesse histórico, em conexão com a descoberta das leis do movimento planetário, é conhecido como *segunda lei de Kepler.* No estudo do movimento planetário, assunto do Cap. 13, trataremos disso mais detalhadamente.

■ **Exemplo 7.14** Determinar, para o projétil do Ex. 7.13, o momento angular e o momento de força relativos a O. Verificar então que a Eq. (7.38) é satisfeita.

Solução: Para os eixos X e Y, indicados na Fig. 7.20, as coordenadas do ponto P são $x = OA = v_0 t$, $y = AP = -\frac{1}{2}gt^2$, e as componentes da velocidade de P são $v_x = v_0$, $v = -gt$. Tendo-se em mente que $\boldsymbol{p} = mv$ a terceira equação de (7.36) pode ser escrita

$$L_z = xp_y - yp_x = m(xv_y - yv_x) = -\tfrac{1}{2}mgv_0t^2.$$

As componentes da força aplicada em P são $F_x = 0, F_y = -mg$. Então, pela Eq. (4.8) obtemos

$$\tau_z = xF_y - yF_x = -mgv_0t.$$

Você pode verificar que, neste caso, $dL_z/dt = \tau_z$, de modo que a Eq. (7.38) é satisfeita.

■ **Exemplo 7.15** Estimar o momento angular da Terra relativo ao Sol, e o de um elétron relativo ao núcleo, num átomo de hidrogênio. Para simplificar, admitir, em ambos os casos, órbitas circulares de modo que as relações da Fig. 7.22 sejam aplicáveis.

Solução: A massa da Terra é $5{,}98 \times 10^{24}$ kg e sua distância média ao Sol é $1{,}49 \times 10^{11}$ m. Pela definição de segundo dada na Seç. 2.3, concluímos que o período de revolução da Terra em torno do Sol é $3{,}16 \times 10^7$ s. Então, da Eq. (5.51), temos, para a velocidade angular média da Terra em torno do Sol, o valor

$$\omega = \frac{2\pi}{P} = \frac{2\pi}{3{,}16 \times 10^7\,\text{s}} = 1{,}98 \times 10^{-7}\,\text{s}^{-1}.$$

Assim, o momento angular da Terra relativo ao Sol, dado pela Eq. (7.33), é

$$L = mr^2\omega = (5{,}98 \times 10^{24}\,\text{kg})(1{,}49 \times 10^{11}\,\text{m})^2\,(1{,}98 \times 10^{-7}\,\text{s}^{-1})$$
$$= 2{,}67 \times 10^{40}\,\text{m}^2 \cdot \text{kg} \cdot \text{s}^{-1}.$$

Por outro lado, um elétron num átomo de hidrogênio tem massa de $9{,}11 \times 10^{-31}$ kg, distância média ao núcleo de $5{,}29 \times 10^{-11}$ m, e velocidade angular de $4{,}13 \times 10^{16}$ s^{-1}. Então, o momento angular do elétron, relativo ao núcleo, dado pela Eq. (7.33), tem o valor

$$L = mr^2\omega = (9{,}11 \times 10^{-31}\,\text{kg})(5{,}29 \times 10^{-11}\,\text{m})^2\,(4{,}13 \times 10^{16}\,\text{s}^{-1})$$
$$= 1{,}05 \times 10^{-34}\,\text{m}^2 \cdot \text{kg} \cdot \text{s}^{-1}.$$

Esse resultado numérico constitui uma das mais importantes constantes da física, e é designada pelo símbolo $\hbar$ (lê-se agá cortado). O momento angular de partículas atômicas é usualmente expresso em unidades de $\hbar$. A grandeza $h = 2\pi\hbar$ é denominada *constante de Planck.*

É possível que, ao notar a tremenda disparidade nos valores das grandezas físicas que entram nas duas situações analisadas, você queira saber se as mesmas leis se aplicam a ambos os casos. No momento, podemos responder dizendo que, para ambos os casos, sendo as forças centrais, o momento angular é constante. Entretanto, no caso do elétron, ao se falar em partícula atômica, torna-se necessário uma revisão dos nossos métodos, sendo a nova técnica – que não será desenvolvida no momento – denominada mecânica quântica. Podemos, contudo, adiantar que o resultado que obteremos mais tarde estará essencialmente de acordo com o obtido neste exemplo.

■ **Exemplo 7.16** Espalhamento de uma partícula por uma força central de repulsão inversamente proporcional ao quadrado da distância.

Solução: Vejamos o desvio, ou espalhamento, sofrido por uma partícula sujeita a uma força de repulsão inversamente proporcional ao quadrado da distância da partícula móvel a um ponto fixo denominado centro de forças. Este problema tem interesse especial devido à sua aplicação em física atômica e nuclear. Por exemplo, quando um próton, acelerado por um cíclotron, passa próximo de um núcleo do material que constitui o alvo, ele sofre um desvio, ou espalhamento, sob a ação de uma força desse tipo, devido à repulsão eletrostática do núcleo.

Seja O o centro de forças e A uma partícula lançada contra O com velocidade v_0 a partir de uma grande distância (Fig. 7.28). A distância b, denominada *parâmetro de impacto*, é a distância perpendicular entre a linha de ação de v_0 e a linha traçada de O paralelamente a v_0. Supondo-se repulsiva e central a força entre A e O, temos que a trajetória da partícula é AMB. A forma da curva depende de como a força varia com a distância. Se a força é inversamente proporcional ao quadrado da distância, isto é, se

$$F = k/r^2, \tag{7.40}$$

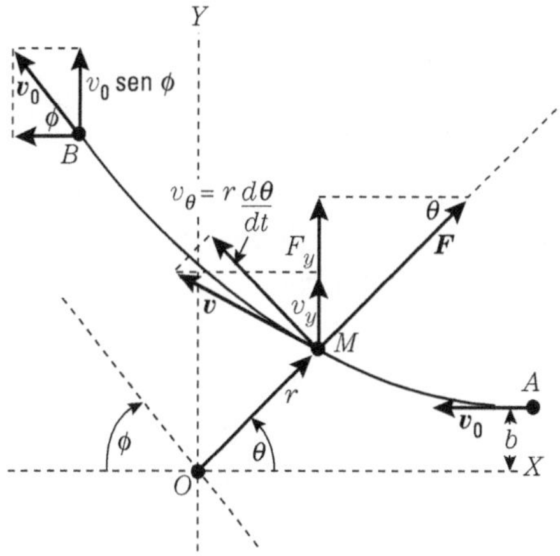

Figura 7.28 Espalhamento de uma partícula sob a ação de uma força central inversamente proporcional ao quadrado da distância.

a trajetória é uma hipérbole, como será demonstrado na Seç. 13.5. Quando a partícula está em A, seu momento angular é mv_0b. Numa posição qualquer M, o seu momento angular, de acordo com a Eq. (7.35), é $mr^2\,(d\theta/dt)$. Portanto, como o momento angular deve permanecer constante pelo fato de a força ser central, temos

$$mr^2\frac{d\theta}{dt} = mv_0b. \tag{7.41}$$

A equação do movimento na direção Y é obtida pela combinação da Eq. (7.40) com a segunda das Eq. (7.31), isto é,

$$m\frac{dv_y}{dt} = F_y = F\,\text{sen}\,\theta = \frac{k\,\text{sen}\,\theta}{r^2}.$$

Utilizando a Eq. (7.41) para a eliminação de r^2, podemos escrever

$$\frac{dv_y}{dt} = \frac{k}{mv_0 b}\,\text{sen}\,\theta\frac{d\theta}{dt}.$$

Para o cálculo da deflexão da partícula, devemos integrar essa equação de um extremo a outro da trajetória. Em A, tem-se $v_y = 0$ pelo fato de o movimento inicial ser paralelo ao eixo X, e $\theta = 0$. Em B, tem-se $v_y = v_0$ sen ϕ e $\theta = \pi - \phi$. Note que em B a velocidade é novamente v_0 porque, por simetria, a velocidade que a partícula perde quando ela se aproxima de O deve ser readquirida quando ela se afasta de O. (O princípio de conservação da energia, que será discutido no capítulo seguinte, também indica isso.) Então

$$\int_0^{v_0\,\text{sen}\,\phi} dv_y = \frac{k}{mv_0 b}\int_0^{\pi-\phi} \text{sen}\,\theta\,d\theta$$

ou

$$v_0\,\text{sen}\,\phi = \frac{k}{mv_0 b}(1+\cos\phi).$$

Lembrando que $\cot\frac{1}{2}\phi = (1+\cos\phi)/\,\text{sen}\,\phi$, obtendo, finalmente,

$$\cot\tfrac{1}{2}\phi = \frac{mv_0^2}{k}b. \tag{7.42}$$

Essa relação dá o ângulo de espalhamento ϕ em função do parâmetro de impacto b.

Na Seç. 14.7 essa equação será aplicada no estudo do espalhamento de partículas carregadas devido a núcleos. Note que o resultado (7.42) é válido somente para força inversamente proporcional ao quadrado da distância. Se a dependência da força com a distância for outra, a equação satisfeita pelo ângulo de espalhamento será diferente. Daí a utilidade dos experimentos em interações entre partículas.

Em laboratórios de física nuclear, realizam-se experiências de espalhamento acelerando-se elétrons, prótons, ou outras partículas, por meio de cíclotrons, aceleradores de Van de Graaff, ou de outros dispositivos semelhantes, e observando-se a distribuição angular das partículas espalhadas.

7.15 Equilíbrio e repouso

Concluímos este capítulo com uma breve revisão dos conceitos de repouso e equilíbrio. Diz-se que uma partícula está em *repouso* relativo a um observador inercial quando sua velocidade, medida pelo observador, é zero. Uma partícula está em *equilíbrio* relativo a um observador inercial quando sua aceleração é zero ($\boldsymbol{a} = 0$). Então, pela Eq. (7.15), concluímos que, para uma partícula em equilíbrio, $\boldsymbol{F} = 0$, isto é, uma partícula está em equilíbrio quando a resultante de todas as forças que sobre ela atuam é zero. Essa definição foi utilizada no Cap. 4.

Uma partícula, em repouso relativo a um observador inercial, pode não estar em equilíbrio. Por exemplo, quando lançamos uma pedra verticalmente de baixo para cima, ao atingir a altura máxima, ela estará momentaneamente em repouso. Entretanto, nessa posição, a pedra não está em equilíbrio, posto que, nela, atua uma força para baixo, não equilibrada, exercida pela Terra. Por essa razão, a pedra começa imediatamente a cair.

Pode haver, também, o caso de uma partícula que, relativamente a um observador inercial, está em equilíbrio, mas não em repouso. Um exemplo, é uma partícula livre. Como nela não atuam forças, não há aceleração e, assim sendo, a partícula está em equilíbrio. Contudo a partícula pode não estar em repouso relativo a vários observadores inerciais. A situação mais comumente encontrada é a de uma partícula que está ao mesmo tempo em repouso e em equilíbrio. Por essa razão, muitas pessoas consideram erroneamente os dois conceitos como sinônimos. Naturalmente, é sempre possível que uma partícula em equilíbrio esteja em repouso relativo a algum referencial inercial.

Referências

BAYES, J.; SCOTT, W. Billiard-ball collision experiment. *Am. J. Phys*, v. 31, n. 197, 1963.

CHRISTIE, D. E. *Vector mechanics*. New York: McGraw-Hill, 1964.

COHEN, I. Isaac Newton. *Sci. Am.*, p. 73, Dec. 1955.

DRAKE, S. Galileo and the law of inertia. *Am. J. Phys.*, v. 32, n. 601, 1964.

FEINBERG, G.; GOLDHARBER, M. The Conservation Laws of Physics. *Sci. Am.*, p. 36, Oct. 1963.

FEYNMAN, R. P.; LEIGHTON, R. B.; SANDS, E. M. L. *The Feynman lectures on physics*. v. I. Reading, Mass.: Addison-Wesley, 1963.

HESSE, M. Resource letter PhM-1 on the philosophical foundation of classical mechanics. *Am. J. Phys.*, v. 32, n. 905, 1964.

HUDDLESTON, John Y. *Introduction to engineering mechanics*. Reading. Mass.: Addison--Wesley, 1961.

JAMMER, M. *Coneepts of mass in classical and modem physics*. Cambridge, Mass.: Harvard University Press, 1961.

LINDSAY, R. B. *Physical mechanics*. New York: Van Nostrand, 1963.

MAGIE, W. F. *Source book in physics*. Cambridge, Mass.: Harvard University Press, 1963.

HOLTON, G.; ROLLER, D. H. D. *Foundations of modem physical science*. Reading, Mass.: Addison-Wesley, 1958.

McDONALD, J. The shape of raindrops. *Sci. Am.*, p. 64, Feb. 1954.

OLDENBERG, O. Duration of Atomic Collisions. *Am. J. Phys.*, v. 25, n. 94 1957.

PALMER, F. Friction. *Sci. Am.*, p. 54, Feb. 1951.

RABINOWICZ, E. Resource letter F-l on friction. *Am. J. Phys.*, v. 31, n. 897, 1963.

SCIAMA, D. Inertia. *Sci. Am.* p. 99, Feb. 1957.

SYMON, K. R. *Mechanics*. Reading, Mass.: Addison-Wesley. 2. ed. 1960.

Problemas

7.1 Uma partícula com 3,2 kg de massa move-se para oeste com velocidade de 6,0 m · s^{-1}. Outra partícula de massa 1,6 kg move-se para norte com velocidade de 5,0 m · s^{-1}. As duas partículas estão em interação. Dois segundos depois, a primeira partícula move-se com velocidade de 3,0 m · s^{-1} na direção N 30° E. Determine: (a) o módulo e a direção da velocidade da outra partícula, (b) a quantidade de movimento total das duas partículas, no início e quando são decorridos 2s, (c) a variação da quantidade de movimento de cada partícula, (d) a variação da velocidade de cada partícula, e (e) os módulos dessas variações de velocidade; verifique a Eq. (7.9).

7.2 Um tronco cuja massa é 45 kg flutua rio abaixo com velocidade constante de 8 km · h^{-1}. Um cisne com 10 kg de massa, voando a 8 km · h^{-1} rio acima, procura pousar sobre o tronco. O cisne escorrega de uma extremidade à outra, sem conseguir permanecer sobre o tronco saindo com a velocidade de 2 km · h^{-1}. Calcule a velocidade final do tronco. Despreze o atrito da água. Será necessário converter as velocidades em m · s^{-1}?

7.3 Na reação química $H + Cl \rightarrow HCl$, o átomo de hidrogênio movia-se, inicialmente, para a direita com a velocidade de $1{,}57 \times 10^5$ m · s^{-1}, enquanto o átomo de cloro movia-se segundo uma direção perpendicular com a velocidade de $3{,}4 \times 10^4$ m · s^{-1}. Determine o módulo e a direção (relativa ao movimento original do átomo de hidrogênio) da molécula HCl resultante. Use as massas atômicas da Tabela A.l.

7.4 Escreva a equação que expressa a conservação de quantidade de movimento na reação química $A + BC \rightarrow AB + C$.

7.5 Uma partícula com 0,2 kg de massa movendo-se a 0,4 m · s^{-1} ao longo do eixo X colide com outra partícula de massa igual a 0,3 kg, inicialmente em repouso. Após a colisão, a primeira partícula move-se a 0,2 m · s^{-1}, segundo uma direção que faz um ângulo de 40° com o eixo X. Determine (a) o módulo e a direção da velocidade da segunda partícula após a colisão, e (b) a variação de velocidade e de quantidade de movimento de cada partícula, (c) Verifique a Eq. (7.9).

7.6 Determine a quantidade de movimento adquirida por uma massa de 1 g, 1 kg, e 10^6 kg, quando cada uma percorre em queda a distância de 100 m. Visto que a quantidade de movimento adquirida pela Terra é igual em módulo e de sinal contrário, determinar a velocidade (para cima) adquirida pela Terra. A massa da Terra está dada na Tabela 13.1. Determine a intensidade da força em cada caso.

7.7 A carreta A é empurrada com uma velocidade de 0,5 m · s^{-1} em direção à carreta B que inicialmente está em repouso (Fig. 7.29). Após a colisão, A recua com velocidade de 0,1 m · s^{-1}, enquanto que B move-se para a direita com velocidade de 0,3 m · s^{-1}. Num segundo experimento, A é carregada com uma massa de 1 kg e empurrada contra B com uma velocidade de 0,5 m · s^{-1}. Após a colisão, A permanece em repouso, enquanto que B move-se para a direita com velocidade de 0,5 m · s^{-1}. Determine a massa de cada carreta.

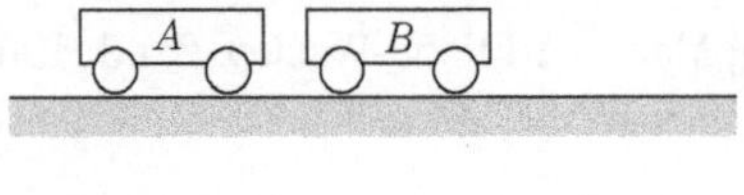

Figura 7.29

7.8 Considere o sistema Terra–Lua (ignore o movimento desse sistema em torno do Sol). Em 28 dias, a Lua gira em torno da Terra descrevendo uma circunferência de raio $4{,}0 \times 10^8$ m. (a) Qual é a variação da quantidade de movimento da Lua em 14 dias? (b) Qual deve ser a variação da quantidade de movimento da Terra em 14 dias? (c) A Terra está estacionária no sistema Terra–Lua? (d) A massa da Terra é 80 vezes maior do que a massa da Lua. Qual é a variação na velocidade da Terra em 14 dias?

7.9 Dois objetos, A e B, movendo-se sem atrito sobre uma reta horizontal, estão em interação. A quantidade de movimento de A é $p_A = p_0 - bt$, onde p_0 e b são constantes e t é o tempo. Determine a quantidade de movimento de B como função do tempo quando (a) B inicialmente está em repouso e (b) a quantidade de movimento inicial de B é igual a $-p_0$.

7.10 Uma granada, movendo-se horizontalmente a 8 km · s^{-1} em relação à Terra, explode em três fragmentos iguais. Um deles continua em movimento horizontal a 16 km · s^{-1}, o segundo e o terceiro movem-se respectivamente, para cima e para baixo segundo direções inclinadas de 45° com relação à direção do movimento do primeiro fragmento. Determine o módulo das velocidades do segundo e do terceiro fragmento.

7.11 Um satélite move-se "horizontalmente" com velocidade de 8 km · s^{-1} relativa à Terra. Pretendemos ejetar horizontalmente uma carga de 50 kg do satélite, de modo que ela caia verticalmente sobre a Terra. Calcule qual será a velocidade do satélite após a ejeção da carga se a massa total (incluída a carga) é de 450 kg. (Qual a velocidade da carga relativa à Terra, imediatamente após a ejeção?)

7.12 Um vagão vazio, cuja massa é 10^5 kg, passa com velocidade de 0,5 m · s^{-1} sob um descarregador de carvão que está parado. Se 2×10^5 kg de carvão é descarregado dentro do vagão durante a operação, então: (a) Qual a velocidade final do vagão? (b) Qual será a velocidade do vagão se o carvão, passando por aberturas afuniladas no piso do vagão, é despejado diretamente para baixo relativamente ao vagão? (c) Suponha a possibilidade de se fazer a descarga de uma vez, pela parte traseira do vagão, de tal modo que o carvão fique em repouso relativo à Terra. Calcule, nessas circunferências, a velocidade resultante do vagão. (d) Sob que condições o resultado seria o mesmo de (c) se o carvão fosse descarregado segundo uma direção oblíqua com o movimento do vagão?

7.13 Um carrinho de 1,5 kg de massa move-se ao longo de um trilho a 0,20 m · s^{-1} até se chocar contra um para-choque fixo na extremidade do trilho. Calcule a variação da quantidade de movimento do carrinho e a força sobre ele exercida se, após 0,1 s desde o início do choque, ele: (a) fica em repouso, (b) recua com velocidade de 0,10 m · s^{-1}. Discuta a conservação da quantidade de movimento na colisão.

7.14 Qual a força constante necessária para aumentar a quantidade de movimento de um corpo do valor 2.300 kg · m · s^{-1} ao valor 3.000 kg · m · s^{-1} em 50 s?

7.15 Um automóvel tem 1.500 kg de massa e velocidade inicial de 60 km · h^{-1}. Quando os freios são aplicados, ele fica sujeito a um movimento uniformemente retardado, parando após 1,2 s. Determine a força aplicada ao carro.

7.16 Durante quanto tempo deve uma força constante de 80 N atuar em um corpo de 12,5 kg de massa de modo a pará-lo, se a velocidade inicial do corpo é 72 km · h^{-1}?

7.17 Um corpo com 10 g de massa cai de uma altura de 3 m sobre um monte de areia. O corpo, antes de parar, penetra 3 cm na areia. Qual a força exercida pela areia sobre o corpo?

7.18 Duas mulas puxam uma barcaça canal acima por meio de cordas ligadas a sua proa. O ângulo entre as cordas é de 40° e a tensão nas cordas é de 2.500 e 2.000 N, respectivamente. (a) Sabendo-se que a massa da barcaça é de 1.700 kg, qual seria a sua aceleração se a água não oferecesse resistência? (b) Se o movimento da barcaça é uniforme, qual a resistência d'água?

7.19 Um homem está em pé sobre a carroceria de um caminhão que se move a $36 \text{ km} \cdot \text{h}^{-1}$. Em que ângulo e em que direção o homem deve se inclinar para não cair se, em 2 s, a velocidade do caminhão passa ao valor (a) $45 \text{ km} \cdot \text{h}^{-1}$, (b) $9 \text{ km} \cdot \text{h}^{-1}$?

7.20 Um elevador com 250 kg de massa leva 3 pessoas cujas massas são 60 kg, 80 kg, e 100 kg, e a força exercida pelo motor é de 5.000 N. Com que aceleração o elevador deve subir? Partindo do repouso, até que altura terá subido em 5 s?

7.21 Suponha que o homem de 100 kg do problema anterior esteja sobre uma balança. Qual é o seu "peso" quando o elevador acelera?

7.22 Um elevador vazio cuja massa é de 5.000 kg desce com aceleração constante. Partindo do repouso, ele percorre 30 m durante os primeiros 10 s. Calcule a tensão no cabo que puxa o elevador.

7.23 Um menino de massa igual a 60 kg está em pé sobre uma balança. Se, repentinamente, ele saltar para cima com aceleração de $245 \text{ cm} \cdot \text{s}^{-2}$, qual será a leitura da balança? Discuta como o efeito associado a este problema aplica-se a uma máquina que mede a aceleração de um corpo por meio da medida da força exercida. (Tal máquina, denominada *acelerômetro*, é um instrumento extremamente útil na indústria e nos laboratórios de pesquisas.)

7.24 Uma partícula de 200 g de massa move-se com velocidade constante $v = u_x\, 50 \text{ cm} \cdot \text{s}^{-1}$. Quando a partícula está em $r = -u_x\, 10$ cm, uma força constante $F = -u_x\, 400$ dyn é lhe aplicada. Determine: (a) o tempo para a partícula parar, e (b) a posição da partícula no instante em que ela para.

7.25 Um homem cuja massa é de 90 kg está num elevador. Determine a força que o piso exerce sobre o homem quando: (a) o elevador sobe com velocidade constante, (b) o elevador desce com velocidade constante, (c) o elevador *sobe com aceleração* de $3 \text{ m} \cdot \text{s}^{-2}$, (d) o elevador *desce com aceleração* de $3 \text{ m} \cdot \text{s}^{-2}$, e (e) o cabo parte e o elevador cai livremente.

7.26 Um corpo cuja massa é de 2 kg move-se sobre uma superfície lisa horizontal sob a ação da força horizontal $F = 55 + t^2$, onde F é em newtons e t em segundos. Calcule a velocidade da massa quando $t = 5$ s (o corpo estava em repouso no instante $t = 0$).

7.27 Um corpo de massa m move-se ao longo do eixo X de acordo com a lei $x = A \cos (\omega t + \phi)$, onde A, ω, e ϕ são constantes. Determine a expressão da força que atua no corpo em função de sua posição. Qual o sentido da força quando x é (a) positivo, e (b) negativo?

7.28 A força resultante sobre um objeto de massa m é $F = F_0 - kt$, onde F_0 e k são constantes e t é o tempo. Determine a aceleração. Determine, por integração, as equações da velocidade e da posição.

7.29 Uma partícula de massa m, inicialmente em repouso, está sujeita a uma força $F = F_0\,[1 - (t - T)^2/T^2]$ durante o intervalo $0 \leq t \leq 2T$. Prove que a velocidade da partícula no fim do intervalo é de $4F_0T/3m$. Note que ela depende somente do produto $F_0(2T)$ e, se T decresce, a mesma velocidade é atingida, aumentando-se F_0 proporcionalmente. Represente graficamente F versus t. Você é capaz de imaginar uma situação física para a qual este problema seja uma descrição adequada?

7.30 Um corpo, inicialmente em repouso em x_0, move-se segundo uma reta sob a ação da força $F = -K/x^2$. Mostre que a sua velocidade em x é dada por $v^2 = 2(K/m)(1/x - 1/x_0)$. Esse método pode ser utilizado para a determinação da velocidade de um corpo que cai sobre a Terra a partir de uma grande altitude.

7.31 Repita o Ex. 7.3 para o caso de um carro descendo pelo plano.

7.32 Um corpo com 1,0 kg de massa está sobre um plano liso inclinado de 30° com a horizontal. Com que aceleração o corpo irá se mover se nele atuar uma força de 8,0 N aplicada paralelamente ao plano no sentido (a) plano acima, e (b) plano abaixo?

7.33 Um caminhão com 5.000 kg de massa viaja para o norte a 30 m · s^{-1} quando, em 20 s, ele entra numa estrada a N 70° E. Calcule (a) a sua variação de quantidade de movimento, (b) a intensidade e o sentido da força média exercida sobre o caminhão.

7.34 Os corpos na Fig. 7.30 têm massas de 10, 15, e 20 kg, respectivamente. Uma força F, igual a 50 N, é aplicada em C. Calcule a aceleração do sistema e as tensões em cada cabo. Discuta o mesmo problema no caso de o movimento do sistema ser vertical ao invés de horizontal.

7.35 Calcule as acelerações dos corpos na Fig. 7.31 e a tensão no fio. Apresente, inicialmente, uma solução algébrica, e, em seguida, aplique ao caso $m_1 = 50$ g, $m_2 = 80$ g, e $F = 10^5$ dyn.

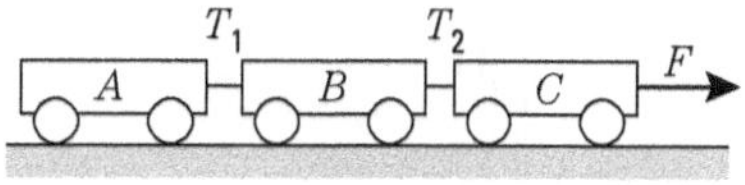

Figura 7.30

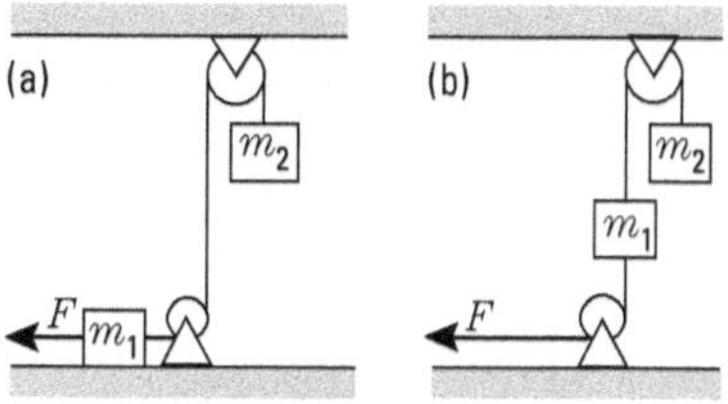

Figura 7.31

7.36 Na Fig. 7.32, os corpos estão ligados por um fio conforme indicado. Admitindo que as polias sejam lisas, calcule a aceleração dos corpos e a tensão no fio. Apresente, primeiro uma solução algébrica e, em seguida, aplique ao caso $m_1 = 8$ kg, $m_2 = 2$ kg.

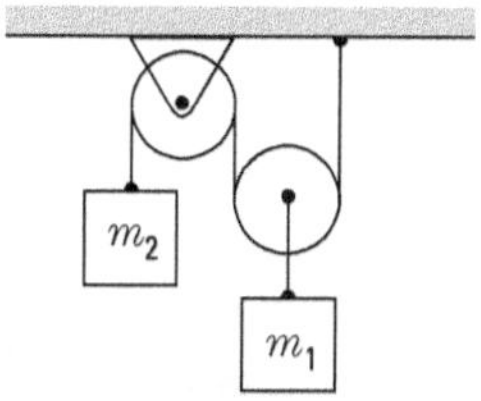

Figura 7.32

7.37 Determine a aceleração com a qual os corpos, na Fig. 7.33(a) e (b), movem-se, e também as tensões nos fios. Admita que os corpos deslizam sem atrito. Resolva os problemas de uma maneira geral, inicialmente, e, em seguida, aplique ao caso $m_1 = 200$ g, $m_2 = 180$ g, $\alpha = 30°$, $\beta = 60°$.

7.38 Repita o problema anterior admitindo agora a existência dos coeficientes de atrito f_1 na primeira superfície, e f_2 na segunda. Discuta todos os movimentos possíveis.

7.39 (a) Prove que a barra AB na Fig. 7.34 estará em equilíbrio se for satisfeita a equação

$$m_1(m_2 + m_3)l_1 = 4m_2\, m_3\, l_2.$$

(b) Calcule a força que o ponto de apoio exerce na barra.

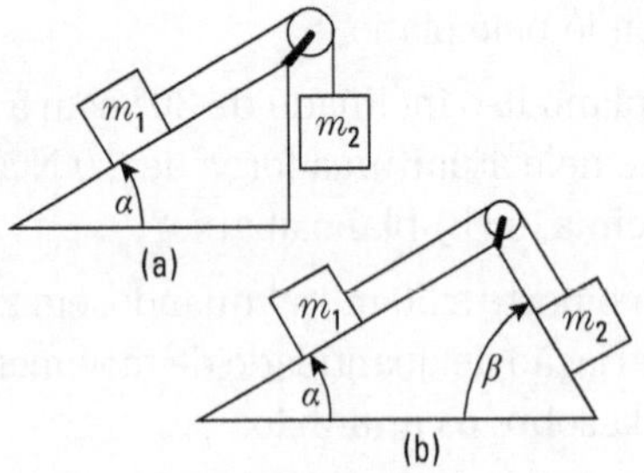

Figura 7.33

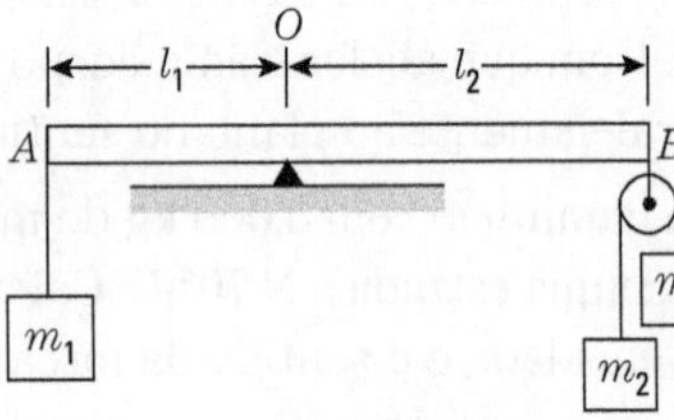

Figura 7.34

7.40 Calcule a aceleração dos corpos m_1 e m_2 e a tensão nos fios (Fig. 7.35). Despreze os atritos e as massas das polias. Qual dispositivo pode dar a m_1 uma aceleração maior do que a de queda livre? Resolva, de início, algebricamente e, em seguida, aplique ao caso $m_1 = 4$ kg, $m_2 = 6$ kg.

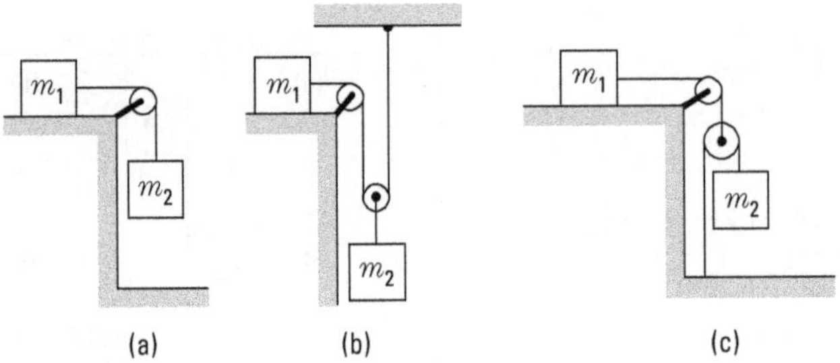

Figura 7.35

7.41 Mostre, na Fig. 7.36, que as acelerações dos corpos, com

$$P = g/(m_1\, m_2 + m_1\, m_3 + 4m_2\, m_3),$$

são

$$\begin{aligned}
\text{(a) } a_1 &= 4m_2\, m_3\, P,\\
a_2 &= (m_1\, m_3 - m_1\, m_2 - 4m_2\, m_3)P,\\
a_3 &= (m_1\, m_3 - m_1\, m_2 + 4m_2\, m_3)P;\\
\text{(b) } a_1 &= (4m_2\, m_3 - m_1\, m_2 - m_1\, m_3)P,\\
a_2 &= (3m_1\, m_3 - m_1\, m_2 - 4m_2\, m_3)P,\\
a_3 &= (m_1\, m_3 - 3m_1\, m_2 + 4m_2\, m_3)P.
\end{aligned}$$

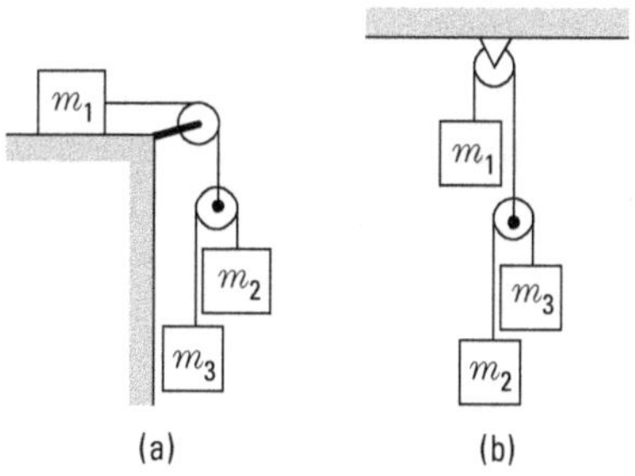

Figura 7.36

7.42 Na Fig. 7.37, as massas de A e B são 3 e 1 kg, respectivamente. Se uma força $F = 5t^2$N para cima é a aplicada na polia, calcule as acelerações de A e B como funções do tempo. O que acontece após B alcançar a polia?

7.43 Na Fig. 7.38, as massas de A e B são, respectivamente, 10 e 5 kg. O coeficiente de atrito de A com a mesa é 0,20. Determine o menor valor da massa de C que evita o movimento de A. Calcule a aceleração do sistema para o caso de ser retirado o corpo C.

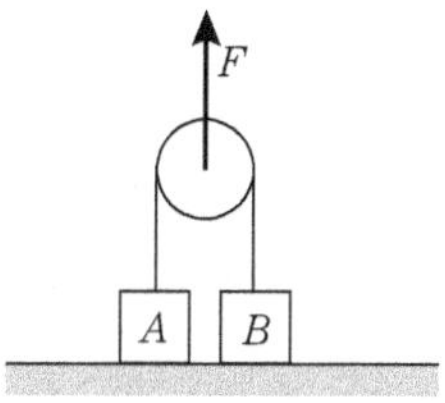

Figura 7.37

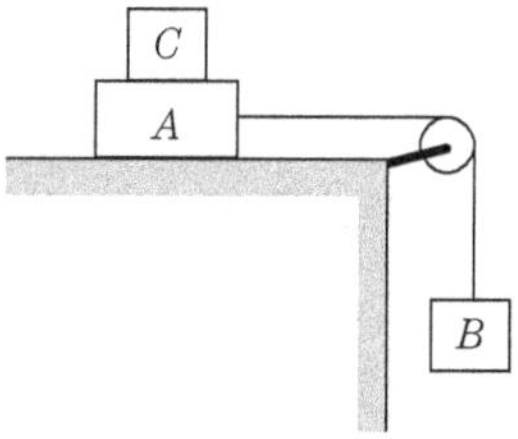

Figura 7.38

7.44 Determine a força de atrito exercida pelo ar num corpo com 0,4 kg de massa que cai com uma aceleração de 9,0 m · s^{-2}.

7.45 Repita o Ex. 7.6 para um caso em que não haja força aplicada. A velocidade inicial do corpo é de 2 m · s^{-1}, plano acima. Que distância, plano acima, o corpo percorrerá até parar? Qual o *menor* valor que pode ter o coeficiente de atrito estático para que o corpo, uma vez parado, não volte plano abaixo?

7.46 Um bloco com 0,2 kg de massa começa a subir um plano inclinado de 30° com velocidade inicial de 12 m · s^{-1}. Sendo o coeficiente de atrito de escorregamento 0,16, determine que distância percorre o corpo antes de parar. Qual a velocidade do bloco quando (se) ele voltar à base do plano?

7.47 Um trem cuja massa é 100.000 kg segue um caminho que se eleva 1 m a cada 200 m de trajeto. A tração do trem é de 40.000 N e sua aceleração é de 0,3 m · s^{-2}. Calcule a força de atrito.

7.48 Determine a aceleração de m na Fig. 7.39 se o coeficiente de atrito como o solo é f. Calcule a força que o solo exerce no corpo. Aplique para m = 2,0 kg, f = 0,2, e F = 1,5 N.

7.49 Um bloco com 3 kg de massa é colocado sobre outro com 5 kg (Fig. 7.40). Admita que não há atrito entre o bloco de 5 kg e a superfície sobre a qual ele repousa. Os coeficientes de atrito estático e cinético entre os blocos são 0,2 e 0,1, respectivamente. (a) Qual a força máxima que, aplicada em qualquer um dos corpos, movimenta o sistema sem que os blocos se desloquem relativamente um ao outro? (b) Qual a aceleração quando a força máxima é aplicada? (c) Qual a aceleração do bloco de 3 kg se a força aplicada ao bloco de 5 kg é maior do que a força máxima? Qual a aceleração do bloco de 3 kg se a força a ele aplicada é maior do que a força máxima?

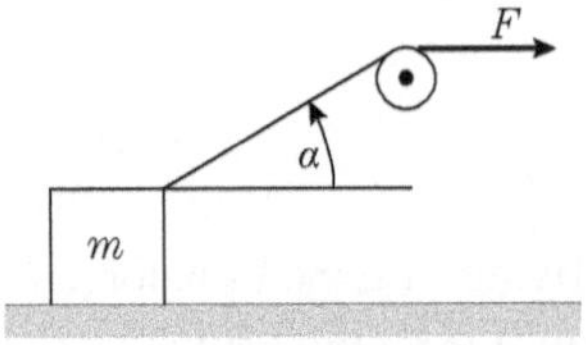

Figura 7.39

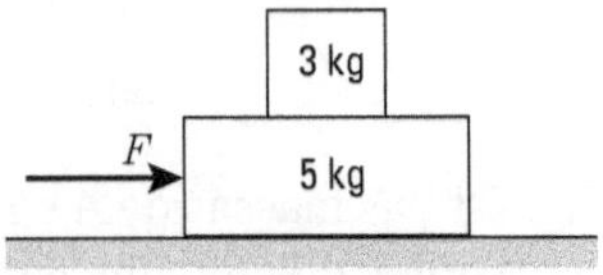

Figura 7.40

7.50 Calcule a velocidade limite de uma esfera com raio de 2 cm e densidade de 1,50 g · cm^{-3} que cai através da glicerina (densidade = 1,26 g · cm^{-3}). Calcule, também, a velocidade da esfera quando sua aceleração é 100 cm · s^{-2}.

7.51 Um corpo com 45 kg de massa é lançado verticalmente com velocidade inicial de 60 m · s^{-1}. A resistência do ar ao movimento do corpo é dada por $F = -3v/100$, onde F é dado em newtons e v é a velocidade do corpo em m · s^{-1}. Calcule o tempo decorrido desde o lançamento até a altitude máxima. Qual a altitude máxima?

7.52 Um corpo, partindo do repouso, cai de uma altura de 108 m em 5 s. Calcule a velocidade limite se a resistência é proporcional à velocidade.

7.53 Utilize os resultados do Ex. 7.8 para calcular os tempos que levam as gotas de chuva do Ex.7.7 para atingir 0,50 e 0,63 do valor de sua velocidade limite. Calcule também a distância percorrida no tempo τ.

7.54 Represente num gráfico a velocidade de um corpo que cai através de um fluido viscoso em função do tempo, no caso de a velocidade inicial ser diferente de zero. Considere os casos v_0 maior e menor do que $F/K\eta$. O que acontece quando $v_0 = F/K\eta$?

7.55 O elétron de um átomo de hidrogênio move-se ao redor do próton numa trajetória quase circular com um raio de $0,5 \times 10^{10}$ m e com uma velocidade estimada em cerca de $2,2 \times 10^6$ m · s^{-1}. Estime a intensidade da força entre o próton e o elétron.

7.56 Uma pedra com 0,4 kg de massa está ligada a uma das extremidades de uma corda cujo comprimento é 0,8 m. Se a pedra gira a 80 rev/min em movimento circular horizontal, qual a intensidade da força que a corda exerce na pedra? Se a ruptura da corda ocorre para tensões maiores do que 50 kgf, qual a maior velocidade angular possível para a pedra?

7.57 Um pequeno bloco com massa de 1 kg está ligado a uma das extremidades de uma corda cujo comprimento é 0,6 m. O bloco, descrevendo uma circunferência vertical, gira a 60 rpm. Calcule a tensão na corda quando o bloco está: (a) no ponto mais alto da circunferência; (b) no ponto mais baixo; (c) quando a corda está numa posição horizontal, (d) Calcule a velocidade linear que o bloco deve ter no ponto mais alto para que a tensão na corda seja zero.

7.58 Um trem percorre uma curva inclinada com velocidade de 63 km · h^{-1}. O raio da curva é de 300 m. Calcule: (a) a inclinação que deve ter a curva para que não atuem forças laterais sobre o trem; (b) o ângulo que uma corrente dependurada no teto de um dos carros faz com a vertical.

7.59 Uma rodovia tem 8 m de largura. Calcule que diferença de nível deve existir entre as margens externas e internas da rodovia para que um carro possa fazer uma curva com 600 m de raio a 80 km $\cdot$ h^{-1}, sem estar sujeito a forças laterais.

7.60 Uma rodovia tem uma curva sem inclinação com um raio de 1.000 m. Admita os coeficientes de atrito borracha–asfalto seco igual a 0,75, borracha–asfalto molhado igual a 0,50, e borracha–gelo igual a 0,25. Determine a velocidade máxima para se fazer a curva com segurança em (a) dias secos, (b) dias chuvosos, (c) dias nevados. Por que todos esses valores independem da massa do carro?

7.61 Um corpo D com 6 kg de massa (Fig. 7.41) está sobre uma superfície cônica ABC, sem atrito, girando em torno do eixo EE com velocidade angular de 10 rev/min. Calcule: (a) a velocidade linear do corpo, (b) a reação da superfície no corpo, (c) a tensão no fio, e (d) a velocidade angular necessária para que a reação do plano seja zero.

7.62 Uma pequena bola de massa m, inicialmente em A, desliza sobre uma superfície circular ADB sem atrito (Fig. 7.42). Demonstre que, quando a bola está no ponto C, a velocidade angular e a força exercida pela superfície são $\omega = \sqrt{2g \text{ sen } \alpha / r}$, $F = mg$ (3 sen α).

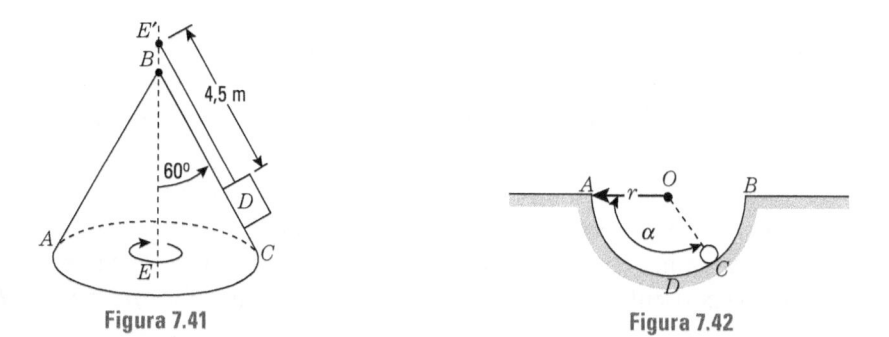

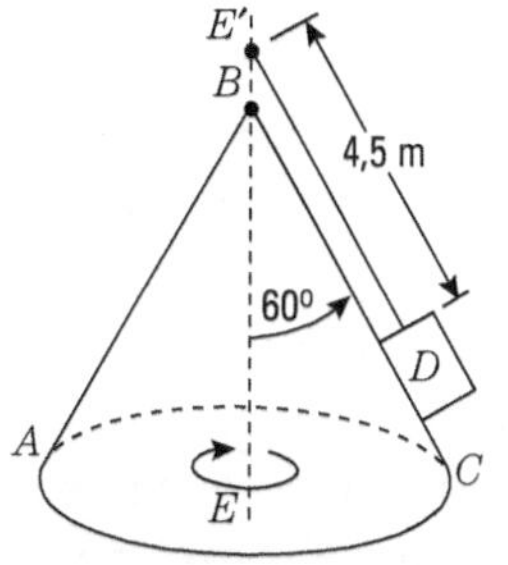

Figura 7.41

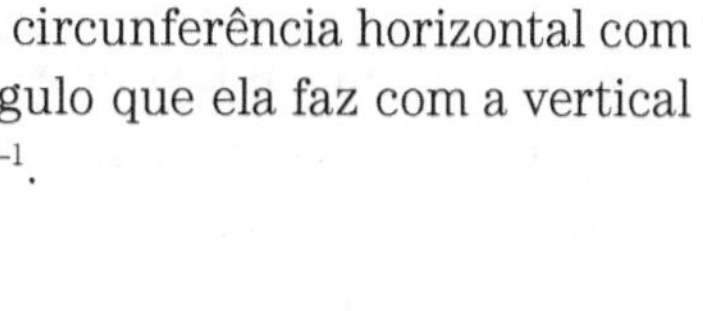

Figura 7.42

7.63 No pêndulo da Fig. 7.43, a bola descreve uma circunferência horizontal com velocidade angular ω. Calcule a tensão na corda e o ângulo que ela faz com a vertical para o caso em que M = 12 kg, L = 1,16 m e ω = 30 rad $\cdot$ s^{-1}.

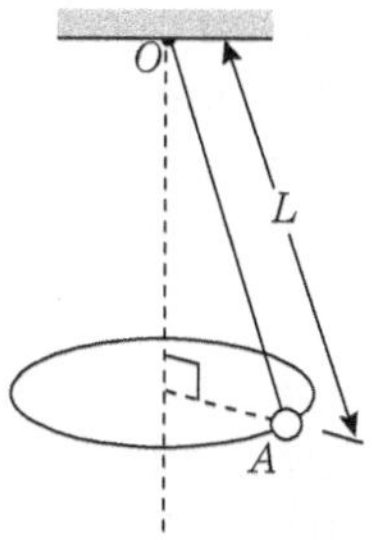

Figura 7.43

7.64 Os pontos de suspensão de dois pêndulos cônicos de comprimentos diferentes estão num mesmo teto de uma sala. Demonstre que, quando os pêndulos se movem de tal modo que as duas massas ficam à mesma altura, os períodos são iguais.

7.65 Uma partícula de densidade ρ_1 é suspensa em um líquido de densidade ρ_2 em rotação. Prove que a partícula terá um movimento espiral para fora (para dentro) se ρ_1 for maior (menor) do que ρ_2.

7.66 Prove que um corpo que se move sob a ação de uma força $F = k\boldsymbol{u} \times \boldsymbol{v}$, onde $\boldsymbol{u}$ é um vetor unitário arbitrário, tem um movimento circular com velocidade angular $\boldsymbol{\omega} = k\boldsymbol{u}$ ou, no caso mais geral, um movimento espiral paralelo a $\boldsymbol{u}$.

7.67 No instante $t = 0$, um corpo de massa 3,0 kg está no ponto $\boldsymbol{r} = \boldsymbol{u}_x$ 4 m, com velocidade $\boldsymbol{v} = (\boldsymbol{u}_x + \boldsymbol{u}_y 6)$ m · s^{-1}. Se uma força constante $\boldsymbol{F} = \boldsymbol{u}_y$ 5 N atua na partícula, determine: (a) a variação da quantidade de movimento após 3 s; (b) a variação do momento angular do corpo após 3 s.

7.68 Uma bola com 200 g de massa, movendo-se inicialmente para o norte com velocidade de 300 cm · s^{-1}, fica sob a ação de uma força de 2.000 dyn, atuando para leste. Obtenha a equação da trajetória e calcule após 40 s: (a) o módulo e a direção da velocidade, (b) a distância ao ponto inicial, (c) o deslocamento desde o ponto inicial.

7.69 Uma partícula, movendo-se com velocidade v_0 ao longo do eixo X quando na região $0 \leq x \leq L$, fica sob a ação de uma força F paralela ao eixo Y. Determine a variação na direção do movimento da partícula. A que distância do eixo X a partícula atingirá uma parede localizada em $x = L$?

7.70 Um ponto material move-se no plano XY, sob a ação de uma força constante cujas componentes são $F_x = 6$ N e $F_y = -7$ N, quando $t = 0$, $x = 0$, $y = 0$, $v_x = -2$ m · s^{-1}, e $v_y = 0$. Calcule a posição e a velocidade do ponto no instante $t = 2$ s. Admita que a massa da partícula é 16 kg.

7.71 O vetor posição de um corpo com 6 kg de massa é dado em metros por $\boldsymbol{r} = \boldsymbol{u}_x(3t^2 - 6t) + \boldsymbol{u}_y(-4t^3) + \boldsymbol{u}_z(3t + 2)$. Determine: (a) a força que atua na partícula, (b) o momento de força, relativo à origem, que atua na partícula, (c) a quantidade de movimento e o momento angular da partícula relativo à origem. (d) Verifique que $\boldsymbol{F} = d\boldsymbol{p}/dt$ e $\boldsymbol{\tau} = d\boldsymbol{L}/dt$.

7.72 No instante $t = 0$, uma massa de 3 kg está situada no ponto $\boldsymbol{r} = \boldsymbol{u}_x 5$ m com velocidade de $\boldsymbol{u}_y 10$ m · s^{-1}. Não há forças atuando na massa. Determine o momento angular da massa em relação à origem nos instantes (a) $t = 0$ e (b) $t = 12$ s.

7.73 Um elástico tem uma de suas extremidades fixa e a outra ligada a um disco. O disco pode se mover sobre uma mesa horizontal sem atrito. Com o elástico esticado, o disco é empurrado segundo uma direção inclinada, em relação ao elástico, descrevendo uma trajetória como mostra a fotografia de múltipla exposição na Fig. 7.44 (o intervalo de tempo entre as exposições é de 0,5 s). Mostre, por medidas diretas, na fotografia, que esse movimento satisfaz a lei das áreas. Na situação física descrita, a força que atua no disco é central?

7.74 Uma massa de 1 kg repousa sobre outra massa de 10 kg que, por sua vez, repousa sobre uma superfície horizontal, como mostra a Fig. 7.45. A força F varia com o tempo t(medido em segundos), de modo que $F = 0{,}2t$ N. Se, entre todas as superfícies, o coeficiente de atrito estático é 0,2 e o coeficiente de atrito cinético é 0,15, determine o movimento de cada bloco em função do tempo.

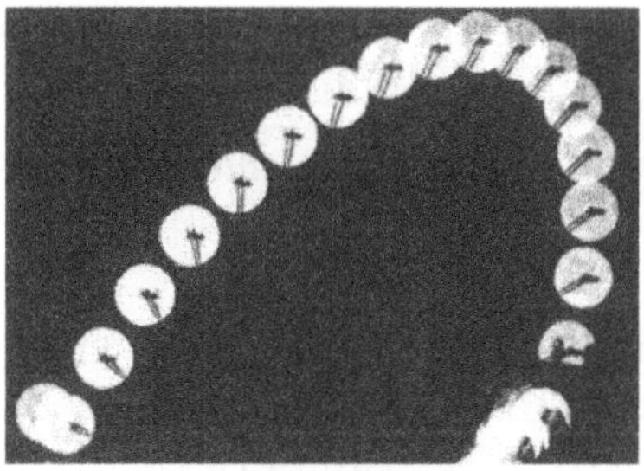

Figura 7.44

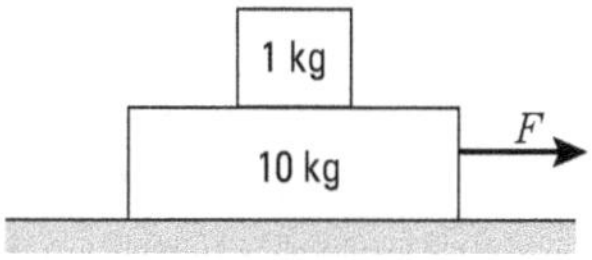

Figura 7.45

7.75 Quando a Terra está no afélio (posição em que está mais afastada do Sol), dia 21 de junho, a sua distância do Sol e $1{,}52 \times 10^{11}$ m e sua velocidade orbital é $2{,}93 \times 10^{4}\,\text{m} \cdot \text{s}^{-1}$. Determine sua velocidade orbital no periélio (posição mais próxima do Sol), cerca de seis meses após o afélio, quando sua distância do Sol é $1{,}47 \times 10^{11}$ m. Essas variações de velocidade afetam a duração do dia solar? Determine também, para cada caso, a velocidade angular da Terra. (*Sugestão:* tanto no afélio como no periélio a velocidade é perpendicular ao raio vetor.)

7.76 Um foguete de 10^3 kg é colocado verticalmente numa plataforma de lançamento. O propelente é expelido na razão de $2\ \text{kg} \cdot \text{s}^{-1}$. Calcule a velocidade mínima dos gases de descarga para que o foguete comece a subir. Determine também a velocidade do foguete 10 s após a ignição, admitindo velocidade de descarga mínima.

7.77 Um foguete, lançado verticalmente, expele massa na razão constante de $5 \times 10^{-2}\, m_0\ \text{kg} \cdot \text{s}^{-1}$, onde m_0 é a sua massa inicial. O escapamento dos gases em relação ao foguete dá-se com a velocidade de $5 \times 10^3\ \text{m} \cdot \text{s}^{-1}$. Calcule a velocidade e a altitude do foguete após 10 s.

7.78 Uma corrente flexível de comprimento L e peso W (Fig. 7.46) é colocada inicialmente em repouso sobre uma superfície sem atrito ABC. Inicialmente, a distância de B a D é $L - a$. Prove que, quando a extremidade D atinge o ponto B, a velocidade da corrente é $v = \sqrt{(g/L)\left(L^2 - a^2\right)\text{sen}\,\alpha}$.

7.79 Uma corda uniforme de massa M e comprimento L (Fig. 7.47) passa por um pino sem atrito e de raio muito pequeno. No início do movimento, $BC = b$. Mostre que a aceleração e a velocidade, quando $BC = \frac{2}{3}L$, são $a = g/3$, $v = \sqrt{2g/L\left(\frac{8}{3}L^2 + 2bL - b^2\right)}$. Aplique os resultados obtidos a $L = 12$ pés, $b = 7$ pés.

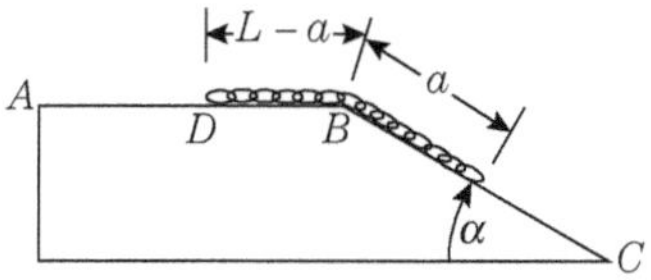

Figura 7.46

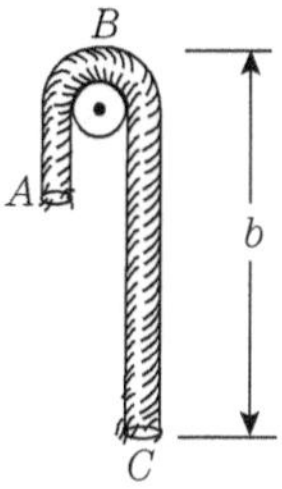

Figura 7.47

7.80 Uma massa M, ligada a uma extremidade de uma corrente muito longa com massa m por unidade de comprimento, é lançada verticalmente para cima com velocidade inicial v_0. Mostre que a altura máxima atingida por $\boldsymbol{M}$ é $h = (M/m)\left[\sqrt[3]{1+3mv_0^2/2Mg} - 1\right]$, e que a velocidade da massa M quando essa volta ao solo é $v = \sqrt{2gh}$.

7.81 Vapor d'água condensa-se sobre uma gota de chuva à razão de m unidades de massa por unidade de tempo. A gota tem massa inicial M e parte do repouso. Mostre que a distância que ela cai no tempo t é $\frac{1}{2}g\left\{\frac{1}{2}t^2 + (M/m)t - (M^2/m^2)\ln\left[1+(m/M)t\right]\right\}$. Despreze a resistência do ar.

7.82 Uma partícula sujeita a uma força constante move-se através de um fluido que resiste ao movimento com uma força proporcional à velocidade. Mostre que, se a força deixar de atuar quando a partícula atingir a velocidade limite, a velocidade no instante t será $v = v_L e^{-(k/m)t}$ e a distância percorrida será $x = (m/k)v_L[1 - e^{-(k/m)t}]$. Verifique se a distância percorrida até parar é $v_L(m/k)$. Mostre que a velocidade da partícula fica reduzida a $1/e$ do seu valor após o tempo $t = m/k$.

7.83 Um corpo move-se sujeito a uma força constante F, através de um fluido que resiste ao movimento com uma força proporcional ao quadrado da velocidade, isto é $F_f = -kv^2$. Mostre que a velocidade limite é $v_L = \sqrt{F/k}$ Prove que a relação entre a velocidade e a distância é $v^2 = (F/k) + [v_0^2 - (F/k)]e^{-2(k/m)x}$. Faça um gráfico de v^2 *versus* x para $v_0 = 0$. Se a força deixa de atuar quando a partícula atinge a velocidade limite, mostre que a velocidade da partícula fica reduzida a $1/e$ do valor da velocidade limite após percorrer a distância m/k.

7.84 Prove que, quando um corpo se move sob a ação de uma força que se opõe ao movimento, e proporcional ao quadrado da velocidade, a velocidade no instante t é:

$$v = v_L \frac{(v_0 + v_L)e^{(kv_L/m)t} + (v_0 - v_L)e^{-(kv_L/m)t}}{(v_0 + v_L)e^{(kv_L/m)t} - (v_0 - v_L)e^{-(kv_L/m)t}}.$$

8 Trabalho e energia

8.1 Introdução

Neste capítulo, continuaremos a discutir vários aspectos da dinâmica da partícula. Consequentemente, observaremos apenas uma partícula e reduziremos suas interações com o resto do universo a um único termo que chamamos *força*. Quando estamos resolvendo a equação fundamental da dinâmica de uma partícula (isto é, $\boldsymbol{F} = d\boldsymbol{p}/dt$), podemos sempre efetuar uma primeira integração se conhecemos a força como função do tempo, porque dessa equação obtemos, por integração,

$$\int_{p_0}^{p} d\boldsymbol{p} = \int_{t_0}^{t} \boldsymbol{F}\, dt$$

ou

$$\boldsymbol{p} - \boldsymbol{p}_0 = \int_{t_0}^{t} \boldsymbol{F}\, dt = \boldsymbol{I}. \tag{8.1}$$

A quantidade $\boldsymbol{I} = \int_{t_0}^{t} \boldsymbol{F}\, dt$ que aparece à direita é chamada *impulso*. Portanto a Eq. (8.1) nos diz que

a variação da quantidade de movimento da partícula é igual ao impulso.

Desde que impulso é essencialmente força multiplicada pelo tempo, uma força muito intensa, agindo durante um tempo curto, pode produzir a mesma variação da quantidade de movimento que uma força menos intensa agindo durante um tempo mais longo. Por exemplo, quando um tenista atinge a bola ele aplica uma força intensa durante um tempo muito curto, resultando numa apreciável variação da quantidade de movimento da bola. Entretanto, a gravidade, para produzir uma variação equivalente da quantidade de movimento teria de agir sobre a bola por um tempo muito mais longo.

Quando substituímos $\boldsymbol{p}$ pelo seu equivalente $m\boldsymbol{v}$, é possível integrar novamente e obter a posição da partícula como função do tempo, isto é,

$$m\boldsymbol{v} - m\boldsymbol{v}_0 = \boldsymbol{I} \qquad \text{ou} \qquad \boldsymbol{v} = \boldsymbol{v}_0 + \frac{1}{m}\boldsymbol{I}.$$

Lembrando que $\boldsymbol{v} = d\boldsymbol{r}/dt$, podemos escrever

$$\int_{r_0}^{r} d\boldsymbol{r} = \int_{t_0}^{t}\left(\boldsymbol{v}_0 + \frac{1}{m}\boldsymbol{I}\right)dt \qquad \text{ou} \qquad \boldsymbol{r} = \boldsymbol{r}_0 + \boldsymbol{v}_0 t + \frac{1}{m}\int_{t_0}^{t} \boldsymbol{I}\, dt,$$

que dá $\boldsymbol{r}$ em função de t resolvendo formalmente o problema dinâmico. Com efeito, no Ex. 7.5 resolvemos um problema desse tipo para o caso do movimento retilíneo.

Entretanto, nos problemas importantes encontrados na física, a força sobre uma partícula não é conhecida como função do tempo, mas como função da posição dada por $\boldsymbol{r}$ ou x, y, z, isto é, $\boldsymbol{F}(\boldsymbol{r})$ ou $\boldsymbol{F}(x, y, z)$. Por isso, não podemos calcular a integral que aparece na Eq. (8.1) enquanto não conhecermos x, y e z como funções do tempo, ou seja, até termos resolvido o problema que pretendemos resolver com a Eq. (8.1)! Para contornar esse aparente círculo vicioso, devemos recorrer a outras técnicas matemáticas que nos conduzem à definição de dois conceitos novos: *trabalho* e *energia*. Esses potentes métodos irão nos possibilitar a resolução de problemas, mesmo nos casos em que desconhecemos a força e só podemos fazer hipóteses razoáveis sobre suas propriedades.

■ **Exemplo 8.1** Uma bola, cuja massa é 0,1 kg, é deixada cair de uma altura de 2 m e, após atingir o solo, volta a uma altura de 1,8 m. Determinar o impulso que ela recebeu da gravidade enquanto estava caindo e o impulso recebido quando atingiu o solo.

Solução: Inicialmente, usamos a Eq. (5.12) para achar a velocidade da bola quando ela chega ao solo, isto é, $v_1 = \sqrt{2gh_1}$, onde $h_1 = 2$ m. Achamos $v_1 = 6{,}26 \text{ m} \cdot \text{s}^{-1}$. Desde que a velocidade é dirigida para baixo, devemos escrever $v_1 = -\boldsymbol{u}_y\,(6{,}26 \text{ m} \cdot \text{s}^{-1})$. A quantidade de movimento inicial é zero e, assim, a variação total da quantidade de movimento durante a queda é $m\boldsymbol{v}_1 - 0 = -\boldsymbol{u}_y\,(0{,}626 \text{ kg} \cdot \text{m} \cdot \text{s}^{-1})$. Esse é o impulso devido à gravidade. Podemos também calcular diretamente esse impulso usando a definição $\boldsymbol{I} = \int_{t_0}^{t} \boldsymbol{F}\, dt$. Nesse caso $t_0 = 0$ e $t = v_1/g = 0{,}639$ s. Também temos $\boldsymbol{F} = m\boldsymbol{g} = -\boldsymbol{u}_y mg = -\boldsymbol{u}_y\,(0{,}98 \text{ N})$. Desse modo, o cálculo direto dá novamente $-\boldsymbol{u}_y\,(0{,}626 \text{ kg} \cdot \text{m} \cdot \text{s}^{-1})$ para o impulso devido à gravidade durante a queda.

Mas, quando a bola atinge o solo, uma nova força age durante um tempo muito curto. Não conhecemos a força, mas podemos obter o impulso pelo cálculo da quantidade de movimento da bola quando ela volta. Desde que ela atinge uma altura $h_2 = 1{,}8$ m, a velocidade, logo que ela deixa o solo, é $v_2 = \sqrt{2gh_2} = 5{,}94 \text{ m} \cdot \text{s}^{-1}$, ou, em forma vetorial, $\boldsymbol{v}_2 = \boldsymbol{u}_y\,(5{,}94 \text{ m} \cdot \text{s}^{-1})$, porque o corpo está se movendo para cima. Assim, a variação na quantidade de movimento é expressa por

$$\boldsymbol{p}_2 - \boldsymbol{p}_1 = m\boldsymbol{v}_2 - m\boldsymbol{v}_1 = \boldsymbol{u}_y\,(1{,}221 \text{ kg} \cdot \text{m} \cdot \text{s}^{-1}),$$

que também dá o impulso. Comparando este valor com o resultado para a queda livre e notando que a colisão com o solo ocorre num tempo muito curto, concluímos que a força atuante nesse segundo caso é muito mais intensa. Se pudéssemos medir o intervalo de tempo, poderíamos obter o valor médio da força sobre a bola.

8.2 Trabalho

Consideremos uma partícula A, que se move ao longo de uma curva C, sob a ação de uma força F (Fig. 8.1). Num intervalo de tempo muito curto, dt, ela se move de A para A', efetuando um deslocamento $\overrightarrow{AA'} = d\boldsymbol{r}$. *O trabalho* realizado pela força $\boldsymbol{F}$ durante o deslocamento é definido pelo produto escalar

$$d\boldsymbol{W} = \boldsymbol{F} \cdot d\boldsymbol{r} \tag{8.2}$$

Indicando o módulo de dr (isto é, a distância percorrida) por ds, podemos também escrever a Eq. (8.2) na forma

$$dW = F\, ds \cos \theta, \tag{8.3}$$

onde θ é o ângulo entre a direção da força $\boldsymbol{F}$ e o deslocamento $d\boldsymbol{r}$. Porém, $F \cos \theta$ é a componente F_T da força ao longo da tangente à trajetória, de modo que

$$dW = F_T\, ds. \tag{8.4}$$

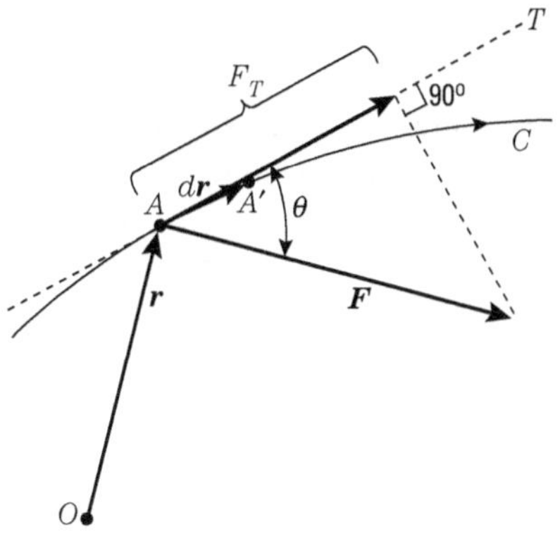

Figura 8.1 O trabalho é igual ao deslocamento multiplicado pela componente da força ao longo do deslocamento.

Em palavras, podemos exprimir isso dizendo que

> *o trabalho é igual ao produto do deslocamento pela componente da força ao longo do deslocamento.*

Notemos que, se a força é perpendicular ao deslocamento ($\theta = 90°$), o trabalho realizado por ela é nulo. Por exemplo, esse é o caso da força centrípeta $\boldsymbol{F}_N$ no movimento circular [Fig. 8.2(a)], ou a força da gravidade $m\boldsymbol{g}$ quando um corpo é movido num plano horizontal [Fig. 8.2(b)].

A Eq. (8.2) dá o trabalho para um deslocamento infinitesimal. O trabalho total realizado sobre uma partícula, quando transportada de A para B (Fig. 8.3) é a soma de todos os trabalhos infinitesimais realizados durante os sucessivos deslocamentos infinitesimais, isto é,

$$W = \boldsymbol{F}_1 \cdot d\boldsymbol{r}_1 + \boldsymbol{F}_2 \cdot d\boldsymbol{r}_2 + \boldsymbol{F}_3 \cdot d\boldsymbol{r}_3 + \cdots$$

Ou

$$W = \int_A^B \boldsymbol{F} \cdot dr = \int_A^B F_T\, ds. \qquad (8.5)^*$$

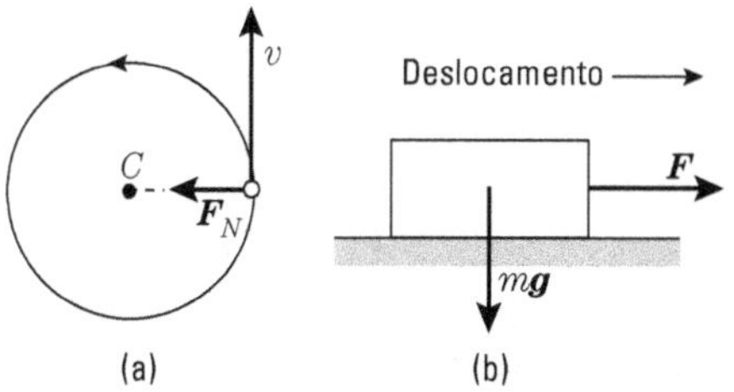

Figura 8.2 Forças que não produzem trabalho.

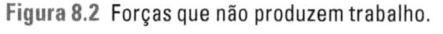

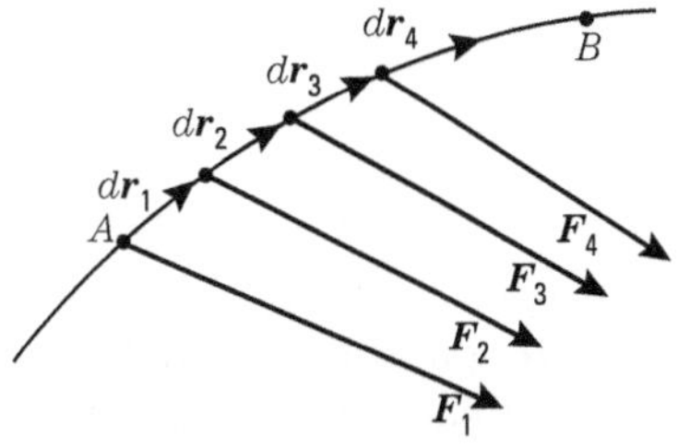

Figura 8.3 O trabalho total é a soma de inúmeros trabalhos infinitesimais.

Antes que possamos efetuar a integral que aparece na Eq. (8.5), precisamos conhecer $\boldsymbol{F}$ como função de x, y e z. Também, em geral, precisamos conhecer a equação da

* Para qualquer vetor $\boldsymbol{V}$ que é função da posição, uma integral da forma $\int_A^B \boldsymbol{V} \cdot d\boldsymbol{r}$ ao longo de um caminho que liga os pontos A e B é chamada *integral de linha de* $\boldsymbol{V}$. Isso aparecerá muitas vezes neste livro.

curva ao longo da qual a partícula se move. Como alternativa, devemos conhecer $\boldsymbol{F}$, x, y e z como funções do tempo ou de outra variável conveniente.

Às vezes, é conveniente representar F_T graficamente. Na Fig. 8.4, representamos F_T como função da distância s. O trabalho $dW = F_T\, ds$ realizado durante um pequeno deslocamento ds corresponde à área da estreita faixa retangular. Assim, podemos determinar o trabalho total realizado sobre a partícula da Fig. 8.3, para movê-la de A até B, primeiro dividindo toda a área sombreada da Fig. 8.4 em retângulos estreitos e depois somando essas áreas. Assim, o trabalho realizado é dado pela área total sombreada na Fig. 8.4.

Um interessante caso particular é aquele em que a força é constante em módulo, direção e sentido e o corpo se move segundo uma linha reta na direção da força (Fig. 8.5). Então, $\boldsymbol{F_T} = \boldsymbol{F}$ e a Eq. (8.5) dá

$$W = \int_A^B F\, ds = F \int_A^B ds = Fs, \tag{8.6}$$

ou, trabalho = força × distância, que é a expressão normalmente encontrada em livros elementares.

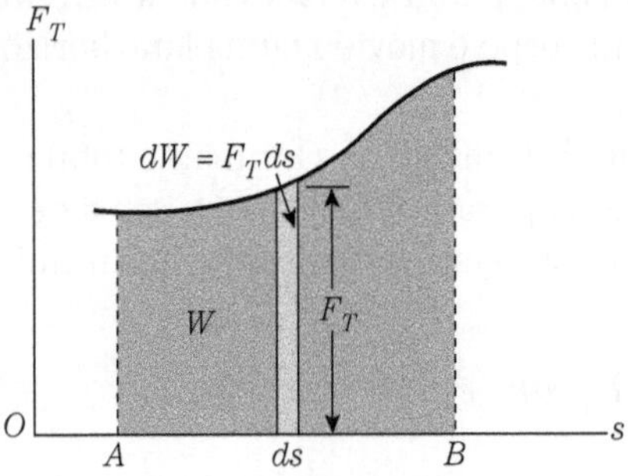

Figura 8.4 O trabalho total realizado para ir de *A* até *B* é igual à área compreendida sob a curva.

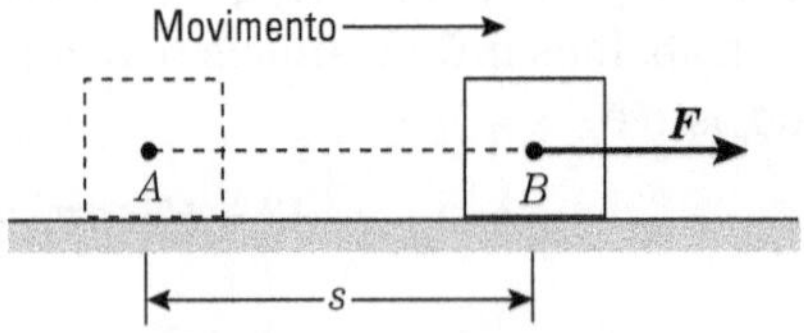

Figura 8.5 Trabalho de uma força constante em módulo, direção e sentido.

Se F_x, F_y e F_z são as componentes retangulares de F, e dx, dy e dz são as componentes retangulares de dr (Fig. 8.6), o uso da Eq. (3.20) indica que

$$W = \int_A^B \left(F_x dx + F_y dy + F_z dz\right). \tag{8.7}$$

Quando a partícula está sujeita a várias forças $\boldsymbol{F}_1$, $\boldsymbol{F}_2$, $\boldsymbol{F}_3$,..., o trabalho que cada força realiza durante o deslocamento $\overrightarrow{AA'} = d\boldsymbol{r}$ (Fig. 8.7) é $dW_1 = \boldsymbol{F}_1 \cdot d\boldsymbol{r}$, $dW_2 = \boldsymbol{F}_2 \cdot d\boldsymbol{r}$, $d\boldsymbol{W}_3 = \boldsymbol{F}_3 \cdot d\boldsymbol{r}$, e assim por diante. Note que $d\boldsymbol{r}$ é o mesmo para todas as forças porque todas estão agindo sobre a mesma partícula. O trabalho total, dW, realizado sobre a partícula, é obtido somando-se os trabalhos infinitesimais dW_1, dW_2, dW_3,..., que cada força realizou. Assim,

$$\begin{aligned} dW &= dW_1 + dW_2 + dW_3 + \cdots \\ &= \boldsymbol{F}_1 \cdot d\boldsymbol{r} + \boldsymbol{F}_2 \cdot d\boldsymbol{r} + \boldsymbol{F}_3 \cdot d\boldsymbol{r} + \cdots \\ &= (F_1 + F_2 + F_3 + \cdots) \cdot d\boldsymbol{r} = \boldsymbol{F} \cdot d\boldsymbol{r}, \end{aligned} \tag{8.8}$$

onde $\boldsymbol{F} = \boldsymbol{F}_1 + \boldsymbol{F}_2 + \boldsymbol{F}_3 + ...$ é a força resultante. Mas o último resultado na Eq. (8.8) é o trabalho feito pela força resultante sobre a partícula. Isso prova, portanto, que o trabalho da resultante de várias forças aplicadas à mesma partícula é igual à soma dos trabalhos das forças componentes.

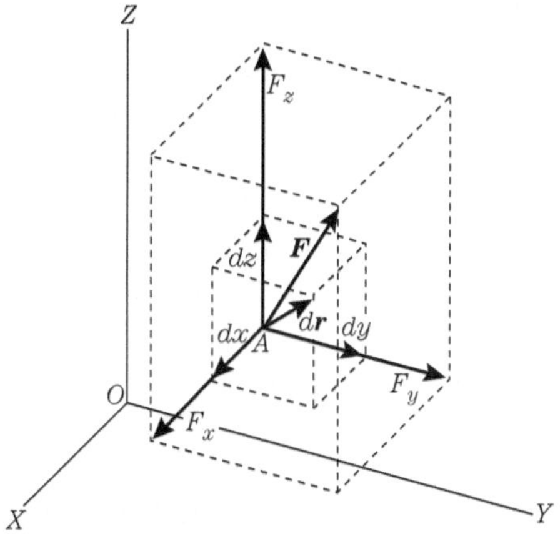

Figura 8.6 O trabalho executado por uma força é igual à soma dos trabalhos realizados, por suas componentes retangulares.

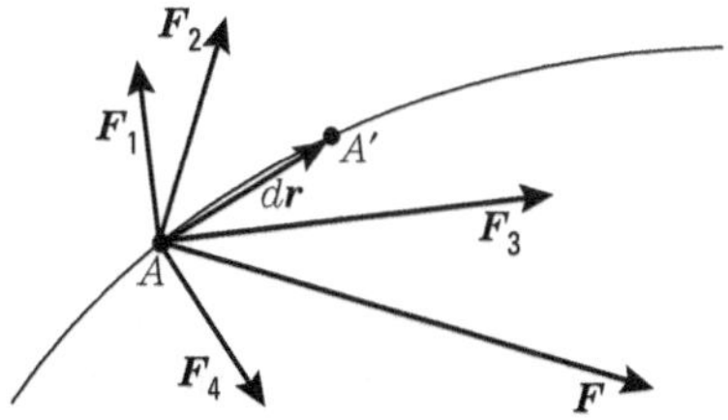

Figura 8.7 Quando várias forças agem sobre uma partícula, o trabalho da resultante é a soma dos trabalhos realizados pelas componentes.

8.3 Potência

Em aplicações práticas, especialmente com relação à engenharia de máquinas, é importante conhecer a rapidez com que o trabalho é feito. A *potência instantânea* é definida por

$$P = \frac{dW}{dt}. \tag{8.9}$$

Isto é, a potência é definida como o trabalho realizado por unidade de tempo durante um intervalo de tempo muito pequeno dt. Usando as Eqs. (8.2) e (5.17), podemos também escrever

$$P = \boldsymbol{F} \cdot \frac{d\boldsymbol{r}}{dt} = \boldsymbol{F} \cdot \boldsymbol{v}, \tag{8.10}$$

assim, a potência pode também ser definida como força multiplicada pela velocidade. A *potência média* durante um intervalo de tempo t, é obtida dividindo-se o trabalho total W, dado pela Eq. (8.5), pelo tempo t, resultando $P_{med} = W/t$.

Do ponto de vista da engenharia, o conceito de potência é muito importante porque, quando um engenheiro projeta uma máquina, importa mais a *rapidez* com que ela pode produzir trabalho, do que a quantidade de trabalho que essa máquina pode realizar.

8.4 Unidades de trabalho e potência

Das Eqs. (8.2) ou (8.6), vemos que o trabalho deve ser expresso como o produto de uma unidade de força por uma unidade de distância. No sistema MKSC, o trabalho é expresso em newton × metro, uma unidade chamada *joule*, abreviadamente **J**. Assim, um joule é o trabalho realizado por uma força de um newton quando ela desloca por um metro uma partícula na mesma direção da força. Lembrando que $N = m \cdot kg \cdot s^{-2}$, temos que $\mathbf{J} = N \cdot m = m^2 \cdot kg \cdot s^{-2}$. O nome joule foi escolhido em homenagem a James Prescott Joule (1816-1869), cientista britânico famoso por suas pesquisas sobre os conceitos de calor e energia.

No sistema cgs, trabalho é expresso em dinas × centímetro, unidade chamada *erg*. Assim, erg = dyn · cm. Lembrando que 1 N = 10^5 dyn e 1 m = 10^2 cm, temos que 1 **J** = (10^5 dyn) (10^2 cm) = 10^7 ergs. Para a unidade de trabalho no sistema britânico chamada *pé-libra*, abreviadamente ft-lb, recomendamos a leitura do Prob. 8.4.

De acordo com a definição (8.9), a potência deve ser expressa como o quociente entre uma unidade de trabalho e uma unidade de tempo. No sistema MKSC, a potência é expressa em *joules por segundo*, uma unidade chamada *watt*, abreviadamente W. Um watt é a potência de uma máquina que realiza trabalho com a rapidez de um joule em cada segundo. Lembrando que $J = m^2 \cdot kg \cdot s^{-2}$, temos $W = J \cdot s^{-1} = m^2 \cdot kg \cdot s^{-3}$. O nome watt foi escolhido em homenagem ao engenheiro britânico James Watt (1736-1819) que, com suas invenções, desenvolveu a máquina a vapor. Dois múltiplos do watt usados frequentemente são o *quilowatt* (kW) e o *megawatt* (MW), definidos por: 1 kW = 10^3 W e 1 MW = 10^6 W. Uma unidade de potência comumente usada pelos engenheiros é o *horse-power*, abreviadamente hp e definido como 550 pés · lb por segundo, ou 746 W*.

Outra unidade usada para exprimir trabalho é o *quilowatt-hora*. O quilowatt-hora é igual ao trabalho realizado durante uma hora por uma máquina que tem a potência de um quilowatt. Assim, 1 quilowatt-hora = (10^3 W) ($3{,}6 \times 10^3$ s) = $3{,}6 \times 10^6$ **J**.

■ **Exemplo 8.2** Um automóvel de massa igual a 1.200 kg sobe uma longa colina, inclinada de 5°, com uma velocidade constante de 36 km por hora. Calcular o trabalho que o motor realiza em 5 min e a potência desenvolvida por ele. Despreze todos os efeitos do atrito.

Solução: O movimento do automóvel ao longo da colina é devido à força F, exercida pelo motor, e à força W sen α, devida ao peso do automóvel (Fig. 8.8). Assim, devemos escrever, usando $W = mg$,

$$F - mg \text{ sen } \alpha = ma.$$

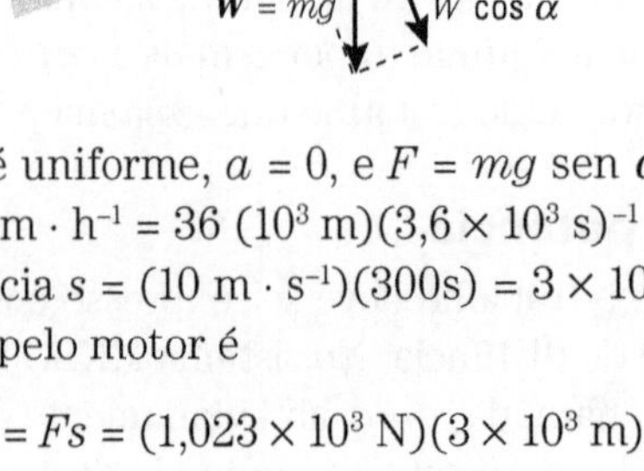

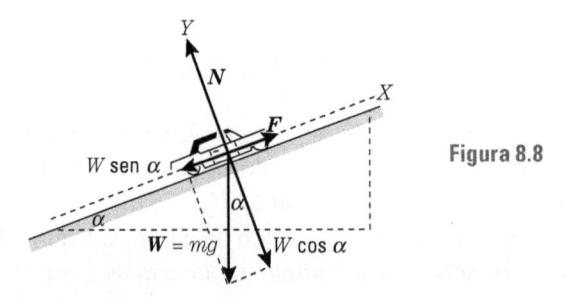

Figura 8.8

Como o movimento é uniforme, $a = 0$, e $F = mg$ sen $\alpha = 1{,}023 \times 10^3$ N. A velocidade do automóvel é $v = 36 \text{ km} \cdot h^{-1} = 36\,(10^3 \text{ m})(3{,}6 \times 10^3 \text{ s})^{-1} = 10 \text{m} \cdot s^{-1}$, e em 5 min (ou 300 s) ele percorre a distância $s = (10 \text{ m} \cdot s^{-1})(300\text{s}) = 3 \times 10^3$ m. Portanto, usando a Eq. (8.6), o trabalho realizado pelo motor é

$$W = Fs = (1{,}023 \times 10^3 \text{ N})(3 \times 10^3 \text{ m}) = 3{,}069 \times 10^6 \text{ J}.$$

* No Brasil, usa-se, ainda, o cavalo-vapor (abreviado por cv) definido como sendo igual a 75 kgf · m · s^{-1} ou 735,5 W aproximadamente (N.T.).

A potência média pode ser calculada de duas maneiras diferentes. Primeiro podemos dizer que

$$P = \frac{W}{t} = \frac{3{,}069 \times 10^6 J}{3 \times 10^2 s} = 1{,}023 \times 10^4 \text{ W}.$$

Alternativamente, também podemos escrever

$$P = Fv = (1{,}023 \times 10^3 \text{ N})(10 \text{ m} \cdot \text{s}^{-1}) = 1{,}023 \times 10^4 \text{ W}.$$

■ **Exemplo 8.3** Calcular o trabalho necessário para distender a mola da Fig. 8.9 por 2 cm sem aceleração. Sabe-se que, quando um corpo de massa igual a 4 kg é suspenso pela mola, seu comprimento aumenta em 1,50 cm.

Solução: Quando nenhum corpo está pendurado na mola, o comprimento desta vai de O ao nível horizontal A. Foi verificado experimentalmente que, para distender uma mola de uma pequena distância x sem aceleração, é necessário aplicar-se a ela uma força proporcional à distância, isto é, $F = kx$. Se a mola é distendida sem aceleração, ela produz uma força igual e oposta. Este é o princípio da balança de mola ou *dinamômetro*, comumente usada para medir forças. Para determinar a constante de proporcionalidade k, usamos o fato de que, quando o corpo m exerce a força de seu peso sobre a mola, esta aumenta em um comprimento $x = 1{,}50 \text{ cm} = 1{,}50 \times 10^{-2}$ m. A força F é, nesse caso, o peso $mg = 39{,}2$ N. Então, fazendo $mg = kx$, obtemos

$$k = \frac{39{,}2\, N}{1{,}50 \times 10^{-2} \text{ m}}$$
$$= 2{,}61 \times 10^3 \; N \cdot \text{m}^{-1}.$$

Para distender a mola de uma distância x, sem aceleração, aplicamos agora uma força $F = kx$. Isto pode ser conseguido puxando-se lentamente um cordão ligado à mola. A força cresce necessariamente com continuidade enquanto x cresce. Para calcular o trabalho realizado, precisamos usar a Eq. (8.5), que dá

$$W = \int_0^x F\, dx = \int_0^x kx\, dx = \tfrac{1}{2}kx^2.$$

Este é o trabalho realizado para qualquer deslocamento x. Introduzindo os valores numéricos para x e k, obtemos o trabalho requerido para distender a mola em 2 cm, que é $W = 5{,}22 \times 10^{-1}$ J.

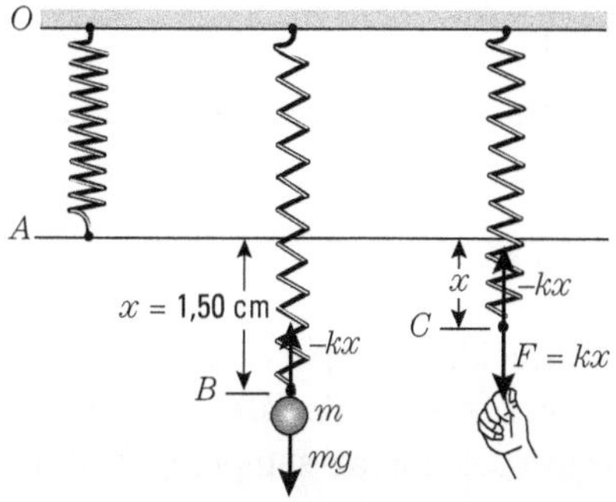

Figura 8.9 Trabalho realizado na distensão de uma mola.

■ **Exemplo 8.4** Uma força $F = 6t$ N age sobre uma partícula cuja massa é 2 kg. Se a partícula parte do repouso, procurar o trabalho realizado pela força durante os primeiros 2s.

Solução: No exemplo precedente foi fácil calcular o trabalho, porque conhecíamos a força como função da posição ($F = kx$). Mas, neste exemplo, conhecemos a força somente como função do tempo ($F = 6t$). Portanto não podemos calcular o trabalho diretamente por $W = \int F\,dx$. Em lugar disso devemos, primeiro, procurar o deslocamento como função do tempo, usando a equação do movimento, $F = ma$. Assim, $a = F/m = 3t$ m · s^{-2}. Usando a Eq. (5.6), com $v_0 = 0$, porque a partícula parte do repouso, podemos escrever

$$v = \int_0^t (3t)\,dt = 1{,}5t^2 \text{ m} \cdot \text{s}^{-1}.$$

Agora, se usamos a Eq. (5.3) com $x_0 = 0$, e se colocamos nossa origem de coordenadas no ponto de partida, obtemos

$$x = \int_0^t \left(1{,}5t^2\right) dt = 0{,}5t^3 \text{ m.}$$

Tendo agora a posição x como função de t, podemos então proceder de duas maneiras diferentes :

(a) Resolvendo para t, achamos $t = (x/0{,}5)^{1/3} = 1{,}26x^{1/3}$, e a força em termos da posição fica $F = 6t = 7{,}56\,x^{1/3}$ N. Usando a Eq. (8.5), obtemos

$$W = \int_0^x \left(7{,}560x^{1/3}\right) dx = 5{,}670x^{4/3}.$$

Quando $t = 2$, resulta $x = 0{,}5(2)^3$ m = 4 m, assim $W = 36{,}0$ J.

(b) Também podemos proceder de modo diferente: de $x = 0{,}5t^3$, temos $dx = 1{,}5t^2\,dt$. Então, usando para a força sua expressão em função do tempo, $F = 6t$, escrevemos

$$W = \int_0^t (6t)\left(1{,}5t^2\,dt\right) = 2{,}25t^4 \text{ J},$$

e, se fizermos $t = 2$, então $W = 36{,}0$ J, em concordância com o resultado anterior.

Este segundo método é o que normalmente devemos usar quando conhecemos a força como função do tempo, porque, mesmo depois de ter resolvido a equação do movimento, pode ser, em geral, difícil exprimir a força como função da posição.

8.5 Energia cinética

Da Eq. (7.27), temos que a força tangencial é $F_T = m\,dv/dt$. Portanto

$$F_T\,ds = m\frac{dv}{dt}ds = m\,dv\frac{ds}{dt} = mv\,dv,$$

pois $v = ds/dt$, de acordo com a Eq. (5.23). Portanto a integral que aparece na Eq. (8.5) para o trabalho total é

$$W = \int_A^B F_T\,ds = \int_A^B mv\,dv = \tfrac{1}{2}mv_B^2 - \tfrac{1}{2}mv_A^2, \tag{8.11}$$

onde v_B é a velocidade da partícula em B, e v_A é a velocidade da partícula em A. O resultado (8.11) indica que, independentemente da forma funcional da força F e da trajetória seguida pela partícula, o valor do trabalho W realizado pela força é sempre igual à variação da quantidade $\frac{1}{2}mv^2$ entre o fim e o início da trajetória. Esta importante quantidade, chamada *energia cinética*, é designada por E_k. Portanto

$$E_k = \tfrac{1}{2}mv^2 \qquad \text{ou} \qquad E_k = \frac{p^2}{2m}, \tag{8.12}$$

pois $p = mv$. A Eq. (8.11) pode ser expressa na forma

$$W = E_{k,B} - E_{k,A}, \tag{8.13}$$

que, em palavras, fica:

> *o trabalho realizado sobre uma partícula pela força resultante é igual à variação da sua energia cinética,*

e é um resultado geral, válido qualquer que seja a natureza da força.

Vemos que, pela Eq. (8.13), energia cinética é obviamente medida com as mesmas unidades do trabalho, isto é, em joules, no sistema MKSC, e em ergs, no sistema cgs. Isto pode ser verificado notando-se que, da Eq. (8.12), E_k no sistema MKSC deve ser expressa em $m^2 \cdot kg \cdot s^{-2}$, que é a expressão dimensional para joule em termos das unidades fundamentais.

É conveniente também mencionarmos que outra unidade de energia largamente usada pelos físicos para descrever processos químicos e nucleares é o *elétron-volt*, abreviadamente eV, cuja definição rigorosa será dada na Seç. 14.9 (Vol. II). Sua equivalência é: 1 eV = $1{,}60210 \times 10^{-19}$ J. Um múltiplo útil do elétron-volt é o MeV, que é igual a 10^6 eV, ou $1{,}60210 \times 10^{-13}$ J.

O resultado (8.13), que relaciona a variação da energia cinética E_k da partícula com o trabalho W realizado pela força (resultante), apresenta uma grande semelhança com a Eq. (8.1), que liga a variação da quantidade de movimento p de uma partícula ao impulso I da força. A diferença é que o impulso, sendo uma integral no tempo, é útil somente quando conhecemos a força como função do tempo. Mas, pelo fato de ser uma integral no *espaço*, o trabalho pode ser facilmente calculado quando conhecemos a força como função da posição. Usualmente, conhecemos a força como função da posição e é por essa razão que os conceitos de trabalho e energia desempenham um papel importante na física.

Lembremos que esses conceitos de trabalho e energia, usados na física, têm significados muito precisos, que devem ser profundamente compreendidos, não devendo ser confundidos com os mesmos termos usados imprecisamente na vida diária.

■ **Exemplo 8.5** Usando os dados do Ex. 8.4, calcular diretamente a energia cinética que a partícula ganha num tempo t.

Solução: Na solução do Ex. 8.4, a velocidade no instante t era $v - 1{,}5t^2\ \text{m} \cdot \text{s}^{-1}$, portanto a energia cinética da partícula é

$$\begin{aligned} E_k &= \tfrac{1}{2}mv^2 = \tfrac{1}{2}(2\ \text{kg})\left(1{,}5t^2\ \text{m} \cdot \text{s}^{-1}\right)^2 \\ &= 2{,}25t^4\ \text{J}. \end{aligned}$$

A energia cinética inicial da partícula em $t = 0$ é nula; assim o ganho em energia cinética da partícula no intervalo de tempo t é $E_k - E_{k,0} = 2{,}25t^4$J, que é exatamente igual ao trabalho realizado sobre a partícula, de acordo com o segundo resultado do Ex. 8.4.

■ Exemplo 8.6 A mola do Ex. 8.3 é colocada em posição horizontal, (Fig. 8.10). A massa m é deslocada para a direita a uma distância a, e abandonada. Calcular sua energia cinética quando ela se encontra a uma distância x da posição de equilíbrio.

Solução: De acordo com a nossa explanação no Ex. 8.3, a mola exercerá uma força $F = -kx$ sobre a massa m quando esta se encontrar a uma distância x da posição de equilíbrio. (O sinal de menos indica que a força produzida pela mola é dirigida para a esquerda quando o corpo está deslocado para a direita.) Na posição de equilíbrio $x = 0$, e $F = 0$. Na posição (b), quando a massa está na iminência de ser abandonada, $x = a$, $F = -ka$, e a velocidade é zero ($v_0 = 0$), resultando numa energia cinética inicial zero. Chamemos de v a velocidade na posição intermediária x. Então, usando a Eq. (8.11), encontramos

$$\tfrac{1}{2}mv^2 = \int_a^x F\,dx = \int_a^x (-kx)dx = \tfrac{1}{2}k\left(a^2 - x^2\right)$$

ou

$$v = \sqrt{(k/m)\left(a^2 - x^2\right)},$$

que nos dá a velocidade da partícula em termos da posição. Note que a velocidade depende do quadrado de x. Qual é o significado físico dessa dependência? Com que velocidade a partícula atingirá a posição $x = 0$? Devemos colocar um sinal ± em frente da raiz quadrada na expressão para v? Haverá alguma limitação sobre os valores possíveis para x? Você seria capaz de obter uma representação gráfica do movimento resultante?

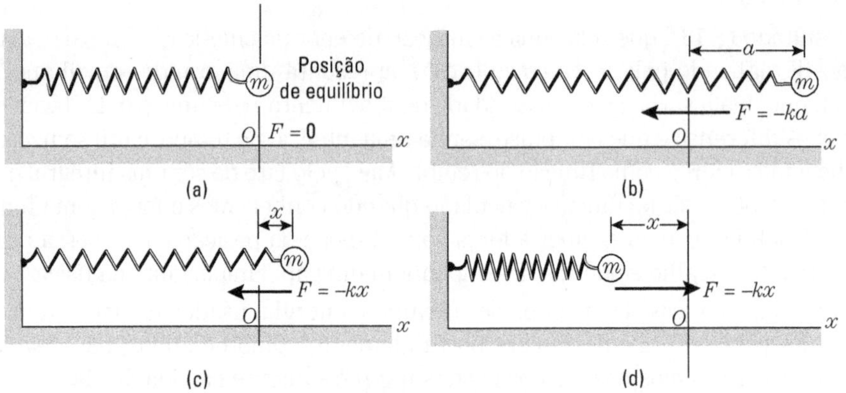

Figura 8.10

8.6 Trabalho de uma força constante em módulo, direção e sentido

Consideremos uma partícula m que se move sob a ação de uma força $\boldsymbol{F}$ que é constante em módulo, direção e sentido (Fig. 8.11). Poderá haver outras forças agindo sobre a partícula, que podem ou não ser constantes, mas não estamos interessados nelas no momento. Quando a partícula se move de A para B, ao longo da curva (1), o trabalho de $\boldsymbol{F}$ é

$$W = \int_A^B \boldsymbol{F} \cdot d\boldsymbol{r} = \boldsymbol{F} \cdot \int_A^B d\boldsymbol{r} = \boldsymbol{F} \cdot \left(\boldsymbol{r}_B - \boldsymbol{r}_A\right). \quad (8.14)$$

Uma conclusão importante, obtida da Eq. (8.14), é que o trabalho nesse caso é independente da trajetória que liga os pontos A e B. Por exemplo, se a partícula, em vez de mover-se ao longo da curva (1), mover-se ao longo da curva (2), que também liga A e B, o trabalho será o mesmo porque a diferença vetorial $r_B - r_A = \overrightarrow{AB}$ é a mesma. Note que a Eq. (8.14) pode também ser escrita na forma

$$W = \boldsymbol{F} \cdot \boldsymbol{r}_B - \boldsymbol{F} \cdot \boldsymbol{r}_A \tag{8.15}$$

sendo, portanto, igual à diferença entre as quantidades $\boldsymbol{F} \cdot \boldsymbol{r}$ calculadas nos dois extremos da trajetória.

Uma aplicação importante da Eq. (8.14) é encontrada no trabalho realizado pela força da gravidade (Fig. 8.12). Nesse caso $\boldsymbol{F} = m\boldsymbol{g} = -\boldsymbol{u}_y mg$ e $\boldsymbol{r}_B - \boldsymbol{r}_A = \boldsymbol{u}_x(x_B - x_A) + \boldsymbol{u}_y(y_B - y_A)$. Então, substituindo na Eq. (8.14) e usando a Eq. (3.19) para o produto escalar, temos

$$\boldsymbol{W} = -\, mg\ (y_B - y_A) = mgy_A - mgy_B \tag{8.16}$$

Obviamente, na Eq. (8.16), não há referência à trajetória, e o trabalho depende somente da diferença $y_B - y_A$ entre as alturas dos dois pontos extremos.

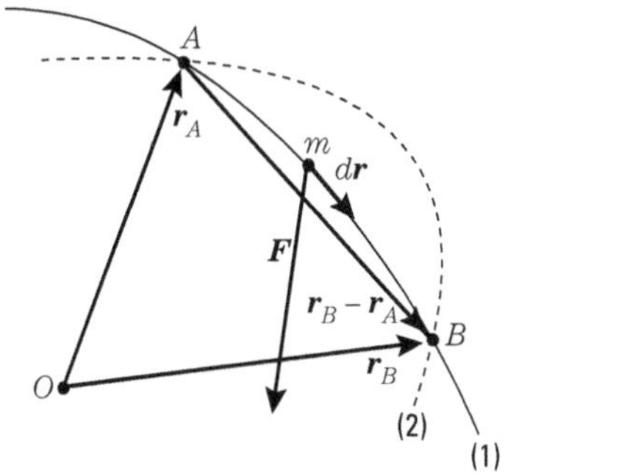

Figura 8.11 Trabalho realizado por uma força constante em módulo, direção e sentido.

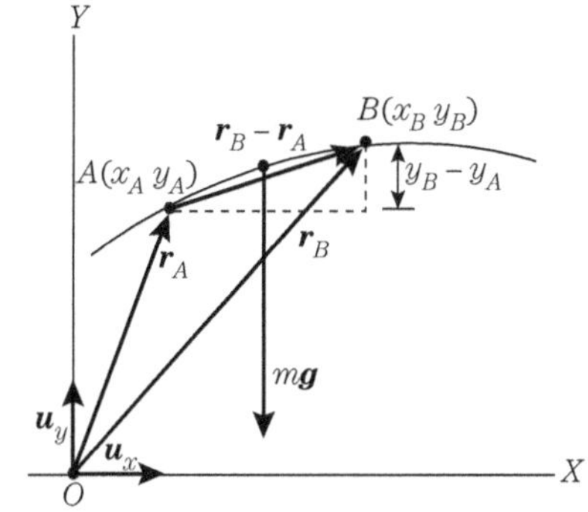

Figura 8.12 Trabalho realizado pela gravidade.

■ **Exemplo 8.7** Uma massa de 2 kg, ligada a um fio de um metro de comprimento, com o outro extremo fixo, é deslocada a um ângulo de 30° com a vertical e abandonada. Determinar a velocidade da massa quando o fio forma um ângulo de 10° com a vertical, do mesmo lado e do lado oposto.

Solução: Uma massa suspensa por um fio é comumente chamada *pêndulo*. Quando o fio é deslocado para um ângulo θ_0 (Fig. 8.13) e abandonado, a velocidade inicial da massa é zero. Sob a ação de seu peso $m\boldsymbol{g}$ e da tensão $\boldsymbol{F}_N$ do fio, ela descreve um arco de círculo, aproximando-se do ponto A. Depois de passar pelo ponto A ela se move para a esquerda até atingir uma posição simétrica. Daí por diante o movimento continua para um lado e para outro, resultando na popular oscilação de um pêndulo. (O movimento oscilatório será discutido em detalhe no Cap. 12.)

Para obter v usando o princípio da energia, Eq. (8.11), devemos calcular primeiro o trabalho realizado pelas forças que agem sobre a partícula. A força centrípeta $\boldsymbol{F}_N$ não realiza trabalho porque em todas as posições ela e perpendicular à velocidade. O trabalho da força da gravidade mg pode ser obtido com o auxílio da Eq. (8.16), isto é $W = mgy_0 - mgy = mg(y_0 - y)$. Agora, medindo a altura a partir de um plano horizontal arbitrário, obtemos $y_0 - y = B'C' = OC' - OB'$. Mas $OB' = l \cos \theta_0$ e $OC' = l \cos \theta$. Assim $y_0 - y = l\,(\cos \theta - \cos \theta_0)$ e

$$W = mg(y_0 - y)$$
$$= mgl\,(\cos\boldsymbol{\theta} - \cos\boldsymbol{\theta}_0).$$

A energia cinética na posição C é $E_k = \frac{1}{2}mv^2$, e em B é zero. Usando agora a Eq. (8.13), obtemos

$$\tfrac{1}{2}mv^2 = mgl\left(\cos\boldsymbol{\theta} - \cos\boldsymbol{\theta}_0\right) \quad \text{ou} \quad v = \sqrt{2gl\left(\cos\boldsymbol{\theta} - \cos\boldsymbol{\theta}_0\right)}.$$

Observamos que o resultado independe da massa. Introduzindo valores numéricos, temos

$$v = \sqrt{2\left(9{,}8\ \text{m}\cdot\text{s}^{-2}\right)\left(1\ \text{m}\right)\left(\cos 10^\circ - \cos 30^\circ\right)} = 1{,}526\ \text{m}\cdot\text{s}^{-1}.$$

Note que, na posição simétrica D, que faz um ângulo de $-10°$ com a vertical, obtemos o mesmo resultado, pois $\cos(-\boldsymbol{\theta}) = \cos\boldsymbol{\theta}$.

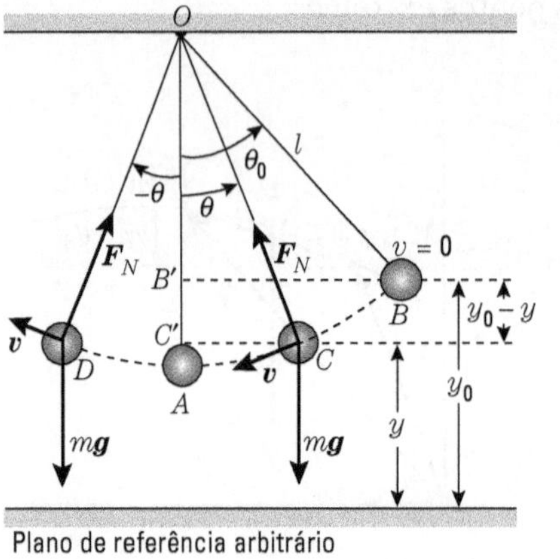

Figura 8.13 Relações de energia no movimento de um pêndulo.

8.7 Energia potencial

A situação ilustrada na seção anterior é apenas um exemplo de uma grande e importante classe de forças que, conforme será explicado em futuras seções deste capítulo, são chamadas *forças conservativas.*

Uma força é conservativa quando sua dependência com o vetor posição r ou com as coordenadas x, y, z da partícula é tal que o trabalho W pode ser sempre expresso como a diferença entre os valores de uma quantidade $E_p\,(x, y, z)$ nos pontos inicial e final. A quantidade $E_p\,(x, y, z)$ é chamada *energia potencial* e função das coordenadas da partícula. Então, se F é uma força conservativa.

$$W = \int_A^B \boldsymbol{F}\cdot d\boldsymbol{r} = E_{p,A} - E_{p,B}. \tag{8.17}$$

Observe que escrevemos $E_{p,A} - E_{p,B}$ e não $E_{p,B} - E_{p,A}$; isto é, o trabalho realizado é igual a E_p no ponto de partida menos E_p no ponto final. Em outras palavras,

> *energia potencial é uma função das coordenadas tal que a diferença entre seus valores na posição inicial e na posição final é igual ao trabalho realizado sobre a partícula para movê-la da posição inicial até a posição final.*

A rigor, a energia potencial E_p deve depender das coordenadas da partícula considerada e também das coordenadas de todas as outras partículas do universo que interagem com ela. Entretanto, conforme mencionamos no Cap. 7, quando estamos tratando da dinâmica de uma partícula, consideramos o resto do universo essencialmente fixo, e, assim, somente as coordenadas da partícula em consideração aparecem em E_p.

Comparando a Eq. (8.17) com a expressão da energia cinética (8.11), você concluirá que a Eq. (8.12) é sempre válida qualquer que seja a força $\boldsymbol{F}$. É sempre verdade que $E_k = \frac{1}{2}mv^2$, enquanto a forma da função $E_p\,(x, y, z)$ depende da natureza da força $\boldsymbol{F}$, e nem todas as forças satisfazem a condição expressa pela Eq. (8.17). Somente as que a satisfazem são chamadas *conservativas*. Por exemplo, comparando a Eq. (8.17) com a Eq. (8.16), notamos que a força da gravidade é conservativa, e a energia potencial devida à gravidade é

$$E_p = mgy. \tag{8.18}$$

Analogamente, da Eq. (8.15), vemos que a energia potencial correspondente a uma força constante é

$$E_p = -\boldsymbol{F}\cdot\boldsymbol{r} \tag{8.19}$$

A energia potencial é sempre definida a menos de uma constante arbitrária, porque, por exemplo, se escrevermos mgy + C em vez da Eq. (8.18), a Eq. (8.16) ainda permanecerá a mesma, pois a constante C, aparecendo nos dois termos, é cancelada. Em virtude dessa arbitrariedade, podemos definir o zero, ou nível de referência da energia potencial, da maneira que mais nos convenha. Por exemplo, para problemas de corpos em queda, a superfície da Terra é o nível de referência mais conveniente e, assim, a energia potencial devida à gravidade é tomada como zero na superfície da Terra. Para um satélite, natural ou artificial, o zero da energia potencial é usualmente definido a uma distância infinita.

O trabalho realizado por forças conservativas é independente da trajetória.

Podemos ver isso por meio da Eq. (8.17), desde que, qualquer que seja a curva que liga os pontos A e B, a diferença $E_{p,A} - E_{p,B}$ permanece a mesma porque depende somente das coordenadas de A e B. Em particular, se a curva é *fechada* (Fig. 8.14) de tal forma que o ponto final coincide com o ponto inicial (isto é, A e B são o mesmo ponto), então $E_{p,A} = E_{p,B}$ e o trabalho é zero ($W = 0$). Isso significa que, ao longo de parte da trajetória, o trabalho é positivo e, ao longo da outra parte, o trabalho é negativo e de mesmo valor absoluto, dando resultado nulo. Quando a trajetória é fechada, a integral que aparece na Eq. (8.17) é escrita $\oint$. O círculo na integral indica que a curva é fechada. Portanto, para forças conservativas, ·

$$W_{\bigcirc} = \oint \boldsymbol{F}\cdot d\boldsymbol{r} = 0. \tag{8.20}$$*

Reciprocamente, prova-se que a condição expressa pela Eq. (8.20) pode ser adotada como a definição de força conservativa. Em outras palavras, se uma força $\boldsymbol{F}$ satisfaz a Eq. (8.20) para qualquer curva fechada arbitrariamente escolhida pode-se provar que a Eq. (8.17) é correta.

---

* Para qualquer vetor $\boldsymbol{V}$ que é função da posição, uma integral da forma $\oint \boldsymbol{V}\cdot d\boldsymbol{r}$ ao longo de uma curva fechada é chamada *circulação* (ou *circuitação*) de $\boldsymbol{V}$. Isso aparecerá muitas vezes neste livro.

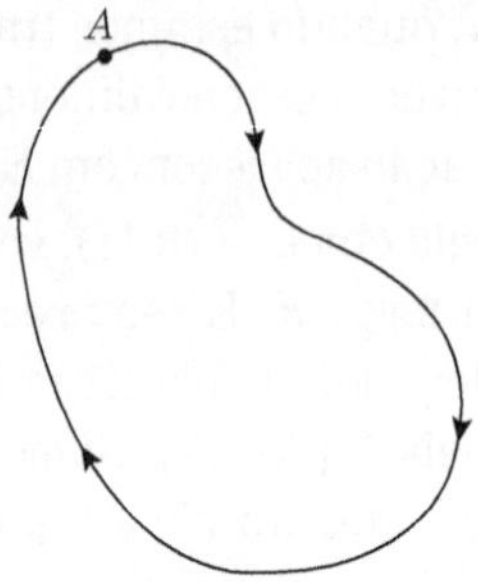

Figura 8.14 O trabalho realizado por uma força conservativa ao longo de uma curva fechada é nulo.

Para satisfazer a Eq. (8.17) é necessário que

$$\boldsymbol{F} \cdot d\boldsymbol{r} = -dE_p, \tag{8.21}$$

porque então

$$W = \int_A^B F \cdot dr = -\int_A^B dE_p$$
$$= -\left(E_{p,B} - E_{p,A}\right) = E_{p,A} - E_{p,B},$$

em concordância com a Eq. (8.17). Note que o sinal negativo que aparece na Eq. (8.21) é necessário, se pretendemos obter $E_{p,A} - E_{p,B}$ em vez de $E_{p,B} - E_{p,A}$.

Desde que $\boldsymbol{F} \cdot d\boldsymbol{r} = F\, ds \cos\theta$, onde θ é o ângulo entre a força e o deslocamento, podemos escrever, em lugar da Eq. (8.21),

$$F \cos\theta = -\frac{dE_p}{ds}. \tag{8.22}$$

Agora, conforme foi explicado por meio da Fig. 8.1, $F \cos\theta$ é a componente da força na direção do deslocamento *ds;* portanto, se conhecemos $E_p(x, y, z)$, podemos obter a componente de $\boldsymbol{F}$ em qualquer direção calculando a quantidade $-dEp/ds$, que é o negativo da razão de variação de E_p com a distância naquela direção. Isso se chama *derivada direcional* de E_p. Quando um vetor é tal que sua componente em qualquer direção é igual à derivada direcional de uma função naquela direção, o vetor é dito *gradiente* da função. Assim, dizemos que F é o negativo do gradiente de E_p e escrevemos a Eq. (8.22) na forma geral:

$$\boldsymbol{F} = -\operatorname{grad} E_p,$$

onde "grad" significa gradiente. Quando estamos interessados nas componentes retangulares de $\boldsymbol{F}$ ao longo dos eixos X, Y e Z, $F \cos\theta$ na Eq. (8.22) torna-se F_x, F_y e F_z e o deslocamento ds fica respectivamente dx, dy e dz, tal que

$$F_x = -\frac{\partial E_p}{\partial x}, \quad F_y = -\frac{\partial E_p}{\partial y}, \quad F_z = -\frac{\partial E_p}{\partial z}, \tag{8.23}$$

ou

$$F = -\operatorname{grad} E_p = -\boldsymbol{u}_x \frac{\partial E_p}{\partial x} - \boldsymbol{u}_y \frac{\partial E_p}{\partial y} - \boldsymbol{u}_z \frac{\partial E_p}{\partial z}. \tag{8.24}$$

Note que, na Eq. (8.24), usamos pela primeira vez neste livro o símbolo para derivada parcial. Esta terminologia é necessária porque a energia potencial $E_p(x, y, z)$ é, em geral, uma função de todas as três variáveis x, y e z. Mas, quando uma partícula é deslocada em uma distância dx ao longo do eixo X, as coordenadas y e z ficam invariáveis. Assim, em vez de escrever dE_p/dx, devemos usar a notação $\partial E_p/\partial x$, adotada pelos matemáticos para esses casos.

Se o movimento está contido num plano e são usadas as coordenadas r, θ (Fig. 8.15), o deslocamento ao longo do raio vetor $\boldsymbol{r}$ é dr e o deslocamento perpendicular ao raio vetor é $r\,d\theta$. Consequentemente, as componentes radial e transversal da força são

$$F_r = \frac{\partial E_p}{\partial r},$$

$$F_\theta = -\frac{1}{r}\frac{\partial E_p}{\partial \theta}. \tag{8.25}$$

Observe que usamos novamente a notação de derivada parcial.

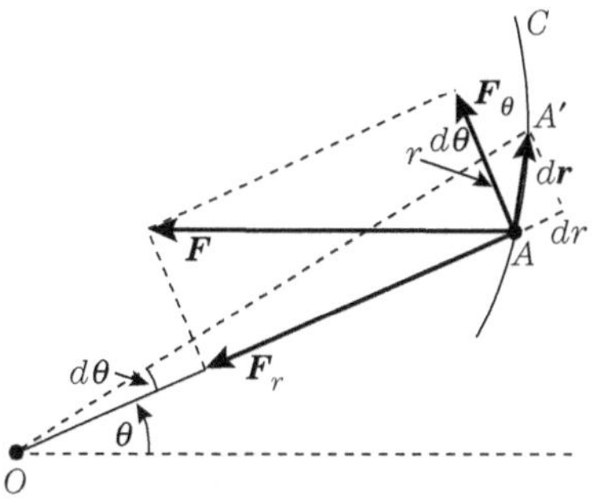

Figura 8.15

Um caso importante é aquele em que a energia potencial E_p depende da distância r, mas não do ângulo θ, isto é, em vez de $E_p(r, \theta)$, temos $E_p(r)$. Então $\partial E_p/\partial \theta = 0$ e, de acordo com a Eq. (8.25), $\boldsymbol{F}_\theta = 0$. A força, então, não tem a componente transversal, mas somente a radial; é, portanto, uma força central e sua linha de ação passa sempre pelo centro. Reciprocamente, se a força é central, há somente a componente radial e $F_\theta = 0$, resultando $\partial E_p/\partial \theta = 0$, que implica a não dependência de E_p com θ. Como resultado, uma força central depende somente da distância da partícula ao centro. Esse importante resultado pode ser assim enunciado:

> *a energia potencial associada a uma força central depende somente da distância da partícula ao centro de forças e, reciprocamente, a força associada com uma energia potencial que depende somente da distância da partícula a uma origem é uma força central cuja linha de ação passa por essa origem.*

Quando as forças não são centrais, há um torque em torno do ponto O, dado por $\tau = F_\theta r$, desde que a componente radial da força não contribui para o torque. Usando a segunda relação na Eq. (8.25), temos que o torque em torno de O é

$$\tau = -\frac{\partial E_p}{\partial \theta}. \tag{8.26}$$

Essa é uma expressão geral que dá o torque numa direção perpendicular ao plano no qual o ângulo θ é medido. Portanto, desde que um torque produz uma variação correspondente no momento angular [conforme a Eq. (7.38)], concluímos que *sempre que a energia potencial depende de um ângulo existe um torque aplicado ao sistema, resultando numa variação do momento angular em uma direção perpendicular ao plano do ângulo.*

Nota sobre o conceito de gradiente. Em física, frequentemente encontraremos expressões semelhantes à Eq. (8.24); em consequência, é importante ter-se uma noção clara do significado de gradiente. Consideremos uma função $V(x, y, z)$ que depende das três coordenadas de um ponto. Podemos desenhar as superfícies

$$V(x, y, z) = C_1 \quad \text{e} \quad V(x, y, z) = C_2$$

(Fig. 8.16). Ao passar de um ponto A sobre C_1 para qualquer ponto B sobre C_2, a função V sempre sofre uma variação $C_2 - C_1$. Se C_1 e C_2 diferem por uma quantidade infinitesimal, podemos escrever $dV = C_2 - C_1$. A variação em V por unidade de comprimento, ou a "derivada direcional" de V é

$$dV / ds = (C_2 - C_1)/ds.$$

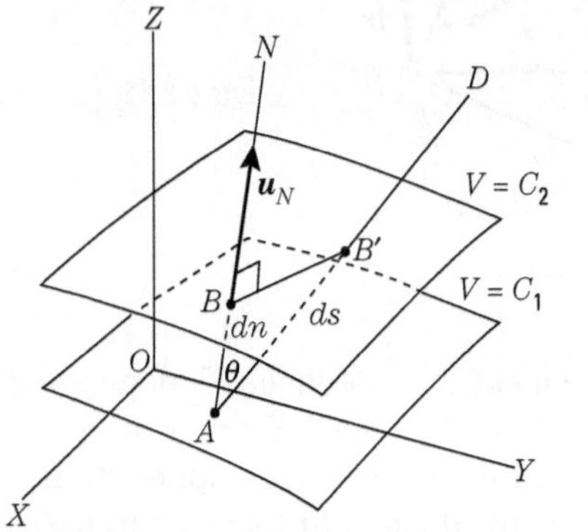

Figura 8.16 O gradiente de $V(x, y, z)$ é uma função vetorial que em cada ponto é perpendicular à superfície V = constante.

Consideremos o caso em que A e B estão ao longo de uma normal N comum às duas superfícies. A derivada direcional ao longo da normal AN é dV/dn. Mas, da Fig. 8.16, vemos que $dn = ds \cos \theta$. Então

$$\frac{dV}{ds} = \frac{dV}{dn}\frac{dn}{ds} = \frac{dV}{dn}\cos\theta,$$

que relaciona a derivada direcional ao longo da normal com a derivada direcional ao longo de qualquer outra direção. Desde que $\cos \theta$ tem seu valor máximo para $\theta = 0$, concluímos que dV/dn dá a máxima derivada direcional de V. Introduzindo o vetor unitário $\boldsymbol{u}_N$, perpendicular à superfície em A, definimos o gradiente de V por

$$\text{grad } V = \boldsymbol{u}_N \frac{dV}{dn},$$

e assim o gradiente é um vetor perpendicular à superfície $V(x, y, z)$ = const., e é igual à máxima derivada direcional de $V(x, y, z)$. Então podemos escrever

$$\frac{dV}{ds} = |\text{grad } V| \cos\theta,$$

mostrando que a razão de variação com o deslocamento na direção AD, ou a derivada direcional de $V(x, y, z)$, é igual à componente do vetor grad V naquela direção. Essa foi a relação usada para passar da Eq. (8.22) às Eqs. (8.23) e (8.24). Um operador diferencial, identificado pelo símbolo ∇ (lê-se "nabla"), foi introduzido para simplificar a notação. Esse operador é expresso por

$$\nabla = \boldsymbol{u}_x \frac{\partial}{\partial x} + \boldsymbol{u}_y \frac{\partial}{\partial y} + \boldsymbol{u}_z \frac{\partial}{\partial z}.$$

Em termos desse operador, o gradiente pode ser escrito

$$\text{grad } V = \nabla V.$$

Para informações adicionais sobre o gradiente de uma função, recomendamos o livro *Calculus and analytic geometry* (3. ed.), de G. B. Thomas. Reading, Mass.: Addison--Wesley, 1962.

■ **Exemplo 8.8** Determinar a energia potencial associada com as seguintes forças centrais: (a) $F = kr$, (b) $F = k/r^2$. Em ambos os casos, se k for negativo, a força será atrativa e, se k for positivo a força será repulsiva.

Solução: Usando a Eq. (8.25), para o caso (a) temos $F = -\partial E_p/\partial r = kr$ ou $dE_p = -kr\,dr$. Integrando, obtemos

$$E_p = \int -kr\,dr = -\tfrac{1}{2}kr^2 + C.$$

A constante de integração C é determinada pela atribuição de um valor a E_p, numa dada posição. Neste caso, é habitual fazer-se $E_p = 0$ em $r = 0$, de tal forma que $C = 0$ e $E_p = -\tfrac{1}{2}kr^2$. Considerando que $r^2 = x^2 + y^2 + z^2$, podemos também escrever $E_p = -\tfrac{1}{2}k(x^2 + y^2 + z^2)$. Usando a Eq. (8.23) encontramos as componentes retangulares da força:

$$F_x = -\frac{\partial E_p}{\partial x} = kx, \qquad F_y = -\frac{\partial E_p}{\partial y} = ky, \qquad F_z = -\frac{\partial E_p}{\partial z} = kz,$$

resultado que era esperado, uma vez que a força central $F = kr$ na forma vetorial é $\boldsymbol{F} = k\boldsymbol{r} = k(\boldsymbol{u}_x x + \boldsymbol{u}_y y + \boldsymbol{u}_z z)$.

Para o caso (b) temos $F = -\partial E_p/\partial r = k/r^2$ ou $dE_p = -k(dr/r^2)$. Integrando, resulta

$$E_p = \int -k\frac{dr}{r^2} = \frac{k}{r} + C.$$

Para forças dependentes do inverso de r é usual determinar C pela hipótese de $E_p = 0$ em $r = \infty$, tal que $C = 0$ e $E_p = k/r$. Nesse caso, quais são as componentes retangulares da força?

8.8 Conservação da energia de uma partícula

Quando a força que age sobre uma partícula é conservativa, podemos combinar a Eq. (8.17) com a Eq. geral (8.13), que dá $E_{k,B} - E_{k,A} = E_{p,A} - E_{p,B}$, ou

$$(E_k + E_p)_B = (E_k + E_p)_A. \tag{8.27}$$

A quantidade $E_k + E_p$ é chamada *energia total* da partícula e é designada por E, ou seja, a energia total de uma partícula é igual à soma de suas energias cinética e potencial, ou

$$E = E_k + E_p = \tfrac{1}{2}mv^2 + E_p(x, y, z). \tag{8.28}$$

A Eq. (8.27) indica que

> *quando as forças são conservativas, a energia total E da partícula permanece constante,*

desde que os estados designados por A e B sejam arbitrários. Assim, para qualquer posição da partícula, podemos escrever

$$E = E_k + E_p = \text{const.} \tag{8.29}$$

Em outras palavras, *a energia da partícula é conservada.* Essa é a razão pela qual dizemos que, quando há uma energia potencial, as forças são conservativas. No caso de um corpo que cai, por exemplo, vimos (Eq. 8.18) que $E_p = mgy$, e a conservação da energia dá

$$E = \tfrac{1}{2}mv^2 + mgy = \text{const.} \tag{8.30}$$

Se inicialmente a partícula está a uma altura e sua velocidade é zero, a energia total é mgy_0 e temos $\frac{1}{2}mv^2 + mgy = mgy_0$, ou $v^2 = 2g(y_0 - y) = 2gh$, onde $h = y_0 - y$ é o espaço que ela percorreu na queda. Esse resultado é a conhecidíssima fórmula para a velocidade adquirida em queda livre, de uma altura h. Observe, entretanto, que a Eq. (8.30) não é restrita ao movimento vertical, sendo igualmente válida para o movimento de um projétil cuja trajetória é inclinada em relação à vertical.

Deve-se notar que, para uma dada energia total, o módulo da velocidade (independentemente da direção do movimento) num dado ponto é determinado pela Eq. (8.29). Isto é particularmente evidente no caso do movimento sob ação da gravidade, como se vê na Eq. (8.30).

■ **Exemplo 8.9** Determinar a altura mínima da qual deve partir uma bola para completar com sucesso a curva em laço mostrada na Fig. 8.17. Suponha que a bola desliza sem rolar e sem atrito.

Solução: Suponhamos que a bola é abandonada num ponto A a uma altura h acima da base do círculo na Fig. 8.17. A bola ganha velocidade enquanto desce e começa a perder velocidade ao subir pelo círculo. Em qualquer ponto da trajetória, as forças que agem sobre a partícula são o seu peso $m\boldsymbol{g}$ e a força $\boldsymbol{F}$ devida ao trilho. (A força $\boldsymbol{F}$ aponta para o centro do laço, uma vez que o trilho "empurra", mas não "puxa".) No ponto mais alto do laço, $m\boldsymbol{g}$ e $\boldsymbol{F}$ apontam ambos para o centro C e, de acordo com a Eq. (7.28), devemos ter

$$F + mg = \frac{mv^2}{R},$$

onde R é o raio do trilho. Desde que F (módulo de $\boldsymbol{F}$) não pode ser negativo, a velocidade mínima da bola em B para que ela complete o círculo deve ser tal que $F = 0$ ou $mg = mv^2/R$, que dá

$$v^2 = gR$$

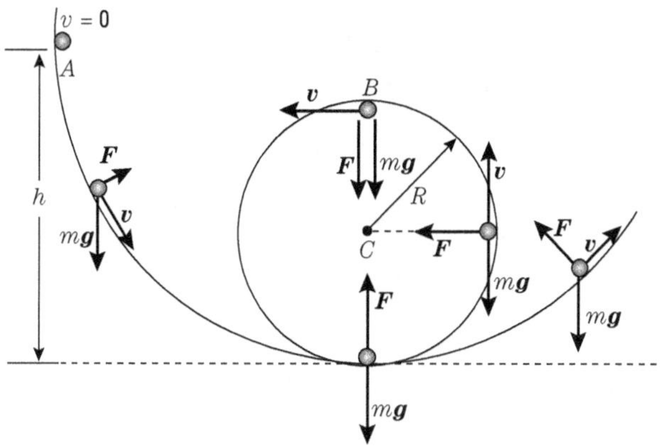

Figura 8.17

Se a velocidade é menor do que $\sqrt{gR}$, a atração da gravidade para baixo é maior do que a força centrípeta necessária e a bola separa-se do círculo antes de atingir o ponto B, descrevendo uma parábola até cair sobre o círculo.

Para obter a altura h correspondente, notamos que, no ponto A, a energia total é $E_A = (E_k + E_p)_A = mgh$, pois $v = 0$. Em B, onde $y = 2R$ e $v^2 = gR$,

$$E_B = \left(E_k + E_p\right)_B = \tfrac{1}{2}m(gR) + mg(2R) = \tfrac{5}{2}mgR.$$

Igualando então os valores de E_A e E_B, obtemos $h = \frac{5}{2}R$, que é a altitude mínima necessária para que a bola descreva o círculo. Esse resultado é correto, desde que possamos desprezar as forças de atrito. Se a bola rola, deverão ser usados os métodos que serão introduzidos no Cap. 10.

8.9 Movimento retilíneo sob a ação de forças conservativas

No caso geral de um movimento retilíneo, a energia potencial depende apenas de uma coordenada, digamos x, e a Eq. (8.28) para conservação da energia torna-se

$$E = \tfrac{1}{2}mv^2 + E_p(x) \tag{8.31}$$

onde E, a energia total, é uma constante. Essa equação nos dirá da utilidade prática do conceito de energia. Para o movimento retilíneo $v = dx/dt$, a Eq. (8.31) torna-se

$$E = \tfrac{1}{2}m\left(\frac{dx}{dt}\right)^2 + E_p(x). \tag{8.32}$$

Resolvendo para dx/dt, obtemos

$$\frac{dx}{dt} = \left\{\frac{2}{m}\left[E - E_p(x)\right]\right\}^{1/2}. \tag{8.33}$$

Sob as presentes condições, podemos escrever essa equação numa forma em que as variáveis x e t são separadas, isto é, a variável x aparece apenas num lado da equação e a variável t aparece apenas do outro lado. Na equação apresentada aqui, escrevemos

$$\frac{dx}{\{(2/m)[E-E_p(x)]\}^{1/2}}=dt.$$

Integrando (e fazendo $t_0 = 0$ por conveniência), temos

$$\int_{x_0}^{x}\frac{dx}{\{(2/m)[E-E_p(x)]\}^{1/2}}=\int_0^t dt=t. \tag{8.34}$$

Essa equação permite-nos obter uma relação entre x e t, e assim resolver o problema do movimento retilíneo da partícula. Portanto, sempre que podemos encontrar a função energia potencial [e isso é relativamente fácil se conhecemos a força como função de x, porque simplesmente utilizamos a Eq. (8.23) para obter $E_p(x)$], a conservação da energia expressa pela Eq. (8.34) nos dá diretamente a solução do problema do movimento retilíneo.

■ **Exemplo 8.10** Usar a Eq. (8.34) para resolver o problema do movimento retilíneo sob força constante.

Solução: Nesse caso, F é constante. Se tomarmos o eixo X ao longo da direção da força, a primeira das Eqs. (8.23) nos dará $F = -dE_p/dx$ ou $dE_p = -F\,dx$. Integrando, obteremos $E_p = -Fx + C$; pondo $E_p = 0$ para $x = 0$, resulta $C = 0$. Então

$$E_p = -Fx$$

é a expressão da energia potencial associada a uma força constante. Isso concorda com a Eq. (8.19) se fizermos $\boldsymbol{F} = \boldsymbol{u}_x F$, ou seja, a força $\boldsymbol{F}$ na direção X. Usando a Eq. (8.34), com $x_0 = 0$ por simplicidade, teremos

$$\frac{1}{(2/m)^{1/2}}\int_0^x\frac{dx}{(E+Fx)^{1/2}}=t$$

ou

$$\frac{2}{F}(E+Fx)^{1/2}-\frac{2}{F}E^{1/2}=\left(\frac{2}{m}\right)^{\frac{1}{2}}t.$$

Resolvendo para x, resulta

$$x=\frac{1}{2}\left(\frac{F}{m}\right)t^2+\left(\frac{2E}{m}\right)^{1/2}t.$$

Mas $F/m = a$, e como $E=\frac{1}{2}mv^2+Fx$ é a energia total, teremos que, para $t = 0$, quando $x = 0$, a energia E é toda cinética e igual a $\frac{1}{2}mv_0^2$. Portanto $2E/m = v_0^2$ e finalmente obtemos, para x, $x=\frac{1}{2}at^2+v_0t$, que é a mesma expressão obtida antes, na Eq. (5.11), com $x_0 = 0$ e $t_0 = 0$. Esse problema é suficientemente simples para ser resolvido de modo mais fácil pelos métodos do Cap. 5. Nós o apresentamos aqui com o objetivo de ilustrar as técnicas para resolver a equação do movimento usando o princípio da energia.

8.10 Movimento sob a ação de forças centrais conservativas

No caso de uma força central, quando E_p depende somente da distância r, a Eq. (8.28) fica

$$E = \tfrac{1}{2}mv^2 + E_p(r), \tag{8.35}$$

com a qual é possível determinar a velocidade a qualquer distância. Em muitos casos, a função $E_p(r)$ decresce em valor absoluto quando r cresce. Então, a distâncias muito grandes do centro, $E_p(r)$ é desprezível e o módulo da velocidade é constante e independente da direção do movimento. Esse é o princípio que aplicamos no Ex. 7.16 quando, na Fig. 7.28, indicamos que a velocidade final, em B, da partícula que se afastava era a mesma que sua velocidade inicial em A.

Note que, quando tratamos de movimento sob a influência de forças centrais, há dois teoremas de conservação. Um é a conservação do momento angular, discutido na Seç. 7.13, e o outro é a conservação da energia, expresso pela Eq. (8.35). Quando usamos coordenadas polares r e θ, e nos lembramos de que as componentes da velocidade são $v_r = dr/dt$ e $v_\theta = r\,d\theta/dt$, podemos escrever, de acordo com a Eq. (5.63),

$$v^2 + v_r^2 + v_\theta^2 = \left(\frac{dr}{dt}\right)^2 + r^2\left(\frac{d\theta}{dt}\right)^2.$$

Mas, do princípio de conservação do momento angular, usando a Eq. (7.35), $L = mr^2 d\theta/dt$, então

$$r^2\left(\frac{d\theta}{dt}\right)^2 = \frac{L^2}{(mr)^2},$$

onde L é o momento angular constante. Portanto

$$v^2 = \left(\frac{dr}{dt}\right)^2 + \frac{L^2}{(mr)^2}.$$

Introduzindo esse resultado na Eq. (8.35), temos

$$E = \tfrac{1}{2}m\left(\frac{dr}{dt}\right)^2 + \frac{L^2}{2mr^2} + E_p(r). \tag{8.36}$$

Essa expressão é muito parecida com a Eq. (8.32) para o movimento retilíneo, com velocidade dr/dt, quando supomos que, no que concerne ao movimento radial, a partícula se move sob a ação de uma energia potencial "efetiva"

$$E_{p,\text{ef}}(r) = \frac{L^2}{2mr^2} + E_p(r). \tag{8.37}$$

O primeiro termo é chamado *energia potencial centrífuga*, $E_{p,c}(r) = L^2/2mr^2$, porque a "força" associada a ele, usando a Eq. (8.25), é $F_c = -\partial E_{p,c}/\partial r = L^2/mr^3$ e, sendo positiva, está dirigida para fora da origem; em outras palavras, é centrífuga. Em verdade, nenhuma força centrífuga está agindo sobre a partícula, exceto aquela que pode resultar do potencial real $E_p(r)$, caso este seja repulsivo. A "força" centrífuga F_c é, portanto, apenas um conceito matemático útil. Fisicamente, esse conceito descreve a tendência da partícula, de acordo com a lei da inércia, de se mover em linha reta e evitar o movimento sobre uma curva. Introduzindo a Eq. (8.37) na Eq. (8.36), teremos

$$E = \tfrac{1}{2} m \left(\frac{dr}{dt} \right)^2 + E_{p,\text{ef}}(r),$$

e, resolvendo para dr/dt, obtemos

$$\frac{dr}{dt} = \left\{ \frac{2}{m} \left[E - E_{p,\text{ef}}(r) \right] \right\}^{1/2}, \tag{8.38}$$

que é formalmente idêntica à Eq. (8.33) para o movimento retilíneo. Separando as variáveis r e t e integrando (pondo $t_0 = 0$ por conveniência), obtemos

$$\int_{r_0}^{r} \frac{dr}{\left\{ (2/m) \left[E - E_{p,\text{ef}}(r) \right] \right\}^{1/2}} = \int_0^t dt = t, \tag{8.39}$$

que nos dá a distância r como função do tempo [ou seja $r(t)$]; temos, portanto, a solução do nosso problema dinâmico correspondente ao movimento radial.

Quando resolvemos a expressão do momento angular, $L = mr^2 d\theta/dt$ para $d\theta/dt$, temos

$$\frac{d\theta}{dt} = \frac{L}{mr^2}. \tag{8.40}$$

Então, introduzindo na Eq. (8.40) $r(t)$ obtido da Eq. (8.39), exprimimos L/mr^2 como função do tempo e, por integração, obtemos

$$\int_{\theta_0}^{\theta} d\theta = \int_0^t \frac{L}{mr^2}\, dt \qquad \text{ou} \qquad \theta = \theta_0 + \int_0^t \frac{L}{mr^2}\, dt. \tag{8.41}$$

Isso dá θ como função do tempo, ou seja, $\theta(t)$. Desse modo, podemos resolver o problema completamente, dando o movimento radial e o movimento angular ambos como funções do tempo.

Às vezes, porém, estamos mais interessados na equação da trajetória. Combinando as Eqs. (8.38) e (8.40), por uma divisão, podemos escrever

$$\frac{dr}{d\theta} = \frac{\left\{ (2/m) \left[E - E_{p,\text{ef}}(r) \right] \right\}^{1/2}}{L/mr^2}. \tag{8.42}$$

ou, separando as variáveis r e θ e integrando,

$$\int_{r_0}^{r} \frac{dr}{(M/L) r^2 \left\{ (2/m) \left[E - E_{p,\text{ef}}(r) \right] \right\}^{1/2}} = \int_{\theta_0}^{\theta} d\theta = \theta - \theta_0. \tag{8.43}$$

Essa expressão que relaciona r com θ dá a equação da trajetória em coordenadas polares. Inversamente, se conhecemos a equação da trajetória de tal modo que podemos calcular $dr/d\theta$, a Eq. (8.42) permite-nos determinar a energia potencial e depois a força.

Esta seção ilustrou como os princípios de conservação do momento angular e da energia permitem-nos determinar o movimento de uma partícula submetida a uma força central. A essa altura, você já deve ter percebido que esses princípios não são apenas curiosidades matemáticas, mas ferramentas reais e atuantes para resolver problemas dinâmicos. Deve-se notar que, quando o movimento é devido a uma força central, a conservação da energia não é suficiente para resolver o problema. É também necessário usar a conservação do momento angular. No caso do movimento retilíneo, a conservação da energia *é* suficiente para resolver o problema. Isso é devido ao fato de a energia ser uma quantidade escalar, não podendo ser usada para determinar a direção do movimento, enquanto, no movimento retilíneo, a direção já é fixada de início.

Finalmente, deixemos bem claro que os princípios de conservação do momento angular e da energia, como foram usados neste capítulo, são propriedades associadas a uma partícula individual sob as condições especiais do seu movimento e não há relação direta com a possível conservação da energia total do universo. Esse assunto será discutido com mais detalhes no próximo capítulo.

8.11 Discussão de curvas de energia potencial

Os gráficos representativos de $E_p(x)$ versus x em problemas de movimento retilíneo ou unidimensional e $E_p(r)$ versus r em problemas de forças centrais são muito úteis como auxílio à compreensão do movimento de uma partícula, mesmo sem a solução da equação de movimento. Na Fig. 8.18, apresentamos uma possível curva de energia potencial para um movimento unidimensional. Quando usamos a primeira das Eqs. (8.23), a força sobre a partícula para qualquer valor de x é dada por $F = -dE_p/dx$*. Agora dE_p/dx é a inclinação da curva $E_p(x)$. A inclinação será positiva sempre que a curva for crescente, ou dirigida para cima, e negativa quando a curva for decrescente ou dirigida para baixo. Portanto, a força F (isto é, a inclinação precedida de sinal negativo) será negativa, ou dirigida para a esquerda, sempre que a energia potencial for crescente, e positiva, ou dirigida para a direita, sempre que a energia potencial for decrescente. Tal situação está indicada na Fig. 8.18 por setas horizontais e as diferentes regiões estão marcadas em baixo da figura.

Nos pontos em que a energia potencial é mínima, ou máxima, tais como M_1, M_2 e M_3, temos $dE_p/dx = 0$ e, portanto, $F = 0$, isto é, essas são posições de equilíbrio. As posições em que $E_p(x)$ é um *mínimo* são de equilíbrio *estável* porque, quando a partícula é deslocada ligeiramente da sua posição de equilíbrio ela é submetida a uma força que tende a levá-la de volta àquela posição. Onde $E_p(x)$ é *máxima*, o equilíbrio é *instável*, desde que um ligeiro deslocamento da posição de equilíbrio faça com que a partícula experimente uma força que tende a movê-la para mais longe ainda.

Consideremos, agora, uma partícula com energia total E, conforme indicado pela reta horizontal (1) na Fig. 8.18. Em qualquer posição x, a energia potencial E_p é dada pela ordenada da curva e a energia cinética, $E_k = E - E_p$, é dada pela distância entre a curva $E_p(x)$ e a reta E. A reta de E intersecciona a curva $E_p(x)$ nos pontos A e B. Para a esquerda de A e para a direita de B a energia E é menor do que a energia potencial $E_p(x)$, portanto, naquelas regiões a energia cinética $E_k = E - E_p$ seria negativa. Mas isso é impossível

* Nesse caso, não é necessário usar a notação de derivada parcial, porque E_p depende somente de uma variável, x.

porque $E_k = \frac{1}{2}mv^2$ é necessariamente positiva. Portanto o movimento da partícula é limitado ao intervalo AB e a partícula oscila entre $x = A'$ e $x = B'$. Nesses pontos, a velocidade reduz-se a zero e a partícula inverte o seu movimento. Esses pontos são chamados pontos de *retorno* (ou de *reversão*).

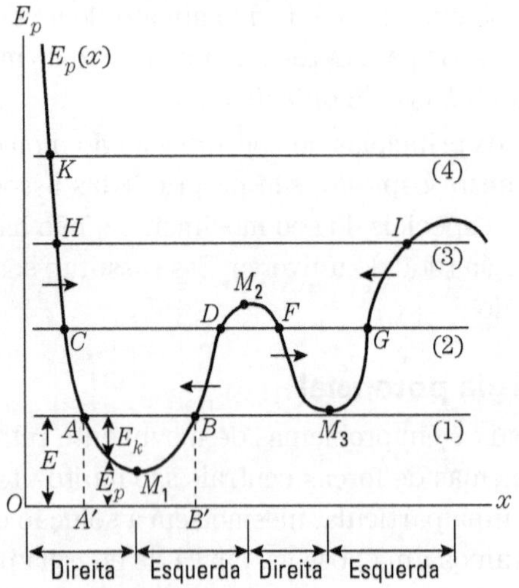

Figura 8.18 Relação entre o movimento ao longo de uma reta e energia potencial.

Se a partícula possuir uma energia mais elevada, como aquela correspondente à reta (2), ela terá duas possíveis regiões de movimento. Na primeira ela oscilará entre C e B e na segunda oscilará entre F e G. Entretanto, se a partícula estiver numa das regiões ela nunca poderá saltar para a outra, pois isso requer a passagem pela região DF onde a energia cinética será negativa e, portanto, proibida. Dizemos que as duas regiões onde o movimento é possível são separadas por uma *barreira de potencial*. No nível de energia (3), o movimento é oscilatório entre H e I. Finalmente, no nível de energia (4), o movimento não é mais oscilatório c a partícula se move entre K e o infinito*. Por exemplo, se a partícula está se movendo inicialmente para a esquerda, quando atinge K, ela "retrocede", afastando-se pela direita e nunca mais retornando. Quando consideramos o movimento de partículas atômicas, caso em que se aplica a mecânica quântica, a descrição que demos requer algumas modificações.

Estudando agora o importante caso de forças centrais, consideremos uma energia potencial $E_p(r)$, que corresponde a uma força atrativa para qualquer distância r, isto é, $F = -\partial E_p/\partial r$ é negativa e $E_p(r)$ é uma função crescente, conforme está indicado pela curva (*a*) da Fig. 8.19. A energia potencial centrífuga $E_{p,c} = L^2/2mr^2$ está indicada pela linha pontilhada. (*b*). O termo centrífuga é muito pequeno para grandes distâncias, mas cresce muito rapidamente para pequenas distâncias em relação à origem. Em muitos casos de interesse físico, a energia potencial centrífuga é o termo dominante para pequenas distâncias, resultando numa energia potencial efetiva $E_{p,ef} = E_{p,c} + E_p(r)$ com a forma indicada pela curva (*c*).

---

* Supondo que a energia potencial $E_p\ (x)$, à direita de I, seja sempre inferior à energia correspondente à reta horizontal (4).

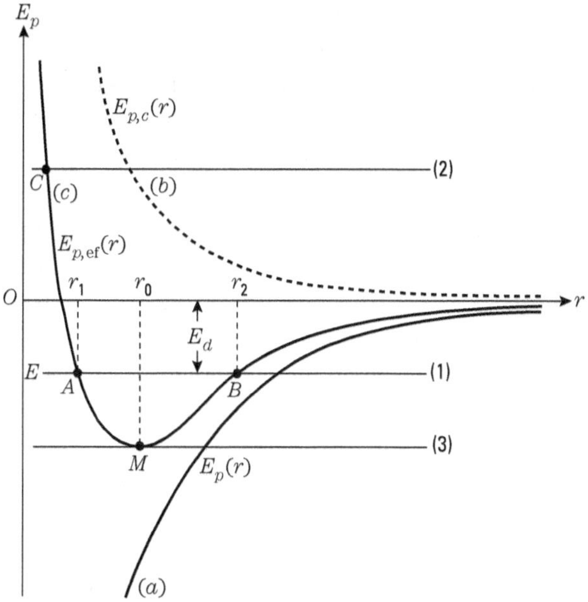

Figura 8.19 Relações de energia para ao movimento sob forças centrais.

Se a energia total E da partícula for indicada pela reta horizontal (1), o raio da órbita oscilará entre os valores mínimo e máximo r_1 e r_2, e a órbita terá a forma ilustrada na Fig. 8.20. Mas, se a energia corresponde a um valor tal como o indicado pela reta (2) da Fig. 8.19, a órbita não é limitada e a partícula vem do infinito até o ponto C de máxima aproximação, a uma distância r_{min}, e depois regressa definitivamente para o infinito, como se vê na Fig. 8.21. Se a energia corresponde ao mínimo M de $F_{p,ef}$, indicado pela reta (3), há apenas uma interseção e a distância ao centro permanece constante; a partícula descreve então uma trajetória circular de raio r_0. Note-se que a distância de maior aproximação cresce com o valor do momento angular, em decorrência do efeito da energia potencial centrífuga $E_{p,c}(r)$.

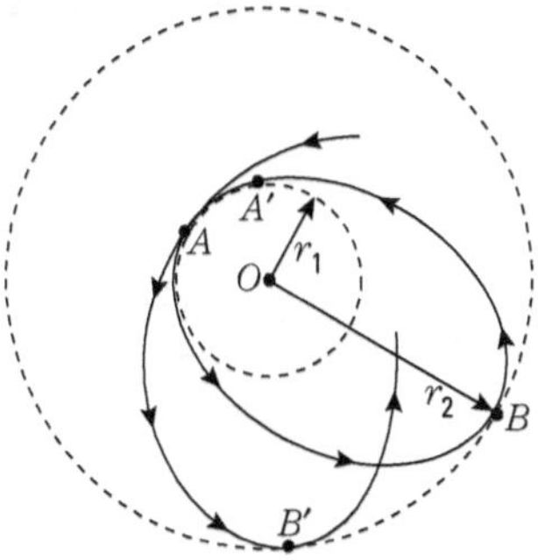

Figura 8.20 Forma geral da trajetória para o movimento devido a forças centrais.

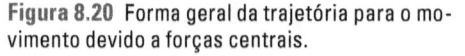

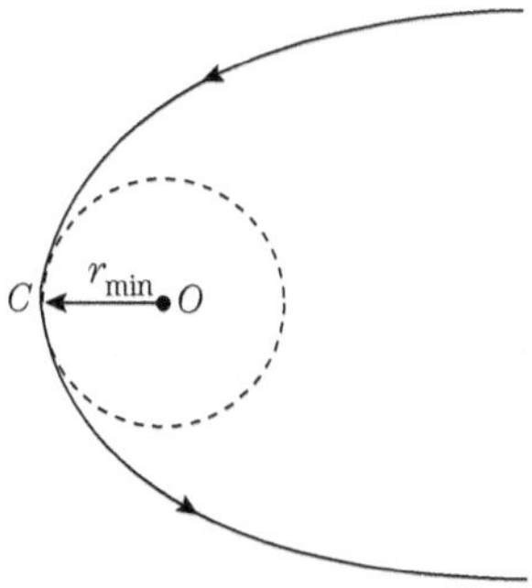

Figura 8.21 Distância mínima de aproximação.

Se, por algum mecanismo, uma partícula que possui energia igual ao nível (1) da Fig. 8.19 puder absorver energia e por isso "saltar" para o nível de energia (2), ela fugirá do centro de forças, isto é, ela se "dissociará" do centro de forças. O mínimo de energia de que uma partícula necessita para dissociar-se, a partir do nível (1) está indicado na Fig. 8.19 por E_d. Por outro lado, se a partícula, inicialmente no nível de energia (2), perde energia por algum processo quando passa próximo ao centro de forças, ela pode “saltar” para o nível de energia (1), permanecendo então numa órbita ilimitada ou ligada. Dizemos que ela foi “capturada” pelo centro de forças. Tal situação é encontrada, por exemplo, na dissociação e formação de moléculas.

No caso de uma molécula diatômica como H_2 ou CO, a energia potencial E_p de interação entre os dois átomos tem a forma de (*c*) na Fig. 8.19. Tal energia potencial, ilustrada pela curva (*a*) da Fig. 8.22, corresponde a uma atração para distâncias grandes e repulsão para distâncias pequenas, evitando assim que os dois átomos aglutinem-se, mesmo com a ausência do efeito centrífugo. O efeito do potencial centrífugo $E_{p,c}$, dado pela curva pontilhada (*b*), contribui para a elevação da curva à forma (*c*). Podemos, então, imaginar os átomos na molécula com uma energia E num estado de oscilação relativa entre P_1 e P_2. Se a molécula absorve uma quantidade conveniente de energia, ela pode dissociar-se, e seus dois átomos componentes afastam-se um do outro.

■ **Exemplo 8.11** A energia potencial para a interação entre duas moléculas de gás pode ser dada pela expressão aproximada

$$E_p(r) = -E_{p,0}\left[2\left(\frac{r_0}{r}\right)^6 - \left(\frac{r_0}{r}\right)^{12}\right],$$

onde $E_{p,0}$ e r_0 são constantes positivas e r é a separação entre as moléculas. Esse modelo para energias potenciais moleculares foi introduzido pelo cientista inglês J. Lennard-Jones. Determinar a posição de equilíbrio e o valor da energia potencial nessa posição. O gráfico de $E_p(r)$ é mostrado na Fig. 8.23.

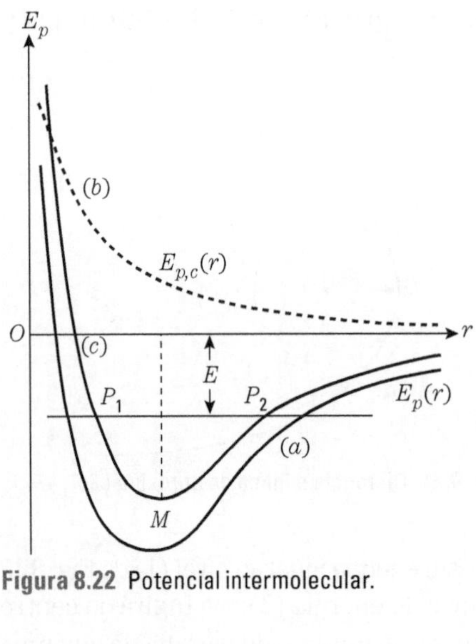

Figura 8.22 Potencial intermolecular.

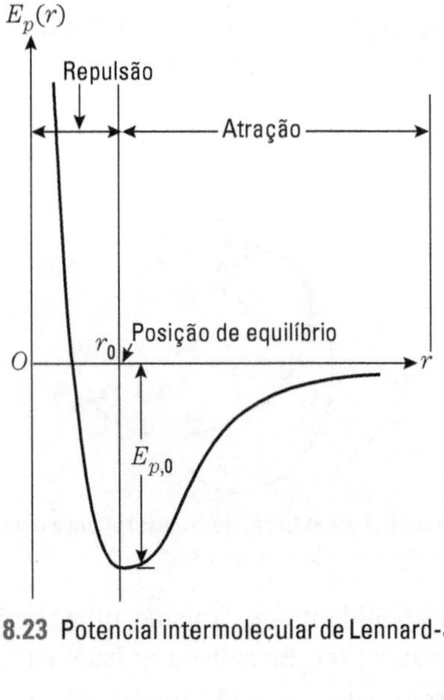

Figura 8.23 Potencial intermolecular de Lennard-Jones.

Solução: Na posição de equilíbrio, $F = \partial E_p/\partial r = 0$. Então

$$\frac{\partial E_p}{\partial r} = -E_{p,0}\left[-12\frac{r_0^6}{r^7} + 12\frac{r_0^{12}}{r^{13}}\right] = 0,$$

de onde se tira $r = r_0$. Fazendo $r = r_0$ em $E_p(r)$, teremos $E_p = -E_{p,0}$ para a energia potencial no ponto de equilíbrio. Para distâncias menores do que r_0, a força intermolecular é repulsiva [$E_p(r)$ é uma função decrescente] e para distâncias maiores do que r_0 é atrativa [$E_p(r)$ é uma função crescente].

Qual é o termo dominante em $E_p(r)$ para pequenas distâncias? E para grandes distâncias? Sugerimos que você faça um gráfico da força como função da separação r e determine a separação para a qual a força atrativa é máxima. Sugerimos também a consulta dos valores de $E_{p,0}$ e r_0 na literatura.

8.12 Forças não conservativas

Frequentemente encontramos forças na natureza que não são conservativas. Um exemplo é o atrito. O atrito de deslizamento sempre se opõe ao deslocamento. Seu trabalho depende da trajetória seguida e, mesmo que a trajetória seja fechada, o trabalho não é zero, de modo que a Eq. (8.20) não vale. De maneira análoga, o atrito viscoso opõe-se à velocidade e depende desta, mas não da posição. Uma partícula pode, ao mesmo tempo, estar submetida a forças conservativas e não conservativas.

Por exemplo, uma partícula caindo através de um fluido está submetida à força conservativa gravitacional e à força não conservativa do atrito viscoso. Chamando de E_p a energia potencial correspondente às forças conservativas e de W' o trabalho realizado pelas forças não conservativas (trabalho que, em geral, é negativo porque as forças de atrito opõem-se ao movimento), o trabalho total realizado sobre a partícula quando esta se move de A para B é $W = E_{p,A} - E_{p,B} + W'$. Usando a Eq. (8.13), escrevemos

$$E_{k,B} - E_{k,A} = E_{p,A} - E_{p,B} + W'$$

ou

$$(E_k + E_p)_B - (E_k + E_p)_A = W' \tag{8.44}$$

Nesse caso, a quantidade $E_k + E_p$ não permanece constante, mas decresce (ou cresce) se W' é negativo (ou positivo). Mas, por outro lado, *não podemos* chamar $E_k + E_p$ de energia total da partícula, porque tal conceito não se aplica nesse caso, uma vez que ele não inclui todas as forças presentes. O conceito de energia total de uma partícula somente tem significado quando todas as forças são conservativas. Entretanto, a Eq. (8.44) é útil quando pretendemos fazer uma comparação entre o caso em que somente forças conservativas atuam (de modo que $E_k + E_p$ é a energia total) e o caso em que há forças adicionais não conservativas. Dizemos então que a Eq. (8.44) dá o ganho ou a perda de energia em virtude das forças não conservativas.

O trabalho não conservativo W' representa uma transferência de energia que, correspondendo a um movimento molecular, é em geral irreversível. A razão pela qual ela não pode ser recuperada é a dificuldade, mesmo do ponto de vista estatístico, em restaurar todos os movimentos moleculares ao estado inicial. Em alguns casos, contudo, os movimentos moleculares podem ser estatisticamente reconduzidos às condições originais. Isto é, mesmo que o estado final não seja microscopicamente idêntico ao inicial, eles serão estatisticamente equivalentes. Este é o caso, por exemplo, quando um gás se expande muito lentamente enquanto realiza trabalho. Se, depois da expansão, o gás for muito lentamente comprimido de volta às condições físicas originais, o estado final será estatisticamente equivalente ao estado inicial. O trabalho feito durante a compressão é o negativo do trabalho de expansão e o trabalho total é, portanto, zero.

A existência de forças não conservativas, como o atrito, não implica necessariamente na existência de interações não conservativas entre partículas fundamentais. Devemos lembrar que forças de atrito não correspondem a uma interação entre duas partículas, mas que são realmente conceitos estatísticos (reveja a discussão da Seç. 7.9). Atrito de escorregamento, por exemplo, é o resultado de um número muito grande de interações individuais entre as moléculas dos dois corpos em contato. *Cada* uma dessas interações pode ser expressa por uma força conservativa. Entretanto, o efeito macroscópico não é conservativo, pela seguinte razão: quando é completada uma trajetória fechada, embora o corpo se encontre macroscopicamente na posição original, as moléculas, individualmente, não retornaram à condição original. Portanto, o estado final não é microscopicamente idêntico ao inicial, nem mesmo é equivalente, num sentido estatístico.

■ **Exemplo 8.12** Um corpo está caindo através de um fluido viscoso a partir de uma altura y_0 onde estava em repouso. Calcular a razão de dissipação de sua energia cinética e potencial gravitacional.

Solução: Quando o corpo está na altura y, caindo com velocidade v, sua energia cinética mais a potencial gravitacional é $\frac{1}{2}mv^2 + mgy$. A razão de dissipação de energia (ou energia perdida por unidade de tempo) devida à ação das forças viscosas não conservativas é

$$\frac{d}{dt}\left(E_k + E_p\right) = \frac{d}{dt}\left(\tfrac{1}{2}mv^2 + mgy\right).$$

Sugerimos que você procure exprimir v^2 e y como função do tempo, usando os resultados do Ex. 7.8. Então, calculando a derivada acima, terá resolvido o problema.

Entretanto, nos propomos mostrar como o problema pode ser resolvido por um procedimento diferente. De acordo com a Eq. (8.44), se os pontos A e B são muito próximos, podemos escrever a equação $d(E_k + E_p) = dW' = F'\,dx$, onde F é a força não conservativa. No nosso exemplo F' é devida ao atrito do fluido e tem a forma $F_f = -K\eta v$ dada na Eq. (7.18). Então

$$\frac{d}{dt}\left(E_k + E_p\right) = F'\frac{dx}{dt} = \left(-K\eta v\right)v = -K\eta v^2.$$

Para v tomamos o resultado obtido no Ex. 7.8,

$$v = \frac{F}{K\eta}\left[1 - e^{-(K\eta/m)t}\right],$$

onde $F = mg$ é o peso da partícula (corrigido para o empuxo devido ao fluido). Assim,

$$\frac{d}{dt}\left(E_k + E_p\right) = -\frac{m^2 g^2}{K\eta}\left[1 - e^{-(K\eta/m)t}\right]^2.$$

O sinal negativo para a razão de dissipação de energia indica que o corpo está perdendo energia cinética e potencial gravitacional. Entretanto, essa energia não é "perdida", mas transferida para as moléculas do fluido numa forma que é praticamente impossível de recuperar. Depois de certo intervalo de tempo, a exponencial é praticamente nula. Então podemos escrever

$$\frac{d}{dt}\left(E_k + E_p\right) = -\frac{m^2 g^2}{K\eta},$$

e assim mostrar que a energia é perdida numa razão constante. O físico chama isso de um regime estacionário.

É interessante observar esse resultado de um ângulo diferente. Vimos no Ex. 7.8 que, após um tempo longo, a velocidade se torna constante e igual a $F/K\eta$, onde $F = mg$. Assim, a energia cinética E_k permanece constante e somente a energia potencial $E_p = mgy$ está variando. Podemos, portanto, escrever

$$\frac{d}{dt}\left(E_k + E_p\right)_{ee} = \frac{dE_p}{dt} = \frac{d}{dt}(mgy) = mg\frac{dy}{dt},$$

onde o índice *ee* significa que este é um problema de estado estacionário. Mas dy/dt é a velocidade limite dada na Eq. (7.21) e, então, podemos escrever $dy/dt = -F/K\eta = -mg/K\eta$. A razão do sinal negativo é que y é medido para cima e a velocidade-limite aponta para baixo. Substituindo esse valor na expressão anterior, obtemos

$$\frac{d}{dt}\left(E_k + E_p\right)_{ee} = mg\left(-\frac{mg}{K\eta}\right) = \frac{m^2 g^2}{K\eta}.$$

que é o mesmo resultado obtido antes. Notamos então que, após certo intervalo de tempo, toda a energia potencial gravitacional perdida pelo corpo é dissipada em agitação molecular do fluido. Essa é uma maneira diferente de dizer que a força da gravidade para baixo é compensada pela força oposta devida à viscosidade do fluido.

8.13 Teorema do virial para uma partícula

Esse teorema (embora não tão importante como a conservação do momento angular sob uma força central, ou a conservação da energia no caso de uma força conservativa) é útil na obtenção de alguns resultados práticos.

Consideremos uma partícula de massa m sob a ação de uma força F. Definimos a quantidade escalar $A = m\boldsymbol{v} \cdot \boldsymbol{r}$, onde $\boldsymbol{r}$ é o vetor posição da partícula e $\boldsymbol{v}$ sua velocidade. Fazendo a derivada temporal de A, temos

$$\frac{dA}{dt} = m\frac{d\boldsymbol{v}}{dt} \cdot \boldsymbol{r} + m\boldsymbol{v} \cdot \frac{d\boldsymbol{r}}{dt} = m\boldsymbol{a} \cdot \boldsymbol{r} + mv^2,$$

desde que $\boldsymbol{a} = d\boldsymbol{v}/dt$ e $\boldsymbol{v} = d\boldsymbol{r}/dt$. O último termo, de acordo com a Eq. (8.12), é igual ao dobro da energia cinética da partícula, e no primeiro termo podemos escrever $m\boldsymbol{a} = \boldsymbol{F}$. Assim,

$$\frac{dA}{dt} = \boldsymbol{F} \cdot \boldsymbol{r} + 2E_k.$$

Se tomarmos a média desta equação no tempo, teremos

$$\left(\frac{dA}{dt}\right)_{\text{med}} = (\boldsymbol{F} \cdot \boldsymbol{r})_{\text{med}} + 2(E_k)_{\text{med}} \tag{8.45}$$

A média temporal, sobre um intervalo i de qualquer quantidade $f(t)$ que depende do tempo é definida como

$$f(t)_{\text{med}} = \frac{1}{i}\int_0^i f(t)\,dt.$$

No nosso caso, então,

$$\left(\frac{dA}{dt}\right)_{\text{med}} = \frac{1}{i}\int_0^i \frac{dA}{dt}dt = \frac{1}{i}\int_0^i dA = \frac{A - A_0}{i}. \tag{8.46}$$

Se o tempo i *é* muito grande e se A não cresce indefinidamente com o tempo, a quantidade $(A - A_0)/i$ torna-se tão pequena (se i é suficientemente grande) que pode ser considerada nula. Esse é o caso quando a partícula se move numa região limitada. Por exemplo, num átomo, um elétron move-se numa região limitada do espaço, e os valores de $\boldsymbol{r}$ e $\boldsymbol{v}$ correspondentes que entram na definição de A permanecem sempre dentro de certos valores. O mesmo pode ser dito da Terra em seu movimento ao redor do Sol. Portanto, colocando $(dA/dt)_{\text{med}} = 0$ na Eq. (8.45), encontramos

$$(E_k)_{\text{med}} = -\tfrac{1}{2}(\boldsymbol{F} \cdot \boldsymbol{r})_{\text{med}}. \tag{8.47}$$

Esse é o *teorema do virial* para uma partícula. A quantidade $-\tfrac{1}{2}(\boldsymbol{F} \cdot \boldsymbol{r})_{\text{med}}$ é chamada o *virial da partícula.*

O teorema do virial assume uma forma especial quando as forças são centrais e conservativas. Se $E_p(r)$ é a energia potencial, então $\boldsymbol{F} = -\boldsymbol{u}_r dE_p/dr$ e $\boldsymbol{F} \cdot \boldsymbol{r} = -r dE_p/dr$ porque $\boldsymbol{u}_r \cdot \boldsymbol{r} = r$. Assim a Eq. (8.47) torna-se

$$(E_k)_{\text{med}} = \frac{1}{2}\left(r\frac{dE_p}{dr}\right)_{\text{med}}. \tag{8.48}$$

Suponhamos que a energia potencial seja da forma $E_p = -k/r^n$. Então

$$\frac{dE_p}{dr} = n\frac{k}{r^{n+1}} = -\frac{nE_p}{r},$$

e a Eq. (8.48) torna-se

$$(E_k)_{\text{med}} = -\tfrac{1}{2}n(E_p)_{\text{med}}. \tag{8.49}$$

Com esse resultado, obtemos a relação entre os valores médios da energia cinética e da energia potencial de uma partícula.

8.14 Crítica do conceito de energia

Neste capítulo, vimos como podemos usar o conceito de energia de forma bastante proveitosa para resolver certos problemas da dinâmica de uma partícula, quando conhecemos as forças como função da posição. Essa é uma das razões básicas para introduzir-se o conceito de energia em física.

Nossa experiência diária leva-nos à constatação de que os corpos à nossa volta estão em movimento. Atribuímos esses movimentos às interações entre os corpos e descrevemos os movimentos por meio dos conceitos de força ou de energia. Esses conceitos têm apenas uma finalidade: proporcionar métodos úteis para analisar e predizer os movimentos que observamos. A grande utilidade do conceito de energia potencial, do mesmo modo que o conceito de força, é que ele nos possibilitou associar formas específicas de energia potencial com interações específicas observadas na natureza. Esse resultado não é surpreendente uma vez que a força F está relacionada com a energia potencial E_p, de acordo com a Eq. (8.24). É essa relação entre a energia potencial e a interação que dá realmente sentido físico à ideia de energia potencial.

Desde que conheçamos o potencial como função da posição, podemos descrever o movimento qualitativamente conforme está indicado na Seç. 8.11, ou quantitativamente, de acordo com a explanação das Seçs. 8.9 e 8.10. Em capítulos futuros, discutiremos o fato de que a interação entre dois corpos pode ser descrita como uma troca de energia ou de quantidade de movimento. Qualquer dessas descrições proporciona uma representação útil e conveniente de uma interação. Você observará que, no restante deste livro, descreveremos os processos observados na natureza quase que exclusivamente com base nos conceitos de quantidade de movimento e energia.

Referências

ARONS, A.; BORK, A. Newton's law of motion and the 17th century laws of impact. *Am. J. Phys.*, v. 32, n. 313, 1964.

BROWN, T. Resource letter EEC-1 on the evolution of energy concepts from Galileo to Helmholtz. *Am. J. Phys.*, v. 33, n. 759, 1965.

CHRISTIE, D. *Vector mechanics*. New York: McGraw-Hill, 1964.

HOLTON, G.; ROLLER, D. H. D. *Foundations of modem physical science*. Reading, Mass.: Addison-Wesley, 1958.

HUDDLESTON, J. *Introduction to engineering mechanics*. Reading, Mass.: Addison-Wesley, 1961.

LINDSAY, R. *Physical mechanics*. 3. ed. Princeton, N.J.: Van Nostrand, 1963.

MAGIE, W. F. *A source book of physics*. Cambridge, Mass.: Harvard University Press.

SCHURR, S. Energy. *Sci. Am.*, p. 110, Sept. 1963.

SYMON, K. *Mechanics*. 2. ed. Reading, Mass.: Addison-Wesley, 1964.

Problemas

8.1 Uma força F que dura 20 s é aplicada a um corpo de massa igual a 500 kg. A força produz no corpo, que estava inicialmente em repouso, uma velocidade final de 0,5 $m \cdot s^{-1}$. Se a força cresce linearmente com o tempo durante 15 s e depois decresce até zero, também linearmente, durante 5 s, (a) determine o impulso causado sobre o corpo pela força,

(b) calcule a força máxima exercida sobre o corpo, e (c) faça um gráfico de F contra t e procure a área sob essa curva. Esse resultado concorda com (a)? Suponha que F seja a única força que age no corpo.

8.2 Calcule o trabalho de uma força constante de 12 N, quando seu ponto de aplicação se move de 7 m, se o ângulo entre as direções da força e do deslocamento é (a) 0°, (b) 60°, (c) 90°, (d) 145°, (e) 180°.

8.3 Calcule o trabalho realizado por um homem que arrasta um saco de farinha de 65 kg a uma distância de 10 m sobre o solo com uma força de 25 kgf, erguendo-o depois até a carroceria de um caminhão de 75 cm de altura. Qual é a potência média desenvolvida, se o processo todo foi realizado em 2 min?

8.4 O *pé-libra* é definido como o trabalho realizado por uma força de 1 lbf quando esta desloca um corpo por uma distância de um pé na sua própria direção. Verifique que 1 pé-lb é igual a 1,356 J, e que 1 hp é igual a 746 W. Mostre que, quando a massa é dada em slugs, e a velocidade em pé · s^{-1}, a energia cinética é expressa em pé-lb.

8.5 Um corpo de massa igual a 4 kg move-se para cima num plano inclinado de 20° com a horizontal. As seguintes forças agem sobre o corpo: uma força horizontal de 80 N, uma força de 100 N paralela ao plano inclinado no sentido do movimento, e uma força de atrito constante de 10 N que se opõe ao movimento. O corpo desliza 20 m sobre o plano. Calcule o trabalho total realizado pelo sistema de forças que age sobre o corpo, assim como o trabalho executado por cada uma delas.

8.6 Um anel m com 5,0 kg de massa desliza sobre um arco metálico liso ABC (Fig. 8.24) moldado na forma de um arco de círculo com 1,20 m de raio. Há duas forças agindo sobre o corpo F e F' cujos módulos são, respectivamente, 40 N e 150 N. A força F permanece tangente ao círculo. A força F' age numa direção constante que forma um ângulo de 30° com a horizontal. Calcule o trabalho total realizado pelo sistema de forças que age no corpo quando ele se move de A para B e de A para C.

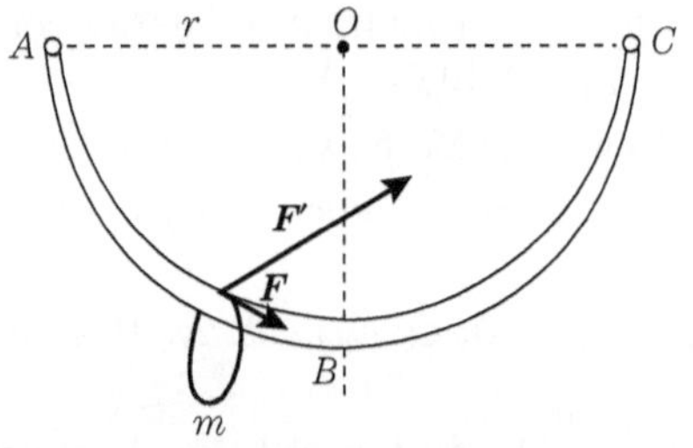

Figura 8.24

8.7 Um corpo com 0,10 kg de massa cai de uma altura de 3 m sobre um monte de areia. Se o corpo afunda 3 cm antes de parar, qual é o módulo da força constante que a areia exerceu sobre o corpo?

8.8 Um corpo de 1.000 kg de massa cai de uma altura de 10 m sobre uma coluna metálica que está verticalmente plantada no solo. A coluna afunda 1 cm com o impacto. Calcule a força de resistência média exercida pelo solo sobre a coluna. (Suponha que toda a energia cinética do corpo é transformada em trabalho para afundar a coluna.)

8.9 Um homem com 80 kg de massa caminha para cima num plano inclinado de 10° com a horizontal, desenvolvendo uma velocidade de 6 km · h^{-1}. Calcule a potência desenvolvida.

8.10 Um elevador transporta para cima 10 passageiros a uma altura de 80 m em 3 min. Cada passageiro tem 80 kg de massa e o elevador tem uma massa de 1.000 kg. Calcule a potência de seu motor.

8.11 Um automóvel sobe uma rampa inclinada de 3°, com velocidade constante de 45 km · h^{-1}. A massa do automóvel é de 1.600 kg. Qual é a potência desenvolvida pelo motor? Qual o trabalho realizado em 10 s? Despreze as forças de atrito.

8.12 Um automóvel que pesa 1.000 kgf, movendo-se numa trajetória horizontal, atinge uma velocidade máxima de 30 m · s^{-1} quando o motor desenvolve sua potência máxima de 50 CV. Calcule a velocidade máxima do automóvel quando ele sobe uma rampa cuja inclinação é de 5%. Suponha a resistência do ar constante.

8.13 Resolva o problema anterior com o automóvel descendo a rampa.

8.14 Uma força constante de 60 dyn age durante 12 s num corpo cuja massa é de 10 g. O corpo tem uma velocidade inicial de 60 cm · s^{-1} na mesma direção da força. Calcule: (a) o trabalho realizado pela força, (b) a energia cinética final, (c) a potência desenvolvida e (d) o aumento da energia cinética.

8.15 Repita o problema anterior para uma força que é perpendicular à velocidade inicial.

8.16 (a) Que força constante deve ser exercida pelo motor de um automóvel cuja massa é de 1.500 kg para aumentar a velocidade do automóvel de 4,0 km · h^{-1} a 40 km · h^{-1} em 8 s? (b) Determine a variação da quantidade de movimento e da energia cinética. (c) Determine o impulso recebido e o trabalho realizado pela força. (d) Calcule a potência média do motor.

8.17 Uma pequena bola de aço com 1 kg de massa está ligada à extremidade de um fio de 1 m de comprimento, girando num círculo vertical cujo centro é a outra extremidade do fio, com uma velocidade angular constante de 120 rad · s^{-1}. Calcule sua energia cinética. Se em lugar da velocidade angular for a energia total que permanece constante, qual será a variação da energia cinética e da velocidade angular entre o topo e a parte mais baixa do círculo? Suponha que o valor dado para a velocidade angular seja aquele para o topo do círculo.

8.18 Um corpo de massa m está se movendo com velocidade $\boldsymbol{V}$ relativamente a um observador O e com velocidade $\boldsymbol{V'}$ relativamente a O'. A velocidade relativa entre O e O' é $\boldsymbol{v}$. Procure a relação entre as energias cinéticas E_k e E'_k do corpo medidas por O e O'.

8.19 Exprima, em eV, a energia cinética de um elétron (massa = $9{,}109 \times 10^{-31}$ kg) movendo-se a uma velocidade de 10^6 m · s^{-1}. Repita o cálculo para um próton (massa = $1{,}675 \times 10^{-27}$ kg).

8.20 Calcule a velocidade de um elétron que atinge a tela de um cinescópio de televisão com uma energia de $1{,}8 \times 10^4$ eV.

8.21 Determine a velocidade de um próton que emerge de um acelerador de partículas com uma energia de 3×10^5 eV.

8.22 Quando E_k é a energia cinética em eV e v é a velocidade em m · s^{-1}, prove que a relação entre as duas grandezas é $E_k = 2{,}843 \times 10^{-12}v^2$ para o elétron e $E_k = 5{,}228 \times 10^{-9}v^2$ para o próton.

8.23 A força que age num corpo de 10 kg de massa é $\boldsymbol{F} = \boldsymbol{u}_x(10 + 2t)$ N, onde t é o número de segundos. (a) Determine a variação na quantidade de movimento e na velocidade do corpo após 4 s, assim como o impulso transmitido ao corpo. (b) Durante quanto tempo deveria a força agir sobre o corpo para que o seu impulso fosse de 200 N · s? Responda a ambas as questões para um corpo que estivesse inicialmente em repouso e para outro com uma velocidade inicial $-\boldsymbol{u}_y(6)$ m · s^{-1}.

8.24 Uma massa de 10 kg move-se sob a força $\boldsymbol{F} = [\boldsymbol{u}_x(5t) + \boldsymbol{u}_y(3t^2 - 1)]$ N. Em $t = 0$ o corpo está em repouso na origem, (a) Determine a quantidade de movimento e a energia cinética do corpo em $t = 10$ s. (b) Calcule o impulso e o trabalho realizado pela força entre $t = 0$ e $t = 10$ s. Confronte com o resultado de (a).

8.25 Uma massa de 20 kg move-se sob a influência de uma força $\boldsymbol{F} = \boldsymbol{u}_x(100t)$N, onde t é o número de segundos. Se em $t = 2$, $\boldsymbol{v} = \boldsymbol{u}_x(3)$ m · s^{-1}, determine: (a) o impulso transmitido ao corpo durante o intervalo de tempo $2\text{s} \leq t \leq 10$ s; (b) a quantidade de movimento da massa em $t = 10$ s. (c) Prove que o impulso é igual à variação da quantidade de movimento da massa para um dado intervalo de tempo. (d) Calcule o trabalho realizado sobre o corpo e (e) sua energia cinética em $t = 10$ s. (f) Prove que a variação da energia cinética é igual ao trabalho realizado.

8.26 Repita o problema anterior quando $\boldsymbol{v} = \boldsymbol{u}_y(3t)$ m · s^{-1} em $t = 2$ s.

8.27 Uma partícula está submetida a uma força $\boldsymbol{F} = \boldsymbol{u}_x(y^2 - x^2) + \boldsymbol{u}_y(3xy)$ no sistema MKSC. Determine o trabalho realizado pela força quando a partícula é deslocada do ponto (0, 0) ao ponto (2,4) ao longo de cada um dos seguintes caminhos: (a) ao longo do eixo X de (0, 0) a (2,0) e paralelamente ao eixo Y até (2, 4); (b) ao longo de Y de (0,0) a (0,4) e paralelamente a X até (2, 4); (c) ao longo de uma reta que passa por ambos os pontos; (d) ao longo da parábola $y = x^2$. Essa é uma força conservativa?

8.28 Repita o problema anterior quando a força é $\boldsymbol{F} = [\boldsymbol{u}_x(2xy) + \boldsymbol{u}_y(x^2)]$.

8.29 Dada $\boldsymbol{F} = [\boldsymbol{u}_x(7) - \boldsymbol{u}_y(6)]$ N. (a) Calcule o trabalho realizado quando uma partícula submetida a essa força vai da origem a $\boldsymbol{r} = [\boldsymbol{u}_x(-3) + \boldsymbol{u}_y(4) + \boldsymbol{u}_z(16)]$ m. Será necessário especificar o caminho seguido pela partícula? (b) Calcule a potência média quando a partícula leva 0,6 s para ir de um ponto ao outro. Exprima sua resposta em watts e hp. (c) Sendo a massa da partícula 1,0 kg, calcule a variação da energia cinética.

8.30 A força do problema anterior é conservativa, pois é constante. Calcule a diferença de energia potencial entre os dois pontos. Determine a energia potencial no ponto $\boldsymbol{r} = [\boldsymbol{u}_x(7) + \boldsymbol{u}_y(16) + \boldsymbol{u}_z(-42)]$ m.

8.31 Uma partícula move-se sob a ação de uma força atrativa que varia com o inverso do quadrado da distância, $F = -k/r^2$. A trajetória é um círculo de raio r. Mostre que a energia total é $E = -k/2r$, que a velocidade é $v = (k/mr)^{1/2}$, e que o momento angular é $L = (mkr)^{1/2}$.

8.32 Um plano inclinado, sem atrito, tem 13 m de comprimento e sua base mede 12 m. Um corpo com 0,80 kg de massa desliza a partir do topo com uma velocidade inicial de 100 cm · s^{-1}. Qual é a velocidade e a energia cinética do corpo quando ele atinge a base do plano?

8.33 Faça um gráfico das energias cinética e potencial como função de (a) tempo e (b) altura, para um corpo que cai de uma altura h, estando inicialmente em repouso. Verifique que as curvas, em cada caso, dão uma mesma soma constante.

8.34 Um corpo com 20 kg de massa é lançado verticalmente para cima com uma velocidade inicial de 50 m · s^{-1}. Calcule: (a) os valores iniciais de E_k, E_p e E; (b) E_k e E_p depois de 3 s; (c) E_k e E_p a 100 m de altitude e (d) a altitude do corpo quando E_k está reduzida a 80% do valor inicial.

8.35 Uma bola de 0,40 kg é lançada horizontalmente do alto de uma colina de 120 m de altura com a velocidade de 6 m · s^{-1}. Calcule: (a) a energia cinética inicial da bola; (b) sua energia potencial inicial; (c) sua energia cinética quando ela atinge o solo e (d) sua velocidade quando ela atinge o solo.

8.36 Uma bomba com 10 kg de massa é largada de um avião que voa horizontalmente com velocidade de 270 km · h^{-1}. Se o avião está a 100 m de altitude, calcule: (a) a energia cinética inicial da bomba; (b) sua energia potencial inicial; (c) sua energia total; (d) sua velocidade quando ela atinge o solo e (e) suas energias cinética e potencial 10 s após o início da queda.

8.37 Usando somente a conservação da energia, calcule a velocidade da bomba do problema anterior quando ela se encontra a 50 m acima do solo, e sua altitude quando a energia cinética tiver aumentado 30% em relação ao valor inicial.

8.38 Resolva o Problema 8.34 para o caso em que o corpo é lançado numa direção que forma um ângulo de 70° com a horizontal.

8.39 Um menino de massa m está sentado sobre um monte de gelo de forma hemisférica, conforme a Fig. 8.25. Se ele começa a deslizar a partir do repouso (considere o gelo sem atrito), em que ponto P perderá contato com o monte?

8.40 Três canhões atiram projéteis com a mesma velocidade inicial (Fig. 8.26): de tal modo que todos os projéteis passam pelo mesmo ponto A (não necessariamente no mesmo instante). Copie a Fig. 8.26 e desenhe as velocidades vetoriais. Baseando seus cálculos em considerações de energia, determine a relação entre os módulos das velocidades dos projéteis em A. Usando somente a conservação da energia, poderá você concluir de sua resposta que é possível determinar a direção do movimento? Por quê?

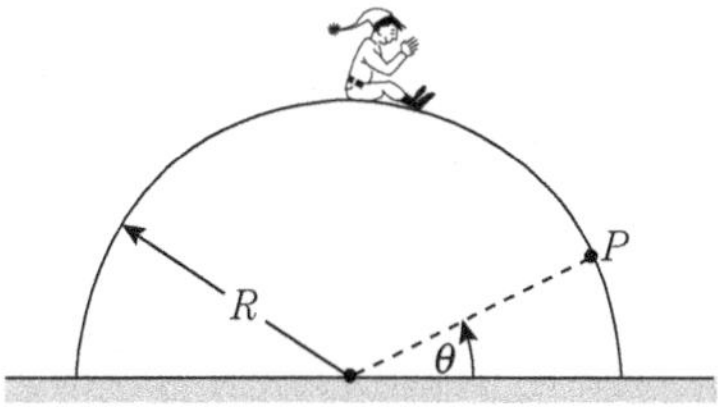

Figura 8.25

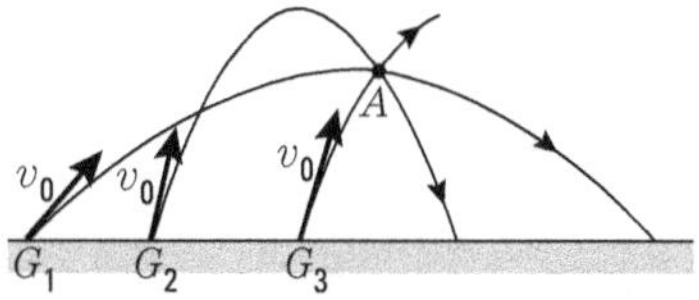

Figura 8.26

8.41 Um corpo com 0,5 kg de massa é largado de uma altura de 1 m sobre uma pequena mola vertical que tem uma extremidade presa ao solo. A constante da mola é k = 2.000 N · m^{-1}. Calcule a deformação máxima da mola.

8.42 O corpo A na Fig. 8.27 tem uma massa de 0,5 kg. Partindo do repouso, ele desliza 3 m sobre um plano sem atrito, que forma um ângulo de 45° com a horizontal, até atingir a mola M, cuja extremidade B está fixa ao outro extremo do plano. A constante da mola é k = 400 N · m^{-1}. Calcule a deformação máxima da mola.

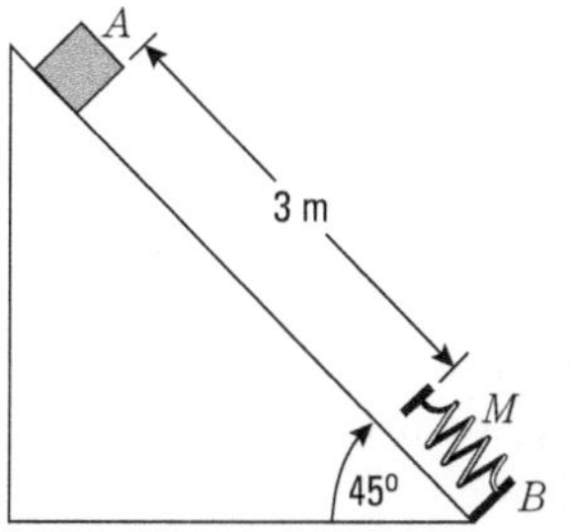

Figura 8.27

8.43 Um corpo de 5 kg de massa pende de uma mola cuja constante elástica é 2×10^3 N · m^{-1}. Se se permitir que a mola se alongue muito lentamente, de que distância o corpo abaixará? Agora o corpo é abandonado de maneira a cair livremente. Procure (a) sua aceleração inicial e (b) sua aceleração e velocidade após ter caído 0,010 m, 0,0245 m, 0,030 m. Qual a distância que o corpo se deslocará nesse caso? Use considerações de energia sempre que possível.

8.44 Na molécula NH_3, o átomo N ocupa o vértice de um tetraedro em que os três átomos de H formam a base (ver Fig. 2.3). É claro que o átomo N tem duas posições simétricas de equilíbrio estável. Desenhe uma curva esquemática para a energia potencial do átomo N como função de sua distância à base do tetraedro e discuta para N os movimentos possíveis em termos da energia total.

8.45 Na molécula de etano (C_2H_6), os dois grupos CH_3 são tetraedros, com o átomo C num vértice (Fig. 8.28). Os dois grupos CH_3 podem girar um em relação ao outro ao redor da linha que une os dois átomos de carbono. Considerações de simetria sugerem que há dois conjuntos de posições de equilíbrio para esse movimento; um deles corresponde a posições de equilíbrio estável e o outro corresponde a posições de equilíbrio instável. Determine essas posições e faça um gráfico esquemático da energia potencial como função do ângulo ϕ, entre 0 e 2π. Discuta os movimentos rotacionais possíveis para diferentes valores da energia total.

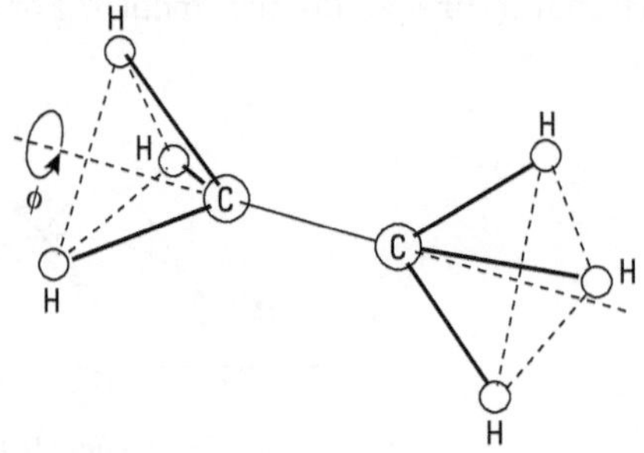

Figura 8.28

8.46 Faça um gráfico, semelhante ao da Fig. 8.19, de $E_{p,ef}$ para $E_p(r) = -1/r$ e (a) $E_{p,c} = 1/2r^2$, (b) $E_{p,c} = 2/r^2$, onde todas as energias são dadas em J e r em m. Determine a posição de mínimo para $E_{p,ef}$ em cada caso. "Meça" a energia necessária para ir do mínimo da primeira curva ao mínimo da segunda.

8.47 Um trenó com 20 kg de massa desliza de uma colina partindo de uma altitude de 20 m. O trenó parte do repouso e tem uma velocidade de 16 m · s^{-1} quando atinge o fim da encosta. Calcule a perda de energia devida ao atrito.

8.48 Uma bola de 0,5 kg, que é lançada verticalmente para cima com uma velocidade inicial de 20 m · s^{-1}, atinge uma altitude de 15 m. Calcule a perda de energia devida à resistência do ar.

8.49 Um trem, partindo do repouso, percorre 300 m ao descer uma rampa de 1% de inclinação. Com o ímpeto assim adquirido, ele sobe uma encosta de 2% de inclinação e caminha 60 m até parar. Calcule a força de resistência ao movimento do trem. (Supondo que θ e ϕ são ângulos de inclinação dos dois planos, tg $\theta = 0{,}01$ e tg $\phi = 0{,}02$.)

8.50 Um corpo de massa m desliza para baixo ao longo de um plano inclinado de um ângulo θ com a horizontal. O coeficiente de atrito é f. Procure a razão de dissipação da soma das energias cinética e potencial.

8.51 Resolva o Ex. 8.12 substituindo os valores apropriados para v e y como funções de t (obtidos no Ex. 7.8) na expressão $d/dt\left(E_k + E_p\right) = d/dt\left(\frac{1}{2}mv^2 + mgy\right)$. Mostre que o resultado é o mesmo discutido no Ex. 8.12.

8.52 Um corpo de massa igual a 8 kg está apoiado num plano horizontal e em contato com a extremidade de uma mola horizontal de constante elástica igual a 10^3 N · m^{-1}. A outra extremidade da mola está ligada a uma parede vertical. Quando o corpo é empurrado contra a parede, a mola é comprimida em 15 cm. Se depois de comprimido é abandonado, projeta-se horizontalmente pela ação da mola. A força de atrito entre o corpo e o plano é constante e igual a 5 N. Calcule: (a) a velocidade do corpo no instante em que a mola retorna ao seu comprimento original e (b) a distância caminhada pelo corpo até ficar em repouso novamente, supondo que a ação da mola cesse quando esta passa pelo seu comprimento normal. Discuta a variação da energia cinética e potencial do sistema corpo–mola durante todo o processo.

8.53 Aplique o teorema do virial para obter a energia total de um corpo em movimento sob a ação de uma força atrativa que varia com o inverso do quadrado da distância, $F = -k/r^2$. Compare a resposta com o resultado do Prob. 8.31.

8.54 Uma partícula move-se sob ação de um campo de forças descrito por uma das seguintes funções de energia potencial: (a) $E_p(x) = ax^n$, (b) $E_p(y) = by^n$, (c) $E_p(x, y) = cxy$, (d) $E\ (x, y, z) = cxyz$, (e) $E_p\ (x, y, z) = k(x^2 + y^2 + z^2)$. Em cada caso, exprima o campo de forças numa forma vetorial.

8.55 Uma partícula está sujeita a uma força associada com a energia potencial $E_p(x) = 3x^2 - x^3$. (a) Faça um gráfico de $E_p(x)$. (b) Determine o sentido da força em cada intervalo apropriado da variável x. (c) Discuta os movimentos possíveis da partícula para diferentes valores de sua energia total. Procure suas posições de equilíbrio (estável e instável).

8.56 A interação entre duas partículas nucleares (núcleons) pode ser representada com alguma precisão pelo *potencial de Yukawa* $E_p(r) = -V_0(r_0/r)e^{-r/r0}$, onde V_0 é aproximadamente igual a 50 MeV e r_0 é aproximadamente igual a $1{,}5 \times 10^{-15}$ m. Procure a força entre as duas partículas como uma função da sua separação. Procure o valor da força em $r = r_0$. Faça uma estimativa do valor de r no qual a força é igual a 1% do seu valor em $r = r_0$.

8.57 Em vez da interação de Yukawa considere uma interação da forma $E_p(r) = -V_0(r_0/r)$ e repita os mesmos cálculos do problema anterior. O que você conclui a respeito da influência do fator $e^{-r/r0}$ sobre o alcance da força?

8.58 Prove que, quando uma força é conservativa, então $\partial F_x/\partial y = \partial F_y/\partial x$, $\partial F_y/\partial z = \partial F_z/\partial y$, e $\partial F_z/\partial x = \partial F_x/\partial z$. Pode-se também provar que a recíproca é verdadeira e, portanto, isso constitui um teste importante para determinar se o campo de forças é conservativo. Com base nisso, verifique quais das seguintes forças são conservativas: (a) $\boldsymbol{u}_x x^n$, (b) $\boldsymbol{u}_x y^n$, (c) $\boldsymbol{u}_x(x^2 - y^2) + \boldsymbol{u}_y(3xy)$, (d) $\boldsymbol{u}_x(2xy) + \boldsymbol{u}_y(x^2)$, (e) $\boldsymbol{u}_x yz + \boldsymbol{u}_y zx + \boldsymbol{u}_z xy \cdot x$, (f) $\boldsymbol{u}_x x + \boldsymbol{u}_y y + \boldsymbol{u}_z z$.

8.59 Mostre que, se a força aplicada a um corpo é $\boldsymbol{F} = k\boldsymbol{u} \times \boldsymbol{v}$, onde $\boldsymbol{u}$ é um vetor unitário arbitrário, a energia cinética do corpo permanece constante. Qual é o trabalho realizado pela força? Descreva a natureza do movimento resultante.

9 Dinâmica de um sistema de partículas

9.1 Introdução

Nos dois últimos capítulos, discutimos a teoria da dinâmica de uma partícula. Naquela teoria tínhamos ignorado o resto do universo, representando-o por uma *força* ou por uma *energia potencial*, que dependia somente das coordenadas da partícula. Agora consideraremos o problema de várias partículas, que é mais importante e realístico. Com efeito, foi com um sistema de partículas que iniciamos nossa discussão da dinâmica, quando estabelecemos o princípio da conservação da quantidade de movimento no Cap. 7. Três resultados importantes serão discutidos na primeira parte deste capítulo: o movimento do centro de massa, a conservação do momento angular e a conservação da energia. Na segunda metade deste capítulo, consideraremos sistemas compostos de um número muito grande de partículas, que requerem algumas considerações de natureza estatística*. Em todo este capítulo consideraremos que as massas das partículas são constantes.

I. RELAÇÕES FUNDAMENTAIS

9.2 Movimento do centro de massa de um sistema de partículas

Consideremos um sistema composto de partículas de massas m_1, m_2,... e velocidades $\boldsymbol{v}_1$, $\boldsymbol{v}_2$, ..., relativamente a um referencial inercial. Definiremos *velocidade do centro de massa*, por

$$\boldsymbol{v}_{\mathrm{CM}} = \frac{m_1\boldsymbol{v}_1 + m_2\boldsymbol{v}_2 + \ldots}{m_1 + m_2 + \ldots} = \frac{\Sigma_i m_i \boldsymbol{v}_i}{M}. \tag{9.1}$$

Se as massas das partículas são independentes das velocidades, $\boldsymbol{v}_{\mathrm{CM}}$ corresponde à velocidade do ponto definido na Seç. 4.8 como o centro de massa e dado pelo vetor posição

$$\boldsymbol{r}_{\mathrm{CM}} = \frac{m_1\boldsymbol{r}_1 + m_2\boldsymbol{r}_2 + \ldots}{m_1 + m_2 + \ldots} = \frac{\Sigma_i m_i \boldsymbol{r}_i}{M}. \tag{9.2}$$

Isso pode ser visto se fizermos a derivada em relação ao tempo da Eq. (9.2)

$$\frac{d\boldsymbol{r}_{\mathrm{CM}}}{dt} = \frac{1}{M}\Sigma_i m_i \frac{d\boldsymbol{r}_i}{dt} = \frac{\Sigma_i m_i \boldsymbol{v}_i}{M} = v_{\mathrm{CM}},$$

---

* Na sequência original, o desenvolvimento da termodinâmica e da mecânica estatística foi deixado para a parte final do volume III. Em razão da sequência geralmente utilizada em nosso país, na qual a termodinâmica é apresentada em forma elementar antes do desenvolvimento de física moderna, foram incorporados a esta edição alguns tópicos de mecânica estatística e de termodinâmica, extraídos do livro *Physics*, de M. Alonso, E. J. Finn. (Reading, Mass.: Addison-Wesley, 1970.) O desenvolvimento utilizado acopla-se sem descontinuidade a este capítulo e é apresentado nas Notas Suplementares I a VII (N.T.).

Observando que $\boldsymbol{p}_i = m_i\boldsymbol{v}_i$, podemos também escrever a Eq. (9.1) como

$$\boldsymbol{v}_{\text{CM}} = \frac{1}{M}\Sigma_i \boldsymbol{p}_i = \frac{\boldsymbol{P}}{M} \quad \text{ou} \quad \boldsymbol{P} = M\boldsymbol{v}_{\text{CM}}, \tag{9.3}$$

onde $\boldsymbol{P} = \Sigma_i \boldsymbol{p}_i$ é a quantidade de movimento total do sistema. Isso sugere que a quantidade de movimento do sistema é a mesma que se teria se toda a massa fosse concentrada no centro de massa, movendo-se com velocidade $\boldsymbol{v}_{\text{CM}}$. Por essa razão, $\boldsymbol{v}_{\text{CM}}$ é às vezes chamada de *velocidade do sistema*. Assim, quando falamos da velocidade de um corpo composto de muitas partículas, tais como um avião ou um automóvel, a Terra ou a Lua, ou mesmo uma molécula ou um núcleo, referimo-nos realmente à velocidade do seu centro de massa $\boldsymbol{v}_{\text{CM}}$.

Se o sistema é isolado, sabemos, do princípio de conservação da quantidade de movimento, que $\boldsymbol{P}$ é constante. Portanto

> *o centro de massa de um sistema isolado move-se com velocidade constante em qualquer referencial inercial (supondo que as massas das partículas sejam independentes da velocidade).*

Em particular, podemos ligar um referencial inercial ao centro de massa de um sistema isolado e, relativamente a esse referencial inercial, o centro de massa estará em repouso ($\boldsymbol{v}_{\text{CM}}$). Este é chamado de *referencial do centro de massa ou referencial C*. Pela Eq. (9.3), a quantidade de movimento total de um sistema de partículas com relação ao referencial C é sempre zero:

$$\boldsymbol{P}_{\text{CM}} = \Sigma_i \boldsymbol{p}_i = 0 \text{ (no referencial do CM)}. \tag{9.4}$$

Por essa razão o referencial C é, às vezes chamado de *referencial de quantidade de movimento zero*. Esse referencial C é importante porque muitas experiências que executamos no nosso referencial L do laboratório podem ser analisadas mais facilmente no referencial do CM.

Em seguida consideraremos o que acontece quando um sistema S não está isolado; em outras palavras, quando as partículas componentes de S estão interagindo com outras partículas do universo que não pertencem a S. Suponhamos que nosso sistema S seja composto das partículas contidas dentro da linha tracejada na Fig. 9.1, e que as partículas em S interajam com todas as outras que estão fora da linha tracejada e que formem outro sistema S'. Poderemos também imaginar que S e S' juntos formam um sistema isolado. Para considerar alguns exemplos concretos, nosso sistema S pode ser nossa galáxia, e S' o resto do universo. Ou S pode ser o sistema solar, e S' o resto do universo. Podemos mesmo verso. Ou S pode ser o sistema solar, e S' o resto do universo. Podemos mesmo considerar uma molécula isolada e agrupar os átomos que a compõem em dois sistemas, S e S'.

Designamos as partículas que pertencem a S pelo índice i, e as que pertencem a S' pelo índice j. O princípio de conservação da quantidade de movimento para o sistema isolado completo $S + S'$ é

$$\boldsymbol{P} = \underbrace{\Sigma_i \boldsymbol{p}_i}_{\text{Sistema } S} + \underbrace{\Sigma_j \boldsymbol{p}_j}_{\text{Sistema } S'} = \text{const.}$$

ou

$$\boldsymbol{P} = \boldsymbol{P}_s + \boldsymbol{P}_{s'} = \text{const.} \tag{9.5}$$

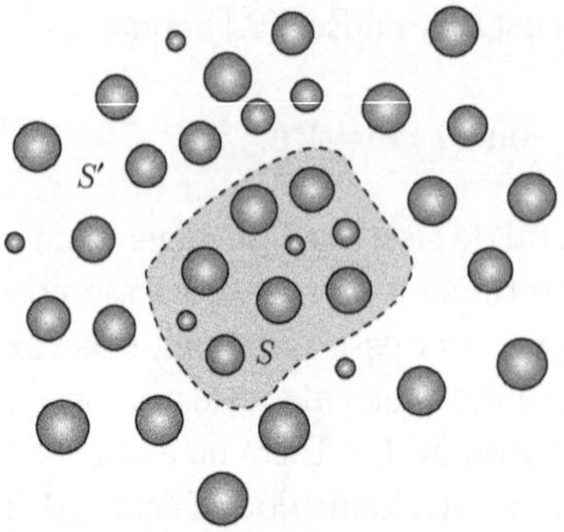

Figura 9.1 Interação entre um sistema *S* e sua vizinhança *S'*.

Então, qualquer variação na quantidade de movimento de S deve ser acompanhada por uma variação igual e oposta da quantidade de movimento de S', isto é,

$$\Delta \boldsymbol{P}s = -\Delta \boldsymbol{P}_{s'}$$

ou

$$\textstyle\sum_i \Delta_{\boldsymbol{p}i} = -\sum_j \Delta_{\boldsymbol{p}j}. \tag{9.6}$$

Portanto a interação entre os sistemas S *e* S' pode ser descrita como uma troca de quantidade de movimento. O estudante deve comparar as Eqs. (9.5) e (9.6) com as Eqs. (7.5) e (7.8) para o caso particular de duas partículas, a fim de notar a semelhança. Tomando a derivada em relação ao tempo da Eq. (9.5), temos

$$\frac{d\boldsymbol{P}_S}{dt} = \frac{d\boldsymbol{P}_{S'}}{dt}. \tag{9.7}$$

Chamamos de *força externa* exercida sobre S a razão de variação com o tempo da quantidade de movimento do sistema S, isto é

$$\frac{d\boldsymbol{P}_S}{dt} = \boldsymbol{F}_{\text{ext}} \qquad \text{ou} \qquad \frac{d}{dt}\left(\Sigma_i \boldsymbol{p}_i\right) = \boldsymbol{F}_{\text{ext}}. \tag{9.8}$$

Dizemos força externa porque a razão de variação com o tempo da quantidade de movimento de S é devida à sua interação com S'. As *forças internas* que existem em S devidas às interações entre suas partículas componentes não produzem qualquer variação na sua quantidade de movimento total, conforme é requerido pelo princípio de conservação da quantidade de movimento. Então, se $\boldsymbol{F}'_{\text{ext}}$ é a força externa que age sobre o sistema S', a Eq. (9.7) requer que $\boldsymbol{F}_{\text{ext}} = -\boldsymbol{F}'_{\text{ext}}$, que é a lei de ação e reação para as interações entre S e S'.

Desde que, pela Eq. (9.3), a velocidade do centro de massa de S é $\boldsymbol{v}_{\text{CM}} = \boldsymbol{P}_S/M$, temos, da Eq. (9.8), que

$$\boldsymbol{F}_{\text{ext}} = M\frac{d\boldsymbol{v}_{\text{CM}}}{dt} = M\boldsymbol{a}_{\text{CM}}. \tag{9.9}$$

Comparando esse resultado com a Eq. (7.15), vemos que

> *o centro de massa de um sistema de partículas move-se como se fosse uma partícula de massa igual à massa total do sistema e sujeito à força externa aplicada ao sistema.*

Os resultados expressos pelas Eqs. (9.6), (9.7), (9.8) e (9.9) indicam claramente que a interação entre dois sistemas de partículas pode ser formalmente descrita em termos idênticos àqueles introduzidos no Cap. 7 para duas partículas. Isso justifica, *a posteriori*, a maneira pouco rígida com que ilustramos a aplicação dos princípios da dinâmica no Cap. 7 (onde estavam envolvidos corpos e não partículas) em casos como a interação entre a Terra e a Lua, entre duas moléculas, ou no movimento de um foguete ou de um automóvel.

É interessante obter a relação entre $\boldsymbol{F}_{ext}$ e as forças que agem nas partículas individuais. Para simplicidade, consideremos que o nosso sistema S é composto de duas partículas (Fig. 9.2). Chamemos de $\boldsymbol{F}_{12}$ a força *interna* sobre a partícula m_1 devida à sua interação com m_2, e de $\boldsymbol{F}_{21}$ a força *interna* sobre m_2 devida à sua interação com m_1. A lei de ação e reação requer que

$$\boldsymbol{F}_{12} = -\boldsymbol{F}_{21}. \qquad (9.10)$$

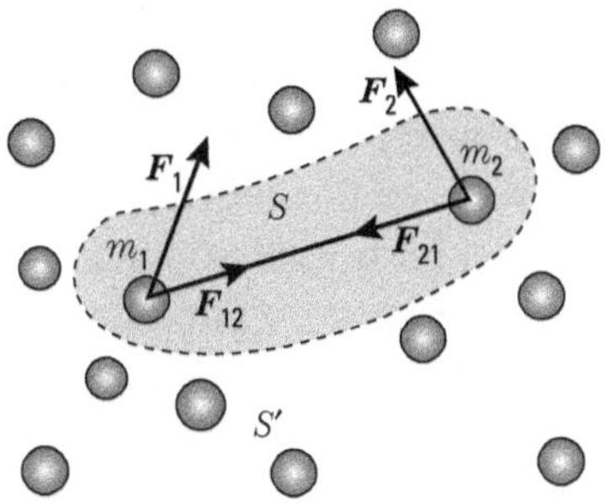

Figura 9.2 Forças externas e internas sobre um sistema S.

Seja $\boldsymbol{F}_1$ a força *externa* resultante sobre m_1 devida às suas interações com outras partículas e $\boldsymbol{F}_2$ a força *externa* sobre m_2. Para obter a equação de movimento de cada partícula sob a ação de *todas* as forças que agem sobre ela, aplicamos a Eq. (7.12):

$$\frac{d\boldsymbol{p}_1}{dt} = \boldsymbol{F}_1 + \boldsymbol{F}_{12}, \qquad \frac{d\boldsymbol{p}_2}{dt} = \boldsymbol{F}_2 + \boldsymbol{F}_{21}.$$

Somando estas duas equações e usando a Eq. (9.10), de modo que $\boldsymbol{F}_{12} + \boldsymbol{F}_{21} = 0$, obtemos

$$\frac{d\boldsymbol{P}}{dt} = \frac{d}{dt}(\boldsymbol{p}_1 + \boldsymbol{p}_2) = \boldsymbol{F}_1 + \boldsymbol{Z}_2. \qquad (9.11)$$

Portanto a razão total de variação da quantidade de movimento do sistema composto de m_1 e m_2 é igual à soma das forças *externas* aplicadas em m_1 e m_2. Em geral, para um sistema composto de um número arbitrário de partículas,

$$\frac{d\boldsymbol{P}}{dt} = \frac{d}{dt}(\Sigma_i \boldsymbol{p}_i) = \Sigma_i \boldsymbol{F}_i, \qquad (9.12)$$

onde $\boldsymbol{F}_i$ é a força *externa* que age sobre a partícula m_i. Uma comparação com a Eq. (9.8) indica que

a força externa que age sobre um sistema de partículas é igual à soma das forças externas sobre cada uma de suas partículas componentes.

Consideremos alguns exemplos. A Fig. 9.3(a) mostra a Terra em seu movimento ao redor do Sol. O centro de massa da Terra move-se como se fosse uma partícula com a mesma massa da Terra e sujeita a uma força igual à soma das forças exercidas pelo Sol (e os outros corpos celestes) sobre todas as partículas que compõem a Terra. A Fig. 9.3(b) esquematiza uma molécula de água. Supondo-se, por exemplo, que a molécula esteja sujeita a forças elétricas externas, seu centro de massa se moverá como se fosse uma partícula de massa igual à da molécula, sujeita a uma força igual à soma das forças que agem sobre todas as partículas carregadas que compõem a molécula. A Fig. 9.3(c) ilustra o movimento de uma corrente atirada ao ar. O centro de massa da corrente move-se como se fosse uma partícula de massa igual à da corrente, sujeita a uma força igual ao peso da corrente; portanto o centro de massa descreve uma trajetória parabólica. Finalmente, na Fig. 9.3(d), temos o caso de uma granada explodindo no ar; o centro de massa dos fragmentos continuará a se mover sobre a parábola original, de vez que o centro de massa se comporta como uma partícula de massa igual à da granada e sujeita ao peso total de todos os fragmentos. O peso dos fragmentos não varia com a explosão porque a força da gravidade praticamente independe da posição em pontos próximos da superfície da Terra. Devemos notar, entretanto, que se o campo de força não fosse constante, mas dependesse da posição, os fragmentos resultantes da explosão estariam sujeitos a forças diferentes daquelas que atuam ao longo da trajetória original. A trajetória do centro de massa não continuaria, então, a ser a mesma de antes da explosão, porque a soma das forças externas seria diferente. Por exemplo, se (em razão de algum cataclismo cósmico) um planeta do sistema solar explodisse em fragmentos, o centro de massa dos fragmentos não seguiria a trajetória elíptica original do planeta, porque as forças sobre os fragmentos seriam diferentes.

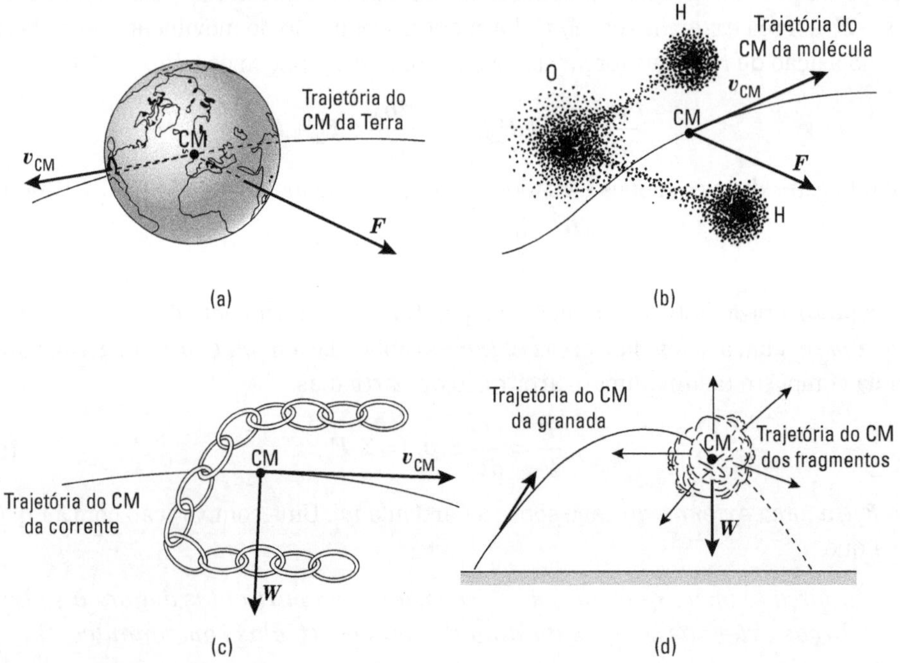

Figura 9.3 O CM de um sistema de partículas segue uma trajetória determinada pela força total externa que age sobre o sistema.

■ **Exemplo 9.1** Uma granada que está caindo verticalmente explode em dois fragmentos iguais quando se encontra a uma altura de 2.000 m e tem uma velocidade para baixo de 60 m · s^{-1}. Imediatamente após a explosão, um dos fragmentos está se movendo para baixo com velocidade de 80 m · s^{-1}. Procurar a posição do centro de massa do sistema 10 s depois da explosão.

Solução: Temos dois métodos à nossa disposição (veja Fig. 9.4). Desde que sabemos que as forças externas não variaram em decorrência da explosão, podemos supor que o centro de massa continua a se mover como se não tivesse havido explosão. Assim, depois da explosão, o centro de massa estará a uma altura dada por $z = z_0 + v_0 t + \frac{1}{2}gt^2$, onde z_0 = 2.000 m, v_0 = – 60 m · s^{-1}, e g = –9,8 m · s^{-2}. Portanto em t = 10 s, z = 910 m.

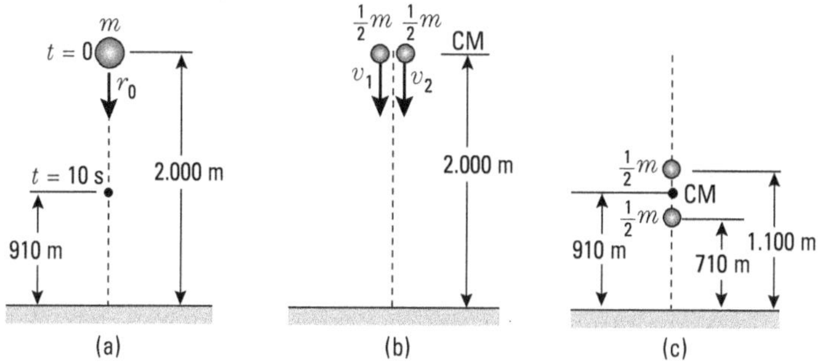

Figura 9.4

Por outro método, calculamos diretamente a posição do centro de massa a partir das posições dos fragmentos 10 s após a explosão. Como a quantidade de movimento é conservada na explosão, temos que $mv_0 = m_1 v_1 + m_2 v_2$. Mas $m_1 = m_2 = \frac{1}{2}m$; portanto $2v_0 =$ $= v_1 + v_2$. São dados v_0 = – 60 m · s^{-1} e v_1 = – 80 m · s^{-1}. Portanto v_2 = – 40 m · s^{-1} e o segundo fragmento também se move para baixo inicialmente. Depois de 10 s a posição do primeiro fragmento é $z_1 = z_0 + v_1 t + \frac{1}{2}gt^2$ = 710 m e o segundo fragmento tem a posição $z_2 = z_0 + v_2 t + \frac{1}{2}gt^2$ = 1.110 m. Aplicando a Eq. (9.2), verificamos que a posição do centro de massa é

$$z_{CM} = \frac{\left(\frac{1}{2}m\right)z_1 + \left(\frac{1}{2}m\right)z_2}{m} = \frac{1}{2}\left(z_1 + z_2\right) = 910 \text{ m},$$

o que está de acordo com o resultado anterior.

■ **Exemplo 9.2** Um tubo que tem uma seção transversal de área a lança um fluxo de gás contra uma parede com velocidade v muito maior que a agitação térmica das moléculas. A parede deflete as moléculas sem alterar o módulo de sua velocidade. Procurar a força exercida sobre a parede.

Solução: Quando as moléculas estão se movendo em direção à parede (Fig. 9.5), a direção da velocidade delas é para baixo. Depois de atingir a parede, elas passam a mover-se para cima. Em ambos os casos, elas fazem um ângulo θ com a normal N. Cada molécula, como resultado de seu impacto contra a parede, sofre uma variação $\Delta \boldsymbol{v}$ em sua velocidade que é paralela à normal N porque esta é a direção da força exercida pela parede. O módulo da variação é $|\Delta \boldsymbol{v}| = 2v \cos \theta$. A variação na quantidade de movimento de uma molécula é $|\Delta p| = m|\Delta \boldsymbol{v}| = 2mv \cos \theta$ na direção da normal N. Seja n o número de moléculas por unidade de volume. O número de moléculas que atinge a parede por unidade de tempo é representado por aquelas que estão num volume cujo comprimento é igual à velocidade v e cuja seção transversal é a. Portanto esse número é $n(av)$. Cada molécula sofre uma variação de quantidade de movimento igual a $2mv \cos \theta$. Portanto a variação da quantidade de movimento do jato de gás por unidade de tempo é

$$F = (nav)(2mv \cos \theta) = 2anmv^2 \cos \theta.$$

Seja A a área da parede que sofre o impacto do gás. Da figura, vemos que $a = A \cos \theta$ e o resultado anterior torna-se

$$F = 2\,Anmv^2 \cos^2 \theta.$$

De acordo com a Eq. (9.8), esta é a força exercida pela parede sobre o jato de gás e pela Eq. (9.10), o jato de gás produz uma força igual e oposta sobre a área A da parede. (A força do vento sobre as velas de um barco é dada por essa equação. Ela também dá a força exercida pelo vento que sopra contra uma parede durante uma tempestade. No Ex. 9.16 veremos outra aplicação.)

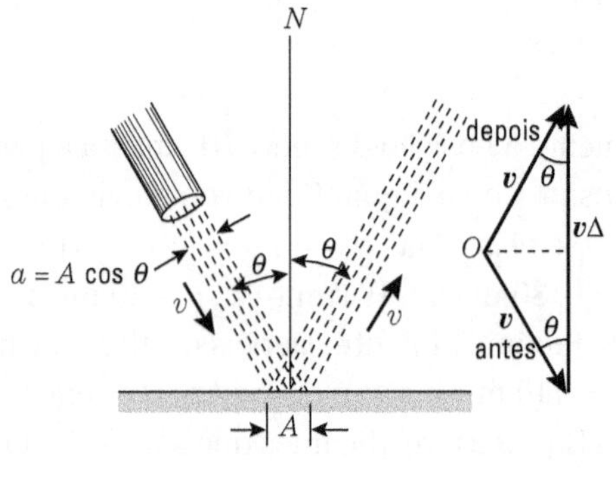

Figura 9.5 Variação da quantidade de movimento de um jato de gás ao atingir uma parede.

Uma vez que a força total não é aplicada a uma única partícula da parede, mas sobre uma área, introduziremos um conceito útil que você já deve conhecer: o conceito de *pressão*, que é definida como a força do gás por unidade de área da parede. Assim

$$p = \frac{F}{A}. \tag{9.13}$$

No caso particular desse exemplo, o gás exerce sobre a parede uma pressão igual a $2nmv^2 \cos^2 \theta$.

9.3 Massa reduzida

Consideremos agora o caso de duas partículas que estão submetidas apenas à mútua interação, isto é, não há forças externas agindo sobre elas (Fig. 9.6). As duas partículas poderiam ser, por exemplo, um elétron e um próton num átomo isolado de hidrogênio. As forças internas mútuas $\boldsymbol{F}_{12}$ e $\boldsymbol{F}_{21}$ satisfazem a Eq. (9.10). Essas forças estão desenhadas ao longo da linha $\boldsymbol{r}_{12}$. Discutamos agora o movimento *relativo* das duas partículas. A equação de movimento para cada partícula relativamente a um observador inercial O, é $m_1(d\boldsymbol{v}_1/dt) = \boldsymbol{F}_{12}$ e $m_2(d\boldsymbol{v}_2/dt) = \boldsymbol{F}_{21}$, ou

$$\frac{d\boldsymbol{v}_1}{dt} = \frac{\boldsymbol{F}_{12}}{m_1}, \qquad \frac{d\boldsymbol{v}_2}{dt} = \frac{\boldsymbol{F}_{21}}{m_2}.$$

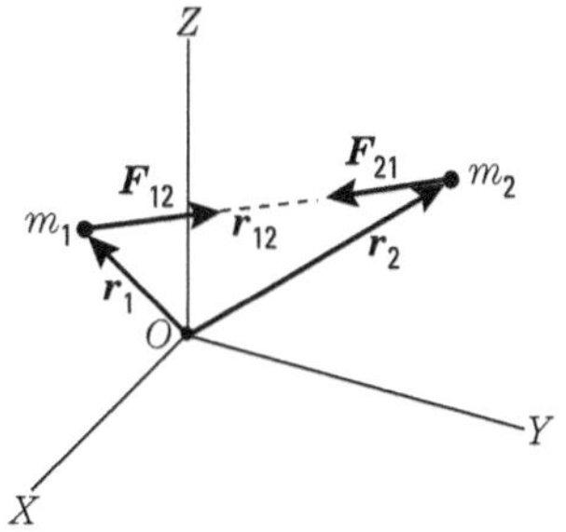

Figura 9.6

Subtraindo essas equações, temos

$$\frac{d\boldsymbol{v}_1}{dt} - \frac{d\boldsymbol{v}_2}{dt} = \frac{\boldsymbol{F}_{12}}{m_1} - \frac{\boldsymbol{F}_{21}}{m_2}$$

Usando a Eq. (9.10), em que $\boldsymbol{F}_{12} = -\boldsymbol{F}_{21}$, reescrevemos o resultado precedente como

$$\frac{d}{dt}(\boldsymbol{v}_1 - \boldsymbol{v}_2) = \left(\frac{1}{m_1} + \frac{1}{m_2}\right)\boldsymbol{F}_{12}. \tag{9.14}$$

Nesse caso, $\boldsymbol{v}_1 - \boldsymbol{v}_2 = \boldsymbol{v}_{12}$ é a velocidade de m_1 *relativa* a m_2, e, portanto

$$\frac{d}{dt}(\boldsymbol{v}_1 - \boldsymbol{v}_2) = \frac{d\boldsymbol{v}_{12}}{dt} = \boldsymbol{a}_{12}$$

é a aceleração *relativa* de m_1 em relação a m_2. Vamos introduzir agora uma quantidade chamada *massa reduzida* do sistema de duas partículas, designada por μ, e definida por

$$\frac{1}{\mu} = \frac{1}{m_1} + \frac{1}{m_2} = \frac{m_1 + m_2}{m_1 m_2} \qquad \text{ou} \qquad \mu = \frac{m_1 m_2}{m_1 + m_2}. \tag{9.15}$$

A Eq. (9.14) pode, então, ser escrita na forma

$$\boldsymbol{a}_{12} = \frac{\boldsymbol{F}_{12}}{\mu} \qquad \text{ou} \qquad \boldsymbol{F}_{12} = \mu\boldsymbol{a}_{12}. \tag{9.16}$$

Esse resultado é muito importante e exprime o fato de que

> *o movimento relativo de duas partículas sujeitas apenas às suas interações mútuas é, relativamente a um observador inercial, equivalente ao movimento de uma partícula de massa igual à massa reduzida sob a ação de uma força igual à força de interação.*

Por exemplo, podemos reduzir o movimento da Lua relativamente à Terra ao problema de uma única partícula usando a massa reduzida do sistema Terra–Lua e a força de atração da Terra sobre a Lua. Do mesmo modo, quando tratamos do movimento de um elétron ao redor do núcleo, podemos considerar o sistema reduzido a uma partícula com massa igual à massa reduzida do sistema elétron–núcleo, movendo-se sob a ação da força que existe entre o elétron e o núcleo. Portanto, ao descrever o movimento de duas partículas sujeitas à sua mútua interação, podemos separar o movimento do sistema em duas partes; uma que considera o movimento do centro de massa cuja velocidade é constante, e outra que considera o movimento relativo das duas partículas, dado pela Eq. (9.16), que é referido a um referencial ligado ao centro de massa.

Note que, se uma das partículas, m_1, por exemplo, tem massa muito menor do que a outra, a massa reduzida pode ser escrita como

$$\mu = \frac{m_1}{1 + m_1/m_2} \cong m_1\left(1 - \frac{m_1}{m_2}\right), \tag{9.17}$$

onde dividimos ambos os termos da Eq. (9.15) por m_2 e usamos a aproximação $(1 + x)^{-1} \approx$ $\approx 1 - x$, de acordo com a Eq. (M. 28). Isso resulta numa massa reduzida que é aproximadamente igual à massa da mais leve. Por exemplo, quando discutimos o movimento de um satélite artificial ao redor da Terra, podemos usar, com muito boa aproximação, a massa do satélite e não a massa reduzida do sistema Terra–satélite. Por outro lado, se as duas partículas têm a mesma massa ($m_1 = m_2$), temos então $\mu = \frac{1}{2}m_1$. Essa é a situação quando dois prótons interagem. Isso também vale, com muito boa aproximação, para um sistema formado por um nêutron e um próton, que é o caso do dêuteron.

■ **Exemplo 9.3** Calcular a massa reduzida dos seguintes sistemas: (a) elétron–próton no átomo de hidrogênio; (b) próton–nêutron no dêuteron. Em cada caso, compare o resultado com a massa da partícula mais leve.

Solução: (a) Para o sistema elétron–próton, que constitui o átomo de hidrogênio, temos que $m_e = 9{,}1091 \times 10^{-31}$ kg e $m_p = 1{,}6725 \times 10^{-27}$ kg. Assim, desde que m_e é muito menor do que m_p, usando a Eq. (9.17), podemos escrever

$$\mu_{ep} = m_e\left(1 - \frac{m_e}{m_p}\right) = 9{,}1031 \times 10^{-31} \text{ kg}.$$

Portanto μ difere de m_e por cerca de 0,06%. Embora a diferença seja pequena, ela produz resultados detectáveis em muitos processos atômicos.

(b) Para o sistema nêutron–próton no dêuteron, temos que $m_n = 1{,}6748 \times 10^{-27}$ kg. que é quase igual a m_p. Então, precisamos usar a fórmula exata, Eq. (9.15), que dá

$$\mu_{np} = \frac{m_p m_n}{m_p + m_n} = 0{,}8368 \times 10^{-27} \text{ kg},$$

resultado aproximadamente igual à metade da massa de qualquer das partículas.

■ **Exemplo 9.4** Um observador mede as velocidades de duas partículas de massas m_1 e m_2 e obtém, respectivamente, os valores $\boldsymbol{v}_1$ e $\boldsymbol{v}_2$: Determinar a velocidade do centro de massa relativa ao observador e a velocidade de cada partícula relativamente ao centro de massa.

Solução: Da Eq. (9.1) temos (Fig. 9.7)

$$\boldsymbol{v}_{\text{CM}} = \frac{m_1\boldsymbol{v}_1 + m_2\boldsymbol{v}_2}{m_1 + m_2}.$$

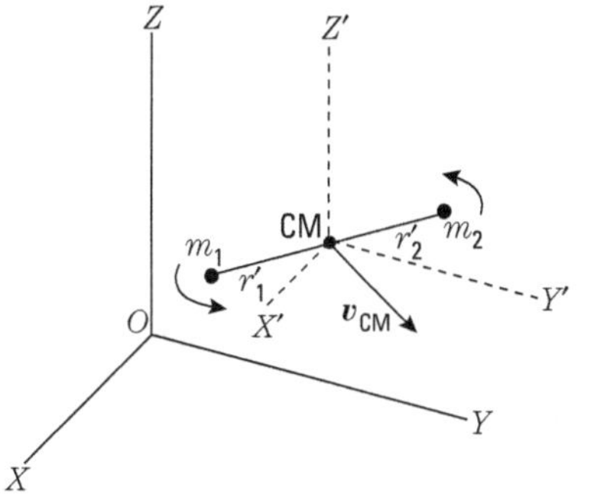

Figura 9.7 Movimento relativo ao CM.

A velocidade de cada partícula, relativa ao centro de massa, usando a transformação galileana de velocidades dada pela Eq. (6.9), é

$$\boldsymbol{v}_1' = \boldsymbol{v}_1 - \boldsymbol{v}_{\text{CM}} = \boldsymbol{v}_1 - \frac{m_1\boldsymbol{v}_1 + m_2\boldsymbol{v}_2}{m_1 + m_2} = \frac{m_2(\boldsymbol{v}_1 - \boldsymbol{v}_2)}{m_1 + m_2} = \frac{m_2\boldsymbol{v}_{12}}{m_1 + m_2};$$

$$\boldsymbol{v}_2' = \boldsymbol{v}_2 - \boldsymbol{v}_{\text{CM}} = \frac{m_1(\boldsymbol{v}_2 - \boldsymbol{v}_1)}{m_1 + m_2} = -\frac{m_2\boldsymbol{v}_{12}}{m_1 + m_2},$$

onde $\boldsymbol{v}_{12} = \boldsymbol{v}_1 - \boldsymbol{v}_2$ é a velocidade relativa das duas partículas. Assim, no referencial C, as duas partículas parecem estar se movendo em direções opostas. A quantidade de movimento da partícula l relativa ao centro de massa é

$$\boldsymbol{p}_1' = m_1\boldsymbol{v}_1' = \frac{m_1 m_2}{m_1 + m_2}\boldsymbol{v}_{12} = \mu\boldsymbol{v}_{12}.$$

Portanto a quantidade de movimento da partícula 1 no referencial do CM é igual à massa reduzida do sistema multiplicada pela velocidade relativa. Analogamente, para a partícula 2,

$$\boldsymbol{p}'_2 = m_2\boldsymbol{v}'_2 = \mu\boldsymbol{v}_{21} = -\mu\boldsymbol{v}_{12}.$$

Assim, verificamos que, no referencial do CM, as duas partículas movem-se com quantidades de movimento iguais e opostas, e que a quantidade de movimento total é $\boldsymbol{p}'_1 + \boldsymbol{p}'_2 = 0$, como era de se esperar, de acordo com a Eq. (9.4). Isso é ilustrado na fotografia da Fig. 9.8(a) e sua análise está na Fig. 9.8 (b).

As relações que obtivemos neste exemplo são muito importantes em experiências de espalhamento na física nuclear. Nessas experiências, as velocidades das partículas são medidas relativamente a um referencial L, ligado ao laboratório. Porém, as expressões teóricas para o espalhamento são mais simples quando deduzidas em relação ao referencial do CM. Em consequência, as relações entre os dois conjuntos de medidas devem ser conhecidas e, no sentido de determiná-las, precisamos usar as fórmulas deduzidas aqui.

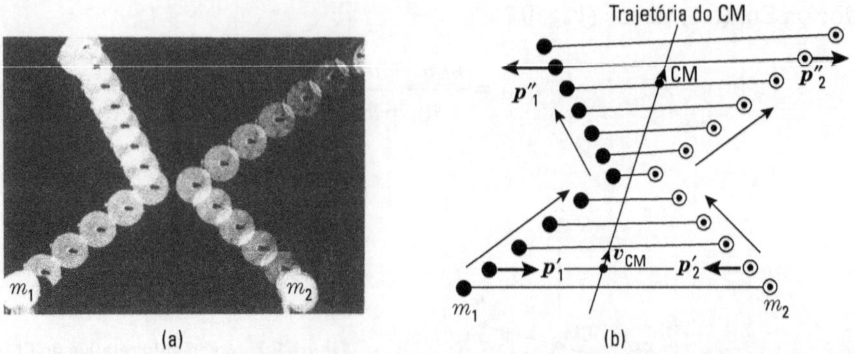

Figura 9.8 Colisão entre dois corpos (m_1 = 2 kg, m_2 = 1,5 kg). A interação atua somente quando eles estão muito próximos. (a) Sequência de fotografias rápidas do movimento dos dois corpos. (b) Análise gráfica da fotografia, mostrando que o CM moveu-se em linha reta com velocidade constante relativamente ao referencial do laboratório.

9.4 Momento angular de um sistema de partículas

Passemos a estudar o momento angular de um sistema de partículas. Na Eq. (7.32), definimos o momento angular de uma partícula relativo a um dado ponto, como a quantidade vetorial

$$\boldsymbol{L} = \boldsymbol{r} \times \boldsymbol{p} = m(\boldsymbol{r} \times \boldsymbol{v}), \tag{9.18}$$

e obtivemos, também, na Eq. (7.38), a relação entre L e o torque (ou conjugado) das forças aplicadas, $\tau = r \times$ F. Isto é,

$$\frac{d\boldsymbol{L}}{dt} = \tau. \tag{9.19}$$

Agora, vejamos uma situação semelhante, em que temos não apenas uma, mas muitas partículas. Para simplificar, consideremos primeiramente o caso de duas partículas apenas. A Eq. (9.19), aplicada às partículas 1 e 2, dá

$$\frac{d\boldsymbol{L}_1}{dt} = \tau_1 \qquad \text{e} \qquad \frac{d\boldsymbol{L}_2}{dt} = \tau_2.$$

Somando as duas equações, obtemos

$$\frac{d}{dt}(\boldsymbol{L}_1 + \boldsymbol{L}_2) = \tau_1 + \tau_2. \tag{9.20}$$

Suponhamos que cada partícula, além de interagir com a outra partícula, está submetida a uma força externa (Fig. 9.9). Então, a força sobre a partícula 1 é $\boldsymbol{F}_1 + \boldsymbol{F}_{12}$ e sobre a partícula 2 é $\boldsymbol{F}_2 + \boldsymbol{F}_{21}$, e

$$\tau_1 = \boldsymbol{r}_1 \times (\boldsymbol{F}_1 + \boldsymbol{F}_{12}) = \boldsymbol{r}_1 \times \boldsymbol{F}_1 + \boldsymbol{r}_1 \times \boldsymbol{F}_{12},$$
$$\tau_2 = \boldsymbol{r}_2 \times (\boldsymbol{F}_2 + \boldsymbol{F}_{21}) = \boldsymbol{r}_2 \times \boldsymbol{F}_2 + \boldsymbol{r}_2 \times \boldsymbol{F}_{21}.$$

Então, desde que $\boldsymbol{F}_{12} = -\boldsymbol{F}_{21}$, o torque total sobre as partículas é

$$\tau_1 = \tau_2 = \boldsymbol{r}_1 \times \boldsymbol{F}_1 + \boldsymbol{r}_2 \times \boldsymbol{F}_2 + (\boldsymbol{r}_2 - r_1) \times \boldsymbol{F}_{21}.$$

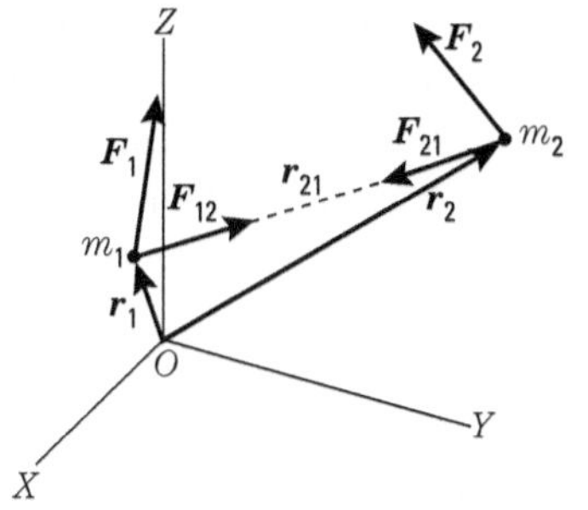

Figura 9.9

O vetor $\boldsymbol{r}_2 - \boldsymbol{r}_1 = \boldsymbol{r}_{21}$ tem a direção da reta que une as partículas. Se fizermos a *hipótese especial* de que as forças internas $\boldsymbol{F}_{12}$ e $\boldsymbol{F}_{21}$ agem ao longo da reta $\boldsymbol{r}_{21}$ que liga as duas partículas, então os vetores $\boldsymbol{r}_2 - \boldsymbol{r}_1 = \boldsymbol{r}_{21}$ e $\boldsymbol{F}_{21}$ serão paralelos, e, portanto $(\boldsymbol{r}_2 - \boldsymbol{r}_1) \times \boldsymbol{F}_{21} = 0$. O último termo na equação apresentada aqui então desaparece, deixando apenas os torques devidos às forças externas. A Eq. (9.20) torna-se

$$\frac{d}{dt}(\boldsymbol{L}_1 + \boldsymbol{L}_2) = \boldsymbol{r}_1 \times \boldsymbol{F}_1 + \boldsymbol{r}_2 \times \boldsymbol{F}_2 = \tau_{1,\text{ext}} + \tau_{2,\text{ext}}.$$

Generalizando esse resultado para qualquer número de partículas, obtemos

$$\frac{d\boldsymbol{L}}{dt} = \tau_{\text{ext}}. \tag{9.21}$$

Nessa equação, $\boldsymbol{L} = \Sigma_i \boldsymbol{L}_i$ é o momento angular total das partículas, e τ_{ext} é o torque total exercido somente pelas forças *externas*, desde que as forças internas atuem ao longo das retas que ligam cada par de partículas. Exprimindo a Eq. (9.21) em palavras, dizemos que

> *a razão de variação com o tempo do momento angular de um sistema de partículas, relativamente a um ponto arbitrário, é igual ao torque total, relativo ao mesmo ponto, das forças externas que agem sobre o sistema.*

Esse enunciado pode ser considerado como a lei fundamental da dinâmica de rotação. No Cap. 10, veremos sua aplicação no movimento de um corpo rígido. Se não há forças externas, ou se a soma dos seus torques é zero, $\tau_{\text{ext}} = 0$; então

$$\frac{d\boldsymbol{L}}{dt} = \frac{d}{dt}(\Sigma_i \boldsymbol{L}_i) = 0$$

Integrando, obtemos

$$\boldsymbol{L} = \sum_i \boldsymbol{L}_i = \boldsymbol{L}_1 + \boldsymbol{L}_2 + \boldsymbol{L}_3 + \cdots = \text{const.} \tag{9.22}$$

A Eq. (9.22) constitui a *lei de conservação do momento angular.* Expressa em palavras, ela indica que

> *o momento angular total de um sistema isolado, ou de um sistema com torque externo igual a zero, é constante em módulo, direção e sentido.*

Esse é o caso, por exemplo, dos elétrons num átomo quando se consideram somente as forças internas devidas à repulsão eletrostática entre os elétrons e a atração eletrostática do núcleo, que são forças internas agindo ao longo das retas que ligam cada par de partículas. Também, se supomos que o sistema solar está isolado, supondo-se desprezíveis as forças devidas ao resto da galáxia, o momento angular total de todos os planetas, relativamente ao centro de massa do sistema solar, permanece constante. Esta conclusão vale com um alto grau de precisão. Do mesmo modo, a razão pela qual a Terra permanece girando em torno do seu centro de massa com um momento angular que é essencialmente constante é que as forças externas devidas ao Sol e aos outros planetas passam pelo centro da Terra e, portanto, têm um torque zero (ou aproximadamente zero) em relação ao centro de massa.

Apesar da hipótese especial que foi feita na nossa obtenção da lei de conservação do momento angular (ou seja, que as forças internas agem ao longo das retas que unem cada par de partículas), essa lei parece ser universalmente válida, aplicando-se a todos os processos até agora observados, mesmo quando a nossa hipótese especial parece não valer. A lei de conservação do momento angular implica que, num sistema isolado, se o momento angular de uma parte do sistema varia devido a interações internas, o resto do sistema deve experimentar uma variação de momento angular igual (mas oposta), de modo tal que o momento angular total seja conservado.

Por exemplo, num núcleo em desintegração, as partículas emitidas, em muitos casos um elétron e um neutrino, possuem algum momento angular. Como somente forças internas agem no processo de desintegração, o momento angular do núcleo deve variar para compensar exatamente o momento angular levado pelas partículas emitidas. Analogamente, se um átomo, molécula ou núcleo emite radiação eletromagnética, seu momento angular deve variar para compensar exatamente o momento angular levado pela radiação. Às vezes, processos que de outro modo seriam possíveis na natureza não ocorrem por causa de algum aspecto, característico do processo, que torna impossível ao processo satisfazer a conservação do momento angular.

■ **Exemplo 9.5** Calcular o momento angular de duas partículas relativamente ao seu centro de massa, ou referencial *C*.

Solução: Seja $\boldsymbol{r}_{12} = \boldsymbol{r}_1 - \boldsymbol{r}_2$ o vetor posição da partícula 1 relativamente à partícula 2. A posição do centro de massa das duas partículas (veja a Fig. 9.6) relativa ao referencial *L*, é

$$\boldsymbol{r}_{\text{CM}} = \frac{m_1\boldsymbol{r}_1 + m_2\boldsymbol{r}_2}{m_1 + m_2}.$$

Então, o vetor posição de cada partícula relativo ao centro de massa, ou referencial *C*, é

$$\boldsymbol{r}_1' = \boldsymbol{r}_1 - \boldsymbol{r}_{\text{CM}} = \frac{m_2(\boldsymbol{r}_1 - \boldsymbol{r}_2)}{m_1 + m_2} = \frac{m_2\boldsymbol{r}_{12}}{m_1 + m_2},$$

$$\boldsymbol{r}_2' = \boldsymbol{r}_2 - \boldsymbol{r}_{\text{CM}} = \frac{m_2(\boldsymbol{r}_2 - \boldsymbol{r}_1)}{m_1 + m_2} = \frac{m_1\boldsymbol{r}_{12}}{m_1 + m_2}.$$

Usando o resultado do Ex. 9.4, obtemos o momento angular relativo ao centro de massa.

$$\begin{aligned}\boldsymbol{L}_{\text{CM}} &= \boldsymbol{r}_1' \times \boldsymbol{p}_1' + \boldsymbol{r}_2' \times \boldsymbol{p}_2' \\ &= \left(\frac{m_2\boldsymbol{r}_{12}}{m_1 + m_2}\right) \times (\mu\boldsymbol{v}_{12}) + \left(-\frac{m_1\boldsymbol{r}_{12}}{m_1 + m_2}\right) \times (-\mu\boldsymbol{v}_{12}) \\ &= \mu\boldsymbol{r}_{12} \times \boldsymbol{v}_{12} = \boldsymbol{r}_{12} \times (\mu\boldsymbol{v}_{12}).\end{aligned}$$

Assim, o momento angular do sistema relativamente ao centro de massa é o mesmo que o de uma partícula de quantidade de movimento $\mu \boldsymbol{v}_{12}$ e vetor posição $\boldsymbol{r}_{12}$. Note que, na expressão final para $\boldsymbol{L}_{CM}$, as únicas quantidades que aparecem são as que descrevem a posição e o movimento *relativos das duas partículas.*

Esse resultado, por exemplo, é importante quando estamos calculando o momento angular do átomo de hidrogênio. Devemos usar a distância e a velocidade do elétron relativamente ao próton, mas devemos substituir a massa do elétron pela massa reduzida do sistema elétron–próton, isto é, $\boldsymbol{L}_{CM} = \mu_{ep}\boldsymbol{r}_{ep} \times \boldsymbol{v}_{ep}$, onde os índices "e" e "p" referem-se ao elétron e ao próton, respectivamente.

Quando estamos tratando com um sistema de muitas partículas, é usual referir o momento angular total ao centro de massa, que é então chamado momento angular *interno* do sistema. Momento angular interno é, portanto, uma propriedade intrínseca do sistema e é independente do observador. No caso de um corpo rígido ou de uma partícula elementar, o momento angular interno é também chamado de *spin.*

■ Exemplo 9.6 Estabelecer a relação entre o momento angular de um sistema de partículas relativo ao CM, ou referencial *C*, (ou seja, momento angular interno) e o momento angular relativo ao referencial *L*, ou do laboratório.

Solução: Para simplificação, vamos considerar um sistema composto de duas partículas. O momento angular relativo ao laboratório, ou referencial *L*, é

$$\boldsymbol{L} = \boldsymbol{r}_1 \times \boldsymbol{p}_1 + \boldsymbol{r}_2 \times \boldsymbol{p}_2.$$

Se $\boldsymbol{v}_1$ e $\boldsymbol{v}_2$ são as velocidades relativas ao referencial *L*, e $\boldsymbol{v}'_1$ e $\boldsymbol{v}'_2$ as velocidades relativas ao referencial *C*, temos que $\boldsymbol{v}_1 = \boldsymbol{v}'_1 + \boldsymbol{v}_{CM}$ e $\boldsymbol{v}_2 = \boldsymbol{v}'_2 + \boldsymbol{v}_{CM}$. Então $p_1 = m_1\boldsymbol{v}_1 = m_1(\boldsymbol{v}'_1 + \boldsymbol{v}_{CM}) = \boldsymbol{p}'_1 + m_1\boldsymbol{v}_{CM}$ e, do mesmo modo, $\boldsymbol{p}_2 = \boldsymbol{p}'_2 + m_2\boldsymbol{v}_{CM}$. Assim, lembrando que $\boldsymbol{r}_1 = \boldsymbol{r}'_1 + \boldsymbol{r}_{CM}$ e $\boldsymbol{r}_2 = \boldsymbol{r}'_2 + \boldsymbol{r}_{CM}$, temos

$$\begin{aligned} \boldsymbol{L} &= (\boldsymbol{r}'_1 + r_{CM}) \times (\boldsymbol{p}'_1 + m_1\, \boldsymbol{v}_{CM}) + (\boldsymbol{r}'_2 + r_{CM}) \times (\boldsymbol{p}'_2 + m_2 r_{CM}) \\ &= \boldsymbol{r}'_1 \times \boldsymbol{p}'_1 + \boldsymbol{r}'_2 \times \boldsymbol{p}'_2 + \boldsymbol{r}_{CM} \times (\boldsymbol{p}'_1 + \boldsymbol{p}'_2) + (m_1\boldsymbol{r}'_1 + m_2\boldsymbol{r}'_2)(m_1 + m_2)\,\boldsymbol{r}_{CM} \times \boldsymbol{v}_{CM}. \end{aligned}$$

Lembrando, do Ex. 9.4 ou da Eq. (9.4), que $\boldsymbol{p}'_1 + \boldsymbol{p}'_2 = 0$. e lembrando das definições de $\boldsymbol{L}_{CM}$ (Ex. 9.5) e $\boldsymbol{r}_{CM}$ [Eq. (9.2)], concluímos que o momento angular relativo ao laboratório, ou referencial *L*, é

$$\boldsymbol{L} = \boldsymbol{L}_{CM} + (m_1 + m_2)\boldsymbol{r}_{CM} \times \boldsymbol{v}_{CM} = \boldsymbol{L}_{CM} + M\boldsymbol{r}_{CM} \times \boldsymbol{v}_{CM}. \qquad (9.23)$$

O primeiro termo a direita dá o momento angular interno relativo ao CM, ou referencial *C*, e o último termo dá o momento angular *externo* relativo ao referencial *L*, como se toda a massa do sistema estivesse concentrada no centro de massa. Por exemplo, quando um arremessador (no jogo de *base-ball*) atira uma bola com "efeito", o momento angular devido ao "efeito" é dado por $\boldsymbol{L}_{CM}$, enquanto o momento angular devido à translação da bola é dado por $m_b\boldsymbol{r}_{CM} \times \boldsymbol{v}_{CM}$ (m_b, massa da bola). Uma situação semelhante ocorre para um elétron que gira sobre si mesmo e revolve em torno de um próton, no átomo de hidrogênio. Isso indica novamente que, no que concerne ao momento angular, podemos separar o movimento interno do movimento do centro de massa. Embora nossa prova tenha sido somente para duas partículas, o resultado é válido para qualquer número de partículas.

■ **Exemplo 9.7** Relacionar o torque externo em torno do centro de massa com o momento angular interno de um sistema de partículas.

Solução: Considerando novamente, por simplicidade algébrica, um sistema composto de duas partículas, m_1 e m_2, sujeitas às forças externas $\boldsymbol{F}_1$ e $\boldsymbol{F}_2$, temos que o torque total externo relativo à origem das coordenadas no referencial L é

$$\begin{aligned}\tau_{ext} &= \boldsymbol{r}_1 \times \boldsymbol{F}_1 + \boldsymbol{r}_2 \times \boldsymbol{F}_2 = (\boldsymbol{r}'_1 + \boldsymbol{r}_{CM}) \times \boldsymbol{F}_1 + (\boldsymbol{r}'_2 + \boldsymbol{r}_{CM}) \times \boldsymbol{F}_2 \\ &= \boldsymbol{r}'_1 \times \boldsymbol{F}_1 + \boldsymbol{r}'_2 \times \boldsymbol{F}_2 + \boldsymbol{r}_{CM} \times (\boldsymbol{F}_1 + \boldsymbol{F}_2).\end{aligned}$$

No resultado precedente, os dois primeiros termos dão o torque externo relativo ao centro de massa, que será indicado por $\boldsymbol{\tau}_{CM}$, enquanto o último termo dá o torque da força externa resultante $\boldsymbol{F}_{ext} = \boldsymbol{F}_1 + \boldsymbol{F}_2$, como se esta fosse aplicada no centro de massa. Assim,

$$\boldsymbol{\tau}_{ext} = \boldsymbol{\tau}_{CM} + \boldsymbol{r}_{CM} \times \boldsymbol{F}_{ext} \tag{9.24}$$

Porém, do resultado do Ex. 9.6, temos $\boldsymbol{L} = \boldsymbol{L}_{CM} + M\boldsymbol{r}_{CM} \times \boldsymbol{v}_{CM}$. Tomando a derivada dessa expressão em relação ao tempo, obtemos

$$\frac{d\boldsymbol{L}}{dt} = \frac{d\boldsymbol{L}_{CM}}{dt} + M\boldsymbol{r}_{CM} \times \frac{d\boldsymbol{v}_{CM}}{dt} + M\frac{d\boldsymbol{r}_{CM}}{dt} \times \boldsymbol{v}_{CM}.$$

Lembremos que $d\boldsymbol{r}_{CM}/dt = \boldsymbol{v}_{CM}$; então o último termo é zero e, pelo uso da Eq. (9.9) (ou seja, $\boldsymbol{F}_{ext} = M\, d\boldsymbol{v}_{CM}/dt$), obtemos

$$\frac{d\boldsymbol{L}}{dt} = \frac{d\boldsymbol{L}_{CM}}{dt} + \boldsymbol{r}_{CM} \times \boldsymbol{F}_{ext}.$$

Substituindo as expressões para $d\boldsymbol{L}/dt$ e $\boldsymbol{\tau}_{ext}$ que acabamos de obter, na Eq. (9.21), verificamos que

$$\frac{d\boldsymbol{L}_{CM}}{dt} = \boldsymbol{\tau}_{CM}. \tag{9.25}$$

Essa equação é formalmente idêntica à Eq. (9.21), havendo, porém, algumas diferenças básicas. A Eq. (9.21) é válida somente quando o momento angular e o torque são calculados relativamente a um ponto fixo num referencial inercial, usualmente considerado como a origem das coordenadas. A Eq. (9.25), no entanto, é válida para o centro de massa, mesmo que ele não esteja em repouso num referencial inercial. Embora essa equação tenha sido provada para duas partículas, ela é válida para um sistema composto de um número qualquer de partículas. Ela é especialmente útil na discussão do movimento de um corpo rígido.

9.5 Energia cinética de um sistema de partículas

Consideremos um sistema composto de duas partículas de massas m_1 e m_2, sujeitas às forças externas $\boldsymbol{F}_1$ e $\boldsymbol{F}_2$ e às forças internas $\boldsymbol{F}_{12}$ e $\boldsymbol{F}_{21}$. Em dado instante elas estão nas posições indicadas na Fig. 9.10, movendo-se com velocidades v_1 e v_2 ao longo de suas trajetórias C_1 e C_2. A equação de movimento de cada partícula é

$$\begin{aligned} m_1\boldsymbol{a}_1 &= F_1 + \boldsymbol{F}_{12}, \\ m_2\boldsymbol{a}_2 &= \boldsymbol{F}_2 + \boldsymbol{F}_{21}. \end{aligned} \tag{9.26}$$

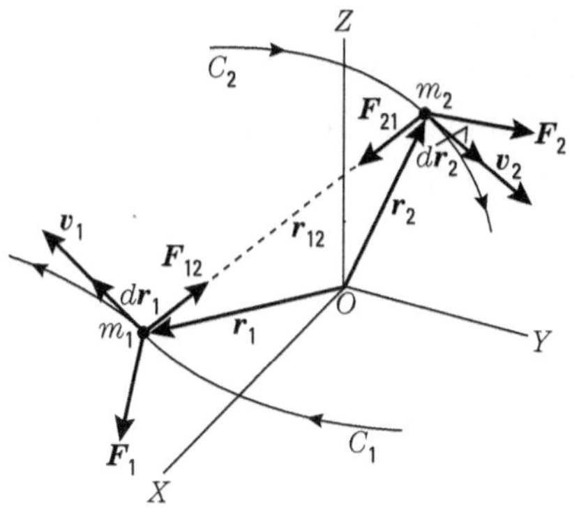

Figura 9.10

Num intervalo de tempo dt, muito pequeno, as partículas sofrem deslocamentos $d\boldsymbol{r}_1$ e $d\boldsymbol{r}_2$ tangentes a suas trajetórias. Quando tomamos as expressões da Eq. (9.26) e multiplicamos escalarmente por $d\boldsymbol{r}_1$ e $d\boldsymbol{r}_2$ respectivamente, temos

$$m_1\boldsymbol{a}_1 \cdot d\boldsymbol{r}_1 = \boldsymbol{F}_1 \cdot d\boldsymbol{r}_1 + \boldsymbol{F}_{12} \cdot d\boldsymbol{r}_1,$$

e

$$m_2\boldsymbol{a}_2 \cdot d\boldsymbol{r}_2 = \boldsymbol{F}_2 \cdot dr_2 + \boldsymbol{F}_{21} \cdot d\boldsymbol{r}_2.$$

Somando estas duas equações e lembrando que $\boldsymbol{F}_{12} = -\boldsymbol{F}_{21}$, obtemos

$$m_1\boldsymbol{a}_1 \cdot d\boldsymbol{r}_1 + m_2\boldsymbol{a}_2 \cdot d\boldsymbol{r}_2 = \boldsymbol{F}_1 \cdot d\boldsymbol{r}_1 + \boldsymbol{F}_2 \cdot d\boldsymbol{r}_2 + \boldsymbol{F}_{12} \cdot (d\boldsymbol{r}_1 - d\boldsymbol{r}_2). \tag{9.27}$$

Agora, desde que $d\boldsymbol{r}_1/dt = \boldsymbol{v}_1$ e $\boldsymbol{v}_1 \cdot d\boldsymbol{v}_1 = d(\boldsymbol{v}_1 \cdot \boldsymbol{v}_1)/2 = d\boldsymbol{v}_1^2/2 = v_1\, dv_1$ (lembrando que $dv = \mathrm{d}|\boldsymbol{v}| \neq |d\boldsymbol{v}|$), temos que

$$\boldsymbol{a}_1 \cdot d\boldsymbol{r}_1 = (d\boldsymbol{v}_1/dt) \cdot d\boldsymbol{r}_1 = d\boldsymbol{v}_1 \cdot (d\boldsymbol{r}_1/dt) = v_1 dv_1.$$

Analogamente, $\boldsymbol{a}_2 \cdot d\boldsymbol{r}_2 = v_2 dv_2$. Também $d\boldsymbol{r}_1 - d\boldsymbol{r}_2 = d(\boldsymbol{r}_1 - \boldsymbol{r}_2) = d\boldsymbol{r}_{12}$. Portanto a Eq. (9.27) torna-se

$$m_1\, v_1\, dv_1 + m_2 v_2\, dv_2 = \boldsymbol{F}_1 \cdot d\boldsymbol{r}_1 + \boldsymbol{F}_2 \cdot d\boldsymbol{r}_2 + \boldsymbol{F}_{12} \cdot d\boldsymbol{r}_{12}.$$

Integrando de um instante inicial t_0 a um instante arbitrário t, obtemos

$$m_1\int_{v_{10}}^{v_1} v_1 dv_1 + m_2\int_{v_{20}}^{v_2} v_2 dv_2 = \int_A^B (\boldsymbol{F}_1 \cdot d\boldsymbol{r}_1 + \boldsymbol{F}_2 \cdot d\boldsymbol{r}_2) + \int_A^B \boldsymbol{F}_{12} \cdot d\boldsymbol{r}_{12}, \tag{9.28}$$

onde A e B são símbolos usados para designar as posições de ambas as partículas nos instantes t_0 e t. Desde que $\int_{v_0}^{v} v dv = \frac{1}{2}v^2 - \frac{1}{2}v_0^2$ temos, para o membro da esquerda da Eq. (9.28),

$$\begin{aligned}&\left(\tfrac{1}{2}m_1v_1^2 - \tfrac{1}{2}m_1v_{10}^2\right) + \left(\tfrac{1}{2}m_2v_2^2 - \tfrac{1}{2}m_2v_{20}^2\right)\\ &= \left(\tfrac{1}{2}m_1v_1^2 + \tfrac{1}{2}m_1v_2^2\right) - \left(\tfrac{1}{2}m_1v_{10}^2 + \tfrac{1}{2}m_2v_{20}^2\right)\\ &= E_k - E_{k,0},\end{aligned}$$

onde

$$E_k = \tfrac{1}{2}m_1v_1^2 + \tfrac{1}{2}m_2v_2^2 \tag{9.29}$$

é a energia cinética *total* do sistema de duas partículas no instante t, e $E_{k,0}$ a energia cinética total no instante t_0 relativamente ao referencial do observador. Na Eq. (9.28), o primeiro termo da direita, dá o trabalho *total* $\boldsymbol{W}_{ext}$ executado pelas forças *externas* durante o mesmo intervalo de tempo, isto é,

$$W_{ext} = \int_A^B (\boldsymbol{F}_1 \cdot d\boldsymbol{r}_1 + \boldsymbol{F}_2 d\boldsymbol{r}_2).$$

Finalmente, o último termo da Eq. (9.28) dá o trabalho $\boldsymbol{W}_{int}$ feito pelas forças *internas.* Ou seja

$$W_{int} = \int_A^B \boldsymbol{F}_{12} \cdot d\boldsymbol{r}_{12}.$$

A substituição dessas notações na Eq. (9.28) permite escrever

$$E_k - E_{k,0} = W_{ext} + W_{int}, \tag{9.30}$$

que, em palavras, podemos exprimir dizendo que

> *a variação da energia cinética de um sistema de partículas é igual ao trabalho realizado sobre o sistema pelas forças externas e internas.*

Essa é a extensão natural ao nosso resultado anterior para uma partícula, dado na Eq. (8.13), e é válido para um sistema de qualquer número de partículas.

9.6 Conservação da energia de um sistema de partículas

Suponhamos agora que as forças internas são conservativas, e que, portanto, existe uma função $E_{p,12}$ dependente das coordenadas *de* m_1 e m_2 tal que

$$W_{int} = \int_A^B \boldsymbol{F}_{12} \cdot d\boldsymbol{r}_{12} = E_{p,12,0} - E_{p,12} \tag{9.31}$$

onde $E_{p,12}$ é o valor no instante t e $E_{p,12,0}$ o valor no instante t_0. Chamaremos $E_{p,12}$ de *energia potencial interna* do sistema. Se as forças internas agem ao longo da linha r_{12} que liga as partículas, então a energia potencial interna depende somente da distância r_{12}, pela mesma razão que a energia potencial devida a uma força central depende somente da distância r (Seç. 8.10). Nesse caso, a energia potencial interna independe do sistema de referência porque ela contém somente a distância entre as duas partículas; essa é uma situação que representa perfeitamente bem a maioria das interações encontradas na natureza. Substituindo a Eq. (9.31) na Eq. (9.30), obtemos $E_k - E_{k,0} = W_{ext} + E_{p,12,0} - E_{p,12}$, ou

$$(E_k + E_{p,12}) - (E_k + E_{p,12})_0 = W_{ext}. \tag{9.32}$$

A quantidade

$$U = E_k + E_{p,12} = \tfrac{1}{2} m_1 v_1^2 + \tfrac{1}{2} m_2 v_2^2 + E_{p,12} \tag{9.33}$$

será chamada daqui por diante a *energia própria* do sistema. Ela é igual à soma das energias cinéticas das partículas relativamente ao observador inercial e da energia potencial interna que, conforme mostramos anteriormente, é (de acordo com nossas hipóteses) independente do sistema de referência.

Se em lugar de duas partículas temos várias, a energia própria é

$$U = E_k + E_{p,\text{int}} = \sum_{\substack{\text{Todas as}\\ \text{partículas}}} \tfrac{1}{2} m_i v_i^2 + \sum_{\substack{\text{Todos os}\\ \text{pares}}} E_{p,ij}, \qquad (9.34)$$

onde

$$E_k = \sum_{\substack{\text{Todas as}\\ \text{partículas}}} \tfrac{1}{2} m_i v_i^2 = \tfrac{1}{2} m_1 v_1^2 + \tfrac{1}{2} m_2 v_2^2 + \tfrac{1}{2} m_3 v_3^2 + \ldots$$

e

$$E_{p,\text{int}} = \sum_{\substack{\text{Todos os}\\ \text{pares}}} E_{p,ij} = E_{p,12} + E_{p,13} + \ldots + E_{p,23} + \ldots$$

Note que a primeira soma, correspondente à energia cinética, tem um termo para *cada* partícula. Note também que a segunda soma, correspondente à energia potencial interna, contém um termo para *cada par* de partículas, porque se trata de interações das partículas duas a duas. Se não há forças internas, toda a energia própria é cinética.

Substituindo a definição (9.33) da energia própria na Eq. (9.32) temos

$$U - U_0 = \mathrm{W}_{\text{ext}}, \qquad (9.35)$$

isso significa que

> *a variação da energia própria de um sistema de partículas é igual ao trabalho feito sobre o sistema pelas forças externas.*

Esse importante enunciado é chamado de *lei da conservação da energia.* De acordo com o raciocínio desenvolvido até aqui, essa lei surgiu como uma consequência do princípio de conservação da quantidade de movimento e da hipótese de que as forças internas são conservativas. Entretanto essa lei parece ser verdadeira em todos os processos que observamos em nosso universo e, portanto, é considerada de validade geral, acima das condições especiais sob as quais nós a estabelecemos. A Eq. (9.8) exprime a interação de um sistema com o mundo exterior por meio da variação de sua quantidade de movimento. A Eq. (9.35) exprime a mesma interação por meio da variação da energia do sistema.

Consideremos agora um sistema isolado, no qual $W_{\text{ext}} = 0$, de vez que não há forças externas. Então $U - U_0 = 0$ ou $U = U_0$, isto é,

> *a energia própria de um sistema isolado de partículas permanece constante,*

sob a condição de as forças internas serem conservativas. Assim, se a energia cinética de um sistema isolado aumenta, sua energia potencial interna deve decrescer pela mesma quantidade, de tal modo que a soma permaneça constante. Por exemplo, numa molécula de hidrogênio isolada, a soma da energia cinética, relativa a um referencial inercial, e da energia potencial interna dos dois prótons e dois elétrons permanece constante.

O princípio de conservação da quantidade de movimento, juntamente com as leis de conservação da energia e do momento angular, são regras fundamentais que parecem governar todos os processos que possam ocorrer na natureza.

Pode ocorrer de as forças externas que agem sobre o sistema serem também conservativas, tal que W_{ext} possa ser escrito como $W_{ext} = E_{p,ext,0} - E_{p,ext}$, onde $E_{p,ext,0}$ e $E_{p,ext}$ são os valores da energia potencial associados às forças externas nos estados inicial e final. Então a Eq. (9.35) fica

$$U - U_0 = E_{p,ext,0} - E_{p,ext}$$

ou

$$U + E_{p,ext} = U_0 + E_{p,ext,0}$$

A quantidade

$$E = U + E_{p,ext} = E_k + E_{p,int} + E_{p,ext} \tag{9.36}$$

é dita a *energia total* do sistema. Ela permanece constante durante o movimento do sistema, que está sob a ação de forças conservativas internas e externas. Esse resultado é semelhante à Eq. (8.29) para uma única partícula.

Por exemplo, um átomo de hidrogênio, composto por um elétron e um próton, tem uma energia própria igual à soma das energias cinéticas do elétron e do próton e da energia potencial interna devida à interação elétrica dos dois. Se o átomo está isolado, a soma dessas duas energias é constante. Porém, se o átomo é colocado num campo externo, sua energia total deve incluir ainda a energia potencial devida ao campo externo; é essa energia total que permanece constante.

Como outro exemplo, consideremos duas massas m_1 e m_2, ligadas por uma mola de constante elástica k. Se o sistema é lançado ao espaço, a energia cinética é $\frac{1}{2}m_1v_1^2 + \frac{1}{2}m_2v_2^2$, a energia potencial interna é devida à distensão ou compressão da mola e é igual a $\frac{1}{2}kx^2$, onde x é a deformação da mola, e a energia potencial externa (devida à atração gravitacional da Terra) é $m_1gy_1 + m_2gy_2$, onde e y_1 e y_2 são as alturas das partículas acima da superfície da Terra. A energia própria do sistema é então $U = \frac{1}{2}m_1v_1^2 + \frac{1}{2}m_2v_2^2 + \frac{1}{2}kx^2$ e, não havendo outras forças agindo sobre o sistema, a energia total é

$$E = \frac{1}{2}m_1v_1^2 + \frac{1}{2}m_2v_1^2 + \frac{1}{2}kx^2 + m_1gy_1 + m_2gy_2,$$

e essa energia deve permanecer constante durante o movimento.

Uma vez que a energia cinética depende da velocidade, o valor da energia cinética depende do referencial usado para discutir o movimento do sistema. Chamaremos de *energia cinética interna* $E_{k,CM}$, a energia cinética referida ao CM ou referencial C. A energia potencial interna, que depende somente da distância entre as partículas, tem o mesmo valor em todos os sistemas de referência (conforme foi explicado anteriormente). Assim, definiremos a *energia interna* de um sistema como a soma de suas energias internas cinética e potencial, isto é,

$$U_{int} = E_{k,CM} + E_{p,int}. \tag{9.37}$$

No futuro, quando estivermos tratando com um sistema de partículas, iremos nos referir, em geral, somente à energia interna, mesmo que não escrevamos os índices CM ou int.

A energia potencial interna de alguns sistemas é, em circunstâncias especiais, desprezível comparada com a energia cinética interna. Isso é verdade, por exemplo, no caso de um gás em alta temperatura. Nessas circunstâncias, a energia interna pode ser considerada totalmente cinética, e o princípio de conservação da energia reduz-se à conservação da energia cinética.

■ **Exemplo 9.8** Obter a relação entre a energia cinética de um sistema de partículas medida no referencial L do laboratório e a energia cinética interna relativa ao CM ou referencial C.

Solução: Para simplificar, consideremos duas partículas de massas m_1 e m_2 com velocidades $\boldsymbol{v}_1$ e $\boldsymbol{v}_2$ no referencial L, e velocidades $\boldsymbol{v}'_1$ e $\boldsymbol{v}'_2$ relativamente ao referencial C. Os dois conjuntos de velocidades são relacionados por $\boldsymbol{v}_1 = \boldsymbol{v}'_1 + \boldsymbol{v}_{CM}$ e $\boldsymbol{v}_2 = \boldsymbol{v}'_2 + \boldsymbol{v}_{CM}$, onde $\boldsymbol{v}_{CM}$ é a velocidade do referencial C em relação ao referencial L. Então, a energia cinética relativamente a L é

$$E_k = \tfrac{1}{2}m_1v_1^2 + \tfrac{1}{2}m_2v_2^2 = \tfrac{1}{2}m_1\left(\boldsymbol{v}'_1 + \boldsymbol{v}_{CM}\right)^2 + \tfrac{1}{2}m_2\left(\boldsymbol{v}'_2 + \boldsymbol{v}_{CM}\right)^2.$$

Podemos reescrever esta expressão como

$$E_k = \tfrac{1}{2}m_1v_1'^2 + \tfrac{1}{2}m_2v_2'^2 + \tfrac{1}{2}\left(m_1 + m_2\right)v_{CM}^2 + \left(m_1\boldsymbol{v}'_1 + m_2\boldsymbol{v}'_2\right)\cdot\boldsymbol{v}_{CM}.$$

Pela Eq. (9.4), sabemos que $m_1\boldsymbol{v}'_1 + m_2\boldsymbol{v}'_2$, quantidade de movimento total relativamente ao centro de massa, deve ser zero. (Veja também o Ex. 9.4.) A energia cinética interna $E_{k,\,CM}$ relativa ao referencial C é $E_{k,\,CM} = \tfrac{1}{2}m_1v_1'^2 + \tfrac{1}{2}m_2v_2'^2$. Portanto a energia cinética E_k do sistema, quando referida ao referencial do laboratório, L, pode ser escrita como

$$E_k = E_{k,\,CM} + \tfrac{1}{2}\left(m_1 + m_2\right)v_{CM}^2 = E_{k,\,CM} + \tfrac{1}{2}Mv_{CM}^2. \tag{9.38}$$

O primeiro termo, $E_{k,\,CM}$, é a *energia cinética interna*. O segundo termo, à direita, é a energia cinética de uma partícula de massa $M = m_1 + m_2$ que se move com o centro de massa. Esse termo é chamado a *energia cinética translacional* do sistema. Embora a Eq. (9.38) tenha sido provada para duas partículas, ela vale para um sistema composto por um número arbitrário de partículas.

Notamos novamente que podemos separar o movimento de um sistema em duas partes, cada uma com uma energia cinética bem definida. Uma parte é o movimento translacional com a velocidade do centro de massa, e a outra é o movimento interno relativo ao centro de massa.

Pensemos novamente no caso do arremessador que atira uma bola com "efeito". A energia cinética total da bola relativa ao solo é a soma de sua energia cinética interna relativa ao centro de massa, que corresponde à energia cinética de rotação, com a energia cinética de translação relativa ao solo, que é $\tfrac{1}{2}m_bv_{CM}^2$. Uma situação semelhante é encontrada no caso de uma molécula. Em geral, é no movimento interno que estamos interessados e, por essa razão, o referencial C é preferido para descrever muitos processos.

Conforme foi dito anteriormente, a energia potencial interna $E_{p,12}$ depende somente da distância entre m_1 e m_2, e é a mesma nos referenciais C e L. Somando $E_{p,12}$ a ambos os lados da Eq. (9.38) e usando a Eq. (9.33), podemos escrever

$$U = U_{int} + \tfrac{1}{2}Mv_{CM}^2,$$

onde $U_{int} = E_{k,CM} + E_{p,12}$. Essa equação relaciona a energia interna U_{int} e a energia própria U medidas nos referenciais C e L. Notemos que, para um sistema isolado, $\boldsymbol{v}_{CM}$ é constante e, portanto, se U é constante, U_{int} também é constante; isto é, quando a energia é conservada num referencial inercial L, ela é também conservada no referencial C do centro de massa, e reciprocamente.

■ **Exemplo 9.9** Escrever a energia cinética interna de duas partículas em termos da massa reduzida e de sua velocidade relativa.

Solução: A energia cinética interna é $E_{k,\,CM} = \frac{1}{2}m_1 v_1'^2 + \frac{1}{2}m_2 v_2'^2$. Usando os resultados do Ex. 9.4, isto é

$$\boldsymbol{v}_1' = \frac{m_2 \boldsymbol{v}_{12}}{m_1 + m_2}, \qquad \boldsymbol{v}_2' = -\frac{m_1 \boldsymbol{v}_{12}}{m_1 + m_2},$$

obtemos

$$E_{k,\,CM} = \frac{1}{2}m_1\left(\frac{m_2 v_{12}}{m_1 + m_2}\right)^2 + \frac{1}{2}m_2\left(\frac{m_1 v_{12}}{m_1 + m_2}\right)^2 = \frac{1}{2}\mu v_{12}^2.$$

Assim, verificamos, do mesmo modo que para o momento angular no Ex. 9.5, que a energia cinética interna de um sistema de partículas é equivalente à de uma partícula de massa igual à massa reduzida movendo-se com velocidade relativa v_{12}. Por exemplo, a energia interna de um átomo de hidrogênio é $U_{int} = \frac{1}{2}\mu_{ep} v_{ep}^2 + E_p\left(r_{ep}\right)$, onde os índices referem-se ao elétron e ao próton. Os resultados que obtivemos nesse exemplo e nos anteriores são de grande importância em virtude de suas inúmeras aplicações, especialmente na física atômica e nuclear.

A Tab. 9.1 apresenta as relações mais importantes que foram obtidas até agora neste capítulo, relações estas que são de largo emprego em muitas aplicações.

Tabela 9.1

Relação		Equação número
Relações cinemáticas		
$\boldsymbol{P} = M\boldsymbol{v}_{CM}$	$(\boldsymbol{P}_{CM} = 0)$	(9,3)
$\boldsymbol{L} = \boldsymbol{L}_{CM} + M\boldsymbol{r}_{CM} \times \boldsymbol{v}_{CM}$		(9,23)
$\tau_{ext} = \tau_{CM} + \boldsymbol{r}_{CM} \times \boldsymbol{F}_{ext}$		(9,24)
$E_k = E_{k,CM} + \frac{1}{2}M\boldsymbol{v}_{CM}^2$		(9,38)
Relações dinâmicas		
$d\boldsymbol{P}/dt = \boldsymbol{F}_{ext}$		(9,8)
ou $M\boldsymbol{a}_{CM} = \boldsymbol{F}_{ext}$		(9,9)
$d\boldsymbol{L}/dt = \tau_{ext}$		(9,21)
ou $d\boldsymbol{L}_{CM}/dt = \tau_{CM}$		(9,25)
$E_k - E_{k,0} = W_{ext} + W_{int}$		(9,30)
$U - U_0 = W_{ext}$		(9,35)
Definições de energia		
Energia própria, $U = E_k + E_{p,int}$		(9,33)
Energia interna, $U_{int} = E_{k,CM} + E_{p,int}$		(9,37)
Energia total, $E = E_k + E_{p,int} + E_{p,ext}$		(9,36)

9.7 Colisões

Quando duas partículas aproximam-se, a interação mútua altera seus movimentos, produzindo, em consequência, uma troca de quantidade de movimento e energia. Dizemos então que houve uma colisão (podemos dizer a mesma coisa quando temos dois sistemas em vez de duas partículas). Isso não significa, necessariamente, que as duas partículas (ou sistemas) estiveram fisicamente em contato, num sentido microscópico, como acontece no caso da colisão macroscópica entre duas bolas de bilhar ou dois carros. Significa, em geral, que apareceu uma interação quando as duas partículas estiveram próximas, como na região sombreada da Fig. 9.11, produzindo em seus movimentos uma variação mensurável em um intervalo de tempo relativamente curto. Por exemplo, se um elétron ou um próton aproxima-se de um átomo, surgem forças elétricas, produzindo uma perturbação pronunciada nos movimentos das partículas. A deflexão da trajetória de um cometa, quando ele se aproxima do sistema solar, é também uma colisão. Algumas vezes, o termo *espalhamento* (em inglês, *scattering*) é usado para indicar colisões em que as partículas finais (ou sistemas) são as mesmas que as iniciais.

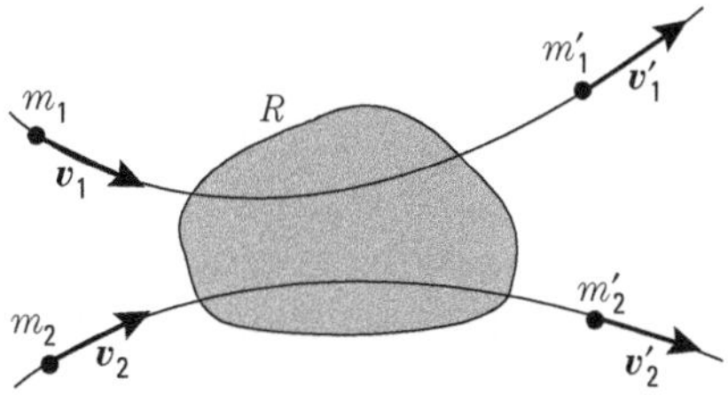

Figura 9.11 Conservação da energia e quantidade de movimento numa colisão.

Em algumas colisões, entretanto, as partículas finais (ou sistemas) não são necessariamente idênticas às iniciais. Por exemplo, numa colisão entre um átomo A e uma molécula BC, o resultado final pode ser a molécula AB e o átomo C. Com efeito, é essa a maneira como muitas reações químicas ocorrem.

Numa experiência de laboratório sobre colisão, usualmente se conhece o movimento das partículas antes da colisão, uma vez que esse movimento depende de como a experiência foi preparada. Por exemplo, uma partícula poderia ser um próton ou um elétron acelerado num acelerador eletrostático e a outra partícula, talvez um átomo, praticamente em repouso no laboratório. Então, observa-se o estado final, ou seja, o movimento das duas partículas bem longe da região onde elas colidiram. Se conhecemos as forças entre as partículas, podemos calcular o estado final, desde que conheçamos o estado inicial. A análise de tais experiências proporciona assim valiosas informações sobre a interação entre as partículas que colidiram. Esta é uma das razões pelas quais experiências de colisões são tão interessantes para o físico.

Uma vez que somente forças internas intervêm no processo de colisão, a quantidade de movimento e a energia total são conservadas. Sejam $\boldsymbol{p}_1$ e $\boldsymbol{p}_2$ as quantidades de movimento das partículas antes da colisão, e $\boldsymbol{p}'_1$ e $\boldsymbol{p}'_2$ as quantidades de movimento depois da colisão. A conservação da quantidade de movimento requer que

$$\boldsymbol{p}_1 + \boldsymbol{p}_2 = \boldsymbol{p}'_1 + \boldsymbol{p}'_2 \tag{9.39}$$

A energia potencial interna antes da colisão é $E_{p,12}$. Como podem ocorrer rearranjos internos, após a colisão ela pode ser diferente, digamos $E'_{p,12}$. Analogamente, as massas não têm de ser necessariamente as mesmas. Por exemplo, um dêuteron é um núcleo composto de um nêutron e um próton; ao passar perto de outro núcleo, o nêutron pode ser capturado pelo segundo núcleo, de tal modo que o próton continuará separadamente e as partículas finais consistirão em um próton e um núcleo que tem um nêutron adicional.

A conservação da energia, de acordo com a Eq. (9.35), é então

$$E_k + E_{p,12} = E'_k + E'_{p,12},$$

onde, lembrando a Eq. (8.12), temos

$$\begin{aligned} E_k &= \tfrac{1}{2}m_1v_1^2 + \tfrac{1}{2}m_2v_2^2 = \frac{p_1^2}{2m_1} + \frac{p_2^2}{2m_2}, \\ E'_k &= \tfrac{1}{2}m'_1v_1'^2 + \tfrac{1}{2}m'_2v_2'^2 = \frac{p_1'^2}{2m'_1} + \frac{p_2'^2}{2m'_2}. \end{aligned} \tag{9.40}$$

Introduzamos agora a quantidade Q, definida por

$$Q = E'_k - E_k = E_{p,12} - E'_{p,12}, \tag{9.41}$$

que é igual à diferença entre as energias cinéticas final e inicial ou igual à diferença entre as energias potenciais internas inicial e final. Quando $Q = 0$, não há variação na energia cinética e a colisão é chamada *elástica*. Caso contrário, será *inelástica*. Quando $Q < 0$, há decréscimo na energia cinética com um acréscimo correspondente na energia potencial interna; dizemos então que houve uma *colisão inelástica de primeira espécie* (ou *endoérgica*). Quando $Q > 0$, há um acréscimo na energia cinética à custa da energia potencial interna e temos então uma *colisão inelástica de segunda espécie* (ou *exoérgica*).

Com a Eq. (9.40) na Eq. (9.41), podemos escrever

$$\frac{p_1'^2}{2m'_1} + \frac{p_2'^2}{2m'_2} = \frac{p_1^2}{2m_1} + \frac{p_2^2}{2m_2} + Q. \tag{9.42}$$

As Eqs. (9.39) e (9.42) são suficientes para resolver por completo o problema de colisão.

Se nos referimos a colisão ao centro de massa, a quantidade de movimento total é zero, de acordo com a Eq. (9.4), tal que $\boldsymbol{p}_1 = -\boldsymbol{p}_2$ e $\boldsymbol{p}'_1 = -\boldsymbol{p}'_2$. Podemos então simplificar a Eq. (9.42) para

$$\frac{1}{2}\left(\frac{1}{m'_1} + \frac{1}{m'_2}\right)p_1'^2 = \frac{1}{2}\left(\frac{1}{m_1} + \frac{1}{m_2}\right)p_1^2 + Q$$

ou, usando a Eq. (9.15), que define a massa reduzida, obtemos

$$\frac{p_1'^2}{2\mu'} = \frac{p_1^2}{2\mu} + Q \qquad \text{(no referencial do CM)}. \tag{9.43}$$

Observe que estamos usando o mesmo Q, pois, em vista da Eq. (9.41), é uma quantidade que independe do referencial. Numa colisão, há sempre uma troca de quantidade de movimento entre as duas partículas, mas não necessariamente uma troca de energia cinética entre elas. Por exemplo, se a colisão é elástica ($Q = 0$) e as partículas finais são as mesmas que as iniciais ($\mu = \mu'$), a Eq. (9.43) dá $p'_1 = p_1$ e, naturalmente, também $p'_2 = p_2$. Assim, no referencial do CM, as quantidades de movimento depois da colisão elástica têm o mesmo módulo que antes e as partículas mantêm sua energia cinética, de modo que não há troca de energia cinética entre elas relativamente ao referencial do CM. Entretanto, há uma troca de quantidade de movimento porque a direção de seus movimentos é alterada.

■ **Exemplo 9.10** Obter o valor Q para uma reação de captura.

Solução: Um exemplo interessante de colisão inelástica ocorre quando, após a colisão, as duas partículas continuam se movendo conjuntamente. Em física nuclear esse processo é chamado *reação de captura*. Ele ocorre, por exemplo, quando um nêutron, colidindo com o próton de um átomo de hidrogênio, é capturado para formar um núcleo de deutério. Outra colisão que pode ser desse tipo é a colisão entre dois corpos plásticos. Nesse caso, as duas partículas, após a colisão, movem-se com a velocidade do centro de massa, isto é, do Ex. 9.4,

$$\boldsymbol{v}_{\text{CM}} = \frac{m_1\boldsymbol{v}_1 + m_2\boldsymbol{v}_2}{m_1 + m_2}.$$

O Q da reação é, pois,

$$\begin{aligned} Q &= \tfrac{1}{2}(m_1 + m_2)v_{\text{CM}}^2 - \tfrac{1}{2}m_1v_1^2 - \tfrac{1}{2}m_2v_2^2 \\ &= -\tfrac{1}{2}\frac{m_1m_2}{m_1 + m_2}(\boldsymbol{v}_1 - \boldsymbol{v}_2)^2 = -\tfrac{1}{2}\mu v_{12}^2, \end{aligned}$$

e, portanto, Q depende inteiramente das velocidades relativas das partículas antes da colisão. Será que você é capaz de atribuir um significado ao valor obtido para Q, tendo em vista o resultado obtido no Ex. 9.9?

■ **Exemplo 9.11** Obter Q em termos da energia cinética das partículas, antes e depois de elas colidirem, supondo que m_1 tenha inicialmente uma quantidade de movimento p_1 e que m_2 esteja em repouso ($p_2 = 0$) (veja Fig. 9.12). Suponha também que as massas das partículas, depois da colisão, sejam m'_1 e m'_2.

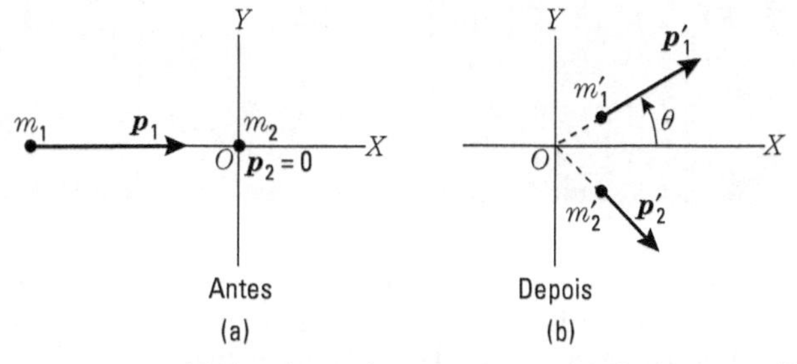

Figura 9.12 Relação entre as quantidades de movimento antes e depois de uma colisão relativamente ao referencial *L*.

Solução: A conservação da quantidade de movimento dá $\boldsymbol{p}'_1 + \boldsymbol{p}'_2 = \boldsymbol{p}_1 = \boldsymbol{p}'_2 = \boldsymbol{p}_1$. Portanto

$$\boldsymbol{p}'^2_2 = (\boldsymbol{p}_1 - \boldsymbol{p}'_1)^2 = p_1^2 + p'^2_1 - 2p_1 p'_1 \cos\theta.$$

Usando a definição (9.41), para Q, temos

$$Q = \frac{p_1'^2}{2m_1'} + \frac{p_2'^2}{2m_2'} - \frac{p_1'^2}{2m_1} = \frac{p_1}{2m_1'} - \frac{p_1^2}{2m_1} + \frac{1}{2m_2'}\left(p_1^2 + p_1'^2 - 2p_1 p_1' \cos\theta\right)$$

ou

$$Q = \frac{1}{2}\left(\frac{1}{m_1'} + \frac{1}{m_2'}\right)p_1'^2 + \frac{1}{2}\left(\frac{1}{m_2'} + \frac{1}{m_1}\right)p_1^2 - \frac{p_1 p_1'}{m_2'}\cos\theta.$$

Lembrando que $E_k = p^2/2m$, podemos exprimir o resultado apresentado aqui como

$$Q = E'_{k,1}\left(1 + \frac{m_1'}{m_2'}\right) - E_{k,1}\left(1 - \frac{m_1}{m_2'}\right) - \frac{2\sqrt{m_1 m_1' E_{k,1} E'_{k,1}}}{m_2'}\cos\theta.$$

Esse resultado, conhecido como a *equação-Q*, é de grande aplicação na física nuclear.

Quando a colisão é elástica ($Q = 0$) e todas as partículas são idênticas ($m_1 = m'_1 = = m_2 = m'_2$), a conservação da energia dá $p'^2_1 + p'^2_2 = p_1^2$ enquanto, da conservação da quantidade de movimento, $\boldsymbol{p}_1 = \boldsymbol{p}'_1 + \boldsymbol{p}'_2$, temos $p'^2_1 + p'^2_2 + 2\boldsymbol{p}'_1 \cdot \boldsymbol{p}'_2 = p'^2_1$. Combinando esses resultados, encontramos $\boldsymbol{p}'_1 \cdot \boldsymbol{p}'_2 = 0$, ou seja, $\boldsymbol{p}'_1$ é perpendicular a $\boldsymbol{p}'_2$. Assim, no referencial $\boldsymbol{L}$ as duas partículas movem-se formando um ângulo reto após a colisão. Isso pode ser visto na fotografia da Fig. 9.13 (a), que ilustra a colisão de duas bolas de bilhar, uma das quais inicialmente em repouso. A Fig. 9.13(b) mostra a colisão de dois núcleos de He numa câmara de Wilson (*cloud chamber*); o núcleo de He que se aproxima é uma partícula α proveniente de uma substância radioativa e o núcleo de He que serve de alvo é do próprio gás contido na câmara. Em ambos os casos, as duas partículas movem-se formando ângulos retos após a colisão.

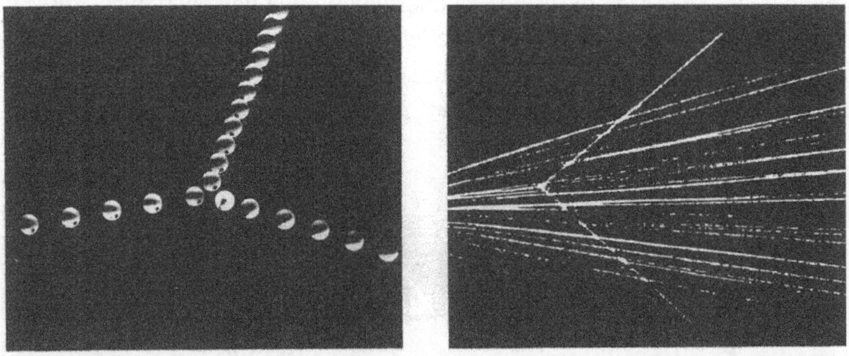

(a) (b)

Figura 9.13 (a) Colisão entre duas bolas iguais de bilhar. (b) Colisão entre duas partículas alfa (núcleos de hélio). Em ambos os casos, uma das partículas estava inicialmente em repouso no referencial *L* e suas quantidades de movimento fazem ângulos de 90° depois da colisão no referencial *L*.
Fonte: Parte (a) cortesia de Educational Services, Inc.

■ **Exemplo 9.12** Uma granada em repouso no referencial L explode em dois fragmentos. Determinar as energias dos fragmentos em termos de Q.

Solução: Uma vez que a granada inicialmente está em repouso, a quantidade de movimento total é zero. Depois da explosão, os dois fragmentos separam-se em direções opostas com quantidades de movimento p_1 e p_2, tais que $\boldsymbol{p}_1 + \boldsymbol{p}_2 = 0$, ou em módulo $\boldsymbol{p}_1 = \boldsymbol{p}_2$. Então, da Eq. (9.14), com $E'_k = p_1^2/2m + p_2^2/2m$ e $E_k = 0$, temos

$$\frac{1}{2}\left(\frac{1}{m_1}+\frac{1}{m_2}\right)p_1^2 = Q \qquad \text{ou} \qquad p_1 = p_2 = \left(2\mu Q\right)^{1/2}.$$

As energias cinéticas dos fragmentos são

$$E_{k,1} = \frac{p_1^2}{2m_1} = \frac{m_2 Q}{m_1+m_2}, \qquad E_{k,2} = \frac{p_2^2}{2m_2} = \frac{m_1 Q}{m_1+m_2},$$

e são, portanto, inversamente proporcionais a suas massas. Essa análise aplica-se igualmente bem ao recuo de uma arma de fogo (lembremos o Ex. 7.1), à fissão de um núcleo em dois fragmentos ilustrada na Fig. 9.14, ou à dissociação de uma molécula diatômica.

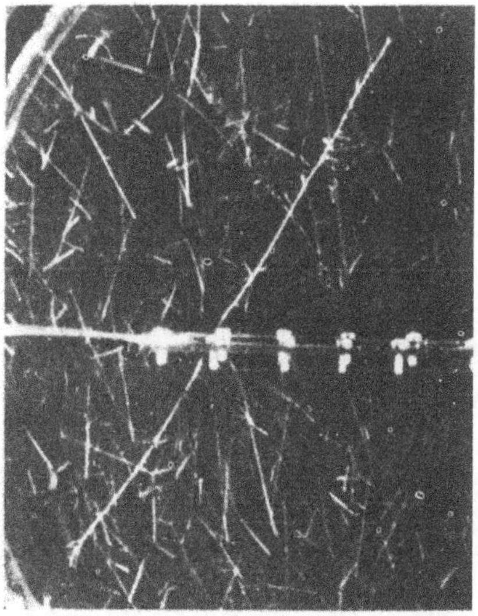

Figura 9.14 Fotografia, tirada numa câmara de nuvem (ou de Wilson), das trajetórias de dois fragmentos resultantes da fissão de um núcleo de urânio. Inicialmente o núcleo de urânio estava em repouso na fina placa de metal horizontal, vista no centro da fotografia. Os dois fragmentos movem-se em direções opostas. Da análise das trajetórias, podemos fazer uma estimativa das energias dos fragmentos que, por outro lado (usando a relação obtida no Ex. 9.12), permite-nos obter a razão de suas massas. O efeito dos nêutrons libertados é desprezado.

Havendo três fragmentos em lugar de dois, várias soluções são possíveis, uma vez que há três quantidades de movimento envolvidas, mas somente duas condições físicas: a conservação da energia e da quantidade de movimento. Por exemplo, uma vez observadas apenas duas partículas numa reação, se a energia e a quantidade de movimento delas não são conservadas, o físico suspeita logo da presença de uma terceira partícula não observada (ou porque ela não tem carga elétrica, ou por outra razão qualquer). Há também certas considerações teóricas que lhe permitem reconhecer um caso em que três partículas são envolvidas no processo (veja o Prob. 9.70). O físico, então, atribui uma dada quantidade de movimento e uma energia a essa partícula hipotética, para satisfazer as leis de conservação. Esse procedimento tem dado sempre resultados consistentes com a teoria e com a experiência.

■ **Exemplo 9.13** Discutir o freamento (ou *moderação*) de nêutrons que sofrem colisões elásticas enquanto se movem através de um material cujos átomos podem ser considerados em repouso. (O material é chamado *moderador.*) Em reatores nucleares, nêutrons rápidos produzidos pela fissão do urânio são freados ao se moverem através de um moderador.

Solução: Nesse caso, as partículas são as mesmas antes e depois da colisão e $m_1 = m'_1$, $m_2 = m'_2$. Também $p_2 = 0$ e $Q = 0$. O cálculo é mais fácil se trabalharmos no referencial C (Fig. 9.15). Chamaremos de $A = m_2/m_1$ a razão entre as massas do átomo do moderador e do nêutron, d_1 a velocidade do nêutron e de v_2 (= 0) a velocidade do átomo. Antes da colisão, a velocidade do centro de massa, de acordo com a Eq. (9.1), é

$$\boldsymbol{v}_{\text{CM}} = \frac{m_1\boldsymbol{v}_1}{m_1 + m_2} = \frac{\boldsymbol{v}_1}{1+A}.$$

A velocidade de cada partícula no referencial C, antes da colisão é

$$\boldsymbol{V}_1 = \boldsymbol{v}_1 - \boldsymbol{v}_{\text{CM}} = \frac{A\boldsymbol{v}_1}{1+A}, \qquad \boldsymbol{V}_2 = 0 - \boldsymbol{v}_{\text{CM}} = -\frac{\boldsymbol{v}_1}{1+A}. \tag{9.44}$$

Como estamos lidando com uma colisão elástica na qual as partículas conservam sua identidade, temos, de acordo com a explanação que segue a Eq. (9.42), que $p_1 = p'_1$ no referencial C, e portanto também $V_1 = V'_1$; isto é, a velocidade de m_1 tem o mesmo módulo no referencial do CM antes e depois da colisão. Analogamente $V_2 = V'_2$. Entretanto, as direções dos movimentos depois da colisão podem ser diferentes no referencial do centro de massa (veja a Fig. 9.15). A velocidade $\boldsymbol{v}_1$ do nêutron depois da colisão, relativamente ao referencial L, é então

$$\boldsymbol{v}'_1 = \boldsymbol{V}'_1 + \boldsymbol{v}_{\text{CM}},$$

tal que, de acordo com a Fig. 9.16,

$$v'^2_1 = V'^2_1 + v^2_{\text{CM}} + 2\boldsymbol{V}'_1 \cdot \boldsymbol{v}_{\text{CM}} = V'^2_1 = v'^2_{\text{CM}} + 2V'_1 v_{\text{CM}} \cos\phi.$$

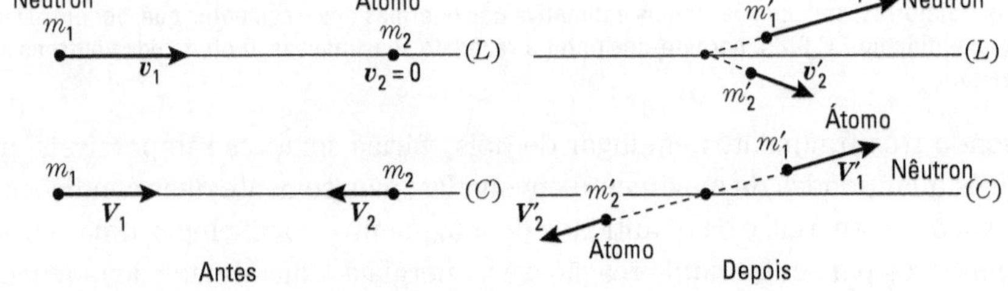

Figura 9.15 Comparação de dados numa colisão, relativamente aos referenciais L e C.

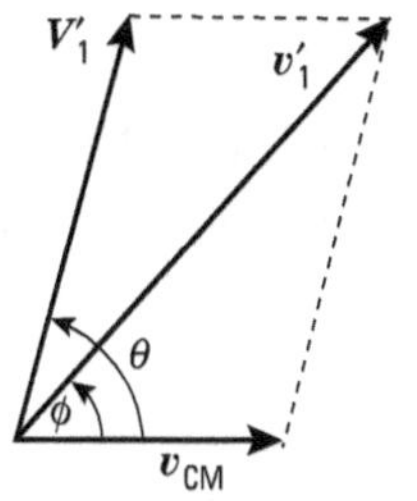

Figura 9.16

Usando as Eqs. (9.44) e, lembrando que $V'_1 = V_1$, obtemos

$$v_1'^2 = v_1^2 \frac{A^2 + 2A\cos\phi + 1}{(A+1)^2}.$$

A relação entre a energia cinética de m_1 depois e antes da colisão no referencial L é então

$$\frac{E'_{k,1}}{E_{k,1}} = \frac{v_1'^2}{v_1^2} = \frac{A^2 + 2A\cos\phi + 1}{(A+1)^2}.$$

Para $\phi = 0$ (isto é, colisão sem mudança de direção) $E'_{k,1} = E_{k,1}$ e não há perda de energia cinética. Para $\phi = \pi$, ou colisão frontal, há um máximo de perda de energia, resultando em

$$\frac{E'_k}{E_k} = \frac{A^2 - 2A + 1}{(A+1)^2} = \left(\frac{A-1}{A+1}\right)^2.$$

A perda de energia por unidade de energia é então, nesse caso,

$$\frac{E_k - E'_k}{E_k} = \frac{4A}{(A+1)^2}.$$

A perda de energia é tanto maior quanto mais próximo da unidade estiver A. Esse resultado é importante quando se trata de escolher o material moderador para um rápido freamento de nêutrons, como deve ser feito em reatores nucleares. Os átomos de hidrogênio são os que apresentam o menor valor de A relativamente ao nêutron ($A \cong 1$), e por essa razão seria de se esperar que o hidrogênio puro fosse o melhor moderador. Entretanto, a temperaturas normais o hidrogênio puro é um gás e, consequentemente, o número de átomos de hidrogênio por unidade de volume é relativamente pequeno. Então, usa-se água. A água não somente tem a vantagem de ser abundante e barata, mas também contém cerca de 10^3 vezes mais átomos de hidrogênio por unidade de volume do que o gás. Infelizmente, os átomos de hidrogênio têm a tendência de capturar nêutrons para formar *deutério*. Por outro lado, desde que o deutério tem uma tendência relativamente pequena em capturar nêutrons, alguns reatores nucleares usam água *pesada*, cujas moléculas são formadas de deutério (em vez de hidrogênio) e oxigênio. (Nesse caso, $A = 2$.) Outro moderador comum é o carbono ($A = 12$), que é usado na forma de grafita.

II. SISTEMAS COM UM GRANDE NÚMERO DE PARTÍCULAS

9.8 Sistemas de muitas partículas: temperatura

O resultado expresso na Eq. (9.35), ou seu equivalente, a lei de conservação da energia, quando aplicado a um sistema composto de um número pequeno de partículas, tal como o nosso sistema planetário ou um átomo com poucos elétrons, pode ser tratado pelo cálculo dos termos individuais que constituem a energia interna, de acordo com a Eq. (9.34). Entretanto, quando o número de partículas é muito grande, tal como num átomo pesado ou num gás composto de bilhões de moléculas, o problema torna-se matematicamente inviável. Devemos usar, então, certos métodos estatísticos para calcular valores médios das quantidades dinâmicas em vez de valores precisos individuais para cada membro do sistema. Em verdade, nesses sistemas complexos, não estamos interessados no comportamento individual de cada componente (mesmo porque, esse comportamento não é observável em geral), mas no comportamento do sistema como um todo. A técnica matemática para lidar com tais sistemas constitui a *mecânica estatística*. Se ignorarmos a estrutura interna do sistema e simplesmente aplicamos a Eq. (9.35), usando valores *medidos experimentalmente* para U e W, empregamos outro ramo da física, chamado *termodinâmica*. No presente capítulo nos limitaremos a uma adaptação da Eq. (9.35) a sistemas compostos de muitas partículas sem entrar na discussão dos métodos, quer da mecânica estatística quer da termodinâmica. Também exprimiremos, a menos que se faça referência em contrário, todas as quantidades dinâmicas para o sistema considerado em relação ao referencial do centro de massa.

Primeiramente definamos a *temperatura* T do sistema como uma quantidade relacionada à energia cinética média das partículas no referencial do CM. Assim, temperatura é definida independentemente do movimento do sistema em relação ao observador. A energia cinética média de uma partícula é

$$E_{k,\text{med}} = \frac{1}{N}\left(\sum_i \tfrac{1}{2} m_i v_i^2\right), \tag{9.45}$$

onde N é o número total de partículas e v_i é a velocidade da partícula no referencial do CM. Se todas as partículas tem a mesma massa, então

$$E_{k,\text{med}} = \frac{1}{N}\sum_i \tfrac{1}{2} m v_i^2 = \tfrac{1}{2} m\left(\frac{1}{N}\sum_i v_i^2\right) = \tfrac{1}{2} m\left(v^2\right)_{\text{med}} = \tfrac{1}{2} m v_{\text{rqm}}^2$$

onde v_{rqm} é chamada "raiz quadrada do valor quadrático médio da velocidade" das partículas. O valor quadrático médio é definido como

$$v_{\text{rqm}}^2 = \left(v^2\right)_{\text{med}} = \frac{1}{N}\left(v_1^2 + v_2^2 + v_3^2 + \ldots\right) = \frac{1}{N}\left(\sum_i v_i^2\right).$$

Não precisamos indicar aqui a relação exata entre temperatura e energia cinética média. É suficiente, a esta altura, supor que, dada a energia cinética média de uma partícula num sistema, é possível determinar a temperatura do sistema e vice-versa. Nesse sentido, podemos falar da temperatura de um sólido, de um gás e mesmo de um núcleo complexo.

O fato de estarmos referindo os movimentos ao centro de massa, a fim de definir temperatura, reveste-se de importância. Suponhamos que temos uma bola de metal "quente" em repouso no nosso laboratório e uma bola de metal "fria" movendo-se muito rapidamente em relação ao nosso laboratório. A bola "quente" tem uma temperatura alta que, por outro lado, significa grande energia cinética relativamente ao seu centro de massa, o qual está em repouso no laboratório. Por outro lado, a bola "fria" está a uma temperatura baixa, significando pequena energia cinética relativamente ao seu centro de massa que, em nosso caso, está em movimento em relação ao observador. A bola "fria", que se move rapidamente, pode ter uma energia cinética total, em relação ao laboratório, maior do que a bola "quente", porém a maior parte de sua energia cinética é translacional e esta não contribui para a temperatura.

Um sistema que tem a mesma temperatura em todos os pontos, de tal modo que a energia cinética média das moléculas é a mesma em qualquer região do sistema, está em *equilíbrio térmico*. Num sistema isolado, cuja energia interna total é constante, a temperatura pode variar se a energia cinética interna varia em virtude de uma mudança da energia potencial interna. Por exemplo, uma massa de gás no espaço interestelar pode estar se condensando em decorrência de forças atrativas intensas, resultando num decréscimo da energia potencial interna e num acréscimo correspondente da energia cinética. Como resultado, sua temperatura deverá crescer. Por outro lado, se o sistema está em expansão, sua energia potencial interna cresce (se as forças são atrativas), produzindo um decréscimo na energia cinética e, portanto, uma queda na temperatura. Se a energia potencial interna de um sistema isolado permanece constante, que é o caso de um gás contido numa caixa rígida, então a energia cinética média do sistema também permanece constante, ou seja, sua temperatura não se altera. Porém, se o sistema não está isolado, ele pode trocar energia com o resto do universo, o que poderá resultar numa variação de sua energia cinética interna e, consequentemente, de sua temperatura.

A temperatura deveria ser expressa em joules/partícula, entretanto é costume exprimi-la em *graus*. A escala de temperatura usada em física é a escala *absoluta*. Sua unidade é chamada *kelvin**, indicada por *K*. Nessa escala, a temperatura de fusão do gelo à pressão atmosférica normal é 273,15 K e a temperatura de ebulição da água, sob pressão atmosférica normal, é 373,15 K. Portanto a diferença entre essas duas temperaturas é 100 K. A temperatura *centígrada*, ou Celsius, é definida por $\theta_C = T - 273{,}15$ K. Um kelvin corresponde aproximadamente a $1{,}38 \times 10^{-23}$ J (ou $8{,}61 \times 10^{-4}$eV) por partícula.

9.9 Sistemas de muitas partículas: trabalho

A troca de energia de um sistema com o mundo exterior é representada pelo trabalho externo W_{ext} na Eq. (9.35), isto é

$$U - U_0 = W_{ext}.$$

Se o trabalho é realizado *sobre* o sistema (W_{ext} positivo), sua energia interna aumenta, mas se o trabalho é feito *pelo* sistema (W_{ext} negativo), sua energia interna diminui. Esse trabalho externo é a soma dos trabalhos externos individuais feito sobre cada partícula do sistema, às vezes, porém, é mais facilmente calculado de uma forma estatística.

Consideremos, por exemplo, um gás dentro de um cilindro, no qual uma parede é um pistão móvel (Fig. 9.17). O gás pode trocar energia e quantidade de movimento com as

* Em outubro de 1967, estabeleceu-se, por acordo internacional, a alteração da antiga unidade "grau Kelvin" (°K), que passou a ser simplesmente "kelvin" (K) (N. T.).

vizinhanças por meio de colisões e interações de suas moléculas com as moléculas das paredes. A troca de quantidade de movimento é representada pela força exercida por cada uma das moléculas no ponto de colisão com a parede. Essas forças individuais flutuam em cada ponto, porém, como ocorre um grande número de colisões sobre uma área macroscópica, o efeito de conjunto pode ser representado por uma força média F que age sobre a área toda. Sendo A a área e p a *pressão* do gás, definida como a força média por unidade de área (veja o Ex. 9.2), então

$$p = F/A \qquad \text{ou} \qquad F = pA. \tag{9.46}$$

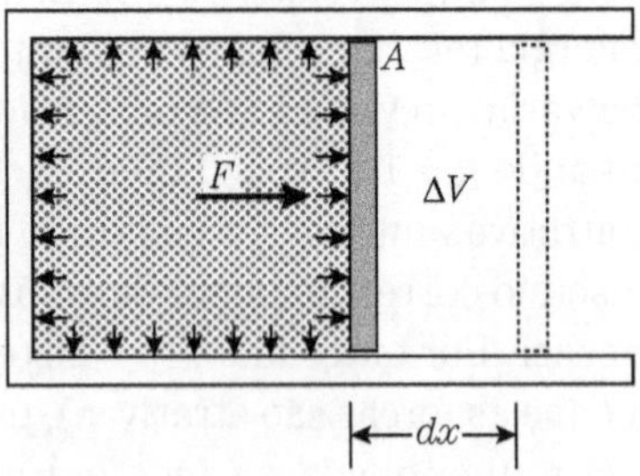

Figura 9.17 Trabalho realizado na expansão de um gás.

Se uma parede do reservatório é móvel, tal como o pistão da Fig. 9.17, a força exercida pelo gás pode produzir um deslocamento dx na parede. A troca de energia do sistema com o mundo exterior pode ser, então, expressa pelo trabalho realizado durante esse deslocamento. Como esse é um trabalho externo realizado *pelo* sistema e não *sobre* o sistema, devemos considerá-lo negativo. Portanto

$$dW_{ext} = -Fdx = -pAdx = -pdV, \tag{9.47}$$

onde $dV = Adx$ é a variação de volume do gás. Então, se o volume variar de V_0 a V, o trabalho externo realizado sobre o sistema será

$$W_{ext} = -\int_{V_0}^{V} p\,dV. \tag{9.48}$$

Para calcular essa integral devemos conhecer a relação entre p e V. Essa relação tem sido estudada detalhadamente para gases e outras substâncias.

Frequentemente, em especial quando lidamos com máquinas térmicas, é preferível calcular o trabalho externo realizado *pelo* sistema, indicado por W_{sist}, em vez do trabalho externo realizado *sobre* o sistema, W_{ext}. De vez que ambos os trabalhos correspondem ao mesmo deslocamento, sendo, porém, devidos a forças iguais e opostas, os dois trabalhos são iguais em módulo, mas têm sinais opostos, ou seja, $W_{sist} = -W_{ext}$. Então, usando a Eq. (9.48), o trabalho de expansão realizado por um gás é

$$W_{sist} = \int_{V_0}^{V} p\,dV. \tag{9.49}$$

É conveniente citar, agora, algumas das unidades mais comuns em que a pressão pode ser expressa. Note-se, de passagem, que pressão deve ser dada em unidade de força dividida por unidade de área. Assim, no sistema MKSC, pressão é medida em *newtons por metro quadrado*, ou $\text{N} \cdot \text{m}^{-2}$. Outras unidades frequentemente usadas são: *dina por centímetro quadrado*, ou dyn · cm^{-2} e *libra-força por polegada quadrada*, ou lbf · in^{-2}. Outra unidade útil, usada principalmente para exprimir a pressão de gases, é a *atmosfera*, abreviadamente atm, e definida de acordo com as equivalências

$$1 \text{ atm} = 1{,}013 \times 10^5 \text{ N} \cdot \text{m}^{-2} = 14{,}7 \text{ lbf} \cdot \text{in}^{-2}.$$

Uma atmosfera é, aproximadamente, a pressão normal exercida pela atmosfera terrestre sobre os corpos, no nível do mar*.

■ **Exemplo 9.14** Um gás ocupa um volume de 0,30 m^3, exercendo uma pressão de 2×10^5 N · m^{-2}. À pressão constante, o volume aumenta para 0,45 m^3. Calcular o trabalho realizado pelo gás.

Solução: Usamos a Eq. (9.49) e, quando a pressão p permanece constante,

$$W_{\text{sist}} = \int_{V_0}^{V} p\,dV = p\int_{V_0}^{V} dV = p(V - V_0). \tag{9.50}$$

Esse resultado é completamente geral e aplica-se a qualquer sistema cujo volume varia sob pressão constante. Então, substituindo os valores numéricos, obtemos $W_{\text{sist.}} = 3 \times 10^4$ J.

■ **Exemplo 9.15** Um gás se expande de tal maneira que a relação $pV = C$ (constante) é observada. Esta relação [ver Eq. (9.62) e o Prob. 9.67] requer que a temperatura do gás permaneça constante e é conhecida como *lei de Boyle*. Procurar o trabalho realizado quando o volume se expande de V_1 a V_2.

Solução: Usando a Eq. (9.49), obtemos

$$W_{\text{sist}} = \int_{V_1}^{V_2} p\,dV = \int_{V_1}^{V_2} \frac{C\,dV}{V} = C \ln\frac{V_2}{V_1}. \tag{9.51}$$

Portanto o trabalho realizado depende da relação V_2/V_1 entre os dois volumes (chamada *razão de expansão*). No projeto de máquinas de combustão interna, a razão de compressão (ou expansão) é um dos fatores que determinam a potência da máquina.

9.10 Sistemas de muitas partículas – calor

É importante ter em mente que a Eq. (9.48) exprime uma *média macroscópica* estendida a todas as trocas individuais de energia entre as moléculas do gás e as moléculas do pistão. Mas como se pode calcular a troca de energia que ocorre em decorrência da interação das moléculas do gás com as paredes que permanecem fixas? Nesse caso, o método usado para calcular W para o pistão não se aplica porque, embora ainda possamos definir uma força média sobre a parede, não poderemos definir um deslocamento médio da parede. Em cada interação individual entre as moléculas do gás e a parede, é exercida uma pequena força que produz um pequeno deslocamento das moléculas da parede. Se pudéssemos calcular cada uma dessas quantidades infinitesimais de trabalho e somar todas elas, teríamos o trabalho externo realizado pelo sistema. Entretanto, essa técnica

* Outras unidades frequentemente usadas são o bar, baria e o mm de mercúrio, com as seguintes equivalências: 1 bar = 10^5 N · m^{-2}; 1 μ bar = 1 dyn · cm^{-2} = 1 baria, 1 mm Hg = 133,3 N· m^{-2} (N.T.).

é, obviamente, quase impossível, em virtude do grande número de fatores envolvidos. Consequentemente, definiremos um novo conceito macroscópico ou estatístico chamado *calor*.

O valor médio do trabalho externo ou energia trocada entre o sistema e suas vizinhanças devido a trocas individuais de energia que ocorrem como um resultado das colisões entre as moléculas do sistema e as moléculas das vizinhanças é chamado de *calor*, Q, sempre que não possa ser expresso macroscopicamente como força vezes distância. Portanto, Q é composto de uma soma de grande número de pequenos trabalhos externos individuais, tais que não podem ser expressos coletivamente como uma força média multiplicada por uma distância média.

O calor Q é considerado positivo quando corresponde a um trabalho externo realizado *sobre* o sistema e negativo quando é equivalente a um trabalho externo realizado *pelo* sistema. No primeiro caso dizemos que o calor é *absorvido* pelo sistema e no segundo caso dizemos que o calor é *cedido* pelo sistema.

Como calor corresponde a trabalho, deve ser expresso em joules. Entretanto é comumente expresso numa unidade chamada *caloria*, cuja definição foi adotada em 1948 como: 1 caloria = 4,1840 J. A caloria foi introduzida como unidade de medida de calor quando a natureza do calor era ainda desconhecida. Mas caloria é simplesmente outra unidade para medir trabalho e energia e não somente calor.

Neste ponto, devemos lançar um alerta para que você não considere o calor como uma nova, ou diferente, forma de energia. É simplesmente um nome dado a uma forma especial de trabalho ou transferência de energia em que participa um grande número de partículas. Antes que fossem entendidos claramente os conceitos de interação e de estrutura atômica da matéria, os físicos classificavam a energia em dois grupos: energia *mecânica*, correspondente às energias cinética e potencial gravitacional, e energia *não mecânica*, dividida em calor, energia química, energia elétrica, radiação etc. Essa divisão não mais se justifica. Atualmente, os físicos reconhecem apenas energia cinética e potencial, sendo que a energia potencial apresenta-se sob diferentes expressões dependendo da natureza da interação física correspondente. O calor e a radiação constituem expressões de dois mecanismos de transferência de energia. "Energia química" é apenas um termo macroscópico usado para descrever a energia associada com interações elétricas nos átomos e moléculas, energia essa que se manifesta em processos químicos, isto é, como rearranjos atômicos nas moléculas.

Quando não há troca de energia (na forma de calor) entre dois sistemas, dizemos que eles estão em *equilíbrio térmico*. Esse é um conceito estatístico, porque moléculas individuais podem trocar energia, porém, em média, a mesma quantidade de energia é trocada nas duas direções. *Para existir equilíbrio térmico entre dois sistemas, as energias cinéticas médias moleculares dos dois sistemas em interação devem ser iguais, de tal modo que não seja possível uma troca efetiva de energia cinética na colisão molecular*. Em conclusão, tendo em vista nossa definição preliminar de temperatura, dada na Seç. 9.8, podemos dizer que

dois sistemas em equilíbrio térmico devem estar à mesma temperatura.

Também podemos concluir que, energia é trocada na forma de calor somente quando a temperatura dos dois sistemas é diferente.

9.11 Reformulação do princípio da conservação da energia para sistemas de muitas partículas

Nas duas secções precedentes vimos que, quando lidamos com sistemas compostos de um número muito grande de partículas devemos exprimir o *trabalho total externo* como a soma de duas partes: $Q + W_{ext}$. Aqui, W_{ext} representa o trabalho externo quando este pode ser calculado como uma força média multiplicada por uma distância, conforme foi discutido na Seç. 9.9, e Q representa o trabalho externo quando este deve ser expresso como calor, conforme foi visto na Seç. 9.10. A Eq. (9.35) para o princípio de conservação da energia deve ser escrita na forma

$$U - U_0 = Q + W_{ext}, \tag{9.52}$$

que, em palavras, pode ser expressa do seguinte modo:

> *a variação da energia interna de um sistema é igual ao calor absorvido mais o trabalho externo realizado sobre o sistema.*

A Eq. (9.52) pode ser vista esquematicamente na Fig. 9.18(a): o calor Q é *absorvido pelo* sistema e o trabalho W_{ext} é *realizado sobre* o sistema. A soma dos dois $Q + W_{ext}$ é *armazenada* como energia interna $U - U_0$ do sistema. Às vezes, especialmente em aplicações de engenharia, em lugar de escrever o trabalho externo W_{ext} realizado *sobre* o sistema, escreve-se o trabalho externo W_{sist} realizado *pelo* sistema que, conforme foi explicado anteriormente, é o negativo do trabalho realizado *sobre* o sistema. Pondo $W_{ext} = - W_{sist}$, temos, em lugar da Eq. (9.52),

$$U - U_0 = Q - W_{sist} \tag{9.53}$$

A Eq. (9.53) é ilustrada na Fig. 9.18(b): o calor Q é *absorvido pelo* sistema, o trabalho W_{sist} é *realizado pelo* sistema, e a diferença $Q - W_{sist}$ é *armazenada* como energia interna $U - U_0$ do sistema.

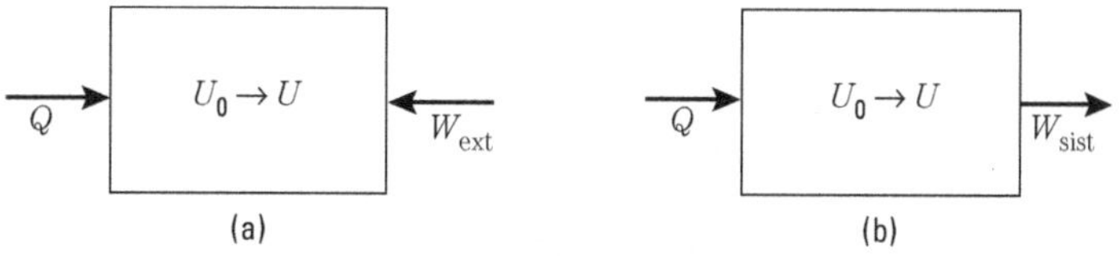

Figura 9.18 Relação entre calor, trabalho e energia interna.

O conteúdo das Eqs. (9.52) e (9.53) constitui o que se chama de *primeira lei da termodinâmica*, e é simplesmente a lei de conservação da energia aplicada a sistemas de grande número de partículas, com o trabalho externo convenientemente separado em dois termos estatísticos, um que é ainda chamado trabalho e outro que é o calor. Como já falamos o suficiente para capacitá-lo a entender os conceitos de calor e temperatura, conforme serão usados ocasionalmente nos capítulos que se seguem, não continuaremos, por enquanto, nossas incursões no campo da termodinâmica.

9.12 Teorema do virial para muitas partículas

Nesta seção, estenderemos o teorema do virial, introduzido na Seç. 8.13 para o caso de uma única partícula, ao caso de sistemas de muitas partículas. Em sua nova forma esse teorema é aplicável à discussão de propriedades médias ou estatísticas de sistemas compostos de muitas partículas, em especial no caso dos gases*.

Para simplicidade, consideremos, primeiramente, um sistema composto de duas partículas, m_1 e m_2. Definimos a quantidade escalar

$$A = m_1\boldsymbol{v}_1 \cdot \boldsymbol{r}_1 + m_2\boldsymbol{v}_2 \cdot \boldsymbol{r}_2 = \Sigma_i m_i \boldsymbol{v}_i \cdot \boldsymbol{r}_i, \tag{9.54}$$

que é simplesmente uma extensão da quantidade A definida para uma única partícula. Tomando a derivada de A com o tempo, achamos

$$\frac{dA}{dt} = m_1\frac{d\boldsymbol{v}_1}{dt} \cdot \boldsymbol{r}_1 + m_1\boldsymbol{v}_1 \cdot \frac{d\boldsymbol{r}_1}{dt} + m_2\frac{d\boldsymbol{v}_2}{dt} \cdot \boldsymbol{r}_2 + m_2\boldsymbol{v}_2 \cdot \frac{d\boldsymbol{r}_2}{dt},$$

ou, desde que $\boldsymbol{v}_1 = d\boldsymbol{r}_1/dt$, $\boldsymbol{v}_2 = d\boldsymbol{r}_2/dt$, $\boldsymbol{a}_1 = d\boldsymbol{v}_1/dt$, e $\boldsymbol{a}_2 = d\boldsymbol{v}_2/dt$, então

$$\frac{dA}{dt} = \left(m_1\boldsymbol{a}_1 \cdot \boldsymbol{r}_1 + m_2\boldsymbol{a}_2 \cdot \boldsymbol{r}_2\right) + \left(m_1 v_1^2 + m_2 v_2^2\right).$$

O último termo à direita, de acordo com a Eq. (9.29), é o dobro da energia cinética, E_k, do sistema. Então podemos escrever

$$\frac{dA}{dt} = 2E_k + \left(m_1\boldsymbol{a}_1 \cdot \boldsymbol{r}_1 + m_2\boldsymbol{a}_2 \cdot \boldsymbol{r}_2\right).$$

Usando a Eq. (9.26) e lembrando que $\boldsymbol{F}_{12} = -\boldsymbol{F}_{21}$ e $\boldsymbol{r}_1 - \boldsymbol{r}_2 = \boldsymbol{r}_{12}$, vemos que

$$\begin{aligned} m_1\boldsymbol{a}_1 \cdot \boldsymbol{r}_1 + m_2\boldsymbol{a}_2 \cdot \boldsymbol{r}_2 &= (\boldsymbol{F}_1 + \boldsymbol{F}_{12}) \cdot \boldsymbol{r}_1 + (\boldsymbol{F}_2 + \boldsymbol{F}_{12}) \cdot \boldsymbol{r}_2 \\ &= \boldsymbol{F}_1 \cdot \boldsymbol{r}_1 + \boldsymbol{F}_2 \cdot \boldsymbol{r}_2 + \boldsymbol{F}_{12} \cdot (\boldsymbol{r}_1 - \boldsymbol{r}_2) \\ &= \boldsymbol{F}_1 \cdot \boldsymbol{r}_1 + \boldsymbol{F}_2 \cdot \boldsymbol{r}_2 + \boldsymbol{F}_{12} \cdot \boldsymbol{r}_{12}. \end{aligned}$$

Portanto nossa equação torna-se agora

$$\frac{dA}{dt} = 2E_k + \left(\boldsymbol{F}_1 \cdot \boldsymbol{r}_1 + \boldsymbol{F}_2 \cdot \boldsymbol{r}_2 + \boldsymbol{F}_{12} \cdot \boldsymbol{r}_{12}\right) = 2E_k + B,$$

onde, para simplificar a escrita, chamamos de B a expressão dentro dos parênteses. Tomando a média temporal dessa equação, temos

$$\left[\frac{dA}{dt}\right]_{\text{med}} = 2E_{k,\,\text{med}} + B_{\text{med}}, \tag{9.55}$$

Lembrando a definição de média temporal dada na Seç. 8.13 e o resultado apresentado na Eq. (8.46), temos novamente

$$\left[\frac{dA}{dt}\right]_{\text{med}} = \frac{A - A_0}{i}.$$

Também aqui, se o tempo i é muito longo e A não cresce indefinidamente com o tempo, a quantidade $(A - A_0)/i$ pode se tornar tão pequena que será uma boa aproximação considerá-la zero. Isso ocorre se o sistema é limitado, tal como no caso de um gás num

* Para uma aplicação elementar do teorema do virial a problemas da química, veja: MAHAN, B. H. *Química – um curso universitário*. São Paulo: Blucher, 1970. p. 360.

recipiente, porque, então, $\boldsymbol{r}_1$ e $\boldsymbol{r}_2$ e também $\boldsymbol{v}_1$ e $\boldsymbol{v}_2$, na Eq. (9.54), não podem crescer indefinidamente. Portanto, fazendo $(dA/dt)_{\text{med}} = 0$ na Eq. (9.55), encontramos

$$2E_{k,\text{med}} = -B_{\text{med}} = -(\boldsymbol{F}_1 \cdot \boldsymbol{r}_1 + \boldsymbol{F}_2 \cdot \boldsymbol{r}_2 + \boldsymbol{F}_{12} \cdot \boldsymbol{r}_{12})_{\text{med}},$$

Se em lugar de duas partículas temos muitas, a equação pode ser generalizada para

$$E_{k,\text{ med}} = \frac{1}{2}\left(\sum_{\substack{\text{Todas as} \\ \text{partículas}}} \boldsymbol{F}_i \cdot \boldsymbol{r}_i + \sum_{\substack{\text{Todos os} \\ \text{pares}}} \boldsymbol{F}_{ij} \cdot \boldsymbol{r}_{ij} \right)_{\text{med}}, \tag{9.56}$$

onde a primeira soma, à direita, refere-se às forças externas que agem sobre *cada* partícula e a segunda soma corresponde às forças internas entre *pares* de partículas. A Eq. (9.56) é chamada o *teorema do virial* para um sistema de partículas, enquanto que o membro da direita é dito *virial do sistema*.

9.13 Equação de estado de um gás

Uma das mais interessantes aplicações do teorema do virial é a obtenção da equação de estado de um gás. Equação de estado é uma equação que descreve a relação entre quantidades macroscópicas tais como pressão, volume e temperatura, descrevendo o estado do sistema. Certamente, essas quantidades macroscópicas ou estatísticas são o resultado direto da estrutura interna do sistema e, sob hipóteses adequadas, seremos capazes de estabelecer a correlação entre a estrutura interna e o comportamento macroscópico.

Suponhamos um gás composto de moléculas que interagem mutuamente, bem como interagem com as paredes do recipiente. *Supomos* também, por simplicidade, que o recipiente seja um cubo de lado a (uma prova mais geral dispensa essa limitação) conforme a Fig. 9.19.

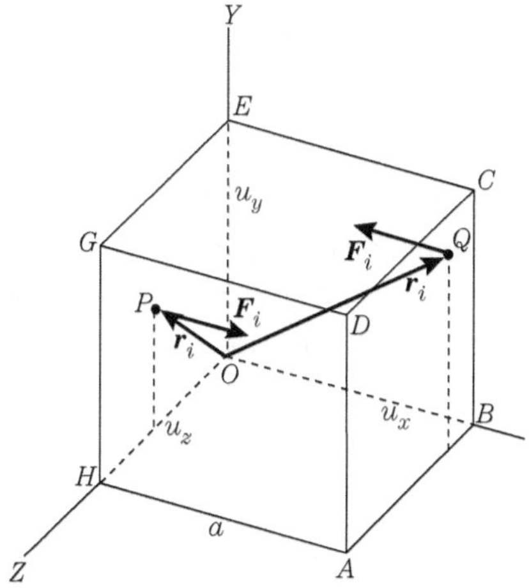

Figura 9.19

Façamos as contas indicadas na Eq. (9.56), começando com a primeira somatória, correspondente às forças externas. Uma molécula sofre uma força externa somente quando ela atinge a parede e salta para trás. Podemos *fazer a hipótese* de que a força por ela experimentada é perpendicular à parede, uma hipótese que é correta apenas estatisticamente. Na parede *OEGH*, em que $x = 0$, em todos os pontos de uma superfície uma molécula incidindo no ponto *P*, por exemplo, experimenta uma força $\boldsymbol{F}_i = \boldsymbol{u}_x F_i$. Então $\boldsymbol{F}_i \cdot \boldsymbol{r}_i = \boldsymbol{F}_i x_i = 0$, e a parede *OEGH* não contribui para o virial porque, em razão de nossa escolha de coordenadas, $x_i = 0$. O mesmo resultado é obtido nas paredes *OBCE* e *OHAB*.

Na parede *ABCD*, uma partícula incidindo em *Q*, por exemplo, sofre uma força paralela, mas oposta, a *OX*; isto é, $F_i = -\boldsymbol{u}_x F_i$, e todas as partículas que incidem sobre essa parede têm $x_i = a$. Portanto, $\boldsymbol{F}_i \cdot \boldsymbol{r}_i = -F_i a$. A soma $\Sigma_i F_i \cdot \boldsymbol{r}_i$ para a parede em consideração é então $-\Sigma_i F_i a = -(\Sigma_i \boldsymbol{F}_i)a = -Fa = -pa^3$, onde, usando a Eq. (9.46), $F = pa^2$ é a força total exercida pelo gás sobre a parede de área $A = a^2$, e p é a pressão do gás. Um resultado semelhante é obtido para as paredes *CDGE* e *ADGH*, resultando, para as seis paredes, uma contribuição para o virial que é igual a

$$-3pa^3 = -3pV,$$

onde $V = a^3$ é o volume ocupado pelo gás. A Eq. (9.56) torna-se então

$$E_{k,\,\text{med}} = \tfrac{3}{2}pV - \tfrac{1}{2}\left(\Sigma_{ij}\,\boldsymbol{F}_{ij} \cdot \boldsymbol{r}_{ij}\right)_{\text{med}}$$

ou

$$pV = \tfrac{2}{3}E_{k,\,\text{med}} + \tfrac{1}{3}\left(\Sigma_{ij}\,\boldsymbol{F}_{ij} \cdot \boldsymbol{r}_{ij}\right)_{\text{med}} \qquad (9.57)$$

A energia cinética média de uma molécula é $\frac{1}{2}mv_{\text{rqm}}^2$ e a energia média de todas as moléculas do gás é $E_{k,\,\text{med}} = N\left(\frac{1}{2}mv_{\text{rqm}}^2\right)$, onde N é o número total de moléculas. Fazendo a substituição na Eq. (9.57), temos

$$pV = \tfrac{1}{3}Nmv_{\text{rqm}}^2 + \frac{1}{3}\left(\sum_{\substack{\text{Todos os}\\ \text{pares}}} \boldsymbol{F}_{ij} \cdot \boldsymbol{r}_{ij}\right)_{\text{med}} \qquad (9.58)$$

que relaciona a pressão $p$eo volume Va propriedades moleculares tais como, m, v_{rqm} e $\boldsymbol{F}_{\text{ij}}$. Definimos a *temperatura absoluta* T de um gás como uma quantidade diretamente proporcional à energia cinética média de uma molécula e expressamos por

$$\tfrac{3}{2}kT = \tfrac{1}{2}mv_{\text{rqm}}^2 \qquad \text{ou} \qquad kT = \tfrac{1}{3}mv_{\text{rqm}}^2 \qquad (9.59)$$

onde k é uma constante universal chamada *constante de Boltzmann*, cujo valor, determinado experimentalmente (ver nota sobre medida de temperatura na página 286), é

$$k = 1{,}38045 \times 10^{-23}\ \text{J} \cdot \text{K}^{-1}. \qquad (9.60)$$

Então, a Eq. (9.58) torna-se

$$pV = NkT + \frac{1}{3}\left(\sum_{\substack{\text{Todos os}\\ \text{pares}}} \boldsymbol{F}_{ij} \cdot \boldsymbol{r}_{ij}\right)_{\text{med}} \qquad (9.61)$$

Chegamos, assim, à equação de estado de um gás. Esta ainda não está numa forma final porque falta calcular o último termo, que depende das forças intermoleculares. Para calculá-lo devemos fazer algumas hipóteses a respeito da natureza das forças intermoleculares.

Para o momento, postulemos um gás "ideal", ou seja, que só existe como um modelo. Um *gás ideal* é tal que as forças intermoleculares são consideradas nulas. Assim, o último termo na Eq. (9.61) desaparece e a equação de estado para um gás ideal é

$$pV = NkT \tag{9.62}$$

Essa equação é obedecida com uma aproximação surpreendentemente boa por muitos gases o que indica serem as forças intermoleculares, nos gases, desprezíveis, exceto quando as moléculas estão muito "comprimidas" umas contra as outras ou quando a temperatura é muito baixa.

O aspecto interessante da Eq. (9.61) é que ela exprime claramente o efeito das forças moleculares sobre a pressão do gás. Por exemplo, se as forças intermoleculares são atrativas, os produtos $\boldsymbol{F}_{ij} \cdot \boldsymbol{r}_{ij}$ são todos negativos de tal modo que o membro a direita na Eq. (9.61) será menor do que para um gás ideal, resultando numa pressão menor, o que está de acordo com a nossa intuição física.

■ **Exemplo 9.16** Obter a equação de estado de um gás ideal pelo cálculo direto da pressão exercida pelo gás sobre as paredes do recipiente.

Solução: Você deve estar lembrado de que a pressão exercida pelo jato de gás do Ex. 9.2 sobre a área A da parede é

$$p = \frac{F}{A} = \frac{2Anmv^2 \cos^2 \theta}{A} = 2nmv^2 \cos^2 \theta,$$

onde $v \cos \theta$ é a componente da velocidade molecular ao longo da normal à parede. Isso dá a pressão devida às moléculas que se movem numa direção que faz um ângulo θ com a normal à parede. Portanto, nesse caso, n não é o número total de moléculas por unidade de volume, mas somente aquelas que se movem na direção descrita. Consequentemente, deveríamos começar por procurar qual a fração das moléculas que corresponde a um movimento segundo um ângulo θ com a normal à parede e somar (na realidade integrar) suas contribuições para todas as direções. Em lugar disso, procederemos de uma forma mais simples e mais intuitiva que dá essencialmente o mesmo resultado.

Podemos considerar com segurança que, estatisticamente, num dado instante, metade das moléculas tem uma componente da velocidade que aponta para a parede, e a outra metade tem a mesma componente apontando em sentido contrário à parede. Assim, devemos substituir n por $\frac{1}{2}n$, desde que somente $\frac{1}{2}n$ está se encaminhando para atingir a parede. Assim, se a parede é $ABCD$ da Figura 9.19, então $v \cos \theta$ é a componente v_x da velocidade ao longo do eixo X que é normal à parede que escolhemos. Fazendo essas mudanças na expressão acima para p, obtemos

$$p = 2\left(\tfrac{1}{2}n\right)mv_x^2.$$

Esse resultado coincide com a Eq. (9.58), exceto que o termo correspondente às forças internas não está presente e, portanto, a equação corresponde a um gás ideal. A vantagem do método do virial é que ele mostra claramente como tomar em consideração as forças intermoleculares. Você seria capaz de pensar num modo de incorporar as forças intermoleculares à lógica que acabamos de usar neste exemplo?

O módulo da velocidade é $v^2 = v_x^2 + v_y^2 + v_z^2$. Na verdade deveremos usar o valor médio $v_{x,\text{rqm}}^2$ e portanto, $v_{\text{rqm}}^2 = v_{x,\text{rqm}}^2 + v_{y,\text{rqm}}^2 + v_{z,\text{rqm}}^2$. Porém podemos supor que, se o gás é homogêneo, as direções das velocidades moleculares são distribuídas isotropicamente. Assim $v_{x,\text{rqm}}^2 = v_{y,\text{rqm}}^2 = v_{z,\text{rqm}}^2$ e, portanto, $v_{x,\text{rqm}}^2 = \frac{1}{3} v_{\text{rqm}}^2$. Fazendo essas substituições na expressão para p, temos então

$$p = 2\left(\tfrac{1}{2}n\right)m\left(\tfrac{1}{3}v_{\text{rqm}}^2\right) = \tfrac{1}{3}nmv_{\text{rqm}}^2 = \frac{1}{3}\frac{N}{V}mv_{\text{rqm}}^2,$$

$n = N/V$, onde N é o número total de moléculas e V é o volume. Portanto

$$pV = \tfrac{1}{3}Nmv_{\text{rqm}}^2.$$

Nota sobre a medida de temperatura. Na Seç. 9.8, associamos a temperatura de um sistema de partículas com a energia cinética média de uma partícula no referencial do CM. Na Eq. (9.59), que é $\frac{3}{2}kT = \frac{1}{2}mv_{\text{rqm}}^2$, fomos mais específicos sobre a relação entre a temperatura de um gás e a energia cinética média das moléculas do gás. Entretanto, dois aspectos importantes devem ser considerados. Primeiro, na equação de definição (9.59), introduzimos duas quantidades novas, T (temperatura absoluta) e k (constante de Boltzmann), e precisamos decidir como elas poderão ser medidas independentemente. Segundo, você tem um conceito intuitivo de temperatura, baseado na experiência sensorial, que lhe dá a ideia de quente e frio. Em função disso, você está acostumado a medir temperatura em termos de um número dado por um aparelho chamado *termômetro*. Portanto é necessário correlacionar nossa definição de temperatura com essa noção intuitiva.

Consideremos uma massa M de um gás que contém N moléculas. Se desprezarmos o efeito das forças intermoleculares, a equação de estado será dada pela Eq. (9.62),ou seja, $pV = NkT$. Suponhamos que o gás seja levado ao equilíbrio térmico com algum outro sistema físico que imaginamos poder ser mantido a uma temperatura fixa. Esse sistema poderá ser uma mistura de água e gelo no ponto de congelamento à pressão normal de uma atm. Medimos a pressão e o volume do gás a esta temperatura fixa, obtendo os valores p_0 e V_0, respectivamente. Em seguida, decidimos atribuir um valor conveniente (mas arbitrário) T_0 à temperatura fixa, que é também a temperatura do gás. Portanto podemos escrever $p_0V_0 = NkT_0$. Isso fixa automaticamente o valor da constante de Boltzmann, $k = p_0V_0/NT_0$, onde N poderá ser obtido se conhecermos a massa de cada molécula.

Para determinar a temperatura do gás quando sua pressão é p e o seu volume é V, de tal modo que $pV = NkT$, eliminamos simplesmente o fator Nk usando os valores-padrão, e obtemos

$$T = T_0(pV/p_0V_0),$$

que dá T em termos de nossa temperatura-padrão de referência e de outras quantidades mensuráveis. Desse modo, nossa massa de gás tornou-se um *termômetro de gás*. Em lugar de um gás podemos usar como termômetros outras substâncias, tais como um líquido ou uma haste metálica cujas dimensões, (volume ou comprimento) variam com a temperatura. Desde que a equação de estado para essas substâncias é mais complicada, na prática, esses termômetros são calibrados contra um termômetro de gás. Nesse caso, o termômetro concorda com o termômetro de gás somente nos pontos de calibração. Como a propriedade escolhida pode não variar linearmente com a temperatura, poderá haver pequenas discrepâncias nas temperaturas intermediárias.

Podemos escolher o valor de T_0 com base em vários pontos de vista. Por exemplo, podemos escolher outro processo imaginável que ocorra a uma temperatura fixa, tal como o processo de ebulição da água a certa temperatura à pressão normal de uma atmosfera. Depois, podemos decidir que a temperatura desse segundo ponto de referência é 100 unidades ou *graus* acima de T_0. Se p_1 e V_1 são a pressão e o volume do gás a essa nova temperatura, temos que $p_1V_1 = Nk\,(T_0 + 100)$. Resolvendo para Nk da equação $p_0V_0 = NkT_0$, e substituindo este valor na equação acima, encontramos

$$T_0 = 100\, p_0V_0/(p_1V_1 - p_0V_0),$$

de onde podemos obter um valor numérico para T_0. O valor obtido para T_0, como resultado desse tipo de experiência (e de muitas outras experiências, usando técnicas diferentes), é $T_0 = 273{,}15$. Cada uma das unidades é um *kelvin*, designado por K.

É importante observar que nossa técnica para medir temperatura é baseada na aproximação do gás ideal. Se usarmos gases diferentes, os resultados obtidos serão diferentes devido ao efeito das forças intermoleculares, conforme aparece na Eq. (9.61), e que é diferente para cada gás. Usualmente se usa hidrogênio ou hélio. É sumamente desejável poder-se obter uma escala de temperatura independente da substância usada como meio de medida; esse assunto é discutido em termodinâmica.

Serão encontradas em apêndice notas suplementares referentes à mecânica estatística e termodinâmica, cujo estudo complementará os tópicos acima tratados. (Veja notas suplementares de I a VII.)

9.14 Movimento dos fluidos

Os princípios gerais que discutimos neste capítulo, para sistemas de muitas partículas, podem ser facilmente aplicados à discussão do movimento dos fluidos. Consideremos, por simplicidade, um fluido (ou seja, um líquido ou um gás) movendo-se num tubo cilíndrico de seção transversal variável A (Fig. 9.20). O tubo pode ser orientado em qualquer direção, e portanto fazemos com que seu eixo coincida com o eixo X. Fixamos nossa atenção num elemento de volume de espessura dx e volume Adx. Embora esse volume seja pequeno, ele ainda contém um grande número de moléculas. Podemos discutir o seu movimento usando a Eq. (9.9), em que a massa M é substituída por $p(Adx)$, onde ρ é a densidade do fluido. Pode-se supor que o centro de massa coincide com o centro do elemento de volume, se o fluido é homogêneo, e v_{CM} é dita a velocidade do fluido naquele ponto. Em nosso caso, v_{CM} é paralela ao eixo X.

Devemos agora determinar a força externa resultante que age sobre o volume de fluido. Sejam p e p' os valores da pressão à esquerda e à direita do elemento de volume. O fluido à esquerda produz uma força pA sobre o elemento de volume que é dirigida para a direita, e o fluido à direita produz uma força $p'A$ dirigida para a esquerda. Assim, a componente X da força externa resultante sobre o elemento de volume devida à pressão é

$$dF_x = -p'A + pA = -(p' - p)A.$$

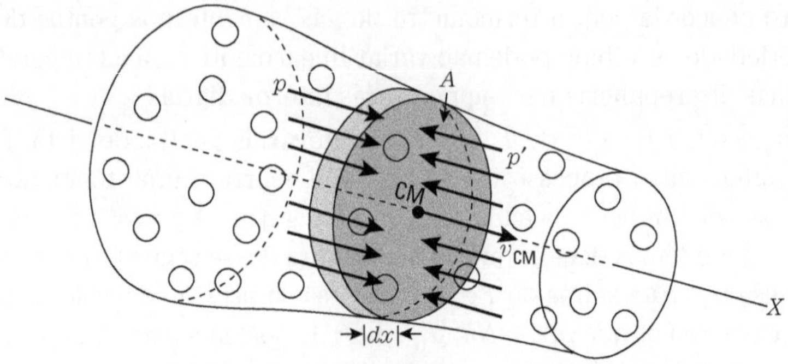

Figura 9.20

Mas $p' - p$ é a diferença de pressão entre dois pontos separados por uma distância dx; portanto $p' - p = dp$. Assim

$$dF_x = -(dp)A = -\frac{dp}{dx}(A\,dx).$$

Desde que Adx é o volume, concluímos *que a força por unidade de volume*, ao longo do eixo X, devida à pressão é

$$f_p = -\frac{dp}{dx}. \tag{9.63}$$

Esse resultado, quando comparado com a Eq. (8.23), sugere que a pressão pode ser considerada como energia potencial por unidade de volume. Podemos ver que isso é dimensionalmente correto, pois p é expresso em $\mathrm{N \cdot m^{-2}}$, que também pode ser escrito $\mathrm{(N \cdot m)m^{-3}}$ ou $\mathrm{J \cdot m^{-3}}$.

Além da pressão, poderá haver outras forças externas (tais como a gravidade ou um campo elétrico ou magnético externo) agindo sobre o fluido contido no elemento de volume. Digamos que f_e seja uma dessas forças por unidade de volume (por exemplo, peso por unidade de volume); a força externa resultante sobre o fluido contido no elemento de volume é $(f_p + f_e)A\,dx = (-dp/dx + f_e)A\,dx$. (As forças entre as moléculas do elemento de volume são forças internas e, portanto, não devem ser tomadas em consideração.) Assim, de acordo com a Eq. (9.9), a equação de movimento (aqui abolimos o índice CM para a velocidade) é

$$(\rho A\,dx)\frac{dv}{dt} = \left(-\frac{dp}{dx} + f_e\right)A\,dx$$

ou, cancelando o termo comum $A\,dx$, temos

$$\rho\frac{dv}{dt} = -\frac{dp}{dx} + f_e. \tag{9.64}$$

Se a força f_e é conservativa, temos que $f_e = -dE_p/dx$, onde E_p é a energia potencial correspondente por unidade de volume. Então

$$\rho\frac{dv}{dt} = -\frac{dp}{dx} - \frac{dE_p}{dx} = -\frac{d}{dx}(p + E_p). \tag{9.65}$$

Antes de prosseguir, precisamos ser mais claros na especificação da natureza do movimento do fluido. O movimento de um fluido é dito *estacionário* quando a configuração do movimento não varia com o tempo. Isso quer dizer que, embora a velocidade do elemento de fluido possa variar quando ele muda de posição, a velocidade do fluido em cada ponto do espaço permanece a mesma. Para sermos mais precisos, se acompanharmos um dado elemento de fluido ao longo da trajetória de seu movimento (Fig. 9.21), poderemos verificar que, quando ele está em A, sua velocidade é v e, quando está em A', sua velocidade é v'. Porém, se o movimento é estacionário, *todos* os elementos do fluido têm velocidade v quando passam por A, e velocidade v' quando passam por A'. Assim, a velocidade do fluido pode ser considerada como função da posição em lugar de uma função do tempo. Quando o movimento não é estacionário, a velocidade em cada ponto pode variar com o tempo. Por exemplo, se num dado instante a velocidade do fluido em A é v, num instante posterior ela será, em geral, diferente. No que se segue, consideraremos apenas movimento estacionário para o fluido.

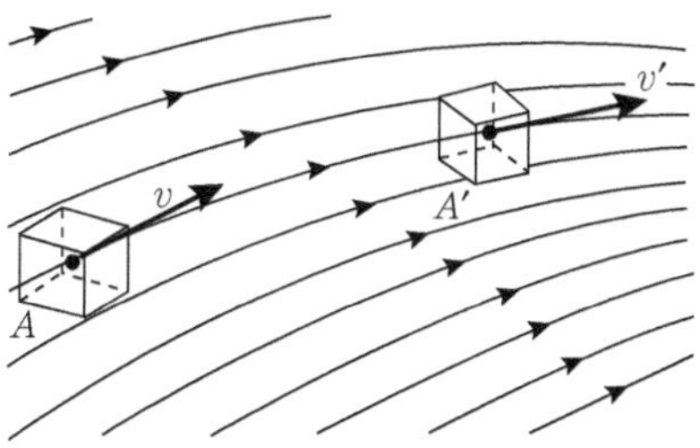

Figura 9.21 Escoamento estacionário. As linhas mostradas são chamadas *linhas de corrente.*

No caso de movimento estacionário, se dt é o tempo requerido para que o elemento de fluido se mova por uma distância dx, podemos escrever que

$$\frac{dv}{dt} = \frac{dv}{dx}\frac{dx}{dt} = v\frac{dv}{dx} = \frac{d}{dx}\left(\tfrac{1}{2}v^2\right).$$

Substituindo esse resultado na Eq. (9.65), temos

$$\rho\frac{d}{dx}\left(\tfrac{1}{2}v^2\right) = -\frac{d}{dx}\left(p + \mathrm{E}_p\right).$$

Supondo o fluido incompressível (ou seja, sua densidade é constante), então o membro da esquerda na equação fica $d\left(\tfrac{1}{2}\rho v^2\right)/dx$, e podemos escrever a equação na forma

$$\frac{d}{dx}\left(\tfrac{1}{2}\rho v^2 + p + \mathrm{E}_p\right) = 0$$

ou

$$\tfrac{1}{2}\rho v^2 + p + \mathrm{E}_p = \text{const.} \tag{9.66}$$

Esse resultado, conhecido como *teorema de Bernoulli*, exprime a conservação da energia no fluido. O primeiro termo é a energia cinética por unidade de volume, o segundo é interpretado como a energia potencial por unidade de volume associada com a pressão, e o terceiro termo é a energia potencial por unidade de volume devida a todas as outras forças externas. Portanto, se todas as forças que agem sobre o fluido são conservativas, ao seguirmos o movimento de um pequeno volume do fluido, encontraremos que a energia total por unidade de volume permanece constante.

No caso particular em que a força externa atuante é a gravidade, $E_p = \rho g z$ e a Eq. (9.66) é reescrita na forma

$$\tfrac{1}{2}\rho v^2 + p + \rho g z = \text{const.} \tag{9.67}$$

Consideremos dois casos importantes. Quando o fluido se move somente na direção horizontal, o termo $\rho g z$ permanece constante e a Eq. (9.67) reduz-se a

$$\tfrac{1}{2}\rho v^2 + p = \text{const.} \tag{9.68}$$

Assim, numa tubulação horizontal, a velocidade será tanto maior quanto menor for a pressão, e vice-versa. Esse efeito é usado para produzir a sustentação de um aeroplano (Fig. 9.22). O perfil da asa é desenhado de tal modo que a velocidade do ar seja maior na superfície superior da asa do que na inferior, o que produz uma pressão maior na parte inferior do que na superior. Isso ocasiona uma força resultante para cima. Se A é a área da asa, a força para cima é $F = A(p_1 - p_2) = \tfrac{1}{2}A\rho\left(v_2^2 - v_1^2\right)$ onde os índices 1 e 2 referem-se às condições embaixo e em cima da asa. Com boa aproximação, desde que

$$\tfrac{1}{2}\left(v_2^2 - v_1^2\right) = \tfrac{1}{2}(v_2 - v_1)(v_2 + v_1),$$

podemos dizer que $\tfrac{1}{2}(v_2 + v_1)$ é igual à velocidade v do avião, relativa ao ar. Então a força resultante para cima, *ou sustentação*, é

$$F = A\rho v(v_2 - v_1).$$

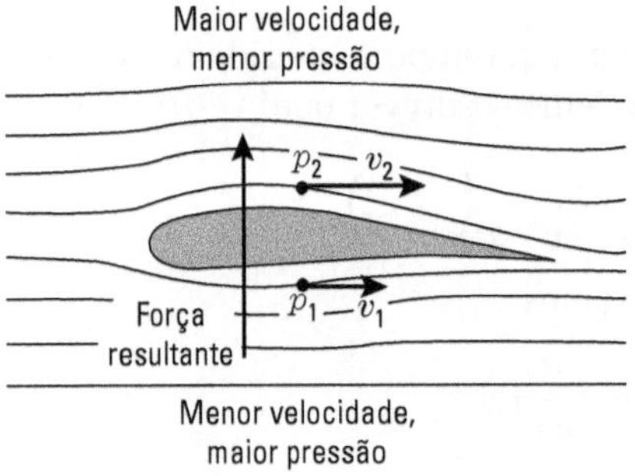

Figura 9.22 Sustentação na asa de um aeroplano.

Como um segundo exemplo, consideremos um fluido em repouso ou se movendo com velocidade constante numa tubulação. Nessas circunstâncias, o termo $\tfrac{1}{2}\rho v^2$ pode ser cancelado na Eq. (9.67), o que permite escrever essa equação na forma $p + \rho g z$ = const. Indicando a constante por p_0, temos que a pressão num fluido incompressível em equilíbrio é dada por

$$p = p_0 - \rho g z. \tag{9.69}$$

Obviamente, p_0 é o valor da pressão em $z = 0$.

Nossa discussão poderia ser estendida a casos em que o fluido é compressível ou as forças não são conservativas. (Essa última situação surge, por exemplo, quando um fluido realiza *trabalho* ao movimentar um mecanismo, tal como uma turbina numa instalação hidrelétrica, ou quando é trocado calor com as vizinhanças, como numa indústria química). Omitiremos essas considerações aqui, porque elas se enquadram em cursos mais especializados.

Um último princípio, que é muito importante na discussão do movimento de um fluido, é a *equação da continuidade*, que exprime a conservação da massa do fluido. Seja o fluido em movimento no tubo indicado na Fig. 9.23 sob condições estacionárias, de tal modo que nenhuma porção de massa do fluido é adicionada ou retirada em qualquer ponto da tubulação. Sejam A_1 e A_2 duas seções do tubo. O volume de fluido que passa através de A_1 por unidade de tempo corresponde ao cilindro de base A_1 e comprimento v_1, cujo volume é A_1v_1, *e* a massa que passa através de A_1 na unidade de tempo é $\rho_1A_1v_1$. Do mesmo modo, temos que $\rho_2A_2v_2$ é a quantidade de fluido que passa através de A_2 por unidade de tempo. A conservação da massa, nas condições estabelecidas, requer que as duas massas sejam iguais, ou

$$\rho_1A_1v_1 = \rho_2A_2v_2, \tag{9.70}$$

que é a equação da continuidade. Se o fluido é incompressível, a densidade permanece a mesma e a Eq. (9.70) reduz-se a

$$A_1v_1 = A_2v_2, \tag{9.71}$$

indicando que a velocidade do fluido é inversamente proporcional à seção transversal do tubo; resultado que está de acordo com nossa intuição física.

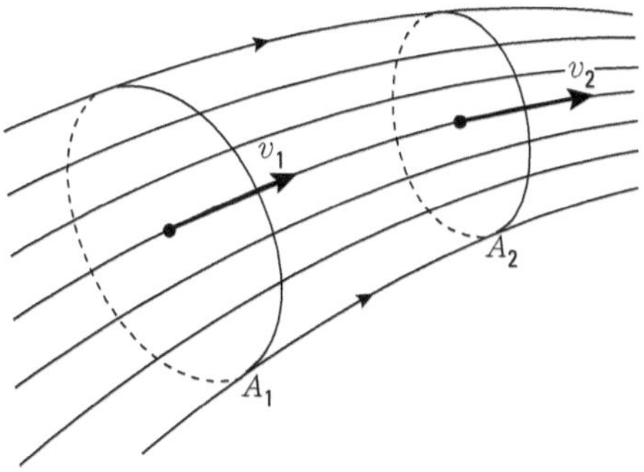

Figura 9.23

■ **Exemplo 9.17** Um método para determinar a velocidade de um fluido num tubo é o *medidor de Venturi*, ilustrado na Fig. 9.24. Dois manômetros G_1 e G_2 medem a pressão no tubo e numa estrangulação nele inserida. Obter a velocidade em termos da diferença de pressão $p_1 - p_2$.

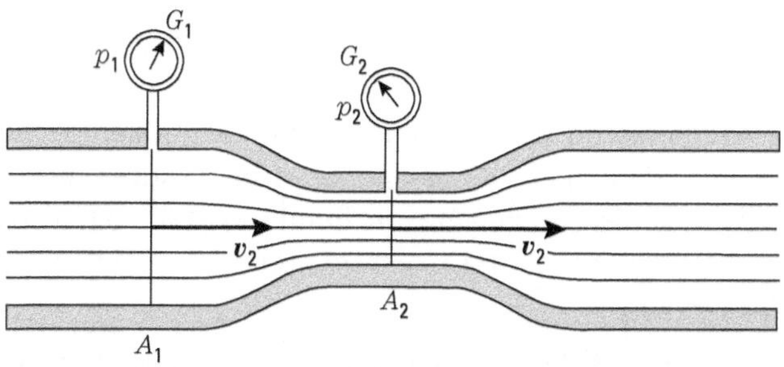

Figura 9.24

Solução: A fim de obter a expressão para a velocidade, notamos que, se v_1 e v_2 são as velocidades nas seções de áreas A_1 e A_2, respectivamente, a equação da continuidade (9.71) dá $A_1v_1 = A_2v_2$, ou $v_2 = (A_1/A_2)v_1$. Se, ainda, o tubo é horizontal, o teorema de Bernoulli, na forma da Eq. (9.68), dá

$$\tfrac{1}{2}\rho v_1^2 + p_1 = \tfrac{1}{2}\rho v_2^2 + p_2.$$

Introduzindo o valor de v_2 obtido acima e resolvendo para v_1, obtemos, finalmente,

$$v_1 = \sqrt{\frac{2(p_1 - p_2)}{\rho\left[(A_1/A_2)^2 - 1\right]}}.$$

O volume de fluido que passa por unidade de tempo através de qualquer seção do tubo é

$$V = A_1v_1 = A_1A_2\sqrt{\frac{2(p_1 - p_2)}{\rho\left(A_1^2 - A_2^2\right)}} = K\sqrt{p_1 - p_2},$$

onde K é uma constante que depende do tubo e da natureza do fluido.

Referências

BRUSH, S. Development of the kinetic theory of gases, V: the equation of state. *Am. J. Phys.* V. 29, n. 593, 1961.

CHRISTIE, D. *Vector mechanics.* New York: McGraw-Hill, 1964.

FEYNMAN, R. P.; LEIGHTON, R. B.; SANDS, E. M. L. *The Feynman lectures on physics.* v. I. Reading, Mass.: Addison-Wesley, 1963.

HOLTON, G.; ROLLER, D. H. D. *Foundations of modem physical cience.* Reading, Mass.: Addison-Wesley, 1958.

HUDDLESTON, J. *Introduction to engineering mechanics.* Reading, Mass.: Addison-Wesley, 1961.

LINDSAY, R. B. *Physical mechanics.* New York: Van Nostrand, 1963.

MAGIE, W. F. *A source book of physics.* Cambridge, Mass.: Harvard University Press.

MENDOZA, E. A sketch for a history of the kinetic theory of gases. *Physics Today*, p. 36, Mar. 1961.

SEARS, F. W. *Thermodynamics, the kinetic theory of gases, and statistical mechanics.* 2. ed. Reading, Mass.: Addison-Wesley, 1953.

SYMON, K. *Mechanics.* 2. ed. Reading, Mass.: Addison-Wesley, 1964.

Problemas

9.1 Um sistema é composto de três partículas com massas de 3, 2 e 5 kg. A primeira partícula tem uma velocidade de $\boldsymbol{u}_y(6)$ m · s^{-1}. A segunda está se movendo com uma velocidade de 8 m · s^{-1} numa direção que faz um ângulo de –30° com o eixo X. Determine a velocidade da terceira partícula de tal modo que o CM do conjunto esteja em repouso relativamente ao observador.

9.2 Num instante particular, três partículas estão se movendo conforme a Fig. 9.25. Elas estão sujeitas somente a suas interações mútuas, de tal modo que nenhuma força externa está agindo. Após certo tempo, elas são novamente observadas e vê-se que m_1 está se movendo conforme indicação na figura, enquanto que m_2 está em repouso. Determine a velocidade de m_3. Suponha que $m_1 = 2$ kg, $m_2 = 0{,}5$ kg, $m_3 = 1$ kg, $v_1 = 1 \text{ m} \cdot \text{s}^{-1}$, $v_2 = 2 \text{ m} \cdot \text{s}^{-1}$, $v_3 = 4 \text{ m} \cdot \text{s}^{-1}$ e $v'_1 = 3 \text{ m} \cdot \text{s}^{-1}$. Determine a velocidade do CM do sistema nos dois instantes mencionados no problema. Num dado instante, as posições das massas são m_1 (–0,8 m, –1,1 m), m_2(0,8 m, –1,1 m), m_3(1,4 m, 0,8 m). Trace uma linha que mostre a trajetória do centro de massa do sistema.

9.3 As massas $m_1 = 10$ kg e $m_2 = 6$ kg são ligadas por uma barra rígida de massa desprezível (Fig. 9.26). Estando inicialmente em repouso, elas são submetidas às forças $\boldsymbol{F}_1 = \boldsymbol{u}_x$ (8) N e $\boldsymbol{F}_2 = \boldsymbol{u}_y$(6) N, como está indicado. (a) Procure as coordenadas do seu CM como função do tempo. (b) Expresse a quantidade de movimento total como função do tempo.

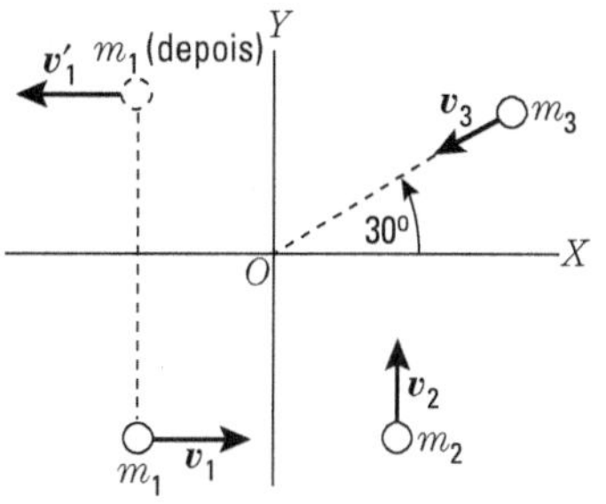

Figura 9.25

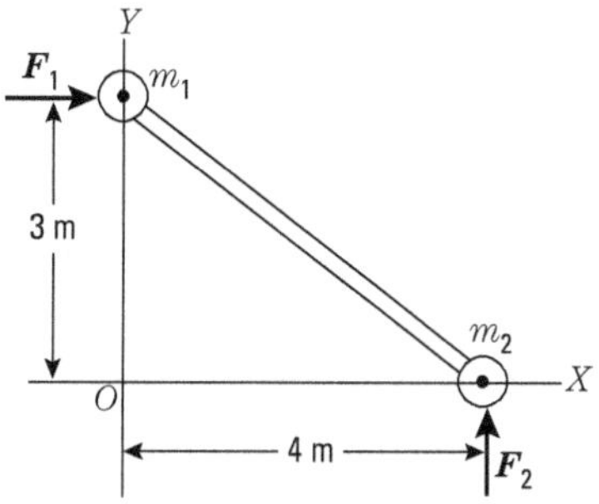

Figura 9.26

9.4 As duas massas, na Fig. 9.27, estão inicialmente em repouso. Supondo que $m_1 > m_2$, determine a velocidade e aceleração do CM das duas num instante t.

9.5 Um jato de líquido é dirigido segundo um ângulo θ contra uma superfície plana (Fig. 9.28). O líquido, depois de atingir a superfície, espalha-se sobre ela. Determine a pressão sobre a superfície. A densidade do líquido é ρ e sua velocidade é v.

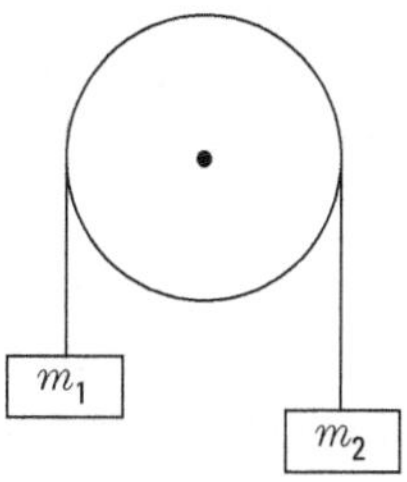

Figura 9.27

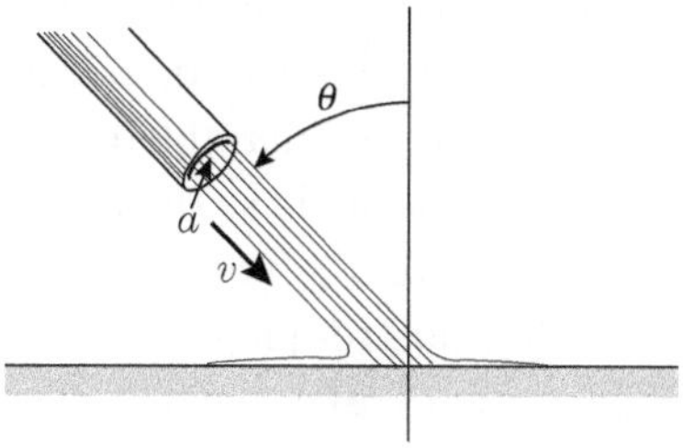

Figura 9.28

9.6 (a) Determine as posições do CM e da massa reduzida dos sistemas Terra–Lua e Sol–Terra. Use os dados da Tabela 13.1. (b) Determine também o momento angular interno de cada sistema. (c) Repita o mesmo problema para as moléculas CO e HCl. A distância interatômica da molécula CO é $1{,}13 \times 10^{-10}$ m e a da molécula HCl é $1{,}27 \times 10^{-10}$ m.

9.7 Duas partículas com 2 e 3 kg de massas estão se movendo, em relação a um observador, com velocidades de $10 \text{ m} \cdot \text{s}^{-1}$ ao longo do eixo X e $8 \text{ m} \cdot \text{s}^{-1}$, formando um ângulo de

120° com o eixo X, respectivamente, (a) Exprima cada uma das velocidades na forma vetorial. (b) Determine a velocidade do seu CM. (c) Determine a velocidade de cada partícula em relação ao CM. (d) Determine a quantidade de movimento de cada partícula no referencial do CM. (e) Determine a velocidade relativa das partículas. (f) Calcule a massa reduzida do sistema. (g) Verifique as relações dadas no Ex. 9.4.

9.8 Determine a energia cinética total das partículas do Prob. 9.7, relativamente ao laboratório e ao CM. Use dois métodos diferentes para o segundo cálculo. Verifique as relações dadas no Ex. 9.8.

9.9 Suponha que as partículas do Prob. 9.7 estejam nos pontos (0,1,1) e (–1, 0, 2), respectivamente. (a) Determine a posição do CM. (b) Determine o momento angular do sistema relativamente ao seu CM. (c) Obtenha o momento angular relativamente à origem. Use dois métodos diferentes para (b) e (c).

9.10 Um núcleo de ^{236}U em repouso divide-se em dois fragmentos de massas 140 u e 90 u. O Q da reação é 190 MeV. Calcule as energias e as velocidades dos dois fragmentos.

9.11 Um núcleo de ^{238}U em repouso desintegra-se emitindo uma partícula alfa (m = 4 u), resultando um núcleo residual de ^{234}Th ($M \cong 234$ u). A energia total aproveitável é 4,18 MeV. Determine (a) a energia cinética da partícula alfa e do núcleo residual, (b) suas quantidades de movimento, e (c) suas velocidades.

9.12 Um núcleo originalmente em repouso, decompõe-se radioativamente emitindo um elétron com uma quantidade de movimento igual a $9{,}22 \times 10^{-21}$ m · kg · s^{-1}, e, formando um ângulo reto com a direção do elétron, um neutrino com uma quantidade de movimento igual a $5{,}33 \times 10^{-21}$ m · kg · s^{-1}. (a) Em que direção o núcleo residual retrocede? (b) Qual é a sua quantidade de movimento? (c) Sendo a massa do núcleo residual $3{,}90 \times$ $\times\ 10^{-25}$ kg, qual é a sua velocidade e a sua energia cinética?

9.13 Uma granada de massa m explode em vários fragmentos. A explosão tem um Q positivo. (a) Mostre que se a granada explode em dois fragmentos, estes se movem em direções opostas no referencial C. (b) Mostre que se a granada explode em três fragmentos, suas quantidades de movimento e velocidades, todas relativas ao referencial C, estão num plano. (c) Se o número de fragmentos for maior do que três, haverá alguma condição especial sobre as quantidades de movimento relativamente ao referencial C? (d) Mostre que, se a granada se divide em dois fragmentos iguais, suas quantidades de movimento e velocidades no referencial C são respectivamente iguais a $(mQ/2)^{1/2}$ e $(2Q/m)^{1/12}$. (e) Mostre que, se a granada se divide em três fragmentos iguais emitidos simetricamente no referencial C, suas quantidades de movimento e velocidades, nesse referencial, são respectivamente $\frac{1}{3}(2mQ)^{1/2}$ e $(2Q/m)^{1/2}$. (f) Repita (e) supondo que dois fragmentos são emitidos com a mesma velocidade relativamente ao referencial C, mas em direções que fazem um ângulo de 90°. (g) Como os resultados de (d) e (e) apareceriam para um observador no referencial L, se no instante da explosão a granada estivesse se movendo com uma velocidade igual a $\frac{1}{4}(2Q/m)^{1/2}$, relativa ao referencial L, e na mesma direção do movimento de um dos fragmentos resultantes?

9.14 Um projétil é lançado a um ângulo de 60° com a horizontal e com uma velocidade inicial de 400 m · s^{-1}. No ponto mais alto da trajetória ele explode em dois fragmentos iguais, um dos quais cai verticalmente, (a) A que distância do ponto de partida cai o outro fragmento, supondo-se o solo horizontal? (b) Qual foi a energia liberada na explosão?

9.15 Uma granada de massa M, caindo com uma velocidade v_0, explode na altura h em dois fragmentos iguais que, de início, movem-se horizontalmente no referencial C. A explosão tem um Q de valor igual a Mv_0^2. Determine as posições onde os fragmentos encontram o solo, relativamente ao ponto onde a granada cairia se não explodisse.

9.16 Repita o Prob. 9.15 para uma granada que se move horizontalmente no instante da explosão.

9.17 Uma bola, com massa de 4 kg e uma velocidade de 1,2 m · s^{-1}, colide frontalmente com outra bola de 5 kg de massa que se move com velocidade igual a 0,6 m · s^{-1} no mesmo sentido. Calcule (a) as velocidades das bolas após a colisão (supondo esta elástica), (b) a variação da quantidade de movimento de cada bola.

9.18 Repita o problema anterior, supondo que a segunda bola esteja se movendo em sentido oposto.

9.19 Repita os dois problemas anteriores para o caso de as duas bolas continuarem se movendo juntas.

9.20 Uma partícula com 0,2 kg de massa e velocidade 0,40m · s^{-1} colide com outra partícula com 0,3 kg de massa, que está em repouso. Depois da colisão, a primeira partícula move-se com velocidade de 0,20 m · s^{-1} numa direção a 40° com a direção inicial. Determine a velocidade da segunda partícula e o Q do processo.

9.21 O arranjo da Fig. 9.29 é chamado *pêndulo balístico.* Ele é usado para determinar a velocidade de um projétil, através da medida da altura h que o bloco sobe após ser atingido pelo projétil. Prove que a velocidade do projétil é dada por

$$\sqrt{2gh}\,(m_1 + m_2)\,/\,m_1,$$

onde m_1, é a massa da bala e m_2 a massa do bloco.

9.22 Uma bala de massa m e velocidade v passa através do bulbo de um pêndulo de massa M e emerge dele com velocidade $v/2$ (Fig. 9.30). O fio que suporta o bulbo tem comprimento l. Qual é o menor valor de v para que o bulbo do pêndulo gire de uma volta completa?

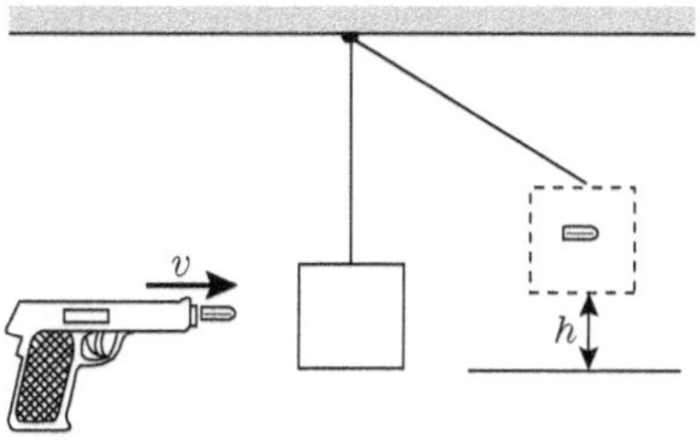

Figura 9.29

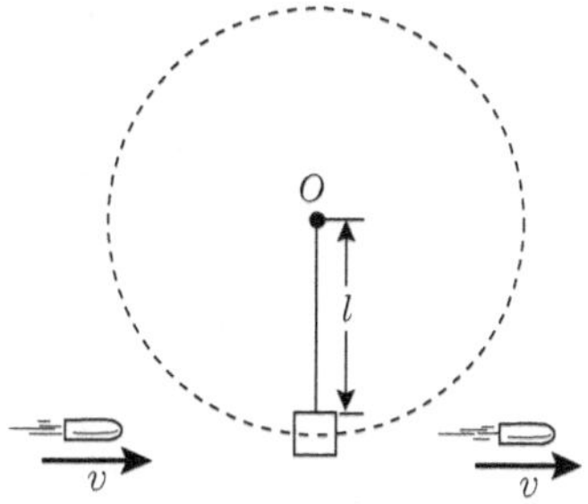

Figura 9.30

9.23 Uma partícula com 5 kg de massa e com velocidade de 2 m · s^{-1} colide com outra partícula de 8 kg de massa, inicialmente em repouso. Sendo a colisão elástica, determine a velocidade de cada partícula depois da colisão (a) se a colisão é frontal, (b) se a primeira partícula é defletida de 50° em relação à direção de seu movimento primitivo. Exprima todas as direções em relação à direção da partícula incidente.

9.24 Uma partícula de massa m, movendo-se com velocidade v, colide frontal e elasticamente com outra partícula de massa M (maior do que m) que tem (a) uma quantidade de movimento igual e oposta. (b) a mesma energia cinética, mas com movimento em sentido oposto ao da primeira. Determine em cada caso a velocidade da primeira partícula depois da colisão. (c) Mostre que, se M está em repouso e é muito maior do que m, a variação relativa da energia cinética de m é

$$\Delta E_k/E_k \approx -4\ (m/M).$$

9.25 Verificou-se experimentalmente que, na colisão frontal de duas esferas sólidas, tais como duas bolas de bilhar, as velocidades depois da colisão são relacionadas com as de antes pela expressão $v'_1 - v'_2 = -e\ (v_1 - v_2)$ onde e tem valor entre zero e um, e é chamado *coeficiente de restituição.* Esse resultado foi descoberto por Newton e tem validade somente aproximada. Ademais, a quantidade de movimento é conservada na colisão. Prove o seguinte: (a) as velocidades depois da colisão são dadas por

$$v_1' = \frac{v_1(m_1 - m_2 e) + v_2 m_2 (1+e)}{m_1 + m_2} \quad \text{e} \quad v_2' = \frac{v_1 m_1 (1+e) + v_e (m_2 - m_1 e)}{m_1 + m_2};$$

(b) o Q da colisão é

$$-\tfrac{1}{2}\left(1-e^2\right)\frac{m_1 m_2}{m_1 + m_2}\left(v_1 - v_2\right)^2;$$

(c) qual deveria ser o valor de e para a colisão ser elástica?

9.26 Após uma *colisão plástica*, dois corpos movem-se conjuntamente, (a) Qual é o valor do coeficiente de restituição e? (b) Calcule o Q da reação diretamente e também usando os resultados do Prob. 9.25 com o valor adequado de e.

9.27 Se as massas das bolas m_1 e m_2 na Fig. 9.31 são, respectivamente, 0,1 e 0,2 kg, e se m_1 é abandonada quando d = 0,2 m, procure as alturas às quais elas voltarão depois de colidir se (a) a colisão é elástica, (b) é inelástica com um coeficiente de restituição igual a 0,9 e (c) é plástica (e = 0). Resolva também o problema para o caso em que a massa m_2 é erguida e abandonada, chocando-se contra a massa m_1 em repouso.

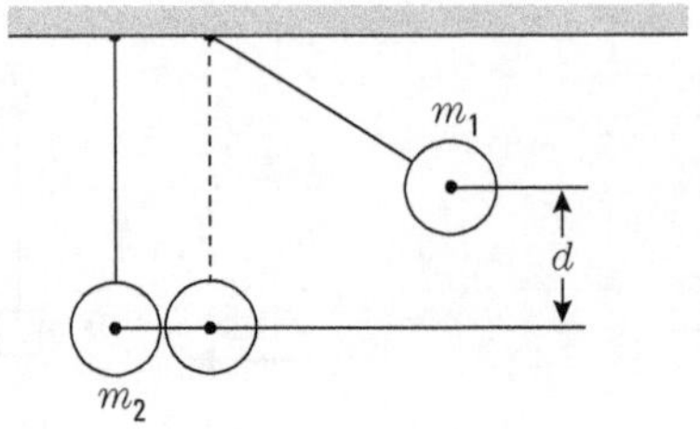

Figura 9.31

9.28 Discuta o resultado físico de uma colisão em que o valor de e é (a) negativo, (b) maior do que um. Poderá você concluir que esses valores de e são permitidos para uma colisão entre duas esferas sólidas?

9.29 Supondo que o segundo corpo, no Prob. 9.25, está em repouso e que sua massa é muito grande comparada com a do primeiro, determine a velocidade de cada corpo após a colisão; procure também o valor de Q. Aplique esse resultado para determinar a que altura volta um corpo, largado da altura h, após se chocar contra o solo. Faça você mesmo a experiência com uma bola de gude e determine o valor aproximado de e nesse caso. Repita a experiência para vários tipos de solo (cimento, ladrilho, taco etc.).

9.30 Prove que o tempo gasto para que a bola do Prob. 9.29 pare de pular é $t = \sqrt{2h/g}$ $(1 + e)/(1 - e)$.

9.31 Prove que, se a bola do Prob. 9.29 atinge o solo sob um ângulo α com a vertical, ela ricocheteia segundo um ângulo β, dado por tg $\beta = (1/e)$ tg α, com uma velocidade $v' = v\sqrt{e^2 \cos^2 \alpha + \text{sen}^2 \alpha}$. Use esses resultados para discutir o movimento de uma bola lançada de uma mesa com uma velocidade horizontal inicial v_0. Faça um esboço de sua trajetória, supondo que ela executa várias colisões com o solo.

9.32 Prove diretamente que, se a energia e a quantidade de movimento são conservados numa colisão elástica, então, $\boldsymbol{u} \cdot (\boldsymbol{v}'_1 - \boldsymbol{v}'_2) = -\boldsymbol{u} \cdot (\boldsymbol{v}_1 - \boldsymbol{v}_2)$, onde $\boldsymbol{u}$ é um vetor unitário na direção em que variou a quantidade de movimento de qualquer das duas partículas. Esse resultado significa que, na colisão, a componente da velocidade relativa, na direção da troca de quantidade de movimento, é invertida. Aplique isso para o caso da colisão frontal. Compare com o resultado do Prob. 25 para $e = 1$. [*Sugestão:* Escreva as duas leis de conservação com todos os termos de cada partícula colocados de cada lado das duas equações.]

9.33 Um nêutron, com energia de 1 MeV, move-se através de (a) deutério, (b) carbono. Supondo colisões frontais, calcule, para cada material, quantas colisões serão necessárias para reduzir a energia do nêutron a um valor térmico de aproximadamente 0,025 eV. A probabilidade relativa de captura de um nêutron por esses materiais é de 1:10. Em qual desses materiais há uma probabilidade maior do nêutron ser capturado antes de ser freado?

9.34 Prove que, na colisão de uma partícula de massa m_1, movendo-se com velocidade v_1 no referencial L, com uma partícula de massa m_2 em repouso no referencial L, a velocidade da primeira partícula após a colisão tem uma direção em relação à velocidade inicial, dada pelos ângulos tg $\theta = \text{sen}\, \phi/(\cos \phi + 1/A)$, onde $A = m_2/m_1$, e os ângulos θ e ϕ dizem respeito aos referenciais L e C, respectivamente.

9.35 Verifique, para as partículas do problema anterior, que, se $m_1 = m_2$, então $\theta = \frac{1}{2}\phi$. Qual é então o máximo valor de θ?

9.36 No Prob. 9.34, mostre que o valor máximo de θ para A arbitrário é dado por tg $\theta = A/\sqrt{1 - A^2}$. Discuta a situação em que A é maior do que um e o caso em que é menor do que um.

9.37 Analisando a deflexão de partículas alfa em movimento através do hidrogênio, os físicos descobriram, experimentalmente, que a deflexão máxima de uma partícula alfa, no referencial L, é cerca de 16°. Usando o resultado do Prob. 9.36, determine a massa da partícula alfa relativamente ao hidrogênio. Compare sua resposta com o valor obtido por outras técnicas.

9.38 Prove que, se a energia cinética interna de um sistema de duas partículas é $E_{k,\text{CM}}$, o módulo das velocidades das partículas relativamente ao CM são:

$$v_1 = [2m_2E_{k,\text{CM}}/m_1(m_1 + m_2)]^{1/2}$$

e

$$v_2 = [2m_1E_{k,\text{CM}}/m_2(m_1 + m_2)]^{1/2}.$$

9.39 Para as duas partículas da Fig. 9.32 temos que, $m_1 = 4$ kg, $m_2 = 6$ kg, $v_1 = u_x(2)$ m · s^{-1} e $v_2 = u_y(3)$ m · s^{-1}. (a) Determine o momento angular total do sistema relativamente a O e relativamente ao CM e verifique a relação entre eles. (b) Determine a energia cinética total relativamente a O e relativamente ao CM e verifique a relação entre elas.

9.40 Suponha que as duas partículas do problema precedente sejam ligadas por uma mola elástica, de constante igual a 2×10^{-3} N · m^{-1}, que não está inicialmente esticada. (a) Como isso afetará o movimento do CM do sistema? (b) Qual será a energia interna total do sistema? Ela permanecerá constante? (c) Depois de certo tempo, a mola estará comprimida de 4 cm. Procure as energias internas cinética e potencial das partículas. (d) Determine os módulos das velocidades relativamente ao CM (você poderá determinar também suas direções?). Determine, ainda, (e) o módulo da velocidade relativa das partículas, (f) o momento angular do sistema relativamente a O e ao CM.

9.41 Duas massas ligadas por uma haste leve, conforme a Fig. 9.33, estão em repouso sobre uma superfície horizontal sem atrito. Uma terceira partícula com 0,5 kg de massa aproxima-se do sistema com velocidade $\boldsymbol{v}_0$ e colide com a massa de 2 kg. Qual será o movimento resultante do CM das duas partículas se a massa de 0,5 kg afasta-se, após a colisão, com uma velocidade $\boldsymbol{v}_f$?

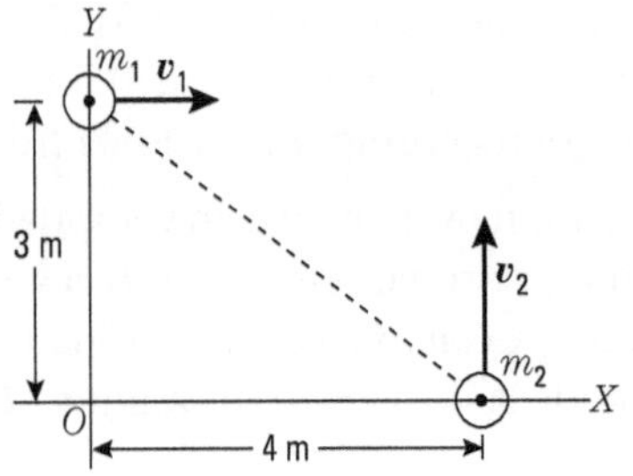

Figura 9.32

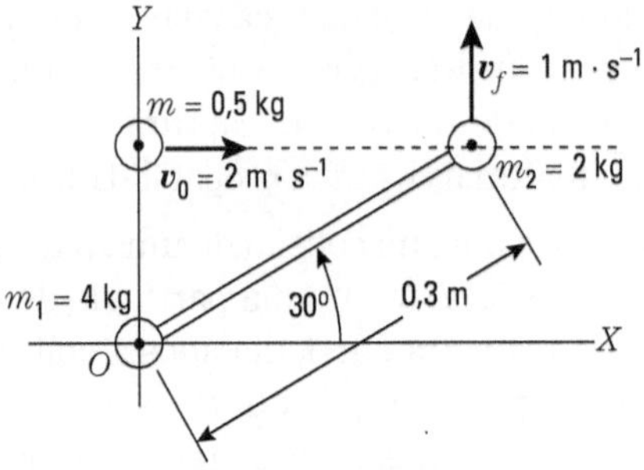

Figura 9.33

9.42 A energia potencial devida à interação entre um próton e um dêuteron é $E_{\text{p,int}} = 2{,}3 \times 10^{-28}/r$J, onde r é o valor numérico da separação entre os dois quando expressa em metros. Num dado instante, um próton com 0,5 MeV de energia está a uma distância de 2×10^{-12} m de um dêuteron em repouso, todos em relação ao referencial L. (a) Procure a energia cinética do sistema nos referenciais L e C, assim como a sua energia potencial interna [$m_{\text{próton}} = 1{,}0076$ u, $m_{\text{dêuteron}} = 2{,}0147$ u]. (b) Depois de um certo tempo, o próton está a 10^{-13} m do dêuteron. Procure a energia cinética do sistema nos referenciais L e C, assim como sua energia potencial. (c) Procure o módulo da velocidade do CM em ambos os casos.

9.43 Designando a Terra, a Lua e o Sol pelos índices T, L e S, respectivamente, escreva, por completo, a Eq. (9.34) para os sistemas (a) Terra–Lua e (b) Terra–Lua–Sol.

9.44 Um gás é mantido a uma pressão constante de 20 atm enquanto se expande de um volume de $5 \times 10^{-3}\,m^3$ para um volume de $9 \times 10^{-3}\,m^3$. Que quantidade de energia na forma de calor lhe deve ser fornecida para (a) manter sua energia interna constante, (b) aumentar sua energia interna da mesma quantidade do trabalho externo realizado. Expresse o resultado em calorias e em joules.

9.45 Um gás expande-se de tal modo que em cada instante a relação entre sua pressão e seu volume é $pV^{\gamma} = C$, onde γ é uma constante apropriada. Prove que o trabalho realizado na expansão de um volume V_1 a um volume V_2 é

$$W = (p_1V_1 - p_2V_2)/(\gamma - 1).$$

9.46 Nós nos lembramos (Prob. 2.8) de que um mol de uma substância é uma quantidade (expressa em *gramas*) igual à sua massa molecular (ou atômica) expressa em u. Em um mol de qualquer substância há sempre o mesmo número de moléculas, chamado *número de Avogadro*, dado por $N_A = 6{,}0225 \times 10^{23}\ mol^{-1}$. Mostre que, se N é o número de moles, a Eq. (9.62) pode ser escrita na forma

$$pV = \mathrm{N}RT$$

Onde $R = kN_A$, e é chamada *constante dos gases*. Mostre que $R = 8{,}3143\ J \cdot K^{-1} \cdot mol^{-1}$.

9.47 Prove que o resultado do Prob. 9.46 pode, também, ser escrito na forma $p = \rho(RT/M)$, onde ρ é a densidade do gás e M sua massa molecular (expressa em kg).

9.48 Calcule o volume de um mol de qualquer gás em condições normais de temperatura e pressão, isto é, à temperatura de 0 °C e à pressão de uma atmosfera. Mostre, também, que o número de moléculas de qualquer gás por centímetro cúbico, nas mesmas condições, é $2{,}687 \times 10^{19}$. Esse é o chamado *número de Loschmidt*.

9.49 Qual é a energia cinética média de uma molécula de gás à temperatura de 25 °C? Expresse-a em joules e em eV. Qual é a raiz quadrada do valor quadrático médio da velocidade (v_{rqm}) se o gás é (a) hidrogênio, (b) oxigênio, (c) nitrogênio? Note que as moléculas desses gases são diatômicas. Faça a mesma coisa para o hélio (monoatômico) e o dióxido de carbono.

9.50 Calcule a energia interna de um mol de um gás ideal a 0 °C (273 K). Dependerá ela da natureza do gás? Por quê?

9.51 Procure a variação na energia interna de um mol de um gás ideal quando sua temperatura varia de 0 a 100 °C. Será também necessário especificar como a pressão e o volume variaram?

9.52 O processo referido no problema anterior ocorre a volume constante. (a) Qual foi o trabalho realizado pelo gás? (b) Qual foi o calor absorvido?

9.53 Repita o problema anterior quando o processo mencionado no Prob. 9.51 ocorre à pressão constante.

9.54 Identifique a constante C que aparece na Eq. (9.51) para o trabalho de expansão de um gás à temperatura constante. (a) Calcule o trabalho realizado por um mol de um gás ideal quando seu volume é duplicado a uma temperatura constante igual a 0 °C. (b) Calcule a variação da sua energia interna e o calor absorvido.

9.55 Prove que, se a energia potencial para a interação entre duas partículas é $E_p = -Cr_{12}^{-n}$, então $\boldsymbol{r}_{12} \cdot \boldsymbol{F}_{12} = nE_p$. [*Sugestão*: escolha a partícula 1 como origem de coordenadas e relembre a Seç. 8.13.]

9.56 Use o resultado do problema precedente para reescrever o teorema do virial, Eq. (9.56), na forma

$$E_{k,\,\mathrm{med}} = -\tfrac{1}{2}\left[\Sigma_i \boldsymbol{F}_i \cdot \boldsymbol{r}_i + nE_p\right]_{\mathrm{med}},$$

onde E_p corresponde à energia potencial *interna* total do sistema. Note que, se o sistema é isolado (ou seja, não há forças externas agindo), então $E_{k,\,\mathrm{med}} = -\frac{1}{2}nE_{p,\,\mathrm{med}}$. Compare esse último resultado com a Eq. (8.49).

9.57 Considere que as forças gravitacionais são atrativas e seguem a lei do inverso do quadrado da distância (Cap. 13) de tal modo que a energia potencial total é negativa e $n = 1$. Usando o resultado do Prob. 9.56, prove (a) que a energia total de um sistema de massas isolado é negativa, (b) que se o sistema perde energia (usualmente por radiação) a energia potencial deve decrescer, (c) que isso requer um aumento da energia cinética, resultando num aumento correspondente da temperatura do sistema. (Esses resultados são de grande importância na astrofísica.)

9.58 Discuta a aplicabilidade do teorema do virial para um sistema em que as forças internas são repulsivas. Suponha que a energia potencial entre as duas partículas é $E_p = +\,Cr_{12}^{-n}$.

9.59 Um corpo cuja massa é de 10 kg e que tem uma velocidade de 3 m · s^{-1} desliza sobre uma superfície horizontal até que o atrito faça que ele pare. Determine a quantidade de energia transferida para o movimento molecular interno tanto no corpo como na superfície. Expresse isso em joules e em calorias. Você diria que essa energia foi transferida como calor?

9.60 Na Fig. 9.34, as massas dos blocos A e B são m_1 e m_2. Entre A e B há uma força de atrito de módulo F, mas B pode deslizar sem atrito sobre a superfície horizontal. Inicialmente A está se movendo com velocidade v_0 enquanto B está em repouso. Se nenhuma outra força agir sobre o sistema, A diminuirá sua velocidade e B acelerará até que os dois blocos se movam com a mesma velocidade v. (a) Que distância A e B se deslocarão antes que isso aconteça, medindo-se essa distância em relação à superfície horizontal? (b) Qual será a variação da energia cinética do sistema em termos da distância de deslocamento de A relativamente a B? (c) O que acontecerá com a quantidade de movimento total?

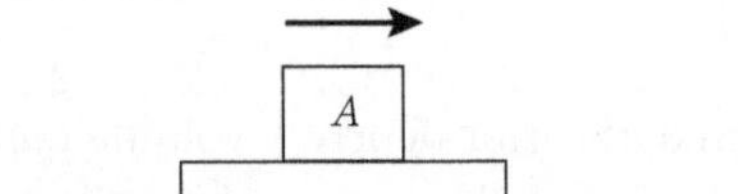

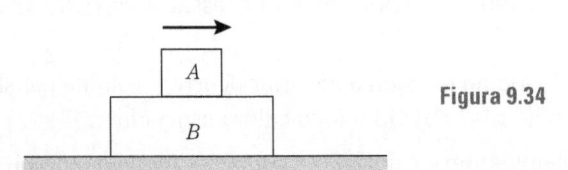

Figura 9.34

9.61 Um tubo horizontal tem uma seção transversal de 10 cm^2 numa região e de 5 cm^2 em outra região. A velocidade da água na primeira é 5 m · s^{-1} e a pressão na segunda é 2×10^5 N · m^{-2}. Procure (a) a velocidade da água na segunda região e a pressão da água na primeira região, (b) a quantidade de água que atravessa uma seção em um minuto, (c) a energia total por quilograma de água.

9.62 Repita o problema anterior para o caso de a tubulação ser inclinada e a segunda seção estar a dois metros de altura em relação à primeira.

9.63 Demonstre que a equação de movimento de um fluido na forma vetorial é

$$\rho\, d\boldsymbol{v}/dt = -\,\text{grad}\, p + \boldsymbol{f}_e.$$

9.64 Mostre que, se há um orifício na parede de um recipiente e se a superfície do líquido dentro do recipiente está a uma altura h acima do orifício, a velocidade do líquido que flui através do orifício é $v = \sqrt{2gh}$. Considere um recipiente cilíndrico com um diâmetro de 0,10 m e uma altura de 0,20 m. Um orifício de 1 cm^2 de seção transversal é aberto na base. Está fluindo água para dentro do recipiente à razão de $1{,}4 \times 10^{-4}\,m^3 \cdot s^{-1}$. (a) Determine a que altura subirá o nível da água no recipiente. (b) Depois de atingir essa altura o fluxo entrante de água para. Procure, agora, o tempo necessário para que o recipiente se esvazie com o escoamento da água através do orifício.

9.65 Usando a equação de movimento obtida no Prob. 9.63, prove que, para um fluido compressível, o teorema de Bernoulli assume a forma $\left(\frac{1}{2}v_2^2 + gz_2\right) - \left(\frac{1}{2}v_1^2 + gz_1\right) +$ $+ \int_1^2 dp/\rho = W$, onde W é o trabalho por unidade de massa realizado *sobre* o fluido por outras forças além da gravitação. [*Sugestão:* separe a força externa por unidade de volume $\boldsymbol{f}_{\text{ext}}$ em $-\rho g u_z$ (peso) e qualquer outra força que possa agir sobre o fluido, depois divida a equação de movimento resultante por ρ e multiplique escalarmente por $\boldsymbol{v}dt = d\boldsymbol{r}$, observando que (grad p) $\cdot\, d\boldsymbol{r} = dp$.]

9.66 Um cilindro de altura h e seção transversal A permanece verticalmente no seio de um fluido de densidade ρ_f. A pressão do fluido é dada por $p = p_0 - \rho_f g z$, de acordo com a Eq. (9.69). Prove que a força total para cima sobre o cilindro devida à pressão do fluido é $V\rho_f g$, onde V é o volume do cilindro. Estenda o resultado a um corpo de forma arbitrária dividindo-o em pequeninos cilindros verticais. (Esse resultado constitui o *princípio de Arquimedes*, e a força é conhecida como *empuxo*.)

9.67 Da Eq. (9.62), mostre que, se a temperatura de um gás ideal é constante, então $pV =$ const., ou $p_1V_1 = p_2V_2$, resultado que é conhecido como *Lei de Boyle.* Mostre também que, se a pressão é constante, então $V/T =$ const., ou $V_1/T_1 = V_2/T_2$, resultado que é conhecido como *Lei de Charles.* Finalmente, mostre que, se o volume é constante, então $p/T =$ $=$ const., ou $p_1/T_1 = p_2/T_2$, resultado esse chamado *Lei de Gay-Lussac.* Essas leis eram conhecidas experimentalmente muito tempo antes de serem sintetizadas na Eq. (9.62).

9.68 Considere um sistema de N partículas idênticas, todas de massa m (tal como ocorre num gás). Mostre que a energia cinética média de uma partícula relativamente a um observador que vê o CM movendo-se com velocidade v_{CM} é igual à energia cinética média das partículas relativa ao referencial C mais $\frac{1}{2}mv_{\text{CM}}^2$. [*Sugestão:* use a relação dada pela Eq. (9.38).]

9.69 A pressão de um gás é relacionada com sua densidade pela equação $p = \rho(RT/M)$, onde M é a massa molecular na escala atômica (ver o Prob. 9.47). (a) Usando o resultado da Seç. 9.13, prove que, se um gás está em equilíbrio, sua pressão deve variar com a altura de acordo com

$$p = p_0\, e^{-(Mg/RT)z}.$$

Essa equação às vezes é chamada a *equação barométrica* podendo ser usada para calcular a variação da pressão atmosférica com a altitude. (b) Prove que, para pequenas altitudes, ela se reduz ao valor dado no final da Seç. 9.14 para um fluido incompressível.

9.70 Uma bomba explode em três fragmentos de iguais massas m. A explosão liberta uma energia Q. Nesse caso, as leis de conservação da energia e da quantidade de movimento não determinam de modo único a energia e a quantidade de movimento de cada fragmento. Referindo o processo ao referencial C, mostre que (a) as energias cinéticas dos fragmentos podem ser representadas pelas distâncias de um ponto P aos lados de um triângulo equilátero de altura Q; (b) que a conservação da quantidade de movimento requer que o ponto P esteja dentro do círculo (de raio $\frac{1}{3}Q$) inscrito no triângulo. Essa representação é chamada *diagrama de Dalitz* (Fig. 9.35) e é largamente usada para descrever a desintegração de uma partícula fundamental em três fragmentos iguais. [*Sugestão:* para a prova de (b), note que, no referencial C, a quantidade de movimento total é zero e, assim, $p_1 + p_2 \geq p_3$. Também as três energias podem ser expressas como $E_{k,1} = PN = \frac{1}{3}Q + r\cos(\phi - 2\pi/3)$, $E_{k,2} = PM = \frac{1}{3}Q + r\cos(\phi + 2\pi/3)$, e $E_{k,3} = PL = \frac{1}{3}Q + r\cos\phi$.]

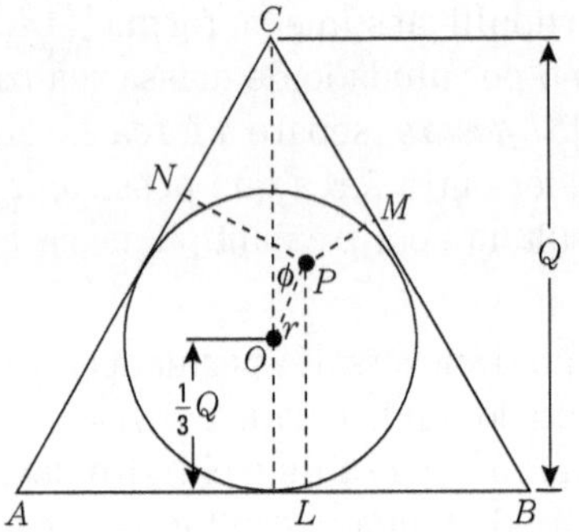

Figura 9.35

10 Dinâmica de um corpo rígido

10.1 Introdução

Um caso especial e importante de sistemas compostos de muitas partículas é o do *corpo rígido;* isto é, um corpo em que as distâncias entre todas as partículas componentes permanecem fixas sob a ação de uma força ou conjugado (momento de força ou torque). Um corpo rígido, portanto, conserva sua forma durante o movimento.

Podemos distinguir dois tipos de movimento de um corpo rígido. O movimento é uma *translação* quando todas as partículas descrevem trajetórias paralelas de tal modo que as linhas que unem dois pontos quaisquer do corpo permanecem sempre paralelas a suas posições iniciais (Fig. 10.1a). O movimento é uma *rotação* ao redor de um eixo quando todas as partículas descrevem trajetórias circulares ao redor de uma reta chamada eixo de rotação (Fig. 10.1b). O eixo pode estar fixo ou pode estar variando sua direção relativamente ao corpo durante o movimento.

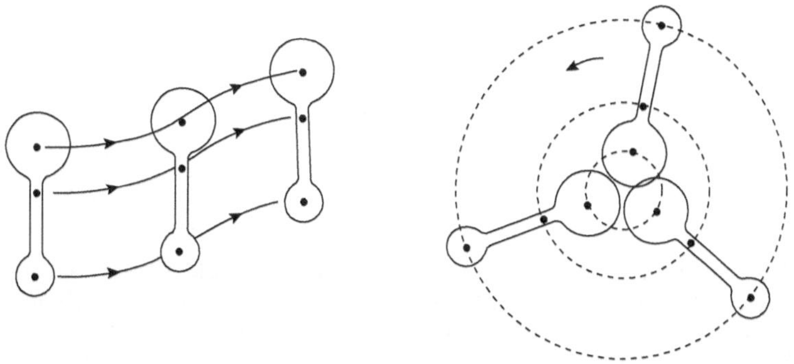

(a) (b)

Figura 10.1 (a) Movimento de translação de um corpo rígido. (b) Movimento de rotação de um corpo rígido.

O movimento mais geral de um corpo rígido pode sempre ser considerado como uma combinação de uma rotação e uma translação. Assim, é sempre possível encontrar um referencial que se desloca sem girar, no qual o movimento do corpo se apresenta apenas como rotação. Por exemplo, o movimento do corpo da Fig. 10.2, ao passar da posição 1 para a posição 2, sofre uma translação representada pelo deslocamento CC', que é a distância entre as duas posições do CM, e uma rotação ao redor de um eixo que passa pelo centro de massa C'.

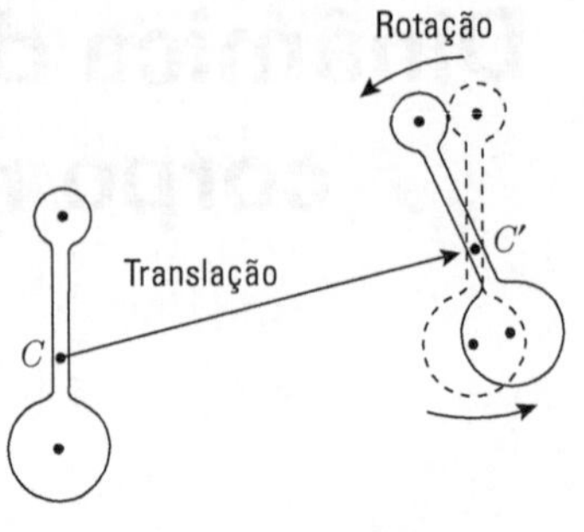

Figura 10.2 Movimento geral de um corpo rígido.

De acordo com a Eq. (9.9), $M\,d\boldsymbol{v}_{\text{CM}}/dt = \boldsymbol{F}_{\text{ext}}$, o movimento do centro de massa é idêntico ao movimento de uma partícula cuja massa é igual à massa do corpo submetida a uma força igual à soma de todas as forças externas aplicadas ao corpo. Esse movimento pode ser analisado de acordo com os métodos explicados no Cap. 7 para a dinâmica de uma partícula, e, portanto, não envolve técnicas especiais. Neste capítulo examinaremos o movimento rotacional de um corpo rígido ao redor de um eixo que passa ou por um ponto fixo num referencial inercial ou pelo centro de massa do corpo. No primeiro caso, a Eq. (9.19), $d\boldsymbol{L}/dt = \boldsymbol{\tau}$ (onde $\boldsymbol{L}$ e $\boldsymbol{\tau}$ são ambos tomados relativamente a um ponto fixo) é usada para discutir o movimento, enquanto, no segundo caso, deve ser usada a Eq. (9.25), $d\boldsymbol{L}_{\text{CM}}/dt = \boldsymbol{\tau}_{\text{CM}}$ (Fig. 10.3).

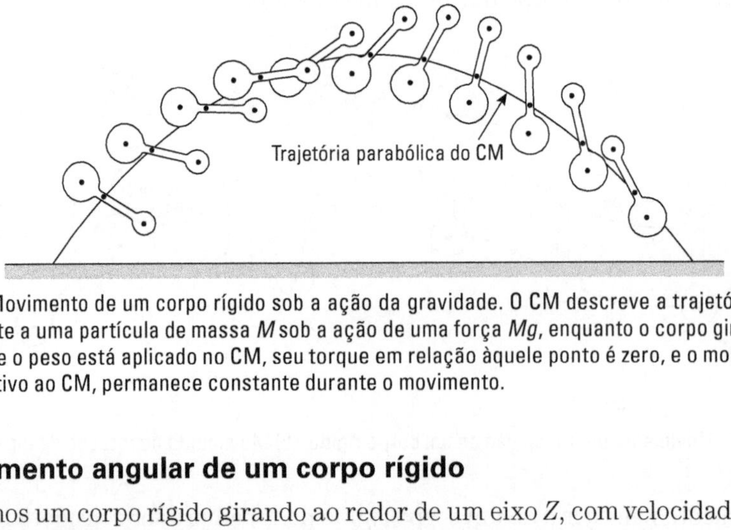

Figura 10.3 Movimento de um corpo rígido sob a ação da gravidade. O CM descreve a trajetória parabólica correspondente a uma partícula de massa M sob a ação de uma força Mg, enquanto o corpo gira em torno do CM. Desde que o peso está aplicado no CM, seu torque em relação àquele ponto é zero, e o momento angular do corpo, relativo ao CM, permanece constante durante o movimento.

10.2 Momento angular de um corpo rígido

Consideremos um corpo rígido girando ao redor de um eixo Z, com velocidade angular ω (Fig. 10.4). Cada uma de suas partículas descreve uma órbita circular com centro no eixo Z. Por exemplo, a partícula A_i descreve o círculo de raio $R_i = A_iB_i$ com uma velocidade $\boldsymbol{v}_i = \boldsymbol{\omega} \times \boldsymbol{r}_i$, onde $\boldsymbol{r}_i$ é o vetor posição relativamente à origem O (esta é escolhida como um ponto fixo num referencial inercial ou o centro de massa do corpo). O módulo da velocidade é $v_i = \omega r_i \operatorname{sen} \theta_i = \omega R_i$, de acordo com a Eq. (5.48). Note que escrevemos $\boldsymbol{\omega}$ e não $\boldsymbol{\omega}_i$, porque a velocidade angular é a mesma para todas as partículas num corpo rígido. O momento angular da partícula A_i relativo à origem O é

$$\boldsymbol{L}_i = m_i \boldsymbol{r}_i \times \boldsymbol{v}_i.$$

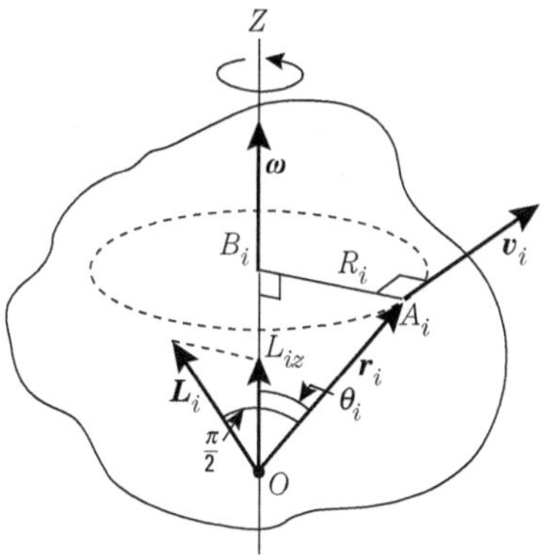

Figura 10.4 Momento angular de um corpo rígido em rotação.

Sua direção é perpendicular ao plano determinado pelos vetores $\boldsymbol{r}_i$ e $\boldsymbol{v}_i$ e está contido no plano definido por $\boldsymbol{r}_i$ e pelo eixo Z. Ele faz, portanto, um ângulo $\pi/2 - \theta_i$ com o eixo de rotação Z. O módulo de $\boldsymbol{L}_i$ é $m_i r_i v_i$, e sua componente paralela ao eixo Z é

$$L_{iz} = (m_i r_i v_i) \cos(\pi/2 - \theta_i) = m_i(r_i \operatorname{sen} \theta_i)(\omega R_i) = m_i R_i^2 \omega,$$

resultado equivalente à Eq. (7.33) para uma partícula que se move num círculo. A componente do momento angular total do corpo em rotação ao longo do eixo de rotação Z é

$$\begin{aligned} L_z &= L_{1z} + L_{2Z} + \mathrm{L}_{3z} + \ldots = \textstyle\sum_i L_{iz} \\ &= (m_1 R_1^2 + m_2 R_2^2 + m_3 R_3^2 + \ldots)\,\omega = (\textstyle\sum_i m_i R_i^2)\,\omega. \end{aligned} \qquad (10.1)$$

A quantidade

$$I = m_1 R_1^2 + m_2 R_2^2 + m_3 R_3^3 + \ldots = \textstyle\sum_i m_i R_i^2 \qquad (10.2)$$

é chamada *momento de inércia* do corpo relativamente ao eixo de rotação Z. Ela é obtida pela soma dos produtos da massa de cada partícula pelo quadrado da distância da partícula ao eixo Z. O momento de inércia é uma quantidade muito importante que aparece em várias expressões relacionadas à rotação de um corpo rígido. Podemos, assim, escrever a Eq. (10.1) na forma

$$L_z = I\omega. \qquad (10.3)$$

O momento angular total do corpo é

$$\boldsymbol{L} = \boldsymbol{L}_1 + \boldsymbol{L}_2 + \boldsymbol{L}_3 + \ldots = \textstyle\sum_i \boldsymbol{L}_i,$$

e em geral *não* é paralelo ao eixo de rotação, desde que, como vimos, os momentos angulares individuais $\boldsymbol{L}_i$ que aparecem na soma não são paralelos ao eixo.

Neste ponto, você poderá perguntar se, para cada corpo, haverá algum eixo de rotação para o qual o momento angular total é paralelo ao eixo. A resposta é sim. Pode ser provado que, para cada corpo, não importando a forma que tenha, há sempre (pelo menos) três direções mutuamente perpendiculares para as quais o momento angular é paralelo ao eixo de rotação. São os chamados *eixos principais de inércia*, e os momentos de inércia correspondentes são chamados *momentos principais de inércia*, designados por I_1, I_2 e I_3. Designemos os eixos principais por X_0, Y_0, Z_0; eles constituem um referencial ligado ao corpo e, portanto, comumente giram em relação ao observador. Quando o corpo tem alguma espécie de simetria, os eixos principais coincidem com alguns dos eixos de simetria. Por exemplo, numa esfera, qualquer eixo passando pelo seu centro é um eixo principal. Para um cilindro, e em geral para qualquer corpo com simetria cilíndrica, o eixo de simetria, assim como qualquer eixo perpendicular a este, são eixos principais. Para um paralelepípedo retangular os três eixos principais são perpendiculares às faces e passam pelo centro do paralelepípedo. Esses eixos são ilustrados na Fig. 10.5.

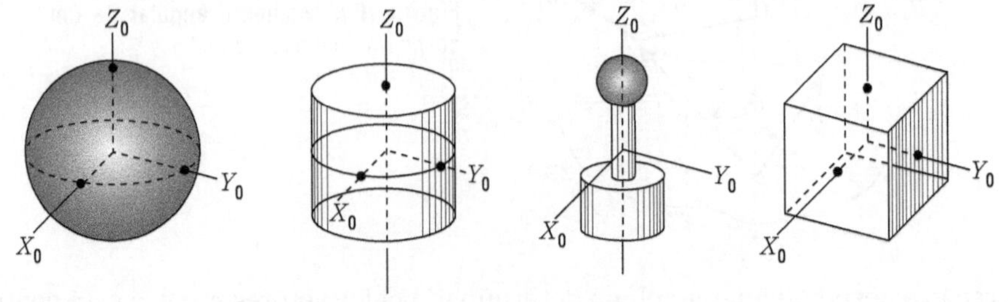

Figura 10.5 Eixos principais de corpos simétricos.

Quando o corpo gira em torno de um eixo principal de inércia, o momento angular total $\boldsymbol{L}$ é paralelo à velocidade angular $\boldsymbol{\omega}$, que é sempre dirigida ao longo do eixo de rotação, e, em lugar da equação escalar (10.3), que é válida para a componente Z ao longo do eixo de rotação, podemos escrever a relação vetorial

$$\boldsymbol{L} = I\boldsymbol{\omega}, \tag{10.4}$$

onde I é o momento principal de inércia correspondente. Devemos insistir no fato de que essa relação vetorial é válida somente para rotação em torno de um eixo principal de inércia.

No caso mais geral de rotação de um corpo rígido em torno de um eixo arbitrário, o momento angular L pode ser expresso relativamente aos eixos principais de inércia móveis $X_0\,Y_0\,Z_0$ (Fig. 10.6) na forma

$$\boldsymbol{L} = \boldsymbol{u}_{x0} I_1 \omega_{x0} + \boldsymbol{u}_{y0} I_2 \omega_{y0} + \boldsymbol{u}_{z0} I_3 \omega_{z0} \tag{10.5}$$

onde $\boldsymbol{u}_{x0}$, $\boldsymbol{u}_{y0}$ e $\boldsymbol{u}_{z0}$ são vetores unitários ao longo de X_0, Y_0 e Z_0 e ω_{x0}, ω_{y0}, e ω_{z0} são as componentes de $\boldsymbol{\omega}$ relativas aos mesmos eixos. Nesse caso, $\boldsymbol{L}$ e $\boldsymbol{\omega}$ têm direções diferentes, conforme dissemos atrás. A vantagem em usar essa expressão para $\boldsymbol{L}$ é que, I_1, I_2 e I_3 são quantidades fixas que podem ser calculadas para cada corpo. Entretanto, desde que os vetores unitários $\boldsymbol{u}_{x0}$, $\boldsymbol{u}_{y0}$ e $\boldsymbol{u}_{z0}$ giram com o corpo, eles não têm direção constante. Observe que a Eq. (10.5) reduz-se à Eq. (10.4) para rotação em torno de um eixo principal (duas das componentes de $\boldsymbol{\omega}$ são nulas).

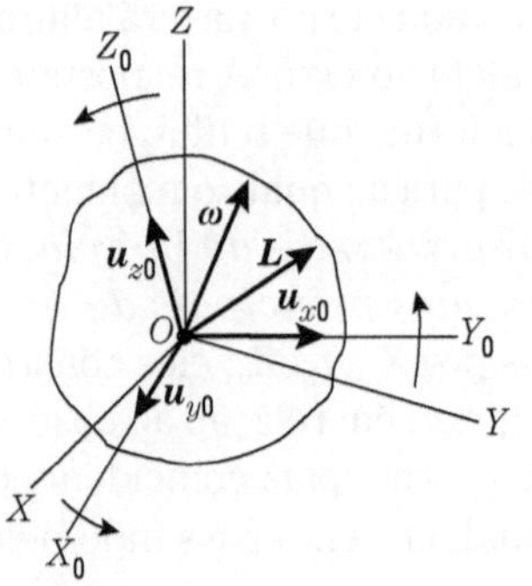

Figura 10.6 Eixos ligados ao corpo e eixos fixos no laboratório.

■ **Exemplo 10.1** Calcular o momento angular do sistema ilustrado na Fig. 10.7, que consiste em duas esferas iguais de massa m montadas em hastes ligadas a um mancal que gira em torno de um eixo Z. Desprezar as massas das hastes.

Solução: Na Fig. 10.7(a) temos o caso em que as duas hastes são perpendiculares ao eixo de rotação Z. Cada esfera descreve um círculo de raio R com velocidade $v = \omega R$. O momento angular de cada esfera relativamente a O é então $mR^2\,\omega$, e é dirigido ao longo do eixo Z. (Reveja a Fig. 7.22.) Assim, o momento angular total do sistema é $L = 2mR^2\omega$, ao longo do eixo Z, tal que podemos escrever, na forma vetorial, $L = 2mR^2\omega$, indicando que o sistema está girando ao redor de um eixo principal. Com efeito, os eixos principais $X_0Y_0Z_0$ são aqueles mostrados na figura, em que Z_0 coincide com Z*. Note que $I = 2mR^2$ é o momento principal de inércia em relação ao eixo Z_0, e assim a relação $L = I\omega$ vale para esse caso.

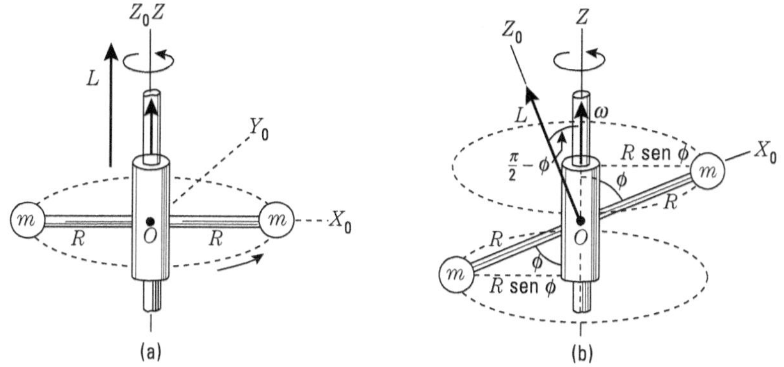

Figura 10.7

Na Fig. 10.7 (b) temos um caso em que as duas hastes fazem um ângulo ϕ com o eixo de rotação Z, de tal modo que ω não é paralelo a um eixo principal. O raio do círculo descrito por cada uma das esferas é R sen ϕ, tal que suas velocidades são, em módulo, $(R \text{ sen } \phi)\,\omega$. O momento angular de cada esfera relativamente a O é então $mR(R\omega \text{ sen } \phi)$ e é dirigido perpendicularmente à linha que liga as duas esferas, estando no plano definido por Z e X_0. O momento angular total é a soma dos dois resultados, isto é, $L = (2mR^2 \text{ sen } \phi)\,\omega$, fazendo um ângulo $\pi/2 - \phi$ com o eixo de rotação. Assim, nesse caso, o sistema não está girando em torno de um eixo principal, conforme podemos ver também pela geometria do sistema. Note que o vetor $\boldsymbol{L}$ está girando (ou, como às vezes se diz, *precessando*) ao redor do eixo Z juntamente com o sistema.

A componente de $\boldsymbol{L}$ ao longo do eixo de rotação é

$$L_z = L \cos(\pi/2 - \phi) = (2mR^2 \text{ sen}^2\, \phi)\,\omega,$$

em acordo com a Eq. (10.3), desde que $I = 2m(R \text{ sen } \phi)^2$ é o momento de inércia do sistema relativamente ao eixo Z.

* Em virtude da simetria do sistema em questão, qualquer eixo perpendicular a X_0 é um eixo principal.

10.3 Cálculo do momento de inércia

Discutiremos agora as técnicas de cálculo para a obtenção do momento de inércia, já que esta quantidade será usada muito frequentemente neste capítulo. Primeiramente notamos que um corpo rígido é composto de um número muito grande de partículas, de tal modo que a soma na Eq. (10.2) precisa ser substituída por uma integral, $I = \sum_i m_i R_i^2 = \int R^2\, dm$; ou, se ρ é a densidade do corpo, $dm = \rho\, dV$, de acordo com a Eq. (2.2), e

$$I = \int \rho R^2\, dV. \qquad (10.6)$$

Se o corpo é homogêneo, sua densidade é constante e, em vez da Eq. (10.6), podemos escrever $I = \int \rho R^2 dV$. A integral reduz-se assim a um fator geométrico, igual para todos os corpos de mesma forma e tamanho. Notamos, da Fig. 10.8, que $R^2 = x^2 + y^2$, portanto o momento de inércia ao redor do eixo Z é

$$I_z = \int \rho(x^2 + y^2)dV. \qquad (10.7)$$

(Sugerimos que você escreva as relações para I_x e I_y.)

Se o corpo é uma placa fina, conforme a Fig. 10.9, notamos que os momentos de inércia relativos aos eixos X e Y podem ser escritos como $I_x = \int \rho\, y^2\, dV$ e $I_y = \int \rho\, x^2\, dV$ porque a coordenada Z é essencialmente zero. Uma comparação com a Eq. (10.7) mostra que, nesse caso,

$$I_z = I_x + I_y,$$

resultado que é válido somente para placas finas.

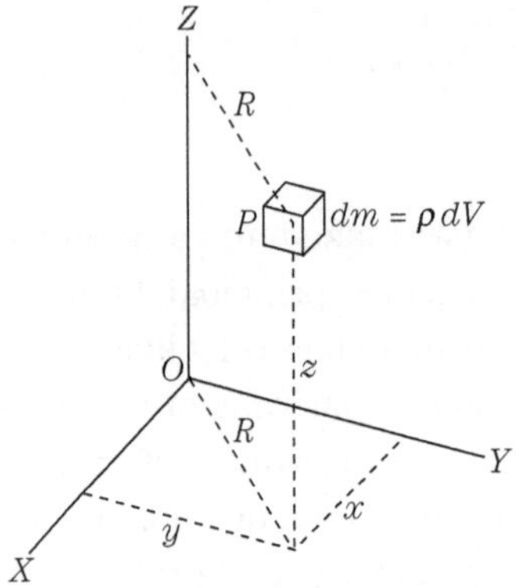

Figura 10.8

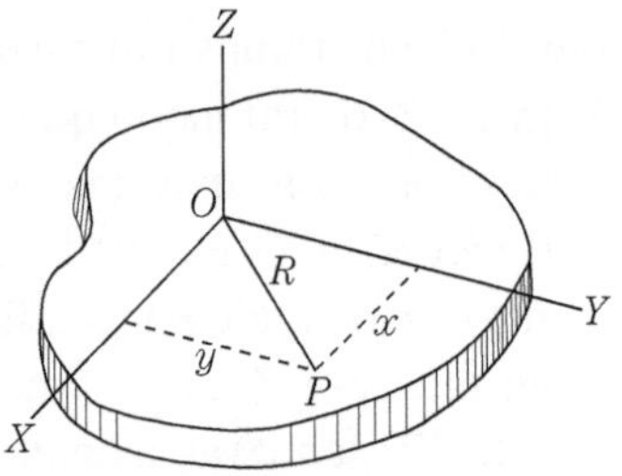

Figura 10.9

Os momentos de inércia relativos a eixos paralelos são relacionados por uma fórmula muito simples. Seja Z um eixo arbitrário e Z_C um eixo paralelo passando pelo centro de massa do corpo (Fig. 10.10). Se a é a separação entre os dois eixos, vale a seguinte relação, chamada *teorema de Steiner*,

$$I = I_C + Ma^2, \qquad (10.8)$$

onde I e I_C são os momentos de inércia do corpo relativamente a Z e Z_C, respectivamente, e M é a massa do corpo. Para provar essa relação, escolhemos os eixos $X_C\ Y_C\ Z_C$ de tal modo que sua origem é o centro de massa C, estando Y_C no plano determinado por Z e Z_C. Os eixos $X\ Y\ Z$ são escolhidos de tal modo que Y coincida com Y_C. O ponto P é um ponto arbitrário do corpo M. Então, observando na Fig. 10.10 que $P'A$ é perpendicular a Y_C e $P'A = x$, $CA = y$ e $OC = a$, temos

$$R_C^2 = x^2 + y^2,$$
$$R^2 = x^2 + (y + a)^2$$
$$= x^2 + y^2 + 2\,ya + a^2 = + 2ya + a^2.$$

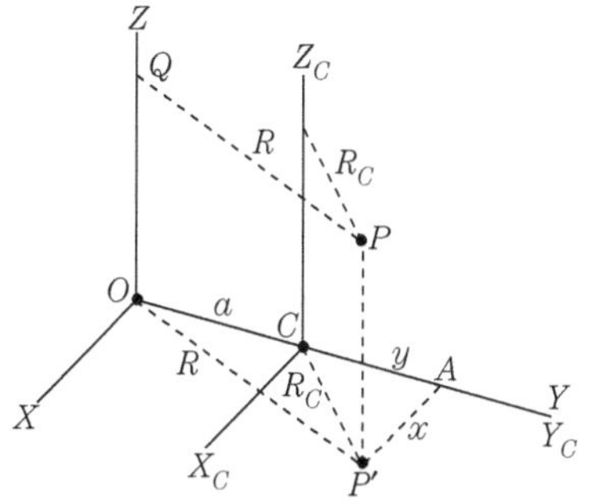

Figura 10.10

O momento de inércia relativo ao eixo Z é

$$I = \Sigma mR^2 = \Sigma m\,(R_C^2 + 2ya + a^2)$$
$$= \Sigma m\,R_C^2 + 2a(\Sigma my) + a^2\,m.$$

O primeiro termo é justamente o momento de inércia I_C relativo ao eixo Z_C e, no último termo, $\Sigma m = M$ *é* a massa total do corpo. Portanto

$$I = I_C + 2a\,\Sigma\,my + Ma^2. \tag{10.9}$$

Para avaliar o segundo termo, lembremo-nos de que, da Eq. (4.21), a posição do centro de massa é dada por $y_{CM} = \Sigma my/\Sigma m$. Mas, em nosso caso, $y_{CM} = 0$, porque o centro de massa coincide com a origem C do referencial $X_CY_CZ_C$. Então $\Sigma my = 0$, e a Eq. (10.9) reduz-se à Eq. (10.8), o que prova o teorema.

O momento de inércia deve ser expresso como o produto de uma unidade de massa por uma unidade de distância ao quadrado. Assim, no sistema MKSC o momento de inércia é expresso por $m^2 \cdot kg$.

O raio de giração de um corpo é a quantidade K definida de tal modo que vale a relação

$$I = MK^2 \qquad \text{ou} \qquad K = \sqrt{I\,/\,M}, \tag{10.10}$$

onde I é o momento de inércia e M a massa do corpo. K representa a distância ao eixo em que toda a massa poderia ser concentrada sem variar o momento de inércia. Essa é uma quantidade útil porque pode ser determinada, para corpos homogêneos, inteiramente pela geometria. Assim, pode ser tabelada e serve como auxiliar no cálculo do momento de inércia*: A Tab. 10.1 dá os quadrados dos raios de giração de várias figuras geométricas.

* Para a técnica de cálculo de momentos de inércia, consultar qualquer texto de cálculo; por exemplo: THOMAS, G. B. *Calculus and analytic geometry*. 3. ed. Reading, Mass.: Addison-Wesley, 1962, Seç. 15.3.

Tabela 10.1 Raios de giração de alguns sólidos simples

K^2	Eixo	K^2	Eixo
$\frac{R^2}{2}$	Cilindro 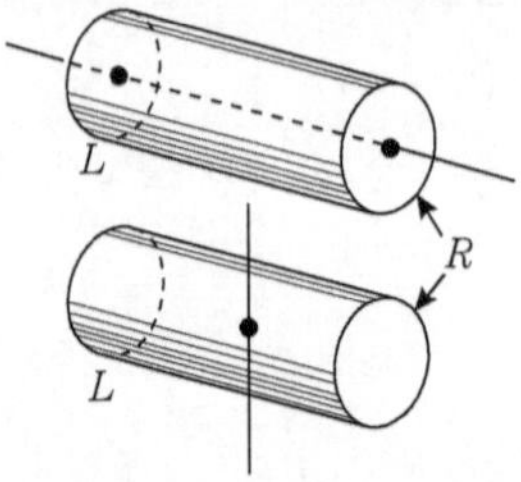	$\frac{L^2}{12}$	Haste fina 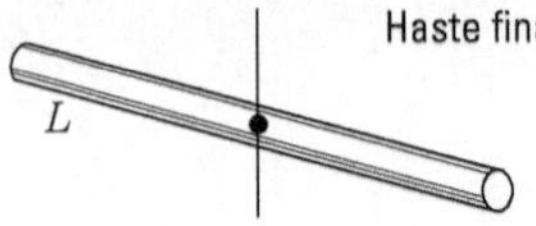
$\frac{R^2}{4}+\frac{L^2}{12}$		$\frac{R^2}{2}$	Disco 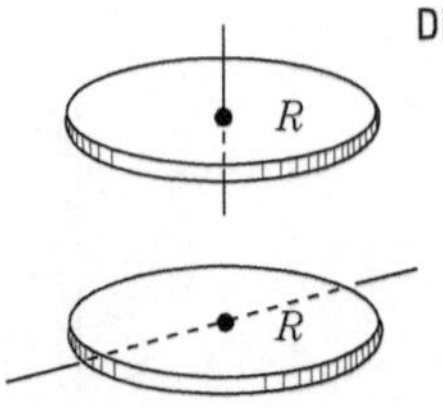
		$\frac{R^2}{4}$	
$\frac{a^2+b^2}{12}$	Paralelepípedo 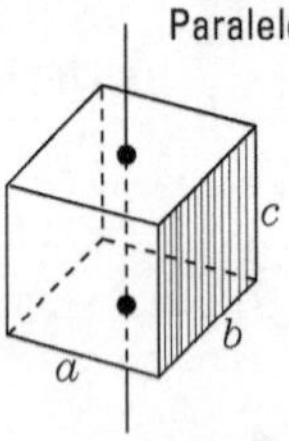	R^2	Aro 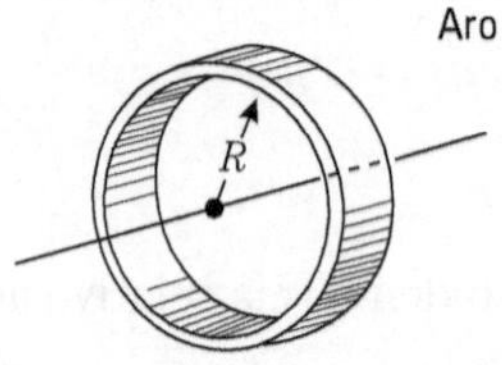
$\frac{a^2+b^2}{12}$	Placa retangular 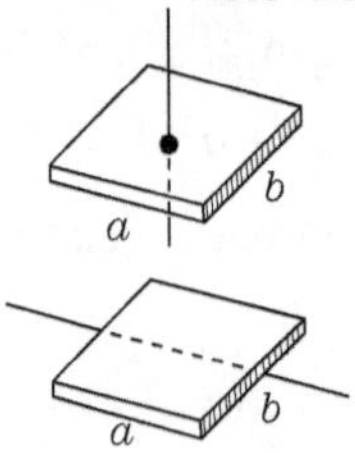		
$\frac{b^2}{12}$		$\frac{2R^2}{5}$	Esfera 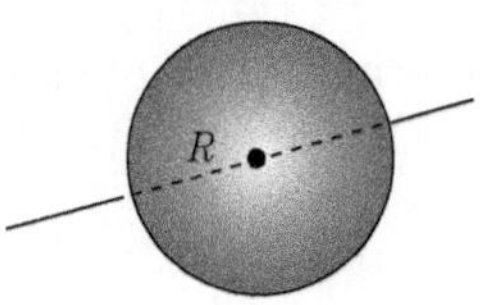

■ **Exemplo 10.2** Calcular o momento de inércia de uma haste cilíndrica fina, homogênea, relativamente a um eixo perpendicular à haste e passando (a) por uma extremidade, (b) pelo centro.

Solução: (a) Chamemos de L o comprimento da haste AB (Fig. 10.11) e S sua seção transversal, que supomos ser muito pequena. Dividindo a haste em pequenos segmentos de comprimento dx, vemos que o volume de cada segmento *é* $dV = S\,dx$ *e* a distância de cada elemento ao eixo Y é $R = x$. Então, usando a Eq. (10.6) com a densidade ρ constante, temos

$$I_A = \int_0^L \rho x^2 (S\,dx) = \rho S \int_0^L x^2 dx = \tfrac{1}{3}\rho S L^3.$$

Mas SL é o volume da haste e ρSL é sua massa. Portanto

$$I_A = \tfrac{1}{3}ML^2.$$

Uma comparação com a Eq. (10.10) mostra que o raio de giração é $K^2 = \frac{1}{3}L^2$.

(b) Para calcular o momento de inércia relativamente ao eixo Y_C passando pelo centro de massa C, podemos proceder de três maneiras diferentes. Uma forma muito simples é supor a haste dividida em duas, cada uma das quais de massa $\frac{1}{2}M$ e comprimento $\frac{1}{2}L$, com as extremidades tocando-se em C, e usar então o resultado anterior para cada parte. Então

$$I_C = 2\left(\tfrac{1}{3}\right)\left(\tfrac{1}{2}M\right)\left(\tfrac{1}{2}L\right)^2 = \tfrac{1}{12}ML^2.$$

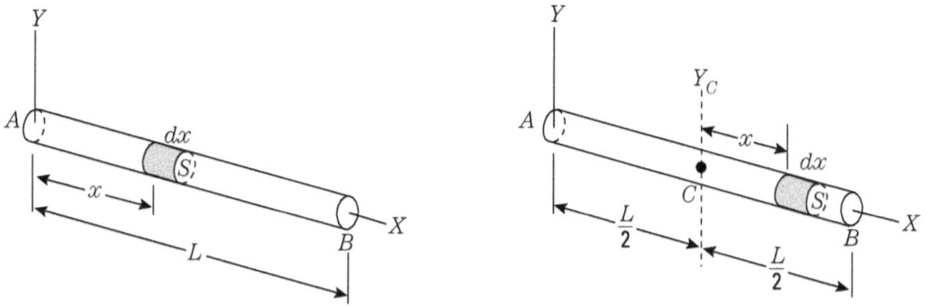

Figura 10.11

Outro método seria proceder como anteriormente para a extremidade A, mas integrar de $-\frac{1}{2}L$ a $+\frac{1}{2}L$, desde que a origem está agora no centro da barra. Deixamos para você essa solução. Um terceiro modo de resolver é pela aplicação do teorema de Steiner, Eq. (10.8), que, nesse caso, escreve-se $I_A = I_C + M\left(\frac{1}{2}L\right)^2$, desde que $a = \frac{1}{2}L$. Portanto

$$I_C = I_A - \tfrac{1}{4}ML^2 = \tfrac{1}{12}ML^2.$$

■ **Exemplo 10.3** Determinar o momento de inércia de um disco homogêneo relativamente a (a) um eixo perpendicular ao disco passando pelo seu centro, (b) um eixo coincidente com um diâmetro.

Solução: (a) Da Fig. 10.12 vemos que a simetria do problema sugere que usemos, como elemento de volume, um anel de raio r e espessura dr. Assim, se chamamos de h a altura do disco, o volume do anel é $dV = (2\pi r)(dr)h = 2\pi hr\ dr$. Todos os pontos do anel estão a uma distância r do eixo Z. Portanto, usando a Eq. (10.6), obtemos

$$\begin{aligned} I &= \int_0^R \rho r^2 (2\pi hr\ dr) \\ &= 2\pi\rho h \int_0^R r^3 dr = \tfrac{1}{2}\pi\rho h R^4. \end{aligned}$$

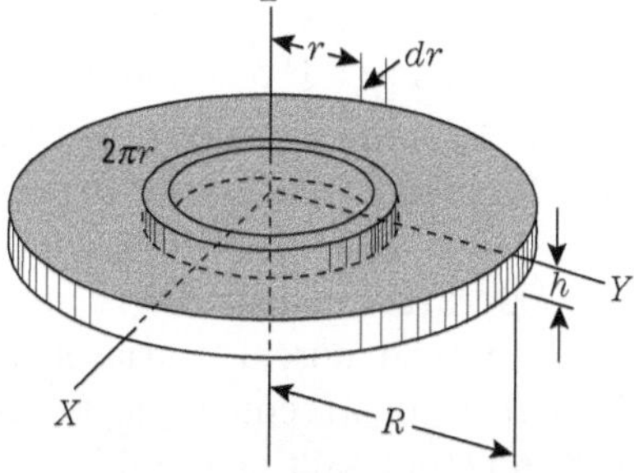

Figura 10.12

Mas $\pi R^2 h$ é o volume do disco e $M = \rho(\pi R^2 h)$ é a sua massa total. Assim,

$$I = \tfrac{1}{2} MR^2,$$

de tal modo que o raio de giração é $K^2 = \tfrac{1}{2} R^2$.

(b) Para obter os momentos de inércia com respeito aos eixos X e Y, podemos proceder a uma integração direta (sugere-se que sejam usadas faixas paralelas ou perpendiculares aos eixos correspondentes como elementos de volume), mas a simetria do problema permite um procedimento mais simples. Obviamente, nesse caso, $I_x = I_y$ e portanto, da fórmula para uma placa fina, temos $I_z = I_x + I_y = 2I_x$ e

$$I_x = \tfrac{1}{2} I_z = \tfrac{1}{4} MR^2.$$

10.4 Equação de movimento para a rotação de um corpo rígido

Na Eq. (9.21) estabelecemos uma relação entre o momento angular total de um sistema de partículas e o torque total das forças aplicadas às partículas quando, tanto o torque como o momento angular, são referidos a um ponto em repouso num referencial inercial. Isto é,

$$\frac{d\boldsymbol{L}}{dt} = \boldsymbol{\tau} \tag{10.11}$$

onde $\boldsymbol{L} = \Sigma_i \boldsymbol{L}_i$ é o momento angular total e $\boldsymbol{\tau} = \Sigma_i \boldsymbol{\tau}_i$ é o torque total devido às forças externas. Obviamente essa equação vale também para um corpo rígido, que é um caso especial de um sistema de partículas. A Eq. (10.11) constitui, assim, a equação básica para discutir o movimento de rotação de um corpo rígido. Vamos aplicá-la primeiramente ao caso de um corpo rígido que gira ao redor de um eixo principal tendo um ponto fixo num sistema inercial. Então, de acordo com a Eq. (10.4), $\boldsymbol{L} = I\boldsymbol{\omega}$. O torque externo $\boldsymbol{\tau}$ deve ser o torque em torno do ponto fixo no eixo principal. A Eq. (10.11) fica então

$$\frac{d(I\boldsymbol{\omega})}{dt} = \boldsymbol{\tau}. \tag{10.12}$$

Se o eixo permanece fixo, relativamente ao corpo rígido, o momento de inércia permanece constante. Então

$$I\frac{d\boldsymbol{\omega}}{dt} = \boldsymbol{\tau} \qquad \text{ou} \qquad I\boldsymbol{\alpha} = \boldsymbol{\tau}, \tag{10.13}$$

onde $\boldsymbol{\alpha} = d\boldsymbol{\omega}/dt$ é a aceleração angular do corpo rígido. Uma comparação das Eqs. (10.12) e (10.13) com as Eqs. (7.14) e (7.15) sugere uma grande semelhança entre a rotação de um corpo rígido em torno de um eixo principal e o movimento de uma partícula. A massa m é substituída pelo momento de inércia I, a velocidade $\boldsymbol{v}$ pela velocidade angular $\boldsymbol{\omega}$, a aceleração $\boldsymbol{a}$ pela aceleração angular $\boldsymbol{\alpha}$, e a força $\boldsymbol{F}$ pelo torque $\boldsymbol{\tau}$.

Por exemplo, se $\boldsymbol{\tau} = 0$, então a Eq. (10.12) indica que $I\boldsymbol{\omega}$ = const.; e se o momento de inércia é constante, então $\boldsymbol{\omega}$ também é constante. Isto é, *um corpo rígido que gira em torno de um eixo principal move-se com velocidade angular constante quando não é aplicado torque externo.* Isso poderia ser considerado como a lei de inércia para o movimento rotacional. [Quando o momento de inércia é variável, o que pode acontecer quando o corpo não é rígido, a condição $I\boldsymbol{\omega}$ = const. requer que, se I cresce (ou decresce) então $\boldsymbol{\omega}$ decresce (ou cresce), fato esse que tem múltiplas aplicações.]

No caso de um corpo que *não* está girando em torno de um eixo principal, temos ainda, da Eq. (10.3) que $dL_z/dt = \tau_z$ ou, se a orientação do eixo é fixa, relativamente ao corpo, de tal modo que I é constante,

$$I\frac{d\omega}{dt} = \tau_z, \tag{10.14}$$

um resultado que difere da Eq. (10.13) pelo fato de que τ_z refere-se à componente do torque total externo ao longo do eixo de rotação e não ao torque total. Além da componente τ_z do torque, poderá haver outros torques necessários para manter o corpo numa posição fixa relativamente ao eixo de rotação (veja o Ex. 10.7).

Quando o eixo de rotação não tem um ponto fixo num referencial inercial, não podemos usar a Eq. (10.11) e por isso devemos calcular o momento angular e o torque relativamente ao centro de massa do corpo. Assim, devemos usar a Eq. (9.25), em que

$$\frac{d\boldsymbol{L}_{\mathrm{CM}}}{dt} = \boldsymbol{\tau}_{\mathrm{CM}}. \tag{10.15}$$

Se a rotação é em torno de um eixo principal, essa equação torna-se $I_C(d\omega/dt) = \tau_{\mathrm{CM}}$. Se $\tau_{\mathrm{CM}} = 0$, que é o caso em que a única força externa aplicada sobre o corpo é o seu próprio peso, segue-se que ω é constante (ver Fig. 10.3).

■ **Exemplo 10.4** Um disco com 0,5 m de raio e 20 kg de massa gira livremente em torno de um eixo horizontal fixo passando pelo seu centro. É aplicada sobre ele uma força de 9,8 N puxando-se um fio enrolado em sua borda. Determinar a aceleração angular do disco e sua velocidade angular após 2 s.

Solução: Da Fig. 10.13 vemos que as únicas forças externas que agem sobre o disco são o seu peso Mg, a tração F para baixo e as forças F' nos suportes. O eixo ZZ' é um eixo principal. Considerando os torques com relação ao centro de massa C, verificamos que o torque devido à força do peso é zero. O torque combinado das forças F' também é zero. Então $\tau = FR$. Aplicando a Eq. (10.14) com $I = \frac{1}{2}MR^2$, temos $FR = \left(\frac{1}{2}MR^2\right)\alpha$ ou $F = \frac{1}{2}MR\alpha$, dando uma aceleração angular de

$$\alpha = \frac{2F}{MR} = \frac{2(9{,}8\,N)}{(20\,\mathrm{kg})(0{,}5\,\mathrm{m})} = 1{,}96\ \mathrm{rad}\cdot\mathrm{s}^{-2}.$$

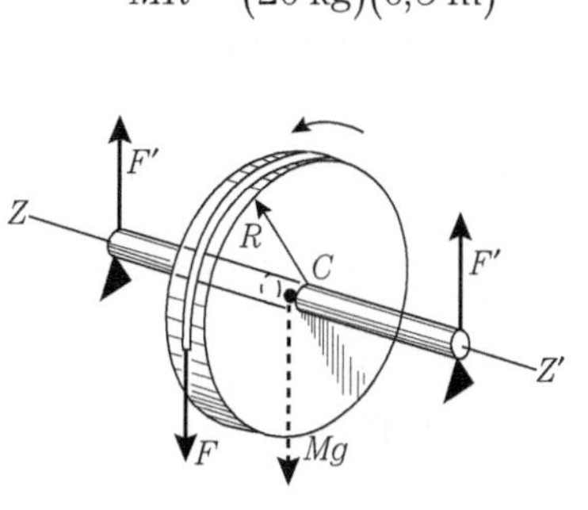

Figura 10.13

De acordo com a Eq. (5.54), a velocidade angular depois de 2 s, se o disco partiu do repouso, é

$$\omega = \alpha t = (1{,}96\ \mathrm{rad}\cdot\mathrm{s}^{-2})(2\ \mathrm{s}) = 3{,}92\ \mathrm{rad}\cdot\mathrm{s}^{-1}.$$

Desde que o centro de massa C é fixo, sua aceleração é zero; devemos ter então

$$2F' - Mg - F = 0 \quad \text{ou} \quad F' = 102{,}9 \text{ N}.$$

■ **Exemplo 10.5** Determinar a aceleração angular do sistema ilustrado na Fig. 10.14 para um corpo cuja massa é de 1 kg. Os dados para o disco são os mesmos do 10.4. O eixo ZZ' é fixo e é um eixo principal.

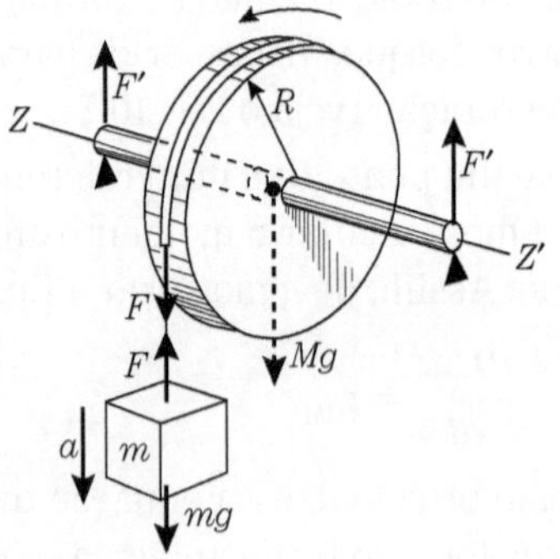

Figura 10.14

Solução: Desde que a massa do corpo é 1 kg, seu peso é mg = 9,8 N, que tem o mesmo valor da força F da Figura 10.13. Consequentemente, seríamos tentados a considerar esse caso como idêntico ao anterior e supor os mesmos resultados. Entretanto isso não é correto! A massa m, quando em queda, exerce uma força F, para baixo, sobre o disco, e, pela lei de ação e reação, o disco exerce uma tração F para cima sobre a massa m. Uma vez que a massa m está caindo com movimento acelerado, a força resultante sobre ela não pode ser zero. Então F não é igual a mg, mas sim menor.

Portanto, o disco está sujeito também a um torque menor.

A equação de movimento para a massa m é

$$Mg - F = ma = mR\alpha,$$

onde a relação $a = R\alpha$ foi usada. A equação de movimento do disco é $I\alpha = FR$ ou (desde que $I = \frac{1}{2}MR^2$) $F = \frac{1}{2}MR\alpha$. Eliminando F dessas duas equações, achamos que a aceleração angular é

$$\alpha = \frac{mg}{\left(m + \frac{1}{2}M\right)R} = 1{,}78 \text{ rad} \cdot \text{s}^{-2},$$

que é menor do que o resultado anterior. A aceleração de m, para baixo, é

$$a = R\alpha = \frac{mg}{m + \frac{1}{2}M} = 0{,}89 \text{ m} \cdot \text{s}^{-2},$$

que é menor do que g = 9,8 m · s^{-2}, valor conhecido para a queda livre. A força F' nos suportes pode ser encontrada como no exemplo anterior.

■ **Exemplo 10.6** Determinar a aceleração angular do disco da Fig. 10.15, assim como a aceleração para baixo do seu centro de massa. Considere os mesmos dados do disco do Ex. 10.4.

Solução: O eixo de rotação é o eixo principal $Z_0Z'_0$. Esse problema difere dos exemplos anteriores, porque o centro de massa do disco não está fixo, uma vez que o movimento do disco é semelhante ao de um ioiô, e, assim, deve ser usada agora a Eq. (10.15). A rotação do disco em torno do eixo $Z_0 Z'_0$ é dada pela equação $I\alpha = FR$, desde que o torque do peso Mg relativo a C é zero. Assim, com $I = \frac{1}{2}MR^2$, podemos escrever (depois de cancelar o fator comum R), $F = \frac{1}{2}MR\alpha$.

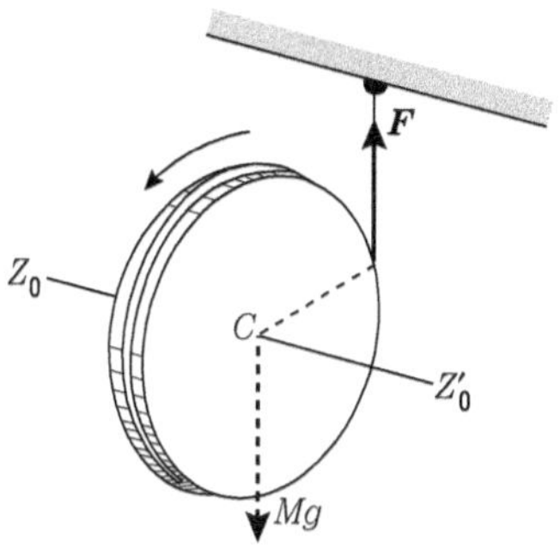

Figura 10.15

O movimento do centro de massa para baixo tem aceleração $a = R\alpha$, e, se levamos em consideração o fato de que a força externa resultante é $Mg - F$, temos, usando a Eq. (9.9),

$$Mg - F = Ma = M\,R\alpha.$$

Eliminando a força F desta equação e da precedente, e notando que a massa M se cancela, obtemos da equação resultante $\alpha = 2g/3R = 13{,}16 \text{ rad} \cdot \text{s}^{-2}$. A aceleração para baixo do seu centro de massa é $a = R\alpha = \frac{2}{3}g = 6{,}53 \text{ m} \cdot \text{s}^{-2}$, que é muito menor do que a aceleração em queda livre e independente do tamanho e da massa do disco.

■ **Exemplo 10.7** Determinar o torque necessário para girar o sistema da Fig. 10.7 (b) com velocidade angular constante.

Solução: Nesse caso, a velocidade angular ω ao redor do eixo fixo Z não varia, portanto $d\omega/dt = 0$. São tiradas imediatamente duas condições. Primeira: sabemos que o momento angular total $L = (2mR^2 \text{ sen } \phi)\,\omega$ permanece constante em módulo, e que a componente, ao longo do eixo Z, $L_z = (2mR^2 \text{ sen}^2 \phi)\,\omega$ é também constante. Segunda: o torque ao longo do eixo Z, dado por $\tau_Z = I\,d\omega/dt$, é zero. À primeira vista, seríamos tentados a dizer que não é necessário torque algum para manter o sistema em movimento. Entretanto, esse não é o caso. O momento angular $\boldsymbol{L}$ gira com o sistema em torno do eixo Z (esse movimento é chamado *precessão*, conforme mencionado no fim do Ex. 10.1), e é necessário um torque para produzir essa variação na direção de $\boldsymbol{L}$. A situação é inteiramente análoga àquela encontrada no movimento circular uniforme: a velocidade permanece constante em módulo, mas é necessária uma força para mudar sua direção.

O torque $\boldsymbol{\tau}$ deve estar no plano XY, desde que $\tau_z = 0$. Ele deve também ser perpendicular ao plano Z_0Z, determinado pela direção de $\boldsymbol{L}$ (ou eixo Z_0) e do eixo Z (Figs. 10.16 e 10.17), e deve ter o sentido do eixo Y_0. Isso pode ser visto como segue. A Eq. (10.11), $d\boldsymbol{L} = \boldsymbol{\tau}\,dt$, indica que $d\boldsymbol{L}$ e $\boldsymbol{\tau}$ são vetores paralelos (do mesmo modo que $d\boldsymbol{v}$ e $\boldsymbol{F}$ são paralelos no caso de uma partícula). Mas, desde que $\boldsymbol{L}$ é constante em módulo, $d\boldsymbol{L}$ é perpendicular a ele e, portanto, $\boldsymbol{\tau}$ também é perpendicular a $\boldsymbol{L}$. Como o vetor $\boldsymbol{L}$ mantém um ângulo constante $\pi/2 - \phi$ com o eixo Z, sua extremidade se move sobre um círculo de raio $AB = L \text{ sen } (\pi/2 - \phi) = L \cos \phi$, e $d\boldsymbol{L}$ é tangente ao círculo. Isso, por outro lado, implica que

$d\boldsymbol{L}$ seja perpendicular ao plano Z_0Z (ou paralelo a Y_0), significando que τ também o é. Para encontrar o módulo de dL, notamos na Fig. 10.17 que

$$|d\boldsymbol{L}| = ABd\theta = (L \cos \phi)\, \omega\, dt,$$

desde que $\omega = d\theta/dt$. Igualando a $\tau\, dt$ e introduzindo o valor de L, achamos

$$\tau = (2mR^2 \text{ sen } \phi \cos \phi)\ \omega^2.$$

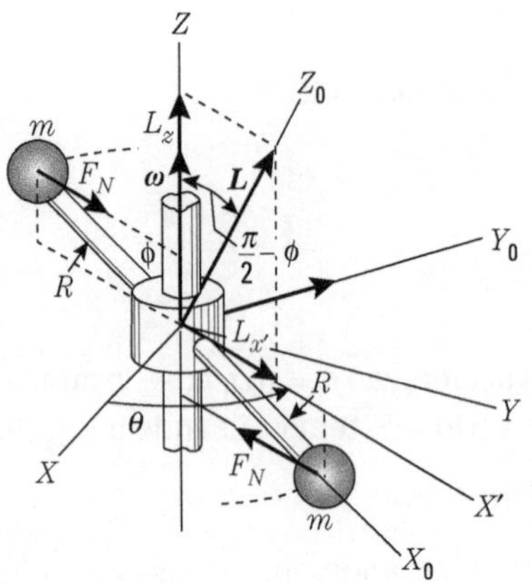

Figura 10.16 Rotação de um corpo em torno de um eixo arbitrário.

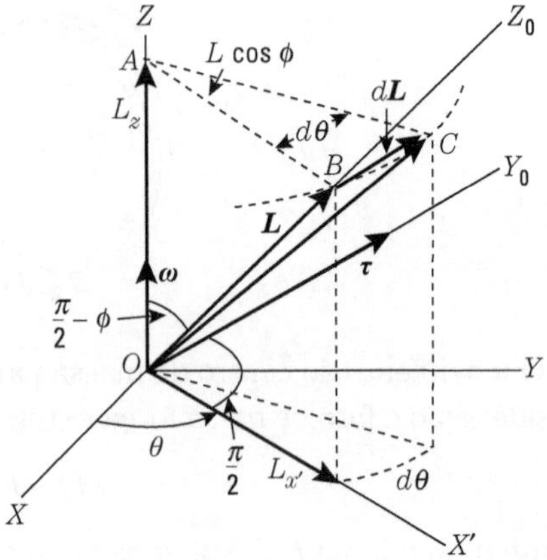

Figura 10.17 Precessão do momento angular do corpo ilustrado na Fig. 10.16.

É instrutivo ver a necessidade física desse torque. Na Fig. 10.16 notamos que as esferas, cada uma de massa m, têm movimento circular uniforme e cada uma requer uma força centrípeta $F_N = m\omega^2 R$ sen ϕ para descrever o círculo de raio $R\ \phi$. Essas duas forças formam um binário, cujo braço é $2R$ cos ϕ. Assim, o torque do binário é $\tau = (mR\omega^2 \text{ sen } \phi)(2R \cos \phi)$, que coincide com o nosso resultado anterior. Assim, o torque é necessário para manter as esferas em suas posições fixas relativamente ao eixo de rotação.

Deixamos a você a verificação de que, no caso representado na Fig. 10.7(a), onde a rotação é em torno de um eixo principal e a velocidade angular é constante, esse torque não é necessário. Por essa razão, e para evitar torques transversais como os do exemplo apresentado aqui, as partes girantes de qualquer mecanismo devem ser montadas segundo eixos principais.

Uma alternativa para a solução do problema seria encontrar as componentes de L paralelas aos eixos fixos XYZ e obter as componentes de τ pela aplicação direta da Eq. (10.11). Isso é deixado como um exercício para você (Prob. 10.50).

■ **Exemplo 10.8** Analisar o movimento geral de um corpo rígido sem a ação de torques externos.

Solução: Neste exemplo examinaremos o movimento geral de um corpo rígido quando não há torques externos aplicados sobre ele, isto é, $\tau = 0$. Então a Eq. (10.11) dá $dL/dt = 0$ ou $\boldsymbol{L}$ = const. Portanto o momento angular permanece constante em módulo direção e sentido relativamente ao referencial inercial XYZ usado pelo observador.

Como torques e momentos angulares são sempre calculados com relação a um ponto, devemos descobrir em relação a que ponto o torque é zero. Há duas possibilidades: um caso é quando o ponto é fixo no referencial inercial, sendo, então, o momento angular calculado em relação a esse ponto; o outro caso ocorre quando o torque em relação ao centro de massa é zero. Esse é, por exemplo, o caso de uma bola que foi chutada por um jogador de futebol. Quando a bola está no ar, a única força externa que age sobre ela é o seu peso, que age no centro de massa, e, portanto, não há nenhum torque com relação ao centro de massa. Nessa situação, o momento angular é relativo ao centro de massa, que permanece constante. O movimento do centro de massa não nos preocupa agora, pois é devido à força externa resultante e o movimento é regido pela Eq. (9.9). É a rotação em torno do centro de massa que nos interessa.

Neste exemplo, usaremos $\boldsymbol{L}$ para designar o momento angular quer em relação ao ponto fixo quer em relação ao centro de massa, e a discussão aplica-se, portanto, a ambos os casos. Suponhamos primeiramente que o corpo está girando em torno de um eixo principal. Vale então a Eq. (10.4) e $\boldsymbol{L} = I\boldsymbol{\omega}$. Assim, se $\boldsymbol{L}$ = const., então $\boldsymbol{\omega}$ = const. também. Isso significa que o corpo gira com velocidade angular constante em torno de um eixo fixo, quer em relação ao corpo, quer em relação ao observador.

Em seguida, suponhamos que o corpo não está girando em torno de um eixo principal. Vale então a Eq. (10.5), e o fato de que $\boldsymbol{L}$ = const. não implica em que $\boldsymbol{\omega}$ seja constante. Assim, a velocidade angular do corpo está variando e o eixo de rotação não permanece fixo relativamente ao observador, que vê $\boldsymbol{\omega}$ precessando ao redor de $\boldsymbol{L}$. O eixo de rotação também não é fixo relativamente ao corpo. A Eq. (10.5), que exprime $\boldsymbol{L}$ nos eixos principais $X_0Y_0Z_0$, dá

$$L^2 = I_1^2\,\omega_{x0}^2 + I_2^2\,\omega_{y0}^2 + I_3^2\,\omega_{z0}^2 = \text{const.}$$

onde $\boldsymbol{L}$ = const.. Isso exprime a condição que as componentes de $\boldsymbol{\omega}$, relativamente aos eixos principais $X_0Y_0Z_0$, devem preencher. Desde que os coeficientes I_1^2, I_2^2 e I_3^2 são positivos e constantes, essa é a equação de um elipsoide se ω_{x0}, ω_{y0} e ω_{z0} são considerados como as coordenadas de um ponto. Assim, a extremidade do vetor $\boldsymbol{\omega}$ deve estar sobre esse elipsoide (Fig. 10.18). Durante o movimento, o vetor $\boldsymbol{\omega}$ também varia em módulo, direção e sentido relativamente ao corpo e, assim, a extremidade do vetor descreve uma trajetória sobre o elipsoide que é chamada de *poloide* [do Grego: *pole* (polo), *hodos* (trajetória)].

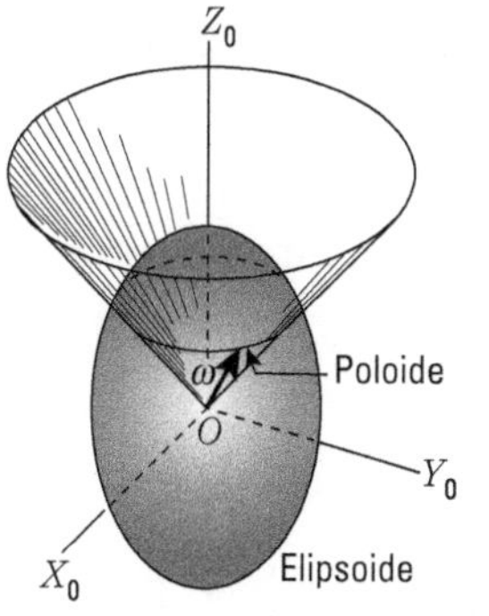

Figura 10.18 Descrição do movimento do corpo rígido. A trajetória descrita pela extremidade do vetor de velocidade angular, relativamente aos eixos fixos no corpo, é a poloide.

O movimento que acabamos de descrever é encontrado em muitas situações importantes. Por exemplo, as forças exercidas pelo Sol, pela Lua e pelos planetas sobre a Terra são praticamente aplicadas ao centro de massa e, assim, o torque, em relação ao centro de massa, é essencialmente zero (na verdade há um pequeno torque; veja o Ex. 10.10).

A Terra não é exatamente uma esfera, mas é ligeiramente deformada, tendo a forma de pera, e não se encontra, presentemente, girando em torno de um eixo principal. Portanto seu eixo de rotação não é fixo relativamente a ela própria.

A poloide do eixo de rotação da Terra é ilustrada na Fig. 10.19, que mostra a trajetória seguida pela interseção do eixo de rotação com o hemisfério norte durante o período de 1931 a 1935. Por haver outros fatores envolvidos, a forma da curva é algo irregular, mas o diâmetro da curva nunca excede 15 m e o período de revolução do eixo é cerca de 427 dias.

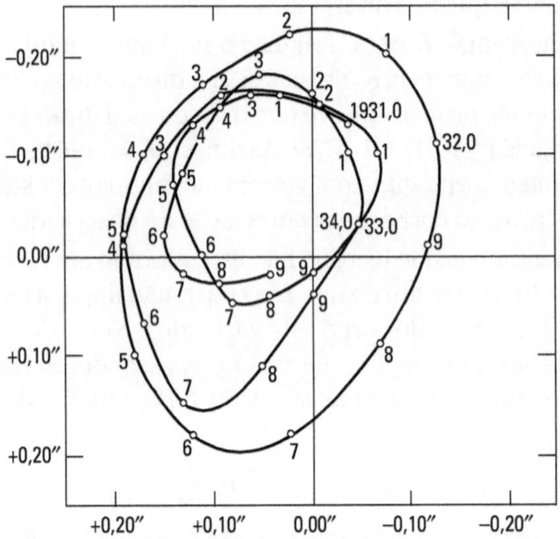

Figura 10.19 Poloide do eixo de rotação da Terra no período 1931-1935.

A rotação irregular de uma bola de futebol americano, depois de chutada, é outro exemplo da variação do eixo de rotação de um corpo rígido livre de torques, pois, na maioria dos casos, o momento angular da bola não está na direção de seus eixos principais.

10.5 Energia cinética de rotação

Na Seç. 9.5, a energia cinética de um sistema de partículas foi definida como

$$E_k = \Sigma_i \tfrac{1}{2} m_i v_i^2.$$

Na Seç. 10.2 vimos que, no caso de um corpo rígido que gira em torno de um eixo com velocidade angular ω, a velocidade de cada partícula é $v_i = \omega R_i$, onde R_i é a distância da partícula ao eixo de rotação. Então,

$$E_k = \Sigma_i \tfrac{1}{2} m_i v_i^2 = \Sigma_i \tfrac{1}{2} m_i R_i^2 \omega^2 = \tfrac{1}{2}\left(\Sigma_i m_i R_i^2\right)\omega^2,$$

ou, lembrando a definição (10.2) para o momento de inércia,

$$E_k = \tfrac{1}{2} I \omega^2. \tag{10.16}$$

A expressão (10.16) é correta para qualquer eixo, mesmo que não seja um eixo principal, porque o módulo da velocidade é sempre $v_i = \omega R_i$, como pode ser deduzido da discussão da Seç. 10.2. Quando a rotação é em torno de um eixo principal, podemos utilizar a Eq. (10.4) e escrever

$$E_k = \frac{L^2}{2I}. \qquad (10.17)$$

Podemos obter uma forma alternativa mais geral para a energia cinética, usando as componentes de ω ao longo dos eixos principais $X_0Y_0Z_0$. O resultado, que não deduziremos aqui, é

$$E_k = \tfrac{1}{2}\left(I_1\omega_{x0}^2 + I_2\omega_{y0}^2 + I_3\omega_{z0}^2\right).$$

Usando as componentes de L ao longo de $X_0Y_0Z_0$, de acordo com a Eq. (10.5), podemos escrever

$$E_k = \frac{1}{2}\left(\frac{L_{x0}^2}{I_1} + \frac{L_{y0}^2}{I_2} + \frac{L_{z0}^2}{I_3}\right),$$

que se reduz à Eq. (10.17) para rotação em torno de um eixo principal. De interesse especial, particularmente na discussão de rotações moleculares, é o caso em que o corpo tem simetria de revolução, com relação a Z_0, por exemplo, tal que $I_1 = I_2$. Então

$$E_k = \frac{1}{2}\left[\frac{1}{I_1}\left(L_{x0}^2 + L_{y0}^2\right) + \frac{1}{I_3}L_{z0}^2\right],$$

que pode ser escrita numa outra forma

$$E_k = \frac{L^2}{2I_1} + \frac{1}{2}\left(\frac{1}{I_3} - \frac{1}{I_1}\right)L_{z0}^2.$$

Consideremos, agora, o caso geral em que o corpo rígido gira em torno de um eixo que passa pelo seu centro de massa tendo ao mesmo tempo um movimento de translação em relação ao observador. Conforme provamos no Ex. 9.8, a energia cinética de um corpo num referencial inercial é $E_k = \tfrac{1}{2}Mv_{\text{CM}}^2 + E_{k,\text{CM}}$, onde M é a massa total, $\boldsymbol{v}_{\text{CM}}$ é a velocidade do centro de massa e $E_{k,\text{CM}}$ é a energia cinética interna relativa ao centro de massa. No caso de um corpo rígido, $\tfrac{1}{2}Mv_{\text{CM}}^2$ é justamente a energia cinética translacional, e, portanto $E_{k,\text{CM}}$ deve ser a energia cinética rotacional relativa ao centro de massa, avaliada com a ajuda da Eq. (10.16). Isso é verdade porque, num corpo rígido, o centro de massa é fixo relativamente ao corpo e o único movimento que o corpo pode ter relativamente ao centro de massa é o de rotação. Portanto podemos escrever

$$E_k = \tfrac{1}{2}Mv_{\text{CM}}^2 + \tfrac{1}{2}I_C\omega^2, \qquad (10.18)$$

onde I_C *é o* momento de inércia relativo ao eixo de rotação que passa pelo centro de massa.

Como a distância entre as partículas não varia durante o movimento de um corpo rígido, podemos supor que sua energia potencial interna $E_{p,\text{int}}$ permanece constante, e que, portanto, não precisamos considerá-la quando estamos discutindo a troca de energia do corpo com o exterior. Consequentemente, a conservação da energia expressa pela Eq. (9.35) para um sistema de partículas, reduz-se, no caso de um corpo rígido, simplesmente a

$$E_k - E_{k,0} = W_{\text{ext}}, \qquad (10.19)$$

onde W_{ext} é o trabalho das forças externas. Se as forças externas são conservativas,

$$W_{ext} = (E_{p,0} - E_p)_{ext}, \tag{10.20}$$

onde $E_{p,ext}$ é a energia potencial associada às forças externas, e a Eq. (10.19) torna-se (ignorando o índice "ext" para a energia potencial),

$$E_k + E_p = (E_k + E_p)_0. \tag{10.21}$$

Esse resultado é semelhante àquele expresso na Eq. (8.29) para uma partícula e é uma individualização da Eq. (9.36) para o caso em que a energia potencial interna não varia. (Lembremo-nos de que foi mencionado que essa não variação é verdadeira quando lidamos com um corpo rígido.) Assim, chamamos de $E = E_k + E_p$ a energia total de um corpo rígido. Quando usamos a Eq. (10.18) para E_k, a Eq. (10.21) para a energia total do corpo fica

$$E = \tfrac{1}{2}Mv_{CM}^2 + \tfrac{1}{2}I_C\omega^2 + E_p = \text{const.}$$

Por exemplo, se o corpo está caindo sob a ação da gravidade, $E_p = Mgy$, onde y refere-se à altura do CM do corpo relativamente a um plano horizontal de referência, a energia total é

$$E = \tfrac{1}{2}Mv_{CM}^2 + \tfrac{1}{2}I_C\omega^2 + Mgy = \text{const.} \tag{10.22}$$

Se algumas das forças não são conservativas (no sentido que foi discutido na Seç. 8.12), em lugar da Eq. (10.20), devemos escrever

$$W_{ext} = E_{p,0} - E_p + W',$$

onde W' é o trabalho das forças externas não conservativas. A Eq. (10.21) é agora

$$(E_k + E_p) - (E_k + E_p)_0 = W'. \tag{10.23}$$

Essa expressão deve ser usada, por exemplo, quando forças de atrito também agem, além das forças gravitacionais.

■ **Exemplo 10.9** Uma esfera, um cilindro e um anel, todos de mesmo raio, descem rolando um plano inclinado, partindo de uma altura y_0. Determinar, em cada caso, a velocidade quando eles chegam à base do plano.

Solução: A Fig. 10.20 mostra as forças que agem sobre o corpo rolante. Elas são: o peso Mg, a reação N do plano e a força de atrito F no ponto de contato com o plano. Aqui poderíamos aplicar o mesmo método usado no Ex. 10.5 (e recomendamos que você tente isso); no entanto ilustraremos a solução pela aplicação do princípio de conservação da energia, expresso pela Eq. (10.22).

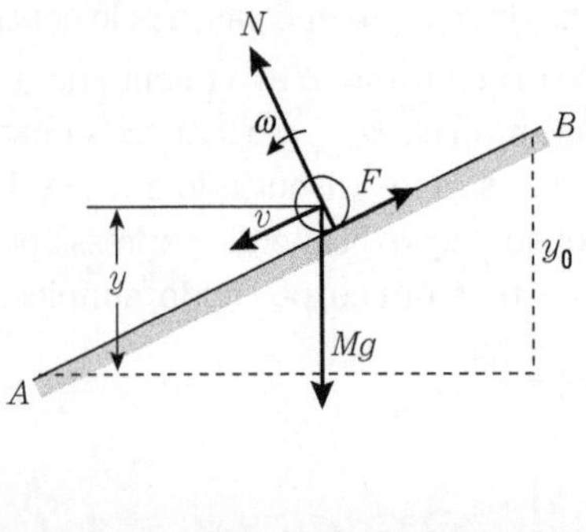

Figura 10.20 Rolamento de um corpo ao longo de um plano inclinado.

No ponto de partida B, quando o corpo está em repouso a uma altura y_0, sua energia total é $E = Mgy_0$. Numa posição intermediária, o centro de massa está se movendo com uma velocidade translacional v; e o corpo está girando em torno do centro de massa com velocidade angular ω, sendo que, nesse caso, as duas estão relacionadas por $v = R\omega$. A energia total é, pois,

$$E = \tfrac{1}{2}Mv^2 + \tfrac{1}{2}I_C\omega^2 + Mgy = \tfrac{1}{2}Mv^2 + \tfrac{1}{2}\left(I_C/R^2\right)v^2 + Mgy.$$

Escrevendo o momento de inércia como $I_C = MK^2$, onde K é o raio de giração, de acordo com a definição (10.10), podemos exprimir a energia total como

$$E = \tfrac{1}{2}M\left(1 + \frac{K^2}{R^2}\right)v^2 + Mgy.$$

Igualando essa expressão da energia com a energia inicial $E = Mgy_0$, resolvemos, para a velocidade,

$$v^2 = \frac{2g(y_0 - y)}{1 + \left(K^2/R^2\right)}.$$

Se em lugar de um corpo rígido rolante tivéssemos um corpo que deslizasse pelo plano abaixo, não deveríamos incluir energia rotacional, e o resultado seria $v^2 = 2g(y_0 - y)$, como para uma partícula em queda. Vemos assim que o movimento rotacional resulta num retardamento do movimento translacional. Poderemos entender isso se levarmos em consideração que no corpo rolante a energia potencial inicial deve ser usada para produzir energias cinéticas rotacional e translacional. Porém, quando o corpo desliza pelo plano abaixo, toda a sua energia potencial inicial é transformada em energia cinética de translação.

Olhando na Tabela 10.1, vemos que K^2/R^2 é igual a $\tfrac{2}{5}$ para a esfera, $\tfrac{1}{2}$ para o disco e 1 para o anel. Portanto achamos que v^2 é igual a $\tfrac{10}{7}g(y_0 - y)$ para a esfera, $\tfrac{4}{3}g(y_0 - y)$ para o cilindro e $g(y_0 - y)$ para o anel. Em outras palavras, a esfera é mais rápida, em seguida o cilindro e, finalmente, o anel. Você teria conseguido imaginar o resultado apenas pela geometria dos corpos?

Um resultado interessante, que surge da expressão para v^2, *é* que a rapidez com que o corpo desce o plano inclinado não depende da massa ou das dimensões do corpo, mas somente de sua forma.

10.6 Movimento giroscópico

Conforme foi indicado na Seç. 10.4, a equação $d\boldsymbol{L}/dt = \boldsymbol{\tau}$ implica que, na ausência de um torque externo $\boldsymbol{\tau}$, o momento angular $\boldsymbol{L}$ do corpo permanece constante. Se o corpo está girando em torno de um eixo principal, $\boldsymbol{L} = I\boldsymbol{\omega}$ e, conforme foi explicado, o corpo permanece girando em torno daquele eixo com velocidade angular constante.

Esse fato é mais bem ilustrado pelo *giroscópio* (Fig. 10.21), que é um arranjo em que um disco girante pode mudar livremente a direção do seu eixo de rotação. O rotor G é montado no eixo horizontal AB e é contrabalançado por um peso W de tal modo que o torque total sobre o sistema, relativamente a O, é zero. O eixo AB pode mover-se livremente tanto ao redor do eixo X_0 como do eixo Z_0 e o rotor está girando rapidamente em torno do eixo Y_0 ; esses são os eixos principais do giroscópio. Portanto o momento angular do sistema é paralelo ao eixo Y_0 quando esse eixo é fixo no espaço. Quando movemos o giroscópio em torno da sala notamos que AB aponta sempre na mesma direção. Colocando o eixo AB na horizontal e apontando na direção leste–oeste (posição 1 da Fig. 10.22, onde N representa o polo norte da Terra e a seta indica a velocidade angular do volante), observaremos que AB gradualmente se inclina de tal modo que, seis horas depois, ele estará numa posição vertical (posição 4 da Fig. 10.22). Essa aparente rotação de AB é, na realidade, devida à rotação da Terra e, enquanto nosso laboratório se move de 1 a 4, a orientação de AB permanece fixa no espaço.

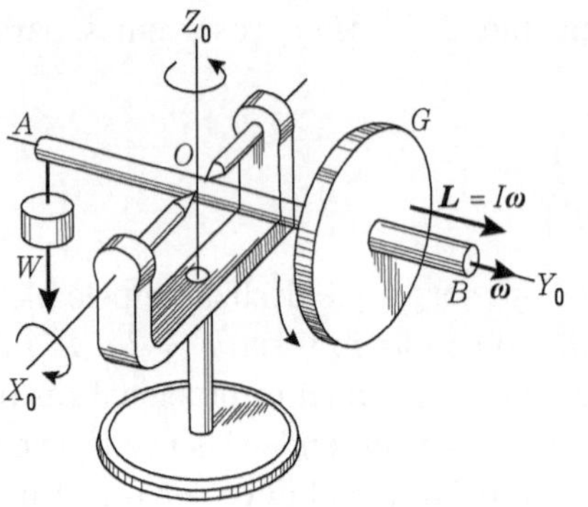

Figura 10.21 Giroscópio livre de torques.

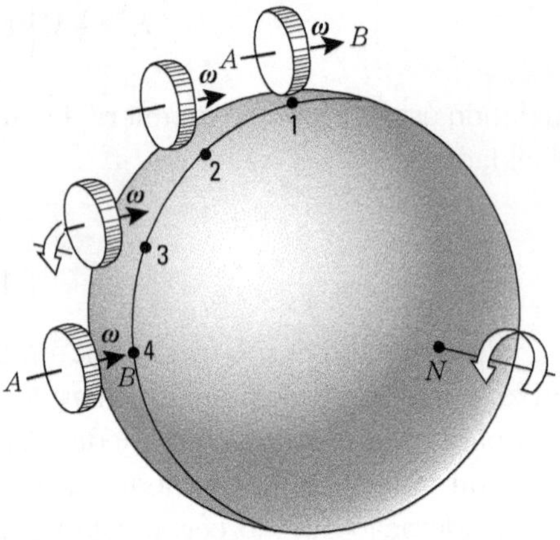

Figura 10.22 Na ausência de torques, o eixo de rotação de um giroscópio permanece fixo no espaço e, portanto, gira em relação à Terra.

Se o torque sobre o giroscópio não é nulo, o momento angular sofre uma variação durante o tempo dt que é dada por

$$d\boldsymbol{L} = \boldsymbol{\tau}\, dt. \qquad (10.24)$$

Em outras palavras, a variação no momento angular é sempre na direção do torque (do mesmo modo que a variação da quantidade de movimento de uma partícula é na direção da força), situação que já encontramos no Ex. 10.7. Com efeito, a discussão que se segue apresenta uma grande semelhança com a do Ex. 10.7, mas há uma diferença fundamental: aqui o momento angular resulta principalmente do *spin* do giroscópio, enquanto, no sistema da Fig. 10.16, o momento angular apareceu com a rotação em torno do eixo Z, portanto sem *spin*.

Se o torque $\boldsymbol{\tau}$ é *perpendicular* ao momento angular $\boldsymbol{L}$, a variação $d\boldsymbol{L}$ é também perpendicular a $\boldsymbol{L}$ e o momento angular varia em direção, mas não em módulo. Em outras palavras, o eixo de rotação varia em direção, mas o módulo do momento angular permanece constante. Conforme dissemos no Ex. 10.7, essa situação é semelhante ao caso do movimento circular sob uma força centrípeta, em que a força é perpendicular à velocidade e a velocidade varia em direção, mas não em módulo. O movimento do eixo de rotação ao redor de um eixo fixo devido a um torque externo é chamado *precessão*, conforme já foi indicado no Ex. 10.7.

Essa situação é encontrada, por exemplo, no popular pião, que é uma espécie de giroscópio (Fig. 10.23). Note que, para o pião, o eixo principal X_0 foi escolhido no plano XY, e assim Y_0 está contido no plano determinado por Z e Z_0. Em virtude da simetria cilíndrica do pião, os eixos principais $X_0Y_0Z_0$ não estão girando com velocidade angular $\boldsymbol{\omega}$. A origem de ambos os sistemas de eixos foi escolhida no ponto O. Portanto, $\boldsymbol{L}$ e $\boldsymbol{\tau}$ devem ser tomados relativamente a O. Quando o pião gira em torno de seu eixo de simetria OZ_0 com velocidade angular $\boldsymbol{\omega}$, seu momento angular $\boldsymbol{L}$ também é paralelo a OZ_0. O torque externo τ é devido ao peso Mg que age no centro de massa C e é igual ao produto vetorial $\left(\overrightarrow{OC}\right)\times\left(M\boldsymbol{g}\right)$. O torque τ é, portanto, perpendicular ao plano Z_0OZ, e, assim, também perpendicular a L. Em módulo,

$$\tau = Mgb \text{ sen } \phi, \tag{10.25}$$

onde ϕ é o ângulo entre o eixo de simetria Z_0 e o eixo vertical Z, e $b = OC$ dá a posição do centro de massa.

Conforme está indicado na Fig. 10.24, num pequeno intervalo de tempo dt, o vetor L muda da posição OA para a posição OB, com uma variação $\overrightarrow{AB} = d\boldsymbol{L}$, paralela a τ. A extremidade do vetor L descreve um círculo de raio $AD = OA$ sen $\phi = L$ sen ϕ ao redor do eixo Z, e no tempo dt o raio AD se move de um ângulo $d\theta$ para atingir a posição BD. A velocidade angular de precessão Ω é definida como a rapidez com que o eixo OZ_0 do corpo gira ao redor do eixo OZ fixo no laboratório, isto é,

$$\Omega = \frac{d\theta}{dt}, \tag{10.26}$$

e é representado por um vetor paralelo a OZ. O módulo de $d\boldsymbol{L}$ é

$$|d\boldsymbol{L}| = AD\, d\theta = (L \text{ sen } \phi)\ (\Omega\, dt).$$

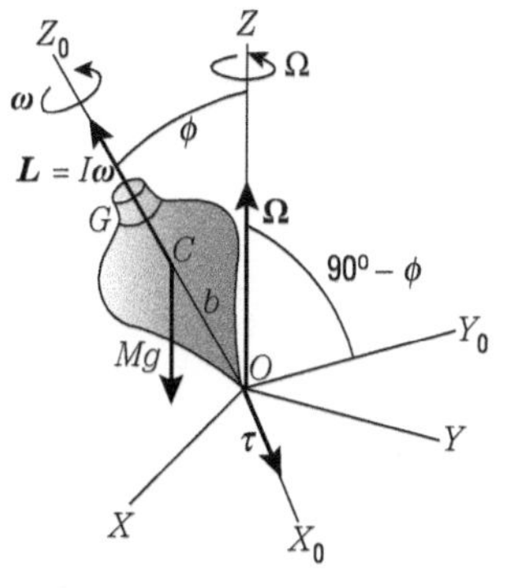

Figura 10.23 Giroscópio sujeito a torque externo.

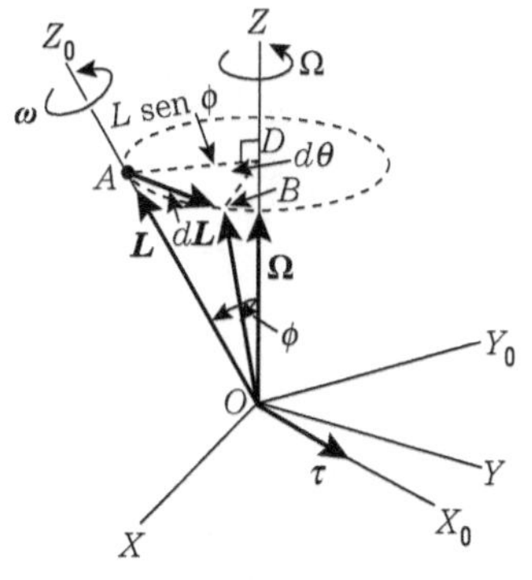

Figura 10.24 Precessão do eixo do giroscópio.

Mas, da Eq. (10.24), temos que $|d\boldsymbol{L}| = \tau\, dt$. Então, igualando ambos os resultados, podemos escrever

$$\Omega L \text{ sen } \phi = \tau \tag{10.27}$$

ou, usando a Eq. (10.25) para o torque, obtemos

$$\Omega = \frac{\tau}{L \text{ sen } \phi} = \frac{Mgb}{I\omega}. \tag{10.28}$$

Observando a orientação relativa dos vetores $\boldsymbol{\Omega}$, $\boldsymbol{L}$ e τ na Fig. 10.24, vemos que a Eq. (10.27) pode ser escrita, na forma vetorial, como

$$\boldsymbol{\Omega} \times \boldsymbol{L} = \boldsymbol{\tau},$$

que é uma expressão de uso frequente. [Ela pode ser comparada com a expressão semelhante $\boldsymbol{\omega} \times \boldsymbol{p} = \boldsymbol{F}$, para o movimento circular uniforme, dado pela Eq. (7.30), já que ambas representam a mesma relação matemática entre os vetores envolvidos.]

Os resultados (10.27) ou (10.28) são aproximados. Eles são válidos somente se ω é muito grande comparado com Ω, uma situação que é compatível com a Eq. (10.28). A razão é que se o corpo está precessando ao redor de OZ ele tem também um momento angular ao redor daquele eixo, e portanto seu momento angular total não é $I\omega$, conforme tínhamos suposto, pois a velocidade angular resultante é $\boldsymbol{\omega} + \boldsymbol{\Omega}$. Entretanto, se a precessão é muito lenta (isto é, se Ω é muito pequeno comparado com ω), o momento angular em torno de OZ pode ser desprezado, conforme fizemos implicitamente em nosso cálculo. Nosso resultado é, portanto, aplicável.

Uma discussão mais detalhada indica que, em geral, o ângulo ϕ não permanece constante, mas oscila entre dois valores fixos, de tal modo que a extremidade de L, ao mesmo tempo em que processa ao redor de Z, oscila entre dois círculos C e C' (Fig. 10.25), descrevendo a curva indicada. Esse movimento oscilatório do eixo Z_0 é chamado *nutação*. A nutação, assim como a precessão, contribui para o momento angular total, mas, em geral, sua contribuição é ainda menor do que aquela da precessão.

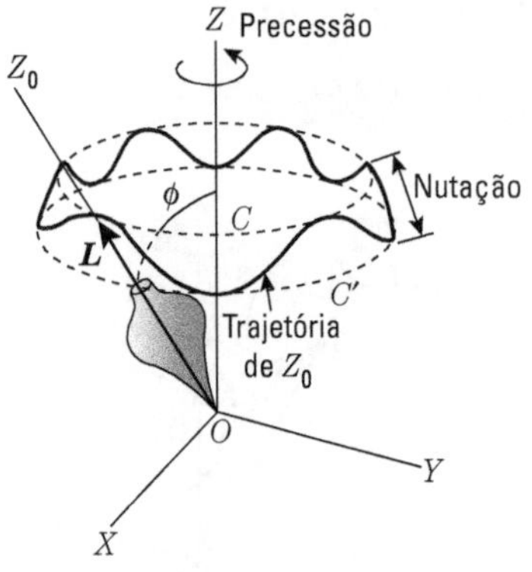

Figura 10.25 Precessão e nutação do eixo do giroscópio.

Os fenômenos giroscópicos são de aplicação muito ampla. A tendência do giroscópio em manter o eixo de rotação fixo no espaço é um princípio usado em estabilizadores de navios e em pilotos automáticos de aviões. Outro exemplo interessante de movimento giroscópico é a *precessão dos equinócios*, conforme foi discutido na Seç. 2.3. O plano do equador faz um ângulo de 23° 27′ com o plano da órbita terrestre ou *eclítica*. A interseção dos dois planos é a *linha dos equinócios*. A Terra é um giroscópio gigantesco cujo eixo de rotação é essencialmente a linha que passa pelos polos. Esse eixo está precessando em torno da normal ao plano da eclítica na direção leste-oeste, conforme está indicado na Fig. 10.26, com um período de 27. 725 anos ou com uma velocidade angular de precessão de cerca de 50,27″ de arco por ano, ou $7{,}19 \times 10^{-11}$ rad · s^{-1}. Essa precessão do eixo da Terra resulta numa variação igual da direção da linha dos equinócios, efeito que foi descoberto por Hiparco acerca de 135 a.C.

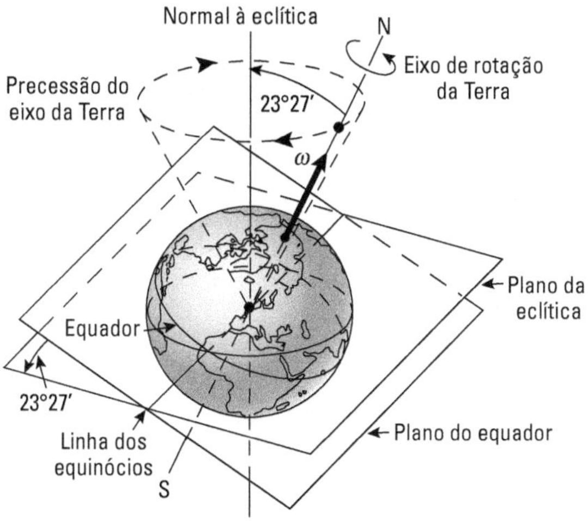

Figura 10.26 Precessão do eixo de rotação da Terra.

A precessão dos equinócios é devida ao torque exercido pelo Sol e pela Lua sobre a Terra. A Terra não é uma esfera, mas aproxima-se de um elipsoide, com o diâmetro maior no plano equatorial (mais precisamente, a Terra tem uma forma de pera). Cálculos detalhados mostraram que essa forma geométrica, combinada com a inclinação do eixo em relação à eclítica, dá como resultado um torque produzido pela forças do Sol e da Lua, em relação ao centro de massa da Terra. A direção do torque é perpendicular ao eixo de rotação da Terra. O eixo de rotação da Terra deve, então, precessar sob a ação desse torque. No Cap. 15 veremos que um efeito semelhante (embora por razões físicas diversas) aparece quando uma partícula carregada, tal como um elétron ou um próton, move-se num campo magnético. O eixo da Terra também sofre uma nutação de amplitude 9,2″ e um período de oscilação de 19 anos.

Outra aplicação do movimento giroscópico, também associada com a rotação da Terra, é a *bússola giroscópico*. Suponhamos um giroscópio na posição *G* da Fig. 10.27, onde a seta 1 indica o sentido de rotação da Terra. O giroscópio está colocado de tal modo que seu eixo deve ser conservado num plano horizontal. Isso pode ser feito, por exemplo, com o giroscópio flutuando num líquido. Suponhamos que, inicialmente, o eixo do giroscópio aponta na direção L–O. Quando a Terra gira, o plano horizontal e a direção L–O giram no mesmo modo. Portanto, se o eixo do giroscópio fosse mantido na direção L–O, ele teria de girar conforme indicado pela seta 2. Mas isso é equivalente a aplicar um torque na direção sul-norte. Assim, o eixo do giroscópio, sob a ação desse torque, irá girar em torno da vertical até apontar para o norte, conforme está indicado pela seta 3. A bússola giroscópica tem a vantagem especial de apontar para o norte verdadeiro, pois ela não está sujeita a anomalias magnéticas locais.

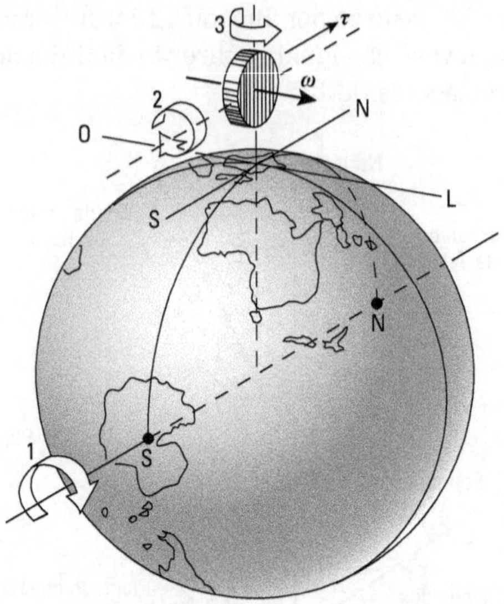

Figura 10.27 Bússola giroscópica.

■ Exemplo 10.10 Fazer uma estimativa da intensidade do torque que deve ser exercido sobre a Terra a fim de produzir a precessão dos equinócios.

Solução: Usando a Eq. (10.27), temos que $\tau = \Omega L \text{ sen } \phi$, onde

$$\phi = 23° \, 27' \qquad \text{e} \qquad \Omega = 7{,}19 \times 10^{-11} \text{ rad} \cdot \text{s}^{-1}$$

é a velocidade angular de precessão da Terra. Precisamos primeiramente calcular o momento angular da Terra. Desde que o eixo de rotação da Terra desvia-se apenas ligeiramente de um eixo principal, podemos usar a relação $L = I\omega$. O valor de ω foi dado no Ex. 5.11 como $7{,}29 \times 10^{-5}$ rad · s^{-1}. Da Tabela 10.1, o momento de inércia da Terra, (supondo-a esférica) é

$$I = \tfrac{2}{5}MR^2 = \tfrac{2}{5}\left(5{,}98 \times 10^{24} \text{ kg}\right)\left(6{,}38 \times 10^{6} \text{ m}\right)^2$$
$$= 9{,}72 \times 10^{37} \text{ m}^2 \cdot \text{kg}.$$

Portanto $\tau = 2{,}76 \times 10^{27}$ N · m.

Tabela 10.2 Comparação entre a dinâmica de translação e a de rotação

Translação		Rotação	
Quantidade de movimento	$\boldsymbol{p} = m\boldsymbol{v}$	Momento angular	$\boldsymbol{L} = I\boldsymbol{\omega}$*
Força	$\boldsymbol{F} = d\boldsymbol{p}/dt$	Torque	$\boldsymbol{\tau} = d\boldsymbol{L}/dt$
Corpo de massa constante	$\boldsymbol{F} = m\boldsymbol{a}$	Corpo de momento de inércia constante	$\boldsymbol{\tau} = I\boldsymbol{\alpha}$*
Força perpendicular à quantidade de movimento	$\boldsymbol{F} = \boldsymbol{\omega} \times \boldsymbol{p}$	Torque perpendicular ao momento angular	$\boldsymbol{\tau} = \boldsymbol{\Omega} \times \boldsymbol{L}$
Energia cinética	$E_k = \frac{1}{2}mv^2$	Energia cinética	$E_k = \frac{1}{2}I\omega^2$
Potência	$P = \boldsymbol{F} \cdot \boldsymbol{v}$	Potência	$P = \boldsymbol{\tau} \cdot \boldsymbol{\omega}$

*As fórmulas marcadas com asterisco são válidas somente para rotação em torno de um eixo principal.

Referências

BARKER, E. Elementary analysis of the gyroscope. *Am. J. Phys.*, v. 28, n. 808, 1960.

CHRISTIE, D. *Vector mechanics*. New York: McGraw-Hill, 1964.

FEYNMAN, R. P.; LEIGHTON, R. B.; SANDS, E. M. L. *The Feynman lectures on physics*. v. I. Reading, Mass.: Addison-Wesley, 1963.

HUDDLESTON, J. *Introduction to engineering mechanics*. Reading, Mass.: Addison-Wesley, 1961.

LINDSAY, R. B. *Physical mechanics*. 3. ed. Princeton, N. J.: Van Nostrand, 1963.

MAGIE, W. F. *A source book of physics*. Cambridge, Mass.: Harvard University Press, 1963.

SATTERLY, J. Moments of inertia of plane triangles. *Am. J. Phys.*, v. 26, n. 452, 1958.

SATTERLY, J. Moments of inertia of solid rectangular parallelepipeds, cubes, and twin cubes, ant two other regular polyhedra. *Am. J. Phys.*, v. 25, n. 70, 1957.

SHONLE, J. I. Resource letter CM-1 on the teaching of angular momentum and rigid body motion. *Am. J. Phys*, v. 33, n. 879, 1965.

SYMON, K. *Mechanics*. 2. ed. Reading, Mass.: Addison-Wesley, 1964.

Problemas

10.1 Uma haste fina de 1 m de comprimento tem massa desprezível. Há cinco corpos colocados ao longo dela, cada um com 1 kg, e situados a 0,25, 50, 75 e 100 cm, respectivamente de uma extremidade. Calcule o momento de inércia do sistema com relação a um eixo perpendicular à haste que passa por: (a) uma extremidade, (b) segunda massa, (c) centro de massa. Calcule o raio de giração em cada caso. Verifique o teorema de Steiner.

10.2 Resolva o problema anterior considerando a haste com massa de 0,20 kg.

10.3 Três massas de 2 kg cada uma estão situadas nos vértices de um triângulo equilátero de 10 cm de lado. Calcule o momento de inércia do sistema e seu raio de giração com respeito a um eixo perpendicular ao plano do triângulo e passando pelo: (a) vértice, (b) ponto médio de um lado e (c) centro de massa.

10.4 Prove que o momento de inércia de um sistema composto de duas massas m_1 e m_2, separadas por uma distância r, em relação a um eixo que passa pelo centro de massa do sistema, sendo perpendicular à linha que une as duas massas, é μr^2, onde μ é a massa reduzida do sistema. Faça uma aplicação às moléculas CO ($r = 1{,}13 \times 10^{-10}$ m) e HCl ($r = 1{,}27 \times 10^{-10}$ m).

10.5 Procure o momento de inércia da molécula CO_2 relativo a um eixo que passa pelo centro de massa e é perpendicular à linha que une os átomos. A molécula é linear com o átomo C no centro. A distância C—O é $1{,}13 \times 10^{-10}$ m.

10.6 Na molécula H_2O, a distância H—O é $0{,}91 \times 10^{-10}$ m e o ângulo entre as duas ligações H—O é 105°. Determine os momentos de inércia da molécula relativamente aos três eixos principais mostrados na Fig. 10.28, que passam pelo centro de massa. Exprima o momento angular e a energia cinética da molécula relativamente aos eixos principais quando a molécula está girando em torno de um eixo arbitrário.

10.7 A molécula NH_3 (Fig. 10.9) é uma pirâmide com o átomo N no vértice e os três átomos H na base. O comprimento da ligação N—H é $1{,}01 = 10^{-10}$ m e o ângulo entre duas dessas ligações é 108°. Determine os três momentos principais de inércia relativamente a eixos que passam pelo centro de massa. (Os três eixos são assim orientados: Z_0 é perpendicular à base, X_0 está no plano determinado por uma ligação N—H e pelo eixo Z_0, e Y_0 é então paralelo à linha que une os outros dois átomos H.

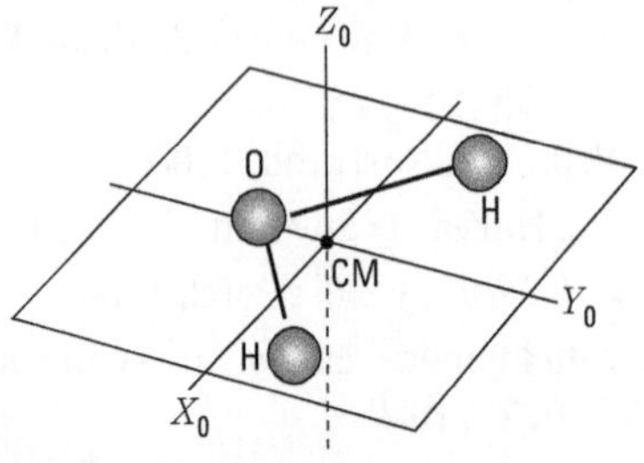

Figura 10.28

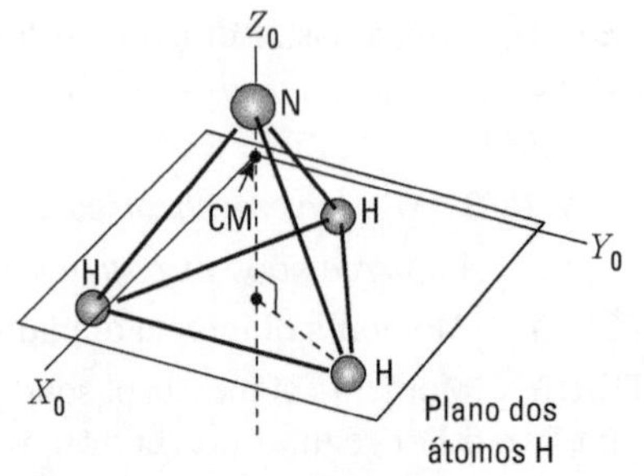

Figura 10.29

10.8 Dois meninos, cada um com 25 kg de massa, estão sentados nas extremidades opostas de uma prancha de 2,6 m de comprimento e massa igual a 10 kg. A prancha está girando a 5 rpm em torno de um eixo vertical que passa pelo seu centro. Qual é a velocidade angular, se cada menino se desloca 60 cm em direção ao centro da prancha sem tocar o solo? Qual é a variação na energia cinética de rotação do sistema todo?

10.9 Com relação ao problema anterior, suponha que, quando os meninos estão na posição inicial, é aplicada uma força horizontal de 120 N, perpendicular à prancha, num ponto distante um metro do eixo de rotação. Calcule a aceleração angular do sistema.

10.10 O momento de inércia de uma roda é 1.000 lb · pé^2. Num dado instante, sua velocidade angular é 10 rad · s^{-1}. Após girar de um ângulo de 100 radianos, sua velocidade angular é 100 rad · s^{-1}. Calcule o torque aplicado à roda e o aumento de energia cinética.

10.11 Uma roda girante está submetida a um torque de 10 N · m devido ao atrito em seu eixo. O raio da roda é 0,6 m, sua massa é 100 kg e ela está girando a 175 rad · s^{-1}. Quanto tempo leva a roda para parar? Quantas voltas ela dará antes de parar?

10.12 Um cilindro de massa igual a 20 kg e raio de 0,25 m está girando a 1.200 rpm em torno de um eixo que passa pelo seu centro. Qual será a força tangencial constante necessária para fazê-lo parar depois de 1.800 rotações?

10.13 Um disco de massa igual a 50 kg e raio de 1,80 m pode girar ao redor do seu eixo. Uma força constante de 19,6 N é aplicada à borda do disco. Calcule (a) sua aceleração angular, (b) o ângulo que ele descreve, (c) seu momento angular e (d) sua energia cinética; tudo após 5 s.

10.14 A velocidade de um automóvel aumenta de 5 km · h^{-1} para 50 km · h^{-1} em 8 s. O raio de suas rodas é de 45 cm. Qual é a aceleração angular delas? A massa de cada roda é de 30 kg e o raio de giração é de 0,3 m. Qual é o momento angular inicial e final de cada roda?

10.15 O volante de uma máquina a vapor tem 200 kg de massa e um raio de giração de 2 m. Quando ele gira à razão de 120 rpm, a válvula de injeção de vapor é fechada. Supondo que o volante para em 5 min, qual é o torque devido ao atrito aplicado ao eixo do volante? Qual é o trabalho realizado pelo torque durante esse tempo?

10.16 Um carro em miniatura tem uma massa de 2.000 g, e suas quatro rodas têm massa de 150 g cada uma, com raio igual a 6 cm. Calcule a aceleração linear do carro quando uma força de 0,6 N é exercida sobre ele.

10.17 As partes girantes de uma máquina têm 15 kg de massa e um raio de giração de 15 cm. Calcule o momento angular e a energia cinética quando elas estão girando a 1.800 rpm. Qual é o torque e a potência necessários para que essa velocidade angular seja atingida em 5 s?

10.18 O raio de uma moeda é de 1 cm e sua massa é de 5 g. Ela está rolando, sobre um plano inclinado, à razão de 6 rps. Determine (a) sua energia cinética de rotação, (b) sua energia cinética de translação, e (c) sua energia cinética total. Qual seria a distância vertical da qual ela deveria cair no sentido de adquirir essa quantidade de energia cinética?

10.19 Repita o Ex. 8.9, supondo que a bola tenha um raio r e que ela role ao longo do trilho em vez de deslizar.

10.20 O automóvel do Prob. 10.14 tem uma massa de 1.600 kg, e sua velocidade cresce em 8 s conforme foi dito. Calcule (a) a energia cinética de rotação de cada roda no início e no fim, (b) a energia cinética total de cada roda no início e no fim, e (c) a energia cinética total final do automóvel.

10.21 Um caminhão de massa igual a 9.072 kg está se movendo com uma velocidade de $6{,}6\ \mathrm{m \cdot s^{-1}}$. O raio de cada roda é de 0,45 m, a massa é de 100 kg e o raio de giração é igual a 0,30 m. Calcule a energia cinética total do caminhão.

10.22 Um anel de ferro cujos raios externo e interno são respectivamente 0,60 e 0,50 m tem uma massa de 18 kg. Ele desce rolando um plano inclinado, atingindo a base com uma velocidade de $3{,}6\ \mathrm{m \cdot s^{-1}}$. Calcule a energia cinética total e a altura vertical da qual ele desceu.

10.23 A haste da Fig. 10.30, cujo comprimento é L e cuja massa é m, pode girar livremente num plano vertical em torno de seu extremo A. Ela é inicialmente mantida numa posição horizontal e então abandonada. No instante em que ela faz um ângulo α com a vertical, calcule (a) sua aceleração angular, (b) sua velocidade angular, e (c) as forças no pino de sustentação.

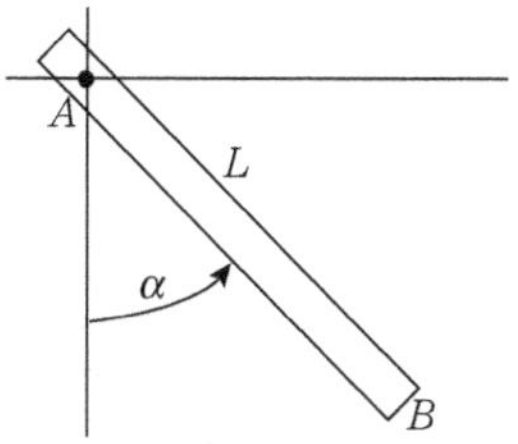

Figura 10.30

10.24 Uma haste uniforme com 1,0 m de comprimento e 2,5 kg de massa pende na vertical, suportada por um pino colocado em uma de suas extremidades. Ela é atingida na outra extremidade por uma força horizontal de 100 N que dura apenas $\frac{1}{50}\,s$. (a) Calcule o momento angular adquirido pela haste, (b) Será que a haste atinge, pelo impulso, a posição vertical oposta?

10.25 Uma escada AB de comprimento igual a 3 m e massa de 20 kg está apoiada contra uma parede sem atrito (Fig. 10.31). O chão é também sem atrito e, para prevenir que ela deslize, uma corda OA é ligada a ela. Um homem com 60 kg de massa está sobre a escada numa posição que é igual a dois terços do comprimento da escada, a partir da extremidade inferior. A corda se quebra repentinamente. Calcule (a) a aceleração inicial do centro de massa do sistema homem-escada, e (b) a aceleração angular inicial em torno do centro de massa. [*Sugestão*: note que a velocidade angular inicial da escada é zero.]

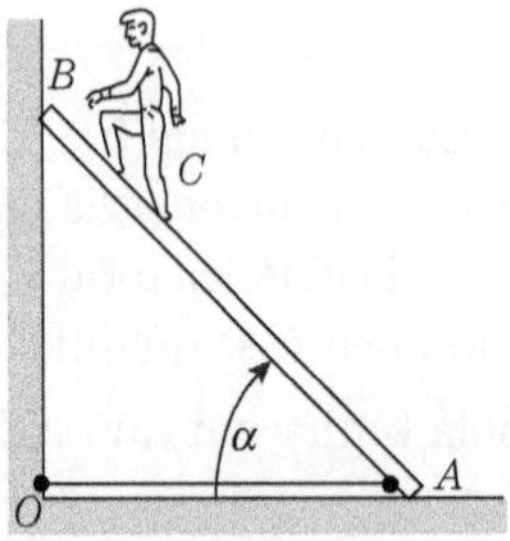

Figura 10.31

10.26 A haste horizontal AB da Fig. 10.32, que é suportada por rolamentos sem atrito colocados em suas extremidades, pode girar livremente em torno de seu eixo horizontal. Duas massas iguais, mantidas nas posições indicadas na figura por duas hastes rígidas de massa desprezível, são colocadas simetricamente em relação ao centro do eixo. Determine: (a) o momento angular do sistema relativamente ao centro de massa quando o sistema está girando com velocidade angular ω, e (b) as forças exercidas nos rolamentos.

10.27 Uma barra de comprimento L e massa M (Fig. 10.33) pode girar livremente em torno de um pino colocado em A. Um projétil de massa m e velocidade v atinge a barra a uma distância a de A alojando-se nela. (a) Determine o momento angular do sistema imediatamente antes e depois que o projétil atinge a barra. (b) Determine a quantidade de movimento do sistema imediatamente antes e depois da colisão. Explique sua resposta cuidadosamente. (c) Sob que condições será conservada a quantidade de movimento? (d) Qual é o Q da colisão?

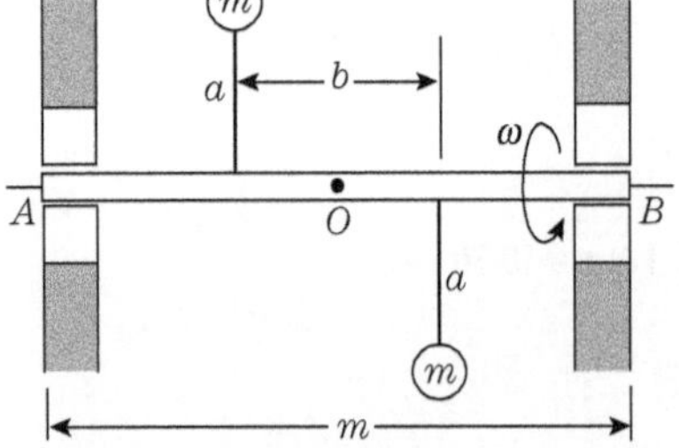

Figura 10.32

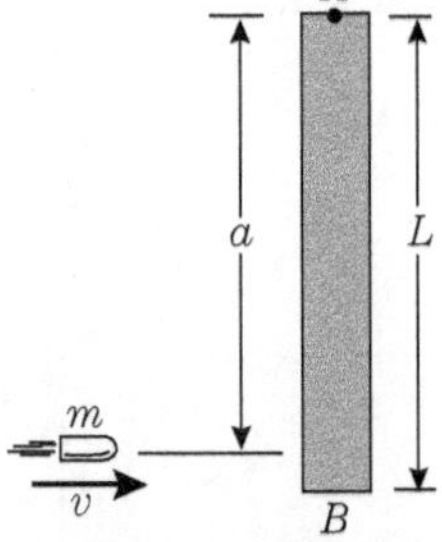

Figura 10.33

10.28 Um bastão de comprimento L e massa m repousa sobre um plano horizontal sem atrito (Fig. 10.34). Durante o curto intervalo de tempo Δt o bastão é atingido por uma força F que produz um impulso I. A força age num ponto P situado a uma distância a do centro de massa. Procure (a) a velocidade do centro de massa, e (b) a velocidade angular em torno do centro de massa, (c) Determine o ponto Q, que permanece inicialmente em repouso no referencial de laboratório, mostrando que $b = K^2/a$, onde K é o raio de giração em torno do centro de massa. O ponto Q é chamado centro de percussão. (Por exemplo, um jogador de basebol deve segurar o taco pelo centro de percussão no sentido de evitar a desagradável sensação da reação do taco quando ele atinge a bola.) Prove também que, se a força for aplicada em Q, o centro de percussão estará em P.

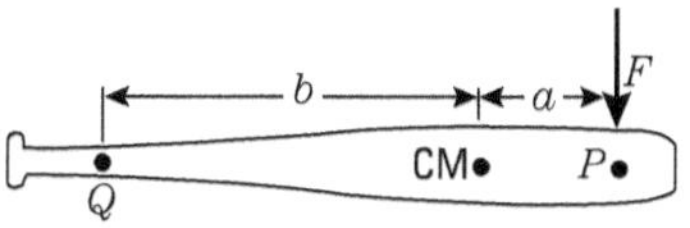

Figura 10.34

10.29 A polia da Fig. 10.35, que tem um raio de 0,5 m e massa de 25 kg, pode girar em torno de seu eixo horizontal. Um fio é enrolado à polia, tendo em sua extremidade livre, uma massa de 10 kg. Calcule (a) a aceleração angular da polia, (b) a aceleração linear do corpo e (c) a tensão no fio.

10.30 Calcule a aceleração do sistema da Fig. 10.36, sendo que o raio da polia é R, sua massa é m, e ela está girando em decorrência do atrito com o fio. Nesse caso, $m_1 = 50$ kg, $m_2 = 200$ kg, $m = 15$ kg e $R = 10$ cm.

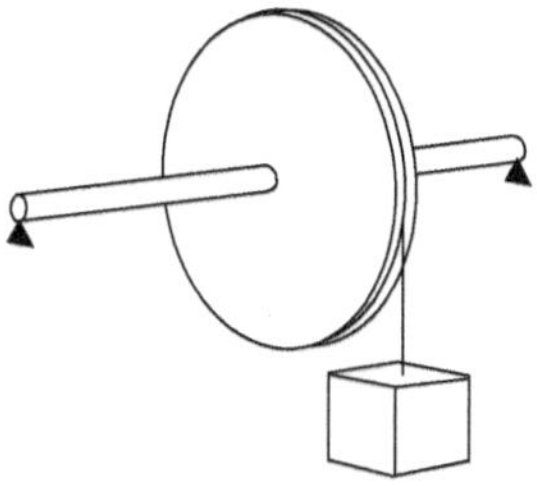

Figura 10.35

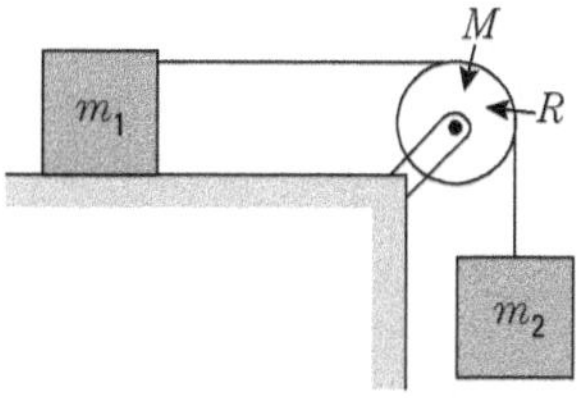

Figura 10.36

10.31 Um cordão é enrolado no pequeno cilindro da Fig. 10.37. Supondo que o puxemos com uma força F, calcule a aceleração do cilindro. Determine o sentido do movimento. Aqui, $r = 3$ cm, $R = 5$ cm, $F = 0{,}1$ kgf e $m = 1$ kg (massa do cilindro).

10.32 No sistema representado na Fig. 10.38, $M = 1{,}0$ kg, $m = 0{,}2$ kg, $r = 0{,}2$ m. Calcule a aceleração linear de m, a aceleração angular do cilindro M, e a tensão no fio. Despreze o efeito da polia pequena.

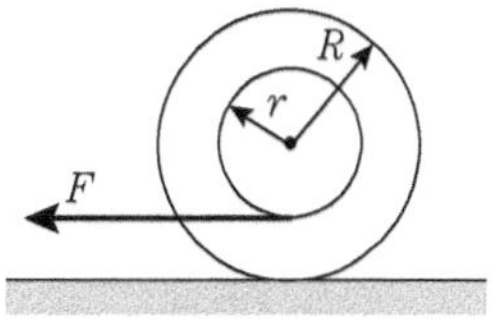

Figura 10.37

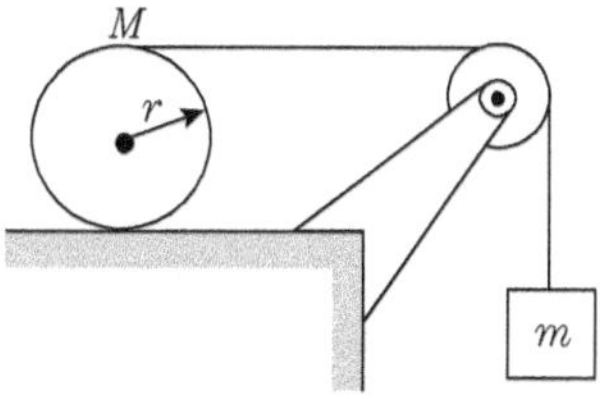

Figura 10.38

10.33 Determine, para o sistema da Fig. 10.39, a velocidade angular do disco e a velocidade linear de m e m'. Calcule a tensão em cada corda. Suponha que $m = 600$ g, $m' = 500$ g, $M = 800$ g, $r = 8$ cm e $r = 6$ cm.

10.34 Para o sistema da Fig. 10.40, calcule a aceleração de m e a tensão na corda, supondo desprezível o momento de inércia do pequeno disco de raio r. Nesse caso, r = 4 cm, R = 12 cm, M = 4 kg e m = 2 kg.

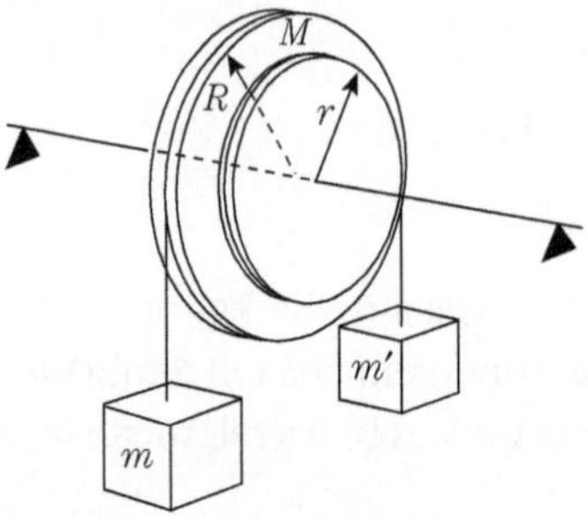

Figura 10.39

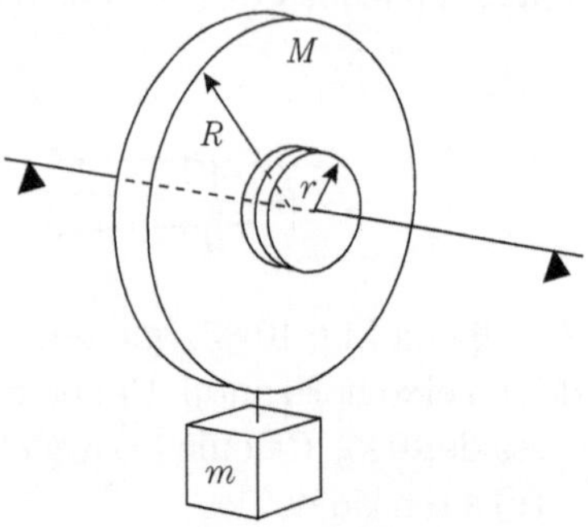

Figura 10.40

10.35 Na Fig. 10.41, M = 6 kg, m = 4 kg, m' = 3 kg e R = 0,40 m. Determine (a) a energia cinética total ganha pelo sistema após 5 s e (b) a tensão no fio.

10.36 Os dois discos da Fig. 10.42 têm massas m iguais e raios R. O disco superior pode rodar livremente em termo de um eixo horizontal pelo seu centro. Uma corda é enrolada nos dois discos sendo que o de baixo pode cair. Determine (a) a aceleração do centro de massa do disco inferior, (b) a tensão na corda e (c) a aceleração angular de cada disco em torno de seu centro de massa.

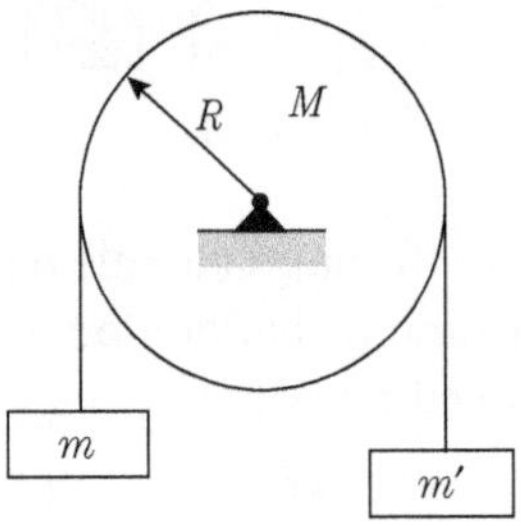

Figura 10.41

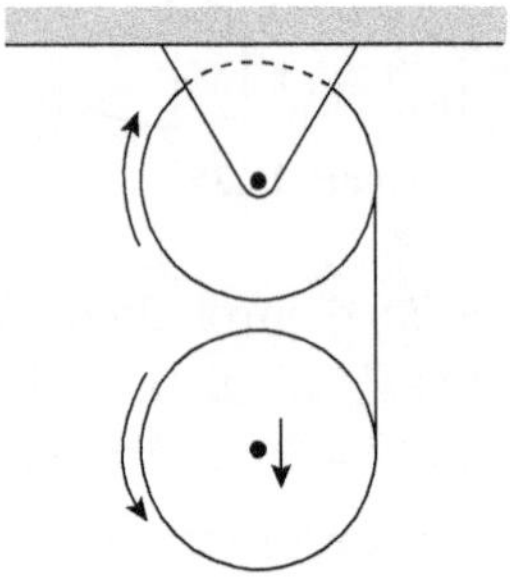

Figura 10.42

10.37 A massa do giroscópio da Fig. 10.43 é 0,10 kg. O disco, que está localizado a 10 cm do eixo ZZ', tem raio de 5 cm. Esse disco gira em torno do eixo YY' com uma velocidade angular de 100 rad · s^{-1}. Qual é a velocidade angular de precessão?

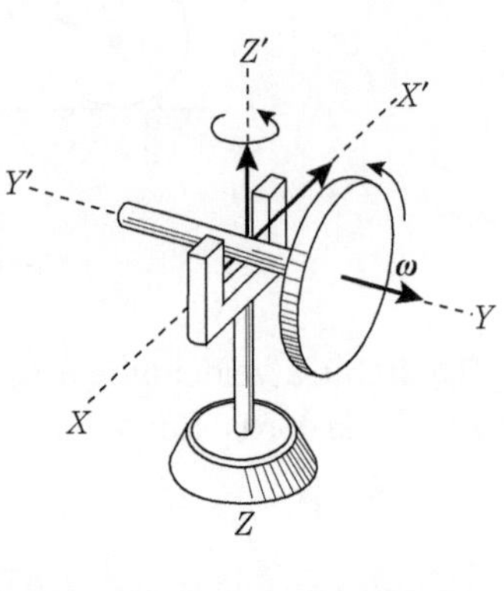

Figura 10.43

10.38 Um giroscópio para demonstração em classe consiste de um anel metálico cujo raio é de 0,35 m, cuja massa é de 5 kg, sendo ligado por raios a um eixo que se projeta 20 cm de cada lado. O demonstrador mantém o eixo numa posição horizontal enquanto o anel gira 300 rpm. Determine o módulo e o sentido da força de cada uma das mãos do demonstrador exercida sobre o eixo, nos seguintes casos: (a) o eixo é transladado paralelamente a si mesmo; (b) o eixo é girado em torno do seu centro num plano horizontal à razão de 2 rpm; (c) o eixo é girado em torno do seu centro num plano vertical à razão de 2 rpm. Calcule também qual deveria ser a velocidade angular do anel para que o eixo permanecesse horizontal se o giroscópio fosse suportado somente por uma das mãos.

10.39 Prove que, para um corpo rígido, $dE_k/dt = \boldsymbol{\omega} \cdot \boldsymbol{\tau}$. Essa equação mostra que $\boldsymbol{\omega} \cdot \boldsymbol{\tau}$ é a potência rotacional. [*Sugestão*: note que $\boldsymbol{v} = \boldsymbol{\omega} \times \boldsymbol{r}$, para um corpo em rotação. Usando a Eq. (8.10), obtenha primeiro a equação para uma única partícula e some o resultado, a fim de obter a equação para todas as partículas do corpo rígido.]

10.40 Note que, quando um corpo se move livre de torques, não somente o momento angular é constante mas também a energia cinética de rotação. Obtenha a equação da poloide (Ex. 10.8) pela interseção dos elipsoides correspondentes a L^2 e a E_k. Analise o resultado obtido.

10.41 Prove que o momento de inércia de um corpo rígido em torno de um eixo que faz os ângulos α, β, γ com os três eixos principais é

$$I = I_1 \cos^2 \alpha + I_2 \cos^2 \beta + I_3 \cos^2 \gamma.$$

10.42 Um bloco sólido cujas arestas são 0,20 m, 0,30 m e 0,40 m, e que tem uma massa de 4 kg está girando em torno do eixo que passa pela maior diagonal com rotação de 120 rpm. (a) Procure o momento angular com relação aos eixos principais. (b) Determine o ângulo entre o momento angular e o eixo de rotação. (c) Calcule a energia cinética de rotação. [*Sugestão.*: use o resultado do Prob. 10.41 para obter o momento de inércia.]

10.43 Para o bloco do problema anterior, suponha que a velocidade angular seja constante. Determine (a) o torque aplicado ao bloco com referência aos eixos principais, e (b) o ângulo entre o torque e o eixo de rotação.

10.44 Uma partícula de massa m move-se ao redor de um eixo com uma velocidade angular $\boldsymbol{\omega}$ tal que sua velocidade é $\boldsymbol{v} = \boldsymbol{\omega} \times \boldsymbol{r}$, de acordo com a Eq. (5.48). Prove que as componentes do seu momento angular são

$$\begin{aligned} L_x &= m[\omega_x(y^2 + z^2) - \omega_y yx - \omega_z zx], \\ L_y &= m[-\omega_x xy + \omega_y,(z^2 + x^2) - \omega_z zy], \\ L_z &= m[-\omega_x xz - \omega_y yz + \omega_z(x^2 + y^2)]. \end{aligned}$$

10.45 Estenda o resultado do problema anterior ao caso de um corpo rígido, para obter

$$\begin{aligned} L_x &= I_x\omega_x - I_{xy}\omega_y - I_{zx}\omega_z, \\ L_y &= -I_{xy}\omega_x + I_y\omega_y - I_{yz}\omega_z, \\ L_z &= -I_{zx}\omega_x - I_{yz}\omega_y + I_z\omega_z, \end{aligned}$$

onde

$$\begin{aligned} I_x &= \Sigma_m(y^2 + z^2), \\ I_y &= \Sigma m(z^2 + x^2), \\ I_z &= \Sigma m(x^2 + y^2) \end{aligned}$$

são os momentos de inércia relativos aos três eixos coordenados, de acordo com a Eq. (10.7), e

$$I_{xy} = \Sigma mxy,$$
$$I_{yz} = \Sigma myz,$$
$$I_{zx} = \Sigma mzx$$

são chamados os *produtos de inércia*. Comparando estes resultados com a Eq. (10.5), você poderá reconhecer que os eixos principais são aqueles para os quais os três produtos de inércia são nulos. Note também que o comportamento de um corpo rígido quanto às rotações é determinado em geral por seis quantidades: os três momentos de inércia e os três produtos de inércia.

10.46 Determine os três momentos de inércia e os três produtos de inércia do corpo da Fig. 10.16 relativamente a (a) os eixos X_0, Y_0 e Z_0, (b) os eixos X', Y_0 e Z e (c) os eixos X', Y_0 e Z. Essas quantidades são sempre constantes?

10.47 Calcule os produtos de inércia das moléculas H_2O e NH_3 relativamente aos eixos ilustrados nos Probs. 10.6 e 10.7, e verifique que os eixos são principais.

10.48 Verifique a relação vetorial $(\boldsymbol{A} \times \boldsymbol{B}) - (\boldsymbol{C} \times \boldsymbol{D}) = (\boldsymbol{A} \cdot \boldsymbol{C})(\boldsymbol{B} \cdot \boldsymbol{D}) - (\boldsymbol{A} \cdot \boldsymbol{D})(\boldsymbol{B} \cdot \boldsymbol{C})$. Aplique-a para provar que, para o corpo do Prob. 10.44, $v^2 = (\boldsymbol{\omega} \times \boldsymbol{r})^2 = \omega^2 r^2 - (\boldsymbol{\omega} \cdot \boldsymbol{r})^2$. Escreva, em seguida, sua energia cinética na forma

$$E_k = \tfrac{1}{2} m\left[\omega_x^2\left(y^2 + z^2\right) + \omega_y^2\left(z^2 + x^2\right) + \omega_z^2\left(x^2 + y^2\right) - 2\omega_x\omega_y xy - 2\omega_y\omega_z yz - 2\omega_z\omega_x xz\right].$$

10.49 Estenda o resultado do problema anterior para escrever a energia cinética de um corpo rígido em rotação na forma

$$E_k = \tfrac{1}{2}\left[I_x\omega_x^2 + I_y\omega_y^2 + I_z\omega_z^2 - 2I_{xy}\omega_x\omega_y - 2I_{yz}\omega_y\omega_z - 2I_{zx}\omega_z\omega_x\right].$$

Note que ela se reduz aos valores dados na Seç. 10.5, para o caso de eixos principais, quando os produtos de inércia são nulos.

10.50 Resolva o Ex. 10.7 procurando primeiro as componentes de $\boldsymbol{L}$ paralelas aos eixos fixos XYZ e depois calculando as componentes de $\boldsymbol{\tau}$ por aplicação direta da Eq. (10.11). Considere, também, o caso de rotação acelerada ($d\omega/dt \neq 0$).

11 Dinâmica de alta energia

11.1 Introdução

Nos capítulos precedentes, desenvolvemos uma teoria dinâmica – chamada mecânica *clássica* ou *newtoniana* – para descrever o movimento dos corpos que observamos. A teoria baseia-se em inúmeras hipóteses. Por exemplo, vimos que a quantidade de movimento pode ser dada por $p = mv$, onde a massa m é um coeficiente característico da partícula ou sistema; até agora, sempre consideramos essa massa m como um coeficiente invariante para cada partícula ou sistema. Desde que as velocidades observadas não sejam muito altas, essa hipótese relativa à massa parece ser válida e compatível com nossa experiência. Porém existe a possibilidade disso não ocorrer para velocidades muito altas. De fato, encontramos discrepâncias quando estudamos o movimento de partículas com energias muito altas, tais como os elétrons interiores dos átomos ou as partículas que se encontram nos raios cósmicos, ou que são produzidos em aceleradores de alta energia. O objetivo deste capítulo é desenvolver uma teoria geral de movimento que seja válida tanto para partículas com energias baixas como para as de altas energias. Baseamos o desenvolvimento desta teoria nas transformações de Lorentz, já discutidas na Seç. 6.6, e no *princípio da relatividade.* Por essa razão, a nova teoria é também denominada *mecânica relativística.*

11.2 Princípio clássico de relatividade

No Cap. 6, discutimos a natureza relativa do movimento e deduzimos expressões para as velocidades e acelerações medidas por dois observadores em diferentes espécies de movimento relativo. Em particular, na Seç. 6.3, deduzimos a transformação de Galileu para dois observadores em movimento relativo uniforme de translação.

No Cap. 7, salientamos o fato de que as leis de movimento devem ser consideradas relativamente a um observador inercial. Suporemos agora que dois observadores inerciais diferentes, movendo-se com uma velocidade relativa constante, correlacionarão suas respectivas observações de um mesmo fenômeno pela transformação de Galileu. Aqui, devemos considerar o assunto sob um ponto de vista mais crítico e verificar se as leis da dinâmica são válidas para qualquer referencial inercial. É necessário verificar essa afirmação apenas para o *princípio da conservação da quantidade de movimento* e para a *definição de força*, pois todas as outras leis da dinâmica derivam dessas duas. A hipótese de que *todas as leis da dinâmica devem ser as mesmas para todos os observadores inerciais que se movem com velocidades relativas constantes* constitui o *princípio clássico de relatividade.*

Consideremos duas partículas de massas m_1 e m_2, e sejam $\boldsymbol{v}_1$ e $\boldsymbol{v}_2$ suas velocidades medidas por um observador inercial O. Se nenhuma força externa age sobre as partículas, o princípio da conservação da quantidade de movimento requer que

$$m_1\boldsymbol{v}_1 + m_2\boldsymbol{v}_2 = \text{const.} \tag{11.1}$$

Para outro observador inercial O', movendo-se com velocidade v relativamente a O, as velocidades de m_1 e m_2 são = $\boldsymbol{v}'_1 = \boldsymbol{v}_1 - \boldsymbol{v}$ e $\boldsymbol{v}'_2 = \boldsymbol{v}_2 - \boldsymbol{v}$, de acordo com a Eq. (6.9), que resulta da transformação de Galileu. Substituindo essas equações na Eq. (11.1), temos

$$m_1 (\boldsymbol{v}'_1 + \boldsymbol{v}) + m_2(\boldsymbol{v}'_2 + \boldsymbol{v}) = \text{const.},$$

ou

$$m_1\boldsymbol{v}'_1 + m_2\boldsymbol{v}'_2 = \text{const.} - (m_1 + m_2)\boldsymbol{v} = \text{const.} \tag{11.2}$$

Note que o novo resultado é constante apenas se $\boldsymbol{v}$ for constante, isto é, se O' for outro observador inercial. Como a Eq. (11.2) é inteiramente semelhante à Eq. (11.1), concluímos que, para os dois observadores inerciais, vale o mesmo princípio de conservação da quantidade de movimento.

Discutiremos a seguir a relação entre a força medida pelos dois observadores inerciais O e O'. Suponhamos que O e O' meçam a mesma massa para uma partícula cujo movimento eles observam. Essa suposição é substancialmente comprovada pela experiência, pelo menos para os casos em que a velocidade relativa $\boldsymbol{v}$ é pequena em relação à velocidade da luz. Se $\boldsymbol{V}$ e $\boldsymbol{V}'$ são as velocidades da partícula relativamente aos dois observadores, temos, pela Eq. (6.9), $\boldsymbol{V} = \boldsymbol{V}' + \boldsymbol{v}$. Como $\boldsymbol{v}$ é constante, $d\boldsymbol{v}/dt = 0$ e temos que

$$\frac{d\boldsymbol{V}}{dt} = \frac{d\boldsymbol{V}'}{dt} \quad \text{ou} \quad \boldsymbol{a} = \boldsymbol{a}'. \tag{11.3}$$

Os dois observadores medem a mesma aceleração (veja Eq. 6.13). De acordo com a definição de força dada pela Eq. (7.12), temos que cada observador mede a força

$$\boldsymbol{F} = \frac{d\boldsymbol{p}}{dt} = m\frac{d\boldsymbol{V}}{dt} = m\boldsymbol{a} \quad \text{e} \quad \boldsymbol{F}' = \frac{d\boldsymbol{p}'}{dt} = m\frac{d\boldsymbol{V}'}{dt} = m\boldsymbol{a}'.$$

Como $\boldsymbol{a} = \boldsymbol{a}'$, concluímos que

$$\boldsymbol{F} = \boldsymbol{F}'. \tag{11.4}$$

Portanto *os dois observadores inerciais medem a mesma força sobre a partícula* quando comparam suas medidas usando a transformação de Galileu.

Deixamos a seu cargo a verificação de que, se a energia conserva-se relativamente ao observador inercial O, isto é, se

$$E = \tfrac{1}{2}m_1v_1^2 + \tfrac{1}{2}m_2v_2^2 + E_{p,12} = \text{const.},$$

então a energia também se conserva relativamente ao observador O', e

$$E' = \tfrac{1}{2}m_1v_1'^2 + \tfrac{1}{2}m_2v_2'^2 + E'_{p,12} = \text{const.},$$

onde $E'_{p,12} = E_{p,12}$ se a energia potencial depende somente da distância entre as partículas. [Para a relação entre E' e E, consulte o Prob. (11.1).] Portanto, com relação às leis fundamentais da dinâmica, a descrição do movimento é a mesma para os dois observadores inerciais.

■ **Exemplo 11.1** Discutir a forma da equação de movimento para um observador não inercial.

Solução: Se um observador O' não for inercial, sua velocidade $\boldsymbol{v}$, relativamente a um observador inercial O, não é constante no tempo ($dv/dt \neq 0$.) Lembrando que $\boldsymbol{V} = \boldsymbol{V}' + \boldsymbol{v}$, temos que

$$\frac{d\boldsymbol{V}}{dt} = \frac{d\boldsymbol{V}'}{dt} + \frac{d\boldsymbol{v}}{dt} \qquad \boldsymbol{a} = \boldsymbol{a}' + \frac{d\boldsymbol{v}}{dt}.$$

A força medida pelo observador O é $\boldsymbol{F} = m\boldsymbol{a}$. Então, se o observador não inercial O' usar a mesma definição de força, ele escreverá $F' = ma'$. Consequentemente, a relação entre as forças é

$$\boldsymbol{F}' = \boldsymbol{F} - \boldsymbol{m}\frac{d\boldsymbol{v}}{dt}. \tag{11.5}$$

Como vemos, *o observador não inercial mede uma força diferente daquela medida pelo observador inercial.* Em outras palavras, o observador não inercial considera que, em adição à força $\boldsymbol{F}$ medida pelo observador inercial (que inclui todas as interações a que está sujeita a partícula), existe uma outra força $\boldsymbol{F}''$ agindo sobre a partícula, tal que

$$\boldsymbol{F}'' = -m\, d\boldsymbol{v}/dt, \tag{11.6}$$

de modo que a força resultante sobre a partícula é $\boldsymbol{F} + \boldsymbol{F}''$. Essa força fictícia é chamada *força inercial*.

Quando queremos descrever o movimento de uma partícula relativamente à Terra (que não é uma referencial inercial), utilizamos, às vezes, esse raciocínio. Nesse caso, dv/dt é a aceleração centrípeta $\omega \times (\omega \times r)$ [veja Eq. (6.25)]. Portanto a força inercial é $\boldsymbol{F}'' = -m\omega \times (\omega \times r)$, que corresponde à força centrífuga que age, adicionada à força peso, sobre a partícula.

11.3 Princípio de relatividade especial

Em 1905, o físico alemão Albert Einstein (1879-1955) foi além e propôs um *princípio de relatividade especial* afirmando que

> *todas as leis da natureza (não apenas as da dinâmica) devem ser as mesmas para todos os observadores inerciais que se movem, um em relação ao outro, com velocidades relativas constantes.*

Esse novo princípio de relatividade tem uma grande implicação, porque, se o aceitamos, devemos escrever todas as leis físicas numa forma que não varie quando fazemos a transformação de um referencial inercial para outro, um fato que acabamos de verificar para as leis da dinâmica usando a transformação de Galileu. Resulta, dessa exigência que as expressões matemáticas dessas leis ficam restritas. Entre as leis que devem permanecer invariantes para todos os observadores inerciais estão as leis que descrevem fenômenos eletromagnéticos, que discutiremos detalhadamente em outros capítulos.

Podemos adiantar, entretanto, que essas leis quando escritas relativamente a um observador inercial, envolvem a velocidade c, isto é, a velocidade da luz. Consequentemente, o princípio de relatividade especial, como formulado por Einstein, requer que a velocidade da luz seja a mesma para todos os observadores inerciais.

A hipótese de Einstein foi motivada, em parte, por uma notável série de experiências iniciadas por volta de 1880 por Michelson e Morley, que mediram a velocidade da luz em diferentes direções, tentando ver como o movimento da Terra afetaria a velocidade da luz. Já discutimos essas experiências no Cap. 6 (particularmente no Ex. 6.7). Os resultados, como assinalamos, foram sempre negativos, indicando que *a velocidade da luz é independente do movimento do observador.*

Agora, de acordo com a Eq. (6.9), a velocidade de um objeto nunca é a mesma para dois observadores em movimento relativo, quando suas observações são relacionadas por uma transformação de Galileu. Por outro lado, a velocidade da luz é a mesma para todos os observadores inerciais, quando suas medidas são relacionadas pela transformação de Lorentz, como vimos na Seç. 6.6. Portanto parece que, para satisfazer o novo princípio de relatividade, nós devemos usar a transformação de Lorentz e não a de Galileu. De acordo com isso, podemos reformular o princípio de relatividade na seguinte forma:

> *observadores inerciais devem correlacionar suas observações por meio da transformação de Lorentz, e todas as grandezas físicas devem se transformar de um sistema inercial para outro, de modo que a expressão de qualquer lei física seja a mesma para todos os observadores inerciais.*

Dedicamos o restante deste capítulo à discussão de como essa nova formulação do princípio de relatividade afeta as grandezas dinâmicas definidas previamente. Do ponto de vista prático, a teoria que desenvolvemos é importante somente para velocidades comparáveis à da luz e, por isso, deve ser utilizada quando as partículas têm energias muito altas. Para partículas com baixas velocidades, a transformação de Galileu é uma boa aproximação e a mecânica newtoniana é satisfatória para descrever esses fenômenos. A teoria a ser desenvolvida chama-se teoria *especial* da relatividade porque é aplicável apenas ao caso de observadores inerciais. Quando os observadores não são inerciais, empregamos a teoria *geral* da relatividade, que discutiremos rapidamente no final do Cap. 13.

Apesar de, sob o ponto de vista prático, podermos, em muitos casos, ignorar a teoria especial da relatividade, sob o ponto de vista conceitual ela produziu uma profunda modificação nos métodos teóricos de análise dos fenômenos físicos.

11.4 Quantidade de movimento

No Cap. 7, definimos a quantidade de movimento de uma partícula pela equação $\boldsymbol{p} = m\boldsymbol{v}$ e supusemos que a massa m fosse independente da velocidade. Entretanto, em experiências com partículas de energias altas, tais como elétrons e prótons acelerados por aceleradores modernos, ou encontrados em raios cósmicos, verificou-se que essa hipótese não é válida. Lembremos de que a força aplicada a uma partícula foi definida como $\boldsymbol{F} = d\boldsymbol{p}/dt$ e, portanto, exercendo forças conhecidas em partículas rápidas, podemos determinar, experimentalmente, a expressão correspondente para $\boldsymbol{p}$. [Podemos, por exemplo, observar o movimento de elétrons (ou outras partículas carregadas) de diferentes energias em campos elétricos e magnéticos conhecidos.] Resulta destas experiências que a massa de uma partícula que se move com uma velocidade $\boldsymbol{v}$ relativamente a um observador, é dada por

$$m = \frac{m_0}{\sqrt{1 - v^2/c^2}} = km_0. \qquad (11.7)$$

Definimos k como na Eq. (6.32) e m_0 uma constante, características de cada partícula, denominada *massa de repouso*, pois ela é o valor de m quando $v = 0$, isto é, quando a partícula está em repouso relativamente ao observador. A presença do fator $\sqrt{1-v^2/c^2}$, que encontramos anteriormente no Cap. 6 quando tratamos da transformação de Lorentz, não surpreende, pois o novo princípio de relatividade baseia-se nessa transformação.

A variação da massa com a velocidade, de acordo com a Eq. (11.7), é ilustrada pela Fig. 11.1. Essa figura é essencialmente idêntica à Fig. 6.15, pois ambas dão k em termos de v/c. Pode-se ver que apenas para velocidades muito altas é que se nota um aumento apreciável na massa da partícula. Por exemplo, mesmo para $v = 0{,}5c$, $m/m_0 = 1{,}15$, ou seja, o aumento de massa é de apenas 15%.

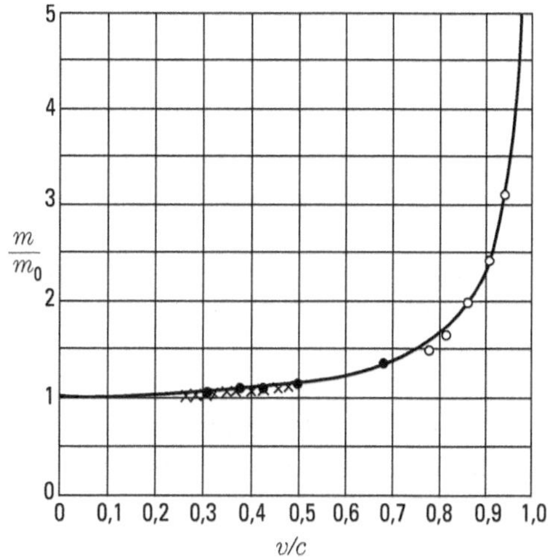

Figura 11.1 Confirmação experimental da variação de massa com a velocidade. A linha cheia é uma curva baseada na Eq. (11.7). Os dados experimentais de W. Kaufmann (1901) estão representados por circunferências, os de A. Bucherer (1909) por círculos cheios e os de C. Guye e C. Lavanchy (1915), por cruzes.

A quantidade de movimento de uma partícula que se move com velocidade v, relativamente a um observador, deve ser dada por

$$\boldsymbol{p} = m\boldsymbol{v} = \frac{m_0\boldsymbol{v}}{\sqrt{1-v^2/c^2}} = km_0\boldsymbol{v}. \qquad (11.8)$$

Para baixas velocidades ($v \ll c$), k é aproximadamente igual a um e essa expressão reduz-se àquela já utilizada nos capítulos anteriores.

Devemos ainda verificar se esta expressão para a quantidade de movimento satisfaz o princípio de relatividade. Isto é, devemos verificar que, se o movimento de uma partícula é estudado por um outro observador inercial, relativamente ao qual a partícula se move com velocidade $\boldsymbol{v}'$, a expressão para a quantidade de movimento $\boldsymbol{p}'$ pode ser obtida substituindo-se $\boldsymbol{v}$ por $\boldsymbol{v}'$ na Eq. (11.8), e as duas expressões para a quantidade de movimento são compatíveis com a transformação de Lorentz. Devemos verificar também se esta nova definição de quantidade de movimento é compatível com a invariância do princípio de conservação da quantidade de movimento para todos os observadores inerciais. Esse assunto será tratado mais tarde, nas Seç. 11.7 e 11.9.

■ **Exemplo 11.2** Comparar o aumento relativo da velocidade com o correspondente aumento relativo da quantidade de movimento.

Solução: O aumento relativo da quantidade de movimento é definido como dp/p e o aumento relativo da velocidade é dv/v. A relação entre a quantidade de movimento e a velocidade é dada pela Eq. (11.8) que, na forma escalar, é

$$p = \frac{m_0 \boldsymbol{v}}{\left(1 - v^2/c^2\right)^{1/2}}.$$

A definição de aumento relativo da velocidade sugere que tomemos inicialmente o logaritmo desta expressão, isto é,

$$\ln p = \ln m_0 + \ln v - \tfrac{1}{2}\ln\left(1 - \frac{v^2}{c^2}\right).$$

Diferenciando, obtemos

$$\frac{dp}{p} = \frac{dv}{v} + \frac{\left(v/c^2\right)dv}{1 - v^2/c^2} = \frac{1}{1 - v^2/c^2}\frac{dv}{v} = k^2\frac{dv}{v}.$$

Observamos que, para velocidades baixas, quando v^2/c^2 é desprezível, temos $dp/p = dv/v$, isto é os acréscimos relativos da quantidade de movimento e da velocidade são iguais, de acordo com nossa experiência habitual. Entretanto, para velocidades altas comparáveis com c, o fator que multiplica dv/v é muito grande, o que torna possível haver um acréscimo relativamente grande na quantidade de movimento com um acréscimo relativamente pequeno na velocidade. Por exemplo, para $v = 0{,}7c$, temos $dp/p \approx 2(dv/v)$, e, para $v = 0{,}99c$, obtemos $dp/p \approx 50(dv/v)$.

11.5 Força

No Cap. 7, definimos a força sobre uma partícula por meio da Eq. (7.12), que foi deduzida a partir do princípio da conservação da quantidade de movimento. Essa definição também será mantida na mecânica relativística. Desse modo, a força é dada por

$$\boldsymbol{F} = \frac{d\boldsymbol{p}}{dt} = \frac{d}{dt}(m\boldsymbol{v}) = \frac{d}{dt}\left(\frac{m_0\boldsymbol{v}}{\sqrt{1 - v^2/c^2}}\right). \tag{11.9}$$

Para movimentos retilíneos, consideramos somente os módulos, e podemos escrever

$$F = \frac{d}{dt}\left[\frac{m_0 v}{\left(1 - v^2/c^2\right)^{1/2}}\right] = \frac{m_0\left(dv/dt\right)}{\left(1 - v^2/c^2\right)^{3/2}} = \frac{m}{1 - v^2/c^2}\frac{dv}{dt}. \tag{11.10}$$

Na Eq. (11.10), o valor de m é dado pela Eq. (11.7). Como dv/dt é a aceleração, concluímos que, para uma partícula de alta energia, a equação $F = ma$ não é válida no caso do movimento retilíneo. Por outro lado, no caso de *movimento circular uniforme* a velocidade permanece constante em módulo, mas não em direção, e a Eq. (11.9) torna-se

$$\boldsymbol{F} = \frac{m_0}{\left(1 - v^2/c^2\right)^{1/2}}\frac{d\boldsymbol{v}}{dt} = m\frac{d\boldsymbol{v}}{dt}.$$

Mas $d\boldsymbol{v}/dt$ é a aceleração normal ou centrípeta, cujo módulo é v^2/R, onde R é o raio do círculo, de acordo com a Eq. (5.44). Portanto o módulo da força normal ou centrípeta é dado por

$$F_N = \frac{m_0}{\left(1 - v^2/c^2\right)^{1/2}} \frac{v^2}{R} = m\frac{v^2}{R} = \frac{pv}{R}. \tag{11.11}$$

Observamos que a relação $\boldsymbol{F} = m\boldsymbol{a}$ será válida no caso de movimento circular uniforme se usarmos para a massa a expressão relativística (11.7). No caso geral de *movimento curvilíneo*, notando que dv/dt é a aceleração tangencial e v^2/R a aceleração normal [de acordo com a (Eq. 5.44)], concluímos das Equações (11.10) e (11.11) que as componentes da força nas direções da tangente, e da normal à trajetória são dadas por

$$\begin{aligned} F_T &= \frac{m_0}{\left(1 - v^2/c^2\right)^{3/2}} a_T = \frac{m}{1 - v^2/c^2} a_T = k^2 m a_T, \\ F_N &= \frac{m_0}{\left(1 - v^2/c^2\right)^{1/2}} a_N = m a_N. \end{aligned} \tag{11.12}$$

Uma conclusão imediata é que a força *não* é paralela à aceleração (Fig. 11.2) porque os coeficientes que multiplicam a_T e a_N são diferentes. Logo, uma relação vetorial do tipo $\boldsymbol{F} = m\boldsymbol{a}$ não é válida para partículas que possuem energia alta a não ser que a partícula se mova com movimento circular uniforme. Entretanto, a relação mais fundamental $\boldsymbol{F} = d\boldsymbol{p}/dt$ ainda permanece válida, porque é nossa *definição* de força. Outro ponto interessante é que, proporcionalmente, a componente tangencial F_T é maior que a componente normal F_N. Isso porque a componente normal da força muda somente a direção da velocidade sem alterar seu módulo e, portanto, sem alterar a massa. Mas a componente tangencial deve alterar o módulo da velocidade e, como consequência, a massa da partícula.

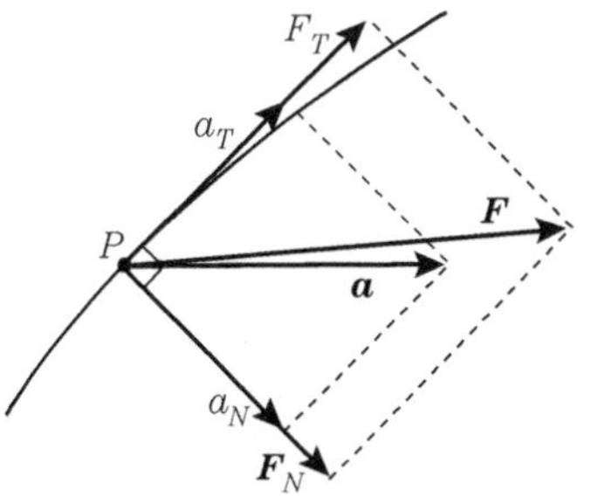

Figura 11.2 Para velocidades altas, a força não é paralela à aceleração.

■ **Exemplo 11.3** Movimento retilíneo de uma partícula sob a ação de uma força constante na mecânica relativística.

Solução: Na mecânica não relativística, esse movimento corresponde ao movimento com aceleração constante. Assim, se medirmos o tempo e o deslocamento a partir do ponto em que a partícula inicia o movimento, podemos usar as Eqs. (5.10) e (5.11) para concluir que $v = at$ e $x = \frac{1}{2}at^2$, onde $a = F/m_0$ é a aceleração constante. Na mecânica relativística partimos da Eq. (11.9) escrita na forma escalar, pois o movimento e retilíneo. Logo,

$$F = \frac{d}{dt}\left[\frac{m_0 v}{\left(1 - v^2/c^2\right)^{1/2}}\right].$$

Integrando essa expressão e considerando F constante (e que $v = 0$ para $t = 0$), temos

$$\frac{m_0 v}{\sqrt{1 - v^2/c^2}} = Ft.$$

Resolvendo, para a velocidade, obtemos

$$v = c\frac{(F/m_0 c)t}{\sqrt{1 + (F/m_0 c)^2 t^2}}.$$

Para t muito pequeno (isto é, quando se faz a medida no início do movimento), o segundo termo no denominador pode ser desprezado e $v \approx (F/m_0)t$, que é a expressão não relativística. Para t muito grande (isto é, quando se faz a medida depois que a partícula foi acelerada durante um longo intervalo de tempo), o 1 no denominador pode ser desprezado em comparação com o segundo termo resultando então, que $v \approx c$. Portanto, em vez de aumentar indefinidamente, a velocidade aproxima-se do valor limite c, que é a velocidade da luz. Essa variação da velocidade com o tempo é indicada pela linha cheia na Fig. 11.3 (a). A quantidade de movimento, entretanto, é dada por $p = Ft$ e aumenta indefinidamente. Para obter o deslocamento da partícula lembramos que $v = dx/dt$. Logo,

$$\frac{dx}{dt} = c\frac{(F/m_0 c)t}{\sqrt{1 + (F/m_0 c)^2 t^2}}.$$

Integrando (e fazendo $x = 0$ para $t = 0$), temos

$$x = \frac{m_0 c^2}{F}\left[\sqrt{1 + \left(\frac{F}{m_0 c}\right)^2 t^2} - 1\right].$$

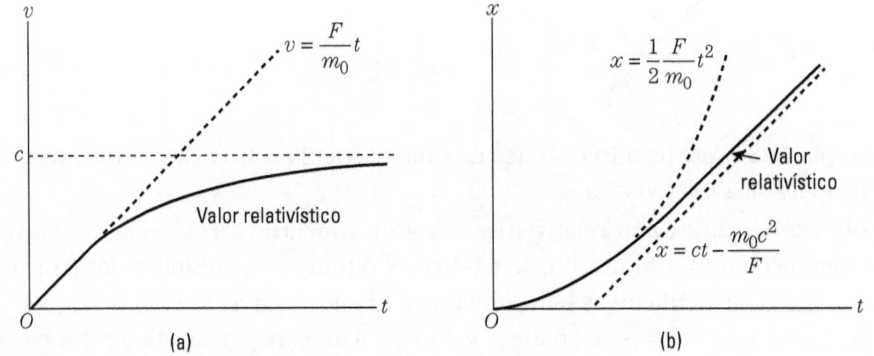

Figura 11.3 Movimento retilíneo relativístico sob uma força constante.

Usando a expansão binomial (M.28) com $n = \frac{1}{2}$ a equação apresentada aqui se reduz, para pequenos valores de t, à equação não relativística $x = \frac{1}{2}(F/m_0)t^2$. Para t grande, temos $x \approx ct - (m_0c^2/F)$, que corresponde a um movimento uniforme com velocidade c. O deslocamento é, portanto, menor do que se a expressão não relativística fosse válida para todas as velocidades. Isto é indicado pela linha cheia na Fig. 11.3(b). Este problema é de interesse em diversos contextos; por exemplo, no movimento de uma partícula carregada num acelerador linear.

11.6 Energia

Para calcular a energia cinética de uma partícula empregando a nova definição de quantidade de movimento, usamos o mesmo procedimento já visto na Seç. 8.5, quando tratamos da mecânica newtoniana, isto é, lembrando que $v = ds/dt$, obtemos

$$E_k = \int_0^v F_T ds = \int_0^v \frac{d}{dt}(mv) ds = \int_0^v v\, d(mv).$$

Integrando por partes (veja Eq. M. 41) e usando a expressão relativística (11.7) para a massa, temos

$$E_k = mv^2 - \int_0^v mv\, dv = \frac{m_0 v^2}{\sqrt{1 - v^2/c^2}} - \int_0^v \frac{m_0 v\, du}{\sqrt{1 - v^2/c^2}}$$

$$= \frac{m_0 v^2}{\sqrt{1 - v^2/c^2}} + m_0 c^2 \sqrt{1 - v^2/c^2} - m_0 c^2.$$

Agrupando os dois primeiros termos do segundo membro num só termo, obtemos, finalmente, que a energia cinética de uma partícula que se move com velocidade v, relativamente ao observador, é dada por

$$E_k = \frac{m_0 c^2}{\sqrt{1 - v^2/c^2}} - m_0 c^2 = (m - m_0)c^2, \tag{11.13}$$

onde utilizamos a Eq. (11.7) para escrever a última parte. O resultado (11.13) é bastante sugestivo. Ele indica que o acréscimo na energia cinética pode ser considerado como um acréscimo na massa, o que decorre da dependência da massa com a velocidade, de acordo com a Eq. (11.7). Essa interpretação pode ser generalizada para associar uma variação Δm da massa com qualquer variação ΔE da energia do sistema. Essas duas variações estão relacionadas pela expressão

$$\Delta E = (\Delta m)c^2, \tag{11.14}$$

que é uma generalização da Eq. (11.13). Por exemplo, a conservação de energia de um sistema isolado exige que $(E_k + E_p)_2 = (E_k + E_p)_1 =$ const., ou $E_{k2} - E_{k1} = E_{p1} - E_{p2}$. Mas, de acordo com a Eq. (11.13), $E_{k2} - E_{k1} = (m_2 - m_1)c^2$. Logo,

$$(m_2 - m_1)c^2 = E_{p1} - E_{p2}. \tag{11.15}$$

A Eq. (11.15) significa que qualquer variação na energia potencial interna do sistema, devida a um rearranjo interno, pode ser expressa como uma variação na massa do sistema que decorre da variação na energia cinética interna. Esse procedimento é válido desde que a energia total seja conservada. Devido ao fator c^2, as variações na massa são apreciáveis apenas quando as variações na energia são muito grandes. Por essa razão, a variação da massa, resultante de transformações de energia, é apreciável em interações nucleares e em física de alta energia, mas, praticamente desprezível em reações químicas.

A quantidade m_0c^2 que aparece na Eq. (11.13) é chamada *energia de repouso* da partícula e a quantidade

$$E = E_k + m_0c^2 = \frac{m_0c^2}{\sqrt{1 - v^2/c^2}} = mc^2 \qquad (11.16)$$

é a energia *total* da partícula. A energia total da partícula, assim definida, inclui a energia cinética e a energia de repouso, mas não inclui a energia potencial.

Combinando a Eq. (11.8) com a Eq. (11.16) vemos que $v = c^2p/E$. Essa expressão dá a velocidade em termos da quantidade de movimento e da energia. Como $\boldsymbol{v}$ e $\boldsymbol{p}$ têm a mesma direção, essa expressão é válida para os próprios vetores e podemos escrever

$$\boldsymbol{v} = \frac{c^2\boldsymbol{p}}{E}. \qquad (11.17)$$

A Eq. (11.16) é equivalente a

$$E = c\sqrt{m_0^2c^2 + p^2}, \qquad (11.18)$$

como podemos ver, substituindo p pela expressão (11.8) e verificando que a Eq. (11.18) identifica-se com a Eq. (11.16).

À primeira vista, a Eq. (11.13) para a energia cinética relativística pode parecer bastante diferente da Eq. (8.12) para a energia cinética newtoniana (isto é, $E_k = \frac{1}{2}mv^2$). Entretanto, para v muito menor que c, podemos desenvolver o denominador da Eq. (11.7), usando a fórmula do binômio (M.22):

$$m = m_0\left(1 - \frac{v^2}{c^2}\right)^{-1/2} = m_0\left(1 + \frac{1}{2}\frac{v^2}{c^2} + \frac{3}{8}\frac{v^4}{c^4} + \ldots\right).$$

Substituindo na Eq. (11.13), obtemos:

$$E_k = \tfrac{1}{2}m_0v^2 + \tfrac{3}{8}m_0\frac{v^4}{c^2} + \ldots \qquad (11.19)$$

O primeiro termo é a expressão familiar para a energia cinética. Os outros termos são desprezíveis para $v \ll c$. Desse modo, verificamos novamente que a mecânica newtoniana é apenas uma aproximação da mecânica relativística, válida para velocidades ou energias baixas e tomando para a massa seu valor de repouso. Por outro lado, para velocidades altas, podemos substituir v por c no numerador da Eq. (11.8) escrevendo, para a quantidade de movimento, $p = mc$. Então a energia cinética dada pela Eq. (11.13) torna-se

$$E_k = pc - m_0c^2 = c(p - m_0c). \qquad (11.20)$$

Na Fig. 11.4, a variação da energia cinética E_k dada pela Eq. (11.13) está representada pela curva a e a energia cinética newtoniana $E_k = \frac{1}{2}m_0v^2$ pela curva b. A figura mostra claramente que, para velocidades iguais, a energia cinética relativística é maior que a newtoniana. Na Fig. 11.5, a energia cinética está representada em termos da quantidade de movimento. Pode-se ver que, para valores iguais da quantidade de movimento, a energia relativística (curva *a*) é menor que a newtoniana (curva *b*). A curva relativística tende assintoticamente para o valor dado pela Eq. (11.20).

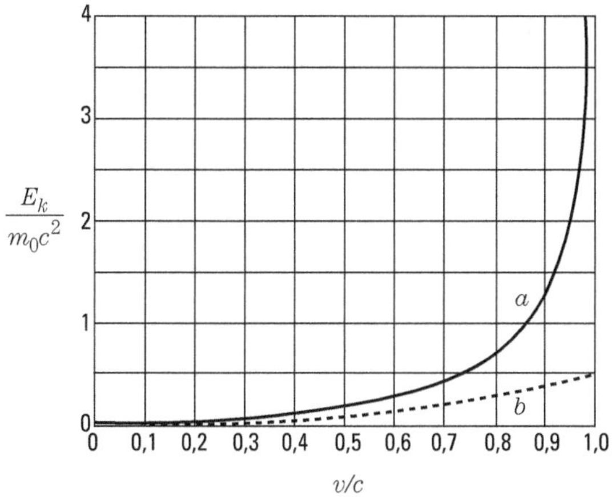

Figura 11.4 Variação da energia cinética com a velocidade; (a) relativística, (b) newtoniana.

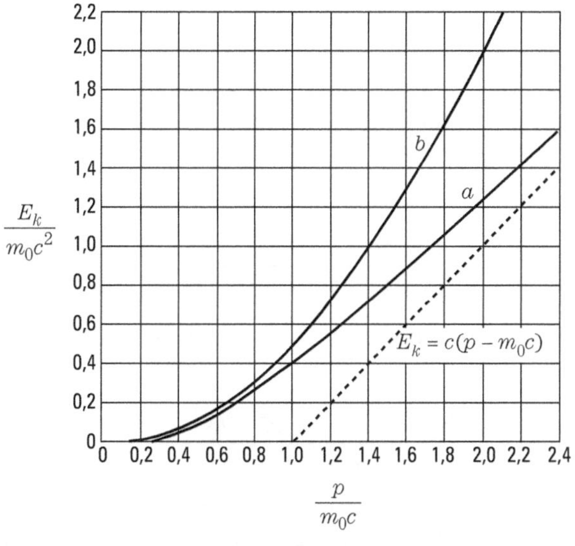

Figura 11.5 Variação da energia cinética com a quantidade de movimento; (a) relativística, (b) newtoniana.

Devemos notar que as razões m/m_0 e $E_k m_0 c^2$ são as mesmas para todas as partículas com a mesma velocidade. Assim, como a massa do próton é cerca de 1.850 vezes a massa do elétron, os efeitos relativísticos no movimento dos prótons são detectáveis apenas para energias 1.850 vezes maiores. Por essa razão, o movimento de prótons e nêutrons em núcleos atômicos pode ser tratado, em muitos casos, sem considerações relativísticas, enquanto o movimento de elétrons requer, na maioria dos casos, tratamento relativístico.

Um caso interessante e singular ocorre quando há uma partícula de massa de repouso nula ($m_0 = 0$). Nesse caso, a Eq. (11.18) reduz-se a

$$E = cp \qquad \text{ou} \qquad p = E/c. \tag{11.21}$$

Donde, comparando com a Eq. (11.17), concluímos que a velocidade da partícula é $v = c$. Portanto uma partícula com massa de repouso nula pode mover-se apenas com a velocidade da luz e nunca pode estar em repouso num sistema inercial. É o caso do fóton e parece valer também para o neutrino como veremos em capítulos posteriores. A relação (11.21) vale também quando uma dada partícula (mesmo que a massa de repouso não seja nula) move-se com uma velocidade comparável à da luz, de modo que sua quantidade de movimento p é muito maior que m_0c. Para verificarmos isso, bastará notar que se, na Eq. (11.18), desprezarmos o termo m_0c em comparação com p, a equação se reduzirá à Eq. (11.21).

■ **Exemplo 11.4** Comparar os acréscimos relativos da velocidade e da quantidade de movimento com o acréscimo relativo da energia.

Solução: Resolvendo a Eq. (11.18) para v, obtemos

$$v = c\left(1 - \frac{m_0^2c^4}{E^2}\right)^{1/2}.$$

Quando a velocidade de uma partícula aumenta de uma quantidade dv e sua energia de uma quantidade dE, o acréscimo relativo na velocidade é dado por dv/v e o acréscimo relativo na energia por dE/E, o que sugere, como no Ex. 11.2, que devemos tomar o logaritmo da expressão acima antes de diferenciar. Isto é,

$$\ln v = \ln c + \tfrac{1}{2}\ln\left(1 - \frac{m_0^2c^4}{E^2}\right).$$

Diferenciando, obtemos

$$\frac{dv}{v} = \frac{m_0^2c^4}{E^2 - m_0^2c^4}\frac{dE}{E}.$$

Se a energia da partícula é muito alta, de modo que $E \gg m_0c^2$, podemos desprezar $m_0^2c^4$ no denominador, resultando

$$\frac{dv}{v} = \frac{m_0^2c^4}{E^2}\frac{dE}{E}.$$

O coeficiente que multiplica o acréscimo relativo na energia é sempre menor que a unidade porque, para energias altas, E é muito maior que m_0c^2. Portanto, para altas energias, dv/v é muito pequeno comparado com dE/E. Em outras palavras, para energias altas, é possível aumentar a energia da partícula sem aumentar apreciavelmente a velocidade. Essa característica é de grande importância no projeto de aceleradores de alta energia, sejam eles do tipo linear ou circular. Sugerimos que você repita o mesmo cálculo para o caso da mecânica newtoniana comparando os resultados.

Por outro lado, se considerarmos a quantidade de movimento p, temos, da Eq. (11.18), que

$$\ln E = \ln c + \tfrac{1}{2}\ln\left(m_0^2c^2 + p^2\right)$$

e, diferenciando, obtemos

$$\frac{dE}{E} = \frac{p^2}{m_0^2c^2 + p^2}\frac{dp}{p}.$$

Para energias altas, quando p é muito maior que m_0c, obtemos $dE/E \approx dp/p$, e a quantidade de movimento cresce na mesma proporção que a energia.

■ **Exemplo 11.5** Movimento curvilíneo de uma partícula sob a ação de uma força constante na dinâmica relativística.

Solução: Na mecânica não relativística esse movimento corresponde a uma trajetória parabólica como ocorre com um projétil (veja Seç. 5.7). Para resolver esse problema na mecânica relativística é mais fácil usar as relações para a quantidade de movimento e energia.

Suponhamos que no instante $t = 0$ a partícula está em O (Fig. 11.6), movendo-se ao longo do eixo X com quantidade de movimento p_0, enquanto a força $\boldsymbol{F}$ tem a direção do eixo Y. A equação de movimento $\boldsymbol{F} = d\boldsymbol{p}/dt$, expressa em termos de suas componentes ao longo dos eixos X e Y, são

$$\frac{dp_x}{dt} = 0, \qquad \frac{dp_y}{dt} = F.$$

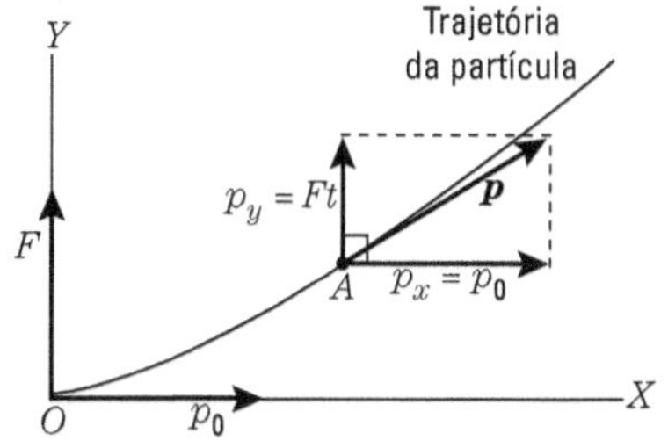

Figura 11.6 Movimento curvilíneo relativístico sob uma força constante.

Integrando cada uma dessas expressões, obtemos $p_x = p_0$ (const.), $p_y = Ft$. Então a quantidade de movimento no instante t, quando a partícula alcança o ponto A, é

$$p = \sqrt{p_x^2 + p_y^2} = \sqrt{p_0^2 + F^2t^2},$$

e a energia total, usando a Eq. (11.18), é

$$E = c\sqrt{m_0^2c^2 + p_0^2 + F^2t^2} = \sqrt{E_0^2 + c^2F^2t^2},$$

onde $E_0 = c\sqrt{m_0^2c^2 + p_0^2}$ é a energia total no instante $t = 0$. Logo, usando a expressão vetorial $\boldsymbol{v} = c^2\boldsymbol{p}/E$, obtemos as componentes da velocidade

$$v_x = \frac{c^2p_x}{E} = \frac{c^2p_0}{\sqrt{E_0^2 + c^2F^2t^2}}, \qquad v_y = \frac{c^2p_y}{E} = \frac{c^2Ft}{\sqrt{E_0^2 + c^2F^2t^2}},$$

donde se obtém facilmente o módulo da velocidade. Integrando essas expressões, as coordenadas x e y da partícula podem ser expressas como funções do tempo. A partir dessas funções, pode-se obter a equação da trajetória. Deixamos a você a tarefa de efetuar essas últimas passagens e comparar a trajetória com a parábola não relativística (veja Prob. 11.11).

11.7 Transformação de energia e quantidade de movimento

De acordo com o princípio da relatividade, a Eq. (11.18), que relaciona energia e quantidade de movimento, deve ser a mesma para todos os observadores inerciais. Por esse motivo, é importante comparar essas quantidades quando medidas por dois observadores em movimento relativo. Para o observador O, a Eq. (11.18) pode ser escrita na forma

$$p^2 - \frac{E^2}{c^2} = -m_0^2 c^2. \tag{11.22}$$

Lembremos que p é uma quantidade vetorial com componentes p_x, p_y e p_z. Então, $p^2 = p_x^2 + p_y^2 + p_z^2$ e a Eq. (11.22) dá

$$p_x^2 + p_y^2 + p_z^2 - \frac{E^2}{c^2} = -m_0^2 c^2. \tag{11.23}$$

Para ser coerente com o princípio da relatividade, essa expressão deve permanecer invariante para todos os observadores inerciais. Isto é, em outro referencial (observador O'), que se move com velocidade v relativamente ao referencial original, devemos ter

$$p_{x'}'^2 + p_{y'}'^2 + p_{z'}'^2 - \frac{E'^2}{c^2} = -m_0^2 c^2, \tag{11.24}$$

onde m_0 é o mesmo porque corresponde à massa de repouso. Em outras palavras, devemos ter

$$p_x^2 + p_y^2 + p_z^2 - \frac{E^2}{c^2} = p_{x'}'^2 + p_{y'}'^2 + p_{z'}'^2 - \frac{E'^2}{c^2}. \tag{11.25}$$

As estruturas das Eqs. (11.23), (11.24) e (11.25) serão semelhantes àquelas das Eqs. (6.30) e (6.31) se fizermos a correspondência

$$p_x \to x, p_y \to y, p_z \to z, \qquad \text{e} \qquad ct \to E/c.$$

Portanto a invariância da Eq. (11.23) requer entre seus elementos uma transformação como a transformação de Lorentz para x, y, z e t. Isso leva às equações

$$\begin{aligned} p_{x'}' &= \frac{p_x - vE/c^2}{\sqrt{1 - v^2/c^2}}, \\ p_{y'}' &= p_y, \\ p_{z'}' &= p_z, \\ E' &= \frac{E - vp_x}{\sqrt{1 - v^2/c^2}}. \end{aligned} \tag{11.26}$$

Esse resultado, juntamente com a expressão correspondente para a energia mostra como a nossa definição de quantidade de movimento, dada pela Eq. (11.8), satisfaz a primeira exigência do princípio da relatividade especial; isto é, a quantidade de movimento transforma-se como uma transformação de Lorentz.

Note que encontramos dois conjuntos de grandezas associados – isto é, x, y, z, ct e p_x, p_y, p_z, E/c – que se transformam entre si, seguindo as regras da transformação de Lorentz. Sem dúvida, podemos esperar que outras grandezas físicas se transformem de maneira semelhante. Uma característica comum a todos esses conjuntos de grandezas é que eles têm quatro "componentes", isto é, eles são expressos por quatro números. Por essa razão, eles se chamam *quadrivetores* e sua representação pode ser imaginada num espaço quadridimensional. Um método de adaptar as leis físicas à condição de invariância do princípio de relatividade é escrevê-las como relações entre escalares, quadrivetores e outras quantidades correlatas (tensores). Não desenvolveremos esse assunto porque está além do alcance e das finalidades deste texto.

■ **Exemplo 11.6** Escrever as relações inversas entre a energia e a quantidade de movimento correspondentes às Eqs. (11.26), isto é, dê os valores medidos por O em termos dos medidos por O'.

Solução: Lembremos o Ex. 6.4, que corresponde ao problema equivalente para as coordenadas x, y, z e o tempo t. Podemos, então, chegar ao resultado desejado apenas trocando o sinal de v e as quantidades marcadas pelas não marcadas nas Eq. (11.26), obtendo

$$\begin{aligned} p_x &= \frac{p'_{x'} + vE'/c^2}{\sqrt{1 - v^2/c^2}}, \\ p_y &= p'_{y'}, \\ p_z &= p'_{z'}, \\ E &= \frac{E' + vp'_x}{\sqrt{1 - v^2/c^2}}. \end{aligned} \tag{11.27}$$

■ **Exemplo 11.7** Aplicar os resultados do exemplo anterior ao caso de uma partícula em repouso relativamente a O'.

Solução: Nesse caso, $p'_{x'} = p'_{y} = p'_{z'} = 0$ e $E' = m_0c^2$. Logo, as equações de transformação fornecem

$$p_x = \frac{m_0 v}{\sqrt{1 - v^2/c^2}}, \qquad p_y = 0, \qquad p_z = 0, \qquad E = \frac{m_0 c^2}{\sqrt{1 - v^2/c^2}}.$$

As três primeiras equações dão a quantidade de movimento e a última equação dá a energia quando as medidas são efetuadas por O. Comparando esses resultados com a Eq. (11.8), para a quantidade de movimento, e com a Eq. (11.16), para a energia, nota-se que eles correspondem exatamente à quantidade de movimento e à energia de uma partícula que se move ao longo do eixo X com velocidade v. Isso deve ser assim porque a partícula, estando em repouso relativamente a O', deve ter uma velocidade v relativamente a O. O mérito desse exemplo é que as relações (11.26) e suas inversas (11.27), que foram obtidas por um processo intuitivo aplicando-se o princípio de invariância relativística, são compatíveis com as expressões para a energia e quantidade de movimento, que foram deduzidas de um outro ponto de partida. Assim, esse exemplo mostra a consistência de nossa lógica.

■ **Exemplo 11.8** Discutir a transformação de energia e quantidade de movimento para uma partícula com massa de repouso nula. Para simplificar, suponhamos que a partícula se move ao longo da direção do movimento relativo dos dois observadores.

Solução: Como $m_0 = 0$, podemos admitir que a relação $E = cp$, de acordo com a Eq. (11.21), é válida para o observador O. Então, usando as Eqs. (11.26), com $p'_{x'} = p'$ e $p_x = p$, porque o movimento é ao longo do eixo X, e, usando $E = cp$, temos, para o observador O',

$$p' = \frac{p - v(cp)/c^2}{\sqrt{1 - v^2/c^2}} = p\frac{1 - v/c}{\sqrt{1 - v^2/c^2}}.$$

Usando esse resultado para p', obtemos, para a energia,

$$E' = \frac{cp - vp}{\sqrt{1 - v^2/c^2}} = cp\frac{1 - v/c}{\sqrt{1 - v^2/c^2}} = cp'.$$

Portanto, a relação $E' = cp'$ é válida também para o observador O'. Esse exemplo e o anterior aumentam a confiança do estudante na consistência da teoria. Sugerimos que o estudante repita o problema, supondo que a partícula se mova numa direção arbitrária.

11.8 Transformação de força

A força que age sobre uma partícula, quando medida pelos observadores O e O' é, respectivamente, dada por

$$\boldsymbol{F} = \frac{d\boldsymbol{p}}{dt} \quad \text{e} \quad \boldsymbol{F}' = \frac{d\boldsymbol{p}'}{dt'}, \tag{11.28}$$

como exige o princípio de relatividade, pois ambos os observadores devem usar as mesmas equações de movimento. A relação entre $\boldsymbol{F}$ e $\boldsymbol{F}'$ em geral é bastante complicada, pois não podemos empregar um raciocínio tão simples como o que foi utilizado para a obtenção das relações para a energia e quantidade de movimento. Portanto deduzimos essa relação apenas para o caso particular em que a partícula está momentaneamente em repouso no sistema O'. Nesse caso, $\boldsymbol{F}'$ é denominada *força própria.*

Usando as Eqs. (11.26), obtemos

$$\begin{aligned} F'_{x'} &= \frac{dp'_{x'}}{dt'} = \frac{dt}{dt'}\frac{d}{dt}\left(\frac{p_x - vE/c^2}{\sqrt{1 - v^2/c^2}}\right) \\ &= \frac{dt}{dt'}\frac{1}{\sqrt{1 - v^2/c^2}}\left(\frac{dp_x}{dt} - \frac{v}{c^2}\frac{dE}{dt}\right). \end{aligned} \tag{11.29}$$

Pelo inverso da transformação de Lorentz (veja a última equação no Ex. 6.4), temos que

$$t = \frac{t' + vx'/c^2}{\sqrt{1 - v^2/c^2}},$$

e como $dx'/dt = 0$, porque a partícula está em repouso relativamente a O',

$$\frac{dt}{dt'} = \frac{1}{\sqrt{1 - v^2/c^2}}. \tag{11.30}$$

De acordo com a definição de força, $dp_x/dt = F_x$. Pelas definições de energia E e energia cinética, $E_k = E - m_0c^2$, e, lembrando que o trabalho $F_x\, d_x$ deve ser igual a dE_k, obtemos

$$\frac{dE}{dt} = \frac{dE_k}{dt} = \frac{F_x dx}{dt} = F_x v, \tag{11.31}$$

porque, nesse caso, $dx/dt = v$. Fazendo todas essas substituições na Eq. (11.29), obtemos, finalmente,

$$F'_{x'} = F_x. \tag{11.32}$$

Para a componente paralela ao eixo Y, como $F_y = dp_y/dt$, obtemos

$$F'_{y'} = \frac{dp'_{y'}}{dt'} = \frac{dt}{dt'}\frac{dp_y}{dt} = \frac{F_y}{\sqrt{1-v^2/c^2}} = kF_y. \tag{11.33}$$

Analogamente, para a componente Z, com $F_z = dp_z/dt$, temos

$$F'_{z'} = \frac{dp'_{z'}}{dt'} = \frac{F_z}{\sqrt{1-v^2/c^2}} = kF_z, \tag{11.34}$$

onde k é definido como na Eq. (6.32). As Eqs. (11.32), (11.33) e (11.34) relacionam a força $\boldsymbol{F}$, medida por um observador num referencial inercial arbitrário, com a força $\boldsymbol{F}'$, medida por um observador num referencial relativamente ao qual a partícula está momentaneamente em repouso. O fato de a lei de transformação para a força ser diferente daquela para o quadrivetor de quantidades de movimento e energia, coloca a força numa categoria diversa da categoria dessas grandezas, pois força não é parte de um quadrivetor. Isso torna também, na teoria da relatividade, o conceito de força menos útil do que os de quantidade de movimento e energia. Consequentemente, foi proposta outra definição de força. Não discutiremos aqui essa definição, mas informamos que ela tem a vantagem de admitir uma lei de transformação como a de um quadrivetor. Entretanto, mesmo no caso em que a força se transforma de um modo diferente ao da quantidade de movimento e energia, sua transformação garante que a equação de movimento, $\boldsymbol{F} = d\boldsymbol{p}/dt$, será invariante para todos os observadores inerciais, o que era uma exigência fundamental. A relação entre as forças $\boldsymbol{F}$ e $\boldsymbol{F}'$ está indicada na Fig. 11.7.

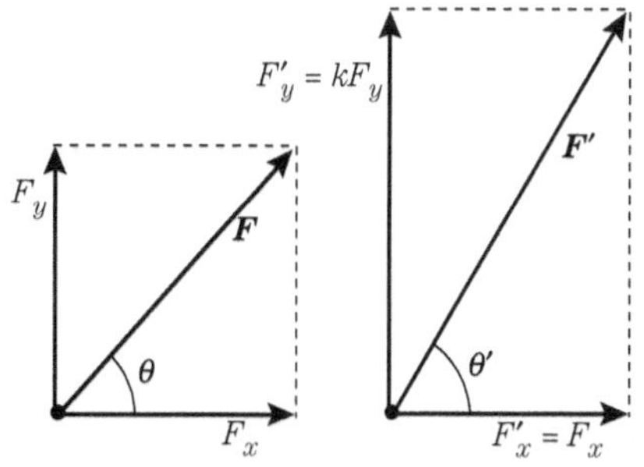

Figura 11.7 Transformação de Lorentz das componentes de forças.

11.9 Sistemas de partículas

Consideremos um sistema de partículas, onde cada uma tem uma quantidade de movimento $\boldsymbol{p}_i$ e energia $\boldsymbol{E}_i$. Desprezando suas interações, podemos escrever para a quantidade de movimento total do sistema $\boldsymbol{P} = \Sigma_i \boldsymbol{p}_i$, e para a energia total

$$E = \Sigma_i E_i = \Sigma_i m_i c^2 = Mc^2.$$

Assim, usando a Eq. (11.17), podemos associar ao sistema uma velocidade definida por

$$\boldsymbol{v}_C = \frac{c^2\boldsymbol{P}}{E} = \frac{\boldsymbol{P}}{M}. \tag{11.35}$$

Recordando a Seç. 9.2, poderíamos dizer que essa é a velocidade do centro de massa do sistema e considerar que o sistema apresenta-se como um corpo de massa M que se move com velocidade $\boldsymbol{v}_c$. Entretanto devemos lembrar que (pelas razões dadas na Seç. 9.2) quando a massa depende da velocidade, não podemos definir o centro de massa. Por isso, denominaremos *velocidade do sistema* a velocidade dada pela Eq. (11.35).

Suponhamos que o sistema de partículas está sendo estudado por dois observadores inerciais distintos. Em relação ao observador O, a quantidade de movimento total e a energia são $\boldsymbol{P} = \Sigma_i \boldsymbol{p}_i$ e $E = \Sigma_i E_i$. Em relação a O' essas grandezas são $\boldsymbol{P}' = \Sigma_i \boldsymbol{p}_i$ e $E' = \Sigma_i E'_i$. Se a velocidade de O' relativamente a O é v, ao longo do eixo X, cada E_i e $\boldsymbol{p}_i$ transforma-se em E'_i e $\boldsymbol{p}'_i$, de acordo com as Eqs. (11.26). Logo, suas somas também se transformam do mesmo modo e podemos escrever

$$\begin{aligned} P'_{x'} &= \frac{P_x - vE/c^2}{\sqrt{1 - v^2/c^2}}, \\ P'_{y'} &= P_y, \\ P'_{z'} &= P_z, \\ E' &= \frac{E - vP_x}{\sqrt{1 - v^2/c^2}}. \end{aligned} \tag{11.36}$$

Se, relativamente a O, a quantidade de movimento e a energia são conservadas, $\boldsymbol{P}$ = = const. e E = const., e, então, as equações de transformação acima implicam que $\boldsymbol{P}'$ = const. e E' = const. e as duas leis de conservação também valem para O'. Verificamos, portanto, que é satisfeita a segunda exigência imposta em nossa teoria, como indicamos no final da Seç. 11.4. Notamos também que, em virtude da estrutura das equações de transformação, as duas leis de transformação devem valer simultaneamente; em outras palavras, elas não podem ser independentes uma da outra. Essa situação é diferente do caso não relativístico.

Consideremos em seguida o caso particular em que a velocidade relativa dos dois observadores é paralela à quantidade de movimento total $\boldsymbol{P}$. Então, $P_x = P$, $P_y = P_z = 0$ e a primeira das Eqs. (11.36) reduz-se a

$$P' = \frac{P - vE/c^2}{\sqrt{1 - v^2/c^2}}.$$

Por analogia com os referenciais L e C introduzidos no Cap. 9,

> *definimos o referencial C, em mecânica relativística, como o referencial em que a quantidade de movimento total do sistema é nula.*

Portanto, se o observador O' está no referencial C, a quantidade de movimento P' é nula. Se colocarmos $P' = 0$ na expressão precedente, a velocidade de O' relativamente a O (que usa o referencial L) é $v = c^2 \boldsymbol{P}/\boldsymbol{E}$. Uma comparação com a Eq. (11.35) mostra que o referencial C move-se com a velocidade do sistema $\boldsymbol{v}_C$, relativamente ao referencial L. Esse resultado é o mesmo que o obtido na situação não relativística tratada no Cap. 9.

Indicamos, no início desta secção, que estávamos desprezando as interações entre as partículas do sistema. A consideração, de interações que dependem das posições relativas das partículas coloca sérias dificuldades na teoria da relatividade. Por exemplo, vimos no Cap. 6 que o conceito de simultaneidade na posição de duas partículas, que é necessária para se definir uma interação, não é um conceito invariante. Além disso, deve-se considerar a velocidade de transmissão da interação. Por esse motivo, tornam-se necessárias técnicas especiais para discutir as interações de um modo consistente com a teoria da relatividade.

■ **Exemplo 11.9** Discutir o referencial C para duas partículas idênticas que se movem na mesma direção.

Solução: As propriedades do referencial C podem ser discutidas facilmente, no caso de duas partículas. Consideremos o sistema de duas partículas idênticas que, em relação ao observador O, movem-se ao longo do eixo X do referencial L (usado por O) com velocidades v_1 e v_2. Suas respectivas massas são m_1e m_2, calculadas de acordo com a Eq. (11.7), com o mesmo valor m_0 para ambas. A quantidade de movimento total no referencial L é

$$P = p_1 + p_2 = m_1 v_1 + m_2 v_2. \tag{11.37}$$

Relativamente ao referencial C, a quantidade de movimento total do sistema é nula. Assim,

$$P' = p'_1 + p'_2 = 0.$$

Isso exige que, no referencial C, as quantidades de movimento de duas partículas tenham o mesmo módulo, mas sentidos contrários. Então, pela Eq. (11.8), os módulos das velocidades das partículas devem ser iguais no referencial C. Assim, as partículas se movem com velocidades v' e $-v'$. Designando por v_C a velocidade do referencial C relativamente ao referencial L e usando a Eq. (6.38) para a transformação de velocidades, com v substituído por v_C, temos

$$v_1 = \frac{v' + v_C}{1 + v' v_C / c^2}, \qquad v_2 = \frac{-v' + v_C}{1 - v' v_C / c^2}.$$

Essas expressões podem ser escritas nas formas

$$v_1 = v_C + \frac{v'\left(1 - v_C^2/c^2\right)}{1 + v' v_C / c^2}, \qquad v_2 = v_C - \frac{v'\left(1 - v_C^2/c^2\right)}{1 - v' v_C / c^2}.$$

Assim, podemos obter a quantidade de movimento total no referencial L substituindo esses valores na Eq. (11.37), o que dá

$$P = \left(m_1 + m_2\right) v_C + v'\left(1 - v_C^2/c^2\right)\left(\frac{m_1}{1 + v' v_C / c^2} - \frac{m_2}{1 - v' v_C / c^2}\right). \tag{11.38}$$

Substituindo m_1 e m_2, no último termo, por seus valores dados pela Eq. (11.7), obtemos

$$m_0 v'\left(1 - v_C^2/c^2\right)\left(\frac{1}{\sqrt{1 - v_1^2/c^2}\left(1 + v' v_C / c^2\right)} - \frac{1}{\sqrt{1 - v_2^2/c^2}\left(1 - v' v_C / c^2\right)}\right).$$

Usando as identidades do Prob. 6.38, podemos simplificar cada termo do parêntese. Pode-se ver que os dois termos são iguais a $1/\sqrt{\left(1 - v_C^2/c^2\right)\left(1 - v'^2/c^2\right)}$, e assim a diferença é igual a zero. Portanto o último termo na Eq. (11.38) desaparece e P reduz-se a

$$P = (m_1 + m_2) v_C \text{ ou } v_C = P/M.$$

Essa é justamente a Eq. (11.35) adaptada ao nosso caso particular de duas partículas que se movem na mesma direção. Portanto verificamos que, tanto na teoria da relatividade como na teoria clássica, o referencial C (em relação ao qual a quantidade de movimento total do sistema é nula) está se movendo relativamente ao referencial L, com a velocidade v_C dada pela Eq. (11.35).

11.10 Colisões em alta energia

Os princípios de conservação de energia e de quantidade de movimento devem ser satisfeitos para qualquer colisão, quaisquer que sejam as energias das partículas. Na Seç. 9.7, esse assunto foi discutido para a região de energias baixas (ou não relativísticas). Entretanto, para a região de energias altas, devem ser utilizados os conceitos e técnicas desenvolvidos neste capítulo. Considere, por exemplo, duas partículas, cujas massas de *repouso* são $\boldsymbol{m}_1$ e $\boldsymbol{m}_2$ e que, antes da colisão, movem-se com quantidades de movimento $\boldsymbol{p}_1$ e $\boldsymbol{p}_2$ relativamente a um referencial inercial. A interação entre as partículas é apreciável apenas durante o pequeno intervalo de tempo no qual as partículas estão muito próximas (na Fig. 9.11, isso corresponde à região sombreada). Na Seç. 9.7, definimos colisão como uma interação em que se verificam variações mensuráveis num intervalo de tempo e numa distância relativamente pequenos. Suponhamos que, após a colisão, quando a interação novamente se torna desprezível, as partículas resultantes tenham massas $\boldsymbol{m}_3$ e $\boldsymbol{m}_4$ e quantidades de movimento $\boldsymbol{p}_1$ e $\boldsymbol{p}_2$ relativamente ao mesmo referencial inercial já citado. A conservação da quantidade de movimento e da energia são expressas por

$$\boldsymbol{p}_1 + \boldsymbol{p}_2 = \boldsymbol{p}_3 + \boldsymbol{p}_4 \quad \text{e} \quad E_1 + E_2 = E_3 + E_4, \tag{11.39}$$

ou, usando a Eq. (11.18), temos

$$c\sqrt{m_1^2c^2 + p_1^2} + c\sqrt{m_2^2c^2 + p_2^2} = c\sqrt{m_3^2c^2 + p_3^2} + c\sqrt{m_4^2c^2 + p_4^2}. \tag{11.40}$$

A colisão descrita pelas Eqs. (11.39) e (11.40) pode ser indicada esquematicamente por $1 + 2 \rightarrow 3 + 4$. A aplicação das Eqs. (11.39) e (11.40) envolve, em geral, complicações algébricas, em virtude da presença dos radicais na Eq. (11.40) e por isso consideramos apenas alguns casos simples, mas muito importantes.

■ **Exemplo 11.10** Discutir a colisão relativística em que a partícula 1 (chamada partícula incidente) tem massa de repouso nula e é idêntica à partícula 3, e a partícula 2 está em repouso no sistema do nosso laboratório e é idêntica à partícula 4.

Solução: O processo está esquematizado na Fig. 11.8. Usando as Eqs. (11.18) e (11.21) obtemos os valores da quantidade de movimento e da energia relativamente ao observador O,

$$p_1 = E/c, \quad p_2 = 0, \quad p_3 = E^{\#}/c, \quad p_4,$$
$$E_1 = E, \quad E_2 = m_0c^2, \quad E_3 = E^{\#}, \quad E_4 = c\sqrt{m^2c^2 + p_4^2}$$

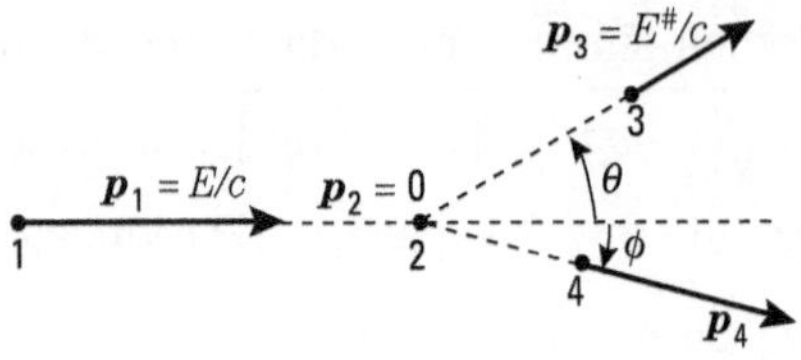

Figura 11.8 Colisão em alta energia.

Pela conservação da quantidade de movimento, temos

$$\boldsymbol{p}_1 = \boldsymbol{p}_3 + \boldsymbol{p}_4, \tag{11.41}$$

e a conservação da energia é

$$E + m_0c^2 = E^\# + c\sqrt{m_0^2c^2 + p_4^2} \tag{11.42}$$

Procuremos determinar a energia $E^\#$ da partícula incidente, após a colisão. Devemos eliminar $\boldsymbol{p}_4$ das equações apresentadas aqui. Da Eq. (11.41), obtemos $\boldsymbol{p}_4 = \boldsymbol{p}_1 - \boldsymbol{p}_3$. Elevando ao quadrado, resulta

$$p_4^2 = p_1^2 + p_3^2 - 2\boldsymbol{p}_1 \cdot \boldsymbol{p}_3.$$

Usando os valores correspondentes para as quantidades de movimento, temos

$$p_4^2 = \frac{E^2}{c^2} + \frac{E^{\#2}}{c^2} - \frac{2EE^\#}{c^2}\cos\theta.$$

Da Eq. (11.42), obtemos

$$p_4^2 = \frac{1}{c^2}\left(E + m_0c^2 - E^\#\right)^2 - m_0^2c^2$$

$$= \frac{E^2}{c^2} + \frac{E^{\#2}}{c^2} + \frac{2\left(E - E^\#\right)m_0c^2}{c^2} - \frac{2EE^\#}{c^2}.$$

Igualando os dois resultados obtidos para p_4^2, temos

$$\frac{2\left(E - E^\#\right)m_0c^2}{c^2} - \frac{2EE^\#}{c^2} = -\frac{2EE^\#}{c^2}\cos\theta$$

ou

$$E - E^\# = \frac{EE^\#}{m_0c^2}\left(1 - \cos\theta\right).$$

Dividindo ambos os membros por $EE^\#$, resulta

$$\frac{1}{E^\#} - \frac{1}{E} = \frac{1}{m_0c^2}\left(1 - \cos\theta\right). \tag{11.43}$$

Essa expressão dá $E^\#$ em termos de E e do ângulo de espalhamento θ da partícula 3. Note que $E > E^\#$, sempre, e a partícula incidente perde energia, como era de se esperar, pois a outra partícula, inicialmente em repouso, está em movimento após a colisão.

O resultado (11.43) é muito importante para a discussão do espalhamento de luz (ou fótons) por elétrons livres – chamado efeito Compton – que será discutido detalhadamente no Cap. 19. Note que a Eq. (11.43) não pode ser satisfeita para $E^\# = 0$ para nenhum ângulo. Portanto é impossível que a partícula incidente seja completamente absorvida por outra partícula livre.

■ **Exemplo 11.11** Na maior parte das experiências em alta energia, uma partícula incidente, com alta velocidade, colide com outra que está em repouso no sistema do laboratório. Queremos conhecer a *energia limiar**; isto é, a energia cinética mínima da partícula, no referencial L, que é necessária para obter-se uma dada reação. Deduzir a equação para a energia limiar necessária para a criação de um par próton–antipróton numa colisão próton–próton.

Solução: Nesse estágio, basta saber que o antipróton é uma partícula cuja massa é igual à do próton e cuja carga elétrica é igual, em valor absoluto, à do próton, mas de sinal negativo. Designamos o próton por p^+ e o antipróton por p^-. Parte da energia cinética de um próton rápido que colide com outro próton que está em repouso no laboratório e usada para produzir um par próton–antipróton. Podemos esquematizar o processo assim

$$\mathrm{p}^+ + \mathrm{p}^+ \rightarrow \mathrm{p}^+ + \mathrm{p}^+ + \mathrm{p}^+ + \mathrm{p}^-.$$

Os dois prótons do lado esquerdo e os dois primeiros do lado direito dessa equação representam os prótons incidente e alvo. Os dois últimos correspondem ao resultado da colisão: o par próton–antipróton. (Note que, embora o número de partículas tenha mudado, a carga total permaneceu inalterada. Como veremos mais tarde, é um exemplo de outro princípio de conservação: o princípio de conservação da carga.) Inicialmente, um dos prótons está em repouso (quantidade de movimento nula) no referencial L e o outro está se movendo com a quantidade de movimento $\boldsymbol{p}$, em direção ao primeiro.

Antes da colisão, a quantidade de movimento total em relação ao observador $\boldsymbol{O}$, no referencial L, é $\boldsymbol{p}$ e a energia total é $E = c\sqrt{m_0^2c^2 + p^2} + m_0c^2$. Após a colisão, a quantidade de movimento total deve, ainda, ser $\boldsymbol{p}$ e a energia total E. A energia mínima necessária para a partícula incidente é aquela para a qual os produtos finais estão em repouso, relativamente ao referencial C que se move com a velocidade do sistema em relação a L (veja a Seç. 11.9). Os produtos nunca podem estar em repouso relativamente ao referencial L em virtude da conservação da quantidade de movimento. Mas, nesse caso, a energia total, relativamente ao referencial C, é $E' = 4m_0c^2$ e a quantidade de movimento total é $\boldsymbol{p}' = 0$. Isso significa que as quatro partículas resultantes, em relação ao referencial L, parecem estar se movendo com a mesma velocidade, e, a fim de garantir a conservação da quantidade de movimento, cada uma deve ter uma quantidade de movimento igual a $\frac{1}{4}\boldsymbol{p}$. Assim, a energia total, em relação a O, é $4c\sqrt{m_0^2c^2 + (p/4)^2}$ ou $c\sqrt{16m_0^2c^2 + p^2}$. Igualando as energias antes e após a colisão, temos

$$c\sqrt{m_0^2c^2 + p^2} + m_0c^2 = c\sqrt{16m_0^2c^2 + p^2}.$$

Esta é uma equação algébrica em p, cuja solução é $p = 4\sqrt{3}\, m_0c$, que dá a quantidade de movimento mínima que o próton incidente deve ter, em relação a O, para que a reação possa ocorrer. (Qual é a velocidade do próton?) Correspondentemente, a energia total do próton incidente, em relação a O, é $c\sqrt{m_0^2c^2 + p^2} = 7m_0c^2$ e sua energia cinética será $6m_0c^2$.

Assim, para que a reação ocorra, o próton incidente deve ser acelerado até que sua energia cinética, no referencial L, seja igual a $6m_0c^2$. A massa de repouso do próton é de

* Em inglês, *threshold energy* (N.T.).

$m_0 = 1{,}67 \times 10^{-27}$ kg. Então, a energia $6m_0c^2$ é equivalente a $9{,}0 \times 10^{-10}$J, isto é, cerca de $5{,}6 \times 10^9$ eV.

Um dos principais empregos dos aceleradores de alta energia é na produção de partículas rápidas dotadas de energia cinética superior à energia limiar no referencial L, de modo que os cientistas possam produzir no laboratório, sob condições controladas, alguns processos que observaram com raios cósmicos.

■ **Exemplo 11.12** Calcular a energia limiar para a reação $1 + 2 \rightarrow 3 + 4$, em que as quatro partículas são diferentes.

Solução: Como as partículas têm massas diferentes, não podemos utilizar os princípios de simetria que, implicitamente, empregamos no exemplo anterior. Suponhamos que a partícula 2 esteja em repouso no laboratório de modo que $p_2 = 0$. A energia de cada partícula no referencial L, antes da colisão, é

$$E_1 = c\sqrt{m_1^2c^2 + p_1^2} \qquad \text{e} \qquad E_2 = m_2c^2. \tag{11.44}$$

A energia e a quantidade de movimento *totais* do sistema, são

$$E = E_1 + m_2c^2, \boldsymbol{P} = \boldsymbol{p}_1. \tag{11.45}$$

As grandezas E e $\boldsymbol{P}$ devem se transformar, de um referencial inercial para outro, de acordo com. as Eqs. (11.26), que implica na invariância da expressão $P^2 - E^2/c^2$. Então,

$$P^2 - E^2/c^2 = P'^2 - E'^2/c^2.$$

Efetuando a transformação para o referencial C, devemos ler $\boldsymbol{P}' = 0$, pois a quantidade de movimento total é nula nesse sistema de referência. Então, $P^2 - E^2/c^2 = -E'^2/c^2$, o que dará, de acordo com a Eq. (11.45), para a energia total no referencial C,

$$E' = \sqrt{E^2 - c^2P^2} = \sqrt{\left(E_1 + m_2c^2\right)^2 - c^2p_1^2}.$$

Usando o valor de E_1 dado pela Eq. (11.44), temos

$$E' = c\sqrt{\left(m_1^2 + m_2^2\right)c^2 + 2E_1m_2}. \tag{11.46}$$

Eq. (11.16) nos dá $E_1 = E_{k1} + m_1c^2$, onde E_{k1} é a energia cinética da partícula 1 no laboratório. Logo,

$$\begin{aligned} E' &= c\sqrt{\left(m_1^2 + m_2^2\right)c^2 + 2\left(E_{k1} + m_1c^2\right)m_2} \\ &= c\sqrt{\left(m_1 + m_2\right)^2c^2 + 2E_{k1}m_2}. \end{aligned} \tag{11.47}$$

A energia mínima necessária para produzir as partículas m_3 e m_4 é aquela para a qual as partículas resultantes estão em repouso no referencial C. No sistema L é impossível que as duas partículas estejam em repouso simultaneamente, em virtude da conservação da quantidade de movimento. Nesse caso, $E'_3 = m_3c^2$ e $E'_4 = m_4c^2$, que dá, para a energia total, após a colisão, o valor $E' = (m_3 + m_4)c^2$. Igualando esse resultado com a Eq. (11.47), que dá a energia total antes da colisão, no referencial C, temos

$$c\sqrt{(m_1+m_2)^2c^2+2E_{k1}m_2}=(m_3+m_4)c^2$$

ou, resolvendo para E_{k1},

$$E_{k1}=\frac{c^2}{2m_2}\left[(m_3+m_4)^2-(m_1+m_2)^2\right]$$
$$=\frac{c^2}{2m_2}\left[(m_3+m_4)-(m_1+m_2)\right]\left[(m_3+m_4)+(m_1+m_2)\right].$$

O Q dessa reação [veja a Eq. (9.41) para colisões newtonianas] é definido pela expressão

$$Q=[(m_1+m_2)-(m_3+m_4)]c^2, \tag{11.48}$$

que é igual à diferença entre as energias de repouso inicial e final. Então, a expressão para E_{k1} é

$$E_{k1}=\frac{Q}{2m_2}(m_1+m_2+m_3+m_4), \tag{11.49}$$

que dá a energia cinética linear para a partícula 1 (partícula incidente) no referencial L. Se Q é positivo, E_{k1} é negativo e a reação pode ocorrer para qualquer valor da energia da partícula incidente. Isso é devido ao fato de as partículas iniciais terem uma energia de repouso maior do que a necessária para produzir as partículas finais que estão em repouso. Mas, se Q é negativo, E_{k1} é positivo e a partícula incidente deve ter uma dada energia cinética mínima porque a energia de repouso inicial não é suficiente para produzir as partículas finais.

Referências

BERTOZZI, W. Speed and Kinetic Energy of Relativistic Electrons. *Am. J. Phys.*, v. 32, n. 551, 1964.

BOHM, D. *The special theory of relativity*. New York: W. A. Benjamin, 1964.

FEYNMAN, R. P.; LEIGHTON, R. B.; SANDS, E. M. L. *The Feynman lectures on physics*. v. I. Reading, Mass.: Addison-Wesley, 1963.

HOLTON, G. On the origins of the special theory of relativity. *Am. J. Phys.*, v. 28, n. 627, 1960.

KATZ, R. *An introduction to the special theory of relativity*. Princeton, N.J.: Momentum Books, D. Yan Nostrand Co., 1964.

R. GOOD, Massless Particles. *Am. J. Phys.*, v. 28, n. 679, 1960.

SCRIBNER, C. Henri Poincaré and the principie of relativity. *Am. J. Phys.*, v. 32, n. 672, 1964.

TAYLOR, E. *Introductory mechanics*, New York: John Wiley & Sons, 1963, Caps. 11, 12 e 13.

Problemas

11.1 Sejam E e E' os valores da energia total, de um sistema de duas partículas que na interagem, medidos por dois observadores inerciais O e O' que se movem com velocidade relativa v. Prove que

$$E=E'+(m_1+m_2)\left(\boldsymbol{v}'_{\text{CM}}\cdot\boldsymbol{v}+\tfrac{1}{2}v^2\right).$$

Compare com os resultados dados no Cap. 9. Suponha que as energias sejam suficientemente baixas e utilize a dinâmica newtoniana.

11.2 Compare as equações não relativísticas para o movimento de uma partícula vista por um observador inercial O e por outro observador O' girando em torno do primeiro com uma velocidade angular constante. Discuta as forças inerciais observadas por O'. [*Sugestão:* Reveja a Seç. 6.4.]

11.3 Para que velocidade a quantidade de movimento de uma partícula é igual a m_0c? Qual é a energia total e a energia cinética nesse caso?

11.4 Um elétron descreve uma trajetória circular de raio igual a 2×10^{-2} m de modo tal que sua velocidade é $(0{,}5 + 0{,}01t)c$. Calcule o ângulo entre a força e a aceleração para $t = 10$ s.

11.5 Uma partícula de massa de repouso m_0, com uma velocidade de $0{,}8c$, está sujeita a uma força que é (a) paralela à velocidade, (b) perpendicular à velocidade. Determine a relação entre a força e a aceleração para cada caso. No segundo caso, calcule o raio de curvatura e compare com o valor não relativístico.

11.6 A massa de repouso de um elétron é $9{,}109 \times 10^{-31}$ kg e a do próton é de $1{,}675 \times 10^{-27}$ kg. Calcule suas energias de repouso em joules e em eV.

11.7 Calcule a quantidade de movimento e a velocidade com que um próton sai do acelerador de Brookhaven, sabendo-se que a energia cinética do próton é 3×10^{10} eV.

11.8 O raio da trajetória de um próton, no acelerador de Brookhaven, é de 114 m. Calcule a força centrípeta necessária para mantê-lo em órbita depois que o próton adquire sua energia cinética final.

11.9 Um elétron tem uma velocidade de $0{,}8c$. Calcule a velocidade de um próton que tenha (a) a mesma quantidade de movimento, e (b) a mesma energia cinética.

11.10 Calcule a ordem de grandeza do valor do termo correção $\frac{3}{8}m_0v^4/c^2$, em relação ao primeiro termo da Eq. (11.19), para (a) um elétron num átomo de hidrogênio, com velocidade de $2{,}2 \times 10^6\ \text{m} \cdot \text{s}^{-1}$, (b) um próton, proveniente de um cíclotron, com uma energia cinética de 30 MeV, (c) um próton, proveniente do acelerador de Brookhaven, com uma energia cinética de 3×10^{10} eV.

11.11 Complete o Ex. 11.5 deduzindo as coordenadas da partícula como funções do tempo e compare com os resultados não relativísticos. Mostre que a equação da trajetória é

$$y = \frac{E_0}{F}\cosh\frac{Fx}{p_0c}.$$

11.12 Um acelerador produz prótons com uma velocidade de $0{,}9c$, razão de 3×10^{18} partículas por segundo, em rajadas que duram cada uma 10^{-5} s. Calcule a energia total necessária para acelerar todas as partículas, em uma rajada. Se há 100 rajadas por segundo, calcule a potência necessária para acelerar as partículas.

11.13 Calcule, em eV, a energia necessária para acelerar um elétron e um próton (a) do repouso até $0{,}500c$, (b) de $0{,}500c$ até $0{,}900c$, (c) de $0{,}900c$ até $0{,}950c$, (d) de $0{,}950c$ até $0{,}990c$. Qual é a conclusão geral a que você chega?

11.14 A energia cinética de certa partícula pode ser escrita como pc com um erro na energia total não maior que 1%. Qual é sua velocidade mínima? Qual seria a energia cinética, em eV, de um elétron e de um próton que se movessem com essa velocidade?

11.15 Qual é a máxima velocidade que pode ter uma partícula se sua energia cinética deve ser dada por $\frac{1}{2}m_0v^2$, com erro não maior que 1%? Qual é a energia cinética, em eV, de um elétron e um próton que se movem com essa velocidade?

11.16 Demonstre que $v/c = [1 - (m_0c^2/E)^2]^{1/2}$. A partir dessa relação calcule a velocidade de uma partícula, quando E é (a) igual à sua energia de repouso, (b) duas vezes a sua energia de repouso, (c) 10 vezes a sua energia de repouso e (d) mil vezes a sua energia de repouso. Calcule as energias correspondentes, em eV, para um elétron e um próton. Faça um gráfico de v/c contra E/m_0c^2.

11.17 Prove que a quantidade de movimento de uma partícula pode ser escrita como

$$p = (E_k^2 + 2m_0c^2E_k)^{1/2}/c.$$

Faça um gráfico de p/m_0c como função de E_k/m_0c^2.

11.18 Elétrons são acelerados até que tenham uma energia cinética de 10^9 eV. Calcule (a) a razão de suas massas para a massa de repouso, (b) a razão de suas velocidades para a velocidade da luz, (c) a razão de suas energias totais para a energia da massa de repouso. Repita o mesmo problema para prótons de mesma energia.

11.19 Como energia/velocidade têm a dimensão de quantidade de movimento, foi introduzida a unidade MeV/c como uma unidade conveniente para a quantidade de movimento de partículas elementares. Dê o valor dessa unidade em $m \cdot kg \cdot s^{-1}$. Calcule, em termos dessa unidade, a quantidade de movimento de um elétron com uma energia total de 5,0 MeV. Repita o cálculo para um próton com uma energia total de 2×10^3 MeV.

11.20 Determine a energia total e a velocidade de um elétron com uma quantidade de movimento de 0,60 MeV/c. Repita para o próton.

11.21 Um elétron move-se com uma velocidade de 0,6c relativamente a um observador O. Uma força de $9{,}109 \times 10^{-19}$ N, medida no sistema de referência ligado ao elétron, é aplicada paralelamente à velocidade relativa. Calcule a aceleração do elétron para cada sistema de referência.

11.22 Resolva o Prob. 11.21 no caso em que a força é aplicada perpendicularmente à velocidade relativa.

11.23 Resolva os Probs. 11.21 e 11.22 no caso em que o valor da força é relativo ao observador O.

11.24 Calcule a quantidade de movimento, a energia total e a energia cinética de um próton que se move com uma velocidade $v = 0{,}99c$, em relação ao laboratório, nos seguintes casos: (a) no referencial L, (b) no referencial definido pelo próton, (c) no referencial C definido pelo próton e por um átomo de hélio, que está em repouso no laboratório.

11.25 Um próton com uma energia cinética de 10^{10}eV colide com um próton em repouso. Calcule (a) a velocidade do sistema, (b) a quantidade de movimento total e a energia total, no referencial L, (c) a energia cinética das duas partículas no referencial C.

11.26 Um elétron, com uma energia total E_e, sofre uma colisão central com um próton em repouso. Se a energia do elétron for muito grande comparada com sua energia de repouso, o elétron deverá ser tratado relativisticamente, mas, por outro lado, se ela for pequena comparada com a energia de repouso do próton, este poderá receber um tratamento não relativístico. Demonstre, então, que (a) o próton recua com uma velocidade aproximadamente igual a $(2E_e^2/m_0c^2)c$, (b) a energia transferida do elétron ao próton é $2E_e^2/m_0c^2$. Aplique para o caso de o elétron ter uma energia cinética de 100 MeV. [*Sugestão*: para o elétron, $E = cp$, enquanto para o próton $E_k = p^2/2m$. Note também que, se o próton se move para frente, o elétron volta em sentido oposto, de modo que o *sentido* da sua quantidade de movimento é invertido.]

11.27 Um método de obter a energia necessária para uma reação nuclear é enviar duas partículas uma contra a outra. Quando as partículas são idênticas e suas energias são iguais, o referencial C coincide com o laboratório. Esse método é utilizado no CERN, onde prótons acelerados a uma energia de 28 GeV, são mantidos circulando, em sentidos opostos, em dois "anéis de armazenamento"*; num instante conveniente, provoca-se a colisão dos dois feixes. (a) Qual é a energia total utilizável para uma reação? (b) Qual é a energia cinética de um dos prótons, em relação a um referencial em que os outros prótons estão em repouso? Essa é a energia à qual se deveria acelerar um próton a fim de produzir a mesma reação, no caso de colisão com um alvo em repouso no laboratório. Você vê alguma vantagem na ideia dos "anéis de armazenamento"?

11.28 Deduza a lei relativística (11.26), para a transformação da quantidade de movimento e da energia, escrevendo $\boldsymbol{p}' = m_0\boldsymbol{V}'/\sqrt{1-V'^2/c^2}$ e $E' = m_0c^2/\sqrt{1-V'^2/c^2}$, e exprimindo $\boldsymbol{V}'$ em termos da velocidade $\boldsymbol{V}$ medida por O e a velocidade relativa v, usando para isso a Eq. (6.36). [*Sugestão*: use as relações obtidas no Prob. 6.38.]

11.29 Prove que a lei geral para a transformação de força quando a partícula não está em repouso em relação a O' é

$$F'_x = F_x - \left(\frac{vV_y/c^2}{1-vV_x/c^2}\right)F_y - \left(\frac{vV_z/c^2}{1-vV_x/c^2}\right)F_z,$$

$$F'_y = \frac{\sqrt{1-v^2/c^2}}{1-vV_x/c^2}F_y,$$

$$F'_z = \frac{\sqrt{1-v^2/c^2}}{1-vV_x/c^2}F_z,$$

onde V é a velocidade da partícula em relação a O. Verifique que elas se reduzem às Eqs. (11.32), (11.33) e (11.34) se a partícula está em repouso relativamente a O'.

11.30 Prove que a transformação para a energia e quantidade de movimento pode ser escrita na forma vetorial

* Em inglês, *storage rings* (N.T.).

$$\boldsymbol{p}' = \boldsymbol{p} - \frac{(\boldsymbol{p}\cdot\boldsymbol{v})\boldsymbol{v}}{v^2} + k\left[\frac{(\boldsymbol{p}\cdot\boldsymbol{v})\boldsymbol{v}}{v^2} - \frac{\boldsymbol{v}E}{c^2}\right],$$

$$E' = k(E - \boldsymbol{v}\cdot\boldsymbol{p}).$$

11.31 Uma partícula de massa de repouso m_1, que se move com velocidade $\boldsymbol{v}_1$ no referencial L, colide com uma partícula de massa de repouso m_2, em repouso no referencial L. (a) Prove que a velocidade do referencial C do sistema composto pelas duas partículas é

$$\boldsymbol{v}_C = \frac{\boldsymbol{v}_1}{1 + A\sqrt{1 - v_1^2/c^2}}$$

onde $A = m_2/m_1$. (b) Prove que no referencial C a velocidade m_1 é

$$\boldsymbol{v}_1' = \frac{\boldsymbol{v}_1 A\sqrt{1 - v_1^2/c^2}}{1 - v_C^2/c^2 + A\sqrt{1 - v_C^2/c^2}}$$

e que a velocidade de m_2 é $-\boldsymbol{V}_C$. (c) Calcule os valores das grandezas precedentes no caso em que v_1 é pequeno comparado com c e compare os resultados com os do Ex. 9.13.

11.32 Usando as transformações de Lorentz para energia e quantidade de movimento, prove que, se $\boldsymbol{v}_C = c^2\boldsymbol{P}/E$ é a velocidade do sistema em relação a um observador O, e se a velocidade do sistema, em relação a outro observador O' que se move relativamente a O, com a velocidade $\boldsymbol{V}$, ao longo do eixo X, é $\boldsymbol{v}'_C = c^2\boldsymbol{P}'/E'$, então $\boldsymbol{v}_C$, $\boldsymbol{v}'_C$ e $\boldsymbol{V}$ estão relacionados pelas Eqs. (6.36) para transformações de velocidades. Prove também que, se $\boldsymbol{v}'_C = 0$ (ou $\boldsymbol{P}' = 0$), então $\boldsymbol{v}_C = \boldsymbol{V}$. Essa foi uma de nossas hipóteses básicas na Seç. 11.9 quando definimos a velocidade do sistema. Daí vemos que a teoria desenvolvida é consistente com a transformação de Lorentz.

11.33 Uma partícula de massa de repouso m_1 e quantidade de movimento p, colide anelasticamente com uma partícula de massa m_2, em repouso no laboratório. As duas partículas colam-se sem que haja variação na massa de repouso total. Calcule (a) a velocidade da partícula resultante em relação ao referencial L, (b) o Q da colisão.

11.34 Discuta o Prob. 11.33 para o caso em que a partícula resultante tem uma massa de repouso m_3 que é diferente da soma $m_1 + m_2$ das massas de repouso das duas partículas.

11.35 Uma partícula de massa de repouso m_1 e quantidade de movimento p_1 colide anelasticamente com uma partícula de massa de repouso m_2, parada em relação ao laboratório. Os produtos resultantes são uma partícula de massa de repouso m_3 e uma partícula de massa de repouso nula. Calcule a energia dessa última partícula (a) no referencial C, (b) no referencial L.

11.36 Seja ϕ o ângulo de recuo da partícula de massa m_0 no Ex. 11.10. Prove que a energia cinética da partícula após a colisão é

$$E_k = \frac{2E\left(E/m_0c^2\right)\cos^2\phi}{1 + 2\left(E/m_0c^2\right) + \left(E/m_0c^2\right)^2 \operatorname{sen}^2\phi}.$$

11.37 Uma partícula, de massa de repouso m_1 e quantidade de movimento p_1, colide elasticamente com uma partícula de massa m_2 em repouso no referencial L e é desviada de um ângulo θ. Prove que a quantidade de movimento e a energia de m_1, após a colisão, são dadas por

$$p_3 = p_1 \frac{\left(m_1^2c^2 + m_2E_1\right)\cos\theta + \left(E_1 + m_2c^2\right)\sqrt{m_2^2 - m_1^2 \operatorname{sen}^2\theta}}{\left(E_1/c + m_2c\right)^2 - p_1^2\cos^2\theta},$$

$$E_3 = \frac{\left(E_1 + m_2c^2\right)\left(m_1^2c^2 + m_2E_1\right) + c^2p_1^2\cos\theta\sqrt{m_2^2 - m_1^2 \operatorname{sen}^2\theta}}{\left(E_1/c + m_2c\right)^2 - p_1^2\cos^2\theta}.$$

11.38 Com relação ao Prob. 11.37, prove que, se a partícula m_2 sofrer um recuo numa direção ϕ em relação à direção do movimento da partícula incidente, então, sua quantidade de movimento e sua energia serão

$$p_4 = p_1 \frac{2m_2\left(E_1 + m_2c^2\right)\cos\phi}{\left(E_1/c + m_2c\right)^2 - p_1^2\cos^2\phi},$$

$$E_4 = m_2c^2 \times \left[1 + \frac{2p_1^2\cos^2\phi}{\left(E_1/c + m_2c\right)^2 - p_1^2\cos^2\phi}\right].$$

11.39 Considere novamente os Probs. 11.37 e 11.38. Suponha que as duas partículas tenham a mesma massa de repouso. Após a colisão, a partícula incidente move-se no referencial C, numa direção que forma um ângulo ϕ com a direção inicial e a outra partícula move-se na direção oposta. Prove que os ângulos θ e θ', que dão as direções dos movimentos relativamente ao referencial L, são

$$\operatorname{tg}\theta = \sqrt{1 - v^2/c^2}\,\operatorname{tg}\tfrac{1}{2}\phi$$

e

$$\operatorname{tg}\theta' = \sqrt{1 - v^2/c^2}\cot\tfrac{1}{2}\phi.$$

Conclua, a partir daí, que $\theta + \theta' \leq \frac{1}{2}\pi$ e que, quanto mais próximo for v de c, tanto menor será o ângulo $\theta + \theta'$ entre as duas partículas, no referencial L. Compare com os resultados dados no Ex. 9.11 para a colisão não relativística. [*Sugestão*: note que, antes da colisão, as duas partículas movem-se em relação ao referencial C com velocidades v e $-v$ e, após a colisão, eles continuam a mover-se em direções opostas com as mesmas velocidades.]

11.40 Com relação ao Prob. 11.37, verifique que, se a partícula 1 tem massa de repouso nula, então os valores de p_3 e E_3 reduzem-se aos do Ex. 11.10.

11.41 Prove que a equação de movimento de um foguete que se move com velocidades relativísticas, não estando sujeito a forças externas, é $m\,dv/dm + v'_e(1 - v^2/c^2) = 0$, onde m é a massa de repouso instantânea do foguete, v é sua velocidade em relação ao observador e v'_e é a velocidade de escape dos gases em relação ao foguete. Prove também, por integração, que a velocidade final é dada por

$$v = \frac{c\left[1-(m/m_0)2v'_e/c\right]}{1+(m/m_0)2v'_e/c}.$$

[*Sugestão*: escreva as equações de conservação de quantidade de movimento e energia, em relação ao observador, notando que a massa de repouso dos gases expelidos não é igual à variação na massa de repouso do foguete.]

11.42 Uma partícula de massa de repouso m_0 divide-se (ou decai) em duas partículas de massas de repouso m_1 e m_2. Prove que, no referencial C, as energias das partículas resultantes são

$$E_1 = (m_0^2 + m_1^2 - m_2^2)c^2/2m_0$$

e

$$E'_2 = (m_0^2 + m_2^2 - m_1^2)c^2/2m_0.$$

Calcule, também, as quantidades de movimento.

11.43 Resolva o Prob. 11.42 para o caso de partículas no referencial L, sabendo que a quantidade de movimento da partícula m_0 é p, nesse referencial. Prove também que, se p_1 e p_2 são as quantidades de movimento das partículas resultantes e θ o ângulo entre elas,

$$m_0^2 c^4 = (m_1 + m_2)^2c^4 + 2E_1E_2$$
$$- 2m_1m_2c^4 - 2p_1 p_2c^2 \cos \theta.$$

11.44 Numa colisão entre as partículas m_1 e m_2, m_1 possui uma quantidade de movimento p_1 e m_2 está parada em relação ao referencial L. Após a colisão, além das partículas m_1 e m_2, aparecem as partículas m_3, m_4,... Prove que a energia cinética limiar no referencial L é dada, no caso desse processo, por

$$E_{k1} = (\Delta m)c^2[1 + m_1/m_2 + \Delta m/2m_2],$$

onde $\Delta m = m_3 + m_4 + \cdots$. Aplique essa equação para a criação de um par próton–antipróton, que foi discutida no Ex. 11.11.

11.45 Uma partícula com massa de repouso m, está se movendo com uma energia total E_1 extremamente alta, de modo que sua velocidade é aproximadamente igual a c, e colide com uma partícula de massa de repouso m_2 que está parada. Mostre que a velocidade do sistema é $c(1 - m_2c^2/E_1)$ e que a energia utilizável, no referencial C, é

$$(2E_1m_2c^2)^{1/2}.$$

11.46 Considere uma reação em que uma partícula, de massa de repouso nula e energia E_1, colide com uma partícula de massa de repouso m_2 que está em repouso no laboratório. Os produtos finais da reação são duas partículas: uma de massa de repouso m_2 e outra de massa de repouso m_3. Mostre que a energia limite E_1 para a reação é

$$E_1 = m_3(1 + m_3/2m_2)c^2.$$

11.47 Determine o Q e a energia cinética limiar no referencial L da partícula incidente (o π^-) para as seguintes reações: (a) $\pi^- + p^+ \rightarrow n + \pi^0$; (b) $\pi^- + p^+ \rightarrow \Sigma^- + K^+$. As massas de repouso dessas partículas são:

Partícula	Massa de repouso, kg
π^-	$0{,}2489 \times 10^{-27}$
π^0	$0{,}2407 \times 10^{-27}$
p^+	$1{,}6752 \times 10^{-27}$
n	$1{,}6748 \times 10^{-27}$
Σ^-	$1{,}9702 \times 10^{-27}$
K^+	$0{,}8805 \times 10^{-27}$

[*Sugestão*: use os resultados do Ex. 11.12.]

11.48 Uma partícula elementar de massa de repouso m_0 desintegra-se, dividindo-se em outras partículas elementares. O fator Q do processo não é nulo. (a) Prove que, se a partícula se divide em dois fragmentos iguais, estes devem se mover, no referencial C, em direções opostas e com uma quantidade de movimento igual a

$$\tfrac{1}{2}\left(2m_0\,Q - Q^2/c^2\right)^{1/2}.$$

(b) Prove que, se a partícula se desintegra em três fragmentos iguais, emitidos simetricamente no referencial C, a quantidade de movimento de cada partícula é igual a

$$\tfrac{1}{3}\left(2m_0\,Q - Q^2/c^2\right)^{1/2}.$$

(c) Verifique se os resultados, (a) e (b) reduzem-se, respectivamente, às expressões não relativísticas dadas nas partes (d) e (e) do Prob. 9.13, quando Q é muito menor que $m_0\,c^2$. (d) Aplique o resultado da parte (b) para o caso da partícula elementar denominada *méson-tau* ($m_0 = 8{,}8 \times 10^{-28}$ kg), que se desintegra em três fragmentos denominados *mésons-pi* ($m_0 = 2{,}5 \times 10^{-28}$ kg). Calcule o fator Q do processo e os módulos das velocidades dos fragmentos no referencial C. Qual será o erro percentual que cometeremos se utilizarmos as expressões não relativísticas do Prob. 9.13?

12 Movimento oscilatório

12.1 Introdução

Entre os movimentos encontrados na natureza, um dos mais importantes é o movimento oscilatório (ou vibracional). Uma partícula está oscilando quando se move periodicamente em torno de uma posição de equilíbrio. O movimento de um pêndulo é oscilatório. Um peso amarrado na extremidade de uma mola esticada oscila ao ser abandonado. Os átomos num sólido estão vibrando. Os elétrons, numa antena transmissora ou receptora, executam rápidas oscilações. Uma compreensão do movimento vibracional é também essencial para a discussão de fenômenos ondulatórios, que trataremos na Parte 3 deste texto.

Dentre todos os movimentos oscilatórios, o mais importante é o *movimento harmônico simples* (MHS), porque, além de ser o movimento mais simples para se descrever matematicamente, constitui uma descrição bastante precisa de muitas oscilações encontradas na natureza. Dedicaremos a maior parte deste capítulo à discussão desse tipo de movimento.

12.2 Cinemática do movimento harmônico simples

Por definição, dizemos que uma partícula executa um movimento harmônico simples ao longo do eixo X quando seu deslocamento x, em relação à origem do sistema de coordenadas, é dado, como função do tempo, pela relação

$$x = A \text{ sen } (\omega t + \alpha). \tag{12.1}$$

A grandeza $\omega t + \alpha$ é denominada *fase* e α é a fase inicial, isto é, o valor da fase para $t = 0$. Embora tenhamos definido o movimento harmônico simples em termos de uma função senoidal, poderíamos ter utilizado uma função cossenoidal, sendo que, a única diferença estaria numa diferença de $\pi/2$ na fase inicial. Como a função seno (ou cosseno) varia de -1 a $+1$, o deslocamento da partícula varia entre $x = -A$ e $x = +A$. O deslocamento máximo, A, em relação à origem, é a *amplitude* do movimento harmônico simples. A função seno se repete cada vez que o ângulo aumenta de 2π. Logo, o deslocamento da partícula se repete após um intervalo de tempo de $2\pi/\omega$. Portanto o movimento harmônico simples é periódico e seu período é $P = 2\pi/\omega$. A frequência ν de um movimento harmônico simples é igual ao número de oscilações completas, por unidade de tempo; assim, $\nu = 1/P$. A grandeza ω, denominada *frequência angular* ou *pulsação* da partícula oscilante, está relacionada com a frequência pela relação seguinte, semelhante à Eq. (5.51) para o movimento circular.

$$\omega = \frac{2\pi}{P} = 2\pi\nu. \tag{12.2}$$

A velocidade da partícula, determinada a partir da Eq. (5.2), é

$$v = \frac{dx}{dt} = \omega A \cos(\omega t + \alpha). \tag{12.3}$$

Analogamente, a aceleração é dada por

$$a = \frac{dv}{dt} = -\omega^2 A \operatorname{sen}(\omega t + \alpha) = -\omega^2 x, \tag{12.4}$$

que indica que, num movimento harmônico simples, a aceleração é sempre proporcional e de sentido oposto ao deslocamento. Na Fig. 12.1, apresentamos os gráficos de x, v, e a como funções do tempo.

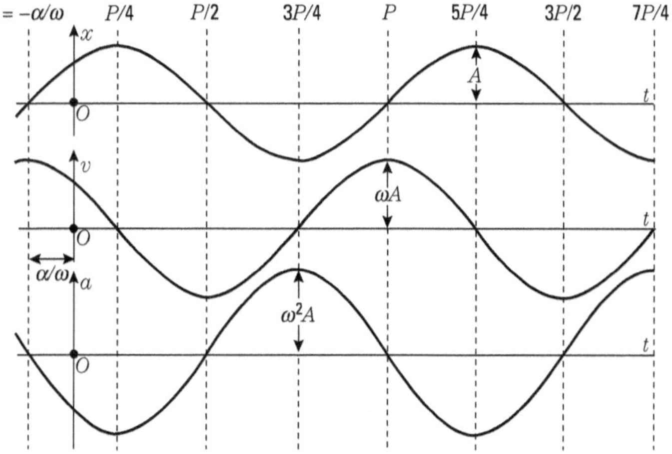

Figura 12.1 Gráficos do deslocamento, da velocidade e da aceleração em função do tempo, no MHS.

O deslocamento da partícula, que se move com MHS, pode ser considerado como a componente X de um vetor $\overrightarrow{OP'}$, com $OP' = A$, que gira no sentido anti-horário, em torno de O, com velocidade angular ω e que faz (em cada instante) um ângulo $\omega t + \alpha$, também medida no sentido anti-horário, com o eixo Y negativo. Na Fig. 12.2, representamos o vetor $\overrightarrow{OP'}$, em várias posições. Você pode verificar que, em qualquer instante, a componente X de $\overrightarrow{OP'}$ é dada por $x = OP = OP'$ sen $(\omega t + \alpha)$, de acordo com a Eq. (12.1).

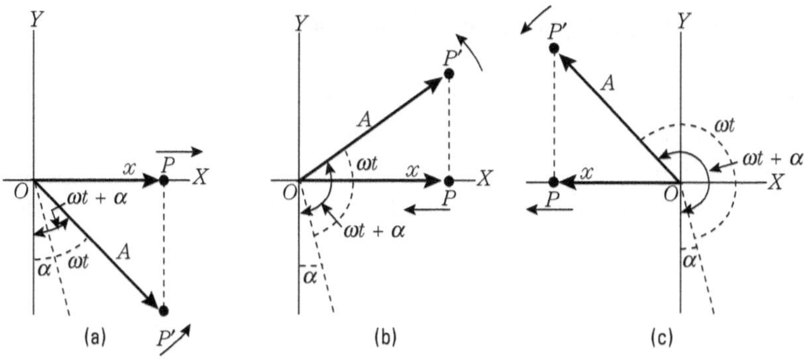

Figura 12.2 Vetor girante para o deslocamento no MHS.

A velocidade e aceleração da partícula também podem ser representadas por vetores girantes $\overrightarrow{OV'}$ e $\overrightarrow{OA'}$, cujos comprimentos são, respectivamente, ωA e $\omega^2 A$ e cujas componentes ao longo do eixo X dão a velocidade v e a aceleração a da partícula que se move com MHS. Pode-se ver que $\overrightarrow{OV'}$ e $\overrightarrow{OA'}$, estão, respectivamente, adiantados de $\pi/2$ e π, em relação ao vetor girante $\overrightarrow{OP'}$.

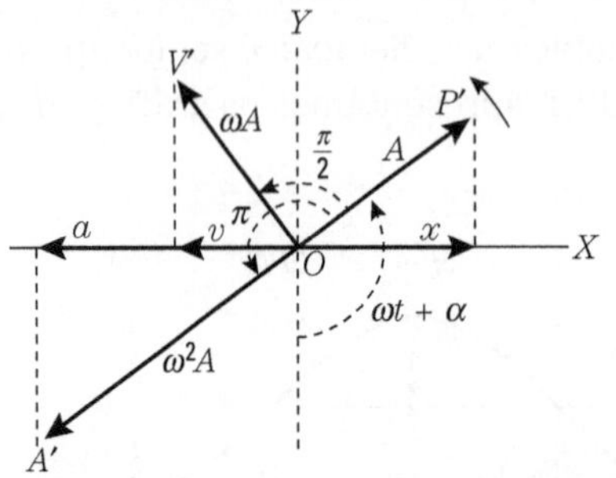

Figura 12.3 Vetores girantes para deslocamento, velocidade e aceleração, no MHS.

■ **Exemplo 12.1** Verificar se, no mecanismo ilustrado pela Fig. 12.4, P se move com MHS. Nesse mecanismo, QQ' é uma barra sobre a qual o cilindro P pode deslizar; P está ligado por uma barra L a uma roda de raio R que gira com velocidade angular constante ω. (Esse mecanismo é encontrado em muitas máquinas a vapor e serve para transformar o movimento oscilatório do pistão em movimento de rotação da roda.)

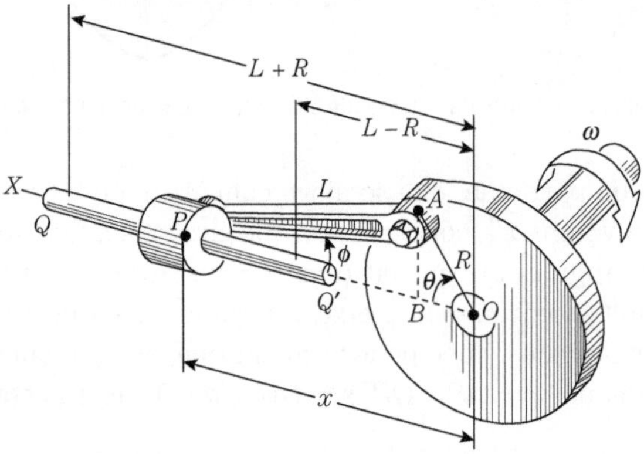

Figura 12.4 O movimento de *P* é oscilatório, mas não é harmônico simples.

Solução: Pela figura, podemos facilmente ver que P oscila entre uma posição de O a uma distância $L + R$ e outra posição de O a uma distância $L - R$. Para determinar se o movimento é harmônico simples, precisamos verificar se o deslocamento de P segue a Eq. (12.1). Da geometria da figura, temos que $x = R\cos\theta + L\cos\theta$ e $L \operatorname{sen}\phi = R \operatorname{sen}\theta$, de modo que $\operatorname{sen}\phi = (R/L)\operatorname{sen}\theta$ e

$$\cos\phi = \left(1 - \operatorname{sen}^2\phi\right)^{1/2} = \frac{1}{L}\left(L^2 - R^2\operatorname{sen}^2\theta\right)^{1/2}.$$

Assim,

$$x = R\cos\theta + (L^2 - R^2\operatorname{sen}^2\theta)^{1/2},$$

e, como $\theta = \omega t$, temos

$$x = R\cos\omega t + (L^2 - R^2\operatorname{sen}^2\omega t)^{1/2}.$$

Essa é a expressão do deslocamento de P em função do tempo. Comparando essa equação com a Eq. (12.1), vemos que o primeiro termo, $R \cos \omega t$, corresponde a um movimento harmônico simples, em que $\alpha = \pi/2$, mas o segundo termo não. Assim, embora o movimento de P seja oscilatório, não é harmônico simples.

Um engenheiro mecânico, ao projetar um mecanismo como o da Fig. 12.4, deve imaginar um modo de aplicar a força apropriada a P, tal que o deslocamento x seja dado pela equação apresentada aqui, a fim de fazer a roda girar com um movimento circular uniforme. Quando P é ligado ao pistão de uma máquina a vapor, isso é feito por meio do controle de admissão de vapor.

■ **Exemplo 12.2** Discutir o movimento de uma partícula de massa m, sobre a qual age uma força oscilante $\boldsymbol{F} = \boldsymbol{F}_0 \operatorname{sen} \omega t$.

Solução: A equação de movimento da partícula é $m\boldsymbol{a} = \boldsymbol{F}_0 \operatorname{sen} \omega t$ ou, como $\boldsymbol{a} = d\boldsymbol{v}/dt$.

$$\frac{d\boldsymbol{v}}{dt} = \frac{\boldsymbol{F}_0}{m} \operatorname{sen} \omega t.$$

Integrando essa equação, obtemos

$$\boldsymbol{v} = -\frac{\boldsymbol{F}_0}{m\omega} \cos \omega t + \boldsymbol{v}_0,$$

onde $\boldsymbol{v}_0$ é uma constante de integração e não a velocidade inicial que se obtém fazendo $t = 0$. Como se pode ver, a velocidade inicial é $\boldsymbol{v}_0 - \boldsymbol{F}_0/m\omega$. Lembrando que $\boldsymbol{v} = d\boldsymbol{r}/dt$ e integrando novamente, obtemos

$$\boldsymbol{r} = -\frac{\boldsymbol{F}_0}{m\omega^2} \operatorname{sen} \omega t + \boldsymbol{v}_0 t + \boldsymbol{r}_0,$$

que dá a posição da partícula como função do tempo. A posição inicial da partícula é $\boldsymbol{r}_0$. Supondo que $\boldsymbol{r}_0 = 0$, a trajetória da partícula é a ilustrada pela Fig. 12.5. Como se vê, a partícula se desloca para a direita e oscila, em torno do eixo, na direção dada por $\boldsymbol{F}_0$. Essa figura não deve ser confundida com a Fig. 12.1 (a), que dá o deslocamento, como função do tempo, para uma partícula em MHS. Uma situação física em que aparece esse tipo de movimento, ocorre, por exemplo, quando um elétron (ou qualquer partícula carregada) move-se através de um campo elétrico oscilante.

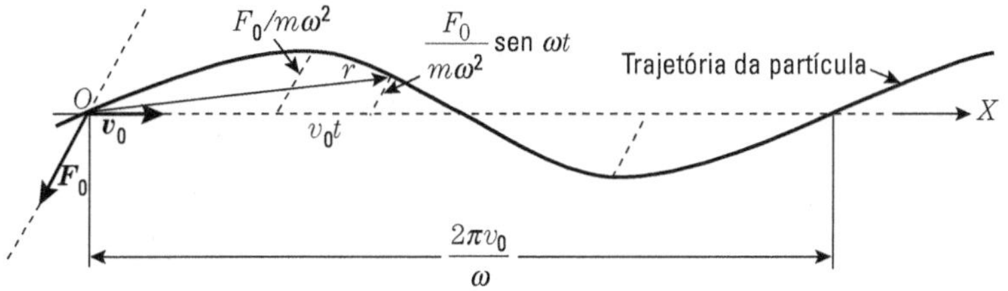

Figura 12.5 Movimento plano sob a ação de uma força harmônica.

Sugerimos que você considere o caso particular em que $\boldsymbol{F}_0$ e $\boldsymbol{v}_0$ são paralelos e faça o gráfico do deslocamento em função do tempo.

12.3 Força e energia no movimento harmônico simples

Da Eq. (12.4), podemos obter a força que deve agir sobre uma partícula de massa m para que esta oscile com movimento harmônico simples. Aplicando a equação de movimento $\boldsymbol{F} = m\boldsymbol{a}$, e substituindo o resultado da Eq. (12.4), que dá a aceleração, temos

$$F = -m\omega^2 x = -kx, \tag{12.5}$$

onde colocamos

$$k = m\omega^2 \qquad \text{ou} \qquad \omega = \sqrt{k/m}. \tag{12.6}$$

Isso indica que *num movimento harmônico simples, a força é proporcional e de sentido contrário ao deslocamento.* Assim, a força sempre aponta para a origem O. Esse é o ponto de equilíbrio, pois, na origem, $F = 0$, porque $x = 0$. Também podemos dizer que a força F é atrativa e o centro de atração é o ponto O. A força dada pela Eq. (12.5) é o tipo de força que aparece quando se deforma um corpo elástico como, por exemplo, uma mola; demos diversos exemplos desse tipo de força no Cap. 8. A constante $k = m\omega^2$, às vezes chamada *constante elástica*, representa a força necessária para deslocar a partícula de uma distância unitária. Das Eqs. (12.2) e (12.6) obtemos as equações

$$P = 2\pi\sqrt{\frac{m}{k}}, \qquad \nu = \frac{1}{2\pi}\sqrt{\frac{k}{m}}, \tag{12.7}$$

que dão o período e a frequência de um movimento harmônico simples em função da massa da partícula e da constante elástica da força aplicada. A energia cinética da partícula é

$$E_k = \tfrac{1}{2}mv^2 = \tfrac{1}{2}m\omega^2 A^2 \cos^2(\omega t + \alpha). \tag{12.8}$$

Ou, como $\cos^2\theta = 1 - \operatorname{sen}^2\theta$, e usando a Eq. (12.1) para o deslocamento, podemos exprimir a energia cinética na forma

$$E_k = \tfrac{1}{2}m\omega^2 A^2\left[1 - \operatorname{sen}^2(\omega t + \alpha)\right] = \tfrac{1}{2}m\omega^2\left(A^2 - x^2\right). \tag{12.9}$$

Notamos que *a energia cinética é máxima no centro* ($x = 0$) *e nula nos extremos de oscilação* ($x = \pm A$).

Para obter a energia potencial, lembramos a Eq. (8.24), $F = -dE_p/dx$. Aplicando a Eq. (12.5) para a força, podemos escrever

$$dE_p/dx = kx.$$

Integrando (escolhendo o zero da energia potencial na origem), obtemos

$$\int_0^{E_p} dE_p = \int_0^x kx\,dx \qquad \text{ou} \qquad E_p = \tfrac{1}{2}kx^2 = \tfrac{1}{2}m\omega^2 x^2. \tag{12.10}$$

Portanto *a energia potencial é mínima (nula) no centro* ($x = 0$) *e aumenta à medida que a partícula se aproxima dos extremos de oscilação* ($x = \pm A$). Somando as Eqs. (12.9) e (12.10), obtemos, para a energia total do oscilador harmônico simples,

$$E = E_k + E_p = \tfrac{1}{2}m\omega^2 A^2 = \tfrac{1}{2}kA^2, \tag{12.11}$$

que é uma constante. Pela Eq. (8.29), isso era de se esperar, pois a força é conservativa. Portanto podemos dizer que, durante uma oscilação, há uma troca contínua de energias cinética e potencial. Quando a partícula se afasta da posição de equilíbrio, a energia potencial cresce, enquanto a cinética decresce; o inverso ocorre quando a partícula se aproxima da posição de equilíbrio.

A Fig. 12.6 mostra a energia potencial

$$E_p = \tfrac{1}{2}kx^2$$

representada por uma parábola. Para uma dada energia total E, representada pela linha horizontal, os limites de oscilação são determinados pelas interseções dessa horizontal com a curva da energia potencial, como explicamos na Seç. 8.11. Como a parábola E_p é simétrica, os limites de oscilação estão a distâncias iguais, $\pm A$, de O. Para qualquer ponto x, a energia cinética E_k é dada pela distância entre a curva $E_p(x)$ e a linha E.

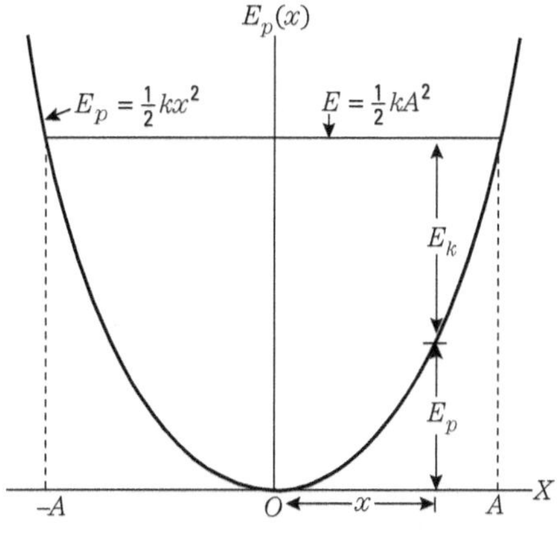

Figura 12.6 Relações entre as energias no MHS.

12.4 Dinâmica do movimento harmônico simples

Na Seç. 12.2, definimos o movimento harmônico simples por meio de suas propriedades cinemáticas expressas pela Eq. (12.1). Somente num desenvolvimento posterior é que discutimos o tipo de força necessária para produzir tal movimento (dada pela Eq. 12.5). Entretanto é importante discutir o problema inverso: provaremos que, dada uma força atrativa proporcional ao movimento (isto é, $F = -kx$), o movimento resultante é harmônico simples.

Um procedimento é partir da equação de movimento, $F = ma$, com $F = -kx$ e, lembrando que no movimento retilíneo $a = d^2x/dt^2$, escrever a equação

$$m\frac{d^2x}{dt^2} = -kx \qquad \text{ou} \qquad \frac{d^2x}{dt^2} + kx = 0.$$

Fazendo $\omega^2 = k/m$, podemos escrever

$$\frac{d^2x}{dt^2} + \omega^2 x = 0. \tag{12.12}$$

Essa é uma equação diferencial cujas soluções são funções senoidais de ωt. Substituindo x por A sen $(\omega t + \alpha)$, podemos verificar diretamente que essa expressão para x, que corresponde ao movimento harmônico simples, satisfaz a Eq. (12.12). Logo, dizemos que $x = A$ sen$(\omega t + \alpha)$ é a solução geral da Eq. (12.12) porque tem duas constantes arbitrárias, a amplitude A e a fase inicial α*. *Portanto verificamos que uma força atrativa proporcional ao deslocamento produz movimento harmônico simples.*

Neste ponto, adiantaremos a informação de que essa Eq. diferencial (12.12) aparece em muitas situações na física. Sempre que ela aparece, o fenômeno correspondente é oscilatório e obedece à lei A sen $(\omega t + \alpha)$, sendo que ela pode estar descrevendo um deslocamento linear ou angular de uma partícula, uma corrente num circuito elétrico, a concentração de íons num plasma, a temperatura de um corpo ou inúmeras outras situações físicas.

■ **Exemplo 12.3** Discutir a solução da Eq. (12.12) para o movimento harmônico simples e termos do deslocamento inicial x_0 e da velocidade inicial v_0.

Solução: Dissemos que a solução geral da Eq. (12.12) é

$$x = A \text{ sen } (\omega t + \alpha).$$

Logo, a velocidade é $v = dx/dt = \omega A \cos(\omega t + \alpha)$. Portanto, fazendo $t = 0$, temos

$$x_0 = A \text{ sen } \alpha, \qquad v_0 = \omega A \cos \alpha.$$

Donde,

$$\text{tg } \alpha = \omega x_0/v_0 \qquad \text{e} \qquad A = (x_0^2 + v_0^2/\omega^2)^{1/2}.$$

Por exemplo, se a partícula está inicialmente na posição de equilíbrio $x_0 = 0$ e recebe um impulso que lhe imprime uma velocidade v_0, temos $\alpha = 0$ e $A = v_0/\omega$. O deslocamento é dado por $x = v_0/\omega$ sen ωt. A energia total da partícula, de acordo com a Eq. (12.11), será $E = \frac{1}{2}k(v_0\omega)^2 = \frac{1}{2}mv_0^2$, que é igual à energia cinética inicial.

Por outro lado, se a partícula é afastada de uma distância x_0 da posição de equilíbrio e, em seguida, abandonada, temos $v_0 = 0$ e, portanto, tg $\alpha = \infty$ ou $\alpha = \pi/2$ e $A = x_0$. O deslocamento é, então, dado por $x = x_0 \cos \omega t$. Utilizando a Eq. (12.11), obtemos a energia total da partícula $E = \frac{1}{2}kx_0^2$, que é igual à energia potencial inicial.

■ **Exemplo 12.4** Deduzir a expressão geral para o período de um movimento oscilatório, utilizando o princípio da conservação de energia.

Solução: Podemos aplicar a Eq. (8.34) da Seç. 8.9 em que discutimos movimentos sob forças conservativas, isto é,

$$\int_{x_0}^{x} \frac{dx}{\left[(2/m)\left(E - E_p(x)\right)\right]^{1/2}} = t,$$

onde $E_p(x)$ é a energia potencial do movimento e E a energia total. De acordo com a Seç. 8.11, a partícula oscila entre as posições dadas pelos valores x_1 e x_2 obtidos pela resolução da

* A solução geral da Eq. (12.12) pode também ser escrita na forma $x = a$ sen $\omega t + b \cos \omega t$, onde a e b são constantes arbitrárias. Essa solução será equivalente a $x = A$ sen $(\omega t + \alpha)$ se fizermos $a = A \cos \alpha$ e $b = A$ sen α.

equação $E_p(x) = E$ (reveja a Fig. 8.18). Se, na equação apresentada aqui, fizermos $x_0 = x_y$ e $x = x_2$, o tempo t corresponderá a meia oscilação e, portanto, será igual a meio período: $t = \frac{1}{2}P$. Consequentemente, da equação precedente, resulta

$$P = 2\int_{x_1}^{x_2} \frac{dx}{\sqrt{(2/m)(E - E_p)}}. \tag{12.13}$$

Essa é uma fórmula geral que dá o período de qualquer movimento oscilatório, seja ele um MHS ou não. Observe que essa fórmula nos permite calcular o período se conhecemos a energia potencial E_p (x), mesmo que não tenhamos resolvido a equação de movimento para obter x como função de t. Sugerimos que você faça $E_p = \frac{1}{2}kx^2$ (que corresponde ao movimento harmônico simples) e obtenha $P = \pi A\sqrt{2m/E}$, fazendo $x_1 = -A$ e $x_2 = +A$, verificando assim que esse resultado é idêntico à Eq. (12.11).

12.5 Pêndulo simples

Um exemplo de movimento harmônico simples é o movimento de um pêndulo. Um pêndulo simples é definido como uma partícula de massa m presa, num ponto O, por um fio de comprimento l e massa desprezível (Fig. 12.7). Se a partícula for afastada lateralmente até a posição B, onde o fio faz um ângulo θ_0 com a vertical OC, e, em seguida, abandonada, o pêndulo oscilará entre B e a posição simétrica B'.

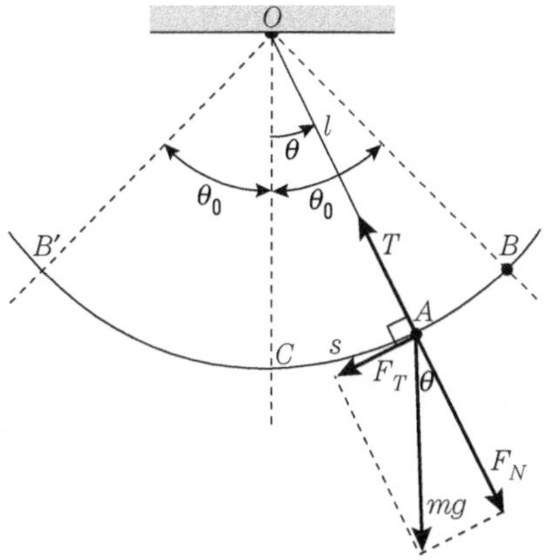

Figura 12.7 Movimento oscilatório de um pêndulo.

Para determinar o tipo de oscilação, precisamos escrever a equação de movimento da partícula. A partícula se move num arco de círculo com raio $l = OA$. As forças que agem sobre a partícula são o peso $m\boldsymbol{g}$ e a tensão $\boldsymbol{T}$ no fio. A componente tangencial da força resultante é, pela figura,

$$F_T = -mg \text{ sen } \theta,$$

onde o sinal negativo aparece porque ela tem sentido oposto ao deslocamento $s = CA$. A equação para o movimento tangencial é $F_T = ma_T$, e, como a partícula se move ao longo de um círculo de raio l, podemos usar a Eq. (5.56) (com R substituído por l) para exprimir a aceleração tangencial. Isto é, $a_T = l\, d^2\theta/dt^2$. A equação para o movimento tangencial é, portanto,

$$ml\frac{d^2\theta}{dt^2} = -mg \operatorname{sen}\theta \qquad \text{ou} \qquad \frac{d^2\theta}{dt^2} + \frac{g}{l}\operatorname{sen}\theta = 0. \tag{12.14}$$

Essa equação não é do mesmo tipo da Eq. (12.12) em virtude da presença de sen θ. Entretanto, se o ângulo θ é pequeno, o que é verdadeiro para amplitudes pequenas de oscilação, podemos usar a Eq. (M.30) e escrever sen $\theta \sim \theta$ na Eq. (12.14) para o movimento do pêndulo que, então, reduz-se a

$$\frac{d^2\theta}{dt^2} + \frac{g}{l}\theta = 0.$$

Essa equação diferencial é idêntica à Eq. (12.12), em que x foi substituído por θ, sendo que, desta vez, ela se refere a um movimento angular e não linear. Assim, concluímos que, dentro de nossa aproximação, o movimento angular do pêndulo é harmônico simples, com $\omega^2 = g/l$. O ângulo θ pode ser, desse modo, expresso na forma $\theta = \theta_0$ sen $(\omega t + \alpha)$. Então, usando a Eq. (12.2), $P = 2\pi/\omega$, podemos escrever o período de oscilação como

$$P = 2\pi\sqrt{\frac{l}{g}}. \tag{12.15}$$

Observe que o período independe da massa do pêndulo. Para amplitude maiores, a aproximação sen $\theta \sim \theta$ não é válida. Nesse caso, a fórmula para o período depende da amplitude θ_0. Se quisermos obter a fórmula geral para o período, escreveremos, inicialmente, a energia potencial do pêndulo como uma função do ângulo (Ex. 8.7) e substituiremos na expressão para P, dada pela Eq. (12.13). Omitiremos os detalhes matemáticos, mas indicaremos que o resultado pode ser expresso como uma série,

$$P = 2\pi\sqrt{l/g}\left(1 + \tfrac{1}{4}\operatorname{sen}^2 \tfrac{1}{2}\theta_0 + \tfrac{9}{64}\operatorname{sen}^4 \tfrac{1}{2}\theta_0 + \ldots\right).$$

A variação de P com a amplitude θ_0, expressa em termos do período $P_0 = 2\pi\sqrt{l/g}$ correspondente a amplitudes muito pequenas, está ilustrado na Fig. 12.8. Note que somente para amplitudes muito grandes é que o período difere apreciavelmente de P_0. Para pequenas amplitudes, é suficiente tomar apenas o primeiro termo de correção; e podemos ainda fazer a substituição de sen $\tfrac{1}{2}\theta_0$ por $\tfrac{1}{2}\theta_0$, o que dá como resultado

$$P = 2\pi\sqrt{l/g}\left(1 + \tfrac{1}{16}\theta_0^2\right), \tag{12.16}$$

onde θ_0 deve ser expresso em radianos. Essa é uma aproximação suficiente para a maioria das situações práticas. De fato, o termo de correção $\theta_0^2/16$ contribui com menos de 1% para amplitudes menores que 23°.

Há, entretanto, um sistema especial em que o período de um pêndulo é independente da amplitude. É o *pêndulo cicloidal*. Cicloide é uma curva gerada por um ponto na borda de um disco que rola num plano, como mostra a Fig. 12.9. Se construirmos, num plano vertical, uma trajetória com a forma de uma cicloide e deixarmos uma massa m deslizar ao longo dela, num movimento oscilatório, sob a ação da gravidade, a amplitude do movimento dependerá do ponto em que a partícula for abandonada, mas o período será sempre $P = 4\pi\sqrt{a/g}$, onde a é o raio do círculo que gera a cicloide.

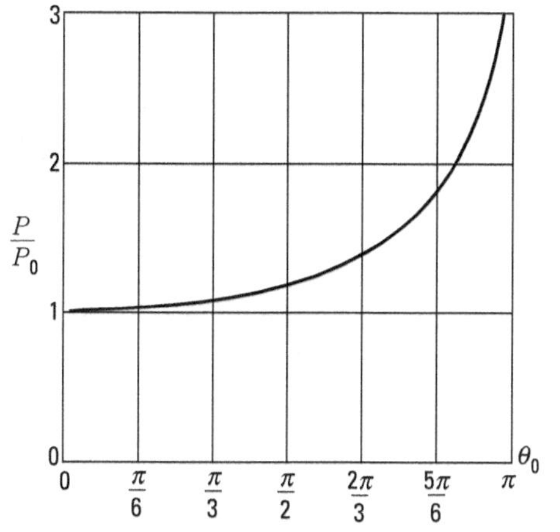

Figura 12.8 Variação do período de um pêndulo com a amplitude.

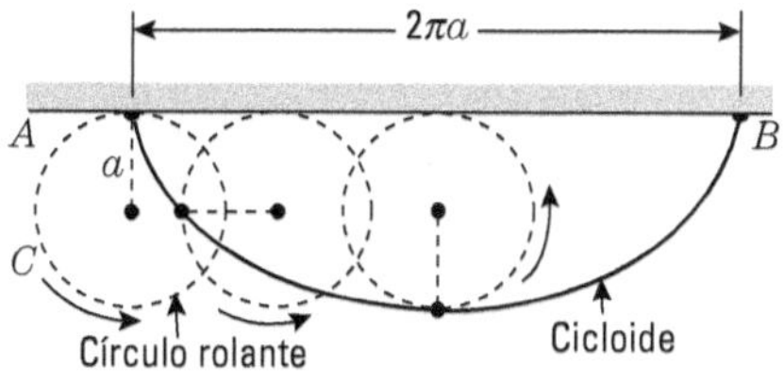

Figura 12.9 Definição de cicloide.

Um meio prático de construir um pêndulo cicloidal é ilustrado pela Fig. 12.10, onde os perfis de C_1 e C_2 têm a forma de cicloides. Então, por considerações geométricas, pode-se provar que, quando o pêndulo é suspenso entre eles, a massa, na extremidade inferior do fio, descreve uma cicloide e, portanto, o período de oscilação é independente da amplitude*.

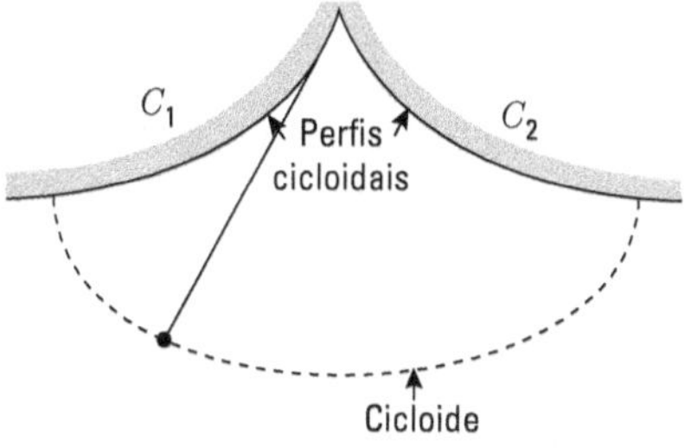

Figura 12.10 Pêndulo cicloidal.

■ **Exemplo 12.5** Calcular a tensão, no fio de um pêndulo, em função do ângulo formado pelo fio com a vertical.

Solução: Para calcular a tensão T, obtemos inicialmente a força centrípeta sobre a partícula

$$F_c = T - F_N = T - mg \cos \theta,$$

pois, da Fig. 12.7, F_N é dada por $mg \cos \theta$. Igualando com o produto da massa pela aceleração centrípeta, mv^2/l (note que l é o raio) de acordo com a Eq. (7.28), resulta

$$T - mg \cos \theta = mv^2/l.$$

Obtemos a velocidade usando o resultado do Ex. 8.7. Isto é,

$$v^2 = 2gl(\cos \theta - \cos \theta_0),$$

* Para mais detalhes sobre a cicloide, veja: THOMAS, G. B. *Calculus and analytic geometry*. 3. ed. Reading, Mass.: Addison-Wesley, 1962. Seç. 12.2.

e, portanto,

$$T = mg(3 \cos \theta - 2 \cos \theta_0).$$

Essa expressão é válida para qualquer amplitude, pois não foi feita nenhuma aproximação com relação ao ângulo θ.

12.6 Pêndulo composto

Qualquer corpo rígido que pode oscilar livremente em torno de um eixo horizontal, sob a ação da gravidade, constitui um pêndulo composto (ou físico). Seja ZZ' (Fig. 12.11) o eixo horizontal e C o centro de massa do corpo. Quando a linha OC faz um ângulo θ com a vertical, a componente Z do torque que age sobre o corpo é $\tau_z = -mgb$ sen θ, onde b é a distância OC entre o eixo Z, e o centro de massa C. Se I é o momento de inércia do corpo, em relação ao eixo Z, e $\alpha = d^2\theta/dt^2$ é a aceleração angular, a Eq. (10.14), $I\alpha = \tau_z$, dá $I\, d^2\theta/dt^2 = -mgb$ sen θ. Supondo que as oscilações tenham pequenas amplitudes, podemos considerar novamente sen $\theta \sim \theta$, de modo que a equação de movimento é

$$\frac{d^2\theta}{dt^2} = -\frac{mgb}{I}\theta$$

ou

$$\frac{d^2\theta}{dt^2} + \frac{gb}{K^2}\theta = 0.$$

Fizemos $I = mK^2$, onde K é o raio de giração, definido pela Eq. (10.10). Podemos comparar essa equação de movimento com a Eq. (12.12), mostrando que o movimento angular oscilatório é harmônico simples, com $\omega^2 = gb/K^2$. Assim, o período da oscilação é

$$P = 2\pi\sqrt{K^2/gb}. \qquad (12.17)$$

A grandeza $l = K^2/b$ é o comprimento do pêndulo simples equivalente, pois um pêndulo simples com esse comprimento tem o mesmo período do pêndulo composto.

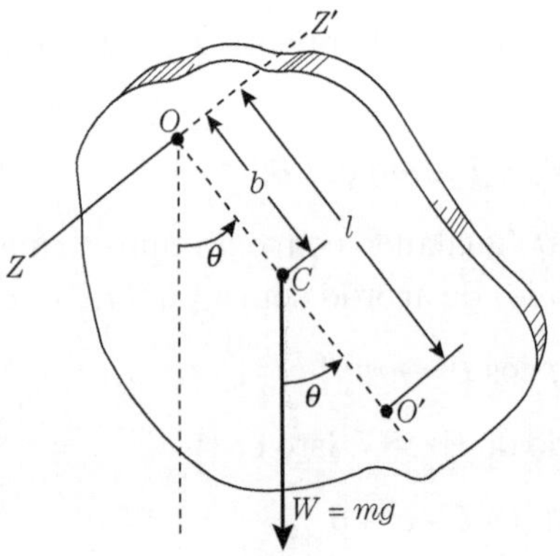

Figura 12.11 Pêndulo composto.

Notamos que o período do pêndulo composto é independente de sua massa e da forma geométrica, desde que o raio de giração K e a posição do centro de massa, dada por b, permaneçam constantes.

■ **Exemplo 12.6** Um anel de 0,10 m de raio está suspenso como ilustra a Fig. 12.12. Calcular o seu período de oscilação.

Solução: Seja R o raio do anel. O momento de inércia, em relação a um eixo que passa pelo centro de massa C, é $I_C = mR^2$ (veja a Tab. 10.1). Então, aplicando o teorema de Steiner, Eq. (10.8), com $a = R$, o momento de inércia, em relação a um eixo que passa pelo centro de suspensão O, é

$$I = I_C + mR^2 = mR^2 + mR^2 = 2mR^2,$$

que dá um raio de giração $K^2 = IR^2$. Temos também, nesse caso, que $b = R$. Portanto, aplicando a Eq. (12.17), obtemos

$$P = 2\pi\sqrt{\frac{2R^2}{gR}} = 2\pi\sqrt{\frac{2R}{g}},$$

que indica que o comprimento do pêndulo simples equivalente é $OO' = 2R$, que é igual ao diâmetro do anel. Introduzindo os valores $R = 0{,}10$ m e $g = 9{,}8 \text{ m}\cdot\text{s}^{-2}$, obtemos $P = 0{,}88$ s.

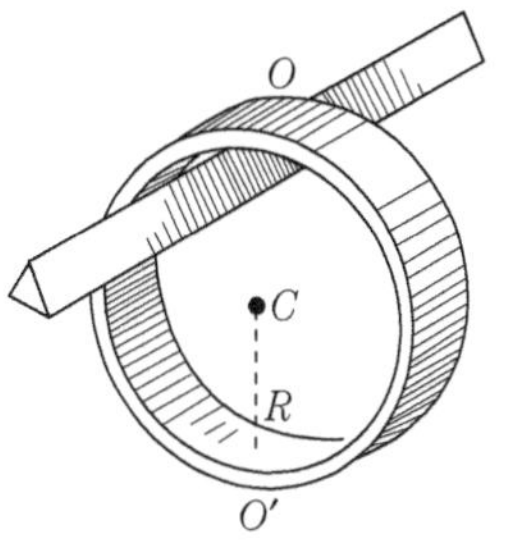

Figura 12.12

■ **Exemplo 12.7** Uma esfera de raio R está suspensa por um fio a um ponto fixo, de modo que a distância do centro da esfera ao ponto de suspensão é l. Calcular o período do pêndulo.

Solução: A não ser que o raio R seja muito pequeno comparado com l, não podemos considerar o pêndulo como sendo um pêndulo simples e, por isso, devemos utilizar as expressões discutidas nesta seção. Da Tab. 10.1, temos que o momento de inércia de uma esfera, em relação a um eixo que passa por seu centro, é $\frac{2}{5}mR^2$. Assim, aplicando o teorema de Steiner, com $a = l$, obtemos o momento de inércia, em relação ao ponto de suspensão,

$$I = \tfrac{2}{5}mR^2 + ml^2 = m\left(l^2 + \tfrac{2}{5}R^2\right),$$

que dá um raio de giração $K^2 = l^2 + \frac{2}{5}R^2 = l^2\left(1 + 0{,}4R^2/l^2\right)$. Assim, aplicando a Eq. (12.17) e notando que $b = l$, temos

$$P = 2\pi\sqrt{\frac{l\left(1 + 0{,}4R^2/l^2\right)}{g}} = 2\pi\sqrt{\frac{l}{g}}\left(1 + 0{,}4\frac{R^2}{l^2}\right)^{1/2}$$

Em geral, R é pequeno em relação a l e podemos, então, substituir $(1 + 0{,}4R^2/l^2)^{1/2}$ por $1 + 0{,}2R^2/l^2$, usando a aproximação do binômio (M.28). Portanto

$$P = 2\pi\sqrt{\frac{l}{g}}\left(1 + 0{,}2\frac{R^2}{l^2}\right).$$

O primeiro termo dá o período no caso em que desprezamos o tamanho da esfera. Por exemplo, se $l = 1$ m e $R = 0{,}01$ m, temos $R^2/l^2 = 10^{-4}$ e o termo de correção é 1,00002. Assim, o tamanho finito da esfera aumenta o período de 0,002%, que, na maioria dos casos, é uma percentagem desprezível.

■ **Exemplo 12.8** Discutir o pêndulo de torção.

Solução: Outro exemplo de movimento harmônico simples é o pêndulo de torção, que consiste num corpo suspenso por um fio metálico ou de fibra (Fig. 12.13) de modo que a linha OC passe pelo centro de massa do corpo. Quando o corpo é girado de um ângulo θ, de sua posição de equilíbrio, o fio é torcido e passa a exercer, sobre o corpo, um torque τ, em torno de OC, que se opõe ao deslocamento θ, mas tem módulo proporcional a θ, isto é, $\tau = -\kappa\theta$, onde κ é o coeficiente de torção do fio. Se I é o momento de inércia do corpo em relação ao eixo OC, a equação de movimento, aplicando a Eq. (10.14) com $\alpha = d^2\theta/dt^2$, é

$$I\frac{d^2\theta}{dt^2} = \kappa\theta \quad \text{ou} \quad \frac{d^2\theta}{dt^2} + \frac{\kappa}{I}\theta = 0.$$

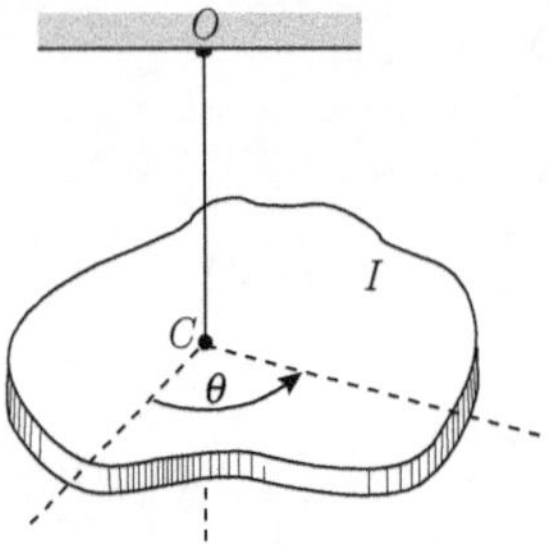

Figura 12.13 Pêndulo de torção. O centro de massa está em *C*.

Encontramos novamente a equação diferencial (12.12), de modo que o movimento angular é harmônico simples, com $\omega^2 = \kappa/I$; o período de oscilação é

$$P = 2\pi\sqrt{I/\kappa}. \tag{12.18}$$

Esse resultado é interessante porque podemos utilizá-lo para determinar experimentalmente o momento de inércia de um corpo, deixando-o suspenso por um fio cujo coeficiente κ de torção é conhecido e, em seguida, medindo o período P de oscilação.

12.7 Superposição de dois MHS: mesma direção, mesma frequência

Consideraremos agora a superposição, ou *interferência*, de dois movimentos harmônicos simples que dão o deslocamento da partícula ao longo de uma mesma reta. Discutamos inicialmente o caso em que ambos têm a mesma frequência (Fig. 12.14). O deslocamento da partícula, produzido por cada movimento harmônico simples, é dado por

$$x_1 = OP_1 = A_1 \text{ sen } (\omega t + \alpha_1)$$

e

$$x_2 = OP_2 = A_2 \text{ sen } (\omega t + \alpha_2).$$

O deslocamento resultante da partícula é dado por

$$\begin{aligned} x &= OP = x_1 + x_2 \\ &= A_1 \text{ sen } (\omega t + \alpha_1) + A_2 \text{ sen } (\omega t + \alpha_2). \end{aligned}$$

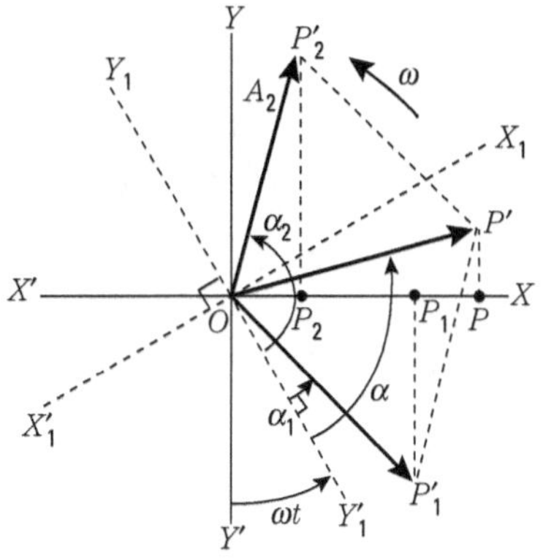

Figura 12.14 Composição de dois MHS de mesma frequência.

Provaremos que x também corresponde a um movimento harmônico simples de mesma frequência. Observamos que a componente X do vetor $\overrightarrow{OP'}$, soma dos vetores girantes $\overrightarrow{OP_1'}$ e $\overrightarrow{OP_2'}$, é justamente a soma das componentes X de $\overrightarrow{OP_1'}$ e $\overrightarrow{OP_2'}$ (isto é, $x_1 + x_2$) e, portanto, é igual a x. Além disso, como o ângulo entre $\overrightarrow{OP_1'}$ e $\overrightarrow{OP_2'}$ tem um valor fixo $\delta = \alpha_2 - \alpha_1$, o vetor $\overrightarrow{OP'}$ tem módulo constante A, e gira também em torno de O com velocidade angular ω. Portanto o vetor girante $\overrightarrow{OP'}$ gera um movimento harmônico simples de frequência angular ω e podemos escrever, então, para $x = OP$,

$$x = A \operatorname{sen}(\omega t + \alpha). \tag{12.19}$$

Aplicando a Eq. (3.3), calculamos a amplitude A:

$$A = \sqrt{A_1^2 + A_2^2 + 2A_1A_2 \cos \delta}. \tag{12.20}$$

A fase inicial α pode ser determinada projetando-se os três vetores sobre os eixos OX_1 e OY_1, que giram com velocidade angular ω e constituem um sistema de referência em que os vetores $\overrightarrow{OP_1'}$, $\overrightarrow{OP_2'}$ e $\overrightarrow{OP'}$ estão em repouso. Então, pela lei da adição vetorial, temos

$$A \cos \alpha = A_1 \cos \alpha_1 + A_2 \cos \alpha_2$$

e

$$A \operatorname{sen} \alpha = A_1 \operatorname{sen} \alpha_1 + A_2 \operatorname{sen} \alpha_2.$$

Dividindo membro a membro, obtemos

$$\operatorname{tg} \alpha = \frac{A_1 \operatorname{sen} \alpha_1 + A_2 \operatorname{sen} \alpha_2}{A_1 \cos \alpha_1 + A_2 \cos \alpha_2} \tag{12.21}$$

Consideremos alguns casos especiais importantes. Se $\alpha_2 = \alpha_1$, então, $\delta = 0$ e dizemos que os dois movimentos estão *em fase*. Seus vetores girantes são paralelos e, pelas Eqs. (12.20) e (12.21), temos

$$A = A_1 + A_2, \qquad \alpha = \alpha_1 \tag{12.22}$$

Logo, os dois movimentos harmônicos simples interferem construtivamente porque suas amplitudes somam-se (Fig. 12.15). Se $\alpha_2 = \alpha_1 + \pi$, então $\delta = \pi$, e dizemos que os dois movimentos harmônicos simples estão em *oposição de fase*. Seus vetores girantes são antiparalelos e as Eqs. (12.20) e (12.21) dão, se $A_1 > A_2$,

$$A = A_1 - A_2, \qquad \alpha = \alpha_1, \tag{12.23}$$

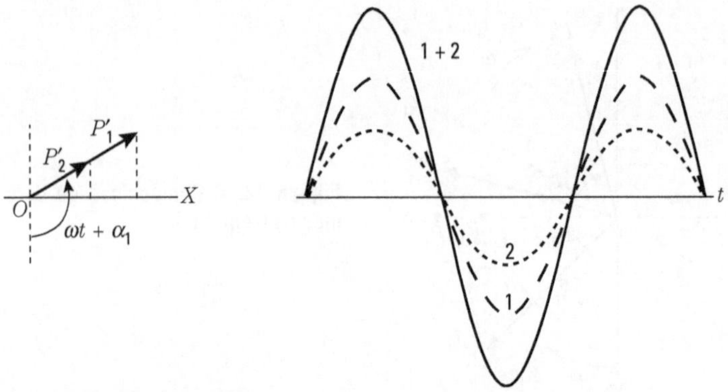

Figura 12.15 Composição de dois MHS em fase.

e os dois movimentos harmônicos simples interferem destrutivamente, pois suas amplitudes subtraem-se (Fig. 12.16). Em particular, se $A_1 = A_2$, os dois movimentos harmônicos simples cancelam-se de maneira completa. (O que aconteceria se $A_1 < A_2$?) Se $\alpha_2 = \alpha_1 + \pi/2$, então, $\delta = \pi/2$, e dizemos que os dois movimentos harmônicos simples estão *em quadratura*. Então, aplicando a Eq. (12.20), obtemos

$$A = \sqrt{A_1^2 + A_2^2}. \qquad (12.24)$$

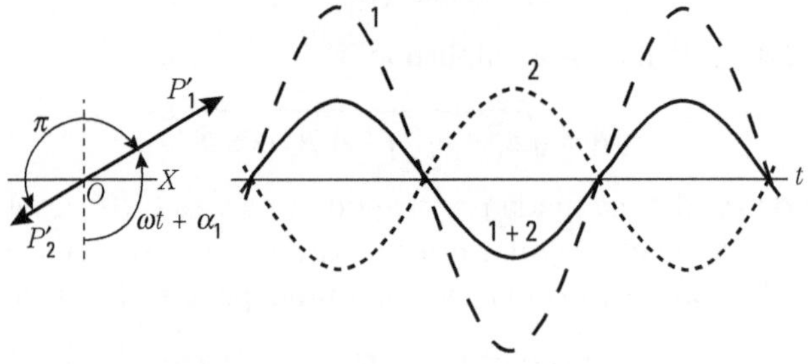

Figura 12.16 Composição de dois MHS em oposição.

Você pode verificar, pela Eq. (12.21), que α é dado por

$$\alpha = \alpha_1 + \operatorname{arctg}\frac{A_2}{A_1}. \qquad (12.25)$$

Nesse caso, os dois vetores girantes são perpendiculares. Na Fig. 12.17, ilustramos o caso em que $A_1 = \sqrt{3}A_2$, de modo que $\alpha = \alpha_1 + \pi/6$ e $A = 2A_2$. Procure verificar o caso em que $\alpha_2 = \alpha_1 + 3\pi/2$.

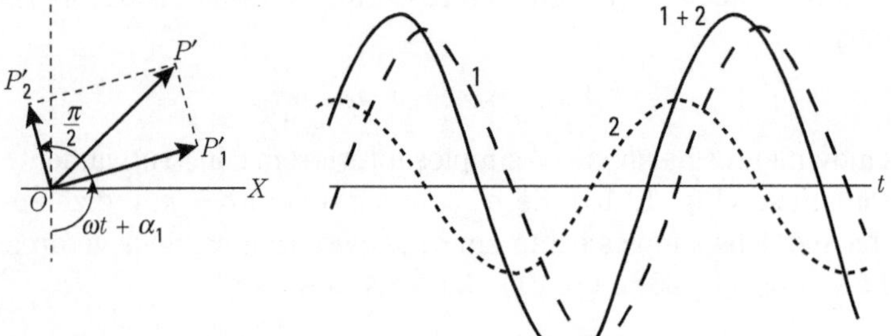

Figura 12.17 Composição de dois MHS em quadratura.

■ **Exemplo 12.9** Uma partícula está sujeita simultaneamente a dois movimentos harmônicos simples de mesma frequência e direção. Suas equações são $x_1 = 10 \text{ sen } (2t + \pi/4)$ e $x_2 = 6 \text{ sen } (2t + 2\pi/3)$. Determinar o movimento resultante.

Solução: A diferença de fase é $\delta = \alpha_2 - \alpha_1 = 2\pi/3 - \pi/4 = 5\pi/12$. Como as amplitudes são $A_1 = 10$ e $A_2 = 6$, a amplitude resultante é

$$A = \sqrt{10^2 + 6^2 + 2(10)(6)\cos(5\pi/12)} = 12{,}92.$$

A fase inicial é dada por

$$\text{tg}\,\alpha = \frac{10\,\text{sen}(\pi/4) + 6\,\text{sen}(2\pi/3)}{10\cos(\pi/4) + 6\cos(2\pi/3)} = 6{,}527,$$

de modo que $\alpha = 81{,}3° = 1{,}42$ rad. Portanto o movimento resultante é descrito pela equação $x = 12{,}92 \text{ sen } (2t + 1{,}42)$.

12.8 Superposição de dois MHS: mesma direção, frequências diferentes

O caso em que dois movimentos harmônicos simples, que interferem, têm a mesma direção e frequências diferentes é também importante. Consideremos, para simplificar, o caso em que $\alpha_1 = 0$ e $\alpha_2 = 0$; os movimentos são, então, descritos pelas equações $x_1 = A_1 \text{ sen } \omega_1 t$ e $x_2 = A_2 \text{ sen } \omega_2 t$.

O ângulo entre os vetores girantes $\overrightarrow{OP_2'}$ e $\overrightarrow{OP_1'}$ é $\omega_1 t - \omega_2 t = (\omega_1 - \omega_2)t$ e não é constante. Portanto o vetor resultante $\overrightarrow{OP'}$ não tem módulo constante e não gira com uma velocidade angular constante. Consequentemente, o movimento resultante, $x = x_1 + x_2$, não é harmônico simples. Entretanto, como vemos pela Fig. 12.18, a "amplitude" do movimento é

$$A = \sqrt{A_1^2 + A_2^2 + 2A_1A_2\cos(\omega_1 - \omega_2)t}, \tag{12.26}$$

e "oscila" entre os valores $A = A_1 + A_2$ [quando $(\omega_1 - \omega_2)t = 2n\pi$] e $A = |A_1 - A_2|$ [quando $(\omega_1 - \omega_2)t = 2n\pi + \pi$]. Diz-se, então, que a amplitude é *modulada*. A frequência de oscilação da amplitude é expressa por

$$\nu = (\omega_1 - \omega_2)/2\pi = \nu_1 - \nu_2, \tag{12.27}$$

igual à diferença entre as frequências dos dois movimentos que interferem.

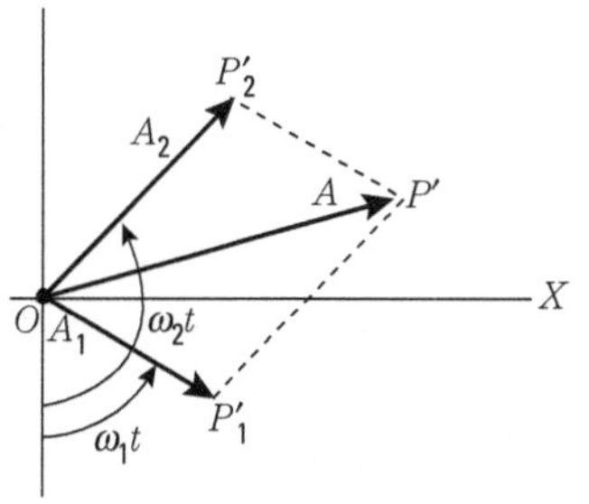

Figura 12.18 Composição de dois MHS de frequência distintas.

A Fig. 12.19 mostra a variação de A com t. A situação descrita ocorre, por exemplo, quando dois diapasões de frequências próximas, mas distintas, vibram simultaneamente próximos um do outro. Observa-se uma flutuação na intensidade do som, chamada *batimento*, que é devida à variação da amplitude.

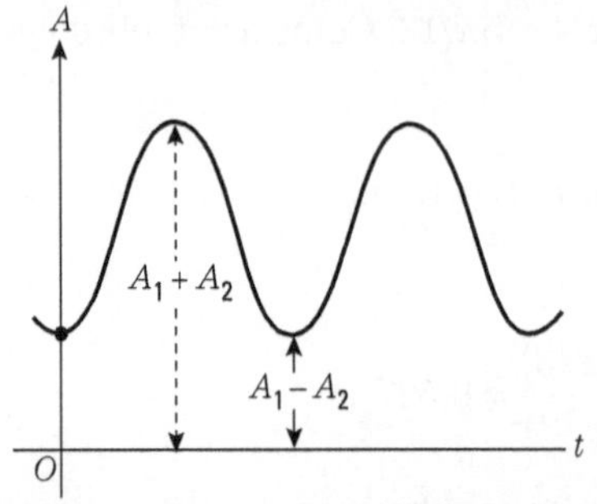

Figura 12.19 Flutuação de amplitude ou batimentos.

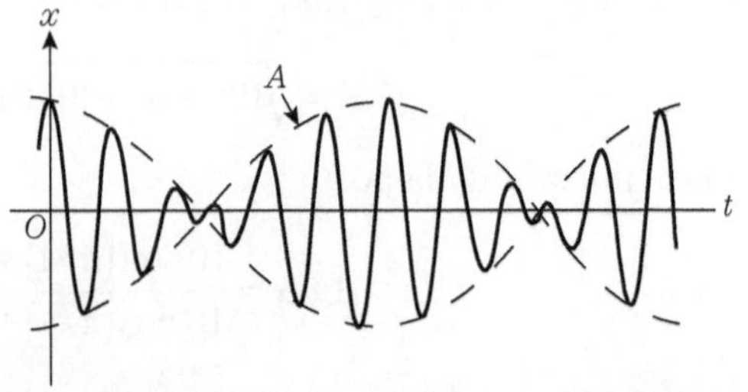

Figura 12.20 Batimentos no caso em que as duas amplitudes são iguais.

Uma situação interessante ocorre quando $A_1 = A_2$, isto é, quando as amplitudes são iguais. Nesse caso, aplicando a Eq. (M.7), obtemos

$$\begin{aligned} x &= x_1 + x_2 = A_1(\text{sen}\,\omega_1 t + \text{sen}\,\omega_2 t) \\ &= 2A_1 \cos\tfrac{1}{2}(\omega_1 - \omega_2)t\,\text{sen}\tfrac{1}{2}(\omega_1 + \omega_2)t, \end{aligned} \tag{12.28}$$

indicando que o movimento é oscilatório, de frequência angular $\frac{1}{2}(\omega_1 + \omega_2)$ e amplitude

$$A = 2A_1 \cos\tfrac{1}{2}(\omega_1 - \omega_2)t. \tag{12.29}$$

Esse resultado pode ser obtido diretamente da Eq. (12.26) fazendo $A_2 = A_1$. O gráfico de x contra t é ilustrado pela Fig. 12.20, em que a linha tracejada mostra a modulação da amplitude.

12.9 Superposição de dois MHS: direções perpendiculares

Consideremos agora o caso em que a partícula se move num plano de modo que suas duas coordenadas x e y oscilam com movimento harmônico simples. Escolhendo a origem do tempo de maneira que a fase inicial para o movimento ao longo do eixo X seja nula, temos, para a coordenada x,

$$x = A\,\text{sen}\,\omega t. \tag{12.30}$$

O movimento ao longo do eixo Y é descrito pela equação

$$y = B\,\text{sen}\,(\omega t + \delta), \tag{12.31}$$

onde δ é a diferença de fase entre as oscilações nas direções x e y. Estamos supondo, também, que as amplitudes A e B são diferentes. A trajetória da partícula é obviamente limitada pelas linhas $x = \pm A$ e $y = \pm B$.

Consideremos alguns casos especiais. Se os dois movimentos estão em fase, $\delta = 0$ e $y = B\,\text{sen}\,\omega t$, que, com a Eq. (12.30), dá

$$y = (B/A)x.$$

Essa é a equação da reta PQ (Fig. 12.21) e o movimento resultante é harmônico simples, de amplitude $\sqrt{A^2 + B^2}$, porque o deslocamento ao longo da reta PQ é

$$r = \sqrt{x^2 + y^2} = \sqrt{A^2 + B^2}\,\text{sen}\,\omega t. \tag{12.32}$$

Se os dois movimentos estão em oposição de fase, $\delta = \pi$ e $y = -B$ sen ωt. Combinando com a Eq. (12.30), temos

$$y = -\frac{B}{A}x,$$

que é a equação da reta RS. O movimento é, novamente, harmônico simples, de amplitude $\sqrt{A^2 + B^2}$. Portanto podemos dizer que, quando $\delta = 0$ ou π, a interferência de dois movimentos harmônicos simples perpendiculares de mesma frequência resulta numa *polarização linear*.

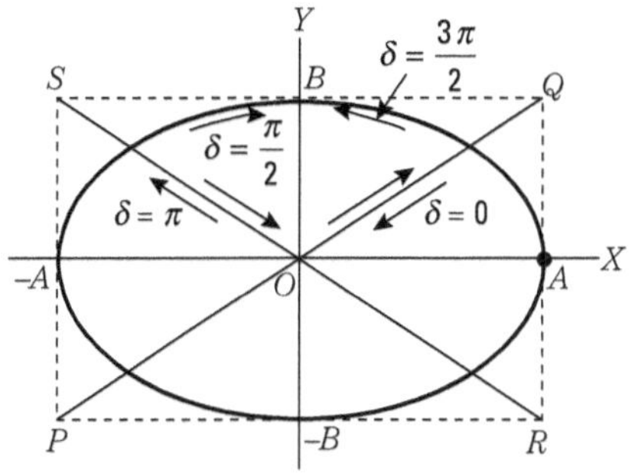

Figura 12.21 Composição de dois MHS de mesma frequência, mas de direções perpendiculares. A trajetória depende da diferença de fase.

Quando $\delta = \pi/2$, diz-se que os movimentos ao longo dos eixos X e Y estão em *quadratura* e

$$y = B\,\text{sen}\,(\omega t + \pi/2) = B\cos\omega t.$$

Combinando com a Eq. (12.30), obtemos

$$\frac{x^2}{A^2} + \frac{y^2}{B^2} = 1,$$

que é a equação da elipse pela Fig. 12.21. A elipse é descrita no sentido horário. Isso pode ser verificado, calculando-se a velocidade da partícula no ponto $x = +A$, em que a velocidade é paralela ao eixo Y. Nesse ponto, pela Eq. (12.30), devemos ter sen $\omega t = 1$. A componente Y da velocidade é $v_y = dy/dt = -\omega B$ sen $\omega t = -\omega B$. O sinal negativo indica que a partícula passa por A dirigindo-se para baixo, o que corresponde a girar no sentido horário. Obtém-se a mesma elipse se $\delta = 3\pi/2$ ou $-\pi/2$, mas, nesses casos, o movimento é anti-horário (será que você pode comprovar esta afirmação?). Assim, podemos dizer que, quando a diferença de fase δ é $\pm\,\pi/2$, a interferência de dois movimentos harmônicos simples de mesma frequência resulta numa *polarização elíptica*, sendo que os eixos da elipse são paralelos às direções dos movimentos.

Quando $A = B$, a elipse transforma-se num círculo e temos uma *polarização circular*. Para um valor arbitrário da diferença de fase δ, a trajetória ainda é uma elipse, mas seus eixos não coincidem com os eixos coordenados. A Fig. 12.22 mostra as trajetórias para algumas diferenças de fase.

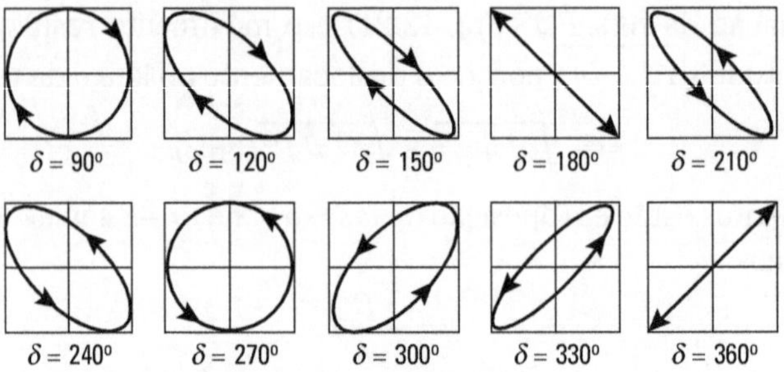

Figura 12.22 Trajetórias para determinadas diferenças de fase.

De acordo com a Seç. 12.3, os movimentos descritos pelas Eqs. (12.30) e (12.31) exigem forças ao longo dos eixos X e Y iguais a $F_x = -kx$ e $F_y = -ky$. Portanto a força resultante que age sobre a partícula é

$$\begin{aligned} \boldsymbol{F} &= \boldsymbol{u}_x F_x + \boldsymbol{u}_y F_y \\ &= -k(\boldsymbol{u}_x x + \boldsymbol{u}_y y) = -k\boldsymbol{r}, \end{aligned} \tag{12.33}$$

onde $r = OP$ (Fig. 12.23) é o vetor posição da partícula. Portanto, o movimento que descrevemos cinematicamente nesta seção é produzido por uma força central, atrativa, proporcional ao deslocamento.

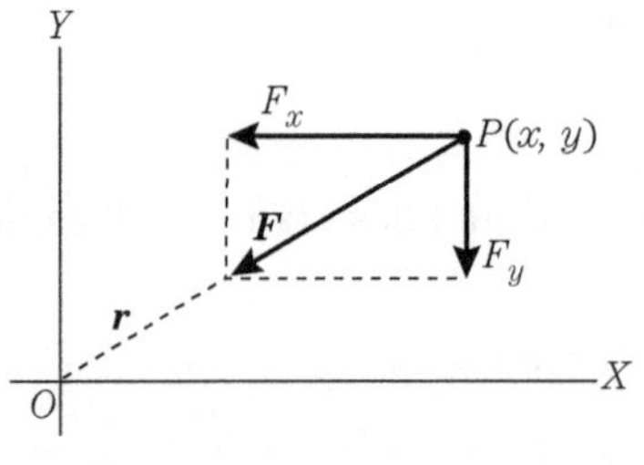

Figura 12.23 Força atrativa proporcional ao deslocamento.

A força dada pela Eq. (12.33) sempre produz um movimento plano, mesmo quando a partícula pode se mover no espaço, porque a força é central e, consequentemente, a trajetória mais geral é uma elipse. A energia potencial correspondente à força da Eq. (12.33) é (veja o Ex. 8.8)

$$E_p = \tfrac{1}{2}k\left(x^2 + y^2\right) = \tfrac{1}{2}kr^2. \tag{12.34}$$

Outra situação interessante é a interferência de dois movimentos oscilatórios perpendiculares e de frequências diferentes, isto é,

$$x = A_1 \operatorname{sen} \omega_1 t, \qquad y = A_2 \operatorname{sen}(\omega_2 t + \delta). \tag{12.35}$$

A Fig. 12.24 ilustra o caso em que $\omega_1 = \frac{3}{4}\omega_2$ e $\delta = \pi/6$. A trajetória resultante está representada pela linha cheia. Tal trajetória depende da razão ω_2/ω_1 e da diferença de fase δ. Essas trajetórias denominam-se *figuras de Lissajous* e estão ilustradas na Fig. 12.25 para diversos valores da razão ω_2/ω_1 e, em cada caso, para diversas diferenças de fase.

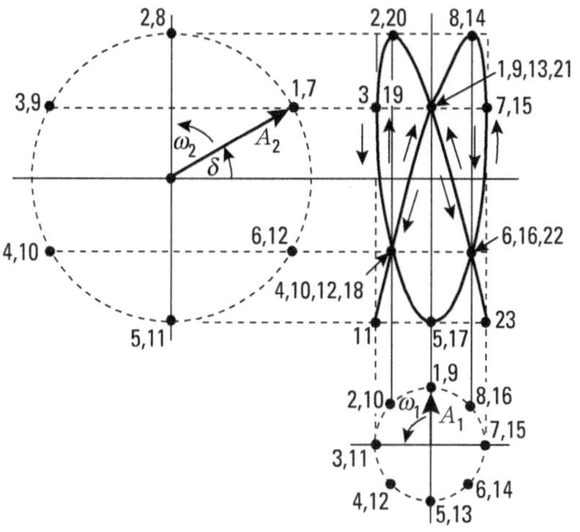

Figura 12.24 Figuras de Lissajous para $\omega_2 / \omega_1 = \frac{4}{3}$ e uma diferença de fase de $\pi/6$.

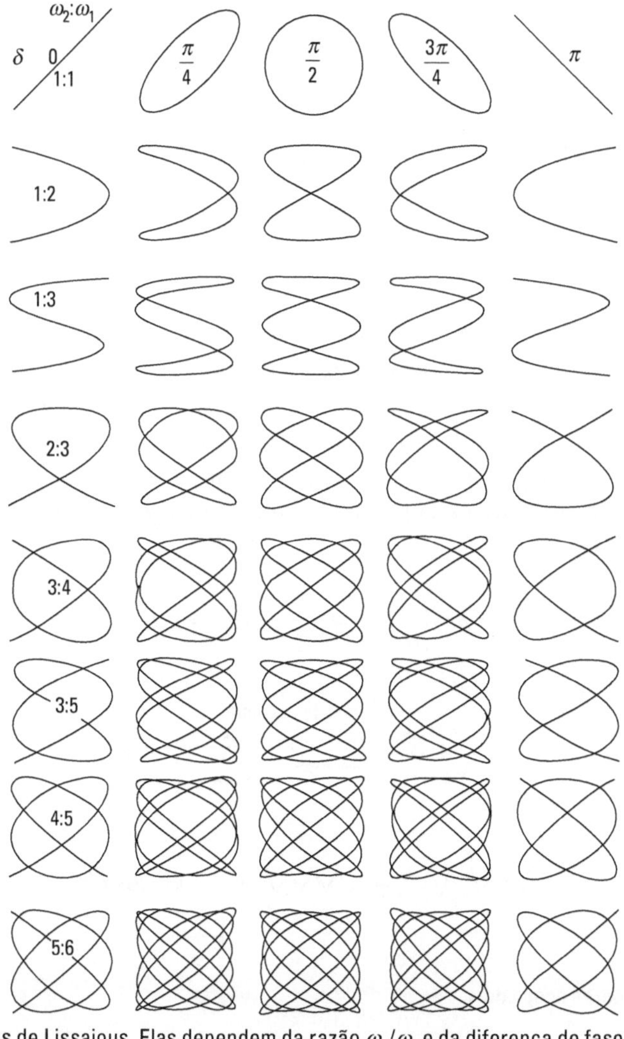

Figura 12.25 Figuras de Lissajous. Elas dependem da razão ω_2/ω_1 e da diferença de fase.

12.10 Osciladores acoplados

Uma situação encontrada com muita frequência é a de osciladores *acoplados*. Na Fig. 12.26 estão ilustradas três situações possíveis. Em (a) temos duas massas m_1 e m_2 ligadas às molas k_1 e k_2 e acopladas pela mola k, de modo que os movimentos de m_1 e m_2 não são independentes. Em (b) temos dois pêndulos acoplados pelo fio AB. Em (c) os corpos I_1 e I_2, ligados às barras k_1 e k_2, estão acoplados pela barra k, formando dois pêndulos de torção acoplados.

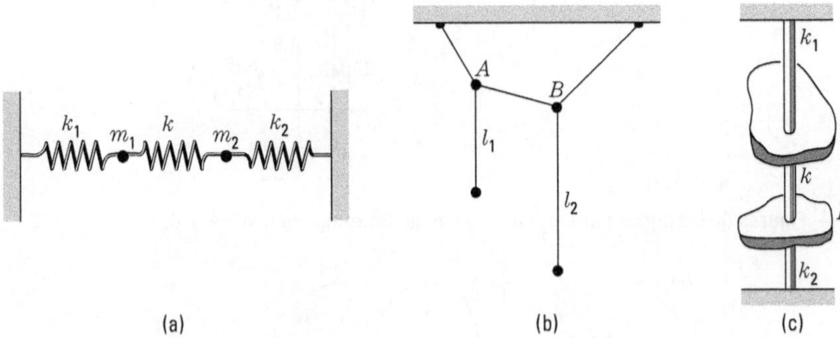

Figura 12.26 Vários osciladores acoplados.

Encontraremos situação semelhante na Seç. 17.11 (Volume II), quando discutiremos circuitos elétricos oscilantes acoplados. O efeito do acoplamento de dois osciladores pode ser descrito como uma troca de energia entre eles.

Para discutir o problema dinamicamente, devemos escrever a equação de movimento para cada oscilador. Consideremos o caso particular de duas massas m_1 e m_2 ligadas por molas (Fig. 12.27). Sejam x_1 e x_2 os deslocamentos de m_1 e m_2, a partir das respectivas posições de equilíbrio, convencionando serem positivas quando estiverem à direita. Então, a mola k_1 exerce uma força $-k_1 x_1$ sobre m_1 e, analogamente, a mola k_2 exerce uma força $-k_2 x_2$ sobre m_2. A mola k sofreu uma elongação de $x_2 - x_1$ e, portanto, as forças exercidas sobre cada partícula são $k(x_2 - x_1)$, sobre m_1, e $-k(x_2 - x_1)$, sobre m_2. Logo, as equações de movimento para cada partícula [aplicando a Eq. (7.15), que lembramos ser $m\, d^2x/dt^2 = F$], são

$$m_1 \frac{d^2 x_1}{dt^2} = -k_1 x_1 + k(x_2 - x_1)$$

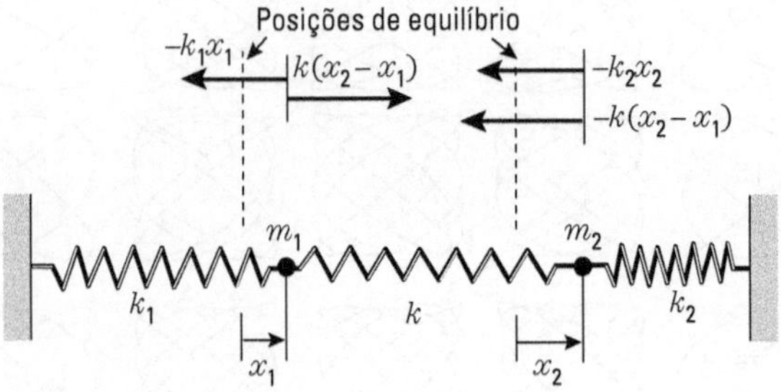

Figura 12.27 Osciladores acoplados.

e

$$m_2 \frac{d^2x_2}{dt^2} = -k_2x_2 - k(x_2 - x_1).$$

As expressões acima podem ser escritas

$$\frac{d^2x_1}{dt^2} + \frac{k_1 + k}{m_1}x_1 = \frac{k}{m_1}x_2$$

e

$$\frac{d^2x_2}{dt^2} + \frac{k_2 + k}{m_2}x_2 = \frac{k}{m_2}x_1. \qquad (12.36)$$

Os primeiros membros dessas equações são muito semelhantes ao da Eq. (12.12), sendo que a constante elástica para cada partícula foi substituída por $k_1 + k$ e $k_2 + k$. Em virtude da Eq. (12.7), isso é equivalente a uma variação na frequência de oscilação, em relação às frequências quando não há acoplamento. Outra diferença na Eq. (12.36), em relação à Eq. (12.12), é que, em vez de um segundo membro nulo, temos um termo que se refere ao outro oscilador. Esse termo podemos chamar de *termo de acoplamento*. Em lugar de obter uma solução geral da Eq. (12.36), indicaremos os resultados principais, limitando-nos ao caso particular de dois osciladores tais que $m_1 = m_2$ e $k_1 = k_2$. Esse caso, embora mais simples, tem, essencialmente, todas as características do caso geral. Nesse caso, a Eq. (12.36) torna-se

$$\frac{d^2x_1}{dt^2} + \frac{k_1 + k}{m_1}x_1 = \frac{k}{m_1}x_2, \qquad \frac{d^2x_2}{dt^2} + \frac{k_1 + k}{m_1}x_2 = \frac{k}{m_1}x_1. \qquad (12.37)$$

Pode-se provar que o movimento geral de dois osciladores acoplados, descritos pelas Eqs. (12.37), pode ser considerado como a superposição de dois *modos normais* de oscilação. Em um dos modos normais, os dois osciladores movem-se em fase, com amplitudes iguais, isto é,

$$x_1 = A_1 \operatorname{sen}(\omega_1 t + \alpha_1), \qquad x_2 = A_1 \operatorname{sen}(\omega_1 t + \alpha_1), \qquad (12.38)$$

onde

$$\omega_1 = \sqrt{k_1 / m_1} \qquad (12.39)$$

Isto é, a frequência dos osciladores acoplados é igual à frequência de oscilação que cada massa teria se não houvesse acoplamento. Isso é facilmente compreendido, pois, como os dois osciladores têm a mesma amplitude e estão em fase, a mola do centro não sofre deformação e, portanto, não exerce força sobre as massas, que se movem como se não estivessem acopladas.

No segundo modo normal, os dois osciladores movem-se em oposição de fase e com amplitudes iguais, isto é,

$$x_1 = A_2 \operatorname{sen}(\omega_2 t + \alpha_2), \qquad x_2 = -A_2 \operatorname{sen}(\omega_2 t + \alpha_2), \qquad (12.40)$$

onde

$$\omega_2 = \sqrt{(k_1 + 2k)/m_1} \qquad (12.41)$$

e, portanto, a frequência é maior que a frequência sem acoplamento. Isso também é facilmente compreendido porque, nesse caso, a mola central é distendida e comprimida, o que contribui para aumentar a constante elástica de cada oscilador. Esses dois modos estão representados esquematicamente na Fig. 12.28. Os modos normais (12.38) e (12.40) correspondem a situações em que as duas massas movem-se com uma diferença de fase constante, que é nula no modo (12.38) e π no modo (12.40). As duas massas passam, simultaneamente, pelas respectivas posições de equilíbrio e alcançam, simultaneamente, os respectivos deslocamentos máximos.

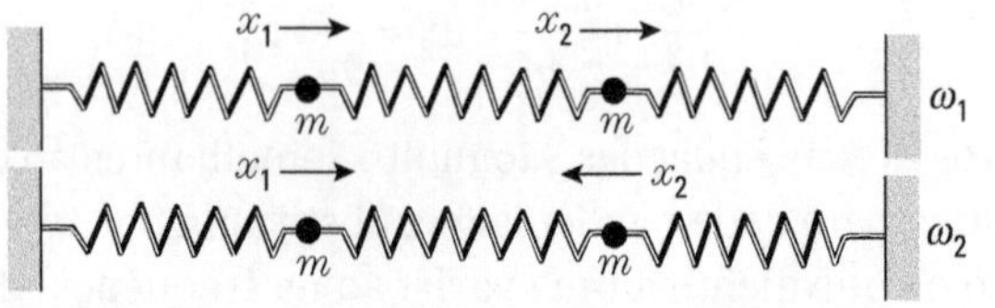

Figura 12.28 Vibrações normais de dois osciladores idênticos acoplados.

A solução geral das Eqs. (12.37) envolve uma combinação linear dos modos normais de oscilação, isto é,

$$x_1 = A_1 \operatorname{sen}(\omega_1 t + \alpha_1) + A_2 \operatorname{sen}(\omega_2 t + \alpha_2) \tag{12.42}$$

e

$$x_2 = A_1 \operatorname{sen}(\omega_1 t + \alpha_1) - A_2 \operatorname{sen}(\omega_2 t + \alpha_2). \tag{12.43}$$

Podemos ver que essas duas equações exprimem a solução geral da Eq. (12.37), pelo fato de elas conterem quatro constantes arbitrárias, A_1, α_1, A_2 e α_2, correspondentes às soluções de um sistema de duas equações de segunda ordem acopladas. Essas duas equações indicam que x_1 e x_2 são as resultantes da interferência de dois movimentos harmônicos simples de mesma direção, mas de frequências e fases diferentes, situação essa já discutida na Seç. 12.8. Portanto o que foi explicado na referida seção pode ser aplicado neste caso.

Para compreender melhor a parte física do problema, consideremos o caso especial em que as amplitudes são iguais, $A_1 = A_2$, e suponhamos que as fases iniciais sejam nulas ($\alpha_1 = \alpha_2 = 0$). Então, aplicando a Eq. (M.7), temos

$$\begin{aligned} x_1 &= A_1 \operatorname{sen} \omega_1 t + A_1 \operatorname{sen} \omega_2 t = A_1 (\operatorname{sen} \omega_1 t + \operatorname{sen} \omega_2 t) \\ &= \left[2A_1 \cos\tfrac{1}{2}(\omega_1 - \omega_2)t\right] \operatorname{sen}\tfrac{1}{2}(\omega_1 + \omega_2)t \end{aligned}$$

e

$$\begin{aligned} x_2 &= A_1 \operatorname{sen} \omega_1 t - A_1 \operatorname{sen} \omega_2 t = A_1 (\operatorname{sen} \omega_1 t - \operatorname{sen} \omega_2 t) \\ &= \left[2A_1 \operatorname{sen}\tfrac{1}{2}(\omega_1 - \omega_2)t\right] \cos\tfrac{1}{2}(\omega_1 + \omega_2)t. \end{aligned}$$

Comparando essas expressões com a Eq. (12.29), vemos que a amplitude modulada para x_1 é $2A \cos\frac{1}{2}(\omega_1 - \omega_2)t$, mas a amplitude modulada para x_2 é $2A \operatorname{sen}\frac{1}{2}(\omega_1 - \omega_2)t =$ $= 2A \cos\left[\frac{1}{2}(\omega_1 - \omega_2)t - \pi/2\right]$. Vemos, então, que os dois fatores de modulação das amplitudes têm uma diferença de fase $\pi/2$, ou seja, um quarto do período de modulação. As variações de x_1 e x_2 com t estão ilustradas na Fig. 12.29. Em virtude da defasagem entre os dois fatores de modulação, há uma troca de energia entre os dois osciladores. Durante um quarto do período de modulação, a amplitude modulada de um oscilador decresce enquanto a do outro aumenta, o que resulta numa transferência de energia do primeiro para o segundo. Durante o quarto de período seguinte, a situação se inverte e a energia flui no sentido inverso. O processo se repete continuamente. Experimentalmente, isso é fácil de ser observado, bastando dispor dois pêndulos como na Fig. 12.26(b).

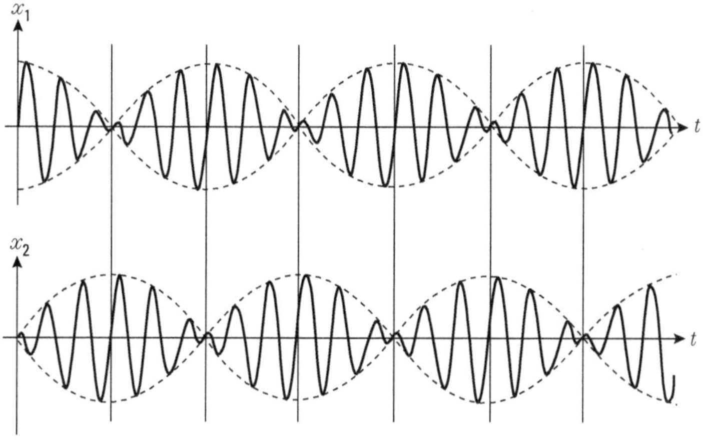

Figura 12.29 Osciladores idênticos e de mesma amplitude acoplados.

É interessante considerar também a energia total do sistema. A energia cinética total é $E_k = \frac{1}{2}m_1v_1^2 + \frac{1}{2}m_2v_2^2$. Para obter a energia potencial, aplicamos a Eq. (12.10) a cada mola, o que dá $E_p = \frac{1}{2}k_1x_1^2 + \frac{1}{2}k_2x_2^2 + \frac{1}{2}k(x_1 - x_2)^2$, pois, x_1, x_2 e $x_1 - x_2$ são as alongações de cada mola, ou

$$E_p = \tfrac{1}{2}(k_1 + k)x_1^2 + \tfrac{1}{2}(k_2 + k)x_2^2 - kx_1x_2.$$

A energia total é, então,

$$\begin{aligned} E = E_k + E_p &= \left[\tfrac{1}{2}m_1v_1^2 + \tfrac{1}{2}(k_1 + k)x_1^2\right] \\ &+ \left[\tfrac{1}{2}m_2v_2^2 + \tfrac{1}{2}(k_2 + k)x_2^2\right] - kx_1x_2. \end{aligned} \tag{12.44}$$

O termo no primeiro parêntese depende apenas de x_1 e pode ser considerado como a energia de m_1; o termo no segundo parêntese corresponde à energia de m_2. Mas o último termo contém x_1 e x_2 e é chamado *energia de acoplamento* ou *de interação*. Esse é o termo que descreve a troca de energia entre os dois osciladores. Na ausência desse termo, a energia de cada oscilador é constante. Quando há acoplamento, a energia total é que não varia. Esse é um resultado geral e, como vimos no Cap. 9, sempre que dois sistemas interagem resultando numa troca de energia, a energia total do sistema é da forma

$$E = (E_k + E_p)_1 + (E_k + E_p)_2 + (E_p)_{12} \tag{12.45}$$

onde o último termo representa a interação.

Como indicamos anteriormente, osciladores acoplados são encontrados em muitas situações físicas. Um caso importante é a vibração de átomos numa molécula. Uma molécula não constitui uma estrutura rígida; os átomos oscilam em torno de suas posições de equilíbrio. Entretanto, a oscilação de cada átomo afeta a interação com os outros átomos e, portanto, eles constituem um sistema de osciladores acoplados.

Consideremos, por exemplo, o caso de uma molécula linear triatômica como CO_2. Geometricamente, essa molécula tem uma disposição O = C = O, como indica a Fig. 12.30, análoga a dos osciladores da Fig. 12.27. O movimento relativo dos três átomos pode ser descrito em termos de oscilações normais. Na Fig. 12.30(a), os átomos de oxigênio oscilam em fase enquanto o átomo de carbono se move no sentido oposto para conservar inalterada a posição do centro de massa. Esse modo corresponde à oscilação ω_1 da Fig. 12.28. Na Fig. 12.30(b), os dois átomos de oxigênio se movem em sentidos opostos, em relação ao átomo de carbono, que permanece parado no centro da massa. Esse modo corresponde à oscilação ω_2 da Fig. 12.28. A situação da Fig. 12.30(c) não foi ainda considerada. Corresponde a um movimento, de frequência ω_3, na direção perpendicular à linha que une os átomos, o que resulta numa flexão da molécula. Para a molécula CO_2, os valores das três frequências angulares são

$$\omega_1 = 4{,}443 \times 10^{14}\ \text{s}^{-1}, \qquad \omega_2 = 2{,}529 \times 10^{14}\ \text{s}^{-1}, \qquad \omega_3 = 1{,}261 \times 10^{14}\ \text{s}^{-1}$$

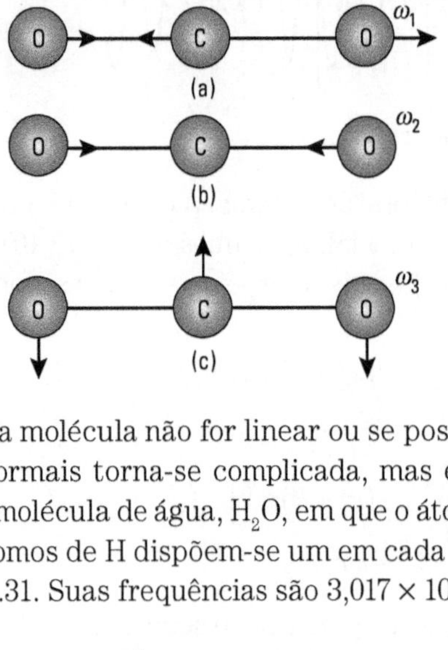

Figura 12.30 Vibrações normais da molécula de CO_2.

Se a molécula não for linear ou se possuir mais de três átomos, a análise das oscilações normais torna-se complicada, mas essencialmente, não é alterada. Por exemplo, para a molécula de água, H_2O, em que o átomo de O ocupa o vértice de um ângulo de 105° e os átomos de H dispõem-se um em cada lado, as vibrações normais estão ilustradas na Fig. 12.31. Suas frequências são $3{,}017 \times 10^{14}$ s^{-1}, $6{,}908 \times 10^{14}$ s^{-1} e $7{,}104 \times 10^{14}$ s^{-1}.

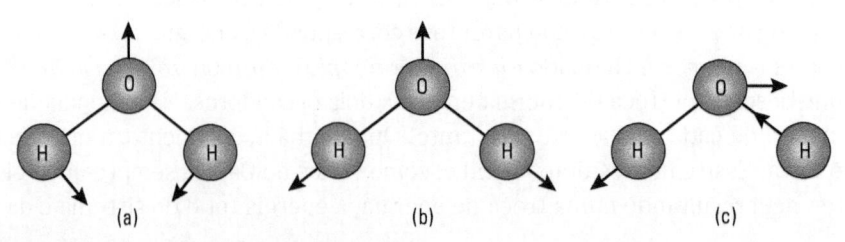

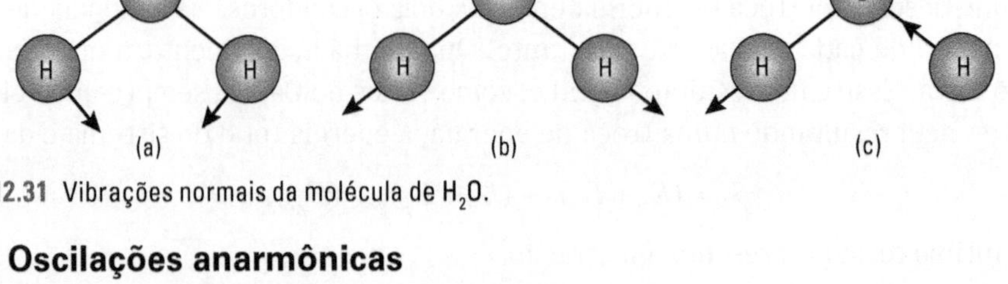

Figura 12.31 Vibrações normais da molécula de H_2O.

12.11 Oscilações anarmônicas

O movimento harmônico simples é provocado por uma força $F = -kx$, correspondente a uma energia potencial $E_p = \frac{1}{2}kx^2$, quando x é medido a partir da posição de equilíbrio O.

Quando a posição de equilíbrio não está na origem, mas em x_0, como na Fig. 12.32, devemos escrever

$$E_p = \tfrac{1}{2}k\left(x - x_0\right)^2.$$

O gráfico de E_p é uma parábola com o vértice em x_0. Se a energia total é E_p, em A e B, a partícula oscila entre as posições x_1 e x_2 que se situam simetricamente com relação a x_0. Observando que

$$dE_p/dx = k(x - x_0) \qquad \text{e} \qquad d^2 E_p/dx^2 = k,$$

podemos escrever, para a frequência angular,

$$\omega = \sqrt{k/m} = \sqrt{\left(d^2 E_p/dx^2\right)/m}. \tag{12.46}$$

Consideremos agora o caso em que a curva da energia potencial, apesar de não ser parábola, tem um mínimo bem definido, como indica a Fig. 12.33. Essa é a situação encontrada com maior frequência nos sistemas físicos e resulta num *movimento oscilatório anarmônico.* Se a energia total for E, a partícula oscilará entre as posições x_1 e x_2, que, em geral, são assimétricas com relação à posição de equilíbrio x_0. A frequência das oscilações dependerá agora do valor da energia. Para avaliar a frequência, procedemos da maneira que se segue.

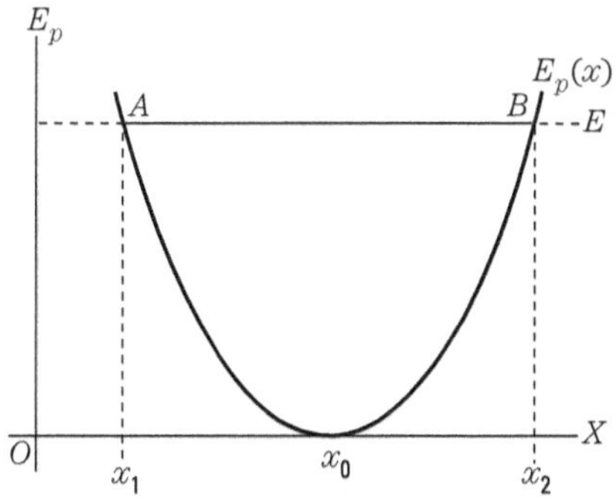

Figura 12.32 Oscilador harmônico com a posição de equilíbrio em x_0.

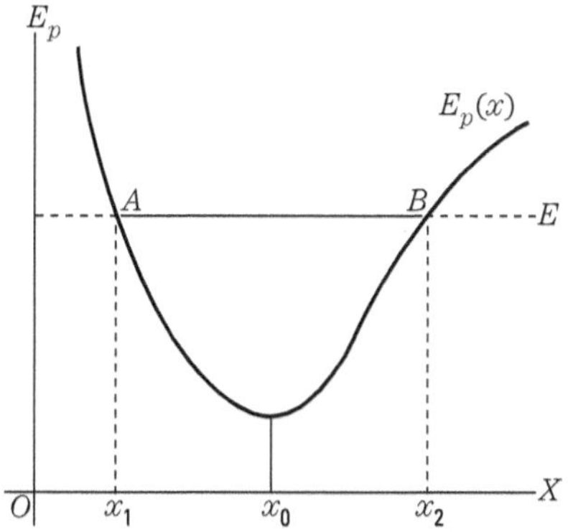

Figura 12.33 Oscilador anarmônico com a posição de equilíbrio em x_0.

Dada uma função $f(x)$, o teorema de Taylor* [veja a Eq. (M.31)] permite-nos escrevê-la na forma de uma série de potências,

$$f(x) = f(x_0) + (df/dx)_0(x - x_0) + \tfrac{1}{2}\left(d^2 f/dx^2\right)_0 (x - x_0)^2$$
$$+ \tfrac{1}{6}\left(d^3 f/dx^3\right)_0 (x - x_0)^3 + \ldots,$$

onde o índice zero significa que a derivada é calculada no ponto $x = x_0$. Aplicando esse teorema a $E_p(x)$ e observando que, no ponto x_0, temos $(dE_p/dx)_0 = 0$ (porque E_p é mínimo em x_0), obtemos

* Veja: THOMAS, G. B. *Calculus and analytic geometry*. 3. ed. Reading, Mass.: Addison-Wesley, 1962. p. 787.

$$\begin{aligned} E_p(x) &= E_p(x_0) + \tfrac{1}{2}(d^2E_p/dx^2)_0(x-x_0)^2 \\ &+ \tfrac{1}{6}(d^3E_p/dx^3)_0(x-x_0)^3 + \ldots \\ &= E_p(x_0) + \tfrac{1}{2}k(x-x_0)^2 + \tfrac{1}{2}k'(x-x_0)^3 + \ldots, \end{aligned} \tag{12.47}$$

onde fizemos $k = (d^2E_p/dx^2)_0$, $k' = (d^3E_p/dx^3)_0$ etc.

O primeiro termo é constante e corresponde a uma mudança do ponto que se toma para o zero da energia potencial. O segundo é justamente o termo quadrático correspondente a um oscilador harmônico com $k = (d^2E_p/dx^2)_0$. Os termos restantes são responsáveis pela anarmonicidade e são, por isso, chamados *termos anarmônicos*.

Se a energia não for muito alta, a amplitude das oscilações será pequena e, como aproximação razoável, podemos conservar apenas os dois primeiros termos, isto é, $E_p(x) = E_p(x_0) + \frac{1}{2}k(x-x_0)^2$. O movimento é, então, praticamente harmônico simples, com uma frequência de oscilações dada aproximadamente por

$$\omega = \sqrt{k/m} = \sqrt{(d^2E_p/dx^2)_0/m}. \tag{12.48}$$

Em muitos casos, essa aproximação é aceitável, mas, para altas energias, esse valor de ω é, geralmente, muito diferente do valor real da frequência e a aproximação não é adequada. Então os efeitos dos termos anarmônicos devem ser considerados.

A força que age sobre a partícula, correspondente à energia potencial dada pela Eq. (12.47), é

$$F = -\frac{dE_p}{dx} = -k(x-x_0) - \tfrac{1}{2}k'(x-x_0)^2 - \ldots \tag{12.49}$$

O primeiro termo é a força harmônica simples e os outros são os termos anarmônicos.

■ **Exemplo 12.10** Calcular a frequência de oscilação correspondente ao potencial intermolecular dado no Ex. 8.11.

Solução: O potencial intermolecular é

$$E_p = -E_{p,0}\left[2\left(\frac{r_0}{r}\right)^6 - \left(\frac{r_0}{r}\right)^{12}\right],$$

onde r_0 é distância de separação no equilíbrio. Assim,

$$\frac{d^2E_p}{dr^2} = -E_{p,0}\left(84\frac{r_0^6}{r^8} - 156\frac{r_0^{12}}{r^{14}}\right).$$

Fazendo $r = r_0$, obtemos

$$\left(\frac{d^2E_p}{dr^2}\right)_{r_0} = 72\frac{E_{p,0}}{r_0^2}.$$

Portanto, aplicando a Eq. (12.48), concluímos que a frequência das oscilações é, aproximadamente, $\omega = \sqrt{72E_{p,0}/mr_0^2}$.

Nessa fórmula m é a massa reduzida, pois estamos discutindo o movimento relativo de duas moléculas. Se calcularmos r_0 por alguma via independente e observarmos ω experimentalmente, poderemos determinar a intensidade $E_{p,0}$ da interação molecular. Ao resolvermos este problema, admitimos que o oscilador fosse linear, de modo que o potencial centrífugo (Seç. 8.10) não entra na discussão.

12.12 Oscilações amortecidas

A discussão do movimento harmônico simples nas seções anteriores indica que as oscilações têm uma amplitude constante. Entretanto sabemos, pela experiência, que um corpo que vibra, como uma mola ou um pêndulo, oscila com uma amplitude que gradualmente decresce e, eventualmente, para. Ou seja, o movimento oscilatório é amortecido.

Para explicarmos dinamicamente o amortecimento, suporemos que, além da força elástica $F = -kx$, age outra força de sentido oposto ao da velocidade. Na Seç. 7.10, consideramos uma força dessa espécie, em virtude da viscosidade do meio no qual o movimento se processava. Seguindo a lógica da Seç. 7.10, escreveremos essa força como $F' = -\lambda v$, onde λ é uma constante e v a velocidade. O sinal negativo á devido ao fato de F' ser oposto a v. Note que outros tipos de forças amortecedoras – proporcionais a potências mais altas da velocidade, ou tendo outra forma dependência funcional – podem estar também, presentes em situações físicas reais. A força resultante sobre o corpo é $F + F'$ e a equação do movimento é

$$ma = -kx - \lambda v, \tag{12.50}$$

ou, lembrando que $v = dx/dt$ e $a = d^2x/dt^2$, temos

$$m\frac{d^2x}{dt^2} + \lambda\frac{dx}{dt} + kx = 0. \tag{12.51}$$

Essa equação é usualmente escrita na forma

$$\frac{d^2x}{dt^2} + 2\gamma\frac{dx}{dt} + \omega_0^2 x = 0, \tag{12.52}$$

onde $2\gamma = \lambda/m$ e $\omega_0^2 = k/m$ é a frequência angular natural, sem amortecimento. Essa é uma equação diferencial que difere da Eq. (12.12), para o movimento harmônico simples, pelo termo adicional $2\gamma dx/dt$. A solução dessa equação pode ser obtida pela aplicação de técnicas ensinadas em cursos de cálculo*. Em vez de procurar a solução de um modo formal, nós a escrevamos simplesmente para o caso de pequeno amortecimento, em que $\gamma < \omega_0$. A solução é, então,

$$x = Ae^{-\gamma t}\,\mathrm{sen}(\omega t + \alpha), \tag{12.53}$$

onde A e α são constantes arbitrárias determinadas pelas condições iniciais (como foi explicado no Ex. 12.3 para o caso do movimento harmônico simples), e

$$\omega = \sqrt{\omega_0^2 - \gamma^2} = \sqrt{k/m - \lambda^2/4m^2}. \tag{12.54}$$

* Veja, por exemplo: THOMAS, G. B. *Calculus and analytic geometry*. 3. ed. Reading, Mass.: Addison-Wesley, 1962. Seç. 18.9.

Você pode verificar, por substituição direta; que a Eq. (12.53) é solução da Eq. (12.52). Como a expressão contém duas constantes arbitrárias, ela é a solução geral da equação diferencial. A Eq. (12.54) indica que o efeito do amortecimento é diminuir a frequência das oscilações.

A amplitude das oscilações não é mais constante e é dada por $Ae^{-\gamma t}$. Em virtude do expoente negativo, a amplitude decresce quando t cresce, o que resulta num movimento amortecido. A Fig. 12.34 mostra a variação de x com t.

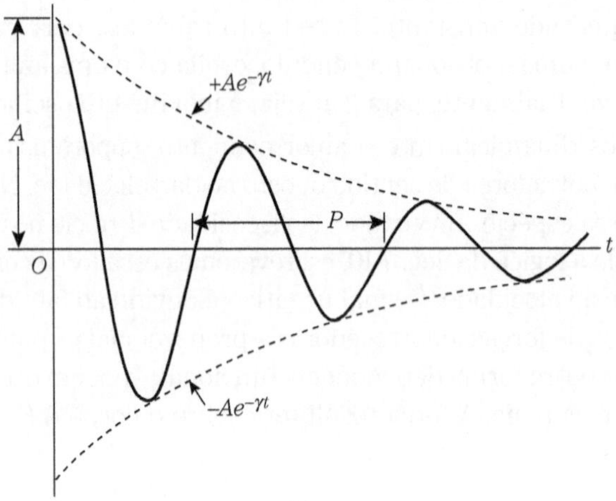

Figura 12.34 Oscilações amortecidas.

Se o amortecimento for muito grande, γ pode se tornar maior que ω_0, e ω, dada pela Eq. (12.54), torna-se imaginária. Nesse caso, não há oscilações e se a partícula for deslocada e abandonada, gradualmente se aproximará da posição de equilíbrio sem ultrapassá-la ou, no máximo, ultrapassando-a uma única vez. A energia perdida pela partícula que executa oscilações amortecidas é absorvida pelo meio ambiente.

■ **Exemplo 12.11** Um pêndulo consiste numa esfera de alumínio, com 0,005 m de raio, suspensa por um fio de 1 m de comprimento e com diâmetro desprezível. Como a viscosidade do ar afeta a amplitude e o período?

Solução: Da Seç. 7.10, sabemos que a força viscosa que age sobre uma esfera de raio R, que se move num fluido com velocidade v, é $F = -6\pi\eta Rv$. Assim, podemos obter a equação para o movimento tangencial do pêndulo adicionando – à força $F_T = -mg \operatorname{sen} \theta$, obtida na Seç. 12.5, para pequenas amplitudes – a força viscosa acima, com $v = ds/dt = l\, d\theta/dt$, onde l é o comprimento do pêndulo. Portanto

$$ml\frac{d^2\theta}{dt^2} = -mg\theta - 6\pi\eta Rl\frac{d\theta}{dt} \qquad \text{ou} \qquad \frac{d^2\theta}{dt^2} + \frac{6\pi\eta R}{m}\frac{d\theta}{dt} + \frac{g}{l}\theta = 0,$$

que é uma equação diferencial matematicamente idêntica à Eq. (12.52). Fazendo $m = (4\pi R^3/3)\rho$, onde ρ é a densidade da esfera de alumínio (igual a $2{,}65 \times 10^3$ kg · m^{-3}), concluímos que

$$\gamma = \frac{6\pi\eta R}{2\left(4\pi R^3/3\right)\rho} = \frac{9\eta}{4R^2\rho}.$$

A viscosidade do ar, supondo uma temperatura de 20 °C, é $1{,}78 \times 10^{-5}\ \text{m}^{-1} \cdot \text{kg} \cdot \text{s}^{-1}$. Assim, $\gamma = 6{,}43 \times 10^{-4}\ \text{s}^{-1}$. A amplitude decresce, então, de acordo com a lei $Ae^{-0{,}000643}t$. O tempo necessário para que a amplitude se reduza de 10% é obtida igualando-se a exponencial a 0,9, isto é, $-6{,}43 \times 10^{-4}\, t = \ln 0{,}9$. Assim, $t = 1{,}64 \times 10^3$ s, ou cerca de 27 minutos.

Para verificar como a frequência (ou o período) das oscilações é afetada pela viscosidade do ar, utilizamos a Eq. (12.54), notando que $\omega_0^2 = g/l$. Assim, $\omega = \sqrt{g/l - \gamma^2}$. Mas, $g/l = 9{,}8\ \text{s}^{-2}$, enquanto γ^2, nesse caso, é da ordem de $4 \times 10^{-7}\ \text{s}^{-2}$ e pode, consequentemente, ser desprezado em comparação com g/l. Concluímos, portanto, que, neste exemplo, a viscosidade do ar praticamente não afeta a frequência ou o período do pêndulo considerado apesar de afetar a amplitude.

12.13 Oscilações forçadas

Outro problema de grande importância prática é o de vibrações forçadas de um oscilador, isto é, as vibrações que resultam quando se aplica uma força oscilatória externa a uma partícula sujeita a uma força elástica. Essa é a situação, por exemplo, quando colocamos um diapasão numa caixa de ressonância e fazemos oscilar as paredes da caixa (e o ar no interior), ou quando ondas eletromagnéticas, absorvidas por uma antena, agem sobre um circuito elétrico de nosso rádio ou televisão, produzindo oscilações elétricas forçadas.

Seja $F = F_0 \cos \omega_f t$ a força oscilante aplicada, sendo ω_f sua frequência angular. Supondo que a partícula esteja sujeita também a uma força elástica $-kx$ e uma força amortecedora $-\lambda v$, a equação de movimento é $ma = -kx - \lambda v + F_0 \cos \omega_f t$. Ou, fazendo as substituições $v = dx/dt$ e $a = d^2x/dt^2$, temos

$$m\frac{d^2x}{dt^2} + \lambda\frac{dx}{dt} + kx = F_0 \cos \omega_f t, \qquad (12.55)$$

que, se fizermos $2\gamma = \lambda/m$ e $\omega_0^2 = k/m$, pode ser escrito na forma

$$\frac{d^2x}{dt^2} + 2\gamma\frac{dx}{dt} + \omega_0^2 x = \frac{F_0}{m}\cos \omega_f t. \qquad (12.56)$$

Essa é uma equação diferencial semelhante à Eq. (12.52), diferindo apenas no fato de que o segundo membro não é nulo. Poderíamos resolvê-la pelas técnicas conhecidas, mas em vez disso, utilizemos nossa intuição física. Parece lógico que, nesse caso, a partícula não oscilará com sua frequência angular não amortecida, ω_0, e nem com a frequência angular amortecida $\sqrt{\omega_0^2 - \gamma^2}$. A partícula será forçada a oscilar com a frequência angular ω_f da força aplicada. Assim, tentaremos, como uma possível solução da Eq. (12.56), uma expressão da forma

$$x = A \operatorname{sen}(\omega_f t - \alpha), \qquad (12.57)$$

onde, por conveniência, foi dado um sinal negativo à fase inicial α. Uma substituição na equação mostra que ela pode ser satisfeita se a amplitude A for dada por*

* Para verificar isso, desenvolva, inicialmente, sen $(\omega_f t - \alpha)$ e substitua o resultado na Eq. (12.56). Iguale, então, os coeficientes de sen $\omega_f t$ e cos $\omega_f t$, respectivamente, de cada membro da equação. Das equações assim obtidas, seguem-se imediatamente as Eqs. (12.58) e (12.59).

$$A = \frac{F_0/m}{\sqrt{\left(\omega_f^2 - \omega_0^2\right)^2 + 4\gamma^2\omega_f^2}}, \qquad (12.58)$$

e a fase inicial do deslocamento por

$$\operatorname{tg}\alpha = \frac{\omega_f^2 - \omega_0^2}{2\gamma\omega_f}. \qquad (12.59)$$

Note que tanto a amplitude A como a fase inicial α não são mais grandezas arbitrárias, mas têm valores lixos que dependem da frequência ω_f da força aplicada. Matematicamente, isso significa que obtivemos uma solução "particular" da equação diferencial*. A equação (12.57) indica que as oscilações forçadas não são amortecidas, mas possuem amplitude constante e frequência igual à da força aplicada. Isso significa que a força aplicada compensa as forças amortecedoras e, desse modo, fornece a energia necessária para manter a oscilação.

A Fig. 12.35 é um gráfico da amplitude A em função da frequência ω_f, para um dado valor de λ. A amplitude tem um máximo pronunciado quando o denominador na Eq. (12.58) assume o valor mínimo. Isso ocorre para a frequência ω_A, dada por

$$\begin{aligned}\omega_A &= \sqrt{\omega_0^2 - 2\gamma^2} \\ &= \sqrt{k/m - \lambda^2/2m^2}.\end{aligned} \qquad (12.60)$$

Quando a frequência ω_f da força aplicada é igual a ω_A, dizemos que há *ressonância de amplitude*. Quanto menor o amortecimento, mais pronunciada é a ressonância e, quando λ é nulo, a amplitude de ressonância é infinita e ocorre para $\omega_A = \omega_0 = \sqrt{k/m}$. A Fig. 12.36 mostra a variação da amplitude A, em termos da frequência ω_f, para diversos valores do coeficiente de amortecimento λ. A velocidade do oscilador forçado é

$$v = \frac{dx}{dt} = \omega_f A\cos\left(\omega_f t - \alpha\right). \qquad (12.61)$$

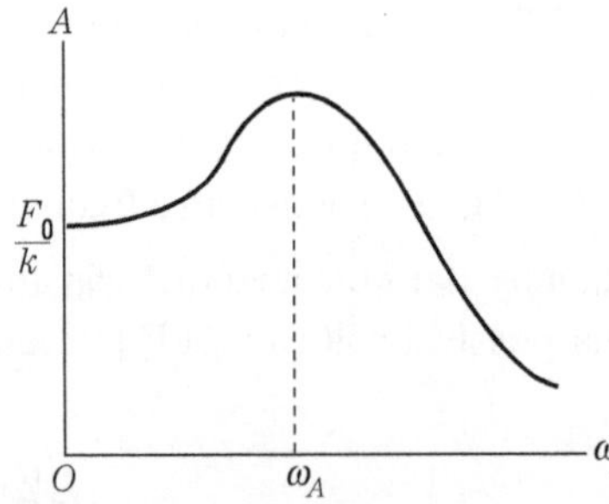

Figura 12.35 Variação da amplitude com a frequência da força aplicada.

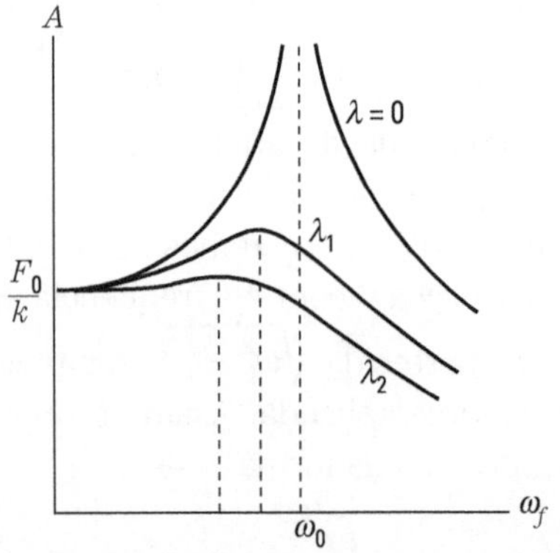

Figura 12.36 Variação da amplitude das oscilações forçadas com o amortecimento (na figura, λ_2 é maior que λ_1).

* Prova-se, na teoria de equações diferenciais, que a solução da Eq. (12.56) é obtida somando-se a Eq. (12.53), solução da Eq. (12.52), com a Eq. (12.57). Entretanto, como a Eq. (12.53) corresponde a uma oscilação amortecida, torna-se rapidamente desprezível e pode, assim, ser ignorada. Por essa razão, é usualmente chamada termo *transitório*.

Comparando com a expressão $F = F_0 \cos \omega_f t$, para a força aplicada, vemos que α representa a defasagem da velocidade em relação à força. A amplitude da velocidade é

$$v_0 = \omega_f A = \frac{\omega_f F_0/m}{\sqrt{\left(\omega_f^2 - \omega_0^2\right)^2 + 4\gamma^2\omega_f^2}},$$

que pode também ser escrita na forma

$$v_0 = \frac{F_0}{\sqrt{\left(m\omega_f - k/\omega_f\right)^2 + \lambda^2}}. \qquad (12.62)$$

A grandeza v_0 varia com ω_f, como indica a Fig. 12.37; e atinge o valor máximo quando a quantidade entre parênteses do denominador é nula, isto é, $m\omega_f - k/\omega_f = 0$, ou

$$\omega_f = \sqrt{k/m} = \omega_0. \qquad (12.63)$$

Para essa frequência da força aplicada, a velocidade e a energia cinética do oscilador são máximas e nos diz que há *ressonância de energia*. Note que a Eq. (12.63), quando substituída na Eq. (12.59), dá $\alpha = 0$. Portanto ocorre ressonância de energia quando a frequência da força é igual à frequência natural do oscilador sem amortecimento e, nesse caso, a velocidade está em fase com a força aplicada. Essas são as condições mais favoráveis para a transferência de energia ao oscilador, pois, por unidade de tempo, o trabalho efetuado sobre o oscilador pela força aplicada é Fv e é sempre positivo quando F e v estão em fase. Portanto

> *na ressonância de energia, é máxima a transferência de energia da força aplicada ao oscilador forçado.*

Quando o amortecimento é muito pequeno, não há grande diferença entre as frequências correspondentes à ressonância de amplitude e à ressonância de energia.

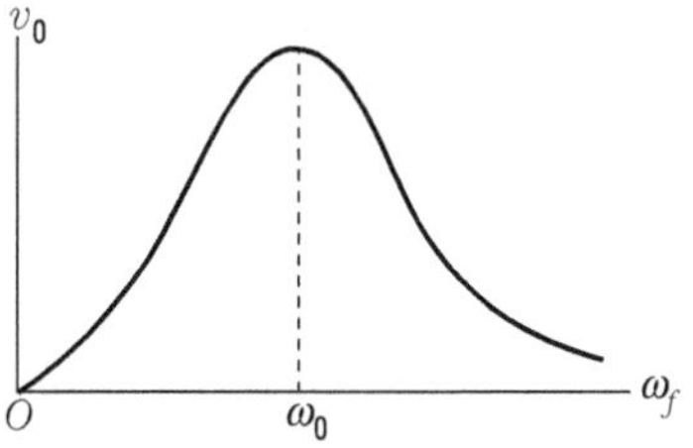

Figura 12.37 Variação da amplitude da velocidade com a frequência da força aplicada numa oscilação forçada.

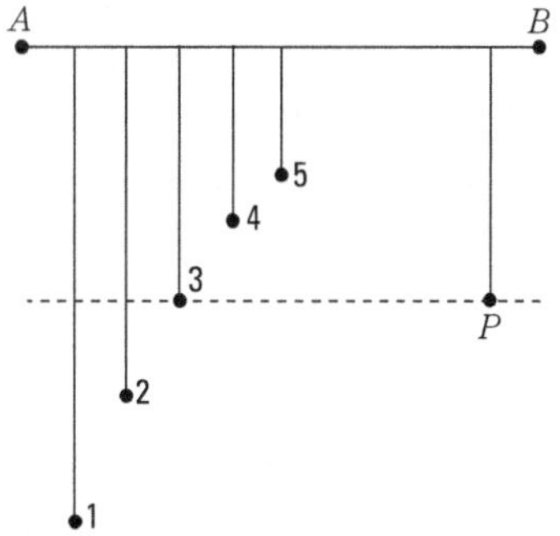

Figura 12.38 Ressonância de amplitude no movimento do pêndulo.

A ressonância pode ser ilustrada com uma experiência bastante simples. Se, num mesmo fio, suspendermos diversos pêndulos, como indica a Fig. 12.38, e colocarmos o pêndulo P em movimento, os outros também começarão a oscilar em razão do acoplamento. Entretanto, dos cinco pêndulos forçados a oscilar, aquele que oscila com maior amplitude é o de número 3, que tem comprimento igual ao de P e, portanto, a mesma frequência natural, pois o amortecimento é desprezível e não há, nesse caso, distinção entre ressonâncias de amplitude e de energia.

O fenômeno da ressonância aparece praticamente em todos os ramos da física É encontrado sempre que um sistema está sujeito a uma ação externa que varia periodicamente com o tempo. Por exemplo, se um gás for colocado numa região em que existe um campo elétrico oscilatório (tal como numa onda eletromagnética), serão induzidas oscilações forçadas nos átomos que compõem as moléculas do gás. Como explicamos no final da Seç. 12.10, as moléculas têm frequências naturais de vibração bem definidas e, portanto, a absorção de energia será máxima quando a frequência do campo elétrico aplicado coincidir com uma das frequências naturais das moléculas. Por meio desse princípio, podemos obter o *espectro vibracional* de moléculas. Analogamente, podemos considerar os elétrons num átomo como osciladores que têm certas frequências naturais. A energia que um átomo absorve de um campo elétrico oscilante é máxima quando a frequência do campo coincide com uma das frequências naturais do átomo. Alguns cristais, tais como cloreto de sódio, são compostos de partículas (chamadas *íons*) carregadas positiva e negativamente. Se o cristal está sujeito a um campo elétrico externo oscilante, os íons positivos oscilam, em relação aos íons negativos. A energia absorvida pelo cristal é máxima quando a frequência do campo elétrico coincide com a frequência natural de oscilação relativa dos íons que, no caso de cristais de cloreto de sódio, é aproximadamente 5×10^{12} Hz.

Talvez o exemplo mais familiar de ressonância seja o que ocorre quando sintonizamos um rádio numa certa estação transmissora. Todas as estações transmissoras estão produzindo oscilações forçadas no circuito do receptor. Mas a cada ajuste do sintonizador corresponde uma frequência natural de oscilação do circuito elétrico do receptor. Quando essa frequência coincide com a de uma estação transmissora, a energia absorvida é máxima e, portanto, essa é a única estação que ouvimos. Às vezes, se duas estações têm frequências de transmissão muito próximas uma da outra, ouvimos as duas simultaneamente, o que resulta num efeito de interferência.

Podemos estender o conceito de ressonância para muitos processos em que há condições favoráveis para transferência de energia de um sistema para outro, mesmo quando não podemos descrever o processo em termos de oscilações forçadas. Nesse sentido, é possível falar de ressonância em reações nucleares e em processos que ocorrem entre partículas elementares. Nesse sentido ampliado, o conceito de ressonância de energia tem um papel importante na descrição de muitos fenômenos.

12.14 Impedância de um oscilador

Um oscilador amortecido é caracterizado por três grandezas: sua massa m, a constante elástica k e a constante de amortecimento λ. Nas fórmulas da Seç. 12.13, essas grandezas aparecem sempre em combinação com a frequência ω_f da força aplicada.

A grandeza que aparece no denominador da Eq. (12.62) é chamada *impedância* do oscilador, e é designada por Z. Então,

$$Z = \sqrt{\left(m\omega_f - k/\omega_f\right)^2 + \lambda^2}. \tag{12.64}$$

Analogamente, a *reatância*, X, e a *resistência*, R, são definidas por

$$X = m\omega_f - k/\omega_f, \qquad R = \lambda. \tag{12.65}$$

Portanto,

$$Z = \sqrt{X^2 + R^2}. \tag{12.66}$$

Substituindo na Eq. (12.59), obtemos

$$\text{tg}\ \alpha = X/R. \tag{12.67}$$

A relação entre Z, X, e R é indicada pela Fig. 12.39, que facilita a memorização das fórmulas apresentadas aqui.

Da Eq. (12.62) vemos que $v_0 = F_0/Z$ e a velocidade, em qualquer instante, é

$$v = \frac{F_0}{Z}\cos(\omega_f t - \alpha). \tag{12.68}$$

Isso significa que a força e a velocidade podem ser representadas por vetores girantes, como indica a Fig. 12.40. Note que, quando a é positivo, o vetor girante $\vec{v_0}$ está *atrasado* em relação ao vetor girante $\vec{F_0}$ e, quando α é negativo, o vetor $\vec{v_0}$ está *adiantado* em relação a $\vec{F_0}$. Quando há ressonância de energia, $\alpha = 0$ e $\vec{v_0}$ e $\vec{F_0}$ têm direções e sentidos coincidentes. A potência transferida ao oscilador é

$$P = Fv = \frac{F_0^2}{Z}\cos\omega_f t\cos(\omega_f t - \alpha).$$

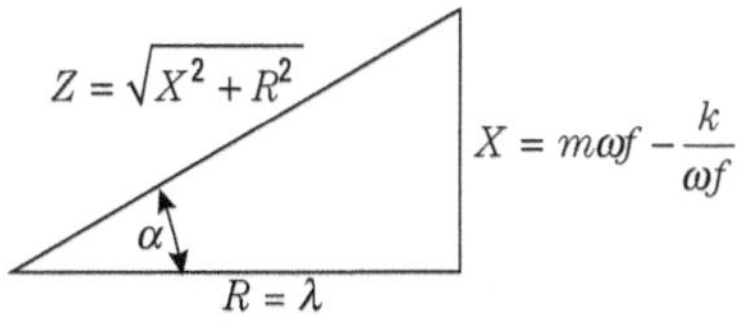

Figura 12.39 Relação entre a impedância, a resistência e a reatância nas oscilações forçadas.

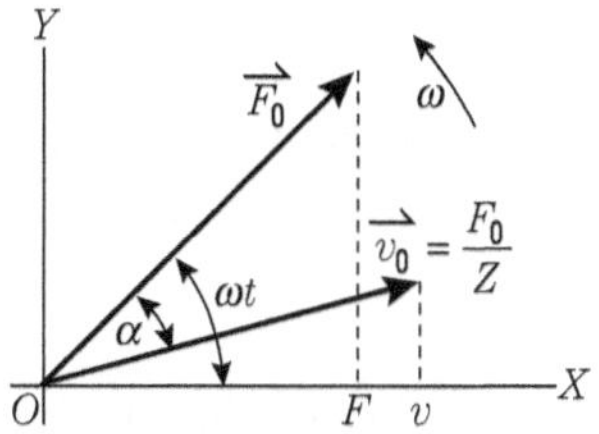

Figura 12.40 Relação entre os vetores girantes da força e da velocidade, em osciladores forçados.

Desenvolvendo o segundo cosseno e multiplicando pelo primeiro, temos

$$P = \frac{F_0^2}{Z}\left(\cos^2\omega_f t\cos\alpha + \cos\omega_f t\ \text{sen}\ \omega_f t\ \text{sen}\ \alpha\right). \tag{12.69}$$

Estamos mais interessados na potência média, P_{med}, pois ela é que importa quando estamos calculando a energia absorvida pelo oscilador num dado intervalo de tempo. De acordo com as Eqs. (M.13) e (M.14),

$$\cos^2\omega_f t = \tfrac{1}{2}(1 + \cos 2\omega_f t) \qquad \text{e} \qquad \cos\omega_f t\ \text{sen}\ \omega_f t = \tfrac{1}{2}\text{sen}\ \omega_f t.$$

Temos, também, que $(\cos 2\,\omega_f t)_{\text{med}} = (\text{sen}\ 2\,\omega_f t)_{\text{med}} = 0$, pois os valores do seno e do cosseno são positivos durante metade do tempo e negativos na outra metade. Portanto $\left(\cos^2\omega_f t\right)_{\text{med}} = \frac{1}{2}$ $(\cos\omega_f t\ \text{sen}\ \omega_f t)_{\text{med}} = 0$, resultando, finalmente,

$$P_{med} = \frac{F_0^2}{2Z}\cos\alpha = \tfrac{1}{2}F_0 v_0 \cos\alpha = \frac{F_0^2 R}{2Z^2} = \tfrac{1}{2}Rv_0^2. \qquad (12.70)$$

Isso mostra que a máxima transferência de energia ocorre quando v_0 é um máximo, pois R é fixo. Na ressonância de energia, $\alpha = 0$ e $Z = R$, resultando

$$\left(P_{med}\right)_{res} = \frac{F_0^2}{2R} \qquad (12.71)$$

A razão entre P_{med} e $(P_{med})_{res}$ é ilustrada pela Fig. 12.41.

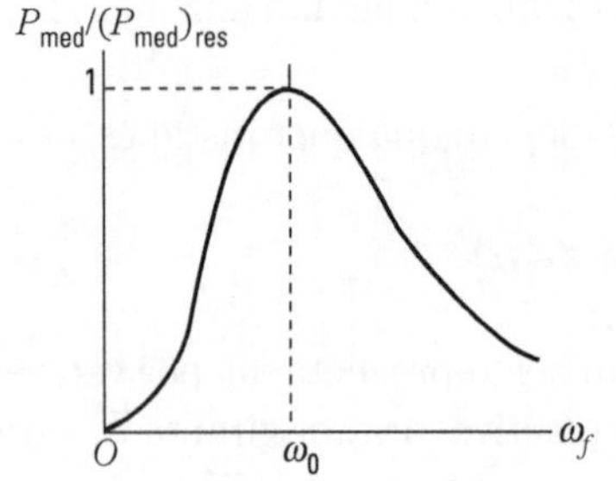

Figura 12.41 Relação entre P_{med} e $(P_{med})_{res}$.

A teoria sobre osciladores amortecidos e forçados, que formulamos nas três últimas seções, embora se refira especificamente a uma partícula oscilante, é aplicável a qualquer situação descrita por uma equação como a Eq. (12.52) ou Eq. (12.56). É o caso, como veremos no Cap. 17, de circuitos elétricos.

12.15 Análise de Fourier do movimento periódico

No início deste capítulo, explicamos que o movimento harmônico simples é apenas um caso específico de movimento periódico ou oscilatório. Mas um movimento periódico geral, de período P, é descrito por

$$x = f(t), \qquad (12.72)$$

onde a função $f(t)$ é periódica e tem a propriedade de satisfazer a relação $f(t) = f(t + P)$, como mostra a Fig. 12.42. Portanto o gráfico de $f(t)$ repete-se a intervalos iguais a P. Esse movimento oscilatório geral pode ser expresso como uma combinação de movimentos harmônicos simples.

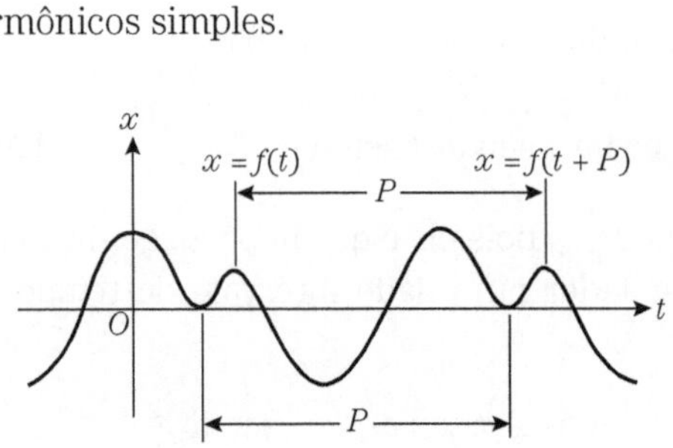

Figura 12.42 Uma função periódica do tempo.

Consideremos inicialmente, como exemplo, o movimento cujo deslocamento é descrito por

$$x = A \text{ sen } \omega t + B \text{ sen } 2\omega t. \qquad (12.73)$$

Temos, nesse caso, uma superposição de dois movimentos harmônicos simples de frequências angulares ω e 2ω, ou períodos P e $\frac{1}{2}P$. Obviamente x também é periódico e seu período será P. Isso pode ser visto no gráfico da Fig. 12.43, em que a curva (*a*) corresponde a sen $2\omega t$ e a curva (*b*) a sen $2\omega t$. Embora x seja periódico, não é harmônico simples.

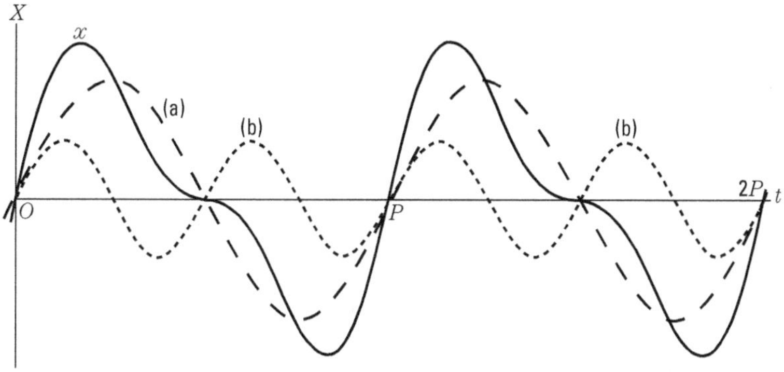

Figura 12.43 Superposição de dois MHS de frequência ω e 2ω.

Adicionando à Eq. (12.73) termos da forma sen $3\omega t$, sen $4\omega t$,..., sen $n\omega t$,... de frequências angulares 3ω, 4ω, ..., $n\omega$, ... e períodos $P/3$, $P/4$,..., P/n,..., ou adicionando funções cossenoidais de mesmas frequências, obtemos ainda um deslocamento x que é periódico de período P. Sua forma exata dependerá do número de funções seno e cosseno que adicionarmos e das amplitudes relativas.

Vemos assim que, adicionando movimentos harmônicos simples cujas frequências são múltiplas de uma frequência fundamental e cujas amplitudes são apropriadamente escolhidas, podemos obter quase que qualquer função periódica arbitrária. Vale também o inverso e constitui o *teorema de Fourier*, provado em textos de matemática. O teorema de Fourier assegura que uma função periódica $f(t)$, de período $P = 2\pi/\omega$, pode ser expressa como uma soma

$$\begin{aligned} x = f(t) &= a_0 + a_1 \cos \omega t + a_2 \cos 2\omega t + \cdots + a_n \cos n\omega t \\ &+ \cdots + b_1 \operatorname{sen} \omega t + b_2 \operatorname{sen} 2\omega t + \cdots + b_n \operatorname{sen} n\omega t + \cdots \end{aligned} \tag{12.74}$$

Essa soma é conhecida como *série de Fourier*. A frequência ω é chamada de *fundamental* e as frequências 2ω, 3ω, ..., $n\omega$,... de *harmônicas*.

Nota sobre os coeficientes de Fourier: Os coeficientes a_n e b_n são obtidos por meio das expressões

$$a_0 = \frac{1}{P}\int_0^P f(t)dt, \quad a_n = \frac{2}{P}\int_0^P f(t)\cos n\omega t\, dt, \quad b_n = \frac{2}{P}\int_0^P f(t)\operatorname{sen} n\omega t\, dt, \tag{12.75}$$

cujas deduções encontram-se em textos de matemática, porém você mesmo poderá efetuá-las facilmente. Por exemplo, para obter a_n, multiplicamos os dois membros da Eq. (12.74) por cos $n\omega t$ e integramos. Todos os termos, exceto a_n, anulam-se quando integrados, para b_n, usamos seu $n\omega t$ e integramos. (Consulte G. B. Thomas, *Calculus and Analytic Geometry*. 3. ed. Reading, Mass.: Addison-Wesley, 1962, p. 821.)

O teorema de Fourier mostra outra razão da importância do estudo do movimento harmônico simples. Aplicando o teorema de Fourier, qualquer espécie de movimento periódico pode ser considerado como superposição de movimentos harmônicos simples. Na Fig. 12.44, o movimento periódico, correspondente à primeira curva, a contar de cima é analisado em termos de suas componentes de Fourier. Mostram-se os 12 primeiros harmônicos. O teorema de Fourier também é útil na explicação da diferença de *timbre* de sons produzidos por instrumentos musicais diferentes. A mesma nota, produzida por um piano, uma guitarra ou um oboé, soa de modo diferente aos nossos ouvidos, apesar de os sons possuírem a mesma frequência fundamental. A diferença é devida à presença de harmônicos com diferentes amplitudes relativas. Em outras palavras, a análise de Fourier, do som, é diferente para cada instrumento.

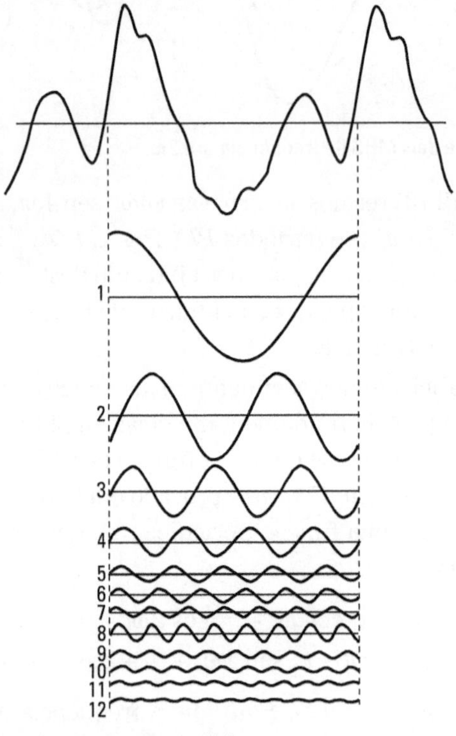

Figura 12.44 Análise de Fourier de uma função periódica.

O método de Fourier não é útil apenas na análise de curvas periódicas. Num caso aperiódico, a curva estende-se de $-\infty$ a $+\infty$ e podemos admitir que esse intervalo corresponde a um período. A diferença essencial entre esse caso e o que foi explicado antes é que, em lugar de analisar a curva em termos de um espectro *discreto* de frequências ω, 2ω, 3ω, ..., $n\omega$, ..., devemos analisá-la em termos de um espectro *contínuo* de frequências. A amplitude correspondente a cada frequência é dada por uma função de ω chamada *transformada de Fourier* da curva analisada. Ilustraremos, com um exemplo, sem entrar nos Retalhes matemáticos.

Suponha que uma curva seja descrita pela equação $x = A$ sen $\omega_0 t$ no intervalo de tempo de t_1 a t_2, sendo nula fora desse intervalo, como indica a Fig. 12.45. Fisicamente, isso corresponde à situação em que um corpo é subitamente colocado em oscilação, no instante $t = t_1$, e, repentinamente, no instante $t = t_2$, o corpo para. Às vezes, isso é chamado um *pulso*.

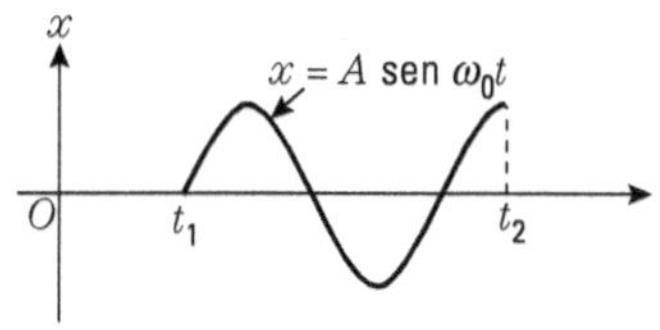

Figura 12.45 Pulso oscilatório limitado.

Se a equação dada apresentada aqui fosse válida de $-\infty$ a $+\infty$, não precisaríamos fazer uma análise de Fourier porque, nesse caso, a curva seria uma função harmônica de frequência ω_0. Mas, a fim de anular a curva para $t < t_1$ ou $t_1 > t_2$, devemos adicionar outras frequências, de modo que, nessas regiões, a série de Fourier resultante seja nula. Assim, um pulso finito é composto por muitas frequências, mesmo quando a fonte de vibração tem uma frequência bem definida. Pode-se provar que a amplitude, como função de ω (ou seja, a transformada de Fourier), correspondente ao pulso, é dada por

$$F(\omega) = \tfrac{1}{4}\Delta t A\left[\frac{\operatorname{sen}\tfrac{1}{2}(\omega-\omega_0)\Delta t}{\tfrac{1}{2}(\omega-\omega_0)\Delta t}\right],$$

onde $\Delta t = t_2 - t_1$. O gráfico dessa função é ilustrado pela Fig. 12.46. Para $\omega = \omega_0$, temos $F(\omega_0) = \tfrac{1}{4}\Delta t A$. Como o numerador da fração, entre os parênteses, nunca é maior que um, quando a diferença $\omega - \omega_0$ aumenta em valor absoluto, o valor de $F(\omega)$ decresce numa forma oscilatória. O intervalo dos valores de ω, tal que $F(\omega)$ é maior que 50% do seu valor para $\omega = \omega_0$, corresponde aproximadamente à condição

$$\left|\tfrac{1}{2}(\omega-\omega_0)\Delta t\right| < \frac{\pi}{2} \quad \text{ou} \quad -\frac{\pi}{\Delta t} < \omega - \omega_0 < \frac{\pi}{\Delta t}.$$

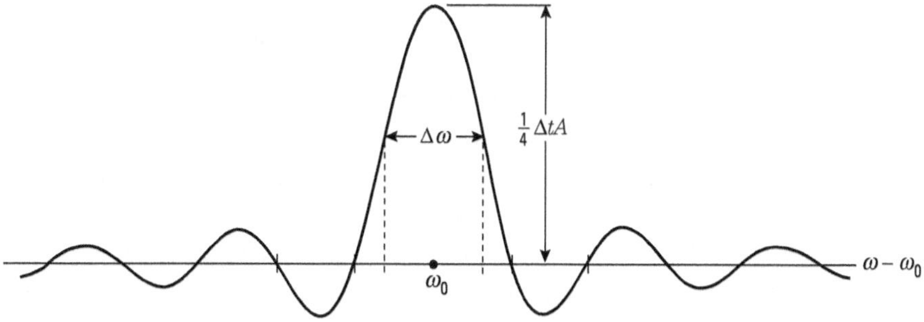

Figura 12.46 Análise de Fourier (ou transformada) do pulso da Fig. 12.45.

Assim, fazendo $\Delta\omega = 2\pi/\Delta t$, concluímos que as frequências, cujas amplitudes são apreciáveis, são apenas aquelas que estão num intervalo $\Delta\omega$ em torno de ω_0, dado por

$$\Delta\omega\,\Delta t \sim 2\pi. \tag{12.76}$$

Isso indica que, quanto menor for o intervalo de tempo, maior será o intervalo de frequências necessário para representar o pulso com precisão.

Referências

CHRISTIE, D. *Vector mechanics.* New York: McGraw-Hill, 1964.

FEYNMAN, R. P.; LEIGHTON, R. B.; SANDS, E. M. L. *The Feynman lectures on physics.* v. I. Reading, Mass.: Addison-Wesley, 1963.

HANE, M. Restless harmonic oscillator. *Am. J. Phys.*, v. 30, n. 84. 1962.

HUDDLESTON, J. *Introduction to engineering mechanics.* Reading, Mass.: Addison-Wesley, 1961.

LINDSAY, R. *Physical mechanics.* 3. ed. Princeton, N.J.: Van Nostrand, 1963.

LOUCH, J. Exact normal modes of oscillation of a linear chain of identical particles. *Am. J. Phys.*, v. 30, n. 585, 1962.

MAGIE, W. F. *A source book of physics.* Cambridge, Mass.: Harvard University Press, 1963.

SMITH, M. Precision measurement of period vs. amplitude for a pendulum. *Am. J. Phys.*, v. 32, n. 632, 1964.

SYMON, K. *Mechanics.* 2. *ed.* Reading, Mass.: Addison-Wesley, 1960.

WALDRON, R. *Waves and oscillations.* Princeton, N.J.: Van Nostrand Momentum Books, 1964.

WEINSTOCK, R. An unusual method of solving the harmonic oscillator problem. *Am.J. Phys.*, v. 29, n. 830, 1961.

Problemas

12.1 Uma roda de 30 cm de raio possui uma manivela em sua borda. A roda está girando a 0,5 rev · s^{-1} com seu eixo na posição horizontal. Supondo que os raios solares caiam verticalmente sobre a Terra, a sombra da manivela descreverá um movimento harmônico simples. Calcule (a) o período do movimento da sombra, (b) sua frequência e (c) sua amplitude. (d) Escreva a equação do deslocamento em função do tempo. Suponha que a fase inicial seja nula.

12.2 Uma partícula move-se com um movimento harmônico simples de 0,10 m de amplitude e um período de 2 s. Faça uma tabela indicando os valores da elongação, da velocidade e da aceleração, para os seguintes instantes: $t = 0$, $P/8$, $3P/8$, $P/2$, $5P/8$, $3P/4$, $7P/8$ e P. Faça os gráficos da elongação, da velocidade e da aceleração, como funções do tempo.

12.3 Um oscilador harmônico simples é descrito pela equação

$$x = 4 \text{ sen } (0{,}1t + 0{,}5),$$

onde todas as grandezas estão expressas em unidades MKS. Determine (a) a amplitude, o período, a frequência e a fase inicial do movimento, (b) a velocidade e aceleração, (c) as condições iniciais, (d) a posição, a velocidade e a aceleração para $t = 5$ s. Faça um gráfico da posição, da velocidade e da aceleração, como funções do tempo.

12.4 Uma partícula, situada na extremidade de um dos braços de um diapasão, passa por sua posição de equilíbrio com uma velocidade de 2m · s^{-1}. A amplitude é 10^{-3} m. Qual é a frequência e o período do diapasão? Escreva a equação do deslocamento como função do tempo.

12.5 Uma partícula, com a massa de 1 g, vibra em movimento harmônico simples sendo que a amplitude do movimento é de 2 mm. A aceleração nos pontos extremos da trajetória é de $8{,}0 \times 10^3$ m · s^{-2}. Calcule a frequência do movimento e a velocidade da partícula quando ela passa pelo ponto de equilíbrio e quando a elongação é de 1,2 mm. Escreva a equação que dá a força que age sobre a partícula como função da posição e como função do tempo.

12.6 Uma partícula vibra com uma frequência de 100 Hz e uma amplitude de 3 mm. Calcule a velocidade e a aceleração nos pontos médio e extremos da trajetória. Escreva a equação da elongação como função do tempo. Suponha uma fase inicial nula.

12.7 Uma partícula move-se com um movimento harmônico simples de 1,5 m de amplitude e uma frequência de 100 Hz. Qual é sua frequência angular? Calcule (a) sua velocidade, (b) sua aceleração e (c) sua fase, quando o deslocamento é de 0,75 m.

12.8 O movimento da agulha numa máquina de costura é, praticamente, harmônico simples. Se a amplitude é de 0,3 cm e a frequência é igual a 600 vibrações por minuto, qual será a elongação, a velocidade e a aceleração um trinta avos de segundo após a agulha ter passado pelo ponto médio da trajetória (a) dirigindo-se para cima, ou no sentido positivo, (b) dirigindo-se para baixo, ou no sentido negativo?

12.9 Um movimento harmônico simples tem uma amplitude de 8 cm e um período de 4 s. Calcule a velocidade e a aceleração 0,5 s após a partícula ter passado pelo ponto extremo da trajetória.

12.10 No Prob. 12.2, calcule as energias cinética, potencial e total para cada instante, supondo que a partícula tenha uma massa de 0,5 kg. Observe que a energia total permanece constante. Faça os gráficos das energias cinética e potencial (a) como funções do tempo, (b) como funções da posição. Qual é a sua conclusão?

12.11 Uma partícula, cuja massa é de 0,50 kg, move-se com um movimento harmônico simples. O período é de 0,1 s e a amplitude do movimento é de 10 cm. Calcule a aceleração, a força, a energia potencial e a energia cinética, quando a partícula está a 5 cm da posição de equilíbrio.

12.12 Uma partícula de massa m move-se ao longo do eixo X sob a ação da força $F = -kx$. Quando $t = 2$ s, a partícula passa pela origem e, quando $t = 4$ s, sua velocidade é de $4 \text{ m} \cdot \text{s}^{-1}$. Determine a equação da elongação e demonstre que a amplitude do movimento será de $32\sqrt{2}/\pi$ m, se o período de oscilação for de 16 s.

12.13 Uma tábua horizontal move-se, horizontalmente, com um movimento harmônico simples cuja amplitude é de 1,5 m. Se a tábua oscila na razão de 15 oscilações por minuto, calcule o coeficiente de atrito mínimo necessário para que um corpo colocado sobre a tábua não escorregue, enquanto a tábua se move.

12.14 Quando um homem de 60 kg entra em um carro, o centro de gravidade do carro baixa de 0,3 cm. Qual é a constante elástica das molas do carro? Sabendo-se que a massa do carro é de 500 kg, qual é o período de oscilação para o carro vazio e para o carro com o homem?

12.15 Um bloco de madeira, cuja densidade relativa à água é ρ, tem as dimensões a, b e c. Enquanto flutua na água, com o lado a na vertical, o bloco é empurrado para baixo e abandonado. Calcule o período da oscilação resultante.

12.16 Uma partícula move-se de modo que suas coordenadas, como funções do tempo, são dadas por $x = v_0 t$, $y = y_0$ sen ωt. (a) Faça os gráficos de x e y como funções de t. (b) Faça o gráfico da trajetória da partícula, (c) Que força é necessária para produzir esse movimento? (d) Calcule os módulos da velocidade e da aceleração como funções do tempo.

12.17 Calcule, para o movimento harmônico simples, os valores de $(x)_{med}$ e $(x^2)_{med}$, onde as médias referem-se ao tempo.

12.18 Calcule os valores médios das energias cinética e potencial, no movimento harmônico simples, em relação (a) ao tempo, (b) à posição.

12.19 O período de um pêndulo é de 3 s. Qual será o período se o comprimento for (a) aumentado, (b) diminuído de 60%?

12.20 O pêndulo de um relógio tem um período de 2 s quando g = 9,80 m · s^{-2}. Se o comprimento for aumentado de 1 mm, quanto atrasará o relógio em 24 horas?

12.21 De quanto estará atrasado o relógio do problema anterior, após 24 horas, se for deslocado para um lugar onde g = 9,75 m · s^{-2}, sem alterar o comprimento do pêndulo? Qual deveria ser o comprimento do pêndulo, a fim de manter o período correto na nova posição?

12.22 De quanto deveria ser a variação percentual do comprimento de um pêndulo, a fim de que o relógio tivesse o mesmo período quando deslocado de um local onde g = 9,80 m · s^{-2} para outro em que g = 9,81 m · s^{-2}?

12.23 Determine o valor máximo da amplitude de um pêndulo simples tal que a Eq. (12.15) para o período seja correta dentro de 2%.

12.24 Um pêndulo simples de 2 m de comprimento é colocado num local em que g = = 9,80 m · s^2. O pêndulo oscila com uma amplitude de 2°. Escreva a expressão, em função do tempo, (a) do deslocamento angular, (b) da velocidade angular, (c) da aceleração angular, (d) da velocidade linear, (e) da aceleração centrípeta e (f) da tensão na corda, se a massa na extremidade da mesma é de 1 kg.

12.25 Um pêndulo simples de 1 m de comprimento e com uma massa de 0,60 kg é deslocado lateralmente de modo que a extremidade inferior fique 4 cm acima da posição de equilíbrio. Expresse, como função da altura do pêndulo, a força tangente à trajetória, a aceleração tangencial, a velocidade e o deslocamento angular, quando se deixa o pêndulo oscilar. Calcule os valores numéricos correspondentes ao ponto de amplitude máxima e ao ponto mais baixo da trajetória do pêndulo. Calcule a amplitude angular.

12.26 O pêndulo, no problema anterior, é deslocado lateralmente até que forme um ângulo de 30° com a vertical e, em seguida, é abandonado. Seu movimento pode ser considerado harmônico simples? Calcule (a) a aceleração, (b) a velocidade e (c) a tensão na corda no instante em que o deslocamento angular é de 15° e no instante em que passa pelo ponto de equilíbrio.

12.27 Avalie as ordens de grandeza relativas dos dois primeiros termos de correção, na série que dá o período de um pêndulo simples, nos casos em que a amplitude é de (a) 10°, (b) 30°.

12.28 Com relação ao pêndulo do Ex. 12.7, calcule o valor máximo de R/l de modo que o termo de correção na expressão para o pêndulo não represente mais que 1%.

12.29 Uma barra de 1 m de comprimento é suspensa por uma de suas extremidades de modo a constituir um pêndulo composto. Calcule o período e o comprimento do pêndulo simples equivalente. Calcule o período de oscilação, se a barra for suspensa por um eixo que está a uma distância, de uma das extremidades, igual ao comprimento do pêndulo simples equivalente determinado previamente.

12.30 Um disco sólido de raio R pode ser suspenso por um eixo horizontal a uma distância h de seu centro, (a) Calcule o comprimento do pêndulo simples equivalente, (b) Calcule a posição do eixo para a qual o período é mínimo, (c) Faça um gráfico do período como função de h.

12.31 Uma barra de comprimento L oscila em torno de um eixo horizontal que passa por uma extremidade. Um corpo, de massa igual à da barra, pode ser preso a ela, a uma distância h do eixo. (a) Obtenha o período do sistema, como função de h e L. (b) Existe um valor de h para o qual o período não se altera quando se coloca a massa?

12.32 Um cubo, de lado a, pode oscilar em torno de um eixo horizontal coincidente com uma aresta. Calcule o período.

12.33 Um pêndulo de torção consiste num bloco de madeira de 8 cm × 12 cm × 3 cm, com uma massa de 0,3 kg, suspenso por meio de um fio que passa por seu centro, de modo que a aresta mais curta fique na vertical. O período das oscilações de torção é de 2,4 s. Qual é a constante de torção κ do fio?

12.34 Com relação à Fig. 12.11, prove que se K_C é o raio de giração relativamente a um eixo paralelo que passa pelo centro de massa de um pêndulo composto, o comprimento do pêndulo simples equivalente é $l = (K_C^2/b) + b$. [*Sugestão*: aplique o teorema de Steiner.]

12.35 Usando o resultado do problema precedente, prove que o comprimento do pêndulo simples equivalente a um pêndulo composto (Seç. 12.6) será igual à distância entre o centro de percussão (Prob. 10.28) e o ponto de suspensão, se o impulso for aplicado no ponto C.

12.36 Prove que, se o pêndulo composto oscila em torno de O' (Fig. 12.11) em lugar de O, o período é o mesmo e o comprimento do pêndulo equivalente permanece inalterado.

12.37 Escreva a equação do movimento resultante da superposição de dois movimentos harmônicos simples paralelos, cujas equações são $x_1 = 6 \text{ sen } 2t$ e $x_2 = 8 \text{ sen } (2t + \alpha)$, para $\alpha = 0, \pi/2$ e π. Faça um gráfico de cada movimento e da resultante em cada caso.

12.38 Determine a equação do movimento resultante da superposição de dois movimentos harmônicos simples paralelos, cujas equações são

$$x_1 = 2 \text{ sen } (\omega t + \pi/3)$$

e

$$x_2 = 3 \text{ sen } (\omega t + \pi/2).$$

Faça um gráfico de cada movimento e da resultante. Faça um gráfico dos respectivos vetores girantes.

12.39 Determine a equação da trajetória do movimento resultante de dois movimentos harmônicos simples perpendiculares, cujas equações são: $x = 4 \text{ sen } \omega t$ e $y = 3 \text{ sen } (\omega t + \alpha)$, para $\alpha = 0$, $\pi/2$ e π. Faça, em cada caso, um gráfico da trajetória da partícula e indique o sentido em que ela é descrita pela partícula.

12.40 Eliminando o tempo dentre as Eqs. (12.30) e (12.31), prove que a expressão geral para a equação da trajetória é

$$x^2/A^2 + y^2/B^2 - 2xy \cos \delta/AB = \text{sen}^2 \delta.$$

Prove que essa é a equação de uma elipse, cujos eixos, no caso geral, não coincidem com os eixos XY. [*Sugestão:* uma equação do tipo $ax^2 + bxy + cy^2 = k$ é a equação de uma elipse se $b^2 - 4ac < 0$. Veja Thomas, *Calculus and analytic geometry*, Seç. 9.10.]

12.41 Prove que a elipse do Prob. 12.40 é descrita no sentido horário ou anti-horário dependendo do fato de termos $0 < \delta < \pi$ ou $\pi < \delta < 2\pi$.

12.42 Escreva a equação da trajetória de uma partícula sujeita a dois movimentos harmônicos simples perpendiculares, tais que $\omega_1/\omega_2 = \frac{1}{2}$ e $\alpha = 0$, $\pi/3$ e $\pi/2$. Em cada caso, faça um gráfico da trajetória e indique o sentido em que ela é descrita.

12.43 Prove, por substituição direta na equação de movimento (12.37), que as expressões (12.38) são as oscilações normais, desde que $\omega = \sqrt{k_1/m_1}$. Prove o análogo para as oscilações normais (12.40), se $\omega = \sqrt{(2k_1 + k)/m_1}$.

12.44 Numa molécula diatômica, a energia potencial para a interação entre dois átomos pode ser expressa, com boa aproximação, pelo potencial de Morse $E(r) = D(1 - e^{-a(r-r_0)}]^2$, onde D, a e r_0 são constantes características da molécula. (a) Faça um gráfico esquemático do potencial e determine a posição de equilíbrio. (b) Faça uma expansão em uma série de potências de $r - r_0$ e determine o quociente entre o primeiro termo anarmônico e o termo harmônico. (c) Determine, em termos de D e a, a frequência das vibrações relativas dos dois átomos, para energia baixa. [*Sugestão*: aplique a Eq. (M.23) para desenvolver a exponencial.]

12.45 Determine os valores de A e α, em termos de x_0 e v_0, para um oscilador amortecido. Aplique para o caso em que $v_0 = 0$.

12.46 Verifique, por substituição direta, que, quando $\gamma > \omega_0$, a solução da Eq. (12.52), para um oscilador amortecido, é $x = Ae^{-(\gamma+\beta)t} + Be^{-(\gamma-\beta)t}$, onde $\beta = \sqrt{\gamma^2 - \omega_0^2}$. Determine os valores de A e B no caso em que, para $t = 0$, $x = x_0$ e $v = 0$. Faça um gráfico de x em função de t.

12.47 O que acontece para a solução da Eq. (12.54) quando $\gamma = \omega_0$? Verifique, por substituição direta, que, nesse caso, a solução geral da Eq. (12.52) é $x = (A + Bt)e^{-\gamma t}$. Diz-se, então, que o oscilador é *criticamente amortecido*. Determine A e B no caso em que, para $t = 0$, $x = x_0$ e $v = 0$. Faça um gráfico de x em função de t. Que diferenças você nota entre este problema e o anterior?

12.48 Prove que, num movimento oscilatório amortecido, a velocidade é dada por

$$v = A'e^{-\gamma t} \operatorname{sen} (\omega t + \alpha + \delta),$$

onde $A' = A\omega_0$ e $\operatorname{tg} \delta = -\omega/\gamma$.

12.49 Um pêndulo simples tem um período de 2 s e uma amplitude de 2°. Após 10 oscilações completas, a amplitude reduz-se a 1,5°. Calcule a constante γ de amortecimento.

12.50 Determine os valores limite da amplitude e da fase de um oscilador forçado e amortecido quando (a) ω_f é muito menor que ω_0 e (b) ω_f é muito maior que ω_0. Determine os fatores dominantes em cada caso.

12.51 Prove que, para oscilações forçadas de um oscilador amortecido, a potência média da força aplicada é igual à potência média dissipada pela força amortecedora.

12.52 Com relação ao pêndulo do Prob. 12.49, calcule a potência necessária para manter as oscilações com amplitude constante. A massa do pêndulo é 1 kg.

12.53 No caso de um oscilador amortecido, a grandeza $\tau = 1/2\gamma$ é denominada *tempo de relaxação*. (a) Verifique que essa grandeza tem a dimensão de tempo. (b) De quanto varia a amplitude do oscilador, após um tempo τ? (c) Expresse, como função de τ, o tempo necessário para que a amplitude se reduza à metade do valor inicial. (d) Quais são os valores da amplitude, após intervalos de tempo iguais a duas, três etc. vezes o valor obtido em (c)?

12.54 Suponha que, para um oscilador amortecido, γ seja muito pequeno comparado com ω_0, de modo que a amplitude permanece praticamente constante durante uma oscilação. (a) Verifique que a energia do oscilador amortecido pode ser escrita na forma $E = \frac{1}{2} m\omega_0^2 A^2 e^{-2\gamma t}$. (b) A dissipação média de potência é definida por $P = -dE/dt$. Prove que $P = 2\gamma E = E/\tau$. (c) Prove que essa dissipação de potência é igual ao trabalho médio efetuado pela força amortecedora, na unidade de tempo.

12.55 Prove que, para um oscilador forçado, $P_{\text{med}} = \frac{1}{2}\left(P_{\text{med}}\right)_{\text{res}}$ quando a reatância é igual à resistência $X = \pm R$ ou $\omega_f^2 - \omega_0^2 = \pm 2\gamma\omega_f$. A diferença $(\Delta\omega)_{1/2}$ entre os dois valores de ω_f, para essa situação, é chamada *largura da banda* do oscilador e a razão $Q = \omega/(\Delta\omega)_{1/2}$ é chamada *fator Q* do oscilador. Prove que, para pequeno amortecimento, $(\Delta\omega)_{1/2} = 2\gamma$ e, assim, $Q = \omega_0/2\gamma$. [*Sugestão*: aplique as Eqs. (12.70) e (12.71), com valores para R e Z.]

12.56 (a) Calcule os valores médios das energias cinética e potencial das oscilações forçadas de um oscilador amortecido. (b) Obtenha o quociente entre a soma dessas duas energias e o trabalho realizado pela força aplicada num período. Esse fator é útil para indicar o desempenho do oscilador. Prove que, para pequenos amortecimentos, esse fator é igual a $Q/2\tau$. (Veja o Prob. 12.55.)

12.57 Escreva a equação de movimento de um movimento harmônico simples não amortecido ao qual se aplica uma força $F = F_0 \cos \omega_f t$. Verifique que sua solução é

$$x = [F_0/m(\omega_0^2 - \omega_f^2)] \cos \omega_f t.$$

Discuta a ressonância nesse caso.

12.58 As constantes elásticas das molas na Fig. 12.47 são, respectivamente, k_1 e k_2. Calcule a constante k do sistema, quando as duas molas são ligadas como em (a) e (b).

12.59 Uma partícula desliza, num movimento de vaivém, entre dois planos inclinados sem atrito (Fig. 12.48). (a) Calcule o período do movimento sabendo-se que h é a altura inicial. (b) O movimento é oscilatório? É harmônico simples?

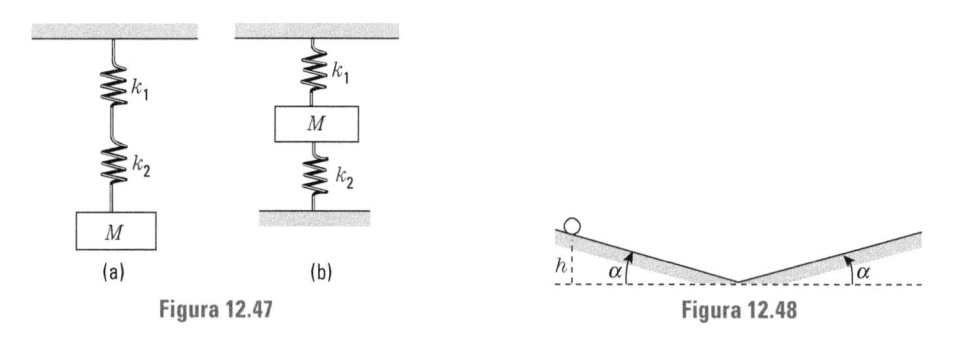

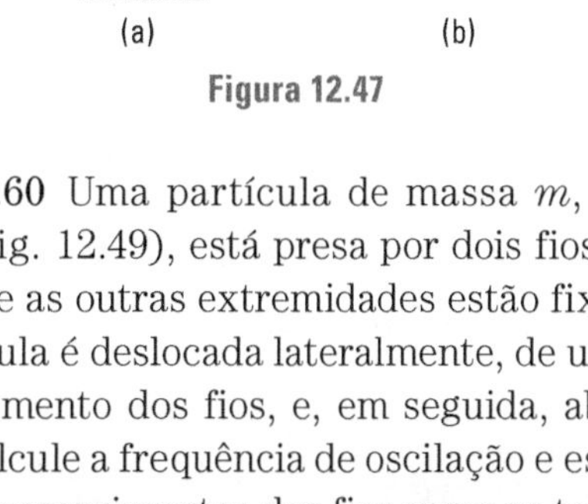

Figura 12.47

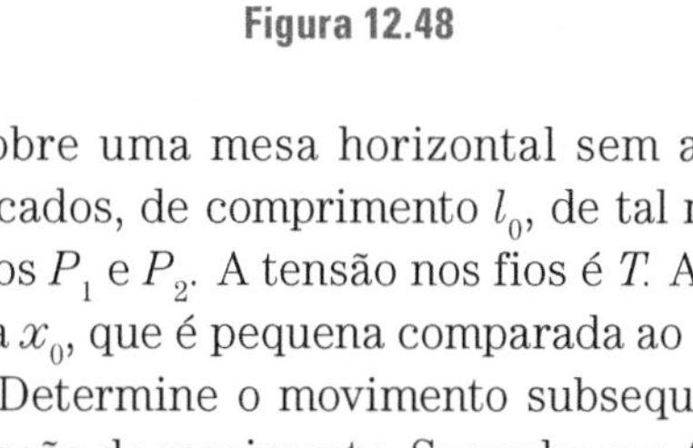

Figura 12.48

12.60 Uma partícula de massa m, colocada sobre uma mesa horizontal sem atrito (Fig. 12.49), está presa por dois fios iguais, esticados, de comprimento l_0, de tal modo que as outras extremidades estão fixas nos pontos P_1 e P_2. A tensão nos fios é T. A partícula é deslocada lateralmente, de uma distância x_0, que é pequena comparada ao comprimento dos fios, e, em seguida, abandonada. Determine o movimento subsequente. Calcule a frequência de oscilação e escreva a equação de movimento. Suponha que tanto os comprimentos dos fios como as tensões permanecem inalterados.

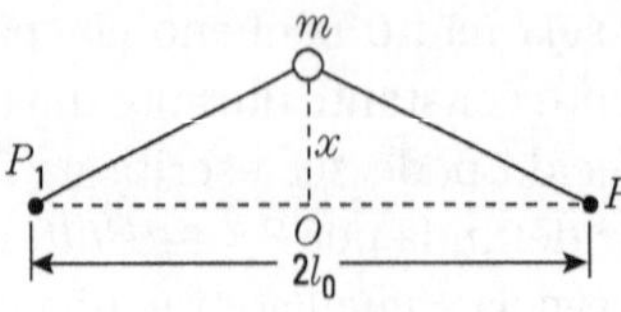

Figura 12.49

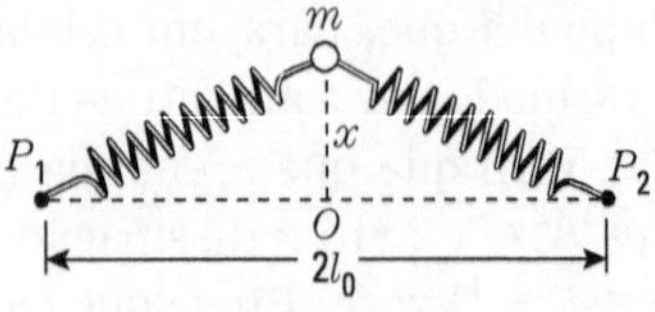

Figura 12.50

12.61 A partícula da Fig. 12.50 está sob condições semelhantes às do problema anterior, mas preso por duas molas, cada uma de constante elástica k e comprimento normal l_0. Obtenha as mesmas informações pedidas no problema anterior. Note que precisamos, agora, levar em consideração a variação do comprimento das molas.

12.62 Repita o problema anterior, supondo que o deslocamento da partícula ocorre ao longo da linha P_1P_2, como na Fig. 12.51.

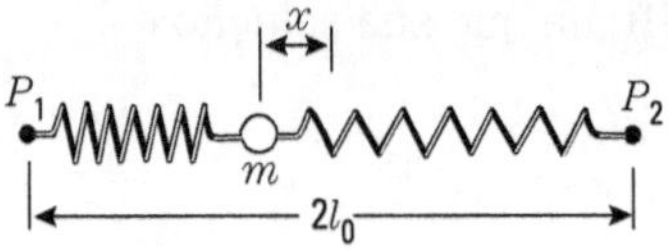

Figura 12.51

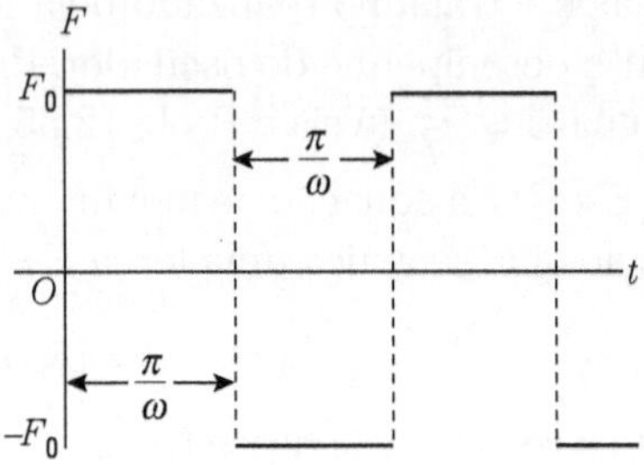

Figura 12.52

12.63 Uma partícula de massa m está sujeita à força indicada na Fig. 12.52, denominada *onda quadrada*; isto é, a força tem módulo constante, mas muda de sentido a intervalos de tempo regulares de π/ω. Essa força pode ser representada pela série de Fourier:

$$F = F_0\left(4/\pi\right)\left(\text{sen } \omega t + \tfrac{1}{3}\text{sen } 3\omega t + \tfrac{1}{5}\text{sen } 5\omega t + \ldots\right).$$

(a) Escreva a equação de movimento da partícula. (b) Verifique, por substituição direta, que sua solução pode ser escrita como

$$x = a + bt + A \text{ sen } \omega t + \text{B sen } 3\omega t + C \text{ sen } 5\omega t + \ldots,$$

onde a e b são constantes arbitrárias, e determine os valores dos coeficientes A,B, C,.. de modo que a equação de movimento seja satisfeita.

12.64 Um oscilador harmônico simples de frequência natural ω_0 está sujeito à mesma força do problema anterior. (a) Escreva sua equação de movimento. (b) Verifique, por substituição direta, que sua solução pode ser escrita como $x = a \text{ sen } (\omega_0 t + \alpha) + A \text{ sen } \omega t + B \text{ sen } 3\omega t + C \text{ sen } 5\omega t$ ..., onde a e α são constantes arbitrárias, e determine os valores dos coeficientes A, B, C, ..., de modo que a equação de movimento seja satisfeita.

12.65 Prove que a energia potencial de um pêndulo pode ser escrita como $E_p = 2mgl \text{ sen}^2 \tfrac{1}{2}\theta$. Então, aplicando a Eq. (12.13), mostre que

$$P = \sqrt{l/g}\int_0^{\theta_0} d\theta \Big/ \sqrt{\text{sen}^2 \tfrac{1}{2}\theta_0 - \text{sen}^2 \tfrac{1}{2}\theta}\,.$$

Essa integral não pode ser calculada em termos de funções elementares. Faça, na integral, a substituição $\text{sen}\frac{1}{2}\theta = \text{sen}\frac{1}{2}\theta_0 \,\text{sen}\,\psi$, onde ψ é a nova variável que vai de 0 a $\pi/2$ quando θ varia de 0 a θ_0. Em seguida, faça uma expansão em série, usando a Eq. (M.22), do radical obtido e integre, a fim de obter a expressão para P dada na Seç. 12.5.

12.66 Para o movimento harmônico simples, $E_p = \frac{1}{2}kx^2$. (a) Aplique a Eq. (12.13) para obter o período do movimento no caso do MHS e verifique que o resultado concorda com a Eq. (12.7). (b) Mostre que a Eq. (8.34), com $x_0 = 0$, dá

$$\text{arcsen}\,(x/A) = \omega t + \alpha$$

onde $A^2 = 2E/k$. Verifique que esse resultado concorda com a Eq. (12.1).

12.67 Considere uma partícula oscilando sob a influência do potencial anarmônico $E_p(x) = \frac{1}{2}kx^2 - \frac{1}{3}ax^3$, onde a é positivo e muito menor que k. (a) Faça um gráfico esquemático de $E_p(x)$. A curva é simétrica em torno do valor $x = 0$? Em vista da resposta que você deu à pergunta anterior, em que sentido se desloca o centro de oscilação quando a energia é aumentada? Você acha que x_{med} deve ser nulo? (b) Obtenha a força como função de x e faça um gráfico esquemático. Qual é o efeito do termo anarmônico sobre a força?

12.68 Com relação ao problema precedente, (a) escreva a equação de movimento, (b) Tente como solução

$$x = A\cos\omega t + B\cos 2\omega t + x_1,$$

onde os dois últimos termos resultam do termo anarmônico. (c) Essa expressão pode representar uma solução exata? (d) Desprezando todos os termos que envolvem produtos de A e B ou potências de B de ordem maior que a primeira, prove que $\omega = \omega_0$, $x_1 = \alpha A^2/2\omega_0^2$ e $B = -\alpha A^2/6\omega_0^2$, onde $\omega_0^2 = k/m$ e $\alpha = a/m$. [*Sugestão*: use a relação trigonométrica $\cos^2\omega t = \frac{1}{2}(1 + \cos 2\omega t)$.]

12.69 Repita o Prob. 12.67, supondo que energia potencial seja

$$E_p(x) = \frac{1}{2}kx^2 - \frac{1}{4}ax^4.$$

Como antes, a *é* muito menor que k.

12.70 Referindo-se ao problema anterior, (a) escreva a equação de movimento, (b) Tente como solução $x = A\,\text{sen}\,\omega t + B\,\text{sen}\,3\omega t$, onde o último termo é o resultado do termo anarmônico. (c) Essa expressão pode representar uma solução exata? (d) Desprezando todos os termos que envolvem produtos de A por B ou potências de B de ordem maior que a primeira, prove que $\omega^2 = \omega_0^2 - 3\alpha A^2/4$ e $B = \alpha A^3/4(9\omega^2 - \omega_0^2)$, onde ω_0 e α são definidas como no Prob. 12.68. [*Sugestão*: use a relação trigonométrica $\text{sen}^3\omega t = \frac{3}{4}\text{sen}\,\omega t - \frac{1}{4}\text{sen}\,3\omega t$.]

12.71 Referindo-se aos Probs. 12.68 e 12.70, calcule os valores de x_{med} e $(x^2)_{\text{med}}$, onde as médias são tomadas em relação ao tempo e compare com os resultados para o movimento harmônico simples. (Veja o Prob. 12.17.)

12.72 Aplique os resultados do Prob. 12.70 ao movimento de um pêndulo simples, substituindo sen θ na expressão para F_T, dada no início da Seç. 12.5, pelos dois primeiros termos de seu desenvolvimento em série (M.25), obtendo $\omega \approx \omega_0(1 - \theta_0^2/16)$ e $\theta = \theta_0\,\text{sen}\,\omega t + (\theta_0^3/192)\,\text{sen}\,3\omega t$. A partir do valor de ω, obtenha diretamente a expressão para o período P, dada no final da Seç. 12.5.

Parte 2

Interações e campos

Uma vez aprendidas as leis gerais que governam os movimentos, o próximo passo é investigar as interações responsáveis por tais movimentos. Há vários tipos de interações. Uma é a *interação gravitacional*, que se manifesta no movimento planetário e no movimento dos aglomerados de matéria. A gravitação, apesar de ser a mais fraca de todas as interações conhecidas, foi a primeira interação cuidadosamente estudada, porque os homens há muito se interessaram pela astronomia e porque a gravitação é responsável por muitos fenômenos que afetam diretamente nossas vidas. Outra interação é a *interação eletromagnética*, a melhor entendida e, talvez, a mais importante sob o ponto de vista de nossa vida cotidiana. A maioria dos fenômenos que observamos, incluindo processos químicos e biológicos, resulta de interações eletromagnéticas entre átomos e moléculas. Um terceiro tipo é a *interação forte* ou *nuclear*, que mantém prótons e nêutrons (conhecidos como núcleons) dentro do núcleo atômico e outros fenômenos relacionados com os núcleons. Apesar de intensa pesquisa, nosso conhecimento a respeito dessa interação ainda é incompleto. Um quarto tipo é a *interação fraca*, responsável por certos processos entre as partículas fundamentais, tais como a desintegração beta. Nosso conhecimento dessa interação também é muito pequeno, ainda. As intensidades relativas das interações acima são: forte, tomada como 1; eletromagnética $\sim 10^{-2}$; fraca $\sim 10^{-5}$; gravitacional $\sim 10^{-38}$. Um dos problemas da física entre os que ainda não foram resolvidos, é o fato de encontrarmos apenas quatro interações e diferenças tão acentuadas em suas intensidades.

É interessante ver o que, há 200 anos, Isaac Newton disse a respeito de interações:

> Have not the small Particles of Bodies certain Powers, or Forces, by which they act... upon one another for producing a great Part of the Phaenomena of Nature? For it's well known, that Bodies act one upon another by the Attractions of Gravity, Magnetism, and Electricity; [...] and make it not improbable but that there may be more attractive Powers than these. [...] How these attractions may be perform'd, I do not here consider. [...] The Attractions of Gravity, Magnetism, and Electricity, reach to very sensible distances, [...] and there may be others which reach to so small distances as hitherto escape observation; [...] (Opticks, Book III, Query 31) *.

* Não têm, as pequenas Partículas dos Corpos, determinados Poderes, ou Forças, por meio dos quais agem [...] umas sobre as outras, para produzir uma grande Parte dos Fenômenos da Natureza? Pois se sabe que os Corpos agem, uns sobre os outros, pelas Atrações da Gravidade, Magnetismo, e Eletricidade; [...] e não fazem que seja improvável que possam existir Poderes mais atrativos do que esses [...] Como essas atrações podem se realizar eu não vou considerar aqui [...] As Atrações da Gravidade, Magnetismo e Eletricidade atingem distâncias consideráveis, [...] e podem existir outros que atinjam distâncias tão pequenas que até boje escaparam à nossa observação [...] (*Opticks*, Livro III, Pergunta 31).

Para descrever essas interações, introduzimos o conceito de *campo. Por campo* entendemos uma propriedade física que se estende por uma região do espaço e é descrito por uma função da posição e do tempo. Para cada interação, supomos que uma partícula produza, em torno de si, um campo correspondente. Esse campo, por sua vez, age sobre uma segunda partícula, para produzir a interação mútua.

Embora todas as interações possam ser descritas por meio de campos, todos os campos não correspondem necessariamente a interações, como está implícito na definição de campo. Por exemplo, um meteorologista pode exprimir a pressão atmosférica e a temperatura como uma função da latitude, da longitude e da altura. Temos, então, dois campos escalares: o campo de pressões e o campo de temperaturas. Num fluido em movimento, a velocidade do fluido, em cada ponto, constitui-se num campo vetorial. O conceito de campo é, portanto, de grande utilidade na física.

No Cap. 13 discutiremos a interação e o campo gravitacionais. Do Cap. 14 ao 17 (Vol. II), consideraremos as interações eletromagnéticas. Falaremos a respeito de outras interações no Vol. III.

13 Interação gravitacional

13.1 Introdução

Um dos problemas fundamentais da dinâmica, que tem intrigado o homem desde o início da civilização, é o do movimento dos corpos celestes ou, como dizemos hoje, o movimento planetário. Talvez um dos processos mais interessantes na história da ciência seja o da evolução de nosso conhecimento do movimento planetário.

Os gregos, que consideravam o homem como o centro do universo, admitiam que a Terra ocupava o centro geométrico do universo e que os corpos celestes moviam-se em torno dela. Os corpos conhecidos naquele tempo, de acordo com as distâncias médias a que estavam da Terra eram colocados na seguinte ordem: Lua, Mercúrio, Vênus, Sol, Marte, Júpiter e Saturno.

A primeira hipótese a respeito do movimento planetário era a de que os planetas acima descreviam círculos concêntricos, tendo a Terra como o centro comum. Tal hipótese, entretanto, não concordava com as observações dos movimentos desses corpos, relativamente à Terra, e a geometria do movimento planetário tornou-se cada vez mais complexa. No segundo século A.D., o astrônomo Ptolomeu de Alexandria desenvolveu sua teoria dos epiciclos a fim de explicar esse movimento. No caso mais simples, admitia-se que o planeta descrevia, com velocidade constante em módulo, um círculo chamado *epiciclo*, cujo centro, por sua vez, movia-se num círculo maior, concêntrico com a Terra, e chamado *deferente*. A trajetória resultante do planeta era, assim, uma *epicicloide* (Fig. 13.1).

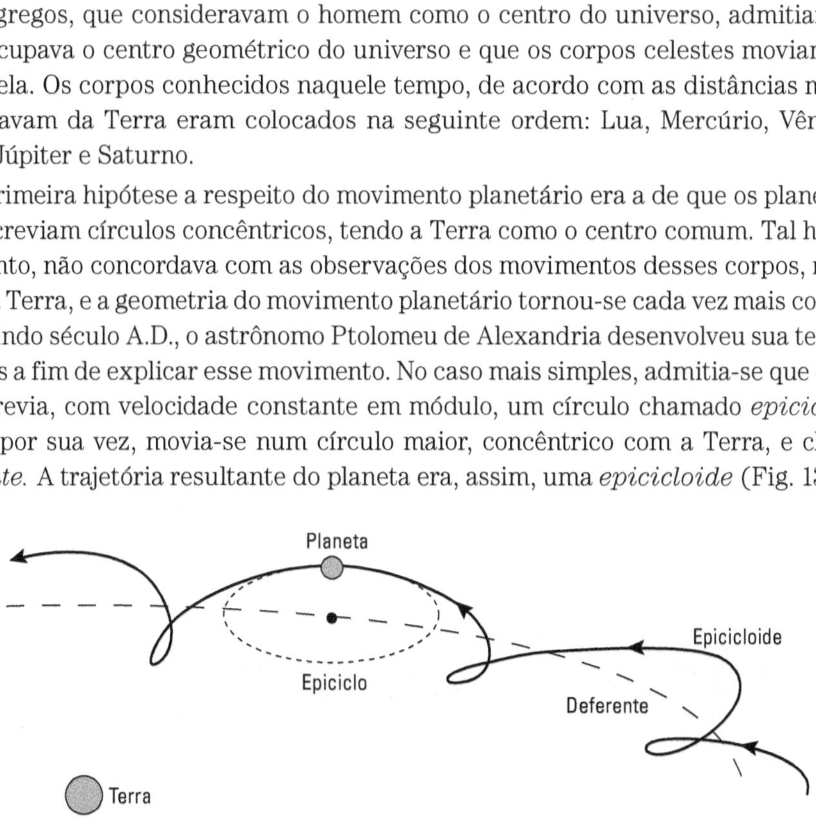

Figura 13.1 Modelo dos epiciclos para o movimento planetário referido à Terra.

Em alguns casos, tornava-se necessária uma descrição mais complicada para descrever os movimentos planetários. Em nossa linguagem, o que os gregos fizeram foi descrever o movimento planetário, em relação a um sistema de referência ligado à Terra.

Essa descrição foi aceita como correta até que, no século XVI, o monge polonês Nicolau Copérnico (1473-1543), que procurava uma solução mais simples, propôs que a descrição do movimento de todos os planetas, incluindo a Terra, fosse feita relativamente ao Sol, que estaria no centro. A ideia não era nova; havia sido proposta inicialmente pelo astrônomo grego Aristarco, por volta do terceiro século A.C. De acordo com Copérnico, relativamente ao Sol, as órbitas dos planetas colocavam-se na seguinte ordem: Mercúrio, Vênus, Terra, Marte, Júpiter e Saturno, sendo que a Lua girava em torno da Terra. Essencialmente, o que Copérnico propunha era outro sistema de referência, ligado ao Sol, em relação ao qual o movimento dos planetas, tivesse uma descrição mais simples.

O Sol, maior corpo celeste em nosso sistema planetário, coincide, praticamente, com o centro de massa do sistema e move-se muito mais lentamente do que qualquer planeta. Isso justifica tomá-lo como centro de referência, pois praticamente ele é um referencial inercial. A hipótese de Copérnico auxiliou o astrônomo Johannes Kepler (1571-1630) a descobrir as leis do movimento planetário, como consequência de sua cuidadosa análise das medidas astronômicas de Tycho Brahe (1546-1601). Essas leis, chamadas *leis de Kepler*, são uma descrição cinemática do movimento planetário e podem ser formuladas como segue:

I. Os planetas descrevem órbitas elípticas, com o Sol num dos focos.

II. O vetor posição de qualquer planeta, em relação ao Sol, varre, em intervalos de tempos iguais, áreas iguais da elipse. (Essa afirmação é conhecida como a lei das áreas.)

III. Os quadrados dos períodos de revolução são proporcionais aos cubos das distâncias médias do Sol aos planetas. (Essa lei pode ser dada pela equação $P^2 = kr^3_{med}$, onde k é uma constante de proporcionalidade.)

O passo seguinte, na história da astronomia, foi a discussão da dinâmica de movimento planetário e uma tentativa para determinar a interação responsável por tal movimento. Foi nesse ponto que Sir Isaac Newton (1642-1727) deu sua notável contribuição, *a lei da gravitação universal.* Essa lei (que será discutida neste capítulo) foi formulada por Newton em 1666, mas não foi publicada até 1687, quando apareceu como um capítulo de sua monumental obra, a *Philosophiae Naturalis Principia Mathematica.*

Os dados mais importantes a respeito do sistema solar estão na Tab. 13.1.

Tabela 13.1 Dados básicos a respeito do sistema solar*

Corpo	Raio médio, m	Massa, kg	Período de rotação, s	Raio médio da órbita, m	Período do movimento orbital, s	Excentricidade da órbita
Sol	$6{,}96 \times 10^8$	$1{,}98 \times 10^{30}$	$2{,}3 \times 10^6$	–	–	–
Mercúrio	$2{,}34 \times 10^6$	$3{,}28 \times 10^{23}$	$5{,}03 \times 10^6$	$5{,}79 \times 10^{10}$	$7{,}60 \times 10^6$	0,206
Vênus	$6{,}26 \times 10^6$	$4{,}83 \times 10^{24}$	(?)	$1{,}08 \times 10^{11}$	$1{,}94 \times 10^7$	0,007
Terra	$6{,}37 \times 10^6$	$5{,}98 \times 10^{24}$	$8{,}62 \times 10^4$	$1{,}49 \times 10^{11}$	$3{,}16 \times 10^7$	0,017
Marte	$3{,}32 \times 10^6$	$6{,}40 \times 10^{23}$	$8{,}86 \times 10^4$	$2{,}28 \times 10^{11}$	$5{,}94 \times 10^7$	0,093
Júpiter	$6{,}98 \times 10^7$	$1{,}90 \times 10^{27}$	$3{,}54 \times 10^4$	$7{,}78 \times 10^{11}$	$3{,}74 \times 10^8$	0,049
Saturno	$5{,}82 \times 10^7$	$5{,}68 \times 10^{26}$	$3{,}61 \times 10^4$	$1{,}43 \times 10^{12}$	$9{,}30 \times 10^8$	0,051
Urano	$2{,}37 \times 10^7$	$8{,}67 \times 10^{25}$	$3{,}85 \times 10^4$	$2{,}87 \times 10^{12}$	$2{,}66 \times 10^9$	0,046
Netuno	$2{,}24 \times 10^7$	$1{,}05 \times 10^{26}$	$5{,}69 \times 10^4$	$4{,}50 \times 10^{12}$	$5{,}20 \times 10^9$	0,004
Plutão	$(3{,}00 \times 10^6)$	$(5{,}37 \times 10^{24})$	(?)	$5{,}91 \times 10^{12}$	$7{,}82 \times 10^9$	0,250
Lua	$1{,}74 \times 10^6$	$7{,}34 \times 10^{22}$	$2{,}36 \times 10^6$	$3{,}84 \times 10^8$	$2{,}36 \times 10^6$	0,055

*As quantidades entre parênteses são duvidosas. Os dados orbitais da Lua são em relação à Terra.

13.2 A lei da gravitação

Depois de sua formulação das leis de movimentos (Cap. 7), a segunda, e talvez a maior, contribuição de Newton ao desenvolvimento da mecânica foi a descoberta da interação gravitacional; isto é, a interação entre dois corpos, planetas ou partículas, que produz um movimento, que pode ser descrito pelas leis de Kepler.

Em primeiro lugar, de acordo com a Seç. 7.14, a lei das áreas (ou segunda lei de Kepler) indica que a *força associada à interação gravitacional é central*. Isto é, a força age ao longo da linha que une os dois corpos em interação (Fig. 13.2), nesse caso, um planeta e o Sol. Em segundo lugar, se admitirmos que a interação gravitacional é uma propriedade *universal* de toda matéria, a força F associada à interação deve ser proporcional à "quantidade" de matéria em cada corpo, isto é, às respectivas massas m e m'. Portanto podemos escrever $F = mm'f(r)$.

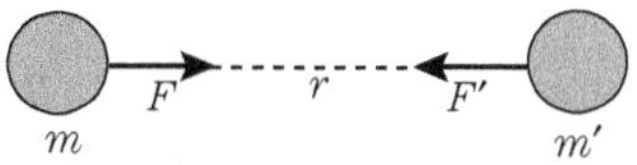

Figura 13.2 Interação gravitacional entre duas massas.

A determinação da dependência da força F com a distância r, expressa por $f(r)$, é um problema mais difícil. Poderíamos determinar experimentalmente essa dependência, medindo a força entre as massas m e m', para diversas distâncias de separação entre elas, e deduzindo, dessas observações, a relação entre F e r. Isso tem sido feito, mas exige um arranjo experimental muito sensível, porque a interação gravitacional é extremamente fraca e a força gravitacional é muito pequena, a não ser que as duas massas sejam muito grandes (como as de dois planetas), ou a distância r seja muito pequena. Mas, no segundo caso, como veremos mais tarde, entram em jogo outras interações mais fortes que a gravitacional, mascarando os efeitos gravitacionais. Os resultados dessas experiências permitem concluir que a *interação gravitacional é atrativa e varia inversamente com o quadrado da distância entre os dois corpos*, isto é, $f(r) \propto 1/r^2$.

Portanto escrevemos, para a força de gravitação, a expressão

$$F = \gamma \frac{mm'}{r^2}, \qquad (13.1)$$

onde a constante de proporcionalidade γ depende das unidade uitilizadas para as outras grandezas. Donde γ deve ser determinado experimentalmente, medindo-se a força F entre duas massas conhecidas m e m' separadas por uma distância conhecida r (Fig. 13.3). O valor de γ no sistema MKSC é

$$\gamma = 6{,}67 \times 10^{-11}\ \mathrm{N \cdot m^2 \cdot kg^{-2}} \qquad (\text{ou } \mathrm{m^3 \cdot kg^{-1} \cdot s^{-2}})$$

Podemos, então, formular a *lei da gravitação universal de Newton* do seguinte modo

> *a interação gravitacional entre dois corpos pode ser expressa por uma força central, atrativa, proporcional às massas dos corpos e inversamente proporcional ao quadrado da distância entre eles.*

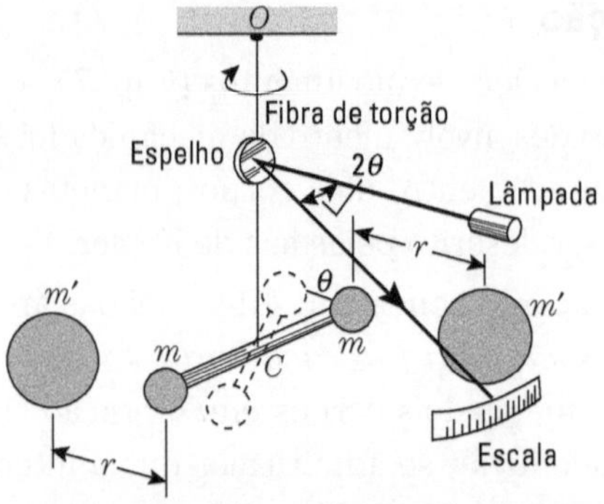

Figura 13.3 Balança de Cavendish. Quando as massas *m′* são colocadas próximas às massas *m*, a atração gravitacional entre elas produz um torque sobre a barra horizontal, ocasionando uma torção da fibra *OC*. O equilíbrio se estabelece quando o torque gravitacional é igual ao torque de torção. O torque de torção é proporcional ao ângulo *θ*, que é medido pela deflexão de um raio refletido por um espelho preso à fibra. Repetindo a experiência para diversas distâncias *r* e utilizando diferentes massas *m* e *m′*, podemos verificar a lei (13.1).

Ao discutirmos a Eq. (13.1), sugerimos que a interação gravitacional entre duas massas pode ser deduzida de experiências, mas isto não implica, necessariamente, que a interação gravitacional seja a força responsável pelo movimento planetário que segue as leis de Kepler. De fato, Newton não procedeu como fizemos, mas de modo inverso. Usando as leis de Kepler, ele deduziu a Eq. (13.1) para a força que deveria existir entre dois planetas e, em seguida, generalizou o resultado estendendo-o para duas massas quaisquer. Daremos agora uma discussão simplificada do método de Newton, adiando uma análise mais geral para a Seç. 13.5.

A primeira lei de Kepler afirma que a órbita de um planeta é elíptica. O círculo é um caso particular de elipse em que os dois focos coincidem com o centro. Nesse caso, de acordo com a segunda lei, a força F aponta para o centro do círculo. Assim, aplicando a Eq. (7.28) para a força centrípeta num movimento circular e referindo movimento de m a um sistema de referência ligado a m' (Fig. 13.4), podemos escrever, para a força,

$$F = \frac{mv^2}{r}.$$

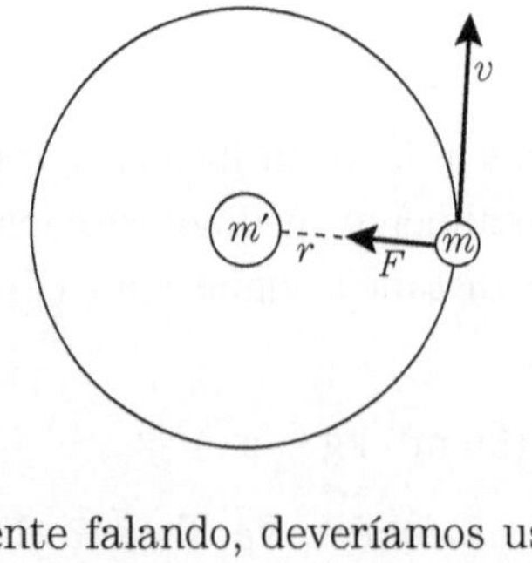

Figura 13.4 Movimento da partícula *m* sob a atração gravitacional de *m′*.

Estritamente falando, deveríamos usar, em lugar de m, a massa reduzida do sistema composto por m e m', de acordo com a Eq. (9.15), mas nossa simplificação não altera as conclusões. Lembrando que $v = 2\pi r/P$, temos

$$F = \frac{4\pi^2 mr}{P^2}.$$

Mas a terceira lei de Kepler, no caso particular de uma órbita circular, para a qual a distância média entre m e m' é o raio do círculo, é dada por $P^2 = kr^3$. Portanto

$$F = \frac{4\pi^2 m}{kr^2},$$

provando que, para satisfazer as leis de Kepler, a interação gravitacional deve ser central e inversamente proporcional ao quadrado da distância.

O próprio Newton testou a validez de sua hipótese, comparando a aceleração centrípeta da Lua com a aceleração da gravidade $g = 9{,}80\ \text{m} \cdot \text{s}^{-2}$. A aceleração centrípeta da Lua é $a_c = v^2/r = 4\pi^2 r/P^2$, com $r = 3{,}84 \times 10^8$ m e $P = 2{,}36 \times 10^6$ s. Assim, $a_c = 2{,}72 \times 10^{-3}\ \text{m} \cdot \text{s}^{-2}$. Portanto

$$g/a_c = 3.602 \approx (60)^2.$$

Mas, como o raio da Terra é $R = 6{,}37 \times 10^6$ m, temos

$$\left(\frac{r}{R}\right)^2 = \left(\frac{384}{6{,}37}\right)^2 \approx (60)^2.$$

Portanto $g/a_c = (r/R)^2$ e, dentro da precisão de nossos cálculos simplificados, as duas acelerações estão na proporção inversa dos quadrados das distâncias dos pontos ao centro da Terra.

■ **Exemplo 13.1** Relacionar a aceleração da gravidade com a massa da Terra. Utilizando sua resposta, avalie a massa da Terra.

Solução: Considere uma partícula de massa m sobre a superfície da Terra. A distância da partícula, ao centro da Terra, é igual ao raio R da Terra. Assim, se denotarmos a massa da Terra por M, a expressão (13.1) dará, para a força sobre o corpo.

$$F = \gamma mM/R^2.$$

Essa força é o que foi definido pela Eq. (7.16) como o *peso* do corpo e, portanto, deve ser igual a mg, onde g é a aceleração da gravidade. Portanto

$$mg = \gamma mM/R^2.$$

ou, cancelando m, temos

$$g = \gamma M/R^2.$$

Esse resultado dá a aceleração da gravidade em termos da massa e do raio da Terra. Note que a massa do corpo não aparece nessa expressão e, desse modo, (se desprezarmos a resistência do ar), todos os corpos devem cair com a mesma aceleração, o que concorda com resultados experimentais.

Resolvendo para a massa M da Terra, obtemos

$$M = gR^2/\gamma.$$

Introduzindo os valores numéricos apropriados, $g = 9{,}8\ \text{m} \cdot \text{s}^{-2}$, $R = 6{,}37 \times 10^6$ m e $\gamma = 6{,}67 \times$ $\times\ 10^{-11}\ \text{m}^3 \cdot \text{kg}^{-1} \cdot \text{s}^{-2}$, obtemos $M = 5{,}98 \times 10^{24}$ kg.

Observe que, neste exemplo, usamos a distância da massa m a partir do centro da Terra. Em outras palavras, admitimos, implicitamente, que a força sobre m pode ser obtida considerando-se toda a massa da Terra concentrada no seu centro, uma hipótese que será justificada na Seç. 13.7.

■ **Exemplo 13.2** Calcular a massa de um planeta que possui um satélite.

Solução: Suponhamos que um satélite de massa m descreve, com um período P, uma órbita circular de raio r em torno de um planeta de massa M. A força de atração entre o planeta e o satélite é

$$F = \gamma mM/r^2.$$

Essa força deve ser igual ao produto de m pela aceleração centrípeta, $v^2/r = 4\pi^2 r/P^2$. Assim,

$$\frac{4\pi^2 mr}{P^2} = \frac{\gamma mM}{r^2}.$$

Cancelando o fator comum m e resolvendo para M, obtemos

$$M = 4\pi^2 r^3/\gamma P^2.$$

Sugerimos que você empregue essa expressão para recalcular a massa da Terra, usando os dados relativos à Lua ($r = 3{,}84 \times 10^8$ m e $P = 2{,}36 \times 10^6$ s). A concordância com o resultado do Ex. 13.1 é uma prova da consistência da teoria. Essa fórmula também pode ser usada para calcular a massa do Sol, usando os dados relativos aos diferentes planetas.

13.3 Massa inercial e gravitacional

No Cap. 7, introduzimos o conceito de massa em relação às leis de movimento. Por essa razão, nós a denominamos *massa inercial*. Admitimos, também, que as leis de movimento são de validez universal e que, portanto, devem ser iguais para todos os tipos de matéria, tais como elétrons, prótons, nêutrons ou grupos dessas partículas. Por outro lado, neste capítulo, discutimos uma interação particular chamada gravitação. Para caracterizar a intensidade dessa interação, atribuímos a cada porção de matéria uma *carga gravitacional* ou *massa gravitacional*, m_g. Deveríamos, então, ter escrito a Eq. (13.1) na forma

$$F = \gamma m_g m'_g/r^2.$$

Entretanto, se admitirmos que a gravitação é uma propriedade universal de todos os tipos de matéria, devemos considerar que a massa gravitacional é proporcional à massa inercial e, portanto, a razão

$$K = \frac{\text{massa gravitacional, } m_g}{\text{massa inercial, } m}$$

deve ser a mesma para todos os corpos. Com uma escolha apropriada das unidades para m_g, podemos fazer essa razão ser igual a um e, portanto, utilizar o mesmo número para a massa gravitacional e a massa inercial. Isso foi feito, implicitamente, na nossa escolha do valor da constante γ. A constância de K, que é equivalente à constância de γ, foi verificada experimentalmente para todos os tipos de corpos, com bastante precisão, e pode ser considerada uma hipótese sólida. O fato bem comprovado de que todos os corpos, nas proximidades da Terra, caem com a mesma aceleração é uma indicação de que a massa inercial é igual à massa gravitacional, pois, sob aquela hipótese, a aceleração da gravidade é $g = \gamma M/R^2$, como vimos no Ex. 13.1, e g é independente da massa do corpo que cai. Portanto usaremos o termo "massa" tanto para a massa inercial como para a massa gravitacional, pois os dois são indistinguíveis.

Da Eq. (13.1), podemos definir a unidade de massa como a massa que, quando colocada a uma distância unitária de outra de massa igual, exerce sobre esta uma atração com uma força igual a γ unidades. Por uma escolha apropriada do valor de γ, podemos definir qualquer unidade de massa. Entretanto, uma escolha arbitrária de γ pode alterar a estrutura das equações da mecânica. Outro inconveniente desse procedimento para definir a unidade de massa é que ele exige uma definição prévia da unidade de força. Por isso tal procedimento não é usado. Em vez disso, como indicamos anteriormente, seguimos o método inverso e, após termos escolhido as unidades de massa e de força, determinamos o valor de γ experimentalmente.

Um meio de medir ou comparar as massas de dois corpos é utilizar um terceiro corpo como referência. Consideremos duas massas m e m', colocados a uma mesma distância r de uma terceira massa de referência M (Fig. 13.5). Então, de acordo com a Eq. (13.1), as forças sobre m e m' são

$$F = \frac{\gamma M m}{r^2}, \qquad F' = \frac{\gamma M m'}{r^2}.$$

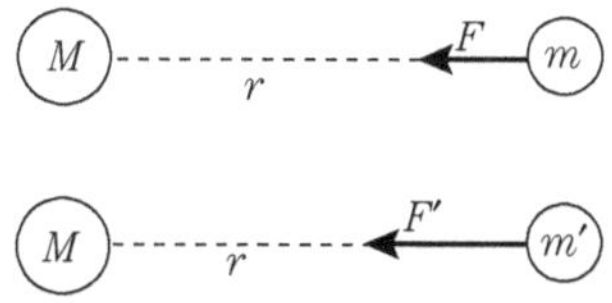

Figura 13.5 Método para comparar duas massas m e m', por meio de suas interações gravitacionais com uma terceira massa M.

O quociente dessas duas forças é $F/F' = m/m'$. Portanto, se tivermos um método para comparar forças, sem necessidade de medir cada uma isoladamente, a relação precedente nos fornecerá um método para comparar e medir massas. O princípio da balança permite-nos utilizar esse método quando o corpo de referência, M, é a Terra. A balança fica em equilíbrio quando as duas forças são iguais e, portanto, as massas são iguais. Justificamos, agora, o método indicado na Seç. 2.3 para medir massa por meio de uma balança.

13.4 Energia potencial gravitacional

Como a interação gravitacional dada pela Eq. (13.1) é central e depende apenas da distância, ela corresponde a uma força conservativa. Podemos, portanto, associar a uma *energia potencial gravitacional*. Tomando m' como origem do sistema de coordenadas e considerando somente a força que age sobre m (Fig. 13.6), notamos que $\boldsymbol{F}$, sendo uma força atrativa, está na direção oposta ao vetor $\boldsymbol{r} = \overrightarrow{OA} = r\boldsymbol{u}_r$, onde $\boldsymbol{u}_r$ é o vetor unitário da direção $\overrightarrow{OA}$ e, portanto, em lugar da Eq. (13.1), devemos escrever a equação vetorial

$$\boldsymbol{F} = -\frac{\gamma m m'}{r^2}\boldsymbol{u}_r. \tag{13.2}$$

Essa força é igual ao gradiente da energia potencial com sinal trocado. Em nosso caso, como a força é central e age ao longo do raio, a energia potencial depende apenas de r e é suficiente aplicar a Eq. (8.25), isto é, $F_r = -\partial E_p/\partial r$. Então, $F_r = -\gamma mm'/r^2$ e

$$\frac{\partial E_p}{\partial r} = \frac{\gamma mm'}{r^2}.$$

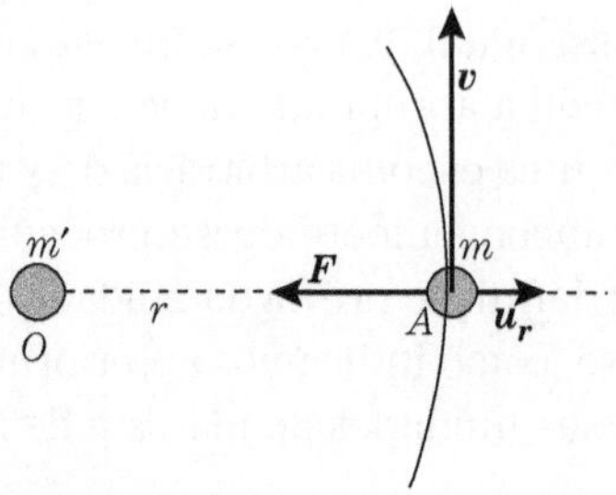

Figura 13.6 A atração gravitacional de m' sobre m tem sentido contrário ao do vetor unitário $\boldsymbol{u}_r$.

Integrando e dando o valor zero para a energia potencial a uma distância muito grande ($r = \infty$), obtemos

$$\int_0^{E_p} dE_p = \gamma mm' \int_\infty^r \frac{dr}{r^2},$$

dando, para a energia potencial gravitacional do sistema composto pelas massas m e m',

$$E_p = -\frac{\gamma mm'}{r}. \tag{13.3}$$

A energia total do sistema de duas partículas que interagem gravitacionalmente é, então,

$$E = \tfrac{1}{2}mv^2 + \tfrac{1}{2}m'v'^2 - \frac{\gamma mm'}{r}. \tag{13.4}$$

Para um sistema de mais de duas partículas, que interagem gravitacionalmente, a energia total é

$$E = \sum_{\substack{\text{Todas as} \\ \text{partículas}}} \tfrac{1}{2}m_i v_i^2 - \sum_{\substack{\text{Todos os} \\ \text{pares}}} \frac{\gamma m_i m_j}{\boldsymbol{r}_{ij}}.$$

No caso de duas partículas, referindo-se os movimentos a um sistema de referência ligado ao centro de massa do sistema, podemos usar o resultado do Ex. 9.9 para exprimir a energia cinética de duas partículas como $E_k = \frac{1}{2}\mu v_{12}^2$, onde μ é a massa reduzida e v_{12} a velocidade relativa, de modo que a energia total nesse referencial é

$$E = \tfrac{1}{2}\mu v_{12}^2 - \gamma\frac{mm'}{r_{12}}.$$

No caso particular em que m é muito maior que m ($m' \gg m$), temos [lembrando a definição de massa reduzida dada pela Eq. (9.15)] que $\mu \approx m$. Nesse caso, m' praticamente coincide com o centro de massa, resultando

$$E = \tfrac{1}{2}mv^2 - \frac{\gamma mm'}{r}. \tag{13.5}$$

Se a partícula se move numa órbita circular, a força que age sobre a massa é dada pela Eq. (7.28), $F_N = mv^2/r$ e, substituindo-se F_N pela força gravitacional dada pela Eq. (13.1), temos

$$\frac{mv^2}{r} = \frac{\gamma mm'}{r^2}$$

Portanto

$$\tfrac{1}{2}mv^2 = \frac{1}{2}\frac{\gamma mm'}{r},$$

e a Eq. (13.5) reduz-se a

$$E = \frac{\gamma mm'}{2r}, \tag{13.6}$$

indicando que a energia total é negativa. Esse resultado é mais geral do que nossa demonstração possa sugerir; todas as órbitas *elípticas* (ou ligadas) têm uma energia total negativa ($E < 0$) quando damos o valor zero para a energia potencial correspondente a uma separação infinita. A natureza limitada da órbita significa que a energia cinética não é suficiente, em nenhum ponto da órbita, para levar a partícula ao infinito, o que mudaria sua energia cinética em energia potencial vencendo a atração gravitacional. Isso pode ser visto, pois, a uma distância infinita, o segundo termo na Eq. (13.5) é nulo e devemos ter $E = \frac{1}{2}mv^2$, que é uma equação impossível de ser satisfeita se E for negativa.

Mas, se a energia for positiva ($E > 0$), a partícula poderá ir até o infinito e, ainda, restará alguma energia cinética. Da Eq. (13.5), se fizermos $r = \infty$ e designarmos a velocidade no infinito por v_∞, a energia cinética no infinito será

$$\tfrac{1}{2}mv_\infty^2 = E \qquad \text{ou} \qquad v_\infty = \sqrt{2E/m} \tag{13.7}$$

Esse resultado pode ser interpretado do seguinte modo. Suponhamos que a partícula m esteja inicialmente a uma grande distância de m' e seja lançada em direção desta com a velocidade v_∞, chamada *velocidade de aproximação*, de modo que a energia total seja, assim, determinada pela Eq. (13.7). Enquanto a partícula m aproxima-se de m', sua energia potencial decresce (tornando-se mais negativa) e a energia cinética aumenta até alcançar seu valor máximo no ponto de máxima aproximação, que depende do momento angular da partícula (recorde a Seç. 8.11 e Fig. 8.18). Então a partícula começa a se afastar; perde energia cinética e, finalmente, a grandes distâncias, recupera a velocidade v_∞. A trajetória é uma curva aberta e pode se provar que é uma *hipérbole* (Seç. 13.5).

O caso particular em que a energia total é nula ($E = 0$) é interessante porque a partícula, de acordo com a Eq. (13.7), está em repouso no infinito ($v_\infty = 0$). A órbita é também aberta, mas, em vez de ser uma hipérbole, é agora uma *parábola.* Fisicamente, o caso corresponde à situação em que a partícula m', é lançada com uma velocidade inicial tal que a energia cinética é igual à energia potencial, em valor absoluto.

A Fig. 13.7 mostra os três casos possíveis, indicando em cada caso, a energia total, a energia potencial, a energia cinética e o tipo de órbita.

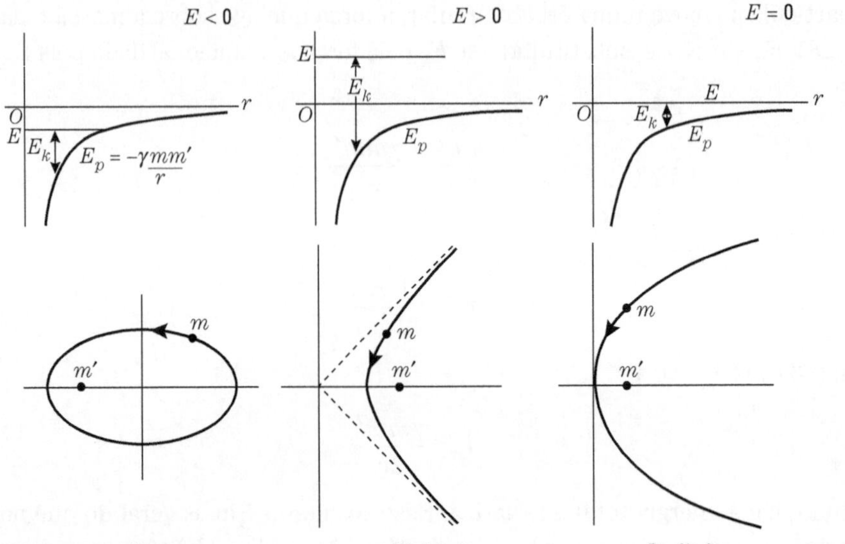

Figura 13.7 Relação entre a energia total e a trajetória para o movimento sob a ação de uma força inversamente proporcional ao quadrado da distância.

Esses resultados são muito importantes quando os cientistas querem colocar um satélite artificial em órbita. Suponhamos que um satélite seja lançado da Terra. Após alcançar sua altura máxima h, ele recebe um impulso final, no ponto A, que lhe dá uma velocidade horizontal v_0 (Fig. 13.8). A energia total do satélite em A é, portanto,

$$E = \tfrac{1}{2} m v_0^2 - \frac{\gamma m M}{R + h}.$$

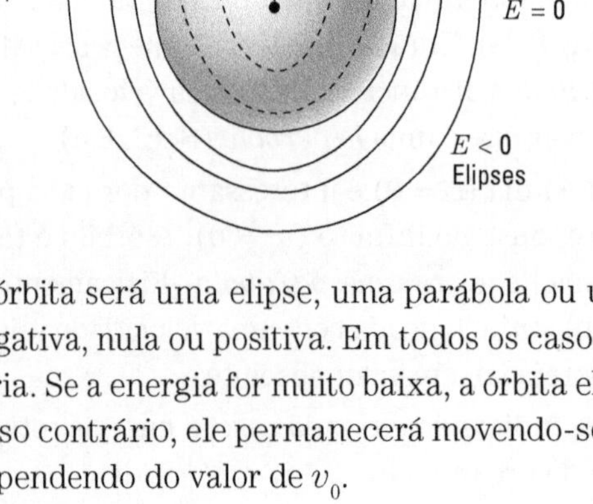

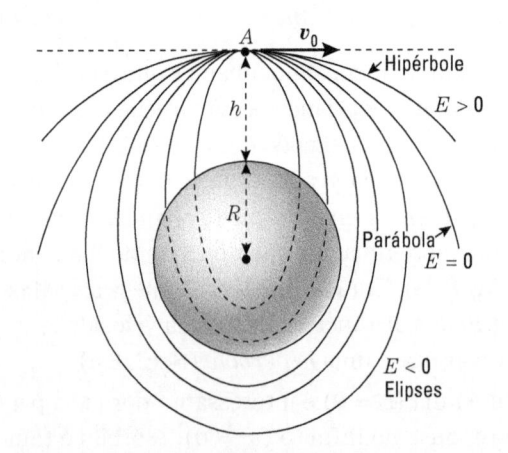

Figura 13.8 Trajetórias de uma partícula lançada horizontalmente de uma altura h acima da superfície da Terra, com uma velocidade v_0.

A órbita será uma elipse, uma parábola ou uma hipérbole dependendo do fato de E ser negativa, nula ou positiva. Em todos os casos, o centro da Terra é um dos focos da trajetória. Se a energia for muito baixa, a órbita elíptica intersectará a Terra e o satélite cairá. Caso contrário, ele permanecerá movendo-se numa órbita fechada ou escapará da Terra, dependendo do valor de v_0.

A mesma lógica é aplicável a um satélite natural como a Lua. Obviamente, para satélites interplanetários, pode ser necessária uma órbita com energia positiva. Em qualquer caso, é geralmente necessário algum mecanismo de controle para ajustar a trajetória após o lançamento.

■ **Exemplo 13.3** A velocidade de escape é a velocidade mínima com a qual um corpo deve ser lançado da Terra, para alcançar o infinito. Calcular a velocidade de escape de um corpo lançado da Terra.

Solução: Para que a partícula alcance o infinito, a energia total deve ser nula ou positiva e, obviamente, a velocidade mínima corresponderá à energia total nula. Portanto, da Eq. (13.5), com $E = 0$, e chamando de M a massa da Terra, R seu raio e v_e a velocidade de escape do projétil, temos $\frac{1}{2}mv_e^2 - \gamma mM/R = 0$, que dá a relação entre v_e e R na estação de lançamento. Assim, a velocidade de escape da Terra é

$$v_e = \sqrt{2\gamma M/R} = 1{,}13 \times 10^4 \text{ m} \cdot \text{s}^{-1}, \tag{13.8}$$

que é igual a 40.700 km/h ou cerca de 25.280 milhas/hora. Note que a velocidade de escape é independente da massa do corpo. Entretanto o *empuxo* necessário para acelerar um corpo, até ele atingir a velocidade de escape, depende da massa do corpo e é por isso que mísseis e satélites mais pesados necessitam de impulsionadores mais potentes.

Uma partícula lançada da Terra com a velocidade v_e dada pela Eq. (13.8) terá velocidade nula no infinito. Se a velocidade for maior que v_e dada pela Eq. (13.8), a partícula terá velocidade nula no infinito. Se a velocidade de lançamento for menor que v_e, a partícula cairá, retornando à Terra, a menos que seja colocada numa órbita limitada, por meio de estágios sucessivos de foguetes impulsionadores que mudam a direção da velocidade, como já explicamos referindo-nos à Fig. 13.8.

O conceito de velocidade de escape é também útil na determinação do escape de gases da atmosfera terrestre. Se admitirmos que os gases que compõem a atmosfera estão em equilíbrio térmico, a velocidade rqm das moléculas é dada pela Eq. (9.59) como

$$v_{\text{rqm}} = \sqrt{3kT/m}. \tag{13.9}$$

A raiz quadrática média das velocidades para os gases encontrados na atmosfera terrestre, na temperatura média são: hidrogênio, 1.908 m · s^{-1}; hélio, 1.350 m · s^{-1}; nitrogênio, 510 m · s^{-1}; oxigênio, 477 m · s^{-1}; e dióxido de carbono, 407 m · s^{-1}. Em todos os casos v_{rqm} é muito menor que v_e e, assim, poderíamos concluir que nenhuma molécula desses gases vence a atração gravitacional e escapa da Terra. Tal conclusão seria errada, entretanto.

A raiz da velocidade quadrática média, v_{rqm}, é uma velocidade média e isso significa que muitas moléculas movem-se com velocidades ou maiores ou menores que v_{rqm}. Embora v_{rqm} seja menor que v_e, um certo número de moléculas terá velocidades iguais ou maiores que v_e e estas escaparão da Terra, especialmente se estiverem nas camadas superiores da atmosfera. Dos valores numéricos acima, vemos que esse efeito é mais importante para os gases mais leves do que para os mais pesados, sendo essa uma das razões pelas quais o hidrogênio e o hélio são relativamente escassos em nossa atmosfera. Estimou-se que, em virtude desse efeito gravitacional, o hidrogênio escapa da Terra na razão de aproximadamente, 1,3 × 10^{22} átomos por segundo, o que equivale a cerca de

600 kg por ano. Entretanto isso não representa a perda total de hidrogênio da atmosfera terrestre, pois, em razão de outros processos, a perda total pode ser diferente.

Para o planeta Mercúrio, a velocidade de escape é muito menor que a da Terra; muito provavelmente, ele já terá perdido toda sua atmosfera. O mesmo vale para a Lua. Vênus tem uma velocidade de escape quase igual à da Terra. Marte tem uma velocidade de escape da ordem de um sexto da velocidade de escape da Terra o que retém alguma atmosfera, mas ele perdeu, proporcionalmente, uma fração maior da sua. De fato, a pressão atmosférica em Marte é muito menor que a da Terra. Para os outros planetas, a velocidade de escape é maior que a da Terra e, consequentemente, eles ainda retêm a maior parte de suas atmosferas originais. Entretanto, por outras razões, a composição das atmosferas desses planetas é diferente da que existe na Terra.

■ **Exemplo 13.4** Determinar a velocidade que um corpo abandonado a uma distância r do centro da Terra terá quando atingir sua superfície.

Solução: A velocidade inicial do corpo é nula e sua energia total, de acordo com a Eq. (13.5), é dada por

$$E = -\frac{\gamma m M}{r},$$

onde m é a massa do corpo e M a massa da Terra. Quando o corpo atinge a superfície terrestre, sua velocidade é v é a distância do centro da Terra é igual ao raio R da Terra. Assim,

$$E = \tfrac{1}{2} m v^2 - \frac{\gamma m M}{R}$$

Igualando os dois valores de E, uma vez que a energia permaneceu constante (desprezamos a resistência do ar), temos

$$\tfrac{1}{2} m v^2 - \frac{\gamma m M}{R} = -\frac{\gamma m M}{r}.$$

Resolvendo para v^2, temos

$$v^2 = 2\gamma M\left(\frac{1}{R} - \frac{1}{r}\right).$$

Ou, lembrando que, do Ex. 13.1, $g = \gamma M/R^2$, obtemos

$$v^2 = 2R^2 g\left(\frac{1}{R} - \frac{1}{r}\right). \tag{13.10}$$

Essa expressão pode também ser aplicada na determinação da distância r que é atingida por um corpo lançado verticalmente com velocidade v, a partir da superfície da Terra.

Se o corpo é abandonado a uma grande distância, de modo que $1/r$ é desprezível comparado com 1/R, obtemos

$$v_\infty = \sqrt{2Rg} = \sqrt{2\gamma M / R} = 1{,}13 \times 10^4 \text{ m} \cdot \text{s}^{-1},$$

que concorda com o resultado dado pela Eq. (13.8), para a velocidade de escape. Isso não surpreende, pois este problema é justamente o inverso do problema do Ex. 13.3. Os resultados acima dão, por exemplo, uma estimativa da velocidade com que um meteorito atinge a superfície da Terra.

13.5 Movimento geral sob a interação gravitacional

Até agora, formulamos as leis de Kepler apenas para movimentos elípticos. Na Seç. 13.2 provamos que, de acordo com essas leis, o movimento é produzido, pelo menos no caso de órbitas circulares, quando a força é atrativa e inversamente proporcional aos quadrados das distâncias. Entretanto, na Seç. 13.4, quando discutimos a energia, afirmamos que essas leis também são válidas para órbitas hiperbólicas e parabólicas, além das órbitas elípticas. Verifiquemos, agora, essa afirmação.

No Cap. 8, deduzimos uma relação [Eq. (8.42)] entre as coordenadas polares de uma partícula e as grandezas dinâmicas do movimento. Se utilizarmos a Eq. (8.37) para a energia potencial efetiva, poderemos escrever aquela relação na forma

$$\left(\frac{dr}{d\theta}\right)^2 = \frac{m^2 r^4}{L^2}\left\{\frac{2\left[E - E_p(r)\right]}{m} - \frac{L^2}{m^2 r^2}\right\}, \qquad (13.11)$$

onde L é o momento angular da partícula. Por outro lado, a equação de uma cônica, em coordenadas polares com a origem num dos focos (veja a nota no final desta seção) é

$$\frac{\varepsilon d}{r} = 1 + \varepsilon \cos\theta, \qquad (13.12)$$

onde ε é a excentricidade e d a distância do foco à diretriz. Derivando em relação a θ, temos

$$-\frac{\varepsilon d}{r^2}\frac{dr}{d\theta} = -\varepsilon \operatorname{sen}\theta,$$

e, assim,

$$\left(\frac{dr}{d\theta}\right)^2 = \frac{r^4 \operatorname{sen}^2\theta}{d^2}.$$

Substituindo na Eq. (13.11) e cancelando r^4, podemos escrever

$$\operatorname{sen}^2\theta = \frac{d^2 m^2}{L^2}\left\{\frac{2\left[E - E_p(r)\right]}{m} - \frac{L^2}{m^2 r^2}\right\}.$$

Agora, da Eq. (13.12), $\cos\theta = d/r - 1/\varepsilon$. Portanto

$$\operatorname{sen}^2\theta = 1 - \cos^2\theta = 1 - \left(\frac{d}{r} - \frac{1}{\varepsilon}\right)^2 = 1 - \frac{d^2}{r^2} + \frac{2d}{\varepsilon r} - \frac{1}{\varepsilon^2}.$$

Substituindo na equação anterior, resulta

$$1 - \frac{d^2}{r^2} + \frac{2d}{\varepsilon r} - \frac{1}{\varepsilon^2} = \frac{2d^2 mE}{L^2} - \frac{2d^2 m E_p(r)}{L^2} - \frac{d^2}{r^2}.$$

Cancelando o termo d^2/r^2 e igualando os termos constantes e aqueles que dependem de r, obtemos

$$\frac{2d^2 mE}{L^2} = 1 - \frac{1}{\varepsilon^2} \qquad \text{ou} \qquad E = \frac{L^2}{2d^2 m}\left(1 - \frac{1}{\varepsilon^2}\right) \qquad (13.13)$$

e

$$-\frac{2d^2 m E_p(r)}{L^2} = \frac{2d}{r} \quad \text{ou} \quad E_p(r) = -\frac{L^2}{m d r} \qquad (13.14)$$

A Eq. (13.14) indica que, para descrever uma cônica com o centro de forças num dos focos, a energia potencial $E_p(r)$ deve variar com a distância como $1/r$ e, portanto, a força, que é $F_r = -\partial E_p/\partial r$, deve variar como $1/r^2$. Isso generaliza a primeira lei de Kepler, incluindo a hipérbole e a parábola, além da elipse, como órbitas possíveis.

A órbita será uma elipse, parábola ou hipérbole, dependendo do fato da excentricidade ε ser menor, igual, ou maior que um. Da Eq. (13.13), vemos que essa relação corresponde ao fato da energia total ser negativa, nula ou positiva e, desse modo, verificamos a discussão da Seç. 13.4.

Devemos observar que uma hipérbole tem dois ramos e, sob uma força atrativa inversamente proporcional à distância, é descrito somente o ramo que envolve o centro de atração (ramo direito na Fig. 13.9). Se a força é repulsiva, isto é, se $F = +C/r^2$, a órbita corresponde ao ramo da esquerda na Fig. 13.9. Nesse caso, isto é, para uma força repulsiva, a energia potencial é $E_p = +C/r$, e é positiva.

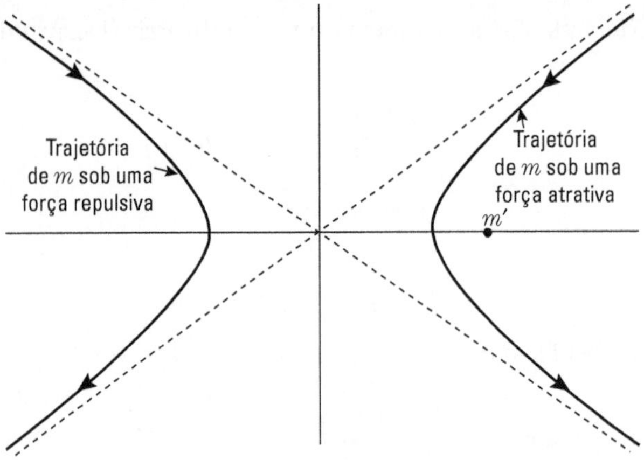

Figura 13.9 Trajetórias hiperbólicas sob a ação de forças atrativas e repulsivas inversamente proporcionais ao quadrado da distância.

Assim, a energia total $E = \frac{1}{2}mv^2 + C/r$ é sempre positiva, de modo que não há órbitas ligadas. Já consideramos o movimento sob uma força repulsiva, inversamente proporcional à distância, quando discutimos o espalhamento no Ex. 7.16.

As considerações precedentes seriam suficientes, para uma análise completa do movimento planetário, se admitíssemos que o movimento de um planeta, em torno do Sol, não fosse afetado por outros planetas e corpos celestes. Em outras palavras, a órbita da Terra (e de outros planetas) seria uma elipse perfeita se não houvesse outras forças agindo sobre a Terra, além daquela devida ao Sol. Entretanto a presença de outros planetas provoca perturbações na órbita de um planeta. Tais perturbações podem ser calculadas com grande precisão por meio de técnicas especiais que constituem o ramo da ciência chamado mecânica celeste. Elas podem ser analisadas, essencialmente, como dois efeitos. Um efeito é que a trajetória elíptica de um planeta não é fechada, mas o eixo maior da elipse gira, muito lentamente, em torno do foco em que se localiza o Sol, e esse efeito é chamado o avanço do periélio (Fig. 13.10a). O outro efeito é uma variação periódica na excentricidade da elipse, em torno de seu valor médio, como indica a Fig. 13.10(b). Tais variações ocorrem muito lentamente. No caso da Terra, elas têm um período da ordem de 10^5 anos (cerca de 21′ de arco por século para o movimento do periélio). Mesmo assim, produzem efeitos sensíveis, especialmente na variação lenta das condições climáticas da Terra. Essas variações foram identificadas por geofísicos que estudaram as diferentes camadas da crosta terrestre.

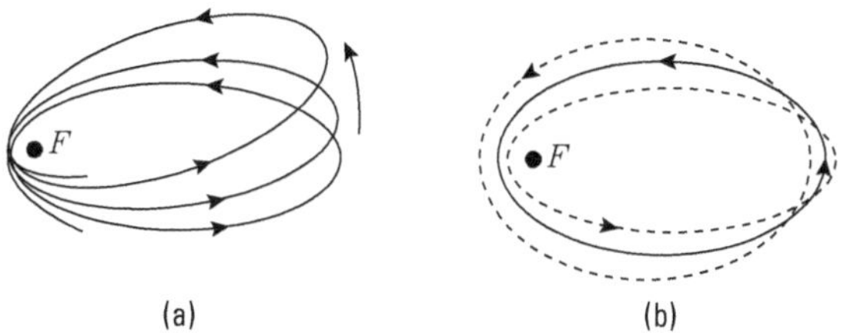

Figura 13.10 Efeitos da perturbação no movimento planetário. (a) Rotação do eixo da elipse. (b) Oscilação na excentricidade da elipse. Os dois efeitos estão representados exageradamente.

Ao discutirmos o movimento num campo gravitacional, admitimos que a mecânica newtoniana dos Caps. 7 e 8 poderia ser utilizada. Entretanto uma análise mais precisa exige a aplicação da teoria da relatividade geral de Einstein (veja Seç. 13.8). Um dos principais efeitos relativísticos é uma rotação *adicional* do eixo maior da órbita de um planeta. Esse efeito é maior para a órbita de Mercúrio, o planeta mais próximo do Sol, que tem uma das órbitas de maior excentricidade. A razão de avanço observada para o periélio de Mercúrio ultrapassa em aproximadamente 42″ de arco por século o resultado obtido, aplicando a mecânica newtoniana, para a perturbação dos outros planetas. A teoria da relatividade geral de Einstein prevê precisamente essa razão de avanço adicional. Esse efeito relativístico é muito menor para os outros planetas e não foi ainda observado.

Nota sobre as cônicas: Uma família importante de curvas é a das *cônicas*. Uma cônica é definida como uma curva gerada por um ponto que se move de tal modo que a razão de sua distância a um ponto fixo, chamado *foco*, pela distância a uma linha, chamada *diretriz*, é constante. Dependendo do fato de essa constante (chamada *excentricidade*) ser menor, igual ou maior que um, há três espécies de cônicas: a elipse, a parábola e a hipérbole. Designando a excentricidade por ε, o foco por F e a diretriz por HQD (Fig. 13.11), temos

$$\varepsilon = PF/PQ.$$

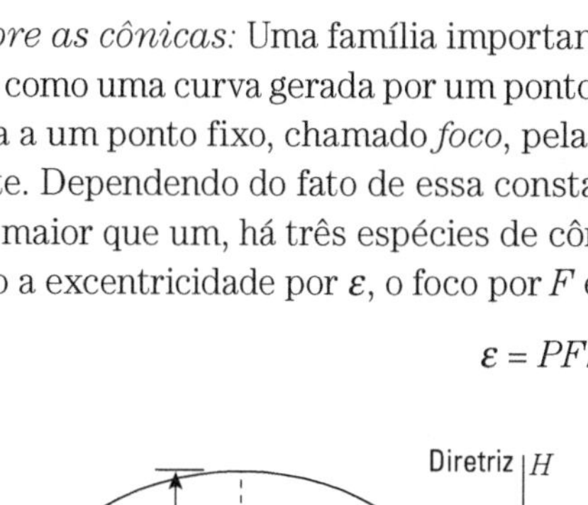

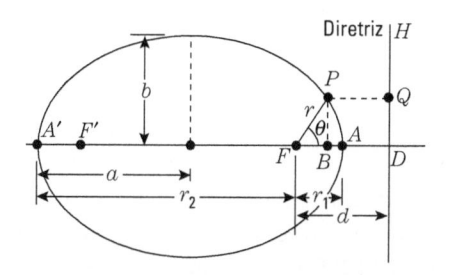

Figura 13.11 Elementos geométricos da elipse.

Por outro lado, $PF = r$ e, se fizermos $FD = d$, teremos $PQ = FD - FB = d - r\cos\theta$. Portanto $\varepsilon = r/(d - r\cos\theta)$. Ou, resolvendo para r, obtemos

$$\frac{\varepsilon d}{r} = 1 + \varepsilon\cos\theta.$$

Essa é a forma usada no texto para a equação de uma cônica (Eq. 13.12). (Em alguns textos, a equação da cônica é deduzida usando-se o ângulo $\pi - \theta$ e, assim, a equação toma a forma $\varepsilon d/r = 1 - \varepsilon\cos\theta$). No caso de uma elipse, que é uma curva fechada, o ponto A corresponde a $\theta = 0$ e o ponto A' a $\theta = \pi$. Assim, de acordo com a equação polar, temos

$$r_1 = \frac{\varepsilon d}{1+\varepsilon} \quad \text{e} \quad r_2 = \frac{\varepsilon d}{1-\varepsilon}.$$

Então, como $r_1 + r_2 = 2a$, o semieixo maior é dado por

$$a = \tfrac{1}{2}(r_1 + r_2) = \frac{\varepsilon d}{1-\varepsilon^2}.$$

O semieixo menor T é $b = a\sqrt{1-\varepsilon^2}$ e a área da elipse é

$$S = \pi ab = \pi a^2\sqrt{1-\varepsilon^2}.$$

O círculo é uma elipse especial em que $\varepsilon = 0$. (Para mais detalhes a respeito de cônicas e, em particular, da elipse, veja G. B. Thomas, *Calculus and analytic geometry*, 3. ed. Reading, Mass.: Addison-Wesley, 1962.

■ **Exemplo 13.5** Relacionar a energia total e o momento angular, no caso de movimento elíptico, ao semieixo maior a e à excentricidade ε da elipse.

Solução: Da nota precedente sobre cônicas, temos que o semieixo maior de uma elipse é expresso, em termos da excentricidade ε e da distância d, pela equação

$$a = \frac{\varepsilon d}{1-\varepsilon^2}$$

Portanto, da Eq. (13.13), temos

$$E = \frac{L^2}{2d^2 m}\cdot\frac{\varepsilon^2 - 1}{\varepsilon^2} = -\frac{L^2}{2\varepsilon dma}.$$

Mas, da Eq. (13.14), com $E_p = -\gamma mm'/r$, temos

$$-\frac{\gamma mm'}{r} = -\frac{L^2}{m\varepsilon dr} \quad \text{ou} \quad \frac{L^2}{m\varepsilon d} = \gamma mm'.$$

Assim, fazendo a substituição correspondente na expressão de E, obtemos

$$E = -\frac{\gamma mm'}{2a}.$$

Comparando esse resultado com a Eq. (13.6), que deduzimos para órbitas circulares, vemos que eles são essencialmente idênticos, pois $a = r$ no caso de uma órbita circular. Esse resultado também confirma o fato de que a energia total é negativa e depende apenas do semieixo maior a. Assim, todas as órbitas elípticas que tenham um mesmo semieixo maior, como as ilustradas pela Fig. 13.12, têm a mesma energia total, embora tenham diferentes excentricidades. Utilizando a expressão $\varepsilon d = a(1 - \varepsilon^2)$, podemos escrever outra relação útil:

$$L^2 = \gamma m^2 m' \varepsilon d = \gamma m^2 m' a(1 - \varepsilon^2).$$

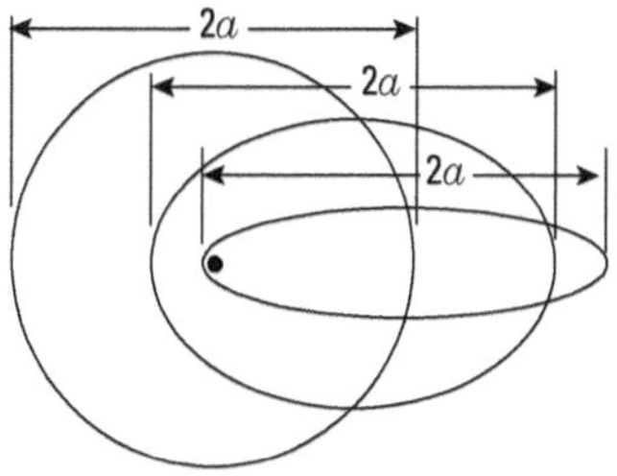

Figura 13.12 Órbitas elípticas para diferentes valores do momento angular, mas de mesma energia. Todas as órbitas têm o mesmo foco e o mesmo eixo maior, mas diferem na excentricidade.

Pela aplicação da expressão anterior para a energia E, eliminando o semieixo maior a, obtemos a excentricidade da órbita

$$\varepsilon^2 = 1 + \frac{2E}{m}\left(\frac{L}{\gamma m m'}\right)^2.$$

Assim, vemos que a excentricidade depende da energia e do momento angular. As órbitas ilustradas na Fig. 13.12 têm todas a mesma energia, mas diferem quanto ao momento angular e têm diferentes excentricidades. Em outras palavras, *num campo que varia com o inverso dos quadrados das distâncias, para uma dada energia total, podem corresponder muitos estados com diferentes momentos angulares.* Isso é de grande importância na discussão da estrutura atômica, porque, num átomo, podem existir vários elétrons com a mesma energia, mas com diferentes momentos angulares.

Podemos resumir os resultados precedentes dizendo que o "*tamanho*" *da órbita* (dado pelo semieixo maior) *é determinado pela energia*, e que, *para uma dada energia, a* "forma" *da órbita* (dada pela excentricidade) *é determinada pelo momento angular.*

■ **Exemplo 13.6** Verificar se a terceira lei de Kepler é válida para órbitas elípticas.

Solução: Recordemos que, na Seç. 13.2, utilizamos a terceira lei de Kepler para verificar a lei do inverso dos quadrados para a força, no caso particular de órbitas circulares. Agora, verificaremos que essa lei vale também para qualquer órbita elíptica. A demonstração é simplesmente um desenvolvimento algébrico baseado nas propriedades da elipse.

Da Eq. (7.35), que exprime a constância do momento angular, temos que

$$r^2\frac{d\theta}{dt} = \frac{L}{m} \qquad \text{ou} \qquad r^2 d\theta = \frac{L}{m}dt.$$

Num período P, o raio vetor varre toda a área da elipse e θ varia de 0 a 2π. Assim, obteríamos a área da elipse escrevendo

$$\text{Área} = \tfrac{1}{2}\int_0^{2\pi} r^2 d\theta = \frac{L}{2m}\int_0^P dt = \frac{LP}{2m}.$$

Mas a área da elipse é $\pi a^2(1 - \varepsilon^2)^{1/2}$ (veja nota no final da Seç. 13.5). Portanto

$$\pi^2 a^4(1 - \varepsilon^2) = L^2P^2/4m^2.$$

Mas, do Ex. 13.5, temos que $L^2 = \gamma m^2 m'a(1 - \varepsilon^2)$. Assim,

$$\pi^2 a^3 = \tfrac{1}{4}\gamma m' P^2 \qquad \text{ou} \qquad P^2 = \frac{4\pi^2}{\gamma m'} a^3,$$

que é a terceira lei de Kepler, pois o valor médio de r é, obviamente, proporcional ao semieixo maior a.

13.6 Campo gravitacional

Introduziremos agora um conceito muito importante na física, que é o conceito de *campo gravitacional*. Vamos supor que tenhamos uma massa m e que coloquemos, em diferentes posições em torno de m, outra massa m' (Fig. 13.13). Para cada posição, a massa m' fica sujeita a uma força, devida à interação gravitacional com m, dada pela Eq. (13.2),

$$\boldsymbol{F} = -\frac{\gamma m m'}{r^2}\boldsymbol{u}_r.$$

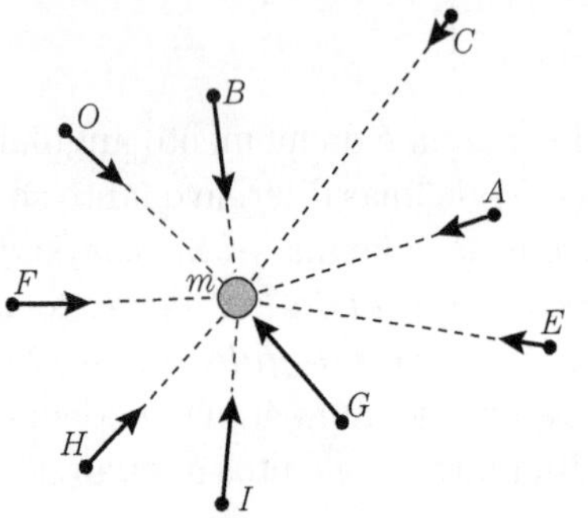

Figura 13.13 Campo gravitacional produzido por uma massa puntiforme em diversos pontos.

É claro que, para cada posição de m', a massa m fica sujeita a uma força de igual módulo, mas de sentido contrário. Entretanto, no momento, estamos interessados apenas no que acontece com m'.

Então, podemos dizer convenientemente que m produz, no espaço em torno de si, uma situação física que chamaremos de campo gravitacional, e que é percebido por meio da força que m exerce sobre outra massa, tal como m', que é colocada nessa região. Se existe algo no espaço vazio em torno de m, mesmo quando não usamos uma massa m' como teste para verificar o campo, é algo que apenas podemos especular e, de certo modo, é uma questão irrelevante, pois notamos o campo gravitacional somente quando trazemos uma segunda massa.

A *intensidade do campo gravitacional* $\mathfrak{G}$*, produzido pela massa m num ponto P, é definida como a força exercida sobre a massa unitária colocada em P. Então

$$\mathfrak{G} = \frac{\boldsymbol{F}}{m'} = -\frac{\gamma m}{r^2}\boldsymbol{u}_r. \qquad (13.15)$$

Assim, o campo gravitacional $\mathfrak{G}$ tem sentido contrário ao do vetor unitário u_r, que é dirigido da massa que produz o campo ao ponto em que o campo é observado. Em outras palavras, *o campo gravitacional é dirigido sempre para a massa que o produz.*

* Lê-se gê gótico (vetor).

A expressão (13.15) dá o campo gravitacional a uma distância r da partícula de massa m colocada em O. Então podemos associar a cada ponto, no espaço em torno de m (Fig. 13.14), um vetor $\mathfrak{G}$ dado pela Eq. (13.15), tal que a força gravitacional exercida sobre qualquer massa, colocada naquela região, seja obtida multiplicando-se a massa pelo $\mathfrak{G}$ correspondente. Isto é, $\boldsymbol{F}$ = (massa da partícula) $\times$ $\mathfrak{G}$.

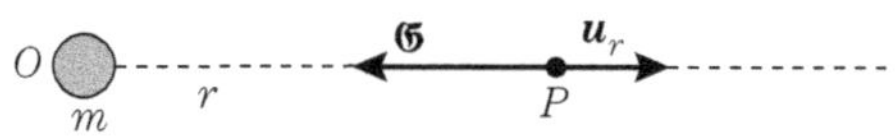

Figura 13.14 O campo gravitacional em P produzido pela massa puntiforme m tem sentido contrário ao do vetor unitário u_r.

Por essa definição, vemos que a intensidade do campo gravitacional é medida em $\mathrm{N \cdot kg^{-1}}$ ou $\mathrm{m \cdot s^{-2}}$ e equivale dimensionalmente a uma aceleração. Comparando a Eq. (13.15) com a Eq. (7.16), notamos que a aceleração da gravidade pode ser considerada como a intensidade do campo gravitacional na superfície da Terra.

Suponhamos agora que temos diversas massas, m_1, m_2, m_3,... (Fig. 13.15), cada uma produzindo seu próprio campo gravitacional. A força total sobre uma partícula de massa m, em P, é, obviamente,

$$\begin{aligned} F &= m\mathfrak{G}_1 + m\mathfrak{G}_2 + m\mathfrak{G}_3 + \cdots \\ &= m\mathfrak{G}_1 + \mathfrak{G}_2 + \mathfrak{G}_3 + \cdots) = m\mathfrak{G}, \end{aligned} \tag{13.16}$$

onde $\mathfrak{G}_1$, $\mathfrak{G}_2$, $\mathfrak{G}_3$, ... são os campos gravitacionais que cada massa produz no ponto P e são calculados de acordo com a Eq. (13.15). O campo gravitacional resultante, no ponto P, é dado, então, pela soma vetorial

$$\mathfrak{G} = \mathfrak{G}_1 + \mathfrak{G}_2 + \mathfrak{G}_3 + \ldots = -\gamma \sum_i \frac{m_i}{r_i^2} \boldsymbol{u}_{ri}. \tag{13.17}$$

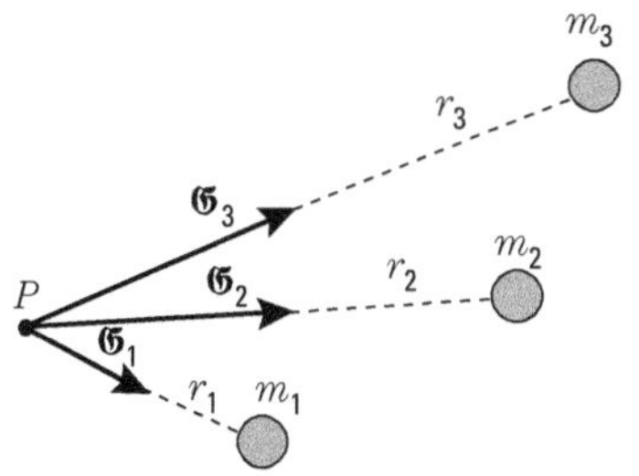

Figura 13.15 Campo gravitacional resultante de diversas massas.

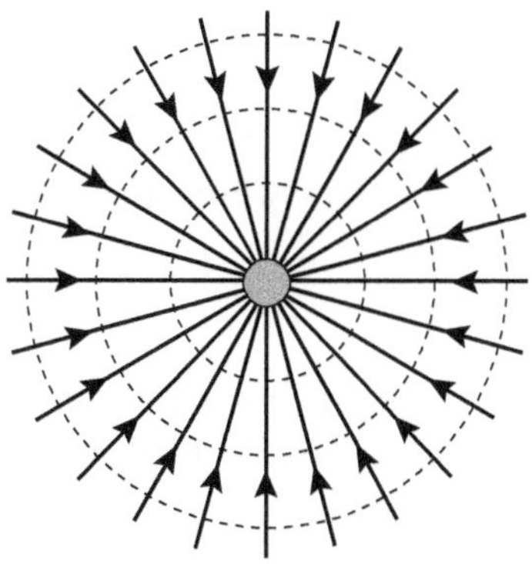

Figura 13.16 Linhas de força e superfícies equipotenciais do campo gravitacional de uma massa puntiforme.

Um campo gravitacional pode ser representado por *linhas de força*. Uma linha de força é uma linha tal que, em cada ponto, a *direção* do campo lhe seja tangente. As linhas de força são desenhadas de modo que a densidade de linhas seja proporcional à *intensidade* do campo. A Fig. 13.16 ilustra o campo em torno de uma massa única; todas as linhas de força são radiais e a intensidade do campo é maior nas proximidades da massa.

A Fig. 13.17 mostra o campo devido a duas massas desiguais, por exemplo, a Terra e a Lua. Nesse caso, as linhas não são radiais e, nas proximidades do ponto A, a intensidade do campo é bastante fraca (em A é nula).

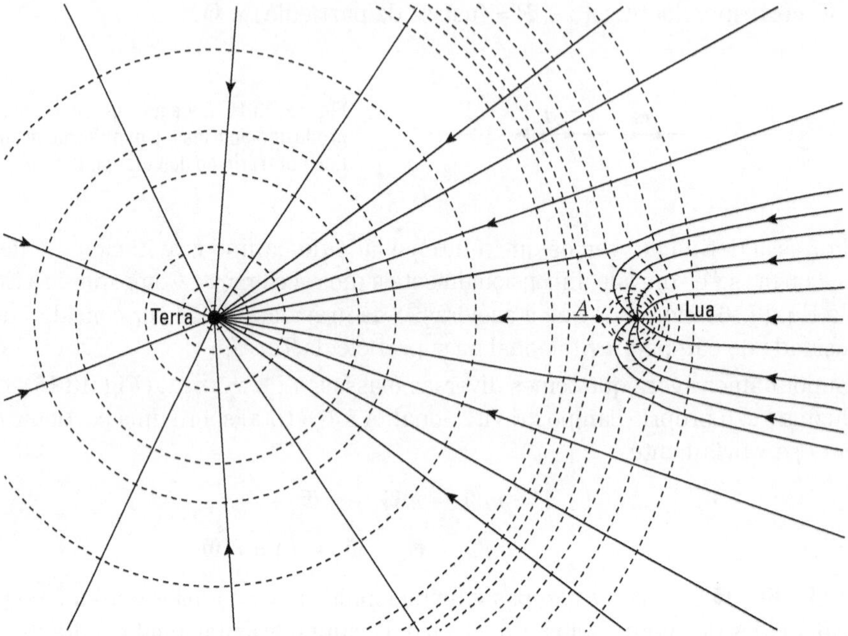

Figura 13.17 Linhas de força e superfícies equipotenciais do campo gravitacional resultante produzido pela Terra e pela Lua. No ponto *A* o campo gravitacional resultante é nulo (Segundo W. T. Scott, *Am. J. Phys.*, v. 33, n. 712, 1965).

Outro conceito importante é o de *potencial gravitacional*, definido como a energia potencial de uma massa unitária colocada no campo gravitacional. Assim, se, num certo ponto de um campo gravitacional, uma massa m' tem uma energia potencial E_p, o potencial gravitacional, nesse ponto, é $V = E_p/m'$. O potencial gravitacional é então expresso em $J \cdot kg^{-1}$ ou $m^2 \cdot s^{-2}$.

Da Eq. (13.3), dividindo por m', vemos que o potencial gravitacional a uma distância r de uma massa m é

$$V = -\gamma m/r. \tag{13.18}$$

Se, em lugar de uma partícula, tivermos várias massas, como na Fig. 13.15, o potencial gravitacional em P é a soma escalar $V = V_1 + V_2 + V_3 + \ldots$, ou

$$V = -\gamma\left(\frac{m_1}{r_1} + \frac{m_2}{r_2} + \frac{m_3}{r_3} + \ldots\right) = -\gamma \sum_i \frac{m_i}{r_i}. \tag{13.19}$$

Comparando a Eq. (13.18) com a Eq. (13.15), notamos que o módulo do campo gravitacional é

$$\mathfrak{G}^* = -\partial V/\partial r, \tag{13.20}$$

* Lê-se gê gótico (escalar).

e, em geral, de $F = -\text{grad}\, E_p$, obtemos

$$\mathfrak{G} = -\text{grad}\, V, \tag{13.21}$$

onde "grad" significa gradiente, como indicamos na Seç. 8.7. Portanto *o campo gravitacional é o gradiente do potencial gravitacional com sinal trocado.* Em coordenadas retangulares, podemos escrever

$$\mathfrak{G}_x = -\frac{\partial V}{\partial x}, \qquad \mathfrak{G}_y = -\frac{\partial V}{\partial y}, \qquad \mathfrak{G}_z = -\frac{\partial V}{\partial z}.$$

O conceito de potencial gravitacional é muito útil porque, como o potencial é uma grandeza escalar, pode ser calculado muito facilmente, como é indicado pela Eq. (13.19), e, em seguida, a intensidade do campo gravitacional, $\mathfrak{G}$, pode ser obtida por meio da Eq. (13.21).

Unindo os pontos para os quais o potencial gravitacional tem um mesmo valor, podemos obter uma série de superfícies chamadas *superfícies equipotenciais.* Por exemplo, no caso de uma única partícula, em que o potencial é dado pela Eq. (13.18), as superfícies equipotenciais são superfícies esféricas indicadas pelas linhas tracejadas na Fig. 13.16. Na Fig. 13.17, as superfícies equipotenciais também estão indicadas por linhas tracejadas. Note que, em cada caso, as superfícies equipotenciais são perpendiculares às linhas de força. Em geral, isso pode ser verificado da maneira que se segue. Tomemos dois pontos, muito próximos um do outro, sobre a mesma superfície equipotencial. Quando deslocamos a partícula de um desses pontos ao outro, o trabalho realizado pelo campo gravitacional que age sobre a partícula é nulo. Isso resulta do fato de o trabalho realizado ser igual à variação da energia potencial. Nesse caso, não há variação na energia potencial porque os dois pontos têm o mesmo potencial gravitacional. O fato de esse trabalho ser nulo implica em que a força seja perpendicular ao deslocamento. Portanto *a direção do campo gravitacional é perpendicular às superfícies equipotenciais.* Isso significa que, se conhecermos as linhas de força, poderemos facilmente fazer o gráfico das superfícies equipotenciais e reciprocamente*.

■ **Exemplo 13.7** Discutir o campo gravitacional produzido por duas massas iguais separadas pela distância $2a$.

Solução: Tomando os eixos coordenados, como indica a Fig. 13.18, e aplicando a Eq. (13.19) para duas massas iguais, temos que o potencial gravitacional, num ponto $P(x, y)$, é

$$V = -\gamma m\left(\frac{1}{r_1} + \frac{1}{r_2}\right).$$

Por outro lado, da Fig. 13.8, podemos ver que

$$r_1 = [(x-a)^2 + y^2]^{1/2},$$

$$r_2 = [(x-a)^2 + y^2]^{1/2}.$$

* Você deve estar lembrado da nota, logo após a Seç. 8.7, com relação ao gradiente, onde mostramos que o vetor grad E_p é perpendicular às superfícies E_p = const. Isso é equivalente à afirmação acima, pois $\mathfrak{G} = -\text{grad}\, V$.

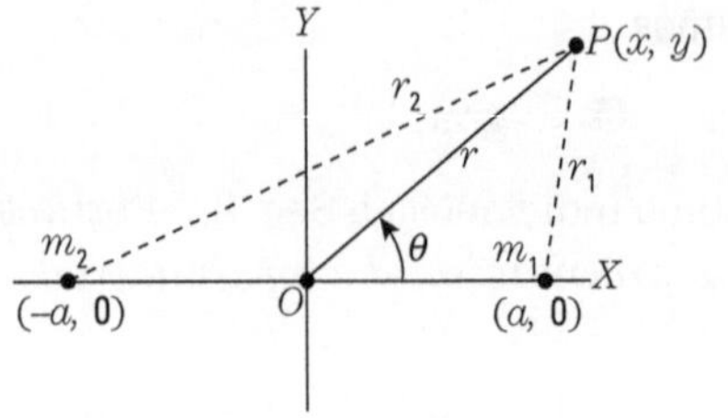

Figura 13.18

Assim,

$$V = -\gamma m \left\{ \frac{1}{\left[(x-a)^2 + y^2\right]^{1/2}} + \frac{1}{\left[(x+a)^2 + y^2\right]^{1/2}} \right\}.$$

A variação no potencial gravitacional produzido pelas duas massas, quando nos deslocamos de $-\infty$ a $+\infty$ ao longo do eixo X, está ilustrada na Fig. 13.19. Sugerimos que você faça um gráfico análogo para o potencial produzido por quatro massas iguais, todas igualmente espaçadas ao longo de uma reta.

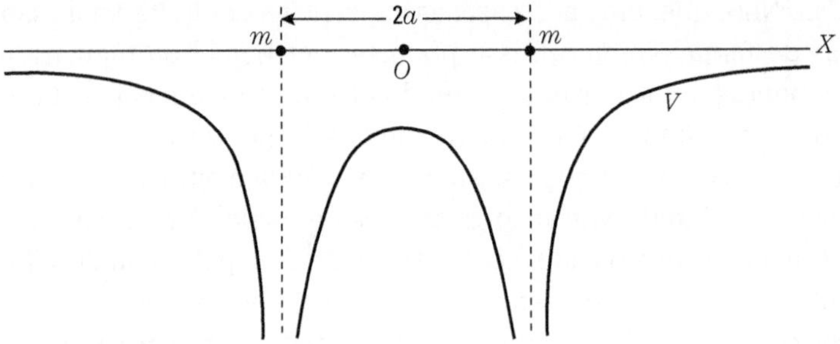

Figura 13.19 Variação do potencial gravitacional produzido por duas massas iguais ao longo da reta que as une.

Para determinar o campo gravitacional, aplicamos a Eq. (13.21), utilizando coordenadas cartesianas, e obtemos

$$\mathfrak{G}_x = -\frac{\partial V}{\partial x} = -\gamma m \left\{ \frac{x-a}{\left[(x-a)^2 + y^2\right]^{3/2}} + \frac{x+a}{\left[(x+a)^2 + y^2\right]^{3/2}} \right\},$$

$$\mathfrak{G}_y = -\frac{\partial V}{\partial y} = -\gamma m \left\{ \frac{y}{\left[(x-a)^2 + y^2\right]^{3/2}} + \frac{y}{\left[(x+a)^2 + y^2\right]^{3/2}} \right\}.$$

O campo tem simetria de revolução em torno do eixo X. Sugerimos que você estude o campo, ao longo dos eixos Y e Z, fazendo um gráfico das linhas de força; estas devem ser simétricas em relação a O. Sugerimos, ainda, que repita o problema, utilizando as coordenadas polares r, θ de P e calculando $\mathfrak{G}_r$ e $\mathfrak{G}_\theta$.

■ **Exemplo 13.8** Calcular o campo gravitacional produzido por uma camada fina de matéria distribuída sobre um plano infinito.

Solução: Dividamos o plano numa série de anéis concêntricos com a projeção 0 de P, sobre o plano (Fig. 13.20). Cada anel tem um raio R e uma largura dR. Portanto a área é $(2\pi R)\,dR$.

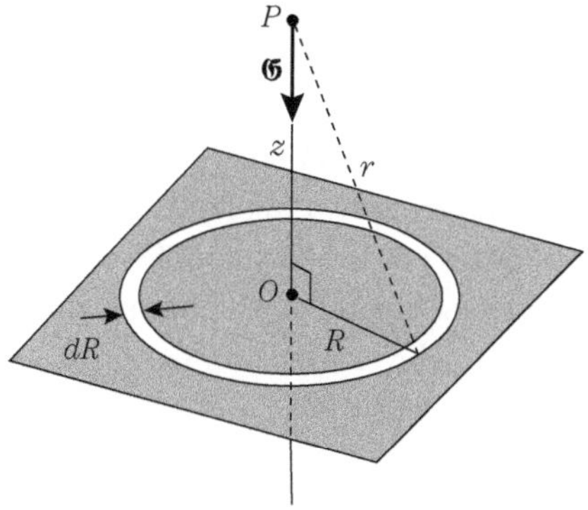

Figura 13.20 Campo gravitacional de um plano.

Se σ é a massa por unidade de área no plano, a massa do anel é $dm = \sigma(2\pi R\,dR) = 2\pi\sigma R\,dR$. Todos os pontos do anel estão a uma mesma distância r de P e, portanto, o potencial que ele produz em P é

$$dV = -\frac{\gamma\,dm}{r} = -\frac{2\pi\gamma\sigma\,R\,dR}{\left(z^2+R^2\right)^{1/2}},$$

pois $r = (z^2 + R^2)^{1/2}$. Para calcular o potencial total, temos de somar as contribuições de todos os anéis. Isto é, devemos integrar a expressão acima para R variando de $R = 0$ até $R = \infty$. O resultado é

$$V = -2\pi\gamma\sigma\int_0^\infty \frac{R\,dR}{\left(z^2+R^2\right)^{1/2}}$$

$$= -2\pi\gamma\sigma(\infty - z).$$

Obtemos, assim, uma contribuição infinita, mas constante, do limite superior. Como estamos interessados apenas na *diferença* entre o potencial do plano e o do ponto, que é o que se mede experimentalmente, devemos subtrair da expressão acima o valor para $z = 0$, isto é $-2\pi\gamma\sigma(\infty)$. Assim, obtemos, finalmente,

$$V = 2\pi\gamma\sigma z.$$

O que realmente fizemos foi um processo chamado *renormalização*, no qual atribuímos o valor zero para o potencial do plano e, por isso, precisamos subtrair uma quantidade infinita. Essa situação é ilustrativa de casos semelhantes em outras aplicações físicas onde o resultado obtido é infinito ou divergente, mas, como estamos interessados apenas na diferença entre dois resultados infinitos, esta diferença pode ser expressa por uma relação finita ou convergente.

Obtemos o campo P (como z é a coordenada do ponto) aplicando a Eq. (13.20), que nos dá

$$\mathfrak{G} = -\frac{\partial V}{\partial z} = -2\pi\gamma\sigma.$$

O sinal negativo indica que $\mathfrak{G}$ está dirigido para o plano. Note que nosso processo de renormalização não afeta o campo, pois a derivada de uma constante, independentemente de quão grande ela seja, é sempre nula. O campo gravitacional é, assim, constante ou independente da posição do ponto. Dizemos, então, que o campo é *uniforme*. Na realidade, as expressões que deduzimos para V e $\mathfrak{G}$ são válidas apenas para $z > 0$. Mas a situação do problema indica que o campo para $z < 0$ deve ser a imagem especular dos resultados para $z > 0$. Assim, para $z < 0$, devemos escrever $V = -2\pi\gamma\sigma z$ e $\mathfrak{G} = +2\pi\gamma\sigma$. Esses resultados são perfeitamente compatíveis com nosso cálculo, porque a expressão que utilizamos para calcular V depende de z^2 e, portanto, deveríamos ter escrito a solução na forma $V = 2\pi\gamma\sigma\,|z|$, que é válida para $z \lesseqgtr 0$.

O potencial e o campo, em ambos os lados do plano, estão ilustrados na Fig. 13.21. Podemos notar que, quando nos deslocamos na esquerda para a direita, através do plano, o potencial não muda de valor (mas muda de inclinação descontinuamente) e o campo sofre uma variação brusca de $-4\pi\gamma\sigma$. Pode-se provar que esse é um resultado geral, válido para qualquer distribuição superficial de matéria, independentemente de sua forma.

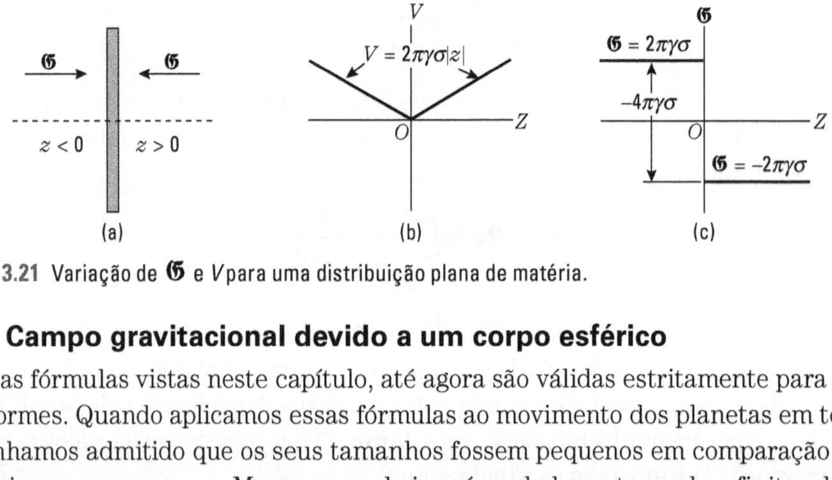

Figura 13.21 Variação de $\mathfrak{G}$ e V para uma distribuição plana de matéria.

13.7 Campo gravitacional devido a um corpo esférico

Todas as fórmulas vistas neste capítulo, até agora são válidas estritamente para massas puntiformes. Quando aplicamos essas fórmulas ao movimento dos planetas em torno do Sol, tínhamos admitido que os seus tamanhos fossem pequenos em comparação com as distâncias que os separam. Mesmo quando isso é verdade, os tamanhos finitos daqueles corpos podem, possivelmente, introduzir algum fator geométrico na Eq. (13.1). Analogamente, quando relacionamos a aceleração da gravidade g à massa e ao raio da Terra, no Ex. 13.1, utilizamos a Eq. (13.1), apesar do fato de o raciocínio acima, a respeito do tamanho relativamente pequeno, não ser aplicável em tal caso. O próprio Newton preocupou-se com esse problema geométrico e adiou a publicação de sua lei da gravitação, por cerca de 20 anos, até encontrar a explicação correta. Nesta seção, calcularemos o campo gravitacional produzido por um corpo esférico. Começaremos calculando o campo gravitacional de uma camada esférica, isto é, o campo de uma massa uniformemente distribuída sobre a superfície de uma esfera oca.

Chamaremos de a o raio da esfera e de r a distância de um ponto arbitrário P ao centro C da esfera. Estamos interessados na intensidade do campo gravitacional em P. Consideremos, inicialmente, o caso em que P está fora da esfera (Fig. 13.22). Podemos dividir a superfície da esfera em faixas circulares estreitas, todas com os centros na reta AB. O raio de cada faixa é a sen θ e a largura é $a\, d\theta$. Portanto a área da faixa é

$$\text{Área} = \text{comprimento} \times \text{largura} = (2\pi a \text{ sen } \theta)\,(a\, d\theta) = 2\pi a^2 \text{ sen } \theta\, d\theta.$$

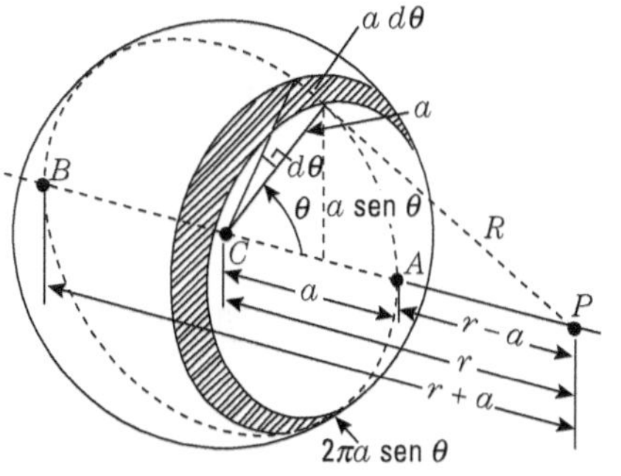

Figura 13.22 Cálculo do campo gravitacional num ponto fora de uma distribuição uniforme de massa sobre uma superfície esférica.

Se m é a massa total, uniformemente distribuída sobre a superfície esférica, a massa por unidade de área é $m/4\pi a^2$ e a massa da faixa circular é

$$\frac{m}{4\pi a^2}\left(2\pi a^2 \text{sen } \theta\, d\theta\right) = \tfrac{1}{2} m \text{ sen } \theta\, d\theta.$$

Todos os pontos da faixa estão a igual distância R de P. Portanto, aplicando a Eq. (13.19), obtemos o potencial produzido pela faixa em P, que é

$$dV = -\frac{\gamma\left(\tfrac{1}{2} m \text{ sen } \theta\, d\theta\right)}{R} = -\frac{\gamma m}{2R} \text{sen } \theta\, d\theta$$

Da Fig. 13.22, aplicando a lei dos cossenos, Eq. (M.16), notamos que

$$R^2 = a^2 + r^2 - 2ar \cos \theta.$$

Diferenciando, como a e r são constantes, obtemos

$$2R\, dR = 2ar \text{ sen } \theta\, d\theta \qquad \text{ou} \qquad \text{sen } \theta\, d\theta = \frac{R\, dR}{ar}.$$

Substituindo na expressão para dV, resulta

$$dV = -\frac{\gamma m}{2ar} dR. \tag{13.22}$$

Para obter o potencial gravitacional total, devemos integrar sobre toda a superfície esférica. Os limites para R, quando o ponto P está fora da esfera, são $r + a$ e $r - a$. Portanto

$$V = -\frac{\gamma m}{2ar}\int_{r-a}^{r+a} dR = -\frac{\gamma m}{2ar}(2a) = -\frac{\gamma m}{r}, \qquad r > a, \tag{13.23}$$

é o potencial num ponto fora de uma camada esférica homogênea. Se o ponto P está no interior da esfera (Fig. 13.23), os limites para R são $a + r$ e $a - r$, resultando

$$V = -\frac{\gamma m}{2ar}\int_{a-r}^{a+r} dR = -\frac{\gamma m}{2ar}(2r) = -\frac{\gamma m}{a}, \qquad r < a, \tag{13.24}$$

que dá um potencial gravitacional constante, independentemente da posição de P.

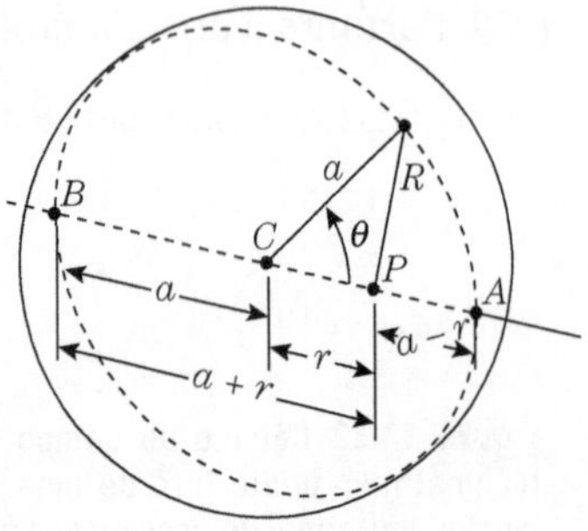

Figura 13.23 Cálculo do campo gravitacional num ponto situado no interior de uma distribuição uniforme de massa sobre uma superfície esférica.

Aplicando a Eq. (13.21), resulta que o campo gravitacional, para pontos fora da camada esférica homogênea, é

$$\mathfrak{G} = -\frac{\gamma m}{r^2}\boldsymbol{u}_r, \qquad r > a, \tag{13.25}$$

e, para pontos no interior da camada esférica, é

$$\mathfrak{G} = 0, r < a. \tag{13.26}$$

Comparando as Eqs. (13.23) e (13.25) com as Eqs. (13.18) e (13.15), chegamos à seguinte conclusão: *o campo gravitacional e o potencial, para pontos no exterior de uma massa distribuída uniformemente sobre uma camada esférica, são idênticos ao campo gravitacional e ao potencial de uma partícula de mesma massa, colocada no centro da esfera. Em todos os pontos no interior da camada esférica, o campo é nulo e o potencial é constante.*

A Fig. 13.24 mostra a variação de $\mathfrak{G}$ e V com a distância do centro da esfera. Pode-se ver que, quando nos deslocamos do centro da esfera ao infinito, o potencial sobre a camada esférica não muda de valor (mas a inclinação varia descontinuamente). O campo, entretanto, sofre uma variação brusca de $-\gamma m/a^2$. Lembrando que, se σ é a densidade superficial de massa da camada, $m = 4\pi a^2\sigma$, vemos que a variação brusca no campo é igual a $-4\pi\gamma\sigma$. Obtivemos, assim, os mesmos resultados do Ex. 13.8 para um plano.

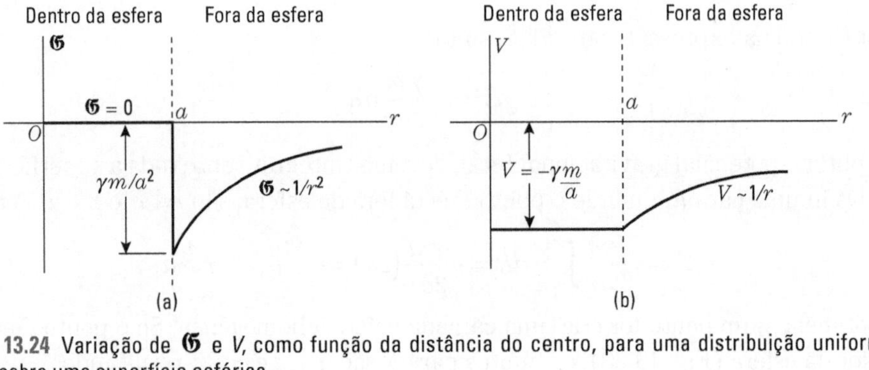

Figura 13.24 Variação de $\mathfrak{G}$ e V, como função da distância do centro, para uma distribuição uniforme de massa sobre uma superfície esférica.

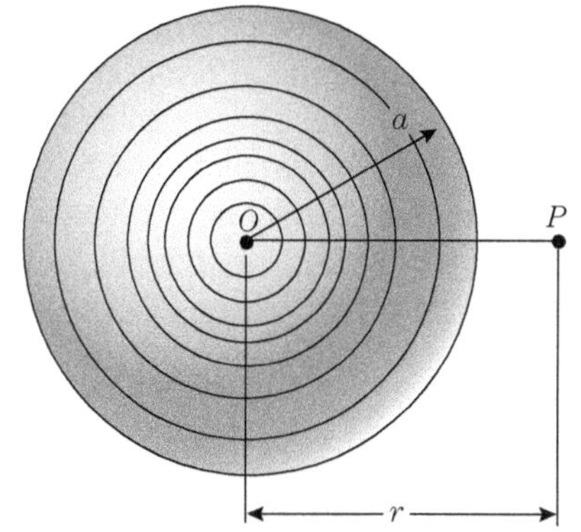

Figura 13.25 Cálculo do campo gravitacional num ponto fora de uma esfera sólida.

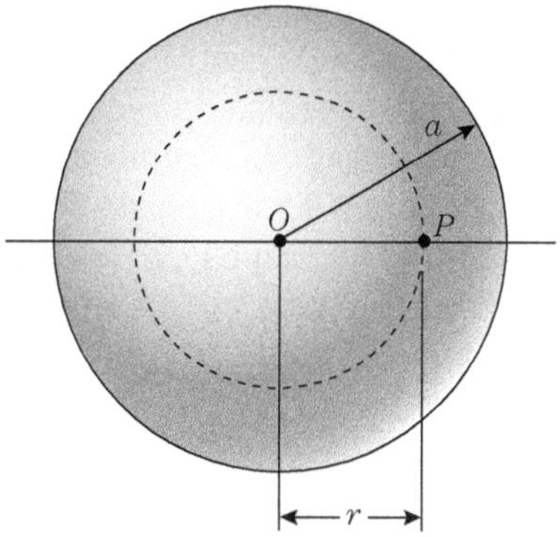

Figura 13.26 Cálculo do campo gravitacional num ponto situado no interior de uma esfera sólida.

Suponhamos agora que a massa esteja distribuída uniformemente em todo o volume da esfera. Podemos, então, considerar a esfera construída com a superposição de uma série de finas camadas esféricas. Cada camada produz um campo dado pelas Eqs. (13.25) ou (13.26). Para um ponto fora da esfera (Fig. 13.25), como a distância r, do centro até P, é a mesma para todas as camadas, as massas adicionam-se dando novamente o resultado (13.25). Portanto *uma esfera sólida homogênea produz, nos pontos exteriores, um campo gravitacional e um potencial idênticos aos de uma partícula de mesma massa, colocada no centro da esfera**.

A fim de obtermos o campo no interior da esfera homogênea, consideremos um ponto P, a uma distância r do centro, com $r < a$. Desenhamos uma esfera de raio r (Fig. 13.26) e observamos que as camadas com raio maior que r não contribuem para o campo em P, de acordo com a Eq. (13.26), pois P está no interior dessas camadas, e as camadas com raios menores que r produzem um campo resultante semelhante ao dado pela Eq. (13.25). Seja m' a massa no interior da esfera limitada pela superfície, que indicamos com a linha tracejada. Pela Eq. (13.25), o campo em P será

$$\mathfrak{G} = -\frac{\gamma m'}{r^2}\boldsymbol{u}_r. \qquad (13.27)$$

O volume da esfera toda é $\frac{4}{3}\pi a^3$ e, como a esfera é homogênea, a massa por unidade de volume é $m/\frac{4}{3}\pi a^3$. A massa m' contida na esfera de raio r é, então,

$$m' = \frac{m}{\frac{4}{3}\pi a^3}\left(\frac{4}{3}\pi r^3\right) = \frac{mr^3}{a^3}.$$

Substituindo esse resultado na Eq. (13.27), obtemos, finalmente, para o campo num ponto interior da esfera homogênea

$$\mathfrak{G} = -\frac{\gamma mr}{a^3}\boldsymbol{u}_r. \qquad (13.28)$$

* Esse resultado é válido, ainda, quando a esfera, em lugar de ser homogênea, tem sua massa distribuída com simetria esférica, isto é, quando sua densidade é uma função apenas da distância ao centro. O mesmo resultado, entretanto, não será válido se a massa for distribuída de maneira tal que dependa da direção.

Portanto o campo gravitacional, num ponto interior da esfera homogênea, é proporcional à distância r do centro. A razão pela qual o campo aumenta, no interior da esfera, quando o ponto se afasta do centro é que o decréscimo devido à lei do inverso dos quadrados é compensado pelo aumento na massa, que é proporcional ao cubo da distância. A Fig. 13.27 ilustra a variação de $\mathfrak{G}$, em função de r, para uma esfera sólida homogênea. Essa figura dá, por exemplo, a variação que o peso de um corpo teria, quando deslocado do centro da Terra para um ponto a uma grande distância, supondo-se que a Terra fosse homogênea.

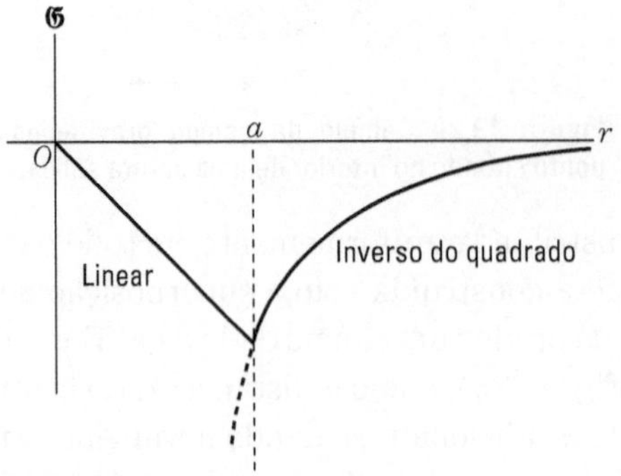

Figura 13.27 Variação de $\mathfrak{G}$, para uma esfera sólida homogênea, como função da distância do centro.

Deixaremos para você a verificação de que o potencial gravitacional, num ponto no exterior da esfera homogênea, é dado ainda pela Eq. (13.23), mas, para um ponto no interior da esfera, o potencial gravitacional é

$$V = \frac{\gamma m}{2a^3}\left(r^2 - 3a^2\right), \qquad r < a.$$

Note que, no problema de simetria esférica que consideramos nesta seção, o campo gravitacional num ponto depende apenas da distância do ponto ao centro, mas não depende da direção da reta que une o centro ao ponto. Esse resultado era de se esperar, em virtude da simetria do problema. Se considerássemos, em lugar de uma esfera homogênea, um corpo com uma geometria ou simetria diferente, ou, ainda, se a esfera não fosse homogênea (com a massa distribuída sem simetria esférica), deveríamos esperar o aparecimento de ângulos nas fórmulas. Mas, para problemas com simetria esférica, as propriedades dependem apenas da distância do ponto ao centro. A aplicação de considerações de simetria simplifica consideravelmente a solução de muitos problemas na física.

Agora podemos verificar que a Eq. (13.1), para a atração gravitacional entre duas massas puntiformes, também é válida para dois corpos esféricos homogêneos. Coloquemos um ponto material de massa m', a uma distância r do centro de uma massa esférica (Fig. 13.28) m. O campo a que o ponto material fica sujeito é $\mathfrak{G} = \gamma m/r^2$ e a força sobre m' é $m'\,\mathfrak{G} = \gamma mm'/r^2$. Pela lei da ação e reação, m' deve exercer uma força de igual módulo e de sentido contrário sobre m. Essa força é interpretada como sendo devida ao campo criado por m' na região ocupada por m. Agora, se substituímos m' por um corpo esférico homogêneo de igual massa, o campo em torno de m não varia, de acordo com o teorema que acabamos de demonstrar e, portanto, a força sobre m permanece inalterada. Lembramos novamente o princípio da ação e da reação e concluímos que a força sobre a massa esférica m' ainda é a mesma. Consequentemente, duas massas esféricas e homogêneas atraem-se, de acordo com a lei (13.1), onde r é a distância entre seus centros.

Se as massas não forem esféricas e nem homogêneas, aparecerão, na expressão para a interação, alguns fatores geométricos, e entre estes, os ângulos que definem a orientação relativa das massas.

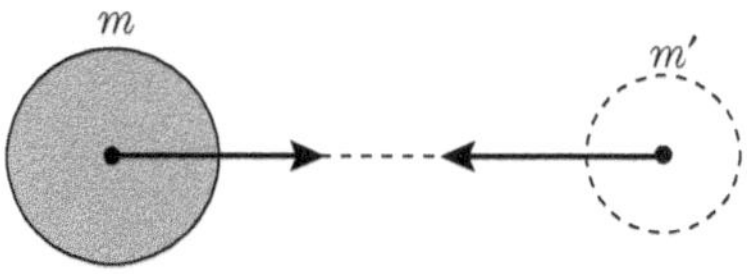

Figura 13.28 A interação gravitacional entre dois corpos esféricos homogêneos depende apenas da distância entre os centros.

■ **Exemplo 13.9** Discutir a variação da aceleração da gravidade, quando nos deslocamos, por uma pequena distância, acima ou abaixo da superfície da Terra.

Solução: Chamemos de h a altura do corpo acima da superfície da Terra. Sua distância ao centro é $r = R + h$. A intensidade do campo gravitacional, de acordo com a Eq. (13.25), é

$$\mathfrak{G} = \frac{\gamma M}{(R+h)^2},$$

onde a massa m foi substituída pela massa da Terra, M. Considerando que h é pequeno comparado com R e usando a aproximação (M.28) e o resultado do Ex. 13.1, temos

$$\mathfrak{G} = \frac{\gamma M}{R^2(1+h/R)^2} = g\left(1+\frac{h}{R}\right)^{-2} \approx \left(1-\frac{2h}{R}\right).$$

Introduzindo os valores para g e R, resulta

$$\mathfrak{G} = 9{,}81 - 3{,}06 \times 10^{-6}\, h \text{ m} \cdot \text{s}^{-2}.$$

Essa expressão dá, aproximadamente, a variação na aceleração da gravidade e no peso de um corpo, quando nos deslocamos por uma pequena distância h *acima* da superfície da Terra.

Por outro lado, se nos deslocássemos para o interior da Terra, por uma distância h, teríamos $r = R - h$. Usando a Eq. (13.28), com m substituído por M, e a por R, obtemos

$$\mathfrak{G} = \frac{\gamma M(R-h)}{R^3} = \frac{\gamma M}{R^2}\left(1-\frac{h}{R}\right) = g\left(1-\frac{h}{R}\right),$$

ou, introduzindo os valores apropriados.

$$\mathfrak{G} = 9{,}81 - 1{,}53 \times 10^{-6}\, h \text{ m} \cdot \text{s}^{-2}.$$

Então, em ambos os casos, a gravidade decresce, mas ela decresce mais rapidamente para pontos acima da superfície do que para pontos abaixo. (Lembre-se da Fig. 13.27).

13.8 Princípio de equivalência

O fato de as massas inercial e gravitacional serem iguais para todos os corpos, dá como consequência um resultado importante:

> *todos os corpos, num mesmo lugar de um campo gravitacional, ficam sujeitos a uma mesma aceleração.*

Um exemplo desse fato é a descoberta de Galileu de que todos os corpos caem com a mesma aceleração. Essa descoberta, como já mencionamos, é uma demonstração indireta da identidade entre a massa inercial e a massa gravitacional.

Para demonstrar a afirmação acima, notamos que num lugar em que o campo gravitacional é $\mathfrak{G}$, a força sobre um corpo de massa m é $F = m\mathfrak{G}$, e sua aceleração é

$$\boldsymbol{a} = \frac{\boldsymbol{F}}{m} = \mathfrak{G},$$

que independe da massa m do corpo sujeito à ação do campo gravitacional. Note que a aceleração do corpo é igual à intensidade do campo, o que é consistente com nosso resultado anterior de que o campo gravitacional é medido em $\text{m} \cdot \text{s}^{-2}$.

Se o laboratório de um físico estiver localizado num campo gravitacional, o físico observará que todos os corpos com os quais ele realiza suas experiências, e que não estão sujeitos a nenhuma outra força, ficam sujeitos a uma mesma aceleração. O físico, observando essa aceleração comum a todos os corpos, pode concluir que seu laboratório está num campo gravitacional.

Entretanto essa conclusão não é a única explicação possível para a observação de uma aceleração comum. Na Seç. 6.2, quando discutimos movimentos relativos, dissemos que, quando um observador se move com uma aceleração $\boldsymbol{a}_0$ em relação a um observador inercial, e sendo $\boldsymbol{a}$ a aceleração de um corpo, medida pelo observador inercial, a aceleração medida pelo observador em movimento é dado por

$$\boldsymbol{a}' = \boldsymbol{a} - \boldsymbol{a}_0.$$

Se o corpo está livre, a aceleração $\boldsymbol{a}$, medida pelo observador inercial, é nula. Portanto a aceleração medida pelo observador acelerado é $\boldsymbol{a}' = -\boldsymbol{a}_0$. Assim, todos os objetos livres apresentarão, ao observador acelerado, uma aceleração comum $-\boldsymbol{a}_0$, *o* que é uma situação idêntica à que encontramos num campo gravitacional de intensidade $\mathfrak{G} = -\boldsymbol{a}_0$. Assim, podemos concluir que

> *um observador não tem meios para distinguir se seu laboratório está num campo gravitacional uniforme ou num sistema de referência acelerado.*

Essa afirmação é conhecida como o *princípio de equivalência*, pois ela mostra a equivalência, relativamente à descrição de movimentos, entre um campo gravitacional e um sistema de referência acelerado. A gravitação e a inércia parecem, desse modo, não constituir duas propriedades diferentes da matéria, mas apenas dois aspectos de uma característica mais fundamental e universal da matéria.

Suponhamos, por exemplo, que um observador tenha um laboratório num vagão de um trem que se move numa estrada horizontal e retilínea, com uma velocidade constante e que as janelas estão escurecidas de modo a não permitir que o observador veja o que se passa fora do vagão. Ele faz experiências com algumas bolas de bilhar, deixando-as cair e notando que todas caem com a mesma aceleração. Ele pode, então concluir, normalmente, que existe um campo gravitacional vertical, dirigido para baixo. Mas, ele poderia, muito bem, admitir que o vagão estivesse sendo levantado com uma aceleração vertical, igual em módulo e de sentido contrário à aceleração das bolas, e que as bolas eram livres, não estando sujeitas a nenhum campo gravitacional.

Suponhamos agora que o observador coloque as bolas numa mesa de bilhar, localizada no vagão. Quando o observador nota que as bolas rolam, dirigindo-se para a parte posterior do vagão com uma aceleração comum a todas as bolas, ele pode concluir que seu laboratório está sujeito a um novo campo gravitacional horizontal, dirigido para a parte posterior do vagão, ou que seu laboratório está sendo acelerado horizontalmente para a frente. A segunda hipótese é a usual, e está associada à decisão do maquinista de acelerar o trem. Entretanto o trem poderia estar subindo uma rampa, o que equivaleria a produzir um campo gravitacional paralelo ao assoalho do vagão, com o mesmo resultado para o movimento das bolas de bilhar.

Em virtude do princípio de equivalência,

> *as leis da natureza devem ser escritas de modo que seja impossível distinguir um campo gravitacional uniforme de um sistema de referência acelerado,*

uma afirmação que constitui a base da *teoria da relatividade geral*, proposta por Einstein em 1915. Esse princípio exige que as leis físicas sejam escritas numa forma independente do estado de movimento do sistema de referência. Como podemos ver, a ideia fundamental do princípio da relatividade geral é muito simples. Entretanto sua formulação matemática é bastante complicada e não será discutida aqui.

Examinemos agora o caso de um observador acelerado, num campo gravitacional $\mathfrak{G}$. A aceleração dos corpos sujeitos apenas ao campo gravitacional, quando medida pelo observador acelerado, é dada por $\boldsymbol{a}' = \mathfrak{G} - \boldsymbol{a}_0$. Como um exemplo concreto, consideremos o caso de um foguete, lançado da Terra, e que tem uma aceleração dirigida para cima. Temos, então, que $\mathfrak{G} = \boldsymbol{g}$. Escrevamos $\boldsymbol{a}_0 = -n\boldsymbol{g}$, para a aceleração do foguete em termos de g. (O sinal negativo é devido ao fato de o foguete ser acelerado para cima.) Então, $\boldsymbol{a}' = (n + 1)\boldsymbol{g}$ é a aceleração, em relação ao foguete, de um corpo livre no interior do foguete. Por exemplo, num foguete acelerado para cima, com uma aceleração de quatro vezes a aceleração da gravidade ($n = 4$), o peso de qualquer corpo no interior do foguete é cinco vezes o peso normal. Esse aumento aparente do peso é particularmente importante no estágio de lançamento, quando a aceleração do foguete é maior.

Consideremos agora, como outro exemplo, um satélite em órbita. Nesse caso, $\boldsymbol{a}_0 = \mathfrak{G}$, pois o satélite se move sob a ação gravitacional da Terra. Logo, $a' = 0$ e todos os corpos, dentro do satélite, parecerão não ter peso, pois, a aceleração deles, relativamente ao satélite, é nula. É apenas uma ausência de peso relativa, porque tanto o satélite como os corpos em seu interior estão se movendo no mesmo campo gravitacional com a mesma aceleração. Relativamente ao satélite, os corpos no interior apresentam-se como corpos livres, a menos que outras forças atuem sobre eles; mas, relativamente a um observador terrestre, eles estão acelerados e sujeitos a um campo gravitacional.

Um homem no interior de um elevador que está caindo com a aceleração da gravidade (em decorrência de um rompimento do cabo), terá a mesma sensação de ausência de peso, relativamente ao elevador. Nesse caso (como no satélite), $\boldsymbol{a}_0 = \boldsymbol{g}$ e novamente $\boldsymbol{a}' = 0$. Insistiremos que ausência de peso não significa que a força gravitacional cessou de agir. Significa que todos os corpos, incluindo o que serve de referencial, estão sujeitos a um mesmo campo, que produz uma aceleração comum e, portanto, não há acelerações relativas, a menos que outras forças atuem sobre os corpos. Em outras palavras, um campo gravitacional $\mathfrak{G}$ pode ser "apagado" se o observador mover-se através desse campo com uma aceleração $\boldsymbol{a}_0 = \mathfrak{G}$, em relação a um referencial inercial.

13.9 Gravitação e forças intermoleculares

Nas seções anteriores deste capítulo, vimos como as forças gravitacionais descrevem adequadamente o movimento planetário e o movimento dos corpos nas proximidades da superfície da Terra. É interessante verificar se podemos descobrir se o mesmo tipo de interação é responsável por manter as moléculas juntas, numa porção de matéria, ou por manter os átomos juntos, numa molécula.

Consideremos, inicialmente, uma molécula simples, como a molécula de hidrogênio, composta de dois átomos de hidrogênio separados pela distância $\boldsymbol{r} = 0{,}745 \times 10^{-10}$ m. A massa de cada átomo de hidrogênio é $m = 1{,}673 \times 10^{-27}$ kg. Portanto a interação gravitacional dos dois átomos corresponde a uma energia potencial

$$E_p = -\frac{\gamma m m'}{r} = 2{,}22 \times 10^{-54}\,\text{J} = 1{,}39 \times 10^{-35}\,\text{eV}.$$

Entretanto, o valor experimental para a energia de dissociação de uma molécula de hidrogênio é $7{,}18 \times 10^{-19}$ J(= 4,48 eV), ou 10^{35} vezes maior que a energia gravitacional. Portanto, concluímos que a interação gravitacional *não pode* ser responsável pela formação de uma molécula de hidrogênio. Resultados análogos podem ser obtidos para moléculas mais complexas.

No caso de um líquido, a energia necessária para vaporizar um mol de água (18 g ou $6{,}23 \times 10^{23}$ moléculas) é $4{,}06 \times 10^{3}$ J, o que corresponde a uma energia de separação, por molécula, da ordem de 6×10^{-21} J. A separação média entre as moléculas da água é da ordem de 3×10^{-10} m e a massa de uma molécula é de 3×10^{-26} kg, o que corresponde a uma energia potencial gravitacional de 2×10^{-52} J, que, novamente, é muito pequena para explicar a existência da água no estado líquido.

Portanto concluímos que as forças que dão origem às associações de átomos para formar moléculas, ou de moléculas para formar a matéria macroscópica, não podem ser gravitacionais. Nos quatro capítulos seguintes, que aparecerão no Volume II, discutiremos outras forças que parecem ser as responsáveis por essas associações: as *interações eletromagnéticas.*

Entretanto a interação gravitacional, sendo um efeito devido à massa, é muito importante na presença de corpos com grandes massas eletricamente neutras, como é o caso dos planetas, e, por essa razão, a gravitação é a força mais forte que observamos sobre a superfície da Terra, apesar do fato de ela ser a força mais fraca conhecida na natureza. Ela é responsável por um grande número de fenômenos comuns, que afetam nossas vidas cotidianas. As marés, por exemplo, são inteiramente devidas à interação gravitacional da Lua e do Sol com a Terra.

Referências

BRONSON, G. B. Gravitational and Inertial Mass. *Am. J. Phys.*, v. 28, n. 475, 1960.
CHRISTIANSON, J. The celestial palace of Tycho Brahe. *Sci. Am.*, p. 118, Feb. 1961.
CHRISTIE, D. *Vector mechanics*. New York: McGraw-Hill, 1964.
DICKE, R. The Eötvös Experiment. *Sci. Am.*, p. 84, Dec. 1961.
EVANS, M. Newton and the cause of gravity. *Am. J. Phys.*, v. 26, n. 619, 1958.

FEYNMAN, R. P.; LEIGHTON, R. B.; SANDS, E. M. L. *The Feynman lectures on physics*. v. I. Reading, Mass.: Addison-Wesley, 1963.

FORWARD, R. Guidelines to antigravity. *Am. J. Phys.*, v. 31, n. 166, 1963.

GAMOW, G. Gravity. *Sci. Am.*, p. 94, Mar. 1961.

HOLTON, G. Johannes Kepler's Universe: its physics and metaphysics. *Am. J. Phys.*, v. 24, n. 340, 1956.

HUDDLESTON, J. *Introduction to engineering mechanics*. Reading, Mass.: Addison-Wesley, 1961.

MAGIE, W. F. *A source book of physics*. Cambridge, Mass.: Harvard University Press, 1963.

SWENSON, H. The homocentric spheres of eudoxus. *Am. J. Phys.*, v. 31, n. 456, 1963.

SYMON, K. *Mechanics*. 2. ed. Reading, Mass.: Addison-Wesley, 1964.

"The Homocentric Spheres of Eudoxus", H. Swenson; *Am. J. Phys.* 31, 456 (1963).

Problemas

13.1 Calcule a força de atração gravitacional entre a Terra e (a) a Lua, (b) o Sol. Obtenha a razão entre essas duas forças.

13.2 Calcule a atração gravitacional entre os prótons numa molécula de hidrogênio. A distância que os separa é de $0{,}74 \times 10^{-10}$ m.

13.3 Determine a força de atração gravitacional entre o próton e o elétron, num átomo de hidrogênio, supondo que o elétron descreva uma órbita circular de $0{,}53 \times 10^{-10}$ m de raio.

13.4 Avalie a distância média entre dois átomos de hélio num mol, nas CNPT. Com essa distância, calcule a atração gravitacional entre dois átomos de hélio vizinhos. A massa de um átomo de hélio pode ser considerada igual a 4,0 u.

13.5 Avalie a distância média entre duas moléculas de água na fase líquida. Com essa distância, calcule a atração gravitacional entre duas moléculas vizinhas de água. Uma molécula de água é composta de um átomo de oxigênio e dois átomos de hidrogênio.

13.6 Duas bolas de ferro, cada uma com massa de 10 kg, tocam-se. Calcule a atração gravitacional entre elas. Compare com a atração gravitacional da Terra sobre cada bola. Se tentássemos separar as duas bolas, "sentiríamos" a atração entre elas? [*Sugestão*: pode ser necessário conhecer a densidade do ferro, que se encontra na Tab. 2.2.]

13.7 Compare a atração gravitacional produzida sobre um corpo de massa m, na superfície da Terra, (a) pela Lua e (b) pelo Sol, com a atração da Terra sobre o mesmo corpo. Qual é a conclusão a que você chega, acerca da possibilidade de observar uma variação no peso de um corpo, durante o movimento diário de rotação da Terra?

13.8 Uma esfera de 5,0 kg de massa é colocada num prato de uma balança de braços iguais, que estava em equilíbrio. Uma massa esférica maior ($5{,}8 \times 10^3$ kg) é, então, empurrada de modo a ficar sob a primeira massa, sendo que a distância entre os centros, que estão numa mesma vertical, é de 0,50 m. Que massa deve ser colocada no outro prato da balança a fim de restabelecer o equilíbrio do sistema? Suponha $g = 9{,}80 \text{ m} \cdot \text{s}^{-2}$. Esse método foi utilizado por G. von Jolly, no século passado, para determinar o valor de γ.

13.9 Um homem pesa 70 kgf. Supondo que o raio da Terra dobrasse, quanto ele pesaria (a) se a massa da Terra permanecesse constante, (b) se a densidade média da Terra permanecesse constante?

13.10 Calcule a aceleração da gravidade na superfície do Sol. O raio do Sol é de 110 vezes o raio da Terra e sua massa é 330.000 vezes a massa da Terra. Repita o cálculo para Vênus, Júpiter e a Lua.

13.11 Um homem pesa 110 kgf. Calcule quanto ele pesaria na superfície do Sol e na superfície da Lua. Qual seria a massa dele nesses lugares?

13.12 Um homem pesa 80 kgf ao nível do mar. Calcule sua massa e o seu peso a 8.000 m acima do nível do mar.

13.13 Dos dados da Tab. 13.1, calcule a massa do Sol para os raios e os períodos dos movimentos orbitais dos planetas. Use somente os dados de três planetas (Vênus, Terra e Júpiter).

13.14 Numa experiência de Cavendish (Fig. 13.3), as duas massas pequenas são iguais a 10,0 g e a barra (de massa desprezível) tem 0,50 m de comprimento. O período das oscilações de torção desse sistema é de 770 s. As duas massas grandes são de 10,0 kg cada uma e são colocadas de modo que a distância entre os centros da esfera grande e da pequena seja de 0,10 m. Calcule a deflexão angular da barra.

13.15 A que altura devemos subir acima da superfície da Terra para que a aceleração da gravidade varie de 1%? A que profundidade devemos penetrar na Terra, para observar a mesma variação?

13.16 Calcule a altura e a velocidade de um satélite (numa órbita circular, no plano equatorial) que permanece, em todos os instantes, sobre o mesmo ponto da Terra.

13.17 Um satélite da Terra move-se numa órbita circular, a uma altura de 300 km acima da superfície. Calcule (a) sua velocidade, (b) seu período de revolução e (c) sua aceleração centrípeta.

13.18 Compare o resultado da parte (c) do problema anterior, com o valor de g, naquela altitude, calculada diretamente segundo o método do Ex. 13.9.

13.19 Qual seria o período de um satélite que gira em torno da Terra numa órbita cujo raio é um quarto do raio da órbita da Lua? O período da Lua é de aproximadamente 28 dias. Qual seria a razão entre as velocidades do satélite e da Lua?

13.20 Uma partícula de massa m pode se mover num tubo horizontal sem atrito (Fig. 13.29), sob a ação da atração gravitacional da Terra. Supondo que x seja muito pequeno, comparado com R, demonstre que a partícula executa um movimento harmônico simples e que seu período é $P = 2\pi\sqrt{R/g}$. Calcule o valor de P. Esse valor corresponde ao período mais longo de um pêndulo na superfície da Terra. Você pode demonstrar essa afirmação?

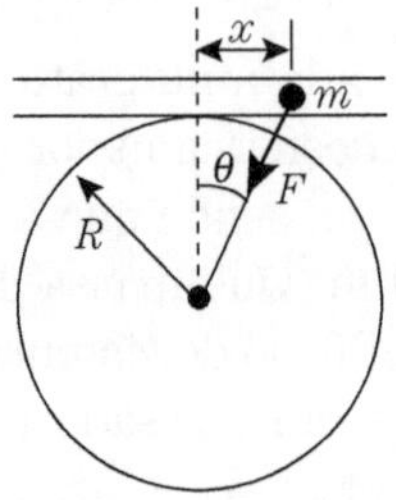

Figura 13.29

13.21 Suponhamos que fosse aberto um canal que atravessasse a Terra completamente, ao longo de um diâmetro (Fig. 13.30). (a) Mostre que a força, sobre uma massa m, a uma distância r do centro da Terra, será $F = -mgr/R$, se admitirmos que a densidade seja uniforme, (b) Mostre que o movimento de m seria harmônico simples, com um período de aproximadamente de 90 min. (c) Escreva as equações para a posição velocidade e aceleração como funções do tempo, dando os valores numéricos das constantes.

13.22 Mostre que o movimento, sem atrito, de uma massa, num orifício feito através da Terra ao longo de uma corda (Fig. 13.31), seria harmônico simples. Calcule o período.

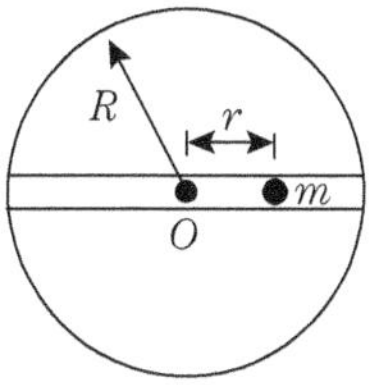

Figura 13.30

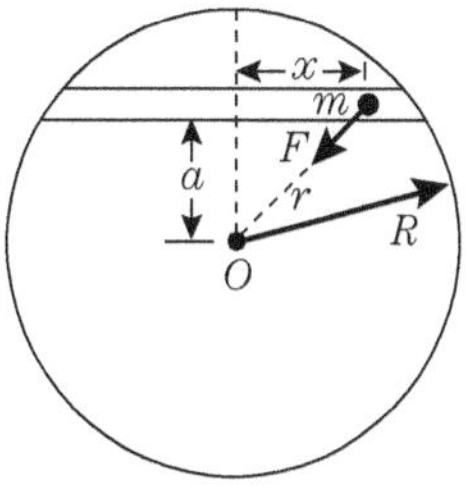

Figura 13.31

13.23 Uma massa m é deixada cair de uma grande altura h acima do orifício na Terra, como indica a Fig. 13.32. (a) Com que velocidade a massa m passaria pelo centro da Terra? (b) O movimento seria harmônico simples? (c) O movimento seria periódico? Justifique suas respostas.

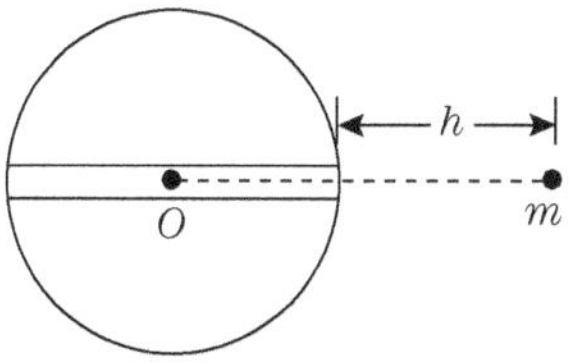

Figura 13.32

13.24 Dos dados para o movimento do Sol na galáxia (Fig. 7.1), e supondo que a galáxia seja um agregado esférico de estrelas, avalie sua massa total. Supondo-se que, em média, as estrelas têm massa igual à do Sol ($1{,}98 \times 10^{30}$ kg), avalie o número de estrelas e a distância média de separação entre elas.

13.25 Escreva uma equação que exprima algebricamente a energia total do sistema (a) Terra-Lua, (b) Sol-Terra-Lua.

13.26 Avalie a energia cinética, a energia potencial e a energia total da Terra, em seu movimento em torno do Sol. (Considere apenas a energia potencial gravitacional com o Sol.)

13.27 Usando o teorema do virial (Seç. 8.13), obtenha a expressão para a energia total de uma órbita circular sob forças gravitacionais (Eq. 13.6).

13.28 Um dos foguetes lunares Pioneer alcançou uma altitude de aproximadamente 125.000 km. Desprezando o efeito da Lua, avalie a velocidade com que esse foguete atingiu a atmosfera terrestre, em seu retorno. Suponha que o foguete tenha sido lançado verticalmente para cima e que a atmosfera comece na altitude de 130 km, acima da superfície da Terra.

13.29 Se h é a altitude de um corpo *acima* da superfície da Terra, então $r = R + h$. Verifique, usando a expressão (M.21), que, quando h é muito menor que R, a Eq. (13.10) reduz-se a $v^2 = 2\,gh$.

13.30 Calcule a velocidade de escape de Mercúrio, Vênus, Marte e Júpiter. [*Sugestão*: para simplificar o cálculo, obtenha inicialmente o fator $\sqrt{2\gamma}$. Então basta multiplicá-lo por $\sqrt{M/R}$, para cada planeta.

13.31 (a) Calcule a velocidade de escape do sistema solar para uma partícula que está a uma distância do Sol igual à da Terra ao Sol. (b) Use esse resultado para obter a velocidade mínima de escape, para um corpo lançado da Terra, levando em consideração a velocidade da Terra, mas não o seu campo gravitacional.

13.32 Uma partícula está em repouso, sobre a superfície da Terra. (a) Calcule sua energia cinética total e sua energia potencial em relação ao Sol, incluindo a atração gravitacional da Terra e do Sol. (b) Obtenha a velocidade de escape do sistema solar. Compare com o Prob. 13.31.

13.33 Utilizando os resultados da Seç. 13.7, prove que a interação gravitacional entre uma massa de forma arbitrária M (Fig. 13.33) e uma massa puntiforme m é igual à interação entre M e um corpo esférico homogêneo de massa m, desde que o centro do corpo esférico coincida com a posição da massa puntiforme.

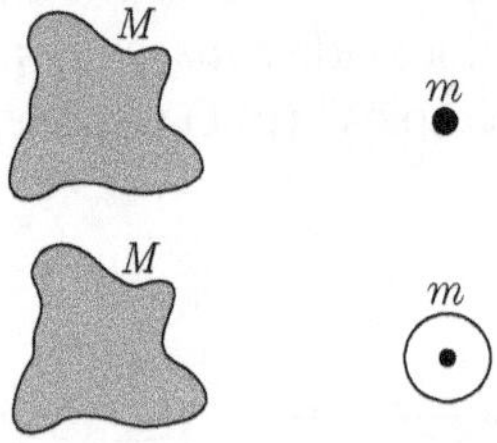

Figura 13.33

13.34 Determine a energia potencial entre Saturno e seus anéis. Suponha que os anéis tenham uma massa de $3{,}5 \times 10^{18}$ kg e estão concentrados a uma distância média de $1{,}1 \times 10^{8}$ m do centro do planeta.

13.35 Determine a energia potencial gravitacional interna de 8 corpos, cada um de massa m, localizados nos vértices de um cubo de lado a. Aplique para o caso de as massas serem da ordem da massa do Sol e cada lado do cubo medir 1 parsec. (Veja o Prob. 2.16.)

13.36 Prove que a energia necessária para construir-se um corpo esférico de raio R pela adição sucessiva de camadas de matéria, à maneira de uma cebola, até atingir o raio final (mantendo a densidade constante) é $E_p = -3\gamma M^2/5R$.

13.37 Avalie o valor da energia potencial gravitacional de nossa galáxia. Suponha que todos os corpos que compõem a galáxia têm, aproximadamente, a mesma massa do Sol e estão separados por uma distância da ordem de 10^{21} m. [*Sugestão*: considere que a galáxia seja esférica e utilize o resultado do Prob. 13.36].

13.38 Usando o teorema do virial e os resultados do problema precedente, avalie a energia cinética total da galáxia (excluindo a energia interna das estrelas).

13.39 Um meteorito está inicialmente em repouso a uma distância, do centro da Terra, igual a seis vezes o raio da Terra. Calcule sua velocidade ao atingir a superfície da Terra.

13.40 Duas massas iguais de 6,40 kg estão separadas por uma distância de 0,16 m (Fig. 13.34). Uma terceira massa é abandonada de um ponto P equidistante das duas massas e a uma distância de 0,06 m da reta que os une. Determine a velocidade dessa terceira massa, no instante em que ela passa por Q. Sabendo-se que a referida massa é de 0,1 kg, calcule sua aceleração em P e em Q.

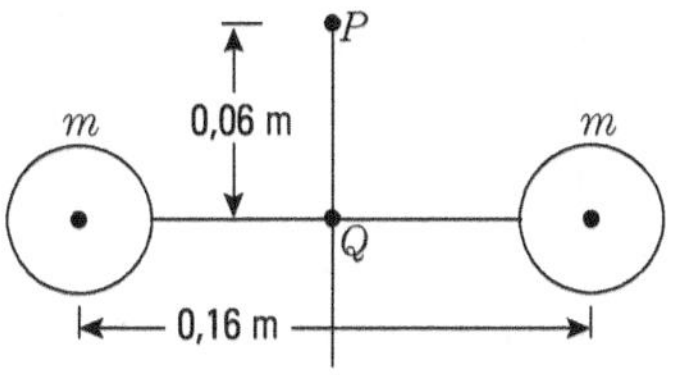

Figura 13.34

13.41 Um foguete é lançado verticalmente, da Terra para a Lua, sendo que o combustível é consumido num intervalo relativamente curto, após o lançamento, (a) Em que ponto de sua trajetória, em direção à Lua, sua aceleração é nula? (b) Qual é a velocidade inicial mínima que o foguete deve ter para alcançar esse ponto e cair na Lua pela atração lunar? (c) Nesse caso, qual seria a velocidade do foguete ao atingir a Lua?

13.42 Demonstre que o tempo necessário para um corpo cair de uma distância r do centro da Terra até a sua superfície e

$$t = \left(r^{3/2}/R\sqrt{2g}\right)\left[-\sqrt{(R/r)(1-R/r)} + \text{sen}^{-1}\sqrt{R/r}\right].$$

Verifique que, se r é muito maior que R, o resultado é $t = \frac{1}{2}\sqrt{R/2g}$. [*Sugestão*: Use a Eq. (13.10); faça $v = dr/dt$, resolva para dt, e integre.]

13.43 Um satélite com uma massa de 5.000 kg descreve em torno da Terra uma trajetória circular de 8.000 km de raio. Calcule seu momento angular e suas energias cinética, potencial e total.

13.44 Um satélite de 5.000 kg descreve uma órbita circular a uma altitude de 8.000 km, acima da superfície terrestre. Após vários dias, como resultado do atrito com o ar, a órbita diminui para uma altitude de 650 km. Calcule a variação na (a) velocidade, (b) velocidade angular, (c) energia cinética, (d) energia potencial e (e) energia total. Suponha que as órbitas são praticamente circulares, em cada instante, porque a perda de altitude é muito lenta.

13.45 Com referência ao problema anterior, suponha que a resistência do ar pode ser representada por uma força média de 17,5 N. (a) Calcule o torque devido a essa força e, utilizando esse resultado, avalie o tempo necessário para a perda de altitude mencionada aqui. (b) Determine a razão de dissipação da energia e, com esse resultado, avalie também o tempo calculado em (a). (c) Utilizando o período médio de revolução, obtenha o número total de revoluções para aquele tempo.

13.46 Adapte os resultados da Seç. 13.5 levando em consideração a massa reduzida.

13.47 Numa estrela dupla, uma das estrelas tem uma massa de 3×10^{33} kg e a outra uma massa de 4×10^{33} kg. Calcule as velocidades angulares das estrelas em torno do centro de massa, sabendo-se que a separação entre elas é de 10^{17} m. Calcule também o momento angular interno total e a energia.

13.48 Utilizando um papel de gráfico polar, faça um gráfico da Eq. (13.12) para $d = 1$ e (a) $\varepsilon = 0{,}5$, (b) $\varepsilon = 1$, (c) $\varepsilon = 2$. Em virtude da simetria da curva, basta calcular r para θ

de 0° a 180° e repetir a curva para a parte abaixo do eixo X. Identifique as características mais importantes de cada curva. [*Sugestão*: use, para θ, valores múltiplos de 20°.]

13.49 Demonstre que a razão entre a velocidade de um corpo em órbita no *perigeu* (distância de máxima aproximação do centro de força) e no *apogeu* (distância de máximo afastamento do centro de força) é $(1 + \varepsilon)/(1 - \varepsilon)$. [*Sugestão:* note que, em ambas as posições, a velocidade é perpendicular ao raio vetor.]

13.50 Um cometa move-se numa órbita elíptica cuja excentricidade é $\varepsilon = 0{,}8$. Calcule a razão entre os valores, no afélio e no periélio, das grandezas: (a) distância ao Sol, (b) velocidades lineares e (c) velocidades angulares.

13.51 A excentricidade ε e o semieixo maior a das órbitas de alguns planetas, estão tabelados a seguir. (Lembre-se de que 1 A.u. = $1{,}495 \times 10^{11}$ m.)

	Mercúrio	Terra	Marte
ε	0,206	0,017	0,093
a (A.u.)	0,387	1,000	1,524

Para cada um desses planetas calcule: (a) a distância de máxima aproximação do Sol, (b) a distância de máximo afastamento do Sol, (c) a energia total do movimento de translação, (d) o momento angular, (e) o período de revolução, (f) a velocidade no afélio e no periélio.

13.52 Um satélite é colocado numa órbita elíptica a uma altitude acima da superfície da Terra, igual ao raio terrestre, com uma velocidade horizontal inicial igual a 1,2 vezes a velocidade necessária para mantê-lo numa órbita circular àquela altitude. Calcule (a) o momento angular do satélite, (b) sua energia total, (c) a excentricidade de sua órbita, (d) as distâncias máximas e mínimas da superfície terrestre, (e) o semieixo maior de sua órbita e (f) o período de revolução. (Faça m = 50 kg.)

13.53 Repita o Prob. 13.52, admitindo que a velocidade inicial do satélite é 0,9 da velocidade de um satélite semelhante numa órbita circular.

13.54 No voo da Gemini V (21 a 29 de agosto de 1965), as altitudes, no apogeu e no perigeu, acima da superfície da Terra, foram de 352 e 107 km, respectivamente. Determine a excentricidade da órbita, as velocidades máxima e mínima da nave espacial e a variação do campo gravitacional entre o apogeu e o perigeu.

13.55 Um satélite artificial move-se numa órbita cujo perigeu é de 640 km e cujo apogeu é de 4.000 km, acima da superfície da Terra. Calcule (a) o semieixo maior, (b) a excentricidade, (c) a equação da órbita, (d) as velocidades no perigeu e no apogeu, (e) o período de revolução, (f) a energia total, sendo a massa 100 kg. (g) Utilizando um papel de gráfico polar, faça um gráfico da trajetória do satélite.

13.56 O satélite americano Explorer III tinha uma órbita elíptica com perigeu a 109 milhas acima da superfície da Terra e uma velocidade, no perigeu, de 27.000 pés · s^{-1}. Determine (a) a excentricidade da órbita, (b) o semieixo maior, (c) o período de revolução e (d) a velocidade e a altura no apogeu.

13.57 Um cometa de massa m é observado a uma distância de 10^{11} m do Sol, movendo-se, em direção ao mesmo, com uma velocidade de $5{,}16 \times 10^4$ m · s^{-1}, formando um ângulo de

45° com o raio vetor dirigido a partir do Sol. Obtenha, com relação ao cometa, (a) a energia total e o momento angular, (b) a equação da órbita, (c) a distância de máxima aproximação do Sol. Note quais os resultados que dependem da massa do cometa e quais os que não dependem. Utilizando um papel de gráfico polar, faça um gráfico da trajetória do cometa.

13.58 Um projétil balístico (Fig. 13.35) de massa m é lançado, de um ponto A, com uma velocidade inicial v_0, que faz um ângulo ϕ com a direção vertical ou radial. Calcule (a) o momento angular, (b) a energia total, (c) Prove que a excentricidade de sua órbita é dada por

$$\varepsilon^2 = 1 + (R^2 v_0^2 \operatorname{sen}^2 \phi/\gamma^2 M^2)(v_0^2 - 2\gamma M/R).$$

[*Sugestão:* para (c), utilize o último resultado do Ex. 13.5.]

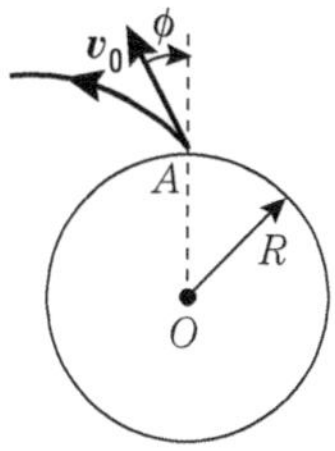

Figura 13.35

13.59 Referindo-se ao problema anterior, mostre que a equação da trajetória é

$$r = R^2 v_0^2 \operatorname{sen}^2 \phi_0/\gamma M(1 + \varepsilon \cos \theta).$$

[*Sugestão*: lembre-se do Ex. 13.5 que $L^2 = \gamma m^2 m' \varepsilon d$.]

13.60 Referindo-se aos Probs. 13.58 e 13.59, suponha que $v_0 = \sqrt{\gamma M/R}$ e que $\phi = 30°$. (a) Determine a excentricidade da órbita do projétil. (b) Escreva a equação da órbita. (c) Prove que o projétil cairá, de retorno à Terra, num ponto a uma distância de A igual a $\pi R/3$, medida ao longo da superfície da Terra. Faça, num papel de gráfico polar, um gráfico da trajetória do projétil. [*Sugestão*: após calcular ε, determine os valores de θ para os quais $\boldsymbol{r} = R$. Um dos valores corresponde ao ponto de lançamento e o outro ao ponto de retorno. A diferença entre os dois ângulos dá o deslocamento angular.]

13.61 Referindo-se ao Prob. 13.60, prove que a altitude máxima do projétil, acima da superfície da Terra, é aproximadamente 0,92 R. (Sugerimos que você compare os resultados dos Probs. 13.60 e 13.61 com os resultados obtidos usando os métodos da Seç. 5.7.)

13.62 Com referência ao Prob. 13.58, prove que, se a velocidade de lançamento do projétil for igual à velocidade de escape, a trajetória será uma parábola e, de acordo com o Prob. 13.59, independentemente da direção em que o projétil é lançado, sua trajetória será aberta e ele não retornará.

13.63 Um míssil balístico é lançado com uma velocidade igual à velocidade de escape, de modo que sua trajetória é uma parábola. Calcule a equação da trajetória quando $\phi = 45°$ e quando = 90°. Num papel de gráfico polar, faça um gráfico da trajetória em cada caso.

13.64 Um cometa, a uma grande distância do Sol, tem uma velocidade igual a $\sqrt{2gR}$ e um parâmetro de impacto de $\sqrt{2}\,R$(veja o Ex. 7.16), onde R é o raio do Sol. Quão próximo do Sol chegará o cometa?

13.65 Uma partícula de massa m se move sob a ação uma força atrativa de módulo igual a k/r^2. Sua velocidade, numa das posições extremas, é $\sqrt{k/2mr_1}$, onde r_1 é a distância do centro da força. Calcule a distância r_2 correspondente à outra posição extrema, o semieixo maior da órbita e a excentricidade.

13.66 Uma partícula se move sob a ação de uma força repulsiva de módulo $F = k/r^2$. A partícula é lançada, de um ponto muito distante do centro de força, com uma velocidade v_0 e um parâmetro de impacto b (veja o Ex. 7.16). Determine (a) a equação da trajetória, (b) a distância de máxima aproximação do centro de força, (c) o ângulo formado pela direção em que ele se afasta com a direção inicial. Compare suas respostas com os resultados do Ex. 7.16. [*Sugestão*: note que, neste capítulo, as fórmulas poderão ser aplicadas se $-\gamma mm'$ for substituído por k.]

13.67 Calcule a intensidade do campo gravitacional e o potencial na superfície da Terra, devido à própria Terra.

13.68 Avalie o valor do campo gravitacional da Terra e a aceleração de um corpo, num ponto a uma distância (a) $\frac{3}{2}R$, (b) $\frac{1}{2}R$ do centro da Terra. Suponha que a Terra seja homogênea.

13.69 Calcule o módulo do campo gravitacional e o potencial produzido pelo Sol, ao longo da órbita da Terra. Compare estes valores com o campo gravitacional e o potencial produzido pela Lua sobre a Terra.

13.70 Dois corpos de massas m e $3m$ estão separados por uma distância a. Determine os pontos em que: (a) o campo gravitacional resultante é nulo; (b) as duas massas produzem campos gravitacionais que têm o mesmo módulo, direção e sentido; (c) as duas massas produzem potenciais gravitacionais idênticos.

13.71 Dois corpos de massas m e $3m$ estão separados por uma distância $13a$. Determine o campo gravitacional e o potencial, num ponto P, a uma distância $5a$ da primeira massa, sendo que as retas que ligam P às duas massas estão em ângulo reto.

13.72 Dois corpos de massas m e $2\,m$ ocupam os vértices de um triângulo equilátero de lado a. Determine o campo gravitacional e o potencial (a) no ponto médio entre eles e (b) no terceiro vértice do triângulo.

13.73 Três massas iguais ocupam os vértices de um triângulo equilátero. Faça um gráfico das superfícies equipotenciais (na realidade, o que se pede são as intersecções dessas superfícies com o plano do triângulo) e das linhas de força do campo gravitacional. Existe algum ponto em que o campo gravitacional é nulo?

13.74 Obtenha o campo gravitacional e o potencial produzidos por um anel de massa m e raio R, nos pontos do eixo perpendicular ao plano do anel e que passa por seu centro.

13.75 Com relação ao problema anterior, uma partícula é abandonada num ponto do eixo, a uma distância h do centro. (a) Qual será a velocidade da partícula ao passar pelo centro? (b) Que distância ela atingirá do outro lado? (c) O movimento resultante é periódico? Sob que condições o movimento é praticamente harmônico simples? Determine a frequência correspondente no último caso.

13.76 Duas lâminas finas, de matéria idênticas, estão separadas por uma distância a. Calcule o campo gravitacional produzido pelas lâminas nos dois lados do conjunto.

13.77 Prove que o campo gravitacional e o potencial de um filamento fino, que tem uma massa λ por unidade de comprimento, são dados por

$$\mathfrak{G} = -(2\gamma\lambda/R)\boldsymbol{u}_R$$

e $V = 2\gamma\lambda \ln R$, respectivamente, onde R é a distância do ponto ao filamento. [*Sugestão*: determine, inicialmente, em vista da simetria, qual é a direção do campo e as variáveis que o determinam. Em seguida, divida o fio em pequenos segmentos, cada um com um comprimento dx, e calcule a componente do campo devido a esse segmento, na direção do campo resultante. Uma vez obtido, por integração, o campo resultante, pode-se obter o potencial gravitacional a partir do campo, utilizando a Eq. (13.21).]

13.78 Determine a velocidade e a energia total de uma partícula que descreve uma órbita circular em torno do filamento do Prob. 13.77 e que está sob a ação de seu campo gravitacional.

13.79 Reconsidere o Ex. 13.8 para o caso em que a camada fina de matéria é substituída por uma placa de matéria de espessura D.

13.80 Suponha que uma massa m esteja a uma distância ρ de um ponto O, usado como referência (Fig. 13.36). Mostre que o potencial gravitacional em A, a uma distância R de m (R maior que ρ), pode ser expresso, em termos da distância $OA = r$ e do ângulo θ, pela série

$$V = -(\gamma m/r)\ [1 + \rho \cos \theta/r + \rho^2(3 \cos^2 \theta - 1)/2r^2 + \cdots].$$

[*Sugestão*: exprima R em termos de ρ, r e θ, pela lei dos cossenos, e calcule $1/R$ por meio da expansão binomial.]

13.81 Considere um aglomerado de massas $m_1, m_2, m_3,\ldots$ (Fig. 13.37) Mostre que o potencial gravitacional num ponto A, a uma distância grande comparada às dimensões do aglomerado, pode ser expresso por

$$V = -\gamma[M/r + P/r^2 + Q/r^3 + \cdots],$$

onde $M = \Sigma_i m_i$ é a massa total, $P = \Sigma_i \rho_i \cos \theta_i$ *é o momento de dipolo* da distribuição de massa relativamente a OA, $Q = \Sigma_i \frac{1}{2}\rho_i^2\left(3\cos^2\theta_i - 1\right)$ é o *momento de quadrupolo* da distribuição de massa e assim sucessivamente. [*Sugestão*: use os resultados do Prob. 13.80 para cada massa e adicione.] Os termos "dipolo" e "quadrupolo" serão explicados no Cap. 14 (Volume II).

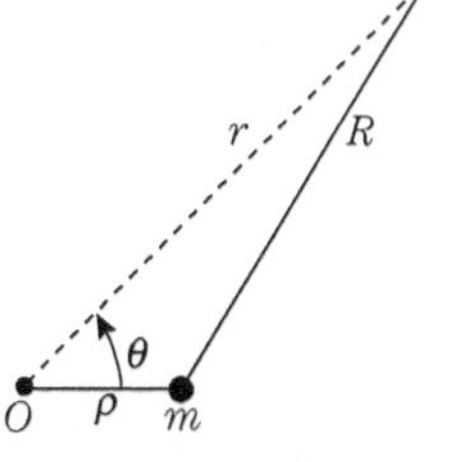

Figura 13.36

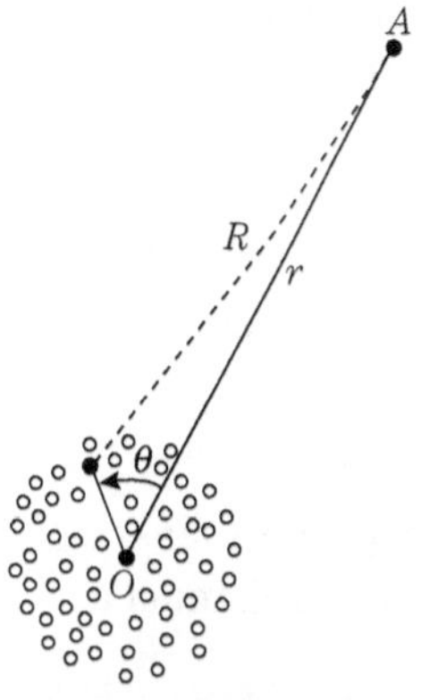

Figura 13.37

Notas suplementares: Mecânica estatística e termodinâmica

Introdução

Nestas notas suplementares, apresentamos alguns tópicos de mecânica estatística e termodinâmica que, na sequência do original em inglês, fazem parte do Volume III. O desenvolvimento original, naquele volume, é mais profundo e extenso do que é aqui apresentado. Entretanto, em virtude da sequência normalmente seguida em nosso país, é conveniente apresentar tópicos de termodinâmica e teoria cinética dos gases em forma mais elementar e num estágio anterior ao desenvolvimento do curso. Nesse sentido, foram incorporados a esta tradução os tópicos que se seguem e que foram adaptados do livro *Physics*, dos mesmos autores, publicado pela Addison-Wesley em 1970.

Julgamos que esses tópicos suplementares, associados ao que é apresentado no Cap. 9, permitirão um desenvolvimento adequado da termodinâmica e mecânica estatística, no nível em que é usualmente desenvolvido nas escolas superiores, nos ramos de engenharia e ciências exatas. Comparativamente aos cursos tradicionais, a ênfase é deslocada da termometria e calorimetria para uma descrição mais microscópica dos fenômenos ligados ao calor como forma de energia.

Giorgio Moscati
Coordenador da tradução

S.I Equilíbrio estatístico: a lei de distribuição de Maxwell-Boltzmann

Consideremos um sistema com um grande número N de partículas. Dependendo da natureza do sistema, cada uma das partículas pode estar em um estado qualquer, entre vários possíveis, de energias $E_1, E_2, E_3, \ldots$. A natureza e o número desses estados acessíveis a cada partícula depende do sistema particular em consideração, sendo irrelevantes para esta discussão; a título de ilustração, no caso de um gás, esses estados podem corresponder aos possíveis movimentos de translação, rotação e vibração das moléculas. Num determinado instante, as partículas podem estar distribuídas entre os vários estados, de forma que n_1 partículas tem energia E_1; n_2 tem energia E_2; e assim por diante. Diremos que os números $n_1, n_2, n_3, \ldots$ constituem uma *partição*. O número total de partículas é

$$N = n_1 + n_2 + n_3 + \ldots = \sum_i n_i,$$

e admitimos que permanece constante para todos os processos que ocorrem no sistema. A energia total do sistema é

$$U = n_1E_1 + n_2E_2 + n_3E_3 + \ldots = \sum_i n_iE_i.$$

Se o sistema está isolado, a energia total U deve ser constante. Entretanto, como resultado das interações mútuas e colisões, a distribuição das partículas entre os possíveis estados de energia, pode estar variando. Por exemplo, em um gás, uma molécula rápida pode colidir com uma lenta; após a colisão, a molécula rápida pode ter sua velocidade reduzida enquanto a lenta pode ter sido acelerada. Ou então, um átomo excitado pode colidir inelasticamente com outro átomo, sendo a energia de excitação transformada em energia cinética de ambos os átomos. Assim, em ambos os exemplos, as partículas, após a colisão, estão em estados diferentes. Em outras palavras, os números $n_1, n_2, n_3, \ldots$, que dão a partição (ou distribuição) de N partículas, entre os possíveis estados de energia, podem estar variando.

É razoável admitir que, para cada estado macroscópico do sistema de partículas, haja uma partição mais favorecida do que todas as outras. Em outras palavras, podemos dizer que, *dadas as condições físicas do sistema de partículas* (isto é, o número de partículas, a energia total, e a estrutura de cada partícula), *existe uma partição que é a mais provável.* Quando essa partição é alcançada, diz-se que o sistema está em *equilíbrio estatístico.*

Um sistema em equilíbrio estatístico não se afastará da partição mais provável (excetuando-se flutuações estatísticas), a não ser que seja perturbado por um agente externo. Entendemos com isso que os números $n_1, n_2, n_3, \ldots$, da partição, podem flutuar em torno dos valores correspondentes à partição mais provável, sem que efeitos macroscópicos possam ser percebidos (ou observados). Por exemplo, vamos supor que temos um gás em equilíbrio estatístico e que uma molécula de energia E_i colide com uma molécula de energia E_j; após a colisão suas energias são E_r e E_s. Podemos admitir que, num prazo curto, outro par de moléculas é removido dos estados de energia E_r e E_s e que o mesmo, ou outro, par de moléculas é levado aos estados de energia E_i e E_j, de forma que, estatisticamente, a partição não muda.

A energia média de uma partícula, num sistema em equilíbrio estatístico, tem um valor bem definido, dado por

$$E_{\text{med}} = \frac{U}{N} = \frac{n_1 E_1 + n_2 E_2 + n_3 E_3 + \ldots}{n_1 + n_2 + n_3 + \ldots}$$

Assim, um sistema em equilíbrio estatístico tem uma temperatura bem definida e está em equilíbrio térmico. Em outras palavras, equilíbrio estatístico e equilíbrio térmico podem ser usados como equivalentes.

O problema-chave da mecânica estatística é encontrar a partição mais provável (ou lei de distribuição) de um sistema isolado, dada sua composição. Uma vez encontrada a partição mais provável, o problema seguinte é o de divisar um método para deduzir, a partir dela, as propriedades macroscópicas, ou observáveis, do sistema. Para determinar a lei de distribuição de um sistema, podemos tentar várias hipóteses plausíveis, até que seja obtida uma lei de distribuição que esteja de acordo com as propriedades observadas. Uma lei de distribuição amplamente utilizada é a chamada *lei de distribuição de Maxwell-Boltzmann*, que é a base da *estatística clássica;* essa é a única que estudaremos nestas notas suplementares.

A mecânica estatística clássica foi desenvolvida na parte final do século XIX e começo do século XX, como resultado do trabalho de Ludwig Boltzmann (1844-1906), James

C. Maxwell (1831-1879), e Josiah W. Gibbs (1839-1905). A mecânica estatística clássica tem aplicações muito amplas, principalmente na discussão de muitas propriedades de gases e de processos químicos.

Não procuraremos deduzir a lei de distribuição de Maxwell-Boltzmann. Apenas nos limitaremos a apresentar os resultados principais. De acordo com a estatística de Maxwell-Boltzmann, o número de partículas correspondentes à energia E_i na distribuição mais provável (ou distribuição de equilíbrio estatístico) na temperatura T é dado por

$$n_i = A_e^{-E_i/kT} \text{ (lei de distribuição de Maxwell-Boltzmann),} \tag{S.1}$$

onde k é a constante de Boltzmann, introduzida na Seç. 9.13, e A é uma constante que depende da temperatura, do número total de partículas, e de outras propriedades das partículas do sistema. O valor de A é determinado impondo que o número total de partículas seja N.

Como a exponencial $e^{-E_i/kT}$ na Eq. (S.1) é uma função decrescente de E_i/kT, maior a razão E_i/kT, menor será o número de ocupação n_i. Assim, numa dada temperatura, quanto maior for a energia E_i, tanto menor será o valor de n_i. Em outras palavras, quanto maior a energia do estado, menor será o número de partículas nesse estado. Em temperaturas muito baixas, apenas os níveis de mais baixa energia são ocupados, como mostra a Fig. S.1; em temperaturas mais elevadas (que correspondem a valores menores de E_i/kT para uma dada energia), a população relativa dos níveis mais altos aumenta (como mostra novamente a Fig. S.1) em virtude da transferência de partículas de níveis mais baixos a níveis mais altos. Na temperatura do zero absoluto, apenas o nível fundamental ou nível de energia mais baixa está ocupado. Note que a razão dos números de ocupação de dois níveis de energia E_i e E_j é

$$\frac{n_j}{n_i} = \frac{Ae^{-E_j/kT}}{Ae^{-E_i/kT}} = e^{-(E_j - E_i)/kT} = e^{-\Delta E/kT}, \tag{S.2}$$

onde $\Delta E = E_j - E_i$ é a diferença de energia entre os dois níveis de energia. Assim, n_i e n_j somente serão comparáveis se ΔE for muito menor do que kT.

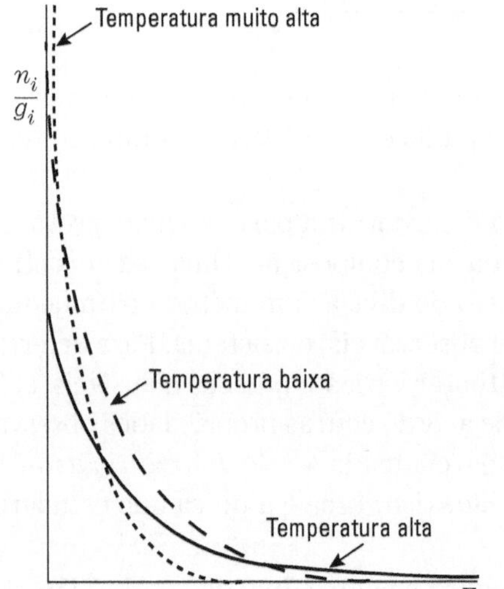

Figura S.1 Distribuição de Maxwell-Boltzmann em três temperaturas diferentes.

■ **Exemplo S.1** Dadas as temperaturas de 100 K, 300 K (temperatura ambiente), e 1.000 K, determine para cada temperatura a razão entre os números de ocupação para dois níveis correspondentes a ΔE igual a: (a) 10^{-4} eV, que é um valor equivalente ao espaçamento típico entre níveis rotacionais de moléculas, (b) 5×10^{-2} eV, que corresponde a níveis vibracionais de moléculas, e (c) 3,00 eV que é da ordem da energia de excitação eletrônica de átomos e moléculas.

Solução: Do valor de k, temos que

$$kT = 8{,}6178 \times 10^{-5}\, T \text{ eV}.$$

Então

$$\frac{\Delta E}{kT} = 1{,}1603 \times 10^{4} \frac{\Delta E}{T},$$

onde ΔE é expresso em elétron-volt. Assim, para os valores indicados de ΔE, os valores de n_j/n_i, nas três temperaturas, são dados na tabela a seguir.

ΔE, eV	100 K	300 K	1.000 K
10^{-4}	0,9885	0,9962	0,9988
5×10^{-2}	3×10^{-3}	$1{,}45 \times 10^{-1}$	$5{,}60 \times 10^{-1}$
3,00	3×10^{-164}	8×10^{-49}	8×10^{-16}

Pela tabela, vemos que, para $\Delta E = 10^4$ eV, os dois níveis estão, praticamente, populados de modo igual em todas as temperaturas consideradas; isso significa que, à temperatura ambiente, as moléculas estão, com boa aproximação, igualmente distribuídas entre os níveis rotacionais. Para $\Delta E = 5 \times 10^{-2}$ eV, a população do nível superior já é apreciável à temperatura ambiente, o que significa que muitas moléculas estão em um estado vibracional excitado a essa temperatura. Entretanto, para $\Delta E = 3$ eV, a razão n_j/n_i é tão pequena que é plausível considerar o nível excitado como essencialmente vazio em todas as temperaturas consideradas. Assim, átomos e moléculas estão, em geral, em seus estados eletrônicos fundamentais, à temperatura ambiente. Apenas em temperaturas extremamente altas, como as existentes em estrelas muito quentes, são encontrados átomos e moléculas, em estados eletrônicos excitados, em quantidades não desprezíveis. No laboratório, excitações eletrônicas são produzidas, pela colisão inelástica de elétrons rápidos, em descargas elétricas.

S.II Distribuição de energia e velocidade das moléculas de um gás

Uma das aplicações mais interessantes e importantes da lei de distribuição de Maxwell-Boltzmann é a determinação das energias e velocidades moleculares num gás. Podemos imaginar um gás como um sistema de moléculas que se movem em todas as direções com velocidades diferentes. As moléculas podem ser consideradas como livres, com exceção de quando colidem entre si ou com as paredes do recipiente. Em cada colisão, energia e momento são trocados. Quando o equilíbrio é alcançado, há uma distribuição bem definida de energias e velocidades.

Num gás, todas as energias (e velocidades) são possíveis. Em vez de falarmos de quantas moléculas tem uma determinada energia, estamos mais interessados no número dn de moléculas num pequeno intervalo de energia entre E e $E + dE$. A partir da lei de distribuição de Maxwell-Boltzmann, é possível mostrar que o número de moléculas, por unidade de intervalo de energia (isto é, dn/dE), é dado pela expressão

$$\frac{dn}{dE} = \frac{2\pi N}{(\pi kT)^{3/2}} E^{1/2} e^{-E/kT}. \tag{S.3}$$

Essa fórmula para a distribuição das energias das moléculas num gás ideal foi originalmente deduzida por James C. Maxwell por volta de 1857. Um gráfico da Eq. (S.3) para duas temperaturas diferentes está representado na Fig. S.2.

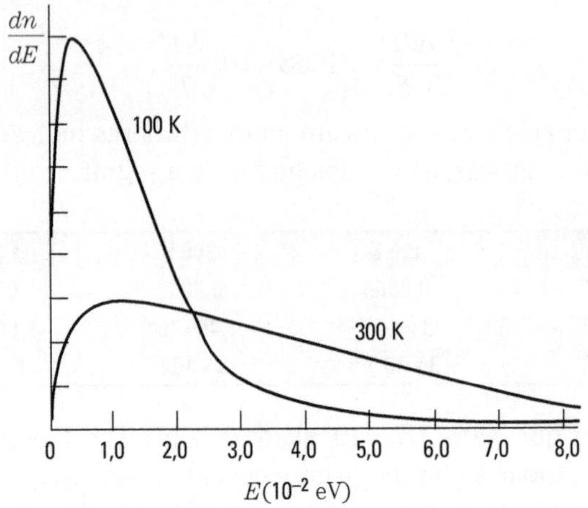

Figura S.2 Distribuição da energia molecular em duas temperaturas (100 K e 300 K). Note que, pela Eq. (S.3), a distribuição da energia é independente da massa molecular.

Às vezes, necessitamos da distribuição de velocidades, em vez da distribuição de energias. Notando que

$$E = \tfrac{1}{2} mv^2$$

e, assim,

$$\frac{dE}{dv} = mv,$$

obtemos

$$\frac{dn}{dv} = \frac{dn}{dE}\frac{dE}{dv} = mv\frac{dn}{dE}.$$

Fazendo a substituição $E = \frac{1}{2} mv^2$ na Eq. (S.3), obtemos

$$\frac{dn}{dv} = 4\pi N \left(\frac{m}{2\pi kT} \right)^{3/2} v^2 \, e^{-mv^2/2kT}, \tag{S.4}$$

que é a fórmula de Maxwell para a distribuição das velocidades das moléculas de um gás. Ela dá o número dn de moléculas que se movem com velocidade entre v e $v + dv$, independentemente da direção do movimento. Na Fig. S.3, está representada a distribuição das velocidades no oxigênio em duas temperaturas diferentes.

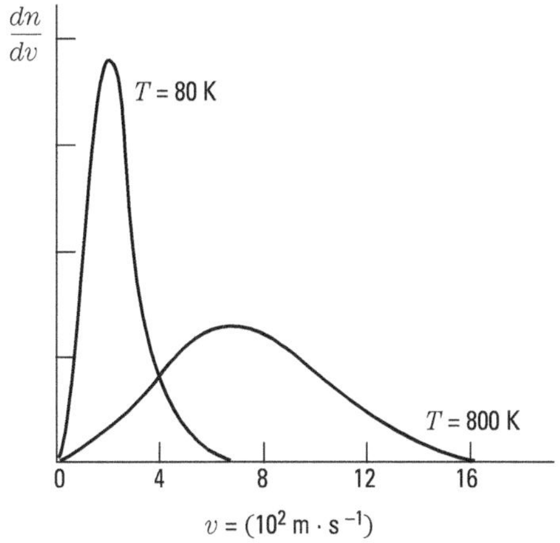

Figura S.3 Distribuição da velocidade molecular em duas temperaturas (80 K e 800 K). Note que, pela Eq. (S.4), a distribuição da velocidade depende da massa molecular.

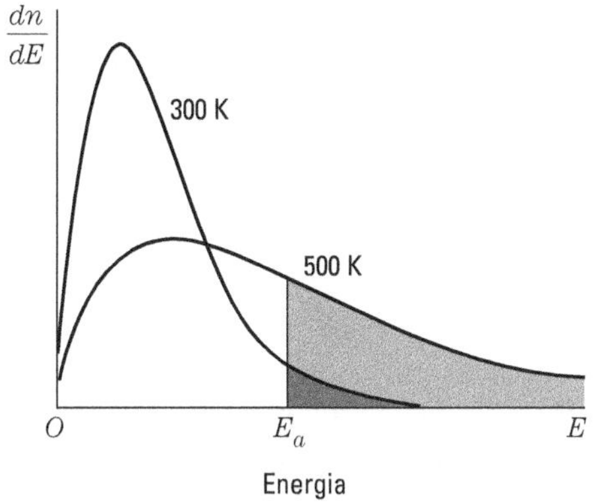

Figura S.4 Número de moléculas com energia maior do que E_a, em duas temperaturas diferentes. O número, em cada caso, é indicado pela área hachurada.

Note que, enquanto a lei da distribuição das energias é a mesma para qualquer gás a uma mesma temperatura, como mostra a Eq. (S.3), a distribuição das velocidades é diferente para cada gás, em razão do parâmetro m referente à massa molecular, na Eq. (S.4).

Bases Experimentais da Lei de Distribuição de Maxwell-Boltzmann. Um teste crucial da aplicabilidade da estatística de Maxwell-Boltzmann a gases ideais, consiste em verificar se as distribuições de energia e velocidade ilustradas nas Figs. S.2 e S.3 ocorrem de fato. Uma maneira indireta de verificar isso consiste em analisar como varia a velocidade com que se processam as reações químicas, quando varia a temperatura. Considere uma reação particular que só se realiza se as partículas que colidem têm energias iguais ou maiores do que E_a. O número de moléculas nessas condições, em duas temperaturas diferentes, é dado pelas áreas hachuradas sob as curvas de baixa e alta temperatura da Fig. S.4. Notamos que há mais moléculas disponíveis na temperatura alta do que na baixa. Com cálculos apropriados, podemos prever o efeito dessas moléculas adicionais na velocidade da reação podendo as predições teóricas ser comparadas com os resultados experimentais. Os resultados experimentais estão em excelente acordo com a Eq. (S.3), o que confirma a aplicabilidade da estatística de Maxwell-Boltzmann a gases.

Uma verificação mais direta consistiria em "contar" o número de moléculas em cada intervalo de velocidade ou energia. Vários arranjos experimentais foram utilizados com essa finalidade. Um método, usando um seletor de velocidade mecânico, é ilustrado na Fig. S.5. Os dois discos com fendas, D e D', giram com uma velocidade angular ω e suas fendas estão deslocadas de um ângulo θ. Quando moléculas de gás escapam de um forno a uma dada temperatura, elas só passarão através das duas fendas e atingirão o detector se sua velocidade for

$$v = s\omega/\theta.$$

Quando ω ou θ é mudado, a velocidade das moléculas que atingem o detector também é mudada. Se várias observações são efetuadas, para diferentes valores de v, obtém-se a distribuição da energia e da velocidade. Os resultados experimentais confirmam as predições da estatística de Maxwell-Boltzmann, expressas pelas Eqs. (S.3) e (S.4).

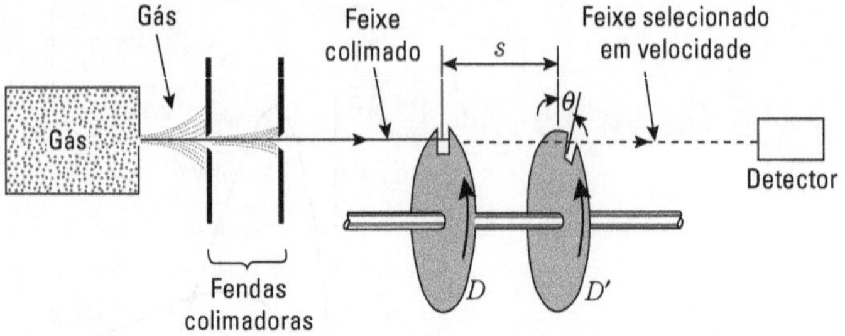

Figura S.5 Seletor de velocidade molecular.

S.III Calor específico

O calor específico de uma substância é definido como a quantidade de calor absorvida por um mol* da substância por unidade de variação de temperatura. Assim, se N moles absorvem um calor dQ, quando a temperatura aumenta de dT, o calor específico é

$$C = \frac{1}{N}\frac{dQ}{dT}. \tag{S.5}$$

Calor específico é expresso em $J \cdot K^{-1} \cdot mol^{-1}$ no sistema de unidades MKSC. É também comum o uso da unidade $cal \cdot K^{-1} \cdot mol^{-1}$. No Brasil, a unidade legal é o joule por quilograma e por kelvin ($J \cdot K^{-1} \cdot kg^{-1}$); nesse caso, referimo-nos ao calor de massa.

Como o calor absorvido depende do processo, há um calor específico associado a cada processo. Os dois mais largamente usados são o *calor específico a pressão constante* (C_p) e o *calor específico a volume constante* (C_v), que podemos expressar como

$$C_p = \frac{1}{N}\left(\frac{dQ}{dT}\right)_{p=\text{const}}, \qquad C_V = \frac{1}{N}\left(\frac{dQ}{dT}\right)_{V=\text{const}} \tag{S.6}$$

O calor específico médio da água, à pressão atmosférica constante, é 18,00 $cal \cdot K^{-1} \cdot mol^{-1}$. Historicamente, a caloria foi definida como o calor necessário para elevar a temperatura de um grama de água (ou seja, $\frac{1}{18}$ mol) de 1 K à pressão constante.

A Tab. S.1 dá o calor específico a pressão constante para diversos sólidos e líquidos. A Tab. S.2 dá o calor específico a pressão constante e a volume constante para vários gases. Note que, em todos os casos, C_p é maior do que C_v. Isso ocorre, porque, a volume constante, todo o calor absorvido é armazenado sob a forma de energia interna enquanto que, a pressão constante, devemos fornecer uma quantidade adicional de calor para levar em conta o trabalho realizado. A razão

$$\gamma = \frac{C_p}{C_V} \tag{S.7}$$

também é dada na Tab. S.2; essa razão aparece em muitos cálculos. Por exemplo, pode-se mostrar que, quando um gás ideal sofre uma transformação adiabática**, a pressão e o volume estão relacionados pela expressão

$$pV^{\gamma} = \text{const}. \tag{S.8}$$

* O conceito de mol foi introduzido no Prob. 2.8.

** Transformação adiabática é aquela em que não há troca de calor.

Tabela S.1 Calores específicos de vários líquidos e sólidos (cal · K^{-1} · mol^{-1})

Líquidos		Sólidos	
		Metais	
Água, H_2O	18,00	Alumínio	5,664
Mercúrio	6,660	Cobre	5,784
Álcool metílico, CH_4O	17,45	Ouro	5,916
Éter etílico, $(C_2H_5)_2O$	39,21	Prata	6,009
Toluol, C_6H_8	29,13	*Outros sólidos*	
Tetracloreto de carbono, $CC1_4$	30,92	Gelo (−20 °C)	8,370
		Sulfato de zinco, ZnS	11,20
		Quartzo, SiO_2	10,45

Quando o calor específico pode ser considerado como constante num certo intervalo de temperatura, o calor recebido ou cedido quando a temperatura varia de T_1 a T_2 é, de acordo com a definição (S.5),

$$Q = \text{N}C(T_2 - T_1). \tag{S.9}$$

Tabela S.2 Calores específicos, à pressão constante e a volume constante, para alguns gases

Gás	C_p(cal · K^{-1} · mol^{-1})	C_V(cal · K^{-1} · mol^{-1})	γ
Monoatômicos			
He	5,004	3,014	1,660
Ar	4,990	2,993	1,667
Ne	4,966	3,024	1,642
Hg	4,983	2,991	1,666
Diatômicos			
H_2	6,887	4,891	1,408
N_2	6,899	4.924	1,401
O_2	7,079	5.056	1,400
CO	6.919	5.335	1,297
NO	6,962	4.944	1,394
Triatômico			
CO_2	9,333	7,179	1,300
H_2O	7,946	5,956	1,334
N_2O	9,379	7,084	1,324
CS_2	12,19	9,838	1,239
Poliatômicos			
Álcool metílico, CH_4O	13,30	10,59	1,256
Éter etílico, $(C_2H_5)_2O$	31,72	30,98	1,024
Clorofórmio, $CHC1_3$	17,20	15,49	1,110

Calor específico de um gás monoatômico ideal. A energia cinética média de uma molécula de um gás foi dada pela Eq. (9.59). Para N moléculas de um gás monoatômico ideal, a energia interna será $U = \frac{3}{2}kNT$; esse resultado costuma ser expresso na forma $U = \frac{3}{2}\text{N}RT$, onde $R = kN_A$ é a constante dos gases (que vale 8,3143 J · K^{-1} · mol^{-1}) e N_A é o número de Avogadro, que é igual a 6,02 × 10^{23} moléculas. Assim, N é o número de moles no gás. Quando a temperatura varia de T a $T + dT$, a variação da energia interna é

$$dU = \tfrac{3}{2}\text{N}RdT.$$

Se o processo é a volume constante, de forma que não há realização de trabalho, $U - U_0 = Q$ [ver Eq. (9,53)] implica que

$$(dQ)_{V = \text{const}} = dU = \tfrac{3}{2}\text{N}R\,dT.$$

Assim, a Eq. (S.6) nos dá

$$C_V = \tfrac{3}{2}R = 2{,}9807 \text{ cal} \cdot \text{K}^{-1} \cdot \text{mol}^{-1},$$

de forma que podemos escrever $U = \text{N}C_vT$

Se a variação de temperatura ocorre a pressão constante, o trabalho realizado pelo gás, de acordo com a Eq. (9.49), vale

$$W = \int_{V_0}^{V} p\,dV = p\int_{V_0}^{V} dV = p(V - V_0).$$

Lembrando que, pela Eq. (9.62), $pV = kNT$, obtemos

$$V - V_0 = \frac{kN}{p}(T - T_0).$$

Substituindo na expressão de W, temos

$$W = kN(T - T_0) = \text{N}R(T - T_0)$$

e, assim,

$$dW = \text{N}RdT$$

O calor absorvido, usando a Eq. (9.52), é

$$(dQ)_{p = \text{const},} = dU + dW = \tfrac{5}{2}\text{N}R\,dT.$$

Substituindo na Eq. (S.6), obtemos

$$C_p = \tfrac{5}{2}R = 4{,}9678 \text{ cal} \cdot \text{K}^{-1} \cdot \text{mol}^{-1}.$$

Dos dois resultados precedentes, concluímos que

$$\gamma = \frac{C_p}{C_V} = \frac{5}{3} = 1{,}67 \qquad \text{e} \qquad C_p - C_V = R.$$

Comparando com os valores dados na Tab. S.2 para y, verificamos que há uma concordância razoável para gases monoatômicos. Os cálculos não se aplicam para gases poliatômicos, pois, nesse caso, devem ser levadas em consideração as energias rotacionais e vibracionais. Nos gases reais, deve ser levada em consideração, ainda, a energia potencial interna.

Transformação adiabática em um gás ideal [Eq. (S.8)]. Quando um sistema sofre uma transformação adiabática, vale equação $U - U_0 = -W$. Se a Transformação é infinitesimal, devemos escrever

$$dU = -dW.$$

Quando o trabalho é devido a uma variação de volume, $dW = pdv$, e então, $dU = -pdV$. No caso de um gás ideal, $U = \frac{3}{2}NRT = NC_V T$. Portanto $dU = \text{N}C_V dT$ e a equação anterior fica

$$\text{N}C_V dT + pdV = 0,$$

Da equação de estado de um gás ideal, $pV = \text{N}RT$, obtemos

$$pdV + Vdp = \text{N}RdT.$$

Combinando as duas últimas equações para eliminar dT, podemos escrever

$$C_V Vdp + (C_V + R)pdV = 0,$$

ou, lembrando que $C_p - C_v = R$,

$$C_V Vdp + C_p pdV = 0,$$

e, usando a definição

$$\gamma = C_p/C_V,$$

obtemos a expressão

$$\frac{dp}{p} + \gamma \frac{dV}{V} = 0.$$

Integrando,

$$\int \frac{dp}{p} + \gamma \int \frac{dV}{V} = \text{const.} \qquad \text{ou} \qquad \ln p + \gamma \ln V = \text{const.},$$

que é equivalente a $pV^\gamma = \text{const.}$ Essa é a expressão (S.8),que nos dá a relação entre a pressão e o volume em uma transformação adiabática de um gás.

■ **Exemplo S.2** *Trabalho realizado por um gás ideal durante uma transformação adiabática.* Usando a Eq. (S.8), temos que $p = cV^{-y}$ e

$$W = \int_{V_1}^{V_2} p\ dV = c \int_{V_1}^{V_2} V^{-\gamma} dV = \frac{cV_2^{1-\gamma} - cV_1^{1-\gamma}}{1-\gamma},$$

ou, como $p_2 = cV_2^{-\gamma}$ e $p_1 = cV_1^{-\gamma}$,

$$W = \frac{p_1 V_1 = p_2 V_2}{\gamma - 1} = \frac{NR(T_1 - T_2)}{\gamma - 1}. \tag{S.10}$$

S.IV Processos reversíveis e irreversíveis

É muito importante, tanto do ponto de vista teórico como do prático, distinguir dois tipos de processos que podem ocorrer em sistemas compostos por muitas partículas.

Quando um processo ou transformação se realiza muito lentamente (procedendo sempre por passos infinitesimais, de forma que, em cada instante, o sistema está num estado que difere muito pouco de um estado de equilíbrio), podemos admitir que, em cada instante, o sistema está em equilíbrio estatístico. Um processo desse tipo é chamado *reversível*.

Podemos usar a expansão de um gás para ilustrar um processo reversível. Suponha que o pistão na Fig. S.6 é mantido em posição por um grande número de pequenos pesos como mostra a Fig. S.6(a). No equilíbrio, a pressão do gás comprimido é igual à pressão devida aos pesos mais a pressão atmosférica. Se removemos um dos pesos, fazendo-o deslizar para uma plataforma ao lado, a pressão externa é ligeiramente reduzida e o equilíbrio do gás é ligeiramente perturbado. O gás sofre então uma pequena expansão e o equilíbrio é (rapidamente) restaurado. Quando o processo é repetido um grande número de vezes, o gás acaba por expandir-se até o volume indicado em (b) e os pesos, que estavam inicialmente sobre o pistão, ficam armazenados, como indicado. Como o processo realizou-se muito lentamente, podemos admitir que o gás permaneceu continuamente em equilíbrio estatístico e que a expansão foi reversível. Para levar de volta o gás ao estado inicial, tudo o que devemos fazer é colocar de volta, na ordem inversa, os mesmos pesos que retiramos. No fim, tendo completado um ciclo, o gás encontra-se em seu estado inicial, e nenhuma alteração foi produzida no ambiente. Em outras palavras,

> *num ciclo composto inteiramente por transformações reversíveis, nenhuma mudança observável é produzida, quer no sistema quer no ambiente.*

Por outro lado, um processo *irreversível* ocorre quando o sistema se afasta consideravelmente do estado de equilíbrio. Durante o processo, grandezas como pressão e temperatura ficam indefinidas para o sistema. No final do processo, o sistema atingirá uma configuração de equilíbrio em um novo estado, caracterizado por uma determinada pressão e temperatura.

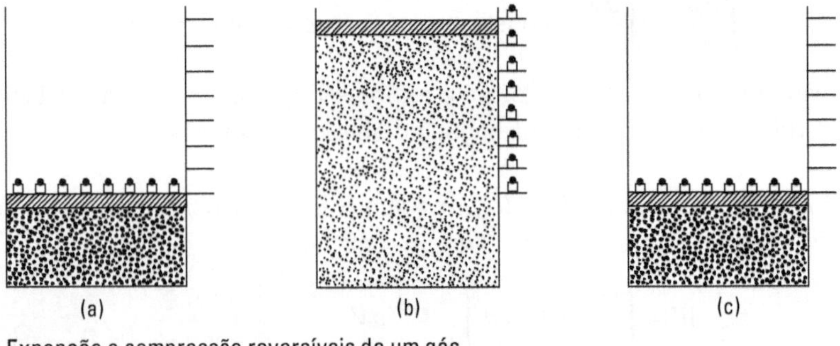

Figura S.6 Expansão e compressão reversíveis de um gás.

Em geral, processos irreversíveis ocorrem rapidamente. Podemos novamente usar a expansão de um gás para ilustrar um processo irreversível. Na Fig. S.7(a), o gás está nas mesmas condições que o da Fig. S.6(a), mas todos os pesos foram reunidos em um só, chamado de A. Note que há também um peso B no nível superior. Se o peso A é removido *de repente*, a pressão externa é bruscamente reduzida e o gás expande-se rapidamente, com uma grande turbulência em seus movimentos moleculares, isto é, o processo é irreversível. Durante o processo, as velocidades moleculares não seguem a lei de distribuição de Maxwell-Boltzmann. Finalmente, o pistão parará em certa posição e o equilíbrio estará restaurado, com uma pressão e uma temperatura bem definidos, como mostra a Fig. S.7(b). Para trazer de volta o gás ao seu estado inicial, podemos deslocar o peso B para o topo do pistão, o qual se deslocará para baixo num processo que poderá repetir ou não, em sentido inverso, o processo anterior. No final, quando o equilíbrio é novamente atingido, o gás está de novo no seu estado inicial, como mostra a Fig. S.7(c); o gás completou um ciclo. Entretanto uma mudança bem definida ocorreu no ambiente, pois verificamos que o peso B, que estava inicialmente em cima, encontra-se agora embaixo. Assim,

> *num ciclo composto parcial ou totalmente por transformações irreversíveis, o sistema volta ao seu estado inicial, mas uma mudança permanente é produzida no ambiente.*

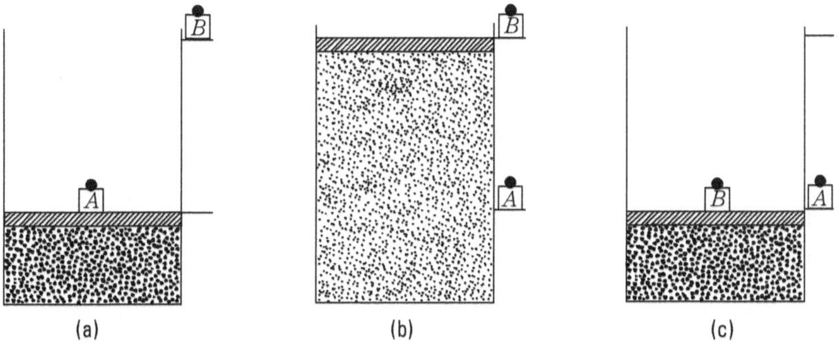

Figura S.7 Expansão e compressão irreversíveis de um gás.

Torna-se evidente que uma transformação reversível pode ser representada por uma linha num diagrama p–V, ligando os estados inicial e final S e S', mas uma transformação irreversível não pode ser representada de tal forma.

Um aspecto interessante, facilmente reconhecível pelos raciocínios apresentados aqui, é que um sistema realiza mais trabalho quando o processo é reversível do que quando é irreversível. Por essa razão os engenheiros desenham máquinas térmicas de forma que seus ciclos de funcionamento sejam tão reversíveis quanto possível.

S.V Entropia

Na Seç. S.I, mostramos que, para um sistema composto por um grande número de partículas, podemos atribuir certa probabilidade P a cada partição n_1, n_2, n_3,... das partículas entre os estados de energia acessíveis. O cálculo da probabilidade P está, entretanto, além das finalidades deste texto. (Além disso, o valor preciso de P é irrelevante para a presente finalidade.)

A partição de equilíbrio de sistema, que depende das propriedades dos componentes do sistema, corresponde à distribuição mais provável das moléculas do sistema, entre os diferentes estados de energia acessíveis. Em tais condições, P é um máximo. Se o sistema, embora isolado, não está em equilíbrio, podemos admitir que está em uma partição (ou distribuição) de menor probabilidade do que a máxima, ou seja, a de equilíbrio. Com o tempo, evoluirá, devido às interações entre seus componentes ou moléculas, até atingir a partição de probabilidade máxima. Quando isso ocorrer, o sistema terá alcançado o equilíbrio estatístico e nenhum aumento no valor de P é esperado, a não ser que o sistema seja perturbado por uma ação externa.

O importante conceito de *entropia*, foi inventado para descrever essa tendência natural ao equilíbrio estatístico, pela evolução do sistema, no sentido de alcançar a partição de máxima probabilidade. Entropia, S, é definida como sendo

$$S = k \ln P, \tag{S.11}$$

onde a constante de Boltzmann, k, é introduzida por ser conveniente para se escrever certas expressões que não consideraremos aqui. Assim,

a entropia de um sistema é uma grandeza proporcional ao logaritmo da probabilidade da partição que corresponde ao estado do sistema.

Essa definição de entropia aplica-se a qualquer partição ou estado, quer seja de equilíbrio ou não. Essa definição implica também que a entropia de um sistema seja uma propriedade do estado do sistema; portanto

a variação da entropia de um sistema, quando vai de um estado para outro, é independente do processo seguido,

pois é determinada pelas probabilidades das partições inicial e final. Por exemplo, a entropia de um sistema no estado A tem um valor bem definido S_A e, da mesma forma, seu valor no estado B é S_B. A variação da entropia, quando o sistema passa do estado A ao estado B, é $S_B - S_A$, independentemente do processo seguido. Assim,

se um sistema realiza um ciclo, a variação da entropia é zero, pois os estados inicial e final são idênticos.

Para estados de equilíbrio, a entropia pode ser expressa como uma função das variáveis macroscópicas que definem o sistema. Como ilustração, pode-se mostrar que a entropia de um gás ideal, em equilíbrio, à pressão p e à temperatura T, é dado por

$$S = kN \ln \frac{T^{5/2}}{p} + S_0, \tag{S.12}$$

onde S_0 é uma constante.

Uma transformação de um sistema, isolado ou não, em que a entropia do sistema não varia, é chamada de transformação *isoentrópica*.

S.VI Relações entre calor e entropia

Apesar de a definição de entropia, dada pela Eq. (S.11),

$$S = k \ln P,$$

não sugerir, de forma óbvia, uma relação com outras grandezas como trabalho, calor e energia, tal relação existe de fato. Pode-se mostrar que, durante um processo reversível, a variação da entropia, o calor absorvido e a temperatura absoluta do sistema estão relacionados pela relação

$$dS = \frac{dQ}{T} \quad \text{(apenas para processos reversíveis).} \tag{S.13}$$

Essa é uma relação muito importante. De fato, historicamente, a entropia foi, no início, definida por tal relação. A relação (S.13) indica que a entropia é expressa em $J \cdot K^{-1}$ ou $cal \cdot K^{-1}$, o que estava implícito na definição (S.11) tendo em vista as unidades de k.

Quando um sistema passa de um estado 1 a um estado 2 por meio de uma transformação reversível, a variação da entropia é

$$S_2 - S_1 = \int_1^2 \frac{dQ}{T}. \tag{S.14}$$

Como a variação $S_2 - S_1$ depende apenas dos estados inicial e final, mas não do processo, a integral da direita é independente da transformação reversível seguida quando o sistema vai do estado 1 ao estado 2. A variação $S_2 - S_1$ é positiva se o calor é absorvido, e negativa se cedido, pois T é positivo. Para uma transformação adiabática reversível, $dQ_a = 0$ e a Eq. (S.14) nos dá

$$S_2 - S_1 = 0 \text{ ou } S = \text{const.} \tag{S.15}$$

Assim, transformações adiabáticas reversíveis se dão sem variação da entropia, sendo, por essa razão, também isoentrópicas. Note, entretanto, que uma transformação adiabática irreversível não é necessariamente isoentrópica.

A partir da Eq. (S.13), obtemos (Fig. S.8)

$$Q = \int_1^2 T\,dS = \text{área sob } A_1A_2, \tag{S.16}$$

que nos dá o calor absorvido para ir de um estado 1 a um estado 2 por uma transformação reversível; essa integral depende da transformação particular. De fato, a transformação reversível pode ser representada por uma linha num diagrama em que as ordenadas correspondem à temperatura T e as abscissas à entropia S, como na Fig. S.8. Então Q é a área sob a curva desde S_1 até S_2. Se a transformação é um ciclo tal como $A(1)B(2)A$ (Fig. S.9), temos que a variação de entropia é zero,

$$\Delta S_{\text{ciclo}} = 0, \tag{S.17}$$

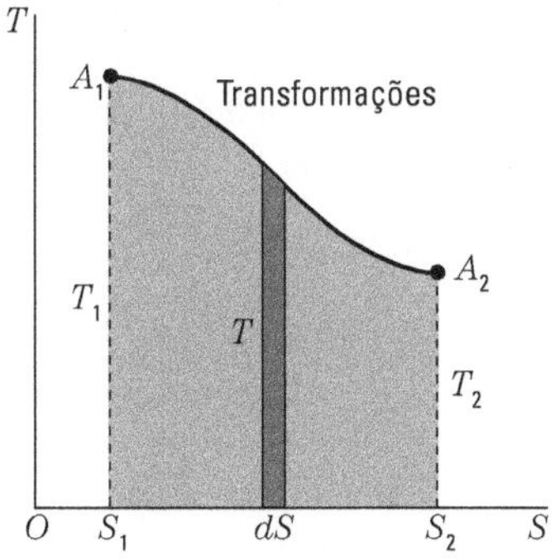

Figura S.8 Diagrama de um processo reversível no plano T–S. O calor absorvido durante o processo é dado pela área sombreada.

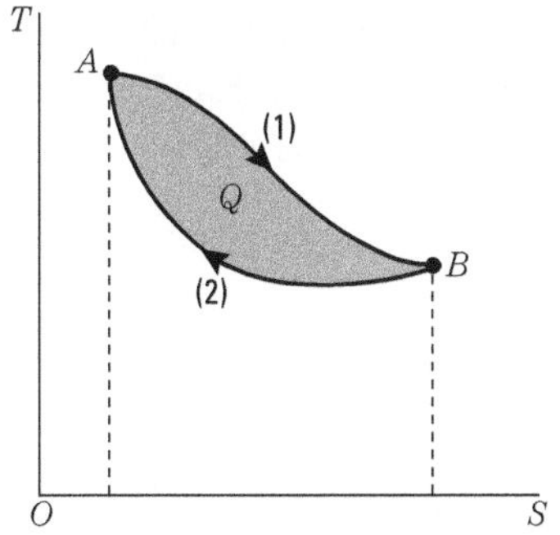

Figura S.9 Ciclo. O calor absorvido pelo sistema ao descrever o ciclo no sentido horário é igual à área envolvida pelo ciclo no diagrama T–S.

pois voltamos ao estado inicial, enquanto o calor absorvido pelo sistema em um ciclo, pela Eq. (S.16), é

$$Q = \oint TdS \qquad \text{(S.18)}$$

= área interna ao ciclo no diagrama (T, S)

= trabalho realizado pelo sistema durante o ciclo.

Essa relação é de grande importância para cálculos termodinâmicos. Você deve perceber que a entropia é uma variável que pode ser usada para descrever um processo, da mesma forma que a pressão, o volume ou a temperatura.

■ **Exemplo S.3** *Variação da entropia durante um processo isotérmico reversível.* No caso de uma transformação isotérmica reversível, T é constante e a Eq. (S.14) torna-se

$$S_2 - S_1 = \frac{1}{T}\int_1^2 dQ = \frac{Q}{T},$$

ou

$$Q = T(S_2 - S_1) \text{ (apenas para processos isotérmicos).} \qquad \text{(S.19)}$$

Por exemplo, o gelo se funde a TPN (0 °C ou 273,1 K). Durante o processo, o gelo absorve 1.435 calorias por mol. Assim, a variação na entropia de um mol de água, ao se fundir, é

$$S_2 - S_1 = \frac{1\,435\ \text{cal}\cdot\text{mol}^{-1}}{273{,}1\ \text{K}} = 5{,}26\ \text{cal}\cdot\text{mol}^{-1}.$$

■ **Exemplo S.4** *Eficiência de uma máquina térmica operando em um ciclo de Carnot.* Um *ciclo de Carnot* é composto por duas transformações isotérmicas e duas transformações adiabáticas reversíveis. Independentemente da substância que sofre a transformação, é representado pelo retângulo *ABCD* da Fig. S.10, onde *AB* e *CD* são as transformações isotérmicas e *BC* e *DA* são as transformações adiabáticas ou isoentrópicas. O ciclo é percorrido no sentido horário, como indicam as flechas. Designemos as temperaturas dos dois processos isotérmicos por T_1 e T_2, sendo T_1 maior do que T_2. Durante o processo isotérmico *AB*, na temperatura superior T_1, a entropia aumenta e o sistema absorve uma quantidade de calor Q_1; durante o processo isotérmico *CD* na temperatura inferior T_2, a entropia decresce e uma quantidade de calor Q_2 é cedida. Durante as duas transformações adiabáticas a entropia permanece constante e não há troca de calor com o meio. As variações de entropia durante cada transformação, de acordo com as Eqs. (S.19) e (S.15), são

$\Delta S_{AB} = Q_1/T_1$, isoterma, calor absorvido,

$\Delta S_{BC} = 0$, adiabática,

$\Delta S_{CD} = -Q_2T_2$, isoterma, calor cedido,

$\Delta S_{DA} = 0$, adiabática.

A variação líquida da entropia no ciclo é nula, e

$$\Delta S_{\text{ciclo}} = \frac{Q_1}{T_1} - \frac{Q_2}{T_2} = 0.$$

ou

$$\frac{Q_1}{T_1} = \frac{Q_2}{T_2}. \qquad \text{(S.20)}$$

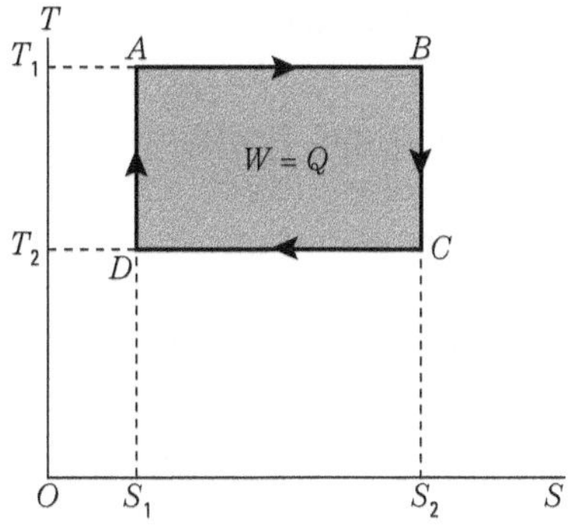

Figura S.10 Ciclo de Carnot no diagrama *T–S*. *AB* e *CD* são isotermas *BC* e *DA* são adiabáticas.

Essa expressão nos dá a razão entre os calores absorvido e cedido e as temperaturas correspondentes. A Eq. (S.20) vale para qualquer substância que executa um ciclo de Carnot, quer a substância seja um gás ideal ou não, pois não foi feita nenhuma hipótese quanto à estrutura interna da substância. No caso de um gás, o ciclo é completado por uma série de expansões e compressões.

A quantidade líquida de calor absorvida pelo sistema durante o ciclo é

$$Q = Q_1 - Q_2.$$

Essa quantidade de calor é igual ao trabalho realizado pelo sistema durante o ciclo. De acordo com a Eq. (S.18), podemos escrever

$$W = Q = \text{área do retângulo } ABCD = (T_1 - T_2)(S_2 - S_1).$$

Por outro lado, de acordo com a Eq. (S.19),

$$Q_1 = T_1 \Delta S_{AB} = T_1 (S_2 - S_1).$$

Portanto a eficiência de uma máquina térmica que opera seguindo um ciclo de Carnot (definida como sendo a razão entre o trabalho realizado e o calor absorvido à temperatura superior, por ciclo) é

$$E = \frac{W}{Q_1} = \frac{(T_1 - T_2)(S_2 - S_1)}{T_1(S_2 - S_1)} = \frac{T_1 - T_2}{T_1}. \qquad \text{(S.21)}$$

Vemos assim que

> *a eficiência de uma máquina térmica que opera seguindo um ciclo de Carnot é independente da substância utilizada e depende apenas das duas temperaturas de operação.*

Esse resultado é geralmente conhecido como *teorema de Carnot*. Além de sua importância no projeto de máquinas térmicas, o teorema de Carnot mostra que uma máquina térmica reversível pode ser utilizada como um termômetro. Com essa finalidade, deve-se operar a máquina térmica entre uma temperatura padrão e a temperatura que se deseja determinar. A temperatura incógnita é determinada medindo a eficiência da máquina e aplicando a Eq. (S.21).

S.VII Tendência ao equilíbrio: a segunda lei da termodinâmica

Tendo em mente nossa definição de S e lembrando que o estado de equilíbrio estatístico corresponde à partição mais provável, podemos concluir que a entropia de um sistema isolado, em equilíbrio estatístico, tem o valor máximo compatível com as condições físicas do sistema. Assim, os únicos processos que podem ocorrer em um sistema isolado, depois de atingir o equilíbrio estatístico, são aqueles para os quais a entropia não varia. Por outro lado, se um sistema isolado não estiver em equilíbrio, evoluirá naturalmente no sentido de aumentar a entropia pois esses são os processos que levam o sistema em direção ao estado de probabilidade máxima ou equilíbrio estatístico. Nessas condições, os processos que têm maior probabilidade de ocorrer em um sistema isolado são aqueles para os quais

$$\Delta S \geq 0; \tag{S.22}$$

a desigualdade vale quando o sistema isolado não está, inicialmente, em equilíbrio. Podemos assim enunciar a *segunda lei da termodinâmica:*

> *os processos mais prováveis que podem ocorrer em um sistema isolado são aqueles em que a entropia ou aumenta ou permanece constante.*

Tal afirmação deve ser interpretada num sentido estatístico, pois, num caso particular, em virtude das flutuações na distribuição molecular, a entropia de um sistema isolado pode decrescer, mas quanto maior o decréscimo, mais improvável sua ocorrência. A variação da entropia durante a evolução do sistema em direção ao equilíbrio pode assim ser representada pela linha irregular na Fig. S.11.

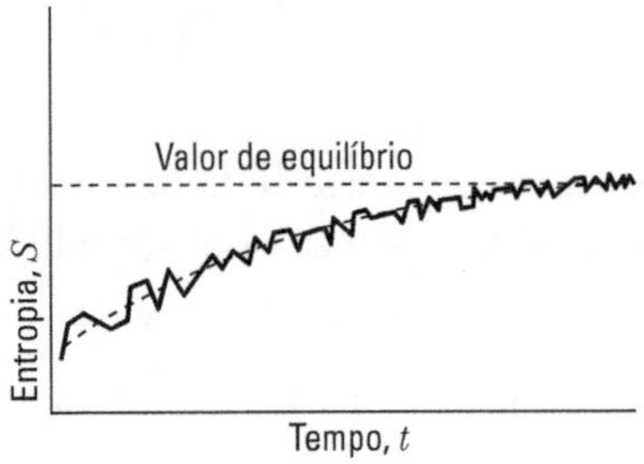

Figura S.11 Variação da entropia de um sistema isolado enquanto o sistema evolui para o equilíbrio.

A segunda lei da termodinâmica expressa o fato bem conhecido de que, num sistema isolado, existe uma direção, ou tendência bem definida, para a ocorrência de processos que é determinada pela direção em que a entropia aumenta.

Fenômenos de transporte, como a difusão molecular e a condução térmica, que são discutidos no Cap. 24, são bons exemplos de processos que só se realizam em uma direção. A difusão dá-se no sentido de igualar as concentrações, resultando um sistema homogêneo e pode-se verificar que a entropia do sistema aumenta. O processo inverso, a transformação espontânea de um sistema homogêneo em um sistema não homogêneo, que corresponde a um decréscimo na entropia, nunca é observado. Por exemplo, se uma gota de tinta é abandonada em um ponto A dentro de um recipiente cheio de água (Fig. S.12 a), as moléculas de tinta espalham-se rapidamente pela água e, após algum tempo, a água estará uniformemente colorida (Fig. S.12 c). Nesse processo, a entropia do sistema aumentou. Entretanto, se num determinado instante todas as velocidades de todas as moléculas fossem invertidas, toda a tinta acabaria por concentrar-se novamente em A, resultando em uma diminuição da entropia. Essa é, obviamente, uma ocorrência extremamente improvável, sendo que, até hoje, jamais foi observada. Por outro lado, pode haver pequenas flutuações na concentração de moléculas de tinta em diferentes lugares, mesmo depois de o equilíbrio ter sido atingido, mas estas flutuações, na maioria dos casos, são imperceptíveis.

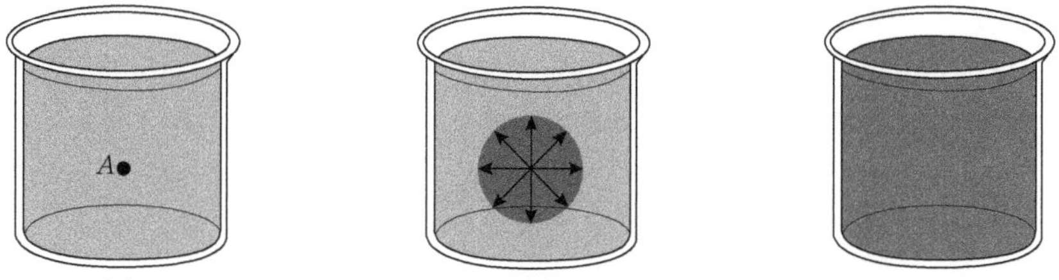

Figura S.12 Difusão irreversível de tinta em água.

Condução de calor é o processo pelo qual dois sistemas (ou duas partes de um mesmo sistema), em temperaturas diferentes (energias moleculares médias diferentes), trocam energia. A energia, em média, é transferida do sistema em temperatura mais alta para o de temperatura mais baixa, mas nunca no sentido oposto. Como resultado, a temperatura do corpo mais quente decresce e a do mais frio cresce. O processo prossegue até que os dois corpos atinjam a mesma temperatura. O processo inverso, isto é, a transferência de calor de um corpo frio a um corpo quente, entretanto, nunca é observada em um sistema isolado. Para que esse processo ocorra (como num refrigerador) é necessário fornecer trabalho externo ao sistema.

Se um sistema não está isolado, sua entropia pode decrescer em virtude da interação com outros sistemas, cuja entropia também deve variar. Mas a variação total de todas as variações de entropia sofridas por todos os sistemas envolvidos no processo deve estar de acordo com a Eq. (S.22), com $\Delta S = 0$ valendo para um processo reversível e $\Delta S > 0$ para um processo irreversível.

Por exemplo, se uma combinação de dois sistemas está isolada e a entropia total é $S = S_1 + S_2$, os processos que ocorrem no conjunto devem satisfazer

$$\Delta S = \Delta S_1 + \Delta S_2 \geq 0.$$

A entropia de um dos componentes pode decrescer durante o processo mas a variação líquida da entropia do sistema global deve ser positiva ou nula.

A grande importância da segunda lei da termodinâmica, expressa pela Eq. (S.22), é que indica quais os processos que têm maior probabilidade de ocorrer no universo como um todo. Assim, há muitos processos que *poderiam* ocorrer, pois satisfazem outras leis, tais como a da conservação da energia. Entretanto é muito improvável que ocorram, pois violam a segunda lei da termodinâmica, ou o exigido pela Eq. (S.22).

O princípio do aumento da entropia, junto aos princípios de conservação (de energia, momento e momento angular), constitui as regras básicas pelas quais todos os processos que ocorrem no universo são governados.

■ Exemplo S.5 *Variação da entropia na condução do calor.* Vamos supor que temos dois corpos às temperaturas T_1 e T_2, com $T_1 > T_2$. Se os dois corpos são postos em contato, uma certa quantidade de energia, na forma de calor, é transferida do corpo mais quente ao mais frio. O processo é irreversível. Se Q *é o* calor transferido, a variação da entropia em cada corpo é

$$\Delta S_1 = -\frac{Q}{T_1}, \qquad \Delta S_2 = +\frac{Q}{T_2},$$

pois o corpo à temperatura T_1 cede o calor Q e o corpo à temperatura T_2 absorve esse mesmo calor. A variação na entropia do sistema é

$$\Delta S = \Delta S_1 + \Delta S_2 = -\frac{Q}{T_1} + \frac{Q}{T_2} = Q\left(\frac{T_1 - T_2}{T_1 T_2}\right).$$

É claro que temos $\Delta S > 0$, o que corresponde a um processo irreversível. Note que, se houvesse transferência de energia do corpo mais frio ao mais quente, a entropia do sistema teria decrescido, uma situação que não se observa na natureza.

Apêndice: Relações matemáticas

Este apêndice, no qual apresentamos algumas relações matemáticas que são frequentemente usadas no texto, tem a intenção de ser uma referência rapidamente disponível. Em alguns casos foram introduzidas algumas notas matemáticas no próprio texto. Demonstrações e uma discussão da maioria das fórmulas podem ser encontradas em qualquer texto de cálculo, como, por exemplo, *Calculus and analytic geometry*, 3ª edição (Addison-Wesley, 1963), de G. B. Thomas, ou *Curso de cálculo diferencial e integral*, W. A. Maurer (Editora Edgard Blücher), ou, ainda, *Cálculo – um curso universitário*, E. E. Moise (Editora Edgard Blücher). Uma curta introdução aos conceitos básicos do cálculo, em forma programada, pode ser encontrada em *Quick calculus: a short manual of self instruction*, por D. Kelpner e N. Ramsey (John Wiley & Sons, New York, 1963). Você deverá também consultar algumas tabelas publicadas em forma de livros. Entre essas tabelas estão *C. R. C. Standard mathematical tables* (Chemical Rubber Company, Cleveland, Ohio, 1963), e *Tables of integrais and other mathematical data*, 4ª edição, por H. B. Dwight (Macmillan Company, New York, 1961). Recomendamos, ainda, ter à disposição o *Handbook of chemistry and physics*, cujas edições anuais são publicadas por Chemical Rubber Company (CRC Press)*. Esse manual contém grande quantidade de informações e dados referentes à física, química e matemática.

1. Relações trigonométricas

Com referência à Fig. M.1, podemos definir as seguintes relações:

$$\text{sen}\,\alpha = y/r, \qquad \cos\alpha = x/r, \qquad \text{tg}\,\alpha = y/x; \tag{M.1}$$

$$\text{cosec}\,\alpha = r/y, \qquad \sec\alpha = r/x, \qquad \text{cotg}\,\alpha = x/y; \tag{M.2}$$

$$\text{tg}\,\alpha = \text{sen}\,\alpha/\cos\alpha; \tag{M.3}$$

$$\text{sen}^2\alpha + \cos^2\alpha = 1, \qquad \sec^2\alpha - 1 = \text{tg}^2\,\alpha; \tag{M.4}$$

$$\text{sen}\,(\alpha \pm \beta) = \text{sen}\,\alpha\cos\beta \pm \cos\alpha\,\text{sen}\,\beta; \tag{M.5}$$

$$\cos\,(\alpha \pm \beta) = \text{sen}\,\alpha\cos\beta \mp \cos\alpha\,\text{sen}\,\beta; \tag{M.6}$$

$$\text{sen}\,\alpha \pm \text{sen}\,\beta = 2\,\text{sen}\,\tfrac{1}{2}(\alpha \pm \beta)\cos\tfrac{1}{2}(\alpha \mp \beta); \tag{M.7}$$

$$\cos\alpha + \cos\beta = 2\cos\tfrac{1}{2}(\alpha + \beta)\cos\tfrac{1}{2}(\alpha - \beta); \tag{M.8}$$

$$\cos\alpha - \cos\beta = -2\,\text{sen}\,\tfrac{1}{2}(\alpha + \beta)\,\text{sen}\,\tfrac{1}{2}(\alpha - \beta); \tag{M.9}$$

$$\text{sen}\,\alpha\,\text{sen}\,\beta = \tfrac{1}{2}[\cos(\alpha - \beta) - \cos(\alpha + \beta)]; \tag{M.10}$$

$$\cos\alpha\cos\beta = \tfrac{1}{2}[\cos(\alpha - \beta) + \cos(\alpha + \beta)]; \tag{M.11}$$

$$\text{sen}\,\alpha\cos\beta = \tfrac{1}{2}[\text{sen}(\alpha - \beta) + \text{sen}\,(\alpha + \beta)]; \tag{M.12}$$

$$\text{sen}\,2\alpha = 2\,\text{sen}\,\alpha\cos\alpha, \qquad \cos 2\alpha = \cos^2\alpha - \text{sen}^2\,\alpha; \tag{M.13}$$

$$\text{sen}^2\,\tfrac{1}{2}\alpha = \tfrac{1}{2}[1 - \cos\alpha), \qquad \cos^2\tfrac{1}{2}\alpha = \tfrac{1}{2}(1 + \cos\alpha). \tag{M.14}$$

* CRC Press. Disponível em: <http://www.crcpress.com/search/results/1/?kw=Handbook+of+chemistry+and+physics&category=all&x=15&y=12>. Acesso em: 5 maio 2014.

Com referência à Fig. M.2, podemos escrever, para qualquer triângulo arbitrário:

Lei dos senos: $$\frac{a}{\text{sen } A} = \frac{b}{\text{sen } B} = \frac{c}{\text{sen } C};$$ (M.15)

Lei dos cossenos: $a^2 = b^2 + c^2 - 2bc \cos A.$ (M.16)

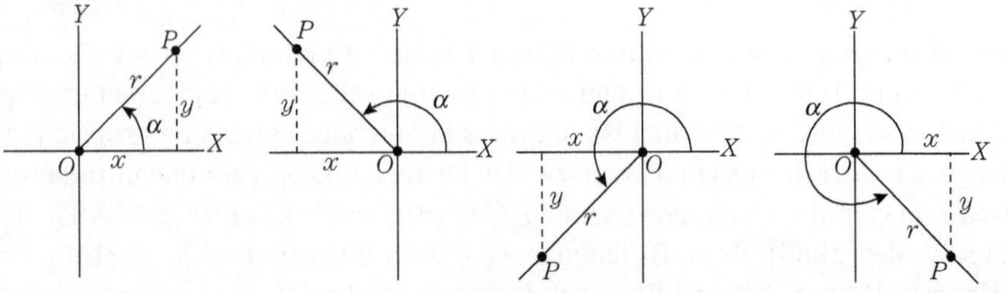

Figura M.1

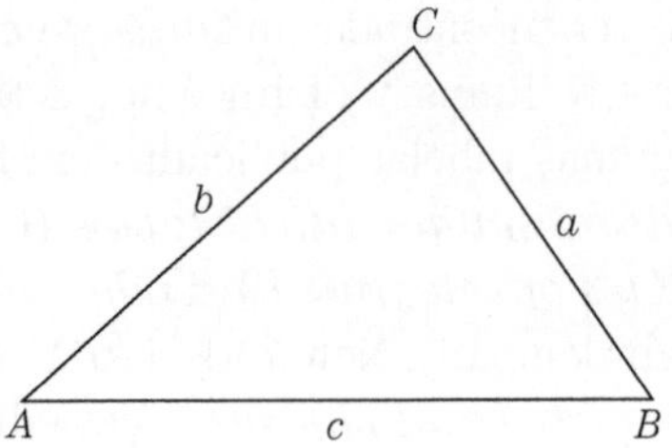

Figura M.2

2. Logaritmos

(i) Definição de e:

$$e = \lim_{n\to\infty}\left(1+\frac{1}{n}\right)^n = 2{,}7182818\ldots \quad \text{(M.17)}$$

As funções exponenciais $y = e^x$ e $y = e^{-x}$ estão representadas em forma de gráfico na Fig. M.3.

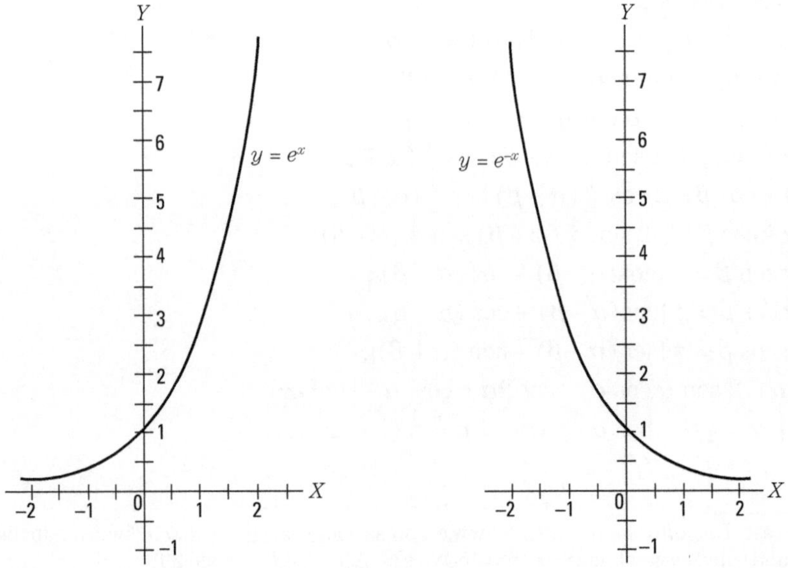

Figura M.3

(ii) Logaritmos naturais, base e (veja Fig. M.4):

$$y = \ln x \qquad \text{se } x = e^y. \tag{M.18}$$

Logaritmos comuns base 10:

$$y = \log x \qquad \text{se } x = 10^y. \tag{M.19}$$

Os logaritmos naturais e comuns estão relacionados por

$$\ln x = 2{,}303 \log x, \qquad \log x = 0{,}434 \ln x. \tag{M.20}$$

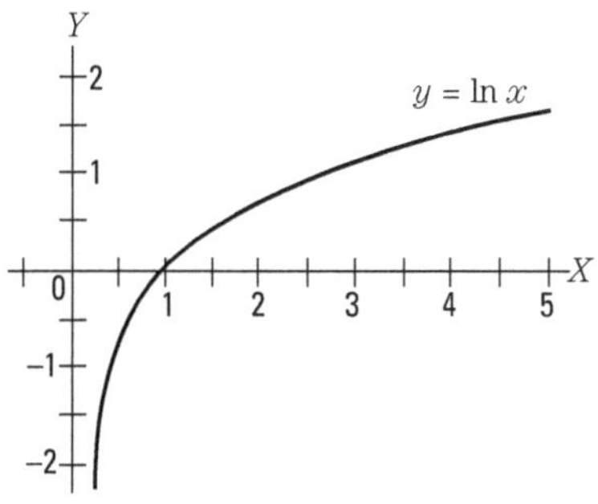

Figura M.4

3. Expansão em série de potências

(i) A expansão binomial:

$$\begin{aligned}(a+b)^n &= a^n + na^{n-1}b + \frac{n(n-1)}{2!}a^{n-2}b^2 \\ &+ \frac{n(n-1)(n-2)}{3!}a^{n-3}b^3 + \ldots \\ &+ \frac{n(n-1)(n-2)\ldots(n-p+1)}{p!}a^{n-p}b^p + \ldots\end{aligned} \tag{M.21}$$

Quando n é um inteiro positivo, a expansão tem $n + 1$ termos. Em todos os outros casos, a expansão tem um número infinito de termos. O caso em que a vale 1 e b é igual a x é frequentemente usado no texto. Assim, a expansão binomial de $(1 + x)^n$ é escrita

$$(1+x)^n = 1 + nx + \frac{n(n-1)}{2!}x^2 + \frac{n(n-1)(n-2)}{3!}x^3 + \ldots \tag{M.22}$$

(ii) Outras expansões em série são:

$$e^x = 1 + x + \frac{1}{2!}x^2 + \frac{1}{3!}x^3 + \ldots \tag{M.23}$$

$$\ln(1+x) = x - \frac{x^2}{2} + \frac{x^3}{3} - \ldots \tag{M.24}$$

$$\operatorname{sen} x = x - \frac{1}{3!}x^3 + \frac{1}{5!}x^5 - \ldots \tag{M.25}$$

$$\cos x = 1 - \frac{1}{2!}x^2 + \frac{1}{4!}x^4 - \ldots \qquad \text{(M.26)}$$

$$\text{tg}\, x = x + \frac{1}{3}x^3 + \frac{2}{15}x^5 + \ldots \qquad \text{(M.27)}$$

Para $x \ll 1$, as seguintes aproximação são satisfatórias:

$$(1 + x)^n \approx 1 + nx, \qquad \text{(M.28)}$$

$$e^x \approx 1 + x, \qquad \ln(1 + x) \approx x, \qquad \text{(M.29)}$$

$$\text{sen}\, x \approx x, \qquad \cos x \approx 1, \qquad \text{tg}\, x \approx x. \qquad \text{(M.30)}$$

Note que, nas Eqs. (M.25), (M.26), (M.27) e (M.30), x deve ser expresso em radianos.

(iii) Expansão em série de Taylor:

$$\begin{aligned} f(x) &= f(x_0) + (x - x_0)\left(\frac{df}{dx}\right)_0 + \frac{1}{2!}(x - x_0)^2\left(\frac{d^2f}{dx^2}\right)_0 \\ &+ \ldots + \frac{1}{n!}(x - x_0)^n\left(\frac{d^nf}{dx^n}\right)_0 + \ldots \end{aligned} \qquad \text{(M.31)}$$

Se $x - x_0 \ll 1$, uma aproximação útil é

$$f(x) \approx f(x_0) + (x - x_0)\left(\frac{df}{dx}\right)_0. \qquad \text{(M.32)}$$

4. Números complexos

Com a definição $i^2 = -1$ ou $i = \sqrt{-1}$,

$$e^{i\theta} = \cos\theta + i\,\text{sen}\,\theta, \qquad \text{(M.33)}$$

$$\cos\theta = \tfrac{1}{2}\left(e^{i\theta} + e^{-i\theta}\right), \qquad \text{(M.34)}$$

$$\text{sen}\,\theta = \frac{1}{2i}\left(e^{i\theta} - e^{-i\theta}\right). \qquad \text{(M.35)}$$

5. Funções hiperbólicas

Para visualizar as relações seguintes, veja a Fig. M.5.

$$\cosh\theta = \tfrac{1}{2}\left(e^{\theta} + e^{-\theta}\right), \qquad \text{(M.36)}$$

$$\text{senh}\,\theta = \tfrac{1}{2}\left(e^{\theta} - e^{-\theta}\right), \qquad \text{(M.37)}$$

$$\cosh^2\theta - \text{senh}^2\,\theta = 1, \qquad \text{(M.38)}$$

$$\text{senh}\,\theta = -i\,\text{sen}\,(i\theta), \qquad \cosh\theta = \cos\,(i\theta), \qquad \text{(M.39)}$$

$$\text{sen}\,\theta = -i\,\text{senh}\,(i\theta), \qquad \cos\theta = \cosh\,(i\theta). \qquad \text{(M.40)}$$

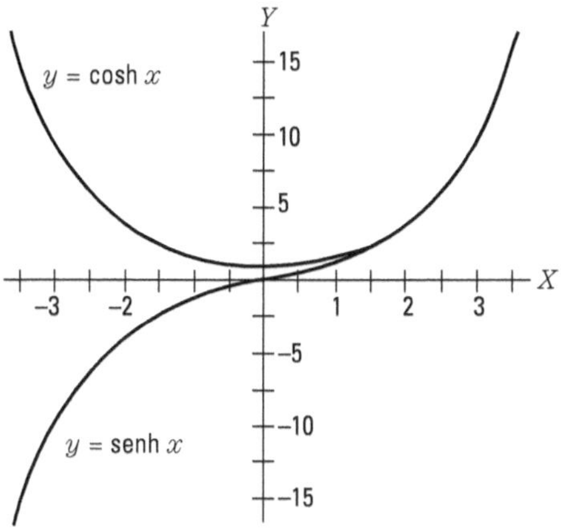

Figura M.5

6. Derivadas e integrais básicas

$f(u)$	df/dx	$\int f(u)\,du$
u^n	$nu^{n-1}du/dx$	$u^{n+1}/(n+1) + C (n \neq -1)$
u^{-1}	$-(1/u^2)\,du/dx$	$\ln u + C$
$\ln u$	$(1/u)\,du/dx$	$u \ln u - u + C$
e^u	$e^u du/dx$	$e^u + C$
sen u	cos $u\,du/dx$	−cos $u + C$
cos u	−sen $u\,du/dx$	sen $u + C$
tg u	sec² $u\,du/dx$	−ln cos $u + C$
cotg u	−cosec² $u\,du/dx$	ln sen $u + C$
arcsen u	$(du/dx)/\sqrt{1-u^2}$	$u\,\mathrm{sen}^{-1}u + \sqrt{1-u^2} + C$
senh u	cosh $u\,du/dx$	cosh $u + C$
cosh u	senh $u\,du/dx$	senh $u + C$

Uma regra útil para integração, chamada *integração por partes*, é

$$\int u\,dv = uv - \int v\,du. \tag{M.41}$$

Esse método é mais frequentemente usado para calcular a integral da direita, usando a integral da esquerda.

7. Valor médio de uma função

O *valor médio* de uma função $y = f(x)$ no intervalo (a, b) é definido por

$$y_{\text{med}} = \frac{1}{b-a}\int_a^b y\,dx. \tag{M.42}$$

De forma semelhante, o valor médio de y^2 é definido por

$$\left(y^2\right)_{\text{med}} = \frac{1}{b-a}\int_a^b y^2\,dx. \tag{M.43}$$

O termo $\sqrt{\left(y^2\right)_{\text{med}}}$ é chamado de *raiz quadrada do valor quadrático médio* ou, simplesmente, *raiz quadrática média* de $y = f(x)$ no intervalo (a, b) e, em geral, difere de y_{med}. É designada y_{rqm}.

8. Relações relativísticas básicas

No que segue, v é a velocidade do referencial S' em relação ao referencial S, e os eixos X e X' são ambos tomados paralelos a v. Também $k = 1/\sqrt{1 - v^2/c^2}$.

(a) Transformação de Lorentz para posição e tempo:

$$\begin{aligned} x' &= k(x - vt), & x &= k(x' + vt'), \\ y' &= y, & y &= y', \\ z' &= z, & z &= z', \\ t' &= k(t - vx/c^2), & t &= k(t' + vx'/c^2). \end{aligned} \tag{M.44}$$

(b) Transformação de Lorentz para momento e energia:

$$\begin{aligned} p'_x &= k(p_x - vE/c^2), & p_x &= k(p'_x + vE'/c^2), \\ p'_y &= p_y, & p_y &= p', \\ p'_z &= p_z, & p_z &= p', \\ E' &= k(E - vp_x), & E &= k(E' + vp'_x). \end{aligned} \tag{M.45}$$

(c) Transformação de Lorentz para força (a partícula está momentaneamente em repouso em relação a S'):

$$F'_x = F_x, \qquad F'_y = kF_y, \qquad F'_z = kF_z. \tag{M.46}$$

(d) Definição de momento:

$$p = m_0 v/\sqrt{1 - v^2/c^2} = km_0 v.$$

(e) Relação entre momento e energia:

$$E = c\sqrt{m_0^2 c^2 + p^2}.$$

FUNÇÕES TRIGONOMÉTRICAS NATURAIS

Ângulo					Ângulo				
Graus	Radianos	Seno	Cosseno	Tangente	Graus	Radianos	Seno	Cosseno	Tangente
0°	0,000	0,000	1,000	0,000					
1°	0,017	0,017	1,000	0,017	46°	0,803	0,719	0,695	1,036
2°	0,035	0,035	0,999	0,035	47°	0,820	0,731	0,682	1,072
3°	0,052	0,052	0,999	0,052	48°	0,838	0,743	0,669	1,111
4°	0,070	0,070	0,998	0,070	49°	0,855	0,755	0,656	1,150
5°	0,087	0,087	0,996	0,088	50°	0,873	0,766	0,643	1,192
6°	0,105	0,104	0,994	0,105	51°	0,890	0,777	0,629	1,235
7°	0,122	0,122	0,992	0,123	52°	0,908	0,788	0,616	1,280
8°	0,140	0,139	0,990	0,140	53°	0,925	0,799	0,602	1,327
9°	0,157	0,156	0,988	0,158	54°	0,942	0,809	0,588	1,376
10°	0,174	0,174	0,985	0,176	55°	0,960	0,819	0,574	1,428
11°	0,192	0,191	0,982	0,194	56°	0,977	0,829	0,559	1,483
12°	0,209	0,208	0,978	0,212	57°	0,995	0,839	0,545	1,540
13°	0,227	0,225	0,974	0,231	58°	1,012	0,848	0,530	1,600
14°	0,244	0,242	0,970	0,249	59°	1,030	0,857	0,515	1,664
15°	0,262	0,259	0,966	0,268	60°	1,047	0,866	0,500	1,732
16°	0,279	0,276	0,961	0,287	61°	1,065	0,875	0,485	1,804
17°	0,297	0,292	0,956	0,306	62°	1,082	0,883	0,470	1,881
18°	0,314	0,309	0,951	0,325	63°	1,100	0,891	0,454	1,963
19°	0,332	0,326	0,946	0,344	64°	1,117	0,899	0,438	2,050
20°	0,349	0,342	0,940	0,364	65°	1,134	0,906	0,423	2,144
21°	0,366	0,358	0,934	0,384	66°	1,152	0,914	0,407	2,246
22°	0,384	0,375	0,927	0,404	67°	1,169	0,920	0,391	2,356
23°	0,401	0,391	0,920	0,424	68°	1,187	0,927	0,375	2,475
24°	0,419	0,407	0,914	0,445	69°	1,204	0,934	0,358	2,605
25°	0,436	0,423	0,906	0,466	70°	1,222	0,940	0,342	2,748
26°	0,454	0,438	0,899	0,488	71°	1,239	0,946	0,326	2,904
27°	0,471	0,454	0,891	0,510	72°	1,257	0,951	0,309	3,078
28°	0,489	0,470	0,883	0,532	73°	1,274	0,956	0,292	3,271
29°	0,506	0,485	0,875	0,554	74°	1,292	0,961	0,276	3,487
30°	0,524	0,500	0,866	0,577	75°	1,309	0,966	0,259	3,732
31°	0,541	0,515	0,857	0,601	76°	1,326	0,970	0,242	4,011
32°	0,558	0,530	0,848	0,625	77°	1,344	0,974	0,225	4,332
33°	0,576	0,545	0,839	0,649	78°	1,361	0,978	0,208	4,705
34°	0,593	0,559	0,829	0,674	79°	1,379	0,982	0,191	5,145
35°	0,611	0,574	0,819	0,700	80°	1,396	0,985	0,174	5,671
36°	0,628	0,588	0,809	0,726	81°	1,414	0,988	0,156	6,314
37°	0,646	0,602	0,799	0,754	82°	1,431	0,990	0,139	7,155
38°	0,663	0,616	0,788	0,781	83°	1,449	0,992	0,122	8,144
39°	0,681	0,629	0,777	0,810	84°	1,466	0,994	0,104	9,514
40°	0,698	0,643	0,766	0,839	85°	1,484	0,996	0,087	11,430
41°	0,716	0,656	0,755	0,869	86°	1,501	0,998	0,070	14,301
42°	0,733	0,669	0,743	0,900	87°	1,518	0,999	0,052	19,081
43°	0,750	0,682	0,731	0,932	88°	1,536	0,999	0,035	28,636
44°	0,768	0,695	0,719	0,966	89°	1,553	1,000	0,018	57,290
45°	0,785	0,707	0,707	1,000	90°	1,571	1,000	0,000	∞

LOGARITMOS COMUNS

N	0	1	2	3	4	5	6	7	8	9
0	0000	3010	4771	6021	6990	7782	8451	9031	9542	
1	0000	0414	0792	1139	1461	1761	2041	2304	2553	2788
2	3010	3222	3424	3617	3802	3979	4150	4314	4472	4624
3	4771	4914	5051	5185	5315	5441	5563	5682	5798	5911
4	6021	6128	6232	6335	6435	6532	6628	6721	6812	6902
5	6990	7076	7160	7243	7324	7404	7482	7559	7634	7709
6	7782	7853	7924	7993	8062	8129	8195	8261	8325	8388
7	8451	8513	8573	8633	8692	8751	8808	8865	8921	8976
8	9031	9085	9138	9191	9243	9294	9345	9395	9445	9494
9	9542	9590	9638	9685	9731	9777	9823	9868	9912	9956
10	0000	0043	0086	0128	0170	0212	0253	0294	0334	0374
11	0414	0453	0492	0531	0569	0607	0645	0682	0719	0755
12	0792	0828	0864	0899	0934	0969	1004	1038	1072	1106
13	1139	1173	1206	1239	1271	1303	1335	1367	1399	1430
14	1461	1492	1523	1553	1584	1614	1644	1673	1703	1732
15	1761	1790	1818	1847	1875	1903	1931	1959	1987	2014
16	2041	2068	2095	2122	2148	2175	2201	2227	2253	2279
17	2304	2330	2355	2380	2405	2430	2455	2480	2504	2529
18	2553	2577	2601	2625	2648	2672	2695	2718	2742	2765
19	2788	2810	2833	2856	2878	2900	2923	2945	2967	2989
20	3010	3032	3054	3075	3096	3118	3139	3160	3181	3201
21	3222	3243	3263	3284	3304	3324	3345	3365	3385	3404
22	3424	3444	3464	3483	3502	3522	3541	3560	3579	3598
23	3617	3636	3655	3674	3692	3711	3729	3747	3766	3784
24	3802	3820	3838	3856	3874	3892	3909	3927	3945	3962
25	3979	3997	4014	4031	4048	4065	4082	4099	4116	4133
26	4150	4166	4183	4200	4216	4232.	4249	4265	4281	4298
27	4314	4330	4346	4362	4378	4393	4409	4425	4440	4456
28	4472	4487	4502	4518	4533	4548	4564	4579	4594	4609
29	4624	4639	4654	4669	4683	4698	4713	4728	4742	4757
30	4771	4786	4800	4814	4829	4843	4857	4871	4886	4900
31	4914	4928	4942	4955	4969	4983	4997	5011	5024	5038
32	5051	5065	5079	5092	5105	5119	5132	5145	5159	5172
33	5185	5198	5211	5224	5237	5250	5263	5276	5289	5302
34	5315	5328	5340	5353	5366	5378	5391	5403	5416	5428
35	5441	5453	5465	5478	5490	5502	5514	5527	5539	5551
36	5563	5575	5587	5599	5611	5623	5635	5647	5658	5670
37	5682	5694	5705	5717	5729	5740	5752	5763	5775	5786
38	5798	5809	5821	5832	5843	5855	5866	5877	5888	5899
39	5911	5922	5933	5944	5955	5966	5977	5988	5999	6010
40	6021	6031	6042	6053	6064	6075	6085	6096	6107	6117
41	6128	6138	6149	6160	6170	6180	6191	6201	6212	6222
42	6232	6243	6253	6263	6274	6284	6294	6304	6314	6325
43	6335	6345	6355	6365	6375	6385	6395	6405	6415	6425
44	6435	6444	6454	6464	6474	6484	6493	6503	6513	6522
45	6532	6542	6551	6561	6571	6580	6590	6599	6609	6618
46	6628	6637	6646	6656	6665	6675	6684	6693	6702	6712
47	6721	6730	6739	6749	6758	6767	6776	6785	6794	6803
48	6812	6821	6830	6839	6848	6857	6866	6875	6884	6893
49	6902	6911	6920	6928	6937	6946	6955	6964	6972	6981

continua

continuação

50	6990	6998	7007	7016	7024	7033	7042	7050	7059	7067
51	7076	7084	7093	7101	7110	7118	7126	7135	7143	7152
52	7160	7168	7177	7185	7193	7202	72ro	7218	7226	7235
53	7243	7251	7259	7267	7275	7284	7292	7300	7308	7316
54	7324	7332	7340	7348	7356	7364	7372	7380	7388	7396
55	7404	7412	7419	7427	7435	7443	7451	7459	7466	7474
56	7482	7490	7497	7505	7513	7520	7528	7536	7543	7551
57	7559	7566	7574	7582	7589	7597	7604	7612	7619	7627
58	7634	7642	7649	7657	7664	7672	7679	7686	7694	7701
59	7709	7716	7723	7731	7738	7745	7752	7760	7767	7774
60	7782	7789	7796	7803	7810	7818	7825	7832	7839	7846
61	7853	7860	7868	7875	7882	7889	7896	7903	7910	7917
62	7924	7931	7938	7945	7952	7959	7966	7973	7980	7987
63	7993	8000	8007	8014	8021	8028	8035	8041	8048	8055
64	8062	8069	8075	8082	8089	8096	8102	8109	8116	8122
65	8129	8136	8142	8149	8156	8162	8169	8176	8182	8189
66	8195	8202	8209	8215	8222	8228	8235	8241	8248	8254
67	8261	8267	8274	8280	8287	8293	8299	8306	8312	8319
68	8325	8331	8338	8344	8351	8357	8363	8370	8376	8382
69	8388	8395	8401	8407	8414	8420	8426	8432	8439	8445
70	8451	8457	8463	8470	8476	8482	8488	8494	8500	8506
71	8513	8519	8525	8531	8537	8543	8549	8555	8561	8567
72	8573	8579	8585	8591	8597	8603	8609	8615	8621	8627
73	8633	8639	8645	8651	8657	8663	8669	8675	8681	8686
74	8692	8698	8704	8710	8716	8722	8727	8733	8739	8745
75	8751	8756	8762	8768	8774	8779	8785	8791	8797	8802
76	8808	8814	8820	8825	8831	8837	8842	8848	8854	8859
77	8865	8871	8876	8882	8887	8893	8899	8904	8910	8915
78	8921	8927	8932	8938	8943	8949	8954	8960	8965	8971
79	8976	8982	8987	8993	8998	9004	9009	9015	9020	9025
80	9031	9036	9042	9047	9053	9058	9063	9069	9074	9079
81	9085	9090	9096	9101	9106	9112	9117	9122	9128	9133
82	9138	9143	9149	9154	9159	9165	9170	9175	9180	9186
83	9191	9196	9201	9206	9212	9217	9222	9227	9232	9238
84	9243	9248	9253	9258	9263	9269	9274	9279	9284	9289
85	9294	9299	9304	9309	9315	9320	9325	9330	9335	9340
86	9345	9350	9355	9360	9365	9370	9375	9380	9385	9390
87	9395	9400	9405	9410	9415	9420	9425	9430	9435	944a
88	9445	9450	9455	9460	9465	9469	9474	9479	9484	9489
89	9494	9499	9504	9509	9513	9518	9523	9528	9533	9538
90	9542	9547	9552	9557	9562	9566	9571	9576	9581	9586
91	9590	9595	9600	9605	9609	9614	9619	9624	9628	9633
92	9638	9643	9647	9652	9657	9661	9666	9671	9675	9680
93	9685	8689	9694	9699	9703	9708	9713	9717	9722	9727
94	9731	9736	9741	9745	9750	9754	9759	9763	9768	9773
95	9777	9782	9786	9791	9795	9800	9805	9809	9814	9818
96	9823	9827	9832	9836	9841	9845	9850	9854	9859	9863
97	9868	9872	9877	9881	9886	9890	9894	9899	9903	9908
98	9912	9917	9921-	9926	9930	9934	9939	9943	9948	9952
99	9956	9961	9965	9969	9974	9978	9983	9987	9991	9996
100	0000	0004	0009	0013	0017	0022	0026	0030	0035	0039

FUNÇÕES EXPONENCIAIS

x	e^x	e^{-x}	x	e^x	e^{-x}
0,00	1,0000	1,0000	2,5	12,182	0,0821
0,05	1,0513	0,9512	2,6	13,464	0,0743
0,10	1,1052	0,9048	2,7	14,880	0,0672
0,15	1,1618	0,8607	2,8	16,445	0,0608
0,20	1,2214	0,8187	2,9	18,174	0,0550
0,25	1,2840	0,7788	3,0	20,086	0,0498
0,30	1,3499	0,7408	3,1	22,198	0,0450
0,35	1,4191	0,7047	3,2	24,533	0,0408
0,40	1,4918	0,6703	3,3	27,113	0,0369
0,45	1,5683	0,6376	3,4	29,964	0,0334
0,50	1,6487	0,6065	3,5	33,115	0,0302
0,55	1,7333	0,5769	3,6	36,598	0,0273
0,60	1,8221	0,5488	3,7	40,447	0,0247
0,65	1,9155	0,5220	3,8	44,701	0,0224
0,70	2,0138	0,4966	3,9	49,402	0,0202
0,75	2,1170	0,4724	4,0	54,598	0,0183
0,80	2,2255	0,4493	4,1	60,340	0,0166
0,85	2,3396	0,4274	4,2	66,686	0,0150
0,90	2,4596	0,4066	4,3	73,700	0,0136
0,95	2,5857	0,3867	4,4	81,451	0,0123
1,0	2,7183	0,3679	4,5	90,017	0,0111
1,1	3,0042	0,3329	4,6	99,484	0,0101
1,2	3,3201	0,3012	4,7	109,95	0,0091
1,3	3,6693	0,2725	4,8	121,51	0,0082
1,4	4,0552	0,2466	4,9	134,29	0,0074
1,5	4,4817	0,2231	5	148,41	0,0067
1,6	4,9530	0,2019	6	403,43	0,0025
1,7	5,4739	0,1827	7	1096,6	0,0009
1,8	6,0496	0,1653	8	2981,0	0,0003
1,9	6,6859	0,1496	9	8103,1	0,0001
2,0	7,3891	0,1353	10	22026	0,00005
2,1	8,1662	0,1225			
2,2	9,0250	0,1108			
2,3	9,9742	0,1003			
2,4	11,023	0,0907			

Respostas a alguns dos problemas ímpares

Capítulo 2

2.1 (a) $1{,}6736 \times 10^{-27}$ kg; (b) $26{,}565 \times 10^{-27}$ kg

2.5 28,8 u = $4{,}788 \times 10^{-26}$ kg; $2{,}70 \times 10^{19}$ moléculas cm^{-3};
$5{,}4 \times 10^{18}$ moléculas cm^{-3}; $2{,}16 \times 10^{19}$ moléculas cm^{-3}

2.7 0,628g h^{-1}; $4{,}64 \times 10^{17}$ moléculas $cm^{-2} \cdot s^{-1}$

2.9 Para um modelo cúbico: $3{,}34 \times 10^{-9}$ m; $3{,}10 \times 10^{-10}$ m; $2{,}28 \times 10^{-10}$ m.
Para um modelo esférico: $2{,}07 \times 10^{-9}$ m; $1{,}92 \times 10^{-10}$ m; $1{,}41 \times 10^{-10}$ m.

2.11 $5{,}5 \times 10^{3}$ kg $\cdot$ m^{-3}; $1{,}4 \times 10^{3}$ kg $\cdot$ m^{-3}

2.15 $4{,}05 \times 10^{16}$ m, 4,3 anos-luz, $2{,}72 \times 10^{5}$A.u.

2.17 37,2°

2.19 (a) ~26°, ~45°, ~30°; (b) ~10°, 15°, 9,8°; (c) ~4°, 5,4°, 3,2°

Capítulo 3

3.1 (a) 15 unidades, 0°; (b) 13,1 unidades, 36° 27′; (c) 10,8 unidades, 56° 6′;
(d) 4,9 unidades, 112° 18′; (e) 3 unidades, 180°

3.3 13,7 unidades; 20 unidades

3.5 124° 48′; 8,67 unidades

3.7 (a) 9,2 unidades, –49°; (b) 12,8 unidades, –38° 40′; (c) 17,4 unidades, 13°5′

3.9 9,92 unidades, 45° 45′

3.17 $\boldsymbol{R} = \boldsymbol{u}_x(6) + \boldsymbol{u}_y(6) + \boldsymbol{u}_z(0)$; $R = 8{,}48$, $\alpha = 45°$, $\beta = 45°$, $\gamma = 90°$

3.21 20,3 unidades

3.25 $(x-4)/{-5} = (y-5)/5 = (z+7)/5$; $(x-6)/{-5} = y/5 = (z+8/5)/5$

3.37 (a) Usando ciclicamente os pontos dados para definir os planos: $\boldsymbol{S}_1 = \boldsymbol{u}_z(-2)$, $\boldsymbol{S}_2 = \boldsymbol{u}_x(1) + \boldsymbol{u}_y(1)$, $\boldsymbol{S}_3 = \boldsymbol{u}_x(-1) + \boldsymbol{u}_z(1)$, $\boldsymbol{S}_4 = \boldsymbol{u}_y(-1) + \boldsymbol{u}_z(1)$; (b) $\boldsymbol{S} = 0$; (c) 6,24

3.39 60°; $\left(\sqrt{5/3}\right)a$

Capítulo 4

4.1 287 kgf, 410 kgf

4.3 (a) 9,16 kgf; (b) 4 kgf

4.5 84,6 N, 75° 45′

4.7 $\tau_1 = \boldsymbol{u}_x(0) + \boldsymbol{u}_y(7.500) + \boldsymbol{u}_z(1.500)$ kgf $\cdot$ m;
$\tau_2 = \boldsymbol{u}_x(2.700) + \boldsymbol{u}_y(-400) + \boldsymbol{u}_z(-800)$ kgf $\cdot$ m;
$\tau_3 = \boldsymbol{u}_x(450) + \boldsymbol{u}_y(100) + \boldsymbol{u}_z(-100)$ kgf $\cdot$ m

4.9 $24\sqrt{5}$ N · m; $y = \frac{1}{2}x + 5$

4.11 Com a origem em A, $\boldsymbol{R} = \boldsymbol{u}_x$ (2,33) + $\boldsymbol{u}_y$ (3,17) N; $\tau_A = \boldsymbol{u}_z(-1,4)$ N · m; $\tau_B = \boldsymbol{u}_z(-0,47)$ N · m; $\tau_c = \boldsymbol{u}_z(-1,9)$ N · m

4.13 2 m

4.15 Num ponto da diagonal a 1,77 m do vértice próximo; 2 kgf

4.17 25,7 kgf, a linha de ação forma um ângulo de 61° 40′ com o eixo horizontal

4.19 Zero; mas, como o conjugado, em relação à origem, é τ = 30 kgf · cm, o sistema é substituído por um par de forças cujo conjugado é 30 kgf · cm

4.21 6.600 dyn (6,7 gmf), 77,3 cm

4.23 R_A = 1.143N, R_B = 1.797N

4.25 30 kgf, 50 kgf

4.27 (a) 30 kgf; (b) 34,5 kgf

4.29 73,3 kgf; 156,3 kgf

4.31 25,9 kgf; 36,7 kgf

4.33 W sec α; W tg α

4.35 (a) 70,7 kgf, 50 kgf, 10 kgf; (b) 86,1 kgf, 43 kgf, 15 kgf; (c) 38,9 kgf, 29,8 kgf, 15kgf

4.39 4.170N a 196 cm à direita de A

4.41 6.690 kgf, 7.010 kgf

4.43 $F_A = 110 - 12{,}5x$ kgf (x medido a partir de A); $F_B = 10 + 12{,}5x$ kgf

4.45 58,6 kgf; 81,5 kgf

4.47 W cos α, W sen α; tg ϕ = cotg 2α

4.49 $F_1 = F_3$ = 9,84 kgf, F_2 = 37,05 kgf

4.51 (a) Do centro do quadrado x_c = 2,07 pol, y_c = 0; (b) x_c = 0,565 pol, y_c = –0,251 pol; (c) no eixo de simetria, 5,89 pol acima da base

4.53 x_c = 1,77 cm, y_c = 4,23 cm

4.55 $\left(\sqrt{6/12}\right)a$ a altura acima da base

Capítulo 5

5.1 $1{,}125 \times 10^{14}$ m · s^{-2}

5.3 288 km · h^{-1}; 5,33 m · s^{-2}

5.5 296 m

5.9 18 s; 180 m

5.13 (a) 10 m; (b) 0,2,7s; (c) 4m · s^{-1}; (d) $16 - 12t_0 - 6\Delta t$; (e) $16 - 12t$;
(f) 16 m · s^{-1}; (g) 1,33s, 10,7 m; (h) –12m · s^{-2}; (i) –12 m · s^{-2}; (j) nunca
(l) o movimento é retardado até t = 1,33 s, o movimento é acelerado daí em diante

5.15 $v = 4t - t^{3/3} - 1$; $x = 2t^2 - t^4/12 - t + \frac{3}{4}$

5.17 $v = v_0 / \left(\frac{1}{3} + Kv_0 t\right)$; $x = x_0 + (1/K)\ln(1 + Kv_0 t)$; $v = v_0 e^{-K(x-x)}$

5.19 (a) O movimento tem sentido positivo exceto no intervalo 2,2 s < t < 2,8 s; (b) O corpo é retardado instantaneamente em t igual a 0,8 s e 2,2 s; é acelerado instantaneamente em t igual a 1,8 s e 2,8 s; (c) 0,28 s, 2,65 s e 3,0 s; (d) entre 0,8 s e 1,8 s. Do gráfico, as velocidades médias são: (a) –2,75 m · s^{-1}; (b) 1,25 m · s^{-1}; (c) 0

5.21 1,43 s; 2,65 s; 18,6 m
5.27 12,2 s
5.31 (a) 6,2 s; (b) 34,3 s
5.33 $2{,}6 \times 10^{-6}$ rad · s^{-1}; 998 m · s^{-1}; $2{,}6 \times 10^{-3}$ m · s^{-2}
5.35 $2{,}4 \times 10^{5}$ m · s^{-1}; $2{,}4 \times 10^{-10}$ m · s^{-2}
5.37 2 rad · s^{-2}; 125 rad
5.39 $5{,}33 \times 10^{10}$ m · s^{-2}
5.41 25 m
5.43 15,6 min
5.45 $20t$ rad · s^{-1}; 20 rad · s^{-2}
5.47 10 s
5.49 20 m
5.51 38,4 pés · s^{-1}, 48 pés
5.53 $v = A\omega \cos \omega t$; $a = -A\omega^2 \operatorname{sen} \omega t = -\omega^2 x$; $v = \omega\sqrt{A^2 - x^2}$
5.55 (a) $x^{1/2} - y^{1/2} = 1$; (b) é uma parábola; (c) $t = 0{,}5$ s;
(d) (16,9), (9,16); (e) $a_T = (4t - 2)/\sqrt{2t^2 - 2t + 1}\ \mathrm{m \cdot s^{-2}}$,
$a_N = 2/\sqrt{2t^2 - 2t + 1}\ \mathrm{m \cdot s^{-2}}$; (f) $a_T = 2$ m · s^{-2}, $a_N = 2$ m · s^{-2}
5.57 (a) $x^2 + y^2 = 4$; (b) 2ω cm · s^{-1}; (c) $a_T = 0$, $a_N = 2$cm · s^{-2}
5.59 $y^2 = 4x$
5.61 (a) 31,8 km; (b) 27,5 km; (c) 375 m · s^{-1}, 11,2 km; (d) 405 m · s^{-1}, 25 s, 79 s
5.63 (a) 204 m · s^{-1}; (b) 23,9 s; (c) 700 m; (d) 171 m · s^{-1}
5.65 $(2v_0^2/g) \cos \alpha \sec^2 \phi \operatorname{sen} (\alpha - \phi)$

Capítulo 6

6.1 20 km · h^{-1}; 160 km · h^{-1}
6.3 15:11, 318 km; 20:40, 867 km
6.5 100 km · h^{-1}, N 53° 8′O; 100 km · h^{-1}, N 53° 8′E
6.7 (a) S41° 19′ E; (b) 1 h 34 min
6.9 Homem no barco, 40 min; homem caminhando, 30 min
6.11 Atravessar, ida e volta 34,64 min; rio acima e volta, 40 min
6.13 (a) Velocidade horizontal constante de 50 m · s^{-1}, aceleração vertical constante g; (b) como em (a), mas velocidade horizontal é 250 m · s^{-1}; (c) 37° acima ou abaixo da horizontal
6.15 (a) 15 m · s^{-1}; (b) 45m · s^{-1}; (c) 36,6m · s^{-1}
6.17 3,27 cm
6.19 $6{,}56 \times 10^{-2}$ m · s^{-2}
6.23 Para origens não coincidentes $\boldsymbol{V} = \boldsymbol{v}_{00'} + \omega \times \boldsymbol{r}' + \boldsymbol{V}'$,
$\boldsymbol{a} = \boldsymbol{a}_{00'} + \omega \times (\omega \times \boldsymbol{r}') + \alpha \times \boldsymbol{r}' + 2\omega \times \boldsymbol{V}' + \boldsymbol{a}'$
6.25 $0{,}866c$
6.27 (a) 1,6 s; (b) $2{,}3 \times 10^{8}$ m; (c) 0,96 s

6.29 (a) $4{,}588 \times 10^{-6}$s; (b) 4.305 m

6.31 7,5 anos; 6,25 anos; 1,25 anos

6.33 3×10^{10} m; 0,84c

6.35 8,04 h

6.43 0,82 m, 59° 5′, na direção do movimento

Capítulo 7

7.1 (a) 14,4 m · s^{-1}, O 0° 47′ S; (b) $\boldsymbol{p} = \boldsymbol{u}_{\text{oeste}}(19{,}2) + \boldsymbol{u}_{\text{norte}}(8)$ kg · m · s^{-1}; (c) $\Delta\boldsymbol{p}_1 = \boldsymbol{u}_{\text{oeste}}(-24) + \boldsymbol{u}_{\text{norte}}(8{,}4$ kg · m · s^{-1}, $\Delta\boldsymbol{p}_2 = \boldsymbol{u}_{\text{oeste}}(24) + \boldsymbol{u}_{\text{norte}}(-8{,}4)$ kg · m · s^{-1}; (d) $\Delta\boldsymbol{v}_1 = \boldsymbol{u}_{\text{oeste}}(-7{,}5) + \boldsymbol{u}_{\text{norte}}(2{,}6)$ m · S^{-1}, $\Delta\boldsymbol{v}_2 = \boldsymbol{u}_{\text{oeste}}(15) + \boldsymbol{u}_{\text{norte}}(-5{,}2)$ m · s^{-1} (e) $\Delta v_1 = 7{,}9$ m · s^{-1}, $\Delta v_2 = 15{,}9$ m · s^{-1}

7.3 $3{,}33 \times 10^4$ m · s^{-1}, 82° 30′ em relação à direção original do átomo de H

7.5 (a) 0,186 m · s^{-1}, 27° 30′ abaixo do eixo dos X; (b) $\Delta\boldsymbol{p}_1 = \Delta\boldsymbol{p}_2 = \boldsymbol{u}_x(-0{,}049) + \boldsymbol{u}_y(0{,}026)$ kg · m · s^{-1}, $\Delta\boldsymbol{v}_1 = \boldsymbol{u}_x(-0{,}0247) + \boldsymbol{u}_y(0{,}0128)$ m · s^{-1}, $\Delta\boldsymbol{v}_2 = \boldsymbol{u}_x(0{,}164) + \boldsymbol{u}_y(-0{,}0857)$ m · s^{-1}

7.7 $m_A = 1$ kg, $m_B = 2$ kg

7.9 (a) bt; (b) $-p_0 + bt$

7.11 9 km · s^{-1}

7.13 (a) –0,3kg · m · s^{1}, –3N; (b) –0,45 kg · m · s^{-1}, –4,5 N; o momento do carro não é conservado porque age uma força externa

7.15 347 N

7.17 $10^3 g$ dyn

7.19 (a) 14° para frente; (b) 20° para trás

7.21 116,3 kgf (1.139 N)

7.23 75 kgf (735 N)

7.25 (a) 882 N; (b) 882 N; (c) 1.152 N; (d) 612 N; (e) 0 N

7.27 $F = -m\omega^2 x$; (a) no sentido negativo do eixo dos X; (b) no sentido positivo o eixo dos X

7.31 (a) Uma força freante de 3.350 N; (b) uma força freante de 3.150 N

7.33 (a) $\Delta\boldsymbol{p} = \boldsymbol{u}_N(-9{,}87 \times 10^3) + \boldsymbol{u}_E(14{,}1 \times 10^3)$ kg · m · s^{-1}; (b) $8{,}6 \times 10^2$ N, S 55° E

7.35 (a) $a = (F - m_2 g)/(m_1 + m_2)$, $T = m_2(a + g)$; 166 cm · s^{-2}, $9{,}17 \times 10^4$ dyn; (b) $a = [F + (m_1 - m_2)g']/(\text{m}_1 + m_2)$, $T = m_2(a + g)$; 543 cm · s^{-2}, $1{,}22 \times 10^5$ dyn

7.37 (a) $a = g(m_1 \operatorname{sen}\alpha - m_2)/(m_1 + m_2)$, $T = m_2(a + g)$; – 2,06 m · s^{-2}, $1{,}39 \times 10^5$ dyn; (b) $a = g(m_1 \operatorname{sen}\alpha - m_2 \operatorname{sen}\beta)/(m_1 + \text{m}_2)$, $T = m_2(a + g \operatorname{sen}\beta)$; –144 cm · s^{-2}, $1{,}50 \times 10^5$ dyn

7.39 (b) $[m_1(m_2 + m_3) + 4m_2 m_3]g/(m_2 + m_3)$

7.43 15 kg, $g/5$

7.45 0,27 m, $1/\sqrt{3}$

7.49 (a) 1,6 kgf (15,7 N); (b) 0,2g; (c) em relação ao bloco inferior, o bloco superior terá uma aceleração de 0,1g para trás no primeiro caso e para frente no segundo

7.51 $(v_0/g)\left(1 - \frac{1}{3} \times 10^{-3}\right) \cong 6{,}1$ s, $(v_0^2/2g)(1 - 2{,}7 \times 10^{-4}) \cong 183{,}6$ m

7.53 $\tau \ln 2 = 8{,}66$ s; $\tau = 12{,}5$ s; 138 m

7.55 $8{,}81 \times 10^{-8}$ N

7.57 (a) 13,9 N; (b) 33,5 N; (c) 23,7 N; (d) 2,42 m · s^{-1}

7.63 125,2 N, 20° 10′

7.67 (a) $\boldsymbol{u}_y$ 15kg · m · s^{-1}; (b) $\boldsymbol{u}_z$(105)kg · m^2 · s^{-1}

7.69 A tangente do ângulo da direção do movimento com o eixo dos X é Ft/mv_0 em qualquer instante t; $FL^2/2mv_0^2$

7.71 (a) $\boldsymbol{u}_x(36) + \boldsymbol{u}_y(-144t)$, N; (b) $\boldsymbol{u}_x(432t^2 + 288t) + \boldsymbol{u}_y(108t + 72) + \boldsymbol{u}_z(-288t^3 + 864t^2)$N · m; (c) $\boldsymbol{u}_x(36t - 36) + \boldsymbol{u}_y(-72t^2) + \boldsymbol{u}_z(18)$ kg · m · s^{-1}, $\boldsymbol{u}_x(144t^3 + 144t^2) + \boldsymbol{u}_y(54t^2 + 72t - 72) + \boldsymbol{u}_z(-72t^4 + 288t^3)$ kg · m^2 · s^{-1}

7.75 $3{,}03 \times 10^4$ m · s^{-1}; $1{,}93 \times 10^{-7}$ rad s^{-1} no afélio e $2{,}06 \times 10^{-7}$ rad · s^{-1} no periélio

7.77 $3{,}37 \times 10^3$ m · s^{-1}, 14,8 km

Capítulo 8

8.1 (a) 250 m · kg · s^{-1}; (b) 25 N

8.3 2.927,75 J, 24,4 W

8.5 3.300 J, 2.000 J, 1.500 J, –200 J

8.7 98 N

8.9 23,54 W

8.11 10,258,6 W, $1{,}03 \times 10^5$ J

8.13 Não há velocidade máxima se a resistência do ar permanece constante.

8.15 (a) $2{,}592 \times 10^4$ erg; (b) $4{,}392 \times 10^4$ erg; (c) 2.160 erg · s^{-1}; (d) $2{,}592 \times 10^4$ erg

8.17 7.200 J; 19,6 J, 0,8 rad · s^{-1}

8.19 2,84 eV; 5,22 KeV

8.21 $7{,}61 \times 10^6$ m · s^{-1}

8.23 (a) $\boldsymbol{u}_x$(56) m · kg · s^{-1}; (b) 10 s. Os resultados são os mesmos em ambos os casos

8.25 (a) $\boldsymbol{u}_x$ (4.800) N · s; (b) $\boldsymbol{u}_x$ (4.860) m · kg · s^{-1}; (d) $5{,}904 \times 10^5$J; (e) $5{,}905 \times 10^5$ J

8.27 (a) 45,3 J; (b) 29,3 J; (c) 40 J; (d) 42,2 J

8.29 (a) –45 J; (b) 75 W, 0,1 hp; (c) –45 J

8.35 (a) 7,2 J; (b) 470,40 J; (c) 477,60 J; (d) 48,8 m · s^{-1}

8.37 81,2 m · s^{-1}; 13,9 m

8.39 $h = 0{,}6$ R

8.41 $7{,}2 \times 10^{-2}$ m

8.47 1.360 J

8.49 $F = W/200$, W = peso do trem

8.55 $x = 2$, estável; $x = 0$

Capítulo 9

9.1 3,417 m · s^{-1}, 215° 55′

9.3 (a) $x = 1{,}50 + 0{,}25t^2$ m, $y = 1{,}87 + 0{,}19t^2$ m; (b) $\boldsymbol{P} = \boldsymbol{u}_x(8t) + \boldsymbol{u}_y(6t)$ N · s

9.5 $p = pv^2 \cos^2\theta$

9.7 (a) $\boldsymbol{v}_1 = \boldsymbol{u}_x$ 10 m · s^{-1}, $\boldsymbol{v}_2 = \boldsymbol{u}_x(-4{,}00) + \boldsymbol{u}_y(6{,}96)$ m · s^{-1}; (b) $\boldsymbol{v}_{CM} = \boldsymbol{u}_x(1{,}6) + \boldsymbol{u}_y(4{,}17)$ m · s^{-1}; (c) $\boldsymbol{v}'_1 = \boldsymbol{u}_x(8{,}4) + \boldsymbol{u}_y(-4{,}17)$ m · s^{-1}, $v'_2 = \boldsymbol{u}_x(-5{,}60) + \boldsymbol{u}_y(2{,}79)$ m · s^{-1}; (d) $\boldsymbol{p}'_1 = -\boldsymbol{p}'_2 = \boldsymbol{u}_x(16{,}8) + \boldsymbol{u}_y(-8{,}34)$ m · kg · s^{-1}; (e) $\boldsymbol{v}_{12} = \boldsymbol{u}_x(14) + \boldsymbol{u}_y(-6{,}96)$ m · s^{-1}; (f) 1,2 kg

9.9 (a) (–0,6, 0,4, 1,6) m; (b) $\boldsymbol{u}_x(-8{,}35) + \boldsymbol{u}_y(-16{,}8) + \boldsymbol{u}_z(25{,}15)$ m^2 · kg · s^{-1}; (c) $\boldsymbol{u}_x(-13{,}92) + \boldsymbol{u}_y(28) + \boldsymbol{u}_z(-26{,}96)$ m^2 · kg · s^{-1}

9.11 (a) 4,11 MeV, 0,07 MeV; (b) $9{,}35 \times 10^{-23}$ m · kg · s^{-1}; (c) $1{,}41 \times 10^4$ m · s^{-1}, $2{,}41 \times 10^2$ m · s^{-1}

9.15 $x = \sqrt{2}\left[v_0\sqrt{v_0^2 + 2gh} - v_0^2\right]/g$ de cada lado

9.17 (a) 0,54m · s^{-1}, 1,13 m · s^{-1}, (b)–2,64 kg · m · s^{-1}, + 2,65 kg · m · s^{-1}

9.19 (a) 0,866 m · s^{-1}, 0,2 m · s^{-1}; (b) ±1,333 kg · m · s^{-1}, ±4,0 kg · m · s^{-1}

9.23 (a) 0,46 m · s^{-1}, 1,54 m · s^{-1}; (b) 1,57 m · s^{-1} e 0,979 m · s^{-1} a –50° 33′

9.25 (c) $e = 1$

9.27 Quando m_1 é erguida: (a) 0,022 m, 0,089 m; (b) 0,0142 m, 0,0802 m; (c) 0,022 m. Quando m_2 é erguida: (a) 0,022 m, 0,355 m; (b) 0,025 m, 0,321 m; (c) 0,022 m.

9.29 $v'_1 = -ev_1 v'_2 = 0,\ Q = -\frac{1}{2}\left(1-e^2\right)m_1 v_1^2,\ h' = e^2 h$

9.33 (a) 8; (b) 52; carbono

9.35 $n/2$

9.37 Aproximadamente 4

9.39 (a) 48 m^2 · kg · s^{-1}, 14,4 m^2 · kg · s^{-1}; (b) 35 J, 15,6 J

9.41 $\boldsymbol{u}_x(0{,}167) + \boldsymbol{u}_y(-0{,}083)$ m · s^{-1}

9.49 $6{,}17 \times 10^{-21}$ J ou $3{,}8 \times 10^{-2}$ eV; (a) $2{,}73 \times 10^3$ m · s^{-1}; (b) $0{,}482 \times 10^3$ m · s^{-1}; (c) $0{,}515 \times 10^3$ m · s^{-1}; He: $1{,}37 \times 10^3$ m · s^{-1}; CO_2 :$0{,}413 \times 10^3$ m · s^{-1}

9.51 $12{,}95 \times 10^2$ J

9.53 $8{,}31 \times 10^2$ J; $21{,}26 \times 10^2$ J

9.59 45 J ou 188,3 cal

9.61 (a) 10 m · s^{-1}, $2{,}37 \times 10^5$ N · m^{-2}; (b) 0,3 m^3 · min^{-1}; (c) $2{,}5 \times 10^2$ J · kg^{-1}

Capítulo 10

10.1 (a) 1,875 m^2 · kg, 0,61 m; (b) 0,9375 m^2 · kg, 0,434 m; (c) 0,625 m^2 · kg, 0,354 m

10.3 (a) 0,040 m^2 · kg, 0,028 m; (b) 0,025 m^2 · kg, 0,0204 m; (c) 0,020 m^2 · kg · s^{-1}, 0,0183 m $6{,}80 \times 10^{-46}$ m^2 · kg

10.7 Os momentos em relação a X_0 e Y_0 são iguais entre si e valem $1{,}00510^{-46}$ m^2 · kg; em relação a Z_0 o momento é $4{,}434 \times 10^{-47}$ m^2 · kg

10.9 1,34 rad · s^{-2}

10.11 325 s; 452 rev

10.13 (a) 0,436 rad · s^{-2}; (b) 21,80 rad; (c) 176,58 m^2 · kg · s^{-1}; (d) 192,49J

10.15 $3{,}34 \times 10^4$ N · m; $6{,}31 \times 10^7$ J

10.17 63,6 m^2 · kg · s^{-1}, 5.997 J; 12,72 N · m; 1.199,4 W

10.19 $h = 2{,}1\,R$

10.21 226.551 J

10.23 (a) $3g\,\text{sen}\,\alpha/2L$; (b) $\sqrt{3g\cos\alpha/L}$; (c) $\frac{5}{2}Mg\cos\alpha$ paralelo ao raio e $-\frac{1}{4}Mg\cos\alpha$ perpendicular ao raio

10.25 (a) $a_x = \left(-\frac{3}{8}L\cos\alpha\right)\times(\text{acel. ang.})$, $a_y\left(-\frac{5}{8}L\,\text{sen}\,\alpha\right)\times(\text{acel. ang.})$; (b) (acel. ang.) = $-15g\cos\alpha/L(4 + 6\cos^2\alpha)$

10.27 (a) mva; (b) mv, antes, $mv(1 + ML/2ma)/(1 + ML^2/3ma^2)$ depois, (d) $-\left(\frac{1}{2}mv^2\right)ML^2/\left(ML^2+3ma^2\right)$

10.29 (a) 8,702 rad · s^{-2}; (b) 4,351 m · s^{-2}; (c) 54,49 N

10.31 $a = 2F(1 - r/R)/3$ m

10.33 $\alpha = \left[m - m'(r/R)\right]g/\left[\frac{1}{2}M + m + m'(r/R)^2\right]R$, $a = R\alpha$, $a' = r\alpha$

10.35 (a) 120,05 J; (b) 35,32 N à esquerda e 32,37 N à direita

10.37 7,84 rad · s^{-1}

10.43 (a) $1{,}40\times10^{-2}\times(4\pi)^2$ N · m; (b) $\pi/2$

Capítulo 11

11.3 $c/\sqrt{2}$; $\sqrt{2}m_0c^2$; $\left(\sqrt{2}-1\right)m_0c^2$

11.5 (a) $m_0/0{,}916$; (b) $m_0/0{,}60$; $\rho_{class}/\rho_{rel} = 0{,}36$

11.7 $1{,}65\times10^{-17}$ m · kg · s^{-1}; 0,99945c

11.9 $c/1.386$; $c/37{,}2$

11.13 $\Delta E/m_0c^2$ = 0,153, 1,141, 0,891, 3,807

11.15 0,115c; 3,40 keV, 6,28 MeV

11.19 $5{,}34\times10^{-22}$ m · kg · s^{-1}; 4,97 MeV/c; 2×10^3 MeV/c

11.21 10^{14} m · s^{-2}, $0{,}512\times10^{14}$ m · s^{-2}

11.23 (a) 10^{14} m · s^{-2}, $0{,}512\times10^{14}$ ms^{-2}; (b) $1{,}25\times10^{14}$ m · s^{-2}, $0{,}8\times10^{14}$ m · s^{-2}

11.25 (a) 0,918c; (b) $11{,}876\times10^9$ eV, $10{,}898\times10^9$eV/c; (d) $1{,}31\times10^9$ eV

11.27 (a) 56GeV; (b) 1780GeV

11.33 (*a*) $c^2p_1(E_1 + m_2c^2)$; (*b*) $Q = 0$

11.35 (a) $E_4 = (E'^2 - m_3^2c^4)/2E'$, onde E' é dado pela Eq. (11.47). (b) No referencial L a energia depende da direção do movimento das partículas resultantes.

Capítulo 12

12.1 (a) 2 s; (b) 0,5 Hz; (c) 0,30 m; (d) $x = 0{,}3\text{sen}(\pi t)$m

12.3 (a) 4m, 20 π s, 0,05/πHz, 0,5rad; (b) $v = 0{,}4\cos(0{,}1t + 0{,}5)$ m · s^{-1}, $a = -0{,}04$ sen $(0{,}1t + 0{,}5)$ m · s^{-2}; (c) 1,85 m, 0,18 m · s^{-1}, –0,02 m · s^{-2}; (d) 3,36 m, 0,34 m · s^{-1}, –0,03 m · s^{-2}

12.5 $10^3/\pi$Hz, 4 m · s^{-1}, 3,2 m · s^{-1}; $F = -4\times10^3x$ N, $F = 8\,\text{sen}\,(2\times10^3t + \alpha)$N

12.7 $2\times10^2\pi$ Hz; (a) $2{,}6\times10^2\pi$ m · s^{-1}; (b) $3\times10^4\pi^2$ m · s^{-2}; (c) 30°

12.9 $2{,}8\pi\times10^{-2}$ m · s^{-1} e $1{,}47\pi^2\times10^{-2}$ m · s^{-2}, ambos dirigidos para o centro

12.11 $20\pi^2$ m · s^{-2}, $10\pi^2$ N, $\frac{1}{4}\pi^2$ J, $\frac{3}{4}\pi^2$ J

12.13 0,37

12.15 $2\pi\sqrt{a/g}$

12.17 0, $\frac{1}{2}A^2$, onde A é a amplitude
12.19 3,80 s; 1,90 s
12.21 3,6 min; 0,988 m
12.23 32° 10′
12.25 $5{,}88y\sqrt{-1+2/y}$ N, $9{,}8y\sqrt{-1+2/y}$ m · s^{-2}, $4{,}43\sqrt{4\times10^{-2}-y}$ m · s^{-1}, arcos $(1-y)$, onde y é a altura da massa em m; 1,68 N, 2,8 m · s^{-2}, 0 m · s^{-1}, 16° 15′; 0 N, 0 m · s^{-2}, 0,886 m · s^{-1}, 0°; 16° 15′
12.27 (a) $1{,}9\times10^{-3}$, $8{,}12\times10^{-6}$; (b) $1{,}68\times10^{-2}$, $6{,}31\times10^{-4}$
12.29 1,71 s, $\frac{2}{3}$m ; 1,71 s
12.31 (a) $4\pi\left[\left(h^2+\frac{1}{3}L^2\right)/g(2h+L)\right]^{1/2}$; (b) não
12.33 $3{,}565\times10^3$ N · m (por rad)
12.37 14 sen $2t$; 10 cos $2t$; –2 sen $2t$
12.39 $y=\frac{3}{4}x$; $x^2/16+y^2/9=1$; $y=-\frac{3}{4}x$;
12.45 $A = x_0/\text{sen}\ \alpha$; $\alpha = \text{arctg}\ [\omega x_0/(v_0 + x_0\gamma)]$; se $v_0 = 0$, $A = x_0\omega_0/\omega$ e $\alpha = \text{arctg}\ (\omega/\gamma)$
12.47 $\omega = 0$; $A = x_0$, $B = \gamma x_0$
12.49 1,44 s^{-1}
12.53 (b) aprox. 0,6 da amplitude original; (c) $1{,}386\tau$; (d) $\left(\frac{1}{2}\right)^n A_0$, onde n é um inteiro e A_0 é a amplitude original
12.57 $d^2x/dt^2 + \omega_0^2 x = (F_0/m)\cos\omega_f t$
12.59 (a) $(4/\text{sen}\,\alpha)\sqrt{2h/g}$; (b) sim, não
12.61 $\omega \cong \omega_0\left(\sqrt{3}\,x_0/2l_0\right)$; $d^2x/dt^2 + (k/l_0^2)x^3 - (k/2\text{m}l_0^4)x^5 = 0$
12.63 (a) $d^2x/dt^2 = F/m = (4F_0/\pi m)\left(\text{sen}\,\omega t + \frac{1}{3}\text{sen}\,3\omega t + \ldots\right)$; (b) $A = -4F_0/\pi m\omega^2$, $B = A/27$, $C = A/125$
12.67 (a) Não; afasta-se do ponto de equilíbrio; não; (b) $F = -kx + ax^2$
12.69 (a) Sim; não se move; sim; (b) $F = -kx + ax^3$
12.71 x_1, $\frac{1}{2}\left(A^2+B^2\right)$; 0, $\frac{1}{2}\left(A^2+B^2\right)$

Capítulo 13

13.1 (a) $3{,}557\times10^{22}$ N; (b) $1{,}985\times10^{20}$ N; $1{,}79\times10^2$
13.3 $3{,}62\times10^{-47}$ N
13.5 Aprox. 2×10^{-10} m (veja o Prob. 2.9); $1{,}49\times10^{-42}$ N
13.7 (a) $2{,}96\times10^5$:1; (b) $1{,}65\times10^3$:1
13.9 (a) 17,5 kgf; (b) 140 kgf
13.11 $3{,}06\times10^4$ N; 18,8 kgf; 110 kg
13.13 $(1{,}976 \pm 0{,}012)\times10^{30}$ kg
13.15 32,1 km; 64,1 km
13.17 (a) $7{,}73\times10^3$ m · s^{-1}; (b) $3{,}42\times10^3$ s; (c) 8,965 m · s^{-2}
13.19 3,5 dias; 2:1
13.21 (c) $r = 6{,}37\times10^6\cos(1{,}24\times10^{-3}t)$ m; $v = 7{,}90\times10^3\,\text{sen}\,(1{,}24\times10^{-3}t)$ m · s^{-1}; $a = -9{,}80\cos(1{,}24\times10^{-3}t)$ m · s^{-2}

13.23 (a) $\sqrt{2\gamma m_e / h + R_e}$; (b) não; (c) sim

13.31 (a) $4{,}31 \times 10^4$ m · s^{-1}; (b) $1{,}23 \times 10^4$ m · s^{-1}

13.35 $-\left(4\gamma m^2/a\right)\left[3\left(1+1/\sqrt{2}\right)+1/\sqrt{3}\right]$; $-4{,}74 \times 10^{35}$ J

13.37 $-1{,}09 \times 10^{48}$ J, baseado numa densidade de $1{,}6 \times 10^{-32}$ kg · m^{-3}

13.29 $1{,}02 \times 10^4$ m · s^{-1}

13.41 (a) $3{,}45 \times 10^8$ m da Terra; (b) quase velocidade de escape; (c) $2{,}37 \times 10^3$ m · s^{-1}

13.43 $2{,}82 \times 10^{14}$ m^2 · kg · s^{-1}; $1{,}25 \times 10^{11}$ J; $-2{,}50 \times 10^{11}$ J; $-1{,}25 \times 10^{11}$ J

13.45 (a) $1{,}78 \times 10^8$ N · m, 4,16 dias; (b) 0,112 MW, 7,5 dias; (c) 30 revoluções

13.47 $2{,}16 \times 10^{-14}$ rad · s^{-1}; $3{,}70 \times 10^{53}$ m^2 · kg · s^{-1}; $-4{,}0 \times 10^{39}$J

13.51 Mercúrio: (a) $4{,}59 \times 10^{10}$ m; (b) $6{,}98 \times 10^{10}$ m; (c) $-3{,}74 \times 10^{31}$ J; (d) $9{,}955 \times 10^{38}$ m^2 · kg · s^{-1}; (e) $7{,}60 \times 10^6$s; (f) $4{,}35 \times 10^4$m · s^{-1}; $6{,}61 \times 10^4$ m · s^{-1}

Terra: (a) $1{,}47 \times 10^{11}$m; (b) $1{,}52 \times 10^{11}$m; (c) $-2{,}64 \times 10^{32}$ J; (d) $2{,}718 \times 10^{40}$ m^2 · kg · s^{-1}; (e) $3{,}16 \times 10^7$ s; (f) $2{,}92 \times 10^4$ · m · s^{-1}; $3{,}02 \times 10^4$ m · s^{-1}

Marte: (a) $2{,}07 \times 10^{12}$ m; (b) $2{,}49 \times 10^{12}$ m; (c) $-1{,}85 \times 10^{31}$ J; (d) $3{,}445 \times 10^{39}$ m^2 · kg · s^{-1}; (e) $5{,}94 \times 10^7$ s; (f) $2{,}19 \times 10^3$ m · s^{-1}; $2{,}64 \times 10^3$ m · s^{-1}

13.53 (a) $3{,}21 \times 10^{12}$ m^2 · kg · s^{-1}; (b) $-9{,}31 \times 10^8$ J; (c) 0,191; (d) $6{,}37 \times 10^6$ m, $2{,}29 \times 10^6$ m; (e) $1{,}071 \times 10^7$ m; (f) $1{,}10 \times 10^4$ s

13.55 (a) $8{,}69 \times 10^6$ m; (b) 0,193; (c) $8{,}36 \times 10^6/r = 1 + 0{,}193 \cos\theta$; (d) $1{,}62 \times 10^3$ m · s^{-1}, $1{,}10 \times 10^3$ m · s^{-1}; (e) $8{,}06 \times 10^3$ s; (f) $-2{,}295 \times 10^9$ J

13.57 (a) $m(1{,}06 \times 10^7)$ J, $m(3{,}65 \times 10^{15})$ m^2 · kg · s^{-1}; (b) $1{,}009 \times 10^{11}/r = 1 + 24{,}5 \cos\theta$; (c) $5{,}0 \times 10^{10}$ m

13.63 $r = R/(1 + \cos\theta)$; $r = 2R/(1 + \cos\theta)$

13.65 $r_2 = \frac{1}{3}r_1$, ou $r_1 = \frac{2}{3}r_1$, ou $r_1 = \frac{1}{2}$ ou 0

13.67 9,8 m · s^{-2}, $6{,}26 \times 10^7$ m^2 · s^{-2}

13.69 Para o Sol: $5{,}9 \times 10^{-3}$ m · s^{-2}, $8{,}79 \times 10^8$ m^2 · s^{-2}; para a Lua: $3{,}32 \times 10^{-5}$ m · s^{-2}, $1{,}28 \times 10^4$ m^2 · s^{-2}

13.71 $-3{,}01 \times 10^{-12}$ m/a^2; $3{,}0 \times 10^{-11}$ m/a

13.75 (a) $v^2 = (2\gamma m/R)\left(1 - 1/\sqrt{1 + h^2/R^2}\right)$; (b) $-h$; (c) sim; quando o valor de h é pequeno comparado com R; $2\pi\sqrt{\gamma m / R^3}$

Tabela A-1 Classificação periódica dos elementos

Massas atômicas, baseadas na atribuição do número exato 12,00000 à massa atômica do isótopo principal do carbono, ^{12}C. São os valores adotados em (1961) pela União Internacional de Química Pura e Aplicada. A unidade de massa usada nesta tabela é chamada *unidade de massa atômica* (u): 1 u = 1,6604 × 10^{-27} kg. A massa atômica do carbono, nesta escala, é 12,01115, pois é o valor médio para os isótopos presentes no carbono natural. (Para elementos produzidos artificialmente, a massa atômica do isótopo mais estável é dada entre colchetes.)

Grupo →		I	II	III	IV	V	VI	VII		VIII		0
Período	Série											
1	1	1 H 1,00797										2 He 4,0026
2	2	3 Li 6,939	4 Be 9,0122	5 B 10,811	6 C 12,01115	7 N 14,0067	8 O 15,9994	9 F 18,9984				10 Ne 20,183
3	3	11 Na 22,9898	12 Mg 24,312	13 Al 26,9815	14 Si 28,086	15 P 30,9738	16 S 32,064	17 Cl 35,453				18 Ar 39,948
4	4	19 K 39,102	20 Ca 40,08	21 Sc 44,956	22 Ti 47,90	23 V 50,942	24 Cr 51,996	25 Mn 54,9380	26 Fe 55,847	27 Co 58,9332	28 Ni 58,71	
	5	29 Cu 63,54	30 Zn 65,37	31 Ga 69,72	32 Ge 72,59	33 As 74,9216	34 Se 78,96	35 Br 79,909				36 Kr 83,80
5	6	37 Rb 85,47	38 Sr 87,62	39 Y 88,905	40 Zr 91,22	41 Nb 92,906	42 Mo 95,94	43 Tc [99]	44 Ru 101,07	45 Rh 102,905	46 Pd 106,4	
	7	47 Ag 107,870	48 Cd 112,40	49 In 114,82	50 Sn 118,69	51 Sb 121,75	52 Te 127,60	53I 126,9044				54 Xe 131,30
6	8	55 Cs 132,905	56 Ba 137,34	57-71 Série dos lantanídeos*	72 Hf 178,49	73 Ta 180,948	74 W 183,85	75 Re 186,2	76 Os 190,2	77 Ir 192,2	78 Pt 195,09	
	9	79 Au 196,967	80 Hg 200,59	81 Tl 204,37	82 Pb 207,19	83 Bi 208,980	84 Po [210]	85 At [210]				86 Rn [222]
7	10	87 Fr [223]	88 Ra [226,05]	89 – Série dos actinídeos**								

*Série dos lantanídeos	57 La 138,91	58 Ce 140,12	59 Pr 140,907	60 Nd 144,24	61 Pm [147]	62 Sm 150,35	63 Eu 151,96	64 Gd 157,25	65 Tb 158,924	66 Dy 162,50	67 Ho 164,930	68 Er 167,26	69 Tm 168,934	70 Yb 173,04	71 Lu 174,97
** Série dos actinídeos	89 Ac [227]	90Th 232,038	91 Pa [231]	92 U 238,03	93 Np [237]	94 Pu [242]	95 Am [243]	96 Cm [245]	97 Bk [249]	98 Cf [249]	99 Es [253]	100 Fm [255]	101Md [256]	102 No	103

Tabela A-2 Constantes fundamentais

Constante	Símbolo	Valor	Constante	Símbolo	Valor
Velocidade da luz	c	$2{,}9979 \times 10^{8}$ m · s^{-1}	Magneton de Bohr	μ_B	$9{,}2732 \times 10^{-24}$ J · T^{-1}
Carga elementar	e	$1{,}6021 \times 10^{-19}$ C	Constante de Avogadro	N_A	$6{,}0225 \times 10^{23}$ mol^{-1}
Massa de repouso do elétron	m_e	$9{,}1091 \times 10^{-31}$ kg	Constante de Boltzman	k	$1{,}3805 \times 10^{-23}$ J · K^{-1}
Massa de repouso do próton	m_p	$1{,}6725 \times 10^{-27}$ kg	Constante dos gases	R	$8{,}3143$ J · K^{-1} · mol^{-1}
Massa de repouso do nêutron	m_n	$1{,}6748 \times 10^{-27}$ kg	Volume normal do gás ideal (TPN)	V_0	$2{,}2414 \times 10^{-2}$ m^3 · mol^{-1}
Constante de Planck	h	$6{,}6256 \times 10^{-34}$ J · s	Constante de Faraday	F	$9{,}6487 \times 10^{4}$ C · mol^{-1}
	$\hbar = h/2\pi$	$1{,}0545 \times 10^{-34}$ J · s	Constante de Coulomb	K_e	$8{,}9874 \times 10^{9}$ N · m^2 · C^{-2}
Razão carga/massa para o elétron	e/m_e	$1{,}7588 \times 10^{11}$ kg^{-1} · C	Permissividade do vácuo	ε_0	$8{,}8544 \times 10^{-12}$ N^{-1} · m^{-2} · C^2
Razão constante de Planck/carga	h/e	$4{,}1356 \times 10^{-15}$ J · s · C^{-1}	Constante magnética	K_m	$1{,}0000 \times 10^{-7}$ m · kg · C^{-2}
Raio de Bohr	a_0	$5{,}2917 \times 10^{-11}$ m	Permeabilidade do vácuo	μ_0	$1{,}2566 \times 10^{-6}$ m · kg · C^{-2}
Comprimentos de onda Compton:			Constante da gravitação	γ	$6{,}670 \times 10^{-11}$ N · m^2 · kg^{-2}
do elétron	$\lambda_{C,e}$	$2{,}4262 \times 10^{-12}$ m	Aceleração da gravidade ao nível do mar no equador	g	$9{,}7805$ m · s^{-2}
do próton	$\lambda_{C,p}$	$1{,}3214 \times 10^{-15}$ m			
Constante da Rydberg	R	$1{,}0974 \times 10^{7}$ m^{-1}			

Constantes numéricas: $\pi = 3{,}1416$; $e = 2{,}7183$; $\sqrt{2} = 1{,}4142$; $\sqrt{3} = 1{,}7320$

Tabela A-3 Símbolos e unidades

Grandeza	Símbolo	Nome da Unidade	Relação com as grandezas fundamentais	
			MKSC	MKSA
Comprimento	l, s	metro	m	
Massa	m	quilograma	kg	
Tempo	t	segundo	s	
Velocidade	v		$m \cdot s^{-1}$	
Aceleração	a		$m \cdot s^{-2}$	
Velocidade angular	ω		s^{-1}	
Frequência angular ou pulsação	ω		s^{-1}	
Frequência	ν	hertz (Hz)	s^{-1}	
Quantidade de movimento ou momento linear	p		$m \cdot kg \cdot s^{-1}$	
Força	F	newton (N)	$m \cdot kg \cdot s^{-2}$	
Momento angular	L		$m^2 \cdot kg \cdot s^{-1}$	
Torque, conjugado ou momento de força	τ		$m^2 \cdot kg \cdot s^{-2}$	
Trabalho	W	joule (J)	$m^2 \cdot kg \cdot s^{-2}$	
Potência	P	watt (W)	$m^2 \cdot kg \cdot s^{-3}$	
Energia	E_k, E_p, U, E	joule (J)	$m^2 \cdot kg \cdot s^{-2}$	
Temperatura	T	kelvin (K)	$m^2 \cdot kg \cdot s^{-2}$/partícula	
Coeficiente de difusão	D		$m^2 \cdot s^{-1}$	
Coeficiente de condutividade térmica	K		$m \cdot kg \cdot s^{-3} \cdot K^{-1}$	
Coeficiente de viscosidade	η		$m^{-1} \cdot kg \cdot s^{-1}$	
Módulo de Young	Y		$m^{-1} \cdot kg \cdot s^{-2}$	
Módulo de elasticidade volumétrica	κ		$m^{-1} \cdot kg \cdot s^{-2}$	
Módulo de rigidez ou de cisalhamento	G		$m^{-1} \cdot kg \cdot s^{-2}$	
Momento de inércia	I		$m^2 \cdot kg$	
Campo gravitacional	$\mathfrak{G}$		$m \cdot s^{-2}$	
Potencial gravitacional	$V_{\mathfrak{G}}$		$m^2 \cdot s^{-2}$	
Carga elétrica ou quantidade de eletricidade	q, Q	coulomb	C	$A \cdot s$

Intensidade de corrente	I	ampère	$s^{-1} \cdot C$	A
Intensidade de campo elétrico	$\mathfrak{E}$		$m \cdot kg \cdot s^{-2} \cdot C^{-1}$	$m \cdot kg \cdot s^{-3} \cdot A^{-1}$
Diferença de potencial elétrico ou tensão elétrica	V	volt (V)	$m^2 \cdot kg \cdot s^{-2} \cdot C^{-1}$	$m^2 \cdot kg \cdot s^{-3} \cdot A^{-1}$
Densidade de corrente	j		$m^{-2} \cdot s^{-1} \cdot C$	$m^{-2} \cdot A$
Resistência elétrica	R	ohm (Ω)	$m^2 \cdot kg \cdot s^{-1} \cdot C^{-2}$	$m^2 \cdot kg \cdot s^{-3} \cdot A^{-2}$
Indutância	L	henry (H)	$m^2 \cdot kg \cdot C^{-2}$	$m^2 \cdot kg \cdot s^{-2} \cdot A^{-2}$
Permissividade elétrica	ε_0		$m^{-3} \cdot kg^{-1} \cdot s^2 \cdot C^2$	$m^{-3} \cdot kg^{-1} \cdot s \cdot A^2$
Polarização	$\mathfrak{P}$		$m^{-2} \cdot C$	$m^{-2} \cdot s \cdot A$
Deslocamento elétrico	$\mathfrak{D}$		$m^{-2} \cdot C$	$m^{-2} \cdot s \cdot A$
Indução magnética	$\mathfrak{B}$	tesla (T)	$kg \cdot s^{-1} \cdot C^{-1}$	$kg \cdot s^{-2} \cdot A^{-1}$
Permeabilidade magnética	μ_0		$m \cdot kg \cdot C^{-2}$	$m \cdot kg \cdot s^{-2} \cdot A^{-2}$
Magnetização	$\mathfrak{M}$		$m^{-1} \cdot s^{-1} \cdot C$	$m^{-1} \cdot A$
Intensidade de campo magnético	$\mathfrak{H}$		$m^{-1} \cdot s^{-1} \cdot C$	$m^{-1} \cdot A$
Fluxo magnético	$\Phi_{\mathfrak{B}}$	weber (Wb)	$m^2 \cdot kg \cdot s^{-1} \cdot C^{-1}$	$m^2 \cdot kg \cdot s^{-2} \cdot A^{-1}$
Momento de dipolo elétrico	p		$m \cdot C$	$m \cdot s \cdot A$
Momento de quadrupolo elétrico	Q		$m^2 \cdot C$	$m^2 \cdot s \cdot A$
Momento de dipolo magnético	M		$m^2 \cdot s^{-1} \cdot C$	$m^2 \cdot A$
Momento de quadrupolo magnético	Q		$m^3 \cdot s^{-1} \cdot C$	$m^3 \cdot A$
Capacitância	C	farad (F)	$m^{-2} \cdot kg^{-1} \cdot s^2 \cdot C^2$	$m^{-2} \cdot kg^{-1} \cdot s^4 \cdot A^2$

Tabela A-4 Fatores de conversão

Tempo

1 s (*segundo**) = $1{,}667 \times 10^{-2}$ min = $2{,}778 \times 10^{-4}$ h

1 min (*minuto*) = 60 s

1 h (*hora*) = 60 min = 3.600 s

1 ano = $3{,}156 \times 10^{7}$ s

Comprimento

1 m (*metro*) = 10^{2} cm = 39,37 pol = 3,281 pés

1 (milha terrestre) = 5.280 pés = 1.609 m

1 (*milha marítima*) = 1.852 m

1 pol (polegada) = 2,540 cm = $2{,}54 \times 10^{-2}$ m

1Å (*angstrom*) = $10^{-4}\ \mu = 10^{-10}$ m

1 μ (mícron) = 10^{-6} m

1 A.u. (unidade astronômica) = $1{,}496 \times 10^{11}$ m

1 ano-luz = $9{,}46 \times 10^{15}$ m

1 ps (parsec) = $3{,}084 \times 10^{16}$ m

Ângulo

1 rad (*radiano*) = 57,3°

1° (*grau*) = $1{,}74 \times 10^{-2}$ rad

1′ (*minuto*) = $2{,}91 \times 10^{-4}$ rad

1″ (*segundo*) = $4{,}85 \times 10^{-6}$ rad

Área

1 m² = 10^{4} cm² = $1{,}55 \times 10^{-5}$ pol² = 10,76 pés²

1 pol² = $6{,}452 \times 10^{-4}$ m²

1 pé² = $9{,}29 \times 10^{-2}$ m²

lb (*barn*) = 10^{-28} m²

1 ha (*hectare*) = 10^{2} a (*are*) = 10^{4} m²

Volume

1 m³ = 10^{6} cm³ = 10^{3} *litros*

1 pé³ = $2{,}83 \times 10^{-2}$ m³

1 pol³ = $16{,}39 \times 10^{-6}$ m³

Velocidade

1 m · s^{-1} = 10^{2} cm · s^{-1} = 3,281 pés · s^{-1}

1 nó (*milha marítima por hora*) = 0,514 m · s^{-1}

Aceleração

1 m · s^{-2} = 10^{2} cm · s^{-2} = 3,281 pés · s^{-2}

1 Gal (*gal*) = 1 cm · s^{-2} = 10^{-2} m · s^{-2}

Massa

1 kg (*quilograma*) = 10^{3} g (*grama*) = 2,205 lb

1 *quilate* = 2×10^{-4} kg

1 t (*tonelada*) = 10^{3} kg

1 u (*unidade unificada de massa atômica*) = 1,6604 × × 10^{-27} kg

1 lb (libra avoirdupois) = 0,4536 kg

Força

1 N (*newton*) = 10^{5} dyn = 0,2248 lbf = 0,102 kgf

1 kgf (*quilograma força*) = 1 kp (*quiloponde*) = 9,80665 N

1 dyn (*dina*) = 10^{-5} N

1 lbf (libra força) = 4,448 N

Pressão

1 N · m^{-2} = 1 Pa (*pascal*) = 9,265 atm = 1,450 lbf · pol^{-2}

1 *bar* = 10^{5} N · m^{-2}

1 atm (*atmosfera*) = 101.325 N · m^{-2}

1 mH_2O (*metro de água*) = 9.806,65 N · m^{-2}

1 mmHg (*milímetro de mercúrio*) = 133,322 N · m^{-2}

Energia

1 J (*joule*) = 10^{7} erg = 0,239 cal = $6{,}242 \times 10^{18}$ eV

1 eV (*elétron-volt*) = $1{,}60 \times 10^{-19}$ J = $1{,}07 \times 10^{-9}$ u

1 cal (*caloria*) = 4,186 J = $2{,}613 \times 10^{19}$ eV = $2{,}807 \times 10^{10}$ u

1 u = $1{,}492 \times 10^{-10}$ J = $3{,}564 \times 10^{-11}$ cal = 931,0 MeV

Temperatura

K (*kelvin*) = 273,1 + °C

°C (*grau Celsius*) = $\frac{5}{9}$ (°F − 32)

°F (grau Farenheit) = $\frac{9}{5}$ °C + 32

Potência

1 W (*watt*) = $1{,}341 \times 10^{-3}$ hp = $1{,}359 \times 10^{-3}$ cv

1 cv (*cavalo-vapor*) = 735,5 W

1 hp (horse-power) = 745,7 W

Carga elétrica**

1 C (*coulomb*) = 3×10^{9} stC (statcoulomb)

Intensidade de corrente**

1 A (*ampère*) = 3×10^{9} st A (statampère)

Intensidade de campo elétrico**

IN · CT^{-1} = 1 V · m^{-1} = $\frac{1}{3} \times 10^{-4}$ stV · cm^{-1}

Diferença de potencial elétrico**

1V (*volt*) = $\frac{1}{3}$ 10^{-2} stV (statvolt)

Resistência elétrica**

1 (*ohm*) = $\frac{1}{9}$ 10^{-11} st Ω (statohm)

Capacitância**

1 F (*farad*) = 9×10^{11} stF (statfarad)

Indução magnética

1 T (*tesla*) = $10^{4} \times$ G (gauss)

Fluxo magnético

1 Wb (*weber*) = 10^{8} maxwell

Intensidade de campo magnético

1 A · m^{-1} (*ampère-espira por metro*) = $4\pi \times 10^{-3}$ oersted

---

* As unidades em grifo são unidades legais brasileiras. Suas combinações, bem como seus múltiplos e submúltiplos decimais (ver Tabela 2.1), são também legais.

** Em todos os casos, 3 representa 2,998 e 9 representa 8,987.

Índice alfabético

D

E

M

N

O

P